国家出版基金项目
NATIONAL PUBLICATION FOUNDATION

中国植物保护百科全书

植物病理卷

一 二 三 四

中国林业出版社

图书在版编目（CIP）数据

中国植物保护百科全书. 植物病理卷 / 中国植物保护百科全书总编纂委员会植物病理卷编纂委员会编. – 北京：中国林业出版社，2022.6

ISBN 978-7-5219-1261-6

Ⅰ.①中… Ⅱ.①中… Ⅲ.①植物保护 – 中国 – 百科全书 ②植物病理学 – 中国 Ⅳ.①S4-61②S432.1

中国版本图书馆CIP数据核字（2021）第134480号

zhōngguó zhíwùbǎohù bǎikēquánshū

中国植物保护百科全书

植物病理卷

zhíwùbìnglǐjuàn

责任编辑： 张华　　何增明

出版发行： 中国林业出版社
电　　话： 010-83143629
地　　址： 北京市西城区刘海胡同7号　　　**邮　　编：** 100009
印　　刷： 北京雅昌艺术印刷有限公司
版　　次： 2022年6月第1版
印　　次： 2022年6月第1次
开　　本： 889mm×1194mm　　1/16
印　　张： 132
字　　数： 5710千字
定　　价： 1880.00元（全四册）

《中国植物保护百科全书》
总编纂委员会

总 主 编
李家洋　　张守攻

副总主编

| 吴孔明 | 方精云 | 方荣祥 | 朱有勇 |
| 康　乐 | 钱旭红 | 陈剑平 | 张知彬 |

委 员
（按姓氏拼音排序）

彩万志	陈洪俊	陈万权	陈晓鸣	陈学新	迟德富
高希武	顾宝根	郭永旺	黄勇平	嵇保中	姜道宏
康振生	李宝聚	李成云	李明远	李香菊	李　毅
刘树生	刘晓辉	骆有庆	马　祁	马忠华	南志标
庞　虹	彭友良	彭于发	强　胜	乔格侠	宋宝安
宋小玲	宋玉双	孙江华	谭新球	田呈明	万方浩
王慧敏	王　琦	王　勇	王振营	魏美才	吴益东
吴元华	肖文发	杨光富	杨忠岐	叶恭银	叶建仁
尤民生	喻大昭	张　杰	张星耀	张雅林	张永安
张友军	郑永权	周常勇	周雪平		

《中国植物保护百科全书·植物病理卷》
编纂委员会

主　编
陈剑平　　陈万权

副主编
康振生　　彭友良　　张星耀

编　委
（按姓氏拼音排序）

曹克强	陈　捷	陈绵才	陈宗懋	丁万隆	冯　洁
冯佰利	高微微	韩成贵	胡元森	黄丽丽	姜道宏
李成云	李健强	李明远	李世访	廖伯寿	刘太国
马　平	马占鸿	南志标	彭德良	田呈明	王凤龙
王汉荣	王慧敏	王树桐	王锡锋	王晓鸣	王源超
王忠跃	吴福安	伍建榕	肖悦岩	谢炳炎	谢联辉
杨宇红	易克贤	喻大昭	张德咏	张佐双	赵奎华
赵美琦	赵廷昌	周常勇	周益林	朱杰华	朱有勇

秘　书
刘　博　　王凤涛　　燕　飞

目　录

前　言

　　植物病理学是研究植物不正常状态或病态的症状、发生原因、致病机理、发生发展规律以及测报和防治原理与技术等的科学，是农业科学的一个重要分支学科。其研究范围涉及寄主植物、病原生物和环境因素之间的相互关系，与植物学、植物生理学、生态学、作物学、植物遗传学、植物育种学、植物栽培学、生物化学、微生物学、农业昆虫学、农药学、土壤学、农业气象学、生物统计学、分子生物学等有着密切的联系。它的发展及其在生产上的应用对于保障国家粮食安全、食品安全、生物安全和生态安全具有重要意义。

　　早在 17 世纪中下叶人类对植物病害便有了粗浅的认识，直到 18 世纪中叶植物病理学作为一门独立的学科才正式形成，1858 年 J. 库恩（J. Kühn）出版的《作物病害原因和防治》是植物病理学诞生的标志。

　　20 世纪 30 年代以前中国在该学科的研究重点是病原真菌学，1929 年成立了中国植物病理学会，以后逐渐向其他研究领域拓展。新中国成立伊始，重点对小麦黑穗病、小麦锈病、小麦线虫病、稻瘟病、水稻白叶枯病、甘薯黑斑病、苹果腐烂病、白菜软腐病等开展了研究，1955 年开始出版《植物病理学报》。20 世纪 90 年代以来，生命科学、信息科学、材料和能源科学领域的重大突破以及生物技术、信息技术、系统工程技术等在植物病害研究中的应用，促进了植物病理学科发展。国家通过启动"863 计划""973 计划"、科技攻关（科技支撑）计划、公益性行业（农业）科研专项、重点研发计划和自然科学基金等重大项目，加强了对植物病理学科的基础和应用基础、高新技术和关键防治技术的研究，推动了中国植物病理基础理论和应用技术的快速发展，显著提升了中国植物病理学的科学技术水平，取得了一大批新理念、新成果、新策略和新技术。研究确定了"种植抗病品种为主，栽培和药剂防治为辅"的植物病害综合防治方针，提出了"公共植保、绿色植保、现代植保"新理念，成功控制了小麦条锈病、小麦秆锈病、麦类黑穗病、稻瘟病、水稻白叶枯病、玉米大小斑病、棉花枯黄萎病、甘薯黑斑病等重大病害的暴发流行，实现了有病无灾和病害持久控制。与此同时，大力推行植物抗（耐）病品种、生态治理、生物多样性控害减灾等植物病害绿色防控新技术，使农业生态环境得到明显改善。构筑或打破植物检疫和农药残留贸易技术性壁垒，促进了中国农产品出口创汇。

随着全球气候变暖、作物种植结构调整、农业生产经营方式变化以及农产品国际贸易的发展，导致农业外来生物频繁入侵、植物病害种类增多、主要病害灾变规律发生变化，植物病害出现突发、多发、重发和频发新的态势；同时，随着人们生活水平的提高和消费观念的变化，对粮食安全、食品安全、生态安全和生物安全提出了新的要求，植物病理学科技工作也面临新的挑战。

目前，国内外植物病理学发展趋势包括：①现代生命科学、信息科学与植物病理学互融互通，植物病害诊断识别的准确性、监测预警的时效性和防控决策的科学性将进一步提高；②植物多抗性和持久抗病品种选育、病原物致病性变异和品种抗病性变异的超前预测、植物疫苗、高效低风险生物杀菌剂、农田生态调控等经济有效、环保型病害绿色防控新技术，符合农业科技革命和可持续发展需求，有关技术创新与发展将十分迅速；③植物病害系统管理已发展成为植物病害综合防治的新理念和新策略，即以一定生态区域的农业生产为背景，以植物和生态健康为管理对象，调节各种病害水平使之保持在经济允许范围内，注重植物病害防控的系统观、经济观、生态观和环保观等。

《中国植物保护百科全书·植物病理卷》旨在集成新中国成立以来中国植物病理学科领域的发展成果，反映当今植物病害防治事业蓬勃发展的概貌，同时在一定程度上反映国际植物病理学的主要成就和发展趋势。重点突出在现代生物技术和信息技术飞速发展背景下，植物病理学研究领域在基础理论研究、高新技术研发和关键防治技术开发与应用方面取得的重大突破和重要成果，尤其是在重大病害暴发流行规律、病菌致病性和作物抗病性变异机制、寄主—病原—环境相互作用等方面的基础研究成果，以展示植物病理学科的未来发展方向与策略。

本卷编纂工作从2015年3月启动以来，汇集了来自全国100多个科研、教学、管理和出版单位的500多位专家、教授。为了保证编纂工作的顺利进行和出版质量，我们邀请了植物病理学陈宗懋院士、南志标院士、朱有勇院士、康振生院士和近50位本学科知名专家组成专门的编委会，以保证编写内容的科学性、准确性和权威性，以达到国内顶尖、世界一流的精品出版目标。我们先后组织召开了3次编委会全体会议和7次常务编委会（或主编）会议，共同制订撰写计划和要求，分配撰稿和审稿任务，以及研究解决编纂过程中出现的问题。同时，我们也在主编依托单位宁波大学和中国农业科学院植物保护研究所成立了编委会办公室，负责有关编纂的日常工作。

本卷围绕植物病理学科"主线"从基础理论知识、植物病害对象"两翼"展开，共收录了1700多个词条，其中植物病理学基础知识词条200多条，涉及植物病理学概论以及病原生物学、病害流行学、分子植物病理学、病害防治学等分支学科领域；植物病害对象词条约1500条，涉及粮食作物、油料作物、经济作物、蔬菜、瓜果、林木、热带作物、观赏植物、药用植物病害等单元。为了便于准确识别和诊断各类植物病害，书中附有涉及病原和病害症状的插图约4000幅。为了保持百科全书历史资料的完整性，虽然有少数植物病害进入20世纪末以来，种群数量明显减少，发生危害显著减轻，已很少有人研究，但是我们还是同样对其进行了收录和编写，以期为读者提供有关历史信息。

在撰写体例上，植物病理学基础知识词条包括了词条名称、定义、形成和发展过程、表现及遗传、科学意义与应用价值等内容；植物病害词条着重介绍了病害名称与寄主、发展简史、分布与危害、病原及特征、侵染过程与侵染循环、流行规律、防治方法等。

植物病理学概论词条主要由陈万权、陈剑平负责撰写，病原生物学词条以黄丽丽、喻大昭、王源超为主撰写，病害流行学词条以肖悦岩、马占鸿、周益林为主撰写，分子植物病理学词条以彭友良、康振生、王源超、姜道宏为主撰写，病害防治学词条以李成云、周明国、张跃进为主撰写。植物病害各单元的主要负责人员分别为王锡锋（水稻病害），陈万权、康振生（麦类病害），王晓鸣、陈捷（玉米病害），王源超（大豆病害），朱杰华、谢逸萍（薯类病害），冯佰利、徐秀德（其他粮食作物病害），胡元森（贮粮病害），马平、简桂良（棉花病害），廖伯寿、刘胜毅、刘红彦（油料作物病害），韩成贵、沈万宽（糖料作物病害），陈宗懋（茶树病害），张德咏、陈绵才（麻类病害），吴福安、夏润玺（桑树、柞树病害），王凤龙、陈德鑫（烟草病害），谢丙炎、杨宇红（十字花科蔬菜病害），王汉荣、刘志恒（茄果类蔬菜病害），赵廷昌、杨宇红（瓜类蔬菜病害），赵廷昌（水生蔬菜病害），赵奎华、边银丙、竺晓平（其他蔬菜病害），周常勇、李红叶（柑橘病害），曹克强、王国平（苹果、梨病害），王忠跃（葡萄病害），李世访、国立耘（桃树病害），王树桐、杨军玉、丁向阳（草莓、核桃、山楂、柿子病害），易克贤、陈绵才（热带作物病害），张星耀（针叶树病害），叶建仁（阔叶树病害），田呈明（经济林病害），李明远、王爽、伍建榕（花卉病害），南志标、赵美琦、李春杰（牧草及草坪病害），丁万隆、高微微（药用植物病害）。

在本卷编纂过程中，全体编委、分支或单元负责人、词条作者、审稿专家、责任编辑不厌其烦，工作认真细致，付出了巨大的努力。编委会办公室秘书燕飞、刘博、王凤涛同志承担了编委会、常务编委会大量日常事务以及与单元负责人、撰稿和审稿专家的联系、协调等工作，在本卷编辑出版中发挥了重要作用。周益林、刘太国、冯洁、马占鸿等专家为本卷审校工作提供了巨大的帮助。国家林业和草原局、中国林业出版社、全书总编纂委员会以及编撰、审校专家所在单位也给予我们大力支持。在此一并致谢！

经过 7 年时间的共同努力，《中国植物保护百科全书·植物病理卷》这部巨著即将付印出版了。此时此刻，我们，并代表编委会，谨向参与这项工作的所有同行和同事表示热烈的祝贺，也向帮助和支持我们完成这项工作的单位和领导表示由衷的感谢！

现在，我们可以自豪地说，这是一部兼具科学性、科普性和实用性的百科专著和权威的工具书，可供植物保护科研人员、农林大中专院校师生和基层农技人员从事科研、教学和病害防治参考。

由于本卷规模大、内容多、要求高，同时受作者水平所限，疏漏和不足在所难免，期待读者不吝指教。

陈剑平　陈万权

2022 年 2 月 10 日

凡　例

一、　本卷以植物病理学科知识体系分类分册出版。卷由条目组成。

二、　条目是全书的主体，一般由条目标题、释文和相应的插图、表格、参考文献等组成。

三、　条目按条目标题的汉语拼音字母顺序并辅以汉字笔画、起笔笔形顺序排列。第一字同音时按声调顺序排列；同音同调时按汉字笔画由少到多的顺序排列；笔画数相同时按起笔笔形横（一）、竖（丨）、撇（丿）、点（丶）、折（乛，包括乛、乚、乀等）的顺序排列。第一字相同时，按第二字，余类推。以拉丁字母、希腊字母和阿拉伯数字开头的条目标题，依次排在全部汉字条目标题之后。

四、　正文前设本卷条目的分类目录，以便读者了解本学科的全貌。分类目录还反映出条目的层次关系。

五、　一个条目的内容涉及其他条目，需由其他条目释文补充的，采用"参见"的方式。所参见的条目标题在本释文中出现的，用楷体字表示。所参见的条目标题未在释文中出现的，另用"见"字标出。

六、　条目标题一般由汉语标题和与汉语标题相对应的外文两部分组成。外文主要为英文，少数为拉丁文。

七、　释文力求使用规范化的现代汉语。条目释文开始一般不重复条目标题。

八、　植物病理学基础知识条目的释文一般由定义或定性叙述、形成和发展过程、表现及遗传、科学意义与应用价值、插图、参考文献等构成，具体视条目性质和知识内容的实际状况有所增减或调整；植物病害条目释文一般由定义或定性叙述、发展简史、分布与危害、寄主、病原及特征、侵染过程与侵染循环、流行规律、防治方法、插图、表格、参考文献等构成，具体视条目知识内容的实际状况有所增减或调整。

九、　条目释文中的插图、表格都配有图题、表题等说明文字，并且注明来源和出处。

十、　正文书眉标明双码页第一个条目及单码页最后一个条目的第一个字的汉语拼音和汉字。

十一、本卷附有病原物外文—中文名称对照、条目标题汉字笔画索引、条目标题外文索引、内容索引、病原物中文名称索引及病原物外文名称索引。

条目分类目录

说 明

1. 本目录供分类查检条目之用。

2. 有的条目具有多种属性，分别列在不同分支或单元学科内。例如，"槟榔炭疽病"条既列入热带作物病害分支，又列入药用植物病害分支。

3. 目录中凡加【××】(××)的名称，仅为分类集合的提示词，并非条目名称。

   例如，【病理学总论】(植物病理学)。

【观赏植物病害】

(花卉病害)

A

阿姆斯特丹曲霉 *Aspergillus amstelodami*

属于灰绿曲霉群中最常见的一种。是导致农作物种子霉变的主要霉菌。

分布与危害 广泛存在于土壤、储藏粮食表面及室内环境中，可在低水分条件下生长，具有较强的腐生能力。该菌常见于热带和亚热带地区，但其在高纬度地区也有发现。

病原及特征 阿姆斯特丹曲霉［*Aspergillus amstelodami*（L. Mangin）Thom & Church］菌落呈浓绿色，有硫黄小粒，背面无色或淡黄色。菌丝体有分生孢子头，略呈放射状或疏松柱状。分生孢子梗无色或淡绿色，光滑。分生孢子近球形或椭圆形，具细刺，顶囊近球形。小梗单层。闭囊壳球形至近球形，硫黄色。子囊孢子双凸透镜形，全部粗糙，具有明显沟及鸡冠状凸起。

流行规律 孢子萌发相对湿度在65%～80%，在储粮中可在14%的水分条件下生长，是引起低水分粮食霉变的主要霉菌。

毒素产生及检测 阿姆斯特丹曲霉会产生赭曲霉素A、柄曲霉素和棒曲霉素等毒素，在小麦中主要产生赭曲霉素A。其产生的毒素对脂肪嗜热芽孢杆菌和巨大芽孢杆菌有抑制作用，将毒素饲喂小鼠可致小鼠体重下降。

毒素的检测 ①薄层色谱法。使用带荧光指示剂的硅胶60薄层层析，流动相可选择为甲苯：乙酸乙酯：甲酸（5：4：1）溶剂系统。检测参照标准样品，在紫外线下或显色试剂中检测样品。②酶联免疫法。该检测方法可使用赭曲霉素A的ELISA试剂盒，线性范围一般为2～500μg/L，检测下限为1μg/L，可用于毒素的快速检测和大批量样品的筛选。

毒素的去除 可应用物理方法和化学方法去毒，如将受毒素污染的粮食进行水洗脱除毒素。利用γ射线辐照受毒素污染的粮食也可以显著降低粮食中赭曲霉素A的含量。

防治方法 ①粮食在入库前，应达到“干、饱、净”的要求。即水活度低、颗粒饱满质地坚实、泥沙含量少。

②减少或消除粮食的温差。温差是粮堆温度与环境温度不同造成的，是粮食水分转移的推动力，能够引起粮食发生霉变。常采用隔热保温法、机械通风法、冷却法等方法减少粮食温差。

③利用化学试剂进行熏蒸，如磷化氢、正丁醇防霉剂、山梨酸等方法防霉。鉴于化学试剂的危害性及影响粮食的品质，应慎用化学试剂。

参考文献

迟蕾，哈益明，王锋，等，2011. 玉米中赭曲霉毒素A的辐照降解效果 [J]. 食品科学 (32): 21-24.

章英，许杨，2006. 谷物类食品中赭曲霉毒素A分析方法的研究进展 [J]. 食品科学 (27): 767-771.

BUKELSKIEN V, BALTRIUKIEND, 2006. Study of health risks associated with *Aspergillus amstelodami* and its mycotoxic effects[J]. Ekologija, 3: 42-47.

DARLING W, MAND MCARDLE M, 1959. Effect of inoculum dilution on spore germination and sporeling growth in a mutant strain of *Aspergillus amstelodami*[J]. Transactions of the British mycological society, 42(2): 235–242.

RESURRECCION A A, KOEHLER P E, 1977. Toxicity of *Aspergillus amstelodami*[J]. Journal of food science, 42(2): 482–487.

（撰稿：胡元森；审稿：张帅兵）

桉苗灰霉病 eucalypus seedings gray mold

由灰葡萄孢引起的，在桉树苗的叶片和茎干上出现褐色的病斑，后期病斑上长出灰褐色绒毛状物，并引发苗木死亡的真菌性病害。

发展简史 1987年在广东有报道，1990年曾在云南多地发生。在福建（建瓯）、广西等地也有危害。

分布与危害 分布于广东、云南、广西等地。寄主达百余种，如柳桉、赤桉、窿缘桉、蓝桉、直杆蓝桉。在桉苗的茎和叶上出现褐色至黑褐色病斑，病斑迅速缢缩枯萎，其以上部分萎蔫死亡使病苗呈弯头状，最终全株死亡。在环境适宜时从发病至死亡只需2～3天。发病后期，病斑上长出灰褐色绒毛，其顶部有灰白色粉状物，即病原菌的分生孢子梗和分生孢子（图①②）。

病原及特征 病原为灰葡萄孢（*Botrytis cinerea* Pers. ex Fr.），为弱寄生菌（图③④）。分生孢子梗丛生，不分枝或有分枝，分隔，褐色至黑褐色，大小为280～2000μm×12～14μm；分生孢子球形，近球形，单细胞，无色，大小为8～12μm×6.7～8.3μm。

侵染过程与侵染循环 分生孢子在病枝及土壤中越冬，翌年萌发后，主要通过土壤传播侵染寄主，造成危害。

流行规律 病害发生和天气关系密切。天气晴朗干燥、气温较高不利于病害发生；长期阴雨连绵，气温较低利于病

A

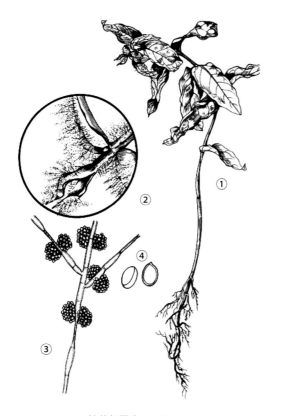

桉苗灰霉病（李楠绘）

①病苗；②症状（局部放大）；③分生孢子梗和分生孢子；④分生孢子

桉树褐斑病症状（王军提供）

害发生。病害的严重程度还与苗圃内的立地条件和管理水平关系密切。高床苗发病率明显低于低床苗，此外，管理粗放、移袋不及时、施用氮肥过多、桉苗生长纤弱细高的发病率高。

防治方法

农业防治　选用生荒地为圃地，采用高床育苗，及时开沟排水，注意通风透光；平衡施肥，适当增施磷钾肥以提高苗木木质化程度。

化学防治　初发病时若持续低温（15～20℃）且阴雨连绵要加大化防力度，可用 75% 百菌清可湿性粉剂 500 倍液，50% 多菌灵 200 倍液或 70% 敌克松 500 倍液喷雾，每7～10 天 1 次，连续喷 2～3 次。

参考文献

任玮，1993. 云南森林病害 [M]. 昆明：云南科技出版社.

（撰稿：周德群、赵瑞琳；审稿：叶建仁）

赤桉和海绿细叶桉等桉树发病初期，叶上出现灰绿色斑点。逐渐扩大后，病斑圆形或不规则形，中央渐变为沙土色、污棕黄色或暗烟色（见图）。叶背病斑的边缘有白色菌丝体，病斑上有无数突起小黑点，经常呈轮纹状排列。遇水湿后，病斑向四周扩展很快，最大的叶斑占整叶的 1/2～3/4。在蓝桉上病菌不但危害叶子，还危害嫩梢、嫩枝。窿缘桉大都叶尖染病，成为叶尖枯。

病原及特征　病原为桉盾壳霉（*Coniothyrium kallangurense* Sutton et Alcorn），属盾壳霉属，兼性寄生。分生孢子器生于叶、茎表皮下，椭圆形或扁椭圆形；分生孢子单胞，淡褐色，卵形或长椭圆形。

侵染过程与侵染循环　病原菌在树上的病叶或地面落叶上越冬。一般靠地面的叶片先发病，然后逐渐往上蔓延。高达 3m 的叶子也受其害。病菌靠雨水、昆虫传播。

流行规律　每年5月下旬开始发病，11月以后停止发展。

防治方法

农业防治　在苗圃和幼树发病后，应清除病叶烧毁。

化学防治　必要时喷洒 1% 等量式波尔多液。

参考文献

岑炳沽，苏星，2003. 景观植物病虫害防治 [M]. 广州：广东科技出版社.

苏星，岑炳沽，1985. 花木病虫害防治 [M]. 广州：广东科技出版社.

袁嗣令，1997. 中国乔、灌木病害 [M]. 北京：科学出版社.

（撰稿：王军；审稿：叶建仁）

桉树褐斑病　eucalyptus brown spot

由桉盾壳霉引起的、桉树上较为常见的一种叶部病害。

分布与危害　桉树褐斑病在广东各地均有发生。感病的种和品种有赤桉、窿缘桉、尾叶桉、蓝桉、海绿细叶桉、柳叶桉、大叶桉和圆锥花桉。其中，以赤桉和海绿细叶桉最为感病。该病主要危害苗木和幼树，大树很少发病。植株受害以后，大量落叶，严重影响植株的生长。

桉树焦枯病　eucalyptus scorch disease

由帚梗柱孢属真菌引起桉树叶片大量焦枯的一种危害较大的检疫性病害。

分布与危害　中国分布在广西（南宁、北海、钦州、柳州、桂林、河池）、广东（广州、惠州、江门、高要、雷州、鹤山、东莞、增城）以及海南。国外在澳大利亚、新西兰、美国、巴西、阿根廷、印度、日本、马来西亚、哥斯达黎加、

桉树焦枯病症状（王军提供）

尼日利亚、肯尼亚都有分布。寄主为尾叶桉、巨桉、巨尾桉、尾巨桉、柠檬桉、柳窿桉、赤桉、大叶桉、窿缘桉、纤脉桉、雷林桉 1 号、雷林桉 33 号等。

桉树焦枯病主要危害桉树苗木和幼树的枝条、叶片，引起叶枯、枝枯或顶枯，造成苗木或幼树大量落叶，严重者整株枯死（见图）。在广东高要回龙 2 年生的巨尾桉 1992 年发病面积 23.3hm²，植株叶片脱落 2/5～4/5。雷州林业局的雷林 1 号桉、刚果 12 号桉、尾叶桉在 1994 年也发生该病，造成林木大量落叶。该病在广西特别严重，1993 年广西东门林场渠多分场、雷卡分场试验林内焦枯病流行，病株率 100%，感病程度Ⅲ～Ⅳ级达 80%，个别品系达Ⅴ级，直至整株枯死。

桉树焦枯病病原菌危害桉叶片和枝梢。叶片感染初期出现针头状水渍小斑，病斑逐渐扩大坏死如被灼伤状，边缘的病斑有一褪绿赤褐色晕圈；后期病斑中部变浅色有轮纹状或不明显，多数叶缘的病斑连接，然后向中间发展，病叶部位脆易裂，形成典型烂叶症状。严重感病的苗木叶片全部脱落、顶枯。幼树感病后叶片由下而上脱落 2/5～4/5；甚至全脱光秃，个别整株死亡。病原菌侵染枝条后，枝条表皮遍布近圆形或长条形的小褐斑，若病斑环绕小枝，枝条即干枯。在雨后或高湿环境，尤其靠近地面枝叶的坏死部分，出现密布白色点状物，其为病原菌的孢子堆。

病原及特征 病原为帚梗柱孢属（*Cylindrocladium*）真菌。病原菌在 PDA 培养基上生长迅速，开始为乳白色到浅褐色的气生菌丝构成整齐的菌落，72 小时产生似粉状孢子堆，成熟的菌落从中心向外呈深褐色→浅褐色→微褐色的变化，边缘色更浅，整齐或不整齐，菌落可呈轮纹状，在培养皿背后看轮状更清晰，并可看到褐色分泌物，长时间培养可形成类似菌核的东西。镜检分生孢子梗直立，从菌丝上长出：大多为三级分枝，最后一级每一分枝有 2～4 个瓶梗，其上产生堆状分生孢子，分生孢子柱形，两端圆，不育性丝状体顶生有棍棒形或近圆形的泡囊。典型的分生孢子有 3 种：即具有 5 个隔膜，具有 3 个隔膜和具有 1 个隔膜的分生孢子；分别为 *Cylindrocladium quinqueseptatum* Boedign & Reitgma，*Cylindrocladium illcicola* 和 *Cylindrocladium clavatum*。前者为主要病原菌，后 2 种病原菌有时也能造成植株焦枯、落叶，但危害程度较轻，是次要的致病菌。

侵染过程与侵染循环 桉树焦枯病主要发生在苗木和 4 年生以下的幼林中，同时也侵染萌芽林。多发生在 5～9 月高温高湿季节。从植株下部的枝条开始发病，逐渐向上蔓延。春季感病早的，至 9 月仍可生长出少量新叶，但叶片细小，发育不良，严重影响当年及翌年的生长量。

流行规律 各品种或无性系之间对焦枯病的抗性有一定的差异。幼树发病较严重的有尾叶桉、巨尾桉、尾巨桉，发病轻的有雷林桉、赤桉。病害发生与气候条件密切相关，高温多雨有利于病害流行；另外，与种植密度、立地条件、树龄树势都有一定的关系，种植密度大有利于病害发生，土壤板结、低洼积水、背风山坡均有利于病害发生。

防治方法

加强检疫 严禁用疫区或疫情发生区内桉树枝条作繁殖材料，包括组织培养和扦插繁殖。特别是繁殖用的母株应严格检疫，杜绝带菌苗木调运出圃。

农业防治 选择和培养抗性强的优良品种和植株作繁殖母株。着重采取预防措施，苗圃应通风透气，不宜过密，并及时排除积水，清除病苗、病叶、病枝。对带菌的旧苗圃地应作土壤消毒，杀死宿存在土壤中的病原菌。在背风低洼的山坡种植时，宜采取宽行窄株等技术措施，使其通透性增强，减少病原菌的传播。

化学防治 在发病中心区应及早采取综合防治措施，使用菌毒清、速克灵、多菌灵、甲基托布津等杀菌剂。

参考文献

邓玉森，陈孝，林松煜，等，1997. 桉树焦枯病病原菌特性的观察 [J]. 广东林业科技，13(1): 30-35.

林业部野生动物和森林植物保护司，林业部森林病虫害防治总站，1996. 中国森林植物检疫对象 [M]. 北京：中国林业出版社：158-162.

（撰稿：王军；审稿：叶建仁）

桉树溃疡病 eucalyptus canker

由桉茎点霉引起的一种桉树枝干上的常见病害。

分布与危害 在广东、广西、福建等地均有发生。感病的种通常有大叶桉、窿缘桉、柳叶桉、野桉、尾叶桉和赤桉等。但不侵害柠檬桉。桉树溃疡病是桉树上常见的一种枝干病害。

桉树溃疡病症状（王军提供）

主要危害幼苗及大树幼嫩枝干，尤以 1～2 年生苗受害最重，死亡率最高。5m 以上的大树很少发病。

初期在枝条上出现黄褐色斑，扩大后呈长椭圆形或不规则形黑褐色病斑，中间下陷，边缘略隆起。有时受病皮层纵裂，脱落，边缘产生凸起的愈伤组织。病菌有时还可以侵入木质部表层，使组织变褐色，流胶。严重时溃疡累累，枝干扭曲，干枯死亡（见图）。

病原及特征 病原为桉茎点霉（*Phoma eucalyptica* Sacc.），属茎点霉属，兼性寄生。病菌在马铃薯培养基上形成暗褐色菌落。

侵染过程与侵染循环 病菌以分生孢子通过气流、雨水传播蔓延。苗圃的侵染源往往来自附近的桉树林或路旁的行道树。

流行规律 一般在 3 月开始发生，8～9 月为盛发期，11 月以后病害停止蔓延。

防治方法

农业防治 避免在发病桉林附近育苗或尽量清除发病枝条，间伐病株，防止苗木徒长。

化学防治 苗木感病后可喷 1% 等量式波尔多液或 0.3 波美度石硫合剂。

参考文献

岑炳沾，苏星，2003. 景观植物病虫害防治 [M]. 广州：广东科技出版社.

苏星，岑炳沾，1985. 花木病虫害防治 [M]. 广州：广东科技出版社.

袁嗣令，1997. 中国乔、灌木病害 [M]. 北京：科学出版社.

（撰稿：王军；审稿：叶建仁）

桉树紫斑病 eucalyptus purple spot

由桉壳针孢或桉壳褐针孢引起的一种常见的桉树叶部病害。

分布与危害 桉树紫斑病在美国、葡萄牙、意大利都有报道，中国在广东、广西、云南均有发生。寄主桉属树种有窿缘桉、细叶桉、斜脉胶桉、赤桉、刚果 12 桉、尾叶桉等。该病主要侵染叶片，但一般危害较轻。个别地区有时也会大面积发生，引起严重落叶，影响树木生长。

叶片出现许多密集紫色斑点。感病初期叶片出现淡绿色小斑点，以后渐变为多角形或不规则形紫红色病斑，显于叶片两面，直径 1.0～3.0mm。后期病斑常相互连成片状。叶斑上密生许多黑色小粒点和粉状物，一般叶背较多，叶面较少，为病菌的分生孢子器及其溢出物（图 1）。

病原及特征 病原为桉壳针孢（*Septoria mortarlensis* Penz. et Sacc.），属壳针孢属，兼性寄生。在云南，病原菌为桉壳褐针孢（*Phaeoseptoria eucalypti* Hansf.）（图 2）。

桉壳针孢分生孢子为圆柱形、无色、直或稍弯曲，两端

图 1 桉树紫斑病叶片症状（王军提供）

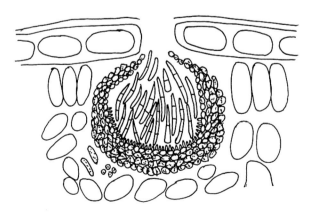

图 2 桉壳褐针孢分生孢子器及分生孢子（王军提供）

较圆，有 1～6 个横隔，隔处不收缩，大小为 38.8～49.8μm× 3～6.5μm。

桉壳褐针孢其分生孢子器生于叶片两面，褐色，近球形或扁球形，103～155μm×83～124μm，埋生或部分突破寄主表皮组织外露。分生孢子浅褐色、浅红褐色，柱状拟纺锤形，直或稍弯曲，具 3～5 个横隔，大小为（27～）39～55（～57）μm×3.9～5.2（～5.5）μm。孢子梗短，瓶形或短柱状，浅褐色，4～10.58μm×2.5～4μm，顶部具 1～3 个环痕。

侵染过程与侵染循环　暂无相关研究资料。

流行规律　在广东地区全年均有发生，5 月以后开始加重，尤以 8～9 月最为严重。高温、高湿、多雨的天气，病害发展迅速。

防治方法

农业防治　清除被害叶片并烧毁。

化学防治　发病严重时喷洒 1% 等量式波尔多液。

参考文献

袁嗣令, 1997. 中国乔、灌木病害 [M]. 北京：科学出版社：157.

（撰稿：王军；审稿：叶建仁）

B

巴戟天枯萎病 morinda officinalis blight

由尖孢镰刀菌巴戟天专化型引起的、主要危害巴戟天茎基部的病害，是巴戟天种植区发生的一种重要病害，严重危害巴戟天的生产和药材品质。

发展简史 巴戟天枯萎病早期称为巴戟天茎基腐病。早在1979年，程瑞英、徐金俊对福建西部、南部巴戟天种植区该病害的症状进行了观察，并按症状表现形式不同分为青枯型（急性型）和黄化型（慢性型）两种类型。青枯型茎基部受病菌侵染后蔓延较快，叶片保持绿色，不易脱落，但变软失去光泽。黄化型茎基部受病菌侵染后蔓延缓慢，叶片逐渐萎黄，易脱落。他们进一步对该病的病原菌进行了分离和鉴定研究，认为巴戟天茎基腐病的病原菌为镰刀菌属尖孢镰刀菌（芳香镰孢变种）（*Fusarium oxysporum* var. *redolens*）。随后，时雪荣等于1984—1987年间对广东巴戟天主要产区高要的病害进行了调查与病原菌的分离与鉴定研究，依据病害所表现出的枯萎、黄化和维管束变紫褐色等症状特点，认为巴戟天枯萎病与巴戟天茎基腐病症状相似，并于1988年以巴戟天枯萎病名在《植物病理学报上》发表，确定为尖镰孢霉内的一个新的专化型——巴戟天专化型（*Fusarium oxysporum* f. sp. *morindae* Chi et Shi f. sp.nov.）。期间，罗斯彬、陈昭炫也对福建、广东、广西主产区的巴戟天茎基腐病株中的病原菌进行了分离鉴定，于1989年间正式发表，认为三地巴戟天茎基腐病的病原菌基本相同，均为镰刀菌属 *Fusarium* Link ex Fr. 美丽组 Section Elegans Wr. 的尖孢镰刀菌（*Fusarium oxysporum* Schlecht），但不同地区的菌株及同一地区不同菌株的致病力均有差异，这与调查取样时观察到的田间发病情况基本相符。时至今日，人们还是习惯将巴戟天枯萎病称作巴戟天茎基腐病。

分布与危害 巴戟天枯萎病在巴戟天主产区广东、福建、广西、海南等地均普遍发生，轻者发病率20%～30%，重者发病率可高达80%左右，严重影响巴戟天药材的生产。

巴戟天枯萎病常危害3年生以上的植株。主要在茎基部发生，发病初期，离地面2～3cm处出现白色斑点，茎皮多纵裂，常有褐色树脂状胶质溢出；茎基部皮层变褐色，病斑不定形，后扩展为大病斑，皮层腐烂变质；茎叶自下而上逐渐变黄，此时根、茎和茎基维管束呈褐色；不久部分枝条枯萎，叶片脱落，甚至死亡。茎基皮层和根部肉质层逐渐腐烂，并与木质部剥离，根和茎基维管束变黑色（图1）。植株从几株蔓延至整片。根部也可以感染此病。此外，有学者研究

发现，巴戟天枯萎病能显著影响寄主营养器官的显微构造，患病后巴戟天肉质根总糖含量显著降低。

病原及特征 病原为尖孢镰刀菌巴戟天专化型（*Fusarium oxysporum* f. sp. *morindae* Chi et Shi f. sp. nov.）。病菌在PDA培养基上，气生菌丝茂盛，絮状。菌丛反面呈淡紫色至紫色，少数白色。小型分生孢子生于单出瓶梗或较短的分生孢子梗上，数量多，1～2个细胞，肾形、椭圆形、圆筒形等，大小为5.6～14.4μm×2.7～3.6μm。大型分生孢子呈纺锤形至镰刀形，孢子壁薄，两端尖，通常顶端稍钩曲，基部有足细胞或近似足细胞，多数为3个分隔，大小为25.2～36.0μm×3.6～4.7μm，大多为29.0～36.0μm×3.6～4.3μm。少数4隔，大小为32.4～41.4μm×3.9～4.7μm。极少数5隔。厚垣孢子多，呈球形、椭圆形，光滑或粗糙，1～2个细胞，顶生或间生、单生或双生，偶尔串生（图2）。

巴戟天枯萎病病菌有着严格的寄主专一性，其病原菌不会侵染黄瓜、石竹、番茄、菠菜、豌豆和蚕豆等植物。

侵染过程与侵染循环 越冬菌源是翌年巴戟天枯萎病发生的初侵染来源，而引起巴戟天枯萎病发生和流行与否的主导因素是温度，其次是湿度，而高温、低温和干旱均能抑制病害的流行。巴戟天枯萎病发生和流行的最适宜气温为月平均气温20～26℃，若雷阵雨频繁，地面温差变化剧烈更会加剧病害流行。此外，栽培管理粗放、施用氮肥过多、排水不良等也会引起该病害的发生。

病菌在10月下旬开始侵入巴戟天茎基部，3月开始发病，

图1 巴戟天枯萎病植株（刘军民提供）
①地上部分症状；②地下部分症状

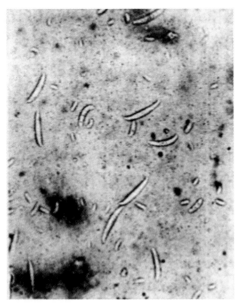

图 2　巴戟天枯萎病病原菌在石柱培养基上的特征
图（500×，引自时雪荣，1988）

6～7 月为盛期，在各个发育阶段均可发生，多在种植后 2～3 年的植株上发生。每年的 3 月春雨来临，气温 15°C 以上，相对湿度 80% 以上，田间可见零星植株感病枯萎。若气温稳定在 15°C 以上，病害便开始蔓延，形成中心病区。随着气温的持续上升及田间温湿度的增加，病害由零星转为普遍发生，发病特点为散发型。

流行规律　春末夏初雷阵雨频繁，地面温差变化剧烈，巴戟天茎基表皮纵裂，有利于病菌侵入，形成第一个发病高峰期。夏末秋初时气温逐渐降低，但由于巴戟天受夏季高温的影响生势较差，有利于病害流行，出现第二个高峰期，但流行强度较轻。病株于 11～12 月大量枯死。

防治方法

农业防治　选择与野生巴戟天相似的生态环境进行种植；在巴戟天生长期间，加强田间管理，增强抗病能力，调节土壤酸碱度，减轻病害发生。多雨季节，应及时排水。施肥以火烧土、土杂肥加适量过磷酸钙，经过沤熟后施用。不可追施氮肥。中耕松土时要避免病菌从伤口侵入，最好是春秋季拔草，夏季用草遮阴，以降低地表温度，保护根茎皮层不受损伤。发病后，把病株连根带土挖掉，并在坑内施放石灰杀菌，以防病害蔓延。可用 1∶3 的石灰与草木灰施入根部，或用 1∶2∶100 的波尔多液喷射，每隔 7～10 天喷 1 次，连续 2～3 次。

化学防治　可用粉锈灵，浓度为 1∶700 倍液。

生物防治　可通过土壤微生物的拮抗作用，抑制该病的发生。

参考文献

林励，徐鸿华，姚幼玲，等，1993. 巴戟天枯萎病对寄主显微构造及成分的影响 [J]. 中国中药杂志，18(7): 401-404.

时雪荣，戚佩坤，1988. 巴戟枯萎病的病原菌鉴定 [J]. 植物病理学报，18(3): 137-142.

徐金俊，程瑞英，1979. 巴戟天茎基腐病及其防治研究初报 [J]. 亚热带植物通讯 (1): 3-10.

（撰稿：刘军民、詹若挺；审稿：丁万隆）

白菜炭疽病　Chinese cabbage anthracnose

由希金斯炭疽菌引起的、主要危害白菜叶部的一种真菌病害，是世界范围内十字花科蔬菜种植区的常发病害之一。

发展简史　该病害最早于 1914 年在美国佐治亚州梅肯的芜菁上发现，后经人工接种发现病原菌可在萝卜、甘蓝和羽衣甘蓝上危害，1917 年，Higgins 将其病原鉴定为 *Colletotrichum brassicae*，后 Saccardo 认为其应为新种，并将其命名为 *Colletotrichum higginsianum*。1957 年，Von Arx 认为该种是 *Colletotrichum gloeosporioides* 的同种异名。1980 年和 1992 年，Sutton 基于其分生孢子形态以及只侵染十字花科植物的特点，认为该病原菌是一个确定的种；然而，根据其分生孢子和附着胞的形态，该病原菌也被认为是 *Colletotrichum destructivum* 的同种异名，且其侵染过程类似于 *Colletotrichum destructivum* 在其他一些寄主，如苜蓿、豇豆、烟草等上的侵染。2014 年，Damm 等根据多位点的序列分析（ITS，GAPDH，CHS-1，HIS3，ACT，TUB）将其归为 *Colletotrichum destructivum* 复合种。作为研究病原真菌致病性和植物免疫反应的模式病原真菌之一，2012 年，O'Connell 等对其基因组和转录组进行了分析，发现了大量的致病相关基因以及编码分泌效应子、果胶降解酶、次生代谢酶、转运蛋白以及肽酶的基因家族的存在。迄今为止，尚未发现 *Colletotrichum higginsianum* 有性态的存在。

分布与危害　在中国、日本、东南亚、欧洲、美国、牙买加以及南非等地都有该病害的发生，病害发生严重时，可导致较大的经济损失。早在 1931 年，中国台湾就有关于结球白菜炭疽病的记载，以后各地陆续都有该病害的报道。白菜炭疽病已成为中国白菜生产中的常见病害，在各白菜产区均有不同程度的发生。

白菜炭疽病主要危害叶片、叶柄和中脉，也可危害花梗、种荚等。在叶片和茎上产生的病斑（图 1），严重时可连接成片，影响植株生长，引起植株成片死亡。除了对白菜的直接危害外，该病害还常常加重白菜霜霉病和软腐病的发生，给白菜的生产带来巨大损失。长江流域地区由于秋季气温变暖，白菜炭疽病的发生亦越来越严重，其中，长江中游地区严重流行年发病率高达 50% 左右。在华南地区，由于气候适宜该病害的发生，每年 4～10 月病害发生普遍。1983 年，该病害大量流行，发病率在 90% 以上，病情指数高达 40～80，有的田块大片死亡，造成重大经济损失。

自 20 世纪 90 年代末期，随着蔬菜基地化、专业化的发展及产业化程度的提高，十字花科蔬菜的复种指数越来越高（华南地区 1 年内可连作 6～7 茬），引起菜田生态环境恶化，白菜炭疽病的发生越来越严重和普遍。病害发生严重时，田间损失可达 30%～40%。尤其是在十字花科蔬菜的有机栽培种植中，该病害已经成为白菜生产中的常发病害。

病原及特征　病原为希金斯炭疽菌（*Colletotrichum*

图 1 炭疽病危害白菜症状（吴楚 提供）
①叶片初期症状；②叶柄受害症状；③叶背面受害症状

higginsianum Sacc.），属炭疽菌属真菌。菌丝无色透明，有隔膜。分生孢子盘小，直径 25～42μm，散生，大部分埋于寄主表皮下，黑褐色，有钝针状刚毛。分生孢子梗顶端窄，基部较宽，呈倒钻状，无色，单胞，大小为 9～16μm×4～5μm。分生孢子长椭圆形，两端钝圆，无色，单胞，具有 1～2 个油球。附着胞褐色，椭圆形或近球形，8～10μm×5～8μm（图 2）。

白菜炭疽病菌生长温度范围广，10～38℃ 均可发育，最适为 28～30℃，在其菌丝生长范围内，均可产孢，最适产孢温度为 28℃；病菌在 pH 为 3.5～10.5 时均能生长和产孢，菌丝生长最适 pH 为 6.0，最适产孢 pH 为 7.3～8.9。不同地区，病原菌不同菌株的最适生长温度和 pH 略有差异。分生孢子萌发的温度范围非常广，在 12～38℃ 均可萌发，最适萌发温度为 26～28℃，但是孢子萌发需要高湿环境，相对湿度达 95% 以上时，对分生孢子萌发和侵入最有利，相对湿度低于 78%，孢子不能萌发。酸性条件利于孢子萌发。

该病菌的寄主范围广，除了侵染白菜外，还可以侵染十字花科的小白菜、菜心、芜菁、甘蓝、芥蓝、羽衣甘蓝、花椰菜、芥菜、萝卜、山葵、毛独行菜、拟南芥，玄参科的定经草等。在有伤口存在的情况下，该病菌也可侵染杧果和番茄。

侵染过程与侵染循环　白菜炭疽病菌通过半活养侵染的方式完成对寄主的侵染。病菌的分生孢子在寄主植物表面吸附，然后萌发形成附着胞，附着胞的细胞壁黑化，并在细胞质内积累大量活性渗透物质，从而产生极大的膨压。随后附着胞基部形成侵染钉，侵入植物角质层和细胞壁，产生球形的、功能类似于活养病原菌吸器、营活体寄生的初生菌丝（图 2②）。随后，细的次生菌丝生成，杀死寄主植物细胞，

并在侵染前分解细胞壁，快速在寄主组织中定殖，最终导致植物细胞与组织坏死。伴随着菌丝形态的改变，病菌转换到腐生的生长模式，在这个阶段，病菌以死亡的寄主细胞为食，产生分生孢子盘。

白菜炭疽病菌主要以菌丝体或分生孢子随病残体在土里越冬，或黏附在种子表面进行越冬，也可寄生在留种白菜株的花梗、种荚，或其他十字花科蔬菜上越冬。翌年，当温度条件适宜时，长出分生孢子，借风或雨水飞溅传播，分生孢子长出芽管，从伤口或直接穿透表皮侵入寄主，潜育期为 3～5 天。带菌种子出苗后发展成病株。发病后，在病部产生大量的分生孢子，借雨水或灌溉水进行再侵染。此外，昆虫、人们田间操作也可以传播病原菌，进行再侵染（图 3）。由于该病菌的潜育期较短，在田间对寄主侵染频繁，属于典型的多循环病害。

流行规律　白菜炭疽病在田间主要通过气流、雨水、灌溉水、带菌的种子、未腐熟的有机肥、田间操作等传播，远距离主要通过带菌种子的调运进行传播和扩散。

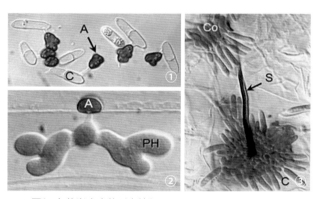

图 2 白菜炭疽病菌形态特征（引自 O'Connell et al., 2004）
①分生孢子（Condia，C）萌发产生的附着胞（Appressoria，A）；②附着胞侵入寄主的表皮细胞产生活性寄生的初生菌丝（Primary hyphae，PH）；③叶片表面长出的分生孢子盘，包括分生孢子、分生孢子梗（Conidiophores，Co）和刚毛（Setae，S）

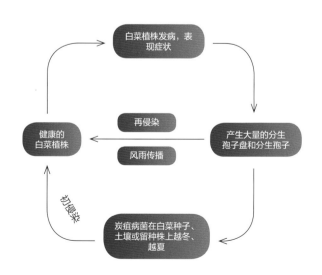

图 3 白菜炭疽病侵染循环示意图（冯淑杰 供图）

白菜炭疽病系高温高湿型病害，在有寄主存在的前提下，每年的发生时期主要受温度影响，而发病的严重度主要受适温期间降水量、湿度、品种、播种期、栽培管理等因子的影响。在北方，早熟白菜先发病。一般早播白菜，种植过密或地势低洼、通风透光差的田块发病重。华南地区每年4～10月高温多雨天气多，特别适合该病的发生。一般高温暴雨后天气转晴、地势低洼、土壤黏重、植株过密、通风不良、田间湿度大或与十字花科蔬菜连作时该病发生较重。

影响白菜炭疽病流行的主要因素如下：

气候条件　高温高湿是白菜炭疽病流行的主要条件，尤其是时晴时雨的天气更易诱发此病害。在病菌生长适温季节，白菜炭疽病的发生与温度、相对湿度、雨日、雨量间存在正相关，尤其是降雨量对病情的影响最为明显。在田间，相对湿度低于90%时，一般发病轻，低于60%时不发病。一般秋季如遇连续5天平均气温在25℃以上，同时降雨量大或田间湿度在80%以上，则有利于该病的流行。所以，温度适宜、雨多、湿度大发病较为严重。

品种　不同的大白菜品种对炭疽病抗性有差异，青帮型较白帮型抗病，但缺乏对白菜炭疽病高抗或免疫的品种。

栽培管理措施　早播、与十字花科作物连作、重茬地、管理粗放、虫害严重的地块，病害重。不同播种期的病情严重度不同，播期越早，病情越重。在湖南衡阳，播种期在8月上旬的比中旬的病情指数高30%，在8月中旬的比下旬的病情指数高45.6%。此外，抢茬种植、间套作频繁以及不适当地抢早播种，使白菜生长在最利于病菌生育的时期，白菜炭疽病始发期提前，田间菌量不断累积，遇上气象条件适合，往往导致病害大流行。

地势低洼、排水不良、种植密度过大、水肥不当、植株长势弱、通风透光差，均容易诱发病害的发生和流行。地势高低与发病有密切关系，地势低洼、地下水位高、畦间的湿度大，有利于炭疽病菌的繁殖和传播。地势高燥，病菌繁殖受到限制，发病较轻。在苗期，不及时间苗，植株相互拥挤，生长嫩弱，抗性降低，同时由于拥挤，增加了田间湿度，利于病菌的生长发育和传播，往往发病较重。莲座后期至包心前期浇水肥过多均有利于炭疽病的发生。

栽培制度　白菜单作发病轻，与小白菜等十字花科蔬菜间作发病重。小白菜生长快，苗期感染了炭疽病菌，给白菜发病带来了大量的病原，而间作增加了株行间的湿度有利于病菌的繁殖和传播。另一方面，白菜受到小白菜的拥挤，生长嫩弱，抗病性减低，也增加了炭疽病菌侵染的机会，从而导致病害的发生和流行。

防治方法　白菜炭疽病应采取以改善栽培管理条件为主，辅以药剂防治的综合措施。

种植抗病品种　不同品种抗病性不同，青帮品种比白帮品种抗病，但这些品种在各地的适应性不同，所以可因地制宜地选用一些抗病性较强的品种进行种植，如青杂3号、青杂5号、青庆、夏冬青、双冠等，尤其是在一些白菜炭疽病发生较为严重的地区。

选育无病种子，并做好种子的消毒处理　白菜炭疽病菌可以侵染留种白菜的种荚、花梗，以分生孢子黏附在种子上进行越冬和传播，所以要从无病株上选留采种。播种前对种子进行一定的处理对于病害的控制也是非常关键的，可通过热汤浸种或药剂拌种的方式来杀死种子表面黏附的分生孢子或菌丝体。热汤浸种处理时，种子先用冷水浸1小时，然后投入50℃温水中浸种15分钟，再投入冷水中冷却，晾干播种；药剂拌种处理时，可用50%多菌灵或50%福美双可湿性粉剂，按种子重量的0.3%拌种，或用70%代森锰锌可湿性粉剂或75%百菌清可湿性粉剂，按种子重量的0.5%拌种。

清洁田园，合理轮作　避免与其他十字花科蔬菜间作。白菜采收后，清除田间遗留的病叶及病残体，集中烧毁或深埋，并进行一次深耕，将表层带菌土壤翻至深层，促使病菌死亡，可有效地减少翌年病害的初侵染源，减轻病害的发生。

避免十字花科蔬菜连作或邻作，严重的地块要与非十字花科作物进行隔年轮作，尽量减少病原菌的积累，打断病害的侵染循环。

加强栽培管理　选择排水良好的土地高畦种植，播种前将土壤进行深翻、晒土，适时播种，合理密植。在发病严重的地区，播种时尽量避开高温多雨季节，适期晚播。在湖南衡阳，早熟品种在8月中旬后播种，中、晚熟品种可在8月下旬至9月上旬播种。北方地区可略再提前播种日期，尤其是对于采收后进行冬贮的白菜，可适当推迟播期。在苗期，要及时间苗，避免种植太密不通风，及时清除生长期间的病叶。

在水肥管理方面，种植前施足基肥，避免偏施氮肥，间苗后及时追肥，莲座中后期严格控制水肥，包心后适当增加水肥。控制莲座期水肥，防止田间湿度过高，对白菜炭疽病有明显的预防作用。包心后应适当增加水肥用量，但要注意合理施肥，适当增施磷钾肥，增强植株抗病力。在白菜莲座期至包心前期，严格控制肥水，使土壤形成表层干燥、土内湿润的环境，预先限制了病菌的繁殖与传播，即使遇上高温高湿气候，也能降低病害的发生率。

化学防治　在白菜炭疽病发病初期，尽早喷药，及时防治；莲座期前后要及早进行喷药保护，以控制病害的蔓延。在病害的发生初期，可选60%百泰水分散粒剂，每亩使用40g，或50%多菌灵可湿性粉剂500倍液，25%炭特灵可湿性粉剂500倍液，70%甲基托布津可湿性粉剂600倍液，80%炭疽福美可湿性粉剂800倍液喷雾，隔7～10天喷1次，连喷2～3次。采收前20天应停止用药，注意交替轮换用药。

此外，也可选用43%好力克悬浮剂3000～4000倍液，50%施保功1000～2000倍液，75%百菌清可湿性粉剂600倍液，20%农抗120水剂150倍液，30%绿叶丹可湿性粉剂500倍液，70%甲基硫菌灵可湿性粉剂500～600倍液，80%炭疽福美可湿性粉剂800倍液，多氧霉素1000倍液、40%多硫悬浮剂600倍液喷雾。

参考文献

刘爱媛，1992. 大白菜炭疽病的预测及防治 [J]. 中国植保导刊 (2): 42-43.

刘富春，刘爱媛，何玉英，1990. 大白菜炭疽病的发生条件与防治 [J]. 植物保护，16 (4): 30.

中国农业科学院植物保护研究所，中国植物保护学会，2015. 中

国农作物病虫害 [M]. 3 版. 北京 : 中国农业出版社 .

DAMM U, O'CONNELL R J, GROENEWALD J Z, et al, 2014. The *Colletotrichum destructivum* species complex hemibiotrophic pathogens of forage and field crops[J]. Studies in mycology, 79: 49-84.

（撰稿：冯淑杰；审稿：谢丙炎）

白兰花顶死病　top death of *Michelia alba*

由拟茎点霉真菌引起的白兰花枝干病害。

分布与危害　在中国白兰花栽培地均有分布。在被侵染的白兰花较大的顶枝上产生纵裂的溃疡斑，其木质部变成灰蓝色，树皮呈褐色。在溃烂的树皮上有针刺状的小黑点（图 1）。

病原及特征　病原为拟茎点霉属的一个种（*Phomopsis* sp.）（图 2）。有大小两种孢子，大孢子线形，小孢子卵圆形。

侵染过程与侵染循环　病原菌存活在病株残体上，借助风雨、浇水、气流等传播，多从伤口处侵染危害。

流行规律　高温多雨的条件利于病原菌的繁殖、传播、扩散，为发病高峰期。

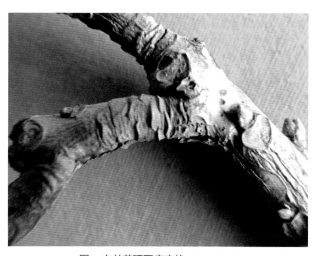

图 1　白兰花顶死病症状（伍建榕摄）

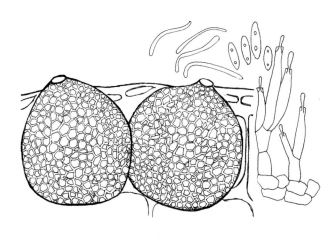

图 2　拟茎点霉属的一个种（陈秀虹绘）

扩散，为发病高峰期。

防治方法

农业防治　初冬开始防冻害，春季防旱害。对幼树要重点保护，对有寒流经过受侵害的树要及时修剪保护。加强抚育管理，增强树势，提高抗病力。

化学防治　当出现病害，可用 40% 三唑酮多菌灵可湿粉 300 倍液或 3 波美度石硫合剂刷涂腐病枝干，大的枝干要及时修去受害处，修剪时先剪至健康处，以免病斑上的病原向下传播，修去较大的枝或干时要涂封伤口（可用不太烫的沥青、白蜡或用塑料薄膜包扎伤口）。

参考文献

陈秀虹，伍建榕，西南林业大学，2009. 观赏植物病害诊断与治理 [M]. 北京 : 中国建筑工业出版社 .

戚佩坤，姜子德，向梅梅，2007. 中国真菌志：第三十四卷　拟茎点霉属 [M]. 北京 : 科学出版社 .

（撰稿：伍建榕、韩长志、周媛婷、杨蕊；审稿：陈秀虹）

白兰花黑斑病　black spot of *Michelia alba*

由细链格孢和芸薹链格孢引起的一种危害白兰花叶部真菌病害。

分布与危害　在中国各地均有分布。初在叶面或叶缘有小斑，后逐渐扩展为圆形或不规则形的大斑。病斑边缘黑褐色（宽 2～3mm），中间灰白，斑上密生许多黑褐色毛状物形成污斑的粉堆，即分生孢子梗和分生孢子。侵染含笑属植物（图 1）。

病原及特征　病原为链格孢属的细链格孢（*Alternaria tenuis* Nees）和芸薹链格孢［*Alternaria brassicae*（Berk.）Sacc.］。细链格孢的分生孢子梗束生，分枝或不分枝，淡橄榄色至绿褐色，大小为 5～125μm×3～6μm。分生孢子有喙；孢子椭圆形、卵形、倒棍棒形至圆筒形，有横膈膜 1～9 个，纵隔膜 0～6 个，淡橄榄色（图 2）。芸薹链格孢的孢子梗长 170μm，径 6～11μm，孢子有 6～19 横隔和 0～7 个纵隔，喙长为分生孢子的 1/3～1/2。

侵染过程与侵染循环　病原菌存活在病株残体上，借助风雨、浇水、气流等传播，多从伤口、叶尖和叶缘处侵染危害。

流行规律　高温多雨的条件利于病原菌的繁殖、传播、扩散，为发病高峰期。

防治方法

农业防治　加强栽培管理，适当施用腐熟饼肥等有机肥料，增强树势，提高抗病力。清除病落叶，修剪病虫枝，集中销毁。

化学防治　在发病初期，喷 1∶1∶160 波尔多液，或 0.3～0.5 波美度的石硫合剂，或 75% 百菌清可湿性粉剂 600～800 倍液，或 50% 退菌特可湿性粉剂 600～800 倍液，10～15 天喷 1 次，连续喷 2～3 次。

参考文献

陈秀虹，伍建榕，西南林业大学，2009. 观赏植物病害诊断与治理 [M]. 北京 : 中国建筑工业出版社 .

图 1　白兰花黑斑病症状（伍建榕摄）

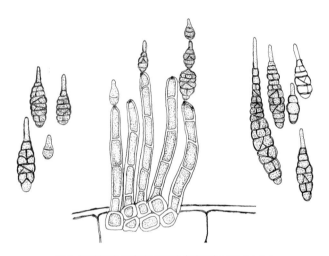

图 2　细链格孢分生孢子和分生孢子梗（陈秀虹绘）

张天宇，2003. 中国真菌志：第十六卷　链格孢属 [M]. 北京：科学出版社 .

（撰稿：伍建榕、韩长志、周嫒婷、杨蕊；审稿：陈秀虹）

7.5μm×2.4～3.4μm。

侵染过程与侵染循环　病原菌存活在病株残体上，借助风雨、浇水、气流等传播，多从伤口、叶尖和叶缘处侵染危害。

流行规律　高温多雨的条件利于病原菌的繁殖、传播、扩散，为发病高峰期。

防治方法

农业防治　加强栽培管理，合理施用肥、水，注意通风透光，使植株生长健壮。经常清除病落叶和修除植株上的病虫弱枝，集中销毁，以减少侵染源。

化学防治　发病初期喷施 0.5%～1% 波尔多液，或 50% 多菌灵可湿性粉剂 500～600 倍液，或 50% 喷施宝胶悬剂，或 50% 施保功可湿粉 800～1000 倍液。

参考文献

陈秀虹 , 伍建榕 , 西南林业大学 , 2009. 观赏植物病害诊断与治理 [M]. 北京 : 中国建筑工业出版社 .

（撰稿：伍建榕、韩长志、周嫒婷、杨蕊；审稿：陈秀虹）

白兰花灰斑病　gray spot of *Michelia alba*

由小孢木兰叶点霉引起的白兰花叶部真菌病害。

分布与危害　在中国各地均有分布。病菌主要侵害叶尖和叶缘，发病初期叶片上出现针头大小的小斑点，病斑向叶片基部或中脉方向迅速蔓延，形成深褐色不规则的大灰斑。后期病斑上散生小黑点，即为病原的分生孢子器。可侵染含笑属和木兰属多个种（见图）。

病原及特征　病原为叶点霉属小孢木兰叶点霉（*Phyllosticta yuokwa* Saw.）。分生孢子器初埋生，后微露，球形至扁球形，直径 100～250μm，深褐色，有孔口，分生孢子单胞，无色或略带淡橄榄色，椭圆形至长圆形，大小为 4.4～

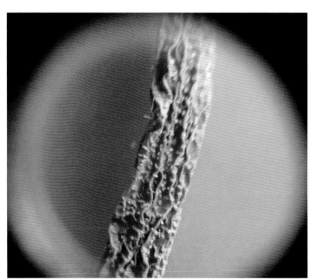

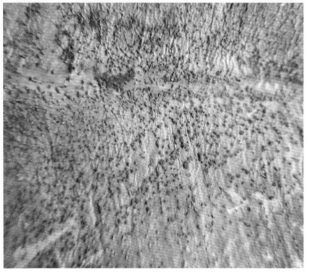

白兰花灰斑病症状（伍建榕摄）

B

白兰花炭疽病　anthracnose of *Michelia alba*

由胶孢炭疽菌引起的白兰花叶片枯萎、坏死的病害。

分布与危害　在白兰花栽培地均有发生。主要危害叶片，发病初期叶面上有褪绿小斑出现，并逐渐扩大形成圆形或不规则形病斑，其上有小黑点，空气潮湿时，黑点变为粉红色点状物。如病斑发生在叶缘处，则使叶片扭曲。尚可侵染白兰花属其他种植物，寄主广泛。在南亚含笑叶斑上可分离到其有性态子囊壳和子囊孢子（图1）。

病原及特征　病原为刺盘孢属胶孢炭疽菌（木兰刺盘孢）［*Colletotrichum gloeosporioides*（Penz.）Sacc. =*Colletotrichum magnoliae* Camara］，其有性态为小丛壳属围小丛壳［*Glomerella cingulata*（Stonem.）Spauld. et Schrenk］。分生孢子盘埋生于表皮内，后期外露，有刚毛，分生孢子椭圆形，无色，单胞，大小为 8～18μm×3～6μm（图2）。

侵染过程与侵染循环　病原菌存活在病株残体上，借助风雨、浇水、气流等传播，多从伤口、叶尖和叶缘处侵染危害。

流行规律　高温多雨的条件利于病原菌的繁殖、传播、扩散，为发病高峰期。

防治方法

农业防治　植株间距不可过密，以利于通风透光。及时

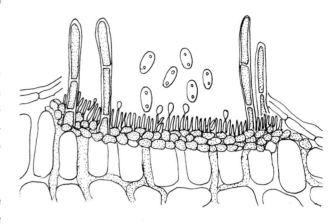

图2 胶孢炭疽菌（陈秀虹绘）

剪除病枝叶和过密的枝叶，集中销毁，减少侵染源。

化学防治　发病后喷75%百菌清可湿性粉剂800倍液、70%炭疽福美500倍液，或65%代森锌可湿性粉剂800倍液，药物交替使用，10～15天1次，连续2～4次。

参考文献

陈秀虹，伍建榕，西南林业大学，2009.观赏植物病害诊断与治理 [M].北京：中国建筑工业出版社.

贾菊生，1987.新疆含笑的一种新病害——含笑炭疽病 [J].植物保护 (2): 21-22.

（撰稿：伍建榕、韩长志、周媛婷、杨蕊；审稿：陈秀虹）

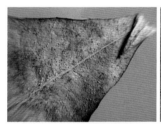

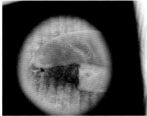

图1 白兰花炭疽病症状（伍建榕摄）

白兰花叶腐病　leaf rot of *Michelia alba*

由粉红单端孢和灰葡萄孢真菌引起的危害白兰花叶片的病害。

分布与危害　该病害在白兰花种植地均有发生。在昆明，白兰花树冠怕低温，每当有寒流时，遇寒的植株易受到不同程度的寒害。这种情况不只发生在秋末冬初或初春，还常发生在春季、春夏之交或夏秋之交的二十四节气日前后2～3天。天气略变冷时，白兰花的成长叶和嫩叶突然枯萎，若接着有连绵阴雨天，这些变枯的叶片迅速长出灰葡萄孢真菌的菌落。若接下来的天气不是小雨而是阴天，则病叶上迅速长出粉红单端孢的真菌菌落。它们都促使受害叶片腐烂，并产生更多的病原真菌。灰葡萄孢的孢子量大时常侵染矮生的花朵，使它们提前谢花或在叶腐病植株附近的各种草本花卉上产生大量花腐病，如三色堇、一串红等花卉多受感染（图1）。

病原及特征　病原为单端孢属的粉红单端孢［*Trichothecium roseum*（Bull）Link.］和葡萄孢属的灰葡萄孢（*Botrytis cinerea* Pers. ex Fr.）（图2）。葡萄孢属暗色分生孢子形成一体；盖在分生孢子梗短枝上形成的顶端球形膨大物的表面。单个分生孢子卵形，无色，无隔。粉红单端孢的分生孢子梗直立、细长，不分隔、无分枝；分生孢子顶生成团，以下侧方连接于孢子梗，基部有小突起，无色，双胞，

图 1 白兰花叶腐病症状（伍建榕摄）

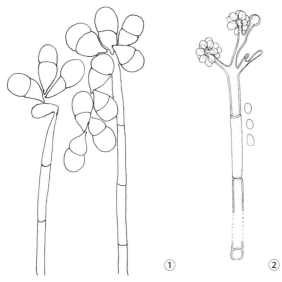

图 2 白兰花叶腐病病原（陈秀虹绘）
①粉红单端孢；②灰葡萄孢

分隔处略缢缩，长圆至梨形，大小为 11.3～17.5μm×6.1～7.7μm。

侵染过程与侵染循环　病菌存活在病株残体上，借助风雨、浇水、气流等传播，多从伤口、叶尖和叶缘处侵染危害。

流行规律　寒流时易发生病害。7～10 月发病较重，严重时常会导致早期落叶。

防治方法　白兰花种植地应选背风无寒流经过处，幼树幼苗要搭防霜棚过冬。不要将它种在花境旁，以免增加传染源。受到寒害后应及时清除被害枝叶，销毁。

参考文献

陈秀虹，伍建榕，西南林业大学，2009. 观赏植物病害诊断与治理 [M]. 北京：中国建筑工业出版社 .

（撰稿：伍建榕、韩长志、杨蕊；审稿：陈秀虹）

白兰花叶枯病　leaf blight of *Michelia alba*

由白兰花生叶点霉和木兰叶点霉引起的，危害白兰花引致叶枯的一种病害。

分布与危害　在中国各地均有分布。叶部有明显的枯斑，边缘深褐色，其中心灰白色。病健处分明，边缘分两层，灰白色和暗褐色，内生许多小黑点。保湿处理后，小黑点病症集聚成排，肉眼可见的短杆形微隆起的症状，症状可直可微弯曲，小黑点均在其中（图 1）。

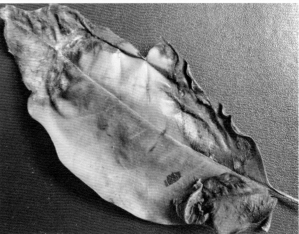

图 1 白兰花叶枯病症状（伍建榕摄）

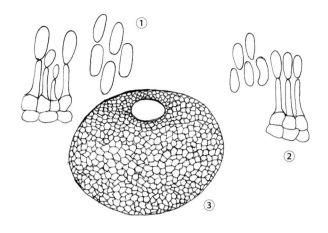

图 2 白兰花叶枯病病原（陈秀虹绘）

①木兰叶点霉分生孢子；②白兰花生叶点霉分生孢子；③分生孢子器

病原及特征　病原为叶点霉属的白兰花生叶点霉（*Phyllosticta michelicola* Vasant Rac.）和木兰叶点霉（*Phyllosticta magnoliae* Sacc.）（图2）。分生孢子器球形或扁球形，器壁膜质，褐色，孔口圆形，暗褐色，产孢细胞瓶形，单胞、无色，大小为 4～6μm×1.5～2μm，分生孢子椭圆形，两端圆，单胞，无色，大小为 3～5μm×2～3μm。

侵染过程与侵染循环　病原菌存活在病株残体上，借助风雨、浇水、气流等传播，多从伤口、叶尖和叶缘处侵染危害。

流行规律　在广州全年发病，4～10月昆明和重庆也发生此病。

防治方法

农业防治　在高温高湿的季节要注意土壤不能积水过多，株行距不能过密，保持通风透光，不要相互遮阴。及时修剪病虫枝叶。

化学防治　发病期间，要喷杀菌剂控制病情。可喷施 65% 广灭菌乳粉 500 倍液，或 0.5～1 波美度石硫合剂，或 10% 多菌铜乳粉 350 倍液。7～10 天 1 次，连喷 2～3 次。

参考文献

陈秀虹，伍建榕，西南林业大学，2009. 观赏植物病害诊断与治理 [M]. 北京：中国建筑工业出版社 .

（撰稿：伍建榕、韩长志、周媛婷、杨蕊；审稿：陈秀虹）

生或近环形、圆锥形或圆盘形；分生孢子梗简单；分生孢子暗色，单胞，卵圆到椭圆或长圆形；寄生或腐生。

侵染过程与侵染循环　病原菌在病残体、土壤中越冬，成为翌年的初侵染来源，借助风雨、气流等传播媒介进行传

图 1 白兰花枝枯病症状（伍建榕摄）

白兰花枝枯病　branch blight of *Michelia alba*

由矩圆黑盘孢真菌引起的白兰花枝条枯萎的病害。

分布与危害　在栽培地均有发生。枝条先端受害后向下蔓延直至主干，病枝叶片变黄脱落。病枝皮层初呈灰褐色，后变深灰色，枝条枯死。剥去树皮，可见皮层和木质部变色腐烂，先湿腐，几个月后变干腐。在病枝干树皮上长出许多黑色颗粒，直径2～3mm。尚可侵染核桃、枫杨等树木（图1）。

病原及特征　病原为黑盘孢属的矩圆黑盘孢（*Melanconium oblongum* Berk.）（图2）。分生孢子盘近表

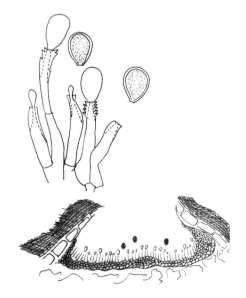

图 2 白兰花枝枯病病原的分生孢子盘、分生孢子梗及分生孢子

（陈秀虹绘）

播、扩散。多从伤口处侵染危害。

流行规律　高温多雨的条件利于病原菌的繁殖、传播、扩散，为发病高峰期。

防治方法

农业防治　减少侵染来源。秋冬季节修剪病虫害枝，与枯枝落叶层集中深埋或销毁；生长季节发现病枝剪除、烧毁。加强管理，增施有机肥、磷钾肥，增强植物的抗病能力。注意冬季防冻，减少冻害，防治病虫害，减少伤口，促进植株健康生长，提高植株抗逆性。

化学防治　发病期可用 1:1:100 石硫合剂、65% 代森锌可湿性粉剂 500 倍液，或 50% 多菌灵可湿性粉剂 800 倍液喷洒防治。

参考文献

陈秀虹，伍建榕，西南林业大学，2009. 观赏植物病害诊断与治理 [M]. 北京：中国建筑工业出版社.

孙小茹，郭芳，李留振，2017. 观赏植物病害识别与防治 [M]. 北京：中国农业大学出版社.

（撰稿：伍建榕、韩长志、周嫒婷、杨蕊；审稿：陈秀虹）

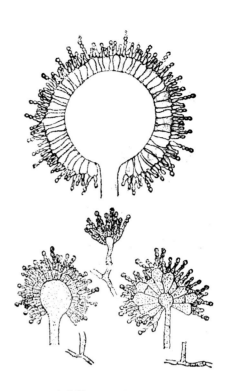

白曲霉（引自蔡静平，2018）

白曲霉　*Aspergillus candidus*

属曲霉属，为中温干生性霉菌，生长在低水分基质上，实验室培养时需选用高渗培养基。白曲霉是粮食上常见的霉菌，特别是从低水分陈粮上易分离到，是导致低水分粮食霉变的主要霉菌。

病原及特征　白曲霉菌落常为白色，成熟时变为浅黄乳酪色，背面无色或浅黄色。分生孢子头大小不一，直径 $100 \sim 250 \mu m$，初为球形，后裂为几个疏松的短柱。分生孢子梗长短不一，顶囊球形或近球形，小梗双层，在顶囊全部着生二层小梗，梗基通常很大，有时在同一分生孢子头中大小变化很大。分生孢子球形至近球形，光滑，大小 $2.5 \sim 3.5 \mu m$。有时菌株产生菌核，幼时呈奶油色，成熟时接近紫色或褐色（见图）。

流行规律　白曲霉属于干生性霉菌，能引起低水分粮食发热霉变，陈粮更容易染菌。该菌侵染粮食之后，易引起温度明显上升。其最适生长温度为 28°C，最适生长湿度 72%～75%。孢子萌发、生长和产孢时的相对湿度为 72%～80%。

毒素产生　白曲霉一直被认为是粮食中的正常霉菌，属常见的储藏型霉菌，白曲霉部分菌株可产毒，如产生三苯素类与橘青霉素等生物毒素。

防治方法　①降低湿度。玉米等禾谷类作物籽粒在入库前要进行充分干燥，使水分含量降低到安全水分以下。

②储藏库要求能够时常通风，有条件的最好采用低温储藏。

③生物防霉。酵母是密闭储藏的谷物中较为常见的真菌，酵母对密闭储藏的小麦中的白曲霉有抑菌活性。而且白曲霉不适于生长或产孢的条件下，毕赤酵母对白曲霉的抑制效果更明显。

参考文献

蔡静平，2018. 粮油食品微生物学 [M]. 北京：科学出版社.

王若兰，2015. 粮油贮藏理论与技术 [M]. 郑州：河南科学技术出版社.

王若兰，2016. 粮油贮藏学 [M]. 北京：中国轻工业出版社.

王志刚，童哲，程苏云，等，1993. 粮食中白曲霉的污染和毒性研究 [J]. 中国食品卫生杂志 (5): 16-19.

OHTSUBO K, SAITO M, 1977. Hepato and cardoitoxicity of xanthoascin, a new xanthcilin analog produced by *Aspergillus candidus* [J]. Annales de la Nutrition et de l' alimentation, 31(4-6): 771-779.

（撰稿：胡元森；审稿：张帅兵）

白头翁根腐病　windflower root rot

由尖孢镰刀菌和茄腐皮镰刀菌引起的白头翁真菌性病害。

发展简史　该病属白头翁栽培过程中的新病害，缺乏系统研究。

分布与危害　东北白头翁产区均有发生。主要危害根部。发病初期，病根初呈黄褐色，早期植株不表现症状，后期根颈部皱缩变软，横剖病根，维管束变为褐色，病害扩展到主根以后，随着根部腐烂程度的加剧，吸收水分和养分的功能逐渐减弱，地上部因养分供不应求，萎蔫干枯，严重时病株叶片发黄、枯萎，最终枯死，根部腐烂，病株易从土中拔出（图 1）。

病原及特征　病原为镰刀菌（*Fusarium* spp.），主要

B

图 1　白头翁根腐病地上部分症状（傅俊范提供）

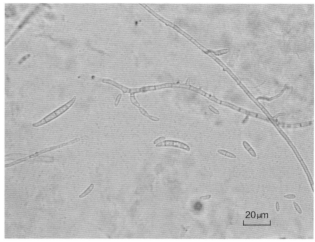

图 2　白头翁根腐病菌分生孢子（傅俊范提供）

包括以下 2 个种：①尖孢镰刀菌（*Fusarium oxysporum* Schlecht.），在 PDA 平板上培养，菌落突起絮状，高 3～5mm，菌丝白色致密。菌落粉白色、浅粉色至肉色，略带有紫色，由于大量孢子生成而呈粉质。小型分生孢子着生于单生瓶梗上，常在瓶梗顶端聚成球团，单胞，卵形，大小为 5～12μm×2～3.5μm；大型分生孢子镰刀形，两端细胞稍尖，少许弯曲，多数为 3 隔，大小为 19.6～39.4μm×3.5～5.0μm（图 2）。厚垣孢子淡黄色，球形或近球形，表面光滑，壁厚，尖生或顶生，单生或串生，对不良环境抵抗力强。②茄腐皮镰刀菌［*Fusarium solani*（Mart.）Sacc.］，PDA 平板上培养，平均生长速度为 10mm/d。菌落略发青灰色，菌丝较稀疏，并且菌落后期变为深蓝色，有 2 圈轮纹。菌落背面通常为淡黄色。分生孢子梗较长，大于 50μm，单生，分枝较少。产孢梗顶端领口明显。小型分生孢子较大，10～18μm×3.5～5μm，两端钝圆，0～1 隔，通常为不对称的椭圆形、梭形或肾形，着生于单生瓶梗上，与产孢梗方向呈一定角度。大型分生孢子 3～5 隔，多为 3～4 隔，30～51.5μm×4.6～6.8μm，孢子较宽，背腹两侧平行，两端略向内弯曲，钝圆，顶细胞圆锥形，基细胞钝圆或其不明显的足跟。腐皮镰刀菌极易形成分生孢子座，尤其在营养丰富的培养基上，如 PDA，分生孢子座多为浅黄色或蓝色，从接种点向四周呈环状发展。在 7～14 天内大量产生厚垣孢子，5～7.5μm，单生或对生，顶生或间生，以对生和顶生为多。卵圆形或近球形，光滑或粗糙，有时疣突，颜色近无色，透明。

侵染过程与侵染循环　病菌主要以菌丝体和孢子在病残体上越冬，成为翌年初侵染源。病菌从根颈部或根部伤口侵入，通过雨水或灌溉水进行传播和蔓延。

流行规律　东北地区一般 5 月下旬开始发病，6～8 月气温 20～25℃，雨水多发病重，为盛发期。气温高、田间湿度大是病害发生的主要原因。地势低洼、排水不良、田间积水、连作、地下害虫或农事操作引起根部受伤的田块发病严重。高坡地发病轻。

防治方法

农业防治　合理选地与轮作。严格选地，尤其是移栽地应选排水好、腐殖质含量较高、含砂量略多的缓坡地。栽培地忌连作，宜与毛茛科以外的作物轮作。加强田间管理。培育壮苗，移植时尽量不伤根、不积水沤根。施肥应以农家肥为主，施足基肥，适量增施磷、钾肥。雨季注意田间及时排水，降低土壤湿度。合理密植，保障田间通风透光良好。及时防治地下害虫和线虫的危害。保持田园卫生。及时清除田间病株和残体，生长期间发现病株后应立即拔出深埋或烧掉，病穴消毒。秋季将全田地上茎叶及其他杂物全部清理干净，集中烧毁，保持田间清洁。

化学防治　发病初期及时防治。可用 50% 多菌灵可湿性粉剂 500 倍液或 20% 甲基托布津可湿性粉剂 800 倍液灌根或喷雾。间隔 7～10 天，连续使用 2～3 次。

参考文献

丁万隆，2002.药用植物病虫害防治彩色图谱 [M].北京：中国农业出版社.

傅俊范，2007.药用植物病理学 [M].北京：中国农业出版社.

周如军，傅俊范，2016.药用植物病害原色图鉴 [M].北京：中国农业出版社.

（撰稿：傅俊范；审稿：丁万隆）

白头翁黑粉病　windflower smut

由白头翁条黑粉菌引起的白头翁真菌性病害。

发展简史　该病属白头翁栽培过程中的新病害。2007 年和 2010 年，傅俊范等对白头翁黑粉病病原生物学及药剂防治等进行了相关研究。

分布与危害　东北白头翁产区均有发生。主要危害一、二年生叶片、叶柄和茎秆。发病初期在叶片形成不规则形瘤状隆起，孢子堆被寄主组织所包被，后期隆起成紫灰色，随即破裂露出大量黑粉状冬孢子。茎秆起初膨大并扭曲畸形，发病初期为浅褐色，后期呈梭形开裂，露出大量冬孢子粉。发病严重时植株长势缓慢，甚至停止生长，最终导致整株枯死（图 1）。

病原及特征　病原为白头翁条黑粉菌［*Urocystis pulsatillae*（F. Bubák）G. Moesz］，属条黑粉菌属。冬孢子球卵圆形或不规则形，直径 20～40μm，长达 150μm，由 1～6 个孢子组成，外围大部分被颜色较浅的不育细胞所包围。冬孢子近圆形、长圆形或不规则形，红褐色或栗褐色，直径 13～18μm，表面光滑。冬孢子萌发以直接产生芽管为主，芽管简单，偶有分枝（图 2）。

侵染过程与侵染循环　病菌孢子能耐受不良环境，在干燥的土壤中能存活 3～5 年，冬孢子在病残体中越冬，成为翌年初侵染源。

流行规律　在辽宁的发病始发期为 6 月中旬，7～9 月为盛发期。此外，不同种白头翁发病有一定差异，中国白头翁较抗病，朝鲜白头翁较感病。发病严重地块，病田率高达 100%，病株率达 5%。

防治方法

农业防治　合理轮作。白头翁黑粉病重病田与其他作物实行 3～5 年轮作，能有效控制病害发生。选留无菌种株。在无病田留种，坚持选用健壮不带菌的优良种育苗栽种。减少菌源基数。秋季早期彻底消除田间病残体，减少初侵染源。结合中耕追肥等农事操作，及时摘除下部病叶，并携出田外销毁，以增强通透性。同时注意及时除草、排水、合理密植，降低田间湿度，减少病原菌侵染的可能性。

化学防治　该病害重在预防，发病前或发病初期及早喷药，可选用 25% 三唑酮可湿性粉剂 1000 倍液，或 25% 粉锈宁可湿性粉剂 800～1000 倍液，或 62.25% 仙生可湿性粉剂 600～800 倍液，每隔 7 天喷雾 1 次，连续防治 3～4 次。

参考文献

傅俊范，2007. 药用植物病理学 [M]. 北京：中国农业出版社 .

傅俊范，苏丹，周如军，等，2010. 辽东地区白头翁黑粉病发生调查及药剂防治 [J]. 湖北农业科学，49(5): 1114-1116.

周如军，傅俊范，2016. 药用植物病害原色图鉴 [M]. 北京：中国农业出版社 .

（撰稿：傅俊范；审稿：丁万隆）

图 1　白头翁黑粉病叶片症状（傅俊范提供）

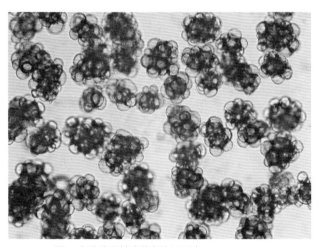

图 2　白头翁黑粉病菌冬孢子形态（傅俊范提供）

白头翁菌核病　windflower *Sclerotinia* rot

由雪腐核盘菌引起的，导致白头翁根部腐烂的真菌病害。

发展简史　该病属白头翁栽培过程中的新病害。徐海娇等（2017）、刘璐等（2017）对白头翁菌核病病原生物学及致病机制等进行了相关研究。

分布与危害　东北白头翁产区均有发生。主要危害根及根茎，也可危害茎基部。发病初期地上部分与健株无明显区别，不易早期发现，根表面形成浅褐色、水渍状病斑，随后生白色棉絮状菌丝体及白色颗粒状物，后变黑色菌核。纵剖病株根部，有大量黑色菌核。后期病株地上部表现萎蔫枯死，后呈灰白色，根中空皮层往往烂成麻丝状，极易从土中拔出（图 1）。

病原及特征　病原为雪腐核盘菌（*Sclerotinia nivalis* I. Saito），属核盘菌属。菌株在 PDA 培养基上培养形成圆形菌落，气生菌丝发达，绒毛状，初期白色，后期呈肉桂色。7 天后培养皿边缘气生菌丝较浓厚处首先出现菌丝纠结，形成突起，初期较小、白色，随后突起逐渐膨大，颜色加深，形成黑色菌核，菌核之间有白色菌丝分布，菌落中心区域少见形成菌核。菌核球形或近球形，大小不一，直径 0.9～6.5mm，部分菌核延长或融合成不规则形，并紧贴于培养基表面，菌核表面不粗糙，组织紧密，质地坚硬（图 2）。

侵染过程与侵染循环　病菌以菌核在土壤中或混杂在病残体间越冬，成为翌年的初侵染源。生长季温湿度适宜时，菌核萌发菌丝随雨水和灌溉水传播，或萌发形成子囊孢子，借风雨飞散，进行再次侵染，扩大危害。后期在病株根茎附近及土表形成菌核。

流行规律　4 月中旬开始发病，4 月下旬至 5 月为盛发期。偏施氮肥、排水不良、管理粗放、雨后积水等条件下发病重。

防治方法　白头翁菌核病应采用预防为主，综合防治措施进行防控。

栽培管理　合理选地。避免地势低洼、土壤黏重、排水不畅地块种植白头翁。

种苗消毒　播种或移栽前应进行种苗消毒，可用 50% 多菌灵可湿性粉剂 600 倍液或 50% 速克灵可湿性粉剂 600 倍液浸泡。

因地制宜防冻　在冬季及初春，做好田床保温，可覆盖

图 1 白头翁菌核病引致茎基部腐烂（傅俊范提供）

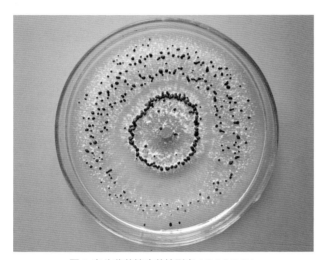

图 2 白头翁菌核病菌核形态（傅俊范提供）

松针或薄土进行保温，防止低温造成冻害而导致白头翁菌核病严重发生。

加强田间管理　培育壮苗，提高植株抗性；注意田园清洁，及时挖除病株并移出田块，用生石灰或药剂进行病穴消毒。

化学防治　发病前期以预防为主，发病初期及时进行药剂防治。在 4 月初发病前或发病初期，开始用 50% 腐霉利或速克灵可湿性粉剂 600 倍液喷施，每 7～10 天喷雾 1 次，连喷 2～3 次。

参考文献

傅俊范，2007. 药用植物病理学 [M]. 北京：中国农业出版社 .

刘璐，徐海娇，赵杰锋，等，2017. 不同植物菌核病菌比较生物学及对白头翁致病力研究 [J]. 吉林农业大学学报，39(3): 273-280.

徐海娇，唐珊珊，周如军，等，2017. 白头翁菌核病发生危害调查及其病原菌生物学特性 [J]. 植物保护学报，44(2): 232-239.

周如军，傅俊范，2016. 药用植物病害原色图鉴 [M]. 北京：中国农业出版社 .

（撰稿：傅俊范；审稿：丁万隆）

白头翁霜霉病　windflower downy mildew

由矮小轴霜霉引起的白头翁真菌性病害。

发展简史　该病属白头翁栽培过程中的新病害，缺乏系统研究。

分布与危害　东北白头翁产区均有发生。主要危害叶片，幼嫩组织上均可发生。叶片初生黄色至黄褐色不规则形病斑，后期连合成片。湿度大时在叶片黄化部位产生白色霉层（孢囊梗和孢子囊），以叶背居多。发病严重时叶片黄化或卷曲，甚至焦枯脱落，植株长势衰弱，严重影响白头翁产量和质量（图 1）。

病原及特征　病原为矮小轴霜霉［Plasmopara pygmaea（Unger）Schroet.］，属单轴霜霉属。孢子囊梗自叶背气孔伸出，丛生，无色或淡色，孢囊梗基部不膨大，孢子囊梗粗壮而短小，全长 102.1～156.4μm，平均 125.0μm，主轴长 71.4～136μm，平均 98.6μm；顶部略膨大；上部单轴分枝 2～3 次，分枝短，末枝 3～4 丛生，顶端平截或圆锥形，个别顶端稍凹陷，长 6.8～13.6μm；孢子囊卵圆形、椭圆形、无色或淡色（图 2）。

侵染过程与侵染循环　病菌以卵孢子在病株残叶内或以菌丝在被害寄主和种子上越冬。翌春产生孢子囊，孢子囊成熟后借气流、雨水或田间操作传播，萌发时产生芽管或游

图 1 白头翁霜霉病发病初期症状（傅俊范提供）

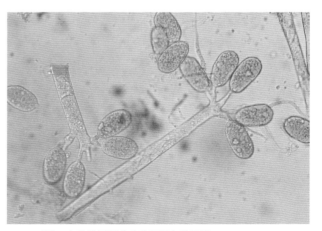

图 2 白头翁霜霉病菌孢子梗和孢子囊（傅俊范提供）

动孢子，从寄主叶片的气孔或表皮细胞间隙侵入。发病后期，在组织内产生卵孢子，随同病残体越冬，成为下一个生长季的初侵染源。

流行规律　孢子囊的萌发适温为 7～18℃，高湿对病菌孢子囊的形成、萌发和侵入更为重要。在发病温度范围内，多雨多雾，空气潮湿或田间湿度高，种植过密，均易诱发霜霉病。一般重茬地块、浇水量过大的地块，该病发病重。

防治方法

农业防治　施足腐熟的有机肥，提高植株抗病能力。合理密植，科学浇水，防止大水漫灌，以防病害随水流传播。加强放风，注意排水，降低小气候湿度。实行 2～3 年轮作。注意田园卫生。发现被霜霉病菌侵染的病株，要及时拔除，带出田外烧毁或深埋，同时撒施生石灰处理定植穴，防止病源扩散。秋季及时彻底清除残株落叶，并将其带出田外深埋或烧毁。

化学防治　药剂可用 1∶0.5 的波尔多液，或 30% 瑞毒霉可湿性粉剂 800 倍液，或 75% 百菌清可湿性粉剂 500 倍液喷雾，发病较重时用 58% 甲霜·锰锌可湿性粉剂 500 倍液，或 69% 烯酰·锰锌可湿性粉剂 800 倍液喷雾。7 天喷 1 次，连喷 2～3 次。结合喷洒叶面肥和植物生长调节剂进行防治，效果更佳。

参考文献

傅俊范，2007. 药用植物病理学 [M]. 北京：中国农业出版社 .

周如军，傅俊范，2016. 药用植物病害原色图鉴 [M]. 北京：中国农业出版社 .

（撰稿：傅俊范；审稿：丁万隆）

图 1　白头翁锈病症状（傅俊范提供）

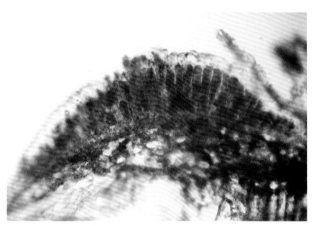

图 2　白头翁锈病冬孢子堆形态（傅俊范提供）

白头翁锈病　windflower rust

由白头翁鞘锈菌引起的真菌性病害。

发展简史　该病属白头翁栽培过程中的新病害。苏丹等对白头翁锈病病原生物学及流行规律等进行了相关研究。

分布与危害　东北白头翁产区均有发生。主要危害叶片。发病初期在叶片近轴表面散生无明显边缘淡黄色、圆形小点，随后扩大、合并，接着在远轴面形成大量黄色夏孢子堆，初埋生后突破表皮，隆起呈半球形，多单生，也可聚生。孢子堆周围组织褪绿呈灰色、灰绿色，圆形、近圆形或不规则形枯死病斑。叶背形成冬孢子堆，圆形、垫状、栗褐色，结构紧密，不易飞散。发病严重时，孢子堆相互连合，叶片发黄，提早枯死（图 1）。

病原及特征　病原为白头翁鞘锈菌［*Coleosporium pulsatillae*（Strauss）Lév.］，属鞘锈菌属。夏孢子球形或椭球形，淡黄色，大小为 22.6～39.4μm×15.2～23.9μm。冬孢子堆主要生在叶背，直径 0.3～1.1mm。冬孢子棍棒状、椭圆形或凝胶状，大小为 60.2～120.8μm×12.1～24.4μm，含 4 个细胞，相接处缢缩明显，易分离，密生粗瘤，褐色（图 2）。

侵染过程与侵染循环　病菌以冬孢子在病残体上越冬，成为翌年初侵染源。

流行规律　始发期一般在 7 月中旬，病害零星发生，病株率仅 3%～5%，8 月进入病害盛发期，温度适宜，雨量充沛，有利于锈菌夏孢子的萌发和侵染，田间白头翁锈病迅速蔓延，严重时病株率高达 90%，此后病害进入衰退期，病斑处可见大量橘色冬孢子堆。夜间有重雾的天气发病重。老龄株尤易发病。

防治方法

农业防治　保持田园卫生。秋季及时清除田间病株及病残体，并集中烧掉。春季及时摘除病叶，喷洒石硫合剂、敌锈钠或粉锈宁等药剂。加强田间管理。选择地势高燥、排水良好、向阳坡的地块种植。合理排灌，雨后及时开沟排水。适当增施磷、钾肥，提高植株抗病性。

化学防治　可采用 25% 粉锈宁可湿性粉剂 800 倍液，或 62.25% 仙生可湿性粉剂 600 倍液，或 80% 代森锰锌可湿性粉剂 600～800 倍液，或 0.3 波美度石硫合剂等。

参考文献

丁万隆，2002. 药用植物病虫害防治彩色图谱 [M]. 北京：中国农业出版社 .

傅俊范，2007. 药用植物病理学 [M]. 北京：中国农业出版社 .

周如军，傅俊范，2016. 药用植物病害原色图鉴 [M]. 北京：中国农业出版社 .

（撰稿：傅俊范；审稿：丁万隆）

白头翁叶斑病　windflower leaf spot

由银莲花壳二孢引起的白头翁真菌性病害。

发展简史　2008—2014 年，于舒怡、傅俊范、周如军、林晓月、苏丹等对白头翁叶斑病病原生物学、发生流行、致病机制及药剂防治等进行了系统相关研究报道。

分布与危害　在东北白头翁产区均有发生，严重时病叶率可达 90% 以上。主要危害叶片，也可危害茎秆和叶柄，是白头翁生产中重要病害之一。发病初期叶片上形成浅褐色小点，后逐渐扩展为近圆形、椭圆形或不规则形病斑，边缘褐色或黑褐色，中央较边缘浅，有时可出现不规则同心轮纹，后期病斑上着生小黑点，多个病斑连合成片，导致叶片大量脱落，植株长势衰弱。叶柄上病斑初为褪绿色小点，后逐渐扩大成不规则长条形、褐色至黑褐色病斑。茎部的病斑初为暗绿色小点，后沿茎的纵轴逐渐扩大为梭形或长条形、黑褐色病斑，病部明显凹陷，后期病斑环绕茎部，导致病部以上枝蔓枯死（图 1）。

病原及特征　病原为银莲花壳二孢（*Ascochyta anemones* Kab. et Bub.），属壳二孢属。分生孢子圆柱形或椭圆形，两端钝圆，未成熟的分生孢子单胞，中央无隔膜，成熟的分生孢子双胞，中央生一隔膜，分隔处缢缩，大小为 11.5～15.9μm×2.7～4.1μm。孢子器球形或近球形，直径 90～185μm，具明显孔口。分生孢子器外围被大量菌丝包围，使孢子器与寄主组织紧密结合在一起（图 2）。

侵染过程与侵染循环　病菌以菌丝和分生孢子器在病残体上越冬，在土壤中可存活 1 年左右，成为翌年的初次侵染源。生长季条件适宜时产生分生孢子借气流和风雨传播，进行再次侵染，扩大危害。

流行规律　在东北 6 月开始发生，7～8 月温度适宜，降水量大时为盛发期。植株生长衰弱，连续阴雨有利于发病和流行。田间通风透光差时发病较重。

防治方法

农业防治　保持田园卫生。秋季及早清除田间落叶等病残组织，集中烧毁或深埋，减少翌年初次侵染菌源。加强田间管理注意通风透光，合理施肥与排灌，增强植株抗病力。

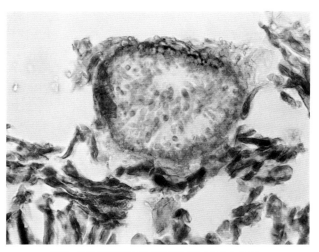

图 2　白头翁叶斑病菌分生孢子器（傅俊范提供）

化学防治　发病初期可喷洒 70% 甲基托布津可湿性粉剂 800～1000 倍液，或 50% 扑海因可湿性粉剂 800 倍液，7～10 天 1 次，连喷 2～3 次。

参考文献

丁万隆，2002. 药用植物病虫害防治彩色图谱 [M]. 北京：中国农业出版社 .

傅俊范，林晓月，周如军，等，2010. 白头翁叶斑病病原菌生物学研究 [J]. 辽宁农业科学 (3): 31-35.

于舒怡，傅俊范，周如军，等，2008. 辽宁省白头翁叶斑病发生初报 [J]. 植物保护，34(2): 147-148.

周如军，傅俊范，2016. 药用植物病害原色图鉴 [M]. 北京：中国农业出版社 .

（撰稿：傅俊范；审稿：丁万隆）

百合病毒病　lily virus disease

由百合无症病毒和黄瓜花叶病毒引起的一种百合病害。

发展简史　自从 Stewart 描述百合的坏死条纹以来，各国相继报道了百合病毒病 14 种，植原体病害 1 种。其中，发生较为普遍、危害严重的病毒 4 种，即百合无症病毒、黄瓜花叶病毒、郁金香碎锦病毒和百合丛簇病毒。陈秋萍、唐祥宁分别报道了在福建、江西发生的百合花叶病和百合丛簇病，周晓燕报道了云南大理百合病毒主要有百合无症病毒、黄瓜花叶病毒和郁金香碎锦病毒。汪海洋报道了安徽百合病毒为黄瓜花叶病毒，另外，已报道的百合病毒病原还有烟草环斑病毒、南芥菜花叶病毒、蚕豆萎蔫病毒、百合丝状病毒、百合 X 病毒、水仙花叶病毒、烟草脆裂病毒、百合环斑病毒等。

分布与危害　在中国栽培地均有发生，分布广。百合病毒病表现为全株性症状，一般叶面出现浅绿、深绿相间斑驳，严重的叶片分叉扭曲，花变形或蕾不开放，或病株明显矮化。其症状类型可归纳为 7 种类型，轻花叶型（Mm）、重花叶型（Sm）、矮化型（Stu）、丛簇矮化型（Rstu）、黄化矮

图 1　白头翁叶斑病症状（傅俊范提供）

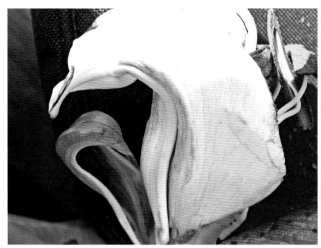

百合病毒病症状（伍建榕摄）

化型（Ys）、扁茎簇叶型（Fsbl）、花变叶型（Phy）。其中，轻花叶型和重花叶型发生普遍，花变叶型出现较少。轻花叶型植株顶部株高 1/3 处的叶片上出现黄绿相间的斑驳花叶，或叶脉绿色、叶肉黄化，危害不重。重花叶型植株中上部叶全部受害，除呈现花叶外，叶片畸形卷曲、皱缩呈舟形叶或形成线叶；有的叶片位于一个平面，呈对生状；花蕾不开放，呈蛇头状干枯（见图）。

病原及特征　危害百合的主要病毒有百合无症病毒（lily symptomless virus，LSV）和黄瓜花叶病毒（cucumber mosaic virus，CMV）。粒体结构：细长弯曲的棒状粒体，长 640nm，直径 17～18nm。粒体的中心是较深的污色。

侵染过程与侵染循环　该病毒藏在球茎之中越冬，翌年开始发生侵染。除了植株本身之外，田间的蚜虫会传播扩散病毒。原发性侵染的病毒不均衡地分布在植株中；而继发性侵染的病毒则存在于全株。原发性侵染在田间呈聚集分布或顺走道分布，而继发性侵染在田间呈随机分布或所有植株都带病。

流行规律　病害发生的轻重与种球种龄有关，种龄越大，发病越重。前茬种植百合的地块较种植小麦的地块发病重，低洼积水地发病重。不同百合品种对病毒病的抗性有差异。在连作田块和排水不良的田块发生严重。百合病毒病的发生和危害与其他病毒具有一些共同的特点：感染病毒后，终身带毒，长期受害，破坏植株正常的生理机能，表现为生长势下降，花朵数少，黄化、花叶等病毒症状；通过蚜虫等昆虫媒介传播，加快病毒的传播和扩大危害范围。

防治方法　主要采用防治传毒介体蚜虫，切断传播介体，控制病毒病的传播和培育百合脱毒苗。生产上用矿物油、植物油、杀虫剂和外激素喷洒，可控制百合病毒病蔓延。也可采用矿物油和拟除虫菊酯杀虫剂混合物进行喷洒控制百合蚜虫传播的百合潜隐病毒和百合斑驳病毒。要想最大限度地避免病毒就要在无病毒的鳞茎上留种子，同时要做好蚜虫和叶蝉等虫害的防治，如果发生了病变就要连根拔除并销毁，避免出现再感染。

参考文献

白松，丁元明，1996.百合病毒病及其检测防治方法 [J].植物医生，9(1): 4-7.

陈秀虹，伍建榕，西南林业大学，2009.观赏植物病害诊断与治理 [M].北京：中国建筑工业出版社.

沈淑琳，1996.百合病毒及其检验 [J].植物检疫，10(4): 223-226.

王继华，唐开学，张仲凯，等，2002.百合病毒及脱毒检测进展 [J].北方园艺 (6): 73-75.

徐秉良，梁巧兰，徐琼，2004.百合病毒的发生与症状类型 [J].植物保护，30(5): 62-63.

（撰稿：伍建榕、张俊忠、周媛婷；审稿：陈秀虹）

百合腐烂病　lily rot

　　由圆弧青霉和丛花青霉真菌引起的百合鳞茎腐烂的病害。

分布与危害　在中国栽培地均有发生。在寒冷的储藏期，青霉引致鳞茎缓慢腐烂，需几周时间才能使鳞茎烂掉，后呈干腐状。在腐烂鳞茎上，孢子呈团状时，呈现典型的青绿色。病菌从伤口侵入鳞茎（图 1）。

病原及特征　病原为青霉属的圆弧青霉（*Penicillium cyclopium* Westl.）和丛花青霉（*Penicillium corymbiferum* Westl.）（图 2）。分生孢子萌发为菌丝体，在气生菌丝上产生分生孢子梗，在分生孢子梗上串生许多分生孢子，分生孢子在适宜环境中又萌发为菌丝体，以此循环反复。

侵染过程与侵染循环　该病菌随病残体在寒冷的储藏期间侵入，引致鳞茎缓慢腐烂，需几周时间才能使鳞茎烂掉，后呈干腐状。

流行规律　该病在密闭不透气的种植地中易发生，应密切注意其发展动态。

防治方法　挖掘、包装鳞茎时，尽量避免碰伤鳞茎，以减少侵染机会；鳞茎运输、包装期间保持低温。在包装土中加入硫酸钙、次氯酸盐混合粉（每 11.35kg 土中加混合粉 171g），可控制病害发生。鳞茎消毒可用苯来特溶液，每

图 1 百合青霉腐烂病症状（伍建榕摄）

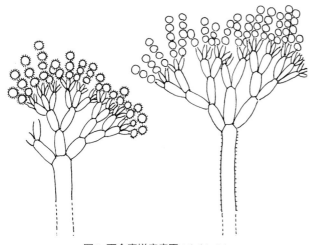

图 2 百合腐烂病病原（陈秀虹绘）
左：刺孢圆弧青霉；右：丛花青霉

5L 26～29.5℃水中加 50ml 苯来特，浸泡种鳞茎 15～30 分钟，晾干后贮存。

参考文献

陈秀虹，伍建榕，西南林业大学，2009. 观赏植物病害诊断与治理 [M]. 北京：中国建筑工业出版社.

叶世森，林芳，宋建英，2005. 百合病害的研究综述 [J]. 西南林学院学报，25(3): 85-86.

朱茂山，关天舒，2007. 百合主要病害及其防治关键技术 [J]. 辽宁农业科学 (6): 42-43.

（撰稿：伍建榕、张俊忠、杨蕊；审稿：陈秀虹）

百合黑圆斑病　lily black round spot

由腐霉属真菌所致百合叶部出现黑褐色圆斑症状的一种病害。

分布与危害　在中国各地均有分布。初期叶部出现褐色小点，后扩大成黑褐色圆斑，病健交界处明显，空气湿润时，叶背和叶面病斑上有白色绒毛状物，病斑水渍状腐烂，多个病斑相连时，叶片溃烂（图 1）。

病原及特征　病原为腐霉菌（*Pythium* spp.）。腐霉属的特征是丝状、裂瓣状、球状或卵形的孢子囊着生在菌丝上，孢子囊顶生或间生，无特殊分化的孢囊梗（图 2）。

侵染过程与侵染循环　病菌随病残体在土壤及包装材料等部位越冬，成为翌年的主要初侵染源，通过伤口接触，在体内定殖、扩展进而危害叶片，直至表现出症状。病部孢囊孢子借气流传播进行再侵染。

图 1 百合黑圆斑病症状（伍建榕摄）

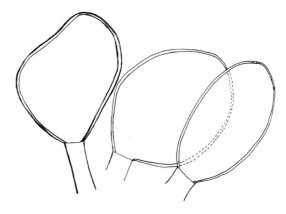

图 2 腐霉菌（陈秀虹绘）

流行规律　暂无相关研究资料。

防治方法

农业防治　病害初期摘除病叶，并集中销毁。植株种植时注意通风透光。

化学防治　幼苗可用波尔多液或多菌灵等杀菌剂定期喷洒保护。

参考文献

戴芳澜，1979.中国真菌总汇 [M].北京：科学出版社：134-136，1008.

方中达，1996.中国农业植物病害 [M].北京：中国农业出版社：591-592.

BRAUN U, COOK T A, 2012. Taxonomic manual of the ersiphales (powder mildews)[M]. The Netherlands: CBS-KMAW Fungal Biodiversity Centre Utrecht: 325, 333.

MCGOVERN R, ELMER W H, 2018. Handbook of florists' crops diseases[M]. Switzerland: Springer Cham.: 461-462.

（撰稿：伍建榕、张俊忠、杨蕊；审稿：陈秀虹）

图 1　百合红斑病症状（伍建榕摄）

百合红斑病　lily red spot

由硬毛刺杯毛孢真菌引起的一种百合叶部病害。

分布与危害　在中国百合栽培地均有发生，分布较为广泛。叶部病斑褐红色圆形，病健处分界明显，还有云纹状，中部颜色较深，并有细小的颗粒病症产生（图 1）。

病原及特征　病原为刺杯毛孢属硬毛刺杯毛孢 ［*Dinemasporium strigosum*（Pers. ex Fr.）Sacc.］（图 2）。分生孢子器黑色，杯形，表生，有长的暗色刚毛，分生孢子梗杆状，不分枝；分生孢子无色，单胞，长形或腊肠形，两端各有细长的附属丝；腐生到寄生。

侵染过程与侵染循环　菌丝体和分生孢子随病叶遗留于土表上越冬，在适宜的气候条件下，病组织上产生分生孢子，借助风雨传播。分生孢子在寄主表面萌发后，可以直接侵入或从伤口侵入。在地表组织上产生的分生孢子，常经风雨、泥浆反溅，传播到寄主的新叶片上，再侵入危害。

流行规律　田间病害的严重程度主要取决于越冬菌源的数量。栽植过密、株间生长郁闭和田间湿度大等条件均有利于分生孢子的萌发和侵染；夏季高温、干燥条件不利于分生孢子形成、萌发、侵入和菌丝生长。

防治方法

农业防治　摘除落叶，清除落叶，并集中销毁。植株种植时注意通风透光。

化学防治　幼苗期可用波尔多液或多菌灵等杀菌剂定期喷洒保护。

参考文献

陈秀虹，伍建榕，西南林业大学，2009.观赏植物病害诊断与治理 [M].北京：中国建筑工业出版社 .

叶世森，林芳，宋建英，2005.百合病害的研究综述 [J].西南林学院学报，25(3): 85-86.

朱茂山，关天舒，2007.百合主要病害及其防治关键技术 [J].辽

图 2　硬毛刺杯毛孢（陈秀虹绘）

宁农业科学 (6): 42-43.

（撰稿：伍建榕、张俊忠、周嫒婷、杨蕊；审稿：陈秀虹）

百合花腐病　lily *Botrytis* rot

由椭圆葡萄孢和百合葡萄孢引起的百合嫩叶、幼茎和花器上湿腐和病斑的病害。

分布与危害　在中国百合栽培地均有发生，分布广。病原菌易在嫩叶、幼茎和花蕊花器上出现，初期，寄主受害处病斑呈圆形或椭圆形，淡黄至淡褐色，后来颜色变深，病斑中心淡灰色，边缘深紫色，逐渐扩大，在潮湿天气中，病斑相连使全株枯萎；在间歇性干燥天气中，局部植物组织皱缩，进而产生湿腐和水渍状斑。有深灰色或灰白色絮状霉层（图1）。

病原及特征　病原为葡萄孢属椭圆葡萄孢［*Botrytis elliptica*（Berk）Cooke］和百合葡萄孢（*Botrytis liliorum* Hino）（图2）。葡萄孢属的暗色分生孢子形成一体，盖在分生孢子梗短枝上形成的顶端球形膨大物的表面。单个分生孢子卵形，无隔膜。

侵染过程与侵染循环　病菌随病残体在土壤及包装材料等部位越冬，成为翌年的主要初侵染源。通过伤口接触，在其体内定殖、扩展进而危害花蕊花器、叶片等，直至表现出症状。病部孢子借气流传播进行再侵染。

流行规律　寄主的嫩叶期或花期，种植地有连绵阴雨天、空气湿度大、气候阴冷时较易发生该病。种植密度越大，品种连片时，病害易流行。

图1　百合花腐病症状（伍建榕摄）
①②花腐症状；③④叶斑病症状

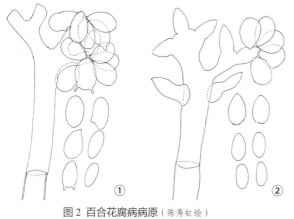

图2　百合花腐病病原（陈秀虹绘）
①椭圆葡萄孢；②百合葡萄孢

防治方法

农业防治　在易发病的区域栽种时应采用高床培育，便于灌水和控水。水肥管理要合理，不能偏施氮肥，缩短寄主嫩叶、嫩枝生长期，增强寄主木质化，加强抗病性。在发病季节，密切注意天气预报，若有寒流经过该区应及时采摘切花供应市场。使其稀植，通风透光，减少发病。在温室或温棚内种植的百合，要控制湿度，适当通风透光，注意少数植株发病时及时拔除病株。

化学防治　可喷50%多菌灵800~1000倍液，或50%苯来特1000倍液，或65%代森锰锌500倍液，透喷2~3次，隔8~10天喷1次。

参考文献

陈秀虹，伍建榕，西南林业大学，2009.观赏植物病害诊断与治理[M].北京：中国建筑工业出版社．

（撰稿：伍建榕、张俊忠、周媛婷、杨蕊；审稿：陈秀虹）

百合茎基腐病　lily stem basal rot

由寄生疫霉和恶疫霉引起的，危害百合造成茎部腐烂的真菌性病害。又名百合疫病。

分布与危害　在中国各地均有分布。病菌可以侵害茎、叶、花和鳞片。茎基染病，先出现水渍状淡褐色病斑，逐渐从上到下扩展造成茎部腐烂。茎基被害，病部水渍状，缢缩，导致全株枯萎，折倒死亡。叶片发病，初为水渍状小斑，后扩展成不规则形淡褐色的大斑。发病严重时，花、鳞片均可受害，造成病部变色腐败。在天气潮湿时，病部产生稀疏的白色霉层，即病菌的孢子囊梗和孢子囊（图1）。

病原及特征　该病害是一种真菌性病害。病原菌为疫霉属真菌寄生疫霉（*Phytophthora parasitica* Dast.）和恶疫霉［*Phytophthora cactorum*（Leb. et Cohn）Schröt］。菌丝无色无隔膜，不产生吸器，菌丝直接穿入寄主细胞吸收养分。后期产生菌丝和大量孢子囊。孢子囊萌发时产生多个椭圆游动孢子（图2）。

侵染过程与侵染循环　病菌以卵孢子、厚垣孢子、菌丝体随病残体在土壤中越冬。降雨多，空气、土壤湿度大时，病部产生大量游动孢子囊，通过雨水飞溅引起再侵染。

该病害是一种侵染性病害，常在5月下旬发病。病原菌接触伤口或直接侵入，定殖、扩展从而直至表现出症状。

流行规律　该病于3月下旬至4月上旬始见。流行期为4月中旬至5月下旬。5月中旬开始进入垂直发展阶段。5月中旬至6月下旬为垂直发展流行期，流行期长，危害严重。7月上旬病情基本稳定。其中，以5月下旬至6月上旬为流行高峰期。

防治方法

农业防治　选择土质疏松、土层深厚的砂壤土，播种前用30%噁霉灵1500倍液进行地面喷雾。选择无病种球，播种前进行种球处理。合理密植，采用水旱轮作。合理肥水管理。

化学防治　发病初期喷洒70%百德福可湿性粉剂500

图 1 百合茎基腐病症状（伍建榕摄）

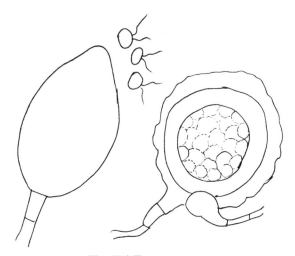

图 2 恶疫霉（陈秀虹绘）

倍液或 78% 科博可湿性粉剂 500 倍液，每 10 天左右喷 1 次，交替使用，共 2～3 次。

参考文献

陈秀虹，伍建榕，西南林业大学，2009. 观赏植物病害诊断与治理 [M]. 北京：中国建筑工业出版社 .

叶世森，林芳，宋建英，2005. 百合病害的研究综述 [J]. 西南林学院学报，25(3): 85-86.

朱茂山，关天舒，2007. 百合主要病害及其防治关键技术 [J]. 辽宁农业科学 (6): 42-43.

（撰稿：伍建榕、张俊忠、杨蕊；审稿：陈秀虹）

百合鳞茎腐烂病　lily bulb rot

由柱孢属引起的一种危害百合的真菌病害。

分布与危害　在中国各百合栽培地均有发生。病害只发生在鳞茎外皮的基部，由此侵入鳞茎。从病鳞茎上长出的植株基部叶片发黄或变紫，会过早死亡。花茎很少，即使长出花芽也是矮小，生长不良。当病鳞茎没有全部烂掉时，就裂开。有伤的鳞茎易受侵染，病菌也能侵染完好无损的鳞茎（图 1）。

病原及特征　病原为柱孢属的一种（*Cylindrocarpon* sp.）。分生孢子梗无色，无或有分隔，偶有简单分枝，多成丛生，长于子座或埋生的菌丝体上，多从气孔伸出，极少自表皮长出，产孢细胞与孢梗合生、合轴延伸，常成屈膝状，具孢痕，链生或单生分生孢子，多数种既单生又链生，某些种全单生或全链生；分生孢子有或无隔，0～4 隔，形状多样，圆柱形、亚球形、椭圆形、纺锤形、极少线形，偶尔缢缩；孢脐两端生或单基生，明显，暗色，常加厚；孢子无色，平滑、微粗糙或略有小疣突（图 2）。

侵染过程与侵染循环　以菌丝体、厚垣孢子及菌核随病残体在土壤中越冬，成为翌年的主要初侵染源，通过伤口接触，侵入鳞茎，在其体内定殖、扩展进而危害鳞茎基部及其他鳞片，直至表现出症状。病部分生孢子借气流传播进行再侵染。

流行规律　翌年春末条件适宜时，病菌活动加剧，4 月中旬左右开始发病，5 月上旬发病数量急剧上升，5 月中旬达到高峰期，5 月下旬植株大量死亡和枯萎，6～7 月持续发生，采收后的百合鳞茎也能继续发病。染病的种球和病株也常常成为翌年百合发病的初侵染来源，并可随着种球的调

图 1 百合鳞茎腐烂病症状（伍建榕摄）

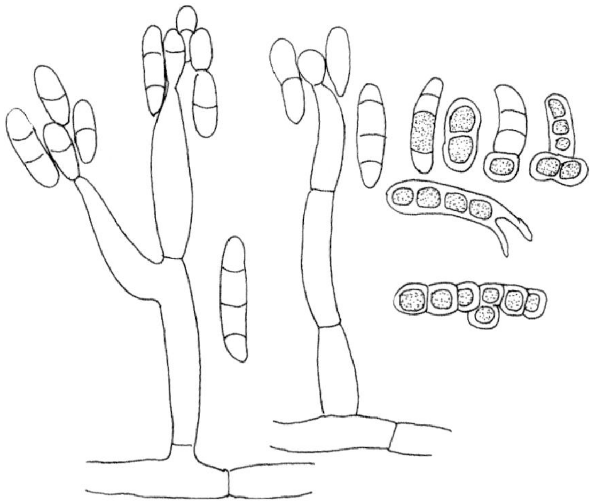

图 2 柱孢属的一种（陈秀虹绘）

运而造成病区扩大。百合鳞茎腐烂病的发生与连作、根部线虫的存在、栽培措施不当及气候因素等密切相关。百合为喜光耐旱作物，高温多湿、排水不良、氮肥施用过多、通风不畅、湿气迟滞、土壤偏酸等均有利于该病发生。百合鳞茎腐烂病的发生与温湿度关系密切。日平均气温稳定在 10°C 以上，百合芽苞出土展叶时，植株就可发病，20～26°C 为发病适温。在适温条件下，雨水是影响发病的关键因素。此外，土壤肥力和排水条件也影响发病。

防治方法 以农业措施为基础，在采取施有机肥、实行水旱轮作、彻底清除田间病残体和精选种球的前提下，辅以化学防治。化学防治关键做好种球消毒。播种前，使用多菌灵和福美双浸种，苗期药液灌根。

参考文献

谌超贤，2003. 百合病害的发生与防治 [J]. 湖南农业科学 (4): 57-60.

陈秋萍，2000. 福建省百合病害调查初报 [J]. 福建林学院学报，20(2): 97-100.

陈秀虹，伍建榕，西南林业大学，2009. 观赏植物病害诊断与治理 [M]. 北京：中国建筑工业出版社 .

叶世森，林芳，宋建英，2002. 百合病害的研究综述 [J]. 西南林学院学报，25(3): 85-86.

（撰稿：伍建榕、张俊忠、周嫒婷；审稿：陈秀虹）

百合炭疽病 lily anthracnose

由百合科刺盘孢和百合炭疽菌引起的侵染性百合病害，是百合生产中重要的真菌病害。又名百合褐皮病。

分布与危害 在中国各百合栽培地均有发生，分布广。百合生长期发病会造成叶片干枯至脱落，鳞茎腐烂。在百合种球储藏期发生会造成更大规模腐烂，产量和品质大幅下降。百合炭疽病菌寄主广泛，可危害百合叶片、茎秆、花梗、花和鳞茎。有时内层鳞片上也出现褐色小斑。叶尖染病产生椭圆形或不规则的黑褐色病斑；天气潮湿后，叶片病斑长出黑色小点，即病菌分生孢子盘；发病严重时，病叶干枯脱落。茎秆感病后，病斑长条形，茎秆呈黑褐色枯死，后期病部长满小黑点。花梗受害呈褐色，软腐状。花瓣感病后，开始产生数个至数十个广卵圆形或不整形的病斑，浅褐色，后期导致组织溃坏变薄如纸。鳞茎发病，外侧的鳞片产生淡红色不整形病斑，病健交界明显，此后，病斑变成暗褐色并硬化，最后许多病斑合并，整个鳞片干缩呈黑褐色，病部常见刚毛。一般该病发生区的百合损失达 10%～20%，严重发生区域减产甚至达 40% 以上（图 1）。

病原及特征 病原有两种，分别是百合科刺盘孢［*Colletotrichum liliacearum*（West）Duke］和百合炭疽菌（*Colletotrichum lilii* Plakidas），戴富明等通过特异性鉴定，确定两者为不同的种（图 2）。菌落白色，底黑色，促孢培养形成分生孢子座，褐色，有黑色刚毛，子座产大量分生孢子，单胞，长椭圆形，内有 2 个油球。

侵染过程与侵染循环 百合炭疽病菌的分生孢子侵染有两种途径，一是通过自然孔口或伤口；二是病原菌依赖自身形成附着胞直接侵入感染。另外，炭疽病有潜伏侵染的现象。其侵染过程可分为侵入前期、侵入期、潜育期和发病期等 4 个时期。其侵染循环包括初侵染和再侵染、病原物的越冬、病原物的传播。病害组织中的菌丝体是其主要初侵染来源，病菌可在田间病株残体上存活 10～15 个月，翌年条件适宜

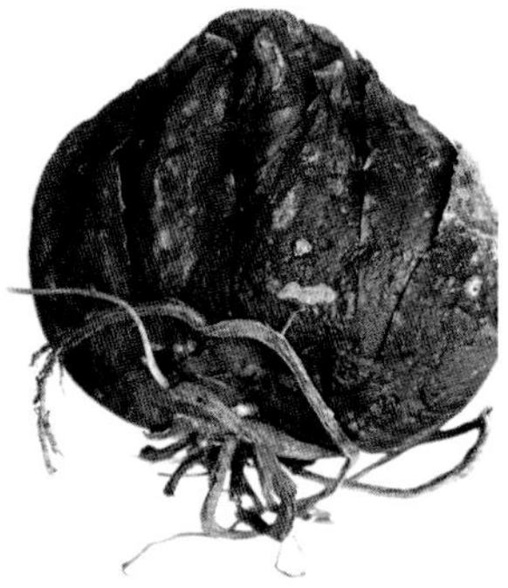

①

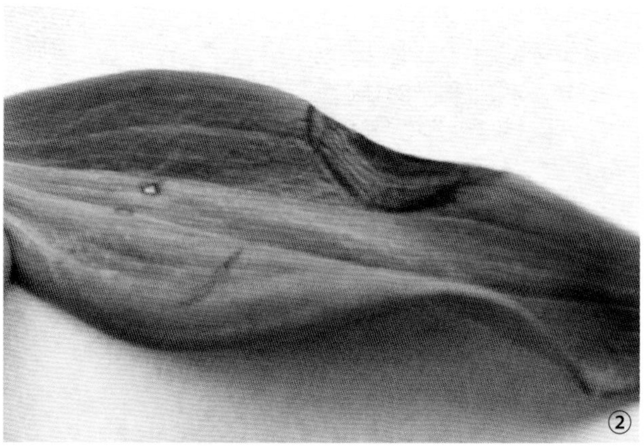

②

图 1 百合炭疽病症状（伍建榕摄）

①鳞茎受害症状；②叶片受害症状

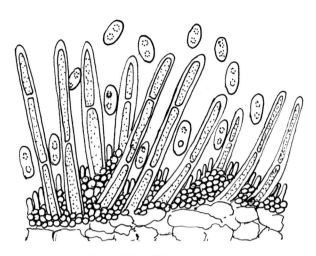

图 2　百合科刺盘孢（陈秀虹绘）

时产生的分生孢子经风雨传播引起初侵染，田间 5 月初发病后的病组织形成分生孢子，造成再次侵染。

流行规律　高温高湿有利于该病的发生。病菌生长温度 4～34℃，百合生长期多雨，尤其是鳞茎生长期阴雨较多，田间积水发病较重。

防治方法

选育抗病品种　是防治植物病害最经济有效的方法。但百合抗炭疽病品种很少，需加快抗病新品种的选育及创新工作。

农业防治　首先要选用无病鳞茎做种用，并做好消毒处理，将鳞茎放在 50% 苯菌灵 500 倍液中，浸蘸消毒。冬季清除病残体，集中烧毁或深埋，可减少和控制初侵染源。采用水旱轮作模式，防止病原菌积累，配合配方施肥、适当疏植、三沟配套等田间管理措施，降低原来的密度。

化学防治　为了更好地预防百合炭疽病，应及时喷药，将病害控制在始发期。如若未及时控制住病情，在发病初期和盛期必须连续用药，隔一天用药 1 次，连续用药 3～4 次。用 25% 咪鲜胺乳 1500 倍防控炭疽病效果最好。百合栽培过程中，在清理田间的同时适时喷施高效、低毒的杀菌剂，并在防病的同时注意害虫防治，以免扩大再侵染，增强植株强度和抗病性。

参考文献

陈秀虹，伍建榕，西南林业大学，2009. 观赏植物病害诊断与治理 [M]. 北京：中国建筑工业出版社 .

戴富明，曾蓉，威龙君，等，2011. 百合炭疽病病原菌 PCR 检测技术 [J]. 上海交通大学学报 (农业科学版), 29(4): 55-60.

廖华俊，丁健成，董玲，等，2013. 百合炭疽病、疫病化学药剂防控实验初报 [J]. 中国瓜菜 (7): 23-24, 28.

唐祥宁，游春平，刘福秀，等，1998. 百合炭疽病症状及病原菌研究 [J]. 江西农业大学学报, 20(2): 199-202.

汪海洋，2006. 百合叶尖干枯病、炭疽病的发生与防治 [J]. 安徽农学通报, 12(5): 212.

（撰稿：伍建榕、张俊忠、周媛婷；审稿：陈秀虹）

百合叶斑病　lily leaf spot

由百合生叶点霉引起的百合叶尖叶缘出现病斑的病害。

分布与危害　在中国栽培地均有发生，分布广。主要危害叶片。病斑多从叶尖或叶缘开始，由黄褐色小斑向下或向内扩展成为不规则形褐色较长一点的大斑（病状），叶缘病斑半圆形，病斑外圈有明显的黄晕，病斑表面散生针尖大小黑粒状物（病症）（图 1）。

病原及特征　病原为叶点霉属的百合生叶点霉（*Phyllosticta lilicola* Sacc.）（图 2）。分生孢子器球形或扁球形，器壁膜质，褐色，孔口圆形，暗褐色，产孢细胞瓶形，单胞，无色，4～6μm×1.5～2μm，分生孢子椭圆形，两端圆，单胞，无色，3～5μm×2～3μm。

侵染过程与侵染循环　病菌主要在病残组织内越冬；种用的鳞茎也可带菌传病。以菌丝体、分生孢子器在病株上或枯枝落叶上及遗落土中的病残体上存活越冬。翌春温度、水分适宜时，病部产生分生孢子，从分生孢子器孔口中大量涌出，借风雨传播，从植株伤口或表皮气孔侵入即行发病，引起初侵染。

图 1　百合叶斑病症状（伍建榕摄）

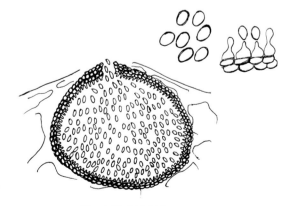

图 2　百合生叶点霉（陈秀虹绘）

流行规律 温暖多雨的雨季发病较重。苗圃低湿或植株长势较差则发病严重。

防治方法

农业防治 选用抗病品种。精心养护。加强综合栽培管理，配方施肥、适时灌水排水、松土培土、喷药防病及清理园圃等。

化学防治 发病前或发病初期及时喷药预防控制。发病前的预防可选用 0.5%～1% 石灰等量式波尔多液，或 0.2 波美度石硫合剂或 70% 托布津 +75% 百菌清可湿性粉剂（1:1）1000～1500 倍液，或 40% 多硫悬浮剂 600 倍液，或 80% 炭疽福美可湿性粉剂 800 倍液，或 25% 炭特灵可湿性粉 500 倍液，或 50% 施保功可湿性粉剂 1000 倍液，7～10 天喷 1 次，2～3 次。药剂交替使用，以免产生抗药性。

参考文献

谌超贤，2003. 百合病害的发生与防治 [J]. 湖南农业科学 (4): 57-60.

陈秀虹，伍建榕，西南林业大学，2009. 观赏植物病害诊断与治理 [M]. 北京：中国建筑工业出版社.

叶世森、林芳、宋建英，2002. 百合病害的研究综述 [J]. 西南林学院学报，25(3): 85-86.

（撰稿：伍建榕、张俊忠、周嫒婷；审稿：陈秀虹）

图 1 百合叶斑枯病症状（伍建榕摄）

百合叶斑枯病 lily leaf spot blight

由芽枝孢引起的百合叶部出现枯斑的病害。

分布与危害 在中国各地均有分布。叶面呈现小病斑，后扩大成褐色圆斑，中心干燥，少数脱落成圆形孔洞，病健交界处明显。多个病斑连合形成枯斑，在枯斑叶背常可见到灰黑色绒毛状病症（图 1）。

病原及特征 病原为枝孢属的芽枝孢 [*Cladosporium cladosporioides*（Fres.）de Vries]。分生孢子梗多侧生在菌丝上，不分枝，分隔处不缢缩，直立，产孢后不再延伸，不膨大，平滑或有细疣，淡褐色，具孢痕，90～350μm×2.7～5.5μm。枝孢 0～1 个隔膜，13～28μm×3.2～5.4μm。分生孢子顶生或侧生，形成分枝的孢子链椭圆形、圆柱形、柠檬形、近球形、淡褐色、平滑，油镜下可见细疣，0～1 个隔膜，大多数无隔膜，3.2～14.8μm×2.7～5.4μm（图 2）。

侵染过程与侵染循环 病菌随病残体在土壤及包装材料等部位越冬，成为翌年的主要初侵染源，通过伤口接触，并在体内定殖、扩展进而危害叶片，直至表现出症状。病部孢囊孢子借气流传播进行再侵染。

流行规律 该病在密闭不透气的种植地中易发生，应密切注意其发展动态。

防治方法

农业防治 初病期摘除落叶，清除落叶，并集中销毁。植株种植时注意通风透光。发病期必须剪去一些植株做切花或丢弃（先去病重的）。

化学防治 幼苗可用波尔多液或多菌灵等杀菌剂定期喷洒保护。杀菌剂不要固定用一种，应交替使用。

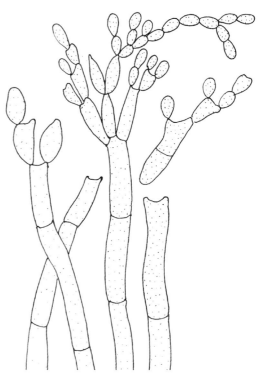

图 2 芽枝孢（陈秀虹绘）

参考文献

陈秀虹，伍建榕，西南林业大学，2009. 观赏植物病害诊断与治理 [M]. 北京：中国建筑工业出版社.

（撰稿：伍建榕、张俊忠、杨蕊；审稿：陈秀虹）

板栗实腐病 chestnut seed rot

由几种真菌单独或复合侵染引起的板栗种实病害。是板栗采收后贮运期发生的重要病害。

发展简史 Fowler 和 Berry 于 1958 年报道在美国佐治

亚州从中国引进的板栗种植园中，发生了炭疽菌侵染引起的蒂腐病（blossom-end rot），并于1939—1945年对病菌的侵染特点、单株树木的相对抗病性和防治方法等进行了研究，这是有关板栗实腐病的最早报道。日本学者大石亲男、内田和马、庄司次男等在20世纪70～80年代报道了日本栗果实上病害的发生情况。

在中国，20世纪70年代末期，河北和北京所产板栗在外销贮运过程中实腐病严重发生，影响到对外贸易，引起生产、贸易、科研部门的关注，河北农业大学和北京农业大学分别对河北和北京主要板栗产区的栗实腐病进行了病原菌种类鉴定、病原菌侵入时期、病害发生影响因素和病害防治的研究。90年代以来，随着中国板栗栽培面积的逐年扩大，板栗储藏数量增加，栗实腐病发病率在一些地区呈上升趋势。北京林业大学开展了板栗实腐病病原菌的致病性、侵染过程和潜伏侵染研究，初步明确了病害的发生规律。随着很多板栗产区普遍采用采后冷藏技术后，对病害发生起到明显抑制作用。

分布与危害　分布于中国板栗产区的河北、北京、陕西、山东、河南、安徽、江苏、浙江、江西、湖北、湖南、广西等地。国外仅在日本和欧洲南部有分布。在较好的常规储藏条件下，栗实腐病的损失约为10%，而储藏不当时，损失率可达50%。

板栗实腐病菌可侵染板栗、日本栗、欧洲栗等栗属植物种实。栗果发育的后期，少数栗果即发病，病栗多从栗苞顶端开始发病，向下蔓延，使栗仁干腐，种皮表面生灰白色菌丝。多数栗果在采收时无异常变化，但在储藏和运输的过程中果实霉烂或干腐。病栗种仁的颜色多样，与病菌的种类有关，分别表现为黑色、褐色、灰色和白色或几种颜色混合在一起（图1）。

病原及特征　该病由多种真菌引起，各地病原的种类有所不同。常见的有胶孢炭疽菌［*Colletotrichum gloeosporioides*（Penz.）Sacc.］，其分生孢子无色、单胞、长椭圆形，中央有1～2个脂肪滴，大小为16～22μm×3.5～5.0μm。葡萄座腔菌［*Botryosphaeria dothidea*（Moug.）Ces. & De Not.］，隶属葡萄座腔菌目，有性型不常见。无性型分生孢子器黑褐色，球形，多个生于发达子座中；具孔口；大小为150μm×120μm；分生孢子无色，单胞，长椭圆形，大小为22.5～24.8μm×6.2～7.5μm。拟茎点霉（*Phomopsis* sp.），分生孢子器生于子座内，扁球形，单腔，褐色，大小300～400μm；分生孢子梗产孢细胞无色，内壁芽生瓶体式产孢；甲型分生孢子无色，单胞，长纺锤形，5～6μm×1～1.5μm；乙型分生孢子无色，单胞，线形，一端弯曲呈钩状，19～25μm×0.5～0.8μm。茄腐皮镰刀菌［*Fusarium solani*（Mart.）Sacc.］，分生孢子二型，大型分生孢子圆柱状，直或向一端弯曲，有3～5个横隔膜，长19.0～47μm×2.8～5.0μm；小型分生孢子无色，椭圆形、卵圆形至肾形，4.5～7.5μm×2.0～4.3μm；团状聚生在分生孢子梗上，或单生（图2）。

侵染过程与侵染循环　病菌侵染始于板栗受粉期之后和胚乳吸收期之前的一段时间，通过柱头和栗苞表皮侵入。种子成熟前的一段时间病原菌逐渐进入种仁。林分密度大、林内湿度高有利于病菌侵染。病菌从花期侵入栗果组织，侵染后不表现症状，而在栗果采收及至贮运过程中，当环境条件适宜病菌生长或寄主种实生理出现有利于病菌扩展条件时发病，存在潜伏侵染现象。少数栗果在板栗果实发育期即可发病。

病原菌主要在枝条病斑上以菌丝体越冬，胶孢炭疽菌和拟茎点菌亦可在落地栗苞中越冬；翌年在越冬部位产生孢子器，孢子通过风雨传播，侵染栗果。

流行规律　板栗是顽拗性种子，生理上对种子失水敏感，栗子采收后，栗仁水分的过多丧失是实腐病发生的重要诱因。种子成熟度影响发病率，成熟度越差，发病率越高。储藏环境高温高湿将增加发病率。

防治方法

化学防治　自板栗雌花受粉期开始至栗果成熟前30天左右，定期喷洒杀菌剂，阻止病菌侵入。可施用75%百菌清700倍液。储藏场所使用前应消毒，保持清洁。

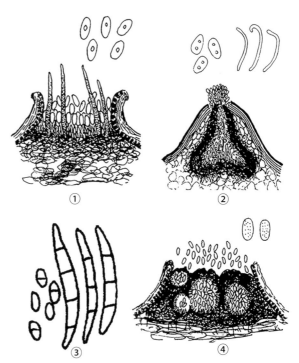

图2　板栗实腐病病原菌形态（引自谢宝多，1998）
①胶孢炭疽菌；②拟茎点霉菌；③茄腐皮镰孢菌；④葡萄座腔菌

图1　板栗实腐病症状（贺伟提供）
①采收前病栗；②贮运期病栗

B

林业技术措施　加强田间栽培管理，保持适宜的林分密度。尽量在栗果成熟后开始采收，采收后须放在阴凉通风的条件下暂存。种子从栗苞中脱出来之后，使其失去少量水分后（不超过 5%），即开始在较低的温度条件下保湿储藏。

物理防治　如有冷库，可在温度不低于 –2℃、相对湿度 90% 的条件下储藏，抑制病菌的扩展。

参考文献

贺伟，沈瑞祥，王晓军，2001. 北京地区板栗实腐病病原菌的致病性及侵染过程 [J]. 北京林业大学学报，23(2): 36-39.

贺伟，尹伟伦，沈瑞祥，等，2004. 板栗实腐病潜伏侵染和发病机理的研究 [J]. 林业科学，40(2): 96-102.

侯保林，张志铭，杨兴民，等，1988. 河北板栗种仁斑点类病害研究 [J]. 河北农业大学学报，11(2): 11-21.

刘建华，李秀生，吕东林，等，1993. 板栗实腐病研究初报 [J]. 森林病虫通讯 (3): 9-11.

梅汝鸿，陈宝琨，陈壁，等，1991. 板栗干腐病研究Ⅱ：症状及病原 [J]. 中国微生态学杂志，3(1): 75-79.

谢宝多，1998. 板栗病害 [M]. 北京：中国林业出版社.

（撰稿：贺伟；审稿：田呈明）

板栗疫病　chestnut blight

由栗疫菌引起的一种危害板栗枝干的真菌病害。又名板栗干枯病。是世界上栗属树种分布区的主要病害。

发展简史　1900 年首先发现于美国东部的美洲栗（Castanea dentata Borkh）上，在以后的 20 多年里，疫病迅速蔓延，几乎摧毁了北美的全部美洲栗林。1938 年此病传至欧洲，此后的 10 多年时间里在欧洲多个国家传播蔓延，导致欧洲栗（Castanea sativa Milier）亦几遭覆灭之灾。早在 1913 年，美国学者就发现中国东部的板栗有疫病。中国从 1974 年起陆续报道了出现在多个省份的栗疫病。尽管中国板栗较抗栗疫病，但在一些地区，栽培管理粗放导致树势衰弱，环境条件有利于发病时，也会造成严重病害。在欧洲，1965 年意大利学者发现栗疫菌的弱毒菌系，为栗疫病的防治开辟了新的途径。中国学者对该菌的致病力分化、病菌菌体中双链核糖核酸（dsRNA）的检测以及不同毒力菌株在生物学特性和生理生化等方面的差异等方面进行了一系列的研究，取得了许多有价值的结果。

分布与危害　中国分布于辽宁、北京、河北、山西、陕西、山东、河南、安徽、江苏、浙江、江西、湖南、重庆、广西、云南等地的板栗种植区。国外分布在美国、意大利、法国、日本、韩国、印度等国。

栗疫病菌可侵染栗属的多个种。美洲栗和欧洲栗高度感病，板栗和日本栗较抗病。国外报道也能危害毛枝栗、红槲、白栎、美洲黑栎和山栎树等。病害主要发生在主干及较大的侧枝上。初期在表皮上形成圆形或不规则形的水渍状病斑，黄褐色或紫褐色，略隆起，较松软。病斑逐渐扩大，并向上下蔓延。发病至中后期，病部失水，干缩下陷，皮层开裂。撕开树皮，在树皮与木质部之间可见有羽毛状扇形的菌丝层，

初为乳白色，后为浅黄褐色。春季，在感病部位产生橙黄色疣状子座。此后子座顶破表皮外露，遇雨或空气潮湿时，产生黄褐色、棕褐色胶质卷丝状的分生孢子角。入秋后，子座颜色变为紫褐色，并可见黑色刺毛状的子囊壳颈部伸出子座外。病斑常发生于嫁接口附近，受昆虫危害的树皮处常出现栗疫病溃疡斑。病害造成板栗树势衰弱，栗实产量大幅度下降，严重时引起树木死亡（图 1）。

病原及特征　病原为栗疫菌［Cryphonectria parasitica（Murr.）Barr.］，属隐丛赤壳属。在 PDA 培养基上菌落呈黄白色至橙黄色，棉絮状，生长迅速。少数菌株的菌落深黄色或深褐色，这类菌株的扩展速率较慢。还有一部分菌株在一周内菌落基本保持白色，很少形成孢子器，此为弱毒菌株。

分生孢子器生于鲜色肉质的子座中，不规则形，多室。分生孢子单胞，无色，长椭圆形或圆柱形，直或略弯曲，大小为 1.2～1.5μm×3.0～3.5μm。子囊壳产生在子座底层，黑褐色，球形或扁球形，直径为 260～315μm。每个子囊壳均有与顶端相通的长喙。一个子座中生数个至数十个子囊壳。子囊棍棒状，其间无侧丝，无色，大小为 38～43μm×6.0～8.0μm。子囊孢子 8 个，成单行或不规则排列于子囊内，椭圆形，无色，双细胞，分隔于中间，分隔处稍显缢缩，大小为 5.5～9.9μm×2.6～4.0μm（图 2）。

栗疫菌中存在营养体亲和群（vegetative compatibility group，VCG），在不同国家和地区，群的类型和数量有所不同。

在中国，栗疫菌营养体亲和群众多。仅在苏皖地区分离出的 219 个菌株就可划分为 131 个营养体亲和群。中国东部 12 个省（自治区、直辖市）栗疫菌交配型均存在两种交配型，交配型 A 与 a 之比约为 1：2。由于存在两种不同的交配型，可以预料该菌的遗传变异将随着杂交频率的增大而增大。

侵染过程与侵染循环　病菌孢子接触到幼嫩枝干树皮上的新鲜伤口时萌发，并开始侵染。菌丝进入皮层细胞或在皮层细胞之间生长，也可进入边材外层生长。随着菌丝生长杀死这些组织。树皮中的菌丝集结成扁平、浅黄色到橘黄色的菌丝块（菌丝扇），以化学作用和机械作用破坏树皮和形成层组织，通过草酸和没食子酸直接和间接的酸化作用以及浸解酶的作用，使植物组织死亡。

病菌以多年生菌丝体和子座在病树上越冬。翌年 3 月底至 4 月上旬病菌开始活动，4 月中下旬产生新的分生孢子，5 月中旬大量出现分生孢子角。分生孢子借雨水、气流、昆虫和鸟类传播。10 月下旬开始产生有性型。子囊孢子主要借气流传播。分生孢子和子囊孢子均可进行初侵染。有重复侵染发生。日灼、冻害、嫁接和虫害等所致伤口，是病菌孢子的主要侵染途径。病菌可随带病种子、苗木和接穗运输而远距离传播。栗园周围染病的锥栗、茅栗和栎类，往往亦是栗疫病的侵染来源。

流行规律　板栗幼林生长势旺盛，对疫病的抗性较强，而往往随着栗树树龄增长病情加重。在瘠薄、黏性重的红壤上，板栗适应性较差，往往疫病重。寄主处于干旱胁迫时，其抗病性受到影响，促使病斑扩展。山谷地积水、石灰岩土

图 1 栗疫病症状（贺伟提供）

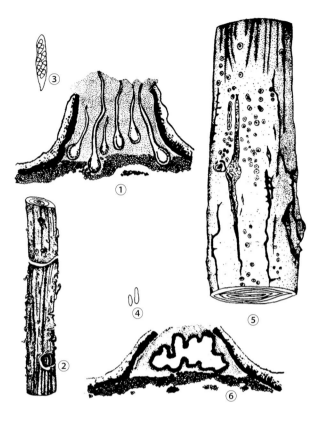

图 2 栗疫病及其病原（贺伟提供）
①子囊壳；②分生孢子角；③子囊及子囊孢子；④分生孢子；
⑤病害症状；⑥分生孢子器

层较薄、pH 过高的立地条件，板栗树生长不良，疫病亦较重。管理粗放，虫害严重则发病重。板栗不同品种的抗病性有所差异，病害发生情况也有差异。

防治方法

林业技术措施　选用抗病品种，选择地势平缓、排水良好、土层深厚肥沃、微酸的砾质壤土栽培板栗。加强抚育管理，适当施肥，增强树势，提高抗病力。杜绝折枝采果或只收不管。尽可能减少灼伤、冻伤、虫伤和人为的刀伤等损害。彻底清除重病株和重病枝，及时烧毁，减少侵染点和侵染源。对树势衰弱的重病区，可采用高接换种办法，提高抗病力。

化学防治　对树势尚盛的轻病株，可刮除主干及大枝上的病斑，将病组织连同周缘 0.5cm 的健皮组织刮除至木质部，伤口处用 200 倍的抗菌剂 401，500 倍的甲基托布津涂抹。嫁接口要及时涂药保护。

生物防治　在欧洲，1965 年发现栗疫病菌的弱毒菌系（hypovirulent strain）。这个弱毒菌系对板栗几乎没有致病力，但能够将强毒菌系（virulent strain）转化为弱毒菌系，一般接种 3 年后，可以治愈。弱毒菌系的 dsRNA 可以通过有亲和性菌系的菌丝细胞融合而转移到毒性菌株中，使正常毒性菌株转化为弱毒菌株。法国、意大利等国利用弱毒菌系成功地控制了欧洲栗疫病的发生。

参考文献

贺伟，叶建仁，2017. 森林病理学 [M]. 2 版 . 北京 : 中国林业出版社 .

王克荣，邵见阳，路家云，1991. 苏皖地区栗疫病菌营养体亲和性研究 [J]. 南京农业大学学报，14(4): 44-48.

王克荣，周而勋，路家云，1997. 中国东部栗疫病菌的交配型 [J]. 南京农业大学学报，20(3): 117-119.

周而勋，王克荣，路家云，1999. 栗疫病研究进展 [J]. 果树科学，16(1): 66-71.

SINCLAIR W A, LYON H H, 2005. Diseases of trees and shrubs, [M]. 2nd ed. Ithaca and London: Comstock Publishing Associates, Cornell University Press.

（撰稿：贺伟；审稿：田呈明）

半活体营养型病原菌　hemibiotrophic pathogens

某些植物病原真菌在其生活史中一部分时期作为寄生物在活的寄主上生活（活体营养时期），一部分时期作为腐生物在死的植物组织上生活（死体营养时期）。这类病原菌包括稻瘟病菌（*Magnaporthe oryzae*）、小麦叶枯病菌（*Zymoseptoria tritici*）、棉花黄萎病菌（*Verticillium dahliae*）、十字花科蔬菜炭疽病菌（*Colletotrichum higginsianum*）等。半活体营养型病原菌利用黑色素化或非黑色素化的附着胞穿透寄主植物表皮和细胞壁，或者利用非黑色素化的附着胞穿透植物气孔，直接侵入到植物组织中。在入侵活的植物组织时，半活体营养型病原菌必须抑制寄主的防卫反应，维持从寄主植物中持续地获取营养并进行生长发育。在寄主植物组织内，病原菌会形成细胞间侵染菌丝、细胞外侵染菌丝等多种类型的、"蟹腿状"的活体营养型菌丝。在死体营养阶段，侵染菌丝会转变为"纤细状"死体营养型菌丝。关于半活体营养型病原菌如何从活体营养型转化为死体营养型的分子机制是当前研究的热点。

参考文献

AGRIOS G N, 2009. 植物病理学 [M]. 沈崇尧，译. 北京：中国农业大学出版社.

王金生，2001. 分子植物病理学 [M]. 北京：中国农业大学出版社.

许志刚，2009. 普通植物病理学 [M]. 北京：高等教育出版社.

（撰稿：彭友良、杨俊；审稿：孙文献）

孢子捕捉器　spore trap

病原物繁殖体和传播体（孢子）数量是病害预测预报的重要依据。用于植物病原菌繁殖体或传播体（孢子）数量或密度监测的方法和仪器与针对非生物粒子或花粉的很相似。因为非生物粒子与病原菌孢子的大小比较接近，非生物粒子的直径大小为 1～40μm，真菌孢子为 10～40μm，只不过对生物粒子的采样要求尽可能不要损伤或不要破坏它们的生活力。尽管用于病原菌繁殖体或传播体的取样装置或方法较多，且每种装置或方法有各自优缺点并只适于一定的粒子大小范围，但其截获繁殖体或传播体的原理主要是基于重力沉降、惯性碰撞等。

孢子捕捉器是对作物周围环境中的一些病原物传播体（例如孢子）相对密度进行监测的仪器。具体分为 3 种。

旋转垂直胶棒孢子捕捉器——Rotorod 捕捉器　此捕捉器是通过一对垂直的黏性棒高速旋转，与孢子发生碰撞来收集孢子。这种方法对直径大约为 20μm 的孢子的捕捉频率最高，而且能检测到低浓度的孢子。机械装置简单轻便，可用电池驱动，相对来说费用也不太高，其捕捉效率较高且受风速影响不明显，由于捕捉表面容易产生过饱和，因此，实际的捕捉效率主要取决于空气中孢子的大小和密度及捕捉器的使用时间。Rotorod 捕捉器由一对 U 形丙烯棒组成，在电机的驱动下以一定的速率旋转，U 形棒宽 1.59mm，它对直径为 10～100μm 的粒子捕捉效果最佳。Rotorod 捕捉器有时也采用 H 形棒，一般棒宽 0.48mm，它对捕捉粒子的最有效范围为 1～10μm，且棒越窄，对小粒子的捕捉效率越高，在相同的取样速率下，Rotorod 捕捉器的 U 形棒捕捉效率可达到 70% 以上，H 形棒可达 100%。

吸入型孢子捕捉器　此类捕捉器多数是真空泵或其他空气驱动装置把孢子吸入孢子捕捉器内，通过碰撞着落到一个运动的收集表面，它可测出单位时间的孢子数量，由此可计算出孢子在空气中的浓度即单位体积的孢子数目，由于它可给出空气体积的读数，该捕捉器也称为定容孢子捕捉器。此装置相对不受风速和孢子大小的影响，其误差主要来自两

个方面，一是吸入误差，即孢子未进入捕捉器的口；二是截获误差，即孢子没有着落到正确的位置，或被捕捉器的内壁所截获，或者孢子随空气穿过捕捉器，这类捕捉器采用了孢子从环境中分离出来的最理想方法，即等空气速率取样，其收集效率随粒子的大小和风速的增加而增加，而与取样器口的大小成反比。

移动式孢子捕捉器　移动式孢子捕捉器或取样器，其收集效率最高可达 99%。它的设计吸收了以上捕捉器或装置的特点，并充分利用了空气动力学的原理。捕捉器工作过程是通过车辆的快速运动使进入的空气在一个带有喷嘴的锥形管道中加速，而排出空气的反向流动设计，使空气流动在喷嘴下的收集区中处于静止状态，从而使进入捕捉器的孢子依靠重力沉降，均匀地落在收集器的底部。此捕捉器的最大特点是不破坏捕捉孢子的生活力，因此，主要适用于专性寄生菌，如锈菌、白粉菌等病原菌孢子的取样，同时也可用于此类病原菌孢子的密度监测。由于移动式孢子捕捉器采样具有效率高、取样均匀、范围大和样本代表性好等特点，所以用来代替传统的人工调查方法可以大大降低工作量，提高效率。

参考文献

马占鸿，2008. 植物病害流行学导论 [M]. 北京：科学出版社.

马占鸿，2010. 植物病害流行学 [M]. 北京：科学出版社.

（撰稿：汪章勋；审稿：檀根甲）

孢子萌发率　spore germination rate

着落于寄主植物表面的一定数量病原孢子中萌发的孢子数量所占百分率。植物病组织产生的孢子经过释放、传播、着落等过程之后，到达寄主植物体表，在一定条件下萌发，产生侵染结构侵入寄主植物，经过潜育期之后引起寄主植物发病，而进一步产生新的病原孢子进行传播。然而，到达寄主植物体表的病原孢子并不一定全部都能萌发，萌发的孢子也不一定都能侵入寄主并与寄主建立寄生关系，即使建立了寄生关系也未必一定会引起病害症状。到达寄主植物体表的孢子能否萌发是孢子活性的具体体现，是孢子能够侵染而引起寄主植物发病的前提。孢子萌发率是定量研究孢子萌发能力的指标，是病害侵染模拟的一个重要变量，是病害预测中进行有效传播体数量估测的重要依据，其在病害侵染过程模拟、病害流行监测和预测中具有重要作用。孢子萌发时会长出芽管，一般地，当芽管的长度超过孢子直径长度（对于不是正圆形的孢子，是指直径小的一边）的一半时，即认为这一孢子已经萌发。然而，有些病原物种类的孢子萌发时只形成突起或很短的芽管，就不容易确定孢子是否已经萌发。孢子萌发受到湿度、温度、光照、寄主植物体表物质或基质等多方面的影响，也受到孢子成熟度的影响，萌发所需时间会因条件而异，何时进行孢子萌发观察对于观察结果也有很大影响。一般地，通过孢子萌发试验测定孢子萌发率，可以根据病原种类、孢子萌发所需营养成分等，在载玻片、培养皿或琼脂平板等载体上进行，利用光学显

微镜进行观察，对视野中已萌发孢子和未萌发孢子进行计数，通过计算即可获得孢子萌发率。当然，由于萌发条件的不同，通过孢子萌发试验所获得的孢子萌发率与在寄主植物体表孢子的实际萌发率之间可能会有所差异。在一些情况下，可以利用解剖镜直接观察寄主植物体表的孢子萌发情况，这种方法对于体积较大的孢子比较适用。另外，可以通过组织透明处理方法，利用光学显微镜观察植物叶片表面孢子的萌发情况。测定寄主植物体表孢子萌发率之后，可进一步测定孢子侵入率、显症率，从而获得病原物传播体在一定条件下能够侵染而引致发病的概率，即侵染概率。

参考文献

方中达, 1998. 植病研究方法 [M]. 3 版. 北京: 中国农业出版社.

肖悦岩, 季伯衡, 杨之为, 等, 1998. 植物病害流行与预测 [M]. 北京: 中国农业大学出版社.

（撰稿: 王海光; 审稿: 马占鸿）

孢子释放　liberation of spore

病原孢子通过一定方式从产孢部位脱离或脱落的过程。孢子作为一些真菌病害病原物的繁殖单位和传播体，在病原物的世代延续和病害发生流行中起着非常重要的作用。从物理学角度分析，孢子气流传播一般包括孢子释放、孢子飞散和孢子着落三个过程。植物病组织上产生的孢子，只有完成释放过程，才能借助气流飞散传播到其他植物组织或植物体上。孢子释放不仅需要克服其与产孢结构的联结或寄主表面对其的附着力，还需穿过寄主植物表面厚度为 $0.1 \sim 1mm$ 的空气静止层。根据完成孢子释放所用动力来源不同，孢子释放可以分为两种方式: 一种方式是依靠病原物自身动力进行孢子喷射、放射或弹射，如麦类赤霉病菌子囊孢子的喷射、油菜菌核病菌子囊孢子的放射、锈菌担孢子释放时的弹射等; 另一种方式是病原物依靠风力和雨水飞溅等外力实现孢子释放。大部分种类的孢子主要是依靠外力完成孢子释放过程的。风力可将孢子直接吹离寄主植物，或者通过吹动寄主植物而间接地将孢子抖落。雨滴或喷灌时的冲击可使孢子脱离寄主，进一步通过气流传播。释放孢子所需要的外部力量的大小因病原物种类、寄主植物表面结构、环境条件等不同而有所差异。对于某一病原物，需要风速大到一定程度才能致使孢子释放。对于叶部病害而言，由于叶表面存在界面层效应，距离叶面越近，风速越小，需要周围环境中的风速远大于孢子释放所需叶面风速临界值。阵风可以在稳定界面层形成之前将孢子释放出来，阵风次数越多，孢子释放越多。因此，阵风在孢子释放过程中起到非常重要的作用。孢子释放是进行病原物传播体传播、病害传播、病害模拟和预测等研究中需要考虑的一个重要环节。释放过程受到湿度、温度和光照等环境条件，寄主植物表面结构和冠层结构以及孢子大小、附着能力、产孢方式和数量等多种因素的影响。孢子释放在一定程度上决定着病原物传播体的数量和质量，流体动力学或空气动力学在这一过程的研究中发挥着重要作用。

参考文献

肖悦岩, 季伯衡, 杨之为, 等, 1998. 植物病害流行与预测 [M]. 北京: 中国农业大学出版社.

曾士迈, 杨演, 1986. 植物病害流行学 [M]. 北京: 农业出版社.

（撰稿: 王海光; 审稿: 马占鸿）

孢子着落　deposition of spore

真菌病害病原物孢子经过传播后，降落于寄主植物表面的过程。真菌病害病原物孢子释放之后，由于受到寄主植物冠层结构、气流速度、方向和大小等方面的影响，其可能有 3 个去向: ①逸散，是指孢子飞散到冠层之上，随气流到达一定的高度和距离，其中一部分孢子可经近程传播、中程传播或远程传播到达其他田块中的寄主植物上，一部分孢子则降落于水或其他物体上。②着落于附近或本田寄主植物表面可供侵染部位。③降落于土壤表面或寄主植物的非感病部位，一般这些孢子不会侵染寄主而自然死亡，但是，若孢子抗逆能力较强，寿命较长，则可能通过其他传播方式侵染寄主植物。孢子着落有沉降（sedimentation）和撞击（impaction）两种机制，各自的作用一般因风速大小而异，风速较小时，沉降的作用大于撞击的作用，而风速较大时，撞击的作用大于沉降的作用。在水平风力和上升气流较小时，在重力作用下，空气中的孢子一般会发生沉降现象。孢子沉降时具有一定的沉降速度，其值与孢子的大小、质量和形状等有关。沉降速度、寄主植物器官的伸展角度及其表面性状影响孢子在器官表面的着落量。撞击是由于惯性作用造成的，孢子撞击后能否在寄主植物表面着落受到孢子质量、植物器官的形状、植物器官与风向的角度、植物器官表面的吸附黏着能力、风速大小等方面的影响。撞击后，有些孢子会被寄主植物表面弹回而不能着落。孢子着落过程一般利用空气动力学方法进行研究，如粒子轨迹分析方法等。着落量和着落率是孢子着落过程中的两个重要变量。着落率有两个不同范畴上的定义。其一，将孢子着落看作一个不断进行的过程，着落率是指在单位时间内寄主植物可供侵染部位单位面积上的孢子着落数量。其二，将孢子整个传播过程作为一个整体进行研究，着落率是指一定数量的孢子经过传播后着落于寄主植物可供侵染部位的数量所占的百分率。对于雨水飞溅传播孢子的着落，可以通过分析飞溅水滴的运动轨迹而进行研究。孢子着落的研究对于探明着落机制以及进行病害传播模拟和预测非常重要。

参考文献

肖悦岩, 季伯衡, 杨之为, 等, 1998. 植物病害流行与预测 [M]. 北京: 中国农业大学出版社.

曾士迈, 杨演, 1986. 植物病害流行学 [M]. 北京: 农业出版社.

（撰稿: 王海光; 审稿: 马占鸿）

B

北沙参锈病　glehnia rust

由珊瑚菜柄锈菌引起的一种发生普遍、危害性很大的北沙参重要病害。

发展简史　1996 年之前，中国有关研究报道北沙参锈病的病原菌只有冬孢子和夏孢子阶段。1996 年赵来顺等在北沙参上发现了病原菌的性孢子器阶段，首次明确了北沙参锈病菌是一种缺少锈孢子、单主寄生的锈菌，以冬孢子在当地病残体上越冬，作为翌年初侵染源。2005 年，臧少先等研究了北沙参锈病菌的生活史、发病规律和病害防治方法。

分布与危害　北沙参锈病主要危害茎叶，也危害叶柄及果柄。开始在老叶及叶柄上产生大小不等的不规则形病斑，病斑初期红褐色，后变为黑褐色，并蔓延至全株叶片。性孢子器多发生在叶柄和叶片上，也可在小总苞、苞片及花瓣上，以近地面的叶柄和叶片上较多。初期先形成杏黄色的病斑，3～4 天后病斑内产生大量密集的棕黑色小点，即性孢子器。叶片上的病斑近圆形，直径 1～3mm，正背两面生；叶柄上病斑较大，近圆形或长梭形，长达 1cm；小总苞、苞片及花瓣上的病斑形状多不规则。发病后期，病斑表皮破裂散出黑褐色粉状物，为病原菌的夏孢子或冬孢子。发病初期叶片黄绿色，后期叶片或全株枯死（见图）。在山东、河北等地均有发生，病害流行年份可造成减产 20%～40%。

病原及特征　病原为珊瑚菜柄锈菌（*Puccinia phellopteri* P. Syd. et Syd.），属柄锈菌属。缺少锈孢子，单主寄生。性孢子器埋生表皮下，近球形，孔口乳头状突起，黑褐色，大小为 98～177μm×88～100μm，授精丝伸出孔口外，无色丝状，性孢子单胞，无色，椭圆形，3～5μm×1～5μm。性孢子器形成 5～7 天后在其周围附近形成红褐色疱斑，即夏孢子堆，夏孢子堆生于叶片表皮下，盘状，黑褐色，直径 400～800μm。夏孢子堆成熟后突破表皮，散出铁锈色粉状物，即夏孢子。夏孢子单胞，近圆形或椭圆形，黄褐色至红褐色，大小为 28～36μm×23～26μm，单生，具柄，有刺，外壁厚 2～4μm，有芽孔，位于中腰部或亚顶部。冬孢子双胞，有柄，黄褐色。

北沙参锈病病叶及夏孢子堆（丁万隆提供）

侵染过程与侵染循环　病原菌以冬孢子在田间植株根芽及残叶上越冬，成为翌年的初侵染源。春季北沙参留种田出苗后，冬孢子在适宜条件下萌发侵染留种田幼苗。先形成性孢子器，3～5 天后产生夏孢子堆和夏孢子。夏孢子不断侵染导致留种田中锈病流行。在留种田，夏孢子阶段始于 5 月上旬，比性孢子阶段晚 20 天左右，5 月下旬至 6 月下旬为夏孢子堆盛发期，7 月以后锈病停止发展，陆续形成冬孢子堆和冬孢子，随病残体在留种田越夏和越冬。在留种田秋季返秧的植株上，9 月上中旬开始发病，9 月下旬至 10 月上旬病情不断增长，10 月中旬以后病害停止发展。在春播田，初侵染来自留种田的夏孢子，7 月下旬至 9 月下旬为流行期，10 月中旬后病害停止发展。夏孢子经气流传播，在留种田和春播田中蔓延。

流行规律　高温干旱对病原菌有抑制作用，多雨有利于病害流行，出苗后即有发生，7～8 月发病严重。

防治方法

农业防治　合理密植，增施腐熟有机肥，合理浇水，避免沟灌漫灌，雨季及时排水，降低田间湿度。做好田间卫生管理，降低越冬菌源基数。发病初期及时摘除病叶、带出并进行田间销毁。秋冬后彻底清除田间病残体，集中深埋或烧毁。

化学防治　防治夏孢子阶段的适宜时期，留种田在 5 月下旬至 6 月下旬；春播田在 7 月下旬至 9 月下旬；留种田的返秧苗在 9 月下旬至 10 月上旬。发病初期可喷施 50% 代森锰锌可湿性粉剂 600 倍液、97% 敌锈钠可湿性粉剂 300 倍液或 25% 三唑酮可湿性粉剂 800 倍液，每 10 天喷 1 次，连续喷 2～3 次。

参考文献

臧少先，安信伯，姚克荣，等，2005. 北沙参锈病病原、发病规律及综合防治方法研究 [J]. 中国农学通报，21(7): 349-352, 362.

赵来顺，田学军，臧少先，等，1996. 珊瑚菜柄锈菌性孢子阶段的发现及北沙参锈病研究简报 [J]. 植物病理学报，26(4): 13.

（撰稿：张国珍；审稿：丁万隆）

荸荠秆枯病　Chinese water chestnut stem blight

由荸荠柱盘孢引起的荸荠生产上重要病害之一。在整个生长季节均可发生，主要导致地上部发病枯死，严重时可造成整田绝收。

发展简史　荸荠秆枯病最先在美国报道发生在野生荸荠上；目前，国内外对荸荠秆枯病的研究较少。早期在美国将分离到的荸荠秆枯病病原鉴定为荸荠柱盘孢菌，这与中国分离的荸荠柱盘孢菌形态相似；但从广西分离的荸荠柱盘孢菌其分生孢子梗和分生孢子显著较长，说明不同地区病原菌形态差异可能与其所处的生态条件和寄主品种有关。

分布与危害　荸荠秆枯病在美国以及中国江苏、广西、湖北等荸荠主产区均有分布。在江苏地区荸荠秆枯病病秆率一般达 30%～40%，最重达 100%，导致绝产绝收。广西地区荸荠秆枯病发病田块病秆率一般为 20%～50%。2008 年以来，在湖北团风荸荠秆枯病发生危害加重，每年因该病造成的球茎减产率达20%以上，有的田块已经绝收，严重影响荸荠的产量和品质。

主要危害荸荠茎秆，也可侵染叶鞘和花器，但不侵染球茎。最初在基部叶鞘上发病，初现暗绿色不规则形水渍状斑，后扩展至整个叶鞘，干燥后呈灰白色并现短条状黑小点；基部叶鞘上的病斑进一步扩展至茎秆，湿度大时，病斑暗绿色，水浸状，典型病斑菱形，其上生小黑点或黑色短条点，天气干燥时，初期病斑为淡褐色小斑点，病斑失水干燥，中间灰白色，外围暗褐色，病斑可愈合成较大枯死斑，其上也可生小黑点或黑色短条点，重者全秆枯死倒伏（图1）。花器染病症状与茎部类似，湿度大时病斑上可产生淡灰色霉层。

病原及特征　病原为荸荠柱盘孢（*Cylindrosporium eleocharidis*），属无性孢子类黑盘孢目柱盘孢属。荸荠秆枯病菌在马铃薯葡萄糖琼脂培养基（PDA）上菌落初为白色，后期菌落中央为墨绿色，气生菌丝绒状，生长致密，略微隆起，外围新生菌丝白色，边缘整齐。分生孢子无色，无隔膜，中间略宽，基部钝圆，线形，常有一至数个小滴点，直或向一侧稍弯曲或不规则弯曲，大小为23.8～81.6μm×2.7～5.5μm；分生孢子梗瓶形、窄卵形或梨形，无隔膜，无色或浅褐色，大小为3.8～10.5μm×6.5～23.0μm。在荸荠病茎上的分生孢子和分生孢子梗形态特征与PDA上相似，分生孢子盘生于表皮下，黑褐色，无包被，盘形或铺展形；分生孢子梗不分枝不分隔，密集成栅栏状，初期无色或浅褐色，之后为黑褐色或黑色，1个分生孢子梗上只着生1个分生孢子（图2）。

荸荠秆枯病菌菌丝在连续光照、12小时光暗交替和连续黑暗条件下均能生长，分生孢子可萌发，且无显著差异。菌丝生长和分生孢子萌发温度范围均为5～35℃，最适温度均为25～30℃。病菌在不同培养基上产孢量存在显著差异，其中，绿豆汁培养基（MBA）上产孢量最高。病菌菌丝在pH4～10的PDA培养基上均能生长，以pH6～7时生长最快，pH11时菌丝不能生长。病菌能够利用多种碳源和氮源，碳源以蔗糖和淀粉利用效果最好，氮源以酵母膏和蛋白胨利用效果最好。菌丝的最低致死温度为50℃（处理10分钟），分生孢子最低致死温度为55℃（处理10分钟）。

侵染过程与侵染循环　荸荠秆枯病菌分生孢子在荸荠茎秆上萌发后，在端部或中部产生芽管，芽管不断伸长在顶端产生圆形或椭圆形附着胞，病原菌通过附着胞从表皮组织侵入，侵入后侵染菌丝在细胞内大量扩展，造成组织细胞坏死，后期可在病斑表面产生大量散生的分生孢子盘。荸荠秆枯病菌主要以菌丝体在病组织内和带菌球茎上越冬，翌年条件适宜时产生分生孢子，萌发生出芽管，由气孔或穿透寄主表皮直接侵入，经6～13天潜伏期后出现病斑。

流行规律　因各地气候条件和耕作制度不同，荸荠秆枯病发生时间也有差异。一般来说，在湖北、广西等地6月育苗期间即可显症，8～10月为发病高峰期，11月后病菌以菌丝体在球茎和病残体上越冬。由于病菌菌丝离开病残体后，在土壤中存活时间不超过3个月，而育苗期在翌年4月以后（水育），旱育苗则在6月下旬至7月上旬，因此，土壤中的病菌不是荸苗主要的初侵染源；鉴于水育的苗龄长达100多天，有的苗床病秆率可达70%以上，病苗移栽后就成为本田病害流行的主要菌源，故认为带菌种球是主要的初侵染源，其次是田间病残体。此外，感病的野荸荠也可成为重要的初侵染源。

荸荠秆枯病发生与温、湿度环境以及田间栽培管理措施密切相关。该病的发生发展与7～9月间温湿度、雨量、露日等环境因素关系密切。温度适宜时，湿度则是影响病害发生程度的决定因素，8～9月如降雨多，则有利于病菌产孢，通过株间接触加速传播侵染。9月中旬后，荸荠封行，田间湿度大，气温27℃左右，易加重病情。栽培管理粗放也会加剧病害发生。植株密度过大，封行早，株间荫蔽，通风透光不良，发病早且重；有机肥缺乏，底肥不足，早期偏施氮肥，漫灌串灌或遭洪涝灾害，都易使病害流行；生长后期脱肥或经常缺水，也会使病情加重。

防治方法　应以选用抗病品种和农业防治为基础，化学防治为主的综合防治策略。

选用抗病品种　据各地的生态环境条件，选用抗性品种，如益阳荸荠、利川野荠、江西九江荠、宣州荠-2等；选用无病田块留种，选取无病种球催芽育苗，育苗过程中如发现病苗应剔除。

农业防治　加强田间水肥管理，清洁田园。田块不宜过大，排灌应分开，避免串灌和漫灌，防止病原通过灌溉水传播蔓延；基肥要施足，多施农家肥，控制氮肥的施量，增施磷钾肥，从而提高荸荠植株的抗病能力。采收荸荠球茎前，拔除田间病株，集中烧毁，防止病害传播和蔓延；翌年开春后，把遗留在田中的荸荠球茎清理干净，减少病原基数；铲除田边的野荸荠和自生苗，减少病害的初侵染菌源。

化学防治　荸荠移栽过程中用25%多菌灵500倍液浸泡荸荠球茎12小时进行种子消毒；每亩选用10%苯醚甲环唑水分散粒剂30～45g或400g/L氟硅唑乳油4～6ml或250g/L嘧菌酯悬浮剂30～45ml；在病害发生初期开始施药，每隔10天左右施药1次，共施3次。

治虫防病　荸荠上的主要害虫是白禾螟。荸荠苗受害后会在植株茎秆上造成伤口，有利于荸荠秆枯病菌从伤口侵入，同时使植株的生长变弱，抗病能力下降，有利于病害的发生和流行。因此，消灭越冬虫源，减少虫害的发生基数，可有效防治虫害，从而间接防治荸荠秆枯病。

图1 荸荠秆枯病症状（潘丽提供）
①茎秆枯死；②初期病斑；③后期病斑

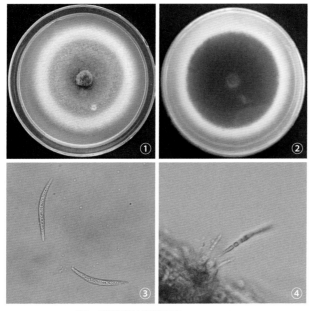

图 2　荸荠秆枯病菌形态（潘丽提供）

①菌落正面；②菌落背面；③分生孢子；④产孢表型

参考文献

赖传雅，梁均，白志良，等，1996. 荸荠秆枯病病原菌研究 [J]. 广西农业大学学报，15(2): 93-95.

潘丽，朱志贤，吕茹婧，等，2011. 荸荠秆枯病菌生物学特性研究 [J]. 长江蔬菜 (16): 75-79.

潘丽，朱志贤，郑露，等，2010. 荸荠主要病害的研究进展 [J]. 长江蔬菜 (14): 10-14.

中国农村技术开发中心，2015. 水生蔬菜丰产新技术 [M]. 北京：中国农业科学技术出版社.

（撰稿：郑露；审稿：黄俊斌）

荸荠枯萎病　Chinese water chestnut wilt

由多种镰刀菌引起的荸荠生产中发生最为普遍的一种土传病害。又名荸荠瘟。

发展简史　荸荠枯萎病在国外还未见报道，国内首次于1986年在浙江余杭发现，成为当地荸荠上发生的一种毁灭性病害。对于该病病原的研究还很有限。1988年，蒋冬花等报道浙江11个县分离获得的4种镰刀菌，尖孢镰刀菌、锐顶镰刀菌、半裸镰刀菌和串珠镰刀菌中间变种均能引起荸荠枯萎病，并认为该病的主要病原是尖孢镰刀菌；后在福建等荸荠主要产区均有尖孢镰刀菌导致荸荠枯萎病的报道。2014年，朱志贤等收集湖北、浙江、福建、安徽、江苏、湖南等中国荸荠主要产区的荸荠枯萎病病样，根据形态学和分子生物学方法将主要病原鉴定为 Fusarium commune。另外，在湖北、浙江还发现了藤仓赤霉复合种（GFSC）的新种以及一种未知的镰刀菌。

分布与危害　在湖北、湖南、安徽、福建、浙江和江苏等主要产区均有荸荠枯萎病发生的报道。其中，福建龙海的荸荠老产区发病率轻者约40%，重者可达80%～100%，湖北荆州荸荠产区的发病率2003年为15%～20%，2004年上升到20%以上，有些田块发病率可达30%左右；湖北团风2009年病害发病率为20%～35%，2012年病害发生面积扩大、发病程度加重，有些田块发病率达到70%以上。

从播种至收获皆可发生，可导致荸荠烂芽、枯苗和球茎腐烂，特别在成株期受害最重。荸荠枯萎病主要危害荸荠茎基部，发病初期少量叶状茎秆尖端变黄，而后逐渐向茎基部扩展；后期母株整株发黄，少数分蘖开始枯萎；此时根变黑褐色腐烂，几乎不产新根，导致植株枯死或倒伏，部分植株基部长满粉红色黏状物；地下部不结球茎或结出发育差的浅白色球茎，或者球茎变成黑褐色腐烂，严重影响荸荠球茎产量（图1）。

病原及特征　荸荠枯萎病由多种镰刀菌（Fusarium spp.）引起，病原属无性孢子类镰刀菌属。至少已报道有5种病原菌，分别是 Fusarium commune、尖孢镰刀菌（Fusarium oxysporum Schlecht.）、锐顶镰刀菌（Fusarium acuminatum Ellis & Everh.）、半裸镰刀菌（Fusarium semitectum Berk. et Rav.）和串珠镰刀菌中间变种（Fusarium moniliforme var. intermedium Neish et Leggett.）。其中，Fusarium commune 分布范围最广，在湖北、安徽、湖南、福建、浙江和江苏主要荸荠产地均有分布。

病原菌 Fusarium commune 产生3种类型分生孢子，即大型分生孢子、小型分生孢子和厚垣孢子。大型分生孢子多数3个隔膜，镰刀状轻微弯曲，顶细胞渐尖，基细胞足状，大小为 $35.0\sim43.0\mu m\times4.0\sim4.8\mu m$；小型分生孢子假头状着生于简单瓶梗或多出瓶梗上，多数小型分生孢子无隔，卵形、倒卵球、椭圆形或肾形，大小为 $7.5\sim12.0\mu m\times2.8\sim3.3\mu m$；厚垣孢子细胞壁光滑，间生或顶生，单个或成对，直径 $10.0\sim12.8\mu m$；在马铃薯葡萄糖琼脂培养基（PDA）上菌落气生菌丝丰富，浓密的絮状或绒毛状，粉紫色；菌落背面浅紫色略带橙色（图2）。

Fusarium commune 存在明显的致病力分化，不同省份来源菌株致病差异显著，其中来自福建、湖南的菌株致病力较强。

侵染过程与侵染循环　荸荠枯萎病菌主要以菌丝体潜伏在老球内或以菌丝体、分生孢子及厚垣孢子在病残体和土壤中越冬，成为翌年初侵染源。病原菌多从荸荠根部伤口侵入，也可以从根部直接侵入。在自然条件下，地下害虫咬食和机械伤口有利于病原菌侵入。病原菌侵入后菌丝先在表皮细胞和皮层扩展，然后进入维管束组织，逐渐扩展到荸荠植株各部位，植株表现系统性侵染症状。田间枯死植株成为发病中心，菌丝和分生孢子借风雨和流水进行再侵染。该病可以带菌种球进行远距离传播，病菌通过灌水、耕地、地下害虫和线虫活动等方式进行近距离传播。

流行规律　荸荠枯萎病在荸荠播种育苗期基本不显症，在湖北、江苏等地荸荠8月上旬移栽大田后，9月上旬开始零星发病，病菌由老叶向新叶、母株向分蘖蔓延，9月上旬至10月下旬该病盛发，可一直延续到11月中旬；适宜温湿度有利于病害发生；不同年份或不同田块发病率有差异。病

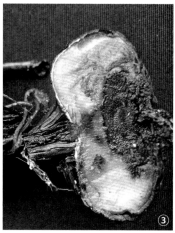

图 1　荸荠枯萎病症状（朱志贤提供）
①大田枯萎状；②根部腐烂；③球茎腐烂

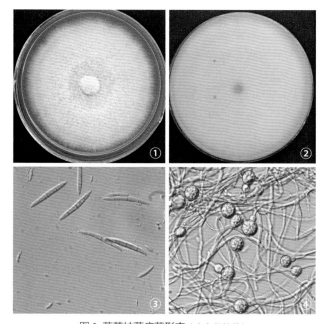

图 2　荸荠枯萎病菌形态（朱志贤提供）
①菌落正面；②菌落背面；③大、小型分生孢子；④厚垣孢子

菌可由种荸和土壤带菌，成为翌年的侵染源。发病程度与气温、菌源、肥水管理等有关。

防治方法　荸荠枯萎病是一种土传病害，防治难度较大；防治应以选用抗病品种为主，种球药剂消毒和加强农业管理为辅的综合防治措施。

选用抗病品种　因地制宜选用抗性较强的荸荠品种进行种植，如沙洋荠、肇庆荠、韶关马坝荠、桂林 -1 等。

种球消毒　避免使用带病种球，不要在病田留种；对种球进行药剂消毒，栽种前用 25% 多菌灵可湿性粉剂或 40% 氟硅唑浸种 12 小时，晾干后下种。

农业防治　每年收获结束后及时清理出田间病残体并集中带出田外销毁；有条件的地区尽量选择往年未发病的田块种植荸荠；发病特别严重田块可与莲藕、慈姑等轮作 3 年以上，以减少土壤中菌源数量；合理肥水管理，可增施磷、

钾等元素促进植株生长。

参考文献

侯明生，黄俊斌，2014. 农业植物病理学 [M]. 2 版 . 北京：科学出版社 .

潘丽，朱志贤，郑露，等，2010. 荸荠主要病害的研究进展 [J]. 长江蔬菜 (14): 10-14.

中国农村技术开发中心，2015. 水生蔬菜丰产新技术 [M]. 北京：中国农业科学技术出版社 .

ZHU Z X, ZHENG L, PAN L, et al, 2014. Identification and characterization of *Fusarium* species associated with wilt of *Eleocharis dulcis* (Chinese water chestnut) in China[J]. Plant disease, 98: 977-987.

（撰稿：郑露；审稿：黄俊斌）

比较流行学　comparative epidemiology of plant diseases

流行学的分支学科。其基本概念最早由德国的植物病理学家和流行学家克兰茨（Jürgen Kranz）在 1980 年提出。在这之前，克兰茨已经初步提出比较流行学的概念。2003 年，克兰茨出版了他的专著 Comparative epidemiology of plant diseases，系统阐述了比较流行学的基本原理和相应的研究方法。比较流行学注重不同植物病害流行的比较研究，即所谓的交叉研究（across studies）。体现在对病害流行规律的异同做深入分析以及在特定设计的实验及其数据分析中做深入研究。从许多病害流行的无限的多样性中，比较流行病学最终提取了一些基本类型和规律加以概括和总结。

比较流行学的研究方法是从田间试验，控制条件的试验到模拟模型的研究中比较不同病害流行的过程，从而获得相似或一致性的规律。统计学方法成为比较流行学研究的有力工具.应用这些方法，比较流行学的研究范畴包括了寄主——病原的系统分析、病害流行的时、空动态的比较分析，以及病害流行后果如产量损失、风险分析、不同栽培、化学防治

措施以及病原群体动态的比较分析等。

参考文献

曾士迈，杨演，1986.植物病害流行学 [M].北京：农业出版社．

（撰稿：骆勇；审稿：肖悦岩）

避病　disease escaping

在自然环境中，感病植物由于某些原因不接触病原物或减少接触的机会导致不发病或发病减少的现象称为避病。避病这种现象早在几千年前就已经被植物学家关注，植物学之父泰奥弗拉斯托斯在公元前 4 世纪观察到有风的山坡上的植物比低地上的植物更不容易发生病害。植物通过时间错开或空间隔离而躲避或减少了与病原物的接触，前者称为"时间避病"，后者称为"空间避病"。为什么感病植物能逃避病害呢？这是因为病害发生的三大必需要素：易感病的植物、有毒性的病原物和有利的环境没有在恰当的时间点同时起作用。

避病主要受到植物本身、病原物和环境条件三方面很多因素以及相互配合的影响。对于植物本身来说，植物的形态和机能特点可能成为重要的避病因素，植物易受侵染的生长阶段与病原物有效接种体大量散布时期是否相遇是决定发病程度的重要因素之一，两者错开就能达到避病的效果。在很多情况下，感病植物与不感病植物种植在一起，到达感病植物上的病原物接种体数量远远低于单一植物种植区，从而有利于植物避病。有些植物能逃避土传病原菌的侵染，是因为种子发芽势强，或者幼苗组织硬化更快，早于病原物的侵入适期。此外，许多病原物主要通过伤口侵入植物，所以阻止伤口的产生也有利于避病。

对于病原物来说，影响病原物存活、感染、繁殖和传播的因素也可能让一些植物躲避病害。这些因素包括：在侵染植物的适宜时机下，病原物缺乏或生长不良；利用重寄生物或拮抗微生物来破坏或削弱病原物；利用其他植物来误导或诱捕病原物；基于风、雨或传播媒介的缺失来阻断病原物的传播。

对于环境来说，一些环境因素在避病过程中起着至关重要的作用。温度是最常见的环境因素之一，决定了大多数病原物在地理位置上的分布，所以凡是在不适宜病原物存活的温度下生长的植物就能逃避这类病原物的侵染。不适宜的温度能抑制真菌的孢子形成、孢子萌发和侵染，从而增加了植物逃避病害的机会。此外，低降水量或低湿度造成的缺水环境也是植物避病的常见原因之一。植物在干旱地区或干旱季节能逃避晚疫病、霜霉病和炭疽病的发生，因为这些病害依赖高湿度环境。其他环境因素比如刮风能把病原物孢子和传播媒介吹离植物种植区或吹干植物表面，从而有利于植物避病。

避病作为植物保卫系统的最初防线，基于其包含的一连串复杂的机制，已广泛应用于植物的抗病过程中。油菜的花瓣是核盘菌侵染的早期对象，也能在菌丝扩散中起媒介作用，基于此培育出的无花瓣油菜品种通过避病作用减少了油菜感染核盘菌的程度。冬小麦很容易受到雪腐镰刀菌的侵染，因此，将小麦的播种时间改成温暖的春季就能有效躲避该病害。

参考文献

HORSFALL J G, COWLING E B, 1980. Plant disease: an advanced treatise-Volume V. how plants defend themselves[M]. New York: Academic Press: 534.

WALTERS D R, AVROVA A, BINGHAM I J, 2012. Control of foliar diseases in barley: towards an integrated approach[J]. European journal of plant pathology, 133: 33.

（撰稿：窦道龙、王源超；审稿：彭友良）

扁柏黄化病　Japan cypress yellows

植原体侵染扁柏以后表现为小枝黄化的一种常见病害。

分布与危害　常见于上海、江苏、浙江和安徽等地。部分小枝黄化枯萎，病株生长较差。有的黄化枝也会转绿。开始黄化仅出现于个别的小枝，以后逐渐蔓延。黄化小枝不耐寒，冬季在室外多半枯萎，但翌年春季枯梢基部会再萌发新的枝条——其中部分小枝为黄化枝。因该病而全株枯萎者很少见。

病原及特征　植原体。见树木丛枝病。

侵染过程与侵染循环　该病可以通过嫁接传播。其他见树木丛枝病中植原体部分。

防治方法　见树木丛枝病。

参考文献

丁正民，陈作义，1990.扁柏黄化病 [J].上海农业学报，6(1): 79-82.

（撰稿：刘红霞；审稿：叶建仁）

槟榔黄化病　betel palm yellow leaf disease

由植原体翠菊黄化组引起的、危害槟榔叶片的一种植原体病害。是印度、斯里兰卡和中国海南槟榔种植区的最重要的病害之一。

发展简史　槟榔黄化病是槟榔树最严重的病害，于 1949 年首次在印度的喀拉拉邦中部发生。中国于 1981 年在海南屯昌首次发现，随后即蔓延至全岛槟榔种植园。早期发生时，多被认为是缺乏某种元素引起，在进行试验后发现不能消除症状。随后对真菌、细菌、病毒、线虫、螨类等进行了试验后，均验证不是导致病害发生的病原，通过电镜检测、分子鉴定等手段发现病组织中存在植原体，利用菟丝子寄生接种验证了植原体为黄化病的病原。

分布与危害　槟榔黄化病主要分布于亚洲，曾是印度槟榔的毁灭性病害，20 世纪 60 年代该病在印度喀拉拉邦发病率高达 80%。1976 年在印度发病率仍高达 38%，发病 3 年后可减产 50%。中国在 1995 年以后海南种植区黄化病蔓延速度较快，万宁、琼海、陵水、三亚、乐东等地相继发现感染黄化病植株。截至 2015 年，海南种植槟榔形成规模的市县中只有文昌尚未发现有黄化病发生，其余市县中、琼海、万宁、保亭、陵水的槟榔黄化病发生较严重，一半以上的槟榔园发病率超过 5%，且存在发病率在 20%～50% 的槟榔园；定安、屯昌和三亚的黄化病发生相对较轻。进入结果期的槟榔发生黄化病后不超过 5 年就会绝收或死亡，正有加剧蔓延的趋势（见图）。

病原及特征　病原为植原体翠菊黄化组（*Candidatus Phytoplasma asteris*）。植原体是一类无细胞壁的原核微生物，不能离体培养，通过媒介昆虫传播。由于植原体病害种类相对较少、研究较晚，分类上暂利用 16S rDNA 及 RFLP 图谱等手段进行分类。

侵染过程与侵染循环　槟榔黄化病短距离传播通过媒介昆虫，植原体存在于媒介昆虫（叶蝉和蜡蝉）的唾液腺组织内，随昆虫取食植株而传播。远距离传播主要靠带病种苗

槟榔黄化病症状（周亚奎提供）

①幼苗期；②成株期

的调运。

流行规律　槟榔黄化病的病原物植原体不能离体培养，而且一旦确认感染黄化病后植株终生带菌，直至死亡。带病种苗移栽后 1～2 年内不表现症状，当植原体积累到一定程度后黄化病症状才显现。媒介昆虫取食发病植株后终生带菌，转移取食后即传播黄化病至其他植株。在症状上，秋冬季节由于降水少、温度低，表现更明显。

防治方法

农业防治　加强田间管理，严禁从病区调运种苗，施行检疫措施，防止黄化病传入。及时清理病死株并焚烧。栽培管理上，增施磷肥和含镁肥可以减轻病害症状，提高产量。

化学防治　发病较轻时可采取树干打孔注射四环素进行防治。在槟榔抽新叶期间，喷施速灭杀丁、敌杀死等药液进行刺吸式口器害虫防治，消灭黄化病传播媒介。

参考文献

曹学仁，车海彦，杨毅，等，2016. 槟榔黄化病病株空间分布型及抽样技术研究 [J]. 现代农业科技 (9): 125-126, 130.

周亚奎，甘炳春，张争，等，2010. 利用巢式 PCR 对海南槟榔 (*Areca catechu* L.) 黄化病的初步检测 [J]. 中国农学通报，26(22): 381-384.

（撰稿：周亚奎、甘炳春；审稿：丁万隆）

槟榔炭疽病　betel palm anthracnose

由炭疽菌引起的、槟榔生产上的一种常见病害。

发展简史　在印度，Nair 和 Daniel 于 1982 年在《槟榔》一书中对该病进行详细描述；在中国，龚标勋于 1998 年对该病在海南的发生、危害情况进行了记载。该病在琼中和五指山发生较重。2018 年 6 月，唐庆华等在密克罗尼西亚联邦进行病虫害调查时发现该国也有槟榔炭疽病发生，但不严重。

分布与危害　在世界上，槟榔炭疽病发生均比较普遍。在中国，海南各县市均有发生。其中，以五指山、琼中等多雨的山区发病最为严重，发病率可达 70% 以上。该病能引起幼苗生长势衰弱，叶色淡黄，对幼苗生长影响较大。成龄结果树的叶片、花序、果实等也可染病，造成落花落果，严重减产。槟榔炭疽病对幼苗及成龄结果树的花序、果实等均可造成严重危害，可造成减产 10%～30%。

槟榔炭疽病在幼苗和成龄期均可发生，可危害叶片、花序和果实。发病初期，叶片出现暗绿色水渍状小圆斑，病斑随后变成褐色，边缘有一黄色晕圈；病斑多时像麻点样遍及整个叶片。随后病斑进一步扩展，形状变化较大，呈圆形、椭圆形、多角形或不规则形，长 0.5～20cm。随着病情发展病斑中央变成褐色，边缘黑褐色，病斑微凹陷，有时病斑呈云纹状。发病后期叶片病斑累累，产生少量小黑点（分生孢子盘），重病叶整叶变褐枯死，幼芽受害可造成心叶腐烂或枯萎。青果感病时果皮表面出现圆形或椭圆形的病斑，病斑黑色、凹陷。成熟果实上的病斑近圆形、褐色、凹陷；随着病斑进一步扩展，果实开始腐烂。外界环境湿度较高时，发病部位会产生粉红色孢子堆（图 1、图 2）。

病原及特征　槟榔炭疽病的病原先前被鉴定为胶孢炭疽菌［*Colletotrichum gloeosporioides*（Penz.）Sacc.］，属炭疽菌属真菌。随着分子生物学技术的发展，通过多基因联合鉴定的炭疽菌分类系统得到了进一步完善。研究发现槟榔炭疽病病原有多种，分属于胶孢炭疽菌复合种（*Colletotrichum gloeosporioides* species complex）和博宁炭疽菌复合种（*Colletotrichum boninense* species complex），包括柯氏炭疽菌（*Colletotrichum cordylinicola*）、胶孢炭疽菌、果生炭疽菌（*Colletotrichum fructicola*）、喀斯特炭疽菌（*Colletotrichum carsti*）、暹罗炭疽菌（*Colletotrichum siamense*）、热带炭疽菌（*Colletotrichum tropicale*）、*Colletotrichum kahawae* subsp. *ciggaro*，均为刺盘孢属。其中，胶孢炭疽菌菌丝最初为白色，后变灰黑色，有隔膜。分生孢子盘黑色，卵圆形，直径120～250μm，散生于表皮下，后突破表皮。分生孢子盘内密生短小、不分枝、无色的分生孢子梗，大小为13～21μm×4.2～5.0μm，盘的四周有时长有褐色、具分隔的刚毛，大小为50～73μm×4～5μm。分生孢子着生在孢子梗上，单细胞，无色，长椭圆形至圆筒形，有1～2个油滴，大小为12.2～15.8μm×4.0～5.9μm。槟榔炭疽病菌可在15～35℃时生长，最适温度为25～28℃。其有性阶段为围小丛壳［*Glomerella cingulata*（Stonem.）Spauld. et Schrenk］，属子囊菌门真菌。子囊壳近球形，单生，基部埋在子座中；具乳状孔口，深褐色，大小为175～185μm×130～140μm。子囊棍棒形，单层壁，大小为45～75μm×7.2～12μm。子囊孢子8个，单行排列，无色，单细胞，长椭圆形至纺锤形，大小为20～25μm×4.8～5.3μm。

侵染过程与侵染循环　分生孢子萌发时在孢子中部形成1～2个隔膜，每个细胞都长出一个芽管，芽管顶端形成附着胞。槟榔炭疽病的初侵染源是槟榔园内的病株及其残体。在高湿条件下，槟榔炭疽病菌产生大量分生孢子，借风雨、昆虫传播，从伤口和自然孔口侵入寄主。侵染后又在病株上产生新的分生孢子，造成再次侵染。

流行规律　槟榔炭疽病多发生于多雨高湿季节，尤其是遭遇连续阴雨天气、温度在20～30℃时发生更为严重。槟榔园密植、失管荒芜、通风不良时有利于槟榔炭疽病发生。遭受台风刮伤、寒害冻伤、害虫咬伤的植株也易发病。槟榔园施肥不合理，植株生长衰弱，抗病力下降时有利于槟榔炭疽病的发生和流行。

防治方法

农业防治　改善排水系统，排除积水；消灭荒芜，合理密植和施肥，提高植株抗病性；及时清除田间病残组织，减少初侵染源；苗圃阴棚高度要适当提高，以利通风透光，降低苗圃湿度。

化学防治　在发病初期可喷施波尔多液进行保护，每隔15天喷1次，连喷2～3次；还可用咪鲜胺、甲基托布津、代森锌、福美锌等药剂，连续喷洒数次可有效控制槟榔炭疽病的发生和扩展。

参考文献

曹学仁，车海彦，罗大全，2019. 海南槟榔炭疽病病原菌的分离鉴定 [C]// 彭友良，王文明，陈学伟. 中国植物病理学会 2019 年学术年会论文集. 四川成都：142.

李增平，罗大全，2007. 槟榔病虫害田间诊断图谱 [M]. 北京：中国农业出版社.

覃伟权，朱辉，2011. 棕榈科植物病虫鼠害的鉴定及防治 [M]. 北京：中国农业出版社.

唐庆华，宋薇薇，黄惜，等，2021. 槟榔主要病虫害原色图谱 [M]. 北京：中国农业科学技术出版社.

DAMM U, CANNON P F, CROUS P W, 2012. Colletotrichum: complex species or species complexes? [J]. Studies in mycology, 73: 37-180.

ZHANG H, WEI Y X, SHI H T, 2020. First report of anthracnose caused by *Colletotrichum kahawae* subsp. *ciggaro* on areca in China[J]. Plant disease, 6(104): 1871-1872.

（撰稿：唐庆华、周亚奎、甘炳春；审稿：文衍堂）

图 1　槟榔幼苗炭疽病发病症状（唐庆华提供）

图 2　槟榔炭疽病发病症状（唐庆华提供）

槟榔细菌性条斑病 bacterial leaf stripe of betel palm

由野油菜黄单胞菌槟榔致病变种引起的槟榔细菌性条斑病是槟榔上最重要的细菌性病害之一。

发展简史 槟榔细菌性条斑病于 1970 年在印度首次报道，文衍堂和洪祥千于 1989 年报道中国海南屯昌发生该病。1976 年，印度学者 Rao 和 Mohan 将病原鉴定为 *Xanthomonas arecae*。1980 年，Dye 认为该病原菌在分类上是归属于 *Xanthomonas campestris* 的一个致病变种，即 *Xanthomonas campestris* pv. *areae*（Rao and Mohan 1970）Dye 1978。2020 年，Studholme 等根据 *Xanthomonas campestris* pv. *areae* 菌株 NCPPB2469 全基因组序列与典型菌株 *Xanthomonas vasicola* 相似性超过 98% 的发现将该菌重新划分为后者的一个变种，即 *Xanthomonas vasicola* pv. *arecae* comb. nov.。

分布与危害 槟榔细菌性条斑病仅印度和中国有报道。曾于 20 世纪 90 年代在海南槟榔种植区普遍发生，重病园发病率达 100%（图①），重病株叶片整片枯死，严重影响槟榔生长和产量。

槟榔苗期和成株期均可染病。该病主要危害叶片，也可危害叶柄和叶鞘。发病初期在叶片上形成不规则形深绿色至淡褐色水渍状小斑点，密集排列成栅栏状，随后病斑逐渐扩大，沿叶脉疏导组织形成 1～4mm 宽、5～10mm 长的暗绿色条斑，病斑边缘形状多样，笔直或呈波浪状，周围黄晕明显，病斑穿透叶片两面。随着病情的发展，病斑可逐渐汇合成不规则形，宽 1cm 以上、长 10cm 以上的更大斑块（图②）。长期高湿条件下，叶片背面会出现白色黏稠、奶油状渗出物，干后变为一层白色菌膜。横切病组织，可在光学显微镜下观察到菌溢现象。重病株病叶破裂，严重影响了植株光合作用，导致叶片变褐枯死。幼苗受害可导致树冠枯死，整个植株死亡。横切受害病组织在显微镜下观察，切口处有大量的细菌溢出。危害叶柄可形成棕褐色、长椭圆形至不规则形病斑，边缘无黄晕。叶鞘病斑褐色至深褐色，无黄晕，微凸起，单个病斑近圆形，后期病斑汇合成不规则形的大斑块。病斑穿透叶鞘两面，并深达里层的第二、第三片叶鞘。

病原及特征 病原为野油菜黄单胞菌槟榔致病变种［*Xanthomonas campestris* pv. *arecae*（Rao & Mohan）Dye］，属黄单胞菌属。菌体短杆状，两端钝圆，排列方式多数为单个，少数呈双链排列；有荚膜，但不产生芽孢，革兰氏染色呈阴性反应，鞭毛单根极生。菌体在 YDC 培养基上菌落圆形，表面光滑，隆起，有光泽，淡黄色，边缘完整，黏稠，菌落直径 2.0～2.5mm。在马铃薯块斜面上菌苔丝状，边缘光滑，黄白色，有光泽。在金氏 B 培养基斜面培养，菌体不产生荧光色素。该菌可产生大量的葡萄糖、半乳糖、甘露糖和一些小分子量的葡萄糖醛酸衍生物，与病原菌的致病力有关。除槟榔外，人工接种条件下槟榔细菌性条斑病菌还可侵染椰子、甘蔗、三药槟榔等植物。

侵染过程与侵染循环 带病种苗、田间病株及其残体是病原菌的主要侵染来源，病菌从伤口和自然孔口侵入寄主，靠雨水、流水、昆虫和农事操作进行传播。尤其是台风雨，由于造成植株伤口增多，不仅有利于病菌入侵，还能使病菌作远距离传播。

流行规律 该病的发生和流行与降水量、温度、湿度、台风等气候因子密切相关，温热、多雨、高湿是病害发生发展的重要条件。在中国海南周年均可发生，8～12 月为病害盛发期。

连续大量降雨，相对低温（17.5～25.5℃），槟榔园湿度高，有利于病原菌的繁殖、侵入和传播。种植在山坡地的槟榔，由于湿度低，发病较轻。不同树龄的槟榔树，发病程度差异较明显，3～6 龄的幼树较幼苗和成龄树发病严重。病害周年可发生，但以下半年高温多雨且是台风发生季节时病害发展快。发病的高峰期通常出现在 8～12 月；1～2 月低温干旱，病情减弱。高温干旱，病害受到抑制或扩展缓慢。发病初期，叶片上形成一层水膜，病斑背面产生大量细菌溢脓，为病害发生和扩散提供了大量菌源，短期内病情严重。病斑扩展与雨量、雨日呈正相关；反之，雨量小、湿度低，

槟榔细菌性条斑病危害症状（余凤玉提供）

①全园发病症状；②叶片发病症状

病斑扩展慢。病害发生率与降雨密切相关，在雨季（7～10月）平均降水量达130mm或月降雨天数超过10天时，病害发生率高。台风雨是导致病害流行的主导因素。台风过后的1～2个月内是病害发生的高峰期，若台风提前，发病高峰期也随之提前出现。

防治方法　该病全年均可发生，但多在雨季暴发，故台风或暴雨后应注意病害监测和防治。

农业防治　加强槟榔园栽培管理，消灭荒芜，排除积水，合理施肥，及时清除田间病死株及其残体，培育或选用无病健壮种苗。

化学防治　发病初期喷施波尔多液，每2周喷1次；喷施四环素、链霉素等抗生素药剂具有良好的预防和治疗效果。

参考文献

洪祥千，陈家俊，叶清仰，等，1992.海南岛槟榔细菌性条斑病的发生规律[J].热带作物学报，13(1): 87-94.

李增平，罗大全，2007.槟榔病虫害田间诊断图谱[M].北京：中国农业出版社.

文衍堂，洪祥千，1989.海南槟榔细菌性条斑病病原菌鉴定[J].热带作物学报，10(1): 77-82.

KUMAR S N S, 1983. Epidemiology of bacterial leaf disease of arecanut palm[J]. Tropical pest management, 29(3): 249-252.

STUDHOLME D J, WICKER E, ABRARE S M, 2020. Transfer of *Xanthomonas campestris* pv. *arecae* and *X. campestris* pv. *musacearum* to *X. vasicola* (Vauterin) as *X. vasicola* pv. *arecae* comb. nov. and *X. vasicola* pv. *musacearum* comb. nov. and description of *X. vasicola* pv. *vasculorum* pv. nov.[J]. Phytoplasma, 110(6): 1153-1160.

（撰稿：唐庆华、周亚奎、甘炳春；审稿：文衍堂）

槟榔细菌性叶斑病　bacterial leaf spot of betel palm

由须芒草伯克霍尔德氏菌引起，是危害槟榔的最重要的细菌性病害之一。

发展简史　槟榔细菌性叶斑病是2007年徐秀惠等在中国台湾首次报道的。2014年，唐庆华等人报道了该病在海南的发生情况。后续调查发现该病在三亚、陵水、万宁、琼海、文昌等地均有发生。对采集于琼海、屯昌、文昌三地的31个菌株的分子检测结果显示，须芒草伯克霍尔德氏菌引起的槟榔细菌性叶斑病比槟榔细菌性条斑病危害更广，这表明该病在海南是占据优势地位的细菌性病害。

2017年，Lopes-Santos等通过16S rDNA基因序列系统发育及多位点分析，发现 *Burkholderia andropogonis* 与 *Burkholderia* 属其他种基因型存在差异，代表一种新的基因型，故将其从 *Burkholderia* 属移除，并命名为一个新属种——*Robbsia andropogonis*。本文以"*Burkholderia andropogonis*（syn: *R. andropogonis*）"进行表述。

分布与危害　槟榔细菌性叶斑病仅分布于海南和台湾。调查发现，海南槟榔细菌性叶斑病在海南槟榔生产上占据主导地位。在重病区槟榔细菌性叶斑病发病率达60%以上，

重病株多数叶片枯死，严重影响槟榔生长和产量。2011年国庆期间台风"纳沙"过后，文昌、琼海、定安等地发生严重，造成重病株整片叶片黄化干枯（图①），植株枯死，给农户造成了严重的经济损失。

槟榔细菌性叶斑病和细菌性条斑病的病害症状非常相似。槟榔细菌性叶斑病主要危害叶片，形成褐色坏死斑，病斑周围有黄晕，随着叶脉呈不规则扩展，使整片叶片布满斑点，严重的病斑汇成一片（图②），导致整叶干枯死亡。

病原及特征　病原为须芒草伯克氏菌[*Burkholderia andropogonis*（syn: *Robbsia andropogonis*）]，属伯克氏菌属细菌。菌体杆状，革兰氏染色阴性，极生单根鞭毛。在NA培养基上菌落白色，圆形，隆起，黏稠状，边缘整齐。在KB培养基上不产生荧光色素，在NA培养基上不产生黄色色素。槟榔细菌性叶斑病菌以氧化方式利用葡萄糖，不具有精氨酸双水解酶活性，不能水解明胶和淀粉，不能产生果聚糖，具有过氧化氢酶活性和氧化酶活性。槟榔细菌性叶斑病菌寄主范围广泛，包括单子叶和双子叶植物的15个属共计52种植物。

侵染过程与侵染循环　带病种苗、田间病株及其残体是病原菌的主要侵染来源，病菌从伤口和自然孔口侵入寄主，靠雨水、流水、昆虫和农事操作进行传播。尤其是台风雨，由于造成植株伤口增多，不仅有利于病菌入侵，还能使病菌

槟榔细菌性叶斑病危害症状（唐庆华提供）
①全园发病症状；②叶片发病症状

作远距离传播。

流行规律　该病流行规律与槟榔细菌性条斑病类似。全年可发生，在台风期和雨季暴发，严重影响槟榔的生长和产量。

防治方法　见槟榔细菌性条斑病。

参考文献

唐庆华，张世清，牛晓庆，等，2014. 海南槟榔细菌性叶斑病病原鉴定 [J]. 植物病理学报，44(6): 700-704.

HSEU S H, LAI W C, PAN Y P, 2017. Occurrence of bacterial leaf spot of betel palm caused by *Burkholderia andropogonis* and inhibition of bacterial by agrochemicals[J]. Plant pathology bulletin, 16(3): 131-139.

LOPES-SANTOS L, CASTRO D B A, FERREIRA-TONIN M, et al, 2017. Reassessment of the taxonomic position of *Burkholderia andropogonis* and description of *Robbsia andropogonis* gen. nov., comb. nov.[J]. Antonie van Leeuwenhoek, 110: 727-736.

（撰稿：唐庆华；审稿：文衍堂）

病斑扩展速率　disease lesion expansion rate

病害显症后，单位时间内病斑生长扩展的长度、直径、面积等。计算公式为：

$$V = (S_2 - S_1) / T$$

式中，V 为病斑扩展速率；S_1 为第一次测量时病斑的长度、直径或面积；S_2 为第二次测量时病斑的长度、直径或面积；T 为两次测量的间隔时间，常以"日"或"小时"为单位。

病斑的扩展速率一方面取决于病原物的致病能力，另一方面取决于寄主植物的抗病性和生理状况，同时受温度、湿度、光照等环境因子的影响。在流行学研究中，能产生传染性传播体的病斑，或病斑上能产生传染性传播体部分的扩展速率更为重要，它与流行速率关系密切，是流行学的重要指标。因此，在流行学研究中，测量病斑大小时应测量能产生传染性传播体的病斑面积（产孢面积）。一般情况下，病斑的扩展速度快，形成的病斑面积大，单位时间内的产孢量也大。

参考文献

马占鸿，2010. 植物流行学 [M]. 北京：科学出版社.

肖悦岩，季伯衡，杨之为，等，1998. 植物病害流行与预测 [M]. 北京：中国农业大学出版社.

曾士迈，杨演，1986. 植物病害流行学 [M]. 北京：农业出版社.

（撰稿：李保华、练森；审稿：肖悦岩）

病程相关基因　pathogenesis-related genes

寄主植物在受到病原菌入侵时大量表达的一类基因，一般称之为 *PR* 基因，它们编码的蛋白质称之为病程相关蛋白。病程相关基因被诱导表达通常被认为是系统获得性抗性的一个特征。在不同植物中这类基因类型多种多样，编码不同类型的蛋白质，它们受不同类型病原菌（真菌、细菌、病毒、卵菌、线虫等）侵染或非生物因子刺激后丰富表达。有些病程相关基因编码的蛋白质是抗菌剂，有些病程相关基因是植物—病原菌互作过程中的信号传导分子。部分病程相关基因被激活表达后可以直接或间接参与抗病信号传导途径以提高植物对病原物的抗病性。

简史　第一个病程相关基因 *PR-1a* 于 1970 年在烟草中被鉴定，当用烟草花叶病毒感染烟草时，该基因急剧表达。随后在烟草中相继发现了病程相关基因 *PR-2*、*PR-4*、*PR-5*、*PR-9*、*PR-11*、*PR-17* 等，在番茄中发现了病程相关基因 *PR-6*、*PR-7* 等，在黄瓜中发现了病程相关基因 *PR-8*，在西芹中发现了病程相关基因 *PR-10*，在萝卜中发现了病程相关基因 *PR-12*，在拟南芥中发现了病程相关基因 *PR-13*，在大麦中发现了病程相关基因 *PR-14*、*PR-15*、*PR-16* 等。这些在不同植物中发现的病程相关基因均受不同类型病原物侵染所诱导表达。

类型及特点　来自于不同植物的病程相关基因根据它们编码蛋白质的相似程度，以 *PR-1—PR-n* 加以区分，其中某一类 *PR* 基因又以 *PR-1a*、*PR-1b* 依此类推加以细分。现已把植物病程相关基因分为 17 大类，即 *PR-1* 至 *PR-17*。某一植物的病程相关基因可以在其他植物中找到其同源基因，它们可能也受相应病原物激活高表达。这些病程相关基因包括编码 β-1,3 葡聚糖酶基因、几丁质酶基因、蛋白酶抑制剂基因、内切蛋白酶基因、过氧化物酶基因、核糖核酸酶基因、脂类转运蛋白基因、草酸酶基因等。

已报道的病程相关基因在不同植物的不同组织中均有不同丰度的表达，从地下根部到地上茎、叶、花、果实中都有不同程度表达。有报道称这些病程相关基因在启动子区有相对保守序列。

有些病程相关基因编码的蛋白质是抗菌剂，可以抵御真菌、细菌、卵菌或者病毒的入侵。比如病原真菌入侵植物后会迅速激活寄主的病程相关基因 β-1,3 葡聚糖酶基因和几丁质酶基因表达，这两类病程相关基因编码蛋白质具有酶活性，能够抑制病原真菌孢子的萌发，降解病原菌细胞壁，抑制真菌菌丝的生长，从而提高植物对病原真菌的抗病性。有些病程相关基因编码的蛋白质是抗虫剂，可以抵御不同害虫对植物的危害。

有些病程相关基因是植物—病原菌互作过程中的信号传导分子，一方面能够将病原菌入侵的信号传递给相邻细胞以起到警示作用；一方面可以启动、参与、修饰或者调控植物抗病反应途径。病程相关基因参与抗病反应的这个过程有的可以维持相当长时间，有的很短暂。

在植物—病原菌互作过程中大量被诱导表达的病程相关基因，它们的表达变化大多发生在基因转录水平，亦有报道部分病程相关基因的丰度变化发生在翻译水平，即病程相关基因编码的病程相关蛋白发生富集。

鉴定方法　在某个植物中发现的病程相关基因可以根据同源序列方法在其他植物中发掘到同源的病程相关基因，它们在相应植物被对应的病原菌侵染时丰富表达。也可以利用 mRNA 差异展示技术、cDNA 芯片、蛋白质芯片、RNA-seq 等方法鉴定。通常病程相关基因在寄主植物受不同类型病原物侵染时均大量表达。至于这些病程相关基因是否直接或者间接提高植物对病原菌的抗病性尚不十分明确，需要针对这些基因进行进一步的生物学功能解析，大多通过转基因手段在植物中过量表达、抑制表达或者基因敲除来探究病程相关基因表达量变化与对病原菌抗病性之间的关系。

病程相关基因利用 在分子植物病理学基础研究中，通常用病程相关基因的表达与否以及表达丰度变化来衡量病原菌对寄主植物的入侵或者寄主植物对病原菌的抗性水平。同时病程相关基因被诱导表达通常被认为是系统获得性抗性的一个特征，在系统获得性抗性研究中用病程相关基因表达作为衡量标志之一。

大多数病程相关基因没有病原菌小种特异性，适当表达病程相关基因能够提高寄主植物对不同病原物的广谱抗病性。比如在植物中过量表达病程相关基因 *PR-1*、*PR-2*、*PR-3*、*PR-4* 和 *PR-5* 可以提高植物对病原真菌的抗性。

参考文献

LOON L C, 1985. Pathogenesis-related proteins[J]. Plant molecular biology, 4: 111-116.

MATTHEW D, JIM B, 2000. Molecular plant pathology[M]. London: Academic Press.

MUTHUKRISHNAN S, DATTA S P, 1999. Pathogenesis-related proteins in plants[M]. Boca Raton: CRC Press.

（撰稿：袁猛；审稿：郭海龙）

病毒诱导基因沉默 virus-induced gene silencing, VIGS

植物响应病毒侵染产生的一种转录后水平基因沉默现象，通过序列特异性核酸降解机制抵抗病毒侵染。基于这一机制开发的病毒诱导的基因沉默（VIGS）技术可用于快速分析植物基因功能，现已成为一种重要的功能基因组学研究手段。与传统的遗传学方法相比，VIGS 具有免于遗传转化、操作简便、快速高效和适用于高通量分析等优点，已广泛应用于与植物抗病、逆境胁迫、细胞信号传导以及生长发育等相关基因功能的研究。

发展历史 早在 1995 年，M. H. Kumagai 等人发现在重组烟草花叶病毒载体上插入了一段植物基因片段，侵染烟草后导致该基因表达发生沉默，并将这一现象归功于反义 RNA 干扰或共抑制机制。1997 年，S. N. Covey 等提出植物对花椰菜花叶病毒侵染后出现的症状恢复现象可能涉及基因沉默机制，而 F. Ratcliff 等发现被番茄环斑病毒侵染后恢复的叶片内存在一种序列特异性的 RNA 降解机制，并认为这一现象与转录后水平基因沉默机制相关。A. van Kammen 最早使用"病毒诱导的基因沉默"这一术语来描述病毒侵染后产生的恢复现象。1998 年，D. Baulcombe 研究组建立了马铃薯 X 病毒沉默载体用于抑制植物基因表达，并随后提出 VIGS 技术用于快速有效地鉴定植物基因功能。2001 年，该研究组又报道了基于烟草脆裂病毒（TRV）的 VIGS 体系，发现该载体具有沉默效率高、持续时间长、寄主范围广以及症状轻微等优点，TRV 载体是应用最为广泛的 VIGS 载体。除了 RNA 病毒外，一些 DNA 病毒或其伴随的卫星分子也被先后改造为有效的 VIGS 载体，表明 DNA 病毒侵染也能高效诱导植物 RNA 沉默反应。

基于 VIGS 技术的植物基因表达下调无需经过转基因，这一特点使得该技术在遗传转化困难的植物上尤其具有吸引力。一些具有重要经济价值的作物上陆续有 VIGS 系统的报道，如利用非洲木薯花叶病毒、大豆豆荚斑驳病毒和棉花皱缩病毒等分别在木薯、大豆和棉花等双子叶作物上建立 VIGS 体系。相比而言，单子叶植物可利用的病毒载体较少，VIGS 体系的构建难度较大，主要有利用大麦条纹花叶病毒、雀麦花叶病毒、黄瓜花叶病毒和狗尾草花叶病毒等在水稻、小麦、大麦和玉米等植物上建立的沉默系统，有效地推动了这些植物功能基因组研究。

基本原理 RNA 沉默是真核生物中高度保守的、序列特异性的基因表达调控和 RNA 降解机制，这一机制在线虫和动物中称为 RNA 干扰，在真菌中称为基因消除，而在植物中称为转录后水平基因沉默。RNA 沉默由细胞内的双链 RNA 分子诱导，后者被双链 RNA 特异性的核酸内切酶 Dicer 切割加工形成 21～24 碱基的小干扰型 RNA（siRNA），这些 siRNA 与 Argonaute 等蛋白结合形成 RNA 沉默复合体，并通过碱基配对的机制特异性地识别互补 mRNA 的靶序列，从而对靶标 mRNA 进行切割或翻译抑制。

在植物中，RNA 沉默同时也是一种抵御外源核酸入侵的保守机制。RNA 病毒复制过程不可避免地形成双链 RNA 复制中间型，从而有效诱导 RNA 沉默。植物 DNA 病毒复制无需形成双链 RNA，但可能通过以下机制诱发 RNA 沉默反应：①双向转录产生 3' 末端部分互补的结构。②病毒 RNA 转录本含有局部配对的二级结构。③病毒 mRNA 被植物 RNA 监督机制识别为异常 RNA（aberrant RNA），并招募 RNA 依赖的 RNA 聚合酶催化合成双链 RNA。总之，当携带植物目的基因片段的重组病毒载体侵染植物时，诱发的 RNA 沉默反应将同时靶定内源目的基因 mRNA 并使之降解，使植物出现目的基因功能丧失或表达水平下降的表型。

方法学

病毒载体的选择 虽然已有多种病毒成功改造成 VIGS 载体，但每种病毒载体的寄主范围有限，而且沉默效果也不同。理想的病毒载体应具有侵染活性高、疾病表型轻、沉默效率高且持续时间长，以及能沉默植物不同器官和组织表达的基因等特点。

靶标序列的选择 当沉默单个基因时，尤其是多基因家族中一个成员基因，应考虑选取目标基因的特异性片段，避免产生"脱靶"效应；如沉默一个家族中的多个基因以防止不同基因之间的功能互补时，一般则选择该基因家族成员的保守区端。

插入片段大小与极性 多数 VIGS 载体携带 150～800bp 的目的基因片段时沉默效率较为理想，目的片段如过短则沉默效率较低，而过长则可能影响病毒侵染性或导致外源片段丢失。插入片段的方向也是决定沉默效率的一个重要因素,有的病毒载体外源片段反向插入比正向插入的效率高,而少数病毒需要插入外源片段的反向重复序列才能形成高效沉默。

接种方法　常用的病毒载体接种方法包括病毒载体质粒或体外转录产物摩擦或基因枪轰击接种,或含病毒侵染性克隆的农杆菌经注射渗透法、高压喷射法、真空渗透法以及茎秆注射法等接种植物。单子叶植物接种病毒载体较为困难,常需事先接种合适的双子叶草本植物叶片,将获得的重组病毒粒子或侵染性 RNA 再转接至待沉默的单子叶植物。

环境条件　植物生长的环境因素影响基因沉默的效率,通常高温环境下病毒侵染植物后含量显著降低,基因沉默的效率明显降低;而在低温条件下病毒的浓度和基因沉默的效率都显著上升。

优势与局限　相比较其他的功能基因组学研究方法,VIGS 有独特的优势,主要表现在:①快速高效,通常仅需一到数个星期就可产生一个特定基因失去功能的表型。②免于植物的转化,当应用于遗传转化困难及多倍体基因组的植物时尤其具有优势。③能够同时沉默基因家族中多个基因,克服基因功能冗余。④能够沉默植物生长发育必需基因的表达,这些基因的敲除突变体常导致胚胎致死。

尽管 VIGS 有诸多的优点,该方法也存在一些弊端和不足,主要包括:①与其他 RNA 沉默技术类似,难以完全抑制一个基因的功能。②沉默效率在不同植株、不同组织器官、甚至不同细胞内存在不稳定性和不均一性。③病毒载体侵染对植物生理和基因表达存在影响,产生的症状可干扰表型观测。

参考文献

黄昌军,钱亚娟,李正和,等,2012.病毒诱导的基因沉默及其在植物功能基因组研究中的应用 [J]. 中国科学 : 生命科学 (1): 7-19.

LACOMME C, 2014. Milestones in the development and applications of plant virus vector as gene silencing platforms[J]. Current topics in microbiology and immunology, 375: 89-105.

LU R, MARTIN-HERNANDEZ A M, PEART J R, et al, 2003. Virus-induced gene silencing in plants[J]. Methods, 30: 296-303.

PURKAYASTHA A, DASGUPTA I, 2009. Virus-induced gene silencing: A versatile tool for discovery of gene functions in plants[J]. Plant physiology and biochemistry, 47: 967-976.

（撰稿:李正和;审稿:梁祥修）

病害传播　disease spread

病害由菌源中心向外蔓延的过程。病害的传播是通过病原物传播体的传播实现的。病害的传播和传播体的物理学传播扩散又不相同,传播体经传播后,只有能够存活并在寄主植物上引起新的侵染,才算是有效的病害传播。因此,病害的传播,不仅是一个物理传播过程,也是一个生物学过程。

病害的传播体有些可以依靠自身的能量蔓延扩散,比如寄生植物菟丝子的蔓茎和真菌的菌丝,个别真菌孢子可主动弹射,病原线虫、病菌的游动孢子、细菌等都可以在一定范围内主动移动,但是传播体自身动力都很微弱,靠自身移动

传播的距离都非常有限。大多数病害传播体主要是借助媒介进行传播。有的传播体,比如真菌孢子,体积小而重量轻,易被气流携带传播;很多真菌的孢子和细菌的菌脓可随雨水和喷灌水滴飞溅到健康植株造成新的侵染;很多病菌的菌丝片段、菌核、微菌核、游动孢子、线虫和其他传播体都可随田间水流移动传播侵染;很多病害的传播体可以在土壤中长期存活,随土壤的移动而移动,一旦接触到新的寄主植物就可能侵染造成新的病害。很多病害传播体可以借助各种介体,包括鸟类、昆虫、螨类、线虫、真菌等的活动来实现传播;人类活动,包括种子苗木的贸易运输可以传播很多寄生或附着在种子和其他繁殖材料上的病原物,这种传播往往能打破自然的地理隔离,在新区引起病害的流行。比如19 世纪,马铃薯晚疫病随种薯调运从南美传播到欧洲,20世纪 20～30 年代棉花黄萎病和枯萎病菌从美国传到中国等等。其次,人类的田间农事活动,比如剪枝可以将苹果腐烂病菌由一株传给另一株,很多病毒病可以通过汁液传播,如烟草花叶病毒通过叶片的摩擦即可由病株传播到新的健康植株,农田耕作活动也可以传播枯萎病、黄萎病、线虫等土传病害。

传播体自菌源中心向外蔓延扩散而导致病害向外传播的过程既是一个时间过程也一个空间过程。在某一时间点看,病害传播在空间上往往形成一个自菌源中心向外,随着离菌源中心距离增加而病害发生水平递减的病害梯度（disease gradient）。病害梯度的形成是由多种因素共同作用的结果。首先,传播体的蔓延扩散造成空间分布不均,传播体（包括其介体）在传播过程中因受气流影响、活动距离所限、死亡等原因都可以造成病害传播体的分布梯度;在传播体的沉降过程中,也会形成到达植株上的传播体密度差异,从而造成病害梯度;地理环境的差异通过影响病害的传播过程,也会形成病害梯度。由菌源中心产生的传播体造成的病害梯度称为初侵染梯度,它针对的是单循环和多循环病害的初侵染。而由菌源中心以外的病植株产生的传播体造成的病害梯度称为次侵染梯度,它针对的是多循环病害的再侵染。但是很多时候我们在田间看到的病害梯度都是由初侵染和次侵染混合造成的。病害传播体的单一个体在传播过程中的轨迹和命运具有随机性且难以跟踪,对病害传播的研究必须从群体上研究其统计规律。对病害传播过程的研究是病害流行学的一个重要方面,构成了病害流行的空间动态,而其研究的核心是病害梯度。病害梯度的存在往往意味着存在当地菌源,梯度的陡、缓也分别反映了病害传播距离的相对近、远。发病中心在初始时期建立后,会等速呈放射状传播。

病害梯度模型的用途之一是用来计算病害的传播距离。病菌一次释放的传播体(通常以日为单位)所达到的传播距离称为一次传播距离,而病原物一代之内(通常以一个潜育期为限)多次释放的传播体达到的距离称为一代传播距离。同样在具体操作时,病害的传播距离并不是按病害所能传播的极限最远距离计算,因为在这个距离病害的发生概率很小,在实际调查中很难发现,所以通常设定一个病害水平,比如 1% 或者 5%,根据研究的精度而定,以这个病害水平的等病情线离菌源中心的距离来计算病害传播距离。根据病害的一次传播距离来分,传播距离在百米以下的,可认为

是近程传播；传播距离在几百米乃至几千米可称为中程传播；有少数病害能传播到数十千米、数百千米以外，则为远程传播。

有了病害传播距离就可以病害的传播速度。以前病理学家认为病害的传播是以"行波"的方式向外传播，其传播速度不随时间改变，而是由病原菌的繁殖能力、世代时间和传播能力决定一个恒量。然而，"行波"理论可能不适用于长距离传播的病害。远距离传播病害通常具有带长尾的病害梯度，这表明病害传播的前锋存在加速过程。通过实证研究发现，病害流行前锋的位置随时间呈指数变化，流行速度随距离线性增加，回归直线斜率在一个小范围内变化，也就是符合基于幂函数模型的"加速波"。

病害传播是一个复杂的生物学过程，它受到寄主、病原、环境（包括传播媒介）等多因素的影响。以气传病害为例，其中的物理学因素包括：传播体的物理特性，如大小、形状、比重、表面光滑程度等；空气动力学：空气密度、上升下降气流动力、水平风速、阵风和湍流等；生物学因素包括：寄主方面的数量、分布和密度、品种抗病性等；传播体方面的数量、密度、在不同环境条件下的存活能力、对寄主植物的侵袭力等；致病全过程，包括孢子的萌发、侵入、扩展、发病、产孢、释放等过程中寄主—病原的互作，以及影响这些过程的环境因素。

参考文献

曾士迈，1962. 小麦条锈病春季流行规律的数理分析 [J]. 植物保护学报，1(1): 35-48.

曾士迈，杨演，1986. 植物病害流行学 [M]. 北京：农业出版社．

FITT B D L, MCCARTNEY H A, WALKLATE P J, 1989. The role of rain in dispersal of pathogen inoculum[J]. Annual review of phytopathology, 27: 241-270.

MUNDT C C, SACKETT K E, WALLACE L D, et al, 2009a. Long-distance dispersal and accelerating waves of disease: Empirical relationships[J]. The American naturalist, 173(4): 456-466.

MUNDT C C, SACKETT K E, WALLACE L D, et al, 2009b. Aerial dispersal and multiple-scale spread of epidemic disease[J]. EcoHealth, 6(4): 546-552.

ZADOKS J C, VAN DEN BOSCH F, 1994. On the spread of plant disease: a theory on foci[J]. Annual review of phytopathology, 32: 503-521.

（撰稿：吴波明；审稿：曹克强）

病害风险分析　risk analysis of plant disease

依据寄主、病原物、环境、人为因素、病害资料和其他科学证据，分析一种病害是否会在某地流行，流行的强度、严重程度（轻度、中度和重度）、产量损失及其对生态、社会产生的影响等风险，以确定该病害是否应该加以管理，以及采取管理措施力度的过程称为病害风险分析。狭义上讲，风险分析是对某一新有害生物（如境外病害或外来有害生物）暴发危害潜能的研究；在广义上这一领域已经扩展到预测季节性病虫害的发生概率。病害风险分析是植物病害流行学的重要组成部分，也是制定植物病害管理策略的前提和依据。

"天有不测风云，人有旦夕祸福"，基于这种风险意识，早在 4000 多年前《逸周书·周书序》中就记载了"救患分灾"的风险管理思想，风险管理的早期成功实践是保险。19世纪中期有害生物在欧洲农作物上猖獗流行，给当地农业生产带来了严重的灾难，19 世纪末期，随着以保险为核心的风险管理思想逐渐成熟，科学家们将其引入到植物病虫害的管理中，从而诞生了有害生物风险分析。1990 年中国开始引入有害生物风险分析的概念，对外来有害生物或受官方控制的有害生物传入、危害进行风险分析。Yang（2006）、Nutter 等（2006）将风险分析的理念应用于植物流行性病害的研究范畴，并对风险分析的理论框架、研究进展和风险分析方法等进行了研究和综述。

风险分析过程　植物病害风险分析过程主要分为风险识别、风险评估、风险管理和风险交流等四个阶段。

风险识别　是对病害进行风险评估之前，收集大量相关资料信息，对某一风险分析区域面临的潜在风险加以判断、归类和鉴定，确定风险性质和具有风险性的植物病害种类的过程。根据确定的风险分析区域范围大小，可将病害风险分析分为田块水平上的风险分析和区域水平上的风险分析两种类型。

风险评估　是指对常发病害或非限定有害生物引起病害的季节性发生风险进行预测或确定新发病害的流行潜能、经济和生态影响，是病害风险分析的核心内容。针对常发病害或非限定有害生物引起病害的风险评估主要包括病害预测预报和损失估计等方面的内容；针对限定的有害生物，风险评估包括传入潜能评估、定殖潜能评估、传播潜能评估，以及潜在损失评估。传入潜能评估是指对外来有害生物通过商品、包装材料、交通工具等传入可能性的评估，这一过程解决外来有害生物是否能够传入的问题；定殖潜能评估是指对外来有害生物进入风险分析区域定殖可能性的评估，这一过程解决外来有害生物是否具有适应性、能否存活、能否越冬越夏而度过不良环境的问题；传播潜能评估是指对外来有害生物传播范围以及引起病害能力的评估，这一过程解决的是病害能否进一步扩散的问题，对气传病害尤为重要；潜在损失评估是指对由于病害发生造成产量损失、品质下降、生态环境和社会影响的评估。

风险管理　是指通过综合治理措施把常发病害或非限定的有害生物引起的病害的危害控制在经济损害水平之下或通过检验法规和相关技术手段，使限定的有害生物传入、定殖和传播风险降低到可接受的水平。

风险交流　是指植物病害发生、流行风险信息交流的过程。

风险分析方法　植物病害流行风险分析一般可分为定性分析和定量分析两种。定性分析以系统分析、建模、或专家会商等手段，对病害发生流行规律进行分析，或对有害生物传入可能性、定殖可能性、定殖后传播可能性、潜在经济影响等方面进行定性评估，结果用风险的高、中、低等级指标来表示风险大小。定量分析主要利用数学模型或系统模拟的方法，研究病害在时间或空间上发生流行或外来有害生物的风险，结果用概率值等具体数字来表示风险高低。定量风险分析和定性风险分析对信息的要求不同，相对而言，定量风险分析对相关信息的准确性和完整性要求较高，需要的信息量比较大。

风险分析的局限性　尽管经过几十年的发展，风险分析仍然属于技艺的范畴，而不是一门科学，它明显地缺少评估的标准方法。通常，在一个病害风险评估研究中，特别是对那些缺少研究的病害，可用来分析的信息、数据是不足的。因此，随机因素和专家经验，就用在评估中，导致主观性。风险评估主要不足有：①缺少用来计算病虫害大尺度发生的模型。②大尺度传播潜能的评估可靠性不够。

参考文献

李蔚民，2003.有害生物风险分析 [M].北京：中国农业出版社．

马占鸿，2010.植病流行学 [M].北京：科学出版社．

杨小冰，王海光，2006.病害风险评估的概念、发展和前景 [M]//曾士迈．宏观植物病理学．北京：中国农业出版社．

NUTTER JR F W, ESKER P D, NETTO R A C, 2006. Disease assessment concepts and the advancements made in improving the accuracy and precision of plant disease data[J]. European journal of plant pathology, 115: 95-103.

YANG X B, 2006. Framework development in plant disease risk assessment and its application[J]. European journal of plant pathology, 115: 25-34.

（撰稿：陈莉、杨小冰；审稿：丁克坚、金社林）

病害空间格局　disease spatial pattern

生物群落的栖息地内，在各生物种群的特性、种群间的相互关系与环境因素等的共同作用下，某一种群在空间散布的状况称作空间格局。病害空间格局是指在某时刻在不同的单位空间内病害或病原物数量的差异及特殊性，即病害在某一时刻的空间分布结构，又名空间分布型或田间分布型，它表明该种群选择栖境的内禀特性和空间结构的异质性。

病害空间格局主要有泊松分布（poisson distribution）、二项式分布（binomial distribution）、奈曼分布（neyman distribution）和负二项式分布（negative binomial distribution）四种类型。泊松分布也称随机分布，指个体独立，相互间无影响并随机分配在一定的位置，属这类空间格局的病害在田间分布是随机的，呈较均匀状态，泊松分布的样本方差与平均数相近，比值小于 1.5，如小麦赤霉病穗的田间分布。二项式分布也称均匀分布，均匀分布的样本之间差异不显著，方差小于平均数到接近于 0。属均匀分布的病害多为均匀整株危害，如蚜虫传播的病毒病，或由大量外来菌源侵染造成的小麦条锈病等。奈曼分布又称核心分布，是常见的一种聚集分布，病害个体常聚集成团或核心向四周或某个方向做扩散或蔓延，核心大小相似的称为奈曼分布，核心大小不等的称为 P-E 核心分布，其样本方差大于平均数，比值多为 1.5～3.0，如以本地菌源侵染为主的稻叶瘟病等。负二项式

分布又称嵌纹分布，也是一种常见的聚集分布，病害在田间分布核心的密集程度是极不均匀的集团，呈嵌纹状，如水稻白叶枯病等。

确定病害空间格局的数学方法很多，常见的主要有频次分布适合性测定、扩散性指标检验、成偶检验和平均拥挤度检验等。

参考文献

马占鸿，2010.植病流行学 [M].北京：科学出版社．

赵志模，周新远，1984.生态学引论 [M].重庆：科学技术文献出版社重庆分社．

（撰稿：陈莉；审稿：丁克坚）

病害流行动态　epidemic dynamic

在生长环境各影响因子的作用下，病害数量随时间和空间的消长变化。病害流行动态主要研究作物一个生长季节中，在环境条件影响下，寄主群体和病原物群体相互作用导致病害数量的消长速率和空间分布格局的变化规律，也包括随着现代农业的发展，耕作、农艺等人为因子的变化后各病害数量和病害优势种群间的群落结构变化。这是植物病害流行学的核心，也是制定病害治理策略、进行预测预报和防治决策的重要基础。

形成和发展过程　20世纪中期各国学者更加关注寄主、病原物、环境之间的“病三角”关系。1946 年，瑞士的高又曼（E. Gäumann）在《植物侵染性病害原理》中，确定了侵染链理论，提出并分析了植物病害流行问题；南非的范德普朗克（J. E. Van der Plank）1961 年在“病害流行的分析”和 1963 年《植物病害：流行和防治》中，奠定了植物病害流行动态定量研究的方向，采用数学和数学模型来描述植物病害群体的发生发展过程。1969 年，美国的瓦格纳和霍斯福（P. E. Waggoner 和 J. G. Horsfall）出版了《EPIDEM：为计算机设计的植物病害模拟器》，选用数学模型采用计算机编程计算的框架结构模拟番茄早疫病流行动态。1974 年，德国克兰兹（J. Kranz）在《植物病害流行：数学分析和模型组建》中，汇集了描述植物病害流行动态的大量数学模型。1986 年，曾士迈、杨演在《植物病害流行学》中，首次从病害数量或病原物数不断积累的过程阐述病害流行动态，将病害分为单年流行病和积年流行病。单年流行病在 1 年中可发生多次再侵染，繁殖速率高，菌量积累快；环境条件适合时，一个生长季中就可以完成菌量积累并造成流行和危害的病害，如小麦的 3 种锈病、稻瘟病、马铃薯晚疫病等气传的叶部病害等。积年流行病 1 年只发生 1 代，菌量积累慢，年增长量只有几倍、几十倍，但存活力强，越冬率高，如玉米丝黑穗病、棉花黄萎病等。按植物病害时间动态变化特点又可以分为季节流行动态（1 个生长季节中病害数量的逐日变化）和逐年流行动态（为流行程度的年度间变化）。2005 年，曾士迈在《宏观植物病理学》中，对病害流行动态的发展又提出：在地域空间上和多年份时间内，以农业生态系为背景，观察植物病害的群体或群落水平的变化规律。

基本内容　植物病害流行动态由时间动态和空间动态构成。病害流行的时间动态（temporal dynamic of epidemic）指病害群体数量或发病程度随时间变化的动态过程，以时间为主要量纲，研究病害数量（X）随病害流行时间（t）变化的流行速率（$\Delta X/\Delta t$），流行速率是病害流行速度的重要参数，集中反映了各种环境因素与病原物、寄主群体之间的相互作用。主要涉及病害流行的季节发展曲线，定量表达的数学模型，作为病害预测的基础，是植物病害流行学的中心内容之一。病害流行的空间动态（spatial dynamic of epidemic）是指病害发生、发展在空间上的表现,其变化取决于寄主、病原、环境条件的相互作用。以空间距离（d）为主要量纲，研究病害密度或数量随空间距离而变的病害梯度（$\Delta X/\Delta d$），传播距离和传播速度是病害传播的重要参数。病害梯度和传播距离是特定时段的空间格局，传播速率增加了时间量纲，反映病害传播速度的变化。在病害流行过程中，时间动态和空间动态是同一过程的两个侧面观,两者平行并进,密不可分。病害的流行动态涉及寄主、病原、自然环境条件和农业技术措施等，因素之间又存在着种种相互作用，从而形成了一个极为复杂的多维多变的动态过程。对植物病害流行动态，需要采取系统分析方法，把病害流行系统作纵横分解，对各个阶段、环节中各个组分的相互作用进行定量分析，然后再综合成为完整过程，研究其总体的动态规律。在综合和分析的过程中，应把数据和信息井然有序地合乎逻辑地组入模型，并经反复检验改进，进行模拟，使之具有能够预测和帮助决策的实用价值。

科学意义与应用价值　植物病害流行学是一门植物病理学和生态学之间的交叉学科，病害流行动态是其核心研究内容，仍以侵染过程和病害循环为主线，侧重群体和定量变化的研究。病害流行是生态平衡受到破坏的表现，对流行因素的关联分析就是对病害系统组成成分及其相互关系的分析，以病害流行程度为目标，定量研究其与流行影响因素之间的关系，找出主导因素，为病害预测预报，制定控病战略战术提供科学依据。

参考文献

马占鸿，2010.植病流行学 [M].北京：科学出版社．

肖悦岩，季伯衡，杨之为，等，1998.植物病害流行与预测 [M].北京：中国农业大学出版社．

曾士迈，杨演，1986.植物病害流行学 [M].北京：农业出版社．

VAN DE PLANK J E, 1963. Plant diseases: epidemics and control[M]. New York: Academic Press.

（撰稿：丁克坚；审稿：檀根甲）

病害流行监测　epidemics monitoring

对植物病害流行实际情况进行全面持续的定性和定量调查、观测和记录。其是进行病害预测和病害管理的前提。没有对病害流行的监测，就不可能有合格、可靠的数据资料，就缺少开展病害预测和病害管理决策的基础和依据。由于植物病害流行受到寄主植物、病原、环境因素和人类干预等多方面的影响，病害流行监测应是对整个病害流行系统的各种组分和影响因素的全面调查和观测。目的是全面掌握病害发生状态、病害流行动态和影响病害流行的主要因素变化情况，从而为病害预测和病害管理提供可靠的资料和依据。进行植物病害流行监测时，应该根据病害预测和病害管理的具体要求，明确具体监测对象和内容，应用合适的监测方法和技术，保证获得的监测资料规范和准确。

病害流行监测对象和内容　由于植物病害种类不同以及病害预测和病害管理的具体要求不同，进行病害流行监测的具体对象和内容会有所差异。进行病害流行监测，应以植物病害监测为中心，确定监测的具体对象和内容。一般地，监测对象包括病害本身、病原、寄主、环境、人类活动等，特别地，对于通过介体传播的病害，监测对象还应该包括传播介体。因此，病害流行监测可分为病害监测、病原监测、寄主监测、环境监测、人类活动监测、传播介体监测等。监测内容因监测目的和对象不同而异。

病害监测　是指对病害发生与否、发生程度和流行动态的定期连续调查、观测和记录。在进行病害调查时，需要进行病情估计。病情估计是植物病害流行学研究中非常重要而又难以做好的工作，是定量流行学研究的基础。病情通常用普遍率、严重度和病情指数表示，病情指数是综合普遍率和严重度的一个指标，有时也用病害流行曲线下面积表示病情。在植物抗病性鉴定和调查时，反应型是一个重要的估计内容。在调查病害普遍率和严重度时，前者只需确定所调查植物个体或器官是否发病，过程简单，较少出现人为误差；后者需要按照一定调查标准、规范或方法评估所调查植物个体或器官的发病程度，需要丰富的经验，尺度难以掌握，易产生较大误差。因此，在需要观测大量数据资料和缺少经验丰富人员的调查中，可仅调查病害普遍率而不进行严重度的评估。由于普遍率仅反映病害发生与否，而不能反映病害发生严重程度，正是由于这个缺陷，从而使得严重度成为进行病情估计时调查的重要内容。研究表明，在一定条件下，普遍率和严重度之间存在一定关系。在植物病害流行学中，将两者之间的关系称为 *I-S* 关系。若能通过研究建立普遍率和严重度之间的定量关系，根据普遍率推算严重度，则可以节省调查所需人力和物力，并且减少调查误差。关于 *I-S* 关系的量化研究表明，它们之间的量化关系因病害种类、普遍率大小、所调查植物个体或器官上病斑的分布等而差异较大。可以基于多年多点的病害实际调查数据，利用统计分析和建模方法构建普遍率和严重度之间的量化关系式或模型。当普遍率接近饱和时，则不能通过 *I-S* 关系推算严重度。

病原监测　是对引起病害的病原状态和数量变化的定期连续调查、观测和记录。对于侵染性病害，病原监测的内容主要有病原物种群数量、病原物发育进度、病原物生理小种组成和分布、毒性变异和对杀菌剂抗性的变异等（见病原物监测）。对于非侵染性病害，病原监测的内容主要有土壤营养条件、温度、水分条件、有毒物质等，根据病原具体种类确定需要监测的内容。实际上，病原监测主要是围绕引起侵染性病害的病原物进行的。病原物种群数量的监测难度大，对技术要求高。随着孢子捕捉技术、图像计数分析技术、分子生物学定量技术等的发展，这些技术日益应用于病原物种群数量监测中，为病原物监测提供了强有力的支撑。分子生物学的迅速发展，使得快速定性和定量进行生理小种鉴定和组成测定、毒性变异和抗药性测定等成为可能。

寄主监测　是指对寄主植物个体发育和群体动态的定期连续调查、观测和记录。寄主监测的主要内容是寄主植物生长发育阶段、生物量、抗病性和主要品种基因型等，其中，生物量监测以对病原物直接危害的器官或部位的监测最为重要。寄主植物生长发育过程可以划分为不同阶段，植物不同生长发育阶段的抗病性存在差异，如植物抗病性有苗期抗病性、成株期抗病性和全生育期抗病性之分。做好寄主植物生长发育阶段的监测对于病害流行主导因素分析、病害预测和病害管理具有重要意义。另外，对于多年生寄主植物而言，由于其具有自身的生命周期，而这种周期会影响寄主植物的抗病性，因此，对于某些病害系统来说，还需要记录寄主植物的年龄。对于寄主抗病性，可以通过设置观察圃进行监测。对于生产中种植的主要品种，需要了解其含有的抗病基因，有些品种虽然名称不同，但可能含有相同抗病基因，因此，需要进行主要栽培品种的基因型监测，了解抗病基因的布局。

环境监测　是指对影响病害流行的主要环境因素进行的定期连续观测。在感病寄主植物和致病的病原物存在的情况下，病害发生和流行程度与环境因素密切相关。对于很多种植物病害，环境因素是进行病害预测的重要依据，如马铃薯晚疫病的测报主要是根据环境条件进行的。另外，寄主植物某些抗病基因需要在某种特殊环境条件下才能表达。环境监测的内容主要是与病害发生和流行密切相关的有关环境因素，其与病害种类以及监测的区域和范围有关。进行环境监测，不是对所有的环境因素全面监测，也没有必要在所有因素上花费大量的人力和物力，而应根据病害发生特点，选择与病害密切相关的因素进行监测。如对华北地区小麦条锈病进行流行监测，应该重点监测4月上中旬至5月上旬的降水情况；如对于小麦赤霉病，应该重点监测小麦抽穗扬花期的降水量、降雨日数和空气相对湿度；如对于马铃薯晚疫病，应该重点监测气温和空气相对湿度。对于根部病害和叶部病害，根围和叶围微生物种群与病害流行的关系日益受到关注，对于一些病害，需要监测根围或叶围微生物区系。

人类活动监测　是指对影响病害流行的人类有关活动的连续调查和记录。在农业生态系统中，人类对环境的干预作用越来越大。经济的迅速发展以及经济贸易和旅游等活动对病害传播和流行的作用日益彰显。如人类为了追求产量和品质，大面积种植单一品种，造成小麦条锈病等一些病害流行危害；耕作中的秸秆还田，造成了纹枯病菌等一些病原物在土壤中的积累；频繁的引种调种，造成了一些新病害或检疫性有害生物的发生；设施栽培的大面积推广，提高了一些病原物的越冬存活率，扩大了一些病原物的危害范围。从小范围或田块水平来说，人类活动主要是农事活动，便于调查和记录。而从大范围来说，人类活动涉及面广，难以进行监测，一般可对耕作制度、引种调种情况、栽培作物种类和品种、农事活动等进行多年的连续调查和记录，便于从宏观角度对病害流行开展研究。

传播介体监测　是指对病原物传播介体数量和带毒率或带菌率的定期连续调查、观测和记录。一些病原物传播体需要依附于传播介体，依靠传播介体的活动进行传播。不同病原物可能所需介体种类不同，如病毒的传播介体有昆虫、线虫和真菌等；引起枣疯病的植原体可由叶蝉传播；引起小麦蜜穗病的细菌可由小麦粒线虫传播。除了监测传播体种群数量和带毒率或带菌率之外，对于一些病害，传播介体的田间分布也是重要的监测内容，该监测内容对于研究病害田间流行规律具有重要意义。对于具有迁飞特性的传播介体昆虫，不但要做好本地监测工作，还要做好外地迁入虫源监测。

病害流行监测调查取样方法　进行病害流行监测需要遵守相关的标准和规范，保证监测结果的可靠性和代表性，并且监测工作必须持久稳定，便于多点多年大量监测数据的积累、比较和交流。没有大量长期、规范的监测数据和资料，就不可能获得足够的病害流行相关信息，也就不可能有效地开展病害预测和病害管理决策。通常利用系统调查方法进行病害流行监测，针对固定的调查对象，按照一定的标准和规范定期进行调查或取样分析。根据监测目的的不同，调查对象可以是固定的调查地点、植株或叶片，甚至是固定的病斑。对于了解病害发生和流行情况的一般调查，若是多年按照同样的方法对相同地点进行调查，从宏观角度考虑，也算是系统调查。调查时所选取的样点要有代表性，并且取样时要保证一定的取样量。如孢子捕捉器的放置地点和高度要考虑寄主植物的生长情况、风向、周围环境等。植物病害在田间有一定的空间格局，传播介体也有一定的分布规律。因此，调查时要根据植物病害或传播介体的分布情况，选择合适的取样方法。对于均匀分布（二项式分布）的情况，可以采用随机取样法；对于随机分布（泊松分布）的情况，可以采用五点取样法、对角线取样法或棋盘式取样法；对于核心分布（奈曼分布）的情况，可以采用棋盘式取样法或平行线取样法；对于嵌纹分布（负二项分布）的情况，可以采用"Z"形取样法或分层取样法。

病害流行监测方法和技术　进行植物病害流行监测，人工调查方法需要大量的人力和物力，结果误差大，信息传播速度慢，会影响病害预测的准确性和病害管理决策的正确性。随着科学和技术的发展，新的方法和技术不断在病害流行监测中得到应用，提高了监测结果的准确性和信息交流速度，并且减少了监测过程人为因素的影响，促进了病害流行监测水平的提高。当然，在基层，仍是主要应用一些常规的监测方法和技术开展工作。不同的监测内容和目标，需要不同的监测方法和技术。

肉眼观测法　在病害流行监测中，除了一些必须利用仪器进行检测的项目外，肉眼观测法是比较常用的方法，可用于病害监测、病原物监测和寄主监测等。可进行定性监测，如观察植物是否发病；也可进行定量评估，如估计病害严重度水平。进行肉眼观测，调查人员首先需要按照一定的标准或规范进行训练，获得一定的经验，才能提高监测的准确性和信息的可应用性。对于大量样品或进行多点监测时，肉眼观测法往往需要消耗大量人力和物力。

显微观察法　利用显微镜，可在病害流行监测中进行病原物形态观察、病原物计数和病原侵染结构的观察等。一般应用最多的是普通光学显微镜，由于其价格适中，普及率比较高。现在多款显微镜可以外接数码相机，可以轻松拍摄显微数码图片。对于显微镜拍摄的病原孢子图像，应用图像处理技术，可快速、准确地进行孢子计数，可以减少在显微镜下人工计数时观察人员的视觉疲劳，提高准确性，减少人为误差。应用电子显微镜可以观察病毒粒体、病原菌表面的突起和网脊等。随着显微技术的发展，荧光显微镜、共聚焦显微镜等大大提高了显微观察水平。

分子生物学技术　分子生物学技术在植物病害流行监测中的应用日益广泛，解决了一些利用常规方法很难或不能解决的问题，特别是利用 real-time PCR 检测技术能方便地实现病原物的定量检测。利用分子生物学技术，可以检测未显症、处于潜伏状态下病原物的侵染情况，实现病害的早期检测，进行寄主植物体内病原物的定量测定。对于从空气中捕获的病原物、从土壤或植物组织中提取的病原物，利用分子检测技术可以实现病原物种类、病原物的计数和定量、种群组成分析等。其可用于寄主植物抗病基因和病原物无毒基因检测。特别是对于利用常规生物测定方法需要很大工作量的生理小种和病原物抗药性监测，利用基于特异性分子标记的分子检测技术可进行定性识别和定量测定，极大地提高了工作效率和准确性。

"3S"技术　包括遥感（RS）、地理信息系统（GIS）和全球定位系统（GPS）。RS 是利用目标物反射或辐射的电磁波，不接触目标物而对其进行观测的一种技术。寄主植物受到病原物侵染或发病时，内部生化组分和组织结构会发生一定变化，致使植物的光谱特性和遥感影像发生相应变化，并呈现一定的特异性。利用获得的光谱或遥感影像等遥感信息，可以及早检测受到侵染而未显症的病害、进行病害种类识别、严重度评估、病情反演和病害损失估计等。根据工作平台不同，RS 可分为地面遥感、航空遥感和航天遥感。开展最多的是基于叶片或冠层水平的病害遥感监测研究，覆盖小麦、水稻、棉花、马铃薯、大豆等多种农作物以及林业植物上的病害。受限于遥感影像的获取及其分辨率等，航空和航天病害监测研究进展较慢，但是随着科技水平的提高，植物病害的无人机遥感和卫星遥感监测研究日益增多，在病害宏观监测方面具有巨大潜力。GIS 具有强大的空间分析和数据处理能力，可对病害发生程度、空间分布、时空动态以及适于病害发生的生境进行监测，可构建基于 GIS 的病害监测预警系统。全国农业技术推广服务中心建设了基于 Web 的"农作物重大病虫害数字化监测预警系统"，内含地理信息数据库，具有基于 GIS 的数据分析功能，可实现病虫害发生状态的可视化展示、发生动态分析等。GPS 可以对发病地点进行精确定位，提供病害发生的空间地理位置。利用 GPS 对监测点进行定位，再次进行调查时可以根据记录的地理位置信息，找到原来的点，方便在大面积多点监测中进行目标定位。在中国各地小麦锈病和白粉病研究协作组进行的多次小麦条锈病越夏和越冬考察中，GPS 发挥了重要作用。鉴于 RS、GIS 和 GPS 各自的特点和功能，应重视"3S"技术一体化综合发展和应用，提高病害流行监测中信息获取、处理和分析的自动化、实时性和科学性，可大大提高病害流行监测水平和病害管理水平。

图像处理技术　是对获取的图像进行处理和分析，以获得图像中相关目标信息的一种技术。一般是对获得的数字化图像（包括遥感影像）或经过数字化的图像，经过一定的处理，提取相关信息，用于对图像中的目标物进行辨识或其他目的。随着数码相机、具有拍摄功能的手机等多种图像获取设备的普及和所获取图像分辨率的提高，图像处理技术将在病害流行监测中发挥重要作用。基于图像处理技术的病害图像自动化识别和严重度评估、孢子显微图像的自动计数等为病害监测和病原物监测提供了技术支撑，提高了监测自动化水平。热红外成像技术和荧光成像技术等不仅可以识别症状明显的植物病害图像，而且可以识别受到病原侵染而未表现症状的植物图像，从而实现病害的早期检测。图像处理技术涉及大量的信息处理和分析技术以及模式识别技术，已有一些可供使用的病害图像或病原图像识别系统，基于互联网或移动终端的相关系统的开发将更加方便用户使用。

近红外光谱分析技术　是利用近红外光谱区包含的物质信息进行样品定性和定量分析的一种技术，其主要依靠的是 O-H、N-H、C-H 等含氢基团振动的倍频与合频信息。近红外光谱谱区的波长范围为 770～2500nm，其频率范围为 4000～13000cm^{-1}。近红外光谱分析技术一般包括近红外光谱信息采集、信息处理、构建关联模型、待测样品信息提取和判别等过程。信息采集一般采用专门的近红外光谱仪进行。其作为一种快速、无损、低成本、无污染的分析技术，已广泛应用于农业、食品、石油、化工、医药等行业。其已被用于植物病害监测和病原物监测研究中，如用于进行病害的早期检测、严重度评估以及病原物的定性识别和定量分析等。随着便携式近红外红光谱仪器的发展，近红外光谱分析技术在植物健康监测方面将会得到更多应用。

物联网技术　物联网（internet of things，IoT）是利用各种传感器、射频识别、视频采集终端等感知技术与智能装备，按照一定的协议把任何物品与互联网联系起来，进行物与物之间的信息交换和通信，以实现智能化识别、定位、跟踪、监控和管理的一种智能网络。其具有感知层、传输层、处理层和应用层 4 层网络架构，涉及传感器技术、射频识别技术、GPS 技术、RS 技术等感知技术，无线传感网络技术、移动通信技术和互联网技术等信息传输技术，以及各种信息处理和识别技术等。物联网技术已经应用于农业的各个领域。在植物病害流行监测方面，物联网技术的应用受到感知层技术和病害自动诊断、病原自动识别和计数等信息处理技术的制约，主要应用于视频远程病害诊断、病害实时视频监测以及病害发生环境监测等。由于用于环境监测的各种传感器已有较好的发展，对于与环境条件关系密切的马铃薯晚疫病、小麦赤霉病等大田作物病害以及一些设施栽培作物病害，通过物联网可以进行自动监测，可以获得较好的监测效果。

病害流行监测数据的传播与交流　过去对于病害流行监测数据一般都是进行纸质记载，数据的传播和交流是以纸质材料邮寄或电报方式进行。随着计算机技术、互联网和通讯网络的发展，监测数据的数字化形式成为记载和传播的主体。监测环境因子的各种传感器获得的数据可以通过定期拷贝或通过无线传感网络传输到室内计算机上，极大地提高了效率和准确性。进行田间病害调查时，已有移动终端可用于直接记录数据并上传到有关的管理系统中。多个国家和机构已经建立各种植物病害流行监测网络系统，可接收监测数据，实现数据共享，并可为病害预测和病害管理决策服务。全国农业技术推广服务中心从 1996 年起开发建成了"全国病虫测报信息计算机网络传输与管理系统"，并从 2002 年起组织开发了"中国农作物有害生物监控信息系统"，又从 2009 年起在原有系统基础上，开发建设了"农作物重大病虫害数字化监测预警系统"，这些系统的开发建设保障了监测数据的规范性和完整性，实现了全国主要病虫害监测信息的网络传播、分析处理和资源共享，促进了全国有害生物数字化监测预警建设，提高了监测信息传播的时效性和监测预警水平，提升了植保系统的办公自动化和监测信息的社会综合服务水平。

参考文献

曹学仁，周益林，2016. 植物病害监测预警新技术研究进展 [J]. 植物保护，42(3): 1-7.

黄冲，刘万才，姜玉英，等，2016. 农作物重大病虫害数字化监测预警系统研究 [J]. 中国农机化学报，37(5): 196-199, 205.

李道亮，2012. 农业物联网导论 [M]. 北京：科学出版社：1-13.

李光博，曾士迈，李振歧，1990. 小麦病虫草鼠害综合治理 [M]. 北京：中国农业科技出版社.

马占鸿，2010. 植病流行学 [M]. 北京：科学出版社.

肖悦岩，季伯衡，杨之为，等，1998. 植物病害流行与预测 [M]. 北京：中国农业大学出版社.

中国农业百科全书总编辑委员会植物病理学卷编辑委员会，中国农业百科全书编辑部，1996. 中国农业百科全书：植物病理学卷 [M]. 北京：中国农业出版社.

BARBEDO J G A, 2016. A review on the main challenges in automatic plant disease identification based on visible range images[J]. Biosystems engineering, 144: 52-60.

CHAERLE L, HAGENBEEK D, DE BRUYNE E, et al, 2004. Thermal and chlorophyll-fluorescence imaging distinguish plant-pathogen interactions at an early stage[J]. Plant and cell physiology, 45(7): 887-896.

SANKARAN S, MISHRA A, EHSANI R, et al, 2010. A review of advanced techniques for detecting plant diseases[J]. Computers and electronics in agriculture, 72: 1-13.

（撰稿：王海光；审稿：马占鸿）

病害流行空间动态　spatial dynamic of epidemic

病害在发生发展过程中所表现的空间格局的变化。它以空间距离（*d*）为量纲，研究病害梯度、传播距离，或以两维平面的位点为量纲，研究病害分布和病害传播速度的问题。病原物传播规律是空间动态研究的基础，涉及寄主、病原物、自然条件、人为措施、小气候、大气候乃至天气过程。与时间动态一起构成病害流行动态的全貌。

病害的空间动态主要表现在病害发生范围和严重程度随时间而增加。在病害扩展的过程中，往往是越靠近菌源中心处的病情越重，越远越轻。扎多克斯（Zadoks）根据 Rijsdijk 和 Hoekstra1975 年获得的小麦条锈病调查数据，绘制的"蜘蛛网状图"，示意了菌源中心随时间而变的过程（见图）。

对病害空间动态的研究内容和方法大体分为三方面：①传播机制研究。从病原物传播体、传播途径入手，分析病害传播过程和影响传播的物理因素和生物因素。病害传播可以分解成病原物传播体的飞散、运行、沉降和传播体的存活、侵染过程。研究中首先将传播体（孢子等）看成是一些物理微粒，将空气动力学理论和方法移植到孢子传播的研究中来。如艾罗尔（D. E. Aylor）、施劳特（H. Schrödter）、帕斯奎尔（F. Pasquill）等，研究了孢子传播规律并建立了相应模型。但这些模型只能描述孢子物理运动的轮廓且属于理论分析，作为进一步研究的基础，与实际有较大差距。②病害在某一时刻空间分布状态的研究。包括侵染梯度、传播距离、传播速度和病害的空间格局。清泽茂久、麦肯齐（D. R. Mac Kenzie）曾建立两种重要的侵染梯度模型（见病害梯度），它们都是一维的密度分布模型。1977 年扎多克斯（N. C. Zadoks）等人发表了多系品种中小麦条锈病流行速率变慢过程的模拟模型 EPIDEM，开始对病害二维空间动态模拟的尝试。赵美琦等、肖悦岩等也进行了这方面的研究。在规定"实查可得病情"后，根据上述模型都可以推算出病害传

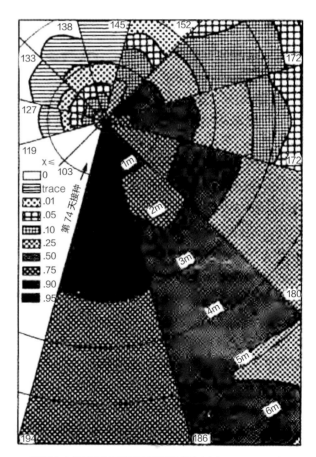

菌源中心随时间的变化而变化的过程（引自 Zadoks，1979）

播距离，进而计算传播速度。根据传播距离和传播范围预测结果，可以进行点片药剂防治。田间传播图式或病害空间格局的分析有助于确定取样调查的方式和取样数量。密度效应分析则是利用种植密度、种植方式和混合品种控制病害的理论依据之一。③中程传播和远程传播的研究。研究实现中程传播的必要条件，如菌源基地产生大量孢子并能在空中形成"孢子云"；适当的上升、水平、下降气流作为传播动力；孢子降落地点适宜病害侵染发病的环境条件和传播体在传播途中耐受不良环境条件的能力等。这方面的研究必须结合地理气象知识和具有大范围的信息资料以进行推理、论证。范阿尔斯德曾利用山谷风和海陆风解释松疱锈病在山谷间和近海地区的分布，可作为中程传播的典范。纳盖雷金等研究小麦秆锈病在印度南部尼尔吉瑞斯山区和北部平原麦区之间的传播规律与发病情况。曾士迈分析了小麦条锈病在中国华北地区流行情况与天气形势和风向的关系。中程传播规律是中长期预测的理论基础之一，可指导药剂防治时间及品种合理布局。人类的商业、科技、旅游等活动也会造成多种病害的人为远距离传播，特别是引入新病原物或新作物种或品种时容易暴发流行。这方面的研究主要是病原物传播途径、存活和侵染发病条件以及适生条件的定性研究，它们是植物检疫措施的依据。

参考文献

曾士迈，杨演，1986. 植物病害流行学 [M]. 北京：农业出版社.

ZADOKS J C, 1979. Simulation of epidemics: problems and applications[J]. Bulletin EPPO, 9(3): 227-233.

（撰稿：赵美琦；审稿：肖悦岩）

病害流行曲线　disease progress curve

描述植物病害流行过程中时间动态的曲线。一般以时间为横坐标，以病情为纵坐标。按时间跨度长短，可以绘制季节流行曲线与逐年流行曲线。

季节流行曲线　描述一种病害在一个生长季内随时间变化的动态过程。一般依据间隔一定天数连续调查的田间病情做图。由于病害循环的差异，病害季节流行曲线的形式也有明显的不同。

多循环病害　由于在一个生长季里可以发生多次再侵染，其初始病情可以很低，但在寄主感病、环境有利的情况下，病情可以达到很高的水平。流行曲线形式因不同病害及环境条件的变化而形成以下 3 种形式：①S 型曲线。许多病害最后发病已达到或接近饱和，而寄主群体不再增长，则流行曲线呈 S 型。如小麦锈病、马铃薯晚疫病、烟草黑胫病等。S 型曲线可用多种数学模型描述。②单峰曲线。病害在发展后期由于寄主抗性或环境条件不利于病害发展，且寄主群体仍继续增长，新生叶片发病很少，则流行曲线呈单峰类似马鞍型，如白菜白斑病等。③多峰曲线。有些病害在一年内有不止一次的病害流行高峰。有的由于寄主的感病性表现明显的阶段差异，如稻瘟病在中国南方水稻苗期、分蘖期和抽穗期有 3 个感病高峰。有的由于环境变化所致，如小麦叶锈病

在秋苗和春末抽穗后有两次高峰。玉米大斑病在华北地区盛夏前后出现两次高峰。流行曲线的形式取决于病原物的生物学特性、寄主抗病性及环境条件的综合作用。

流行曲线基本形式多种多样，其 S 型曲线为主要形式。它是多循环病害在季节流行中的基本形式。S 型流行曲线可划分若干阶段，并赋予一定的生物学含义（图 1）。

始发期，即流行前期或称指数增长期，大体相当于开始发现微量病情到普遍率达 0.05 这段时期。因为病情在 0.05 以下时，自我抑制作用不大，病情呈指数增长形式。在此期间，虽然病情增长的绝对数据变动很小，但增长速率却很大。

盛发期，即流行中期或称逻辑斯蒂增长期。范德普朗克认为这一时期大约的病情指数从 0.05 到 0.95 的阶段。扎多克斯认为应从 0.05 到 0.5 的时期，因为病情在 0.5 时称为流行中点，为 S 曲线的拐点，过此点后，曲线斜率降低。但是以病情为 0.5 为分期点，在田间实际调查中难以捕捉，而以 0.95 为准较易掌握。逻辑斯蒂增长期中病情变化是随病情加重，自我抑制作用不大加强，病情增长最终渐趋停止。在这期间，病情增长绝对数量和幅度最大，所需时间不长，往往给人们"盛发"的感觉。实际上，由于寄主抗病性呈阶段变化、气候条件的波动或栽培措施的改变等，使流行曲线呈不规则的 S 型或接近 S 型，在病情尚未达到 0.95 时即转向水平的渐近线。

衰退期即流行末期，这一时期的流行曲线趋于水平，病情不再增加。或者由于寄主可供侵染的部位已被占满。病情达到饱和。或由于寄主的抗性、气象条件以及流行季节已过等不利因素所致使得病害不再发展。有时由于寄主继续生长且病情不再发展，病情百分率曲线会呈下降趋势。

以上 3 个阶段中，指数增长的时间最长也最重要，是病原物菌量积累的关键时期。由于病情轻微，绝对值增长缓慢，往往被忽视。这一时期病情增长的倍数量大，因此，对以后病害流行起着至关重要的作用。这一时期是预测预报、化学与栽培防治以及流行学规律研究的重要时期。

单循环病害　由于在单一季节内没有再侵染，病情发展主要是由于越冬菌源接触寄主并陆续萌发，侵入所致。因而呈现负指数增长曲线形式。如棉花枯黄萎病、番茄枯萎病等土传病害及苹果和梨锈柿子圆斑病以及一些病毒病害。假定不同时期侵入的病害潜育期一致，则每日新发病数量取决于一个潜育期的侵染量。单循环病害的流行曲线可用下式

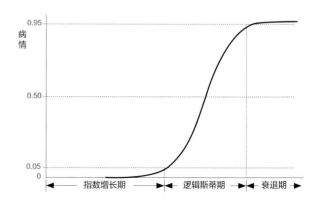

图 1　流行过程中 3 个阶段的划分（引自曾士迈，杨演，1986）

描述：

$$X_t = 1 - \exp\ (-r_s\, t)$$

微分形式为：

$$\frac{\mathrm{d}X_t}{\mathrm{d}t} = r_s\ (1 - X_t)$$

式中，X_t 为时间 t 时的病情，r_s 为单循环病害的平均日增长率。r_s 可根据两期病情计算得到，不同 r_s 值形成不同的曲线形式（图 2）。

逐年流行动态的曲线形式　描述一个地区一种病害逐年发展的动态过程。一般以年为时间单位，而且通常应满足品种多年连续不变，栽培和气候条件保持相对稳定等条件。

多循环病害　对于单年流行病害，年份间流行波动很大。多年平均的年增长率已无实际意义。研究年份间流行波动规律常以每年最终或最高病情为该年的代表值，也可以未发生再侵染时的每年初始病情表示。这类逐年流行曲线难以用一定的数学模型描述，只用流行主导因素分析，联系各年气候、品种、栽培等因素的变迁，作出定性分析。

单循环病害　对于积年流行的单循环病害，逐年流行动态反映了在品种、栽培等条件基本稳定不变的情况下，病害和病原菌逐年发展和积累的过程。流行上讲，这些模型要求较多年份的数据才合理适用，但实际上连续多年保持品种和栽培条件稳定不变的实例极为罕见，因而多数情况下不能采用逻辑斯蒂模型推导 r 值，只能借鉴其他方法计算流行速率。

在获得多年系统调查病情基础上，可用重叠侵染公式计算出转换后的病情，按以下公式计算平均年增长率：

$$r_a = \sqrt[n]{\frac{X_{mt}}{X_{m0}}}$$

式中，n 为从初始年份到最终年份的间隔年份，X_{mt} 为经重叠侵染转换的最终一年的病情，X_{m0} 为经重叠侵染转换的最初一年的病情。

对于多年生的作物的病情，也可用上述方法推导年增长率。由于年代长，栽培和气候条件总会有变化，可以用单一年份的增长速度和相应年份的波动因素建立回归模型以预测

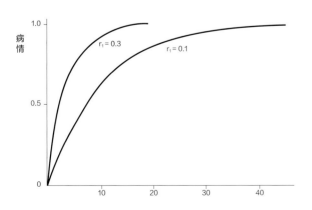

图 2　单循环病害季节流行曲线（引自曾士迈，杨演，1986）

和分析年增长率。

参考文献

曾士迈，杨演，1986.植物病害流行学 [M].北京：农业出版社.

（撰稿：骆勇；审稿：肖悦岩）

病害流行曲线方程　equation of disease epidemic curve

病害流行的时间变化动态过程，特别是在一个生长季节内的，往往有一定的规律，可以用不同的曲线加以描述。常用的 4 种方程分别是，逻辑斯蒂方程（logistic equation）、韦布尔方程（Weibull equation）、冈珀茨方程（Gomperts equation）和理查德方程（Richards equation）。其中，逻辑斯蒂方程应用最早也最广泛，其他三种均是在此基础上做部分改变和调整，以适用于不同的流行情况。

逻辑斯蒂方程　又称自我抑制性生长方程。最初由 P. F. Verhulst 提出逻辑斯蒂生长曲线：

$$N = K /\ (1 + C_e^{\,rt}),$$

其微分形式为：

$$\mathrm{d}N / \mathrm{d}t = rN\ (1 - N/K)$$

式中，N 为该种群的个体数，K 为环境所能容纳的种群个体的最大数量，r 为种群的内禀增长率。这个方程同一般的指数方程比较，多了（$1 - N/K$）这一修正项，其含义为种群增长不仅取决于 r 和 N，而且受到环境容纳能力及种群增长的"剩余空间"的影响。当 $N = 0$ 时，种群为指数增长，当 $N = K$ 时，$\mathrm{d}N/\mathrm{d}t = 0$，即所有"空间"均被占有，种群不再增长。而 $0 < N < K$ 时，种群增长受到"剩余空间"（$1 - N/K$）的修正。这个方程的积分式的曲线形式是以拐点为中心对称的 S 型。式中的 C 为积分常数，C=ln [$N /\ (K - N)$]。

植物病害群体的增长一般是用植物群体中发病植株或叶片的比例描述，因此，最大值即环境的最大容量为 1（100%），将 $K = 1$ 代入逻辑斯蒂方程，并按范德普朗克（J. E. Van der Plank，1963）的原理描述方法用 X 代表病情，则得到以下微分方程式：

$$\mathrm{d}X / \mathrm{d}t = rX\ (1 - X)。$$

如用 X_t 表示经过时间 t 后的 X 值，用 X_0 表示时间 $t = 0$ 时的初始 X 值，则当 $t = 0$ 时，可求得积分常数 C=ln [$X_0 /\ (1 - X_0)$]。方程可转化为：

$$\ln [X_t /\ (1 - X_t)] = \ln [X_0 /\ (1 - X_0)] + rt$$

如以 X_1、X_2 分别表示时间为 t_1 和 t_2 时的病情，则上式可写为：

$$\ln [X_2 /(1 - X_2)] = \ln [X_1 /(1 - X_1)] + r(t_2 - t_1)$$

式中，$\ln[X/(1 - X)]$ 称为 X 的逻辑斯蒂值，记作 $\mathrm{logit}(X)$。在植物病害流行中，可利用两个时间点的病情求的 r 值，或根据 r 值和初始病情预测经（$t_2 - t_1$）的时间后的病情。

应用逻辑斯蒂方程有以下假设。①同等看待所有个体，即不考虑个体间存在差异；②K 和 r 为不依赖于时间和年龄而变的常数；③病情预测或推算 r 值中，X_1 到 X_2 的时间也应该大于一个潜育期；④不考虑个体死亡率和菌源的迁

入与迁出。实际观测到的情况未必符合这些假设，有些病害最大发病程度不会达到 100%。因此，必须认识到利用逻辑斯蒂方程只是在一定程度上描述了病害数量增加的动态过程。

韦布尔方程 概率密度函数之一。彭尼帕克（Pennypacker，1980）将其引入植物病害流行学中病害季节性动态的研究。其微分形式为：

$$\frac{\mathrm{d}X}{\mathrm{d}t} = \frac{c}{b}\left(\frac{t-a}{b}\right)^{c-1}\exp\left[-\left(\frac{t-a}{b}\right)^{c}\right]$$

积分形式为：

$$X_t = 1-\exp\left\{-\left[(t-a)/b\right]^c\right\},\ (b>0,\ c>0,\ t>0)$$

式中，X_t 为时间 t 时的病情百分率；a 为位置参数，决定病害始发期；b 为比率参数，决定流行速率；c 为流行曲线的形状参数，决定流行的前后期速度的相对快慢。

由于方程有三个参数，其种种组合可描述多种形式的流行曲线，因此也称弹性模型（flexible model）。当 $c=1$ 时，韦布尔方程可代替指数模型用于描述单年流行病害的流行。当 $c=3.6$ 时可代替逻辑斯蒂模型用于描述单年流行病害的流行。式中的 a 为病害数量开始增长的时期。因此，只有 $t>a$ 时，病害才会增长。参数 b 决定流行速率，其取值大小与流行速率负呈负相关，即 b 值越大，流行速率越小。

韦布尔函数的特点是可以通过对参数 a、b、c 的调整来形成多种形式的流行曲线，如前期增长快，后期增长慢，或前期增长慢后期增长快等情况（见图）。

由于韦布尔函数没有反映初菌量的参数，在解释流行和预测病情时受到局限。

理查德方程 为描述生物种群增长的数学方程。L. Von Bertalanffy（1957）最早提出，后由理查德（1959）将方程推延为生长速度或瞬时速率（$\mathrm{d}y/\mathrm{d}t$）随时间 t 而变化的曲线，称可塑性生长模型：

$$\mathrm{d}y/\mathrm{d}t = r_\mathrm{R}y\left(1-y^{m-1}\right)/(m-1)$$

式中，r_R 为速率参数；m 为斜率参数，其值可以从 0 到无限大。当 $m=0$ 时，模型可转化为指数模型，当 $m=2$ 时，模型转化为逻辑斯蒂模型，当 m 接近 1 时可转化为冈珀茨模型。该模型的积分形式为：

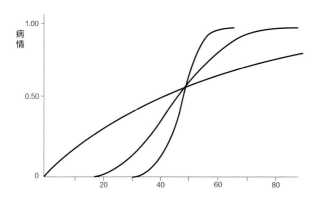

韦布尔模型的各种曲线形式（骆勇提供）

$$y = \left[1-B\exp\left(-r_\mathrm{R}t\right)\right]^{1/(1-m)} \qquad (m<1)$$
$$y = \left[1+B\exp\left(-r_\mathrm{R}t\right)\right]^{1/(1-m)} \qquad (m>1)$$

直线化后为：

$$\ln\left\{1/\left[1-y^{(1-m)}\right]\right\}=-\ln(B)+r_\mathrm{R}t \qquad (m<1)$$
$$\ln\left\{1/\left[y^{(1-m)}-1\right]\right\}=-\ln(B)+r_\mathrm{R}t \qquad (m>1)$$

常数 B 随 m 值而变。当 $m<1$ 时，$B=1-y_0^{(1-m)}$，当 $m>1$ 时，$B=y_0^{(1-m)}-1$。式中，y_0 为 y 的初始值。此模型虽有很好的适应性，但由于 m 值不好确定，其应用性不如逻辑斯蒂模型和冈珀茨模型。

冈珀茨方程 描述生物生长的模型。最早由英国科学家 B. Gompertz 提出。其方程式为：

$$y = \exp\left[-B\exp(Kt)\right]$$

式中，y 为 t 时间的生种群数量；K 为死亡速率；B 为定位参数。

将参数 K 前加一个负号，变成病害增长率。即正负取值决定了病害是负增长率或正增长。这样就可以用下式描述植物病害种群动态。

$$X = \exp\left[-B\exp(-Kt)\right]$$

式中，X 为 t 时间的病情，B 为定位参数，与初始病情 X_0 有关，$B=-\ln(X_0)$。该公式经线性转化后变为：

$$-\ln(-\ln X) = -\ln B + Kt$$

式中，$-\ln(-\ln X)$ 称为冈珀茨转换值，记为 gompit（X）。K 值可以根据田间获得的数据采用最小二乘法推算。与逻辑斯蒂方程所不同的是，冈珀茨方程的 S 型曲线的拐点偏前，因此，更适用于前期增长快而后期增长慢的流行情况。

参考文献

曾士迈，杨演，1986. 植物病害流行学 [M]. 北京：农业出版社.

（撰稿：骆勇；审稿：肖悦岩）

病害流行曲线下面积　area under the disease progress curve, AUDPC

度量一段时间内病害发生程度的指标之一，既包含了病害数量的变化，又包含了病害持续时间，可以作为损失估计模型的重要参数。一般度量病害发生程度是某个时间点的病情。将多个时间观测到的病情绘制在以时间为横坐标的图上，或拟合成一种曲线则描绘了病害的动态。在此基础上，在增加时间要素，形成曲线下面积，即成为一段时间内病害的指标。

病害流行曲线描述病害随时间发展的过程。横坐标为时间单位，如天、月份、年度等，纵坐标为描述病情程度或病原菌数量等的指标，如普遍率、严重度、病情指数、孢子数量、菌源体数量等。如果把时间划分为若干段，例如天或小时，再把这些所有时间段的病情累加在一起就成了这个曲线下的面积了。这个面积既反映了病情动态变化又能代表总的程度。对于由若干个时间点的病情描述的流行曲线，计算 AUDPC 的方法是采用内差法计算两时间点之间平均病情再乘以时间，即计算出面积，然后再按顺序累计而成总面积。可用以下公式表示：

$$AUDPC = \sum_{i}^{n-1} \left[\left(\frac{y_i + y_{i+1}}{2} \right) (t_{i+1} - t_i) \right]$$

式中：i 为第 i 次观察，y_i 为 i 次观察的病情，t 为时间，t_i 为第 i 次观察的时间，以此类推。

如果流行曲线是很规则的并且能用数学方程式描述，如指数方程或逻辑斯蒂方程等，对方程式做积分也能获得曲线下的面积值。

参考文献

曾士迈，杨演，1986.植物病害流行学 [M].北京：农业出版社 .

（撰稿：骆勇；审稿：肖悦岩）

病害流行时间动态　temporal dynamic of epidemic

病害群体数量或发病程度随时间变化的动态过程，包括病原物种群和病害数量的消长过程。主要研究病害流行的季节发展曲线、定量描述的数学模型、流行速率及其影响因素，对病害流行预测、损失估计和防治决策意义重大，是植物病害流行学的中心内容之一。

病害流行时间动态按研究时间跨度的长短，可分为三级：①病程进展动态。以病原物侵染过程为主线，以小时为时间量纲，定量描述孢子着落率、侵染概率、潜育期、病斑扩展速率和产孢量等侵染过程，其主要影响因素是农田小气候和微生态环境，根据侵染过程各阶段定量研究结果组建系统模拟模型，推演病害单循环、多循环过程及季节流行动态。因此，病程进展动态研究是病害流行动态的微观研究基础。②季节流行动态。以天为时间量纲，主要研究流行曲线的形式、流行速率和与之相关的因素，包括寄主的抗性及各生育阶段抗性变化、气候、栽培等因素，组建定量描述季节流行动态的数学模型。由于季节流行动态比较直观，与生产实际联系紧密，是研究较多且较成熟的流行动态。研究者可以从该层次入手，向微观方向深入研究发病机制，也可向宏观方向拓展研究逐年流行动态。③逐年流行动态。以年为时间量纲，研究界定区域或特定生态系多年甚至数十年的宏观病害流行动态。但由于范围广、时间跨度大、涉及作物种类、品种更替、耕作制度、土壤、能源投入、农事活动以及复杂的社会因素的影响，该层次研究较为薄弱。随着现代农业的发展，长期、超长期病害动态预测和防治决策的需求，已日益引起重视。

从流行学角度分析，各病害之间流行速率的潜能存在差异，根据菌量积累所需时间的长短和时间度量尺度的不同，还可将病害流行类型分为单年流行病害（monoetic disease）和积年流行病害（polyetic disease），这种划分对讨论病程控制策略十分有益。

由于生产上根据预测预报指导防治的病害多为单年流行病，所以病害流行时间动态的研究多集中于单年流行病害的季节流行动态。于农作物的一个生长季节内，对病害发生情况（普遍率、严重度、病情指数）进行定点、定时的系统调查，将获得的数据以病情为纵坐标，以时间为横坐标的直角坐标系上做点线图，就可绘出病害的进展曲线（disease progress curve），它反映了病害的季节流行动态，又称为季节流行曲线（图 1）。常见的病害流行曲线有 S 型、单峰、双峰和多峰型式，其中最基本的型式是 S 型曲线（图 2）。1963 年，J. E. Van der Plank 首次采用逻辑斯蒂模型（logistic model）对病害流行过程进行数理分析。1986 年，曾士迈、杨演从定量分析的角度将病害流行过程划分为 3 个阶段，即指数增长期、逻辑斯蒂增长期和衰退期。由于不同病害流行曲线的变化存在差异，描述其动态过程的数学模型主要有指数增长模型（exponential growth model）、逻辑斯蒂增长模型（logistic growth model）、冈珀茨模型（Gompertz model）、韦伯尔模型（Weibull model）和理查兹模型（Richards model）等。

病害流行时间动态不仅是单年流行病的季节流行动态，还涉及单年流行病的逐年动态和积年流行病的季节流行动态、逐年动态等，随着病害流行学研究的深入，系统模拟、模拟仿真、智能计算、网络信息等研究方法被广泛采用。

参考文献

马占鸿，2010.植病流行学 [M].北京：科学出版社 .

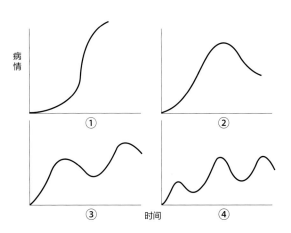

图 1 季节流行曲线的几种常见形式（引自曾士迈，杨演，1986）

①S 型；②单峰型；③④多峰型

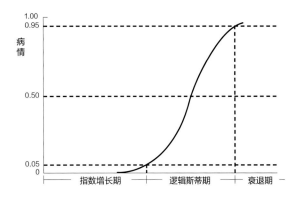

图 2 S 型流行曲线和流行过程分期（引自曾士迈，杨演，1986）

肖悦岩，季伯衡，杨之为，等，1998. 植物病害流行与预测 [M]. 北京：中国农业大学出版社 .

曾士迈，杨演，1986. 植物病害流行学 [M]. 北京：农业出版社 .

AGRIOS G N, 2005. Pathology[M]. 5th ed. New York: Academic Press.

VAN DE PLANK J K, 1963. Plant diseases: epidemics and control[M]. New York: Academic Press.

（撰稿：丁克坚；审稿：檀根甲）

病害流行系统模拟　system simulation of disease epidemic

应用系统论的理论和方法，对病害流行系统的结构和功能进行分析综合，组建模型，模拟系统的变化规律，加深对病害流行整体及动态规律的认识和病害流行规律的研究，服务于病害的系统管理。

系统是由相互依存、相互作用的若干组成部分以一定的结构组成的一个整体，有特定的机构和功能，有自己的边界，同外部环境具有一定的关系，并以输入输出的方式实现其功能。系统分析是对系统的结构与功能进行研究，包括分析与综合两个方面。分析是将系统分解为一个个组分并研究组分间的相互关系。综合则是将各组分按其特有的关系结合起来，研究系统的总体功能，再现系统的客观完整性。系统分析采用定性与定量相结合的分析方法，目的在于解释和理解系统的动态规律性与结构功能，以及实现系统的管理、控制与优化。

植物病害流行系统是一个因素繁多、组分间关系复杂的多维多变系统。系统分析是将病害流行所涉及的寄主、病原、环境与人为因素间的生物学关系转化为数学与逻辑关系以种种模型方式组合在一起，经过反复检验，使之应用于规律性研究以及病害预测与防治决策。

其步骤和方法包括以下几个方面。

明确目的　系统分析的内容、方法以及模型的结构、功能均因目的不同而异。在系统分析前要明确所做系统模型要解决的问题和用途。目的决定了系统的难易与繁简程度以及主要的组分。例如：小麦条锈病在田间流行规律的模拟模型，在结构设计上考虑到寄主生长、病原菌繁殖与传播，环境条件的作用以及人为因素的影响等。目的是研究此病害在气候、品种抗性、栽培以及人为防治措施综合作用下的流行规律。

确定系统的边界　确定系统的外部环境与内部组分，明确系统的输入与输出。系统的边界以及哪些外部环境对系统产生影响，视系统的目的与内容而定。如一个病害流行系统模型的边界可以是一块具体的作物田块，也可以是一个地区或县、乡管辖的农田，前者所要求的外部环境为田间小气候，后者则为本地区大范围的天气平均情况，输入、输出也因而不同。

系统的关键框架设计　框架设计又称总体设计，是分析和综合的过程，按照客观的生物学规律与病害流行过程及研究目的，用框架表示系统内各子系统之间的定性与定量关系以及外部环境对系统的影响途径。病害流行系统的总体设计是以病程为轴线，以生物学过程为基础进行顺序分析。如小麦条锈病流行侵染过程可划分为侵入、潜育、产孢、病斑扩展、孢子传播、再侵染等，称为纵向分析。此外，每一过程又受寄主抗性、气象因素如温度、湿度等的影响，这种分析过程称为横向分析。各个过程相互关联，一个过程不仅影响下一过程，而且受上一过程的影响。过程间有不同程度、不同方向的反馈，形成错综复杂的网络结构。

系统分析特别是动态模拟模型通常采用状态变量方法，即以系统各类相联系的事物的状态变化做为分析的主轴，如叶斑病害流行模拟中健康叶片、发病叶片到报废叶片数的状态变化，或由健康空位点到潜育位点到发病位点到传染位点到报废位点的不同状态的定量变化为分析的主轴（见图）。

系统的繁简程度取决于系统的目的，比如研究一个孢子的侵入过程，可以将系统设计为孢子着落、孢子萌发、侵入、定殖等。然后建立各相邻状态之间的变化速率同温度、湿度、抗性和环境的定量关系。如条锈病夏孢子侵染概率与温、湿度组合的关系，潜育期与温度的关系，孢子量与寄主生育、温度的关系等。系统的繁简程度也取决于对这一系统掌握的知识的精细程度，系统愈复杂，分析的工作量愈大。

收集数据和组分间及环境因素相互关系的描述　根据系统的需要，搜集整理与加工有关数据，如统一量纲、进行必要的统计分析、转换，建立数学表达式，进行必要的测验。定性与定量相结合，实现网络的联接。比如通过试验获得条锈病孢子萌发速率同温、湿度的关系；获得潜育病点显症率同温度关系的表达式等。在此阶段，对某些过程还要做出必要的参数估计，如品种抗病性参数范围、孢子萌发的最低温限、产孢量的最大数限等。

编程与组建模型　计算机语言的选择根据系统的结构、功能、特点、用途决定。一个较详尽的流程框图是编程前必不可少的。框图用实物流程与信息流程连接状态变量和速率变量以及辅助变量，表示系统输入与输出部位，并由驱动变量促使系统运转。系统内各组分的反馈关系以及决定速率变量的因之方程与参数都由确定的符号表示。编程讲究简练、结构性强、模块调用与操作灵活、接口明确、界面友善、解释清晰等。动态模型需应用模拟理论科学地确定模拟的时间

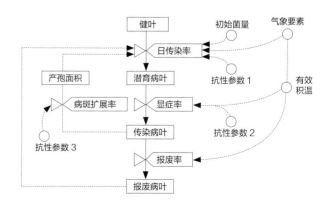

叶斑病害流程框图（引自肖悦岩，1990）

间距。例如小麦条锈病潜育的模拟可以日为时间间距，但模拟夏孢子萌发与侵入就应以小时为时间间距。

模型运转与调试　模型建立后要做逻辑性检验和调试，使其符合生物学原理。对模型的运转结果做逻辑性检验有助于建模者找到逻辑性错误与不合理之处。对子模型分别进行测试和调试，使模型更精炼，结构性强，易发现问题。

模型检验和敏度分析　模型检验，以估计模型的合理性和可靠性，一般采用建模中未用过的系统实测数据，与模型运行结果做比较。相应的统计方法有主观的综合评价法、参数检验法和非参数检验法。

敏度分析的目的是比较模型中各环节或各变量在整个系统中的重要性。其基本方法是将待测的参数按其程度设若干变化梯度，分别运转模型，比较由于取值不同而得出的不同结果。变幅小而输出结果变化大的参数，为敏感参数。系统取值必须精确，或对其意义必须做深入研究，以此为依据安排下一步试验。如对小麦条锈病模拟模型中孢子着落率参数，可设定变动范围，分别赋值，运转模型。然后从整个模型的最后输出的结果中分析判断这个参数在系统中的敏感程度。这个敏感程度应符合客观实际。检验和敏度分析结果都将反馈到前面的几个步骤中去，以利于模型的下一轮改进。

模型的应用　模型是系统分析的工具，利用模型可以深入研究植物病害系统的结构与病害流行规律，为设计实地试验提供依据。运行模型可以用来部分代替实际上难以进行或无法实现的实地试验。模拟模型还可按照研究目的，通过对模型输入的控制，模拟应用抗病品种、化学控制的过程和效果以及调整播期等措施或各种组合的防治效果。可靠的模型可以用于病害预测和病害防治的综合决策等。

参考文献

肖悦岩，季伯衡，杨之为，等，1998. 植物病害流行与预测 [M]. 北京：中国农业大学出版社.

曾士迈，杨演，1986. 植物病害流行学 [M]. 北京：农业出版社.

（撰稿：骆勇；审稿：肖悦岩）

病害流行主导因素　key factors for disease epidemic

植物病害系统是一个复杂的动态系统，不同因素在病害流行中的作用不同，同一因素在系统的不同层次、不同环境中的影响力也不相同，而且不同因素间存在协同作用。然而，无论病害系统怎样复杂、多变，针对某一时空范围内的具体病害系统，总有一些因素的作用大于其他因素，对病害发生和流行起关键性的作用。这些病害发生和流行所需的因素不易满足，一旦得到满足常会导致病害的发生或流行，因此，称为流行主导因素。不同的病害系统流行主导因素不同，同一病害处在不同时空环境下，流行主导因素也不尽相同。病害流行主导因素可以是 1 个，也可以是几个，可以是寄主、病原、环境和时间四个病害流行要素之一，也可以是与四个要素相关的其他因素。例如梨锈病，一个地区内的梨树能否发生锈病，关键因素取决于该地区有无初侵染菌源，即柏树上有无冬孢子角。当该地区存在初侵染菌源，梨锈病的发生与流行则取决于梨树展叶期间有无降雨，降雨量的大小和降雨时间的长短。

流行主导因素是预测病害和防控病害的重要依据。研究确定流行主导因素，揭示其对病害发生与流行的影响机制，明确主导因素与病害消长的量化关系，就能准确预测病害，为病害管理提供决策信息。如针对梨树锈病，既然明确了侵染菌源是导致某地区梨锈病发病的主导因素，彻底铲除当地柏树上的梨锈病菌，甚至铲除梨园周围 5km 范围内的柏树，就能有效控制梨锈病的发生与流行。当柏树上的梨锈病菌无法彻底铲除时，在 4～5 月，当遇雨量超过 2mm、使叶面结露或湿润超过 6 小时的降雨，可导致梨锈菌病菌的侵染。降雨量越大，持续时间越长，病原菌的侵染量就越大。依此可预测梨锈病菌的侵染期和侵染量。梨锈病的潜育期为 7～11 天，梨锈病菌侵染后的 5 天内，喷施三唑类杀菌剂可有效控制侵染病菌致病。

流行主导因素分析是植物病害流行学研究的重要内容之一。针对某一具体的病害系统，首先需要采用系统分析的方法，将病害的周年侵染循环分解成不同的环节或阶段，分析每一个环节影响病害发生和流行的因素，确定决定病害周年流行动态的关键环节以及影响病害流行关键环节的主导因素，分析主导因素对病害发生与流行的影响机制，若有必要可对关键流行环节作更深入的分析，研究明确主导因素对关键环节病害发生与流行的数量影响，进而确定主导因素对整个病害流行过程的数量影响。对于病菌的侵染过程可采用同样的分析方法。长期积累病害和环境因素的监测数据后，也常用数理统计方法，如相关分析、逐步回归分析来推定主导因素。

参考文献

马占鸿，2010. 植病流行学 [M]. 北京：科学出版社.

肖悦岩，季伯衡，杨之为，等，1998. 植物病害流行与预测 [M]. 北京：中国农业大学出版社.

曾士迈，杨演，1986. 植物病害流行学 [M]. 北京：中国农业出版社.

AGRIOS G N, 2005. Plant pathology[M]. 5th ed. New York: Academic Press.

DONG X L, LI B H, XU X M, et al, 2006. Effect of environmental conditions on germination and survival of teliospores and basidiospores of the pear rust fungus (Gymnosporangium asiaticum)[J]. European journal of plant pathology, 115: 341-350.

（撰稿：李保华、练森；审稿：肖悦岩）

病害三角　disease triangle

侵染性病害的发生需要病原、寄主和环境条件三者的相互作用。当具有致病性的病原物与感病的寄主相遇后，在适宜发病的环境条件下，病原物才能侵入寄主植物，建立寄生关系，导致寄主植物发病。在植物病害系统中，三者相互依存，缺一不可，任何要素的变化均会影响病害的发生过程和程度。病原、寄主和环境为"病害三要素"，三者的相互关系可用三角形表示，称为"病害三角"。三角形的每一条边代表一个要素，边长代表该要素有利于发病的程度，三角形的面积代表发病程度。例如，寄主抗病性越强则寄主一边的边长就越短，或为零，三角形的面积越小，寄主潜在的发病量就少；寄主越感病则边越长，寄主潜在的发病量就越大；同样，病原物毒性越强，数量越大，活力越旺盛，病原物一边的边长就越长；同理，环境条件越有利于病原物，或降低寄主抗性，环境的一边就越长（见图）。

植物是病害发生的本体与基础，为病原物提供必要的营养物质和生存场所。病原物依赖寄主才能生存繁衍。寄主植物对外界有害因素，无论是生物因子还是非生物因子都有一定的抵抗能力和忍耐能力。不同植物对病原物的抗性存在很大差异，从而表现出抗病或感病。植物可以影响病原物的生长发育、改变病原物的毒性结构，同时，也能改变局部的环境，如降低土表温度、提高冠层的湿度，营造利于发病的环境条件。

病原物都具有寄生性，能够从寄主植物上获取营养。为了从寄主植物上获取营养，病原物常产生酶、毒素、植物生长调节物质，影响寄主的正常生长代谢，破坏寄主的组织结构，导致发病。不同的病原物致病能力不同，同一种病原物的致病能力在种群内部也存在差异。病原物致病力的差异是由病原物的遗传物质决定的，有的病原物只对寄主的特定品种具有致病性。当某特定病原物中具有强致病力的群体成为优势群体后，就可能造成病害的流行或暴发。由于病原物群体数量大、繁殖快、后代多，病原物自身的变异积累速度快。当寄主植物和化学农药对病原物施加了定向选择压力时，更加快了病原物的变异速度。

病害的发生是植物与病原物相互作用的结果，两者的互作始终是在一定的外界环境条件影响下进行的。环境对于病害的作用是通过影响植物和病原物双方，改变其实力对比而

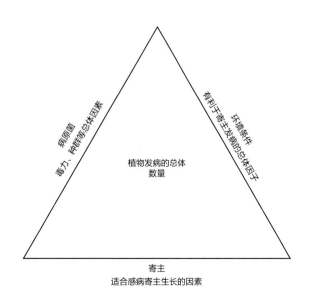

植物病害三角（引自 Agrios，2005）

实现的。因此，只有当环境条件有利于病原物而不利于寄主植物时，病害才能发生和发展。

参考文献

刘大群，董金皋，2007.植物病理学导论 [M].北京：科学出版社.
谢联辉，2013.普通植物病理学 [M].2 版.北京：科学出版社.
曾士迈，杨演，1986.植物病害流行学 [M].北京：农业出版社.
AGRIOS G N，2005. Plant pathology[M]. 5th ed. New York: Academic Press.

（撰稿：李保华、练森；审稿：肖悦岩）

病害生态防控　ecological control of plant disease

通过增强农田生态系统中病害天然调节因子的作用，最大限度地利用生态、抗病品种、生物防治技术和栽培措施控制有害生物，提高作物产量和品质，保护生态环境的理论和技术。生态控制强调利用天敌控制病虫害，保障作物健康生长的同时尽量减少对农业生态系统的破坏。化学农药仅仅在利用天敌无法有效控制的时间和地点使用。

形成和发展过程　在化学农药大量施用之前，人们主要依赖农田生态系统中的生物因子如自然天敌、混合群体效应和农业管理措施等办法控制农业有害生物的危害和流行。

传统的农业防治措施包括选用抗病品种、调整播期、清除病残体和杂草、合理施肥浇水、合理轮作、间作、混作等，这些措施长期以来被用于防治多种植物病害。抗病品种对某些特定的病害具有抗性；调整播期，可使作物感病期和病害盛发期错开；及时清除病残体和杂草，可减少菌源；合理施肥、浇水可增强植物长势，提高植物抗病性；合理轮作可减轻土传病害；间作及混作能通过植物的化感作用控制部分病害的发生。此外，改进耕作技术也能减少病害的发生。通过冬春晒垡、沟底施肥与浇水、沟ídeidei底播种等耕作技术改变了棉花枯萎病、黄萎病发生的生态环境条件，明显降低了棉花花枯、黄萎病的发病率，降低幅度为 37.10%～49.41%，使籽棉增产 27.20%～34.38%。农业措施得当，可以取得使用农药不能达到的效果。

环境因子的调控包括温度、湿度、光照和气体的调控。根据寄主和病原菌的生物学特性，对上述各环境因子进行调控，能有效防治各种植物病害。

温度调控　可采用高畦、地膜覆盖、大棚等多种方法，有效提高环境或土壤的温度。在果树栽培中也可采用挖防寒沟、及时清除棚膜尘雪、草苫下覆盖纸被、悬挂反光幕、早揭晚盖草苫等综合措施调节温度，能有效防治灰霉病等叶部病害。在大田还可通过太阳能高温消毒土壤，能有效控制线虫及其他土传病害。

湿度调控　大棚等设施中采用高畦覆膜可有效降低湿度，减少棚顶及叶面结露和叶缘吐水，减少病害侵染机会；采用双膜覆盖，膜下暗灌或滴灌，雨后及时排除积水，降低地下水位，早上棚内湿度达 90% 以上时，及时放风 20～30 分钟，可有效降低棚内湿度，减轻了茄果类、瓜类灰霉病、疫病的发生。

光照调控　冬季盖棚膜时，一般采用新无滴膜覆盖，因为采用新无滴膜，可比旧棚膜增加光照 20% 左右。在建棚时，适当调节棚室的方向，每天可延长下午光照时间，提高温度。

用微波辐射进行土壤消毒处理，可以有效杀灭土壤中的有害微生物，控制植物土传病害的发生。

气体调控　大棚等设施中如果 CO_2 浓度过低，影响大棚内植物的光合作用，生长势弱，也会增加病菌为害。可通过多施有机肥，增加 CO_2，或适当增施 CO_2 肥，增强作物长势，增强抗病性。

臭氧技术的应用　臭氧用于温室病害防治的技术早在 1990 年就已成熟，1995 年又有温室专用的病害臭氧防治器面世，但由于价格和市场的原因直到 1999 年才正式开始推广。利用合适浓度的臭氧，并在一定的作用时间内防治，对几乎所有的温室气传病害和多数土传病害是非常有效的。臭氧发生装置多数是依据高压放电，电离空气产生臭氧的原理开发的，这类装置可基本分为工频、高频两种臭氧发生装置。

生物肥料的应用　根据"以菌治菌，以肥抗病"的生防原理研制出来的具备肥、药多效的微生物肥料，具有营养齐全、菌肥合一、改良土壤、修复土壤微生态环境、增产、抗病等优点，是无公害农业生产的好帮手。如和阳生物有机复混肥、生物多抗菌肥、联抗生物菌肥和保得微生物土壤接种剂等。

微生态制剂　根据微生态学原理而制成的含有大量有益菌的活菌制剂，有的还含有它的代谢产物或添加有益菌的生长促进因子，具有维持宿主微生态平衡、调整其微生态失调和提高它们健康水平的功能。有些微生物可通过产生抗生素抑制植物病害，尤其是放线菌类微生物制剂。微生态制剂具有防病、增产和改善作物品质的特点。根际微生态保健剂对造林成活率、树皮相对膨胀度、树体电容、树木的高生长和胸径生长具有明显的促进作用，对林木的发病率和感病指数有明显的降低作用。中国农业大学植物生态工程研究所以芽孢杆菌为主研制出的微生态制剂"益微制剂"，对一些土传病害具有较好的防治效果，小麦纹枯病减少 60.2%～74.3%，棉花萎蔫病减少 43.0%～63.0%，油菜菌核病减少 56.2%～81.3%；该制剂还具有增强作物抗旱、抗干热风、抗寒性、防治霜冻等能力。

无公害生产保障设备的应用　能有效防治温室蔬菜病害、对环境无污染的先进生产保障设备，包括全方位保障设备、生长期气传病害防治设备、土壤灭菌消毒设备、种子消毒设备、产后无公害处理设备等。全方位保障设备利用空间电场可调节胞液中的 +2 价钠离子浓度来调节植物的各种生理活动，提高植物在低根温、低光强状态下吸收土壤肥料和二氧化碳的能力，增强植物的抗逆性，并能非常有效地除去雾气，净化室内空气，显著地降低病害发生率；在空间电场作用的同时，系统中施放的低浓度臭氧又可进一步杀灭病原菌和钝化病毒，对病害的防效达到 80%～100%。生长期气传病害防治设备包括温室静电除雾灭菌系统、温室病害臭氧防治器、光合作用促进器以及常规的加温通风设备。土壤灭菌消毒设备包括传统的热气、火焰、高频电场土壤处理设备。种子消毒设备包括电力选种消毒机及各种熏蒸设备。产后无

公害处理设备包括保鲜、加工、运输过程中的灭菌消毒设备。以上设备为蔬菜从种到收的整个过程提供了防病保障，是发展现代化绿色农业不可缺少的设备。然而，在实际的蔬菜全程生产中，很多地区由于资金短缺，不能选配合适的保障设备，因此，这些设备尚未得到广泛应用。

存在问题与发展趋势　植物病害是因植物所处的生物因素和非生物因素相互作用的生态系统失衡所致，病害的生态治理就在于通过相关措施（包括必要的绿色化学措施）促进和调控各种生物因素（寄主植物、病原生物、非致病微生物）与非生物因素（环境因素）的生态平衡，将病原生物种群数量及其危害程度控制在三大效益允许的阈值之内，确保植物生态系统群体健康。生态防治技术就是根据这一原理来防治植物病害的，它对生态环境安全，能使植物健康生长，但如使用单一的生态防治技术难以取得显著防效，各种技术应综合运用。生物防治技术和无公害生产保障设备的应用成本较高，导致这些技术在短期内无法代替化学农药的使用。因此，应采取各项措施解决这一问题，正确引导和鼓励广大农民使用生态防治技术来治理植物病害，以利保护生态环境，推动绿色可持续农业的发展。

参考文献

DEGUINE J P, GLOANEC C, LAURENT P, et al, 2017. Agroecological crop protection[M]. The Netherland: Springer Nature.

WYCKHUYS K A G , LU Y, ZHOU W, et al, 2020. Ecological pest control fortifies agricultural growth in Asia-Pacific economies[J]. Nature ecology & evolution, 4: 1522-1530.

（撰稿：杨根华；审稿：李成云）

病害四面体　disease tetrahedron

鲁滨逊于 1976 年提出，植物病害的发生除寄主、病原和环境三者的互作外，"人类干预"也是影响植物病害发生的重要因素。人类活动把自然生态系统改变成为农业生态系统，而各种农业管理措施通过影响寄主、病原和环境，而影响病害的发生和流行。因此，把人类干预下寄主、病原和环境互作关系用"四面体"表示，称为"病害四面体"。"人类干预"处在四面体的顶点，"人类干预"通过影响寄主、病原、环境，而改变病害的流行状态（见图）。

病原物是生物群落中的一个组成成分，是食物链上的一个环节；植物病害是生态系统中的一种自然现象，由寄主与病原物长期协同进化而来，对于维持自然生态系统的平衡具有重要功能。鲁滨逊把自然植被中的病害系统称为自然病害系统。随着自然生态系统被改变成为农业生态系统，复杂的自然植被被简单的作物植被所取代，作物群体中的病害系统称为作物病害系统。在自然病害系统中，寄主、病原和环境三者互作就可导致植物病害。在作物病害系统中，寄主、病原、环境及其互作都受到人类活动的干预。在自然病害生态系统中，寄主和病原物通过长期的协同进化，使病害维持在一个平衡状态，病害时常发生，但水平较低，称常发状态或地方病状态。在作物病害系统中，由于生态系统的改变、品

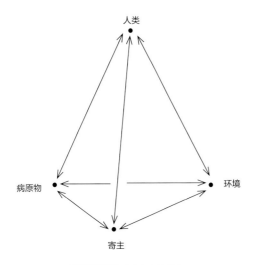

病害四面体（李保华提供）

底部表示寄主、病原物和环境的相互作用。人类对于三者有不同的作用，这些作用对于流行的发展和控制是重要的

种选育、种植制度变更、栽培技术措施等，造成一系列有利于病害发生发展的条件，使某些病害的发生程度加重，病害流行成为常态。作物病害系统管理的目的就是要建立和保持病害人为平衡状态。

环境和人类干预对作物病害系统中各结构要素起着激发或抑制的作用。例如，叶片表面结露能诱发病原真菌孢子的萌发和侵染过程，而施用保护性杀菌剂能抑制病原菌孢子的萌发。人类干预可以改变寄主植物的种群结构和遗传结构，改变环境条件，影响了病原物的种类、种群结构和数量，从而对病害的发生与流行产生十分重要的影响。选育抗病品种，淘汰了部分感病寄主和感病基因，增强了栽培作物对某些病害的抗病性，却降低了对另外一些病害的抗病性。大面积栽培单一的抗病品种，虽然有效控制了病害的发生与危害，但为毒性病原提供了有利的生长繁殖条件，进而改变了病原物的种群结构，提高了病原物种群的毒性。多数植物病害的大流行都是由人为因素造成的。多年连作、高密度、高水肥的农田环境给病害发生和流行创造了十分有利的条件。1970 年美国栽植的玉米中，80% 以上的品种都带有 T 型细胞质，导致玉米小斑病菌 T 小种成为绝对优势小种，从而造成玉米小斑病大流行。小麦白粉病在 20 世纪 70 年代之前在中国是一种次要病害，70 年代后因种植的小麦品种由抗性较好、产量较低的农家品种改为高产、矮秆的感病品种，加上水肥条件的改善、种植密度的不断提高，白粉病发生日益严重，80 年代后成为小麦的主要病害，多次在中国小麦主产区暴发流行。另外，引种和农产品贸易活动不断地将病原物引入无病区，导致一些病害的流行波动幅度增大，流行频率增高，流行程度加重。

参考文献

库克 B M，加雷思·琼斯 D，凯 B，2013. 植物病害流行学 [M]. 2 版. 北京：科学出版社.

马占鸿，2010. 植病流行学 [M]. 北京：科学出版社.

肖悦岩，季伯衡，杨之为，等，1998. 植物病害流行与预测 [M].

北京：中国农业大学出版社.

曾士迈，杨演，1986. 植物病害流行学 [M]. 北京：农业出版社.

（撰稿：李保华、练森；审稿：肖悦岩）

病害梯度　disease gradient

病害传播所致子代病害数量（或密度）随着与菌源中心距离的增加而递减的现象。即病害密度随空间位置而变化。又名传播梯度或侵染梯度。在由本地菌源引起的病害流行早期，在寄主个体感病性和生态环境都较一致的情况下，从菌源中心飞散出的孢子以及由这些孢子的侵染所诱发的新一代病害的分布往往有明显的分布梯度。在菌源中心处病害密度最大，距离愈远，密度愈小。可用各种数学公式描述，常用的病害梯度模型为：

$$X_i = a / d_i^b$$

式中，d_i 为离开菌源中心的距离，可选取任何长度单位。规定菌源中心处的数值为 1，即 d_i 大于等于 1；b 为梯降系数，可以根据在同一方向不同距离实际调查病害数据，用最小二乘法推算。它的大小受病害种类、传播动力、侵染条件等因素的影响，也与采用的距离单位大小有关，在同样情况下，距离单位愈小，b 值愈小；X_i 是距离中心点 d_i 的病情（病害密度）。当 d_i=1 即菌源中心点，用公式推算出的病情（X）一定等于 a。所以，a 为菌源中心点的子代病情。由单向传播梯度模型扩展为多方向的病害空间分布模型即形成曲面或锥体模型。当病原物传播体放散的一段时间内风向风速不断变化时，新生病害可能呈圆形、椭圆形或不规则的分布，其中锥体体积代表病害数量，平面图中的各圈曲线为病害等密度曲线。由此类模型可以预测病害分布范围和传播距离。寄主个体感病性和生态环境比较均一时，田间出现病害梯度，说明附近存在着菌源中心。由本地菌源引起的病害流行，愈是早期，尤以一代传播后的梯度最明显。当病害传播受到大风、旋风或湍流影响时，梯度不十分规律；菌源量大，病害比较严重时（如病情大于 20%），梯度会变小。推算梯降系数时需将病情数据进行重叠侵染转换。

参考文献

马占鸿，2010. 植病流行学 [M]. 北京：科学出版社.

赵美琦，肖悦岩，曾士迈，1983. 小麦条锈病病害流行空间动态电算模拟的初步探讨——Ⅰ. 圆形传播 [J]. 植物病理学报，15(4): 199-204.

（撰稿：汪章勋；审稿：檀根甲）

病害系统管理　plant disease system management

在系统分析的基础上运用各种防治技术对植物病害系统的结构和动态进行调控，从而达到控制病害流行的目的。是基于生物学、生态学和系统论的认识论和方法论。它将植物病害系统看成植物病原物与寄主通过寄生致病关系建立起来的动态和开放的系统，并将其放在农田有害生物管理系统或更大的农田生态系统中，从调控整个农田生态系统着眼解决植物病害问题，其管理目标不仅限于某一种病害，可能是多种病害乃至多种有害生物的综合控制。"管理"含有容忍一定数量的病原物或病害存在的意思，强调战略、战术的研究和各种防治技术的综合运用，兼顾当前与长远的经济、生态和社会效益。

病害系统管理与病害防治的区别　病害系统管理包括了病害防治但又在以下几个方面比病害防治有层次上的提高。①对象和内容。病害防治以病害为其对象，着重于防治技术，采取迎战对策。病害系统管理以病害系统及其所处的农田生态系统为对象，着重于战略、战术和技术的结合，通过对整个系统的调控或改造来防病保产，可采取迎战、迂回、回避的多种对策。②理论基础、原理和方法。防治的理论基础主要是病原物的生物学，病害防治主要通过检疫、抗病品种、药剂防治、辅以栽培防治、生物防治等实现。系统管理的理论基础是生物学、生态学和系统科学，原理和方法上，除各种具体防治技术（硬技术）外，还强调管理软技术，即农田病害生态系的系统分析、系统监测、系统预测和系统管理决策，以达到调控系统的动态或改造系统的结构和功能，从而控制病害。③目的和要求。防治的目的是防病保产，要经济效益高且以当时效益为主；以往在评价防治措施时，也多以几个单项防治措施的效益为主，很少顾及该项防治措施的不良副作用。系统管理的目的兼顾当前与长远，既要当年取得经济效益、生态效益和社会效益，又要求能维护农田生态系统的稳定性以保持其持续生产力。评价管理措施时，兼顾标的效应和副作用，当时效应和后效应。④执行方法。防治，一个生长季完成，甚至一次性作业或几个一次性作业即完成，生产年度间相对独立。系统管理，一个生长季内，借助于管理信息系统和决策支持系统，瞻前顾后按必要进行多次调控，年度间有连续性，甚至对系统进行逐年改造。

病害系统管理的内容　病害系统管理是通过多项控制措施，不断调控而达到管理目标的行为。管理的内容应含有三个层次：①病害田间防治。这是最基层的管理，这里的"管理"实际上就是通过防治技术的协调组装来控制病害。②田间综合防治的管理。它比上述高一层次，管理的对象是综合防治技术工作和组织工作，通过监测、预测、决策、组织实施、效益评估等使综合防治得以实现，通过对技术的管理而控制有害生物。③防治规划和计划管理。是更高层次的管理，包括与病害防治有关的预测预报、检疫、防治技术、药械供应一系列工作的管理，也包括区县、省市、国家各级植物保护的宏观管理，通过对技术工作和组织工作的管理而实现完成大面积长期的防治任务。理论上，病害系统管理应当兼顾各层次，力求汇成总体完整系统，但限于研究基础，特别是限于软系统方法还不成熟，只能以综合防治管理为研究重点。

病害系统管理的原则　管理，是人类有目的地对客观事物进行调控的活动。管理包括了目标的设定、方法的设计、工作的运筹实施和效果的评定，是一个连续进行、随机应变、

不断改进的过程。不论哪一层管理，原则上都包括该特定事务情况的了解、存在问题的提出、管理目标的设定、该事物的系统分析、若干供选管理方案的设计、方案间的比较分析和决策、决策方案的组织实施、实地效果调查和效益评估。效益评估与原定目标相比，得出目标差，反馈到管理者以便改进下一轮防治设计和决策，甚至修定目标。在从各供选的管理方案中选优时，可通过系统模拟预测各方案的可能效果，并反馈给决策者。模拟试验和实际执行结果的两条反馈渠道，形成了管理的双环反馈。示意如下图：

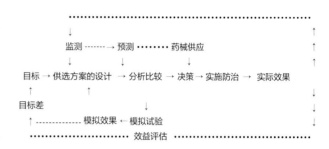

病害系统管理的工作程序　病害系统管理过程中，目标的制定是管理的导向，信息系统的建立是管理的基础，决策是管理的核心。

目标是管理结果期望达到的总体综合要求，因而科学合理、先进可行的管理目标，是方案设计、决策选优、效益评估的准则和基础。总目标下应设指标体系，并对各指标尽可能地量化，目标和指标体系一起对病害系统管理起着重要导向作用。管理目标设定既是管理工作的第一环或前提，又是管理过程完结后经验总结的必然后果——修订下一轮管理目标。因此，管理目标需因情况不断发展而完善，是高一层次管理决策的重要问题。

管理需要有预见性，管理核心是决策，而预测和决策都需要信息，因此，病害系统管理的实质可以看成是与其同步的病害管理信息系统的运行。管理过程中信息量的大小、信息质量的好坏、信息运行的通畅与否，是管理优劣的关键。管理中需要建立以下信息系统：病害系统监测和预测；病害损失估计、经济损害水平和经济阈值；防治技术组合及其效果、效益评价系统；计算机系统模拟和优化系统等。

决策是病害管理系统的核心，指为实施管理目标，借助一定的科学手段和方法，从两个或两个以上可行防治方案中，选择一个最优方案，并组织实施的过程。或者说决策是人们通过分析、判断，对未来的行动目标及其实施方案进行合理抉择的过程。根据病害管理的不同层次可作出相应的田间技术决策、综合防治的战术决策和防治规划和计划的战略决策。病害管理决策中，有些问题可采用程序决策，即选用某种适合的数学方法如线性规划、动态规划来解决；有些问题则需用模拟寻优或专家系统等方法解决。

效益评估是评价管理结果优劣的重要环节。它以管理目标和指标体系为衡量标准，评价管理结果与目标差的大小，以进一步改进管理的各种措施和方案或调整原管理目标，达到不断提高管理水平的目的。

病害系统管理的过程可归纳成以下的工作步骤：①病害

系统的系统分析，防治对象及其重要性顺序的确定，流行因素分析和主导因素的判定。②系统监测的组建和运行。③根据生产要求，超长期预测和防治技术条件制定防治规划。④根据流行规律研制防治策略。⑤根据长期预测制订年度防治计划，进行品种抉择、耕作安排、栽培改进和药械准备。⑥根据长、中、短期预测，进行滚动的防治决策。⑦根据田间监测，进行防治效益评估，以便改进下轮防治。

病害系统管理已上升到植保系统工程层次，其具体内容、方法和实际应用正处于不断研究和发展之中。

参考文献

弗赖伊 W E，1988. 植物病害管理原理 [M]. 黄亦存、张斌成，译. 北京：科学出版社 .

曾士迈，赵美琦，肖长林，1994. 植保系统工程导论 [M]. 北京：中国农业大学出版社 .

（撰稿：赵美琦；审稿：肖悦岩）

病害循环　disease cycle

病害从寄主植物前一个生长季节发病，到下一个生长季再次被侵染发病的过程。又名侵染循环（infection cycle）。不同的植物病害其病害循环存在差异。有的病害在一个寄主植物生长季节可以发生数次重复侵染，称为多循环病害，如麦类白粉病、锈病和葡萄霜霉病；有的病害在一个寄主植物生长季节只发生 1 次，只有初侵染，没有再侵染，称之为单循环病害，如大多数作物黑粉病。

研究植物病害的病害循环是防治该病害的重要前提。不同的植物病害，病害循环的初侵染来源、侵染时间、侵染的寄主部位、病原物种类、存活的方式和场所、病原物的传播途径与方式、病害发生所需的气候条件等均是不一样的。因此，特定的植物病害的病害循环要进行专门研究，方可针对其病害循环的特点制定合理的防治措施，才能进行有效防治。

病害循环有别于病原物的生活史。具有相同生活史的病原物，所引起植物病害的病害循环可能是完全不一样的。比如，所有的黑粉菌有着基本相似的生活史，但是其所引起的植物病害并不一样。病原物生活史的部分或大部分阶段是在寄主植物上进行的，因而病原物的生活史和其所引起病害的病害循环之间存在一定的联系，但是病原物的生活史不能替代病害的病害循环。

一种植物病害的病害循环主要包括 3 个方面：初（次）侵染和再（次）侵染、病原物的越夏和越冬、病原物的传播途径。

参考文献

许志刚，2009. 普通植物病理学 [M]. 4 版 . 北京：中国农业出版社 .

AGRIOS G N, 2005. Plant pathology [M]. 5th ed. New York: Academic Press.

BROWN J K M, HOVMΦLLER M S, 2002. Epidemiology-aerial dispersal of pathogens on the global and continental scales and its impact on plant disease[J]. Science, 297: 537-541.

（撰稿：黄丽丽；审稿：陈万权）

病害预报　disease forecasting

按照预报提前的时间，病害预报可以分成以下 3 种：

短期预报（short-term forecasting）是一种预测目标距现在较近，而且经历的时间比较短的预测预报方法。是按预测期限长短为标志划分预测类型的一种，其预测期限因预测对象不同而长短不一，对植物病害来说，短期预测的时间期限一般为 1 周左右，以天为单位。

短期预报具有反映及时、灵敏的特点，同时由于距离病害发生的时间较短，影响预测对象发生变化的因素相对稳定，预报结果比较准确，管理者可根据预测结果，及时调整病害管理技术，制定具体病害管理措施，提高病害防控效果。如可根据发病前期的天气条件、菌源量、感病品种种植面积、施肥水平等因子，预测病害发生程度。短期预测预报对指导病害防控意义重大。

中期预报（medium-term prediction and forecasting）是一种预测目标距现在的时间和经历的时间长短均介于短期预测和长期预测之间的预测方法，也是按预测期限长短为标志划分预测类型的一种。对植物病害来说，中期预测的时间期限一般为作物的 1 个生长季节内，常以旬或月为单位。

由于时间期限较长，影响预测对象发生变化的因素相对不稳定，所以中期预测比短期预测的难度大，其预测的准确性取决于影响因子变化趋势预测的准确性。中期预报可与病害及相关因子的历史资料数据库结合，采用综合比较评判、数理建模、智能计算等数据分析处理方法对病害流行程度、损失量等作出预测，为管理者制定病害防控决策提供科学依据。

长期预测（long-term prediction and forecasting）指从现在时刻到较远的未来时刻之间的预测，也是按预测期限长短为标志划分预测类型的一种。长期预报的预测期限，因预测对象不同而长短不一，对植物病害来说，长期预报的时间期限一般为作物的未来一个生长季节内或若干年内，常以年为单位。

由于取得预测值的时间与事件实际发生的时间间隔较远，影响预测对象发生变化因素的变化趋势很难预测，所以长期预测比中期预测的难度更大，以经验、定性预测为主，为决策者或管理者制订病害管理、粮食安全生产等远景规划服务。

参考文献

马占鸿，2010. 植物病害流行 [M]. 北京：科学出版社 .

肖悦岩，季伯衡，杨之为，等，1998. 植物病害流行与预测 [M]. 北京：中国农业大学出版社 .

（撰稿：陈莉；审稿：丁克坚）

病害预报图形化 disease forecast graphicalization

图形化是利用计算机技术，将数据转换成图形或图像在显示设备或媒介上展示出来，以柱状图形、饼状图形、线图形、地图等形象的方式揭示数据之间的关系，便于人们的直观理解。图形化涉及计算机图形学、图像处理、虚拟现实、计算机视觉、计算机辅助设计等多个领域，是研究数据表示、数据处理、决策分析等一系列问题的综合技术。

病害预报图形化是对病害发生程度的预报结果数据进行整理，根据用户需求，通过算法和软件自动生成各类图表和图像，并通过信息平台发布，为监管和决策者提供良好的信息服务体验。病害预报图形化是病害决策支持系统的重要组成部分。

参考文献

刘宇，刘万才，韩梅，2011. 农作物重大病虫害数字化监测预警系统建设进展 [J]. 中国植保导刊，31(2): 33-35.

LIN S, FORTUNA J, KULKARNI C, et al, 2013. Selecting semantically-resonant colors for data visualization[J]. Computer graphics forum, 32(3): 401-410.

（撰稿：张友华；审稿：丁克坚）

病害预测方法 method of plant disease prediction

根据预测机理和主要特征，将病害预测方法分为五大类型。

综合分析法（专家评估） 测报工作者根据已有知识、信息和经验，权衡多种因素的作用效果，凭经验和逻辑推理做出判断，也可邀请有关专家共同商讨而作出判断。多属定性预测，预测的可靠程度取决于测报工作者或专家们的业务水平及信息质量和经验丰富程度。随着计算机的发展，实现上述判断过程的计算机专家系统预测法。计算机专家系统是将专家综合分析预测病害所需的知识、经验、推理、判断方法归纳成一定规格的知识和准则，建立一套由知识库、推理机、数据库、用户接口等部分做成的软件输入计算机，投入应用。这方面的研究尚处在发展中。定性的综合分析，过去应用较广，许多病害的趋势分析，大多应用此类方法。现在主要用于问题复杂的及难以取得定量数据病害的预测或超长期病害预测上。

条件类推法 该法包括预测圃法、物候预测法、应用某些环境指标预测法等。例如，在稻瘟病病害流行区设置自然病圃预测小种变化动态；在水稻白叶枯病区创造有利于发病的条件设置预测圃，根据预测圃中白叶枯病发生发展情况，指导大田调查和防治。指标预测法对一些以环境因素为主要条件的流行病，也是一种常用的方法。例如，湖北应用雨量、雨日数、日照时数的指标，预测小麦赤霉病的流行程度。英国西部应用标蒙（beaumont）预测指标，即 48 小时内最低气温不低于 10℃，48 小时内相对湿度在 75% 以上，预测马铃薯晚疫病三周内将发生。中国参照标蒙氏的指标，预测 15～20 天后马铃薯晚疫病可能出现中心病株。条件类推法基本上属直观经验预测，往往适用于特定地域。

数理统计预测法 运用各种统计学方法，对病害发生的历史资料进行统计分析，提取预测值与预报因子之间的关系，建立数学公式，然后按公式进行预测。这种方法是将病害流行系统看成一个"黑盒"，不研究分析病害流行过程及内部机理，所以又称整体模型。在数理统计预测中，国内外应用最广的是回归分析法。因为病害流行受到多因素的影响，是多个自变量与一个因变量的关系，故一般应用多元回归分析。国外对玉米小斑病、小麦秆锈病、小麦叶锈病、烟草白粉病等多种病害应用多元回归分析法预测病害的发展水平。国内对稻瘟病、小麦赤霉病先通过逐步回归筛选相关因子，然后组建多元回归电算预报系统。国内还有将多元回归方程与逻辑斯蒂方程结合起来进行病害预测的做法。一般先用多元回归预测病害的流行速率，然后根据实查的初始病害，再次预测 S 曲线上关键点的病情。例如小麦条锈病春季流行，玉米小斑病、水稻纹枯病发生程度的预测，就采用了这一方法。此外，还有人应用模糊聚类方法、条件判别法、同期分析、马尔科夫链等方法进行病害预测。数理统计法一般适用于影响的主导因素较少、有长期定量调查数据的病害。

系统分析法 将病害流行作为系统，对系统的结构和功能进行分析、综合，组建模型，模拟系统的变化规律，从而可预测病害任何时期的发展水平。系统分析的过程大体是：先将病害流行过程分成若干子过程，如潜伏、病斑扩展、传播等，再找出影响每一个子过程发展的因素，组建子模型。最后按生物学逻辑把各个子模型组装成计算机系统的模拟模型。中国已研制成小麦条锈病、白粉病、稻纹枯病、稻瘟病等模拟模型。模拟模型能反映病害流行的动态变化和内部机理，但模拟模型的组建比较复杂而且困难，现在研制的多数模型离生产应用尚有一定距离。

计算机预测法 利用计算机和互联网等现代信息技术，对病虫害信息数字化、规范化，在大量监测数据和相关知识基础上，利用计算机算法和人工智能等方法研究相关病虫害预测算法，形成计算机软件，通过系统获得相关预报因子的监测值后，即可迅速预报有关病虫发生、危害和防治等的预测结果。常见的方法有：基于案例推理（CBR）方法，网络会商方法，基于系统动力学的模拟仿真方法，大数据分析预测方法等。

专家评估法以专家为提取信息的对象，他们的头脑中蕴涵了大量的信息和丰富的思维推理方式，应该说此种方法最能体现预测的本质，然而也不能排除预测专家的主观性；类推法最简单，但应用的局限性很大；统计模型法是应用最广的一种方法，但也要注意到它在特殊情况或极端情况下预测能力的不足；系统模拟模型法解析能力强，适用范围广，但构建比较困难。

参考文献

关东，陈莉，张沙沙，等，2014. 小麦赤霉病 CBR 预测模型参数的优化 [J]. 安徽农业大学学报 (1): 82-86.

马占鸿，2008. 植物病害流行学导论 [M]. 北京：科学出版社.

肖悦岩，季伯衡，1998. 植物病害流行与预测 [M]. 北京：中国农业大学出版社.

曾士迈，杨演，1986.植物病害流行学 [M].北京：农业出版社．

（撰稿：檀根甲；审稿：丁克坚）

病害预测观察圃　prediction and observation nursery of disease

预测观察圃是在容易发病的地区采用 1m 行长、重复 3 次种植感病品种和生产中大面积种植的品种（比如小麦，选择面积超过 1 万亩的品种），同时创造利于发病的条件，诱导作物发病。由于观察圃内的感病品种容易发病，可较早地掌握病害发生的始期和条件，有利于及时指导大田病害普查。根据观察圃内生产品种的发病情况，可预测其所种植地区病情趋势，决定是否需要防治或何时进行防治。另外，观察圃连续多年的调查数据可用于分析影响病害发生的主要因素，预测病害发展趋势，科学指导大田防治。

设置观察圃的目的是为了以少数个体（观察圃）观察总体（大田），反映总体。因此，在设置观察圃时，一定要注意观察圃地点和种植品种的代表性，观察圃要尽可能多地具备大田的特征，包括品种、栽培方式、管理模式等。以小麦为例，要了解当地的小麦品种、土壤类型、肥水管理水平、病害防治等，在此基础上，再选择合适的田块作为观察圃。

病害预测是在掌握病害流行规律的基础上，利用经验或者系统模拟方法，依据菌量、气象条件、栽培条件和植物生育状况等预测因子，对病害未来发生状况的科学性的推断，称为预测。利用预测观察圃进行病害发生始期和防治时期预测是一种简便易行的方法，而且效果比较理想。例如，在对于水稻白叶枯病的预测中，可在病区设置预测观察圃，创造高肥、高湿条件，诱导病害发生，预测病害发生始期，同时采用不同抗性品种的组合种植，还可以预测病菌新小种的发生情况及小种的动态变化。

观察圃法在果树病害预测和森林病害预测中同样起着重要作用。在松材线虫病的防治中，通过观察圃可获得松材线虫病的发生期，再结合绿地调查、孢子捕捉和人工培养等手段，预测病害的发生量和危害程度，根据预测结果，可以及时采取防治措施。另外，观察圃在品种选育中也很重要。甘肃小麦研究所通过设置观察圃，对引进的国际冬小麦进行了产量、发病情况等分析，对国际冬小麦进行了分类，获得了抗条锈病、丰产的优良材料。有多名中国学者通过国际水稻观察圃试验，筛选出了水稻优质品种。

参考文献

鲁清林，周洁，杜久元，等，2006.国际冬小麦观察圃试验结果分析与利用评价 [J].中国农学通报，22(8): 480-484.

马占鸿，2010.植病流行学 [M].北京：科学出版社．

熊芹，2009.浅议遵义县松材线虫病的综合防治措施 [J].黑龙江生态工程职业学院学报 (4): 60-61.

（撰稿：马占鸿；审稿：王海光）

病情指数　disease index, DI

综合普遍率和严重度评价植物病害发生程度的一个指标，表示群体水平上病害发生的严重程度。

其计算方法依据严重度的表示方法而定。当严重度用分级代表值表示时，病情指数的计算公式为：

$$DI = \frac{\sum\limits_{i=1}^{m}(x_i \times S_i)}{N \times S_{max}} \times 100$$

式中，DI 为病情指数；m 为调查方法中严重度的级别数；i 为发病植物个体或器官的严重度级别；x_i 为严重度为 i 级的植物个体数或器官数；S_i 为严重度为 i 级的严重度代表值；N 为所调查植物个体总数或单元总数；S_{max} 为调查方法中最高一级严重度的代表值。当严重度用百分率表示时，病情指数的计算公式为：

$$DI = I \times \bar{S} \times 100$$

式中，DI 为病情指数；I 为普遍率；$\bar{S}$ 为平均严重度（计算方法见严重度）。若对病害多次系统调查，以时间为横坐标，以病情指数为纵坐标，即可绘制病害流行曲线，可用病害流行曲线下面积（area under disease progress curve，AUDPC）对病害进行定量评估，并可利用 AUDPC 进行病害产量损失估计、植物抗病性的数量性状位点（quantitative trait loci，QTL）分析和病害管理措施评价等。

参考文献

马占鸿，2010.植病流行学 [M].北京：科学出版社：62-87.

肖悦岩，季伯衡，杨之为，等，1998.植物病害流行与预测 [M].北京：中国农业大学出版社：83-93.

许志刚，2009.普通植物病理学 [M].4 版.北京：高等教育出版社：317-334.

（撰稿：王海光；审稿：马占鸿）

病原菌的基因编辑与敲除　gene editing and knockout in pathogens

基因编辑是可以对基因组完成精确修饰的一种技术，可完成基因定点 InDel 突变、敲入、多位点同时突变和小片段的删失等，可在基因组水平上进行精确的基因编辑。基因敲除又名为基因打靶，是利用 DNA 转化技术，将构建的打靶载体导入靶细胞后，通过载体 DNA 序列与靶细胞内染色体上同源 DNA 序列间的重组，将载体 DNA 定点整合入靶细胞基因组上某一确定的位点，或与靶细胞基因组上某一确定片段置换，从而改变细胞遗传特性的方法。

基因敲除是 20 世纪 80 年代末发展起来的一种新型分子生物学技术，是功能基因组学研究的重要工具。基因敲除利用基因敲除技术，能够对细胞染色体进行精确地修饰和改造，而且经修饰和改造的基因能够随染色体 DNA 的复制稳定地遗传。通常意义上的基因敲除主要是应用 DNA 同源重组原理，用设计的同源片段替代靶基因片段，从而达到基因敲除的目的。

同源重组（homologous recombination，HR）是多种生物体内普遍存在的一种生理现象，它是生物体用于纠正自身（DNA 复制过程中产生）或因外界因素诱导所致 DNA 突变的一种内在机制，是基因敲除的分子生物学基础。随着基因敲除技术的发展，除了同源重组外，新的原理和技术也逐渐被应用，比较成功的有基因的插入突变和 iRNA，它们同样可以达到基因敲除的目的。

ZFN、TALEN 和 CRISPR/Cas9 是三大基因编辑技术，基因编辑技术本质上均是利用非同源末端链接途径（NHEJ）修复和同源重组（HR）修复，联合特异性 DNA 的靶向识别及核酸内切酶完成的 DNA 序列改变。CRISPR/Cas9 基因编辑技术是最近生命科学领域的一个热点话题，该项技术的兴起使基因编辑领域得到了飞跃的发展。

锌指核酸酶 ZFN 是第一代基因编辑技术。其核心设计思想是将 2 个有特定功能的结构域，即特异性识别模块和功能模块融合，形成具有特定功能的蛋白。ZFN 由锌指蛋白（zinc finger protein，ZFP）和 FokI 核酸内切酶组成。FokI 核酸内切酶是 II 型的核酸内切酶的一种，其识别序列和切割序列相距 9 个核苷酸，并且切割和识别功能分别由酶蛋白的不同结构域完成。锌指核酸酶利用了 FokI 核酸内切酶的这一特点，在保留它的非特异性酶切割功能结构域的基础上，将其 DNA 识别结构域用能够识别特定核苷酸序列的一系列锌指结构单元代替，从而组成了根据人们的需要而识别特定 DNA 序列并进行切割的人工核酸酶。

类转录激活因子效应核酸酶 TALEN，是继 ZFN 之后的第二代基因编辑技术。TALE 来自于植物黄单胞菌（Xanthomonas），是特异识别 DNA 序列的基础。设计 TALEN 时，需在靶位点的编码区选择两处相邻（间隔 13～22 个碱基）的靶序列（一般 16～20bp）来分别构建识别模块。然后，将这个相邻的靶点识别模块分别融合到 FokI 的 N 端，形成真核表达载体，得到一个 TALEN 质粒。将这个 TALEN 质粒共转化到细胞中，表达的融合蛋白将分别和靶位点结合，再由二聚体化的 FokI 对其进行切割，从而完成基因编辑操作。

CRISPR/Cas9 介导的基因组编辑技术源于对细菌与古生菌长期的基础生物学研究。CRISPR/Cas9 的基因组编辑技术的基本原理为：首先，TracrRNA 与 CrRNA 形成 TracrRNA∶CrRNA 复合体，Cas9 识别并与该复合体结合，在 CrRNA 的引导下对靶位点进行切割。为了简化操作过程，研究人员依据 TracrRNA 与 CrRNA 复合体的结构特征设计了一条 single guide RNA（sgRNA），该 sgRNA 具备了 TracrRNA∶CrRNA 复合体的功能，能够被 Cas9 蛋白识别并引导 Cas9 蛋白结合于靶位点上，从而发挥定点编辑的功能。该技术关键在于设计引导 RNA 从而实现对特异靶 DNA 序列的敲除、插入与定点突变等修饰。

这三种编辑工具的共同点是：含有靶点 DNA 序列的识别区域及 DNA 剪切功能区域，其中 ZFN 技术具有锌指结构域能够识别靶点 DNA，而 TALEN 的 DNA 识别区域是重复可变双残基的重复，DNA 剪切区域都是一种名为 FokI 的核酸内切酶结构域。CRISPR 的 DNA 识别区域是 crRNA 或引导 RNA，Cas9 蛋白负责 DNA 的剪切。当 DNA 结合域识别靶点 DNA 序列后，核酸内切酶或 Cas9 蛋白将 DNA 剪切，靶 DNA 双链断裂，再启动 DNA 损伤修复机制，实现基因敲除、插入等。

参考文献

BOCH J, 2011. TALEs of genome targeting[J]. Nature biotechnology, 29: 135 -136.

ESVELT K, WANG H H, 2013. Genome- scale engineering for systems and synthetic biology[J]. Molecular systems biology, 9: 641.

MOHANRAJU P, MAKAROVA K S, ZETSCHE B, et al, 2016. Diverseevolutionary roots and mechanistic variationsof the CRISPR-Cas systems[J]. Science, 353: aad5147.

PUCHTA H, FAUSER F, 2013. Gene targeting in plants: 25 years later[J]. International journal of developmental biology, 57: 629 -637.

REDMAN M, KING A, WATSON C, et al, 2016. What is CRISPR/Cas9? [J]. Archives of disease in childhood: education and practice edition, 101: 213-215.

TRAVIS J, 2015. Making the cut[J]. Science, 350: 1456-1457.

（撰稿：张正光、张海峰；审稿：朱旺升）

病原物保存　pathogen preservation

植物病原物是一种与人类生产、生活密切相关的生物资源，在科研和教学中发挥"活标本"或"活图书"的作用。为保持病原的生命活力、生物学特性，以备后继者进行再研究、再实践，需要采取特定的方法对病原生物进行保存。

病原物保存方法

传代培养法　一般用于近期可能经常使用病原时的短期保存，包括斜面画线、穿刺接种或其他适宜方法。根据病原的种类可在 4℃ 冰箱或室温保存（如部分病原真菌）。

液体石蜡覆盖法　将植物病原培养到合适的阶段（斜面画线、穿刺接种等），再用无菌液体石蜡进行封盖，以降低氧供给、减弱代谢，实际上是一种变相的传代培养法，可大大延长保存期限。主要用于霉菌、酵母、放线菌等需养菌等保存，石蜡的量以没过琼脂最上端 1cm 为宜。

载体法　将微生物吸附于适当的无菌载体，如土壤或沙子、硅胶或玻璃珠、滤纸等，而后进行干燥的保存法。用于保存易形成芽孢或孢囊的部分细菌、霉菌、酵母、放线菌等。

悬浮液法　将微生物悬浮于介质如蒸馏水、糖液、甘油液、缓冲液等的一种保存方法。可用于保存植物病原细菌。

宿主法　用于尚不能在人工培养基上生长的病原物，如专性寄生真菌、病毒、植原体等，它们必须在活的植物上感染并传代，如小麦白粉菌只能在小麦植株上进行保存，类似于传代法，而病毒等微生物亦可用液氮、冷冻干燥进行保存。

冷冻法　将病原与防冻剂如甘油、二甲亚砜、糖类、脱脂乳等混合成悬浮液后迅速冷冻处理至保存温度的一种保存方法，可采用低温冰箱（–20～–40℃）、超低温冰箱（–60～–80℃）、干冰（约 –70℃）和液氮（–196℃）等进行保存。

冷冻干燥法 将冻结的病原在负压下除水（真空干燥），保持病原活力的一种保存方法。该法与载体法、悬浮液法和冷冻法均需使用保护剂防止因冷冻或水分不断升华对细胞的损害。

参考文献：

边藏丽，涂献玉，2000. 8 种不同方法保藏病原菌效果的对比观察[J]. 微生物学通报 (3): 208-211.

王成怀，1980. 微生物的保存方法（续三）[J]. 微生物学免疫学译刊 (3): 26-33.

王成怀，1980. 微生物的保存方法（续二）[J]. 微生物学免疫学译刊 (2): 6-12.

王成怀，1980. 微生物的保存方法（续一）[J]. 微生物学免疫学译刊 (1): 9-12.

王成怀，1979. 微生物的保存方法[J]. 微生物学免疫学译刊 (2): 14-18.

（撰稿：刘太国；审稿：陈万权）

病原物传播 pathogen spread

病原物从菌源（病斑、孢子堆、子实体）传播到新寄主的感病部位的过程。

病原物必须传播到可以侵染的植物上才能发生初次侵染，由初次侵染形成的病原物在植株之间传播则进一步引起再次侵染。病原物的传播主要是依赖外界的因素，其中包括自然因素和人为因素。自然因素中以风、雨水、昆虫和其他动物传播的作用最大；人为因素中以种苗、种子、块茎块根和鳞球茎等调运、农事操作和农业机械的传播最为重要。病原物有时也可以通过本身的活动主动传播，如真菌的菌丝体和根状菌索可以在土壤中生长而逐渐扩散；真菌的游动孢子和有鞭毛的菌可以在水中游。线虫在土壤中也有一定的活动范围；菟丝子可以通过蔓茎的生长而扩展。但是以上的这些传播方式并不普遍，传播的范围也很有限。

各种病原物传播的方式和方法不同，真菌主要是以孢子随气流和雨水传播；细菌多半是由雨水和昆虫传播；病毒则主要靠生物介体传播；寄生性种子植物的种子可以由鸟类传播，也可随气流传播，少数可主动弹射传播；线虫的卵、卵囊和孢囊等主要由土壤翻动、灌溉水流传播，含有线虫的苗木、种子、果实、茎干和松树的原木、昆虫和某些生物介体都能传播线虫。显然，传播方式与病原物的生物学特性有关。

气流传播 气流传播又称空气传播，气传、风传是多数产孢真菌最主要的传播方式。

孢子是真菌繁殖的主要形式，真菌生产孢子的数量很大，由于孢子小而轻，很容易随气流传播。孢子的形成和释放决定传播体的数量和质量。其扩散和着落决定孢子的物理传播、侵染和发病，最终实现病害传播，所以孢子传播的距离并不就是病害传播的距离。由于孢子的气流传播规律几乎

和非生物的空中微粒的气流传播规律一样，因此，引用气体动力学的理论和方法描述病原物传播体的物理传播距离。孢子飞散距离与上升气流、水平风速、沉降速度有关。

雨水和流水传播 雨水、流水的传播在细菌病害中尤为重要，雨露和水滴的飞溅使细菌在植物之间传染。所以许多植物细菌病害的发生轻重同降雨的多少密切相关。此外，病原细菌一般只能在有水的情况下才能成功侵入植物。而黑盘孢目和球壳孢目真菌的分生孢子多半是雨水传播的，它们的子实体内大多都有胶质，胶质遇水膨胀和溶化后，分生孢子才能从子实体或者植物组织上散出，随着水滴的飞溅而传播。鞭毛菌的游动孢子只能在水滴中产生和保持它们的活动性，故一般也由雨水和流水传播。

生物介体 昆虫、螨和某些线虫是植物病毒病害的主要介体。其中，昆虫和螨的传播与病毒病害关系最大。由昆虫传播的病害，其流行程度取决于昆虫的数量、带毒率、活动程度和迁飞距离。冬麦区小麦黄矮病流行时，由于其传播介体蚜虫的迁飞和传毒，病毒被传播到百千米以外的春麦区。昆虫也是一些细菌病害的传播介体，还可以传播一些真菌病害，但是一般效率不高。植原体存在于植物韧皮部的筛管中，在筛管部位取食的昆虫是植原体的传病介体。鸟类除去传播桑寄生和槲寄生等寄生性种子植物以外，还能传播梨火疫病等细菌。

人为因素传播 各种病原物都能以多种方式由人为的因素传播。人为传播因素中，以带病的种子、苗木和其他繁殖材料的流动最主要，一般的农事操作也与病害传播有关。

参考文献

AGRIOS G N, 2005. Plant Pathology[M]. 5th ed. New York, NY, USA: Academic Press.

BROWN J K M, HOVMФLLER M S, 2002. Epidemiology-aerial dispersal of pathogens on the global and continental scales and its impact on plant disease[J]. Science, 297: 537-541.

（撰稿：黄丽丽；审稿：陈万权）

病原物次生代谢产物 secondary metabolite from plant pathogen

植物病原物是引起植物病害的生物统称，主要包括真菌、卵菌、细菌、线虫、病毒和寄生性种子植物。病原物次生代谢产物（secondary metabolites）是指由植物病原物产生的低分子量化合物，一些次生代谢产物具有植物毒活性，是导致植物发病的一种重要因子，此外它们还具有其他广泛的生物活性，在农业、医药和食品等领域具有广泛的应用前景。次生代谢产物的合成是病原物与宿主植物和环境条件长期相互作用的结果，在对环境胁迫的适应、病原与病原之间的相互竞争和协同进化、应对宿主植物的防卫以及在侵染植物等过程中起着重要的作用。

简史 由于病原物引起植物的病害，病原物的次生代谢一直受到关注。病原物次生代谢的研究是多学科的交叉，涉及的学科主要包括有机化学、植物学、微生物学、生物化学、

B

分子生物学、生物技术、有机分析等。从 20 世纪初至今已有 100 余年的历史，着重于代谢产物的种类、代谢网络、合成生物学与组合生物合成、代谢调控、代谢组、生理生态功能等方面的研究。

类别　按化合物生源合成途径，病原物次生代谢产物可分为萜类、甾体、生物碱、苯丙素类、醌类、黄酮类、酚酸和缩酚酸类、聚酮、环肽等类型。

萜类代谢产物是由不同个数的异戊二烯单位首尾相接构成，在其生物合成过程中，由最基本的前体乙酰辅酶 A 经甲羟戊酸（MVA）生成焦磷酸异戊烯酸酯（IPP）及其异构体焦磷酸 3,3- 二甲基戊丙酯（DMAPP），再由这两个化合物作为直接前体在一系列酶的作用下生成各类萜类化合物。按组成的异戊二烯基本结构单元的数目将萜类化合物分为单萜、倍半萜、二萜、三萜等。

甾体和三萜类化合物具有相同的异戊二烯生源合成途径，中间产物角鲨烯是它们的共同前体，再经羊毛甾醇合成一系列含有环戊烷骈多氢化菲（或称甾核）的甾体类化合物。

生物碱是含氮的低分子量化合物，主要为氨基酸的衍生物，一般不包括氨基酸、核苷酸和维生素 B 等初生代谢产物。环肽是由几个氨基酸缩合成环的化合物（有些环肽还包括非氨基酸成分），常常独立为一类化合物。

苯丙素或称苯丙烷类化合物，是一类由一个或多个 C_6-C_3 结构单元连在一起构成的天然产物。

醌类是一类具有醌式结构的化合物，主要分为苯醌、萘醌、菲醌和蒽醌类化合物。

黄酮类化合物是色原烷或色原酮的 2- 或 3- 苯基衍生物，泛指由两个芳香环通过三碳链相互连接而成的一系列化合物，一般具有 C_6-C_3-C_6 的基本骨架特征。

酚酸和缩酚酸类化合物是一类芳香环上具有羧基和羟基的化合物及其缩合物，缩酚酸类化合物又称为鞣质或单宁。

聚酮是由乙酰辅酶 A 与数目不等的丙酰辅酶 A 聚合而成，细菌和真菌中的大部分次生代谢产物为聚酮类化合物。

生物活性与开发应用　植物病原物次生代谢产物具有多种生物活性，可以直接或间接地开发成医药、农药、化妆品和食品的添加剂。如通过大规模发酵培养禾谷镰刀菌（*Fusarium graminearum*），从中制备植物生长调节剂赤霉素；大规模发酵培养尖孢镰刀菌（*Fusarium oxysporum*），从中制备抗生素白僵菌素。

参考文献

高锦明，2012. 植物化学 [M]. 2 版 . 北京 : 科学出版社 .

LAMBERTH C, JEANMART S, LUKSCH T, et al, 2015. Current challengers and trends in the discovery of agrochemicals[J]. Science, 341: 742-746.

SHARMA R P, SALUNKHE D K, 1991. Mycotoxins and Phytoalexins[M]. Boca Raton: CRC Press.

SHEN B, 2015. A new golden age of natural products drug discovery[J]. Cell, 163: 1297-1300.

（撰稿：周立刚；审稿：朱旺升）

病原物的越冬和越夏　overwintering and oversummering of pathogen

在寄主植物非生长季节（收获或休眠）病原物的存活方式和存活场所。病原物度过寄主植物非生长季节后引起下一季节寄主的初侵染。一般来讲，病原物越冬和越夏的场所，也就是病害初侵染的来源。病原物的越冬和越夏，往往与一个地区的寄主生长的习性（季节性）相关。在高纬度或低纬度的高海拔地区，四季分明。大多数植物在秋季收获或冬前进入休眠，春季作物在夏季收获或休眠。在热带和亚热带地区，即使在冬季植物也能正常生长，满足病害发生的条件，因而植物病害持续发生，即在农业生产中不存在冬季。冬季和夏季的概念存在明显的地域特点，中国大部分地区属温带气候，大多数地区大部分植物在冬季进入休眠期，因此，病原物的越冬显得尤为突出。不同的病原物对温度的耐受力不同，因而越夏或越冬的能力也不同。例如条锈菌（*Puccinia striiformis* West.）夏孢子喜低温，不耐高温，所以夏孢子的顺利越夏直接影响条锈病的流行。反之，秆锈菌（*Puccinia graminis* Pers.）的夏孢子不耐低温，因此，夏孢子安全越冬在秆锈病的病害循环中起着重要作用。

病原物越冬和越夏方式因病原物种类不同而有所差异。病原真菌有的以菌丝在受害寄主体内越冬或越夏，有的以休眠体（休眠孢子或休眠结构如菌核、子座）在寄主体内、外存活，有的在病残体和土壤中以营腐生的方式存活。对于专性寄生真菌，基本上是在寄主体内越冬或越夏，或以卵孢子（休眠孢子）在土壤或病残体上越冬或越夏。病原细菌可以在受害株的种子、块茎和块根内或土壤中越冬。甚至有的细菌在昆虫体内或其他植物体上越冬。病毒、类病毒和类菌原体只能在活着的介体动物（如昆虫）或植物体内存活，有广泛寄主种类，有的在种子、无性繁殖材料或昆虫体内存活。线虫以卵、二龄幼虫或各龄幼虫、成虫和孢囊在土壤或寄主组织内外越夏或越冬。

植物病原物的主要越冬和越夏场所一般包括：①田间病株。②种子、苗木和其他繁殖材料。③土壤。④病株残体。⑤肥料。

参考文献

许志刚，2009. 普通植物病理学 [M]. 4 版 . 北京 : 中国农业出版社 .

AGRIOS G N, 2005. Plant pathology[M]. 5th ed. New York: Academic Press.

（撰稿：黄丽丽；审稿：陈万权）

病原物定殖　colonization of pathogen

病原物与植物接触后，在寄主植物特定部位建立种群和种群扩展的过程。定殖直接为病原物的侵入并引发寄主症状做准备，也有的病原物在定殖的同时就使寄主发病。

定殖的类型　按定殖部位分，有外部定殖和内部定殖；

按定殖范围分，有局部定殖和系统定殖。

外部定殖　真菌营养和繁殖机构主要生长在植物表皮之外，仅以吸器等特定构造伸入寄主细胞吸收营养，如白粉菌和出芽短梗霉煤污菌。

内部定殖　病原物的营养和繁殖机构均发生在植物表皮以下的组织内，建立种群后，或完全在植物组织内发生致病作用；或在植物发病前，菌丝或产孢机构穿过表皮在植物表面形成特定病征。内部寄生菌有三类。①角质层下寄生菌。菌丝生长在角质层与细胞壁间、细胞壁中或表皮细胞间隙。如苹果黑星菌菌丝主要在角质层与细胞壁间生长，向外可穿过角质层长出气生菌丝，向内可伸入细胞壁，在表皮细胞死亡后进入细胞。②细胞间寄生菌。包括真菌和细菌。真菌菌丝或在植物细胞间隙生长，如侵染莴苣的立枯丝核菌，或紧密附着在细胞壁上，如畸形外囊菌（桃缩叶病菌）。细胞间寄生的细菌多为引起植物叶斑型病害的病菌，如烟草角斑病菌（*Pseudomonas aptata*）。③细胞内寄生菌。主要在薄壁细胞内定殖，有的与寄主建立一定的结构联系，如十字花科植物根肿病菌有的能在寄主中传导形成系统侵染，如多数维管束病害。

局部定殖　病原物仅在侵染点周围组织建立种群，定殖部位常就是寄主植物显现症状的部位。外部寄生菌、角质层下寄生菌和细胞间寄生菌多为局部定殖。

系统定殖　病原物从植物某一部位侵入后，随某种组织生长而转移或由输导组织传导，最后占据植物所有适于病原物存在的组织。

定殖机制　病原物完成定殖并与寄主建立寄生关系的方式或手段，依病原物种类、尤其是定殖类型的不同而有以下4种情况。

营养吸收和菌丝扩展　外部寄生的真菌侵入后，通常迅速生长繁殖并引起寄主发病。它们与寄主主要是营养关系并以吸器吸收营养。如白粉菌侵入丝侵入后先在寄主表皮细胞内形成吸器，再由吸器产生二级菌丝、二级附着胞和二级侵入丝侵入下一层细胞并形成二级吸器。吸器吸收的养分主要用于供给在植物表面的气生菌丝生长和分生孢子繁殖的营养，在二级菌丝和二级吸器形成的同时，气生菌丝大量生长并产生分生孢子，在寄主叶片褪绿斑上形成霉层。

毒素和酶的作用　细胞间寄生菌在定殖过程中，通常先以毒素杀死寄主细胞，或由酶使细胞瓦解，再从寄主死细胞上或酶解产物中获得营养而生长繁殖并进一步扩展。前者如引起烟草赤星病的链格孢，后者如从伤口侵入的软腐欧文氏菌。有的真菌，如灰葡萄孢，既可产生毒素，又可产生酶。在这些情况下，病原物的定殖与寄主组织发病是同时发生的。

共存关系　在薄壁细胞中，定殖的细胞内寄生菌多与寄主细胞质发生某种结构联系，相互共处而不立即引起寄主胞的损伤和死亡。病原物的寄生性越强，这种联系越密切。单细胞的病原真菌进入寄主细胞后，将寄主细胞质推向一侧，寄主细胞质逐渐流出，细胞最终死亡。甘蓝油壶菌的原生质团穿透寄主细胞膜后包埋在细胞质中，由真菌的单层膜将自己与寄主细胞的细胞质分开。而芸薹根肿菌的多核原生质团由两层嗜渗压膜包裹，受侵的寄主细胞虽与邻近健康细胞以胞间联丝相连，但邻近细胞并不增生。锈菌和黑粉菌的吸器

有特化的吸附外膜与寄主原生质分开。吸附外膜是寄主受定殖刺激后由分泌体分泌到吸附表面的物质被膜化后形成的，既是真菌与寄主细胞内物质交换的媒介，又使真菌的有害物质不能到达寄主细胞，避免寄主细胞被快速杀死。

系统传导能力　系统定殖的病原物可由不同方式传导到寄主各种组织中。①随寄主生长发育而不断向新的分生组织转移，如某些锈菌及禾谷类黑粉菌。②随寄主营养和水分运输途径而传导，这类病原物被称为维管束病菌。有在筛管中定殖而随营养运输传导的，如梨火疫病菌由此传导的速度可达每小时2.4cm；但多数是在导管中定殖而随水分运输加以传导，如大白菜细菌软腐病菌从根系侵入后，可在3天内到达高10cm幼苗顶部叶片的导管。③在气腔内定殖和传导，如水稻基腐菌从根和茎基部伤口侵入后，可进入侵入点以上的气腔。

影响定殖的因素　病原物的侵入途径、寄主的反应以及其他微生物的存在，对病原物定殖均有影响。

病原物侵入途径　同一种病原物侵入途径不同，定殖部位和范围也不同。大白菜软腐病菌从伤口侵入后先在细胞间定殖，而从根系侵入后则很快进入导管作系统传导。寄生疫霉烟草变种（烟草黑胫病菌）从叶片或茎直接侵入后，主要通过毒素杀死寄主细胞而局部定殖，但从根部侵入维管束后则可系统定殖。许多病原物都有这种情况。

寄主反应　影响病原物定殖的寄主反应至少有3种。①产生植物保卫素或其他物质杀死或抑制定殖中的病原物，如番茄素、大豆素及酪梨果皮中的抗真菌二烯。②乳突的形成对病原真菌由气孔侵入和局部定殖有一定的抑制作用，在有些情况下，只有寄主植物的抗病品种或非寄主植物才能形成乳突。乳突将吸器包围并限制起来，阻止定殖范围的扩大。③发生过敏反应（HR）限制或抑制病原物扩展，在细菌病害中，HR是非亲和互作的基本表型反应；在真菌病害中，病菌定殖或它释放的毒素可以诱导寄主细胞发生坏死或释放出植物保卫素。真菌菌丝生长受阻和吸器的损伤常与寄主细胞损伤同时发生。

其他微生物　定殖部位存在的微生物可与病原物发生定殖竞争，或产生拮抗物质抑制或杀死病原物。也有相反的情况，如植物根部和叶面存在许多微效致病微生物，它们对病原物的侵入、定殖可产生增效作用。

参考文献

BEATTIE G A, LINDOW S E, 1999. Bacterial colonization of leaves: A spectrum of strategies[J]. Phytopathology, 89(5): 353-359.

BRADER G, COMPANT S, VESCIO K, et al, 2017. Ecology and genomic insights into plant-pathogenic and plant-nonpathogenic endophytes[J]. Annual review of phytopathology, 55: 61-83.

CORNELIS K, RITSEMA T, NIJSSE J, et al, 2001. The plant pathogen *Rhodococcus fascians* colonizes the exterior and interior of the aerial parts of plants[J]. Molecular plant-microbe interactions, 14(5): 599-608.

DOEHLEMANN G, REQUENA N, SCHAEFER P, et al, 2014. Reprogramming of plant cells by filamentous plant-colonizing microbes[J]. New phytologist, 204(4): 803-814.

HAUEISEN J, STUKENBROCK E H, 2016. Life cycle

specialization of filamentous pathogens-colonization and reproduction in plant tissues[J]. Current opinion in microbiology, 32: 31-37.

LO PRESTI L, LANVER D, SCHWEIZER G, et al, 2015. Fungal effectors and plant susceptibility[J]. Annual review of plant biology, 66: 513-545.

PEYRAUD R, MBENGUE M, BARBACCI A, et al, 2019. Intercellular cooperation in a fungal plant pathogen facilitates host colonization[J]. Proceedings of the national academy of sciences, 116(8): 3193-3201.

（撰稿：李燕；审稿：朱旺升）

病原物或微生物相关分子模式　pathogen or microbe-associated molecular patterns, P/MAMPs

能被寄主细胞表面的模式识别受体（pattern-recognition receptors，PRRs）识别的病原物或微生物特有的分子。MAMPs 分子结构比较保守，往往广泛存在于一类微生物中，并对微生物的生存或适合度起到重要作用，但植物中一般不存在这类 MAMPs 分子。在与病原微生物互作的过程中，植物进化出了一类细胞表面免疫受体来感知 MAMPs，并触发植物的免疫反应，以抵御病原微生物的侵染。因此，MAMPs 是能被植物识别的病原微生物的重要特征分子。已在细菌、真菌、卵菌和病毒中发现了多种不同类型的 MAMPs，它们在植物中相应的识别受体也陆续被鉴定出来。

形成和发展过程　早期研究发现，病原微生物的某些分子能够激活植物的免疫反应，比如真菌几丁质、细菌鞭毛蛋白等，这类物质被统称为激发子（elicitors）。1989 年，Charles Janeway 提出了脊椎动物先天免疫的模式识别理论（pattern recognition theory），该理论指出，病原微生物特有的保守分子模式（MAMPs）被寄主细胞表面的模式识别受体（PRRs）识别后，能激发寄主的免疫反应，从而奠定了动物先天免疫的基础。后来研究发现动物中的 Toll 样受体能够识别病原物的 MAMPs，从而验证了该理论的正确性。早在 1995 年，Pamela Ronald 研究小组克隆了野生水稻来源的抗性基因 Xa21，该基因编码一个跨膜受体激酶，与在动物中发现的 Toll 样受体结构相似。2000 年，Thomas Boller 研究小组发现了拟南芥中和 Xa21 结构相似的跨膜受体蛋白 FLS2 能够识别细菌的鞭毛蛋白并激活植物的免疫反应。后续研究相继发现病原菌的多种激发子均能被植物细胞表面不同的受体蛋白识别并激发植物的免疫反应。植物中的这类免疫机制和动物中的模式识别理论一致，因此模式识别理论也被推广到了植物免疫领域，来自病原微生物的激发子被称为 MAMPs，植物中相应的受体被称为 PRRs，由 MAMPs 触发的植物免疫反应被称为分子模式诱导的免疫（pattern-triggered immunity，PTI）。

微生物（病原）中主要 MAMPs　不同种类的病原菌具有特定的被植物识别的 MAMPs。研究发现，细菌鞭毛蛋白（flagellin）中的 flg22、flgⅡ28 等多个区域能被植物中的不同受体识别。细菌脂多糖（lipopolysaccharide，LPS）、延伸因子 EF-Tu、肽聚糖（peptidoglycans，PGN）、稻生黄单胞菌的 RaxX 等均被鉴定为细菌的 MAMPs，能够激发植物免疫反应。以上细菌的 MAMPs 除脂多糖外，其在植物中的受体均已得到鉴定。真菌几丁质、内聚半乳糖醛酸酶、木聚糖酶、大豆疫霉葡聚糖等真菌或卵菌 MAMPs 也能激发植物免疫，其中部分 MAMPs 的受体已被鉴定。病毒在复制过程中产生的双链 RNA，也能被植物识别为 MAMPs，从而激发植物典型的 PTI 反应。

科学意义与应用价值　对 MAMPs 的鉴定并阐明其识别机制是研究植物免疫分子基础的核心内容之一。解析 MAMPs 的识别机制可用于改善作物的抗病性，为作物持久广谱抗性育种提供理论依据。一些 MAMPs 已被用作外源处理剂来诱导植物抗性，比如几丁质，以增强作物的抗病性。

存在问题与发展趋势　未来对 MAMPs 相关的研究主要集中在几个方面：①鉴定新型 MAMPs 仍然是一件繁琐而复杂的工作。改善现有的实验技术，对病原菌中新 MAMPs 的发掘是一项长期的工作。②筛选植物中的 MAMPs 受体，验证受体与 MAMPs 的结合。③利用植物对 MAMPs 的识别机制来指导作物持久广谱抗病育种。

参考文献

BOLLER T, FELIX G, 2009. A renaissance of elicitors: perception of microbe-associated molecular patterns and danger signals by pattern-recognition receptors[M]. Annual review of plant biology, 60: 379-406.

JANEWAY C A, 1989. Approaching the asymptote? Evolution and revolution in immunology[J]. Cold spring harbor symposia quantitative biology, 54(9): 1-13.

ZIPFEL C, 2014. Plant pattern-recognition receptors[J]. Trends immunology, 35: 345-351.

（撰稿：孙文献、王善之、崔福浩；审稿：刘俊）

病原物激素　pathogen-derived phytohormone

植物生长过程中需要许多生长调节物质，这些物质参与调节植物细胞的分裂、生长、分化、休眠和衰老等诸多过程，所以又名植物激素。在植物抵抗病原微生物侵染过程中，植物激素可以通过调节植物生长代谢过程抵抗病菌侵染，所以又名抗病激素。然而，许多病原菌可以合成植物激素或类似物，干扰寄主的正常生理过程，抑制抗病激素发挥作用，这些由病菌合成的激素或类似物称之为病原物激素。

种类　病菌可以合成几乎所有的植物激素，这些病原物激素主要包括：①脱落酸（ABA）。ABA 是一类与非生物胁迫相关的激素，在种子休眠、萌发、气孔关闭及干旱、低温、离子渗透等非生物胁迫应答中起重要调控作用，但也参与了抗病过程。如 ABA 是寄生菌侵染的负调控子。已知灰霉、稻瘟菌、尖孢镰刀菌和立枯丝核菌等都可以产生 ABA。②生长素（IAA）。尽管 IAA 是生长类激素，但也成为一些病原物的靶标。生产上常见的植物徒长、增生和畸形等很多都是由于 IAA 的过量生成导致的。很多细菌可以产生 IAA，如丁香假单胞菌和黄单胞菌等。③细胞分裂素。细胞分裂素是一类植物细胞生长和分裂相关的激素，其化学成分是黄嘌呤的衍生物。玉米黑霉、稻瘟菌等可以产生细胞分裂素。此外，一些形成瘤类的细菌，如根癌农杆菌可以将编码的生长素和细胞分裂素基因整合到寄主上，促进细胞分裂素的合成。④赤霉素。赤霉素的由来要归因于水稻恶苗病的研究。当水稻感染了赤霉菌后，出现疯长的现象，比一般植株要高50%。赤霉菌侵染过程中分泌赤霉素类物质，刺激了水稻的径向生长。⑤茉莉酸或类似物。茉莉酸和水杨酸是两个主要的抗病激素，因此，也往往成为病菌的主要靶标。如尖孢镰刀菌属的很多菌能够产生茉莉酸异亮氨酸，刺激茉莉酸信号并抑制水杨酸信号。此外，丁香假单胞菌还可以合成茉莉酸的类似物冠菌素（coronatine），它激活茉莉酸信号途径的作用甚至远大于植物体内合成的茉莉酸。⑥乙烯。乙烯在植物生长过程中主要是促进果实的成熟和植物的衰老，非生物环境胁迫也会造成乙烯积累。乙烯在植物抗病过程中的作用被认为是和茉莉酸协同，对抗击腐生菌和半腐生菌侵染具有重要的意义。如稻瘟菌侵染时刺激水稻中乙烯的大量积累，乙烯的大量积累利于水稻稻瘟菌的侵染。但是一些半寄生和腐生菌也能合成乙烯，如丁香假单胞菌、立枯丝核菌和灰霉等。乙烯相关合成基因的缺失会显著影响这些病菌的侵染能力。

合成　病原微生物合成激素的途径与植物大相径庭，可能是病菌不同于植物独立进化而来的。病原微生物主要合成的植物激素和类似物大致如下：

脱落酸（ABA）　ABA 是含 15 个 C 的倍半萜羧酸。植物中合成主要是类胡萝卜素途径和类萜途径。前者是主要途径，在质体中合成，其合成前体是戊烯酸焦磷酸及二甲基丙烯焦磷酸，经过 2-C- 甲基 -D- 赤藻糖醇 -4- 磷酸途径，经过牻牛儿基焦磷酸和法呢基焦磷酸等途径，最后形成全反式类胡萝卜素。高等植物中的 ABA 被认为主要是由类胡萝卜素氧化分解而来。而以葡萄灰孢霉菌为例，其合成的前体是法呢基二磷酸，经过 a- 紫罗兰叉乙醇途径，最终合成 1,4-反式二醇 ABA 或脱氧 ABA，这其中需要至少 4 个 ABA 合成酶的参与。

赤霉素（GA）　虽然高等植物和藤仓赤霉菌都能产生结构相同的 GA，但它们的信号传导途径和合成过程中所涉及的酶却有很大的不同。真菌中 GA 的生物合成途径根据合成酶的特征可分为 3 个步骤：① GA 合成的前体牻牛儿基牻牛儿基焦磷酸的形成。它由乙酰辅酶 A 通过甲羟戊酸途径合成甲羟戊酸，再经过 5- 磷酸甲羟戊酸、5- 焦磷酸甲羟戊酸、异戊烯焦磷酸、3,3- 二甲烯丙基焦磷酸、牻牛儿基焦磷酸、法尼基焦磷酸而得到。② GA12- 醛的合成。是由牻牛儿基牻牛儿基焦磷酸经过古巴焦磷酸合成酶和内根 – 贝壳杉烯合成酶催化，环化合成内根 – 贝壳杉烯；内根 – 贝壳杉烯的 C-19 位的甲基经细胞色素 P450-4 单氧化酶的一系列催化下合成内根 – 贝壳杉烯酸，内根 – 贝壳杉烯酸再经过 P450-1 单氧化酶两步催化合成 GA12- 醛。在此阶段中，高等植物和真菌的赤霉素合成途径是基本相似的。③由 GA12- 醛合成其他 GA。在真菌中 GA12- 醛首先经过羟基化合成 GA14- 醛，再经过一系列催化步骤合成 GA3。

细胞分裂素　细胞分裂素合成的限速酶是异戊烯基转移酶，也称作细胞分裂素合成酶。它以异戊烯基焦磷酸为底物，催化异戊烯基基团直接转移到腺苷酸（AMP）上生成异戊烯基腺苷磷酸。在 1978 年，首次从黏菌（*Dictyostelium discoideum*）中鉴定出一种酶，可以催化 AMP 和二甲基丙烯基二磷酸，使之转化为活性的细胞分裂素异戊烯基腺苷 -5'-磷酸。而植物中异戊烯基基团来源于二甲烯丙基二磷酸，在异戊烯基转移酶作用下转移到腺苷 ATP/ADP 上。此外，细菌中合成的异戊烯基基团也有可能来源于 2- 甲基 -2（E）-丁烯基 – 二磷酸。其他途径则与植物非常相似。

生长素　细菌合成生长素与植物略有不同，它主要是通过色氨素 -2- 单加氧酶催化色氨酸形成吲哚 -3- 乙酰胺，然后在吲哚乙酰胺水解酶作用下转换成吲哚 -3- 乙酸（生长素）。而植物中则是将色氨酸转化成吲哚 -3- 丙酮酸酯，然后在黄素单加氧酶作用下生成生长素。

乙烯　高等植物乙烯合成主要是利用甲硫氨酸在 ATP 参与下形成 S- 腺苷甲硫氨酸，然后 1- 氨基环丙烷 1- 羧酸（简称 ACC），在 ACC 氧化酶作用下生成乙烯。部分微生物如橘青霉（*Penicillium citrinum*）可以通过这个途径产生乙烯，但是这个途径在病菌中不是十分普遍。更多的情况是通过酮戊二酸在一个多功能酶的乙烯形成酶作用下，利用精氨酸和组氨酸等辅因子形成乙烯，这个途径常见于如青霉菌属、镰刀霉和丁香假单胞菌等。

冠菌素　冠菌素是由一个聚酮类化合物冠菌酸和冠烷酸以酰胺键联结而成，冠烷酸以异亮氨酸经别异亮氨酸环化而来。冠菌酸通过乙酸酯、丙酮酸酯和丁酸等形成聚酮化合物。冠菌素的结构和茉莉酸不一样，但却能激活很强的茉莉酸信号响应。

作用　病原物激素产生的原因可能是两个方面：一是这些激素是病菌自身生长所必需的物质。如稻瘟菌细胞分裂素合成基因的缺失在正常培养条件下没有明显的生长发育的缺陷。但是在胁迫条件下，如 H_2O_2 胁迫下，菌丝生长则明显受到抑制。而敲除稻瘟菌 ABA 合成的基因 ABA4 的突变体则生长异常，如菌丝生长缓慢并有很强的黑色素沉积。产孢数量也较野生型少，且孢子形态异常。此外，侵染钉的形成和侵染菌丝的生长都受到了不同程度的影响。二是干扰植物的生理和代谢，增强致病性。最典型的是很多致病菌能在其侵染部位形成"绿岛"获取营养，"绿岛"的形成主要是由于细胞分裂素大量积累刺激了植物细胞分裂，延缓衰老而形成的。另外，稻瘟菌在侵染水稻时可能分泌了 ABA，并刺激了 ABA 在侵染部位的积累。ABA 的积累增加了水稻对稻瘟菌的敏感性，主要通过抑制植物抗病激素水杨酸的信号。另外一个通过影响植物抗病激素信号而实现侵染的是细菌分泌的冠菌素。严格来说，某些细菌，如丁香假单胞菌是半寄生的致病菌。但是在早期侵染阶段是寄生状态，植物抗病激素水杨酸信号途径的激活会抑制其侵染。但是这些细菌可以分泌冠菌素，该物质模拟了茉莉酸，能够强烈激活植物茉莉酸信号途径。茉莉酸信号途径的激活抑制了水杨酸途径，从而促进了病菌早期侵染。此外，水稻恶苗病的致病菌赤霉通过分泌赤霉素刺激水稻的径向生长的作用可能是利于其孢子的传播。

利用　病原物激素主要用来发酵生产植物激素或功能类似物。由于很多病原微生物可以合成植物激素或功能类似物，而植物中的激素含量非常低（纳克级），因此，利用病原微生物工业化发酵生产植物激素是生产植物激素的主要手段。这些病菌源发酵的激素被广泛应用于栽培、保鲜和提高植物抗性等方面。典型的例子如葡萄灰孢霉菌可以合成ABA，因此成为大规模发酵生产 ABA 的理想菌种。通过对葡萄灰孢霉菌原生质体的复合诱变和定向选育获得的高产菌株，ABA 产量可以达到 5.0g/L 以上，田间施用显著增加植物抗逆能力。另外，赤霉素也是生产上常用的一种植物生长调节剂，广泛用于调控植物茎干生长、种子发芽和诱导开花等方面。工业上主要用水稻恶苗菌的病原藤仓赤霉菌发酵生产赤霉素，其产量可以达到约 2.0g/L。

参考文献

彭辉，施天穹，聂志奎，等，2016. 微生物发酵产赤霉素的研究进展 [J]. 化工进展，35(11): 3611-3618.

王金生，1999. 分子植物病理学 [M]. 北京：中国农业出版社.

MA K W, MA W B, 2016. Phytohormone pathways as targets of pathogens to facilitate infection[J]. Plant molecular biology, 91: 713-725.

（撰稿：刘俊；审稿：朱旺升）

病原物监测 pathogen monitoring

对病原物种群数量、发育进度、毒性变异和对杀菌剂抗性的变异等进行的定期连续调查、观测和记录。侵染性病害的发生离不开病原物。进行病原物监测，是病害流行监测的重要组成部分，对于病害预测、抗病品种选育和病害管理非常重要。孢子捕捉技术、分子生物学技术、孢子图像处理技术等的发展，使得进行病原物监测更加便利，效率更高，监测结果也更加准确。

病原物种类监测 对病原物种类进行监测，首先应该能够对病原物进行种类鉴定。每种植物都会发生多种病害，这些病害在某些情况下是同时发生或先后发生的，产生的症状可能在同一器官或部位，这就为病原物的分离和鉴定带来了难度。有些病害，如一些土传病害，是由多种病原物引致的，对这些病原物种类的鉴定也是非常重要的。对病原物种类监测，需要定期、连续采集病害样品或收集病原物传播体。对于田间采集的病害样品或收集的病原物传播体，一般是进行病原物分离、纯化后，根据病原物形态学、生理生化特性、致病性等进行鉴定，当样品量很大时，工作量巨大，需要大量的人力和物力。各种孢子捕捉器更加方便气传病害病原物的收集。现在应用日益广泛的分子生物学技术在病原物种类鉴定中发挥着越来越重要的作用，可以利用病原物的特异性分子标记实现病原物的快速准确鉴定，很多情况下，不需要对获得的样品进行病原物分离和纯化，节省了大量人力。宏基因组学（metagenomics）技术以所获得样品中微生物群体基因组为研究对象，不需要进行微生物分离培养和纯化，更是促进了微生物种类鉴定和种群分析，为病原物种类监测提供了利器。

病原物种群数量监测 是对一定空间范围内病原物种群数量的定期连续观测。病原物种群数量对于病原物的繁殖潜能、传播潜能和危害潜能非常重要，是病害流行监测中的重要内容，是进行病害预测和制定病害防治决策的重要依据。一般地，由于病原物个体大小或计数单元划分的限制，很难进行病原物种群数量的估测。在实际中，重点对病原物种群的相对数量进行监测。应用较多的"菌量"是指一定时空条件下病原物群体的数量，其在一定场合下具有一定的表示方法，如空中孢子密度、土壤中菌核密度或线虫密度等。在植物病害流行学研究中，为了避免病原物种群数量估测的难度，通常用病害数量代表"菌量"。由于能估测的病害数量仅是表现症状的，而对处于潜育状态没有表现症状的部分很难或无法进行估测，因此，利用病害数量代表"菌量"具有很大的局限性。对于气传病害，空中孢子密度的测定一般是利用孢子捕捉器进行，定容式孢子捕捉器和移动式孢子捕捉器更是为孢子捕捉和病原物种群监测提供了便利。对于捕获的孢子，可以通过显微观察、培养基培养或在叶片等寄主组织上培养的方法进行计数；利用日益成熟的图像处理技术，可对拍摄图像中的孢子数量进行自动计数；利用实时荧光定量 PCR（real-time PCR）技术可对捕获的孢子样品进行直接检测和对目标病原物进行量化。对于土壤样品中的菌核、线虫、孢子、寄生性植物种子等能目测或镜检计数的病原物，可以直接计数；对于不能直接计数的病原物，需要利用培养基进行定量分离或直接经过病原物提取后利用分子生物学技术而进行目标病原物的定量。

病原物发育进度监测 对病原物发育进度进行定期连续的观测有利于了解病原物产生新的传播体的时间和进行病害预测预报。例如，子囊壳发育成熟程度可以作为小麦赤霉病中短期预测预报的依据；分生孢子器的发育进度可以作为苹果树腐烂病中短期预测预报的依据。对某一种病原物发育进度进行监测时，需要制定统一的发育进度划分标准和观察方法。

病原物生理小种监测 病原物致病性的分化和毒性的变异对于病害发生和流行起到非常重要的推动作用，这方面的监测是对病原物监测的重要部分。对于生理小种分化明显的病原物需要进行小种监测，监测内容包括小种类别、组成和动态变化等，其对于分析植物抗病性丧失、指导抗病育种、进行品种合理布局、新小种流行预测和病害预测等具有非常重要的作用。进行生理小种监测，首先需要建立一套稳定的小种鉴定技术标准，包括鉴别寄主种类、具体鉴定方法和生理小种分类命名方法，然后选择若干个病害流行代表性地区，按照一定的取样方法进行采集样品，对样品在同一地点进行统一鉴定，进行多年连续监测。为了便于监测数据的交流和比较，需要利用统一的小种鉴定技术进行监测。由于所用鉴别寄主谱中的品种、地方品种、品系或其他材料往往有些遗传背景尚不清楚，现在更倾向于利用近等基因系或单基因系作为鉴别寄主，以更好地确定病原物中所含无毒基因类型。现在已经有一些基于特异性分子标记的病原物生理小种分子生物学鉴定方法，但是尚未得到广泛应用。但是，基于分子生物学技术的病原物无毒基因分子检测技术在病原物监测中应用日益增多。

病原物抗药性监测 施用农药是防治植物病害的重要

措施，但是农药的长期和大面积施用，会导致病原物的抗药性问题产生，已有一些病原物抗药性产生的事例报道。病原物抗药性是指野生敏感的植物病原物个体或群体，在某一或某一类农药选择压力下产生的可遗传的敏感性降低的现象。抗药性的监测方法一般是每年从施药田间采集病原物代表性样品，测定某一农药对样品的有效中浓度（EC50）逐年变化情况。另外，还可测得病原物的抗性频率和抗性水平。对于病原菌来说，利用抗性菌株数与测定菌株总数的比值表示抗性频率，利用抗性菌株的 EC50 值与野生敏感菌株的 EC50 值两者的比值表示抗性水平。一些杀菌剂对病原物具有专化性靶标位点，病原物抗药性的产生可能与靶标位点的突变有关。有些抗药性的产生是由单核苷酸突变造成的，如真菌对苯并咪唑类的抗药性，对于这类抗药性，可以建立抗药性 PCR 检测方法。而大部分病原物对农药的抗性在遗传上是很复杂的，建立相应的抗药性 PCR 检测方法难度较大。一旦发现病原物抗药性增强的现象，需要及时采取对策，进行药剂轮换、混用、减少施药次数和降低用药量等。

参考文献

马占鸿，2010. 植病流行学 [M]. 北京：科学出版社.

肖悦岩，季伯衡，杨之为，等，1998. 植物病害流行与预测 [M]. 北京：中国农业大学出版社.

周益林，黄幼玲，段霞瑜，2007. 植物病原菌监测方法和技术 [J]. 植物保护，33(3): 20-23.

（撰稿：王海光；审稿：马占鸿）

病原物降解酶　degrading enzyme of pathogen

植物病原物能够成功侵染寄主植物，需要穿透植物细胞壁这个最重要的防御屏障，因此，病原物会产生能够降解植物细胞壁的酶类，称为植物细胞壁降解酶（plant cell wall-degrading enzymes，PCWDEs）。病原物的胞壁降解酶种类很多，除少数外均能分泌到体外。

种类　根据酶作用于植物细胞壁的部位不同，分为角质层降解酶和胞壁降解酶等。但是，通常根据酶作用的底物，分为角质酶、果胶酶、纤维素酶、半纤维素酶和蛋白酶等。

角质酶　是一种 α/β 水解酶，属于丝氨酸酯酶。可以降解角质并产生大量脂肪酸单体。角质酶既可以催化水解不溶性多聚体植物角质的酯键，也可以作用于其他长链、短链脂肪酸酯、乳化的甘油三酯和可溶性的合成酯等，是一种多功能裂解酶。催化过程是先经酰化作用从醇脂基中产生醇，再经脱酰基作用产生脂肪酸。

真菌通过角质层直接穿透表皮侵入时，用以突破第一道屏障的酶就是角质酶。角质酶能够催化寄主表皮的角质多聚物水解。现已证明，有 22 种真菌能够产生角质酶。采用物理或化学的方法使角质酶钝化或使角质酶缺失，病原菌则不能直接侵入寄主。

果胶酶　能够水解果胶物质的多种酶的总称。通常分为三类：果胶甲基酯酶（pectin methylesterase）、果胶水解酶（pectin hydrolase）以及果胶裂解酶（pectin lyase）。作用为从果胶质中除去甲基基团以产生果胶酸。作用方式是在糖 C6 部位的羧基处水解，每一个 α-1,4 连接的半乳糖醛残基产生一个糖醛酸羧基和甲醇。

果胶水解酶和果胶裂解酶　共同作用特点是使 α-1,4 糖苷键断裂。不同的是，水解酶作用部位是 α-1,4 键，使果胶中的聚半乳糖醛酸水解，释放出单体的半乳糖醛酸。果胶水解酶包括果胶甲基半乳糖醛酸（pectin methylgalacturonase，PMG）和多聚半乳糖醛酸酶（polygalacturonase，PG），它们是分别以果胶质和果胶酸为基质的水解酶。裂解酶又叫转移消除酶，作用部位除 α-1,4 键外，还由于消除了第五个碳原子上的氢，而最终释放出不饱和的二聚体。果胶裂解酶包括果胶质甲基转移消除酶（pectin methltrans-eliminase，PMTE）和多聚半乳糖醛酸转移消除酶（polygalacturonic acid trans-eliminase，PGTE）。水解酶的作用不需要 Ca^{++}，适宜 pH 为 4～6.5；裂解酶的作用需要 Ca^{++}，适宜 pH 为 8。另外，根据果胶酶对底物分子的作用部位又分为内裂和外裂果胶酶，它们分别使果胶键从中间或两端开裂。

纤维素酶　是降解纤维素生成葡萄糖的一组酶的总称，它不是单体酶，而是起协同作用的多组分酶系，是一种复合酶，主要由外切 β-葡聚糖酶、内切 β-葡聚糖酶和 β-葡萄糖苷酶等组成。还有很高活力的木聚糖酶，作用于纤维素以及从纤维素衍生出来的产物。作用步骤一般为：首先是内切 β-1,2-D 葡聚糖酶（EG）的作用，使完整的葡聚糖链中的糖苷键随机裂解，暴露出非还原性末端；外切 β-1,4-D 葡聚糖纤维二糖水解酶（CBH）以葡聚糖链暴露出的非还原性末端为基质水解产生纤维二糖；最后，由 β-葡萄糖苷酶（β-G）使纤维二糖水解成葡萄糖。细菌和真菌都能产生纤维素酶。例如，菊欧文氏杆菌和立枯丝核菌等能分解纤维素的病原物都能产生纤维素酶。

半纤维素酶　将各种半纤维素降解为单糖。主要种类有木聚糖酶、半乳聚糖酶、葡聚糖酶和阿拉伯聚糖酶等。根据在反应物中出现的先后次序分别为外木聚糖酶、内木聚糖酶和木聚糖苷酶。

其他酶类　蛋白酶、淀粉酶、磷脂酶等分别降解蛋白质、淀粉和脂类物质。

致病作用　病原物都可以产生不同类型的降解酶，已证明在致病中起作用的降解酶可以使组织浸离和细胞死亡。一般的鉴定程序为：①病原物在体外产生降解酶的能力。②病原物致病力与产酶能力的关系。③病原物致病力丧失与产酶能力丧失的关系。④纯化酶能够重现症状和破坏植物组织结构的能力。⑤受降解植物组织结构和成分变化的影响以及降解产物的出现。⑥酶的抑制与减症作用的关系。

对细胞侵入的作用　在侵入中起作用的主要是角质酶。有些植物病原真菌产生角质酶，使孢子下角质层分解，形成有光滑边缘的圆形侵入孔。

对组织浸离的作用　组织浸离是果胶降解酶使植物细胞间起黏合作用的果胶多聚体分解以及组织中细胞分离的结果，是多种软腐病原菌的共同特征。除果胶降解酶外，还有一些非果胶降解酶如镰刀菌和疫霉的内 β-1,4-半乳聚糖酶与组织浸离有关。

对细胞死亡的作用　作用有直接作用和间接作用。直接作用是细胞壁成分降解后，丧失对原生质体的支持能力，因膨压增加引起膜破裂和膜伸展。由于单一果胶酶并不损害分离的原生质体以及植物细胞壁结构的复杂性，胞壁降解酶的上述作用牵涉多种酶的综合作用。间接作用是胞壁降解酶作用于植物组织后释放有毒物质造成细胞死亡。

（撰稿：邹丽芳；审稿：朱旺升）

病原物抗药性　pathogens resistance

本来对农药敏感的野生型植物病原物个体或群体，由于遗传变异而对药剂出现敏感性下降的现象。"抗药性"术语包含两方面涵义，一是病原物遗传物质发生变化，抗药性状可以稳定遗传；二是抗药突变体有一定的适合度，在环境中能够存活，例如能够正常地越冬、越夏、生长、繁殖和致病力等有较高的适合度。

发展简史　植物病原物抗药性发生的历史远远晚于害虫抗药性的发生历史。20世纪50年代中期，美国的 James G. Horsfall 才提出病原菌对杀菌剂敏感性下降的问题。由于当时人们对病害防治的重视程度远不如对害虫的防治，并长期使用的是非选择性、多作用靶点的保护性杀菌剂，植物病原物抗药性没有成为农业生产上的重要问题。直至20世纪60年代末，高效、选择性强的苯并咪唑类内吸性杀菌剂被开发和广泛用于植物病害防治，植物病原物才普遍出现了高水平抗药性，并常常导致植物病害化学防治失败，农业生产蒙受巨大损失，人们才开始重视杀菌剂抗性问题。20世纪70年代初，荷兰的 J. Dekker 和希腊的 S. G. Georgopoulous 等开展了对植物病原物抗药性生物学、遗传学、流行学及其治理等方面的系统研究，并于1981年促成国际农药工业协会成立了杀菌剂抗性行动委员会（Fungicide Resistance Action Committee，FRAC），开辟了植物病理学和植物化学保护学新的研究领域。

已发现产生抗药性的病原物种类有植物病原真菌、细菌和线虫。其他病原物的化学防治水平还很低，有些甚至还缺乏有效的化学防治手段，还没有出现抗药性。植物病原物抗药性中最常见的是真菌抗药性。

植物病原物抗药性发生原理　植物病原物抗药性群体的形成是药剂选择的结果。病原物和其他生物一样，可通过遗传物质变异对环境中特殊因子的变化产生适应性反应，从而得以生存。因此，通过遗传变异而获得抗药性，是病原物在自然界能够赖以延续的一种快速生物进化的形式。

一些非选择性杀菌剂对植物病原物的毒理往往具有多个生化作用靶点，植物病原物个体不易同时发生多位点抗药性遗传变异并保持适合度，因此，病原物难以对非选择性杀菌剂产生抗药性。正是因为如此，波尔多液在生产上使用100多年来，没有出现抗药性问题。植物病原物长期接触含金属离子化合物、二硫代氨基甲酸盐类、取代苯类等非选择性杀菌剂，而可能发生非靶标基因的变异，使细胞膜的结构发生修饰，减少药剂进入作用部位或增加对药剂的降解代谢及钝化，导致病原菌对这些杀菌剂的敏感性降低。这些反应性状

往往没有专化性和遗传稳定性，抗药性水平较低，停止用药后，病原物可恢复原来的敏感性。一些选择性强的杀菌剂对植物病原物的毒理往往只具有单一的作用位点。如果作用的靶标或药剂受体是由单基因控制的，植物病原物群体中则可能存在随机的这种单基因遗传变异，药剂对变异的病原物毒力下降或完全丧失，表现抗药性。当植物病原物群体中存在抗药性个体或抗药性基因时，使用选择性高效杀菌剂，就会将大部分敏感的植物病原物杀死，留下群体中比例很少的抗药性个体。这些抗药性个体在药剂选择下仍然可以继续生长繁殖、侵染寄主，从而提高了抗药性植物病原物在群体中的比例，造成抗药性优势群体的药剂防治效果下降。为了保持防治效果又往往加大用药剂量和用药频率，而进一步加速抗药性病原群体发展，最终导致抗药性病害流行，药剂化学防治完全失效。因此，植物病原物抗药性是由植物病原物本身遗传基础决定的。就是说，植物病原物群体中，通过随机突变而出现抗药性个体，这些抗药性个体在杀菌剂应用之前就存在于群体之中。杀菌剂则是抗药性突变体的强烈选择剂。

植物病原物抗药性发生机制

遗传机制　病原物抗药性表达是在药效选择压力下，病原物通过本身存在的基因变异或重新调节，或者通过外源抗药基因的导入，改变生理生化过程达到降低或消除药剂对自身的毒害作用。大多数子囊菌、担子菌和半知菌的致病阶段是单倍体阶段，控制抗药性的基因无论是显性、半显性还是隐性某因都能正常表达。卵菌及其他以双倍体阶段致病的真菌，只有当控制抗药性的基因是显性时或隐性基因纯合体，抗药性才能表达。控制病原物抗药性的基因数目虽与病原物种类有关，但常取决于不同作用机理的化合物类型。病原物抗药性的遗传性状，可分为由单个主基因控制的质量遗传和由多个微效基因控制的数量遗传。

表现质量遗传的抗药性抗药水平往往很高抗，感菌株杂交后代对药剂的敏感度分布表现为不连续的孟德尔遗传分离规律。尽管不能排除其他涉及抗药性的少数基因存在，但这些基因变异不会作用于抗药水平的提高。主基因具有上位显性作用。当药剂使用有利于选择抗药病原物时，抗药群体迅速形成，表现化学防治失效的突然性。即使增加用药量和用药次数也不能改善防治效果。使病原物表现质量遗传抗性反应的杀菌剂有苯并咪唑类、苯酰胺类、羧酰替苯胺类、二甲酰亚胺类、春雷霉素、链霉素及有关含铜化合物。

表现数量遗传的抗药性，病原物群体中不同基因型组别重叠，对药剂的敏感性呈连续性的单峰频率分布。当一种药剂长期用于目标生物之后，敏感性仍然保持连续分布，只是整个分布向降低敏感性方向的数量移动。通过对群体敏感性监测，可对这种变化进行定量分析。药剂防效随病原物敏感性下降而受影响，但很少表现完全失效，增加用药量或缩短用药周期可提高防效。使病原物表现数量遗传抗药性反应的化合物有多果定、甾醇脱甲基抑制剂、放线菌酮等。

生化机制　已知一些杀菌剂是干扰真菌生物合成过程（如核酸、蛋白质、麦角甾醇、几丁质等的合成）、呼吸作用、生物膜结构和细胞核动能的专化作用位点化合物。真菌只要单基因或少数基因突变就可导致靶点的轻微改变而降低对专化性药剂的亲和性。虽然真菌不可能多基因同时发生突

变而降低与多作用点化合物的亲和性，但菌体代谢可以发生某种变化阻止药剂到达作用位点，或者将药剂转化成非毒性化合物；或者降低菌体本身对药剂的活化作用；或者减少对药剂的吸收，或增加排泄减少药剂在细胞内的积累，增加靶点产物或改变代谢途径，避开药剂的作用等而表现抗药性。这些生化机理远不如降低亲和性重要。

病原物抗药群体的建立　因抗药性而导致病害化学防治失败，取决于病原物抗药性个体在群体中所占的比例和绝对数量及其抗药性水平，即抗药性病原物个体或群体与野生敏感病原物对同种药剂反应程度之比。表示这种反应程度的参数有 3 种：一是对相同药剂浓度的反应；二是最低抑制浓度（MIC）；三是对病原物产生相同效应的药剂浓度，常用有效中剂量 ED_{50} 或有效中浓度 EC_{50} 表示。影响病原物抗药群体建立的主要因素是：①适合度。包括抗药突变体在对寄主的致病力、繁殖力和对自然环境条件适应能力方面与同种敏感群体的竞争能力。适合度与病原物抗药机理有关，若遗传基因发生抗药性变异，对病菌生命活动没有影响或影响甚微，突变体适合度则高，反之则低。②病原物和病害特征。在寄主上能大量繁殖和借气流传播的病原物比繁殖量小、传播慢的病原物（如土传、根腐病原物）容易形成抗药群体；多循环病害比单循环病害的病原物更容易形成抗药群体；当控制抗药性的基因是隐性时，以单倍体阶段致病的病原物比双倍体、双核体或多核体阶段致病的病原物更容易形成抗药群体。③药剂选择压力和交互抗药性类型。不适当地增加施药次数、剂量、防治面积和防效及延缓药剂持效期，长期使用单一或具有正交互抗体的同种类型杀菌剂，会减少敏感病原物与抗药性病原物竞争的数量，有利于抗药病原群体的形成。此外，一切有利于增加抗药性病株比例和暴发病害流行的栽培措施及气候条件者都会加快抗药性病原群体的形成。

植物病原物抗药性治理　植物病原物抗药性治理策略的实质，就是以科学的方法，最大限度地阻止或延缓植物病原物对相应农药抗药性的发生和抗药性植物病原物群体的形成，达到维护药剂产品的信誉，延长其使用寿命，确保化学防治效果的目的。包括短期和长期策略。

短期策略　主要包括下列 6 个方面的内容。①建立重要防治对象对常用药剂的敏感性基线，建立有关技术资料数据库。②测量或检测重要病害对常用药剂抗药性的发生现状和发生趋势。③监测主要植物病原物对骨干药剂抗药性发生动态，建立抗药性植物病原物群体流行的早期预测系统。④研究还未发现抗药性的植物病原物与药剂组合产生抗药性的潜在危险，及早采取合理用药措施。但应防止试验中获得的抗药性突变体释放到自然界中去。⑤合理用药，防止抗药性发生或延缓抗药性群体的形成。⑥加强对杀菌剂生产、混配、销售的管理，防止盲目生产、乱混乱配、乱售乱用。

长期策略　①在确保传统的保护性杀菌剂有一定量的生产和应用的同时，根据植物与病原物之间的生理生化差异，开发和生产作用机制不同的安全、高效、专化性杀菌剂，储备较多的有效药剂品种。②开发具有负交互抗药性的杀菌剂是治理植物病原物抗药性的一种有效途径。③在了解杀菌剂的生物活性、毒理和抗性发生状况及其机制的基础上，研制混配药剂，选用科学的混剂配方。④根据抗药性植物病原物

的生物学、遗传学和流行学理论，在病害防治中采用综合防治措施。⑤在抗药性治理策略实施过程中，及时总结评估，对策略不断进行修改、补充和完善，建立有实用价值的植物病原物抗药性治理策略模型。

参考文献

徐桂平，王炳太，徐瑶，等，2020.浅论农业有害生物抗药性 [J].南方农业，14(26): 36-37.

张帅，2021. 2020 年全国农业有害生物抗药性监测结果及科学用药建议 [J].中国植保导刊 (2): 71-78.

（撰稿：秦小萍；审稿：李成云）

病原物侵染机制　the mechanism of pathogen infection

病原物和寄主植物相互作用引起植物受害的机制。可分为侵入前期、侵入期、潜育期和发病期 4 个时期，但各时期间没有绝对的界限。

侵入前期　许多病原物的侵入前期多以病原物与寄主植物接触开始到形成某种侵入结构为止，因而也称为接触期。这一时期是决定病原物能否侵入寄主植物的关键时期，也是病害防治的重要时期。

病原物与寄主植物接触后，常常不立即侵入，而是在植物表面生长活动一段时间。在此过程中，真菌孢子萌发生成的芽管或菌丝的生长、细菌的繁殖、线虫的移动等有助于病原物到达植物的可侵染部位。侵入前期也是病原物和寄主植物相互识别的时期，这种识别包括病原物对寄主植物的趋触性、趋电性和趋化性等。

侵入期　指病原物由侵入结构产生，进入植物到建立寄生关系的阶段。侵入方式通常有直接侵入、自然孔口侵入和伤口侵入 3 种。

真菌和卵菌可以直接穿透植物表皮侵入，也可以从自然孔口或伤口侵入。真菌直接侵入的典型过程为：附着于寄主表面的真菌孢子萌发形成芽管，芽管顶端膨大形成附着胞，附着胞分泌黏液固定在植物表面并产生纤细的侵染钉，侵染钉借助机械压力和分泌的酶共同作用穿透角质层和细胞壁进入细胞内。细菌大部分经伤口侵入，一部分可经自然孔口进入植物。病毒通过传毒介体造成的微伤口或机械伤口侵入，接触和侵入一起进行，不能截然分开。线虫主动地直接穿透而侵入，有的还可以从自然孔口侵入，高等植物也是直接穿透侵入。

潜育期　是从接种到症状表现之间的时间间隔，是病原物在寄主体内繁殖和扩展的时期。

在潜育期内，病原物与寄主植物建立寄生关系，实现定殖，并在植物组织中扩展蔓延，从寄主细胞获取水分及营养。病原菌侵入后，大多数植物会发生防卫反应，故有些病原菌虽能成功侵入却不一定能定殖和扩展。

真菌和卵菌侵入植物后产生的侵染菌丝在植物细胞间或细胞内蔓延。死体营养病原菌释放酶、毒素、激素或其他致病因子，在侵入时或侵染初期就杀死寄主细胞和组织，以

死亡的寄主组织作为生活基质，再进一步扩展。锈菌、霜霉等活体营养病原菌侵入后，侵染菌丝在植物间隙生长蔓延，在细胞内生成特殊结构——吸器，获取营养物质。白粉菌仅在表皮细胞内形成吸器，菌丝在植物表面扩展蔓延。

细菌先在植物细胞间隙生长繁殖、发展蔓延，分解植物细胞壁后进入植物细胞。危害植物维管束的细菌通过薄壁组织或从水孔进入维管束后，在木质部或韧皮部扩展。病毒进入细胞后，可通过胞间连丝在细胞间移动，或进入韧皮部筛管，进行长距离移动。内寄生线虫进入植物体内，外寄生线虫以吻针穿刺表皮细胞取食。

发病期　是从寄主植物出现症状到生长期结束或植株死亡为止的一段时间。发病期是病斑不断发展和病原物大量产生繁殖体的时期。随着症状的发展，真菌会在植物受害部位产生孢子，故名产孢期，病原物新产生的繁殖体可成为再侵染源。在发病期，寄主植物也表现出某种反应，如阻碍病斑发展、抑制病原物繁殖体产生和加强自身代谢补偿等。

参考文献

王金生, 2001. 分子植物病理学 [M]. 北京 : 中国农业出版社 .

宗兆丰, 康振生, 2002. 植物病理学原理 [M]. 北京 : 中国农业出版社 .

AGRIOS G N, 2005. Plant pathology[M]. 5th ed. New York: Academic Press.

（撰稿：成玉林、康振生；审稿：孙文献）

病原物趋性　pathogen taxis

一些可以进行短距离移动的病原物（如细菌、线虫、病原物的游动孢子等），通过监测氧、光、离子和营养物质等的梯度变化进行导航，从而占据对生长和生存最有利位置的现象。根据诱导因子的物理特性，病原物趋性主要分为趋化性和趋能性。病原物的趋性运动有利于其吸附和接触识别寄主，建立取食和侵染关系，进而影响病原物在寄主表面的定殖能力。

趋化性　是病原物对变化的化学物质梯度刺激作出反应而运动或生长的现象。植物的根表、叶表或伤口分泌的化学物质，向外扩散，形成逐渐降低的浓度梯度，病原物依据其中某些化学物质的浓度梯度进行运动。如果朝向浓度较高的化学物质方向进行移动称为正趋化性；如果移动方向相反则称为负趋化性。通过积极地朝向或远离刺激源方向运动，病原物可以迅速适应其所在的环境变化。例如细菌在接触化学物质刺激不到 1 秒后，就可以通过改变鞭毛旋转方向调节运动方向。趋化性是病原物的一种快速有效地响应其环境化学物质的变化生存策略。通过趋化性机制，病原物可以接近有利的生存环境并避免不利的环境，帮助病原物通过朝向浓度最高的营养分子移动以寻找到寄主植物，或朝向有毒物质（例如酚等毒素）相反的方向移动。例如，植物根分泌物中 CO_2 形成浓度梯度且在根的生长点浓度较高，线虫利用头部感化器感应 CO_2 浓度变化并可沿 CO_2 浓度梯度找到根的生长点，从而成功在寄主植物定殖。植物根际分泌物中的脂肪

酸、醛类和醇类物质可吸引病原卵菌的游动孢子向植物移动。植物分泌的乙酰丁香酮可吸引根癌土壤农杆菌寻找到寄主植物。

趋能性　是指能够运动的病原物监测自身细胞能量产生变化，对参与能量产生的光、氧、氧化底物等作出反应，调节运动及生长方向，积极寻找最佳的代谢活动条件，从而维持最高的能量水平。影响趋能性的可以是代谢的底物，也包括不可代谢的底物类似物或代谢抑制剂，如碳源、氮源及作为电子受体的氧、硝酸盐等。病原物通过趋能性引导达到最佳的细胞内能量水平，对自身细胞内的内能量产生的变化作出反应，与经典的趋化性相反。趋化性是对特定的细胞外化合物的趋性，对与细胞代谢无关的化合物作出反应。影响电子传递系统的因子可以作为感应因子刺激趋能性。趋能性包括趋气性、趋光性、趋氧化还原性等可以改变电子受体的趋性。

（撰稿：谢甲涛；审稿：刘俊）

病原物无毒基因　avirulence gene

无毒基因是指植物病原微生物所编码并通过其蛋白产物与寄主植物抗病受体蛋白特异性识别和互作，进而诱导植物产生特异性抗病反应的一类基因。已知多个植物与病原微生物互作系统适用基因对基因假说，无毒基因作为诱导植物抗病的关键因子，限制了病原菌的自然侵染及扩散，原本应该在病原菌和寄主协同进化中丢失，然而研究发现，部分无毒基因的首要功能是参与致病，其编码蛋白作为病原微生物的效应蛋白，通过介导寄主植物靶标蛋白的修饰或改变，实现抑制或干扰植物免疫反应的生物学功能，进而促进病原微生物对植物的侵染和定殖。在某些情况下，植物的抗病基因可以识别其中的一部分效应蛋白诱导产生抗病反应。因此，无毒基因的定义严格意义上来说，是一类在植物抗病基因存在情况下诱导植物产生抗病反应的病原微生物致病相关基因。

形成和发展过程　无毒基因已从真菌、细菌、病毒和卵菌等多种植物病原物中鉴定并克隆，一般在病原微生物侵染寄主植物时特异诱导表达，很少在营养生长阶段表达，其编码产物一般为分泌蛋白，这类蛋白往往与已知功能的蛋白质有很低或没有同源性。世界上首例发现的无毒基因是 Staskawicz 实验室从假单胞菌上克隆的 *AvrA* 基因。之后，细菌无毒基因越来越多地被克隆。随着技术的发展，真菌中无毒基因也相继被克隆，其中番茄叶霉病菌 *Avr9* 和 *Avr4* 是最早被克隆的真菌无毒基因。包括稻瘟病菌、大麦云纹病菌、豇豆锈菌、亚麻锈菌、十字花科黑胫病菌等在内的 10 个病原真菌共计 35 个无毒基因被克隆。植物卵菌的无毒基因也被大量鉴定到，已经有来自马铃薯晚疫病菌、大豆疫霉、寄生霜霉的约 20 个无毒基因被克隆。由于抗性基因的强烈选择，无毒基因在自然群体中出现大量的变异，这些变异包括缺失、拷贝数量变化、基因沉默、核酸序列突变等。病原真菌具有高适应性的潜在能力，无毒基因的进化模式也被广泛

地研究。目前认为无毒基因一般位于基因组可有可无的部分，是一个高度动态的基因特化的过程。在某些情况下，无毒基因很容易被选择性缺失，其失活或缺失是一个逃避抗病基因识别的有效途径。有些新颖的效应分子可能弥补无毒基因丢失的功能或能够识别新的植物靶标，从而起到无毒基因的作用。另外，有的无毒基因位于可塑性很好的基因组区域，可进行有限的点突变或其无毒性表型会被另一个无毒基因所"伪装"。真菌中有数以百计的无毒基因存在，有些可能具有重要的、没有冗余的效应分子功能，有些却可能是非必要并可以丢失的冗余基因。序列一致性很高的抗病基因产物与没有明显序列同源性的无毒基因产物相互作用，介导产生的过敏性细胞死亡和抗病性，在产生速度、强度和组织特异性等方面均可能有显著差异。

科学意义与应用价值 植物抗病基因工程可以有效地应用无毒基因与寄主抗病基因特异性识别诱发的过敏性细胞死亡和植物激素诱导的系统性防卫反应。通过将无毒基因相对应的抗病基因转化目标植物，利用病原菌的侵染诱导无毒基因和相应抗病基因的表达，通过其产物的相互识别而诱发植物过敏细胞死亡，诱发植物抗病性，从而达到控制病害的目的。深入地研究无毒基因不仅能揭示植物抗（感）病的分子机理，同时也有助于从大量的天然植物资源中克隆抗病基因，为改良作物抗病性提供宝贵的抗病基因资源。另外，无毒基因作为主要的检测和诊断靶标，可以准确地了解病原菌致病谱的实时和动态变化，实现病害发生和暴发的有效预报和预警。

存在问题与发展趋势 基因对基因假说原本指一个无毒基因与一个抗病基因的特异性互作，然而现已发现一个无毒基因可以与几个抗病基因相对应，或者一个抗病基因同时和几个无毒基因作用的现象，这种现象是否具有普遍性有待人们进一步研究。另外，无毒基因的位置是否是其快速变异的主要原因，多个无毒基因同时存在时，无毒基因是如何相互协同掩护，以及这种协同作用的分子基础都是有待深入研究的课题。另外，无毒基因的丢失是否是其逃避抗病基因识别的最普遍的现象也有待进一步确认。而研究针对那些变异速率低、且无法丢失的无毒基因对应的抗病基因所介导的抗病性是否持久，对于培育持久抗病农作物也是非常有价值的。

参考文献

DONG Y, LI Y, QI Z, et al, 2016. Genome plasticity in filamentous plant pathogens contributes to the emergence of novel effectors and their cellular processes in the host[J]. Current genetics, 62: 47-51.

HUANG J, SI W, DENG Q, et al, 2014. Rapid evolution of avirulence genes in rice blast fungus *Magnaporthe oryzae*[J]. BMC genomics, 15: 45.

KEMEN A C, AGLER M T, KEMEN E, 2015. Host-microbe and microbe-microbe interactions in the evolution of obligate plant parasitism[J]. New phytologist, 206: 1207-1228.

NAPOLI C, STASKAWICZ B, 1987. Molecular characterization and nucleic acid sequence of an avirulence gene from race 6 of *Pseudomonas syringae* pv. *glycinea*[J]. Journal of bacteriology, 169: 572-578.

SALANOUBAT M, GENIN S, ARIGUENAVE F, et al, 2002. Genome sequence of the plant pathogen *Ralstonia solanacerum*[J]. Nature, 415(6871): 497-502.

YOSHIDA K, SAUNDERS D G O, MITSUOKA C, et al, 2016. Host specialization of the blast fungus *Magnaporthe oryzae* is associated with dynamic gain and loss of genes linked to transposable elements[J]. BMC genomics, 17: 370.

（撰稿：张正光、周波、董莎萌、钟凯丽；审稿：郭海龙）

病原相关分子模式诱导的免疫　PAMP-triggered immunity, PTI

植物细胞表面的模式识别受体（PRRs）在感知病原微生物或非致病微生物保守的分子模式 P/MAMPs 后激发的植物免疫反应。PTI 起始于植物细胞 PRRs 胞外结构域对病原微生物的 P/MAMP 的感知，是植物在病原菌侵染早期启动的免疫反应。另外，P/MAMP 结构保守，在一类微生物中通常普遍存在，使得植物通过一种受体蛋白就能感知不同类型微生物的入侵，从而启动免疫反应，这是一种经济、高效的免疫机制。植物 PTI 参与构筑了植物细胞抵御外界微生物胁迫的基础免疫体系。

形成和发展过程 植物 PTI 免疫理论来自于脊椎动物的先天免疫的模式识别理论。在 PTI 免疫理论之前，抗性蛋白（R protein）识别病原菌无毒蛋白触发的植物免疫是植物免疫研究的重心。以早期病原菌激发子的研究为突破口，研究发现细菌的鞭毛蛋白能被其在植物中受体 FLS2 感知并诱导免疫，这使人们意识到在植物中也存在和动物类似的先天免疫机制，从而建立了植物的 PTI 免疫理论。

基本内容 PRRs 与细胞膜上的多个免疫相关蛋白共同构成模式识别受体复合体，被 PAMPs 激活后，受体复合体的蛋白之间通过磷酸化修饰，将免疫信号传递到细胞内，激活多种免疫反应。早期被激活的免疫反应包括丝裂原活化蛋白（MAPKs）的激活、瞬时的胞内钙离子流、活性氧爆发（ROS）、病程相关基因（PR genes）的上调表达、植物抗病相关激素信号途径的启动、气孔的关闭等；随后晚期的一些免疫反应也相继启动，比如胼胝质的沉积等。这些免疫反应的启动，使植物由生长状态转换至防御状态。这样，植物抵御了病原菌的侵染，但其生长也受到抑制。

作为第一个被鉴定的植物受体，FLS2 识别细菌鞭毛蛋白激发植物免疫信号通路的研究最为深入。FLS2 结合鞭毛蛋白后，招募细胞表面的共受体 BAK1，通过细胞内激酶结构域相互磷酸化，将细胞外免疫信号传递至细胞内。随后，FLS2 复合体中的细胞质受体样激酶 BIK1 被磷酸化激活，从受体复合物上解离，激活下游多重免疫反应，比如活性氧爆发等。此外，MAPK、钙依赖的蛋白激酶（calcium-dependent protein kinase，CDPK）等也被磷酸化激活，进而启动下游的免疫信号，比如 WRKY 转录因子和 NADP 氧化酶的磷酸化等。另一方面，FLS2 也会被 E3 泛素连接酶 PUB12/13 泛素化后发生内吞和降解，从而调控植物免疫的强度。

其他 PRRs，比如细菌延伸因子受体 EFR、几丁质受体

CERK1、水稻黄单胞菌 RaxX 受体 Xa21 等下游信号通路也有较为深入的研究。

科学意义与应用价值　和动物不同，植物没有体液免疫系统，只有细胞免疫系统，PTI 是植物免疫系统的重要组成部分。PTI 是植物的基础免疫体系，介导了对多种病原微生物的抗性，解析 PTI 免疫机制对完善植物的免疫机理具有重要的作用。同时，PTI 信号通路中的组分也是病原物效应蛋白进攻的重要靶标，对 PTI 信号通路的研究有助于解析病原菌对植物致病的分子机制，为抗病育种提供理论基础。从长期看，PTI 相关研究可应用于生产实践，保障粮食安全。

存在问题与发展趋势　植物 PTI 下游调控网络极其复杂，现仅解析其中很小的一部分。未来将需要鉴定 PTI 信号通路的下游免疫新组分，以及下游免疫组分间的相互作用。PTI 研究的另一个重点是病原菌在与植物互作过程中是如何干扰植物 PTI 途径，来增强对植物的致病性。最后，还包括如何利用植物 PTI 免疫理论，来培育抗病作物，以减少病害造成的损失。

参考文献

BOLLER T, FELIX G, 2009. A renaissance of elicitors: perception of microbe-associated molecular patterns and danger signals by pattern-recognition receptors[M]. Annual review plant biology, 60: 379-406.

COUTO D, ZIPFEL C, 2016. Regulation of pattern recognition receptor signalling in plants[J]. Nature reviews immunology, 16: 537-552.

JONES J D, DANGL J L, 2006. The plant immune system[J]. Nature, 444: 323-329.

（撰稿：孙文献、崔福浩、王善之；审稿：刘俊）

波罗蜜蒂腐病　jackfruit stem rot

由可可球二孢引起的一种波罗蜜储藏期病害。又名波罗蜜焦腐病。

发展简史　1994—1997 年中国广东进行热带亚热带水果真菌病害调查，发现波罗蜜蒂（焦）腐病，并认为该病害是波罗蜜上的一种重要病害。2003 年，中国台湾也首次发现该病害。

分布与危害　波罗蜜蒂（焦）腐病是波罗蜜上的一种常见病害，在波罗蜜产区均可发生危害。在中国海南、广东等波罗蜜主要种植区多有发生。该病多在果实成熟期和贮运期间发生，一般只从伤口或自然孔口侵入或从熟果的果柄间离层处入侵，往往造成果实大量腐烂，发病率一般为 10%～20%，严重时可达 30%～40%。

果实受害往往从蒂部开始，病斑初为针头状大小的褐色小点，以后逐渐扩大为圆形、中央深褐色、周围灰褐色水渍状的大病斑。最后果实的大部分变为褐色腐烂，果肉变质味苦，无食用价值。病部密生白色黏质物，为病菌的菌丝体。一般病菌从幼果的自然孔口难以入侵，但也有少数未成熟果实受害，呈干缩状挂于树上而不易脱落（见图）。

叶片也可受害，表现为受害后常于叶缘出现浅褐色或灰褐色近圆形病斑，病斑中央散生明显的小黑点，为分生孢子

波罗蜜蒂腐病危害症状（刘爱勤提供）

器，边缘具细小的黑褐色分界线，外有清晰黄色晕圈。

病原及特征　病原为可可球二孢（*Botryodiplodia theobromae* Pat.），属球二孢属。有性世代为柑橘葡萄座腔菌［*Botryosphaeria rhodina*（Cke.）Arx.］。

分生孢子器集生，黑色；分生孢子椭圆形，初期无色单胞，成熟后为深褐色双胞，表面有纵纹，大小为 19～30μm×11～15μm。

详细描述见杧果流胶病。

侵染过程与侵染循环　该病菌是以菌丝体和分生孢子器在病枝及病果上越冬。翌年春，气候条件适宜时，长出大量分生孢子作为初侵染源，侵染波罗蜜的幼果。由于幼果的抗病性较强，故病菌侵入后潜伏在果实内，待果实开始成熟，抗病性较低时便陆续出现症状。此外，病菌还从伤口侵入，挂果期间受台风侵袭或虫害所造成的果面受伤，都是病菌侵入的重要途径。

流行规律　病菌一般从伤口侵入，挂果期间受台风雨侵袭或害虫危害造成果面受伤，病害发生重。病菌可潜伏侵染幼果，但果实成熟时才表现症状，储藏期病害可通过果实接触传播。

防治方法

避免机械损伤　在生产管理及采收时，要尽量减少果实受伤，在储藏运输时，最好用纸或海绵进行单果包装，以避免病果相互接触，增加传染。

化学防治　防治此病的关键措施是要在幼果期喷药保护，尤其台风雨过后要特别加强喷药保护。主要药剂有 50% 多菌灵可湿性粉剂 500 倍液、70% 甲基托布津可湿性粉剂 800 倍液、40% 氧氯化铜悬浮剂 500 倍液、25% 咪鲜胺乳油 1000 倍液、75% 百菌清可湿性粉剂 800 倍液和 1% 波尔多液等，每隔 7～10 天喷药 1 次，连续 2～3 次。果实储藏在 11～13℃、相对湿度 85%～95%，可有效减轻储藏期蒂腐病的发生。

参考文献

胡美姣，李敏，高兆银，等，2010. 热带亚热带水果采后病害及防治 [M]. 北京：中国农业出版社：204-205.

李增平，张萍，卢华楠，2001. 海南岛木波罗病害调查及病原鉴定 [J]. 热带农业科学 (5): 5-10.

刘爱勤,桑利伟,孙世伟,等,2012.海南省波罗蜜主要病虫害识别与防治 [J].热带农业科学,32(12): 64-69.

（撰稿：胡美姣；审稿：李敏）

波罗蜜花果软腐病　jackfruit *Rhizopus* soft rot

由 3 种根霉菌（*Rhizopus* spp.）引起的一种波罗蜜重要病害。

发展简史　早在 1949 年印度报道了该病害，中国 20 世纪 90 年代病害普查时在广东、云南、海南、广西、福建等地均发现该病害。

分布与危害　花果软腐病为波罗蜜花及果实上的常见病害，在波罗蜜各产区发生普遍而严重，在海南产区的果实发病率可达 70%～80%，在缺失管理的果园发病更为严重。开花期及幼果期受害，严重影响产量；成熟期及贮运期受害则显著降低果实品质。

花序、幼果、成熟果均可感病。发病初期病部出现黄豆大小的水渍状、褐色或黄褐色斑点，随病情进一步发展，病部表面密生白色至灰褐色棉毛状物，中央有许多灰黑色点状物，而后霉层颜色逐渐加深变为灰黑色，即病原菌的菌丝体、孢囊梗与孢子囊。潮湿时霉层布满全花序、全果，导致花序、幼果变软、变黑，最终脱落。近成熟果实和储藏期果实受害，果面产生灰黑色霉层，果肉软腐变黑，最后全果腐烂（图 1）。

病原及特征　病原有 3 种，分别为匍枝根霉［*Rhizopus stolonifer*（Ehrenb. ex Fr.）Vuill.］、米根霉（*Rhizopus oryzae* Went & Prinsen Geerligs）和木波罗根霉（*Rhizopus artocarpi* Racib），属根霉属。

匍枝根霉　孢子囊球形至椭圆形，褐色至黑色，囊轴球形至椭圆形，具中轴基；孢子形状不对称，近球形至多角形，表面具线纹，似蜜枣状，褐色至蓝灰色；接合孢子球形或卵形，黑色，具瘤状突起，配囊柄膨大，两个柄大小不一，无厚垣孢子（图 2）。

米根霉　菌落疏松或稠密，最初白色后变为灰褐色到黑褐色；匍匐枝爬行，无色；假根发达，褐色；发育温度 30～35℃，最适温度为 37℃，41℃ 亦能生长。

木波罗根霉　菌丝体无色，菌丝；孢囊梗褐色、直立、有时明显分枝，长 3～4mm 或更长，直径 15～18μm；孢子囊球形或近球形、黑褐色、直径 100～150μm，囊轴明显、近球形；孢囊孢子卵形或不规则形，浅褐色、单胞、直径 6～12μm，未见结合孢子。

侵染过程与侵染循环　风、雨和昆虫可以携带根霉孢子传播，黏附在花序和果实表面，孢子萌发，形成侵染菌丝侵入花序和果实组织，在花序和果实表面又产生了大量孢子，

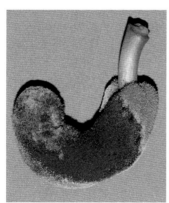

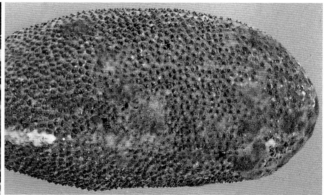

图 1　波罗蜜花果软腐病危害症状（胡美姣提供）

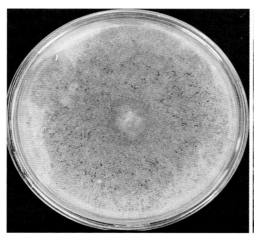
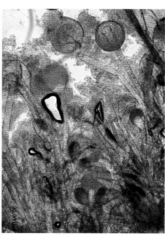
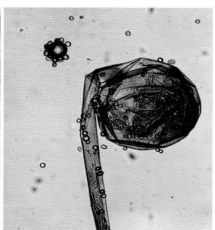

图 2　匍枝根霉菌（胡美姣提供）

成为再侵染的来源。病菌必须通过伤口才能侵入成熟果实，但对于花和幼果，不需伤口病菌就能侵入。病原菌可以在植株残体和土壤中存活，条件适宜时，开始新一轮的侵染。

病菌属于弱寄生菌，只侵染抗病性较弱的生长阶段。最先危害雄花序，并以授粉完成前后的花序最易受害，后转至雌花序危害。近成熟果实或储藏期果实受害，一般从伤口侵入，果实接触而导致病害传播。

流行规律 温暖潮湿及多雨条件适合根霉病的蔓延发展。

防治方法 修剪树体增加空气流动，降低相对湿度。清理果园，把病果和病残体从树上和果园内清理掉，以减少病原传播。确保灌根区没有积水，铲除幼树周围的杂草，果实成熟后不要和土壤中病残体接触以防止感染。

病害严重的果园要定期喷药。可用77%的氢氧化铜可湿性粉剂600～800倍液喷雾或0.5%等量式波尔多液喷雾预防。用25%退菌特500倍液或50%氯硝胺500倍液防治。

在田间要注意防治危害果实的害虫，要小心采收，运输时尽量避免损伤果实。收果后，果实用40%特克多胶悬剂500～800倍液浸泡5～6分钟，晾干后用纸单果包装，可防止病菌相互接触传染。果实收获后立即进行预冷，果实采后处理时一定要用干净水冲洗并在包装、运输前彻底晾干。

参考文献

范鸿雁，罗志文，王祥和，等，2012. 波罗蜜花果软腐病鉴别与防控建议 [J]. 中国园艺学文摘 (7): 154-155.

胡美姣，李敏，高兆银，等，2010. 热带亚热带水果采后病害及防治 [M]. 北京：中国农业出版社: 202-203.

李增平，张萍，卢华楠，2001. 海南岛木菠萝病害调查及病原鉴定 [J]. 热带农业科学 (5): 5-10.

戚佩坤，2000. 广东果树真菌病害志 [M]. 北京：中国农业出版社: 99-100.

MCMILLAN JR R T, 1974. *Rhizopus artocarpi* rot of jackfruit (*Artocarpus heterophyllus*)[J]. Florida state horticultural society: 392-393.

NELSON S, 2005. *Rhizopus* rot of jackfruit. Cooperative extension service, college of tropical agriculture and human resources university of Hawaii at Manoa[J]. Plant disease (7): 29.

（撰稿：胡美姣；审稿：李敏）

波罗蜜炭疽病 jackfruit anthracnose

由胶孢炭疽菌引起的波罗蜜的一种真菌病害。

发展简史 1996年印度尼西亚报道了该病害引起炭疽病，2015年印度报道该病害引起叶片尖端枯死。中国20世纪90年代病害普查时在云南、广东、广西、福建等地均发现该病害。2012年，刘爱勤等人报道炭疽病引起波罗蜜嫩叶叶尖、叶缘坏死和果实腐烂。

分布与危害 炭疽病是波罗蜜上的一种常见病害，危害叶片及果实，是造成果实在成熟期与贮运期腐烂的重要原因之一。

叶片受害后，引起叶斑。在叶表和叶背均可产生黑褐色至砖红色病斑，随后变成中心灰白色、边缘棕黑色的病斑，并产生黑色的分生孢子盘。叶部常见有2种症状：①叶脉坏死型。发病始于中脉基部，然后向中脉顶端蔓延，最后沿中脉向侧脉发展，叶脉黄化、变褐坏死，叶脉附近叶肉组织变褐。②叶斑型。病斑从叶尖、叶缘开始，半圆形或不规则形，褐色至暗褐色坏死，有时病斑中央组织易破裂穿孔。果实受害后，出现黑褐色圆形斑，其上长出灰白色霉层，引起果腐，果肉褐色坏死。潮湿条件下，病部产生粉红色孢子堆（见图）。

病原及特征 病原为胶孢炭疽菌［*Colletotrichum gloeosporioides*（Penz.）Sacc.］，属炭疽菌属。

在PDA培养基上菌落灰绿色，气生菌丝白色绒毛状，后期产生橘红色的分生孢子堆，分生孢子椭圆形，单胞无色，大小为13～17μm×3.0～4.5μm。

详细描述见杧果炭疽病。

侵染过程与侵染循环 病菌以菌丝体在病枝、病叶及病果上越冬。越冬的病菌作为翌年的初侵染源，侵染嫩叶及幼果，病菌侵入后在幼果内潜伏，待果实成熟时开始发病。储藏期病害可通过果实接触传播。

流行规律 此病全年均有发生，在海南，以4～5月发病较严重。一般果园田间管理不善、树势弱，病害会较为严重。

防治方法

加强栽培管理 收果后，应进行松土，增施磷肥、钾肥和有机肥料，注意排水，尽量剪除树上的病枝叶及病果，集中烧毁，减少病源。

化学防治 在花期及幼果期喷药保护。常用药有1%波尔多液，50%多菌灵可湿性粉剂500～600倍液，40%灭病威胶悬剂500倍液，50%灭菌丹可湿性粉剂500倍液，75%百菌清可湿性粉剂600～800倍液、30%氧氯化铜600倍液、70%代森锰锌可湿性粉剂600倍液、70%甲基托布津可湿性粉剂800倍液等。每隔7～10天喷药1次，连续2～3次。

储藏期环境控制 果实储藏在11～13℃、相对湿度85%～95%环境下，可有效减轻储藏期炭疽病的发生。

参考文献

胡美姣，李敏，高兆银，等，2010. 热带亚热带水果采后病害及防治 [M]. 北京：中国农业出版社: 203-204.

波罗蜜炭疽病症状（刘爱勤、胡美姣提供）
①叶片症状；②果实症状

李增平，张萍，卢华楠，2001. 海南岛木菠萝病害调查及病原鉴定 [J]. 热带农业科学 (5): 5-10.

刘爱勤，桑利伟，孙世伟，等，2012. 海南省波罗蜜主要病虫害识别与防治 [J]. 热带农业科学，32(12): 64-69.

BASAK A B, MRIDHA M A U, UDDIN M J, 1990. Studies on the occurrence and severity of leaf spot disease of jack fruit trees caused by *Colletotrichum gloeosporioides* Penz. in chittagong Bangladesh[J]. Chittagong University Studies Part Ⅱ Science, 14(1): 1-14.

（撰稿：胡美姣；审稿：李敏）

波斯菊白粉病　cosmos powdery mildew

由一种白粉菌引起的波斯菊（*Cosmos bipinnatus* Car.）地上部的病害。又名秋英白粉病。

发展简史　1845 年即被发现。现已分布在各大种植区。是大波斯菊较常见的病害。2019 年在北京植物园初见。

分布与危害　在北京、云南昆明、山东、辽宁、浙江、新疆和台湾等地有记录。

发病时危害叶片、嫩茎花芽及花蕾。病菌菌丝体及粉孢子（无性世代）生于叶两面、叶柄、茎和花蕾上，开始在其表面形成白色近圆形斑块，后互相融合，白粉状物布满发病植株表面，使植株发育受阻，叶片扭曲，花朵不能正常开放，变为畸形。严重时叶片和枝条枯干，最后导致植株枯死。发生较轻的植株仍可生长开花，但因茎、叶上间生大量的菌体，影响观赏效果（图 1）。

病原及特征　病原属单丝壳属棕丝单囊壳 [*Sphaerotheca fusca*（Fr.:Fr.）Blum]。《中国真菌总汇》及台湾的文献，将其鉴定为单丝壳属 [*Sphaerotheca fuliginea*（Schl.）Pollac.]，而较新的文献将其定为 *Podospaera xanthii*（Castagne）U. Braun。该种的寄主极其广泛，包括大波斯菊、鬼针草、牛蒡、蒲公英等在内共有寄主 28 种。

菌丝直径（3～）5～8（～10）μm，无性孢子梗 30～100μm×10～13μm，分生孢子（即粉孢子）椭圆形、腰鼓形，初为串生，成熟时单生，无色，大小为 25～45μm×14～22μm（图 2 ①）。晚期粉孢子逐渐消失。在菌丛中产生闭囊壳，闭囊壳为白粉菌的有性世代，为菌丝体聚结后在其间形成。闭囊壳在叶片上散生，在叶柄及茎上往往聚生。闭囊壳球形至近球形，初为黄色、后转为褐色至黑褐色，纵、横直径为 68.36～76.66μm×88.71～90.60μm。壁细胞圆形、不整齐形至多角形，大小差异较大，纵、横直径为 19.85μm×8.77μm～45.88μm×24.17μm（图 2 ②）；附属丝为丝状，着生在子囊果的下部，往往和菌丝交织在一起，每个 2～8 根，附属丝有隔膜 1～5 个，弯曲，忽粗忽细，大部淡褐色，基部褐色，有时有不规则分枝，长度为子囊果直径的 1～3 倍，一般其基部较粗（图 2 ③④）。每个子囊果中有子囊 1 个，近球形、椭球形、近卵形；在下端有一渐细的短柄。大小为 54.22～74.84μm×48.29～71.83μm，每个子囊中一般有子囊孢子 6～8 个。子囊孢子球形至椭球形，大小为 15.35～20.18μm×11.91～17.22μm。

侵染过程与侵染循环　该菌主要以闭囊壳越冬，翌年春放出子囊孢子，落在大波斯菊的叶、茎表面，在温湿度合适时发芽长出菌丝，并向下长出吸器，穿过表皮，进入细胞吸收养分。菌丝在叶表面生长一段时间，当有足够的营养后，向上生长出孢子梗，形成成串的孢子，当孢子成熟后脱落，可随风雨飞散。落在大波斯菊的叶、茎表面时，再遇适合的条件，又可进行新一轮侵染与繁殖，使植株发生病变。当植株营养即将耗尽或气候不适合（如入秋后天气渐冷）时，在菌丝丛中产生子囊果，子囊果成熟后在病残株上越冬，翌年在长出新的大波斯菊植株上遇到适合的条件，又开始新一轮的侵染（图 3）。

流行规律　该病的流行与环境条件的关系密切，但发生的条件并不严格，一般来说凡是大波斯菊能生长的条件，大波斯菊白粉菌都可发生。但是如果流行还需要积累足够的菌源。病原积累和环境条件有关，环境在流行中所起的作用十分重要。白粉病的孢子在 10～30℃ 都可萌发，最适 20～25℃，相对湿度 50%～85% 最为有利。低湿虽也可侵染，但高湿时发病更快。在少雨季节或保护地里，田间湿度大，白粉病流行的速度加快，尤其当高温干旱与高温、高湿交替出现又有大量白粉菌源时，很易流行。但是长时间在水中反而会使波斯菊的分生孢子膨大过度而引起细胞破裂，失去侵染的能力。因此，长时间的降雨，并不利于大波斯菊白粉病的流行。

除了气候的影响，栽培的方式和管理方式对大波斯菊白粉病的影响也很大。在露地，一般高温、高湿的季节，种植密度大、通风不好的地块病重；氮肥过多病害较重。此外，品种间对白粉病的抗病性存在差异。种植感病品种，会导致植株受害严重。

种植模式对病害发生也有一定的影响。包括轮作、与矮秆的花卉间作、适当的灌溉和除草，都对大波斯菊白粉病的发生构成影响。

防治方法

农业防治　①选用抗病或耐病品种。在该病常发的地区，应多观察比较，选用比较抗病及耐病的品种种植。②轮作倒茬。发生较重的地区应考虑轮作倒茬。避免在同一块地

图 1　波斯菊白粉病叶部和茎部症状（李明远摄）

①叶部的小黑点为病原菌的闭囊壳；②茎部的小黑点为病原菌的闭囊壳

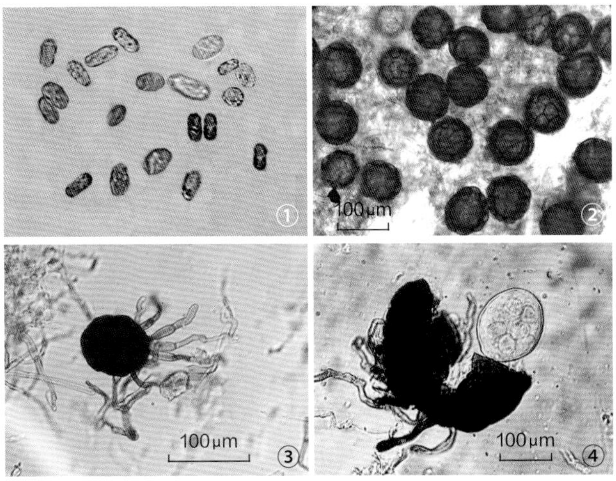

图 2 波斯菊白粉病病原（李明远摄）

①显微镜下波斯菊白粉病粉孢子的形态；②显微镜下波斯菊白粉病闭囊壳的形态；③显微镜下波斯菊白粉菌子囊及着生在子囊果基部附属丝；④显微镜下开裂后波斯菊白粉菌子囊壳破裂后子囊及子囊孢子的形态

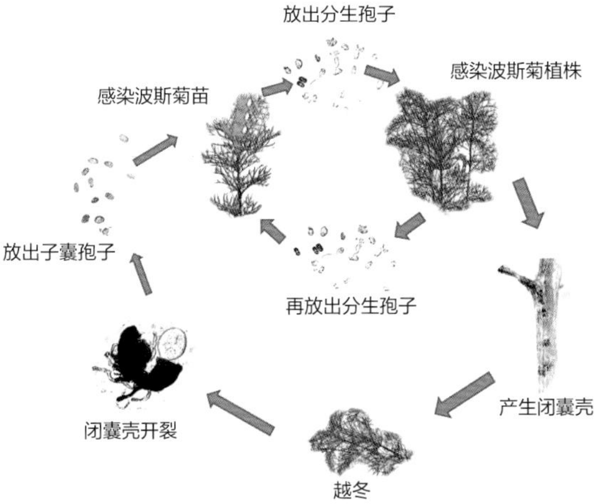

图 3 波斯菊白粉病的侵染循环示意图（李明远绘）

连作。③改善种植条件，适当施肥。植株郁闭诱使病害加重，因此，种植时避免密度过大。可增施磷钾肥，避免氮肥过多。④及时清除田间的杂草。特别是鬼针草、蒲公英上的白粉菌，有可能传给大波斯菊，应当尽早除掉。⑤及时剪除病枝、清除病残体。发病期通过剪枝及时清除病残，集中销毁。发病初清除时应将其用塑料袋套住，防止病原的扩散。清后应喷施防治白粉病的农药，杀灭飞散开来的病菌孢子。入冬后彻底清除发病的植株，深埋及销毁。

化学防治 在发病前可用的保护剂有 40% 代森锰锌可湿性粉剂 400 倍液等。发病初可使用的农药包括 20% 三唑酮乳油 2000～3000 倍液、12.5% 腈菌唑乳油 2000 倍液、10% 苯醚甲环唑（世高、噁醚唑）水分散粒剂 2000 倍液、20% 丙硫咪唑（施宝灵）悬浮剂 1000 倍液、40% 氟硅唑（福星）乳油 8000～10000 倍液、43% 戊唑醇（好力克）悬浮剂 3000 倍液、43% 己唑醇悬浮剂 6000～9000 倍液。三唑类专性内吸性农药容易诱发出病菌的抗药性。为了避免这种情况出现，在使用专性杀菌剂防治白粉病时，最好同时加上一些保护剂。如：硫黄悬浮剂、代森锰锌等。延长内吸性杀菌剂的有效性。当发现防治效果下降时，及时更换农药。

生物防治 2% 农抗 120 水剂 200 倍液、2% 武夷菌素水剂 200 倍液、27% 高脂膜乳剂 80～100 倍液等对大波斯菊白粉病都有一定的防治效果，并成为有机花园可使用的农药。

参考文献

戴芳澜, 1979. 中国真菌总汇 [M]. 北京 : 科学出版社 : 318.

刘嵋恩, 郭亮忠, 纪乃淳, 1982. 台湾大波斯菊白粉病 [J]. 中国园艺 (2): 78-81.

中国科学院中国孢子植物志编辑委员会, 1987. 中国真菌志 : 第一卷 白粉菌目 [M]. 北京 : 科学出版社 : 325-328.

BRAUN U, COOK T A, 2012, Taxonomic manual of the ersiphales (powder mildews)[M]. The Netherlands: CBS-KMAW Fungal Biodiversity Centre Utrecht: 165-167.

（撰稿：李明远；审稿：王爽）

菠菜病毒病 spinach virus disease

多种植物病毒可以侵染菠菜导致菠菜病毒病，是菠菜上常见病害之一。

分布与危害 中国各地均有发生。主要由蚜虫传播，通常零星发生，对生产影响较小。但是若栽培管理不善，如田间不注意卫生，周边杂草丛生或者遇到高温干旱，通常会造成传播介体大量聚集，从而导致病害的大发生，重病田块的发病率可达 30%，对菠菜的产量和品质产生影响。

菠菜病毒病的田间症状表现多样，从苗期到成株期均能发病。从症状上可以分为三大类（图 1）：①花叶。病株叶片上出现许多黄绿色斑点，逐渐发展成黄绿相间的斑纹，进而形成淡绿与浓绿相间的花叶或斑驳症状，叶片边缘偶向下卷，病株无明显矮化。②畸形。病株叶片变窄，心叶扭曲、皱缩、畸形，植株明显瘦弱、矮小，矮化严重，有的呈泡泡状等，发病后期病株老叶提早枯死脱落，仅留黄绿斑驳的菜心。③坏死。病株除表现花叶、皱缩、畸形等症状外，还显现出叶片上有坏死斑，甚至心叶枯死、植株死亡。

其田间症状的差异既与侵染的时期有关，也与侵染的病毒类型有关。

病原及特征 引起菠菜病毒病的病毒种类较多，如黄瓜花叶病毒（cucumber mosaic virus，CMV）、芜菁花叶病毒（turnip mosaic virus，TuMV）、甜菜花叶病毒（beet mosaic virus，BtMV）、蚕豆萎蔫病毒（broad bean wilt virus，BBWV）、甜菜曲顶病毒（beet curly top virus，BCTV）、甜菜西方黄化病毒（beet western yellows virus，BWYV）、莴苣小斑驳病毒（lettuce speckles mottle virus，LSMV）等，但以前 4 种为主。每种病毒既可单独侵染危害，也可 2 种或 2 种以上复合侵染，在田间产生出比较复杂、多变的症状。

黄瓜花叶病毒（CMV） 为雀麦花叶病毒科黄瓜花叶病毒属病毒。病毒粒子球状，直径 28～30nm，病毒汁液稀释限点 1000～10000 倍，钝化温度 65～70℃ 10 分钟，体外存活期 3～4 天。主要由蚜虫以非持久方式传播，蚜虫各个龄期均可获毒，获毒时间 5～10 分钟，持毒时间不超过 2 小时；机械摩擦也可以传毒。CMV 的寄主范围非常广，可以侵染 85 科 1000 多种植物。侵染菠菜的主要症状表现为叶形细小、畸形或植株丛缩。

芜菁花叶病毒（TuMV）　为马铃薯 Y 病毒科马铃薯 Y 病毒属的病毒。病毒粒子线条状，长度各异，主要有 680nm、722nm 和 754nm 三种类型。病毒汁液的钝化温度不超过 62℃，稀释限点为 1000～10000 倍，体外存活期 3～4 天。主要由蚜虫以非持久方式传播，蚜虫各个龄期均可获毒，获毒时间不超过 1 分钟，传毒时间不超过 1 分钟，无潜育期，持毒时间最长不超过 4 小时；机械摩擦也可以传毒。寄主范围相对广泛，可以侵染 20 多科的双子叶植物。侵染菠菜的主要症状表现为叶片形成深浅相间的斑驳，叶缘上卷。

甜菜花叶病毒（BtMV）　为马铃薯 Y 病毒科马铃薯 Y 病毒属的病毒。病毒粒子线条状，大小为 730nm×12nm，在寄主体内产生颗粒状的核内含体。稀释限点 4000 倍，体外存活期 24～48 小时，钝化温度 55～60℃ 10 分钟。主要由桃蚜（Myzus persicae）和豆蚜（Aphis craccivora）以非持久方式传播，获毒及传毒时间为 6～10 秒，无潜育期，持毒时间不超过 4 小时；汁液接触也可以传播。侵染菠菜的主要症状表现为明脉和新叶变黄，或产生斑驳，叶缘向下卷曲。

蚕豆萎蔫病毒（BBWV）　为豇豆花叶病毒科蚕豆病毒属的病毒。病毒粒子为等轴对称状，直径约 30nm。在自然界中由多种蚜虫非持久性传播，也易经机械接种毒，种子不传毒。稀释限点 10000～100000 倍，钝化温度 60～70℃，体外存活期 4～6 天。寄主范围广泛，可侵染茄科、藜科、十字花科等 21 种植物。侵染菠菜主要症状表现为叶片花叶、皱缩、畸形，重病株明显矮化。

侵染过程与侵染循环　病毒在菠菜及其他寄主（蔬菜或菜田杂草）上越冬，翌春当气温适宜时，由虫媒〔桃蚜、萝卜蚜（Lipaphis erysimi）、豆蚜、棉蚜（Aphis gossypii）等〕传播扩散，这种传播既可以发生在菠菜病健株之间，也可以发生在菠菜与其他寄主之间，还可以发生在其他寄主病健株之间。这种传播扩散方式一方面可以在菠菜的生长季节保障病毒实现对菠菜的侵染；另一方面在非菠菜生长季节，可以保障毒源相对长久地得到保存。当然在菠菜田块中病健株摩擦接触、农事操作等措施也有助于病害的传播（图 2）。

流行规律　在中国南方，引起菠菜病毒病的病原多数为 TuMV，其次是 CMV 和 BtMV；但在北方，还常常有蚕豆萎蔫病毒的危害。这几种病毒主要由蚜虫进行传毒或者汁液接触传毒。

总的来说，菠菜病毒病喜温暖较干爽的气候，适宜发病的温度 5～30℃，最适为 12～25℃，相对湿度 70% 以下，发病潜育期为 15～25 天。菠菜整个生育期均可受害，但以

图 1 菠菜病毒病田间症状
（①引自吕佩珂等，2008；②引自 T.A. Zitter；③引自郑建秋，2004）
①病叶花叶、皱缩；②病叶花叶、皱缩，心叶坏死；③病叶畸形、扭曲、蕨叶

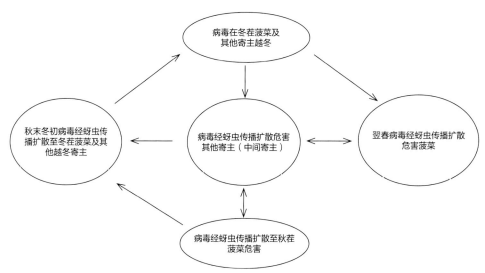

图 2 黄瓜花叶病毒（芜菁花叶病毒）病周年侵染循环示意图（周益军提供）

成株期至采收期为发病盛期。病害与寄主生育期、品种、气候、栽培制度和播种期等因素密切相关；特别是秋季早播、苗期高温干旱，有利于蚜虫的繁殖和迁飞，传毒频繁，同时高温干旱不利于菠菜的生长发育，植株抗病力下降；温度高，病害的潜育期也短，有利于病害的早发、重发。

四川、湖北、湖南、江西、安徽、浙江、江苏和上海等地的菠菜病毒病主要发病盛期是在 3～5 月和 9～12 月，而且一般下半年发生重于上半年；年度间的病情有差异，往往秋季干旱少雨、晚秋温度偏高、早春温度偏高，雨量偏少的年份发病重；与黄瓜和十字花科蔬菜相邻的田块发病也较重。此外，栽培上秋季播期过早、耕作管理粗放、缺乏有机基肥、缺水、氮肥施用过多的田块发病均较重。

防治方法

农业防治　清除初侵染毒源。选择远离十字花科蔬菜和黄瓜的田块种植菠菜，预防这些蔬菜上的病毒传播到菠菜上；及时清洁田园，铲除田间杂草，彻底拔除病株。控虫防病。做到适时播种，秋季避免过早播种，适当迟播，病害发生轻；采用银灰膜、银色遮阳网等避蚜防病；采用防虫网，隔离传毒蚜虫；幼苗出土后勤查蚜虫发生动态，发现蚜虫，及时喷药防治，通常每隔 7～10 天防治蚜虫 1 次。提高寄主抗病性。菠菜田应施足有机肥，增施磷、钾肥，增强寄主抗病力；秋季或春季干旱要适时浇水，控制发病；出苗后施用植物动力 2003 或天缘叶面肥，促进根系生长。

化学防治　在田间发病初期及时施药防治。药剂可选 8% 宁南霉素水剂（菌克毒克）300～400 倍液，或 20% 盐酸吗啉胍可湿性粉剂（病毒 A）500～600 倍液，或 1.5% 植病灵乳剂 1000 倍液，或 0.5% 菇类蛋白多糖水剂 300 倍液，或 31% 吗啉胍·三氮唑核苷可溶性粉剂 700 倍液等喷雾，每隔 7～10 天用药防控一次，连续施药 2～3 次，有较明显的抑制病害扩散的效果。

参考文献

程宁辉，濮祖芹，1997. 宁沪杭地区黄瓜花叶病毒（CMV）株第群划分的初步研究 [J]. 病毒学报 (2): 180-184.

郭书普，2011. 芹菜、香芹、菠菜、苋菜、茼蒿病虫害鉴别与防治技术图解 [M]. 北京：化学工业出版社.

李惠明，2001. 蔬菜病虫害防治实用手册 [M]. 上海：上海科学技术出版社.

李惠明，赵康，赵胜荣，等，2012. 蔬菜病虫害诊断与防治实用手册 [M]. 上海：上海科学技术出版社.

吕佩珂，苏慧兰，高振江，等，2008. 中国现代蔬菜病虫原色图鉴 [M]. 呼和浩特：远方出版社.

王久兴，郝永平，贺贵欣，等，2004. 蔬菜病虫害诊治原色图谱：绿叶菜类分册 [M]. 北京：科学技术文献出版社.

魏梅生，朱汉城，王清和，1993. 侵染菠菜的芜菁花叶病毒鉴定 [J]. 微生物学杂志，13(2): 37-40.

温庆放，李大忠，2009. 叶菜类蔬菜病虫害诊治 [M]. 福州：福建科学技术出版社.

张靠稳，李刚，王素玲，1999. 甜菜坏死黄脉病毒危害菠菜的研究初报 [J]. 中国甜菜糖业 (1): 9-10.

郑建秋，2004. 现代蔬菜病虫鉴别与防治手册 [M]. 北京：中国农业出版社.

FAUQUET C M, MAYO M A, MANILOFF J, et al, 2005. Virus taxonomy-VIIIth report of the international committee on taxonomy of viruses[M]. San Diego: Elsevier Academic Press.

（撰稿：周益军；审稿：赵奎华）

菠菜炭疽病　spinach anthracnose

由束状刺盘孢和菠菜刺盘孢引起的一种菠菜常见病。

分布与危害　菠菜炭疽病是菠菜生长中的常见病，广泛分布于中国菠菜种植区。其他国家也有发生，在许多国家和地区发病都较严重。

菠菜适宜生长的时间较长，一年四季均有种植，有露地栽培也有保护地栽培。露地春、秋两季栽培的菠菜，当气温在 20℃ 以上时，就有可能发生炭疽病；夏季高温对病害有一定抑制作用，因此，病害较轻。初春、晚秋和冬季菠菜多为保护地栽培，由于大部分时间的温度、湿度都比较适宜病害发生发展，因此菠菜炭疽病往往比较严重。菠菜是一种速生叶菜类蔬菜，生长期比较短，仅为 30～50 天，一旦发生炭疽病，病株难以恢复，病叶完全丧失了食用价值，因此，常常造成产量下降，菜农收入锐减。

炭疽病主要发生在叶片与叶柄上。病斑初期为淡黄色近圆形病斑，气候潮湿时病斑周围呈水渍状，后期颜色变为枯黄色，并变薄呈纸状（见图）。病斑可以相互连合成不规则形，或成片枯黄，受害严重叶片会提早枯死。气候干燥时病斑极易开裂，因此，叶片上常出现裂纹。在枯黄病斑中央可产生密集的黑色小颗粒，并排列成轮纹状，这是炭疽病的典型特征。在菠菜叶片上还有由枝孢属（Cladosporium）和葡柄霉属（Stemphylium）真菌引起的叶斑病，这两种真菌叶斑病与炭疽病的区别是病斑表面没有黑色颗粒状物。

病菌也能够危害采种株菠菜的茎秆。茎秆病斑梭形或纺锤形，枯黄色，病斑中部灰白色，干枯凹陷，病斑上密生轮纹状排列的黑色小粒点。茎秆病斑易造成上部茎叶的枯死和折断。

病原及特征　菠菜炭疽病的病原菌有两种：束状刺盘孢 [Colletotrichum dematium（Pers.）Grove] 和菠菜刺盘孢（Colletotrichum spinaciae Ell. et Halst.），均属刺盘孢属真菌。这两种真菌的致病力有明显差异，菠菜刺盘孢在除菠菜以外的寄主上只能造成轻微症状，而束状刺盘孢则可危害多种植物，并造成严重症状。国外认为菠菜炭疽病主要由束状刺盘孢引起。

病菌的分生孢子从分生孢子盘产生，分生孢子盘有针状、黑色刚毛；刚毛具隔膜 2～3 个，基部屈曲；分生孢子梗无色，单胞；分生孢子镰刀形，无色，稍弯曲，中央具 1 个油球，大小为 21～25μm×2.3～3.0μm。

病菌在 5～31℃ 都能生长，最适宜温度 24～29℃，分生孢子在温度为 10～29℃ 均可产生，最适产孢温度 22～24℃。病菌可以产生 4 种非寄主专化性毒素，毒素在病斑形成过程中起着一定的作用。

束状刺盘孢可侵染甜菜，引起甜菜炭疽病。

B

菠菜炭疽病症状（吴楚提供）

侵染过程与侵染循环 初侵染的菌体主要是分生孢子。在豇豆茎秆上观察分生孢子侵入过程，接种后 6 小时，分生孢子萌发产生芽管；14 小时，附着胞椭圆形，黑色素积累明显，侵染丝开始直接侵入寄主；20 小时，在寄主的表皮细胞中可见囊状菌丝，从这些囊状菌丝形成初生菌丝，初生菌丝膨大呈藕节状，并蔓延至邻近寄主细胞；接种后 40 小时左右，次生菌丝形成，次生菌丝多分枝，迅速在细胞内蔓延；约 48 小时，接种部位可见淡褐色病斑；约 70 小时，病斑表面开始形成分生孢子盘。

病菌以分生孢子或菌丝随病残体越冬，或以分生孢子黏附在种子表面越冬。在田间自然条件下，分生孢子 1 个月内就会死亡，但若在室内或室外有遮盖的条件下，分生孢子的存活期可以延长；病叶片中的菌丝在室内 25℃ 和 35℃ 条件下可以存活 90 天，0℃ 下可以存活 600 天。土壤中散落的分生孢子不能作为下一季的侵染来源，但土壤中病残体内的菌丝是下季植物病害的侵染源。

分生孢子通过风、雨或灌溉水传播，小昆虫身体会黏附分生孢子，昆虫活动时也可以传播病菌。分生孢子从伤口或直接侵入，侵入后 48 小时就可见症状。只要温湿度适宜，病菌可以进行多次再侵染。

流行规律 影响病害流行的因素有以下几个方面。

种植密度 种植密度过高，田间植株拥挤，株间密闭不透风，土壤水分不能及时蒸发到大气中，造成田间相对湿度较高。而高湿度有利于病菌生长繁殖和扩展，同时种植密度过高易形成高脚苗，植株生长不健壮，也容易感染病害。

土壤含水量 水是影响病菌生长繁殖的重要因素，土壤水分过多对病菌生长有利，但对植株不利，会削弱植株抗性。雨水多或阴雨天持续时间长、田块地势低洼或排水不畅，这种情况下一般发病较重。如果管理不善，浇水过多也会使得田间湿度增加，人为因素加重病害程度。

种植方式 病残体是病菌初侵染的主要来源，也是病菌越冬越夏的主要场所。重茬田一般病残体数量较多，若不能及时、彻底清除病残体，下茬植物生长时，田间菌量会高于非重茬田，使病害发生严重。

田间管理 田间管理不善，耕作粗放的条件下，植株长势弱，植株抗病力下降。植株生长在贫瘠田块，由于营养不良、长势弱，抗病能力差。若能及时补充肥料，则可改善生长状况，肥料跟不上，则易发病。但是施肥量如果过高，植株生长就会过于柔嫩，增加植株的感病性。

另外，除病残体外，种子也可能带有病菌，种子带菌率高，病害也会严重。

防治方法

农业防治 清洁田园。前茬植物收获后及时清理病残体和田块周围杂草，集中销毁。深翻土壤，可以将病残体埋入土中，促进其分解。或种植前耕翻晒土，促进土中病菌死亡，减少初侵染菌源。

无病害田块育苗，或用药土处理苗床土壤。重病田土壤中积累的病菌多，可与其他植物轮作，减少土壤中病菌量，轮作时间在 3 年以上效果较好。

合理密植适时播种，增加株间通风透光条件。保护地浇水后要开棚通风排湿。

合理施肥、浇水。施足有机肥作基肥，追施复合肥，促使植株生长健壮；使用的有机肥一定要腐熟，不能带有病株残体，否则其中的病菌仍能传病。在田块四周开好排水沟，降低地下水位，做到雨停无积水。适时适量浇水，严禁连续浇水和大水漫灌，防止浇水时水滴溅起传播病菌。

种子处理 播种前用温汤浸种法处理种子，将种子在 50℃ 热水中浸种 10 分钟，捞出种子后立即用凉水冷却，晾干后播种。可选择用种子重量 0.4% 的 50% 多菌灵可湿性粉剂拌种，或用 25% 咪鲜胺乳油 3000 倍液浸种 24 小时，或用 80% 抗菌剂 402 水剂 5000 倍液浸种 24 小时，捞出晾干后即可播种。

化学防治 在发病初期用化学药剂防治，剂量按每公顷施用的有效成分计算，可用代森锰锌 1830g，多菌灵 460g，甲基硫菌灵 555g，百菌清 1230g，兑水喷雾，间隔 7～10 天用药 1 次，连续用药 2～3 次。

参考文献

陈香丽，2008. 菠菜病虫害防治技术 [J]. 黑龙江农业科学 (3): 164.

罗铭莲，2010. 青海省高寒地区反季节菠菜栽培技术 [J]. 北方园艺 (4): 71.

GOURLEY C O, 1966.The pathogenicity of *Colletotrichum dematiam* totable beets and other hosts[J]. Canadian journal of plant science, 46: 531-536.

HYDE K D, CAI L, CANNON P F, et al, 2009. *Colletotrichum*—names in current use[J]. Fungal diversity, 39: 147-182.

SMITH J E, KORSTEN L, AVELING TAS, 1999. Infection process of *Colletotrichum dematium* on cowpea stems[J]. Mycological research, 103(2): 230-234.

（撰稿：童蕴慧；审稿：赵奎华）

菠萝凋萎病　pineapple mealybug wilt

由菠萝凋萎病病毒、菠萝洁粉蚧共同引起的一种菠萝病毒性病害。

发展简史　世界性的菠萝病害，菠萝粉蚧发生严重的果园发病率尤其严重。20世纪初，美国夏威夷最早报道发生此病。该病是美国夏威夷菠萝上的最重要病害之一。美国、哥斯达黎加、洪都拉斯、圭亚那、中国、印度、澳大利亚、马来西亚、古巴等国均有关于菠萝凋萎病的报道。20世纪80年代，中国相继在海南琼海、广东雷州发现菠萝洁粉蚧和菠萝凋萎病危害。

分布与危害　菠萝凋萎病在美国、哥斯达黎加、圭亚那、印度、澳大利亚、洪都拉斯、马来西亚、中国等菠萝产区普遍存在。菠萝凋萎病曾经或正在给世界各菠萝产区造成严重的经济损失，菠萝凋萎病导致澳大利亚菠萝种植年产值减少10%左右，古巴因菠萝凋萎病导致菠萝减产40%，夏威夷菠萝园年减产30%～55%，植株早期发病减产尤为明显。

在有些管理粗放的果园因菠萝凋萎病而大面积枯萎、死亡，群众称之为"菠萝瘟"。该病在海南、广东、广西、福建等菠萝产区均有分布，琼海中原一带有些果园菠萝发病率达60%，经济损失达25%～30%，甚至有个别地块的菠萝不得不毁种改种。

菠萝凋萎病病株开始是根系停止生长，不发新根，严重时几乎大部分根群坏死；地上部分则表现为叶尖失水、皱缩，叶片逐渐褪绿变色，先呈黄色，后变成红棕色，严重时整块菠萝田呈现一片苹果红色（图①②）；有些发病的植株整株凋萎，病株显著缩小、叶片边缘向下反卷，果实小、早熟（图③），严重时整株枯死。

病原及特征　自1910年在夏威夷发现菠萝凋萎病后，

人们对其病因的认识经历了一个漫长的过程，开始认为是菠萝粉蚧取食危害所致，后来认为是由菠萝粉蚧分泌的毒素引起的。20世纪80年代中期，Gunasinghe等首次从夏威夷菠萝病株分离出一种长弯杆状病毒粒子，之后人们又先后从澳大利亚、古巴菠萝凋萎病病原分离物中发现了类似的病毒粒子。1996年，Hu等在免疫电镜下发现，仅有部分PMWaV颗粒被单克隆抗体修饰，据此推断至少有两种血清类型的PMWaV存在。人们根据病毒粒子染色体形态特征，将两种PMWaVs分别命名为PMWaV-1和PMWaV-2，归入长线形病毒科（Closteroviridae）长线形病毒属（*Ampelovirus*）。2001年Melzer等完成了PMWaV-2的基因组克隆及其大部分序列测序，在Closteroviridae科病毒系统发育分析中发现PMWaV-2与粉蚧传播的病毒具有比其他蚜虫、粉虱传播的病毒更近的亲缘关系；2008年，Melzer等又完成了PMWaV-1的基因组克隆与全长测序。Sether等（2005）在夏威夷又先后发现了PMWaV-3和PMWaV-4，并将PMWaV-1、PMWaV-3、PMWaV-4归为*Ampelo*属内葡萄卷叶病毒（GLRaV）外的另一病毒组。2008年Gambley在澳大利亚的菠萝园发现一种新的*Ampelo*属病毒，与PMWaV-1、PMWaV-3均有较高的同源性，将之命名为PMWaV-5。各种PMWaV分布的范围和检出的频率不太一样，其中PMWaV-1和PMWaV-2分布最广，在美国、哥斯达黎加、洪都拉斯、圭亚那、中国、印度、澳大利亚、马来西亚等菠萝产区均有发现；其次是PMWaV-3，在夏威夷、中国、澳大利亚、古巴等菠萝产区均有检测到，PMWaV-4、PMWaV-5分别在夏威夷和澳大利亚有报道。除了菠萝之外，未见PMWaVs侵染其他的植物的报道。

Sether等研究发现，PMWaV-2是夏威夷地区MWP的致病病毒，PMWaV-1、PMWaV-3等不能引起菠萝凋萎病；菠萝粉蚧危害的菠萝植株，在RT-PCR法检出PMWaV-2后的30～90天内即会表现病症。2008年，Gambley在澳大利亚同时检测到PMWaV-1、PMWaV-2、PMWaV-3、PMWaV-5，但未发现某种病毒株系与MWP之间具有直接、稳定的相关性。因此，PMWaV在不同地区表现的致病性有所不同，也有可能MWP是由几种病毒复合侵染所致。

侵染过程与侵染循环　PMWaVs主要通过种苗（吸芽、腋芽、冠芽或组培苗）传播，同时可以通过菠萝粉蚧等媒介昆虫传播，未发现机械性传播。粉蚧通过刺吸感病植株汁液获毒，带毒粉蚧取食健康植株时形成病毒的二次传播。各个

菠萝凋萎病症状（何衍彪提供）
①②生长期凋萎病田间症状；③挂果期凋萎病田间症状

龄期的菠萝粉蚧均可携带传播 PMWaVs，若虫的传毒力较成虫强。单头三龄若虫的传毒成功率约为 4%，每株接种 20 头以上带毒粉蚧，植株感染率可达 100%。

流行规律　秋冬干旱季节容易发生菠萝凋萎病，新果园发病较少，老果园发病较多；根腐病及蛴螬、白蚁等地下害虫的危害，也可促进凋萎病的发生。海南菠萝 11 月至翌年 1～2 月发病较重，广西多发生在 9～11 月和翌年 3～4 月，广州地区多发生于 10～12 月。

Sether 等研究发现，MWP 只有在菠萝粉蚧危害的情况下才表现症状。2002 年，John 对此提出一种假设，即在菠萝体内存在一种抗病机制，在 PMWaVs 侵染时能够表现出相应的抗性，但当粉蚧取食危害菠萝时会注入一种未知物质，该物质扰乱或抑制了菠萝的抗病机制，导致 MWP 症状发生。而如果这一假设成立的话，同时也能解释菠萝凋萎病病株在消除菠萝粉蚧后重获抗性，病株逐步恢复生长，MWP 症状慢慢消失的现象。据观察，MWP 病株发病 2～5 个月之后，随着菠萝粉蚧的转移，渐渐进入恢复期，长出的新叶未表现凋萎病症状。

防治方法　在无抗性品种，又缺乏有效的防治药剂的情况下，使用脱毒健康种苗是防治病毒病的有效措施。植株体内的病毒分布存在不均匀性，即顶端分生组织（如根尖和茎尖）含病毒少或不含病毒，茎尖组织培养脱毒技术也因此应运而生。茎尖组织培养可以同时实现种苗脱毒和快速繁育两个目的，该技术已成功应用于甘蔗、马铃薯、芋、大蒜、百合、兰花等根茎作物健康种苗繁育。2005 年 Hu 等利用菠萝茎尖进行分生组织培养，结果再生苗的 PMWaVs 脱毒率达 100%，为菠萝健康种苗的繁育奠定了基础。

此外，菠萝凋萎病病毒（PMEaV）主要由菠萝粉蚧（菠萝洁粉蚧 Dysmicoccus brevipes）和新菠萝灰粉蚧（Dysmicoccus neobrevipes）传播，而且带毒植株只有在菠萝粉蚧危害的情况下才表现症状。因此，菠萝凋萎病（MWP）的防治关键在于菠萝凋萎病病毒的检疫以及媒介昆虫——菠萝粉蚧的防治。菠萝粉蚧的防治方法如下：

选苗　新发展的菠萝生产区，应在无粉蚧和凋萎病危害的果园选择种苗，防止种苗带虫传毒。

种苗处理　将种苗用 40% 速扑杀乳油、40% 毒死蜱乳油或 25% 噻嗪酮可湿性粉剂等药剂 1000 倍液对菠萝种苗浸泡 15 分钟，将种苗倒置晾干。

田间措施　在害虫发生高峰期（10～12 月）以 3% 啶虫脒乳油、40% 速扑杀乳油、40% 毒死蜱乳油等药剂 800 倍液进行喷雾处理；发现受害严重的植株可连根挖除，集中烧毁。

天敌保护　粉蚧天敌资源丰富，有条件的果园在周边种植防护林，宽行间种植生草，营造一个有利于天敌定殖的生态环境。

参考文献

李运合，莫忆伟，习金根，等. 2010. 应用 RT-PCR 方法检测菠萝凋萎病病毒 [J]. 热带作物学报, 31(6): 1003-1008.

徐迟默. 2009. 菠萝凋萎病毒研究进展 [J]. 热带作物学报, 30(5): 718-724.

BORROTO E G, CINTRA M, GONZÁLEZ J, et al, 1998. First Report of a closterovirus-like particle associated with pineapple plants (Ananas comosus Smooth Cayenne') affected with pineapple mealybug wilt in Cuba[J]. Plant disease, 82(2): 263.

GAMBLEY C F STEELE V, GEERING A D W, et al, 2008. The genetic diversity of ampeloviruses in Australian pineapples and their association with mealybug wilt disease[J]. Australasian plant pathology, 37(2): 95-105.

HERNÁNDEZ L, RAMOS P L, RODRÍGUEZ M, et al, 2010. First report of pineapple mealybug wilt associated virus-3 infecting pineapple in Cuba[J]. New disease reports, 22: 18.

HU J S, SETHER D M, ULLMAN D E, 1996. Detection of pineapple closterovirus in pineapple plants and mealybugs using monoclonal antibodies[J]. Plant pathology, 45(5): 829-836.

HU J S, SETHER D M, METZER M J, et al, 2005. Pineapple mealybug wilt associated virus and mealybug wilt of pineapple[J]. Acta horticulturae, 66(6): 209-212.

KARASEV A V, 2000. Genetic diversity and evolution of closteroviruses[J]. Annual review of phytopathology, 38: 293-324.

MELZER M J, KARASEV A V, SETHER D M, et al, 2001. Nucleotide sequence, genome organization and phylogenetic analysis of pineapple mealybug wilt-associated virus-2[J]. Journal of general virology, 82: 1-7.

MELZER M J, SETHER D M, KARASEV A V, 2008. Complete nucleotide sequence and genome organization of pineapple mealybug wilt associated virus-1[J]. Archives of virology, 153(4): 707-714.

SETHER D M, 2002. Pineapple mealybug wilt associated viruses: vectors, impacts, and dynamics[D]. Hawaii: University of Hawaii: 18-30.

SETHER D M, MELZER M J, BUSTO J, et al, 2005. Diversity and mealybug transmissibility of ampeloviruses in pineapple[J]. Plant disease, 89(5): 450-457.

（撰稿：吴婧波；审稿：詹儒林）

菠萝黑腐病　pineapple black rot

由奇异根串珠霉引起的一种真菌性菠萝病害。又名菠萝软腐病、菠萝果腐病、菠萝蒂腐病、菠萝水疱病。

发展简史　20 世纪初最早在菲律宾报道发生此病，并对其致病菌的生物学特性做了详细的研究。随后在印度、澳大利亚、夏威夷群岛、尼日利亚等菠萝种植国家均有报道。直到 20 世纪 80 年代黑腐病在中国广东和海南等地才有报道，并对其进行鉴定和详细研究。到目前为止，包括泰国和巴西在内的世界各大菠萝产区均有黑腐病的发生，成为影响菠萝采后贮运的严重病害之一。

分布与危害　菠萝黑腐病在国内外菠萝种植地区均有发生，是采后菠萝果实的主要侵染性病害，常常造成菠萝产量降低、品质下降，采后储藏保鲜期缩短，给农民、贮运及加工企业等造成巨大的经济损失。该病害多发生于成熟果，病原主要从机械伤口侵入，通常在田间无显著症状，但收获

B

图 1 菠萝黑腐病危害症状（谷会提供）
①果实外观症状；②果实内部症状

后在储藏期间果实则迅速腐烂。一般从果梗开始发病进入果心，初发时呈小而圆的水渍斑块，几天后病斑迅速扩大，产生黑色孢子，变软的腐烂组织出现像米水发酵的臭味(图 1)。

病原及特征　黑腐病菌的无性态为奇异根串珠霉〔*Thielaviopsis paradoxa*（Seyn.）Höhn〕。可产生厚壁孢子及内生孢子，厚壁孢子串生，未成熟的厚壁孢子呈黄棕色，老熟的呈黑褐色，表面有刺突，球形或椭圆形；内生孢子长方形或筒形，无色，内生于浅色的生殖菌丝中（图 2）。

侵染过程与侵染循环　采收前的天气情况，储藏运输过程中的温度和果实机械损伤均可影响发病情况。采收前天气温暖潮湿适于真菌的生长繁殖，湿度变化太大易导致菠萝表皮裂口，真菌则由裂口进入内部导致发病。雨天摘除顶芽，病菌易从伤口侵入，果实采后受害机会多。

流行规律　黑腐病病菌在 23～29℃ 发展最快，低温可有效抑制病情，低于 12℃ 储藏 7 天后仍无明显症状出现。包装及运输过程中损伤越大，为病菌提供的侵入机会越多，则病害发生也越重。

防治方法　菠萝黑腐病防治要进行果实采前、采中和采后综合防治。首先，选用健壮苗，合理施肥及轮作，加强果园管理，建立排灌系统，防止果园渍水。第二，尽量选择晴天打顶，以利伤口愈合，减少病菌侵染，如果因下雨或打顶伤口太大，可用 25% 多菌灵粉剂 800 倍稀释液喷涂伤口进行保护；采收过程也是黑腐病感染的过程，为减少病害侵染宜在晴天露水干后采收，切忌雨天采果，采收时尽量避免机械损伤。第三，化学杀菌剂是防治菠萝采后黑腐病的有效措施，可用 0.5g/L 的咪鲜胺浸果 1 分钟或用 3g/kg 的苯菌灵浸果 3 分钟，防效明显，化学杀菌剂浸果处理宜在采果后 6 小时内进行。第四，拮抗菌防病是菠萝黑腐病防治的新型防治措施，从菠萝果实上分离到的季也蒙毕赤酵母（*Pichia guilliermondii*）可以抑制黑腐病菌孢子萌发和芽管的生长，拮抗酵母和 50% 杀菌剂混合使用可完全控制黑腐病。

参考文献

谷会，朱世江，詹儒林，等，2014. 菠萝黑腐病菌生物学特性及其对杀菌剂敏感性测定 [J]. 果树学报，31(3): 448-453.

胡会刚，孙光明，董晨，等，2012. 菠萝采后主要病害发生及防

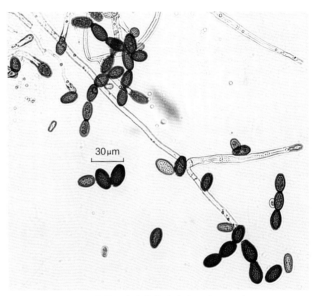

图 2 菠萝黑腐病菌的分生孢子（200×）
（谷会提供）

治研究进展 [J]. 广东农业科学 (24): 93-96.

周至宏，王助引，黄思良，等，2000. 香蕉、菠萝、杧果病虫害防治彩色图说[M]. 北京：中国农业出版社：36-39.

REYES M E Q, ROHRBACH K G, PAULL R E, 2004. Microbial antagonists control postharvest black rot of pineapple fruit[J]. Postharvest biology and technology, 33(2): 193-203.

（撰稿：谷会；审稿：胡美姣）

菠萝小果芯腐病　pineapple fruitlet core rot

由凤梨镰刀菌引起的一种菠萝真菌性病害。又名菠萝绿眼病。

发展简史　除菠萝黑腐病外，对菠萝果实危害较大的真菌性病害。19 世纪末澳大利亚最早报道发生此病。随后在

夏威夷群岛、巴西、印度、南非等国家或地区均有报道。最初认为该病的致病菌为 *Fusarium verticilloides* 和 *Penicillium funiculosum*，直到近几年用分子生物学的手段才将其致病菌鉴定为 *Fusarium ananatum*。而中国最初是 2016 年在广东徐闻菠萝产区发现该病。

分布与危害 该病在澳大利亚、夏威夷群岛、巴西、印度、南非等国家或地区均有报道。中国广东徐闻的菠萝主产区，也发生小果芯腐病，发病率严重时达 10% 左右。小果芯腐病一般采前果实已受侵染，采后从小果开始发病，刚发病时受侵染小果失去正常绿色，成熟时不能正常褪绿，变黑褐色，果实内部也有褐变发生，并逐渐木栓化，果肉较硬，病部果皮变坚硬（图 1）。

病原及特征 病原为凤梨镰刀菌（*Fusarium ananatum*）。病原菌在 PDA 培养基上生长良好，菌丝白色，小型孢子生长在直立的分梗上，分生孢子梗假头状，单瓶梗，小型分生孢子卵形或长圆形，分生孢子内部有 0～1 个隔膜，大型分生孢子笔直或镰刀形，内部有 1～3 个隔膜，有尖锐或圆锥形的顶细胞（图 2）。

流行规律 菠萝小果芯腐病的发病主要取决于气象条件、果实成熟度及土壤条件等。低温高湿有利于病菌的侵染，最适侵入温度为 16～21℃，在菠萝幼果发育的花前及花期

阶段，由雨水以及昆虫活动带入菠萝小花蜜腺、导管和花腔等器官中呈休眠潜伏，当果实进入成熟阶段，病原菌大量繁殖，导致果实发病。一般夏季果实较冬季果实发病率高，这可能与夏季温度高、雨水多、昆虫活动频繁，有利病害传播有关，菠萝螨类、粉蚧等虫害严重也会导致病害蔓延。病原菌在自然土壤中 120 天后存活力降低，10 个月后完全丧失，土壤高 pH 不利于病菌存活。

防治方法 菠萝种植在光照充足、杂草少、自然通风良好的开阔地段，一般发病较少。除一般的农业防治措施外，菠萝小果开始分化时，可每亩用苯来特或敌菌丹 47g 进行喷雾处理，20 天一次，直至收获为止。收获后在 5 天内用 0.3% 多菌灵加 0.3% 代森锰锌处理，可有效地减少真菌孢子的侵入。采前喷杀虫剂，通过控制螨类、粉蚧等虫害可间接控制菠萝小果芯腐病病情的扩展。

参考文献

谷会，朱世江，弓德强，等，2016. 凤梨小果芯腐病病原菌凤梨镰孢菌在中国的首次发现 [J]. 菌物学报，35(2): 131-137.

胡会刚，孙光明，董晨，等，2012. 菠萝采后主要病害发生及防治研究进展 [J]. 广东农业科学 (24): 93-96.

GU H, ZHAN R L, ZHANG L B, et al, 2015. First report of *Fusarium ananatum* causing pineapple fruitlet core rot in China[J]. Plant disease, 99(11): 1653.

（撰稿：谷会；审稿：胡美姣）

图 1 菠萝小果芯腐病的果实内部和外部症状（谷会提供）

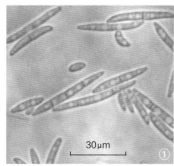 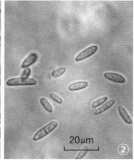

图 2 凤梨镰刀菌（谷会提供）
①大型分生孢子；②小型分生孢子

菠萝心腐病 pineapple heart rot

由疫霉属真菌引起的菠萝真菌病害，是中国也是世界上许多国家菠萝上最重要的病害之一。其分布范围广，危害损失重，是菠萝生产的主要障碍之一。

发展简史 关于菠萝心腐病的发现、研究历史不详。早在 20 世纪 30 年代，美国夏威夷已经有关于菠萝心腐病的报道。除了 1957 年 Johnston 报道的细菌性菠萝心腐病外，其余均为疫霉属真菌引起。菠萝心腐病在中国各菠萝产区均有发生。20 世纪 80 年代，向梅梅等对中国广东菠萝心腐病病原进行了分离、鉴定，随后 30 年陆续有关于海南等地菠萝心腐病的研究报道。多雨季节，海南琼海、万宁以及广东雷州等地地势低洼、积水的果园发病严重。

分布与危害 菠萝心腐病在世界各菠萝产区均有分布，中国海南、广东等地势低洼的果园发生较严重，有些果园植株发病率 20%～30%，严重时可达 50%，一般从心叶开始发病，叶片基部呈水渍状腐烂，蔓延速度快，常造成大量植株死亡（图 1）。

该病主要危害幼苗，也能危害成株。被害植株初期叶片尚呈青绿，仅叶色稍暗而无光泽，心叶黄白色，容易拔起，一般不易察觉。然后病株叶色逐渐褪绿变黄或变红黄色，叶尖变褐色干枯，叶基部初呈浅褐色水渍状，后呈奶酪状软腐，病健部交界处呈深褐色，常伴有根部腐烂。心叶腐烂后不能抽出新叶，全株枯死，严重的地块整片死亡，造成"断垄"。由于次生菌的入侵，使腐烂处发出臭味。此病还可以危害根

部，根尖变黑褐化或腐烂，不长侧根（图1）。

病原及特征　由疫霉属真菌（*Phytophthora* spp.）引起，具体病原菌，不同的国家或地区有不同的报道。日本冲绳岛为寄生疫霉（*Phytophthora parasitica* Dast.）和樟疫霉（*Phytophthora cinnamomi* Rands），美国夏威夷为樟疫霉和棕榈疫霉［*Phytophthora palmivora*（Butler）Butler］，科特迪瓦为寄生疫霉，澳大利亚昆士兰为樟疫霉。但多数认为由寄生疫霉引起。中国海南主要由寄生疫霉引起，广东湛江地区菠萝心腐病主要由烟草疫霉（*Phytophthora nicotianae* van Breda de Haan）引起，广州地区菠萝心腐病病原菌有烟草疫霉、棕榈疫霉和柑橘褐腐疫霉［*Phytophthora citrophthora*（R. et E. Smith）Leon.］，台湾菠萝心腐病病原菌有樟疫霉、烟草疫霉和棕榈疫霉。

烟草疫霉气生菌丝发达，白色，无隔。菌落均匀一致，边缘整齐。菌丝块在水中产生大量游动的孢子囊，孢子囊脱落或不脱落。孢子囊光滑、倒梨形、卵圆形或近球形，大小为30～62μm×21～46μm，具有明显的乳突。厚垣孢子间生或顶生，球形至卵圆形，光滑。藏卵器球形，壁光滑，直径为20.5～25.8μm，卵孢子球形，满器，直径17.4～24.4μm；雄器围生，近球形，大小为10.5～14.0μm×8.7～12.2μm（图2）。

侵染过程与侵染循环　初侵染菌源主要是带病种苗，含菌土壤和其他寄主植物也能成为侵染源。病菌以菌丝体或厚垣孢子在田间病株和病田土壤中存活和越冬，田间传播主要借助风、雨和流水。寄生疫霉和棕榈疫霉主要从植株根茎交界处的幼嫩组织或不定根、毛状体侵入叶轴而引起心腐；樟疫霉由根尖侵入，经过根系到达茎部，引起根腐和心腐。在高湿条件下从病部产生孢子囊和游动孢子，借助风、雨、流

水或昆虫传播，使病害在田间迅速蔓延。

流行规律　该病害的发生与土壤温度和降雨频率关系较大，高温多雨季节，特别是秋季定植后遇暴雨，病害往往发生较重。连作、土壤黏重或排水不良的果园一般发病早且较严重。一年有2次发病高峰，分别为4～5月和10～11月。

防治方法　杜绝或者减少初侵染菌源是病害防治的重要环节，其次是减少伤口，营造不利于病害发生的环境条件。该病主要发生在苗期，尤其是暴风雨、台风过后容易暴发，应抓住防治适期及时采取防治措施。

农业防治　不要连作，不在低洼、高湿的土地种植；在低平地段要起畦种植，并注意田间排水。选用健壮苗，种植前先剥去基部几片叶，用50%多菌灵800～1000倍液浸泡苗基部10～15分钟，倒置晾干后再种。尽量不在雨天种植。合理施肥不偏施氮肥，提高植株抗性。中耕除草时注意不要损伤叶片茎部。一经发现病株应立即挖除、烧毁。病穴须翻晒和加施石灰或淋灌杀菌剂消毒。

化学防治　田间开始发病时，在清除病株的同时应该在病区周围喷洒药剂；药液应喷施在叶腋内或淋灌在植株基部，每隔10～15天施药1次，连续2～3次。有效药剂有50%多菌灵可湿性粉剂1000倍液、40%三乙膦酸铝400倍液、25%甲霜灵（瑞毒霉）1000倍液、70%甲基硫菌灵（甲基托布津）可湿性粉剂1500倍液或50%敌菌丹可湿性粉剂1000倍液。

参考文献

陈福如，翁启勇，何玉仙，等，2006.香蕉菠萝病虫害诊断与防治原色图谱 [M].北京：金盾出版社.

成家壮，韦小燕，2003.菠萝心腐病原疫霉种的鉴定 [J].云南农业大学学报，18(2): 134-135.

罗建军，刘琼光，何衍彪，等，2012.广东菠萝心腐病病原鉴定 [J].广东农业科学 (13): 90-92.

戚佩坤，2000.广东果树真菌病害志 [M].北京：中国农业出版社.

向梅梅，戚佩坤，1988.广东菠萝真菌害鉴定 [J].贵州农学院学报 (2): 53-62.

张开明，黎乙东，郑服丛，等，1992.海南岛菠萝疫霉种及交配型的研究 [J].热带作物学报，13(2): 89-92.

JOHNSTON A, 1957. Bacterial heart rots of the pineapple[J]. Malaysian agricultural journal, 40: 2-8.

（撰稿：吴婧波；审稿：詹儒林）

图1　菠萝心腐病田间症状（何衍彪提供）

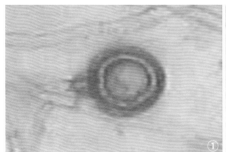

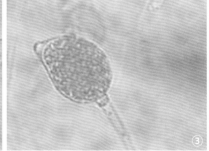

图2　烟草疫霉孢子形态特征（罗建军提供）
①卵孢子；②厚垣孢子；③游动孢子囊

菜（豇）豆病毒病　bean virus disease

由多种病毒引起的菜（豇）豆上的病害统称。是菜豆、豇豆上的一种世界性重要病害。

发展简史　菜（豇）豆上病毒病最早的报道可以追溯到20世纪20年代，中国菜（豇）豆自20世纪80年代也陆续出现病毒病危害，当时的病毒种类主要以蚜传病毒为主，如马铃薯Y病毒属及黄瓜花叶病毒属成员，随着耕作制度的调整、各地经贸往来的频繁及传毒介体的大发生，有报道可以侵染危害菜（豇）豆的病毒种类至少有27种。

分布与危害　在英国、法国、德国、意大利、西班牙、美国、巴西、阿根廷、古巴、墨西哥、日本、印度、泰国、马来西亚、中国以及非洲等地都有发生和危害，在局部地区还可造成严重的经济损失。

该病在中国的北京、天津、河北、山西、内蒙古等华北地区，辽宁、吉林、黑龙江等东北地区和宁夏、新疆、青海、陕西、甘肃等西北地区及河南的豆类蔬菜产区均有发生，尤以夏（秋）季露地栽培的蔓生菜豆和豇豆危害严重，有时病株率达80%以上，如遇干旱气候，甚至引起局部大面积毁种。此外，还可危害扁豆、刀豆、毛豆等。

中国已发现番茄黄化曲叶病毒危害菜（豇）豆，田间的发病率可达60%～70%，需引起高度重视。

菜（豇）豆病毒病种类比较复杂，根据介体传播特征大致可以分为3类：

菜豆蚜传病毒病　感病植株早期发病叶片上会出现明脉、斑驳，后期绿色部分出现凹凸不平，叶片皱缩，有些叶片扭曲变形，表现卷曲和皱缩的花叶，植株伴有矮缩症状，开花延迟或者落花，豆荚有时伴有斑驳或畸形等症状（图1①）。

豇豆蚜传病毒病　为系统性侵染病害，整株（包括叶片、花器、豆荚）均可表现症状。其中，叶片上的症状比较典型，早期侵染的植株叶片主要表现为黄绿相间或叶色深浅相间的花叶症状，有时也会出现明脉、卷曲、皱缩等症状，发病重的植株叶片会表现严重的褪绿、畸形，植株伴有矮化等症状；而后期感染的植株叶片褪绿和皱缩等症状较常见，严重畸形和矮化不常见。病毒侵染后也会表现开花延迟、花器畸形、结荚率低、豆荚瘦小而细短等症状（图1②）。

粉虱传病毒病　植株感病后主要在叶片上表现症状：感病后植株叶片变小、僵硬、皱缩、下卷，叶片会伴有黄绿相间的斑驳症状。早期感染的植株会有明显的矮缩、花稀少、结荚率低等症状；后期感病的植株仅在心叶上表现黄绿相间的斑驳、叶片变小、皱缩、下卷等症状（图1③）。

病原及特征　引起菜豆花叶的蚜传病毒有很多种，如菜豆普通花叶病毒（bean common mosaic virus，BCMV）、菜豆黄色花叶病毒（bean yellow mosaic virus，BYMV）、番茄不孕病毒（tomato aspermy virus，TAV）、黄瓜花叶病毒（cucumber mosaic virus，CMV）等。其中，中国比较常见的主要是普通菜豆花叶病毒和黄瓜花叶病毒等。这些病毒既可以单独侵染造成危害，也可以复合侵染危害。

引起豇豆蚜传病毒病的病原也有很多，其中较常见的有豇豆蚜传花叶病毒（cowpea aphid-borne mosaic virus，CABMV）、黄瓜花叶病毒（cucumber mosaic virus，CMV）、蚕豆萎蔫病毒（broad bean wilt virus，BBWV）、黑眼豇豆花叶病毒（blackeye cowpea mosaic virus，BCMV）等。这些病毒既可以单独侵染造成危害，也可以多种病毒复合侵

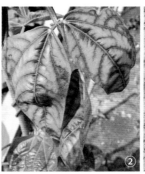

图1　田间菜（豇）豆病毒病症状（①引自吕佩珂等，2008；②③周益军提供）

①菜豆蚜传花叶病毒病；②豇豆蚜传花叶病毒病；③菜豆粉虱传病毒病

染危害。

国际上报道侵染菜（豇）豆的粉虱传双生病毒有多种，但是在中国，侵染危害菜（豇）豆引起皱缩症病的粉虱传双生病毒种类主要为番茄黄化曲叶病毒（tomato yellow leaf curl virus，TYLCV）。

菜豆普通花叶病毒　该病毒为马铃薯Y病毒科马铃薯Y病毒属。病毒粒体线状，长约750nm，钝化温度50～60°C，稀释限点1000～10000倍，体外存活期1～4天。可由豌豆蚜（*Acyrthosiphon pisum*）、蚕豆蚜（*Aphis fabae*）和桃蚜（*Myzus persicae*）等多种蚜虫以非持久方式传播；汁液接触、种子和花粉亦可传播，其中种子带毒率相对较高，有些高达83%。寄主范围限于少数豆科植物，很少侵染非豆科植物，在全世界范围内都有广泛分布。

黄瓜花叶病毒　该病毒为雀麦花叶病毒科黄瓜花叶病毒属。病毒粒体球状，直径28～30nm，病毒汁液稀释限点1000～10000倍，钝化温度65～70°C 10分钟，体外存活期3～4天。可由数十种蚜虫以非持久方式传播，尤以桃蚜和棉蚜（*Aphis gossypii*）的传毒效率最高；蚜虫各个龄期均可获毒，获毒时间5～10分钟，持毒时间不超过2小时。机械摩擦也可以传毒，有些株系在菜豆上可以种传，有些则不能。CMV的寄主范围非常广，可以侵染85科1000多种植物，世界范围内均有发生与分布。

豇豆蚜传花叶病毒　该病毒属于马铃薯Y病毒科马铃薯Y病毒属。病毒粒体线状，长750nm，钝化温度57～60°C，稀释限点1000～10000倍，体外存活期1～3天。可由桃蚜、蚕豆蚜和大戟长管蚜（*Macrosiphum euphorbiae*）等多种蚜虫以非持久方式传毒，蚜虫获毒后至少可以持毒15小时；一般种子传毒比率相对较低，为3%以下。可以侵染豆科、苋科、藜科、葫芦科和茄科等多种寄主植物。该病毒在亚洲、非洲、欧洲、美洲等都有发生，侵染豇豆时病叶的叶脉呈绿带状和花叶症。

蚕虫萎蔫病毒　该病毒属于伴生豇豆病毒科蚕豆病毒属。病毒粒体球状，直径25nm，稀释限点10000～100000倍，钝化温度58°C，体外存活期2～3天。可由通过桃蚜、大豆蚜（*Aphis glycines*）等20余种蚜虫以非持久性方式，寄主范围广，可侵染44科186属328种植物。其中，有40种为豆科植物，感染豇豆引起轻花叶症状。

黑眼豇豆花叶病毒　该病毒是菜豆普通花叶病毒（bean common mosaic virus，BCMV）的一个株系，属于马铃薯Y病毒科马铃薯Y病毒属。病毒粒子线状，长743～765nm，钝化温度60～65°C，体外存活时间1～2天，稀释限点1000～100000倍，主要由豌豆蚜、蚕豆蚜和桃蚜等多种蚜虫以非持久方式传播，仅饲毒1分钟后就有59%蚜虫个体完成获毒；种子也可传毒且传毒率也较高，达30.9%；此外，汁液摩擦亦传毒。该病毒寄主范围广，能侵染7科36种植物。

番茄黄化曲叶病毒　该病毒属于双生病毒科菜豆金色花叶病毒属。病毒粒子孪生颗粒状，大小为20nm×30nm，主要由烟粉虱（*Bemisia tabaci*）传播，单头烟粉虱在番茄病株上的最短获毒时间为15～60分钟，潜育期8小时，最短传毒时间15～30分钟，烟粉虱获毒后可终身带毒，但不经卵传；种子和汁液接触均不能传播。

侵染过程与侵染循环

菜豆蚜传病毒病　在田间主要通过蚜虫获毒传毒、病健株汁液摩擦、田间农事操作等方式实现传播扩散。但是不同的病毒在传播扩散方式上又存在差异，如普通菜豆花叶病毒种传的比例很高，而寄主范围相对较窄，因此，其越冬主要通过种子带毒来完成，同时种子带毒也是病毒远距离传播的重要途径。而对于黄瓜花叶病毒，种传的比率很低，而寄主范围非常广，因此，其主要的越冬方式是通过中间寄主（如温室的蔬菜、杂草等其他寄主）来完成。

豇豆蚜传病毒病　越冬方式主要有种：一是通过种子带毒越冬，有些病毒的种子带毒率在15%～30%（如黑眼豇豆花叶病毒等），翌年播种带毒种子，出苗后幼苗即可发病，成为当年初侵染源；二通过越冬寄主（如温室蔬菜、杂草或多年生寄主等）越冬（如黄瓜花叶病毒等），翌年通过介体蚜虫、汁液接触或整枝打杈等田间管理及农事操作传播至寄主植物上，进行危害。田间病毒的扩散主要通过蚜虫传毒实现，病株汁液摩擦接种及田间管理等农事操作也是重要传毒途径。

菜（豇）豆粉虱传TYLCV病毒病　烟粉虱获毒后可以终生带毒，但是病毒在介体内并不能经卵传给后代，因此，病毒可能的越冬方式主要是在设施栽培蔬菜（如番茄等）、杂草或多年生寄主上越冬，翌春天气转暖后由烟粉虱取食后获毒，进而传播到包括菜（豇）豆、番茄等寄主上危害（图2）。

流行规律

菜豆蚜传病毒病　菜豆苗期至成株期是最适感病生育期，若这一时期持续高温干旱，蚜虫发生量大，则病害发生重。对于种传比例高的病毒（如BCMV），选用发病田块作为留种田会导致翌年病害的大发生。蚜虫是病害田间扩散的重要因子，早春温度偏高、少雨、蚜虫发生量大的年份病害发生重；秋季少雨、蚜虫多发的年份病害发生重。田块周边毒源寄主（蔬菜或杂草）多的田块发病较早、较重。田间农事操作不注意防止传毒、偏施氮肥的田块发病重。

豇豆蚜传病毒病　适宜发病温度范围15～38°C，最适宜发病温度为20～35°C，相对湿度80%以下，最适宜的感病生育期在苗期至成株期，一般持续高温干旱天气，有利于病害发生与流行。早春温度偏高、少雨、蚜虫发生量大的年份发病重；秋季少雨、蚜虫多发的年份发病重，田块周边毒

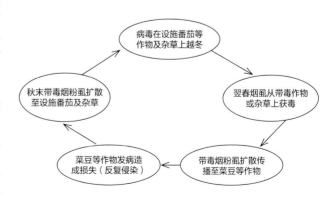

图2　菜豆粉虱传TYLCV病毒病周年侵染循环示意图

（周益军提供）

源寄主多，发病早且重。栽培上管理粗放、田间农事操作不注意防止传毒、偏施氮肥的田块发病重。

菜（豇）豆粉虱传 TYLCV 病毒病 烟粉虱是 TYLCV 的主要传播介体，低湿干燥的情况下极易大量发生，因此，在水分管理不善、烟粉虱发生量大的田块，病害发生重。苗期是植株对病毒病最为敏感的时期，若苗期与烟粉虱的暴发时间重叠，病害发生重。

TYLCV 的寄主范围非常广泛，除了菜（豇）豆外，还可以侵染番茄、辣椒等蔬菜作物及多种杂草，特别是在番茄上，TYLCV 已经成为当前中国番茄生产上的一个主要威胁。因此，与番茄等 TYLCV 寄主作物混种的田块或园区病害往往发生重（特别是秋季）。田块周边杂草管理不注意也极易导致病害发生。

防治方法

选用抗病品种 因地制宜地选用抗病品种。防治菜豆蚜传病毒病可选用优胜者、春丰 4 号、吉农引快豆、白水四季豆、长丰芸豆、长白 7 号、扬白 313、早熟 14 号、芸丰、秋抗 6 号、早白羊角菜豆等抗病品种。防治豇豆蚜传病毒病可选用成豇 3 号、航育青豇豆、秋豇 512、秋豇 17、航豇 2号、之豇 90、秋赤豇、之青 3 号、望丰早豇 80、之豇矮蔓 1 号等品种。抗 TYLCV 的品种如 Alubia Blanca、Cantara、Celtic、Colana、Contender、Cyprus、Nirda、Pinto Amber、Speedy、Tema、Venture、Wonder Bush、4087、4095 等。

种子处理 自留种时注意选用无病种子，尽量不在发病田留种和采种，收种时选择无病毒株，减少种子带毒的概率。购买种子时选用优良的品种，并确认其种子是否经消毒处理过，若未处理可于播种前先用清水浸泡种子 3～4 小时，再放入 10% 磷酸三钠溶液中浸 20～30 分钟，捞出洗净后催芽。

农业防治 尽量避免在棉花、番茄等蚜虫、烟粉虱寄主田块周围种植菜（豇）豆。适当调整播栽期，使苗期错开传毒介体蚜虫、烟粉虱的发生高峰期。加强肥水管理，调节小气候，促进植株生长健壮，提高植株抗病能力；保持田园清洁，及时清除田边杂草和病残株，减少二次感染的病毒来源。农事操作中，接触过病株的手和农具，应用肥皂水冲洗，防止接触传染。

防治传毒介体 播种前对整个大棚使用烟剂熏蒸，减少蚜虫、烟粉虱的虫口基数；在蚜虫、烟粉虱发生初期，及时采用 60 目的防虫网来隔离昆虫介体，还可采用黄板诱杀和银灰膜趋避等措施。防治蚜虫的药剂有 50% 马拉硫磷乳油 1000 倍液、50% 抗蚜威可湿性粉剂 2000～3000 倍液等（见芹菜病毒病）。在烟粉虱大发生时采用化学药剂喷洒或者烟剂熏蒸，药剂可选择 30% 啶虫脒微乳剂 4000～6000 倍液、70% 吡虫啉水分散粒剂 2500～5000 倍液、25% 噻虫嗪水分散粒剂 2000～5000 倍液、10% 烯丁虫胺水剂 1500 倍液、50% 噻虫啉水分散粒剂 2500～5000 倍液、50% 噻虫胺水分散粒剂 4000～6000 倍液、10% 吡丙醚微乳剂 500～1000 倍液等。

化学防治 发病初期喷洒 8% 宁南霉素水剂（菌克毒克）300～400 倍液，或 20% 盐酸吗啉胍可湿性粉剂 500～600倍液，或 30% 壬基酚磺酸铜水乳剂 400～600 倍液，或 20% 盐酸吗啉胍·乙铜可湿性粉剂 300～400 倍液，或 3.85% 三氮唑核苷·铜·锌可湿性粉剂 600 倍液，或 0.5% 菇类蛋白多糖水剂 300 倍液等药剂，每隔 5～7 天喷一次，连续防治 2～3次，有一定的增强植株抗性作用。

参考文献

陈炯，郑红英，程晔，等，2001. 豇豆病毒病病原的分子鉴定 [J]. 病毒学报 (4): 368-371.

李彬，粟寒，李艳华，等，2010. 豇豆花叶病毒和黑眼豇豆花叶病毒 RT-Real time PCR 及 IC-RT-Real time PCR 检测方法研究 [J]. 南京农业大学学报，33(2): 105-109.

李惠明，赵康，赵胜荣，等，2012. 蔬菜病虫害诊断与防治实用手册 [M]. 上海：上海科学技术出版社 .

吕佩珂，苏慧兰，高振江，等，2008. 中国现代蔬菜病虫原色图鉴 [M]. 呼和浩特：远方出版社 .

邱敬萍，薛宝娣，韩国安，等，1995. 豇豆病毒病的防治 [J]. 江苏农业科学 (1): 51-53.

王杰，王晓鸣，2006. 菜豆种子中菜豆普通花叶病毒的 RT-PCR 检测 [J]. 植物保护学报 (4): 345-350.

DAI F M, ZENG R, CHEN W J, et al, 2011. First report of tomato yellow leaf curl virus infecting cowpea in China[J]. Plant disease, 95(3): 362-362.

FAUQUET C M, MAYO M A, MANILOFF J, et al, 2005. Virus taxonomy-VIIIth report of the international committee on taxonomy of viruses[M]. San Diego: Elsevier Academic Press.

HEDESH R M, SHAMS-BAKHSH M, MOZAFARI J, 2011. Evaluation of common bean lines for their reaction to tomato yellow leaf curl virus-Ir2[J]. Crop prot, 30(2): 163-167.

IDRIS A M, HIEBERT E, BIRD J, et al, 2003. Two newly described begomoviruses of *Macroptilium lathyroides* and common bean[J]. Phytopathology, 93(7): 774-783.

JI Y H, CAI Z D, ZHOU X W, et al, 2012. First report of tomato yellow leaf curl virus infecting common bean in China[J]. Plant disease, 96(8): 1229.

LAPIDOT M, 2002. Screening common bean (*Phaseolus vulgaris*) for resistance to tomato yellow leaf curl virus[J]. Plant disease, 86(4): 429-432.

PAPAYIANNIS L C, PARASKEVOPOULOS A, KATIS N I, 2007. First report of tomato yellow leaf curl virus infecting common bean (*Phaseolus vulgaris*) in Greece[J]. Plant disease, 91(4): 465-465.

SEO Y S, GEPTS P, GILBERTSON R L, 2004. Genetics of resistance to the geminivirus, bean dwarf mosaic virus, and the role of the hypersensitive response in common bean[J]. Theoretical and applied genetics, 108(5): 786-793.

（撰稿：周益军；审稿：赵奎华）

菜（豇）豆枯萎病　bean (cowpea) *Fusarium* wilt

包括菜豆枯萎病和豇豆枯萎病，分别由尖孢镰刀菌菜豆专化型和尖孢镰刀菌嗜导管专化型侵染引起的一种系统性真菌病害。

发展简史　早在 1926 年 Benlloch 和 Cañizo 在西班牙就已经发现了菜豆有黄化和枯萎等类似枯萎病的症状，但当时并没有作为菜豆枯萎病来定名，作为菜豆枯萎病害最早由 Harter 于 1929 年报道于美国，其对主要的菜豆枯萎症状进行了描述，包括叶片黄化、维管束变色等，后在 1942 年 Kendrick 和 Suyder 将菜豆枯萎病病菌鉴定为尖孢镰刀菌菜豆专化型（*Fusarium oxysporum* f. sp. *phaseoli*）。在中国于 1978 年就已经开始了菜豆枯萎病的调查，此后陆续开展了菜豆枯萎病病原菌专化型的鉴定、抗病品种筛选以及防治研究。豇豆枯萎病在国外研究较早，20 世纪 50 年代在美国就已经繁育出一些抗枯萎病的豇豆品种。在中国自 20 世纪 70 年代开始系统研究，也已经培育出部分适合中国栽培的抗枯萎病豇豆品种。

分布与危害　菜豆枯萎病是一种世界性病害，在非洲、欧洲、南美洲和北美洲（美国）等主要菜豆产区都有发生。在中国也发生普遍，主要发生在四川、贵州、湖南、山东、吉林、辽宁、黑龙江、陕西、广西和北京等菜豆产区。豇豆枯萎病主要发生在热带和亚热带地区，在中国主要发生于海南、广东、福建、江西、安徽、湖北、贵州和广西等豇豆产区。

菜豆枯萎病主要危害菜豆属（*Phaseolus*）蔬菜，包括菜豆、棉豆和荷包豆等，轻病田发病株率 6%～10%，重病田可达 90% 以上。豇豆枯萎病主要危害豇豆属（*Vigna*）蔬菜，包括豇豆、毛豇豆、绿豆、赤豆和赤小豆等，一般发病率在 10%～30%，严重的达 85% 以上。

菜（豇）豆枯萎病从苗期至成株期均可危害，开花结荚期危害最重。一般在花期开始显症，初期下部叶片的叶尖和叶缘上出现不规则形的褪绿斑，烫伤状、无光泽，叶脉变褐、叶肉发黄，逐渐从下层叶片开始向上全叶失绿萎蔫，变为黄色至黄褐色，3～5 天后整株凋萎，叶片枯黄脱落，茎暗褐色。有时病株仅一侧或少数侧枝枯萎，其余正常。病株根系侧根少，植株矮小、长势衰弱，严重时茎基部呈纵向开裂，根系变色腐烂。茎维管束变色，可与根腐病、菌核病和立枯病等相区别。病株结荚少，荚背、腹缝线变色。潮湿时茎基部常产生粉红色霉状物；急性发病时，病害由茎基向上迅速发展，可引起青枯症状（图 1）。

病原及特征　菜豆枯萎病菌是尖孢镰刀菌菜豆专化型 [*Fusarium oxysporum* f. sp. *phaseoli* Kendrick et Snyder]，属镰刀菌属的真菌，只侵染菜豆。病菌菌丝体白色、絮状；大型分生孢子无色、圆筒形、纺锤形或镰刀形，顶端细胞尖细，有足细胞，2～3 个隔膜，大小为 25～33μm×3.5～5.6μm；小型分生孢子无色、卵形或椭圆形、单细胞，大小为 6～15μm×2.5μm；厚垣孢子无色或黄褐色、球形、单生或串生。菜豆枯萎病菌至少有 7 个生理小种，分别是小种 1（美国南卡罗来纳州）、小种 2（巴西）、小种 3（哥伦比亚）、小种 4（美国科罗拉多州）和小种 5（希腊）以及小种 6 和 7（西班牙）。

豇豆枯萎病菌是尖孢镰刀菌嗜导管专化型 [*Fusarium*

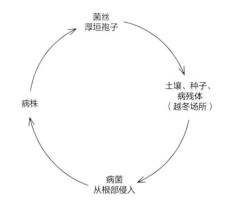

图 2 菜（豇）豆枯萎病侵染循环示意图（缪作清提供）

图 1 菜（豇）豆枯萎病症状（①④⑤缪作清提供；②③⑥吴楚提供）

①豇豆田间症状；②菜豆田间症状；③菜豆叶片症状；④病茎纵切面；⑤病茎横切面；⑥根部症状

oxsporum f. sp. *tracheiphilum*（E. F. Smith）Snyder et Hansen〕，属镰刀菌属的真菌，只侵染豇豆。大型分生孢子镰刀形，顶端细胞稍尖，有足细胞，3～6个隔膜，大小为24.4～28.8μm×3.8～4.8μm；小型分生孢子无色、椭圆形、单胞或双胞，大小为5～12.5μm×1.5～3.5μm；厚垣孢子单生或串生、圆形或椭圆形，直径8～10μm。

菜豆枯萎病菌和豇豆枯萎病菌的生长适温分别为24～28℃和27～30℃，生长最适pH为5.5～7.7。

侵染过程与侵染循环　病菌在根部伤口或根毛先端细胞间侵入，进入导管，并向上扩展；病菌在导管中大量生长，可堵塞导管，导致植株因供水不足而枯萎。

病菌以菌丝体和厚垣孢子在病残体、土壤、厩肥或种子上越冬，成为翌年的初侵染源；病菌在寄主根部侵入并扩展，植株最后枯萎死亡。病菌在植株生长期可发生再侵染（图2）。

流行规律

病菌的传播和扩散　病原菌随植株病残体、土壤和带菌有机肥传播，也可通过种子带菌作远距离传播。植株生长期，病菌主要靠灌溉、雨水、风吹和农机具等在田间扩散。

发病条件　发病适温24～30℃；雨后晴天或时晴时雨易发病，连作、地势低洼、平畦种植、土壤黏重、种植感病品种以及地下害虫和线虫危害均易发病；开花结荚期发病重。

防治方法

选用抗（耐）病良种　菜豆可选用丰收1号、丰收2号、九粒白、早熟14、芸丰、春丰2号、双丰2号等；豇豆可选用珠燕、西园、新青、早翠、901、早丰3号、之豇90、穗郊101等。

农业防治　从无病地或无病株上采种；重病地实行水旱轮作或与非豆科作物3年以上轮作；进行冬翻冻垡休闲；对使用过的架材进行消毒；采用营养钵育苗，减少移栽伤根；采用高垄地膜覆盖栽培并适当密植以利通风排湿；及时搭架整蔓，雨后及时中耕；合理增施磷钾肥，避免偏施氮肥；生长期及时清除病株。

化学防治　苗床应选用3年以上没有种过豆科作物的地块，或用50%多菌灵可湿性粉剂或70%敌磺钠可湿性粉剂，每立方米床土用药80～100g，充分混匀后播种。可用5%高锰酸钾溶液浸种15分钟，或用40%甲醛300倍液浸种4小时，清洗催芽或晾干后播种；或用种子重量0.5%的50%多菌灵可湿性粉剂拌种。可用50%多菌灵可湿性粉剂500倍液、或10%混合氨基酸铜水剂250倍液、或50%琥胶肥酸铜可湿性粉剂400倍液穴施，待药液下渗后播种或定植。发病初期，用50%琥胶肥酸铜可湿性粉剂400倍液、或50%多菌灵可湿性粉剂400倍液、或50%甲基硫菌灵可湿性粉剂400倍液浇灌病株根部，每株用药液300～500ml；或用10%混合氨基酸铜水剂250倍液喷淋病株，每10天1次，共2～3次。

参考文献

中国农业科学院植物保护研究所，中国植物保护学会，2015. 中国农作物病虫害 [M]. 3版. 北京：中国农业出版社.

（撰稿：缪作清、李世东；审稿：赵奎华）

菜豆根腐病　bean *Fusarium* root rot

由茄腐皮镰刀菌菜豆专化型引起的、危害菜豆根部和茎基部的一种真菌病害。是世界上菜豆种植区最重要的病害之一。

发展简史　菜豆根腐病由Burkholder于1916年在美国纽约州首次报道，病原菌被命名为*Fusarium martii phaseoli* Burk.。1941年Snyder和Hansen对镰刀菌属进行了系统分类，将引起菜豆根腐病病原菌定名为茄腐皮镰刀菌菜豆专化型（*Fusarium solani* f. sp. *phaseoli*）。1917年Burkholder发现菜豆品种White Marrow对根腐病有高度的抗性，1920年McHostie报道菜豆根腐病的抗性符合孟德尔遗传，翌年在其发表的详细研究结果中证明菜豆根腐病的感病性对抗病性为显性或部分显性，抗病品种Flat Marrow的抗性由两个因子控制，同时他也指出难以划分抗病性和感病性的明确界限，由于菜豆品种存在不同程度的抗病和感病性，用不同程度抗病和感病性材料进行抗性遗传研究可能获得不同的遗传分离比。之后的研究进一步证明菜豆对根腐病抗性是多基因控制的数量抗性。2001年Schneider等首次在菜豆第2、5连锁群发掘了两个抗根腐病QTLs，至2018年国外已在菜豆Pv01、Pv02、Pv03、Pv05、Pv07、Pv09和Pv11染色体上定位了抗根腐病QTLs。在中国，陈庆涛于1965年在河北首次记录了菜豆根腐病病菌，但之后仅有少量病害防治相关研究报道。

分布与危害　菜豆根腐病在世界大多数菜豆生产区发生，其中在非洲、南美洲等危害严重，如在肯尼亚西部，菜豆根腐病造成的产量损失为10%～100%。中国所有菜豆种植区均有菜豆根腐病分布，严重的地块发病率达到80%，植株死亡率为20%～30%。该病害可以与丝核菌根腐病、腐霉根腐病等形成病害复合体，造成更大的危害。

菜豆播种后7～10天就可以发病，最初在下胚轴和主根上产生狭长的红色至褐色病斑，严重时导致下胚轴和主根皮层坏死。病株常常在近土表处的下胚轴产生大量不定根，以维持植株生长，但病株一般矮化，生长缓慢，叶片淡绿色或变黄，最后叶片萎蔫或枯死（见图）。土壤湿度大时，常在病株茎基部产生病菌的分生孢子梗和分生孢子。

病原及特征　病原为茄腐皮镰刀菌菜豆专化型（*Fusarium solani* f. sp. *phaseoli*），属镰刀菌属真菌。菌丝有隔膜，无色。大型分生孢子丰富，在分生孢子座上产生，无色，多数具3～4个横隔膜，多为圆柱形，孢子长度的大部分背面与腹面平行，顶端细胞钝圆，或多或少呈喙状，足细胞圆形，或明显足状。大小为44.5～50.9μm×5.1～5.3μm；小型分生孢子稀少，椭圆形或肾形，无色，单胞，偶尔具1个分隔，大小为8～16μm×2～4μm，与尖镰孢（*Fusarium oxysporum* Schlecht.）小型分生孢子相似，但较大、壁厚。厚垣孢子球形，单生或串生于菌丝或分生孢子上，直径7～10μm。病原菌生长适温29～32℃，最高35℃，最低13℃。

侵染过程与侵染循环　菜豆种子萌发时，其根尖分泌诸如蔗糖、氨基酸等营养物质，土壤中休眠的病原菌厚垣孢子受到这些分泌物的刺激就很容易萌发，产生的菌丝直接通过

菜豆根腐病症状（朱振东提供）

气孔、伤口侵入菜豆植株。

病原菌主要以厚垣孢子习居在土壤中，是病害发生的主要初侵染源。病原菌主要分布于 20～30cm 深的土壤耕作层，而在 33～41cm 深的底层土很少。菜豆根系绝大部分集中在土壤耕作层，因此根部侵染主要发生在耕作层中。在土壤高湿度条件下，近土壤表面的植株气孔可以长出分生孢子座产生分生孢子。当病残体进入土壤被降解，分生孢子和菌丝转换成厚垣孢子完成其生活史。

流行规律　病原菌的厚垣孢子能够在许多非感病植物的种子和根际附近土壤内或含有其他有机物质土壤内萌发和繁殖。因此，该病原菌可以在染病的田块内无限期存活，在连续种植非寄主作物的土壤中菜豆根腐病菌甚至能够存活 30 年以上。

病原菌主要靠带菌的土壤、沙尘和表面污染的种子进行传播。带菌土壤、秸秆、厩肥等中的初侵染源，通过雨水、灌溉水或农具等在田间传播蔓延。菜豆根腐病发病的最适温度为 24～28℃，相对湿度 80%。所有减少或抑制根系生长的因素都提高菜豆或豇豆对镰孢根腐病的感病性。病害发生的严重程度取决于栽培和气候因子，如种植历史、栽培密度、土壤湿度、播种深度、高温或低温胁迫等。连作导致病原菌的接种体密度增加，从而加重病害的发生。同时，高密度的接种体容易导致病原菌通过农事操作而快速在田块内扩散。播种过密，增加植株间的胁迫；播种过深，导致出苗缓慢，增加被病原菌侵染的机会。

土壤也是病害发生的重要因子。存在砂砾层、土质黏重、土壤贫瘠、地势低洼、灌水频繁、水淹或持续干旱、土壤板结、管理粗放的地块发病重。农药或肥料伤害、地下害虫危害加重病害的发生。过多施用氮肥、田间杂草过多加重根腐病。

水的有效性是菜豆植株耐根腐病的最重要的因素，在相对湿润的土壤中，根系容易进入没有病原菌的犁底层。在干旱地区，少雨和低湿导致水分缺乏，由于侧根的损伤比下胚轴或主根受害更重，因而加重了干旱的胁迫，导致更大的产量损失。在降水比较多的地区，水淹导致暂时性土壤低氧含量，加重病害发生。

品种的感病性也是根腐病严重发生的重要因素，在收获干籽粒的菜豆品种中，相对花芸豆和白芸豆来说，红芸豆对根腐病有较高的抗病性。

防治方法　菜豆根腐病的发生和流行与品种感病性、土壤中病原菌多少、耕作制度和气候条件等密切相关，需采取以选种抗（耐）病品种为主、栽培和药剂防治为辅的病害综合治理措施。

利用抗（耐）病品种。适时播种、合理密植。与非寄主作物，如玉米、小麦、大麦、苜蓿、十字花科及葱蒜类等轮作 3～5 年。增施有机肥料、磷钾肥和微肥。清洁田园，收获后及时清除田间病残体。用 35% 多克福种衣剂、6.25% 亮盾种衣剂进行种子包衣，或用种子重量 0.4% 的 50% 福美双可湿性粉剂或 50% 多菌灵可湿性粉剂拌种。播种时用 70% 甲基硫菌灵可湿性粉剂或 50% 多菌灵可湿性粉剂与细干土以 1:50 比例充分混匀后沟施或穴施，1.5kg/ 亩，或用 45% 敌磺钠 200g 加水 40kg，播种前 5 天用喷水壶均匀喷洒在土壤上。应用丛枝泡囊菌根真菌、木霉菌、枯草芽孢杆菌、荧光假单胞菌处理种子。用山梨酸钾、苯甲酸钠、乙酰水杨酸等处理种子并结合喷雾也能有效地防治菜豆根腐病。

参考文献

中国农业科学院植物保护研究所，中国植物保护学会，2015. 中国农作物病虫害 [M]. 3 版 . 北京：中国农业出版社 .

（撰稿：朱振东；审稿：王晓鸣）

菜豆炭疽病　bean anthracnose

由菜豆炭疽菌引起的、危害菜豆地上部的一种真菌病害。是世界上大多数菜豆种植区最重要的病害之一。

发展简史　菜豆炭疽病于 1875 年首先在德国被报道，病原菌被命名为 *Gloeosporium lindemuthianum*。1887 年 Scribner 根据分生孢子盘存在刚毛的特征建议该种放在 *Colletotrichum* 属，随后 Briosi 和 Cavara（1889）将 *Gloeosporium lindemuthianum* 转入 *Colletotrichum* 属，学名变为 *Colletotrichum lindemuthianum*。

1911 年 Barrus 首次证明 *Colletotrichum lindemuthianum* 存在致病性变异，鉴定了 a 和 b 两个生理小种，至 1988 年世界范围内利用不同的鉴别寄主共鉴定了 14 个生理小种。1991 年 Pastor-Corrales 建立了一套由 12 个菜豆品种组成的国际标准鉴别寄主，并采用二进制法命名生理小种（表 1）。2016 年 Gutiérrez 等完成了 *Colletotrichum lindemuthianum* 全线粒体基因组序列测序，2017 年 de Queiroz 等完成两个 *Colletotrichum lindemuthianum* 分离物的全基因组测序。在寄主抗性方面，1918 年 Burkholder 首次提供了菜豆对炭疽病的抗性遗传信息，发现品种 Wells' Red Kidney 对 b 生理小种的抗性为显性遗传，由一个单基因 *A* 控制，随后 McRostie（1919，1921）证明了

表1 国际热带农业中心（CIAT）菜豆炭疽菌鉴别寄主中所含有的抗病基因

鉴别寄主	抗病基因	基因来源	小种命名
Michelite	*Co-11*	MA	1
Michigan Dark.Red.Kidney	*Co-1*	A	2
Perry Marrow	*Co-1³*	A	4
Cornell 49-242	*Co-2*	MA	8
Widusa	*Co-9*	MA	16
Kaboon	*Co-1²*	A	32
Mexico 222	*Co-3*	MA	64
PI 207262	*Co-4³, Co-9*	MA	128
TO	*Co-4*	MA	256
TU	*Co-5*	MA	512
AB 136	*Co-6,Co-8*	MA	1024
G 2333	*Co-4², Co-5, Co-7*	MA	2048

注：普通菜豆有两个起源中心，MA 表明起源于中美地区，A 表明起源于安第斯地区。

表2 菜豆炭疽菌生理小种在中国的分布

小种	分布
2	黑龙江
17	贵州
18	黑龙江，吉林
50	黑龙江，吉林
65	北京，内蒙古
81	北京，天津，河北，山西，内蒙古，黑龙江，吉林，辽宁，山东，湖南，云南，陕西
90	贵州
100	辽宁
113	北京，河北，辽宁，河南
115	北京，辽宁
119	四川
194	北京
562	吉林，云南
1299	吉林
1553	河南

Burkholder（1918）的遗传研究结果。1960 年 Mastenbroek 在起源于委内瑞拉的黑粒菜豆品系 Cornell 49-242 鉴定了一个新的菜豆抗炭疽病基因 *Are*，之后 Fouilloux（1979）在墨西哥种质中鉴定了 3 个抗病新基因 *Mexique 1*、*Mexique 2*、*Mexique 3*，1996 年 Young 和 Kelly 鉴定了一个新的基因 *Co-6* 并规范了菜豆抗炭疽病基因的命名（*Co-*），将之前鉴定的抗病基因分别重新命名为 *Co-1*（*A*）、*Co-2*（*Are*）、*Co-3*（*Mexique 1*）、*Co-4*（*Mexique 2*）和 *Co-5*（*Mexique 3*）。至 2017 年已有 26 个菜豆抗炭疽病基因被鉴定，这些基因分别被分子作图在菜豆的 Pv01、Pv02、Pv03、Pv04、Pv07、Pv08、Pv09、Pv11 染色体上并获得了紧密连锁的分子标记。在中国，1936 年周家炽在河北首次记录了菜豆炭疽病，1999 年王晓鸣等利用国际标准鉴别寄主对中国菜豆炭疽病菌生理小种进行鉴定，2009 年王坤等在菜豆资源红芸豆（F2533）鉴定了一个新的抗炭疽病基因 *Co-F2533*，2017 年陈明丽等将 *Co-F2533* 精细定位在菜豆 Pv 01 染色体 *Co-1* 基因座区域，等位测验证明该基因为 *Co-1* 等位基因，命名为 *Co-1*[HY]。

分布与危害 菜豆炭疽病广泛发生于世界菜豆产区，尤其是在温带和亚热带地区，或在高纬度或高海拔的冷凉地区发生严重。在中国，各菜豆种植区均有发生。其中，在黑龙江、辽宁、吉林、内蒙古、山西、陕西、河北、云南、贵州等地发生严重。菜豆炭疽病既属于气流传播病害，也属于种子传播病害。种植感病品种并有适宜发病的环境条件时，炭疽病易流行，豆荚被严重损坏，籽粒斑驳干瘪，一般减产 20%～30%，重病田达 95%，甚至绝产。种子带菌，降低种子活力，影响出苗和导致苗期发病。播种污染的菜豆种子时，在适宜病害流行的条件下可导致 100% 的产量损失。

病害在菜豆的整个生育期都可以发生，因而植株地上所有部位都可以受害。播种带菌种子，病菌随种子萌发而侵染子叶、胚根和胚芽，产生小的深褐色至黑色斑点，斑点逐渐扩大而形成凹陷病斑。子叶病斑上产生的分生孢子和菌丝可以通过雨水或露水传播到正在发育的下胚轴，被侵染的下胚轴组织产生小的锈色斑块，随后纵向扩大形成凹陷病斑或眼斑，病害严重时可导致下胚轴腐烂而折断，造成幼苗死亡。在较老的茎上，病斑呈现为褐色的凹陷斑，可长达 5～7cm。叶片被侵染，初期在叶脉上出现红褐色小条斑，逐渐沿叶脉发展，扩展为明显的网状病斑，导致叶片局部萎蔫坏死（见图）。叶柄发病产生褐色的凹陷斑。在豆荚上，病斑初期呈暗褐色，逐渐形成一个边缘黑褐色并微隆、中部下陷的溃疡斑，在病斑中央常常具有砖红色的分生孢子团或为黑点状的散生分生孢子盘；被严重侵染的幼荚皱缩或干枯。病原菌侵入荚内，侵染发育种子的子叶和种皮，导致种子失去正常光泽，严重时种皮上出现深褐色至黑色的不规则病斑。

病原及特征 菜豆炭疽病致病菌的无性态为菜豆炭疽菌（*Colletotrichum lindemuthianum*），属炭疽菌属。病菌在 PDA 培养基上菌落平坦，生长缓慢，周缘整齐或波状，背面墨绿色或灰黑色；气生菌丝污白色，稀疏，较短。在寄主上，分生孢子座着生于寄主表皮层，初埋生后突破表皮外露，盘状，暗褐色，直径 50～100μm，上生暗褐色刚毛或无刚毛；分生孢子梗圆柱状，不分枝，较短，大小为 12～24μm×3～5μm；分生孢子无色单胞，短圆柱状，直，

菜豆炭疽病症状（朱振东提供）

两端钝圆，平均 12～13μm×4μm；附着胞近圆形，不易形成，黑褐色，较小，5～6.5μm×3.5～5μm。菌丝最适生长温度为22～24℃；分生孢子产生的适宜温度为 14～18℃。

菜豆炭疽菌的有性态为菜豆小丛壳（Glomerella lindemuthianum），属小丛壳属，在自然条件下很少发生。在 Mathu's Agar（MA）培养基上菌落圆形，平坦，边缘整齐，气生菌丝稀疏，团絮状，白色，菌落背面不变色；菌落中散生菌核状子座，内生子囊壳；子囊壳近球状，直径 160～180μm，无喙；无侧丝；子囊簇生，棒状，直或略弯，大小为 38.4～53.8μm×10.2～12.8μm，平均46.7μm×12.4μm；子囊壁单层，顶部加厚，成熟后壁消解；子囊孢子腊肠状，无色单胞，两端渐狭，端钝圆，具一个油球，17.9～28.2μm×3.8～5.1μm，平均 23.0μm×4.0μm；附着胞褐色，边缘不规则，12.8μm×7.7μm。

除侵染菜豆外，菜豆炭疽病菌还能够侵染多花菜豆、小豆、绿豆、蚕豆、扁豆、豇豆、刀豆、大豆等多种豆科作物。

菜豆炭疽与菜豆的互作属于典型的"基因对基因"关系，病菌存在着明显的生理分化现象。由于寄主的选择作用和环境差异，病菌在不同国家和地区的生理小种组成差异较大。这种病菌群体中小种构成的差异，与各地菜豆炭疽病发生和流行程度的差异有关。

侵染过程与侵染循环　菜豆炭疽菌分生孢子降落到感病菜豆组织上，遇到适宜的环境条件，在 6～9 小时内就可以萌发形成 1～4 个芽管，芽管在组织表面扩展到一定阶段，其顶端与寄主接触部位向下形成一个深褐色的附着胞，利用机械压力或酶的作用使其产生的侵染丝穿透寄主角质层和表皮进入细胞中并生成一个侵染囊，并继续产生初生菌丝从寄主细胞中吸收营养，至此完成侵染过程。

菜豆炭疽病菌主要以菌丝体潜伏在种子内或病残体上越冬。菌丝体在植株病残体上可存活 1～2 年，而在种子内可以存活 5 年。当播种带病种子后，病菌从萌动的种子侵入幼苗组织，直接引起幼苗的子叶和茎秆发病，并由于在病斑上能够产生许多分生孢子，导致田间后期的病害流行。病残体内潜伏的病菌在翌春条件适宜时产生新的分生孢子，通过雨水飞溅进行初侵染。田间植株发病后，在病斑上可产生大量的分生孢子，进一步在植株间和田块间扩散。在多雨和温度较低的田间环境下，病菌在菜豆生长期能够完成多次再侵

染，并造成种子带菌和植株组织的带菌，形成病菌的越冬场所。

流行规律　菜豆炭疽病菌主要通过带菌种子进行远距离传播，通过带菌种子和带菌病残体两种方式进行年度间的病害传播。田间植株间和田块间的病害传播是病菌在植株上新产生的分生孢子通过风雨、昆虫和动物活动、流水以及人的田间劳作进行扩散，风雨对病害在田间的传播与扩散起主要作用。病原菌分生孢子接触到感病菜豆组织后，在合适的温、湿度条件下萌发侵入寄主细胞内，经过 24～48 小时的活体营养后，被侵染细胞的细胞质出现浓缩和降解，病菌初生菌丝逐渐发育出次生菌丝并继续在寄主细胞间扩展，最终形成病斑并突破寄主表皮组织产生新的分生孢子。病菌完成整个侵染循环需要 7～8 天。

菜豆炭疽病菌在湿度适宜、温度 6℃ 以上即可以萌发生长，35℃ 以上病菌生长受抑制。分生孢子在 1% 的菜豆叶片汁液中时，萌发率较在其他碳源（葡萄糖、果糖、木糖和蔗糖）中高。病菌的生长适温为 22～25℃，产孢适温为14～18℃，病害扩展适温为 17～22℃。因此，病害在高纬度和高海拔的冷凉地区发生普遍，在温度适宜（15～26℃）、多雾、降水较多的年份，菜豆炭疽病发生严重。

防治方法　菜豆炭疽病的发生和流行与品种感病性、种子带菌、病原菌生理小种、耕作制度、气候条件等密切相关，必须采取以种植抗病品种为主、栽培和药剂防治为辅的病害综合治理措施。

种植抗病品种　在菜豆炭疽病常发区和重发区，选择种植抗病品种是控制炭疽病危害的最有效措施。迄今，国外已鉴定了 26 个菜豆抗炭疽病基因。应用与抗病基因紧密连锁的分子标记进行菜豆资源的抗病基因鉴定及分子辅助选择育种也已取得进展。中国也已筛选出一些高抗炭疽病菜豆资源，如白饭豆（F0002476）、法引 11（F0003382）、科巴（F0001273）、红芸豆 4（F0002320）、红芸豆 3（F0002322）、花芸豆（F0002527）、红花芸豆（F0002533）、LRK33（F0004335）、SEQ1006（F0004339）等。其中，F0002322和 F0002533 两个材料的抗炭疽病基因被作图在菜豆第 1 号染色体，且获得了紧密连锁的分子标记。一些抗炭疽病新品种、品系也已在中国育成，如黑龙江省农业科学院选育的菜豆品种新英国红对菜豆炭疽病小种 81 免疫。

农业防治　①选用健康无菌种子。菜豆炭疽病是种传病害，使用无菌种子已被证明是一种有效的病害防治策略。种子侵染导致菜豆幼苗出苗前和出苗后死亡。种子侵染水平决定田间幼苗发病率。10%种子侵染率可以导致小粒菜豆出苗率的显著降低，并在田间可以直接引起幼苗发病，成为田间的发病中心，继而引起病害扩散。因此，播种无菌种子是控制菜豆炭疽病的关键。菜豆种子生产应在无菜豆炭疽病发生地区进行，并进行严格的病害管理。也可以在田间选择无病豆荚采种，避免与病种豆混杂。对种用种子进行健康检测是判断种子是否带有菜豆炭疽菌的有效方法，并作为采取种子处理措施的依据。2013年，Chen等建立了菜豆种子带炭疽病菌实时定量PCR方法，应用该方法可以检测5飞克（fg）炭疽病菌基因组DNA。②与非寄主作物进行轮作。由于病菌在菜豆植株病残体中能够存活2年，因此，在有条件的地方可以实行2年以上与禾谷类作物的轮作种植。③清洁田园。当菜豆收获后，应及时清除并销毁田间的植株病残体，减少翌年的初侵染源。

化学防治　用种子重量0.4%的50%多菌灵或福美双可湿性粉剂拌种，或40%多·硫（好光景）悬浮剂或60%多菌灵磺酸盐（防霉宝）可溶性粉剂600倍液浸种30分钟，洗净晾干播种；或用福美双成分的悬浮种衣剂，如卫福200FF种衣剂、35%多克福种衣剂进行种子包衣，每100kg种子用药250～400ml。

发病初开始喷施50%多菌灵可湿性粉剂500倍液、或50%甲基托布津可湿性粉剂500倍液、或25%溴菌腈（炭特灵）可湿性粉剂500倍液、或25%咪鲜胺（使百克）乳油1000倍液、或28%百·乙（百菌清·乙霉威）可湿性粉剂500倍液、或80%炭疽福美可湿性粉剂800倍液、或75%百菌清（克达）可湿性粉剂600倍液、或30%苯噻氰（倍生）乳油1200倍液、或25%嘧菌酯悬浮剂1000～1500倍液，隔7～10天1次，连续防治2～3次。

混合喷施KSi和NaMo液，或甲壳素可以显著降低菜豆炭疽病的严重度，提高菜豆产量。

参考文献

中国农业科学院植物保护研究所,中国植物保护学会,2015.中国农作物病虫害[M].3版.北京:中国农业出版社.

SCHWARTZ H F, STEADMAN J R, HALL R, et al, 2005. The compendium of bean diseases[M]. St. Paul: The American Phytopathological Society Press.

（撰稿：朱振东；审稿：王晓鸣）

菜豆细菌性疫病　bean bacterial blight

由黄单胞杆菌侵染所致的菜豆最常见的病害之一。又名菜豆火烧病。

发展简史　该病于19世纪末在美国被首次描述，随后世界大部分地区均发现有该病害的发生。早在1918年就有报道称，美国纽约州75%的田块上发生菜豆普通细菌性疫病，并造成严重的损失，几年后损失仍达20%～50%。1953年，该病害传播到美国内布拉斯加州西部，造成的经济损失超过100万美元。1976年，该病成为当时美国菜豆生产中危害最严重的细菌性病害，由此导致的经济损失高达400万美元。1970年和1972年，在加拿大安大略省因细菌性疫病造成的菜豆损失分别达1252t和218t。在世界大部分普通菜豆栽培区，特别是阿根廷、巴西、哥伦比亚、墨西哥、乌干达、赞比亚、南非、美国和伊朗等国家，菜豆普通细菌性疫病仍是普通菜豆生产中最主要的病害之一。中国的菜豆普通细菌性疫病发生的最早记录是1956年。现在该病害已成为限制普通菜豆生产的最主要因素之一，在黑龙江、山西、陕西、内蒙古等菜豆主产区病害发生严重，其他种植区也有发生。

分布与危害　细菌性疫病可造成大量叶片以及茎蔓枯死，远看田间似火烧状，故又称为火烧病。该病可导致20%～60%的产量损失，严重时高度感病品种的产量损失高达80%。中国各菜豆产区均有该病害发生，露地栽培的发生危害更为普遍，一些田块发病率达100%，严重影响了菜豆的产量和品质。该病除危害菜豆外，还可危害豇豆、绿豆、扁豆和小豆。

菜豆细菌性疫病主要危害叶、茎、豆荚及种子。①叶片症状。发病初期在叶尖或叶缘开始出现暗绿色水浸状小点，初为不规则褐斑，边缘有黄色晕圈，病斑直径一般不超过1mm，后逐渐扩大，呈不规则形，病重时病斑连片，脆硬且易破，最后致叶片干枯如火烧状（图1①②）。病斑上常分泌出淡黄色菌脓，干后在病斑表面形成白色或黄色的膜状物。严重时一片叶上多个病斑相互连合，最后引起叶片枯死，但一般不脱落。嫩叶受害则扭曲变形，甚至皱缩脱落。②茎部症状。播种有病种子，萌发抽出的子叶多呈红褐色溃疡状，可向着生子叶的节、第一片真叶的叶柄处及整个茎基扩展，着生小叶的节上或第一片真叶的叶柄处会产生水渍状小斑点，病斑扩大后成红褐色溃疡状至绕茎一周，茎易折断或使幼苗枯萎。成株茎部受害，则产生红褐色、长条形、稍凹陷、略呈溃疡状病斑。③豆荚症状。病菌可以从豆荚的任何部位侵染，受害部位最初呈暗绿色油渍状斑点（图1③），扩大后为红色不规则形，有时略带紫色，最后变为褐色病斑。病斑中央部分下陷，斑面带有淡黄色菌脓。豆荚受害严重时，全荚皱缩而褪色，产生黄斑，在种脐部也常有黄色菌脓。受害豆荚所结籽粒不饱满。④种子症状。种子带病，大多种皮皱缩，或者在脐部有黄褐色、稍凹陷的小斑，病种子往往干瘪、变色。菜豆细菌性疫病在潮湿环境下，茎部或者脐部常有黏液状菌脓溢出，有别于炭疽病。

病原及特征　病原为甘蓝黑腐黄单胞杆菌菜豆致病变种［*Xanthomonas carnpestris* pv. *phaseoli*（E.F. Smith）Dye］，属黄单胞杆菌属，菌体大小为0.3～0.8μm×0.5～3.0μm，短杆状，单极生鞭毛，具运动性，有荚膜，不产生芽孢（图2）。革兰氏染色阴性，接触酶阳性，氧化酶阴性，能产生H_2S，能水解吐温80，不还原硝酸盐，不产生吲哚，在YS培养液中36℃能生长，YDC培养基上菌落为黄色黏稠，对明胶液化不稳定，不产生尿酶，能水解淀粉，甲基红与V.P试验阴性，能利用阿拉伯糖、葡萄糖、甘露糖产酸，对鼠李糖不能利用，不能在Sx琼脂培养基上生长。病菌生长最适温度为30℃，最低为4℃，超过40℃不能生长，致死温度为

图 1 菜豆细菌性疫病叶片症状（①②陈庆河提供；③吴楚提供）

50℃，暴露于日光下 45 分钟即死亡。病菌适宜 pH 为 5.7～8.4，最适 pH 为 7.3。褐色黄单胞菌褐色亚种（*Xanthomonas fuscans* subsp. *fuscans*）也能侵染菜豆，引起细菌性疫病。

侵染过程与侵染循环　病菌可从植株的气孔、水孔及伤口等处侵入，并在维管束中扩展。带菌种子发芽后，病原菌侵染危害子叶及生长点，引起幼苗发病，但幼苗子叶发病后有时并不产生菌脓，病菌在寄主内的输导组织扩展，然后迅速延及植株各部。此病一般是植株各器官局部发生的，但是若细菌侵入到维管束内则可引起全株性的系统发病。

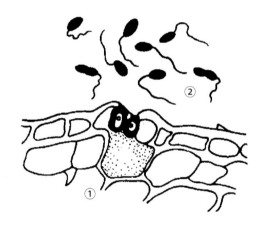

图 2 菜豆细菌性疫病（吴楚提供）
①病组织中的病原细菌；②菌体放大

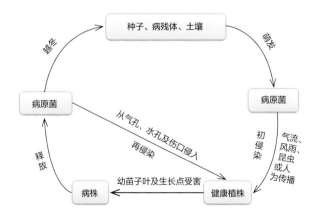

图 3 菜豆细菌性疫病病害循环示意图（陈庆河提供）

菜豆细菌性疫病病菌主要是在种子内越冬，但也可随病残体留在土壤中越冬（图 3）。在种子内的病菌经 2～3 年仍具有存活力，在土壤病残体中的病菌也可存活 1～2 年。病菌靠气流、风雨、昆虫或者人为的接触等方式传播。田间病害往往由中心菌株逐渐向四周扩展。

流行规律　菜豆细菌性疫病为高温高湿病害，气候潮湿时，尤其当气温 24～32℃、寄主受害部位有水滴存在时是该病发生的重要温湿条件。病菌侵染随温度升高而增加，一般高温多湿、雾大露重或暴风雨后转晴的天气，最易诱发该病。菜豆整个生育期都可感病，发病潜育期为 5～15 天，在高温条件下，发病潜育期一般 2～5 天，短的只有 1 天左右。特别是在暴风雨过后，由于植株的摩擦造成大量伤口，有助于病菌的侵入传播和危害。如果初夏后遇到连续阴雨、多雾、闷热潮湿的天气，有利于病菌的发育危害。当温度在 36℃ 以上时，病菌侵染受到抑制。

此外，栽培管理不当，种植密度过大，保护地不放风，大水漫灌，虫害发生严重，肥力不足或偏施氮肥造成长势差或徒长，杂草丛生的田块发病重。

防治方法　防治菜豆细菌性疫病要坚持"预防为主，全程控制"原则。

农业防治　①选用无病种子和种子处理。选择有光泽、粒大饱满的无病种子。播前可用温水浸种或化学药剂拌种对种子进行处理。可用 45℃ 温水浸种 15 分钟后捞出种子，置于冷水中冷却，晾干后播种；也可用 100mg/L 的链霉素·土霉素溶液浸种 1 小时，或用种子重量 0.3% 的 58% 甲霜灵·锰锌可湿性粉剂或者 50% 福美双可湿性粉剂拌种。②因地制宜选用耐病品种。③合理轮作。避免连作，有条件的地区可实行水旱轮作或与非豆科作物实行 3 年以上轮作。④科学栽培管理。选择地势高、排水良好、肥沃的砂质壤土。采取高垄地膜栽培，提高早春地温，增加土壤通透性，提高植株的抗病力。根据测土配方施肥技术，深翻土地施足基肥，保证植株健壮生长，提高抗病能力。菜豆苗期，需施少量速效性氮肥，1hm² 施入尿素 75kg，嫩荚坐住后，进行第二次追肥，1hm² 施入过磷酸钙和硫酸钾各 150kg，以后每采收 1～2 次，追肥 1 次。做好科学的浇水管理，掌握"苗期要少、抽蔓期要控、结荚期要促"的原则，防止茎蔓徒长引起落花落荚。菜豆定苗后到开花结荚前，以蹲苗、中耕、保墒为主。定苗后，可浇 1 次定苗水；此时注意控水，使土壤相对湿度达 60%～70%，空气相对湿度达 60%～75%。当蔓生菜豆甩蔓时，要结束蹲苗，可结合插架浇水。做好保墒、中耕、培土。当豆荚 3cm 时，根据天气状况 1 周浇水 1 次，以充分供应菜豆开花结荚的水分和养分。灌水时间，早期上午浇水，防止灌水降温，夏季要勤灌、小灌、早晚灌，以降低温度。保持田间卫生，在田间及时摘除病叶、病荚带出田外，减少病菌的传播与积累。

生物防治　可选用 20% 农用链霉素可湿性粉剂、或 80 乙基大蒜素乳油、或 3% 中生菌素可湿性粉剂进行喷雾防治。以上生物药剂任选 1 种，于发病初期喷药，每隔 7～10 天喷 1 次，连喷 2～3 次。

化学防治　在发病初期，可选用 25% 络氨铜水剂，或 20% 噻菌铜水悬浮剂，或 50% 琥胶肥酸铜可湿性粉剂，或 50% 代森铵水剂进行喷雾防治。在生产中应做到轮换交替用药，每次施药安全间隔期 7～10 天为宜。

参考文献

陈泓宇，徐新新，段灿星，等，2012. 菜豆普通细菌性疫病疫病菌鉴定 [J]. 中国农业科学，45(13): 2618-2627.

中国农业科学院植物保护研究所，中国植物保护学会，2015. 中国农作物病虫害 [M]. 3 版. 北京：中国农业出版社.

FININSA C, YUEN J, 2002. Temporal progression of bean common bacterial blight (*Xanthomonas campestris* pv. *phaseoli*) in sole and intercropping systems[J]. European journal of plant pathology, 108(6): 285-495.

（撰稿：陈庆河；审稿：竺晓平）

菜用豌豆白粉病　garden pea powdery mildew

由豌豆白粉菌等引起的、危害菜用豌豆的真菌病害。是一种世界性分布的气传病害，是豌豆生产上的重要病害之一。

发展简史　该病害在加拿大、澳大利亚、美国、欧盟国家、印度等豌豆产业大国均有发生。防治豌豆白粉病最有效的方法是选育抗病品种。1948 年 Harland 报道豌豆对白粉病菌（*Erysiphe pisi* DC.）的抗性由隐性单基因（*er*）控制，随后各国学者广泛开展了豌豆抗白粉基因的筛选。国际正式命名的豌豆抗白粉病基因有 3 个，即 *er1*、*er2* 和 *Er3*，前两个基因来源于豌豆栽培种（*Pisum sativum* L.），*Er3* 来源于野生豌豆（*Pisum fulvum* L.）。

分布与危害　白粉病是豌豆上一种常见病害，在世界范围分布。中国主要发生在四川、新疆、内蒙古、吉林、黑龙江、安徽、福建、河南、台湾、广东、广西、陕西、青海等豌豆产区，已成为制约豌豆产业发展的重要病害之一。1998 年，对福建产区的豌豆白粉病发生情况进行的调查显示，其严重发生期为豌豆生长的幼苗期和开花结荚期，受害后对植株生长及豆荚产量影响极大。2002 年，在华南豌豆产区整个生长期间均有白粉菌发生，尤其是每年的 12 月到翌年的 3 月发生最普遍。中国北方豌豆白粉病发病较轻，一般发生在 9 月中旬。

豌豆感病后，发病轻的地区发病率可达 10%～30%，严重时病株率高达 40% 以上，甚至可达 100%。主要影响每株结荚数、每荚粒数、株高和节数等，一般可减产 25%～50%，严重时颗粒无收。

豌豆白粉病可在菜用豌豆的叶、茎、荚等部位发生，但主要以叶片为主。发病初期，叶表面被白色粉状斑，叶背呈现褐色或紫褐色斑块，严重时整叶覆盖一层白色粉末，以叶背发生多，全叶发病后则迅速枯黄。叶表面白粉即为病原菌的菌丝、分生孢子梗和分生孢子，是白粉菌的无性世代，后期形成黑色小点，即白粉菌的有性世代——闭囊壳。遭受白粉病危害的叶片会逐渐萎蔫、干枯，最后引起落花、落荚，直至全株死亡，茎和荚染病也呈现小粉斑，严重时布满茎、荚，造成茎蔓枯黄，嫩荚干缩，少结实乃至不结实（图 1）。

病原及特征　病原菌常见的有 2 个种，即豌豆白粉菌（*Erysiphe pisi* DC.）和大豆白粉菌（*Erysiphe glycines* F. L. Tai），均属白粉菌科（Erysiphaceae）真菌。中国的主要是豌豆白粉菌，其形态特征是菌丝体叶双面生，存留，形成白色病斑，布满整个叶面。菌丝无色，附着胞裂瓣形。分生孢子梗的脚胞柱形，弯曲，大小为 28～41μm×8～10μm，上部着生 1～2 个细胞；分生孢子单生，椭圆形或近柱形，大小为 27～44μm×16～18μm，芽管蓥状。闭囊壳聚生至近散生，暗褐色，直径 74～130μm；附属丝长 55～431μm，或更长，局部粗细不均匀，有 0～3 个隔膜，12～38 根，不分枝，或少数不规则叉状分枝 1～2 次，曲折、扭曲状，个别屈膝状，成熟时下半部褐色，有时全长淡褐色或完全无色；子囊卵形、近卵形，5～10 个，短柄，近无柄至无柄，大小为 44～82μm×33～51μm，多数含子囊孢子 3～5 个，少数为 2 个；子囊孢子卵形、宽卵形，带黄色，大小为 18～28μm×13～

图 1　豌豆白粉病症状（①②刘淑艳提供；③引自 Pam Peirce）
①叶、茎发病初期；②叶片白粉连成片；③豆荚布满白粉

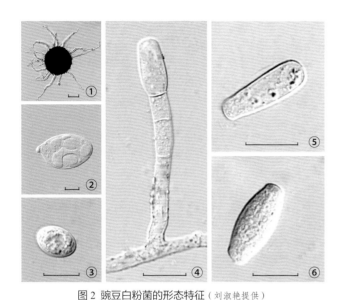

图 2　豌豆白粉菌的形态特征（刘淑艳提供）

①闭囊壳；②子囊；③子囊孢子；④分生孢子梗；⑤⑥分生孢子
（比例尺：① =50μm；②~⑥ =20μm）

18μm（图 2）。该病原菌主要危害豌豆，有些生理小种也可侵染菜豆、荷兰豆等。

侵染过程与侵染循环　分生孢子接触豌豆叶片后萌发形成芽管，芽管顶部膨大形成附着胞，并在芽管基部产生一个隔膜，在附着胞下形成侵染钉（丝）侵入寄主表皮细胞，侵染钉（丝）的顶部膨大形成吸器中心体，再发育成吸器；吸器吸收营养后供表面菌丝生长，又由菌丝再侵入寄主皮细胞形成次生吸器，如此反复多次菌丝扩展并形成菌丝体；菌丝体生长一定阶段后产生分生孢子梗；分生孢子梗再产出单个分生孢子。

在寒冷地区，病菌主要以闭囊壳随病残体在土表越冬，翌年温、湿度适宜时释放出子囊孢子进行初侵染。侵染后病部产生分生孢子传播到新寄主上进行多次再侵染，植株生长

后期产生闭囊壳越冬。在温暖地区或温室中，分生孢子和菌丝能终年存活，也可作为田间发病的初侵染源，种子表面也可带菌。病原菌主要依靠气流、雨水和灌溉水进行传播（图 3）。

流行规律　白粉菌属于专性寄生菌，在人工培养基上不能培养，豌豆白粉病的病原菌主要靠吸器吸取寄主营养，生长发育均在寄主表面进行。该病在 15~30°C 均能发生，最适温为 25~28°C。50%~80% 的相对湿度以及弱光照有利于病害的发生和流行，但长时间的降雨可抑制病害的发生。在高温干旱与高温高湿交替出现，又有大量菌源的条件下易造成该病的流行。因此，一般白天温度 25°C，湿度小于 80%，而夜间湿度大于 85% 时，该病扩展得最快。早春多雨、气候温暖、空气湿度大，易发病。在地势低洼易积水、排水不良或土质黏重、土壤偏酸的地块易发病。氮肥施用过多、栽培过密、光照不足均易造成植株生长发育衰弱，有利于病害发生。

防治方法

选用抗（耐）病品种　根据种植区域选择合适的品种，中豌 2 号适于北京、浙江、湖北种植，晋硬 1 号、晋软 1 号适于华北及西北部分地区，绿珠豌豆、小青荚豌豆适于华北部分地区，无须豆尖 1 号豌豆适于西南、华南地区，杂交大荚豌豆（宁阳双花×大荚豌豆）适于华南等地区。适合春豌豆区种植的有食荚菜用豌豆甜脆 761、辽宁的鲜食豌豆辽鲜 1 号、宁夏的宁豌 5 号、江苏农业科学院的赤花绿英。也可以选用西豌 1 号（西北农林科技大学）、陇豌 1 号（甘肃省农业科学院）、草原 27 号（青海省农林科学院、青海鑫农科技有限公司）等。

加强栽培管理　①地块选择。选择土层疏松、地力肥沃、排灌水方便、背风向阳的地块种植。②溶田、整畦。施入适量石灰粉以消减土壤中的有害病菌，同时能中和土壤酸碱度。整畦时，畦面要成瓦背形，即畦面中间高两边稍低，田间要挖深沟，以利降低地下水位，及时排除雨天积水。③适时播

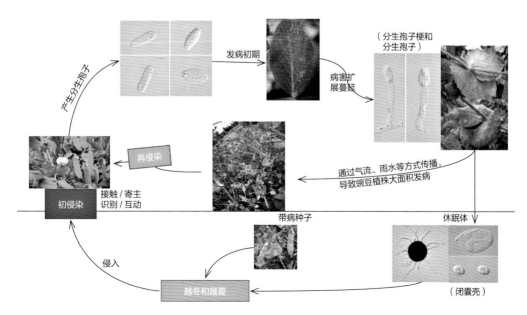

图 3　豌豆白粉病害侵染循环示意图（刘淑艳提供）

种。过早或过迟播种对豌豆的生长发育均不利，应根据当地气候选择适宜的时间播种。④覆盖地膜。豌豆播种后，畦面覆盖地膜，有利于保肥，提高地温，防止杂草疯长和减弱土壤中的病菌侵染源。⑤拌种。通过使用根瘤菌、钙镁磷肥或草木灰拌种，增施磷钾肥或农家有机肥等措施，促进豌豆植株健壮，以增强抗病力。

药剂防治　①播前药剂拌种。用种子重量 0.3% 的 70% 托布津 +75% 百菌清（1∶1）拌种密封 72 小时，可推迟病害发生。②及早喷药预防。该病多发生在生长中后期，喷药预防应在植株初花期，即在豌豆第一次开花或发病始期进行，可使用 15% 三唑酮（粉锈宁）可湿性粉剂 1500～2000 倍液，或 50% 三唑酮硫黄悬浮剂 600～1000 倍液喷雾。其他可选择的药剂有 40% 多硫悬浮剂 600～1000 倍液、50% 混杀硫 600～800 倍液、宁南霉素 260 倍液，每 7～14 天使用 1 次，连续喷药 2～3 次。

生物防治　国际上已有部分生物制剂用于白粉病的防治，如包含有白粉寄生菌（Ampelomyces quisqualis）分生孢子的 AQ10 Biofungicide®，基于担子菌酵母 Pseudozyma flocculosa 的分生孢子研制的 Sporodex® 等。

参考文献

杨晓明 , 2012. 豌豆白粉病研究进展 [J]. 甘肃农业科技 (8): 35-37.

中国农业科学院植物保护研究所 , 中国植物保护学会 , 2015. 中国农作物病虫害 [M]. 3 版 . 北京 : 中国农业出版社 .

FONDEVILLA S, RUB D, 2012. Powdery mildew control in pea, a review[J]. Agronomy for sustainable development, 32: 401-409.

（撰稿：刘淑艳；审稿：竺晓平）

菜用豌豆褐斑病　garden pea Ascochyta blight

由壳二孢属的豌豆壳二孢侵染引起的一种真菌性病害。主要危害植株的叶片、茎蔓和豆荚。是一种世界性的豆类病害。也是危害豌豆的主要病害和常发病害之一。

发展简史　1830 年，欧洲的 Libert 首次将其病原菌命名为 Ascochyta pisi。1861 年 Berkeley 和 Bloxam 以及 1927 年 Jones 分别报道了其他真菌也能够引起相似的病害。随后，Jones 通过培养性状，将豌豆球腔菌（Mycosphaerella pinodes）和豌豆壳二孢（Ascochyta pisi）两种病原菌进行了区分。该病在中国菜用豌豆种植区普遍发生，严重影响菜用豌豆产量和品质，但之前一直未对其报道，直至 1992 年，湖南的尹仁国对其进行了首次报道并进行初步研究。

分布与危害　菜用豌豆褐斑病分布范围广，主要分布于中国、加拿大、波兰、荷兰、澳大利亚和法国等国家。在中国的华南和华北均有分布，主要分布于陕西、北京、上海、福建、台湾、广东、四川、青海等豌豆产区，在南方地区春季多雨潮湿年份危害严重。

菜用豌豆褐斑病发病轻时豆荚上褐斑累累，影响品质，发病重时造成植株早衰、开花结果少，产量和产值损失较大，成为限制菜用豌豆生产的一大障碍。该病主要危害叶片、茎（秆）、豆荚、花器及种子。叶片和豆荚染病产生圆形淡褐色至黑褐色病斑，病斑边缘明显，叶上病斑近圆形，直径 2～5mm，中央淡褐色，边缘暗褐色，病斑中央生小黑点，即分生孢子器；在一个病叶上，往往有数个病斑（图 1）；茎部染病病斑褐色至黑褐色，纺锤形或椭圆形，稍凹陷，也有明显的深褐色边缘。花器感染褐斑病后，病斑常常环绕花萼，造成花和幼荚脱落或扭曲。荚上病斑圆形至不规则形，豆荚受害可下陷向内扩展到种子上，致种子带菌。种子病斑干燥时不易辨认，湿度大时呈污黄色或灰褐色至黑色，有皱纹，病斑可深入种皮、子叶、胚内。褐斑病在中国是常发病害，在田间与黑斑病、基腐病、炭疽病常混合发生。

病原及特征　病原为豌豆壳二孢（Ascochyta pisi Libert）。其分生孢子器主要在叶面产生，常聚生于病斑中央，呈同心轮纹状排列，球形或扁球形，分子孢子器壁淡褐色，膜质，突出表皮，大小为 100～180μm×100～120μm，孔口圆形，成熟时释放出分生孢子。分生孢子呈圆柱形、长椭圆形，无色，正直或微弯，两端钝圆，双胞，大小为 10～14μm×3～5μm，每个细胞内有明显的油点（图 2）。

菜用豌豆褐斑病菌与其他病原真菌一样也存在着不同的致病型或生理小种，国际上认可的是 1986 年 Darby 等人

图 1　豌豆褐斑病病叶（陈庆河提供）

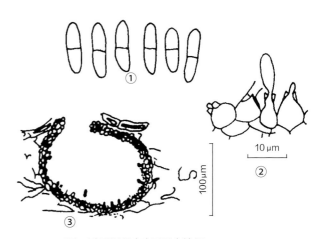

图 2　豌豆褐斑病病原形态特征（吴楚提供）

①分生孢子；②产孢细胞及发育的分生孢子；③分生孢子器纵剖面

豌豆褐斑病菌（*Ascochyta pisi*）菌株致病型鉴定表（引自Darby等，1986）

编号	品种	名称	生理小种	反应症状
JI 1097	*Pisum arvense*	PI343971/2	0	仅出现偶发性过敏反应
JI 423	*Pisum sativum*	Dik Trom	1	出现过敏反应，接种叶片出现轻微枯萎，无病斑或茎秆侵染
JI 181	*Pisum sativum*	Keerau	2	小叶或托叶出现病斑，叶片与叶柄交接处变褐，茎秆无病斑
JI 228	*Pisum arvense*	—	3	叶片和托叶出现病斑，但茎秆无病斑
JI 250	*Pisum jomardii*	—	4	叶片和托叶出现病斑，茎秆侵染但植株未倒塌
JI 403	*Pisum sativum*	Frazer	5	叶片和托叶出现病斑，茎秆侵染，大多数叶片枯萎，植株死亡

所建立的豌豆褐斑病菌致病型的鉴定体系。该体系将病原菌在人工控制条件下接种于具有代表性的 6 个菜用豌豆品种上，根据其对寄主叶片和茎秆的致病性，将病原菌分为 5 个致病型，具体见表。该病原菌除了危害豌豆外，还可侵染蚕豆、菜豆、扁豆和野豌豆。

侵染过程与侵染循环　病原菌以分生孢子器或菌丝体附着在种子上或随同病残体遗落在土壤中越冬，但豌豆壳二孢腐生能力较弱，在病残体上越冬的病菌不是主要的初侵染源，所以种子带菌对病害发生和流行极为重要，这也是病菌进行远距离传播的主要途径。在产生子囊壳的地区，子囊壳也是一个重要的越冬器官。播种带病菌菜用豌豆种子可引起幼苗发病，并在病斑处产生分生孢子器。分生孢子器产生分生孢子，借风、雨水溅射传播，从气孔或者直接穿透表皮侵入寄主组织，进行初侵染和再侵染（图3）。

流行规律　病菌发育的温度是 15～33℃，最适温度为 15～26℃，高温、高湿的天气或湿地环境易于发病。该病的发生流行规律除了与气候因素密切相关外，还与种子、土壤和施肥等因素相关。种子带菌是菜用豌豆褐斑病发生流行的关键因素之一，留种的田块存在菜用豌豆褐斑病，那么所留的种子就有可能带菌，如果种植户在播种时使用了带菌种子，那么不但增加了种子带菌的概率，而且种子营养不足、质量差，抗病能力减弱，菜用豌豆褐斑病就比较严重。土肥因素对该病发生流行也具有重要的影响，连续多年种植菜用豌豆，没有进行轮作，土壤中病原菌量大，增加了感病机会。土壤一般为黏性重的水稻田，或前作为玉米，而本茬为免耕种植，土壤通透性较差，土壤排水性不好，田间湿度大，再加上施肥不合理，作物根系发育不良，使作物抗病能力相对较弱，是导致该病发生严重的一个因素；另外，未能及时有效地进行发病前期防治，也会造成发病加重。

防治方法

农业防治　①选用无病种子和种子处理。播种健康的种子可极大地减少初侵染源，是控制该病最重要的措施。因此，需要在干燥、无病环境下繁育种子，并选用无病、健壮、充分成熟的豆荚留种。播种时用草木灰拌种或将种子在冷水中预浸 4～5 小时，然后置入 50℃ 温水中浸 5 分钟，再用冷水冷却后晾干播种。②栽培措施。可以根据市场需求，选择已通过国家或地方作物品种审定委员会审定通过的抗、耐病品种。重病田与非豆科蔬菜实行 2～3 年轮作。选择高燥地块，采用高畦或半高畦栽培，并盖地膜，避免低洼地或者排水不良地种植。收获后需及时清除田园病残体和杂草，直接深埋

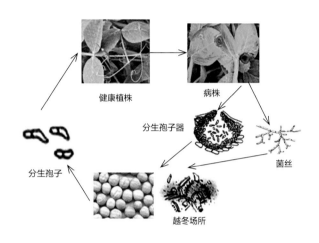

图 3　菜用豌豆褐斑病侵染循环示意图（陈庆河提供）

或晒干烧毁，并进行深翻晒土，减少越冬菌源。栽培时若发现病株，应及时拔除或摘除病叶和病荚，集中处理。合理密植，保证菜田通风透光良好；科学浇水，防止大水漫灌，雨后及时排水，做到田间不积水；采用配方施肥技术，施足基肥，做到氮、磷、钾合理搭配，促使植株生长健壮，以提高植株抗病力，不可偏施氮肥，使植株疯长；保护地种植的菜用豌豆，应注意通风，降低湿度。

生物防治　发病初期可用华光霉素进行喷雾防治，每隔 7 天喷 1 次，连喷 2～3 次。

化学防治　①药剂拌种。可选用种子重量 0.2% 的 50% 四氯苯醌可湿性粉剂或种子重量 0.3% 的 40% 三唑酮·多菌灵可湿性粉剂、或 70% 甲基硫菌灵可湿性粉剂、或 50% 敌菌灵可湿性粉剂、或 50% 福美双可湿性粉剂拌种。②喷药防治。预防菜用豌豆褐斑病可从菜用豌豆抽蔓开始，结合预防炭疽病等病害，发病前期可喷施 70% 甲基硫菌灵可湿性粉剂，或 75% 百菌清可湿性粉剂，或 25% 三唑酮可湿性粉剂，或 60% 代森锰锌可湿性粉剂进行喷雾防治，隔 7～10 天喷施 1 次，交替喷施 3～4 次。发病初期可用 50% 异菌脲可湿性粉剂，或 60% 噻菌灵可湿性粉剂，或 95% 噁霉灵可湿性粉剂进行喷雾防治，每 7～10 天喷施 1 次，连喷 2～3 次。保护地种植的菜用豌豆，发病初期，可用喷粉器喷 5% 百菌清粉尘剂或 1.5% 福·异菌粉尘剂或 5% 加瑞农（kasugamycin + copper oxychloride）粉尘剂，每亩用药 1kg，早上或傍晚喷。喷施时粉尘剂不加水，喷头向上，喷在作物上面空间，且不能直接对着菜用豌豆喷，喷前先关上棚室，让粉尘自然飘落在菜用豌豆

植株上，每7天喷1次，连续喷2～3次。收获前15天停止用药。

参考文献

王晓鸣，朱振东，段灿星，等，2007. 蚕豆豌豆病虫害鉴别与控制技术 [M]. 北京：中国农业科学技术出版社．

中国农业科学院植物保护研究所，中国植物保护学会，2015. 中国农作物病虫害 [M]. 3版．北京：中国农业出版社．

DARBY P, LEWIS B G, 1986. Diversity of virulence within *Ascochyta pisi* and resistance in the genus *Pisum*[J]. Plant pathology, 35: 214-223.

DAVIDSON J A, KRYSINSKA-KACZMAREK M, WILMSHURST C J, et al, 2011. Distribution and survival of *Ascochyta* blight pathogens in field-pea-cropping soils of Australia[J]. Plant disease, 95(10): 1217-1223.

（撰稿：陈庆河；审稿：竺晓平）

蚕豆白粉病 broad bean powdery mildew

由豌豆白粉菌和鲍勒束丝壳引起的、危害蚕豆的叶片、茎和荚果的一种真菌病害。

发展简史 随着全球变暖，白粉病对蚕豆及豌豆的影响越来越大，各国展开了对豌豆白粉病的基础研究，主要集中在抗病种质资源的创新和抗性基因的研究上。蚕豆易受高温胁迫，晚播特别容易发生白粉病。1948年，秘鲁豌豆抗病育种家发现豌豆对白粉病（*Erysiphe pisi* DC.）的抗性由隐性单基因（*er*）控制以来，1983—2003年，印度及澳大利亚的一些学者也相继得到同样的结论。但1979年也有人报道，在某些豌豆品种中白粉病抗性是由双隐性基因控制的。2007年，国际正式命名的豌豆抗白粉病基因有3个，即 *er1*、*er2* 和 *Er3*（Fondevilla S）。前两个基因来源于豌豆栽培种（*Pisum sativum* L.），*Er3* 来源于野生豌豆（*Pisum fulvum* L.）。单一的 *er2* 基因无法表现抗性，只有与 *er1* 相结合才能表现抗病性。1995年，Warkentin 等通过直观观察叶片病原菌覆盖率将植株个体病害程度分为0～9级，植株完全发病时进行病害指数调查。蚕豆白粉病除豌豆白粉病引起的白粉病以外，还有鲍勒束丝壳引起的白粉病。2008年，中国食用豆研究者对全国蚕豆产区病虫害普查的结果表明，不论在西北（春播区）还是西南（秋播区），白粉病已成为制约其产业发展的重大病害。在2010年第5届国际食用豆研讨会上，蚕豆白粉病成为各国科学家关注的焦点。2011年，发现 *Er3* 基因正通过有性杂交导入豌豆栽培种中。

分布与危害 在国外，如苏丹、埃塞俄比亚和以色列等国报道发生蚕豆白粉病并有时危害严重。在中国蚕豆白粉病分布不广，危害不重，仅有云南和新疆普遍发生，在其他如四川、河北等地仅零星发生。一般在蚕豆生长季节比较干燥的地区容易发生该病。

在蚕豆初花期开始危害。叶片、茎、荚等幼嫩部位均易感染。叶片发病初期，组织呈现淡褐色斑块，逐渐扩展并连合成大斑，随后表面产生小的白色粉状物病斑，病斑迅速扩大，融合成大面积白粉状斑块。当气候适宜时，病斑迅速扩展，病叶做纵向卷曲并变厚，病害继续发展，受害的嫩叶变色和枯萎，导致茎端凋萎。嫩茎和叶柄发病，产生白色粉状斑块外，有时产生赤色的病斑和病痕。嫩荚受害，荚成畸形和早熟状（见图）。

病原及特征 病原为豌豆白粉菌（*Erysiphe pisi* DC.）和鲍勒束丝壳［*Trichocladia baumleri*（Magn.）Neger］。蚕豆白粉菌闭囊壳深褐色，球形，散生在菌丝上，直径60～139μm；附属丝多，呈菌丝状，褐色，较短，与菌丝相交织；闭囊壳内含1～4个卵圆形至广卵形子囊；子囊孢子4～8个，卵圆形或稍长卵形，单胞，无色。无性态为粉孢属白粉孢（*Oidium erysiphoides* Fr.），分生孢子单胞，无色，卵圆形至长圆筒形，两端圆，大多3～4个串生，偶尔单生或双生。

蚕豆白粉病（吕梅媛提供）

分生孢子梗自叶片表面的外生菌丝抽出，2～4细胞。

分生孢子萌发的温度范围很广，一般在16～28℃下，48小时内萌发，相对湿度要求90%以上，但在水滴内的孢子很少萌发。

侵染过程与侵染循环　病菌以闭囊壳在蚕豆、豌豆等寄主病残体上越冬，温暖地区也可以菌丝体及分生孢子在病部越冬。翌年春季气候适宜即不断产生子囊孢子或分生孢子进行初侵染。发病后，病部产生分生孢子，借气流传播进行再侵染，经多次重复侵染，扩大危害。在云南经常栽培早播菜用蚕豆，其感染的白粉病和在病叶上产生的大量分生孢子，是正常秋播蚕豆发生白粉病的一个重要菌源。

流行规律　干燥和气温较高的气候适合蚕豆白粉病发生和发展。气候干燥是发病的主要诱因。在干燥条件下，较高的气温容易诱发病害。气温20～24℃时利于病菌侵染，潜育期短，适合发病，低于18℃则潜育期长或发病较轻。病菌在潮湿、多雨或田间积水、植株生长茂密的情况下易发病；干旱少雨植株往往生长不良，抗病力弱，但病菌分生孢子仍可萌发侵入，尤其是干、湿交替利于该病扩展，发病重。

防治方法

农业防治　①选用抗白粉病品种。选育和推广抗白粉病的早熟品种，在白粉病大发生前接近成熟，以避开白粉病危害。②清洁田园。蚕豆收获后及时清除病株残体，并集中深埋或烧毁。③加强田间管理。提倡施用酵素菌沤制的堆肥或充分腐熟的有机肥，采用配方施肥技术，合理密植，提高植株抗性。

化学防治　病害发生初期可喷施石硫合剂或胶体硫、50%硫黄乳剂200倍液、50%萎锈灵乳油800倍液喷雾、25%粉锈宁可湿性粉剂2000倍液、50%苯菌灵可湿性粉剂1500倍液等。重病田隔7～10天再喷1次。

参考文献

王晓鸣，朱振东，段灿星，等，2007.蚕豆豌豆病虫害鉴别与控制技术 [M].北京：中国农业科学技术出版社．

中国农业科学院植物保护研究所，中国植物保护学会，2015.中国农作物病虫害 [M].3 版.北京：中国农业出版社．

（撰稿：高小丽；审稿：冯佰利）

蚕豆病毒病　broad bean virus disease

由病毒、类病毒及类病原体引起的系统性侵染病害。主要危害蚕豆叶片乃至整个植株。在世界范围内广泛存在。

发展简史　1921 年，加拿大学者狄克逊（B.T. Dickson）首先描述了蚕豆花叶病，而迄今为止已报道的蚕豆病毒病有 50 多种。苜蓿花叶病毒（alfalfa mosaic virus，AMV）最先在苏丹发现。蚕豆花叶病毒（bean yellow mosaic virus，BYMV）最早在英国发生。蚕豆真花叶病毒（broad bean true mosaic virus，BBTMV）最早发现于德国。蚕豆萎蔫病毒（broad bean wilt virus，BBWV）最初从澳大利亚自然感病的蚕豆上发现。菜豆卷叶病毒（bean leaf roll virus，BLRV）则于 1927 年在德国博英（Boing）首次被报道。

分布与危害　在中国发生的蚕豆病毒病约有 10 种，如由蚕豆萎蔫病毒引起的蚕豆萎蔫病、由菜豆黄花叶病毒（bean yellow mosaic virus）和蚕豆花叶病毒引起的蚕豆花叶病毒病、由菜豆卷叶病毒引起的蚕豆黄化卷叶病、由苜蓿花叶病毒病（AMV）和蚕豆真花叶病毒（BBTMV）引起的蚕豆真花叶病毒病等（见图）。

蚕豆萎蔫病毒最初从澳大利亚自然感病的蚕豆上发现，后相继在英、美、法等世界各地许多重要经济植物上发生，是世界性流行的病毒，造成严重危害。据统计，它可侵染分属于 44 科 186 属的 328 种植物，引起环斑、脆裂、花叶畸形、萎蔫、顶枯等症状，影响作物正常生长，从而导致产量和品质下降。植株感染该病毒，叶片呈不同程度的轻重花叶、斑驳，重病叶皱缩，上生黑褐色坏死斑块或坏死斑点，茎部产生黑褐色坏死长条斑，病株提早萎蔫死亡。

蚕豆花叶病毒病由菜豆黄花叶病毒引起。在伊朗、美国、德国、澳大利亚、荷兰、苏联等国家均有报道。1990 年，经张海保等人鉴定，在中国甘肃、青海和宁夏等春播蚕豆区发生此病。2003 年，由 ICARDA、中国农业科学院、云南农业科学院等机构组织的蚕豆病毒病考察鉴定发现，云南菜豆黄花叶病毒病侵染率高达 96%。病毒病导致蚕豆减产和质量下降，造成较大损失。此病毒感染后引起植株矮小纤弱，叶片轻度失绿黄化，并产生形状不规则的深绿色斑块，呈系统黄化花叶症状，病株稍畸形。

蚕豆卷叶病毒病是一种分布广、发生普遍的蚕豆病毒病。在南美洲、亚洲、非洲及澳大利亚等地均有发现。该病在中国长江中下游地区普遍发生，常年发病率为 10%～30%，严重时个别田块发病率达 100%。蚕豆幼苗感染此病毒后，整株叶片黄化卷曲，植株矮小。成株期发病初期，植株生长衰弱，叶片均匀褪色呈黄色，以后上部叶片完全黄化和卷曲，病叶变厚变硬，常早期脱落，茎部有坏死。少荚或根本无荚。

病原及特征　蚕豆萎蔫病毒属蚕豆萎蔫病毒组蚕豆萎蔫病毒。提纯病毒制剂用磷钨酸负染色后在电镜下观察，病毒粒体球形，呈白色，边缘深色。直径 25～28nm，核酸为单链 RNA，钝化温度 50～55℃，稀释限点为 10^{-4}～10^{-3}，体外存活期 4 天。病叶内有病毒粒体所组成的管状内含体。传毒介体为桃蚜，非持久性方式传毒。不同来源的蚕豆萎蔫病毒分离物归属于两个血清型，即血清型 I 和血清型 II，后来命名为蚕豆萎蔫病毒 1 号（BBWV 1）和蚕豆萎蔫病毒 2 号（BBWV 2）。在中国发生的蚕豆萎蔫病毒病害普遍是 BBWV 2，尚未分离得到 BBWV 1。

蚕豆黄色花叶病毒属马铃薯 Y 病毒组菜豆黄色花叶病毒。病毒粒体为线形，大小为 750～1500nm。病毒的致死温度为 55～60℃，稀释限点为 10^{-4}～10^{-3}，体外存活期为（20～25℃）1～2 天。寄主有蚕豆、菜豆、绿豆、米豆、苜蓿和三叶草等。

蚕豆卷叶病毒，从表现黄化和卷叶症状的蚕豆病株上分离的病毒 B-2，经传病介体、寄主范围和血清学反应等研究，鉴定为菜豆卷叶病毒的一个蚕豆株系，属于大麦黄矮病毒组。由豆蚜、豌豆蚜、棉蚜和桃蚜以持久性方式传毒，其中，豆蚜和豌豆蚜的传病效率高，豆蚜可以终生传毒，传病有间歇

蚕豆各种病毒病引起叶片症状（何玉华提供）

①蚕豆萎蔫病毒病引起叶片皱缩；②蚕豆花叶病毒病引起蚕豆花叶症状；③蚕豆黄化卷叶病毒病引起叶片黄化上卷

性。桃蚜的传病效率较低。病毒 B-2 可以侵染 14 种植物。其中，表现黄化、矮化和叶片皱缩卷曲等症状的有蚕豆、长豇豆、大豆、豌豆、菜豆、紫云英、兵豆、绛红叶、地三叶、葫芦巴等；不表现症状的寄主植物有苜蓿、红三叶和苕子等。

侵染过程与侵染循环　蚕豆大多数病毒病可经过种传，蚜虫带菌是其另一主要的侵染源。

蚕豆萎蔫病毒寄主植物很多，寄主全年存在，可以在田间寄主病组织上以寄生方式越冬越夏。由豆蚜、桃蚜等多种蚜虫以非持久性方式传播，病毒浓度影响蚜虫的传毒效能。吸食低浓度病毒的桃蚜，其传病率约 25%，而吸食高浓度的病毒，传毒能力达 24 小时。天气干燥，传毒介体数量大，有利于病害发生并流行。当蚕豆田附近有蔬菜地或田块旁杂草丛生时发病严重。

蚕豆黄色花叶病毒在春蚕豆上发生较为普遍，传毒介体专化性不强，蚕豆蚜、豌豆蚜、马铃薯长管蚜、桃蚜等多种蚜虫都能有效地传播，传毒蚜虫有 20 多种，以非持久性方式传播。苜蓿、三叶草等牧草都是该病毒的有效越冬寄主。

流行规律　蚕豆卷叶病毒在田间的主要传毒媒介是蚜虫。因此，蚜虫的活动直接影响病害的消长。在长江流域秋播蚕豆区，蚜虫迁飞到蚕豆田有 2 次高峰，一次是秋季 9 月下旬到 11 月上旬，一次是春季 3～4 月。每次高峰过后，田间病株都会增加。如果秋季和翌年春季雨少、气候比较干燥，病害发生普遍且严重，肥沃田块比贫瘠田块蚕豆易发病。

防治方法

选用抗（耐）病品种　不同品种之间抗性差异明显，宜选育抗性强的蚕豆品种。

农业防治　①适时播种。从无病田留种，选择健康饱满无病种子，适期播种，培育壮苗。②清除初侵染源，严防再侵染。及早拔除带病毒植株，并将其深埋或高温堆肥，严防扩散侵染。③加强田间管理，提高植株抗病力。叶面喷施营养剂加黑皂或普通洗衣肥皂（0.05%～0.1%），有助于钝化毒源，促进植株生长。

化学防治　可在蚜虫迁移至蚕豆田前的其他寄主上喷药，或喷洒蚜虫忌避的化学药剂防治。可选用 2.5% 溴氰菊酯乳剂 1500～2000 倍液喷雾；25% 久效磷乳油 1500～2000 倍液喷雾。一般于蚕豆出苗后和开花期各喷药 1 次，能有

效控制蚜虫危害，防止病害蔓延。

参考文献

陈永萱，郭景荣，1994. 蚕豆上的菜豆卷叶病毒鉴定 [J]. 南京农业大学学报，17 (4): 49-53.

中国农业科学院植物保护研究所，1985. 中国农作物病虫害：上册 [M]. 2 版. 北京：中国农业出版社.

HULL R, 2002. Matthews' plant virology[M]. New York: Acadmic Press.

（撰稿：于海天；审稿：何玉华）

蚕豆病害　broad bean diseases

蚕豆（*Vicia faba* L.）属野豌豆族（Vicieae）巢菜属（蚕豆属 *Vicia*）下唯一栽培种。蚕豆分布广泛，在中国、土耳其、埃及、埃塞俄比亚、摩洛哥、法国、德国、意大利、巴西、澳大利亚等国有较大种植面积。蚕豆在中国已有 2100 年的栽培历史，年播种面积约 120 万 hm²，主要分布在云南、四川、湖北、江苏、湖南、浙江、青海、甘肃、宁夏等地，有春播和秋播之分，秋播区主要集中在云南、四川、湖北、湖南、江苏、浙江和广东，春播区主要集中在甘肃、青海、内蒙古。中国是世界蚕豆主产国，鲜食蚕豆、设施蚕豆、粮饲多用型蚕豆等多元化发展，为蚕豆生产与产业发展提供了良好机遇。

蚕豆病害是影响蚕豆高产稳产的主要因素。从蚕豆播种到收获，因病害造成的损失达 10%～20%，流行年份高达 50% 甚至绝收。蚕豆产区的真菌病害主要有蚕豆赤斑病、蚕豆锈病、蚕豆轮纹斑病、蚕豆褐斑病、蚕豆枯萎病、蚕豆油壶菌火肿病、蚕豆白粉病、蚕豆霜霉病、蚕豆根腐病、蚕豆立枯病等。俞大绂曾报道蚕豆真菌病害 30 种。蚕豆赤斑病、蚕豆褐斑病、蚕豆轮纹斑病在潮湿的地区和季节发生较为严重，蚕豆锈病和蚕豆枯萎病在比较干燥的地区和季节发生。蚕豆火肿病在甘肃、四川、西藏春播区危害严重，蚕豆白粉病在云南发生较普遍。蚕豆细菌性病害主要有蚕豆细菌性茎疫病、蚕豆叶烧病等。蚕豆病毒病种类较多，主要有蚕豆黄花叶病毒病、蚕豆萎蔫病毒病、蚕豆卷叶病毒病等。

参考文献

林汝法，柴岩，廖琴，等，2002.中国小杂粮 [M].北京：中国农业科学技术出版社.

叶茵，2003.中国蚕豆学 [M].北京：中国农业出版社.

俞大绂，1979.蚕豆病害 [M].北京：科学出版社.

中国农业科学院植物保护研究所，中国植物保护学会，2015.中国农作物病虫害 [M].3 版.北京：中国农业出版社.

（撰稿：冯佰利；审稿：柴岩）

蚕豆赤斑病　broad bean chocolate spot

由葡萄孢菌引起的、危害蚕豆整个植株的真菌性病害，是世界上许多蚕豆产区的主要病害之一。

发展简史　蚕豆赤斑病于 1929 年在西班牙首次被记载，其发生遍及世界蚕豆产区，以英国、地中海沿岸和中国长江流域中下游地区危害严重。1935 年和 1944 年在英国发生严重。在中国自 20 世纪 50～60 年代多次发生后，成为国内蚕豆的主要病害之一。中国蚕豆赤斑病的高发区域主要分布在长江中下游的重庆、江苏、浙江、福建一带。

分布与危害　蚕豆赤斑病在中国、加拿大、日本、西班牙及非洲南部等均有不同程度的发生。中国以长江中下游和东南沿海、西南各地秋（冬）播区及甘肃等春播区较为普遍，春季和初夏多雨年份利于病害发生。生产中常因赤斑病流行减产 30%～50%，严重时成片早衰、枯死。

主要侵染叶片、叶柄、茎秆，严重时可在花瓣、幼荚上形成病斑。病原菌多从下部老叶或受冻害的主轴开始侵染，每年早春开始发病。发病初期，叶片上产生针尖大小的赤点，后扩大成圆形、近圆形病斑。病斑直径 2～4mm，中心呈深褐色，稍凹陷，周缘红褐色，病健交界明显（见图）。茎和叶柄发病时，产生赤褐色条斑，边缘深褐色，病斑破裂后产生裂痕。花受害后遍生棕褐色小点，严重时花冠变褐枯萎，后逐渐凋落。豆荚上产生赤褐色斑点，病菌能穿透豆荚，侵入种子内部，并在种皮上产生小红斑。病株侧根稀少，主根皮层腐烂，变为黑色，植株容易拔起。病情严重时，叶片、花器、幼荚及茎秆都发黑干枯，叶片大量脱落，田间植株一片焦黑，如同火烧。

病原及特征　病原菌有蚕豆葡萄孢（*Botrytis fabae* Sardina）和灰葡萄孢（*Botrytis cinerea* Pers. ex Fr.），属葡萄孢属。蚕豆葡萄孢只危害蚕豆及蚕豆属的其他一些种，蚕豆赤斑病病原以此为主，此菌可形成分生孢子和菌核。分生孢子梗淡褐色，细长，有隔膜，大小为 300～2000μm×9～21μm，单生或束生，顶端分枝，分枝末梢略膨大，伸出小梗，小梗上着生分生孢子，聚生成葡萄穗状。分生孢子单胞，倒卵圆形，呈暗灰色，大小为 12.2～22.8μm×10.5～15.8μm。菌核黑色，椭圆形或不规则形，扁平，表面粗糙，大小为 0.5～1.5mm×0.2～0.7mm。灰葡萄孢可侵染蚕豆、葡萄、番茄、茄子等。

病原菌生长温度范围为 5～36℃，生长最适温度为 24～26℃。菌丝在 20～25℃之间发育最好；分生孢子在 19～21℃萌发最好。孢子萌发温度为 5～34℃。在生长温度范围内均能形成菌核。病菌最适生长 pH 为 4.4～5.2，生长 pH 为 3.2～4.4 及 8.1～8.5。

病原菌有生理分化，国际干旱地区农业研究中心（ICARDA）曾鉴定出中东 *Botrytis fabae* 的 4 个小种。在中国，俞大绂于 20 世纪 30～50 年代通过研究鉴定出菌丝型、菌核型、分生孢子型 3 个类型，并证明病菌为异核体。病原菌寄主有蚕豆、豌豆、小巢豆、巢豆、菜豆、猪屎豆等豆科植物。

侵染过程与侵染循环　病菌以菌核或菌丝在土壤或病株残体上越冬和越夏。菌核遇适宜条件萌发长出分生孢子梗，并产生大量分生孢子，分生孢子萌发后先端膨大，形成附着器，再形成侵入丝贯穿角质层而侵入寄主，引起初侵染。

菌核能在土壤表层和地下越冬、越夏。越冬或越夏的菌核在条件适宜时产生分生孢子，借助风雨传播，进行再侵染。病叶落在田间，如遇土面长期潮湿，则在其表面产生大量的分生孢子，加速病害的传播蔓延。在有利于病害发生的条件下，从接种到出现病斑潜育期为 48 小时。病斑扩展产生新的分生孢子需 7～10 天。田间病害发生可分为零星发病期、病害蔓延期、盛发流行期和加重危害期 4 个阶段。

流行规律

气候条件　温度和湿度条件是赤斑病发生的主要气候

由蚕豆葡萄孢引起的蚕豆赤斑病在叶片上的病症（何玉华提供）
①前期；②中期；③后期

条件。气温在 20℃ 上下最适合病原孢子的萌发和侵染。无论是秋播区或春播区蚕豆，在其生育期内，气温在 15～25℃ 的时间较长。病菌产生孢子的空气相对湿度至少在 70% 以上。在气温 20℃、相对湿度 85% 时，菌核大量萌发，反复侵染。空气潮湿、温暖多雨的自然条件造成病害普遍流行。

品种抗性　品种间抗病性有显著差异。1992 年，梁训义等对来自国内外的 938 份蚕豆种质进行抗性研究，结果表明：中抗品种占 10.23%；中感品种占 41.15%；感病品种占 31.45%；高感品种占 17.16%。中抗品种大多来自蚕豆赤斑病常年发生较为严重的浙江、湖南、江苏、湖北等地。此品种以中粒型为主，极少数为大粒型；粒色以绿色为主，少部分为乳白色和浅绿色。

栽培条件　引起蚕豆赤斑病的 2 种病原菌都是弱寄生菌，只有寄主生命活力弱时，才有利于它的侵染。一般在土壤酸性大、土质黏重贫瘠、肥力不足、地势低洼、排水不良、种植密度大及通风透光不好等情况下发病重，播种过早或过迟及连作田块发病重。

防治方法

选用抗病品种　选用和推广表现较稳定的丰产抗病品种，如成胡 10 号、启豆 1 号、云豆 324、青海 3 号、凤豆 9 号、临夏大蚕豆等；选用抗性较好的地方品种，如浙江黄岩绿小粒种、海涂青光豆、嘉善天壬香珠豆、嵊县青豆、绍兴小白豆，湖南的常德蚕豆和江苏的马塘白皮豆等。同时，选用早熟品种，其生育期可躲避病害的发生及蔓延，进而减少损失。

农业防治　①减少菌源。与小麦、油菜实行 2 年以上轮作；及时清除田间带病残体，烧毁枯枝落叶；选用无病种子。②高地种植。选择干燥的坡地、平地及砂质壤土种植。低洼地选用高畦深沟栽培，注意排水及田间湿度。③加强栽培管理。合理密植；采用配方施肥技术，增施磷、钾肥，喷施钼、硼等叶面肥，促使植株健壮，增强抗病能力；及时打顶，保证植株长势良好，保持株间通风透光性，减少病害蔓延。

化学防治　一是播种前进行药剂拌种和土壤消毒处理。如用多菌灵可湿性粉剂（含有效成分 50%）、敌菌灵可湿性粉剂（含有效成分 50%）拌种，用量为种子重量的 0.3%。以 1∶20 的比例，用多菌灵可湿性粉剂拌土，撒入蚕豆种植穴中等。二是喷药防治。病害始盛初期喷药，每隔 7～10 天喷 1 次，连续 2～3 次。主要药剂和用量为：波尔多液和多菌灵（含有效成分 25%）按 1∶500 倍稀释喷雾；乙烯菌核利可湿性粉剂（含有效成分 50%）按 1000～1500 倍稀释喷雾等。喷药后如药液未干遇雨，待雨停后及时补施，以保药效。

参考文献

王晓鸣，朱振东，段灿星，等，2007. 蚕豆豌豆病虫害鉴别与控制技术 [M]. 北京：中国农业科学技术出版社.

叶茵，2003. 中国蚕豆学 [M]. 北京：中国农业出版社.

中国农业科学院植物保护研究所，1985. 中国农作物病虫害：上册 [M]. 2 版. 北京：中国农业出版社.

（撰稿：何玉华；审稿：吕梅媛）

蚕豆根腐病　broad bean root rot

由茄腐皮镰刀菌蚕豆专化型引起的、严重危害蚕豆生产的一种重要真菌病害，在中国各地均有分布，常与枯萎病混合发生。

发展简史　世界上最早报道蚕豆镰刀菌根腐病的是德国人 Kirchmer，该病的病原是禾谷镰刀菌（*Fusarium graminearum*），蚕豆镰刀菌基腐病的病原是燕麦镰刀菌（*Fusarium avenaceum*）。从此世界许多植物病理学家相继报道了对蚕豆镰刀菌根腐病病原的研究成果。通过对云南冬蚕豆镰刀菌根部病害的系统研究，从症状表现，把蚕豆镰刀菌根腐病分为 3 种类型，即：蚕豆镰刀菌枯萎病，病原是燕麦镰刀菌蚕豆变种（*Fusarium avenaceum* var. *fabae*）和尖孢镰刀菌蚕豆变种（*Fusarium oxysporum* var. *fabae*）；蚕豆镰刀菌根腐病，病原是茄镰刀菌（*Fusarium solani*）和串珠镰刀菌（*Fusarium moniliforme*）；蚕豆镰刀菌基腐病，病原是燕麦镰刀菌（*Fusarium avenaceum*）和禾谷镰刀菌（*Fusarium graminearum*）。这些研究也为中国的蚕豆病害研究提供了有效的资料。李春杰等对甘肃临夏春蚕豆根腐病进行研究发现，病原真菌主要有腐皮镰刀菌（*Fusarium solani*）、燕麦镰刀菌（*Fusarium avenaceum*）、黏帚霉（*Gliocladium roseum*）和尖孢镰刀菌（*Fusarium oxysporum*）。其次为茎点霉（*Phoma* spp.）、腐霉（*Pythium* spp.）、链格孢（*Alternaria* spp.）、立枯丝核菌（*Rhizoctonia solani*）及少量其他真菌。

分布与危害　蚕豆根腐病是一个世界性的病害，在中国各地均有分布，一般病株率为 5%～15%，发病严重时可达 50% 以上。该病从苗期至始花期都出现危害，以苗期发病较重，主要危害根和茎基部，引起全株枯萎。根和茎基部发病，开始表现为水渍状，后发展为深褐色或黑色腐烂，烂根表面有致密的白色霉层。到了发病后期，根部大部分干缩，地上部蚕豆植株下部的叶片边缘出现黄色斑点，以后叶片变黑枯死，最后植株萎蔫死亡。病茎水分蒸发后，变灰白色，表皮破裂如麻丝，内部有时有鼠粪状黑色颗粒（见图）。

病原及特征　病原为茄腐皮镰刀菌蚕豆专化型（*Fusarium solani* f sp. *fabae* Yu et Feng）。分生孢子梗瓶状。大型分生孢子稍弯，纺锤形，具 0～6 个隔膜，典型为 3 个，大小为 34.8μm×5.2μm，无色。小型分生孢子着生在分生孢子帚状分枝的梗上，梗不规则。分生孢子卵圆形至圆筒形，单胞，大小为 6.6μm×2.1μm。厚垣孢子顶生或间生多为单胞，无色，圆筒形，单生，有时连结成短杆状，表面光滑。

侵染过程与侵染循环　蚕豆根腐病的病菌种类很多，常见的为镰刀菌类。病菌可在种子上存活或传带，种子带菌率 1.2%～14.2%，且主要在种子表面经种皮传播，此外，以菌丝体及厚垣孢子随病残体在土壤中越冬的病菌，在土壤中可存活多年，都可成为翌年的初侵染源；条件适宜时，从根毛或茎基部的伤口侵入，田间借浇水及昆虫传播蔓延，引起再侵染。风雨能将枯死株的残碎组织或茎基部产生的分生孢子传播到无病田，灌溉及大雨造成的流水，以及人、畜、农机具等农事活动能传播病害。病地连年种植，土壤中病菌积累多，故发病重，若遇高温、高湿，则利于病情的发展蔓延。

蚕豆根腐病危害状（朱振东提供）

流行规律　土壤湿度是诱发蚕豆根腐病最主要的因素，田块灌水后，镰刀病菌快速繁殖，侵染蚕豆根系和茎基部，引起蚕豆发病严重。土壤温度也是关键因素，当土温达到 15℃ 时，病株开始表现症状，土温愈高，发病愈严重，当土温达到 25℃ 或以上时，病株常迅速枯死。在肥力贫瘠的土壤中种植蚕豆，因土壤中氮磷失调、缺钾等情况严重，易促生根腐病。种子带菌传播是蚕豆根腐病远距离传播的主要途径，种子带菌率与发病率呈正相关。

该病发病程度与土壤含水量有关。在地下水位高或田间积水时，田间持水量高于 92% 发病最重，地势高的田块发病轻；精耕细作及在冬季实行蚕豆、小麦、油菜轮作的田块发病轻。年度间的差异与气象条件相关，播种时遇有阴雨连绵的年份，根病死苗严重。一般在蚕豆花期发病严重。田间积水或苗期浇水过早，病害发生重。多年连作的田块发病较重。

防治方法

农业防治　①合理轮作。蚕豆根腐病菌寄主范围窄，实行蚕豆、小麦、油菜等 3 年以上轮作，效果好。但不宜与豆科牧草轮作。②选用无病种子。如农户自留蚕豆种，可将种子放置 1 年后再使用，弱化种子携带病原菌的侵染力，降低发病率。③清洁田园。病田蚕豆收获后，要及时清除病残组织。④增施磷钾肥。不偏施氮肥，增施磷钾肥，促进植株生长健壮，提高抗病能力，注意不施用混有病残组织的未腐熟的农家肥。

化学防治　①种子处理。播种前，用种子重量 0.25% 的 20% 三唑酮乳油拌种，种子重量 0.2% 的 75% 百菌清可湿性粉剂拌种，50% 多菌灵可湿性粉剂 700 倍液浸种 10 分钟，56℃ 温水浸种 5 分钟。②苗期，用 50% 多菌灵可湿性粉剂 1000 倍液灌根。发病初期，往植株茎基部喷淋 70% 甲基硫菌灵可湿性粉剂 800～1500 倍液 +50% 福美双可湿性粉剂 600 倍液，50% 多菌灵可湿性粉剂 600 倍液，70% 甲基硫菌灵可湿性粉剂 500 倍液，隔 7～10 天喷淋 1 次，连续防治 2～3 次。

参考文献

程亮，2015. 青海省蚕豆品种（系）抗根腐病鉴定 [J]. 北方园艺 (6): 103-105.

李春杰，南志标，1996. 临夏地区春蚕豆根腐病发生与危害调查 [J]. 植物保护 (6): 25-26.

中国农业科学院植物保护研究所，中国植物保护学会，2015. 中国农作物病虫害 [M]. 3 版. 北京：中国农业出版社.

（撰稿：高小丽；审稿：冯佰利）

蚕豆褐斑病　broad bean *Ascochyta* blight

由蚕豆褐斑病菌引起的真菌病害，主要侵染蚕豆的茎叶及花。在世界范围内广泛分布。

发展简史　蚕豆褐斑病菌在 1898 年由 Speg 命名为 *Ascochyta fabae*。1972 年，Punithalingam 和 Holliday 研究了壳二孢属模式标本。1975 年，Boerema 和 Bollen 对其产孢方式进行了研究。1977 年，Melnik 对苏联的材料进行了分类研究，并确定了 328 个种。

分布与危害　蚕豆褐斑病在世界各国蚕豆产区均有分布，包括亚洲、欧洲、北美洲、南美洲、非洲和大洋洲的一些国家。在中国蚕豆产区均普遍发生，一般危害不大。在一些地区严重流行逐渐上升为主要病害。如在云南部分地区的蚕豆田严重发生褐斑病，病株矮小，叶片干枯变黑，茎秆折断干枯，豆荚发黑干瘪，发病田减产 50%～80%。

病菌侵染蚕豆的叶片、茎、豆荚和种子。叶片受害初期出现赤褐色小斑点，随后扩大形成圆形或椭圆形，直径 3～8mm 的病斑或不规则形的病斑，周缘明显，病斑中央呈淡灰色，边缘呈深褐色凸起，表面常有同心轮纹，中央密生黑色小点，略作轮状排列，这是病菌的分生孢子器。病斑中央部分常脱落，呈穿孔症状，严重时叶片枯死。茎部受害后，茎上的病斑呈圆形、卵圆形、纺锤形，中央灰色稍凹陷，边缘赤色或深褐色凸起，病斑较大，长 5～15mm。病茎常枯死、折断，在病组织表面散生大量黑色的小点，即为分生孢子器。豆荚上的病斑呈圆形或卵圆形，深褐色，周缘黑色，病斑通常深深陷入寄主组织内，病斑有时很大，占据豆荚的大部分，严重时豆荚枯萎干瘪，种子细小而不能成熟。在荚的病斑上也长出分生孢子器，排列成轮状（见图）。病菌可穿过荚皮侵害种子，致种皮表面形成黑色污斑，其上常形成分生孢子器，病种子一般不能发芽。

病原及特征　蚕豆褐斑病菌（*Ascochyta fabae* Speg.）属壳二孢属。分生孢子器在病斑上散生或排列成环状，扁球形，器壁膜质，浅褐色，有孔口，大小为 95～270μm×111～30μm，平均为 172μm×178μm。分生孢子圆筒形，直或弯曲，无色，双胞，偶有 3～4 个细胞，隔膜处稍缢缩，大小为 14～30μm×3.8～7.9μm，平均 19.2μm×5.1μm。

褐斑病菌在 4～32℃ 均可生长，菌丝最适温度 20～27℃；产孢最适温度为 20～23℃，高于 32℃ 则不产孢；孢子萌发的温度范围为 14～32℃，最适温度约 22℃；菌丝在 pH 4.5～8.5 的基质上均能生长，最适 pH 7～7.5。

除蚕豆外，褐斑病菌还能侵染苜蓿、豌豆及巢豆属的一些野生植物种。

侵染过程与侵染循环　病菌以菌丝体潜伏在种子内或以分生孢子器在病残体上越冬越夏，当翌年春季气温升高，空气湿度高时，分生孢子器内溢出大量分生孢子，并借风雨传播到距离地面较近的叶片，随后通过再侵染逐渐发展到整个植株及周围植株。

在蚕豆秋播区，每年 10～12 月病害开始发生，但受温湿度条件影响，并未迅速蔓延。翌年 2～3 月气温回升，雨量增加，病害快速传播，在 4～5 月形成发病高峰。种子表面和内部的病菌均能传带病菌，带病种子播种后，在潮湿条件下引起幼苗发病。收获后，病菌又在种子及田间残体上越冬或越夏，成为翌年主要初侵染源。

流行规律　早春多雨和植株过于稠密，有利于病害发生。阴湿天气愈长，发病愈严重。田间遗留有上季病株残体，特别是播种的种子内混有大量的带病种子，均将诱发病害的发生。生产上种子未经消毒，或播种过早、氮肥施用过多均可发病。

防治方法

农业防治　①精选种子和种子处理。采用无病豆田或无病区的种子，或选择无病的豆荚，单独脱粒留种。在播前进行粒选，剔除病粒，选用无病饱满的籽粒留作种子。如果种子带菌，播前进行温汤浸种，先将种子浸于冷水中 24 小时，然后移入 40～50℃ 温水内浸 10 分钟，或 56℃ 温水内浸 5 分钟，也可用种子重量 0.6% 的福美双可湿性粉剂拌种。②清洁田园。收获后将病茎、叶、荚清除并烧毁，并配合深耕，以减少越冬菌源。同时注意不要将病株残体混入肥料中。③加强田间管理。适期播种，注意排水，合理密植，在低洼的田块提倡高畦栽培。增施钾肥，促使植株生长健壮，以提高植株抗病力。在经常发病和发病较严重的豆田内，可以采用 2～3 年轮作制。

化学防治　发病初期喷洒药剂，一般采用的药剂种类有：30% 绿叶丹可湿性粉剂 800 倍液喷雾；0.5% 石灰倍量式（0.5：1：100）波尔多液喷雾；70% 甲基托布津可湿性

蚕豆褐斑病症状（杨峰提供）
①叶片症状；②病斑上产生的病菌分生孢子器；③种子上的症状

粉剂 1000 倍液喷雾；50% 琥胶肥酸铜可湿性粉剂 500 倍液喷雾；47% 加瑞农可湿性粉剂 600 倍液喷雾；50% 福美双可湿性粉剂 500 倍液喷雾；75% 多菌灵可湿性粉剂 600 倍液喷雾；80% 喷克可湿性粉剂 600 倍液喷雾；14% 络氨铜水剂 300 倍液喷雾；77% 可杀得可湿性微粒粉剂 500 倍液喷雾。根据病情，隔 10 天左右喷 1～2 次。

参考文献

方中达 , 1996. 中国农业植物病害 [M]. 北京 : 中国农业出版社 .

叶茵 , 2003. 中国蚕豆学 [M]. 北京 : 中国农业出版社 .

赵永玉 , 甘启芳 , 喻大昭 , 1991. 蚕豆褐斑病菌主要生物学特性研究 [J]. 湖北农业科学 (12): 31-33.

中国农业科学院植物保护研究所 , 1995. 中国农作物病虫害 : 上册 [M]. 2 版 . 北京 : 中国农业出版社 .

（撰稿 : 何玉华 ; 审稿 : 吕梅媛）

蚕豆菌核茎腐病　broad bean *Sclerotinia* stem rot

由核盘菌小核盘菌和三叶草核盘菌寄生引起的真菌蚕豆病害，而以核盘菌寄生较为普遍。

发展简史　据 1959 年资料报道菌核病在中国的寄主共计 71 种，包括十字花科、菊科、豆科、锦葵科、桑科、茄科、藜科、伞形科、蔷薇科、芸香科、百合科、罂粟科、旋花科、紫草科、天南星科、车前草科、蓼科、大戟科及玄参科等 19 个科。到 2015 年发现核盘菌可侵害 400 多种植物和亚种，如十字花科的油菜、豆科的大豆、五加科的人参等，严重影响了这些作物的产量和品质。

分布与危害　菌核病遍布世界各地，在加拿大和美国危害油菜、向日葵、红花、菜豆、豌豆、葛苣、胡萝卜、马铃薯等作物，造成严重经济损失。在中国蚕豆产区发病面积呈上升趋势，主要发生在云南、四川、广西、湖北、浙江、福建等地。除蚕豆外，病原菌还侵染豌豆、大豆、花生、马铃薯等。

蚕豆核盘菌主要侵染成株期蚕豆植株茎部，发病初期，在近地面茎基部先呈现水渍状褐色病斑，上渐生白色棉絮状菌丝体及白色颗粒状物，后变黑色成为菌核，环绕茎部并向上下蔓延，病部以上枯死。空气湿度大时，在茎的病组织中产生絮状白色菌丝和黑色鼠粪状菌核，病茎髓部变空，茎秆易折断，病株外部菌核易脱落（见图）。在多雨年份，低洼地和种植过密田块蚕豆发病严重，生有黑色的菌核。在菌核形成过程中，染病的寄主组织逐渐趋向崩溃和腐烂。蚕豆花期到成熟期，如遇连续阴雨天气该病就有流行暴发的可能，造成茎基部腐烂，引起植株萎蔫、猝倒、死亡，造成严重减产或绝收。

病原及特征　病原为核盘菌［*Sclerotinia sclerotiorum*（Lib.）de Bary］、小核盘菌（*Sclerotinia minor* Jagger）和三叶草核盘菌（*Sclerotinia trifoliorum* Eriks）。菌核表面黑色，内部白色，圆柱形、鼠粪状或不规则形。菌核萌发产生单生或几根簇生的子囊盘柄，子囊盘漏斗状或杯状，子囊盘柄细或稍宽而长，稍弯曲。子囊盘上层子实层含一层平行排列的子囊，其中间生有侧丝。子囊盘圆筒形，内有 8 个子囊

孢子。菌丝不耐干燥，相对湿度在 85% 以上才能生长。对温度要求不严，0～30°C 都能生长，以 20°C 为最适宜，是一种以低温高湿为适生条件的病害。

侵染过程与侵染循环　病菌主要以菌核在土壤中或附着在采种株、病残体及种子中越冬。菌核在潮湿的土壤中能存活 1 年，干燥土中可存活 3 年。春季旬平均气温超过 5°C 之后，土壤中的菌核在湿润条件下陆续萌发生成子囊盘，内含 8 个单胞子囊孢子，子囊孢子成熟后从子囊盘里弹出，成为田间初侵染菌源。子囊孢子通过风、气流飞散传播侵染蚕豆茎基部，致使蚕豆发病，完成初侵染。随后病部产生大量菌丝，通过与健株的接触进行再侵染，经多次侵染后菌核病在适宜条件下得以迅速蔓延，生长后期又形成菌核越冬或越夏。菌核除萌发形成子囊盘外，有时也可萌发产生菌丝由地表侵染植株，至成熟阶段，菌丝在病株体内（少数在体表）形成菌核，随着收获、运输、脱离，菌核落入土中，混于种子中或残留在植株体内。

流行规律　该病对水分要求较高，相对湿度高于 85%，温度在 15～20°C 利于菌核萌发和菌丝生长、侵入及子囊盘产生，相对湿度低于 70% 病害扩展明显受阻。因此，低温、湿度大或多雨的早春或晚秋有利于该病发生和流行，菌核形成所需时间短、数量多。连年种植豆科、葫芦科、茄科及十字花科蔬菜的田块、排水不良的低洼地或偏施氮肥或霜害、冻害条件下发病重。在长江流域，早春的湿度是诱发病害的主要气候因子，阴湿多雨的气候容易诱发病害的发生蔓延。

该病大多在蚕豆开花时发生，开花期的降雨量超过 50mm，发病重，小于 30mm 则发病轻，低于 10mm 难发病。温暖、高湿的环境条件易造成病害猖獗流行。

防治方法

农业防治　①合理轮作倒茬。发病严重的地块，应与禾谷类作物等非豆科作物进行 3 年以上轮作，避免与苜蓿等豆科作物相邻种植或者轮作，如与马铃薯、油菜、向日葵等轮作，避免重茬，减少迎茬，可减轻菌核病的发生。②精选种子。选用抗病能力强的品种，生产用种需从无病田或无病株上留种，确保种子不带病菌。播种前，种子用 10% 稀盐水浸洗，再用清水多次冲洗干净，可去掉种子表面的菌核。③改进土

蚕豆菌核茎腐病症状（于海天提供）

壤耕作方式。对发病的地块进行深耕，深度不小于15cm，将落入田间的菌核深埋在土壤中，可抑制菌核萌发，减少初侵染菌源。田间发现病株，要及时拔除，带出田外深埋或烧毁。④合理施肥与密植。适当控制氮肥的施用量，增施磷钾肥，提高植株抗病能力。合理密植，改善田间通风透光条件。及时排除田间积水，降低田间湿度。

化学防治　①药剂拌种。播种前采用药剂拌种等方法进行种子处理，以杀灭种子表皮病菌。②发病初期，可选用50%多菌灵可湿性粉剂500倍液、40%菌核净可湿性粉剂1000～1500倍液，50%异菌脲可湿性粉剂1000～2000倍液、50%腐霉利可湿性粉剂1000～2000倍液，喷雾防治。发病初期开始，每10～15天喷1次，连喷2～3次。

参考文献

黄鸿章，1992.加拿大油料和豆类作物菌核菌生物防治对策[J].植物保护，18(6): 38-39.

叶茵，2003.中国蚕豆学[M].北京：中国农业出版社.

中国农业科学院植物保护研究所，1995.中国农作物病虫害：[M].2版.北京：中国农业出版社.

中国农业科学院植物保护研究所，中国植物保护学会，2015.中国农作物病虫害[M].3版.北京：中国农业出版社.

（撰稿：高小丽；审稿：冯佰利）

蚕豆枯萎病　broad bean *Fusarium* wilt

由镰刀菌和腐霉菌引起的、主要危害蚕豆根和茎的多发型土传真菌病害，在世界上许多国家均有发生。

发展简史　蚕豆枯萎病早在1890年的德国即有记载，以苏丹、埃及和苏联发生较重。中国云南于1981年和1983年、甘肃于1979年和1981年曾大面积发生。云南以腐皮镰刀菌（*Fusarium solani*）、燕麦镰刀菌（*Fusarium avenaceum*）和尖孢镰刀菌（*Fusarium oxysporum*）为主，甘肃以燕麦镰刀菌和腐皮镰刀菌为主。

分布与危害　蚕豆枯萎病在世界许多国家都有发生，如德国、埃及、日本、加拿大、波兰及苏联等。在中国蚕豆产区均有发生，一旦发病很难控制，是长江流域蚕豆生长中后期的主要病害。青海、甘肃和宁夏等地的春蚕豆产区发生也极为普遍。特别是在春夏多雨时极易发生，严重时造成大面积毁产。1973年云南通海曾大面积发生，引起蚕豆成片枯死，造成重大损失。

蚕豆枯萎病病原菌种类复杂，有多种病害并发现象，常称为蚕豆根病或蚕豆根腐综合征（见图）。有时分为基腐病、根腐病和萎蔫病。一般从现蕾到始花期出现症状，幼荚期受害最重。植株各部位均可受害，主要发生于根系及茎基部。受病菌侵染后，植株生长缓慢、矮小，叶色淡黄，叶尖和叶缘变黑，茎基部黑褐色，顶部茎叶萎垂，最后萎凋，呈明显的枯萎症状。叶片不脱落，但花蕾易掉，幼荚不饱满，逐渐干瘪。病株茎基部上有黑褐色病斑，稍凹陷，潮湿时常产生淡红色霉层，即病菌的分生孢子座。侧根腐烂消失，主根黑色或褐色，短小呈鼠尾状，髓部为锈褐色，并逐渐蔓延至茎部，最后腐烂，植株易拔起。枯萎病在蚕豆苗期会造成烂种或死苗，但多在开花结荚时突然发生，造成田间成片枯萎死亡。

病原及特点　蚕豆枯萎病的病原菌种类很多，主要为镰刀菌（*Fusarium* spp.），其次是腐霉菌（*Pythium* spp.）。常见的镰刀菌种类有尖孢镰刀菌蚕豆专化型（*Fusarium oxysporum* f. sp. *fabae* Yu et Fang）、燕麦镰刀菌蚕豆专化型［*Fusarium avenaceum*（Fr.）Sacc.f. sp. *fabae*（Yu）Yamamoto］、茄腐皮镰刀菌蚕豆专化型［*Fusarium solani*（Mart.）Sacc.f. sp. *fabae* Yu et Fang］等。属镰孢属。

尖孢镰刀菌蚕豆专化型，在马铃薯葡萄糖琼脂（PDA）培养基上产生大量小型分生孢子。初期菌丝白色，后期为浅褐色，在PDA培养基斜面边缘产生蓝色或蓝绿色素。小型分生孢子卵形到纺锤形，单细胞，无色，大小为5.2～

蚕豆枯萎病症状（于海天提供）

①发病初期田间症状；②单株症状；③发病植株根部（左）与正常植株根部（右）

10.4μm×2.1～3.5μm。大型分生孢子镰刀形，多数 3 隔膜，上端稍弯曲，顶端较圆，基部近于圆锥形或直，平均大小为 31.9～4.1μm。厚垣孢子顶生或间生，多数单胞，少数双胞，球形到扁球形，深褐色外表光滑或稍皱，平均大小为 7.31μm×6.9μm。

燕麦镰刀菌蚕豆专化型，大型分生孢子细长，两端狭窄，弯曲，中部稍宽，有足细胞，隔膜 3～7 个，大多为 5 个，大小为 41.4～63μm×3.5～4.2μm。小型分生孢子缺或稀有，卵圆形至长圆形，单胞，大小为 8.7～13.9μm×3.2～3.4μm；或双胞，大小为 10.4～15.7μm×3.3～3.4μm。菌核蓝黑色，粗糙，卵形、圆形或不规则形，直径为 0.2～2.5mm。不产生厚垣孢子。

腐皮镰刀菌蚕豆专化型，大型分生孢子纺锤形，稍弯曲，通常为 3 个隔膜，大小为 34.8μm×5.2μm。小型分生孢子卵圆形、长圆形或短杆状，单胞或双胞，大小为 6.6～12.8μm×2.1～2.6μm。菌核细小。厚垣孢子顶生或间生，单胞，球形或椭圆形，表面光滑或有皱。

侵染过程与侵染循环　病菌可在病株残体及土壤中越夏或越冬，成为翌年初次侵染的主要来源。病菌直接或经伤口侵入主根、侧根的根尖及茎基部。

病株残体上的病菌在土壤中营腐生生活，至少可以存活 2 年。另外，带病种子、肥料、耕作农具、灌溉水等均可传病。病原侵染植物后病株根部开始发黑，根部皮层被腐蚀，主根心髓变成锈褐色。随着病情的加剧，病菌沿茎的中轴向上蔓延，到蚕豆生长后期可上升到茎的 2/3 部位，导致植株萎蔫。田间以结荚期发病较多，现蕾至结荚期为发病盛期。蚕豆收获后，病菌又随病株残体在土壤中越夏或越冬，成为翌年主要侵染源。

流行规律

土壤温湿度　土壤温度是影响发病的重要因素。当土温达到 15℃ 时，病株开始出现症状；土温越高，症状越重；到 25℃ 或以上时，病株迅速枯死。在土温达 23～27℃ 时，有利于病菌的生长发育。土壤含水量对蚕豆枯萎病的发生有很大影响。通常情况下，土壤饱和持水量过低（30% WHC）或过高（70% WHC）时病害较重。最佳土壤湿度为持水量在 50% WHC 左右。蚕豆初荚期如遇高温，雨后天晴，极利于病害发展蔓延。

土壤养分与通透性　土壤中各营养成分含量对枯萎病的发生有显著影响，贫瘠田块比肥沃田块发病严重。云南蚕豆根病发生与土壤中缺钾有关。紧实的土壤比疏松的土壤更利于发病。适宜蚕豆生长的土壤容重为 1.0～1.3g/cm³，重病区的土壤容重为 1.45～1.91g/cm³。土壤贫瘠、黏重、缺素、地势低洼、排水不良和连作地发病重，旱田比水田发病重。

线虫　线虫不仅直接危害蚕豆的生长，更增加了病菌的侵入概率。同时，根部的腐烂渗出物则可增加其对线虫的吸引。根腐线虫（Pratylenchus spp.）侵染常常导致根病加重。云南蚕豆根系中存在着线虫—燕麦镰刀菌的复合体。

土壤酸碱度　土壤偏酸性，pH6.3～6.7 时能助长发病。

防治方法　蚕豆枯萎病为典型的土传病害，病原主要来源于土壤，在防治上有一定难度，应采用综合防治措施。

农业防治　①轮作倒茬。与禾谷类作物或与非寄生作物轮作 2～4 年，可明显降低发病率。②清洁田园。蚕豆收获后，清除田间残渣集中烧毁，如果用作沤肥，应充分腐熟和发酵。③加强栽培管理。确保田间排水良好，防止土壤过干过湿。④增施有机肥和磷、钾肥。播种前施有机肥，补施过磷酸钙 225～300kg/hm²，草木灰 3000～3750kg/hm²；蕾花期，叶面喷施磷酸二氢钾、钼及硼肥 1～2 次，增强抗病能力，利于增产。

化学防治　①播前种子处理。处理方法有：用三唑酮乳油（含有效成分 20%）、百菌清可湿性粉剂（含有效成分 75%），以种子重量 0.25% 的用量进行拌种；以种子重量 0.4% 的福美双拌种；用 40% 福尔马林液 100 倍液浸种 30 分钟。②田间喷药防治。在发病初期，药剂灌根有较好的防治效果。主要药剂和用药量为：25% 多菌灵可湿性粉剂 500 倍液灌根；50% 甲基托布津可湿性粉剂 500 倍液灌根等。发病严重时，7～10 天后再灌 1 次。

参考文献

叶茵，2003. 中国蚕豆学 [M]. 北京：中国农业出版社 .

中国农业科学院植物保护研究所，1995. 中国农作物病虫害：上册 [M]. 2 版 . 北京：中国农业出版社 .

KRANZ J, 1974. Epidemics of plank diseases: mathematical analysis and modeling[M]. New York: Springer-Verlag.

（撰稿：何玉华；审稿：吕梅媛）

蚕豆立枯病　broad bean *Rhizoctonia* root rot

由丝核菌属立枯丝核菌引起的真菌性病害，主要侵染蚕豆的根和茎。又名蚕豆丝核菌根腐病。是世界范围内危害较为严重的病害之一。

发展简史　19 世纪初期，Person、Link、Fries、Corda、Leveille 等人对一些无性态的真菌进行了初步分类研究。至 19 世纪中叶，Tulasne 兄弟在出版的 *Selecta Fungorum Carpologia* 中对半知菌作了记载，至 1921 年，Matsumoto 用菌丝融合方法对立枯丝核菌进行种下分类。1969 年，Parmete 等人运用菌丝融合法将不同来源的样品进行分类。在中国，1985 年，陈延熙等将来自 20 个地区的 250 个菌株划分为 5 个菌群。1989 年，张穗等从东北各地分离提取到 172 个菌株，并将其分为 7 个菌群。

分布与危害　蚕豆立枯病在世界各地均有发生，是蚕豆生产上的主要病害之一。生育期各阶段均可发病，以花荚期危害最重。其寄主范围较广，中国已报道有 80 多种植物可被侵染。

蚕豆立枯病主要侵染蚕豆茎基或地下部（见图）。茎基染病多在茎的一侧或环茎现黑色病变，致茎变黑。有时病斑向上扩展达十几厘米，干燥时茎部凹陷，几周后病株枯死。湿度大时菌丝自茎基向四周土面蔓延，后产生直径 1～2mm、不规则形褐色菌核。地下部染病呈灰绿色至绿褐色，主茎略萎蔫，后下部叶片变黑，上部叶片仅叶尖或叶缘变色，后整株枯死，但维管束不变色，叶鞘或茎间常有蛛网状菌丝

立枯丝核菌侵染蚕豆茎基部（于海天提供）

或小菌核。此外，病菌也可危害种子，造成烂种或芽枯，致幼苗不能出土或呈黑色顶枯。

病原及特征　病原为立枯丝核菌（*Rhizoctonia solani* Kühn）。菌丝丝状，具分枝，分枝处常有缢缩，初无色，后深褐色，菌丝宽度不等，宽处 12～14μm。菌核由桶状细胞结聚形成，初白色，后呈深褐至黑色，形状不一，常结合成块，直径 1～10mm 或更大。有性阶段生在深褐色菌丝上，形成灰色子实层，层内混生有担孢子，其顶抽出 4 个小枝，顶生单个担孢子，担孢子无色透明，卵圆至椭圆形，大小为 8～13μm×4～7μm。

侵染过程与侵染循环　主要以菌丝和菌核在土中或病残体内越冬。翌春以菌丝侵入寄主，在田间辗转传播蔓延。

流行规律　该菌侵染蚕豆温限较宽，土温 10～28℃ 均能产生病痕，以 16～20℃ 为最适，长江流域 11 月中旬至翌年 4 月发病。土壤过湿或过干、砂土地及徒长苗、温度不适发病重。该菌寄主范围广，十字花科、茄科、葫芦科、豆科、伞形花科、藜科、菊科、百合科等多种蔬菜均可被侵害。

防治方法

农业防治　①轮作倒茬。种植蚕豆提倡与小麦、大麦等轮作 3～5 年，避免与水稻连作。并及时清除植株残留物，深翻晒土，减少病菌来源。②种子处理。播前用种子重量 0.3% 的 40% 拌种双粉剂或 50% 福美双可湿性粉剂拌种，防止种子携带病菌，减轻苗期发病率。并适时播种，春蚕豆适当晚播，冬蚕豆避免晚播。③加强田间管理。适时中耕除草、浇水施肥，避免土壤过干过湿，可增施过磷酸钙，提高植株抗病能力。在蚕豆生长期适时喷施生长素抑制主梢旺长，促进花芽的分化。并在蚕豆开花前喷施菜果壮蒂灵可强花强蒂，增强授粉质量，提高循环坐果率，促进果实发育，使蚕豆无空壳，无秕粒，丰产优质。

化学防治　蚕豆幼苗期开始，应按"无病早防，有病早治"要求，喷施钊对性药剂 2～3 次或更多次防治，隔 7～10 天 1 次，喷淋结合，喷匀淋透。常用药剂种类及用量：58% 甲霜灵·锰锌可湿性粉剂 500 倍液喷雾。75% 百菌清可湿性粉剂 600～700 倍液喷雾。20% 甲基立枯磷乳油 1100～1200 倍液喷雾。72.2% 普力克水溶性液剂 600 倍液喷雾。

参考文献

方中达，1996. 中国农业植物病害 [M]. 北京：中国农业出版社.

杨金红，郭庆元，季良，2005. 新疆 6 种豆科作物立枯丝核菌菌丝融合群研究 [J]. 新疆农业科学，42(6): 382-385.

中国农业科学院植物保护研究所，1995. 中国农作物病虫害：上册 [M]. 2 版. 北京：中国农业出版社.

（撰稿：杨峰；审稿：何玉华）

蚕豆轮纹斑病　broad bean *Cercospora* leaf spot

由轮纹尾孢引起的、主要危害蚕豆的茎和叶的真菌性病害。在世界范围内普遍发生。

发展简史　蚕豆轮纹斑病在中国主要随引种等方式传入，随着农业种植结构调整，种子流通率增加。轮纹病的发生逐渐增多。福建莆田于 2002 年发现此病害。

分布与危害　蚕豆轮纹斑病是世界各国普遍发生的蚕豆病害。在中国的东北、华北、长江流域各地以及福建、广西和甘肃等地均有分布。在长江下游一带，每年 11～12 月即可在蚕豆幼株的下部叶片上发现病斑，但由于气温较低，病害并不迅速蔓延。至翌年 4～5 月温度回升，降雨量增多，进而达到发病高峰。在甘肃每年 5 月下旬至 6 月上旬田间开始零星出现，到了 6～7 月，气温 18～20℃，天气阴湿，种植密度大，则此病流行。在浙江一般比褐斑病早且多，有时可引起重大损失。

主要侵染叶片，有时也危害茎表皮部分、叶柄和荚。叶片染病初生红褐色的圆形小斑，扩大后呈圆形、长圆形或不规则形，直径 1～14mm，平均 5～7mm，病斑中央浅灰色至黑褐色，边缘深紫赤色，环带状，病、健部分界明显，病斑呈现同心轮纹。湿度大或雨后及阴雨连绵的天气，病斑上长出灰色霉层，即为病菌的分生孢子梗和分生孢子（见图）。病斑中央组织坏死，往往腐烂穿孔，病叶多发黄，易凋落。叶柄和茎染病病斑呈长梭形，中间灰褐色，常凹陷，边缘深赤色。豆荚上的病斑小，圆形，黑色，略凹陷。

病原及特征　病原为轮纹尾孢（*Cercospora zonata* Wint.），属尾孢属蚕豆尾孢真菌。菌丝在寄主组织内形成子座，上生分生孢子梗，大多 3～6 梗丛丛自气孔抽出，褐色，基部稍膨大，一般不分枝，0～5 个隔，大小为 15.8～99.4μm×4.6～6μm。在其顶端形成分生孢子，分生孢子无色或淡褐色，细长，鞭状，具隔膜 2～9 个，大小为 29.2～102.8μm×2.8～4.6μm。

此菌在马铃薯葡萄糖琼脂（PDA）培养基上生长良好，菌落初为白色，后呈深灰色至深橄榄色和黑色，在 20～25℃ 时生长最好，5℃ 以下或 31℃ 以上都不生长。分生孢子萌发和侵染适温为 15～20℃，最低 10℃ 左右。

寄主植物除蚕豆外，还可危害巢菜属（*Vicia* sp.）等其他多种蔬菜，但一般仅危害蚕豆，是一种寄生专化性较强的真菌。

侵染过程与侵染循环　条件适宜时，分生孢子萌发，经伤口或直接穿透表皮侵入寄主，病部产生大量的分生孢子并借风雨进行再次侵染。病菌以病组织内的分生孢子座随病叶遗落地面越夏和越冬。翌年在其上产生分生孢子引起初侵染。分生孢子座成小粒状，能耐旱和耐寒，是大田内病害的主要

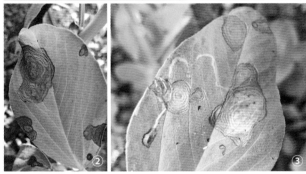

轮斑病在叶片上的症状（于海天提供）

①初期症状；②③典型病斑

王淑英，南志标，刘福，1997.甘肃蚕豆赤斑病及轮斑病的危害分析及经济阈值研究 [J].植物保护学报，24(4): 371-372.

叶茵，2003.中国蚕豆学 [M].北京：中国农业出版社.

中国农业科学院植物保护研究所，1995.中国农作物病虫害：上册 [M].2 版.北京：中国农业出版社.

（撰稿：何玉华；审稿：吕梅媛）

C

蚕豆霜霉病　broad bean downy mildew

由野豌豆霜霉菌侵染引起的一种蚕豆真菌性病害。

发展简史　该病一般不造成较大的危害，有关药剂防治的研究也较少，但近几年该病发生呈加重趋势，在一些地区严重影响了蚕豆的产量和品质。冠层密度高有利于霜霉病的发生，该病可通过蚕豆上部叶片脱落变形来降低产量。Seid Ahmed 1995 年在 ICARDA 进行了初步耐药筛查，发现了许多耐药材料。1997 年发现最具破坏性的蚕豆霜霉病发生在欧洲西北部，原发性感染源源于土壤中萌发的卵孢子，这些卵孢子会感染根的下胚轴和上部。潮湿环境易引起二次感染循环。2003 年报道指出如果开花前叶片超过 12 小时处于潮湿状态或温度连续 7 天低于 10℃，霜霉病很可能迅速发展。2004 年对霜霉病的抗性水平得到一定确认，这些抗病品种在相对比较大的种植面积条件下，抗性似乎是稳定的，英国品种 Betty 被认为具有对霜霉病的抗性较高。

分布与危害　蚕豆霜霉病在中国蚕豆产区江苏、浙江、四川、云南、河南等地均有发生。初期叶斑轮廓不明显，浅黄色，同时杂有赤色或赤褐色小斑点或不规则小斑痕，后叶片变色部分不断扩大至整个叶面，叶背密生浅紫色霉层，病叶由黄色变成青褐色，由下向上扩展，致全株干枯死亡（见图）。

病原及特征　病原为野豌豆霜霉［*Peronospora viciae*（Berk.）de Bary，异名 *Peronospora viciae*（Berk.）Caspary］，属霜霉属。孢囊梗从寄主叶片气孔伸出，单生或束生，大小为 250～500μm×6～9μm，分枝 4～8 次，顶枝大小为 4～20μm×2～3μm；孢子囊椭圆形至短椭圆形，浅黄色，大小为 14～24μm×12～21μm，卵孢子球形，膜黄色，具网状突起，直径 26～40μm。

寄主植物有蚕豆、豌豆、野豌豆、巢豆等。

侵染过程与侵染循环　病菌以卵孢子在病残体上或种子上越冬。翌年，条件适宜时产生游动孢子，从子叶下的胚茎侵入，菌丝随生长点向上蔓延，进入芽或真叶，形成系统侵染，后产生大量孢子囊及孢子，借风雨传播蔓延，进行再侵染，经多次再侵染造成该病流行。

流行规律　低温潮湿有利于发病。病菌萌发侵染的温度为 10～26℃，20～24℃ 时发病重。在高湿条件下对发病有利，尤其是雨季或淹水条件下会大发生。因此，低温高湿、低洼积水田块发病严重。

防治方法

农业防治　①选用抗病品种，从无病田采种，选用无病

来源。

流行规律　湿度是病害严重发生与否的决定性因素。高湿度是分生孢子的形成、萌发以及侵入寄主的必要条件。温度 18～26℃、相对湿度 90% 以上时，最有利于病菌侵染。蚕豆苗期多雨潮湿易发病，土壤黏重、排水不良或缺钾发病重。病叶的增加和扩展主要受气温高低及前 3～5 天早晨叶片上有无露水两个条件制约。一般连续 3 天早晨蚕豆叶上有露水，气温 18～20℃，病叶出现高峰。

防治方法

农业防治　①种子处理。从无病田采种，选用无病荚留种。播种前用 56℃ 温水浸种 5 分钟，进行种子消毒。②清洁田园。蚕豆收获后及时清除病株残余，并深翻灭茬，以杜绝病菌来源。病害初发时，及早摘除病叶，加以烧毁，减少再次侵染源。③加强田间管理。适时播种，不宜过早。提倡采用高畦栽培，避免在阴湿地种植；合理密植以便通风透光。合理施肥，增施钾肥。多雨季节及时排除田间积水。生长中后期打掉中下部老叶。

化学防治　发病初期喷施药剂，药剂种类和用量：70% 甲基硫菌灵可湿性粉剂 600～800 倍液喷雾；50% 敌菌灵可湿性粉剂 500～600 倍液喷雾；50% 多·霉威可湿性粉剂 1000～1500 倍液喷雾；6% 氯苯嘧啶醇可湿性粉剂 1500～2000 倍液喷雾；45% 噻菌灵悬浮剂 1000～1500 倍液喷雾；30% 碱式硫酸铜悬浮剂 500 倍液喷雾；50% 琥胶肥酸铜可湿性粉剂 500 倍液喷雾；14% 络氨铜水剂 300 倍液喷雾；77% 可杀得可湿性微粒粉剂 500 倍液喷雾；30% 氧氯化铜悬浮剂 800 倍液喷雾。每隔 10 天喷 1 次，连续 1～2 次。

参考文献

方中达，1996.中国农业植物病害 [M].北京：中国农业出版社.

C

蚕豆霜霉病危害状（朱振东提供）

①蚕豆霜霉病病叶正面；②蚕豆霜霉病病叶背面；③蚕豆霜霉病致枯死

荚留种。②轮作倒茬。与小麦、水稻等作物实行 2 年以上的轮作。③清洁田园。蚕豆成熟收获后及时将病残体清除出田园，集中烧毁，并及时耕翻土地。④配方施肥，合理密植。施用充分腐熟的有机肥。改善田间通风透光条件，使植株生长健壮，提高抗病力。

化学防治　①种子处理。播种前用种子重量 0.3% 的 35% 甲霜灵拌种剂拌种。②发病初期开始喷洒 1：1：200 倍式波尔多液，或 90% 三乙膦酸铝可湿性粉剂 500 倍液、60% 琥·乙膦铝可湿性粉剂 500 倍液、72% 霜脲锰锌（克抗灵）可湿性粉剂 800 ~ 1000 倍液。对上述杀菌剂产生抗药性的地区可改用 69% 安克锰锌可湿性粉剂或水分散粒剂 1000 倍液，隔 10 天左右 1 次，防治 1 ~ 2 次。

参考文献

张夕林，2015.青蚕豆几种病害的防治技术 [J]. 农村百事通 (12)：40-41.

中国农业科学院植物保护研究所，中国植物保护学会，2015.中国农作物病虫害 [M]. 3 版 . 北京：中国农业出版社 .

（撰稿：高小丽；审稿：冯佰利）

蚕豆细菌性茎疫病　broad bean bacterial blight

由蚕豆假单胞菌侵染所致的一种细菌性病害。

发展简史　1936 年，俞大绂发现蚕豆细菌病。1965 年、1972 年，该病在昆明呈贡曾两次大发生，发病面积数千亩，几乎全无收成。在云南晋宁、呈贡、大理、邓川、剑川、保山、玉溪、永胜、弥渡、会泽等蚕豆产区发生，造成死苗、花腐、叶坏死、茎枯，严重时全田黑枯像火烧一样，造成严重减产。

分布与危害　蚕豆细菌性茎疫病主要在中国南方发生，长江流域雨后常见，发病率为 10% ~ 20%，个别田块达到 30%，引起全株死亡，发病率几乎等于损失率。

主要危害叶片、茎尖和茎秆，严重时也可危害豆荚。一般初感染的植株中部先发病，并向下或向上延伸。茎秆受害，开始出现黑色短条斑，水渍状，有光泽，病部时常凹陷，在高度潮湿和较高温度下，病斑迅速扩大，汇合，向下方蔓延，病茎变黑软化，呈黏性，收缩成线状，呈典型茎枯状。叶片感病，开始边缘变成灰黑色，以后整叶变黑枯死脱落，仅留下枯干黑化的茎端。病菌滋生于寄主薄壁组织细胞间隙，维管束最易受害。豆荚受害初期其内部组织呈水渍状坏死，逐渐变黑腐烂，后期豆荚外表皮也坏死变黑。豆粒受害，表面形成黄褐至红褐色斑点，中间色较深。

病原及特征　病原为蚕豆假单胞菌（*Pseudomonas fabae*），属假单胞菌属。菌体杆状，大小为 1.1 ~ 2.8μm× 0.8 ~ 1.1μm，单生或对生，无芽孢，有荚膜，1 ~ 4 根极生鞭毛，革兰氏染色阴性。菌落圆形，白色，光滑，黏稠，有荧光，好气性，液化明胶，还原硝酸盐，产生吲哚和硫化氢，石蕊牛乳澄清，但不凝固和冻化，水解淀粉的能力极弱，发酵葡萄糖微产酸，但不产气，发酵其他多种糖类，不产酸也不产气。

病菌生长最适温度为 35℃，最高温度为 37 ~ 38℃，最低温度为 4℃，致死温度为 52～53℃10 分钟。

茎疫病细菌除侵染蚕豆外，还侵染菜豆、苜蓿、三叶草、豌豆、大豆、黄羽扇豆等。

侵染过程与侵染循环　病残体及病田土是该病的初侵染源。病菌在土壤及病残体上越夏，是秋播蚕豆发病的主要初侵染源。该病以植株地上部的伤口侵入为主，可从茎尖、花、叶和茎秆侵入，亦可从自然孔口侵入，经几天潜育即可发病。病害的发生和流行与蚕豆生育期以及生长季节中的雨日和雨量、土壤湿度、土壤肥力有密切关系。一般在温度较高的晴天，发病植株茎部变黑且发亮；高温高湿条件下，叶片及茎部病斑迅速扩大变黑腐烂。因此，雨水、淹水及土壤湿度大，是再侵染蔓延的主要条件。蚕豆开花至结荚期最易感病。

流行规律　该病适宜在高温高湿条件下发生，当春季气温回升快、春雨多的年份常常造成大流行。久旱后突然降大雨，2～3 天病害症状明显表现出来，并迅速蔓延，雨后滞水的田块发生最为严重。在地势低洼、排水不良、种植粗放、土壤肥力差的田块发病重。植株受冻、虫伤及其他损伤，加重发病。

防治方法

农业防治　①选用抗病品种。各蚕豆种植区可根据当地的情况选用抗病品种，并建立无病留种田，防止种子带菌传播。②加大农田基础设施建设。建好排灌系统，高垄栽培，雨季注意排水，降低田间湿度。③加强栽培管理，合理施肥。对发病重的田块施硫酸钾 150～225kg/hm²，硫酸锌 15～30kg/hm²；初花期、初荚期喷 2 次硼肥。在低洼田内，勿密植；注意防治其他病虫害和其他伤害。④及时拔除中心病株。减少再侵染，控制病害蔓延。

化学防治　发病田块在初花期和初荚期需喷药防治，尤其是在大暴雨过后及时喷药保护。可用药剂有 72% 农用链霉素可溶性粉剂 3000～4000 倍液喷雾、50% 琥胶肥酸铜可湿性粉剂 500～600 倍液喷雾、14% 络氨铜水剂 300～500 倍液喷雾、77% 氢氧化铜可湿性粉剂 500～800 倍液喷雾。

参考文献

王晓鸣，朱振东，段灿星，等，2007. 蚕豆豌豆病虫害鉴别与控制技术 [M]. 北京：中国农业科学技术出版社 .

中国农业科学院植物保护研究所，中国植物保护学会，2015. 中国农作物病虫害 [M]. 3 版 . 北京：中国农业出版社 .

（撰稿：高小丽；审稿：冯佰利）

蚕豆锈病　broad bean rust

由蚕豆单胞锈菌引起的真菌病害，主要危害蚕豆的茎叶，是一种世界性真菌病害。

发展简史　蚕豆锈病在 1801 年由法国科学家 Christiaan Hendrik Person 描述为夏孢锈菌属病害。经后人研究确定为单胞锈菌属。

分布与危害　蚕豆锈病地理分布极为广泛。危害较为严重的国家有埃及、前南斯拉夫、秘鲁、澳大利亚、西班牙、印度等。在中国蚕豆种植区均有发生，且以南方潮湿地区秋播蚕豆危害较重。常发生于蚕豆生育后期，产量损失可达 10%～40%，危害严重时达 70%～80%，甚至毁产。

蚕豆锈病危害叶片、叶柄、茎秆和豆荚，叶片受害最重。叶片上病斑初为黄白色、略隆起的小斑点，逐渐变成锈褐色近圆形而突起的疱状斑，外围常有黄色晕圈，称夏孢子堆，孢子堆表皮破裂后散出锈褐色粉末状夏孢子。茎和叶柄上的夏孢子堆与叶片上的相似，但稍大，略呈纺锤形。后期叶片上，特别是在叶柄和茎秆上产生深褐色、椭圆形或纺锤形疱斑突起，称冬孢子堆（图 1），其表皮破裂后露出深褐色粉末状冬孢子。豆荚表面也常产生夏孢子堆。植株感病严重时，茎叶像撒有一层黄褐色的灰（图 2）。

病原及特征　病原为蚕豆单胞锈菌（*Uromyces viciae-fabae* de Bary），属单胞锈菌属。蚕豆锈病菌是全孢型单主寄生的锈菌，在蚕豆上可以产生性孢子器、锈孢子器、夏孢子堆和冬孢子堆。性孢子器生于叶面，为橘红色小点，小于 0.2mm，往往结集成群，内含大量微小的性孢子，性孢子单孢无色。锈孢子器生于叶背，白色或黄色，杯状，稍隆起，腔内含锈孢子，锈孢子圆形到多角形或椭圆形，橙黄色，亦结集成群，表面有微刺，大小为 12～24μm×21～27μm。夏孢子卵形或椭圆形，淡褐色，表面有微刺，大小为 18～30μm×16～25μm。冬孢子单胞，近圆形，深褐色，膜厚而光滑，顶部有乳状突起，大小为 22～40μm×17～29μm；基部有柄，长达 90μm 或更长，黄褐色，不脱落。

夏孢子萌发的温度限度为 2～31℃，最适温度是 16～22℃，夏孢子不耐高温，40℃ 处理 20 分钟或是 38℃ 处理 30 分钟后丧失发芽能力。其萌发需要较高相对湿度，湿度低于 80% 时很少萌发或不能萌发，湿度高萌发率也高。夏孢子在蚕豆叶内的潜育期为 7～15 天（15～24℃）。在 1℃ 和 50% 相对湿度下，夏孢子生活力可保持达 100 天或更长。

蚕豆锈菌有生理分化，日本曾按寄主范围分为 3 个生理

图 1　蚕豆植株不同部位上的冬孢子堆（吕梅媛提供）
①叶片上；②豆荚及茎秆上；③茎秆上

图 2　蚕豆植株锈病发病症状（吕梅媛提供）

小种。中国尚未鉴定，生理小种类型和分布还不清楚。寄主范围有巢豆属、豌豆属、山黧豆属的一些种。

侵染过程与侵染循环　孢子遇适宜条件萌发，形成担孢子，借气流传播到蚕豆叶片上，萌发侵入寄主组织。病菌以冬孢子和夏孢子附着在蚕豆病残体上越冬或越夏。南方终年有蚕豆生长的地区，终年有存活的夏孢子，以夏孢子在蚕豆上辗转危害，实现侵染循环。并在寄主组织内形成性孢子器，再发育形成锈孢子器，锈孢子器中的锈孢子由气流传播到邻近的蚕豆叶片上，萌发侵入蚕豆茎叶组织，形成夏孢子堆。病株上产生的夏孢子借气流传播，进行多次再侵染，病害不断蔓延。到蚕豆生育后期，又形成冬孢子在病残体上越冬或越夏，完成侵染循环。

流行规律

气候条件　锈菌喜温暖潮湿，气温 14～24℃，适于孢子发芽和侵染，夏孢子迅速增多，气温 20～25℃ 易流行，所以多数蚕豆产区都在 3～4 月气温回升后发病，尤其春雨多的年份易流行。长江流域 4～5 月，雨多潮湿，气温适中，最适合发生蚕豆锈病。云南冬春气温高，早播蚕豆年前即开始发病，形成发病中心，翌年 3～4 月蚕豆初英至成熟期，如雨日多，锈病易大发生。在较干燥和气温高的地区和季节中，锈病发生轻。夏播及早秋播苗期高温高湿锈病较重。

品种抗病性　品种之间的抗病性有明显差异。云南省农业科学院粮食作物研究所包世英等对来自于国内外 10 000 余份材料进行锈病抗性鉴定后，筛选出高抗（HR）材料 150 余份，其中以"云豆 772"为代表表现出高抗锈病特性；并

经过多年连续重复鉴定，筛选出具有稳定抗性群体多份；云南省大理白族自治州经济作物研究所李月秋等对 241 份蚕豆种质材料进行了抗锈病鉴定，其中免疫和高抗（HR）的材料 2 份。占 0.83％，抗病和中抗的材料 131 份，占 54.36％。一般早熟品种因生育期短，适宜的发病生长时期相对也短，故发病较轻。迟熟品种发病重。

栽培管理　种植过密，群体过大，种植地块小气候湿度大，光照不足，空气流通不畅；播种过迟，田块低洼积水，排水差，植株营养不良，都易发病。

防治方法

选用抗病良种　各地应选用抗病、高产良种种植。另外，可因地制宜选用早熟品种，在锈病大发生前接近成熟，以避开锈病危害。

农业防治　①合理密植。合理高畦种植和密植，科学施肥，保持通风透光，注意田间湿度。②适期早播早收。选用早熟品种或适当提早播种，提早收获避过发病盛期。与豌豆以外的作物轮作，减轻危害。③清洁田园。合理清除病残体，减少菌源。

化学防治　蚕豆出苗后应经常检查发病情况，对历年发病重的田块，发病初期和花荚期应根据病情防治 2～3 次。主要药剂和用药量为：① 15％ 粉锈宁可湿性粉剂 1000 倍液喷雾。② 58％ 甲霜灵锰锌可湿性粉剂 800 倍液喷雾，用药 20 天后检查，如果病情仍在发展，施第二次药。③ 80％ 的代森锌可湿性粉剂 500～600 倍液，在发病初期喷雾，隔 7～10 天 1 次，连续喷施 2～3 次。④ 1∶1.5∶200 的波尔多液喷雾，根据病情，每 7～10 天喷施 1 次，连续喷施 2～3 次。

参考文献

李月秋，彭宏梅，梁仙，等，2002. 中国蚕豆品种资源对蚕豆锈病的抗性鉴定 [J]. 植物遗传资源科学，3(1): 45-48.

叶茵，2003. 中国蚕豆学 [M]. 北京：中国农业出版社.

中国农业科学院植物保护研究所，1995. 中国农作物病虫害：上册 [M]. 2 版. 北京：中国农业出版社.

（撰稿：吕梅媛；审稿：何玉华）

蚕豆油壶菌火肿病　broad bean blister

由蚕豆油壶菌引起的一种真菌蚕豆病害。又名蚕豆泡泡病、蚕豆水泡病。因其症状以叶片起疱为主要特点，故松潘地区又名为蚕豆疱疱病。

发展简史　日本真菌学家 Kusano 在 1912 年报道为新菌种，在自然条件下的寄主是巢豆（*Vicia unijuga*），人工接种条件下还侵染 16 科 36 种植物。巢豆油壶菌在日本的自然寄主还有蚕豆和豌豆。该菌侵染寄主叶和茎的表皮细胞，引起病部产生小瘤状突起，故命名为油壶菌火肿病。该病于 1968 年在西藏"七一"农场拉萨一号蚕豆上发现，由于当时发病轻，仅在个别豆荚上发生，对产量影响不大，没有引起重视。1982 年四川阿坝藏族羌族自治州农业科学研究院所报道了该州松潘、小金等县在海拔 2500～3000m 地区有 3 万多亩蚕豆发病。关于蚕豆火肿病的发生规律研究，在 20

世纪 30 年代 Kusano 报道病菌以休眠孢子囊随病残体在土壤中越夏和越冬，作为初侵染源。20 世纪 80 年代初，辛哲生等对蚕豆火肿病做了初步研究和报道。

分布与危害　蚕豆油壶菌火肿病为中国西部高海拔地区（四川、甘肃、西藏、陕西等地）发生的蚕豆病害之一，一般中等发病田减产 20%，重病田减产 30% 以上。

危害蚕豆叶片和茎。开花期顶部生长点的嫩叶开始发病，然后自上而下侵染茎叶。叶片染病在叶两面均可产生病斑，病斑初期为淡绿色突起小疱，后不断扩大呈圆形或椭圆形。色渐变褐，表面粗糙。突起的单个病疱，状似小肿瘤，直径 2～5mm，突起高度 1～3mm，其背面相应凹陷。1 片小叶常有小病疱 10～30 个，成为典型的疱疱。小病疱往往互相连接形成大病疱，从而形成更大的隆起和凹陷，导致叶片卷曲和畸形。后期病疱呈红褐色，多疱叶片提早干枯凋萎，最后溃烂。茎部染病症状与叶片相似，多发生于茎的中下部，病茎上产生许多隆起的小病疱，肿瘤溃烂，抑制茎的生长。重病株不同程度扭曲矮缩，有效结荚数极少或不结荚（见图）。

病原及特征　病原为蚕豆油壶菌（*Olpidium viciae* Kusamo）。发病组织的单个细胞内含病菌的 1 至多个游动孢子囊。游动孢子囊无色、球形、壁薄、平滑，游动孢子囊萌发产生排孢管，释放游动孢子。游动孢子卵形，无色，中部有一亮点，有一根尾鞭毛，在水内迅速游动。单鞭毛游动孢子在蚕豆叶片表面游动一段时期后，失掉鞭毛，呈静止状态，外面形成一层包膜，膜上具孔，静孢子将其中的原生质输入到寄主表皮细胞内，发育成游动孢子囊。游动孢子又能起游动配子的作用，成对结合，形成双鞭毛接合子。接合子侵入寄主，又可发育成厚壁休眠孢子囊，在寄主体内越冬，休眠孢子囊壁厚，球形，黄色。

因为病菌游动孢子囊的萌发和游动孢子的游动、传播和侵染要有雨露存在，故多雨湿润的条件利于病害的发生与扩展。

侵染过程与侵染循环　蚕豆油壶菌侵入叶和茎的表皮细胞后，定殖在被侵入的细胞内，菌体生长发育，形成游动孢子囊和休眠孢子囊。病菌的侵染刺激了侵染点邻近的表皮细胞和其下的叶肉组织或茎的皮层组织细胞，这些已分化的组织细胞转为分生细胞，进行分裂，分裂方式为平周分裂。原有的正常基本组织细胞被未高度分化的薄壁组织细胞取代。这些细胞具有分生能力并不断分裂，细胞体积增大，造成蚕豆病组织细胞发生畸形增生的病理解剖改变，病部呈瘤状隆起。

病菌以休眠孢子囊主要在病残体或土壤中休眠越冬，作为初侵染来源，其次是以蚕豆秸秆作为牲畜饲料，混杂在未腐熟厩肥中的病残体随基肥施用进入田间。翌年春播蚕豆出苗后，休眠孢子囊萌发产生单鞭毛游动孢子，侵染幼苗，并在寄主细胞内形成薄壁游动孢子囊，导致豆苗发病。幼苗发病后，游动孢子囊成熟后遇雨露释放出游动孢子，借风雨短距离传播进行再侵染，引起豆苗健部和邻近健苗发病。病菌在蚕豆生育期内能进行多次再侵染，使病害在田间不断蔓延扩大。游动孢子又具有配子功能，结合形成双鞭毛游动合子，以合子侵入。后期在寄主细胞内形成厚壁休眠孢子囊越冬，完成其侵染循环。连作有利于土壤中菌源的积累，发病重。

流行规律　病菌以厚壁休眠孢子在病种及病残体上越冬。翌年春季，休眠孢子随着种子的萌发，释出游动孢子，侵入幼芽，随着植株的生长发育，在适宜的气候条件下，导致豆荚发病。病种和病残体均可传病，但必须保持行间高湿，或遇雨季才表现症状，否则不表现症状或很少表现症状。低洼积水、密度大、生长茂密的地块发病重，相反，干旱、密度小的地块发病轻。

防治方法

农业防治　①轮作倒茬。发病的田块与禾本科作物轮作 2 年以上，重病田实行豆—麦—麦（或马铃薯、油菜）3 年轮作制，或采用豆、麦（或马铃薯）带状间作，并结合秋季深翻、春季浅耕的整地措施，防病作用明显。②清洁田园。蚕豆收获后及时将病株残体清除出田园，以杜绝病菌来源。③加强田间管理。及时排除田间积水，保持田间通风透光，增施磷肥，提高植株抗病能力。

化学防治　①种子处理。用种子重量 0.1% 的三唑酮可湿性粉剂拌种，或采用多菌灵或硫菌灵按种子量的 0.3%～0.5% 进行拌种处理，具有较好的防治效果。②发病初期喷

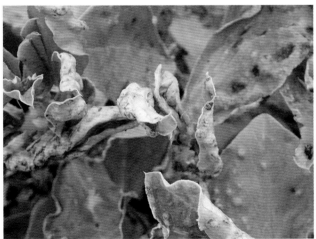

蚕豆油壶火肿病（澳大利亚 Joop van Leur 提供）

施 25% 三唑酮可湿性粉剂 600 倍液、70% 硫菌灵可湿性粉剂 1000 倍液、50% 多菌灵可湿性粉剂 1000～1500 倍液、65% 代森锌可湿性粉剂 600 倍液等，连续防治 2～3 次。

参考文献

林大武，崔广程，1989. 西藏蚕豆油壶菌火肿病发生调查简报 [J]. 西南农业学报，2(2): 86-87.

王晓鸣，朱振东，段灿星，等，2007. 蚕豆豌豆病虫害鉴别与控制技术 [M]. 北京：中国农业科学技术出版社.

辛哲生，熊春兰，张永华，1984. 蚕豆油壶菌疱疱病及其防治的初步研究 [J]. 植物病理学报，4(3): 165-173.

严吉明，叶华智，2012. 蚕豆油壶菌火肿病的发生规律 [J]. 四川农业大学学报，30(3): 319-325.

严吉明，叶华智，2012. 蚕豆油壶菌火肿病的组织病理学 [J]. 植物病理学报，42(4): 365-373.

中国农业科学院植物保护研究所，中国植物保护学会，2015. 中国农作物病虫害 [M]. 3 版. 北京：中国农业出版社.

（撰稿：高小丽；审稿：冯佰利）

草地早熟禾溶失病　kentucky bluegrass melting-out

由早熟禾内脐蠕孢侵染引起的早熟禾病害。因主要危害叶片，又名草地早熟禾内脐蠕孢叶斑病。分布较广泛，严重发生时可造成草地早衰。

发展简史　该病最早 1916 年由 Baudys 在捷克发现并命名。1950 年 Sprague 报道了在北美的分布和发生情况。1962 年 Shoemaker 确认该菌为内脐蠕孢属成员，采用了现行种名。自发现以来，陆续有病害流行和防治方法研究。1930 年 Drechsler 等人发现该病有两个发展阶段，即春季的叶斑发生阶段和夏季的病分蘖、病株枯死消亡（"溶失"）阶段。后来发现"溶失"现象是根颈与根部发病造成的，因而 Shurtleff 认为草坪周年发病过程包括叶斑发生、叶片枯死以及根颈与根部发病等三个阶段。防治方面侧重于抗病品种利用和杀菌剂使用，但研究零散，缺乏系统性。国内可能早有该病发生，但一直没有调查确认。直至 20 世纪末叶，商鸿生、贾春虹等人陆续报道了该病在中国北方的发生和危害情况。

分布与危害　病原菌侵染多种禾草，以早熟禾，特别是草地早熟禾受害最重。病株表现叶枯与根腐两种症状类型。中国主要分布于北方和南北过渡地带，冷季型禾草易于发病，发病株率一般 10%～20%，病株散生。地势低洼、管理粗放的草坪发病加重，病株枯死增多，连片发生，出现草地斑。制种田发病可降低种子产量。症状与近似属、种病原菌侵染引起的症状相似，极易误诊，又常被误认为水肥不调造成的生理障碍，从而贻误防治时机。

草地早熟禾叶片和叶鞘上初生水浸状椭圆形小病斑，后病斑变褐色，病斑周边变黄色。病斑扩大后成为长梭形、长条形，与叶脉平行，长 4～10mm。病斑中部为褐色或枯白色，边缘暗褐色至紫黑色，周围有黄色晕圈（图 1①）。多个病斑汇合后形成较大坏死斑块，造成叶片或整个分蘖变黄枯死。潮湿时病斑上生黑色霉状物。叶鞘发病也使相连的叶片变黄枯萎。严重发病时，大量死叶、死蘖，草地变稀薄（图 1②）。

病原菌还侵染根、根颈和茎基部，使之变褐腐烂，导致叶片褪绿、枯萎。氮素水平较低的患病草坪变黄色，氮素水平较高的草坪则呈暗褐色。

该病出现叶斑、叶枯和根腐等不同症状类型，与禾谷平脐蠕孢（*Bipolaris sorokiniana*）侵染引起的症状很相似，需仔细辨识。

病原及特征　病原为早熟禾内脐蠕孢［*Drechslera poae* (Baudys) Shoem.］，属内脐蠕孢属真菌。分生孢子散生或束生，直或弯，不分枝，长可达 250μm，宽 8～12μm，有隔，暗色，上部屈膝状，基部膨大。产孢细胞多芽生，圆柱形，合轴式延伸。分生孢子顶侧生，单生。分生孢子圆筒

图 1　草地早熟禾溶失病危害症状（商鸿生提供）

①叶片症状；②患病草地

形，正直，褐色，具 1～12 个（多数 5～8 个）假隔膜，大小为 30～160μm×17～32μm，脐宽 3.5μm，凹陷于基细胞内（图 2）。

该菌除侵染早熟禾属外，还寄生羊茅、雀麦、鸭茅、多年生黑麦草、马唐、画眉草以及其他禾草。

侵染过程与侵染循环　在已建成的草地，病原菌主要以菌丝体在越冬病草体内，或在枯草层的病残体内度过冬季低温期或夏季高温期，在适宜温度和湿度条件下，重新产生分生孢子，产生新的侵染。在周年气温适宜，没有过高、过低气温的地方，草地周年发病，通常有春季和秋季两个发病高峰期。在草地地下土层内，主要通过病根与健根接触和菌丝生长传病，使病根和发病根状茎数量不断增多，发病范围不断扩大，保持持续发病。

对于新播苗床、草地，带菌种子也是重要初侵染菌源。病原菌菌丝体可潜伏在种子内，分生孢子可附着在种皮或颖壳表面。在种子萌发和出苗过程中，病原菌得以侵入，产生病苗。

病株能产生大量分生孢子，借助气流、雨滴飞溅、流水、工具等传播，发生多次再侵染，酿成病害流行。

流行规律　影响早熟禾溶失病的因素很多，其中最重要的是天气条件。大致在禾草生长的温度范围内，病原菌皆可侵入，气温 20℃ 上下最适于侵染发病。叶面湿润是分生孢子萌发和侵入所必需的条件，春季和秋季的降雨量、雨日数、结露日数和结露时间长短是决定该病流行程度的限制因素。降雨多，露日多，每天结露时间长，发病加重；反之则发病减轻。

草坪立地条件不良，地势低洼，排水不畅或严重遮阴、郁闭，都造成湿度过高，有利于发病。氮肥施用过多，磷肥、钾肥缺乏时，草株生长柔弱，抗病性降低，发病较重。草坪管理粗放，修剪不及时，枯草层厚，枯、病叶多，都有利于菌量积累和病害流行。

防治方法　采用以栽培抗病品种为主的综合措施进行防治，适用防治方法有以下各项。

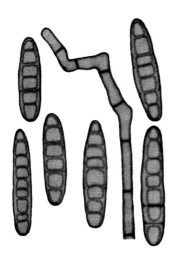

图 2　早熟禾内脐蠕孢的分生孢子梗和分生孢子（商鸿生仿 Ellis）

农业防治　栽培抗病、耐病、轻病、适应性和抗逆性好的品种。草地早熟禾品种大多数高度抗病或中度抗病，可以选用。播种不带菌健康种子，或用杀菌剂处理种子。春季以前清理枯草层，清除病残体。草坪要及时修剪，保持草株适宜高度。患病草坪修剪后要移除剪下物。加强草地肥水管理，配合施用氮、磷、钾肥，不偏施、过施氮肥，避免草株旺而不壮。发病衰弱草坪应适当补充速效肥。防止草坪积水，减少灌水次数，不在傍晚灌水。发病期间避免喷灌。

化学防治　制种田、高尔夫草坪在发病初期喷施杀菌剂。可选用代森锰锌、百菌清、异菌脲、嘧菌酯、吡唑醚菌酯、敌菌灵或丙环唑等杀菌剂。

参考文献

贾春虹，江国铿，武菊英，1998. 北京草坪早熟禾叶斑（枯）病研究 [J]. 草业学报，7(4): 38-43.

商鸿生，吕学农，1996. 草坪早熟禾叶枯病病原真菌鉴定 [J]. 中国草地 (4): 36-39.

商鸿生，王凤葵，1996. 草坪病虫害及其防治 [M]. 北京：中国农业出版社.

SMILEY R W, DERNOEDEN P H, CLARKE B B, 1992. Compendium of turfgrass diseases[M]. 2nd ed. St. Paul: The American Phytopathological Press.

（撰稿：商鸿生；审稿：李春杰）

草莓白粉病　strawberry powdery mildew

由羽衣草单囊壳菌引起的草莓生产上的重要真菌性病害之一。

发展简史　草莓白粉病是世界性病害，对于病原菌的分离经过多次变化，1960 年，Khan 认为草莓白粉病病原菌为 *Sphaerotheca humuli*（DC.）Burrill，2006 年 Braun 等通过 28SrDNA 序列分析，把白粉菌目重新划分为 5 个族，结合形态学分类，把草莓白粉病病原菌重新划分为 *Podosphaera aphanis* 和 *Podosphaera macularis*。2013 年 *Plant Disease* 和 *Phytopathology* 上发表的相关文章表明草莓白粉病的病原为 *Podosphaera aphanis*（wallr.）U. Braun & S. Takam，此名称已得到广泛认可。对于草莓白粉菌适宜侵染的环境条件，各国学者也进行了一些研究，2007 年，T. C. Miller 等研究表明病菌侵染植株的最低温度为 5℃，最适温度为 15～30℃，最高温度为 30℃；孢子形成的最低温度为 13℃，最适宜温度为 25℃，最高温度为 35℃，孢子萌发的最低温度为 2～5℃，最适温度 15～22.5℃，最高温度在 30～38℃。侵染的最低相对湿度为 30%，孢子形成的最低相对湿度为 35%，孢子萌发的最低湿度 8%～12%，最适宜的相对湿度为 97%～100%。L. Amsalem 等研究也证实了上述研究结果。湿度不是孢子萌发的限制因素，孢子萌发的温度也很宽，因此，温湿度对病原菌的侵染不是限制因素，而植株的抗病性和菌源数量更重要。

分布与危害　世界各国均有发生，在中国北方草莓栽培中保护地发病重于露地，如果是感病品种，防控不当常常造成较大的损失。20世纪90年代，随着丰香等感病品种的推广，白粉病大发生，病叶率达到45%，病果率达到50%。草莓各个生育时期都可感染，但结果后发病较严重，而且幼果、白果、红果均可染病。生产上推广的红颜品种也不抗白粉病。

草莓白粉病可危害叶片（包括叶柄）、花器（包括花梗）和果实。叶片染病，发病初期在叶片背面长出薄薄的白色菌丝层，呈放射状扩展，然后菌丝层上产生白色粉状物，同时叶片向上卷曲呈汤匙状，并产生大小不等的暗色污斑或粉斑，发生严重时多个病斑连接成片，可布满整张叶片；严重时叶正面也产生白粉，后期呈红褐色病斑，叶缘萎缩、焦枯。花蕾、花染病，花瓣呈粉红色，花蕾不能开放。果实染病，幼果不能正常膨大、干枯，若后期受害，果面覆有一层白粉，随着病情加重，果实失去光泽并硬化，着色变差，严重影响浆果质量，并失去商品价值（图1）。

病原及特征 病原菌有性态为单囊壳属的羽衣草单囊壳菌［*Sphaerotheca aphanis*（Wallr.）Braun］，闭囊壳在叶片上散生或者聚生，褐色至暗褐色，球形，60～90μm，内生子囊一个，椭圆形，无色，60～85μm×40～78μm，附属丝多根，屈膝状，基部稍粗，具分隔1～5个，子囊孢子8个，椭圆形，有油点1～3个，多数2个，15～24μm×10.5～15μm。无性态属于粉孢属*Oidium humuli*，分生孢子腰鼓形，串生，18～30μm×12～18μm（图2），分生孢子梗直立或者稍弯曲，较长。分生孢子产生的适宜温度为20℃，分生孢子适宜的萌发温度为15～25℃，相对湿度为75%～98%，病菌侵染的最适温度为15～25℃，相对湿度80%以上，为低温高湿病害，但雨水对白粉病有抑制作用，孢子在水滴中不能萌发；低于5℃和高于35℃均不利于发病。分生孢子在叶背面更容易萌发和扩展。

侵染过程与侵染循环 以菌丝体或分生孢子在病株或病残体中越冬和越夏，通过草莓苗远距离传播。环境适宜时，病菌借助气流或雨水扩散蔓延，以分生孢子或子囊孢子从寄主表皮直接侵入。有多次再侵染，潜育期5～10天。

流行规律 在深秋至早春这段时间，遇到连续阴、雨、雾、雪等天气，低温寡照，有利于孢子的萌发和菌丝的生长，易造成病害流行。发病与栽培管理的关系：大棚连作草莓发病早且重，病害始见期比新建棚地提早约1个月。前者始病期多在10月中旬，后者在11月中旬才出现发病中心。施肥与病害关系密切，偏施氮肥，草莓生长旺盛，叶面大而嫩绿易患白粉病。如适期、适量施氮肥，增施磷钾肥的则发病较轻。栽植密度过大、管理粗放、通风透光条件差，植株长势弱等，易导致白粉病的加重发生。草莓生长期间高温干旱与高温高湿交替出现时，发病加重。品种间抗病性差异大，来自欧美的品种多表现高抗或抗性，如甜查理、赛娃，而来自于日本的品种多表现感病，如章姬、丰香、幸香、红颊、千代田、枥乙女等，国内自主选育的品种多表现中抗，如宁玉。草莓白粉病的发生有三个高峰期，在这三个高峰期注意加强防控，一是育苗期，多在6～7月发生，苗期植株茂盛，密不透风；二是开花现蕾期，由于此期营养生长向生殖生长转变，抗病力有所下降，容易感病；三是采收盛期，由于植株处于生长后期，抗病能力下降，易造成果实感染。

防治方法 对于草莓白粉病应该采用综合的防治措施，坚持预防为主。

选用抗病品种 抗病品种有明宝、甜查理、硕丰等。

农业防治 培育壮苗。氮、磷、钾肥合理搭配，避免偏施氮肥，增施有机肥，能够增强植体抗病性。合理密植。避免行间过于郁闭，及时摘除老叶、病叶，清洁田园，增加温室草莓的通风透光性。降低湿度。调节棚室内温、湿度。

化学防治 如果是棚室栽培，栽植前棚室内用硫黄熏蒸，能有效地防治白粉病的发生。发病前或者发病初期喷施杀菌剂，可选用三唑类杀菌剂，如丙硫菌唑、氟菌唑、四氟醚唑、氟硅唑、戊唑醇、苯醚甲环唑等。氟菌唑使用剂量为67.5～100g/hm²，四氟醚唑使用剂量为30～50g/hm²。嘧菌酯和醚菌酯等对草莓白粉病也有较好防效，生物制剂可选用枯草芽孢杆菌。田间湿度较大时，发病前或发病初期可以采用百菌清烟剂熏蒸预防。

参考文献

陈英、蒋玉枝，2018. 保护地草莓白粉病的药剂防治试验 [J]. 南方农业，12(15): 22-23.

图1 草莓白粉病病果（杨军玉摄）

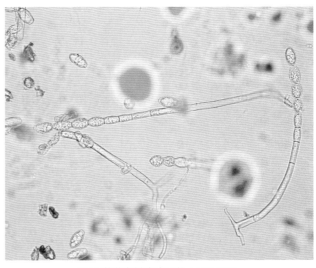

图2 草莓白粉病病原菌（杨军玉摄）

关玲，赵密珍，王庆莲，等，2018.草莓品种（系）白粉病田间抗性鉴定 [J].吉林农业大学学报，40(3): 276-284.

刘博，傅俊范，2007.草莓白粉病研究进展 [J].河南农业科学 (2): 20-23.

严清平，陆信仁，夏礼如，等，2005.天然化合物蛇床子素防治草莓白粉病 [J].农药，44(3): 136-137.

杨俊誉，魏世杰，苏代发，等，2019.草莓白粉病病原菌及分子防御机制的研究进展 [J].云南大学学报（自然科学版），41(4): 842-850.

叶琪明，黄顺敏，2001.多抗灵防治草莓白粉病的田间试验 [J].中国生物防治，17(2): 封 3.

连福惠，培松，王继秋，等，2005.天然化合物蛇床子素防治草莓白粉病和根蚜的研究 [J].莱阳农学院学报，22(3): 189-190.

张颂函，陈秀，赵莉，等，2017.6 种杀菌剂防治草莓白粉病的田间药效评价 [J].农药科学与管理，38(6): 55-58.

TAKESHI K, AKIHIRO M, TAKUYA O, et al, 2004. Suppressive effect of potassium silicate on powdery mildew of strawberry in hydroponics[J]. Journal of general plant pathology, 70(4): 207-211.

（撰稿：杨军玉；审稿：王树桐）

草莓灰霉病　strawberry gray mould

由灰葡萄孢引起的草莓生产上的主要真菌性病害。主要侵染果实，直接造成减产，危害极大。

发展简史　该病害从 20 世纪 80 年代开始发生，北方保护地的草莓发病严重，因其主要侵染果实，直接造成产量损失，染病果实采摘后也极易腐烂。对于该病害的研究，始于 20 世纪 90 年代，科研工作者从栽培、品种以及化学防治方面进行了研究。1990 年，樊慕贞、朱杰华等通过在保定满城草莓基地的研究认为，草莓的促成和半促成栽培中，持续的低温有利于病原菌的侵入，而不利于草莓的生长；露地草莓在生长过程中生长中后期如遇降雨或者浇水过大容易加重病害。后通过研究明确了各个主栽品种的抗病性，筛选了培育了一批抗病品种，1996 年王春艳通过试验认为，戈雷拉、波兰 3 号抗病，同时发现，栽植密度和发病程度呈正相关，偏施氮肥利于发病，增施钾肥对病害有抑制作用。2007 年，刘金江研究发现，潮湿环境下发病严重，相对湿度达到 90% 以上时，孢子的萌发率达到 86.8% 以上。2013 年，张绍民等认为，草莓生长期，阴天会增加相对湿度，降低光照强度，利于灰霉病的发生，并且在研究中发现伤口利于病害侵染，刺伤和划伤没有明显差异。在病害防治方面，张颂函认为，啶酰菌胺、唑醚·氟酰胺、嘧菌环胺和啶氧菌酯对草莓灰霉病具有很高的防效。

分布与危害　中国各草莓栽培地区都有发生。主要危害果实，也侵害叶片和叶柄。发病多从花期开始。病菌最初从将开败的花或较衰弱的部位侵染，使花呈浅褐色坏死腐烂，产生灰色霉层。叶部发病多从基部老黄叶边缘侵入，形成"V"字形黄褐色斑，叶柄发病，呈浅褐色坏死、干缩，其上产生稀疏灰霉。花器发病多从掉落的花瓣或沿花瓣掉落的部位侵染，形成近圆形坏死斑，其上有不甚明显的轮纹，上生较稀疏灰霉。果实染病多从残留的花瓣或靠近或接触地面的部位开始，也可从早期与病残组织接触的部位侵入，初呈水渍状灰褐色坏死，随后颜色变深，果实腐烂，表面产生浓密的灰色霉层（图 1）。叶柄发病，呈浅褐色坏死、干缩，其上产生稀疏的灰霉。

病原及特征　病原为灰葡萄孢（*Botrytis cinerea* Pers. ex Fr.），病菌分生孢子梗直立，大小为 1452.5～3168.2μm×8.5～11.5μm，在顶端处产生分枝，分枝 1～5 次，分枝呈 45° 以上锐角，顶端密生小柄，小柄着生分生孢子。分生孢子椭圆形至圆形，单细胞，近无色，大小为 4.2～10.5μm×3.5～7.5μm（图 2）。有时产生菌核。新生的菌核以菌丝形式萌发，越冬的菌核多以产生分生孢子的形式萌发。

侵染过程与侵染循环　病菌以菌丝体、分生孢子随病残体或以菌核在土壤内越冬。通过气流、浇水或农事活动传播，经伤口或衰弱组织侵入，或者经腐烂组织侵入健康组织，有多次再侵染。

流行规律　品种之间抗病性差异明显，十九号草莓不抗灰霉病，甜查理抗灰霉病，但畸形果多，枥乙女高抗灰霉病，燕香、京怡香、京醇香中抗，明宝感病。残花期易发病，果实变色后期容易发病。早春温室内湿度较高、温度适合，再

图 1　草莓灰霉病病果（杨军玉摄）

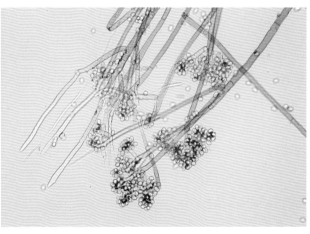

图 2　草莓灰霉病病原菌（杨军玉摄）

加上病菌的积累，容易大发生。周围地块发生严重时，由于通风等空气流通容易造成流行。发病的关键因素：一是低温持续时间长，特别是日光温室长时间处于 20℃ 以下，容易诱发此病；二是温度 0～35℃，相对湿度 80% 以上均可发病，以温度 0～25℃、湿度 90% 以上，或植株表面有积水适宜发病。空气湿度高，或浇水后逢雨天或地势低洼积水等，特别有利此病的发生与发展。平畦种植或卧栽盖膜种植病害严重；高垄、地膜栽培病害轻。

保护地和露地均有发生，发生程度保护地重于露地，露地中南方采果期正值春雨时节，发病重于北方，同一地区，果实发病重于花器，花重于叶。

防治方法

农业防治　清洁棚室。收获后彻底清除病残落叶。控制湿度。采用高垄地膜覆盖或滴灌节水栽培，控制棚内湿度。既能节约用水也能降低棚室湿度；选用紫外线阻断膜抑制菌核萌发。在保证草莓不受冻害的前提下，浇水后加大放风量，尽快除去棚内湿度。摘除病果。一旦发现病果、病叶等，把发病部位小心摘除，放塑料袋内带出棚外土埋。

化学防治　移栽扣棚后喷洒一遍保护剂，包括棚膜、土壤、墙壁等，药剂选用异菌脲 200g/hm² （有效成分），7～10 天后再喷洒 1 次，在病害初发期可以选用治疗剂，如果棚室湿度大选用腐霉利烟剂熏烟，有效成分用量为每公顷 150～200g，如果湿度不太大，可以选用可湿性粉剂或者悬浮剂，有效成分用量为嘧霉胺 300g/hm² （有效成分），1000 亿个 /g 芽孢杆菌可湿性粉剂制剂用量 50g/ 亩（有效成分），克菌丹 1000mg/kg （有效成分），啶酰菌胺 300g/hm² （有效成分）。另外，唑醚·氟酰胺、嘧菌环胺、啶氧菌酯等药剂也可以选用。防治重点放在花期及以前，并以保护剂保护植株为主，保护剂可使用异菌脲、百菌清，在果实转红期可以喷洒 1～2 次杀菌剂。

参考文献

王春艳，1997. 草莓灰霉病发生危害及防治研究初报 [J]. 植物保护，23(3): 32.

张颂函，陈秀，赵莉，等，2015. 6 种杀菌剂防治草莓灰霉病的田间药效评价 [J]. 世界农药，37(5): 47-49.

中国农业科学院植物保护研究所，中国植物保护学会，2015. 中国农作物病虫害 [M]. 3 版 . 北京：中国农业出版社 .

（撰稿：杨军玉；审稿：王树桐）

草莓连作障碍　continuous cropping obstacle of strawberry

草莓在同一块地连续种植，会出现株长势衰弱，逐渐萎缩矮化，最后整株死亡，导致严重减产甚至绝收的现象。

发展简史　在"连作障碍"一词提出以前，针对连作障碍表现的症状，研究者主要以病害进行研究，从病原菌的筛选研究结果看，越来越集中在枯萎病、黄萎病、根腐病等病害，而这些病害均会造成植株生长抑制甚至死亡。当认识到这些症状不只是病原菌侵染所致，而是由于连作产生的一系列问题，把这些问题作为一个整体研究，提出了"连作障碍"一词。

分布与危害　世界大多数国家栽培草莓，草莓连作障碍是各个草莓产区主要的问题，由于种植习惯、棚室栽培和销售方面的影响，造成同一块地连年种植草莓，因此，连作障碍问题始终是草莓生产的制约因素，对产量和质量造成影响，为了追求产量，农民加大用药量，因此还影响了食品健康。罹病植株表现为苗弱、苗黄、叶片小、果实小及枯死等症状（见图）。

病原及特征　草莓的连作障碍研究时间较短，根据近 10 年的研究资料普遍认为有 3 个主要原因造成草莓连作障碍。一是病原菌的积累，造成草莓连作障碍的主要病原物为尖孢镰刀菌（*Fusarium oxysporum* Schlecht.）、立枯丝核菌（*Rhizoctonia solani* Kühn）、大丽轮枝孢（*Verticillium dahliae* Kleb.），另有研究认为，石楠拟盘多孢（*Pestalotiopsis photiniae*）也是引起连作障碍的一种重要真菌。连续种植草莓，侵染草莓的这些病原菌连年能获得寄主，病原菌的数量因连作而上升。二是自毒作用，在草莓的生长过程中分泌并排出一些物质，这些物质对草莓的生长不利，具有毒害作用。连年种植使得这些有毒物质逐渐积累。草莓根系分泌物主要是对羟基苯甲酸和苯甲酸，抗连作障碍的品种这些分泌物相对较少。这些分泌物为病原菌又提供了碳源和氮源。三是营养缺乏，由于连年种植草莓，对各种元素的吸收是相同的，造成所需元素的匮乏，出现营养缺乏和抗病力下降。由于所需元素的逐渐减少，相对不需要的元素造成积累，改变了营养元素的平衡，造成一些元素积累过多，势必造成单盐毒害。三个原因中，以第一个原因为主，所采用的防治措施也主要是针对第一个诱因。

防治方法

农业防治　轮作倒茬。轮作其他作物，可以避免病原菌的积累，减轻病害的发生；同时避免同一种作物所需元素的缺乏和同一种元素的大量积累。

土壤消毒　①日光消毒。对于病原菌积累的问题，可以采用土壤处理的方法，日光消毒是一种经济的土壤处理措施，能够杀灭部分病原菌，并且对于土壤物理和化学性质的改善也具有一定作用，如团粒结构的改善。日光暴晒以后，

草莓连作障碍死秧（杨军玉摄）

铵态氮、硝态氮、镁离子、钙离子浓度增加，减轻土壤盐渍化。2011年，李军见等研究认为石灰氮加太阳能处理可以达到81%的防效。②氰氨化钙消毒。把未腐熟的有机肥、氰氨化钙、中量和微量元素，混入土壤，灌水后覆膜，依靠太阳能辐射提高土壤温度，控制温度在55℃。此方法可以促进土壤中的物理、化学和生物反应，能够改良土壤、杀死病原菌、补充草莓所需中量和微量元素，降低盐分，促进有机肥的分解，促进有效氮肥的释放。③氯化苦土壤消毒。采用注射或者沟施土埋的方法把氯化苦液剂施于耕作层内，然后塑料膜覆盖10～15天，然后揭膜放风10天，再起垄栽植，用量为20kg/亩。

生物防治　采用木霉菌T42发酵液防治草莓连作障碍有一定的作用，能够抑制病原菌的生长，减轻病害，促进草莓生长。

参考文献

代丽，赵红梅，甄文超，2006.草莓再植病害中的化感作用研究[J].科技导报，24(6): 52-54.

黄亚丽，甄文超，张丽萍，等，2005.草莓重茬病菌的分离及其生物防治[J].生物技术，15(6): 74-76.

齐永志，金京京，张雪娇，等，2016.丛枝菌根真菌与氯化苦配施对草莓连作障碍的防控作用[J].农药，55(4): 300-303.

（撰稿：杨军玉；审稿：王树桐）

草莓炭疽病　strawberry anthracnose

草莓苗期主要真菌性病害之一，夏季高温多雨易发病。

分布与危害　1931年，Brooks报道引起匍匐茎和叶柄病害的主要病因就是草莓炭疽病菌的侵染；1995年，Denoyes和Bnudry报道在法国草莓炭疽病引起的损失可达80%。草莓炭疽病在中国也经常造成20%～30%的损失，特别在密闭条件和高温高湿环境下损失更大。

大棚草莓炭疽病主要发生在育苗期和定植初期，也就是在高温季节发生较重，一些品种结果前期也发生，主要危害短缩茎、匍匐茎、叶柄、叶片、托叶，花瓣和果实也可染病，匍匐茎、叶柄、叶片染病后的明显特征是局部出现病斑，病初病斑直径3～7mm，黑色纺锤形或椭圆形，溃疡状，稍凹陷，花瓣染病造成花瓣变黑枯死，果实不发育；母株叶基和短缩茎部发病后，初期1～2片展开叶失水下垂，傍晚或阴天恢复正常，纵切根茎部，可以看到红色或褐色坏死，病斑和表皮相连，侵染点在根颈部表皮，病株以后不能恢复，逐渐死亡，病株容易从根颈部拔断；匍匐茎和叶柄上的病斑扩展成为环形圈时，病部以上部分萎蔫枯死（见图）；浆果受害，产生近圆形病斑，淡褐至暗褐色，软腐状并凹陷。各部位病斑后期可长出肉红色黏质孢子堆。

病原及特征　病原为毛盘孢属和草莓炭疽菌属的几个种，包括胶孢炭疽菌［*Colletotrichum gloeosporioides*（Penz.）Sacc.］、尖孢炭疽菌（*Colletotrichum acutatum* Simm.）、*Colletotrichum fragariae* 侵染所致，其有性阶段为小丛壳属（*Glomerella* Sch.）。*Colletotrichum acutatum* 分生孢子顶端细、直立、梭形，盘少刚毛；*Colletotrichum gloeosporioides* 分生孢子柱状，两端钝圆，透明或粉红色；*Colletotrichum fragariae* 有刚毛，分生孢子倒卵形，形成红色孢子团。

侵染过程与侵染循环　病菌以分生孢子和菌丝体在发病组织或落地病残体中越冬。在田间，分生孢子借助雨水及带菌的操作工具、病叶、病果等进行传播，有多次再侵染。

流行规律　病菌喜高温、高湿环境，生长适温为28～32℃，相对湿度在90%以上，是典型的高温高湿性病菌。当草莓生长期遇高温高湿环境，草莓匍匐茎或近地面的幼嫩组织易受病菌侵染，引起发病，病菌传播蔓延迅速，所以7～8月高温雨季是发病的高峰期。土壤黏重、透水性差、土壤酸性等都利于病害的发生。倪玉红等人经过调查认为，多雨年份发病较重。冬季，在遇雪天后，棚内气温回升，由于连续多日不能放风，这时湿度也较大，利于病菌侵入植株引起发病。草莓连作田及老残叶多、氮肥过量、植株幼嫩的田块容易发病。

草莓炭疽病症状（杨军玉摄）

①造成的死秧；②病根茎基部切开症状；③病茎症状；④病叶症状

此外，密度过大造成郁闭的苗地发病也十分严重，它们可在短时期内造成毁灭性的损失。温室草莓，由于茎基部染病，从栽植到拉秧都可造成死秧。王丰等人研究发现，接种病菌孢子，随着接种时间的推移，叶部病情逐渐较茎部重，说明前期茎部特别是匍匐茎较感病，后期叶部较感病。陈官菊等人认为该病害有明显的潜伏侵染特性，当条件适宜时会突然暴发。

防治方法

选择抗病性强的品种　不同品种抗性有一定的差异，如宝交早生、早红光等品种抗病性强，宁露、明宝、丰香中等抗病，丽红、女峰、春香、章姬、红颜（或叫红颊、丹东99）等品种易感病。

农业防治　避免连作，尽可能实施轮作。加强栽培管理，合理密植，不偏施氮肥，增施有机肥和磷、钾肥，培育健壮植株，提高植株抗病力；白天天晴时，加大通风力度，降低大棚内的温、湿度。注意清园。及时摘除病叶、病茎、枯老叶等带病残体，摘除老叶时不在阴天操作，避免伤口愈合慢造成侵染，栽植后喷雾防治要重点喷施苗基部短缩茎，防治病菌从伤口侵染。高垄栽培，利于排水，降低根部湿度。

化学防治　可选用异菌脲、吡唑醚菌酯、咪鲜胺、苯醚甲环唑、氟菌胺等药剂，注意发病前用药，最迟发病初期开始用药，注意喷雾周到细致。

参考文献

胡德玉，钱春，刘雪峰，2014. 草莓炭疽病研究进展 [J]. 中国蔬菜 (12): 9-12.

杨敬辉，陈宏州，肖婷，等，2015. 草莓炭疽病病原鉴定及其对 12 种杀菌剂的毒力测定 [J]. 西南农业学报，28(6): 2527-2531.

张海英，张明会，刘志恒，等，2007. 草莓炭疽病病原鉴定及其生物学特性研究 [J]. 沈阳农业大学学报，38(6): 317-321.

（撰稿：杨军玉；审稿：王树桐）

草坪白绢病　turfgrass *Sclerotium* blight

由齐整小核菌引起的一种真菌病害。又名草坪菌核枯萎病、草坪南方枯萎病。

分布与危害　在世界各地和中国的暖温带地区的剪股颖、羊茅、黑麦草、早熟禾、狗牙根和阔叶草坪草上均有发生。尤其在如三叶草、马蹄金草坪上危害更加严重。可侵染 500 多种植物。

主要发生在春季和夏季。在美国东部，草坪白绢病通常在仲夏出现。在加利福尼亚，病害在春季末（通常是 5 月的第二周或第三周）逐渐明显，此后一直持续到夏季。

最初草坪上出现黄色的环形或新月状直径达 20cm 的斑块。夏初病卓褪绿，瘦弱。随着病情的继续发展，斑块的一部分或外围一圈的草坪草死去，而斑块中央依然保持绿色，呈蛙眼状。病草死亡后呈现红褐色。在炎热而潮湿的天气情况下，死草圈可迅速扩大，每周扩大逾 20cm。斑块的直径达 1m 的并不罕见，有的斑块可至 2m 宽。当水分充分时，在外围死草圈的草上出现白色的菌丝体。在死草圈里的死草或土壤顶层植物残渣上的菌丝上可形成白色或浅褐色至深褐

色的直径为 1～3mm 的菌核。但干旱条件下，一般见不到菌丝，也很难发现菌核。秋末也很难发现菌核。

病原及特征　病原为齐整小核菌（*Sclerotium rolfsii* Sacc.），其有性态为罗耳阿太菌［*Athelia rolfsii*（Curzi）Tu & Kimbr.］。它可产生大量的白色菌丝体和白色至褐色的菌核。菌核圆形，直径为 1～3mm，剖开菌核可以发现菌核具有明显的菌髓和皮层，被含色素的外皮层包被。病菌的生长很快，每天可达 2.5cm。初生菌丝直径为 4～9μm，在间隔很宽的隔膜处孕育锁状联合，隔膜大约 240μm。次生菌丝大约 2μm 宽，一般没有锁状联合。其有性时期（担孢子的形成和传播）在草坪病害中的作用还不清楚。

侵染过程与侵染循环　病菌以菌核在土壤中或病残体上度过不良的环境条件。24℃ 以上的高温、经常的湿润接着 1～2 小时的干旱，最适宜菌核的萌发。菌核萌发后，草丛持续湿润，可迅速在土壤顶层植物残渣或土壤中蔓延，并进入植物冠层。病菌很容易从发病的草坪向周围地带传播，引起再侵染，扩展蔓延，形成死草圈并在死草上形成菌核，可存活很长的一段时间。

流行规律　高温、高湿及枯草层有利于病菌的生长。在 25～36℃ 时，病菌的生长特别旺盛。凉爽的气温以及通风条件差或中性至碱性的土壤，病菌生长受到抑制。数天时间的干燥条件促进菌核的萌发率，干旱之后紧接着长期的高湿天气特别有利于造成病害大面积流行。土壤温度较高（30℃），酸性（pH 小于 7），通风和光照良好的草坪上，菌核形成量最多。

防治方法

科学养护　保证草坪草的健康生长，包括减少枯草层、用石灰增加酸性土壤的 pH、使用铵态氮肥、通风透光等方法都可减轻病害的发生。

化学防治　采用三唑类或氟酰胺可有效控制病害的发生。

参考文献

HOUSTON B COUCH, 2000. The turfgrass disease handbook[M]. New York: Krieger Publishing Company.

VARGAS JR J M, 1994. Management of turfgrass diseases[M]. New York: Lewis Publishers.

（撰稿：赵美琦；审稿：孙彦）

草坪草币斑病　turfgrass dollar spot

由核盘属真菌 *Sclerotinia homoeocarpa* 引起，可在世界范围内危害多种草坪草的重要病害。又名草坪草圆斑病或草坪草钱斑病。

发展简史　1932 年，Montein 在对草坪草褐斑病进行研究的同时发现了一种相对于褐斑病病斑较小的草坪草病害。由于其病斑大小与钱币大小相近，故而将其命名为币斑病。Montein 对褐斑病病原菌鉴定为立枯丝核菌（*Rhizoctonia solani*），而币斑病是由丝核菌属的另外一种真菌引起的，从而 *Rhizoctonia* sp. 一直被学界认为是币斑病病原菌。1937

年，Bennett 对分离自英国、美国和澳大利亚的币斑病菌进行培养研究，并将所有菌株分为"具有完全生育阶段的菌株""仅产生产囊丝的菌株"和"不产孢菌株"3 种类型，其中不产孢菌株为优势菌株。Bennett 认为币斑病菌可在"微菌核"所组成的致密子座组织上产生子囊盘，并能够形成杯状分生孢子和产囊丝。因此，根据核盘菌的定义，故将币斑病病原菌定名为 Sclerotinia homoeocarpa。

然而，在 1945 年 Whetzel 明确规定核盘菌属真菌应可以在圆形或者是块状菌核上产生子囊盘。那么，根据这一要求，Sclerotinia homoeocarpa 则不属于核盘菌，因为至今尚未观察到含有子囊盘的真正意义上的核盘。Khon 从解剖学、形态学以及分子生物学（rDNA-ITS）综合分析，认为币斑病原菌应归属于 Lanzia 或 Moellerodiscus 属真菌，同时，他们认为币斑病可能是由 1 种或者多种病原菌共同引起的病害。Vargas 和 Powell 根据 ITS 分析比对得知，Sclerotinia homoeocarpa 与 Rutstroemia henningsiana 和 Rutstroemia cuniculi 的亲缘关系更近，但由于 Rutstroemia 的分类地位尚不明确，因此，币斑病菌的分类地位也无法获得确定。

尽管学者们已经纷纷在其学术著作中使用他们认可的币斑病病原菌的拉丁名称，但 Sclerotinia homoeocarpa 应用最广泛。因币斑病病原菌的有性态和无性态的典型结构均未发现，模式菌株无法确定，所以其分类地位一直是学术界讨论的热点，需要学者运用多种合理的方法进一步研究论证。

分布与危害 币斑病自 1932 年由 Moneith 首次在美国发现以来，已在美国全境、欧洲、日本、韩国、澳大利亚等地普遍发生。20 世纪 90 年代中后期，中国南方新建植球场的球道边缘即已零星出现币斑病症状；2005 年，中国北方草坪币斑病开始明显发生，到 2007 年大面积发生，特别是在高尔夫球场果岭、球道上，危害严重。南方各地及北方大部分地区在潮湿多雨的条件下，币斑病发生普遍，已成为许多地区高尔夫球场主要的草坪草病害之一。

币斑病菌主要危害海滨雀稗、剪股颖、狗牙根、结缕草、野牛草、早熟禾、黑麦草等 40 多种冷、暖季型禾本科草坪草以及包括石竹科、旋花科、莎草科和豆科在内的 500 多种植物。高尔夫球场主要种植的草种如剪股颖、草地早熟禾、海滨雀稗、狗牙根、结缕草等均可被其侵染。

当草坪修剪较低时，发病草坪有多个圆形、凹陷、漂白色或稻草色小斑块，2～15cm 大小，如钱币般。发病严重时，相邻的数个病斑汇合后可形成更大的不规则形状的病斑。单株植株染病时，由叶尖开始向下枯萎，叶片首先出现水渍状褪绿斑，随后叶片变褐枯黄，从叶尖开始由上而下卷曲，病斑边缘通常会环绕一圈红褐色色带，接着整个叶片迅速枯萎死亡。病斑内叶片多同时枯萎形成凹陷的枯草斑，在雨后或低温湿润的天气，检查带有露水的叶片，常常可以观察到白色、蛛网状气生菌丝。当草坪修剪不够频繁或不修剪时，币斑病菌也可从叶缘和中部侵染叶片，造成叶片变褐枯萎。在这种情形下，发病草坪并不能形成典型的钱币状病斑，这时候诊断就较为困难，但通常叶片的病斑边缘也会形成一圈红褐色条带（见图）。

病原及特征 病原菌为 Sclerotinia homoeocarpa，属子囊菌门核盘属真菌。在 PDA 或燕麦培养基上培养，Sclerotinia homoeocarpa 首先形成向上散生的、白色絮状气生菌丝；随后，菌丝集结，菌落逐渐变得致密，表面为淡褐色或淡青色。4～6 周后，菌落呈现垫状或片状（视菌丝量而异），气生菌丝下层产生片状、有明显黑色边缘的子座组织（stroma）。随着不断吸收周围菌丝，子座组织厚度增加，颜色变深（橄榄色至黑色），体积增大，最终可占据菌落的大部分。子座组织可用于菌株的长期保存。

侵染过程与侵染循环 Sclerotinia homoeocarpa 属于兼性腐生菌，通常以菌丝体和子座在病株或土壤中度过不良环境条件。当环境条件适宜时，从病组织或子座上产生的菌丝通过伤口、孔口侵入寄主细胞，在其接触的相邻叶片上定殖，成为初侵染来源。病原菌主要通过雨水、流水、工具、人畜活动等方式传播和蔓延。运动草坪在频繁作业及人员走动过程中，割草机、电瓶车、打孔机等各种机械以及高尔夫球鞋均可能将菌丝或病组织传播到健康植株上。自然条件下，很少发现该病原菌以有性生殖的方式进行传播。

流行规律 币斑病的发生涉及与病害相关的寄主、病原菌和环境三者之间的互作。当草坪冠层温度在 15～32℃，且长期处于高湿状态时，有利于病害的发生。温度 21～

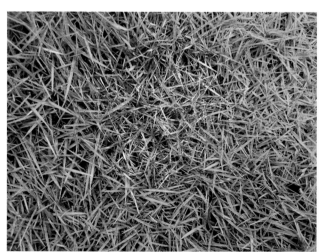

细叶结缕草（左）和海滨雀稗（右）币斑病症状（章武提供）

27℃、湿度大于 85%，为病害发展的最适条件；此外，温暖潮湿的天气、形成重露的凉爽夜温、干旱瘠薄的土壤等因素，均可以加重病害的流行。但 pH 和磷肥水平对发病没有明显影响。

防治方法　币斑病的防治需实施病害的综合防治，即指从整个草坪生态系统出发，综合运用农业、物理、生物、化学等防治措施，创造不利于病虫草等有害生物而有利于草坪草生长的环境条件，从而将有害生物控制在经济危害水平以下，保证草坪草良好的使用和观赏价值。在草坪养护管理实践中，通过抗病育种、生态防治、化学防治、生物防治等途径的配合，实现币斑病的综合防治。

养护管理　各种草坪由于频繁修剪、长期践踏等原因，具有其特殊的生态脆弱性，为病害侵染提供了更多可能。因此，通过科学的水肥供应和合理的辅助措施提高草坪草的抗病能力，是草坪养护管理的关键。

①施肥。各种草坪一般根据土壤测试结果进行施肥，氮肥量保持在 $20 \sim 25 g/m^2$ 能够有效降低币斑病的发生概率，且不同氮源氮肥的防治效果存在差异：硝酸铵、硫包衣尿素和有机改良剂相对于天然有机肥（活性污泥、堆肥）而言，能够更加显著地提高草坪质量并减轻病害发生。病原菌能否成功侵染植株，主要取决于这一时期土壤及植株表面微生物种群的活性。施用氮肥可能影响微环境中其他有益微生物的活性及区系组成，它们通过拮抗、竞争、寄生等方式削弱病原菌的活性。另外，充足的氮肥能够保证草坪草的营养条件，有利于提高其对病害和其他胁迫条件的抵抗能力。

春季对未染病草坪施肥，可有效预防币斑病的发生；草坪染病后施入足量的氮肥，虽然不能代替杀菌剂的杀菌效果，但能够减轻病害严重度，促进草坪恢复，减少杀菌剂的用量，有利于生态环境的保护。

②湿度控制。叶片表面湿度过高，且湿润时数过长均会加速币斑病的发生。因此，草坪生产中管理应尽量采取降低叶面湿度、控制草坪发病所需最小叶面湿润时数等措施，便能有效预防币斑病。叶面湿润程度主要是由草坪草上露水积累所致，因此，尽快消除叶面露水能达到控制病害的作用。另外，还可采用喷施表面活性剂的方法来防止叶表面水分的积累，减轻病害的发生。

③修剪。币斑病病菌易侵染修剪较低的草坪，因此，平时应结合草坪所需用途适时调整修剪高度，减少修剪频率，从而减缓病情的发展。锈钝刀片割草可能会比锋利刀片割草造成更多供病害侵染的伤口而加重病情。因此，大多数草坪管理者仍推荐使用锋利刀片割草，以免造成过多伤口。

化学防治　在修剪频繁的草坪上或病害高发期，除了需要良好管理措施的配合外，化学防治也是必不可少的。杀菌剂的持效期一般为 14 ～ 21 天，实际应用中应根据杀菌剂种类和环境条件适当延长或缩短施药间隔。有机汞和无机汞制剂是早期防治草坪病害的有效药剂，考虑到其对环境的影响，已被福美双所取代。20 世纪五六十年代，用于防治币斑病的其他保护性杀菌剂还包括波尔多液、敌菌灵、百菌清、五氯硝基苯和二硫代氨基甲酸盐类促进剂。内吸性杀菌剂的出现提高了币斑病的防治效果，其中以苯并咪唑类、二甲酰亚胺类和甾醇合成抑制剂使用最为广泛，而甲氧基丙烯酸酯类

杀菌剂如 strobilurin 等则对币斑病防效较差或无效果。由于连续、多次、大量使用同一药剂，*Sclerotinia homoeocarpa* 对无机农药、传统触杀型农药和以上 3 种内吸型杀菌剂都产生了抗性，田间也已出现多药抗药性和交互抗药性菌株。

实际管理中，百菌清、多菌灵、三唑酮、甲基硫菌灵、异菌脲等药剂常用于预防币斑病的发生，即在病害初发期，将药剂稀释 500 ～ 1000 倍液进行叶面喷施；病害严重时可与代森锰锌等保护性杀菌剂复配使用。为延缓病原菌抗药性的产生，可将几种杀菌剂轮换使用。由于草坪需要定期浇水，币斑病反复性强，在杀菌剂的一般持效期内（14 ～ 21 天），有时并不能有效控制病害；因此，适当增加施药的频率，缩短施药间隔期能够很好地控制币斑病的发生与蔓延，但同时会造成一定的药剂选择压力和环境压力。因此，病害的防治需根据病害发生条件，实时选择不同作用机理的杀菌剂和适当施药间隔期，并通过与管理措施、生物防治等方法相结合，延缓杀菌剂抗性的出现。

生物防治　随着病原菌抗药性的产生，利用拮抗微生物替代化学杀菌剂来防治币斑病成为了一条不可忽视的途径，研究人员对此进行了大量的研究。首先，可通过施用有机改良剂减轻币斑病的发生。以堆肥、绿肥、植物残体为代表的有机改良剂，通过调节微生物区系、诱导植株抗病性、改良土壤结构等机制，不仅能增强土壤肥力、改善草坪草生长微环境、提高草坪品质，而且能够减少化学药剂的使用，是控制土传病害的一条重要途径。其次，直接利用有益微生物的拮抗、竞争作用。由于受到防治效果、持效期、活菌制剂稳定性等方面的限制，只有 *Pseudomonas aureofaciens* TX-1 菌株和 *Trichoderma harzianum* T-22 菌株通过美国国家环境保护局的登记成为生物农药，在中低度病害压力下配合杀菌剂，用于币斑病的防治。最后，利用弱毒菌株作为生物防治途径。弱毒菌株可引起病原菌群体致病力衰退，是生物防治的另一条重要途径。Zhou 和 Boland 最先报道了 *Sclerotinia homoeocarpa* 中存在可传染的弱毒 dsRNA，并通过田间人工接种弱毒菌株成功防治了币斑病。弱毒菌株的产生主要与病原菌本身的变异以及弱毒相关病毒 dsRNA 的感染有关。这可能成为对币斑病进行生物防治的理想因子。

参考文献

商鸿生，王凤葵，1997.草坪病虫害及其防治 [M]. 北京：中国农业出版社 .

徐秉良，2013.草坪保护学 [M]. 北京：中国林业出版社 .

SMILEY R W, DERNOEDEN P H, CLARKE B B, 2005. Compendium of turf grass diseases[M]. St. Paul: The American Phytopathological Press.

（撰稿：章武；审稿：李春杰）

草坪草腐霉枯萎病　turfgrass *Pythium* disease

由腐霉属真菌引起的一种真菌病害，是一种毁灭性的草坪病害。又名草坪草油斑病、草坪草絮状疫病。

发展简史　1983 年 Saladini 从病草、土壤中分离到 9 种

腐霉病原菌，结果只证明 *Pythium aphanidematum*、*Pythium graminicola*、*Pythium torulosum* 才是美国俄亥俄州絮状枯萎草坪上的优势种。1995—1997 年 Feng 等人在马里兰州及周边地区的高尔夫球场中，从感病的匍匐剪股颖分离到了 8 种病原物，从草地早熟禾上得到两种腐霉菌，同时对这些病原菌的致病性进行了测定。在病害流行与预测预报方面的研究，最早由 Hall 通过多重回归分析技术调查了田间发病率与天气变量的关系；1983 年 Nutter 等人建立了根据天气监测的预测方案；Shane 于 1988 年利用抗体辅助技术，通过单独症状确定腐霉菌种群的数据评估 Hall 和 Nutter 模型；1995 年 Nutter 发表了在以前多种模型基础上进行改进获得的更精确的预测模型，正确地预测了 1991—1994 年腐霉枯萎病的发生。

分布与危害　草坪草腐霉枯萎病广泛分布在世界各地，可侵染各种草坪草的各个部位，造成烂芽、苗腐、猝倒和根腐、根颈部和茎、叶腐烂。它既能在冷湿生境中侵染危害，也能在天气炎热潮湿时猖獗流行。当夏季高温高湿时，能在一夜之间毁坏大面积的草皮。

种子萌发和出土过程中被腐霉菌侵染，出现芽腐、苗腐和幼苗猝倒。幼根近尖端部分表现典型的褐色湿腐。发病轻的幼苗叶片变黄，稍矮，此后症状可能消失（图 1 ①②）。

成株受害，一般自叶尖向下枯萎或自叶鞘基部向上呈水渍状枯萎，病斑青灰色，后期有的病斑边缘变棕红色。根部受侵染表现不同的症状。有的根部产生褐色腐烂斑，根系发育不良，病株发育迟缓，分蘖减少，下部叶片变黄或变褐，草坪稀薄。有的根系外形正常，无明显腐烂现象或仅轻微变色，但次生根的吸水机能已被破坏，高温炎热时，病株失水死亡，整块草坪在短短数日内就可完全被毁坏。

在高温高湿条件下，腐霉菌侵染常导致根部、根颈部和茎、叶变褐腐烂。草坪上突然出现直径 2～5cm 的圆形黄褐色枯草斑。受害病株水渍状变暗绿腐烂，摸上去有油腻感（故又得名为油斑病），倒伏，紧贴地面枯死，枯死圈（斑秃）

呈圆形或不规则形，直径 10～50cm，也有人将之称为"马蹄"形枯斑。在早晨有露水或湿度很高时，尤其是在雨后的清晨或晚上，腐烂病株成簇趴在地上且可见一层绒毛状的白色菌丝层，在病枯草区的外缘也能看到白色及紫灰色的絮状菌丝体（依腐霉的种不同而不同）（图 1 ③④⑤）。干燥时菌丝体消失，叶片萎缩并变红棕色，整株枯萎而死，最后变成稻草色枯死圈。由于该病发展快，故又称为疫病。

在修剪很低的高尔夫球场、剪股颖草坪等草坪上枯草斑最初很小，但扩展迅速。而在修剪高的草坪上枯草斑较大，形状多不规则。多数枯草斑可汇合成较大的、形状不同的枯草区（图 1 ⑥）。这类死草区往往分布在草场最低湿的区段或水道两侧，有时沿剪草机或其他农业机械作业路线呈长条形分布，受侵染的植株很快腐烂死亡（图 1 ⑦）。

在低温积雪地区，由腐霉所致的雪疫病，在日本早熟禾亚科的草上是很常见的病害，美国也有报道。这种叶部枯萎至少已知由 6 种腐霉菌所致，其诱因主要是土壤肥力高、排水不良、积雪覆盖等。症状以积雪融化后最明显，表现为叶片生有大型暗绿色水渍状病斑，叶组织变绿或枯黄色死亡并被卵孢子充满，根大部分未受影响，但根冠已腐烂，根冠腐烂的植株很快死亡。草坪上或出现棕褐色或橙色小的枯死斑，或出现大面积的枯草区。

病原及特征　在不同环境条件下，有 20 余种腐霉侵染草坪，草坪草的任何部位都能遭到侵染，且症状表现与侵染位置有关。其中，最主要的种是瓜果腐霉［*Pythium aphanidermatum*（Eds.）Fitz.］，其次还有终极腐霉（*Pythium ultimum* Trow）、禾谷腐霉（*Pythium garaminicola* Subram）、群结腐霉（*Pythium myriotylum* Drechs.）、禾根腐霉（*Pythium arrhenomanes* Drechs.）等。腐霉菌丝为无隔多核的大细胞，分枝或不分枝，无色透明。无性世代生成孢子囊和游动孢子，孢子囊丝状、球状、指状、姜瓣状等顶生或间生，游动孢子肾形，有双鞭毛。有性世代是由藏卵器与雄精器进行同宗配合形成卵孢子，卵孢子球形、平滑、满器或不满器。腐霉菌

图 1　草坪草腐霉枯萎病危害症状（赵美琦提供）

①幼苗根部腐烂；②幼苗猝倒；③叶片水渍状暗绿腐烂；④不规则枯死圈；⑤绒毛状白色菌丝；⑥多个枯草斑形成大的枯草区；⑦沿水流或剪草方向呈带状枯草区

种的鉴定主要依据藏卵器、雄器和孢子囊的特性（图2）。PDA培养基上菌落无色，稀疏；番茄汁培养基上菌落无色或近白色，浓密絮状，垂直于培养基生长。

草坪草上常见的腐霉菌种的主要特征检索见表。

侵染过程与侵染循环　腐霉菌是一种土壤习居菌，有很强的腐生性。它通常存在于病残枯草、土壤或者同时存在于这两种介质上，只有适合的环境条件下才会有致病力。腐霉菌是一种对水要求很高的霉菌，在淹水条件下和池塘中的残体上都能很好地生长。

土壤和病残体中的卵孢子是最重要的初侵染菌源。腐霉菌的菌丝体也可在存活的病株中和病残体中越冬。在适宜条件下，卵孢子萌发后产生游动孢子囊和游动孢子，游动孢子形成休止孢子后萌发产生芽管和侵染菌丝，侵入禾草的各个部位；卵孢子萌发也可直接生成芽管和侵染菌丝。侵入的菌丝体主要在寄主细胞间隙扩展。以后，病株又可产生大量菌丝体以及无性繁殖器官孢囊梗和孢子囊，造成多次再侵染。

另外用含有该菌的湖、河、塘、池水灌溉也能使草受到感染。游动孢子可在植株和土壤表面自由水中游动传播，灌溉和雨水也能短距离传播孢子囊和卵孢子。在球场上可看

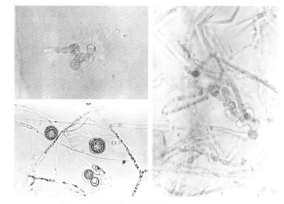

图2　各种形态的孢子囊（唐春艳提供）

到随灌水和机械设备传播，在草坪上呈带状病斑出现。菌丝体、带菌植物残片、带菌土壤则可随工具、人和动物远距离传播。

流行规律　高温高湿是腐霉菌侵染的最适条件，白天最高温30℃以上，夜间最低温20℃以上，大气相对湿度高于90％，且持续14小时以上，或者是有降雨的天气，腐霉枯

草坪草上常见的腐霉菌种检索表（引自Richara, 1996）

Ⅰ.孢子囊丝状的	
A.孢子囊与菌丝没有分化，不扁平，不进行有性繁殖	*Pythium afertile*
B.孢子囊与菌丝有分化，扁平，进行有性繁殖，卵孢子光滑	
1.卵孢子充满藏卵器	
a.具有链状的，球形的无性繁殖机构，藏卵器直径达38μm	*Pythium catenulatum*
b.无链状的，球形的无性繁殖机构	
1）雄器与藏卵器来源于同一菌丝	
a）藏卵器细小，直径为12～20μm，每一藏卵器有1～2个雄器，不扁平	
i）雄器的产生部位与藏卵器接近（5～10μm）	*Pythium torubosum*
ii）雄器与藏卵器隔得较远（25μm）	*Pythium vanterpoodlii*
b）藏卵器大，直径为17～36μm，每一藏卵器有2～6个扁平的雄器	*Pythium graminicola*
2）雄器与藏卵器不产生于同一菌丝，每一藏卵器上的雄器多达25个	*Pythium arrhenomanes*
2.卵孢子不充满藏卵器	
a.雄器与藏卵器产生于同一菌丝，间生的（菌丝中间产生），不扁平，每个藏卵器有1～2个雄器	*Pythium aphanidermatum*
b.雄器大多与藏卵器不产生于同一菌丝，非间生的（菌丝顶端生出），雄器细胞有钩状颈	*Pythium myriotylum*
Ⅱ.孢子囊球形，进行有性繁殖	
A.藏卵器光滑	
1.卵孢子充满藏卵器	
a.雄器从藏卵器的柄上产生（产生于同一菌丝），有的产生在藏卵器的基部，之间的空隙比藏卵器的柄粗小	*Pythium rostratum*
b.雄器与藏卵器产生于同一菌丝或不同菌丝，不产生于藏卵器的基部（藏卵器不穿雄生）	*Pythium iwayamai*
2.卵孢子不充满藏卵器，雄器不会产生于藏卵器基部	
a.雄器典型的无柄，产生部位紧挨着藏卵器	*Pythium ultimum*
b.雄器典型的有柄，产生部位不紧挨着藏卵器，有钩状颈，棒形	
1）雄器与藏卵器紧贴，或与之融合	*Pythium vexans*
2）雄器与藏卵器之间有很窄的空隙	*Pythium debaryanum*
B.藏卵器有刺，卵孢子充满藏卵器，雄器有柄的，不穿雄生	*Pythium irregulare*

萎病就可大发生。在高氮肥下生长茂盛稠密的草坪最敏感，受害尤重；碱性土壤比酸性土壤发病重。也有一些种在温度 11～21℃ 时最活跃，而另一些种则在 23～34℃ 时处于休眠状态。北京地区，腐霉枯萎病的主要危害期发生在 6 月下旬至 9 月上旬的高温高湿季节。

防治方法　良好的立地条件是防治腐霉枯萎病的关键。建植之前要平整土地，黏重土壤或含砂量高的土壤要进行改良，设置良好的排水设施，避免雨后积水，降低地下水位。因为在排水不良或过于密实的土壤中生长的草坪根系较浅，而大量灌水又会加重腐霉枯萎病的病情。另外，要注意草坪周围空气流通。

养护管理　①合理灌水，提倡喷灌、滴灌。潮湿的土壤和叶面湿润的水膜是腐霉枯萎病发生的必要条件，因此，水分管理就成了最重要的减少病害发生隐患的措施之一。采用喷灌、滴灌，控制灌水量，减少灌水次数，减少根层（10～15cm 深）土壤含水量，降低草坪小气候相对湿度。任何情况下都要避免在夜间或傍晚灌水。②合理修剪、施肥，清洁草坪卫生。枯草层厚度超过 2cm 后及时清除；修剪应遵循 1/3 原则，高温季节不要过低、频繁剪草，应提高修剪高度。在高温潮湿当叶面有露水，特别是看到已有明显菌丝时，不要修剪，以避免病菌传播。提倡秋季、春季均衡施肥，避免施用过量氮肥，增施磷、钾肥和有机肥。氮肥过多会造成徒长，因而加重腐霉枯萎病的病情。③不同草种或不同品种混合建植。匍匐剪股颖、细弱剪股颖、意大利黑麦草或多年生黑麦草中几乎没有抗腐霉枯萎病的品种。而其中尤以多年生黑麦草最感腐霉枯萎病。大部分改良的狗牙根品种较耐或较抗腐霉枯萎病。在北京地区提倡以草地早熟禾为主，适当混合高羊茅、黑麦草的不同草种混播或不同品种混合播种。

化学防治　①药剂拌种、种子包衣或土壤处理是防止烂种和幼苗猝倒的简单、易行和有效的方法。选用的药剂品种有代森锰锌、杀毒矾、金雷、噁霉灵等。②叶面喷雾。高温高湿季节要及时使用杀菌剂控制病害。防治腐霉病有许多好的杀菌剂可选择，如金雷、乙膦铝、杀毒矾、优绘、霜霉威、银法利、氰霜脲等都具有较好的防病效果。但为防止抗药性的产生（实际上 Sanders 已报道了腐霉菌对甲霜灵已产生了抗性），提倡药剂的混合使用或交替使用，使用浓度、次数和间隔时间视病情而定。

参考文献

赵美琦,孙明,王慧敏,等,1999.草坪病害 [M].北京:中国林业出版社.

DERNOEDEN P H, 2002. Creeping bentgrass management: summer stresses, weeds and selected maladies[M]. Hoboken: John Wiley & Sons, INC.

HOUSTON B COUCH, 2000. The turfgrass disease handbook[M]. New York: Krieger Publishing Company.

VARGAS JR J M, 1994. Management of turfgrass diseases[M]. New York: Lewis Publishers.

（撰稿：赵美琦；审稿：孙彦）

草坪草褐斑病　turfgrass brown patch

由立枯丝核菌引起的，危害所有草坪草的一种真菌病害。又名草坪草立枯丝核疫病。

发展简史　1914 年，美国高尔夫协会的 C. D. Piper 鉴定了匍匐剪股颖上的病原物 *Rhizoctonia solani* Kühn，其所致病害被命名为"褐斑病"开始，现代草坪病理学就诞生了。此后对该病开展了以探索影响病害发生发展因素为主要内容、强调病害预测预报及检查病原体作为核心，做好环境、化学、生物、遗传及营养和生理五方面的综合研究，如 1987 年，B. Matin 报道了使用 DAPI 荧光显微技术快速而可靠地确定丝核菌每个菌丝细胞中核的数量；1992 年，Burpe 等人利用该项技术并通过无性菌丝的每个细胞核数、菌丝、念珠状细胞和菌核形态及颜色，PDA 上菌落特征、酶反应等生理学等特征，鉴定了与草坪病害有关的 4 种丝核菌，并进行了详细描述；1994 年，Rowell 和 Heaen 研究了病害的侵染过程和致病机制。2007 年，Toda 等人在日本又发现一种新的立枯丝核菌能致匍匐剪股颖叶片腐烂、叶鞘变为红棕色的新病害，定名为红褐斑病。

分布与危害　草坪草褐斑病广泛分布于世界各地，是所有草坪病害中分布最广的病害之一。只要在草坪能生长的地区就都能发生褐斑病，而且该病能侵染所有已知的草坪草、草地早熟禾、粗茎早熟禾、紫羊茅、细叶羊茅、苇状羊茅、多年生黑麦草、细弱剪股颖、匍匐剪股颖、红顶草、野牛草、狗牙根、假俭草、钝叶草、结缕草等 250 余种禾草植物。在北京地区的冷季型草病害调查中，其发生的普遍程度达 80% 以上。它不仅造成草坪植株的死亡，更严重的是造成草坪大面积枯死，极大地破坏草坪景观。

草坪草褐斑病所引起的病害症状变化很大，主要取决于不同草种类型（如冷季型或暖季型）、不同品种组合、不同立地环境和养护管理水平（如修剪高度、次数）、不同的气象条件及病原菌的不同株系等因素。一般草坪会出现由枯草形成的环状秃斑，但也有可能在整片草坪内或仅在秃斑内出现叶斑。

草坪草褐斑病主要侵染植株的叶、鞘、茎，引起叶腐、鞘腐和茎基腐，根部往往受害很轻或不受害。因此，受害株往往能再生长出新叶而恢复。但病害严重和反复流行时，根颈、匍匐茎、根状茎也会死亡。冷季型草主要危害期发生在高温高湿的夏季。单株受害：病叶及鞘上病斑梭形、长条形、不规则，长 1～4cm，初呈水渍状，后病斑中心枯白，边缘红褐色，严重时整叶水渍状腐烂。高羊茅叶片上病斑多不规则，边缘褐色（图 1 ①）。草地早熟禾有的品种叶片上病斑初梭形，后长圆形与叶同宽，边缘橙黄色，内部白色或淡黄色；受害叶鞘呈褐色梭形、长条形病斑，多数长 0.5～1cm，有的长 3.5cm 以上（图 1 ②）。初期病斑内部青灰色水渍状，边缘红褐色，后期病斑变褐色。严重时病菌可侵入茎秆，病斑绕茎扩展可造成茎及茎基部变褐腐烂或枯黄，病分蘖枯死；在潮湿有利条件下，叶鞘和叶片病变部位生有稀疏的灰白色菌丝（图 1 ③）；在连续几天降雨后出现低温不利于病害发展时，在病鞘、茎基部的菌丝不断集聚成团（图 1 ④），最后形成初期为灰白色后期变成黑褐色的菌核，易脱落（图 1⑤）。草坪受害出现大小不等的近圆形枯草圈，条件适合时，病情发展很快，枯草圈直径可从几厘米很快扩展到 2m 左右。由于枯草斑中心的病株较边缘病株恢复得快，结果枯草斑就呈现出环状或"蛙眼"状，即其中央绿色，边缘枯黄色环带。但草种不同此症状表现也略有不同（图 1⑥⑦⑧⑨）。在清晨有露水或高湿时，枯草圈外缘（与枯草圈交界处）有由萎蔫的新病株组成的暗绿色至黑褐色的浸润圈，即"烟圈"（由病菌的菌丝形成），当叶片干枯时烟圈消失。这种现象只是在叶片很湿或空气湿度很高时才可能出现。另外在修剪较高的多年生黑麦草、草地早熟禾、高羊茅草坪上，就常常没有烟圈。有经验的草坪管理人员，在病害出现之前 12～24 小时能闻到一种霉味，有时一直延续到发病后。有时，若病株散生于草坪中，就无明显枯草斑。

暖季型草上的症状不同于冷季型草坪，通常发生在草株复苏开始生长的春天或快开始休眠的秋天。枯草斑直径可达几米，一般没有烟圈，但病斑边缘有叶片褪绿的新病株。病株叶片几乎没有侵染点，侵染只发生在匍匐茎或叶鞘上，造成基部腐烂而不是叶枯。

在冷暖季草的过渡地带，结缕草发病很重。症状出现在春、秋两季，表现分蘖少、生长量下降，以活分蘖中镶嵌着枯死分蘖的环状斑为典型症状。枯死斑常在同一位置出现，有时可扩大到 8m，根部变色但不腐烂，夏季斑块症状消失。

病原及特征　病原主要为立枯丝核菌（*Rhizoctonia solani* Kühn），属丝核菌属。该菌丝初期无色，后变淡褐色至黑褐色，呈近直角分枝，分枝处缢缩，其附近形成隔膜。初生菌丝较细，老熟后常形成粗壮的念珠状菌丝（图 2），

菌丝顶端细胞多核。易形成菌核，大小直径为 0.1～5mm，初期白色，后红褐色至黑色，紧密，粗糙，形状不规则。不产生无性孢子。有性世代为瓜亡革菌［*Thanatephorus cucumeris*（Frank）Donk］，可形成担孢子，但在侵染循环中作用不大。在 PDA 培养基平板上菌落铺展，初无色，后变淡褐色至黑褐色，菌丝长绒毛状，放射状分布，较稀疏。

除立枯丝核菌外，禾谷丝核菌（*Rhizoctonia cerealis* Van der Hoeven）、水稻丝核菌（*Rhizoctonia aryzae*）和玉蜀黍丝核菌（*Rhizoctonia zeae* Voorhees）也可侵染多种草坪禾草。4 种丝核菌形态上的主要区别是：立枯丝核菌和玉米丝核菌菌丝顶端细胞多核；禾谷丝核菌顶端细胞双核，菌丝较细；水稻丝核菌顶端细胞 4 核。在培养基上 *Rhizoctonia solani* 为褐色，*Rhizoctonia cerealis* 为白色或米黄色，*Rhizoctonia aryzae* 和 *Rhizoctonia zcae* 均为白色至橙红或粉红色。各种丝核菌的菌核在形态和颜色上都不一样，有白色、米黄色、橙红色、褐色、红色、红褐色、赤黄色和黑色等。

丝核菌具有菌丝融合的亲合性。侵染冷季型草的

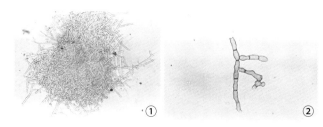

图 2　病原菌（赵美琦提供）

①直角分枝有缢缩的菌丝；②成熟念珠状菌丝

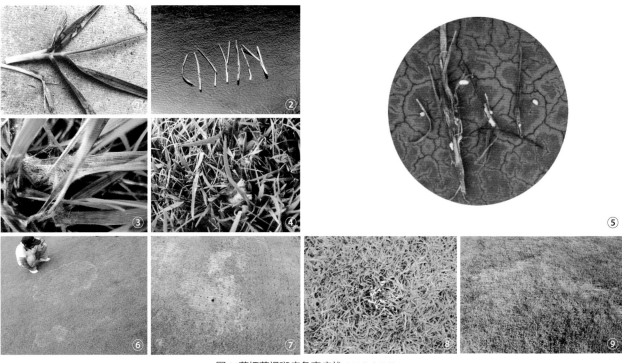

图 1　草坪草褐斑病危害症状（赵美琦提供）

①高羊茅病斑；②草地早熟禾病斑；③蛛网状菌丝；④菌丝集聚成团；⑤菌核；⑥草地早熟禾蛙眼状病斑；⑦匍匐剪股颖草坪不规则病斑；
⑧海滨雀稗草坪；⑨结缕草草坪

与草坪有关的丝核菌种的形态学和生理学特性表

特征	*R. solani*	*R. zeae*	*R. oryzae*	*R. cerealis*	*Rhizoctonia* AG-Q
每细胞内核数	>2	>2	>2	2	2
菌落颜色 [a]	浅黄色 - 褐色	白色 - 橙红色	白色 - 橙红色	白色 - 浅黄色	白色 - 浅黄色
最适温度（℃）[a]	18～28	～32	～32	～23	?
菌丝融合组	AG-1 到 AG-10	WAG-Z	WAG-O	AG-D（CAD-1）	AG-Q
苯菌灵的 EC_{50}	>10	>10	>10	>10	?
酚反应 [b]	+	+++	+++	?	?
有性阶段	*Thanatephonis cucuneris*	*Waitea circinata*	*E. circinata*	*Ceratobasidirum cereae*	*C. cornigenumc*
侵染病害	褐斑病	叶和叶鞘枯斑	叶和叶鞘枯斑	黄色斑块病	黄色斑块病

a 在PDA培养基上；b 包含酚或儿茶酚的PDA上菌落周围的颜色："+"为浅褐色，"+++"为暗褐色；c 由丝核菌AG-Q引起的病害只有在日本被报道

Rhizoctonia solani，大多为第一菌丝融合群（AG-1），侵染暖季型草的大多为第二菌丝融合群的第二亚群（AG2-2）。这些融合群具有独立的遗传特性，在草坪草上表现一定程度的寄生专化性。

侵染过程与侵染循环　草坪草褐斑病是一种流行性很强的病害。早期只要有几张叶片或几株草受害，一旦条件适合，没有及时防治，病害就会很快扩展蔓延，造成大片禾草受害，特别是修剪很低的草坪，像高尔夫球场草坪。

丝核菌以菌核或在植物残体上的菌丝形式度过不良的环境条件。菌核有很强的耐高低温能力。它萌发的温度范围很宽为 8～40℃，最适温度为 28℃，但最适的侵染和发病的适温为 21～32℃（因病原菌种类和菌系而不同）。当土壤温度升至 15～20℃ 时，菌核开始大量萌发，菌丝开始生长。病菌以环状方式生长，与大部分真菌一样。但直到气温升至大约 30℃，同时空气湿度很高，且夜间温度高于 20℃（在 21～26℃ 或更高）时，病菌才会明显地侵染叶片和其他部位。由于丝核菌是一种寄生能力较弱的菌，所以对处于良好生长环境中的禾草，只能造成轻微的侵染，不会造成严重的损害，只有当草坪禾草处于逆境胁迫条件下，草坪禾草进入休眠或停止生长时，即抗病性下降，才会有利于病菌和病害的发展。

丝核菌是土壤习居菌，主要以土壤传播，由菌核萌发的菌丝和病残体生出的菌丝，从寄主叶、叶鞘或根部伤口侵入。在实验室中，Rowell 发现修剪过的草的顶端是丝核菌侵入的主要部位。不过，病菌也能从气孔进入或直接穿透进入叶片。Hearn 报道随着温暖天气的到来，病菌先侵染根部，然后是匍匐茎，最后是叶片。受侵病组织初呈水浸状，后病叶和病株变褐枯死，菌核在发病部位表面或组织内形成，初为白色，以后逐渐变成黑褐色，脱落在枯草层和土壤中。

流行规律　由 *Rhizoctonia solani*（AG-1 为主）引起的褐斑病常在冷季型草上严重发生。夏季高温、多雨、潮湿的天气（降雨、露水、吐水或潮湿天气等）条件，草坪上就可迅速出现大面积枯死斑块。在暖季型草上由 *Rhizoctonia solan*（AG-2 为主）引起的褐斑病，通常发生在春天，更多的是在秋天，很少发生在有利于禾草生长的夏天。*Rhizoctonia oryzae* 和 *Rhizoctonia zcae* 引起的病害在 28～36℃ 的温度范围内在冷季型草和暖季型草上发生最频繁。*Rhizoctonia cerealis* 引起的黄斑病多发生在高尔夫球场和球穴区，发病期从秋季一直到春季的长期多雨而凉爽至寒冷的时期，使草坪变得稀疏。

枯草层较厚的老草坪，菌源量大、发病重；低洼潮湿、排水不良；田间郁闭，小气候湿度高；偏施氮肥，植株旺长、组织柔嫩；冻害；灌水不当等因素都极有利于病害的流行。

防治方法

加强草坪的科学养护管理　均衡施肥：在高温高湿天气来临之前或期间，土壤中含氮量高会加剧病情。因此，在这个季节要少施氮肥，一般不超过 2.5kg 氮（纯氮施用量）每 $100m^2$，最好是不施氮肥。任何时候都要保持正常水平的磷、钾肥。科学灌水，避免串灌和漫灌，特别强调避免傍晚灌水，在草坪出现枯斑时，应在早晨尽早去掉吐水（或露水）有助于减轻病情。改善草坪通风透光条件，降低田间湿度；及时修剪，夏季剪草不要过低。过密草坪要适当打孔，以保持通风透光。清除枯草层和病残体，减少菌源量。枯草和修剪后的残草要及时清除，保持草坪清洁卫生。

选育和种植耐病草种　虽然没有抗病品种能抵抗此病，但品种间存在明显的抗病性差异，粗茎早熟禾（*Poa trivialis*）> 早熟禾 > 草地早熟禾 > 高羊茅 > 多年生黑麦草 > 加拿大早熟禾（*Poa compressa*）> 小糠草（*Agrostis alba*）> 匍匐剪股颖和细剪股颖。因此，根据各地具体情况，选用相对耐病草种。

化学防治　新建草坪提倡种子包衣或药剂拌种。可选用甲基立枯灵、五氯硝基苯、粉锈宁、噁霉灵等药剂拌种，或用甲基立枯灵、五氯硝基苯、敌克松等进行土壤处理。拌种用量一般以种子量与药量比计算。如用 40% 五氯硝基苯可湿性粉剂拌种，用量为种子量的 0.3%～0.4%，即每 100kg 种子用药 300～400g。成坪草坪抓紧早期防治，控制初期病情是药剂防治的关键。因此，必须在病菌开始侵染前用药，如北京地区防治褐斑病的第一次用药时间最好不超过 5 月 20 日。防治褐斑病效果较好的药剂有百菌清、甲基托布津、扑海因、草坪灵 1 号、井冈霉素、氟酰胺、嘧菌酯等。一般采用喷雾法，按说明书上的使用浓度，兑一定量水后均匀喷洒在草株表面。也可用灌根或泼浇法，控制发病中心。

参考文献

赵美琦，孙明，王慧敏，等，1999. 草坪病害 [M]. 北京：中国林

业出版社 .

HOUSTON B COUCH, 2000. The turfgrass disease handbook[M]. New York: Krieger Publishing Company.

VARGAS J M Jr, 1994. Management of turfgrass diseases[M]. New York: Lewis Publishers.

（撰稿：赵美琦；审稿：孙彦）

草坪草红丝病　turfgrass red thread

由 *Laetisaria fuciformis* 引起的一种真菌性病害。又名草坪草红线病。

发展简史　欧洲、北美、澳大利亚等冷湿地区研究较早。中国于 2012 年才首次报道红丝病危害海南高尔夫球场海滨雀稗草坪，以后在浙江等多地发生。

分布与危害　广泛分布于世界各地潮湿冷温带地区。严重危害剪股颖、羊茅、黑麦草和早熟禾、狗牙根等属草坪草，尤其在缺乏氮肥的草坪上，红丝病发病特别猖獗，造成禾草生长迟缓，早衰甚至死亡，草坪景观被破坏。

草坪草红丝病的典型症状是草坪上出现环形或不规则形状、直径为 5～50cm、红褐色的病草斑块（图 1）。病草水浸状，迅速死亡。死叶弥散在健叶间，使病草斑呈斑驳状。病株叶片和叶鞘上生有红色的棉絮状的菌丝体（直径可达 10mm）和红色丝状菌丝束（可以在叶尖的末端向外生长约 10mm），清晨有露水或雨天呈胶质肉状，干燥后，变细成线状。仔细地检查单株病草可以发现红丝病只侵染叶子，而且叶的死亡是从叶尖开始向下发生。红丝病在一年中的不同时间、不同地点均可发生，症状易多变，特别是当不产生红丝或红色棉絮状物时，诊断就很困难。在高尔夫球场的果岭和发球台，因修剪较低，病斑直径为 5～15cm，边缘不规则，叶片、叶鞘出现淡红色。

病原及特征　病菌无性态是 *Laetisaria fuciformis*，有性态为 *Corticium fuciforme*。病菌可形成蛛网状、淡红色的菌丝体，包围着病叶和病叶鞘。菌丝束（鹿角状物）又称为红丝，在叶片的尖端向外产生，颜色有粉红色、橙红色和红色，长度可达 10mm（图 2）。棉絮状物通常粉红色，较脆，直径可达 10mm，由大量的节分生孢子组成。节分生孢子无色，椭圆形或圆柱形，大小为 5～17μm×10～47μm。在发病组织上还可产生细小的担子果。菌丝多核，不具有锁状联合。不同的病菌株系最适生活温度不同。

侵染过程与侵染循环　病菌以菌丝束在病叶或病残体

上度过不适时期。红丝最高存活温度为 32℃，最低存活温度为 –20℃，在干燥的条件下能保持活性达 2 年。病菌以节分生孢子或红丝通过流水、机械、人畜等在一定范围内传播，节分生孢子和植物病残体还可由风远距离传播。

流行规律　在 18～24℃ 的气温条件下最有利于此病的发生，但叶片湿度的持续时间更能决定病害的发展。因此，高湿、重露、少量的降雨、雾及适宜的温度是病害流行的重要条件。可造成病菌大量侵染，迅速扩展蔓延，2 天之内就可杀死草叶。该病也可在积雪覆盖下的未解冻的草层上发生，也可出现在冬季有持续降水的月份。夏季的连阴雨，也可造成大面积暴发。

另外，低温、干旱、肥力不足（特别是氮肥缺乏时）及其他病害或使用生长调节剂等引起草坪草生长迟缓的因素，都可促使红丝病严重发生。该病全年均可发生，但一般严重发病期不会超过几个月。

防治方法

科学的养护管理　保持土壤肥力充足和营养平衡，增施磷、钾肥和适宜的氮肥有益于减轻病害的严重度。土壤的 pH 一般应保持在 6.5～7.0。及时浇水以防止草坪上出现干旱胁迫，浇水时应深浇，尽量减少浇水次数，浇水时间应在早晨，特别注意避免午后浇水。草坪周围的树木和灌木丛，或设计风景点时要精心布局，增加草坪日照和空气对流。适当修剪，并及时收集剪下的草屑集中处理，以减少菌量。

种植抗病草种和品种。

化学防治　当白天气温稳定在 6～21℃ 并经常降水时，应当视病情施用保护性杀菌剂或治疗性杀菌剂。如嘧菌酯、氟酰胺三唑类、异菌脲、甲基托布津等药剂。

参考文献

赵美琦、孙明、王慧敏、等，1999. 草坪病害 [M]. 北京：中国林业出版社 .

HOUSTON B COUCH, 2000. The turfgrass disease handbook[M]. New York: Krieger Publishing Company.

（撰稿：赵美琦；审稿：孙彦）

草坪镰刀枯萎病　turfgrass *Fusarium* blight

由多种镰孢引起、普遍发生在草坪上严重破坏草坪景观效果的真菌病害。是一种世界性病害，危害大，广泛发生于各国草坪种植区。也是许多国家和地区草坪上的主要病害之一。

发展简史　该病首先在美国发现，现在亚洲、美洲及欧洲等国均有发生。中国于 1985 年在北京的绿地草坪上首次发现。

分布与危害　中国各个区域的草坪上均有发生。随着气候变暖及不同品种种植区域的扩大，该病害在中国南北方草坪过渡交叉带种植区有加重的趋势。一般年份发病率 10%～30%，严重的年份可达 50% 以上，甚至对草坪造成毁灭性危害。

草坪幼苗出土前后均可被病菌侵染，种子或根系腐烂

图 1　草坪呈不规则红褐色枯草斑	图 2　红色呈线状菌丝体
（谢建辉提供）	（谢建辉提供）

变褐色，严重时造成烂芽和苗枯。发病轻时，植株根及根颈部褐色干腐，天气潮湿时，病部产生粉红色的分生孢子团。病草初期出现淡绿色小型病斑，随后很快变为枯黄色，在干热条件下，病草枯死。枯草斑块圆形或不规则形状，直径2～30cm，斑内植株发生根腐和基腐。早熟禾3年以上的植株受到多种镰孢菌的侵染，枯草斑直径可达 1m，呈条形、新月形、近圆形等。通常枯草斑中央为正常植株，四周为已枯死植株构成的环带，整个枯草斑呈"蛙眼状"。多发生在夏季湿度过高或过低时（图1）。

病原及特征　引起草坪镰刀枯萎病的镰孢菌种类繁多，且不同的区域、品种致病菌有显著不同。在欧洲、美洲等国家和地区，引起镰刀枯萎病的主要致病菌为黄色镰孢［*Fusarium culmorum*（Smith）Sacc.］、燕麦镰孢［*Fusarium avenaceum*（Corda et Fr.）Sacc.］、锐顶镰孢（*Fusarium acuminatum* Ellis & Everh.）及克地镰孢（*Fusarium crookwellense*）。中国鉴定出的镰刀枯萎病主要致病菌为禾谷镰孢（*Fusarium graminearum* Shw.）、茄腐皮镰孢［*Fusarium solani*（Mart.）Sacc.］、燕麦镰孢及锐顶镰孢。另外，黄色镰孢、克地镰孢和尖孢镰孢（*Fusarium oxysporum* Schlecht.）等也可引起该病发生，但所占比例较小。

该病原菌可产生大小两种分生孢子及厚垣孢子，大分生孢子镰刀形，两端尖，顶端细胞稍弯曲，大多数3个隔膜，少数4个隔膜，大小为30～45μm×2.8～3.5μm；小分生孢子肾形、椭圆形，大小为8.7～12μm×2.0～2.3μm。厚垣孢子无色单胞，球形或椭圆形，顶生或间生于菌丝及大型分生孢子上，单生或串生（图2）。

该病原菌分生孢子在自然条件下形成的最低温度为8℃，适温25℃。分生孢子萌发因温度不同所需要的时间亦不同，4℃萌发需要24小时以上，15℃需要6小时，25～28℃时经3小时即可全部萌发，但当温度达到37℃时便不能萌发。

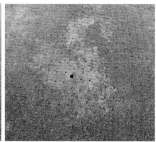

图1　禾草上镰刀枯萎病症状（姚彦坡提供）
①早熟禾；②剪股颖

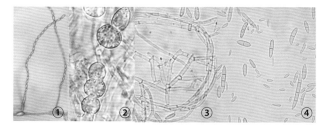

图2　草坪镰刀枯萎病菌（姚彦坡提供）
①分生孢子串；②厚垣孢子；③分生孢子梗和孢子；④分生孢子

侵染过程与侵染循环　草坪镰刀枯萎病病原菌主要侵染源是病土、病残体和带菌的种子。种子带菌率较高，萌发出苗时，容易引起草坪幼苗的猝倒和立枯。病菌以菌丝体在病草和病残体上越冬，厚垣孢子还可以在土壤或土壤顶层枯草层中越冬。厚垣孢子有很强的抗逆性，可随病残体在土壤中存活2年以上。在9℃条件下的干燥土壤中，厚垣孢子甚至可存活8年之久。分生孢子中的大孢子和小孢子能随气流传播，不断进行再侵染，导致草坪植株大量受害，造成草坪苗枯、根腐、茎基腐、叶斑和叶腐、匍匐茎和根状茎腐烂等一系列复杂症状。

流行规律　草坪镰刀枯萎病流行与否及流行的强度受草坪禾草抗病性、生育时期、菌源数量、气象条件和管理措施等诸多因素制约，其中草坪禾草的抗病性、菌源数量及降水三者的配合程度最为重要。

品种抗病性　草坪对镰刀枯萎病的抗性分为抗侵入和抗扩展两种类型。抗侵入指品种具有抵抗病菌侵入的能力，表现为被侵入位点少。抗侵入性能与草坪禾草的物理性状、形态结构及病菌侵入途径有关。抗扩展类型是当前主要利用的抗病类型，其机制主要是草坪禾草的组织结构和物理化学性状阻滞病原菌在植株体内的扩展。草坪禾草品种中还有另一类耐病类型，此种抗病类型的机制可能是寄主通过生理补偿功能和对病菌毒素的降解作用来减轻病菌的危害。

菌源数量　草坪镰刀枯萎病的流行与初始菌源数量有密切的关系，尤其与孢子的形成与释放高峰关系密切。草坪是多年生植物，植株的带菌量是地区镰刀枯萎病的初侵染源，一般来说草坪带菌率高，镰刀枯萎病发生重。草坪自身带菌率超过10%才能达到流行菌量，另外，周边区域玉米和小麦上带菌残体也是主要初侵染源。在北方常发区，有病区域历年积累了大量的带菌病残体，菌量呈饱和状态，在常发区菌量不是限制流行的主导因素，但在偶发区和不发生区域由于菌源数量较少，菌量才对流行有较大的限制作用。在镰刀枯萎病流行区域，在菌量满足的条件下，制约镰刀枯萎病流行强度的因素主要是病菌的孢子释放高峰是否与草坪易感期吻合。因为镰刀枯萎病菌腐生性较强，只要有适宜的温湿度条件，会以很快的速度繁殖，达到流行的菌量。但其是否会成为有效接种体，取决于能否遇到适当的寄主感病期。

气象条件　草坪镰刀枯萎病为高温高湿病害，影响其发病程度的气象要素主要是温度、湿度和降水。气象条件要素前期主要是影响病残体上病菌的发育。该病原菌分生孢子在中国各个草坪种植区域自然条件下形成的最低温度为8℃，适温23～26℃。分生孢子萌发因温度不同所需要的时间亦不同，4℃萌发需要24小时以上，15℃需要6小时，25～28℃时经3小时即可全部萌发，但当温度达到37℃时便不能萌发。镰刀枯萎病的潜育期为3～4天，保湿18～24小时，为6～8天；在25℃时，保湿36～72小时，潜育期为2天，保湿18～24小时，为5～6天；在30℃时，保湿48～72小时，潜育期为2～5天，保湿36小时为4天。从中国各流行区3～9月草坪不同生育时期的气象条件来分析，各流行区的温湿度条件基本可满足镰刀菌的发育和侵入，引起草坪发病。

防治方法 镰刀枯萎病是一种受多种因素影响、表现出一系列复杂症状的重要草坪病害。防治时应从抗病品种选择、提高管理水平、加强药物防治等方面出发，实现镰刀枯萎病的综合治理。

抗病品种的选育与应用 选育抗病品种是草坪病害防治中最经济有效的一种措施。镰孢菌具有较高的遗传变异性，并且还可以通过突变或 DNA 重组产生新的生理小种，因此，需要适时更换新的抗病品种。国内外选育出了许多抗镰刀菌枯萎病的草坪品种，可以因地制宜选择应用和推广。暖季型的结缕草和狗牙根系列品种较抗病；冷季型草坪中早熟禾较抗病，其中浪潮、解放者、超级伊克利和公园品种表现较好，高羊茅中凌志、阿米高和猎狗五号品种表现较好。此外，通过不同草种、不同品种的混播可以降低草坪草病害的传播速度，减轻草坪病害的发生。

提高草坪养护管理水平 建植前应平整土地，黏重土壤或碱性土壤要进行改良。设置地下或地面排水设施，避免雨后积水。合理灌水，可采用喷灌或滴管的方式控制水量，降低土壤小气候的相对湿度，灌水要在日出后进行，避免傍晚以后灌水；夏季天气炎热时草坪应在中午喷水降温。适度修剪，剪后及时清除碎屑，发病时修剪留茬高度在 3～5cm；高温季节有露水时不修剪，以避免病菌的传播。及时清理枯草层，使其厚度不超过 2cm。病草坪剪草高度应不低于 4～6cm，同时保持土壤 pH 在 6～7。平衡施肥，避免施用过量氮肥，应增施磷钾肥和有机肥，提高草坪自身的抗病能力。施肥应尽量在春秋两季。

化学防治 建植时用甲基立枯灵、五氯硝基苯、三唑酮等按种子量的 0.2%～0.4% 药剂拌种，或用杀毒矾、灭霉灵、甲基立枯灵、敌克松等药剂进行土壤处理。发病前，可用百菌清、灭霉灵、代森锰锌及甲基托布津交替或混合使用进行预防。发病初期，用嘧菌酯、烯唑醇、代森锰锌、甲基托布津、多菌灵进行喷雾防治。对严重发病地块或发病中心，用高浓度、大剂量上述药剂灌根或泼浇控制，能较好地控制病害发展和蔓延。

生物防治 是草坪病害防治的重要方向，也是其他防治措施的必要补充。国内外已有一些生防菌剂用于草坪病害的防治。美国和以色列等国家已有防治草坪病害的生物农药问世。中国获得登记注册的特里克、B908 及 TK7 等菌剂经在草坪镰刀枯萎病中应用，取得一定的防治效果。另外，生物农药使用时，要正确掌握用药适期、用药量、用药次数等，最大程度发挥生物菌剂的防治效果。

参考文献

金波，2009. 花卉病虫害防治手册 [M]. 北京：中国农业出版社.

中国农业科学院植物保护研究所，中国植物保护学会，2015. 中国农作物病虫害 [M]. 3 版. 北京：中国农业出版社.

CURK M, VIDRIH M, LAZNIK Ž, 2017. Turfgrass maintenance and management in soccer fields in Slovenia[J]. Urban forestry & urban greening, 26: 191-197.

LILLY P J, JENKINS J C, CARROLL M J, 2015. Management alters C allocation in turfgrass lawns[J]. Landscape and urban planning, 134: 119-126.

MA L, VAN DER DOES H C, BORKOVIEH K A, et al, 2010. Comparative genomies reveals mobile pathogenicity chromosomes in Fusarium[J]. Nature, 464: 367-373.

（撰稿：姚彦坡；审稿：赵美琦）

草坪丝核黄斑病 turfgrass yellow patch

由丝核菌中的禾谷丝核菌所引起的黄色斑块病。发生在冷凉季节，症状一般表现为在剪得很低的草坪上会出现浅褐色的、红褐色的或黄色的圆圈和斑块。

发展简史 丝核黄斑病在国外研究较早。中国是在2003年由赵美琦在北方某高尔夫球场草坪上发现并鉴定的。

分布与危害 主要发生在冬季末、春季和秋季的冷凉季节。可侵染多种草坪草。当气候冷凉多湿时，丝核黄斑病可能会突然出现。此病的严重度和症状稍因草种和气候条件而异。黄斑病最早侵发生在植株的根颈和根部，但首先受害的是叶片。病菌定殖后不久，叶片就会变黄（图①）。

在狗牙根、结缕草和海滨雀稗上，病害仅表现为叶片发黄。匍匐剪股颖和早熟禾对此病极为敏感，如高尔夫球场，匍匐剪股颖和早熟禾发病后，出现明显的褐色至淡黄色的环和（或）直径 2.5～7.5cm 的斑块。在高尔夫球场球道、风景点和运动场的冷季型草坪草上，丝核菌黄斑病最初表现

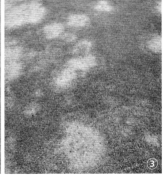

草坪丝核黄斑病危害症状（①③赵美琦提供；②孙学智提供）

①植株衰弱叶片变黄；②修剪很低的匍匐剪股颖受害草坪；③修剪很低的草地早熟禾受害草坪

为黄色、褐色或淡黄色的斑块，直径 3～9cm。病部因茎叶腐烂而出现明显下陷。但比较大的斑块，中部的植株常能够恢复健康，形成"蛙眼"症状，中部绿色，四周黄色至褐色（图1②③）。

病原及特征　病原为禾谷丝核菌（*Rhizoctonia cerealis* Van der Hoeven），有性态为禾谷角担菌（*Ceratobasidium cereale* Murray et Burpee）。菌丝呈近直角分枝，近分枝处发生缢缩。在培养基上形成白色或浅黄色的底纹，初生菌丝直径为 2～6μm。染色后的细胞是双核的。

侵染过程与侵染循环　最早的侵染发生在植株的根颈和根部，但首先受害的是叶片。病菌定殖后不久，叶片就会变黄。冷湿环境适宜此病发生。病害发展最适宜的气温是 10～18℃。当叶部出现淡黄色症状时，如果气温降到 7℃ 以下，或升高到 24℃ 以上，植株会逐渐恢复健康。但如果遇到连阴雨，气温维持在 10～18℃，就会出现枯萎症状。

流行规律　土壤湿度大，紧实板结，特别是 pH 高的盐碱土壤危害尤其严重。

防治方法　对于盐碱土壤的关键措施是进行土壤改良，降低盐碱危害；避免早春采用大水压盐的方法。保持地表和地下排水良好，可降低小气候湿度，减轻发病程度。打孔、覆砂改善土壤的物理性状。

另外，可选用三唑类、草病灵 1 号、扑海因、氟酰胺等杀菌剂叶面喷雾。

参考文献

赵美琦，孙明，王慧敏，等，1999.草坪病害 [M]. 北京：中国林业出版社 .

HOUSTON B COUCH, 2000. The turfgrass disease handbook[M]. New York: Krieger Publishing Company.

（撰稿：赵美琦；审稿：李春杰）

草坪细菌性黄萎病　turfgrass bacterial wilt

主要是由 *Xanthomonas* 以及 *Acidovorax* 细菌引起的草坪病害。又名草坪细菌性伸长（bacterial etiolation）、草坪疯狂分蘖病（mad tiller disease）、草坪幽灵草（ghost grass）、草坪分蘖伸长综合症（etiolated tiller syndrome）。

发展简史　草坪细菌性黄萎病于 1981 年在高尔夫球场的果岭上首次被发现，草种为匍匐剪股颖 Toronto C-15。多种真菌和细菌被认为造成了草坪的虚弱退化，后来 Roberts 和 Vargas 将 *Xanthomonas campestris*（Pammel）Dowson 列为致病细菌。1995 年，Vauterin 等将 *Xanthomonas campestris* 中侵染禾草的细菌独立出来归为 *Xanthomonas translucens* Vauterin et al.。其又被细分为侵染一年生早熟禾（*Poae annua*）及粗茎早熟禾（*Poae trivialis*）的 *Xanthomonas translucens* pv. *poae*，以及侵染黑麦草属（*Lolium* spp.）、鸭茅属（*Dactylis* spp.）、羊茅属（*Festuca* spp.）的 *Xanthomonas translucens* pv. *graminis*。2010 年，*Acidovorax avenae* subsp. *avenae* 在匍匐剪股颖草坪上被发现，并认为是致病细菌。之后几年，更多的 *Xanthomonas* 以及 *Acidovorax* 在出现黄萎病症状的草坪中被检测出来，并认为是造成草坪细菌性黄萎病的两种主要细菌。

另外，能造成草坪伸长黄化症状的，除了细菌性病害，也可能包括其他一些因素的影响。如一些真菌、病毒、藻类的侵染；生物刺激素、生长调节剂的过量使用；某些微量元素的缺失；低光照条件下光敏色素的变化导致植株体内激素的变化等等。

分布与危害　草坪细菌性黄萎病在世界各地分布广泛，在欧洲、北美、亚洲均有发生。在美国纽约、北卡罗来纳、密歇根等州，细菌性黄萎病在高尔夫球场上造成草坪衰弱、果岭草坪死亡等严重后果。在中国，细菌性黄萎病在华北、华东、西南等地区均有发生，但并未直接造成草坪的重大损失。

草坪细菌性黄萎病主要危害低修剪的草坪草，受害区域包括高尔夫球场的果岭、发球台、球道、果岭裙带、果岭环等。匍匐剪股颖、一年生早熟禾被发现是最易受到感染的草坪草种。狗牙根、黑麦草、草地早熟禾上也有细菌性黄萎病发生的报道（见图）。

如果没有其他严重的胁迫，感染细菌性黄萎病的草坪通常不会死亡，随着天气的变化而消失，最多是造成景观上的不足。但如果遇上其他胁迫条件，如高温等，就常常会造成草坪的大面积死亡。也有个别由于细菌性黄萎病造成草坪长期稀疏并逐渐死亡的案例。

病原及特征　1995 年，Vauterin 等将 *Xanthomonas campestris*（Smith）Dye 中侵染禾草的细菌独立出来归为 *Xanthomonas translucens* Vauterin et al.。其中 *Xanthomonas translucens* pv. *graminis* 被认为是黑麦草属、羊茅属和鸭茅属上细菌性黄萎

草坪细菌性黄萎病危害症状（①③黄羽提供；② Peter Dernoeden 提供）

①叶片黄化伸长症状；②在果岭上造成草坪死亡；③北京地区某高尔夫球场发球台上出现的细菌性黄萎病症状

病的致病因子。*Xanthomonas translucens* pv. *poae* 被认为是一年生早熟禾及粗茎早熟禾上细菌性黄萎病的致病因子。其他 *Xanthomonas translucens* 的致病变型还包括 *arrhenatheri*, *cerealis*, *hordei*, *phlei*, *secalis*, *undulosa*, *phleipratensis* 和 *translucens*。2010 年，在北美高尔夫球场匍匐剪股颖草坪上的发病样本发现了致病细菌 *Acidovorax avenae* subsp. *avenae*。通过再次侵染试验，黑麦草属、早熟禾属和羊茅属的草坪上仅出现很轻微症状，而大部分匍匐剪股颖草却很容易受到 *Acidovorax* 感染。现在普遍认为一年生早熟禾更易受到 *Xanthomonas* 侵染，匍匐剪股颖更易受到 *Acidovorax* 侵染，而这两种草正是高尔夫球场果岭出现细菌性黄萎病最常见的草种。除了 *Acidovorax* 和 *Xanthomonas* 之外，受害草坪中还检测出包括 *Pantoea* spp. 和 *Pseudomonas* spp. 等疑似致病细菌，未来需要对此进行更多的研究。

草坪细菌性黄萎病通常在气温温和但光照不足，或阴雨连绵的日子里发生。出现症状的叶片会在 1～2 天内突然伸长数毫米甚至数厘米，超出正常剪草高度，叶片变得细弱发黄。取下一片病叶切开，在显微镜下常可看见大量细菌从切口涌出。

因为叶片迅速伸长，表面积增大，导致叶绿体密度迅速降低，叶片会逐渐发白。纵然叶片的伸长导致叶绿体密度的降低，但这不影响这些叶绿体正常的光合作用，草坪的根系一般没有问题。但是，这种非正常伸长的草坪会更加虚弱，更容易受到其他胁迫的伤害。所以在受到其他外界胁迫的情况下常常会造成草坪大量死亡。

在一些出现细菌性黄萎病症状的草坪上也发现镰刀菌（*Fusarium* spp.）。镰刀菌能制造赤霉素，影响水稻等植物叶片的伸长。但并不是所有出现症状的草坪都能分离出镰刀菌，且通过柯赫氏法则进行再侵染也并不能获得相同的症状。

侵染过程与侵染循环 细菌大量存在于自然界中。草坪根、茎、叶、枯草层以及土壤中都存在有大量的细菌。在不适宜的环境下，致病细菌通常存在于草坪植株体内或草屑中。连续的阴雨天气常常会为细菌的繁殖和暴发提供合适条件。物理踩踏、滚压、剪草等作业造成草坪表面露水和草屑分散，这将扩大致病细菌的传播范围。

致病细菌不能像真菌那样直接侵入健康完整的植物组织。通常由修剪、疏草、打孔以及其他物理作业造成的伤口以及植物组织的气孔、泌水孔等开口组织侵入植物体。致病细菌制造的毒素和酶会损害植物组织，影响正常的生理代谢活动。致病细菌进入导管系统后能阻碍水分和养分在植物体内的运输传导。

流行规律 草坪叶片上的水分是细菌传播的介质。细菌能通过露水、草屑随着剪草机、轮胎、鞋等传播到其他区域。大雨或灌溉形成的水分移动常常利于细菌从外界进入叶片孔隙或伤口处。细菌性黄萎病通常在凉爽温暖、雨水较多的春秋季节发生，夏季也有可能持续出现症状。细菌能在草坪叶片中、草屑中以及枯草层中生存和越冬。

过多地使用硫酸铵会加重症状。硫酸铵的致酸特性，可能给 *Acidovorax* 创造更有利的繁殖和侵染条件。一些微量元素如铜、铁、镁的缺失，会造成草坪叶片黄化，也被认为与细菌性黄萎病症状的发生有间接关系。

大量使用植物生长调节剂（PGR）和生物刺激素（bio-stimulator）与细菌性黄萎病的发生有一定的相关性。有推论认为抗倒酯抑制赤霉素合成的药效消失之前产生的反弹作用，即草坪体内赤霉素突然提高，对叶片的伸长黄化症状起到了促进作用。不过很多研究有结论不一致，使用抗倒酯在 *Acidovorax* 侵染的草坪中促进了症状的发生，而在 *Xanthomonas* 侵染的草坪中抑制了症状的发生。也有研究发现交替使用赤霉素合成早期抑制剂和赤霉素合成后期抑制剂，可以减轻草坪的发病概率。一些生物刺激素中含有赤霉素，能直接影响草坪的生长；还有一些生物刺激素中含有的微生物，能够阻碍或刺激环境中的微生物，或者刺激植物叶片上附生的细菌，所以生物刺激剂也被认为是引发细菌性黄萎病的可能因素之一。

防治方法 现阶段并没有完整的物理及化学防治方案，也并无特别的抗性草种。主要通过相关科研机构试验、管理者实践经验总结以及理论推断等综合整理而成。

化学防治 药物喷洒是草坪真菌病害防治尤为重要的一个环节，但是细菌性黄萎病因其特殊性，至今并没有找到任何特效药或生物类产品可以进行防治。

据研究发现，广谱抗菌的四环素类抗生素土霉素在高剂量下能减轻细菌性黄萎病的症状，但是此类抗生素并没有登记在草坪上，而且具有潜在药害。铜制剂能降低植物表面的细菌数量，研究发现其能短期缓解细菌性黄萎病症状。

通过提升植物体内自身抗性是现阶段缓解细菌性黄萎病的方法之一。先正达公司将活化酯（acibenzolar-S-methyl）加入到草坪杀菌剂中，通过促进植物体内的病程相关蛋白（pathogenesis-related proteins）生成，刺激植物体内系统获得性抗性的产生（systemic acquired resistance），达到提高植物自身抵抗致病菌侵袭的目的。

物理防治 药物防治只能起到一定的抑制作用，所以物理防治对于控制细菌性黄萎病尤为重要。

草坪叶片在高温、干旱、修剪、践踏等胁迫下，其表面附生的细菌会更容易侵入叶片内部，所以应尽量减少这些胁迫。修剪掉过密的树木枝条，能改善草坪的通风及光照环境。合理灌溉，减少水分在土壤表层和叶片的残留时间，能限制细菌繁衍，并且减少细菌的侵入和传播途径。剪草在草坪表面较干爽时进行，避开细菌更易进入伤口的湿润环境。发病区域的剪草机单列区分，避免交叉感染。不少草坪总监和专家建议在剪草设备使用完毕后，用消毒液对滚筒、底刀、滚刀等剪草部件进行消毒处理，不过此项措施并无任何研究或数据支撑。

参考文献

蔡庆生，2010. 植物生理学 [M]. 北京：中国农业大学出版社.

AGRIOS G N, 2005. Plant pathology[M]. 5th ed. San Diego: Academic Press.

DAVIS M, LAWSON R, GILLASPIE JR. A, et al, 1983. Properties and relationships of two xylem-limited bacteria and a mycoplasmalike organism infecting bermudagrass[Ratoon- stunting disease and bermudagrass stunting disease, *Cynodon dactylon*][J]. Phytopathology, 73: 341-346.

GIORDANO P R, CHAVES A M, MITKOWSKI N A, et al, 2012.

Identification, characterization, and distribution of *Acidovorax avenae* subsp. *avenae* associated with creeping bentgrass etiolation and decline [J]. Plant disease, 96:1736-1742.

GIORDANO P R, VARGAS J M, DETWEILER A R, et al, 2010. First report of a bacterial disease on creeping bentgrass(*Agrostis stolonifera*) caused by *Acidovorax* spp. in the United States[J]. Plant disease, 94: 922.

MITKOWSKI N A, BROWNING M, BASU C, et al, 2005. Pathogenicity of *Xanthomonas translucens* from annual bluegrass on golf course putting greens[J]. Plant disease, 89:469-473.

ROBERTS D L, VARGAS J M, 1984. Antigenic relatedness of the north american toronto bentgrass bacterium to *Xanthomonas campestris* pv. *graminis* from Europe[J]. Phytopathology, 74: 813.

ROBERTS J A, RITCHIE D F, KERNS J P, 2016. Plant growth regulator effects on bacterial etiolation of creeping bentgrass putting green turf caused by *Acidovorax avenae*[J]. Plant disease, 100(3): 577-582.

SMILEY R W, DERNOEDEN P H, CLARKE B B, 2010. Compendium of turfgrass disease[M]. 3rd ed. Taiz L, Zeiger E. Plant physiology. Sunderland, MA: Sinauer Associates.

VARGAS JR J M, 2005. Management of turfgrass diseases[M]. 3rd ed. Hoboken: John Wiley & Sons.

VAUTERIN L, HOSTE B, KERSTERS K, et al, 1995. Reclassification of *Xanthomonas*[J]. International journal of systematic bacteriology, 45: 472-489.

（撰稿：黄羽、王恺；审稿：孙彦）

草坪夏季斑枯病　turfgrass summer patch

发生在夏季高温高湿季节，由 *Magnaporthe poae* 引起的一种冷季型草坪草上的严重病害。又名草坪夏季斑或草坪夏季环斑病。

发展简史　1984 年美国首先报道了夏季斑枯病，但直到 1989 年才首次由 Landschoot 和 Jackson 从早熟禾中分离出夏季斑枯病病原菌 *Magnaporthe poae*。中国于 1997 年，赵美琦在对北京冷季型草坪草病害调查时发现，1998 年分离出病原菌被确认。

分布与危害　主要发生在种植冷季型草坪草区域，其中以草地早熟禾受害最重。据北美报道，该病主要发生在羊茅和早熟禾属草坪草上，在匍匐剪股颖和多年黑麦草上也分离到该病原菌。中国首次在草地早熟禾上发现，后在细羊茅和匍匐剪股颖上也有发生。

夏季斑枯病不表现明显的叶片坏死。病株的根部和根颈部常表现褐色坏死。发病后期，整个根部和根颈都变黑，且表面经常出现黑褐色的匍匐菌丝（图 1 ①）。

在草地早熟禾上，发病草坪的草株最初出现不长或生长较慢呈暗绿色小斑块，进而草株褪绿成枯黄色，出现典型的马蹄状、直径 3～8cm 的枯草斑块，逐渐扩大直径一般不超过 40cm，但最大时直径也可达 80cm（图 1 ②③④）。在持续高温天气下（白天高温达 28～35℃，夜温超过 20℃），病情发展很快，多个病斑愈合成片，形成大面积的不规则形枯草斑（图 1 ⑤）。在高羊茅与早熟禾混播的草坪，可见在枯草斑块中有高羊茅生长或杂草生长（图 1 ⑥）。在一般绿地草坪上的病斑，开始时也可表现为在草坪上出现弥散的黄色或枯黄色病点，很容易与高温逆境、昆虫危害及其他病害的症状相混。病株根部、根冠部和根状茎变成黑褐色，后期病株维管束也变成褐色，外皮层腐烂，整株死亡。仔细检查这些病组织，可以发现典型的网状稀疏的深褐色至黑色的外生菌丝（图 1 ⑦），或将病草的根部冲洗干净，直接在显微镜下检查，也可见到平行于根部生长的暗褐色匍匐状外生菌丝，有时还可见到黑褐色不规则聚集体结构（图 1 ⑧）。

病原及特征　*Magnaporthe poae* 是一种新近描述的异宗配合的真菌。病菌在寄主草坪草的根部、冠部和根状茎上形成深褐色至黑色的、有隔膜的外生匍匐菌丝。在 PDA 培养基上菌落初无色，菌丝较稀疏，生长缓慢（一周内生长到直径 4cm），紧贴培养基平板卷曲生长。后期菌落颜色变为橄榄褐色至黑色，菌丝从菌落边缘向中心卷曲生长（图 2 ①）。无性时期的瓶梗孢子无色，3～8μm 长。附着胞球形，深褐色，自然条件下可在茎基和根部看到。只有在具备无性型的两种交配型存在的实验室培养条件下，才可观察到子囊壳。子囊壳黑色，球形，直径为 252～556μm，有长 357～756μm 的圆柱形的颈。子囊单囊壁，圆柱形，长 63～108μm，含有 8 个子囊孢子。成熟的子囊孢子长 23～42μm，直径为 4～6μm。子囊孢子有 3 个隔膜，中间两个细胞深褐色，而两端的细胞无色（图 2 ②）。

侵染过程与侵染循环　病菌以菌丝体在植物的病残体和多年生的寄主组织中越冬。在人工控制的环境条件下，病菌在 21～35℃ 温度范围内均可侵染，并在寄主根部定殖，从而抑制根部生长，病害发生的最适温度为 28℃。在田间，病菌在春末土壤温度稳定在 18～20℃ 时开始侵染。在合适的条件下，病原菌可沿着根、冠部和茎组织蔓延，每周可达 3cm。

当 5cm 土层温度达到 18.3℃ 时病菌就开始侵染根的外部皮层细胞。以后，病菌可沿着寄主植物根和匍匐茎的生长扩展蔓延。在炎热而多雨的天气，或一段时间大量降雨或暴雨之后又遇高温天气，病害开始显症，30～35℃ 时症状最严重，草坪迅速出现大小不等的秃斑。这种斑块不断扩大，可一直持续到初秋。由于斑块内枯草不能恢复，因此，在下一个生长季节依然明显。夏季斑枯病还可通过清除土壤表层植物残体的机器以及草皮的移植而传播。

夏季斑枯病在高温胁迫、排水不良、土壤板结紧实、经常践踏和碱性土壤发病重。使用砷酸盐除草剂，可以加快症状的表现。低修剪和频繁的浅层灌溉等往往发病更严重。

流行规律　夏季斑在高温潮湿的年份和烈日、排水不良和紧实的地方最容易发病。高温胁迫是病害发生发展的主导因素，干旱胁迫也是影响发病的诱因之一，尤其是发生过根腐病区域，干旱胁迫会加重叶部症状的表现。夏季斑病原菌在适宜条件下可以通过根、匍匐茎和茎组织以每周 3cm 的速度传播。当使用速效肥、硝态氮和一些触杀型杀菌剂时会加强病害的症状。采用较低的修剪高度、频繁的浅层灌溉等

图 1　草坪夏季斑枯病危害症状（①~⑦赵美琦提供；⑧唐春艳提供）
①根部受害变黑死亡；②病草不长凹陷呈暗绿色病斑；③病斑呈马蹄状枯死斑；④枯草斑直径一般不超过 40cm；⑤多个病斑汇合形成大的枯草斑；⑥枯草斑中生长着的高羊茅；⑦网状外生菌丝；⑧黑褐色不规则聚集体

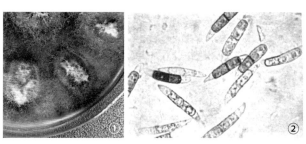

图 2　病原特征（①唐春艳提供；②引自 Compondium of Turfgrass Diseases Fis. 230）
① PDA 培养基上菌落；②子囊孢子

养护方式的草坪往往发病会更严重。当草坪草立地环境 pH 较高时夏季斑会加重，可适当降低土壤 pH。石灰的使用，特别是颗粒细的可以加重病害，但这种影响可以通过使用酸化肥料来抵消。近年来夏季斑在草坪上最流行。

防治方法

科学的养护管理　由于草坪夏季斑枯病是一种根部病害，因此，减轻逆境和促进根部发育的栽培管理措施都可减轻病害的严重度。避免低修剪，建议修剪高度一般不低于 5~6cm，特别是在高温胁迫时期。施肥时使用缓释氮肥，如含有硫黄包衣的尿素或硫铵。深灌，尽可能减少灌溉次数，以不诱发干旱胁迫为准。打孔、疏草、通风，改善排水条件，减轻土壤紧实等均是有利于防止病害发生的措施。

选用抗病草种和品种　种植抗病草种（品种）或选用抗病草种（品种）混合种植，改造发病区是防治夏季斑枯病的最有效而经济的方法之一。不同草种间抗病性差异表现为多年生黑麦草>高羊茅>匍匐剪股颖>硬羊茅>草地早熟禾（由高到低的顺序排列）。如：在高尔夫球场上以剪股颖属草替换草地早熟禾；种植多年生黑麦草、高羊茅或草地早熟禾的抗病品种等均可减轻病害的发病率。

化学防治　可控制夏季斑枯病的药剂有嘧菌酯、噁霉灵、甲基托布津、吡啶醚菌酯以及三唑类。如粉锈宁、丙环唑、戊唑醇等。同时注意混合用药和轮换用药。

对曾经发生过夏季斑枯病的区域，在春季，一天中最热的时段（14：00~15：00），应注意监测 5~10cm 深处的土壤温度。如果连续 2 天土壤湿度达到18°C，就应开始用药。每隔 4 周处理 1 次，最少连续施用 3 次。

参考文献

赵美琦，孙明，王慧敏，等，1999. 草坪病害 [M]. 北京：中国林业出版社.

HOUSTON B COUCH, 2000. The turfgrass disease handbook[M]. New York: Krieger Publishing Company.

VARGAS JR J M, 1994. Management of turfgrass diseases[M]. New York: Lewis Publishers.

（撰稿：赵美琦；审稿：李春杰）

草坪仙环病　turfgrass fairy ring

由担子菌的 20 多个属 60 余种真菌引起的一种常见草坪病害。又名草坪蘑菇圈、草坪仙女圈或草坪仙女环。几乎所有草坪都受其危害，严重影响草坪品质和美观，破坏草坪的整体性和均一性。

发展简史　"仙女圈"一词的最早起源于中世纪之前的神话和迷信，最早出现的仙女环大约 1500 年前，主要出现在橡树林里面，早期的草药师和植物学家无法解释仙女环产生的原因。几个世纪以来爱尔兰人和德国人都认为它们是由妖精和女巫在圈子里跳舞造成的，在苏格兰，如果农民耕种一个包含仙女圈的地区，将会带来厄运或灾难。

早期人们认为仙女环为超自然现象，后期逐渐认为仙女环为自然现象。Hutton 通过近 2 年的观察总结认为是雷电导致仙女环的产生，他检查了土壤并没有发现任何线索，他注意到了土壤中存在真菌，但他认为并不重要。1796 年 Withering 认为是真菌导致了仙女环的产生，Wollaston 于

1807 年印证了 Withering 的观察，随后大多数的学者都追随 Wollaston 的观点并证实了真菌造成仙女环的结论。

分布与危害　仙环病发病区域土壤 pH 5.1～7.9，几乎可以发生在任何支持草坪生长的土壤环境下，所以在世界范围内几乎所有草坪都会遭受仙环病的危害。仙环病的真菌主要存在于枯草层或土壤有机质中，通常不会直接侵染或寄生在草坪植株上，但是这些真菌在土壤里生长能间接毒害草坪。虽然该病通常发展不迅速，但它们基本上全年都存在，周年性发生，并且逐年扩大。尤其在炎热干燥的夏季会表现得更明显、更具有破坏性。

春季和夏初，潮湿的草坪上可出现环形或弧形的深绿色或生长迅速的草围成的圈。疯长的草坪草形成的带宽 10～20cm。在疯长的草坪圈内部偶尔出现由瘦弱的、休眠的或死草围成的同心圆圈。有时候在死草围成的环带里出现旺长的草形成的次生环形带。土壤干旱时，特别是在秋季，最外层疯长的草围成的圈可能消失，使得最外层圈里的草死亡而内层圈的草旺长。在温和天气，降雨或大水漫灌之后，病菌可在外层疯长的草坪草环带里产生蘑菇。蘑菇圈开始时很小，但可迅速扩大，直径从几厘米至无限大，有时也可突然消失。由于病原菌的种类不同，所表现出来的症状类型以及危害程度有所差异，基本可以划分为 3 类：枯死环型（"致死圈"）、刺激生长型以及蘑菇圈型。

枯死环型　对草坪具有破坏性，伤害最为严重。患病草坪上会出现圆环或弧形环，环上的草坪枯萎甚至死亡，形成枯死区域，环外环内草坪正常。圆环直径从 0.3m 到 30m 不等，枯死环的宽度从几厘米到 1.2m 不等。枯死环下的土壤极度缺水、干旱（图 1①）。

刺激生长型　患病区域会刺激局部草坪生长，形成深绿色生长旺盛的圆环或弧形环（图 1②）。

蘑菇圈型　既不会刺激草坪生长，也不会对草坪产生危害，但是会在草坪上长出蘑菇，呈圆形或弧形，圈内外草坪没有明显差异（图 1③）。

这 3 种类型的症状并不是绝对的，会根据特定的气候条件相互转换。有时第一类仙环病一开始的初期症状就与第二类的相同，也是草坪疯长成深绿色的圆环或弧形环。第二类或者第一类有时也会在环内生长出大量的蘑菇，与第三类的相似，尤其是在高温潮湿的气候条件下，如在夏季和初秋阴天多雨的天气下。在低修剪的剪草颖草果岭、发球台以及球道内，仙环病通常以第二种类型的形式出现，但是在非常炎热干燥的天气下，当圆环或圆弧上的草坪变成蓝灰色、枯萎、死亡后就会转变成第一种类型。

在枯死区域的边缘，草坪会变成黄色或橘黄色。尤其在高尔夫果岭上，会形成略显低陷的圆环或凹陷的斑块（图 1④）。这些斑块在凉爽湿润的环境下，可能会消失，但是当高温干旱胁迫来临时又会再次出现。一般来说，两个仙环病圆环不会相互交叉发生，可能是因为它们自身的代谢产物会抑制其他仙环病菌丝体的生长。在斜坡上，通常仙环病圆环的底部是打开的，形成弧形环，一般认为是抑制仙环病真菌生长的代谢产物会在斜坡上向下淋溶移动，从而抑制了坡下仙环病菌丝的生长。

病原及特征　仙环病病害的病原菌有 60 余种，最常见的有马勃菌属（*Lycoperdon*）、硬柄小皮伞属（*Marasmius*）、环柄菇属（*Lepiota*）、田头菇属（*Agrocybe*）、青褶伞属（*Chlorophyllum*）、鬼伞属（*Coprinus*）等。

通过水分检测，第一种类型枯死区域土壤水分含量要比周边土壤低很多，会形成局部干斑。有时在环境条件适宜真菌生长的时候，我们能在枯死区域边缘枯草层中或取出的土样中，看到白色的菌丝体扎根在草坪根系区域（图 2）。即便菌丝体并不是很明显，受到仙环病侵害的土壤也会有一股蘑菇味。

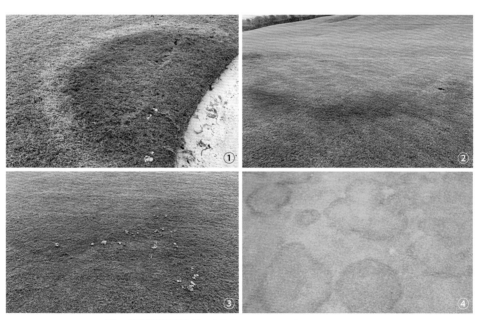

图 1　草坪仙环病症状（①②③胡九林提供；④ Lee Butler 提供）
①枯死环型；②刺激生长型；③蘑菇圈型；④低陷的圆环

通常在雨后，草坪上会出现大量的蘑菇，而这些蘑菇对草坪并没有实质性的伤害，也没有产生深绿色的圆环，这就是所谓的第三类仙环病。这种仙环病在一定程度上对草坪是有益的，能够帮助分解土壤有机质。

侵染过程与侵染循环 引起仙环病病害的担子菌大多属于腐木型真菌，这些担子菌的孢子在菌褶内成熟后，随风散落在草坪中，大量存在于木质素含量较高的草坪枯草层中或土壤有机质内。当湿度较大温度合适时，这些担子菌孢子便萌发成菌丝体，并以一个点为基础开始分解枯草层或有机质，当这些枯草层和有机质被分解吸收利用完毕后，担子菌的菌丝体就会向外生长扩散，寻找新的可以被分解利用的枯草层和有机质，于是就形成了仙环圈，并逐年增大，每年都会以7～50cm的速度向外扩大。

通常仙环圈会分为3个区域：外圈徒长区、死草区以及内圈徒长区（图3）。

外圈徒长区主要是由菌丝体分解枯草层或有机质并分泌一些代谢产物，如氨基酸成分的代谢产物等，相当于释放出了大量的氮元素，导致草坪根系周围氮浓度增加，从而刺激草坪的徒长。内圈徒长区主要是由细菌分解老化或者死亡了的真菌菌丝体所释放的氮元素而产生的。死草区形成的原因有很多种说法，普遍认为，死草区是由于大量真菌菌丝体在土壤中聚集，而这些菌丝体本身就具有疏水的特性，同时还会代谢产生一些疏水性物质，从而使土壤斥水，阻止了雨水或灌溉水以及养分渗入土壤，造成干旱胁迫，致使草坪植

株缺水干旱，萎蔫枯黄甚至死亡。另外，这些真菌在正常的新陈代谢过程中会释放出大量的有毒物质——氰化氢和氨基盐，虽然对草坪的生长具有毒害作用，但是菌丝体引起的土壤斥水反应对草坪的危害更为严重。

流行规律 引起仙环病的真菌大多属于腐木型，枯草层和有机质是它们赖以生存的基础。所以，通常仙环病在枯草层积累较厚、有机质丰富的老球场发生严重。浅灌溉、浅施肥、过量施肥、极干极湿、常年不疏草打孔铺沙等不合理的养护措施，都有利于病害的发生。

在播种1～2年的新建高尔夫球场上，尤其是以砂质土壤为基床的果岭和发球台上，坪床土壤未做消毒熏蒸处理，有机质腐熟程度不到位的情况下，仙环病也会大量的暴发，直径会超过30cm。主要是因为在这些坪床上，空气、水分、养分都比较充沛，并且没有其他微生物抑制这些仙环病病原菌的生长。

防治方法

科学养护 枯草层的增多和有机质含量的提高是仙环病发生的最本质的原因，因此，要防治仙环病就必须有效地消除枯草层的积累，控制有机质的含量。在日常养护作业中，根据气温、水分以及草坪生长状况适度进行疏草，每隔两周进行一次轻度铺沙，定期进行草坪穿刺、划破或打实心孔，每年至少进行一次深层打孔（空心孔，深度要在7～10cm）等养护措施，可以有效预防枯草层的积累，又可以增加坪床的通气性、透水性，促进根系的生长，以提高草坪的抗病性。

平衡施肥。建议每年做2次土壤检测，有助于对球场土壤状况及时准确了解，及时改变施肥方案，更好均衡草坪需要的营养。过量的氮肥会导致病害的加重。适当增加钾肥的施用量，对增强草坪的抗病能力以及促进根系的生长有比较明显的效果。对于第二类仙环病，适当增施一定量的氮肥，可以很好掩盖病环内外的颜色差异，但是在夏季，冷季型草坪可以用铁肥替代。

合理浇水。根据草坪土壤水分含量的检测、天气状况以及草坪生长的需要，有规律、多量少次的浇水原则，有助于水分向下渗透到根部，促进草坪根系向下生长。避免干湿交替问题，一时极干，一时极湿，将会加重病害的发生。患病区域草坪根系一般都比较浅，在夏季天气炎热、水分蒸发迅速的情况下，要及时快速地洒水降温，补充患病区草坪的水分。

对于患病区域，采取局部打空心孔，释放土壤内有毒气体，同时采用人工灌水，尽可能让土壤浸水，迫使水分到达根系部分，缓解草坪缺水状况。配合渗透剂以及杀菌剂使用效果会更加明显。

另外，土壤熏蒸、更换土壤以及使用旋耕犁反复耕作翻土后重新种植新草坪，也会起到明显的效果，但是这样会消耗很大的人力、物力和财力。

化学防治 科学养护和杀菌剂配合使用才能更好地防治仙环病的发生。由于草坪上有60多种仙环病的病原菌，它们对不同种类的杀菌剂敏感程度有很大的差异，需要选择合适的杀菌剂来防治，DMI类杀菌剂如三唑酮，甲氧基丙烯酸酯类杀菌剂如嘧菌酯、吡唑醚菌酯，酰胺类杀菌剂氟酰胺等对仙环病均有较好的防效。由于仙环菌丝造成的土壤疏

图2 菌丝体（胡九林提供）

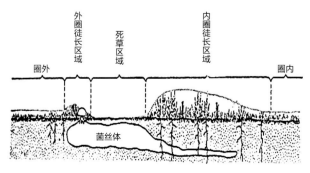

图3 仙环圈3个区域（胡佳提供）

水性，药液很难深入土壤中，因此，杀菌剂和渗透剂结合使用可以达到更好的效果。单独使用渗透剂也能减轻仙环病的症状。DMI 类杀菌剂对仙环病的防治效果最好，但 DMI 类的杀菌剂不能和渗透剂混用，这样会影响杀菌剂的杀菌效果，并且加大了 DMI 类杀菌剂作为植物生长调节剂对草坪的毒害作用。

因为仙环病的病原体生存在土壤和枯草层中，所以施用杀菌剂后在叶片药液干燥之前，及时浇一定量的水，促使杀菌剂渗入土壤 5～10cm，以达到更好的防治效果。对患病严重区域先局部打孔，再施用杀菌剂、渗透剂，然后浇水，效果更佳。

一旦草坪上出现仙环病，即使立刻采取有效的措施，也很难立马见效，所以做好预防是关键。在春季，一旦气温连续 5 天超过 16℃，就要开始喷施预防性的杀菌剂，通常每 30 天施用 2 次效果更佳。

参考文献

DERNOEDEN P H, 2013. Creeping bentgrass management[M]. 2nd ed. New York: CRC Press.

FIDANZA M, 2007. New insight on fairy ring[J]. Golf course management, 75(3): 107-110.

FIDANZA M, WONG F, MARTIN B, et al, 2007. Treating fairy ring with fungicides, new soil surfactant[J]. Golf course management, 75(5): 121-125.

TANI T, BEARD J B, 1997. Color atlas of turfgrass diseases[D]. Miki, Kagawa: Kagawa University.

（撰稿：胡九林；审稿：李春杰）

草坪线虫病　turfgrass nematodes

一类两侧对称原体腔无脊椎动物，通常生活在土壤、淡水、海水中。又名蠕虫。危害植物的称为植物病原线虫。造成的植物病害称为线虫病害。

发展简史　草地线虫的研究起步于 20 世纪初，许多对线虫学的发展做出重要贡献的学者曾对不同草类植物的根际线虫做过大量的研究，J. B. Goodey 的《土壤和淡水线虫》、G. Thorne 的《北方大平原线虫》都反映了这方面的情况，这些工作是线虫分类学和生态学的基础。国外资料已记载的致病性草坪线虫共 42 种，如叶瘿线虫和多种根内、根外寄生线虫，造成叶、根以至全株虫瘿和畸形。中国也开展了草坪线虫病害的调查。引起草坪线虫病害的种类很多，危害很重，北京地区草坪根际周围就发现 6 个属 12 种草坪寄生线虫；广州地区调查结果表明，在不同功能类型及草圃的 5 种重要草种上的根际线虫有 20 个属 23 种，其中寄生线虫 10 种，草坪病原线虫 3 种。

分布与危害　广泛存在土壤中，寄生在禾草上，是一类重要的草坪草病害。特别在暖温地带和亚热带地区可造成大面积的草坪草损失。在较凉爽地区也会造成草坪草生长瘦弱，生长缓慢和早衰，严重影响草坪景观。

草坪草受线虫危害后，通常是在草坪上均匀地出现叶片轻微至严重的褪色，根系生长受到抑制，根短、毛根多或根上有病斑、肿大或结节，整株生长减慢，植株矮小、瘦弱，甚至全株萎蔫，死亡。但更多的情况是在草坪上出现环形或不规则形状的斑块。当天气炎热、干旱、缺肥和其他逆境时，症状更明显。另外，由于线虫寄生禾草部位不同，引起的症状也有差异。外寄生线虫沿着根的表面取食，正常情况下不进入根组织的内部，根部肿大以及根部功能不正常可能是因线虫取食的结果。还有些外寄生线虫可在植物根部形成细小的褐色坏死斑，环割根部，使之丧失功能。内寄生线虫进入植物根部或永久依附在根上，在根的外皮层或维管束细胞中取食，引起根的褐色病斑或肿大。在更新时间长、单一品种建植的草坪，如高尔夫球场和保龄球场草坪，由于有利于线虫种群的逐渐大量积累，即使不出现逆境条件也会造成很大危害。线虫除直接造成草坪病害外，还因它取食造成的伤口而诱发其他病害，或有些线虫本身可携带病毒、真菌、细菌等病原物而引起病害。所以，线虫对草坪的危害是多方面的、严重的。

有两类重要的线虫对草坪的危害最大。针刺线虫（*Belonolaimus* spp.）这是一大类在根尖取食的内寄生性线虫，它能以相对低的数量引起严重损害，100cm² 不到 10 条，即可引起根粗短并在根尖部位形成根瘤，伴随地上部生长迟缓和黄化。螺旋线虫（*Helicotylenchus* spp.），在春季和初夏极大地减少草地早熟禾的生长，使分蘖少、植株矮，并随着夏季高温和干旱逆境的到来，出现生长停止，进入休眠状态。若用杀虫剂防治线虫使其数量下降后，不仅能提高草坪品质而且还阻止了夏季休眠。夏季休眠症主要表现在草坪成片稀薄，难以养护。新植草坪植株根状茎或匍匐茎生长减缓，叶片狭窄、褪绿变白，根系变褐。

病原及特征　线虫是很小的非节肢动物圆体蠕虫，通常是线形的，生活在土壤、水中或寄主体内（植物或动物）。植物寄生线虫是无色的，其长度 0.25～0.3cm 不等。所有植物寄生线虫都是专性寄生。具有发达的口针（位于头部前部末端像吸管似的），通过口针穿透植物细胞，刺吸寄主营养。

温暖地区危害草坪草根部的线虫主要有：针刺线虫、锥线虫、螺旋线虫和根结线虫等。在广州地区共发现 23 种线虫，其中植物病原线虫有 3 种：*Pratylenchus zeae*，*Coslenchus costatus* 和 *Helicotylenchus dihystera*，前两者为运动型和游憩型草坪中的常见种类，后者仅在个别地点发现。以前曾报道 *Pratylenchus zeae* 能与疫霉菌形成复合侵染造成植株萎蔫枯死，*Helicotylenchus dihystera* 能与细菌形成复合侵染加重对植物的危害，但尚未发现造成草坪严重受害。

冷凉地区重要的线虫有剑线虫、螺旋线虫、矮化线虫、环线虫、短体线虫、根结线虫等。北京地区草坪根际存在有 6 个属的 12 种植物寄生线虫，其中以假壮螺旋线虫（*Helicotylenchus psudorobuslus*）为最优势种，其次是预头轮线虫（*Coslenchus spaerocephalus*），其他种仅在局部地区零星分布。人工接种试验表明假壮螺旋线虫对苏丹草有较强的致病力，表现根斑、叶黄、株小等症状。

侵染过程与侵染循环　线虫经雌雄交配后，产卵孵化成幼虫。幼虫一般经历 4 次蜕皮成熟变成成虫。但不是所有线虫都须经雌雄交配（孤雌生殖）。线虫主要以幼虫危害。当

C

致病性草坪线虫危害症状及与其有关的草坪草种类表（引自Vargas，1994）

俗名学名	相关的草坪草种类	症状
内寄生线虫		
穿孔线虫 *Radopholus similus*	狗牙根、奥古斯丁草	顶端生长迟缓，黄化，根系受阻，常有较大褐色凹陷侵蚀
孢囊线虫 *Heterodera major*	高羊茅、细叶羊茅、粗茎早熟禾、早熟禾	
Heterodera punctata	匍匐剪股颖、细弱剪股颖、奥古斯丁草	
Heterodera leuceilyma	奥古斯丁草	
短体线虫 *Pratylenchus brachyurus*	狗牙根、草地早熟禾	顶端生长黄化，根系有大的褐色侵蚀，根系严重削减
Pratylenchus penetrans	高羊茅、草地早熟禾	
Pratylenchus zeae	结缕草	
Pratylenchus spp.	狗牙根、奥古斯丁草、结缕草、假俭草	
根结线虫 *Meloidogynea renaria*	狗牙根	顶端生长迟缓并黄化；根部膨大；存在根结或肿块
Meloidogynea hapla	狗牙根、奥古斯丁草、草地早熟禾	
Meloidogynea incognita	匍匐剪股颖、狗牙根、草地早熟禾	
Meloidogynea naasi	匍匐剪股颖、细弱剪股颖、高羊茅、草地早熟禾、粗茎早熟禾、早熟禾、多年生黑麦草	
Meloidogynea graminis	狗牙根、奥古斯丁草、草地早熟禾、结缕草	顶端生长迟缓，黄化，萎蔫，根变褐并生长缓慢，根肿大常常不易见到
草根肿线虫 *Subanguina radicola*	早熟禾	根部明显肿大
外寄生线虫		
锥线虫 *Dolichodorus* spp.	狗牙根	根生长迟缓和黄色叶片
剑线虫 *Xiphinema americanum*	狗牙根、奥古斯丁草、草地早熟禾、结缕草、假俭草	顶端生长迟缓并黄化；根生长缓慢并有红褐色到黑色侵蚀
毛刺线虫 *Hoplolaimus* spp.	狗牙根、奥古斯丁草、早熟禾、结缕草、假俭草	顶端生长迟缓；被取食根部膨大
针线虫 *Paratylenchu shamatus*	高羊茅、草地早熟禾	节间缩短，顶端生长迟缓，根系长度增加次生根减少，分蘖增加，受侵根部侵蚀明显
Paratylenchu projectus	高羊茅、细叶羊茅、草地早熟禾	
环线虫 *Criconemella cylindricum*	狗牙根、草地早熟禾、结缕草、假俭草	草坪生长迟缓和变稀薄，根部有褐色侵蚀而生长迟缓
Criconemella spp.	匍匐剪股颖、奥古斯丁草、细叶羊茅、早熟禾	
鞘线虫 *Hemicycliophora* spp.	早熟禾	顶端生长黄化
螺旋线虫 *Helicotylenchus diaonicus*	草地早熟禾	草坪黄化并变稀薄，根系缓慢变色
Helicotylenchus erythrinae	匍匐剪股颖、狗牙根、奥古斯丁草、草地早熟禾、结缕草	
Helicotylenchus melancholicus	狗牙根	
Helicotylenchus microlobus	草地早熟禾	
Helicotylenchus nannus	狗牙根、结缕草	
Helicotylenchus platyurus	草地早熟禾	
Helicotylenchus pumilus	草地早熟禾	
针刺线虫 *Belonolaimus gracilis*	奥古斯丁草、草地早熟禾等	草坪叶片黄化可能明显，根系由于被明显侵蚀而生长迟缓
Belonolaimus longicaudatus	狗牙根、奥古斯丁草	
切根线虫 *Trichodorus christiei*	狗牙根、高羊茅、草地早熟禾、奥古斯丁草	顶端生长识缓和黄化，根部有较大褐色侵蚀，根尖因被取食而膨胀
Trichodorus primitivus	狗牙根	
Trichodorus proximus	奥古斯丁草	
Trichodorus spp.	假俭草、结缕草	
矮化线虫 *Tylenchorhynchus actus*	狗牙根	顶端生长迟缓和变稀薄，根系变短粗，变褐，通常无侵蚀，常常明显萎蔫

俗名学名	相关的草坪草种类	症状
Tylenchorhynchus claytoni	早熟禾、草地早熟禾、匍匐剪股颖、结缕草	
Tylenchorhynchus dubius	匍匐剪股颖、草地早熟禾、细叶羊茅、早熟禾	
Tylenchorhynchus maximus	草地早熟禾	
Tylenchorhynchus nudus	草地早熟禾	
Tylenchorhynchus spp.	假俭草、奥古斯丁草、结缕草	
长针线虫 *Longidorus* spp.	匍匐剪股颖	顶端生长迟缓，根系减少

草坪草生长旺盛时，幼虫开始取食危害。线虫通过蠕动只能近距离移动，随地表水的径流或病土或病草皮或病种子进行远距离传播。在适宜条件下，3～4周就可以完成一个世代；条件不适时，时间则要长一些。大多数线虫在一个生长季里可以发生若干代，但也因线虫的种类、环境条件和危害方式而不同。

流行规律　适宜的土壤温度（20～30℃）和湿度，土表的枯草层是适合线虫繁殖的有利环境。而土壤过分干旱、长时间淹水或氧气不足、或土壤紧实、或黏重等都会使线虫活动受到抑制。在冷凉地区的高尔夫球场和运动场草坪，由于经常盖砂使土壤质地疏松，创造了有利于线虫生存繁殖的条件，所以线虫危害也很严重。

防治方法　科学的养护管理和必要的化学防治相结合是防治线虫病害的有效方法。

关键要保证使用无线虫的种子、无性繁殖材料（草皮、匍匐茎或小枝等）和土壤（包括覆盖的表土）建植新草坪。对已被线虫侵染的草坪进行重种时，最好先进行土壤熏蒸。

合理的养护管理　要重视草坪建造的土壤基础，创造有利于草坪草生长，不利于线虫滋生的环境条件。浇水可以控制线虫危害。多次少量灌水比深灌更好。因为被线虫侵染的草坪草根系较短、衰弱，大多数根系只在土壤表层，只要保证表层土壤不干，就可以阻止线虫的发生。合理施肥，增施磷钾肥。打孔、穿刺。清除枯草层。

化学防治　草坪施药应在气温 10℃ 以上，以土壤温度 17～21℃ 的效果最佳。还要考虑土壤湿度，干旱季节施药效果差。熏蒸剂和土壤熏蒸剂仅限于播种前使用，避免农药与草籽接触。杀线剂一般都具高毒性，故施药时要严格按照农药操作规程，切实避免发生农药中毒事故。溴甲烷是一种较好的土壤熏蒸剂，禾草播前，当温度高于 8℃ 后就可使用。每平方米用 681g 听装溴甲烷 50～100g，不仅对线虫有很好的防治效果，还兼有防治土传病害和杀虫、除杂草的作用。棉隆和二氯异丙醚，也是常用的杀线虫药剂。

生物防治　由于多数杀线虫剂具有强毒性，对环境、植株本身均不利，特别是在高尔夫球场、足球场等公共娱乐场所应忌用。中国推出一些生物防治或生态防治制剂，对植株有显著的保护作用，且能有效克制线虫侵染。如植物根际宝（preda）能显著防治一些作物上的土传真菌病害和线虫，有较好的根系保护作用，可用于草坪线虫的防治。

参考文献

赵美琦，孙明，王慧敏，等，1999. 草坪病害 [M]. 北京：中国林业出版社 .

HOUSTON B COUCH, 2000. The turfgrass disease handbook[M]. New York: Krieger Publishing Company.

VARGAS JR J M, 1994. Management of turfgrass diseases[M]. New York: Lewis Publishers.

（撰稿：赵美琦；审稿：李春杰）

草坪雪腐枯萎病　turfgrass *Typhula* blight

由核瑚菌属的病原体引起的一种冷季型草坪冬季病害。又名草坪灰雪腐病（gray snow mold）。在北半球的北方，积雪停留时间长的地区，是一种常见而重要的草坪病害。

分布与危害　雪腐枯萎病主要分布在北半球的北方、亚洲北部、欧洲以及北美等高纬度冬季长期积雪地区。中国新疆北部、甘肃和黑龙江等北方地区亦有发生。主要会侵染一年生早熟禾、多年生早熟禾、草地早熟禾、剪股颖、黑麦草、细叶羊茅、高羊茅、紫羊茅等冷季型草坪草。

雪腐枯萎病的最初症状通常出现在大雪初融的草坪表面。在修剪高 19mm 或者更低的草坪上会呈现浅黄到灰褐色的圆形病斑，直径 7～75cm，大多数病斑直径 15～30cm（图1）。在潮湿的条件下，病斑上边或者周边会出现灰白色的菌丝。这些菌丝在显微镜下具有横隔膜，它们生长的最适温度在 9～15℃，但是在 1～2℃ 的低温下也能生长。病斑内的草叶呈现类似于烫伤或者漂白过的颜色，或是茶色。病斑也会融合到一起，形成大的不规则形状的斑块。在修剪高度较高的草坪上，病斑可能会更大，但是不会那么明显。

病原及特征　雪腐叶枯病是由核瑚菌属的两种病原体引起的：肉孢核瑚菌（*Typhula incarnata*）和雪腐核瑚菌（*Typhula ishikariensis*）。

在侵染干枯死亡后的草坪组织内会有这两种病原体的菌核存在，直径 1～5mm，成熟的菌核可以用来辨别雪腐枯萎病的病原菌。雪腐核瑚菌的菌核呈现深棕色或黑色，而肉孢核瑚菌的菌核趋向于红棕色或黄褐色（图2）。

每个菌核能产生 1 个子实体，个别产生 4 个。子实体柄细长，有毛，基部膨大。担子棍棒状，顶生担子梗 4 个，上生担孢子。担孢子顶端圆，基部尖，稍弯，无色，大小为 6～14μm×3～6μm。

侵染过程与侵染循环　核瑚菌属病原菌在不利的温度

环境下以菌核的形式存在于草坪植株残屑或土壤内。在冷湿的秋季，有紫外线存在的情况下，菌核会膨胀并发芽生长成粉红色足状孢子梗。在孢子梗上产生担子或担子孢子，这些担子孢子会被风或雨水带到新的地方，在条件适合的情况下会发芽然后侵入植株的组织内。在大雪覆盖未冻土壤的条件下，与土壤接触的老叶子是这些孢子首先攻击的目标，然后侵入草坪的冠部，侵染植株。如果秋季仍然温暖干燥，菌核可能不会发芽，而是形成孢子，在大雪覆盖下这些菌核直接发展成菌丝，并侵染植株。

流行规律　雪腐枯萎病发病的前提是有大雪覆盖，所以该病主要发生在降雪量较高的地区。在潮湿低温的气候下，温度 2～5℃，并伴有积雪覆盖时，草坪容易暴发此病。在积雪严重覆盖而土壤不封冻的情况下，发病会更为严重。与肉孢核瑚菌引起的雪腐枯萎病相比，雪腐核瑚菌引起的病害通常造成的草坪损害也更加严重，被侵染的植株会死亡或者发生更严重的持续性伤害；而肉孢核瑚菌的致病通常不会那么严重，被侵染的草坪病斑在春季时会快速恢复。草坪含氮量过高、枯草层过厚，引起的病害也会更加严重。该病害的严重程度与积雪覆盖的时间成正比，并且每年都容易在相同的地方暴发。

对于高尔夫球场草坪，可以根据往年的一些经验来判断出雪腐叶枯病暴发的严重程度。大雪覆盖 40～60 天后，可能会出现轻微的症状（少量小病斑）；大雪覆盖 60～90 天后，可能会暴发中等程度的病害；超过 90 天的大雪覆盖，草坪可能就会暴发出严重的雪腐叶枯病。修剪高度较高的草坪在大雪覆盖超过 40 天，也只会出现些不明显的症状。

防治方法

抗病品种　剪股颖的各种品种对雪腐枯萎病都有不同程度的感病性，需要用杀菌剂进行防治。草地早熟禾对雪腐枯萎病有抗病性，其中公园最具抗病性。虽然公园易感染镰刀菌，但镰刀菌的致病性没有雪腐枯萎病的严重。紫羊茅比草地早熟禾和剪股颖更易感病，而细叶羊茅则会受蠕孢菌病害的危害。

养护措施　合理施肥，秋季避免施入过量的氮肥造成叶片的徒长。在冬季草坪休眠完全停止生长之前不要停止修剪。在秋季入冬之前，通过垂直切割、打空心孔等养护措施减少枯草层的积累。改良草坪表面及根系区的排水系统。同时，在重要区域及时清理积雪或者安置防雪栅栏，减少大雪覆盖草坪的时间。另外，在春季及时对病斑区域进行梳草和补播草种等措施，有利于在短时间内尽快恢复草坪质量。

化学防治　既然大雪覆盖是病害发生和扩散的必要条件，那么在降雪之前喷施杀菌剂是至关重要的。五氯硝基苯（PCNB）的预防效果非常优秀，它是一种保护性杀菌剂，并且药效持续时间长，但是不太环保。另外，葡匐剪股颖在施用五氯硝基苯时一定要处于休眠状态，因为防治雪腐枯萎病的浓度对于生长中的葡匐剪股颖具有毒害作用。内吸性杀菌剂异菌脲和甲基立枯磷对这两种病原菌均有显著的效果。环唑醇、氯苯嘧啶醇、氟酰胺、丙环唑和三唑酮对肉孢核瑚菌引起的雪腐叶枯病具有显著的防治效果。在施用杀菌剂时将内吸性杀菌剂与保护性杀菌剂配合使用可以达到更好的效果，通常会用百菌清与异菌脲混用，或是百菌清与甲基硫菌灵桶混。

参考文献

TANI T, BEARD J B, 1997. Color atlas of turfgrass diseases[D]. Miki, Kagawa: Kagawa University.

（撰稿：冯星星；审稿：李春杰）

草酸青霉　*Penicillium oxalicum*

广泛存在于土壤中，是一种常见的土壤真菌，也是玉米储藏中常见的危害菌。

分布与危害　中国东北地区新收获的高水分玉米（水分含量约 20% 以上）中青霉的数量较多，草酸青霉最为常见。受害玉米籽粒初生白色菌丝，后期生出蓝绿色霉状物。该菌来自土壤、空气、污水及腐败有机物，借风力、雨水及人为活动传播。储藏库温湿条件适宜，储粮水分超出当地安全标准，破碎粒和胚部即产生白毛，散发出霉味，接着出现蓝绿色绒状菌落，造成玉米等大批粮食失去食用价值。

病原及特征　病原为草酸青霉（*Penicillium oxalicum*），属青霉属真菌，为不对称青霉组，草酸青霉系。它可在厌氧、低糖及二氧化碳环境中生长，形成大量絮状菌丝体，并产生多种抗氧化物质。该菌生长速度快，环境适应性强。

培养 10～12 天时菌落直径可达 6～8cm。菌落绒状或近绒状，表面光滑，部分菌株菌落呈现不规则的放射状皱纹。当分生孢子大量形成时，菌落呈暗蓝色或暗绿色。在 PDA 培养基上培养 5 天，菌落直径可达 3～4cm，平坦，中心有脐状突起而其他部分呈放射状，分生孢子极易脱落，质地绒状，中心上面有少许絮状，菌落表面呈暗绿色，边缘为近白色，背面呈淡黄色；菌丝体近白色，渗出液缺乏，可溶性色素缺乏。该菌在察氏培养基上生长速度较慢，培养 5 天菌落直径仅为 2～3cm。

分生孢子通常形成厚层，培养皿或试管受到震动时，分生孢子层破裂成块状脱落，并形成孢子雾。分生孢子梗由基质生出，长短不一，通常小于 200μm，壁光滑，为典型的两轮不对称状。在分生孢子梗同一水平面上产生 2 个或 2 个以上平行的梗基，小梗 4～8 个密集平行簇生于梗基上。分生孢子椭圆形，较大，表面光滑，分生孢子链近于圆柱状，孢子极易从链上脱落（见图）。

草酸青霉毒素　草酸青霉会产生毒素，食用含有草酸青霉毒素的食物后，人会不同程度地出现头昏、头痛、恶心、呕吐、出冷汗、脸色苍白、四肢无力、颤抖、视力模糊等临

图 1　雪腐枯萎病症状（冯星星提供）

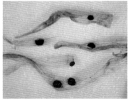

图 2　肉孢核瑚菌菌核
（冯星星提供）

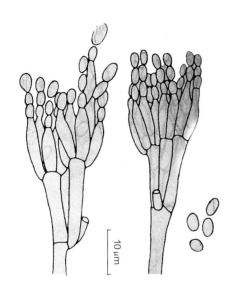

草酸青霉（胡元森提供）

床表现。

对草酸青霉毒素毒性的研究显示，分别向 30 只小白鼠的腹腔注射 0.1~1.0ml 草酸青霉毒素提取液，10 分钟后开始相继出现厌食、竖毛、尾巴下垂、全身震颤等症状；30 小时后全部中毒死亡。而用不同浓度的草酸青霉孢子掺食饲料后再喂养 18 只小白鼠，16 小时后均出现厌食、全身震颤、大小便失禁等症状，直至死亡。小白鼠发病死亡后，经解剖发现胃、肠黏膜充血，肝脏肿大，有出血斑，呈暗红色。

草酸青霉还有可为人类生产所用的优良品质。草酸青霉菌株具有较强的溶解无机磷的能力，可有效促进农作物的生长。20% 的草酸青霉水剂对室内及田间玉米小斑病具有良好的防治效果。稀释 1000 倍的草酸青霉菌发酵液对植物叶片枯斑的抑制率达到 80% 左右，对小麦白粉病的诱抗效果达到 60%~70%。利用草酸青霉水剂制成的生物农药还具有选择性高、易于降解、不易积累、用量少、对人畜毒性小、环境兼容性好、不易产生抗性等优点。

防治方法　在粮食储藏期间做好常规的防霉工作，如玉米等谷物在储藏前就容易发生霉变，要选择未受污染的籽粒入库；其次要控制好饲料等加工过程，特别是控制好水分及高温处理后的降温过程；控制好储藏和运输，防止因潮湿、高温、昼夜温差大、雨淋等因素而发生霉变；加入适量的防霉剂，这是预防霉变的重要措施，不过一旦霉变导致毒素产生，就要使用其他方法来降解或去除饲料中的毒素。

参考文献

艾力·吐热克，唐文华，等，2006. 草酸青霉菌（P-o-41）发酵液对小麦病害的诱导抗性作用 [J]. 新疆农业科学 (43): 386-390.

蔡静平，胡元森，2018. 粮油食品微生物学 [M]. 北京：科学出版社.

葛素君，王志刚，许际华，等，2007. 食物中毒饮料雪碧草酸青霉、产毒素特性的检查研究 [J]. 中国卫生检验杂志 (17): 1649-1651.

王若兰，2015. 粮油贮藏理论与技术 [M]. 郑州：河南科学技术出版社.

王若兰，2016. 粮油贮藏学 [M]. 北京：中国轻工业出版社.

王勇，张文革，何璐，等，2007. 生物农药草酸青霉水剂对玉米小斑病的防治效果 [J]. 安徽农业科学 (35): 1965-1966.

（撰稿：胡元森；审稿：张帅兵）

侧柏叶枯病　oriental arborvitae leaf blight

由侧柏绿胶杯菌引起的、危害侧柏鳞叶及幼枝的一种叶部病害。

发展简史　自 20 世纪 80 年代初开始，在中国多地发生严重的侧柏叶枯现象，蔓延扩展迅速，造成侧柏叶枯病大面积发生，导致严重的经济损失。而后证实侧柏叶枯病是由一种盘菌侵染的结果。

分布与危害　侧柏叶枯病是在江苏、安徽等地侧柏林中出现的一种叶部病害，主要危害侧柏幼苗和成年林都能感染，轻者影响生长，连续数年则林分呈现一片枯黄。

受害鳞叶多由先端逐渐向下枯黄，或是从鳞叶中部、茎部首先失绿，然后向全叶发展，由黄变褐枯死。在细枝上则呈段斑状变褐，最后枯死。树冠内部和下部病情通常较重，树冠发生似火烧状的凋枯，病叶大量脱落。在主干或枝干上萌发出一丛丛的小枝叶，即俗称的“树胡子”。

病原及特征　病原为侧柏绿胶杯菌（*Chloroscypha platycladus* Dai sp. Nov.），属子囊菌门。病菌子囊盘圆筒形，直径 0.21~0.46mm。子囊内含 8 枚子囊孢子，子囊孢子单胞透明椭圆形，大小 5~18μm×8~15μm。

侵染过程与侵染循环　病菌侵染新叶后当年不出现症状，经秋冬之后，于翌年 3 月叶片迅速枯萎，6 月中旬前后，在枯死鳞叶和细枝上产生杯状橄榄色子实体和子囊孢子进行新的传播侵染。

防治方法　增施肥料，促进侧柏生长；适度修枝和间伐，以改善生长环境，减少侵染源；选用抗病品种造林。用 40% 多菌灵或 40% 百菌清 500 倍液剂，在子囊孢子释放高峰的 6 月中旬前后时期喷雾防治。

参考文献

戴雨生，王行政，林其瑞，1993. 侧柏叶枯病的侵染与发生规律的研究 [J]. 森林病虫通讯，93(2): 1-2.

戴雨生，王学道，林其瑞，1992. 侧柏叶枯病病原菌研究 [J]. 南京林业大学学报，16(1): 59-65.

袁嗣令，1997. 中国乔、灌木病害 [M]. 北京：科学出版社：85-87.

（撰稿：解春霞、戴雨生；审稿：张星耀）

茶白星病　tea *Phyllosticta* leaf spot

由茶叶点霉引起危害茶树嫩叶和嫩茎的真菌病害，是中国茶树上一种重要病害。又名茶白斑病。

发展简史　茶白星病最早是在日本静冈县被发现，

当时认为是一种由于寒暖急变引起的生理病，1904年定名为 *Phyllosticta camelliae*，1920年日本原摄祐改名为 *Phyllosticta theaefolia*。日本的茶白星病以 *Elsinoe leucospila* 菌为主，而中国和印度则以 *Phyllosticta theaefolia* 为主。

分布与危害　中国安徽、湖南、浙江、江西、福建、广东、四川、云南、贵州、河南等地的山区茶园均有发生。日本、印度尼西亚、印度、斯里兰卡、原苏联、巴西、乌干达、坦桑尼亚等国也有报道。

该病发生普遍，一般在高山茶园中发生较重。主要危害嫩叶、嫩芽、嫩茎及叶柄，以嫩叶为主。严重发生时引起茶树嫩梢芽叶畸形，生长停滞，产量锐减，局部茶园发病率高达80%。发病茶园一般减产10%左右，病重的茶园减产50%以上。随着病情指数的升高，鲜叶中茶多酚、咖啡碱、水浸出物的含量都随之下降。用病芽制成的干茶，冲泡后叶底布满星点小斑，茶汤味苦涩，汤色暗浑，破碎率较高，并有异味，饮用后肠胃有不适感，对成茶品质影响较大。

嫩叶感病初生针尖大小的褐色小点，后逐渐扩展成直径0.5～2.0mm的圆形小斑，中间红褐色，边缘有暗褐色稍微突起的线纹，病健分界明显。成熟病斑中央呈灰白色，中间凹陷，边缘具暗褐色至紫褐色隆起线，其上散生黑色小点。病叶上病斑数达几十个至数百个，有的相互融合成不规则形大斑，叶片变形或卷曲，叶脉染病叶片扭曲或畸形。嫩茎和叶柄发病，初呈暗褐色，后成灰白色，病部亦生黑色小粒点，病梢节间长度明显短缩，百芽重减少，对夹叶增多。严重发生时引起茶树嫩梢芽叶畸形，生长停滞。病情严重时蔓延至全梢，形成梢枯。

病原及特征　病原为茶叶点霉（*Phyllosticta theaefolia* Hara），属叶点霉属（*Phyllosticta*）。病斑上的小黑点是病菌的分生孢子器。分生孢子器球形至扁球形，直径50～80μm。初期无色，渐变成乳白色，然后浅褐色，最后呈黑褐色，顶端具乳头状孔口，初埋生，后突破表皮外露，以1个孔口居多，孔口直径为17～33μm。分生孢子椭圆形至卵形，单胞，无色，壁薄，大小为3～5μm×2～3μm（见图）。

侵染过程与侵染循环　病菌以菌丝体、分生孢子器在病叶或病梢中越冬，也可在新梢组织中越冬。主要以活体组织为主，枯死病叶上的病菌虽然可以越冬，但存活率很低。翌年3月下旬至4月初，当气温上升至10℃以上，有水湿条件下，从气孔或叶背茸毛基部细胞侵入，形成分生孢子，通过风雨进行传播，侵染新梢芽下第一至四叶或嫩茎，潜育期短，一般仅1～3天，开始形成新病斑，病斑上又产生分生孢子，进行多次重复再侵染，使病害不断扩展蔓延，导致流行。在中国大多数茶区，4月初嫩叶初展时出现初期病斑，遇适温、高湿，病斑大量形成，5～6月春茶采摘期发病最盛，7～8月病情减轻，入秋后病情依气候条件再次回升，但不及春茶期危害严重，以后进入越冬。

流行规律　该病属低温、高湿型病害。病害的发生与温度、湿度、降水量、海拔高度、茶树品种、树势与土壤有一定的关系。

茶园气温在10～30℃均可发生，但以20℃最适宜。旬平均温度高于25℃、相对湿度在70%以下时不利于该病的发生；当旬平均温度20℃、相对湿度85%以上时易发病。

春季降水多、初夏云雾大、日照短的茶园发病尤为严重。4～6月平均降水200～250mm或旬降水为70～80mm，病害严重流行。此期间山区茶园如果遇到3～5天连续阴雨，或者日降水量在40～50mm，病害可能暴发流行。

在不同地区不同海拔高度，发病程度有差异。在安徽南部山区该病在海拔400～1000m的茶园发病较重，贵州茶区则是海拔800～1400m发生重。湖南东山峰农场800m以下茶园发生不严重，900m以上急剧加重，1400m茶园发病最重。一般情况下，在适宜发病地区随海拔高度增加，病情趋势加重。浙江是海拔800～1000m病情加重，1200m以上的高山茶园发病最重，随着地势的递增，病情也相应加重。

茶树品种的抗病性也存在差异。福鼎大白茶抗性最强，毛蟹、鸠坑次之，清明早和藤茶易感病。

茶白星病菌多侵害生长衰弱的茶树。土壤过分贫瘠或者施肥不足，管理水平低，采摘过度均发病重。此外，茶树生长旺盛，树势强，芽头壮，发病轻，反之则重。春芽叶嫩度高，发病重；秋茶叶片纤维素含量高，发病轻。2～3年生的幼龄茶树，由于生长柔嫩，新梢多，适宜于病菌侵染，发病也较多。

防治方法

加强茶园肥培管理　对贫瘠土壤进行深耕改土，增施有机肥，促进树势生长健壮。茶园应注意雨季开沟排水，降低相对湿度。及时清除茶园及周围杂草，夏季地铺草以助抗旱保树。易遭寒风袭击的茶园，种植防风林。新植茶园应选用抗病优良品种，减轻病害发生。

合理采摘和修剪　茶季分批及时合理采摘，可减少再侵染机会。冬春季节结合修剪进行病残枝叶的彻底清除，对老龄树、病重园可根据病情进行修剪或台刈更新，但必须重视改造后的新梢枝叶的药剂保护。

化学防治　防治时期要重视早治。在春茶萌芽期（3月下旬至4月初），当嫩叶发病率达6%时，进行喷药防治。可选50%硫菌灵（托布津）可湿性粉剂1000倍液（安全间隔期7天）。由于白星病的潜育期短，侵染次数多，因此，

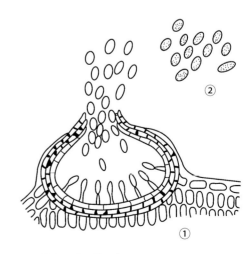

茶白星病病菌形态（陈宗懋、陈雪芬提供）
①病原菌的分生孢子器；②器孢子

在发生严重的地区，第一次喷药后，间隔 7～10 天再喷 1 次，全年共 2～3 次，病情可得到控制。非采摘茶园还可用 0.6%～0.7% 石灰半量式波尔多液进行防治。

参考文献

陈宗懋，陈雪芬，1990. 茶树病害的诊断和防治 [M]. 上海：上海科学技术出版社.

谭济才，2011. 茶树病虫害防治学 [M]. 2 版 . 北京：中国农业出版社.

谭济才，邓欣，1993. 茶白星病的发生与海拔高度的关系 [J]. 植物保护 (3): 21-30.

叶冬梅，1987. 茶白星病在浙江西南山区发生规律与防治 [J]. 植物保护 (3): 13-14.

周玲红，邓欣，邓克尼，2007. 茶白星病对茶鲜叶主要化学成分的影响 [J]. 湖南农业大学学报 (自然科学版), 33(6): 741-743.

（撰稿：邓欣；审稿：陈宗懋）

茶饼病　tea blister blight

由坏损外担菌真菌引起的一种茶树病害，是茶树上最严重的病害之一。主要危害茶树的嫩叶和新梢。又名茶疱状叶枯病、茶叶肿病。

发展简史　该病最早于 1855 年在印度东北的阿萨姆地区被发现。中国最早于 1908 年在安徽报道。1987 年在福建平和县高峰茶场较大面积发生。其后，在中国云南、贵州、四川、广东、广西、海南和台湾等地也有发生。1861 年，Fuckel 在研究越橘树叶部的增生病时将其病原菌归类于半知菌，并命名为 *Fusidium vaccinii* Fuck.；1867 年，俄国著名真菌学家 Woronin 认为 Fuckel 命名的 *F. vaccinii* 实际上是一种子实层直接产生于寄主植物表面的原始的担子菌，并将其重新命名为 *Exobasidium vaccininn*（Fuck.）Woron.，从而建立了外担子菌属。

在 2014 年 Ainsworth 的真菌分类系统中，外担子菌属担子菌门（Basidiomycotina）黑粉菌亚门（Ustilaginomycetes）外担菌纲（Exobasidiomycetes）外担菌目（Exobasidiales）外担菌科（Exobasidiaceae）外担菌属（*Exobasidium*）。

分布与危害　茶饼病是茶树上迄今危害最为严重的病害，在亚洲国家中主要发生在中国、印度、斯里兰卡、印度尼西亚、日本、柬埔寨和越南等地。在斯里兰卡，造成茶园产量损失高达 33%；在印度，造成茶园产量损失 30%～40%。在中国该病害主要发生在四川、云南、贵州、湖南、福建、江西、广东、浙江等地海拔较高的茶园，以云南、贵州、四川的山区茶园发病最为严重；在云南勐海茶区平均发病率为 53.5%～87.0%，严重时达 100%；浙江乐清和天台，曾在 1991 年有该病的发生记载，近 20 年，浙江对该病害发生严重的报道较少；2010 年 8 月底，丽水景宁（澄照乡三石村）和遂昌的茶园发生严重的茶饼病，随后蔓延至周边其他茶园，到 2012 年，丽水该病害的累计发病面积达 132.7hm²，全市范围内 67% 的县都有该病害的发生。

茶饼病主要危害茶树的嫩叶和新梢。初期叶片上出现浅绿色、淡黄色或粉红色半透明斑点，后扩展为直径 3～12mm 的圆形疱斑；病斑处褪绿黄化，正面凹陷，背面凸起；而后病叶上表面病斑处光滑且富有光泽，而病斑处开始发钝，然后渐渐由灰色变为纯白色，最后产生分生孢子（图 1）。该病可导致茶叶畸形，也可以感染嫩枝，致使感病处膨胀，当孢子成熟后，感病处变灰，最终幼茎和嫩枝会枯萎和坏死。而本属中的坏损外担菌和网状外担子菌是茶树上的重要病原菌，分别由这两种菌引起的茶饼病和茶网饼病广泛分布于亚洲的茶产区，使茶的产量损失极大，不仅影响产量且成茶味苦易碎，茶叶品质明显下降。

外担子菌属真菌所致植物病害，一般在早春伴随寄主植物的发芽、新叶展开而发生，典型症状在自然界存在的时间极其短暂，如发生在日本南部的山茶类饼病，其典型症状存在时间在新叶展开的短短 10 天左右。

茶树品种、茶园环境、气候等均与茶饼病的发生存在一定关系，不同的大叶种茶树品种对茶饼病的抗性存在差异，在海拔 720～1250m 的情况，随着海拔高度增加，茶饼病的危害逐渐加重。

病原及特征　病原为坏损外担菌（*Exobasidium vexans* Massee），属外担子菌属。该病原体为活体营养寄生菌，只能在寄生活组织内生活，病原菌丝体在病斑叶肉细胞间生长，无色。病斑上的白粉状物是该菌的子实层，由很多个担子聚集形成，担子顶端着生担子梗，担子梗上着生担孢子，担孢子肾形，长椭圆形、单胞、无色，长宽为 13～27μm×4.3～6.5μm，成熟时产生一层隔膜，变成双胞（图 2）。担孢子的寿命短，一般成熟后 2～3 天失去萌发能力。

一般认为外担菌属真菌具有无色的有隔菌丝，并存在于寄主植物组织的细胞间隙，产生吸器吸取养分。子实层形成于寄主表皮下或表皮下深层的细胞间隙；担子器无色、单胞、圆柱形棍棒状，顶端生 2～8 个小梗，小梗的先端各生 1 个担孢子。担孢子无色、圆柱形、镰刀状，上部圆头、基部渐细、弯曲钝头，成熟后产生 2～3 个分隔。有些种在子实层中有分生孢子的混生，分生孢子无色、单胞、长椭圆形、圆柱形，由分生孢子梗或担孢子萌发产生。

茶饼病的病原菌是一种专性寄生菌，菌丝体在病斑的叶肉细胞间生长，子实体生于叶片下表皮，呈白色绒毛状突起；寄生茶叶表面的子实层在高湿条件下可形成大量的担孢子，担孢子的生活力较弱，环境条件对其影响很大，光线是影响担孢子萌发的重要因素，也是该病是否构成流行的一个决定性条件，该菌在黑暗条件下不能萌发，最理想的光源是柔和的散射光。

侵染过程与侵染循环　病菌的担孢子可被风雨吹送到茶树嫩梢上，一旦幼嫩组织上的湿度达到病菌的要求，担孢子则可萌发并侵入叶片组织，突破表皮，孢子成熟后再继续飞散，如此反复循环。

在适宜的条件下，病原菌经过 3～4 天即可在侵染处产生病斑，1～2 周左右则在病斑上形成白粉，所形成的白粉即为新生的孢子，孢子成熟后经风继续飞散传播，不断蔓延。茶饼病发生的完整周期所需时间与温度、湿度存在一定的关系；一般而言，春茶期间，茶饼病的发生周期在 15 天左右，夏茶期间 12 天，秋茶期间 13～14 天，全年循环周期可达

图1　茶饼病症状（罗宗秀提供）

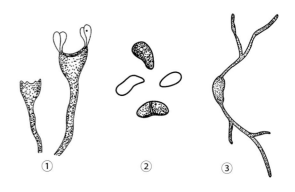

图2　茶饼病病菌形态（陈宗懋、陈雪芬提供）

①担子和担孢子；②担孢子；③正在萌发的担孢子

16次左右。

茶饼病菌主要以菌丝体和担孢子在活的病叶组织中越冬越夏，平均气温在15～20℃、相对湿度85%以上时，菌丝开始生长发育产生担孢子，随风、雨传播侵染，在适宜的条件下萌发，芽管直接由表皮侵入寄主组织，在细胞间扩展直至病斑背面形成子实层。担孢子成熟后继续飞散传播进行再次侵染。一个成熟的病斑在24小时内可产生近百万个担孢子，病菌寄生性强，当病组织死亡后，其中寄生的菌丝体也随之死亡。担孢子寿命短，2～3天后便丧失萌发力，在直射阳光下，0.5～1小时即死亡。病害的潜育期长短也与气温、湿度和日照的关系密切。一般日平均气温为19.7℃时，为3～4天；15.5～16.3℃，需9～18天。山地茶园在适温高湿、日照少及连绵阴雨的季节最易发病。西南茶区于7～11月，华东及中南茶区于3～5月和9～10月，广东、海南茶区于9月中旬至翌年2月期间，都常有发生和流行。就茶园本身来说，低洼、阴湿、杂草丛生、采摘过度、偏施氮肥、不适时的台刈和修剪以及遮阴过度等均易遭受病害。茶树品种间的抗病性有一定的差异，通常小叶种表现抗病，而大叶种则表现为感病，大叶种中又以叶薄、柔嫩多汁的品种最易感病。

流行规律　茶饼病在低温高湿条件下发生较为严重，一般在春茶期间（3～5月）和秋茶期（9～10月）大量发生。茶饼病发育和入侵的最适温度为20～25℃，超过25℃病菌存活力急剧下降，35℃下1小时即死亡，担孢子的形成和萌发分别要求高于80%和90%的相对湿度，小于50%时担孢子很快死亡。在海拔较高的地方发病严重，该地方经常有雾，温度低、湿度大，利于发病；同样阴山茶园的感病率高于阳山茶园。不同品种的茶树的抗病能力不同，大叶种茶树比小叶种茶树发病率高。

防治方法

农业防治　选用抗病品种，提高抗病能力；加强苗木检疫，严格检查调运或移栽的苗木，防止病原通过苗木调运传播；加强茶园管理，冬季或早春时节，彻底清除茶园杂草、枯枝，适当修剪茶树，促进通风透光，减轻病害；在茶树生长阶段增施磷、钾肥，提高茶树抗病力，园间一旦发现有病害植株，及时拔除该植株及周边植株并烧毁，防止病原菌扩散蔓延。

化学防治　发病初期喷70%甲基硫菌灵可湿性粉剂1000～1500倍液，间隔7～10天，连喷2～3次；25%粉锈宁（三唑酮）3500倍液，残效期长，发病期喷药1次即可；非采摘茶园也可喷施0.6%～0.7%石灰半量式波尔多液、0.2%～0.5%硫酸铜液或12%松脂酸铜乳油600倍液，以保护茶树。采摘茶园如喷施波尔多液，可于春茶前或每季采茶后各喷1次，喷后20天方可采摘。发病严重的茶园冬季可用0.3～0.5波美度石硫合剂封园。

参考文献

王绍梅，宋文明，2015. 茶饼病的发生规律与综合防治 [J]. 云南农业科技 (4): 45-46.

吴全聪，陈方景，雷永宏，等，2013. 丽水市茶饼病发生及影响因子分析 [J]. 茶叶科学 (2):131-139.

CHEN Z M, CHEN S F, 1982. Diseases of tea and their control in the People's Republic of China[J]. Plant disease, 66(10): 961-965.

PETCH T, 1923. The diseases of tea bush[M]. London: McMillan & Co.

（撰稿：周玉锋；审稿：陈宗懋）

茶赤叶斑病　tea red leaf spot

由叶点霉引起的、危害茶树成叶和老叶的一种真菌病害。

发展简史　由 Phyllosticta 属真菌引起的茶树病害有共有3种，其中茶赤叶斑病最早是1923年由 T. Petch 报道在茶树上发现该病，已报道有危害的国家为印度、日本、越南和中国。茶赤叶斑病在中国各茶区均有不同程度的发生，安徽皖南、江北部分茶区在20世纪80年代末、90年代初发生较为严重。

分布与危害　茶赤叶斑病是茶树上一种较为常见的叶部病害。中国各茶区均有发生，局部地区发生严重。国外印度、日本有报道。该病流行在炎热的夏季，形成的病斑面积大，影响茶树的光合作用，不仅大大减少了茶树体内有机物质的积累，严重时造成大量叶片干枯脱落，既影响当年秋茶和翌年春茶的产量和品质，又降低了树体的抗逆性，容易引起许多其他病害的并发症。

主要发生在茶树成叶和老叶上，发病初期从叶缘或叶尖开始出现淡褐色不规则形病斑，以后渐渐变成赤褐色，故名赤叶斑病。病斑部的颜色均匀一致。病斑边缘有深褐色隆起线，病部和健部分界明显。后期病斑上有许多褐色稍突起的小粒点。病叶背面黄褐色，较叶正面色浅（图 1）。

病原及特征　病原为茶生叶点霉（*Phyllosticta theicola* Petch），属叶点霉属（*Phyllosticta*）。分生孢子器埋生于寄主表皮下，球形或扁球形，大小 75～107μm×67～92μm，黑色，顶端有 1 个圆形孔口，直径 12～15μm，初埋生于叶片组织内，后突破表皮外露。分生孢子器壳壁为柔膜组织，由多角形细胞构成，内壁着生无数器孢子梗。器孢子梗棍棒状或圆筒形，无色，单胞，大小 5～9.5μm×4～6.3μm，其上顶生器孢子。器孢子圆形至宽椭圆形，无色，单胞，内有 1～2 个油球，大小 7～12μm×6～9μm。在潮湿的条件下，器孢子如挤牙膏状从分生孢子器中大量释放出（图 2）。

侵染过程与侵染循环　病菌以菌丝体和分生孢子器在茶树病叶组织里越冬。翌年 5 月开始产生分生孢子，靠风雨及水滴溅射传播，该菌的分生孢子可以直接或通过伤口侵入，落入伤口附近的孢子，首先萌发形成附着胞，接着在其下产生一个锥形的侵入丝，并伸展至伤口，侵入表皮组织；恰好落入伤口上的孢子，一般不形成附着胞，直接形成菌丝向其内部侵入。有部分落入叶表的孢子，形成附着胞后，产生的锥形侵入丝能直接穿透角质层侵入叶片，该病原菌容易侵染茶树新梢的嫩叶，特别是在一二叶上，以这种方式侵入的较多。孢子在 1～5 叶上均能萌发形成附着胞，但在 4、5 叶上形成期较晚，可能是由于较老叶片角质化程度高、机械强度大，不易穿透。病部又产生分生孢子进行多次再侵染。每年 5～6 月开始发病，7～9 月发病最盛。如果 6～8 月持续高温，降水量少，茶树易受日灼伤的最易发病。

流行规律　该病属高温低湿型病害，在高温条件下发生严重。在一年中，5 月为始发期，6～7 月为发病扩展期，8 月下旬为高峰期，9 月上旬病叶脱落。影响茶赤叶斑病发生的关键因子是流行期内平均相对湿度和降雨日数，高温干旱有利于病害的发生和发展。在夏季烈日照射下，干热的天气能促使植株内部水分的供应和蒸腾作用失去平衡，致使植株抗病力降低，易受病菌侵染；同时，干旱使叶片上形成枯斑，常成为赤叶斑病菌侵染的部位。台刈修剪后的嫩枝梢叶片、幼龄园、扦插母本园、采摘后留叶多的茶树发病重。土层浅薄、水分供应不足的茶园该病也发生很普遍。发病后茶园呈红褐色枯焦，常引起大量叶片脱落。

茶树叶片角质层的厚度、栅栏组织层次和海绵组织细胞排列松紧导致不同品种对茶赤叶斑病抗性差异显著。茶树叶片角质层厚、栅栏组织层次多的品种抗性较强。在对 9 个品种的抗性比较发现，舒茶早、乌牛早、龙井长叶、农抗早抗性较强，其次依次为浙农 113、龙井 43、平阳特早、上浮州、白毫早，福云六号最易感病。

图 1　茶赤叶斑病症状（彭萍提供）

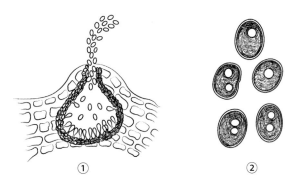

图 2　茶赤叶斑病病菌形态（陈宗懋、陈雪芬提供）
①病原菌的分生孢子器和器孢子；②器孢子

防治方法

遮阳抗旱　该病为高温型病害。易遭日灼的茶园，可种植遮阳树，减少阳光直射。有条件的可建立喷灌系统，保证茶树在干旱季节对水分的要求。

改良土壤　生产茶园可进行铺草，增强土壤保水性。提倡施用酵素菌或 EM 活性生物有机肥，改良土壤理化性状和保水保肥，是防治该病的根本措施。

化学防治　夏季干旱到来之前喷洒 50% 苯菌灵可湿性粉剂 1000～1500 倍液（安全间隔期 7～10 天）或 70% 多菌灵可湿性粉剂 800～1000 倍液（安全间隔期 7～10 天）、36% 甲基硫菌灵悬浮剂 600～800 倍液（安全间隔期 10 天）。

参考文献

陈宗懋，陈雪芬，1990.茶树病害的诊断和防治 [M].上海：上海科学技术出版社.

高旭晖，1997.茶赤叶斑病与叶片结构及空间位置的关系 [J].茶叶科学，17(1): 21-26.

高旭晖，郭胜好，1996.茶赤叶斑病的发生规律 [J].植物保护学报，26(2): 133-136.

谭济才，2011.茶树病虫害防治学 [M]. 2 版.北京：中国农业出版社.

（撰稿：罗宗秀；审稿：陈宗懋）

茶膏药病　tea velvet blight

由隔担耳属真菌引起的危害茶树枝干的一种真菌病害。

发展简史　茶枝膏药病的病原菌是一个庞大的病原类群，包括多种病原种类，但都属于隔担耳属（*Septobasidium*）。隔担耳属真菌早在 1892 年由 Patoniallard 定名，后来虽然有人提出其他属名，但仍沿用这个名称。茶树上记载的膏药病病原菌种类有 23 种之多，其中以灰色膏药病菌 *Septobasidium pedicellatum* 为主。

分布与危害　茶膏药病在安徽、浙江、江西、湖南、台湾等地均有发生，主要发生在枝条和根颈部，一般只在枝干的表面扩展，但不侵入组织内部，此病紧贴茶树枝干表面，使局部组织正常发育受阻，严重时可使病部以上的枝条枯死。主要危害茶、油茶、桑、梨、杏、桃、板栗、花椒、柑橘等。

茶膏药病主要发生在茶树的茎干部。其发生一般是在危害茶树的介虫虫体上开始的。病菌以介虫分泌的蜜露为营养，然后由此向四周和上下扩展蔓延。病斑的色泽随病菌的种类而异，有紫褐色、红褐色、灰色、灰黑色、黄褐色、褐色等。形如膏药般贴附在枝干上，故名膏药病。

中国茶树上发生较为普遍的有灰色膏药病和褐色膏药病两种，其区分特征如下：

灰色膏药病：初期发生在茶树枝干上的介虫残体上，先产生白色绵毛状物，中央呈暗色，四周不断延伸丝状物，圆形，中央厚，周围薄，形似膏药。老熟后呈紫黑色，干缩龟裂，逐渐剥落。湿度大时，上面覆盖一层白粉状物。

褐色膏药病：在枝条或根颈部形成椭圆形至不规则形厚菌膜，栗褐色，较灰色膏药病稍厚，表面绒状，较粗糙，边缘有一圈窄灰白色带，后期表面发生龟裂，逐渐剥落。

病原及特征　病原为柄隔担耳 [*Septobasidium pedicellatum*（Schw.）Pat.]，属隔担耳属（*Septobasidium*）。菌丝无色，有隔。后期变为褐色至暗褐色，分枝茂盛，相互交错成菌膜。子实层上先长出原担子，后在原担子上产生无色圆筒形担子，初直，后弯曲，大小为 20～40μm×5～8μm，具 3 个分隔，每个细胞抽生 1 小梗，顶生 1 个担孢子。担孢子单胞无色，长椭圆形，大小为 12～24μm×3.5～5μm（图 1）。

褐色膏药病病原为田中隔担耳（*Septobasidium tanakae* Miyabe），菌丝褐色具隔，交错密集形成厚膜，多从菌丝上直接产生担子，担子无色，棍棒状，具 3 个分隔，直或弯，

大小为 27～53μm×8～11μm，侧生的小梗上各生 1 个担孢子。担孢子无色，单胞，长椭圆形（图 2）。

侵染过程与侵染循环　病菌以菌膜组织在茶树枝干上越冬。翌年春末夏初，湿度大时形成子实层，产生担孢子，担孢子借气流和介虫传播蔓延，菌丝迅速生长形成菌膜。此病的发生与介虫有密切关系。病菌以介虫的分泌物为营养，而介虫也因菌膜的覆盖而得到保护。病菌的菌丝体在茶树枝干表面生长发育，形成相互交叉的薄膜，也能侵入到寄主皮层吸取营养。当病害严重发生时，菌膜可包围树干外部，使茶树正常生理活动受阻，树势渐趋衰弱。

流行规律　凡茶园管理不善，介虫发生多，茶膏药病发

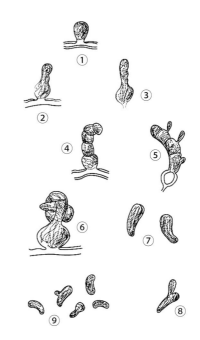

图 1　茶灰色膏药病病菌形态（陈宗懋、陈雪芬提供）

①菌丝中生出孢子；②～⑥担子的发育程序；⑦担孢子；
⑧担孢子萌芽成小孢子；⑨小孢子

图 2　茶褐色膏药病病菌形态（陈宗懋、陈雪芬提供）

①担子；②担孢子

生也严重。在雨季，病菌的担孢子通过介虫的爬行传播蔓延，也可借风雨而传播，但必须有介虫的发生作为其生长发育的基物。土壤黏重、排水不良、荫蔽湿度大的老茶园易发病。

防治方法

农业防治　发病重的茶园，提倡重修剪或台刈，剪掉的枝条集中烧毁。防治茶树介虫至关重要。

化学防治　在担孢子传播蔓延期间，可喷施 0.7% 石灰等量式波尔多液，保护健康茶树免受侵染。

参考文献

陈宗懋，陈雪芬，1990.茶树病害的诊断和防治 [M].上海：上海科学技术出版社.

江西省婺源茶叶学校，安徽省屯溪茶叶学校，1980.茶树病虫害防治 [M].北京：农业出版社.

谭济才，2011.茶树病虫害防治学 [M].2 版.北京：中国农业出版社.

（撰稿：邓欣；审稿：陈宗懋）

茶根腐病类　tea root rot

茶根腐病类包括茶紫纹羽病在内的所有使茶树根部产生腐烂症状的病害。其病原物主要有子囊菌、担子菌等真菌病原物，据粗略统计不少于 40 种。它是一类既严重又难以防治的病害。在中国南方局部茶区发生。主要有茶红根腐病（tea red root rot）、茶白纹羽病（tea white root rot）、茶褐根腐病（tea brown root rot）、茶根朽病（tea root splitting）、茶黑根腐病（tea black root rot）等。

分布与危害

茶红根腐病　分布在热带和亚热带茶区。广东、广西、湖南、福建、四川、贵州、浙江、云南等地已有报道。该病最早是 1907 年在斯里兰卡发现，以后在印度、巴基斯坦、日本、印度尼西亚、越南、马来西亚和非洲各国均有发生。茶树罹病后常常突然死亡，但凋萎的叶片仍附着在茶树上一个时期。侵染初期在茶树根表产生白色菌丝体，以后菌丝体合并成分枝状菌膜，渐转为淡红色、鲜红色、枣红色以及紫黑色。由于菌膜分泌物使泥土砂粒与菌膜紧紧黏附在一起，包被着病根，比较平整，这些泥土砂粒容易洗去而见到枣红色至黑色的菌膜。除茶树外，还危害橡胶树、相思树、厚皮树、苦楝、三角枫等数十种林木。在热带、亚热带森林树木及残存的死树桩上常能看到红根腐病菌的存在。

茶白纹羽病　日本茶树上发生严重的根腐病之一。此病在印度、越南、刚果也有报道，但发生不严重。中国浙江、江西、湖南、广东、广西和云南等地已有报道，且局部地区发生较严重。茶白纹羽病常发生在细根，后逐渐扩展到侧根和主根。病根表面产生白色或灰白色的根状菌索，呈网状缠绕在根上。随着病情的扩展，终至根茎部腐烂，近地面根茎部出现白色菌丝膜，以后颜色变暗，其上可密生毛茸状菌丝，有时形成小黑点，即病菌的子囊壳。腐烂病后期根皮层与木质部有分离现象，其间产生菌核。此病菌除危害茶树外，还危害桑、柏、栎、苹果、梨、桃、李、杏、马铃薯、豆类等多种植物。

病原及特征　①茶红根腐病（*Poria hypobrunnea* Petch）属卧孔菌属（*Poria*）。子实体初为浅黄色，后转为红色，最后呈现蓝灰色，平伏，紧贴在茶树根颈部或茎部，厚 6mm，边缘白色，较狭窄，被有绒毛。子实体每毫米有 8～11 个管孔，圆形至角状，菌管长约 3mm。菌膜紫黑色，毡状，厚 3mm。菌丝体分为生殖菌丝和骨架菌丝。生殖菌丝直径 15～35μm，无色、薄壁，常有分枝，疏松交织，有分隔；骨架菌丝较多，直径 25～60μm，深黄色至褐色，具厚壁，中腔不明显，无隔、弯曲，偶有分枝。担子大小为 90～105μm×45～50μm，棍棒状。担孢子大小为 40～60μm×35～50μm，亚球形至卵形，常呈三角形，无色、光滑、壁薄。囊状体 15～45μm×5～10μm，薄壁，无色，有时表面覆有结晶状的沉积物，有壳或无壳，端部尖锐。除卧孔菌外，一些灵芝类真菌也能引起茶红根腐病，如灵芝、基腐灵芝、茶灵芝和橡胶灵芝等。

②茶白纹羽病病原为褐座坚壳菌 ［*Rosellinia necatrix*（Hart.）Berl.］属座坚壳属（*Rosellinia*）。此菌最早在瑞士发现。无性态白纹羽束丝菌（*Dematophora necatrix* Hartig），分生孢子梗基部集结成束，分生孢子无色、单胞，卵圆形，3～4μm×2～2.5μm。有性态形成子囊壳，但不常见。子囊壳黑色，平滑，半埋藏于菌丝层中。子囊无色，圆筒形，大小为 220～300μm×5～9μm。子囊孢子暗褐色，单细胞，纺锤形，大小为 35～55μm×4～7μm，菌核黑色，近圆形，直径一般约 1mm，大的约 5mm。

菌丝发育适温为 24℃，最适 pH4.2～5.4；病菌在 0℃下仅存活 15 天，35℃下 7 天死亡。病原菌具有较强的分解纤维素能力，其致病力与对纤维素的分解能力有关，不同株系的分解能力有差异。

侵染过程与侵染循环　林地初垦茶园原残存的病树桩、病根以及碎木块上的病菌都是茶红根腐病的主要侵染源，遗留在地表外的树桩被气传孢子侵染，也会成为初次侵染的来源。当茶树根部接触到这些带菌材料而被侵染后，如不及时处理，就有可能成为该病扩展蔓延的中心，通过根部的接触传染邻近的茶树。茶园内受病茶树的残根等病组织是主要的侵染来源。病原菌主要靠菌丝体从一株病根蔓延到邻近健株的根系，不断引起新的侵染，受病面积逐渐扩大。

茶白纹羽病病菌以残留在土壤中的菌丝体、菌索或菌核越冬。翌年环境条件适宜时，菌索或菌核萌发产生菌丝引起新的侵染。病根、健根相互接触也可以引起侵染。随着根状菌索的延伸，病害不断传播蔓延。但子囊孢子在病害循环中作用不大。

防治方法　茶根腐病菌对不良环境抵抗力强，寄主范围广，初期诊断困难，一旦地上部位表现症状，根部受害已难以挽回，必须注意贯彻预防为主的原则。

选择苗圃地　建立苗圃和新辟茶园时，要尽量避免采用前茬为感病寄主的土地；垦复林地建园时，应尽量将残桩、残根清除干净。

加强管理　平地或缓坡地茶园，应注意排水，多种绿肥，中耕除草，改良土壤结构。

选用健苗　定植时，严格选用健苗，有病圃地中的健苗

C

茶根腐病类一览表

病名	分布危害	病原特征	侵染循环
茶红根腐病	中国南方及西南茶区均有报道。日本、印度等产茶国均有发生 病根表面有黏稠状物质，粘有一层平整的泥沙，且易洗去，皮层与木质间有白色分枝状的菌膜，后期变红色或紫红色，凋萎的叶片常附着在树上，不脱落	*Poria hypolateritia* 属多孔菌目多孔菌科卧孔菌属。子实体粉红色，或红色，平伏，菌肉白色或浅色，生于病树的根茎部	以菌丝体、菌核或菌索在土壤残体中越冬。翌春温湿度等条件适宜时菌核或菌索萌发产生菌丝，引起侵染。主要以病、健根接触或菌索延伸传播，担孢子在病害传播中作用不大
茶褐根腐病	中国广东、广西、云南等产茶区已有发生。印度、日本等产茶国已有报道 根表粘有凹凸不平的泥沙层，不易洗去，其上有褐色、薄而脆的菌膜和铁锈色绒毛状的菌丝体，皮层与木质部间有白色或黄色的菌丝体，后期木质部剖面呈蜂窝状褐纹	*Phellinus noxius* 属伞菌目锈革菌科木层孔菌属。菌盖红褐色，渐转茶褐色，后呈黑褐色。菌肉褐色，壁较厚，菌丝辐射状排列，壁厚，栗黑色	
茶根朽病	云南、四川、浙江等地有发生。日本、印度和非洲各产茶国已有发生 根部和茎基部有呈放射状蔓延的菌丝体，根部出现纵裂，根皮与木质部间有扇状黄白色的菌丝层，茶株矮小，叶片黄化	*Armillaria mellea* 属伞菌目膨瑚菌科蜜环菌属。菌盖半球形，浅黄色。担子长棍棒形。担孢子卵形或椭圆形，无色表面光滑。培养基上产生较强的荧光	
茶白纹羽病	中国浙江、江西、湖南等产茶区已有报道。该病在日本茶园发生较重，印度、越南等国也有发生 罹病茶树茎基部和根表有密集的菌丝束，主根的树皮下形成有扇状分支的白色菌丝束，后期为暗灰色，其上有菌核。地上部生长不良，叶片脱落	*Rosellinia necatrix* 属炭角菌目炭角菌科座坚壳属。子囊壳球形，有乳头状孔口。子囊圆柱形，囊内有8个子囊孢子。子囊孢子船形，暗褐色	病菌以菌丝体、菌核或菌索越冬。翌年环境条件适宜时，菌索或菌核萌发产生菌丝体，引起新的侵染。病、健根相互接触传染，或随根状菌索的延伸使病害传播蔓延
茶黑根腐病	中国海南茶区有报道。印度、越南有发生，斯里兰卡发生较严重 茶树根表覆盖白色菌丝体，渐转为黑色、羊绒状的网状结构。地上部症状与茶红腐病相似	*Rosellinia arcuata* 属炭角菌目炭角菌科座坚壳属。子囊壳球形，有乳头状孔口，子囊圆柱形，内有8个子囊孢子。子囊孢子单胞，暗褐色，船形，两端稍尖	

也要用药剂处理。

伐木处理　茶园内疏伐复萌树时，应先将该树环状剥皮，让其地上部继续生长一个时期，使地下部储藏的养分消耗殆尽后才砍伐，断口涂上一层沥青，以防感染、扩大病害。

清除病株　定期检查病情，发现有病死茶树和复萌树时，应及时将死树连同附近外表无病实已感病的茶树连根挖除，尽量清除病根残余物，同时用药剂处理土壤。

茶树其他根病　茶褐根腐病、茶根朽病、茶黑根腐病与上述两种病害的发生发展与侵染循环等方面基本相似，防治措施也基本相同，5种病害的分布危害、病原特征、侵染循环比较见表。

防治方法　见茶紫纹羽病根部病害的防治。

参考文献

安徽农学院，1993.茶树病虫害[M].2版.北京：中国农业出版社.

陈宗懋，陈雪芬，1990.茶树病害的诊断和防治[M].上海：上海科学技术出版社.

江西省婺源茶叶学校，安徽省屯溪茶叶学校，1980.茶树病虫害防治[M].北京：农业出版社.

谭济才，2011.茶树病虫害防治学[M].2版.北京：中国农业出版社.

（撰稿：高旭晖；审稿：陈宗懋）

茶红锈藻病　tea red rust

由寄生性红锈藻引起，危害茶树茎、叶、果实的真菌病害，是一种茶树茎、叶病害。又名茶红锈病。发育传播阶段的游走孢子囊形成的子实层呈紫红色，似铁锈状，因此得名。

发展简史　见茶藻斑病。

分布与危害　主要分布在中国南部热带、亚热带茶区，海南、广东、云南等地发生严重；湖南、安徽、浙江、江西、贵州、四川等地也有发生。茶红锈藻病主要危害幼龄茶树的枝干，也可以危害老叶和茶果，并能分泌毒素。发生严重时，使枝梢枯死，叶片大量脱落，对产量有明显影响。除茶树外，还危害油茶、柑橘、杧果、相思树、猪屎豆和山毛豆等多种植物。

初期枝条上呈现针头大小的灰黑色小圆点，后逐渐扩大为圆形或卵圆形、梭形的大病斑，颜色灰黑色，随着病斑的逐渐扩大，颜色也逐渐转为紫黑色，严重时茶树枝条上下呈现铁锈色。当气温达25℃左右或更高时，病斑上出现铁锈般的橙红色绒状物（即病原藻菌的子实层）。叶片被害时，正面或反面均可表现症状，但以叶面为主。初期在叶片上产生黄褐色针头状小圆点。然后以此为中心呈放射状向外扩展，形成大小不一的大病斑，一般病斑直径1～10mm，后期呈纤维状的毛毡状物，色泽橙红，表面平滑（图1）。被害较重的茶树，一般叶片大多失去翠绿色泽，并呈现有乳黄色斑驳，如遇干旱，则叶落枝枯比较严重，往往误认为是干旱所致。

病原及特征　病原为寄生性红锈藻（*Cephaleuros virescens* Kunze）属头孢藻属（*Cephaleuros*）。在茶树病枝上所见到的灰黑和黑紫色的绒状物是病原藻的营养体，铁锈紫红色是病原藻的繁殖体，其上生长孢囊梗和游走孢子囊。孢囊梗大小为 77.5～272.5μm×13～17μm，顶端膨大，其上着生小梗，一般多为 3 个，每小梗顶生 1 个游走孢子囊。游走孢子囊圆形或卵形，大小为 34.1～45.4μm×28.5～35.6μm，成熟后遇水可释放大量的双鞭毛椭圆形游走孢子（图 2）。

侵染过程与侵染循环　病原藻菌以营养体在病组织上越冬，到翌年温、湿度条件适宜的春末夏初（即 5 月中下旬至6 月上旬），营养体发育形成孢囊梗和游走孢子囊，成熟的孢子囊散放出游走孢子。孢子囊和游走孢子，借雨露水滴传播。游走孢子静止后萌发出芽管侵入枝叶表皮组织，芽管发展为菌丝，在枝条表皮细胞或叶片角质层之间生长蔓延，以后再抽出孢囊梗和游走孢子囊，散出游走孢子进行再次侵染。

流行规律　茶树生活力的强弱，直接影响该病的发生程度。土壤瘠薄、缺肥、有硬塥、保水性差、易干旱、易水涝等原因致使树势衰弱的茶园以及过度荫蔽的茶园，均易发病。全年有 2 个高峰期：5 月下旬至 6 月上旬和 8 月下旬至 9 月上旬，在降雨频繁、雨量充沛的季节，病害发生严重。

防治方法

农业防治　因茶红锈藻菌是一种弱寄生藻，因此进行土壤改良、增施有机肥和磷肥、加强茶园管理等一系列措施，促使茶树在较短时期内恢复健壮生长，可使病情显著下降。

化学防治　在发病高峰期前，喷施 75% 百菌清可湿性粉剂 800～1000 倍液（安全间隔期 10 天），或 50% 多菌灵800～1000 倍液（安全间隔期 7～10 天），以控制病害的发展。绿藻的游走孢子对铜素很敏感，在非采摘茶园，可喷施0.2% 硫酸铜等铜制剂进行保护。

参考文献

陈宗懋，陈雪芬，1990. 茶树病害的诊断和防治 [M]. 上海：上海科学技术出版社.

谭济才，2011. 茶树病虫害防治学 [M]. 2 版. 北京：中国农业出版社.

叶正凡，毛治国，谢桂香，等，1990. 茶红锈藻病发生规律与防治 [J]. 植物病理学报，20(4): 271–275.

（撰稿：邓欣；审稿：陈宗懋）

图 1　茶红锈藻病症状（曾莉提供）

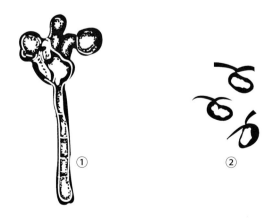

图 2　茶红锈藻病病菌形态（陈宗懋、陈雪芬提供）
①孢囊梗和孢囊；②游走孢子

茶轮斑病　tea grey blight

由茶拟盘多毛孢引起的一种危害茶树叶片和新梢的真菌病害。

发展简史　中国台湾最早在 1915 年已有报道。日本从20 世纪 70 年代后期起发生渐重，1976 年日本静冈县茶轮斑病的发生面积占总茶园面积的 3.4%，1980 年已达 37.1%，发生严重时每平方米茶树树冠上病叶数可达 300～600 片。*Pestalotiopsis* 属真菌最早在 1949 年由比利时的真菌学家 Steyaert 命名，但 Guba 并不采纳这个属名，而仍采用*Pestallotia*。直至权威性的英联邦真菌研究所出版的《病原真菌和细菌的记述》采用了 *Pestalotiopsis* 属名。为使国际上真菌学名统一，中国文献也采用 *Pestalotiopsis* 属名。

分布与危害　茶轮斑病是中国茶区常见的成叶、老叶病害，各大茶区都有分布。世界各主要产茶国家均有发生，包括印度、日本、斯里兰卡、坦桑尼亚、肯尼亚、韩国；其中，日本、印度发生较重，印度南部由于茶轮斑病造成的茶叶损失达 17%。被害叶片大量脱落，并引起枯梢，致使树势衰弱，产量下降。扦插苗发病后常呈现枯梢现象，造成成片枯死。

该病主要发生于当年生的成叶或老叶，也可危害嫩叶和新梢。病害常从叶尖或者叶缘开始，逐渐向其他部位扩展。发病初期病斑黄褐色，然后变为褐色，最后呈褐色、灰白色相间的半圆形、圆形或者不规则的病斑。病斑上常呈现有较明显的同心轮纹，边缘有一个褐色的晕圈，病健分界明显（图1）。病斑正面轮生或者散生有许多黑色小点。如果发生在幼嫩芽叶上，自叶尖向叶缘逐渐变为褐色，病斑不规则，严重时芽叶成枯焦状，上面散生许多扁平状黑色小点。新梢发病，常在基部先生暗褐色小斑，以后上下扩展，上生黑色小点。茎渐弯曲，病部以上茎叶呈红紫色，然后萎凋枯死。

病原及特征　病原为茶拟盘多毛孢［*Pestalotiopsis theae*

（Sawada）Steyaert〕，属拟盘多毛孢属（*Pestalotiopsis*）。病斑上的小黑点是病原菌的分生孢子盘，在病斑上常呈轮纹状排列，或者散生在病斑上，直径为120～180μm，着生在表皮下面的栅栏组织间。分生孢子梗在子座上形成，为圆柱形或倒卵形，无色，有层出现象。分生孢子纺锤形，很少弯曲，4个分隔，5个细胞，分隔处有缢缩，中间3胞褐色，两端细胞无色。大小为24～33μm×8～10μm。分生孢子顶端有2～3根附属丝，其顶端稍膨大，无色透明。茶轮斑病菌的致病菌还有一种近似种：*Pestalotiopsis longiseta* Spegzzini。它和 *Pestalotiopsis theae* 的形态区别是分生孢子5胞，两端细胞无色，中间3胞褐色，上面两胞的色泽较下一个胞深。孢子大小稍短而宽，为21.7～26.2μm×6.4～8.4μm。茶轮斑病菌分生孢子比云纹叶枯病菌的分生孢子明显较大，加上有附属丝，显微镜下容易辨认（图2）。酶联免疫法对茶轮斑病菌丝体提取物检测方法的建立，给茶轮斑病的早期诊断提供了一种可靠方法。茶轮斑病菌在PDA培养基上的菌丝体无色，有白色气生菌丝，菌丝层上形成分生孢子盘，并产生墨绿色的孢子堆。菌落上的分生孢子盘往往也呈同心轮纹状排列。光对分生孢子盘及分生孢子形成是必不可少的条件，只有在直接接受光刺激的部位才能产生，一天中病原菌对白昼和黑夜的光周期性反应可能是茶轮斑病病叶上有明显同心轮纹的原因。

图1 茶轮斑病症状（彭萍提供）

侵染过程与侵染循环　茶轮斑病菌是一种弱寄生菌，寄生性较弱，常侵害损伤组织和衰弱的茶树。病菌以菌丝体或者分生孢子盘在病组织中越冬。翌年春天环境条件适宜时，产生分生孢子。分生孢子萌发引起初侵染。分生孢子萌发后主要从伤口（包括采摘、修剪以及害虫危害的伤口等）侵入，菌丝体在叶片细胞间隙蔓延，经1～2周后产生新的病斑。新病斑上又产生分生孢子盘和分生孢子。在潮湿的气候条件下，病菌可形成子实层。每片病叶上平均可以形成7×10⁵个孢子。孢子成熟后由雨水溅射传播，进行再侵染。茶轮斑病菌孢子对没有伤口的健康叶片一般无致病力。

流行规律　茶轮斑病是一种高温、高湿型病害。在中国茶区，茶树整个生长季节中均能发生茶轮斑病，而以夏秋季发病最盛。病原菌在28℃左右生长最为适宜，温度低于18℃时不形成分生孢子，夏、秋高温高湿利于该病的发生和发展。所以，安徽、江苏等茶区茶轮斑病的高峰期常出现在夏、秋两季。高湿度条件利于孢子的形成和传播。9月小雨不断，温度偏高，病害仍有蔓延的趋势。湖南在春末夏初有一个发病高峰。西南地区茶园在3～11月发生，而以6～7月发生最重。安徽在5～7月以及9～10月发生较多。温度在25～28℃、相对湿度80%～85%时，适宜该病的流行。夏季骤晴骤雨的情况下，会使病害迅速发展。叶片擦伤导致流汁，诱发孢子萌发侵入，因此减少茶叶伤口是控制茶轮斑病的重要措施。

管理粗放、施肥不当或者肥料不足，特别是钾肥不足、土壤板结、排水不良、树势衰弱的茶园发病往往比较重。一些人为因素可以加重病害的发生，特别是采摘、修剪造成的大量伤口，为病菌提供了侵入途径。据日本报道，病菌均从嫩梢切口处侵入，由于修剪机、采茶机的普及导致茶园内茶轮斑病大量发生。

品种间抗性差异显著。云南大叶种、凤凰水仙、湘波绿等大叶种比龙井长叶、毛蟹、藤茶和福鼎等中、小叶种感病。但大叶种的不同品种之间的抗性差异也很显著，也存在抗性材料。茶轮斑病与茶云纹叶枯病之间存在互作关系。茶云纹枯叶病对茶轮斑病具有抑制作用，茶轮斑病随茶云纹枯叶病的上升而下降，随其下降而上升。

防治方法

防治病虫，加强茶园管理　防止捋采或者强采，减少伤口。加强肥培管理，建立良好的排灌系统可使茶树生长健壮，从而增强抗病能力，减轻发病。咀嚼式口器害虫取食后造成

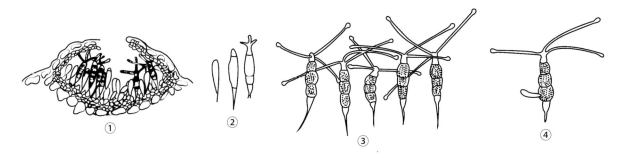

图2 茶轮斑病病菌形态（陈宗懋、陈雪芬提供）

①病原菌的分生孢子盘；②分生孢子形成步骤；③成熟的分生孢子；④分生孢子的萌芽

的伤口也是病菌侵入的一个途径，因此，害虫防治是预防茶轮斑病的重要措施。在夏季高温干旱季节出现日灼伤后，这种生长活力减弱的叶片组织在遇雨后往往是病原菌侵染的良好场所，应喷药保护。

化学防治　可选用50%苯菌灵可湿性粉剂1000倍液（安全间隔期7天）和70%甲基托布津可湿性粉剂1000～1500倍液（安全间隔期10天）等杀菌剂。浙江、安徽、湖南等地可在春茶结束后（5月中下旬）和修剪后喷施杀菌剂。

除化学防治外，茶皂素对茶轮斑病病原菌丝也有较好的抑制作用，100mg/ml茶皂素液对茶轮斑病防效可达74.58%。当茶皂素与代森锰锌以3∶7的比例混合后，二者相互协同增效，可以大大提高对茶轮斑病的防治效果。

参考文献

陈宗懋，陈雪芬，1990. 茶树病害的诊断和防治 [M]. 上海：上海科学技术出版社.

谭济才，2011. 茶树病虫害防治学 [M]. 2版. 北京：中国农业出版社.

JOSHI S D, SANJAY R, BABY U I, et al, 2009. Molecular characterization of *Pestalotiopsis* spp. associated with tea (*Camellia sinensis*) in Southern India using RAPD and ISSR makers[J]. Indian journal of biotechnology, 8: 377-383.

SHIN G H, CHOI H K, HUR J S, et al, 1999. First report on grey blight of tea plant caused by *Pestalotiopsis theae* in Korea[J]. The plant pathology journal, 15(5): 308-310.

YANG X, ZHANG H, 2012. Synergistic interaction of tea saponin with mancozeb against *Pestalotiopsis theae*[J]. Crop protection, 40(5):126-131.

（撰稿：罗宗秀；审稿：陈宗懋）

茶煤病　tea sooty mould

主要由多种煤病菌引起的，危害茶树叶、茎的真菌病害，是茶树上常见病害之一。俗称乌油。

发展简史　茶煤病的病原菌是一个庞大的类群，世界上已有23种危害茶树的煤病菌，其中主要茶煤病菌主要分布在子囊菌亚门，因为煤病菌在茶树叶片上往往是混杂发生的，因此无性世代的命名显得比较混乱。1955年，日本的山本和太郎研究了煤炱科煤病菌的不完全世代，将其分为分生孢子器型和分生孢子型。

分布与危害　茶煤病分布普遍，中国各产茶区均有发生。世界各主要产茶国也都有发生。

该病主要危害茶树叶片，在病枝叶上覆盖一层黑霉，严重影响茶树的光合作用，发生严重时，茶园呈现一片污黑，芽叶生长受阻，致使茶叶产量明显下降。同时，由于受病菌的严重污染，对茶叶品质影响也极大。除危害茶树外，还可危害柑橘、荔枝、桃、李、梨等多种园林观赏植物。

茶煤病主要发生在茶树中下部的成老叶上，嫩芽、嫩梢也可发生。发病初期叶片正面出现黑色圆形或不规则形的小斑，后逐渐扩大，严重时黑色烟煤状物覆盖全叶，故名茶煤病。有时向上蔓延至幼嫩枝梢芽叶上。后期在煤层上簇生黑色短绒毛状物，大流行的园地，远看一片乌黑，几乎无芽叶。

茶煤病的种类多，不同种类的病菌其霉层的颜色深浅、厚度及紧密度不同。病部手摸有黏质感，为刺吸式害虫分泌的蜜露。煤病的发生与黑刺粉虱、介壳虫或蚜虫的严重发生密切相关。

病原及特征　茶煤病的病原菌是一个庞大的类群，包括有新煤炱菌属（*Neocapnodium = Phragmocapnias*）、煤炱菌属（*Capnodium*）、胶煤炱菌属（*Scorias*）、刺隔孢炱菌属（*Balladyna = Balladynopsis*）、拟三孢煤炱菌属（*Triposporiopsis = Phcagmocaprias*）等。上述菌中，新煤炱菌属、煤炱菌属、胶煤炱菌属和拟三孢煤炱菌属在分类学上均属子囊菌门（Ascomycota）座囊菌纲（Dothideomycetes）煤炱菌目（Capnodiales）煤炱菌科（Capnodiaceae），刺隔孢炱菌属则属于子囊菌门（Ascomycota）座囊菌纲（Dothideomycetes）的光口盾壳科（Parodiopsidaceae）。在中国发生较为普遍的有茶新煤炱菌（*Neocapnodium theae* Hara）或称浓色煤病菌，属子囊菌门真菌。菌丝浅褐色，有分隔。从菌丝的隔膜处缢断后产生星状的分生孢子，星状分生孢子有3～4个分叉，每个分叉有2～4个分隔，尖端钝圆。子囊座纵长，单一或有分枝，顶端膨大呈球形或头状，黑色，直径39～72μm。内生很多子囊，子囊棍棒状或卵形，每个子囊内有8个子囊孢子，在子囊内呈立体排列。子囊孢子初期无色，单胞，后期褐色，有3个分隔，椭圆形或梭形，大小为8～10μm×3～5μm。分生孢子器常和子囊果混生，具有长柄，顶部膨大，具孔口，大小为500μm×14μm。分生孢子椭圆形或近似球形，无色、单胞，大小为4～6μm×1.6～2.4μm（见图）。

除茶新煤炱菌外，在中国已记载的病原菌还有富特煤炱等10种（见表）。

侵染过程与侵染循环　病菌以菌丝体、子囊果或分生孢

中国已记载的茶树上的煤病菌表（引自陈宗懋，陈雪芬，1990）

茶煤病菌种类	分布
茶槌壳炱 *Capnodaria theae* Boedijn	福建、浙江
富特煤炱 *Capnodium footii* Berk. et Desm	福建、浙江、台湾
山茶小煤炱 *Miliola camelliae* (Cattle) Sacc.	台湾、福建、浙江、湖南、安徽
田中新煤炱 *Neocapnodium tanakae* (Shirai et Hara) Yamamoto	台湾
爪哇黑壳炱 *Phaeosaccardinula javanica* (Zimm.) Yamamoto	台湾
头状胶壳炱 *Scorias capitata* Sawada	福建、台湾
刺三叉孢炱 *Triposporiopsis spinigera* (Hohn.) Yamamoto	台湾
刺炱 *Balladyna nantoensis* Sawada	福建、台湾
茶新煤炱 *Neocapnodium theae* Hara	中国各地
光壳炱 *Limacinia* spp.	中国各地
茶生小煤炱 *Meliola camellicola* Yamamoto	中国各地

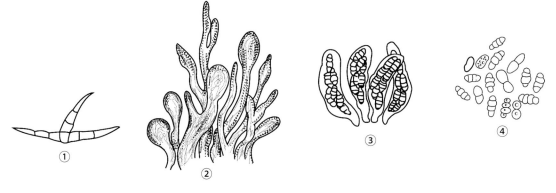

茶煤病病菌形态（陈宗懋、陈雪芬提供）

①星状的分生孢子；②分生孢子器；③子囊和子囊孢子；④子囊孢子

子器等在茶树病部越冬，翌年在适宜的温湿度条件下产生分生孢子或子囊孢子，借风雨传播，散落在各种粉虱、介壳虫和蚜虫等害虫的排泄物上，从中摄取养料生长繁殖，再次产生各种孢子，又随风雨或昆虫传播，引起再侵染。病菌营腐生生活，并通过上述害虫的活动进行传播。

流行规律　茶煤病菌主要在茶树叶片表面腐生，并不断深入组织内部。各种粉虱、介壳虫和蚜虫等媒介昆虫的存在，是发病的先决条件。发病程度与媒介昆虫发生数量的多少紧密相关。茶园管理不良、荫蔽潮湿有利此病的发生和流行。

1992 年，福建福鼎部分茶园由于介壳虫、粉虱和蚜虫的大发生导致 8 万亩茶园茶煤病的大流行，严重的茶园几乎无幼嫩芽叶，远看一片乌黑，对茶树生长的影响极大。

防治方法

加强茶园害虫防治　控制粉虱、介壳虫和蚜虫，是预防茶煤病的根本措施。根据诱发煤病害虫的种类及其防治适期及时合理进行化学防治，在茶季可选用马拉硫磷、溴虫腈、噻嗪酮等农药喷雾防治，在非采茶季节可用石硫合剂喷雾封园防治。

加强茶园管理　要注意合理施肥，适当修剪，勤除杂草，增强树势。适当修剪，以利通风，可减轻病虫害的发生。茶煤病发生严重的，应以重修剪为宜，剪下的就地烧毁，剪后再用 77% 氢氧化铜粉剂 500 倍液喷洒防治。

冬季清园　秋末冬初清除病虫枝叶，用石硫合剂喷洒封园，是防治茶煤病最为有效的办法。

化学防治　煤病发生初期可喷洒 0.6%～0.7% 石灰半量式波尔多液，喷药必须均匀，才能提高防效。秋冬或早春喷施 0.5 波美度石硫合剂，可同时兼治介壳虫、粉虱和煤病。

参考文献

蔡煌，1992. 茶煤病在福鼎县的流行及防治 [J]. 中国茶叶 (6): 20.

陈宗懋，陈雪芬，1990. 茶树病害的诊断和防治 [M]. 上海：上海科学技术出版社 .

谭济才，2011. 茶树病虫害防治学 [M]. 2 版 . 北京：中国农业出版社 .

（撰稿：邓欣；审稿：陈宗懋）

茶苗白绢病　tea seeding blight

由罗氏白绢病菌引起的一种危害幼龄茶树茎基部的真菌病害。又叫茶苗菌核性根腐病、茶苗菌核性苗枯病。

分布与危害　白绢病是一种常见的茶苗根部病害，在中国分布很广，浙江、安徽、湖南、广东、四川、云南、贵州等地均有发生，受病茶苗整株枯萎，叶片脱落，严重时成片死亡。除茶树外，还能危害棉、麻、烟、花生、大豆、梨、苹果、柑橘等 500 多种植物。

白绢病主要发生在近地表的茶苗根茎交界处。病部开始变褐色，表面生有白色绵毛状菌丝，并逐渐向四周及土面扩展，形成白色绢丝状菌膜层。后期病组织上产生油菜籽状菌核。菌核颜色由白变黄，最后呈褐色。由于受病组织腐烂，茶树的水分及营养物质的输送受阻，引起叶片枯萎脱落，以致全株死亡。

病原及特征　病原为罗氏白绢病菌，属纹枯菌属（*Pellicularia*）。菌丝初为白色，以后稍带褐色。子实层白色至浅褐色，稀疏或密集成不规则状。担子棍棒状，着生在分枝菌丝的顶端，大小为 9～20μm×5～9μm，顶生小梗 2～4 个，小梗长 3～7μm，略弯曲，其上着生担孢子。担孢子无色，球形或梨形，大小为 4.5～6.8μm×3.5～4.5μm，其大小随培养基的种类不同而异。在 PDA 上形成白色菌丝，其表面可形成菌核，菌核近圆形，下部稍平，新鲜时直径多为 1～2mm，以后稍干缩，表面有光滑或较浅的凹陷，且有光滑的表面，外部显蛋壳色，内部白色。在菌落周围的初生菌丝细胞宽 4.5～9.0μm，长 350μm，在分隔处有 1 个或多个锁状联合。次生菌丝在细胞远端分隔的下方形成，又称平展菌丝，是形成菌核的菌丝。次生菌丝分枝长出的菌丝体较狭窄，宽 1.5～2.0μm，分隔数也较少，分枝角度较大，往往没有锁状联合（见图）。

病原菌生长温度为 8～40℃，最适适温度为 25～35℃。pH 1.4～8.6，最适 pH 5.0～6.5，中性条件下，病菌生长受抑制。菌核在近饱和湿度条件下才会萌发。光线有利于菌丝体的生长，但蓝色和紫外光对菌丝体的生长有抑制作用。当 CO_2 浓度超过 0.03% 时，菌丝体的生长速度变慢，

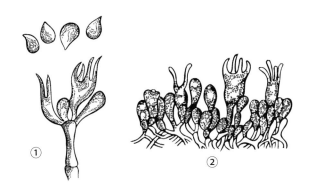

茶苗白绢病病菌形态（陈宗懋、陈雪芬提供）
①病原菌的担子和担孢子；②菌丝体及子实层

同时菌核的发育受阻。菌核的形成受多种因素的影响，其中光线可以促进菌核的形成，红、黄、蓝、绿、紫等光对菌核的产生效果和一般光照效果相近。菌核形成的最适温度和菌丝生长的条件相仿。但不同温度可以影响菌核的色泽和成熟度。将菌核苞芽放在 4°C 下需 10 天才能成熟，但在 29～30°C 时，仅 1 天即可成熟。不同温度条件下形成的菌核重量，以 30°C 下形成的最重，骤然提高温度可促使菌核的产生。在 pH 1.3～6.7 时，即可形成菌落，最适 pH 6.4。低氧会抑制菌核的形成，也影响菌核的色泽。在培养时，菌核多在菌丝生长到培养皿边缘处才形成。机械伤害可促使菌核的形成，在菌落上钻孔 24 小时后，即可产生菌核，其原因是机械伤害可引起菌丝的再生。因此，具备产生菌核的能力。碳源与菌核的形成有一定的关系，4% 葡萄糖作碳源时，菌核形成的数量最多。0.5% 乳糖作碳源时，菌丝体形成量较少，但菌核量却增加。不同氮源均可影响菌核的形成。在不同的氨基酸中，苏氨酸可促进菌核的形成，苯丙氨酸也与菌核的发育有关。苯丙氨酸、丝氨酸和组氨酸等与菌核色素形成有关，含硫的氨基酸可抑制菌核的形成，尤其是胱氨酸，如在培养基中加入 Na2-EDTA 则可促进菌核的形成，加入抗坏血酸可使菌核的重量增加。培养基中如果没有维生素 B2 则不能形成菌核。但如果以菌核作为接种源即使没有维生素也能形成菌核，这可能是菌核内部已存在所需维生素的缘故。据观察，菌核的形成过程可人为划分为 5 个步骤：①一般菌丝的形成；②分枝形成次生菌丝；③产生菌核苞芽；④菌丝致密化；⑤菌核褐化以至成熟。每个环节都有其促进因子和抑制因子，若在全过程中某个环节被抑制，菌核的发育过程即会受阻。

侵染过程与侵染循环　茶苗白绢病菌主要以菌核在土壤中或病苗上越冬，也可以菌丝体在病茶苗的茎基部越冬。翌年，土壤温、湿度适宜时，菌核萌发形成吸器或菌丝体，接触寄主组织，病菌可以分泌草酸、果胶酶和纤维素分解酶以及其他酶类，使寄主茎部组织坏死，并由此侵入，在寄主组织内扩展，后期在病部组织上产生菌核。病菌多侵害茶苗茎基部组织，因为病菌可以从土表蔓延侵入寄主组织，而且土表具有丰富的有机质作为病菌的营养源。病菌对外界环境有很强的抵抗力，一般在土壤中能存活 5～6 年，在室内能生存 10 年，但干菌核在 50°C 水中 80 分钟，即可完全丧失生

活力。该病菌是一种兼性寄生菌，可以在土壤表层营腐生生活。在适宜的条件下可由腐生生活转为寄生生活。菌核可随风雨和耕作活动传播。在湿热条件下，病菌可形成有性世代，产生担子和担孢子，但担孢子在病害循环中所起的作用不大。

流行规律　该病菌偏嗜高湿，因此，在高温高湿的 6～7 月发生严重，尤其在春夏之交，当气温骤升时，往往是该病的流行时期。气温降低，或是在干旱的气候条件下，则不利于该病的发生和流行。酸性土壤利于该病的发生。病菌须在通气良好的条件下发育，因此，疏松的砂质壤土有利于发病。凡种过豆科、葫芦科等植物的土地用作茶苗圃也易发病。土壤中有机质含量多，如氮含量高的土壤发病也少，而贫瘠的土壤则发病严重。土壤板结和排水不良也有利于发病。

防治方法　选用无病地作苗圃，应避免在前茬作物为感病寄主的土地上作苗圃或开茶园，病害发生重的地块要实行轮作，如种玉米、高粱等。

加强茶园管理，注意茶苗圃地排水，增施有机肥，改良土壤，促进茶苗生长健壮，提高抗病力。田间发现病株应及时清除，对其周围的土壤要消毒，健苗茎基部以下用 20% 石灰水消毒。

成片发生时用药剂处理淋施。农药可用波尔多液或 50% 多菌灵 600 倍液、70% 托布津可湿性粉剂 600～800 倍液。

零星发生或小面积发生，有条件的可培养木霉菌进行生物防治，效果很好。

参考文献

陈宗懋，陈雪芬，1990. 茶树病害的诊断和防治 [M]. 上海：上海科学技术出版社 .

谭济才，2011. 茶树病虫害防治学 [M]. 2 版 . 北京：中国农业出版社 .

（撰稿：高旭晖；审稿：陈宗懋）

茶苗根结线虫病　tea root knot nematodes

由多种根结线虫属的线虫所引起的茶苗病害。又名茶根瘤线虫病。一般发生在茶树苗圃，主要危害 1、2 年生的实生苗。

发展简史　茶苗根结线虫病是世界主要产茶国均有发生的一种病害。印度、斯里兰卡、印度尼西亚、马拉维、日本、肯尼亚、坦桑尼亚、南非及中国均有报道。根结线虫属最早是 1887 年由 E. A. Göldi 研究定名的，现有 9 个种可以危害茶树，引起类似的根结症状。

分布与危害　中国各产茶区均有分布，是茶苗上一种威胁性病害。病苗根系受破坏，影响养分和水分的吸收，地上部分发黄。严重时全株枯萎死亡。除茶树外，还危害花生、烟草、豆类、甜菜、咖啡、可可等植物。

此病主要发生于根部，被害苗圃轻者缺株断行，重者成片枯死，有的虽经补播或重播数次仍难成活。3 年生以上实生苗及扦插苗一般受害均轻，死苗现象少见。茶苗根系被根结线虫侵染后，根部颜色变深，其上形成许多大小不等的瘤状物，小的似油菜籽，大的如黄豆粒或更大，互相并合后可

使成段根系肿胀畸形。根结初期表面光滑，色泽与健表皮相若，但因易遭土中某些菌类（如镰刀菌等）的侵染而变褐腐朽。被害茶苗由于根系吸收功能受阻，以致叶色逐渐褪绿变黄或呈紫褐色，株形矮小僵老，在高温干旱季节，叶片自下而上脱落，形成秃株，终至枯死（图1）。此种症状，常被误认为旱害、螨害或缺肥、缺素。

病原及特征　在中国，危害茶树的根结线虫有4种：花生根结线虫［*Meloidogyne arenaria*（Neal）Chitwood］、南方根结线虫［*Meloidogyne incognita*（Kofoid et White）Chitwood］、爪哇根结线虫［*Meloidogyne javanica*（Treub.）Chitwood］、泰晤士根结线虫（*Meloidogyne thamesi* Chitwood）。其中，南方根结线虫和花生根结线虫为优势种，爪哇根结线虫和泰晤士根结线虫较少见。

茶苗根结线虫主要优势种南方根结线虫为雌雄异形。雄成虫体长 1.2～2.0mm，a 值（全体长／最大体宽）为 39～48，b 值［全体体长／食道长（自头前端至食道和肠连接处之长度）］为 8～17，口针长 23～26μm，口针基部的节球呈宽球形，长径 3.0～3.5μm，横径 5.5～6.5μm。雌虫口针长 15～16μm，口针基部的节球呈圆形，纵径 1.8～2.0μm、横径 4.0～5.0μm，排泄孔位于口针基球附近。会阴部有一较平的背弓、线纹平滑至波浪形，侧线常有分叉（图2）。

此病主要发生于根部，被害苗圃轻者缺株断行，重者成片枯死，有的虽经补播或重播数次仍难成活。3年生以上实生苗及扦插苗一般受害均轻，死苗现象少见。茶苗根系被根结线虫侵染后，根部颜色变深，其上形成许多大小不等的瘤状物，小的似油菜籽，大的如黄豆粒或更大，互相并合后可使成段根系肿胀畸形。根结初期表面光滑，色泽与健表皮相若，但因易遭土中某些菌类（如镰刀菌等）的侵染而变褐腐朽。被害茶苗由于根系吸收功能受阻，以致叶色逐渐褪绿变黄或呈紫褐色，株形矮小僵老，在高温干旱季节，叶片自下而上脱落，形成秃株，终至枯死。此种症状，常被误认为旱害、螨害或缺肥、缺素。

侵染过程与侵染循环　茶苗根结线虫以幼虫在土中或卵和成虫在根瘤中越冬，翌春气温高于10°C时，卵孵出一龄幼虫，蜕皮进入二龄后从卵壳中爬出，田间借水流或农具等传播，遇到幼嫩部分即侵入，并分泌刺激物致根部细胞膨大形成根结，并在其内发育，长为成虫后雌雄即交尾产卵。幼虫常随苗木调运进行远距离传播。

流行规律　当土温在 25～30°C、土壤相对湿度40% 左右时，最适合其生长发育。完成一代需 25～30 天。一年中有 6～7 个发生高峰期，各次虫口的消长受温度、雨量等因素制约，并与茶苗根系的生长和发育密切相关。一般 7～11 月和翌年 4～5 月均可发生，10～11 月尤为严重；在地势高、土壤质地疏松、通透性好的砂壤土苗圃地，利于线虫活动与发育，因而发病重；表层土壤比下层土壤发生多；前作为感病作物的熟地发病重；新垦地发病轻；浅翻的苗地发病重，深翻的苗地发病轻；肥水管理好的苗地比管理差的苗地发病轻。

防治方法

加强苗木检疫　加强在疫区调运苗木的检疫，严格选用无病苗木，发现病苗，马上处理或销毁。

建立无病苗圃　坚持选择未感染地建立苗圃，以新垦土或水稻田为宜，避免在前作是线虫寄生的园地育苗，并清除苗圃杂草。加强早期的肥水管理，增施磷、钾肥，培育壮苗，提高植株抵抗力。

选地　选择生荒地种植茶树，避免在前作为感病植物的熟地上种植茶树。

土壤处理　种植茶苗前，在盛夏翻耕期深耕晒土壤，把土中的线虫翻至土表进行暴晒，隔10天左右再翻耕一次，连续 2～3 次，必要时把地膜或塑料膜铺在地表，使土温升高，可杀灭部分线虫，降低虫口密度。

化学防治　在 10 月线虫侵染期药剂防治，可选用茶籽饼 0.5kg，研成粉末，加水 10kg 配成茶枯水，灌浇茶园土壤，对茶苗根结线虫有较好防效。化学药剂防治可用 5% 克线磷颗粒剂每亩 3～4kg 或 98% 棉隆颗粒剂每亩 2.5kg，用细土 50～60kg 拌匀，于茶苗行间开浅沟约 20cm，撒施后覆土压实，效果较好。

参考文献

陈宗懋，陈雪芬，1990. 茶树病害的诊断和防治 [M]. 上海：上海科学技术出版社 .

戎文治，还进，张克声，1984. 茶苗根结线虫病研究 [J]. 植物病理学报，14(4): 225–232.

谭济才，2011. 茶树病虫害防治学 [M]. 2 版 . 北京：中国农业出版社 .

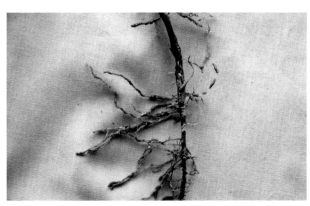

图 1　茶苗根结线虫病症状（姚学坤提供）

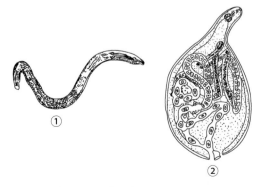

图 2　茶苗根结线虫形态（陈宗懋、陈雪芬提供）

①雄成虫；②雌成虫

（撰稿：罗宗秀；审稿：陈宗懋）

茶树地衣苔藓类　tea lichens and mosses

地衣和苔藓是茶树上常见的附生物，影响茶树树势。

发展简史　茶树上的地衣苔藓是潮湿条件下在茶树茎干上附生的无维管束植物（苔藓）和真菌及藻类共生的非维管束植物。国内外均有早记载。

分布与危害　分布在中国各茶区。大量的地衣和苔藓植物附生在枝干上，吸取汁液，使茶树生长受阻，加速树势的衰退。寄主除茶树外，还有油茶、柑橘、龙眼、荔枝、杧果等植物。

病原及特征　地衣是真菌和藻类共生的一类无胚的非维管束植物，靠叶状体碎片进行营养繁殖，也可以真菌的孢子和菌丝体以及藻类产生的芽孢子进行繁殖。在中国危害茶树的地衣有 13 种。普遍发生的有睫毛梅花衣（*Parmelia cetrata* Ach.）等。

苔藓是有胚的无维管束植物。在中国危害茶树的苔藓有 20 多种，安徽、浙江等地的优势种有悬藓（*Barbella pendula* Fleis）、中华木衣藓（*Drummondia sinensis* Mill）等。苔藓的有性繁殖体为叶茎状的配子体，并在其中产生孢子，以孢子随风雨传播危害茶树。

地衣是一种叶状体，青灰色，根据外观形状，可分为叶状、壳状和枝状地衣 3 种。叶状地衣扁平，形状似叶片，平铺在枝干表面，有的边缘反卷，仅以假根附着枝干，容易剥落；壳状地衣为一种形状不同的深褐色假根状体，紧贴于茶树枝干皮上，难以剥离，常见的有"文"字形黑纹，也即文字地衣，其呈皮壳状，表面具黑纹；枝状地衣附生在枝干上呈树枝状，叶状体下垂如丝或直立（图①）。

苔藓是一种绿色植物，具有假茎和假叶，能营光合作用、制造养分，但没有真正的根，仅有丝状的假根附着于茶树枝干，吸收茶枝内的水分和养料。在茶枝上附着黄绿色形似青苔的是苔，呈丝状物是藓。苔藓的有性繁殖体为叶茎状的配子体，并在其中产生孢子，以孢子随风雨传播危害茶树（图②）。

侵染过程与侵染循环　地衣和苔藓以营养体在枝干上越冬。早春气温升高至 10℃ 以上时开始生长，产生的孢子经风雨传播蔓延，一般在 5～6 月温暖潮湿的季节生长最盛，进入高温炎热的夏季，生长很慢，秋季气温下降，苔藓、地衣又复扩展，直至冬季才停滞下来。

流行规律　老龄的茶树，长势衰弱，抗病力低，树皮粗糙，有利于地衣和苔藓附生。生产上管理粗放、杂草丛生、土壤黏重及湿气滞留的茶园易发病，温暖而潮湿的季节，蔓延最快。苔藓多发生在阴湿的茶园，地衣则在山地茶园发生较多。

防治方法　加强茶园管理。及时清除茶园杂草，雨后及时开沟排水，防止湿气滞留。对受害重的衰老茶树，宜行台刈更新，台刈后要清除丛脚，并对缺口喷药保护。一般茶树，则应清除杂草，合理施肥，促使生长健壮。

施用酵素菌沤制的堆肥或腐熟有机肥，合理采摘，使茶树生长旺盛，提高抗病力。在非采摘季节或雨后，可用"C"形侧口竹片刮除苔藓、地衣，刮后也需喷药保护。

在非采摘季节，喷洒 10%～15% 石灰水或 6%～8% 氢氧化钠水溶液，药效良好，并无药害。2% 硫酸亚铁溶液，能有效地防治苔藓，发现地衣或苔藓的茶树还可喷洒 1∶1∶100 倍式波尔多液或 12% 松脂酸铜乳油 600 倍液。

参考文献

陈宗懋，陈雪芬，1990. 茶树病害的诊断和防治 [M].上海：上海科学技术出版社.

江西省婺源茶叶学校，安徽省屯溪茶叶学校，1980.茶树病虫害防治 [M].北京：农业出版社.

谭济才，2011. 茶树病虫害防治学 [M].2 版.北京：中国农业出版社.

（撰稿：罗宗秀；审稿：陈宗懋）

茶树地衣和苔藓危害症状（赵冬香提供）

①地衣；②苔藓

茶树荧光性绿斑病　tea fluorescent green spot

一种茶树成叶生理性病害。发生于茶树成叶背面，前中期呈绿色斑点或斑块状凸起，光照下可发出黄绿色荧光；末期呈褐色干枯状斑块，光照下发蓝紫色或红色荧光。是一种因金属离子（钙、锰、铝等）过量吸收而累积于成叶，致使叶片细胞膜损伤、细胞结构解体，并大量形成草酸钙晶体的一种生理性病害。曾被称为茶绿斑病。

发展简史　20世纪60年代，在日本薮北种茶园中发现绿斑病症状的病叶；20世纪90年代报道在中国湖北、安徽茶区绿斑病发生严重；21世纪初发现山东茶园该病害发生非常严重且较普遍，同时还发现了病斑处发荧光的新特性，故更名为茶荧光性绿斑病。对于该病害发生原因的认识经历了一个曲折过程，可分为3个主要时期。早期认为该病害属缺钙性生理病害；随后在较长时间内（20世纪70年代至21世纪初）认为该病害是由病原菌 *Cercopora theae* 所致，并将此病害归为"茶褐色叶斑病"（tea cercopora leaf spot）的一种。有多个试验表明：虽然在茶树叶片上接种 *Cercopora theae* 菌后可产生绿斑病的症状，但是在绿斑病叶上至今未能分离、鉴定出病原菌。所以，病原菌致病说的证据不充分；2009年以后认为该病害发生是因金属离子（钙、锰、铝）

在叶片中过量累积所致，且经砂培试验成功诱导。以上观点可合理解释以下现象或事实：第一，该病害在成叶、老叶中发生严重；第二，未能从绿斑病叶上分离、鉴定出病原菌。

分布与危害　各茶树种植区均有发生。该病害主要发生在成叶和老叶上，当病害发生时，可见叶片下表皮出现颗粒状小突起，此时，叶片上、下表皮细胞仍处于正常状态（图2①），在透射光下，突起处可见深蓝色斑点（图2②）。随着病害的继续发展，病症部位凸起增厚，下表皮细胞破坏，出现深绿色、水渍状病斑（图2③），此时，在透射光下，病斑处呈现许多绿色亮斑，是病斑部位发射绿色荧光所致（图2④）；大小不等的绿色亮斑聚集在一起，呈簇状分布，组成一个小凸起，多个相邻的小凸起紧密排列而构成一个大的病斑（图2⑤）；随着病斑的凸起增厚，绿色亮斑也不断扩大，亮度也相应增强（图2⑥）；最后，病斑处出现黄变、褐化并干枯（图2⑦、2⑨），透射光下，亮度降低，呈蓝紫色（图2⑧）或红色（图2⑩），在干枯的病斑处仍可见由内部凸起、增厚的小颗粒。在光学显微镜下可见病叶海绵组织细胞中还大量存在晶体物质和多个晶体相连的现象（图2⑪）。在扫描电镜下，晶体呈现多样形态，有方晶、簇晶、砂晶等（图1④⑤⑥）。

病因　该病是一种由于金属离子（钙、锰或铝）在茶树成叶中过量累积，导致叶片细胞膜损伤、细胞结构解体，并大量

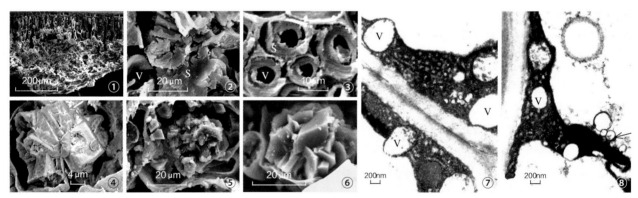

图1 茶树叶片荧光绿斑病的细胞病理解剖（张丽霞提供）

扫描电镜图：①病斑处叶片横切面；②～③病斑部位细胞，其中S-不定形物质，V-液泡；④～⑥不同形态的晶体细胞

透射电镜图：⑦细胞质中出现大小不等的空泡，细胞膜结构损伤；⑧细胞同一部位出现多个泡状物（"←"箭头处）

图2 茶树叶片荧光绿斑病的症状及叶片病理解剖（张丽霞提供）

不同时期的茶树荧光性绿斑病害症状表

时期	病害症状	叶色		透射光下的色泽
		下表皮	上表皮	
前期	小凸起 叶片表皮细 胞正常	绿或黄绿	绿或黄绿	深蓝
中期	颗粒体积： 小→大 颗粒数量： 少→多	深绿	绿或黄绿	绿色荧光
后期	干枯凹陷	褐变	黄绿→黄 →褐	蓝紫或红色

形成草酸钙晶体的一种生理性病害（图1）。在山东棕壤茶园中发生的茶荧光性绿斑病是由钙、锰两种元素在成叶中过量累积所致，但尚缺乏南方酸性茶园该病害发生具体机制的研究。根据该病害诱导发生的研究结果和南方茶园土壤特点推测：南方酸性茶园中，该病害的发生可能由锰、铝两种离子诱导产生。

该病害发生可分为前期、中期和后期3个阶段，各时期症状的主要特点见上表。

流行规律　该病在山东茶园主要发生在离地表20～30cm的茶行外围老叶，茶行外围较茶丛内部叶片、下部较上部叶片发生该病的数量多、程度重。

病害程度与树势、营养供应水平以及叶龄有关。茶树生长势弱、叶色暗绿无光泽、叶质硬的茶树病害程度重，相反，茶树生长势强、叶片色泽深绿有光泽、叶质柔软的茶树通常不患此病或病害轻微。病叶的病害程度会随叶龄增加而加重。

病害发生与茶树的树龄长短有一定的相关性。该病在老龄茶园中发生较多，但在土壤瘠薄、树势弱的幼龄茶园中同样也会发生。

防治方法　选择适宜的土壤条件，避免在盐基饱和度高或pH过高的土壤中种茶；多施有机肥，防止茶园土壤过度酸化；平衡施肥，提高土壤肥力，避免因土壤中氮、钾或微量元素铁、锌缺乏，导致茶树过量吸收钙、锰离子；在水分蒸发量大的季节，采用遮阴和喷灌等技术措施降低茶树蒸腾作用，减少茶树对离子的被动吸收。

参考文献

高旭晖，高曙晖，1994. 中国茶树病害研究进展（Ⅰ）—文献、新病害、流行规律 [J]. 茶叶，20(3): 18-20.

王跃华，张丽霞，郭延奎，2009. 茶树荧光性绿斑病叶膜结构及相关生理变化研究 [J]. 茶叶科学，29(4): 157-165.

姚小涛，张丽霞，王日为，等，2009. 山东棕壤茶区茶树荧光绿斑病因的营养诊断 [J]. 茶叶科学，29(1): 157-165.

张丽霞，郭延奎，黄晓琴，等，2005. 茶树叶片荧光性绿斑病的初步研究 [J]. 茶叶科学，25(1): 75-80.

张丽霞，王日为，向勤锃，2005. 茶树荧光性绿斑病叶细胞中的晶体研究 [J]. 茶叶科学，25(2): 126-130.

KASAI K, 1972. Cercopora leaf spot of tea plant[J]. Japan agriculture research quarterly, 6: 231-234.

（撰稿：张丽霞；审稿：陈宗懋）

茶炭疽病　tea anthracnose

由茶盘长孢引起的一种主要危害茶树成叶，也可危害嫩叶和老叶的病害。

发展简史　1907年，日本学者三宅市郎（Ichiro Miyake）就发现了该病原菌，并根据形态学特征将其命名为 *Gloeosporium theae-sinensis*。但是对该病害记载的书籍刊物较少，直到1973年美国才开始对各种炭疽病有了相关的记载。之后各国的研究关注于对该病害的防控研究，如日本、韩国、中国等，且取得了较好的成效。1990年，陈宗懋等将茶炭疽病的病原菌沿用各国通用的 *Gloeosporium theae-sinensis*。从21世纪开始，在真菌学的分类上发生很大的变化，分子生物学进入了真菌分类的系统中。2009年，Moriwaki和Sato根据形态学和分子生物学数据对该病原菌进行了重命名，划分到 *Discula* 属中，并建立了新的组合为 *Discula theaeae-sinensis*。随后，众多报道发现 *Colletotrichum* 属中的一些种会引起许多经济作物和水果上发生炭疽病，且在茶叶上也有发生。2016年Wang等人通过对中国15个主要产茶省份的炭疽病害叶片进行采集、分离，并结合形态学和分子生物学手段对所分离到的刺盘孢属真菌进行了鉴定；初步明确在中国主要茶区引起茶炭疽病的 *Colletotrichum* 属中的病原有11种，其中6个是已报道种，分别为 *Colletotrichum camelliae*、*Colletotrichum cliviae*、*Colletotrichum fioriniae*、*Colletotrichum fructicola*、*Colletotrichum gloeosporioide* 和 *Colletotrichum siamense*，5个新记录种为 *Colletotrichum henanense*、*Colletotrichum jiangxiense*、*Colletotrichum aenigma*、*Colletotrichum endophytica* 和 *Colletotrichum truncatum*。其中 *Colletotrichum camelliae* 和 *Colletotrichum fructicola* 被认为是引起茶树炭疽病的主要的两个病原。

分布与危害　茶树炭疽病是茶树的主要病害之一，世界各地分布广泛，在热带和亚热带地区的发生频率较温带地区高。在中国各茶区均有发生，以广东、福建、浙江、安徽、江西、湖南、贵州等地发生较重。据福建蔡煌调查，在发病严重情况下，可使秋茶减产25%～30%，翌年春茶可减产15%～23%。一般情况下，炭疽病由于多在秋季茶园中发生，对秋茶产量影响不大，对翌年春茶通常没有明显减产发生。

主要危害成叶，也可危害嫩叶和老叶。病斑多从叶缘或叶尖产生，水渍状，暗绿色圆形，之后逐渐扩大成不规则形大型病斑，色泽黄褐色或淡褐色，最后变灰白色，上面散生小形黑色粒点。病斑上无轮纹，边缘有黄褐色隆起线，与健全部分界明显。病部生出黑色小粒点，即病原菌的子实体分生孢子盘。早春老叶上有病斑，多是越冬后期病斑。茶树感染炭疽病会导致茶树大量落叶，树势衰弱，但对翌年春茶，产量通常影响不大。炭疽病的病斑一般在成叶上发生较多，病斑斑块较大，呈均匀的黄褐色，病斑通常无轮纹，这是茶炭疽病与茶云纹叶枯病、茶轮斑病的区别（见图）。

病斑先从叶缘或叶尖开始发生，初期现湿润状暗绿色不规则形病斑，随后沿叶脉扩大后呈不规则形，褐色或红褐色枯状病斑。病斑上无轮纹，周围为暗褐色，稍隆起。叶正面散生许多黑色突起小粒，即病菌的分生孢子盘。感病后的病

C

叶质脆，易于破碎也易于脱落，因此在炭疽病发病严重的茶园可引起茶园大量落叶。由于茶炭疽病的病菌潜育期较长，因此一般在嫩叶上发生侵害，而病斑症状却表现在成叶上，从而导致人们误以为该病菌只侵染老叶和成叶。

病原及特征　病原为茶炭疽菌（*Collectotrichum* spp.），属炭疽菌属（*Collectotrichum*）。分生孢子盘底部平坦略薄，形成子座，初埋生在表皮下面，后露出。分生孢子盘圆形，黑色，直径大小 80～150μm，成熟后突破表皮显露；分生孢子梗丝状，单胞无色，大小 10～20μm×1.5～2μm，顶生分生孢子 1 个。分生孢子单胞，两端尖，纺锤形，大小 3～6μm×2～5μm，两端各具油球 1 个。病菌生长适温25～27℃，最适 pH5.3。

侵染过程与侵染循环　茶炭疽病菌以菌丝和分生孢子盘在病叶组织中越冬，翌年春天 5～6 月气温回升至 20℃以上、相对湿度 80%～90% 时，分生孢子盘产生分生孢子，散放出大量分生孢子，主要借雨水传播或借采茶等农事活动传播并侵染茶芽下第 1～3 片嫩叶。由于病菌不能直接以表皮穿透侵入，只能从叶背面茸毛基部侵入。当茶炭疽病的分生孢子随风雨传播到茶树叶片背面时先黏附在茸毛上，茸毛的分泌物对病菌分生孢子的萌发具有促进作用。分生孢子在适宜的温度和水分条件下萌发，形成侵入丝侵入茸毛，侵入丝沿着茸毛的空腔向基部蔓延，并进入叶组织内部，在细胞间扩展。病菌从叶背茸毛基部侵入叶片组织，病菌多在嫩叶期侵入，在嫩叶变为成叶时才出现病症，经 8～14 天潜育期后，出现小病斑，15～30 天后，形成黄褐色大型斑块。而后病菌以菌丝和分生孢子盘在感病的成叶凋落后再次进入休眠期之后，待翌年环境条件适宜时进行传播发生。

流行规律　茶炭疽病的病原是以菌丝体在病叶组织中越冬。翌年 5～6 月间的雨天形成分生孢子，并借雨水传播，从嫩叶背面茸毛处侵入叶片，8～14 天后形成小病斑，发展成大型病斑需 15～30 天。此时嫩叶已变为充分展开的成叶。由于炭疽病的潜育期长，病菌在嫩叶期侵入，但在成叶期才

出现病斑。在高湿度和有雨水条件下，形成孢子，可以不断进行重复侵染。全年以梅雨期和秋雨期发生最重。一般偏施氮肥或缺少钾肥的茶园、幼龄茶园及台刈茶园发生较多。

病害的流行受气候、栽培管理、肥水管理和品种抗性等因素的影响。温暖多雨的天气，尤其是阴雨连绵的梅雨和秋雨季节和常年雨雾较多的高湿茶区，因病菌的分生孢子易随降雨而分散且在水滴中萌发较好，利于病菌的侵害。排水不良或台刈后抽生的新枝及幼龄茶树，因叶片柔嫩、含水量高，利于病菌侵染而发病较重；偏施氮肥，缺少钾肥的茶园因茶叶及硬度较低，容易受病菌的侵染发病也较为严重；品种间的抗性也存在较大的差异，叶片茸毛短而少、茸毛管腔封得早的品种一般表现较抗病，叶片薄而软、单宁含量少的品种抗病力一般较弱。

防治方法

农业防治　因地制宜选用抗病品种，如毛蟹、梅占、台茶 13 号、金橘等；加强茶园栽培管理。采用配方施肥技术，增施有机质肥和适量钾肥，勿偏施氮肥，提倡使用酵素菌沤制的堆肥或茶园复合肥。剪除病叶并烧毁。雨季抓好防涝排水，秋冬季进行清园，扫除并烧毁地面的枯枝落叶，减少越冬病原。

化学防治　5 月下旬至 6 月上旬及 8 月下旬至 9 月上旬，雨季到来前后为防治适期。在发病初期可用 70% 甲基托布津可湿性粉剂 1000～1500 倍液，或 75% 百菌清可湿性粉剂800～1000 倍液，或 50% 多菌灵可湿性粉剂 800～1000 倍液喷雾进行防治。强调药剂的轮用和混用，以防止和延缓病菌抗药性的产生。非采摘期可适量喷洒 0.7% 石灰半量式波尔多液进行保护，降低来年发病程度。

参考文献

蔡煌，1992. 茶炭疽病在福鼎县的流行及防治 [J]. 中国茶叶 (6): 20.

陈宗懋，陈雪芬，1990. 茶树病害的诊断和防治 [M]. 上海：上海科学技术出版社 .

孔凡彬，谢国红，崔乘幸，2006. 烟草和茶叶上炭疽病的发生规律及其防治 [J]. 安徽农业科学，34(16): 3920-3921.

刘威，袁丁，尹鹏，等，2016. 茶树炭疽病的研究进展 [J]. 热带农业科学，36(11): 20-25.

CHEN Z M, CHEN S F, 1982. Diseases of tea and their control in the People's Republic of China[J]. Plant disease, 66(10): 961-965.

MORIWAKI J, SATO T, 2009. A new combination for the causal agent of tea anthracnose: *Discula theae-sinensis* (I. Miyake) Moriwaki & Toy. Sato, comb. nov.[J] General plant pathology, 75: 359.

WANG Y C, HAO X Y, WANG L, et al, 2016. Diverse *Colletotrichum* species cause anthracnose of tea plants[*Camellia sinensis* (L.) O. Kuntze] in China[J]. Scientific reports 6, article number: 35287.

（撰稿：周玉锋；审稿：陈宗懋）

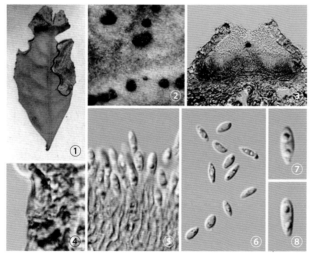

茶炭疽病症状及病菌形态（周玉峰提供）
①茶炭疽病症状；②分生孢子盘在感病叶面上；③分生孢子盘的纵切面；
④分生孢子盘的囊壁结构；⑤分生孢子盘中的分生孢子；
⑥～⑧成熟的分生孢子

茶网饼病　Japanese blister blight of tea

由担子菌亚门中的网状外担菌侵染而致，主要危害茶树

成叶，也可危害老叶和嫩叶的一种真菌性病害。又名茶网烧病、茶白霉病或茶白网病。

发展简史 茶网饼病最早由 Sawada 在日本于 1912 年发现，发生严重时，产量会减产 30%～50%，管理不当的茶园将会全年都发生。在中国各主要产茶地的茶园都有相关报道，是茶树的主要病害之一。

分布与危害 主要分布于安徽、浙江、江西、福建、湖南、四川、贵州、广东及台湾等茶区。日本也有对该病害的报道。中国的详细报道为 2002 年福建武夷山的茶网饼病发生面积达 2240hm²，占总茶园面积的 33.6%，发生茶树平均病叶率为 3%～5%，严重的可高达 20%，造成叶片大量脱落。此外，在日本的各主要茶园，除冬季 12 月至翌年 3 月无发生外，其他各月份皆发生严重，主要是因为日本主要的栽培品种薮北 Yabukita 和 Benihomare 均为感病品种。

茶网饼病主要危害成叶，也可使嫩叶和老叶发病。多发生在叶缘或叶尖上，初期在叶片上出现针尖大小的浅绿色油渍状病斑，直径为 0.25～0.5cm，对光看为透明小点，可见不明显浅绿色网纹，而后逐渐扩大、加厚，严重可扩展至全叶，色泽变为暗褐色，有时叶片上卷，叶背面沿叶脉形成白色子实层呈网状突起，白色粉状物即该病原菌的担孢子，病原释放后病斑变成茶褐色网状，由此得名为网饼病（图 1）。后期病斑呈紫褐色或紫黑色，致使叶片枯萎脱落。该病害一般不危害嫩芽，但病菌可由叶片通过叶柄蔓延至嫩茎，从而引起枝枯。

病原及特征 病原为网状外担菌（*Exobasidium reticulatum* S. Ito & Sawada），属外担菌属。病部的乳白色网纹是病原菌的子实层，由担子及担孢子组成。担子呈棍棒状或圆柱状，无色，单胞，大小为 65～135μm×3～4μm，顶生小梗 4 枝，小梗长 2～3μm，担孢子无色，单胞，倒卵形、长椭圆形或棍棒形，稍弯，大小为 8～12μm×3～4μm。萌发时形成一隔膜，分成 2 个细胞，每个细胞均可长出芽管（图 2）。

该病原菌担孢子发芽的最适温度为 22℃，湿度 100%，pH5.5，若暴露于干燥环境或太阳暴晒后，将在短时间内失去发芽能力。

侵染过程与侵染循环 病原以菌丝形式在茶树病叶中越冬，当翌年春季气温回升，潮湿条件下，这些菌丝体就会产生子实体进而形成担孢子，担孢子成熟后借助风雨传播侵害当年充分展开的新叶。潜育期和孢子形成期较长。在适温下，潜育期长达 10～23 天，担孢子形成期约为 2 个月。但由于夏季干旱炎热，一般不进行侵染，通常以菌丝体形式潜伏在叶片组织内越夏，至秋季温度、湿度适宜时再进行侵染。一年中以 5～6 月和 9～10 月发病较多。

流行规律 以菌丝体在发病组织或土表落叶中越冬，翌年春天条件适宜时担孢子成熟后会通过风雨传播侵入成叶。夏季温度过高，因此菌丝潜伏在叶片组织内越夏。茶网饼病的发生和流行受气候、茶树品种等诸多因素的影响，其中以气候条件的影响最大。当温度在 22～27℃ 间最利于发病，且在温度适宜的条件下，湿度过高及日照不足为发病的主要诱因。因此，茶网饼病从 4 月开始发生到 6 月之间，随着气温上升雨水增多，病害也逐渐发展，7～8 月干旱炎热，病害暂停发展，待 9～10 月秋雨连绵，发展迅速，危害严重，而后随着气温逐渐下降，病害停止发展，再以菌丝体的形式在发病组织或土表中越冬进入下一个循环。因此，茶网饼病在全年中有两个发病高峰期，一个在春季，一个在秋季。

防治方法 茶网饼病的发生与茶树的品种感病性和气候条件密切相关，因此，选育抗病性较强的优良品种及结合农业防治和化学防治的方法可取得良好的防治效果。

农业防治 病原孢子可随风雨进行传播，因此在 11 月至翌年 2 月，利用农闲时间可将病枝、枯枝、病叶进行修剪，并带离茶园集中烧毁来降低病原指数。该病原受光照和温度、湿度影响较大，温度低、湿度高较易发病，因此对茶树适当修剪，保证茶园的通风透光，降低湿度，可以降低病原发生的概率。茶树自身抗病能力差也是各种病害发生的主要前提，因此在冬季施加有机肥，茶园行间铺草来改善地力条件，从而增强树势来提高茶树的抗病能力。此外，对茶网饼病发生

图 1 茶网饼病症状（陈庆昌提供）

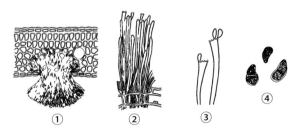

①　　②　　③　　④

图 2 茶网饼病病菌形态（陈宗懋、陈雪芬提供）
①病叶横切面；②子实层部放大；③担子和担孢子；④担孢子

C

的茶园增施磷钾肥 750kg/hm² 也可显著减少该病害的发生。选育抗病品种，如婺源大叶种、上饶大叶种、青心大有、台茶 1 号、台茶 2 号、台茶 5 号、台茶 13 号、台茶 16 号、藤茶、香菇寮白毫、苹云、槠叶齐 12 号、毛蟹、铺埔白叶等均较抗病。

化学防治　对历年危害较重的荫蔽茶园，要特别重视喷药防治。通常可选用 20% 萎锈灵乳油 1000 倍液、25% 三唑酮可湿性粉剂 2500～3000 倍液在 9～10 月间喷药 2 次，来防止病害流行。由于茶网饼病的发生条件与茶饼病的相似，根据茶饼病的发生情况，筛选高效低毒低残留的农药对茶网饼病的防治进行了实验，根据结果分析得到以下几种作为茶网饼病防治的主要药剂：30% 苯醚甲丙硫唑醚乳油 3000 倍液防治效果最佳，第一次用药后 7 天平均防效可达 81.48%，二次用药后 7 天平均防效可达 89.71%，这是防治茶网饼病的首选药剂；其次 20% 邻烯丙基苯酚可湿性粉剂 600 倍液、20% 三唑酮乳油 1000 倍液、20% 烯唑醇乳油 1000 倍液都可以用来防治，且防效相当，一次用药后 7 天平均防效为 75% 左右，二次用药后 7 天平均防效可达 85%，但为了防止茶叶产生抗药性，上述药剂在生产过程中应轮换使用；50% 多菌灵可湿性粉剂 800 倍液防效较差，一次用药后 7 天平均防效 40%，二次用药后 7 天防效达 50% 左右。

参考文献

陈宗懋、孙晓玲，2014. 茶树主要病虫害简明识别手册 [M]. 北京：中国农业出版社.

黄世雄，2005. 几种农药防治茶网饼病药效试验 [J]. 福建茶叶 (3): 13.

李金海、汪荣灶，1999. 茶网饼病的发生与防治 [J]. 江西农业科技 (5): 41-42.

王治军，2013. 茶饼病与茶网饼病的发生和防治 [J]. 现代农村科技 (16): 25.

郑叙宝，2016. 歙县上丰乡山区茶园茶网饼病的发生与综合防治 [J]. 现代农业科技 (3): 159-160.

CHEN Z M, CHEN S F, 1982. Diseases of tea and their control in the People's Republic of China[J]. Plant disease, 66(10): 961-965.

（撰稿：周玉锋；审稿：陈宗懋）

茶芽枯病　tea bud blight

由芽生叶点霉引起危害茶树嫩芽叶的真菌病害。

发展简史　茶芽枯病最早于 1974 年在浙江杭州被发现，1976 年戎文治定名为 *Phoma* sp.，1986 年陈雪芬根据病原菌分生孢子器壁的厚度和器孢子的形态以及其危害寄主的部位，提出归属于 *Phyllosticta* 属，并根据其偏嗜嫩叶的特性，定名为 *Phyllosticta gemmiphliae* 新种。

分布与危害　主要分布于浙江、江苏、安徽、湖南、江西、广东、广西、四川、河南等各大茶区。罹病芽梢生长明显受阻，直接影响产量。发生严重的茶园，新梢发病率可达 70%，可使春茶减产约 30%，而且品质下降。

主要危害嫩芽和嫩叶，尤以 1 芽 1～3 叶发生为多。成叶、老叶和枝条不发病。从春茶萌发起，幼芽、鳞片、鱼叶均可产生褐变，病芽萎缩，不能伸展，后期呈现黑褐色焦枯。嫩叶被侵染 2～3 天后，先在叶尖或叶缘产生褐色或黄褐色病斑，淡黄色或黄褐色斑点，逐渐扩展成不规则形病斑，边缘有一条深褐色隆起线，有时病斑边缘不明显。后期病部表面散生黑色细小粒点，是病菌的分生孢子器，叶片上以正面居多，感病叶片易破碎而扭曲。严重时整个嫩梢枯死（图 1）。

茶芽枯病和春茶期嫩叶上发生的"黄化病"（病原尚未明确）易混淆。两者的主要区别特征：茶芽枯病在叶片上有明显的褐色病斑，后期病斑上生黑褐色小粒点，而"黄化病"的病部无黑褐色小粒点，且表现为整个新梢或枝条上的叶片发黄、变小或簇生的系统症状。

病原及特征　病原为芽生叶点霉（*Phyllosticta gemmiphliae* Chen et Hu），属叶点霉属（*Phyllosticta*）。病菌的分生孢子器散生于芽叶表皮下，成熟时突破表皮外露，球形至扁球形，大小为 90～234μm×100～245μm，器壁薄，膜质，褐色或者暗褐色。顶端有乳头状突起的孔口。孔口直径 23.4～46.8μm。分生孢子生于其内，椭圆形、圆形或卵圆形，无色，单胞，大小为 1.6～4.0μm×2.3～6.5μm（图 2）。周围有一层黏液，内有 1～2 个绿色油球，病菌的有性世代尚未发现。

茶芽枯病菌与茶树上其他叶点霉属（*Phyllosticta*）和茎点霉属（*Phoma*）的病菌区别在于：分生孢子小，但分生孢子器及孔口较大，并且仅侵染嫩芽叶，不危害茎。

病原菌在马铃薯蔗糖琼脂培养基中生长良好，菌落白色平绒状，后转灰褐色至黑褐色。病菌生长发育的最适氮源为丙氨酸、谷氨酸、天冬氨酸；硝酸铵、硫酸铵、蛋白胨作氮源时，不能形成分生孢子器；最适碳源为果糖、棉籽糖和葡萄糖。

病菌生长的最适温 20～27℃，在 8～10℃ 下生长缓慢，29℃ 以上菌丝不能生长。分生孢子在清水中萌芽率很低，在儿茶素液中不能萌芽，在 2% 茶汤中萌芽率高，在 25℃ 下培养 1 小时，开始萌芽，12 小时萌芽率高达 93.8%。孢子萌芽的最适 pH 5.40～6.82。

侵染过程与侵染循环　以菌丝体或分生孢子器在老病芽叶或者越冬芽叶中越冬。翌年 3 月底至 4 月初，当平均气温上升到 10℃ 以上、相对湿度在 80% 左右时，开始产生分生孢子，随气流和雨水溅落传播，侵染正在萌动的茶树芽叶，一般 2～3 天可完成孢子的萌发侵入，5～7 天出现明显症状。如果病芽叶留在茶树上，菌丝体经过生长发育，很快又产生分子孢子器并释放分生孢子，再次侵染健康芽叶。因此，该病在茶树的生长季节里，可进行多次侵染，直至流行。茶芽枯病在 3 月底至 4 月初（春茶萌芽期）开始发生，4 月中旬至 5 月上旬（春茶盛采期）为发病盛期。5 月下旬至 6 月上旬（夏茶期）病情发展重，6 月中旬以后停止发病。

流行规律　茶芽枯病的流行受气候条件、茶叶中内含成分以及茶树品种抗病性的影响。

气候条件　茶芽枯病属低温高湿性病害。病害的发生与气温关系密切。平均气温在 10℃ 左右，最高气温 15℃ 开始发病，但病情发展缓慢。当旬平均气温在 15～20℃、最高气温在 20～25℃ 时病害发展迅速；当旬平均温度 >20℃、

图 1　茶芽枯病症状（张家侠提供）

图 2　茶芽枯病病菌形态（陈宗懋、陈雪芬提供）
①分生孢子器；②器孢子

最高气温在 25°C 以上，病害发展缓慢，最高气温持续超过 29°C 即停止发病。最高气温和增加病叶率之间呈明显的负相关。在温度适宜时，降雨天数多，相对湿度高，能促进病害的发展，反之，则发病率相对减少。但在高温季节，即使雨日多，湿度大，病害也不再发展。在浙江，茶芽枯病在 3 月底至 4 月初（春茶萌芽期）开始发生，4 月中旬至 5 月上旬（春茶盛采期）为发病盛期，5 月下旬至 6 月上旬（夏茶期）病情发展缓慢，6 月中旬以后停止发病。

茶叶内含成分　氨基酸可以促进器孢子的萌芽，而茶多酚含量高则会抑制器孢子的萌芽。春茶期间，茶叶新梢中氨基酸含量高，茶多酚含量低，而夏秋茶期则相反，氨基酸含量减少，而茶多酚含量增加。这是茶芽枯病仅限于春茶期发生的原因之一。氨基酸可促进分生孢子的萌发。

茶树品种　茶芽枯病的发生在不同品种间有明显的差异。发病初期，一般发芽早的品种发病率较高，达 30%，如黄叶早、清明早等；而发芽迟的品种发病率则低于 10%，如鸠坑、乐清青茶等。其抗病机制主要是避病作用。在发病盛期，以福建水仙、政和等品种发病较轻；碧云种、福鼎种、大叶云峰等品种发病较重。

防治方法　茶芽枯病的防治以采取早春萌芽期喷药与早采勤采等农业措施相结合的综合防治，防治效果较明显。

农业防治　加强茶园管理，深秋增施饼肥。早春施用催芽肥时，注意氮、磷、钾的配比，防止偏施氮肥，使茶树体内碳氮比降低，游离氮增加，以提高茶树抗病力。早春修剪，去除越冬病芽叶，修剪下的枝条应立即带出茶园，烧毁或深埋，以减少越冬病原。春茶期早采、勤采茶叶。重病茶园，在冬前和初春新芽萌发前分别采摘 1 次病芽叶，可减少病菌侵染芽叶的机会，以减轻发病。

化学防治　每年春茶萌芽前，采用随机抽样法，调查越冬的宿病芽基数，宿病芽率在 5% 以下，一般可以不进行药剂防治，宿病芽率在 5%～10% 时，需在感病品种茶园中进行挑治；宿病芽率在 10% 以上，则要进行大面积防治。可选用 50% 硫菌灵（托布津）可湿性粉剂 800～1000 倍液（安全间隔期 7～10 天），70% 甲基硫菌灵（甲基托布津）可湿性粉剂 1000～1500 倍液（安全间隔期 10 天）进行防治。

一般在春茶萌芽期和发病初期各喷药 1 次，在发生严重的茶园，可在秋茶结束再喷药 1 次，全年喷药 2～3 次，以阻止病害的流行。

参考文献

陈雪芬，胡宏基，1986. 茶芽枯病的研究 [J]. 茶叶科学，6(2): 31-40.

陈宗懋，2000. 中国茶叶大辞典 [M]. 北京：中国轻工业出版社.

陈宗懋，陈雪芬，1990. 茶树病害的诊断和防治 [M]. 上海：上海科学技术出版社.

谭济才，2011. 茶树病虫害防治学 [M]. 2 版. 北京：中国农业出版社.

夏声广，熊兴平，2009. 茶树病虫害防治原色生态图谱 [M]. 北京：中国农业出版社.

张泽岑，王雪萍，2006. 利用茶树品种多样性控制茶芽枯病的研究 [J]. 茶叶科学，26(4): 253-258.

（撰稿：罗宗秀；审稿：陈宗懋）

茶圆赤星病　tea bird's eye leaf spot

由茶尾孢引起的一种危害茶树嫩叶和成叶的真菌病害。又名茶雀眼斑病。

发展简史　茶圆赤星病最早是 1909 年在斯里兰卡的茶叶苗圃里被发现。1923 年由 T. Petch 对该病的危害症状和病原特征进行了详细描述。该病在中国、印度、斯里兰卡、印度尼西亚、日本等国均有发生报道。

分布与危害　茶圆赤星病在中国发生比较普遍，分布于浙江、安徽、福建、江西、湖南、湖北、广东、广西、海南、台湾、四川、贵州、云南、河南等地，在局部地区危害严重。感病茶树生长不良，芽叶瘦小，病叶制成的干茶带有明显苦涩味，致使茶叶产量和品质明显下降。

茶圆赤星病主要危害成叶和嫩叶，嫩梢、叶柄也能受害，老叶上也偶有发生。发病初期，叶面为褐色小点，以后逐渐扩大成圆形小病斑，直径为 0.8～3.5mm，中央凹陷，呈灰白色，边缘有暗褐色至紫褐色隆起线，病健交界明显。后期病斑中央散生黑色小点（菌丝块），潮湿时，其上有灰色霉层（子实层）。一张叶片上病斑数从几个到数十个，连合成不规则形大斑。嫩叶感病后叶片生长受阻，常呈歪斜不正；成叶感病后，叶形不变。除叶片外，叶中脉、叶柄和嫩茎均能受害。叶中脉发病会使叶片皱缩卷曲；叶柄受害，可以引起叶片脱落；嫩茎上的病斑常可扩展至茎的全部（图1）。在茶树的成叶和老叶上有时会形成一种大型的斑点，多数自叶尖或叶缘开始，最初呈暗褐色小点，逐渐扩大后，形成直径1～1.5cm的半圆形褐色病斑，边缘不明显，常互相合并而成不规则形病斑，在潮湿条件下长出灰色疏松的薄霉层，这种症状称之为褐色叶斑病。

茶圆赤星病与茶白星病的症状极为相似，区别之处在于白星病的病斑后期中央色泽较淡，呈灰白色，湿度大时不形成灰色霉点，而是形成稀疏的小黑粒点。此外，茶白星病大多在高山茶园发生，而茶圆赤星病在低海拔的丘陵茶园发生。

病原及特征　病原为茶尾孢（*Cercospora theae* Breda de Haan），属尾孢霉属（*Cercospora*）。病斑上灰黑色小粒点是病原菌的菌丝块，其上丛生10余条分生孢子梗，着生于表皮细胞下的子座上，以后突破表皮外露，子座深褐色。分生孢子梗丛生，单条挺直或弯曲，无色，单胞或多胞，大小

图1 茶圆赤星病症状（彭萍提供）

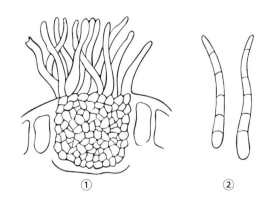

图2 茶圆赤星病病菌形态（陈宗懋、陈雪芬提供）
①病原菌的菌丝块和分生孢子梗；②分生孢子

为12～35μm×3～4μm，顶端着生分生孢子。分生孢子鞭状，由基部向顶端渐细，略弯曲，无色至浅灰色，有3～10个分隔，大小为53～116μm×2.3～3.5μm（图2）。

中国大多数著作和文献中记载，中国茶树上的*Cercospora*菌有两种：即*Cercospora theae*和*Cercospora* sp.。根据各国报道的症状来看，似乎有一定差异，但从病原菌的分生孢子大小、分隔数等形态特征进行比较，应该属于同一个种，只是在不同叶位上产生的不同症状而已。

侵染过程与侵染循环　病菌以菌丝体形成的子座在病叶组织中越冬。翌年春季茶芽萌发、抽生新叶时，产生分生孢子，在适宜气候条件下借风雨飞溅传播，侵染嫩叶、成叶、幼茎，经几天潜育，产生新病斑后，又形成分生孢子，进行多次重复侵染，使病情不断扩大，造成病害流行。

流行规律　该病属低温高湿性病害，气温20℃、相对湿度80%以上时最适宜发生。全年以春季4月中下旬至5月上旬发生最旺，秋雨季节也有发生。尤其是平原低洼、潮湿的茶园及高山多雾的茶区易发病。春季新梢上以鱼叶和第一片真叶发生为多。整株茶树下部叶片较上部病害发生多，幼龄树较成龄、老龄树发生多。日照短、阴湿雾大的茶园，土层浅、茶树生长弱的茶苗，生长过于柔嫩的茶苗都易发病。管理粗放、肥料不足、采摘过度、茶树生长衰弱的茶园易于发病。年际间发病轻重不同，品种间亦有明显的抗病性差异，龙井、毛蟹、黄叶早等抗病；白毛茶、云台山大叶种、凤凰水仙易感病。

防治方法

摘除病叶　集中烧毁，减少侵染来源，可减少发病。

加强管理　增施磷钾肥，合理采摘，促使树势健壮，以提高抗病力。冬管期间，合理对茶园进行修剪，增强通风透光条件，降低湿度，清除严重病株。追施肥料使用科学的配方施肥，即氮磷钾和微量元素肥料以及有机肥料配合施用，增强茶树对病害的抵抗能力，减轻发病。

化学防治　在茶萌芽期喷药保护。早春及发病初期，选用70%甲基托布津1000倍液喷雾（安全间隔期10天），或用50%多菌灵800倍液喷雾（安全间隔期10天）、50%硫悬浮剂1000倍液（安全间隔期10天）喷雾。同时配合施用磷酸二氢钾微肥有较好的防治效果。

参考文献

陈宗懋，陈雪芬，1990. 茶树病害的诊断和防治[M]. 上海：上海科学技术出版社.

刘联平，2001. 茶圆赤星病的发生与综合防治措施[J]. 四川农业科技(8): 38.

谭济才，2011. 茶树病虫害防治学[M]. 2版. 北京：中国农业出版社.

（撰稿：罗宗秀；审稿：陈宗懋）

茶云纹叶枯病　tea brown blight

由山茶球座菌引起的危害茶树叶片、枝条和果实的真菌病害。又名茶叶枯病。

发展简史　茶云纹叶枯病在 1872 年由 Cooke 氏发现，最初定名为 *Sphaerella camelliae* Cooke，1875 年 Watt 在印度阿萨姆地区报道了茶云纹叶枯病，3 年后在斯里兰卡也相继发现了此病。1897 年，英国的 Massee 在斯里兰卡对此病进行了研究，并重新定名为 *Colletotrichum camelliae* Massee。1907 年，Spechsnew 在苏联的高加索地区也发现了此病。日本最早的记载是 1905 年。1915 年，泽田兼吉在中国台湾发现了该病，这是中国最早的记载。中国陈宗懋等自 1960 年对该病病原菌的生物学特性、发生规律和防治方法进行了较广泛而深入的研究。

分布与危害　茶云纹叶枯病是茶树上最常见的叶部病害之一。中国分布很广，浙江、安徽、湖南、江西、广东、广西、福建、云南、贵州、四川等各主要产茶地都有发生，有的年份发生较重。国外也有很多产茶国发生该病害，如日本、印度、斯里兰卡、孟加拉国、巴基斯坦、越南、马来西亚等都有发生和记载。该病害在树势衰弱和台刈后的茶园发生较重，扦插苗圃也有发生。茶树叶片罹病后，光合强度明显减弱，呼吸强度增强，病株的叶片常提前脱落，产量和质量均受到严重影响。病害主要发生在成叶、老叶部位，有时也能侵染嫩叶、枝梢和果实。病斑先出现在叶尖和叶缘，初为黄褐色、水渍状，逐渐变成褐色、灰白相间的云纹状，最后形成半圆形、近圆形或不规则形，且具有不明显轮纹的病斑。病斑边缘褐色，病健分界明显，或不明显，通常在病斑的正面散生或轮生许多黑色的小粒点，这是病菌的子实体。成叶、老叶上的病斑很大，可扩展至叶片总面积的 3/4，此时会出现大量的落叶。嫩枝、嫩芽罹病后，出现灰色病斑，渐枯死，可向下扩展至木质化茎部。果实的病斑常为黄褐色，最后变为灰色，其上生着黑色小粒点，有时病斑开裂。

病原及特征　病原为山茶球座菌［*Guignardia camelliae*（Cooke）Butler］，属球座菌属（*Guignardia*）。病斑上的小黑点是病原菌的分生孢子盘，生于叶片的表皮下，成熟时突破表皮外露，并释放大量的分生孢子。分生孢子盘直径为 180～320μm，盘内着生分生孢子梗，其大小为 9～18μm×3～5μm，顶生一个分生孢子盘，梗丛中有刚毛间生。分生孢子长椭圆形或圆筒形，两端圆或略弯，无色、单胞，大小为 13～23μm×3.3～6.6μm，内含 1～2 个油球（图①）。

病菌于秋末冬初产生有性世代。子囊果球形或扁球形，壁膜质，有孔口，有时孔口呈乳头状突起，常埋生于病斑反面的海绵组织中，有时也埋生于病斑正面表皮下。子囊棍棒状，大小为 44～62μm×8～12μm，顶端略圆，基部有小柄，每个子囊内有 8 个子囊孢子，大小为 10～18μm×3～6μm，常排成 2 行，大多呈纺锤形、椭圆形或卵圆形，两端圆或稍尖，无色单胞，有 1～3 个油球（图②③）。病菌的生长适温为 23～29℃，最高温度为 40℃，对高温和低温的抵抗能力都较强。在 −2～−4℃ 的低温下可存活 30～60 天，致死温度为 60℃，生长最适 pH5.2～5.8。在人工培养基上培养的菌落初为白色，后逐渐变为墨绿色。在 PDA 培养基上先在低温（−2～−4℃）下培养 10 天，移至 24℃ 下培养 4 天，再放在室温下培养 3 周，可形成有性世代，且发现紫外光对子囊果的形成和成熟有促进作用。

侵染过程与侵染循环　茶云纹叶枯病菌以菌丝体、分生

茶云纹叶枯病病菌形态（陈宗懋、陈雪芬提供）
①分生孢子盘及分生孢子；②子囊壳切面；③子囊及子囊孢子

孢子盘或子囊果在病叶组织或病残体中越冬。病残体中病菌存活期长短取决于枯枝落叶的腐烂程度。如果落叶早，再遇秋季多雨，温度偏高，残体腐烂快，病菌存活期较短，一般不能成为翌春的初侵染源。埋于土中的病叶易腐烂，病菌也极易死亡。茶树上残留的病叶是翌春最主要的初侵染源。当温、湿度条件适宜时，病叶上的分生孢子盘产生分生孢子，借风雨和露滴在茶树叶片间传播，在叶片表面萌发，长出芽管，从叶表的伤口、自然孔口侵入；亦可穿透角质层直接侵入。病菌侵入后，一般经 5～18 天的潜育期出现病斑。继后，病斑上又出现分生孢子，进行新一轮的侵染过程。在茶树的一个生长季节里，能进行多次再侵染。中国南方冬季气温较高，病菌无明显的越冬现象，分生孢子可全年产生，周年侵染。北方茶区发现有子囊果越冬的现象，但在病害侵染循环中的作用远不及分生孢子盘和菌丝体重要。

分生孢子侵染叶部以嫩叶为主，在成叶、老叶上也有较高的萌发率，但仅有部分能形成附着胞。在嫩叶和成叶上，附着胞形成率较高，老叶上几乎不能形成。叶片的解剖结构如角质层厚薄、栅栏组织层次多少、海绵组织的松紧等都与病菌的侵染有一定的相关性。

流行规律　该病属高温高湿型病害。在一定的温度范围内，病菌的生长发育随着温度的升高而加速，潜育期缩短，病害流行速度加快。高湿多雨有利于孢子的形成、释放、传播、萌发和侵入，所以，降雨和高湿利于病害的发生和发展。当旬平均气温大于或等于 26℃，平均相对湿度大于 80%，如遇大面积感病品种，病害往往流行。安徽南部、江苏南部等地茶园，春季病菌往往在嫩叶上侵染，明显症状却出现在成叶、老叶上，一般高峰期出现在 8 月下旬至 9 月下旬。湖南分别在 5～6 月、9～10 月出现 2 个高峰。中国南方茶区常遇台风袭击，茶树叶片上伤口太多，有利于病菌的侵入，高温多雨的 7～8 月常成为病害发生的高峰期。

茶树品种间存在着明显的抗性差异。一般大叶种较中小叶种感病。在安徽茶区像凤凰水仙一类叶片较大的品种，发病率常年明显高于一些中小叶种。据洪北边等对 30 份材料进行离体抗性鉴定，发现大叶种抗性较弱，中叶种抗性较强。病害的潜育期与病情紧密相关，即病菌在某品种上潜育期越短，发病率越高，病情指数越大。

茶园管理水平与病害的发生发展密切相关。一般管理粗放、杂草丛生的茶园，病害发生较重。凡是土层浅、土质黏重、排水不良的茶园，茶树根系不发达，生长势衰弱，降低了树体自身的抗病性，病害容易发生和流行。长江中、下游

C

一带的茶区往往遇到伏旱，茶树叶片常出现日灼斑，树体抗性大大削弱，再遇雨水、雾滴，病菌容易侵入，造成病害流行。病害对春茶的影响较小，对夏茶、秋茶产量影响较大。病害的严重度与夏、秋茶产量损失有一定的相关性。

防治方法

加强茶园管理，提高茶树抗病性　中耕除草，改善土壤墒情。按茶树栽培管理要求，在秋茶结束后，要进行一次深中耕，结合中耕将病叶埋入土壤。秋耕对防治茶云纹叶枯病效果较好。如果能对发病中心用竹笆子、锄头或直接用手拍打树冠，大部分病叶受振后脱落，埋入土中。振动树体秋耕防效可达到60%～70%，比一般秋耕的防效可提高10%左右。早春修剪茶园后，要将枯枝落叶清里出茶园并烧毁，以压低初侵染源。有条件的茶区，结合秋耕，增施有机肥料，尽可能地减少化肥的使用量。这样，一方面可以提高茶树的抗病性，另一方面也可以改善土壤结构，促进茶树根系的发育。

因地制宜，选用抗病品种　杭州茶区表现抗病的品种有清明早、梅占、龙井群体种和福鼎白毫等。各茶区要结合本地区的特点，选用适合本地区的高产优质、抗逆性强的品种，特别是在开辟新茶区或新茶园时更应该考虑这一点。

化学防治　病情较重的茶区或茶园可进行必要的化学防治。于深秋或初春喷1次0.6%～0.7%石灰半量式波尔多液，以减少越冬菌源。早春开园前半个月还可喷1次药。采摘期内最好不要用药，必要时可采用"挑治"的方法。用于防治茶云纹叶枯病的杀菌剂有50%多菌灵可湿性粉剂800～1000倍液。喷药时，要注意喷匀，要掌握在发病盛期前用药，且要求24小时内无雨。上述几种杀菌剂的安全间隔期均为7天左右。

参考文献

安徽农学院, 1993. 茶树病虫害[M]. 2版. 北京: 中国农业出版社.

陈宗懋, 陈雪芬, 1990. 茶树病害诊断和防治[M]. 上海: 上海科学技术出版社.

高旭晖, 郑高云, 梁丽云, 等, 2008. 茶云纹叶枯病病原菌侵入与叶位关系的研究[J]. 植物保护, 34(2): 76-79.

洪壮边, 楼云芬, 吕文明, 1996. 茶树种质资源抗茶云纹叶枯病鉴定[J]. 植物病理学报, 26(3): 215-216.

谭济才, 2011. 茶树病虫防治学[M]. 2版. 北京: 中国农业出版社.

（撰稿：高旭晖；审稿：陈宗懋）

茶藻斑病　tea algae-spot

由寄生性红锈藻引起的、危害茶树叶部的病害。

发展简史　*Cephaleuros*属最早是在1891年由Karsten建立分类体系，1897年Cunningham最早对茶树上的红锈藻进行研究，并将茶红锈藻病的病原定名为*Cephaleuros virescens* Kunze；1904年印度的H. H. Mann和C. M. Hutchinson提出了*Cephaleuros mycoidea*和*C. virescens*两个种是同种异名；但T. Petch（1923）和A. C. Tunstall（1928）认为茶树上的红锈藻病病原藻应是*Cephaleuros parasiticus*而不应是*C. virescens*，因为*C. virescens*的拉丁文含义是"变

为绿色"，而实际上这个病是"变红"，此后的文献中茶藻斑病命名为*C. virescens*。

分布与危害　中国各茶区均有分布。国外主要产茶国如日本、印度、斯里兰卡等也都有发生。该病除危害茶树外，还危害山茶、油茶和柑橘、玉兰、冬青、梧桐等几十种植物。

该病一般多发生在隐蔽、通风不良的茶树中下部的老叶上。在叶片正反面均可表现症状，以叶正面发生为主。在老叶上初期产生黄褐色小点，以此为中心，渐渐向外扩展，开始为近"十"字形状，后向四周扩展，呈放射状，病部稍隆起，可见灰褐色至黄褐色毛毡状物，边缘不整齐，病斑圆形或不规则形，大小为1～5.0mm。后期病斑颜色呈暗褐色，表面光滑，有纤维状纹理，边缘不整齐。病斑多时可连成不规则形大斑（图1）。

病原及特征　病原为寄生性红锈藻（*Cephaleuros virescens* Kunze）。病部的毛毡物是藻类的营养体和繁殖体。营养体在叶片表面形成很密的二叉状分枝，以后在其上可长出孢囊梗和游动孢子囊。孢囊梗长85～340μm×13～20μm，顶端膨大，其上生有8～12个小梗，每小梗顶端各生1个卵形的游动孢子囊，大小为14.5～20.3μm×16～23.5μm，成熟后遇水湿即产生溢出许多游动孢子，游动孢子椭圆形，具双鞭毛，可在水中游动（图2）。

侵染过程与侵染循环　病原藻以营养体在病叶组织上越冬，翌年春季在适宜的温湿度条件下，可产生游动孢子，随风雨传播侵害茶树叶片，在表皮细胞间蔓延发展，形成新

图1 茶藻斑病症状（罗宗秀提供）
①早期症状；②晚期症状

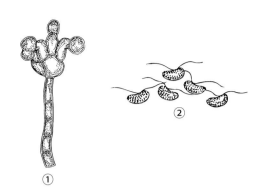

图 2　茶藻斑病病原形态（陈宗懋、陈雪芬提供）

①孢囊梗和孢囊；②游走孢子

的病斑，新病斑上又形成游动孢子囊和游动孢子，实现新一轮的再侵染，继续扩大危害。

流行规律　该病的病原是一种寄生性很弱的寄生性绿藻，通常只能危害生长衰弱的茶丛。潮湿的环境条件有利于孢子囊的形成、脱落、传播和萌发，因此发病较多。

高湿多雨利于该病的发生，常以管理粗放、土壤瘠薄、缺肥、杂草丛生、阴湿、通风透光不良的茶园发病较重。

防治方法　建立新茶园时要注意选择高燥地块；雨后或地下水位高时，要注意开沟排水，防止湿气滞留。

及时疏除徒长枝和病枝，改善茶园通风透光条件；适当增施磷钾肥，提高茶树抗病力，可减少此病发生。

发病较重的茶园，可在采茶结束后，喷施 0.6%～0.7% 石灰半量式波尔多液或 0.2% 硫酸铜液加 0.1% 洗衣粉进行防治。

参考文献

陈宗懋，陈雪芬，1990. 茶树病害的诊断和防治 [M]. 上海：上海科学技术出版社 .

谭济才，2011. 茶树病虫害防治学 [M]. 2 版 . 北京：中国农业出版社 .

（撰稿：邓欣；审稿：陈宗懋）

茶枝梢黑点病　tea shoot blight

由埋盘菌引起危害茶树半木质化枝梢的真菌病害。

发展简史　茶枝梢黑点病的病原属柔膜菌科埋盘菌属。柔膜菌科成立于 1892 年，以 *Helotium* Pers. 为模式属。对中国柔膜菌科的最初记载可追溯到 19 世纪 90 年代，中国已知该科真菌 34 属近 120 种，茶枝梢黑点病于 1961 年在浙江杭州最早被发现。

分布与危害　茶枝梢黑点病仅在中国有报道。除了浙江（杭州）发现此病，湖南、安徽也相继报道，现在中国各主要产茶区均有分布。

该病危害主要使夏茶新梢生长缓慢，芽叶稀瘦发黄，使芽梢呈鸡爪状，节间变短，对夹叶增多，对茶叶产量和品质都有很大影响。一般发病率为 10%～40%，严重时高达

60%～70%，发病较重的茶园可造成翌年春茶减产 30% 以上。

茶枝梢黑点病发生在当年生的半木质化的红色枝梢上。受害枝梢初期出现不规则形的灰色病斑，以后逐渐向上、向下扩展，长可达 10～15cm，病斑表面呈灰白色，散生许多黑色带有光泽的小粒点，圆形或椭圆形，向上凸起，这是病菌的子囊盘。发病严重的茶树叶梢芽叶稀疏、瘦黄，枝梢上部叶片大量脱落，在干旱季节，病梢上芽叶常表现萎蔫枯焦的现象，严重时全梢枯死。

病原及特征　茶枝梢黑点病的病原 *Cenangium* sp. 属柔膜菌目埋盘菌属（*Cenangium*）。子囊盘初埋生于枝梢表皮下，后突破表皮外露，革质，无柄，散生，黑色，并带有光泽，直径 0.5mm 左右。子囊棍棒状，直或略弯，大小为 114～172μm×20～24μm，内生 8 个子囊孢子，其在子囊上部呈双行排列，在子囊下部呈单行或交互排列。子囊孢子长椭圆形或长梭形，有的稍弯曲，无色，单胞，大小 22～42μm×5.5～7.7μm，子囊间有侧丝，比子囊长，线形或有分枝，大小 66～363μm×3.3～4.4μm（见图）。

侵染过程与侵染循环　茶枝梢黑点病是以病菌菌丝体或子囊盘在病枝梢皮层组织中越冬。越冬病菌从 3 月下旬或 4 月上旬开始生长发育，5 月上中旬为春末夏初多雨季节，当温度为 20～25℃、湿度在 80% 以上时，子囊孢子成熟，子囊盘破裂，成熟的子囊孢子借风雨传播，侵入茶树幼嫩新梢，所以，5 月上旬至 6 月上旬是茶枝黑点病的传播蔓延期。6 月中旬以后随着气温逐渐升高，湿度降低，病情蔓延受到抑制，7 月后由于温度偏高，并常伴随干旱，病害发展缓慢，病情逐渐停止。该病属单病程病害，一年仅一次初侵染，无再侵染。

流行规律　该病的发生与气候条件密切相关。在湖南，一般气温上升到 10℃ 以上病菌开始活动，15℃ 开始形成子囊，20～25℃ 子囊孢子成熟。所以，当气温在 20～25℃、相对湿度在 80% 以上时，最有利于该病的发生和发展。当气温上升到 30℃ 以上、相对湿度低于 80% 时，病菌生长发育受到抑制，病害也停止发展。

主要侵害枝梢，因此，病害的发生和发展与茶园类型也有一定关系。一般以台刈复壮茶园以及条栽壮龄茶园发生较重。

品种间的抗性差异显著，一般枝叶生长茂盛、发芽早的品种较感病，而普通群体品种发病相对较轻，例如，福鼎大

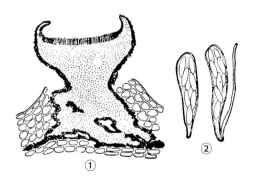

茶枝梢黑点病病菌形态（陈宗懋、陈雪芬提供）

①子囊盘剖面；②子囊和子囊孢子

白茶、黄叶早、高桥早易感病，而台茶 12 号、骑马洲较抗病。

防治方法

因地制宜选用抗病品种 注意抗病品种的保护和利用，延长抗性品种的种植年限。应避免大面积连片种植单一品种。

剪除病梢 早春根据树势和头年病情决定修剪的程度，应尽可能将剪下的枯枝落叶清理出茶园并妥善处理。重修剪后，结合化学农药保护，效果更好。

化学防治 掌握在发病盛期前喷杀菌剂。可用 70% 甲基托布津可湿性粉剂 1000 倍液（安全间隔期 10 天）、50% 苯菌灵可湿性粉剂 1000 倍液（安全间隔期 10 天）喷雾。

参考文献

陈宗懋，陈雪芬，1990. 茶树病害的诊断和防治 [M]. 上海：上海科学技术出版社.

胡淑霞，1994. 茶枝梢黑点病的发生及危害的调查 [J]. 蚕桑茶叶通讯 (3): 34-35.

谭济才，2011, 茶树病虫害防治学 [M]. 2 版. 北京：中国农业出版社.

（撰稿：邓欣；审稿：陈宗懋）

茶紫纹羽病 tea purple root rot

由桑卷担菌引起的一种危害茶树根部的真菌病害。是中国茶树根部主要病害之一。

发展简史 紫纹羽病可危害茶树、苹果、桑树等多种植物。最早是 1865 年由 Tulasne 对该病进行研究，将其归入卷担子菌属（*Helicobasidium*）。

分布与危害 茶紫纹羽病在中国各主要产茶区均有发生和报道，局部地区发生较重。该病在日本发生也很普遍，其他产茶国暂未见报道。病菌的寄主范围很广，除茶树外，还能侵染桑树、苹果、梨、桃、花生、马铃薯等百余种植物。发病部位在根部，或接近地面的根颈处。发病初期地上部难以发现，一般无异常表现。随着病情的扩展，病株生长势衰弱，叶小、色黄、生长缓慢。后病情逐渐加重，局部茶枝出现枯死，最后全株死亡，先是单株，如不及时控制，会波及

其周围几株、数株，甚至成片死亡。罹病茶树根表皮先失去光泽，逐渐变为黑褐色。病菌先侵染形成层，并逐渐蔓延到其他组织。皮层腐烂后即脱落。病根表面缠绕着紫色的根状菌索，菌索上往往产生很多菌核。菌丝体常聚集成层，包绕在茶树根茎交界处，呈现紫色的绒状菌膜，其上着生许多担子和担孢子。开始只有部分细根变色枯死，后由细根逐渐蔓延至较粗的根，最后发展到主根，整个根系腐烂，茶株死亡。一般来说，茶苗罹病后死亡较快，而成年茶树罹病后则需要 1 年或数年才死亡。

病原及特征 病原为桑卷担菌（*Helicobasidium mompa* Tanaka Jacz.），属卷担子菌属（*Helicobasidium*）。菌丝体在寄主组织中发育，细胞内的菌丝体呈现黄白色，在根表面则呈现紫红色。菌丝体常集结成菌丝束，绒毛状。菌核半球形，内部白色，外部绒毛状，红紫色，直径 86 ~ 264μm。担子体扁平，暗褐色，天鹅绒毛状，厚 6 ~ 10mm，有时呈人耳状突起。担子无色，圆柱形或棍棒状，弯曲，有 3 ~ 4 个分隔，大小为 25 ~ 40μm×6 ~ 7μm，背面有 3 ~ 4 个小梗伸出，小梗圆锥形，大小为 10 ~ 35μm×5 ~ 8μm。一般孢子在潮湿条件下形成，担子和担孢子呈白色粉状物（见图）。

病原菌在 8 ~ 35℃ 均可生长发育，最适温为 20 ~ 29℃。最适 pH 5.2 ~ 6.4。病原在 PDA 上生长较旺盛，与白纹羽病菌相比，生长速度较后者慢，且菌丝埋生在基质中。紫纹羽病菌在黑暗的条件下生长速度比光下生长快。在液体培养条件下，紫纹羽病菌生长速度比白纹羽病菌快。

侵染过程与侵染循环 病菌以菌丝体、根状菌索和菌核在土壤中越冬，其中菌核在土壤中可以存活多年。当环境条件适宜时，从根状菌索和菌核上长出菌丝，从皮孔或毛细根侵入茶树新根和幼嫩组织，溶解寄主细胞的中间膜，使根部细胞内细胞质分离收缩，最后剩下细胞膜。此时，病根皮层腐烂，其表面形成新的菌丝束，向茎部或土壤表面扩展。病菌可通过流水、农事活动和病健根接触侵染为害，且以病健株接触传染为主。子实体上的担孢子可借风雨传播，但在病害循环中作用不大。远距离传播主要是带菌苗木的调运。发病较重的茶园，挖除病株后，仍有病根的残余组织存在土壤中，必须对土壤进行处理，才能补栽茶树。

流行规律 茶园管理粗放、排水不良、土壤黏重等利于

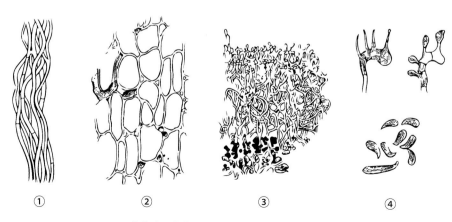

茶紫纹羽病病菌形态（陈宗懋、陈雪芬提供）
①病原菌的根状菌索；②病组织细胞间隙的菌丝；③病原菌子实层纵断面；④担子及担孢子

该病的发生，高温高湿也利于该病的发生发展。

防治方法　加强茶园管理，挖除病株，土壤消毒，清沟排水，中耕除草，合理施肥。

建立无病苗圃地。应选择避风向阳、土质疏松、排水良好的无病地育苗。如果要在有病史的苗圃地育苗，一定要进行土壤处理，可用 1% 硫酸铜液或波尔多液灌浇土壤，以减少病菌数量。

选用无病苗木。扦插前将插穗浸渍在适当浓度的杀菌剂中进行处理，以杀灭根表所带的病菌数量。茶园中如发现病株，应及时连同根际土壤一并挖除，妥善处理，并对土壤进行消毒。

移栽或调运苗木时，应严格检查，发现病苗要坚决淘汰，最好不要在病区或病苗圃中调运苗木。

参考文献

陈宗懋，陈雪芬，1990. 茶树病害的诊断和防治 [M]. 上海：上海科学技术出版社 .

谭济才，2011. 茶树病虫害防治学 [M]. 2 版 . 北京：中国农业出版社 .

（撰稿：高旭晖；审稿：陈宗懋）

柴胡根腐病　thorowax root rot

由镰刀菌侵染导致柴胡根部腐烂的一种病害。

发展简史　柴胡根腐病最早见于《中国药用植物栽培学》（1991）。2005 年，向琼等发表的综述中将根腐病病原描述为半知菌亚门镰刀菌属的腐皮镰孢菌［*Fusarium solani*（Mart.）App. et Wollenw.］。2009 年，李勇等首次对北京地区的柴胡根腐病菌进行了系统分离和鉴定，认为导致根腐病发生的病原为尖孢镰刀菌（*Fusarium oxysporum* Schlecht.）。2017 年，姜峰等研究认为柴胡根腐病病原为茄腐皮镰刀菌。

分布与危害　根腐病在中国所有柴胡产区均有发生，只是在不同地域的发生及危害程度存在较大差异，与产区的气候、降水量等因素有较大关系。

柴胡根腐病主要危害柴胡主根，侧根也有发生。发病初期，根部靠近地表端表皮变褐，并伴有纵向裂口，一般呈条形、椭圆形或菱形。发病初期的柴胡病株与健株无明显区别，后期病部稍膨大、变脆，裂口遍及根部整个外围，深及木质部，变褐或发黑，并造成水分、养料输送中断，导致植株萎蔫死亡（图1）。

高温、高湿、多雨的年份发病重，反之则发病较轻。连作、重茬田块发病重，一般发病率 15%～30%，严重田块可达 60%，对柴胡产量和品质影响较大。

病原及特征　病原为镰刀菌属的尖孢镰刀菌（*Fusarium oxysporum* Schlecht.）和茄腐皮镰刀菌［*Fusarium solani*（Mart.）Sacc.］。尖孢镰刀菌在 PDA 培养基上生长迅速，菌丝体乳白色，气生菌丝发达，不易产孢；在麦汁培养基上生长稍慢，菌落呈灰白色，气生菌丝稀疏，易于产孢（图2）。

在麦汁培养基上可产生大量分生孢子和分生孢子梗。大

分生孢子镰刀形或长椭圆形，1～3 个隔膜（3 个隔膜者占总数的 98% 以上），14.9～36μm×3.3～4.4μm（图3①），分生孢子梗长，分生孢子簇生（图3④）；小分生孢子数量多，卵形、长椭圆形或短棒状，无隔膜，4.3～5.6μm×2.3～3.0μm（图3②），由侧生分生孢子梗产生（图3⑤）；厚垣孢子近圆形，顶生或间生（图3③）。

茄腐皮镰刀菌菌株在 PDA 培养基上蔓延生长，气生菌丝呈白色绒毛状，不易产孢。从 PDA 培养基上挑取少量菌丝，镜检发现大量分生孢子和分生孢子梗。分生孢子梗伸长、不分枝；小型分生孢子长椭圆形、肾形，单胞或双胞，数量大，呈假头状聚生；大型分生孢子镰刀形，两端较钝，顶胞稍弯，具 1～6 隔，其中 3 隔膜占总数的 99% 以上；厚垣孢子球形，表面光滑或粗糙，顶生或间生于菌丝中。

侵染过程与侵染循环　发病初期，柴胡根部在病原菌侵入点开始腐烂，而地上部分发病株与健康株之间无明显区别，随着根部腐烂情况的加重，在根茎交界处可以看到黑褐色病斑并逐渐扩大，后期根部完全腐烂，整个植株萎蔫。柴胡根腐病菌主要在柴胡发病残体或土壤中越冬，翌年 5 月下旬，气候和湿度适宜时，病株或土壤中越冬的分生孢子开始萌发长出菌丝，随后菌丝体开始侵入寄主根部，并导致柴胡根腐病的发生。随后逐渐形成发病中心，大量新生孢子迅速随雨水传播扩散，继而引起成片染病，甚至死亡。

图 1　柴胡根腐病病部症状（丁万隆提供）

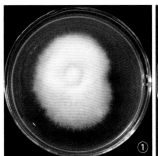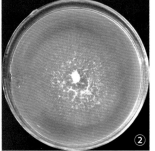

图 2　尖孢镰刀菌在不同培养基上的菌落形态（李勇提供）

①PDA 培养基生长情况；②麦汁培养基生长情况

C

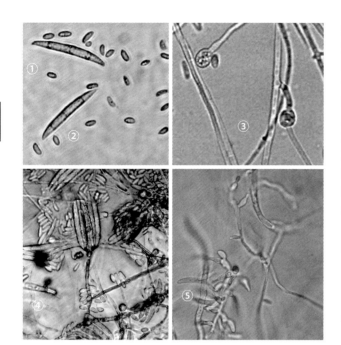

图 3 尖孢镰刀菌菌落及显微形态结构（李勇提供）

①大分生孢子；②小分生孢子；③厚垣孢子；④大分生孢子梗；⑤小分生孢子梗

流行规律　柴胡根腐病一般每年 5 月即有零星发生，6 月中下旬随着雨水增多发病逐渐加重，7 月中下旬至 8 月中旬为发病盛期。当年生柴胡即有发病，如不采取措施，翌年发病加重。高温、高湿、多雨年份发病重；反之，则发病较轻。

防治方法

土壤处理　种植前可每亩用 50% 多菌灵可湿性粉剂 2～4kg 混拌 20～30kg 细砂土，于播种时把药土施入垄沟内，具有很好预防效果。

药剂灌根　发病初期用 3% 广枯灵（噁霉灵 + 甲霜灵）水剂 750～1000 倍液、30% 噁霉灵水剂 1000 倍液、60% 琥铜·乙铝·锌可湿性粉剂 500 倍液、2% 农抗 120 水剂 500 倍液或 70% 甲基硫菌灵可湿性粉剂 1000 倍液灌根。

参考文献

李勇，刘时轮，杨成民，等，2009. 北京地区柴胡根腐病的病原菌鉴定 [J]. 植物病理学报，39(3): 314-317.

向琼，李修炼，梁宗锁，等，2005. 柴胡主要病虫害发生规律及综合防治措施 [J]. 陕西农业科学 (2): 39-41.

（撰稿：李勇；审稿：丁万隆）

产孢量　sporulation quantity

寄主植物发病后，真菌病原在病斑上产生孢子的数量。常采用单位时间内或整个产孢期内单位面积病斑上所产生孢子数，或单个病斑上产生的孢子数量，可以是单日的，也可以是整个传染期的总量，如每平方毫米病斑上的产孢数（个 /mm²）。在实际的试验中。由于孢子收集和计数比较困难，实际研究中经常以分生孢子梗、分生孢子器等产孢结构的数量来代表

病菌传播体的相对数量。如 S. Sun 等在研究湿度和温度对黄瓜霜霉病菌产孢量的影响时，在每个处理叶片选择 5 个产孢量最大的病斑，每个病斑测量 5 个产孢量最大视野，检查记录每个视野内孢囊梗的数量，以此代表黄瓜霜霉病斑的产孢量，研究比较湿度和温度对病菌产孢的影响。产孢是植物发病与流行过程的重要环节，也是流行学研究的重要内容。对于地上部的真菌病害，产孢量的大小直接决定病害的流行速率。病斑产孢量除与病原物本身的生物学特性有关外，还受寄主的抗病性、温度、湿度、寄主营养状况等因素的影响。在适宜的温度条件下，往往湿度越高，真菌病原的产孢量越大。

产孢量只能用于可以检测而且能够计量的孢子，对病毒病害、细菌病害所产生的繁殖体和传播体还难以计量。

参考文献

马占鸿，2010. 植病流行学 [M]. 北京 : 科学出版社 .

肖悦岩，季伯衡，杨之为，等，1998. 植物病害流行与预测 [M]. 北京 : 中国农业大学出版社 .

曾士迈，杨演，1986. 植物病害流行学 [M]. 北京 : 农业出版社 .

SUN S, LIAN S, FENG S, et al, 2017. Effects of temperature and moisture on sporulation and infection by *Pseudoperonospora cubensis*[J]. Plant disease, 101 (4): 562-567.

（撰稿：李保华、练森；审稿：肖悦岩）

产黄青霉　*Penicillium chysogenum* Thom

广泛分布于土壤、空气及腐败的有机物中。产黄青霉可产生青霉素，还可产生纤维素酶等酶类及有机酸，是重要的工业用生产菌种，但在特定条件下会产生真菌毒素。产黄青霉是危害低温储粮的主要霉菌，可使低温储藏的大米发热变质。

病原及特征　产黄青霉（*Penicillium chysogenum* Thom）属于不对称青霉组，绒状青霉亚组，产黄青霉系。25°C 下，产黄青霉在察氏培养基上生长 7 天后菌落直径可达 20mm 以上，有明显的辐射状皱纹，边缘菌丝体白色，质地绒状，有些略带絮状。分生孢子较多，蓝绿色，老后部分呈现灰色或淡紫褐色。大多数菌株渗出液较多，无特殊气味。菌落背面呈亮黄至暗黄色，色素可扩散至培养基中央。PDA 培养基培养 3 天，菌落基本形成，致密绒状，颜色白色。3 天后，菌落开始迅速生长，菌体表面平坦，有明显的放射状沟纹，边缘白色、光滑、较整齐，孢子多，青绿色。

分生孢子梗发生于基质菌丝，孢梗茎 150～350μm× 3.0～3.5μm，壁平滑。帚状枝非对称，三轮生，偶尔双轮生或四轮生，较为复杂。每个帚状枝有副枝 2～3 个，梗基每轮 3～5 个，小梗 4～6 个轮生。分生孢子链呈分散柱状，长度可达 200μm。分生孢子椭圆形，近球形的较少，淡绿色，光滑，分生孢子链稍叉开而成疏松的柱状（图 1）。

生长规律　产黄青霉属中温、中湿性霉菌，最适生长温度为 20～30°C，生长温度范围为 4～37°C，孢子萌发最低湿度为 82%～84%。

毒素产生与检测　产黄青霉会在粮食储藏过程中产生

展青霉素。展青霉素（patulin，PAT）又称棒曲霉素，是一种有毒的真菌代谢产物，能产生 PAT 的真菌还有扩张青霉、展青霉、圆弧青霉、棒曲霉、巨大曲霉和土曲霉等共 3 属 16 个种。分析不同来源产黄青霉的产毒情况，发现从水果制品及粮食中分离的菌株产毒率最高，而从土壤及其他样品中分离的菌株几乎不产毒。

展青霉素晶体为无色菱形，熔点为 110.5℃，易溶于水、丙酮、乙醇、乙腈、三氯甲烷及乙酸乙酯等大多数有机溶剂，微溶于乙醚、苯，不溶于石油醚、戊烷。在酸性环境下较稳定，而在碱性条件下稳定性较差（图 2）。

展青霉素是多种真菌的次生代谢产物，对人和动物具有明显而强烈的毒性作用，可引起恶心、呕吐、便血、惊厥和昏迷等症状及体征。毒理学试验表明，PAT 影响生育，具有致癌和免疫等毒理作用，也是一种神经毒素。啮齿动物的急性中毒常伴有痉挛、肺出血、皮下组织水肿、无尿等症状直至死亡。

PAT 的检测方法很多，主要包括薄层色谱法、胶束电动毛细管电泳法、高效液相色谱法、气相色谱法和色谱联用技术等。

薄层色谱法：将样品提取、净化后，在硅胶薄层板上点样，用适宜的展开剂使目标物质与杂质分开，最后用显色剂显色进行验证或提高检测的灵敏度。苹果和山楂制品中 PAT 的国标测定方法即为薄层色谱法，该法检出限为 10ng。

气相色谱法：气相色谱法测定 PAT 时大多需要先将其进行衍生化，衍生后可减小 PAT 的极性，使其更具挥发性和稳定性，然后使用电子捕获检测器（ECD）或质谱检测器（MS）进行检测。选择一个稳定的 PAT 类似物作内标物，用内标法进行定量。

液相色谱法：液相色谱法是 PAT 检测中最常用的方法。PAT 属于小分子量的极性化合物，有较强的紫外线吸收能力，因此适于利用高效液相色谱法（HPLC）进行检测。定量检测苹果汁中 PAT 的含量时，加标回收率为 87.2%～100%。

免疫学检测方法：免疫学检测技术适于大量样品的快速检测，可作为色谱分析方法的补充，成为半定量筛选和定量分析的工具，这种方法还适于进行高通量筛选，显现出替换传统仪器分析的应用前景。

关于 PAT 的免疫学检测技术在快速净化和分析方法上都有了快速的发展。由于 PAT 分子量小，本身不具有免疫原性，抗体制备较难。最初将 PAT 与半戊二酸（HG）连接得到二者的衍生物，再与牛血清白蛋白（BSA）连接构成完全抗原 PAT-HG-BSA，制备出抗 PAT-HG-BSA 的多克隆抗体，建立间接性竞争的 ELISA 方法，但该法只具备一定的定性检测能力或进行半定量检测。

防治方法　有研究者考察了水活度（aw）、温度、液体乙醇与乙醇蒸汽对产黄青霉孢子失活的影响，结果表明，水活度对产黄青霉孢子失活的影响最大，而产黄青霉孢子对乙醇不太敏感，不过在较为剧烈的灭活作用下（即 0.7aw，30℃，10% w/w 乙醇），所有孢子在 4 天内都会被液体乙醇灭活。因此，对于产黄青霉病的防治可考虑利用降低水活度或采用液体乙醇灭活的方法。

参考文献

蔡静平，2018. 粮油食品微生物学 [M]. 北京：科学出版社 .

贺玉梅，贾珍珍，董葵，等，2001. 展青霉素产生菌产毒性能研究 [J]. 中国卫生检验杂志 (11): 302-303.

刘功良，陶嫡立，白卫东，等，2011. 农产品中展青霉素检测的研究进展 [J]. 安徽农业科学 (39): 6084-6092.

王若兰，2015. 粮油贮藏理论与技术 [M]. 郑州：河南科学技术出版社 .

王若兰，2016. 粮油贮藏学 [M]. 北京：中国轻工业出版社 .

吴婉瑛，2010. 饲料中展青霉素测定及其在饲料中污染情况的研究 [D]. 武汉：华中农业大学 .

周玉春，杨美华，许军，2010. 展青霉素的研究进展 [J]. 贵州农业科学 (38): 112-116.

（撰稿：胡元森；审稿：张帅兵）

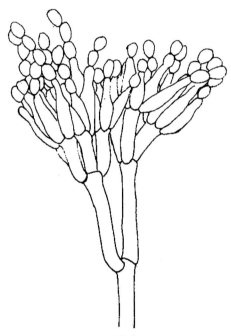

图 1 产黄青霉

（引自蔡静平，2018）

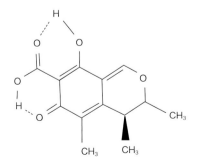

图 2 PAT 分子结构式

（引自蔡静平，2018）

长链非编码 RNA long non-coding RNA, LncRNA

一类转录本长度大于 200 个核苷酸的、不包含长的开放阅读框、一般不编码蛋白质的 RNA 分子。LncRNA 与编码 RNA 具有许多共同点，均由 RNA 聚合酶 II 转录而成，通常具有 5' 的帽子，3' 的聚腺苷酸化结构以及选择性剪切位点等。但两者也存在较大差异，LncRNA 以 RNA 而非蛋白质的形式，以多种方式参与调控基因的表达。此外，LncRNA 还具有序列保守性低，进化速度快，表达丰度低和组织特异性强等特点。随着高通量测序技术的发展和利用，越来越多的研究表明，LncRNA 是一类真核生物中普遍存在的非编码 RNA，是转录组的重要组成部分，参与的生物学功能广泛，因此迅速成为生物学领域的研究热点。

LncRNA 的发现 对人类基因组的研究发现，大量 RNA 不能被翻译成蛋白质，而是以非编码 RNA 的形式存在，除持家非编码 RNA 如核糖体 RNA（rRNA）、转运 RNA（tRNA）等外，还包括小干扰 RNA（small interference RNA，siRNA）、微小 RNA（microRNA，miRNA）、Piwi 相互作用 RNA（piwi-interaction RNA，piRNA）等短链非编码 RNA，也包括较长链或长链的 LncRNA。

对于 LncRNA 的认识始于 2002 年 Okazaki 等人对小鼠 cDNA 文库的测序工作，该研究首次发现了大量较长的非编码 RNA 转录本，即 LncRNA。由于缺少功能注释，LncRNA 起初被认为是基因组转录的"噪声"，是 RNA 聚合酶转录的副产物，在相当长的一段时间内并未得到人们的关注。2007 年，Rinn 等人报道了参与染色质修饰的 LncRNA，即 HOTAIR，该 LncRNA 编码基因位于 HOXC 基因簇中，HOTAIR 可以与蛋白复合体 PRC2 及蛋白 LSD1 结合，以甲基化修饰组蛋白的方式抑制 HOXD 等基因的转录，从而调节生物体的生长发育。该研究拉开了 LncRNA 分析的序幕，也使得 LncRNA 受到了广泛的关注。

随后的研究发现，LncRNA 在表观遗传、转录、转录后等多个层面上调控基因的表达。迄今，已有一系列重要的 LncRNAs 被陆续鉴定，如参与雌性哺乳动物 X 染色体随机失活的 Xist，参与基因组印迹的 H19 以及影响 mRNA 前体选择性剪切的 MALAT1 等。相比于人类和其他高等动物中的 LncRNA 研究，植物中相关研究还刚起步，虽然预测的 LncRNA 数目有数千条，但仅有几种 LncRNAs 生物学功能被鉴定，如 COLDAIR、COOLAIR 和 Zm401 等。

分类及功能 根据 LncRNA 与蛋白质编码基因在基因组中的相对位置分布，LncRNA 分为以下几种类型：基因间区的 LncRNA（又称 LincRNA）、与正义链上的基因序列形成正义—反义转录本对（natural antisense transcript pair，NAT pair）的反义 LncRNA（LncNAT）、内含子 LncRNA、启动子相关 LncRNA 与非翻译区 LncRNA 等。

LncRNA 的作用方式多样，可作为信号分子调控其他基因的表达；可与蛋白质构成核酸蛋白质复合体；可作为小 RNA 的竞争性内源 RNA；还可通过互补配对的方式影响 mRNA 的翻译调控；可被 Dicer 酶剪切成内源的 siRNA 参与调控基因表达；可以结合特定蛋白质，调节相应蛋白质的活性或改变蛋白质在细胞中的定位；甚至可以作为招募多种蛋白聚合的骨架等。

研究发现，LncRNA 在高等动物中具有多种生物学功能，如 X 染色体沉默、基因组印迹、染色质修饰、转录激活等。在植物中，LncRNA 不仅能参与调控春化、花粉发育等生理过程，还具有逆境响应以及调控抗病性的功能。例如，Zhu 等人对镰刀菌侵染后的拟南芥 LncRNA 进行了分析，发现一些 LncRNAs 能够响应镰刀菌的侵染。其中部分 LncRNAs 的突变体或者沉默抑制体呈现更加感病的表型，表明 LncRNAs 在抵抗病原菌侵染中也发挥着重要作用。

研究方法 多种分子生物学技术已广泛用于鉴定 LncRNA 或研究其作用机制，如基因芯片、实时荧光定量 PCR（qRT-PCR）、原位杂交、RNA 结合蛋白免疫共沉淀（RIP）、染色质免疫共沉淀（ChIP）、RNA-seq、cDNA 末端快速克隆（RACE）和 RNA 干扰（RNAi）等技术，这些技术有力推动了 LncRNA 相关研究。基因芯片和 RNA-seq 技术是高通量检测 LncRNA 的有效手段；而 qRT-PCR 或者 Northern 杂交是高效验证 LncRNA 的方法；功能分析则依赖于 RACE、RIP、CHIP-Seq 等技术。后来出现的链特异 RNA-seq（ssRNA-seq）技术更为研究 LncRNA 提供了极大的便利，有效地弥补了常规 RNA-seq 无法获取链方向性信息的技术缺陷，日渐成为预测和分析 LncRNA 的主流技术。

展望 相比于短链非编码 RNA，LncRNA 相关研究还处于初级阶段，仅有少数 LncRNA 的功能得到鉴定。但是，越来越多的研究表明，LncRNA 不仅不是真核生物的"转录垃圾"，反而可以通过灵活的作用方式，调控生物体的生长发育和免疫等重要生物学过程。对 LncRNA 的功能、结构及调控机制的深入研究，将进一步揭示生物体的精密调控体系，从 DNA、RNA 及蛋白质三者复杂的相互作用中系统地解读生物体的组织形式及调控网络。因此，LncRNA 作为生物学领域的热点和难点问题，具有很高的研究价值。

参考文献

杨峰，易凡，曹慧青，等，2014. 长链非编码 RNA 研究进展 [J]. 遗传 (5): 456-468.

KUNG J T, COLOGNORI D, LEE J T, 2013. Long noncoding RNAs: past, present, and future[J]. Genetics, 193(3): 651-669.

PANG K C, FRITH M C, MATTICK J S, 2006. Rapid evolution of noncoding RNAs: lack of conservation does not mean lack of function [J]. Trends in genetics, 22(1): 1-5.

RINN J L, KERTESZ M, WANG J K, et al, 2007. Functional demarcation of active and silent chromatin domains in human HOX loci by Noncoding RNAs[J]. Cell, 129(7): 1311-1323.

WANG K C, CHANG H Y, 2011. Molecular mechanisms of long noncoding RNAs[J]. Molecular cell, 43(6): 904-914.

YAN B, WANG Z H, GUO J T, 2012. The research strategies for probing the function of long noncoding RNAs[J]. Genomics, 99(2): 76-80.

（撰稿：孙文献、张元；审稿：杨丽）

车前草白粉病　plantago powdery mildew

由污色高氏白粉菌引起的车前草真菌病害。

发展简史　中国对车前草白粉病的研究报道较少。主要是对不同地区车前草白粉病的病原菌进行鉴定和对系统发育以及白粉病发病规律的研究。

分布与危害　白粉病是车前草上的一种重要病害，主要危害叶部和穗部，各产区均有分布。一般发病率为10%～40%，发病重的达40%。发病严重时，病叶和病穗布满白色粉状物，提前枯死，病穗结实不饱满，种子瘦小，车前草的产量与品质下降。病原菌的分生孢子梗和分生孢子生于叶片表面，为白粉状斑。发病严重时，病斑连成片，整个叶面布满白粉。10月在叶片白色粉状斑上长出小黑点，即病原菌的闭囊壳。

病原及特征　病原为污色高氏白粉菌（*Golovinomyces sordidus* Gelyuta），属高氏白粉菌属。子囊果扁球形，暗褐色，聚生或近聚生，直径93～130μm，具16～32根附属丝。附属丝多不分枝，个别呈不规则分枝1次或2次，弯曲或扭曲，常相互缠绕，长63～156μm，为子囊果直径的0.5～1.3倍，具隔膜0～3个，褐色或深褐色，1/2以上色渐浅。子囊9～14个，卵形至不规则形，多具柄或短柄，少数无柄，大小为50.8～63.5μm×30.5～40.6μm。子囊中含2个子囊孢子，个别4个。子囊孢子微黄色，卵形、矩圆卵形，大小为18.8～25.4μm×12.7～16.3μm。分生孢子呈近柱形或桶形，无纤维体，大小为25～36μm×13～17μm，3～5个串生。分生孢子梗稍弯曲，无分枝，大小为149～215μm×11～16μm，脚胞呈柱状，大小为45～64μm×10～15μm。

侵染过程与侵染循环　病原菌主要寄生于叶表皮细胞，以吸器吸取营养。北方低温干燥地区，病原菌以闭囊壳随病残体遗留在田间越冬，南方病原菌可以菌丝体和闭囊壳在车前草的病苗上越冬。翌春闭囊壳中释放出的子囊孢子或菌丝体产生的分生孢子借风雨、气流传播，引起初侵染。条件适宜时，病部可产生大量分生孢子进行再侵染，使病害扩展蔓延。晚秋在病部形成闭囊壳越冬。

流行规律　南昌地区的车前草叶片于4月中旬开始发病，5月中旬达到发病高峰。穗部于5月上旬开始发病，6月上旬达到发病高峰。温度20～25℃，晴天或多云，并有短时小雨，有利于病害发生发展。温度高于28℃，雨日多、雨量大，会抑制病害扩展蔓延。氮肥施用过量，发病重。

防治方法

农业防治　注意去除过密和枯黄枝叶，清扫病残落叶，集中烧毁或深埋，可大大减少侵染源。加强栽培管理。栽植不要过密，控制土壤湿度，增加通风透光。避免过多施用氮肥，增施磷、钾肥，增强植株抗病能力。浇水时应保持叶片干燥，防止水滴飞溅传播，造成再侵染。

化学防治　可选用15%三唑酮乳油1500倍液，或70%甲基硫菌灵可湿性粉剂800倍液、50%多·硫悬浮剂300倍液、75%百菌清可湿性粉剂600倍液等，每7～10天喷1次，连喷3～4次，可收到良好防治效果。

参考文献

张庆琛，裴冬丽，丁锦平，等，2012.车前草白粉病的病原菌鉴定[J].贵州农业科学，40(9):106-108.

周如军，傅俊范，2016.药用植物病害原色图鉴[M].北京:中国农业出版社:204.

（撰稿：张国珍；审稿：丁万隆）

持久抗病性　durable resistance

抗病性是指一个作物完全或在一定程度上阻止或克服病原物影响的能力。对一个病害的持久抗病性则是指在适于病害发生的环境条件下，抗病性在持续广泛的使用期间仍然保持有效。

简史　1900年，荷兰的雨果·德·弗里斯（Hugo de Vries）、德国的卡尔·柯伦斯（Carl Correns）和奥地利的契马克（Erich von Tschermak）重新发现孟德尔定律后不久，育种家就迅速开始了对作物品种抗病性的利用。1905年，Biffen发现小麦对条锈病的抗性由一对隐性基因控制。自那时起，发表了大量关于寄主抗病性的论文，培育了大量抗病品种。但是病原菌新小种的进化，使得广泛种植的抗病新品种"丧失"抗性，抗病育种陷入了与病原菌变异持续不断的博弈之中。1973年，Johnson和Law发现，一些小麦品种例如1936年在法国商业化的Hybrid de Bersee和1950年代商业化与Hybrid de Bersee有共同血缘的Cappelle-Desprez，在英国大面积种植20年以上的情况下，经历过小麦条锈病流行的年份，但一直保持中等感病到中等抗病性。由于这些品种既不是全生育期抗病（它们在苗期感病），又不是"垂直"的，它们对某些小种比对另一些小种的抗性更强，但又不能用"非过敏性"或"多基因"控制来描述，因为当时其抗性机制和控制其抗病性的基因数目并不清楚；这种抗性也不"稳定"，因为它在某种环境中比在另一种环境中更抗病；也不能把这种抗性称之为"永久的"。因此，Johnson和Law提出了一个新的术语："持久抗病性"。这些品种中的抗病性在有利于病原菌毒性小种进化的选择时有足够广泛的栽培，但仍保持其抗病性有效。1984年，Johnson又对此定义做了进一步的说明，增加了关于时间的限定，即当某一个品种长期在适于发病的环境下广泛种植仍能保持其抗性时，其所含的抗性即为持久抗性。

表现和遗传　大多数持久抗病性品种具有部分抗病性、成株抗病性、慢发抗病性（慢病性）或较低的流行速率（如潜育期较感病品种更长、造成的病斑数量较少、病斑较小、病斑的产孢量较小）等特点。而控制其表现的遗传模式亦较复杂，包括单基因、寡基因、多基因、数量性状位点（QTL）以及主效基因与微效基因共同控制等多种方式。

持久抗病性的选育与估测　根据持久抗病性的定义，对品种持久抗病性的评估，应该将供试材料大面积长期种植于病区内，以检测其抗病性是否持久。这种方法从时间、空间上都不容易实现，因此，科学家提出了不同的评估方法。由于大多数持久抗病性品种具有成株抗病性，其遗传具有多个

C

模式，因此，可以在杂交时采用多基因（位点）聚合，辅之以室内抗病基因分子标记选择和田间选择具有成株抗病性的植株等，以获得纯化的具有持久抗病性的后代；或者对已具备持久抗病性的历史品种进行遗传分析、分子标记定位，然后以这些品种为亲本，和生产品种进行杂交，以分子标记辅助选择，以获得具有持久抗病性的后代。育种家认为这样选育的品种应该具有较持久的抗病性。而植物病理学家则倾向于对持久抗病性采取定量的评估方法，利用数学模型，对品种抗性的持久度进行估测。品种的持久度定义为：任何抗病品种（包括持久抗病性品种和非持久抗病性品种）在环境条件和品种布局等因素影响下，抗病性表现的持久程度，即通常所谓的抗病性寿命的长短。对抗病性持久度的估测模拟研究发现，品种—小种病害系统的抗病性遗传结构、抗性和感病性品种面积比例、流行速率和新小种初始频率对抗病性持久度的影响很大，但是在这些因素的种种组合下，抗病性持久度在不同品种之间的相对差异基本不变，因此，可用于估测品种的抗病性持久度。或者对品种（系）进行全生育期的、系统的流行学观察，取样记录病菌在植株上的潜育期、病斑数量、病斑大小、病斑产孢量等，对病害在品种上的流行速率进行研究，用已知持久抗病性品种为对照，对品种持久抗病性进行流行学评估。

参考文献

曾士迈, 1996. 品种抗病性持久度的估测（Ⅰ）[J]. 植物病理学报, 26(3): 193-203.

曾士迈, 2002. 品种抗病性持久度的估测（Ⅱ）——小麦条锈病抗病性持久度的模拟研究 [J]. 植物病理学报, 32(2): 103-113.

曾士迈, 张树榛, 1998. 植物抗病育种的流行学研究 [M]. 北京：科学出版社.

JOHNSON R, 1984. A critical analysis of durable resistance[J]. Annual review of phytopathology, 22:309-330.

（撰稿：段霞瑜、周益林；审稿：范洁茹）

图 1 齿瓣石斛茎枯病症状（伍建榕摄）

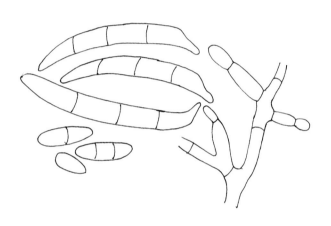

图 2 尖刀镰孢菌（陈秀虹绘）

齿瓣石斛茎枯病　wilt of *Dendrobium devonianum*

由尖刀镰孢菌引起的，危害石斛的真菌性病害。

分布与危害　在中国均有分布。被感染的植株输导组织变成粉红紫色，导管堵塞，叶变灰色，脱落，植株萎蔫、死亡（图 1）。

病原及特征　病原为尖孢镰刀菌（*Fusarium oxysporum* Schlecht.），属镰刀菌属（图 2）。在 PDA 培养基中，大型分生孢子少，小型分生孢子有多种形态、卵形、柱形、类球形、梨形等单细胞孢子，多着生于菌丝上，有时聚成假头状。菌丝白色絮状，菌落基质桃红色至紫红色。在马铃薯培养基上，大型分生孢子多，有弯月形、镰刀形等多细胞孢子，以 3 个以上分隔为主，顶端细胞狭窄。

侵染过程与侵染循环　病菌在病部或病残体留在土壤中越冬，条件适宜时产生游动孢子借雨水和灌溉水传播侵染致病，再次侵染通过孢子囊萌发或孢子囊萌发产生游动孢子。

流行规律　天气潮湿多雨或大雨后排水不良时容易发生。

防治方法

农业防治　合理密度，保证良好的通风和必要的透光。不要在有病原物中间寄主的地方栽培石斛。及时采收达到采收条件的假鳞茎，改善透光条件。合理施肥，尽量施有机肥。清除感染植株，剪除感染部位，集中销毁。

化学防治　发病初期可使用特立克 600～800 倍液，在发病初期喷雾，每隔 7～10 天喷 1 次，连喷 2～3 次。或绿泰宝 600～800 倍液，每 7～10 天喷 1 次，连喷 2～3 次。

参考文献

梁忠纪, 2003. 铁皮石斛病害防治 [J]. 农家之友 (5): 32-34. .

席刚俊, 徐超, 史俊, 等, 2011. 石斛植物病害研究现状 [J]. 山东林业科技, 41(5): 96-98.

曾宋君, 2005. 石斛兰病害防治技术 [J]. 花木盆景（花卉园艺）(9): 28-29.

（撰稿：伍建榕、武自强、肖月；审稿：陈秀虹）

虫传病害　insect-borne diseases

　　植物病原物通过介体昆虫取食进行传播的病害，称虫传病害。虫传病原物有两种传播方式，一种是介体昆虫以持续增殖的方式传播病原物，病原菌进入介体昆虫体内后，病原物可在介体昆虫体内增殖和循环，一般整个生活史都能传播。另一种是非增殖方式传播，介体昆虫通过对病原物的"吸吐"机制进行传播，传一次少一些，病原物不在介体体内增殖和循环。

　　1939 年，中国首次报道蚜虫能够传播蚕豆病毒病。已知虫传病害包括虫传植物病毒病害、细菌病害和植原体病害等，寄主植物包括十字花科、禾本科、葫芦科、豆科、茄科以及果树和其他木本植物等。自然界的介体昆虫有 50 种以上，主要有叶蝉、飞虱、木虱、粉虱、蚜类、蚜虫和螨类等。病原物随植物汁液从介体昆虫的口针进入其体内，并能够在介体昆虫内持续繁殖，介体昆虫为了食物、栖息地和生殖场所等，进行迁飞和扩散，病原物可随昆虫的扩散和取食进行扩散与传播。2012 年，Thein 等通过对甘蔗白叶病的介体昆虫条纹阔颜叶蝉和叶蝉的标记重捕，发现两者的传播距离分别为 387.5m 和 162.1m。病原物需要克服昆虫不同的传播屏障和免疫性才能在介体昆虫体内循环并传播。研究发现，昆虫的肠道侵染屏障、从肠道经血淋巴扩散屏障、唾液腺侵染屏障和从唾液腺逃逸屏障是病原物通过介体传播的 4 个主要屏障。不同的病原物在介体中的屏障不同。烟粉虱不能传播中国番茄黄化曲叶病毒，这是因为中国番茄黄化曲叶病毒只能进入烟粉虱的唾液腺边缘，不能突破唾液腺逃逸屏障，因而不能随唾液分泌出来；然而，番茄黄化曲叶病毒能够进入 MED 烟粉虱唾液腺中间区域并随唾液分泌出来，因此，番茄黄化曲叶病毒可以通过 MED 烟粉虱进行传播。

　　病原物能成功地被介体昆虫传播，需要病原物和介体昆虫的互作。1998 年，Fletcher 等通过电子显微镜技术和黏附抑制试验，提出了内吞—外排模型，解释了柔膜菌纲细菌穿过介体的唾液腺和中肠的机制。2006 年，Suzuki 等研究发现洋葱黄化植原体膜蛋白 Amp 能特异性与介体叶蝉微丝结合成 AMP 合体，使该植原体能够顺利通过传播屏障。另外，同一种病原物能被多种介体昆虫传播，但不同的介体昆虫具有不同的潜育期和传播效率；不同植原体在同一介体中存在交互和非交互的传播。一般多食性的介体昆虫能传播病原物到多种寄主植物，而寡食性和单食性的介体昆虫只能将病原物传播至一种或少数几种寄主植物上。甘蔗白叶菌能够被叶蝉和条纹阔颜叶蝉传播，但叶蝉的传播效率明显高于条纹阔颜叶蝉。2010 年，Bosco 等研究发现当玉米叶蝉同时获取玉米丛矮植原体和玉米矮缩螺原体时，两种病原物都可以通过介体传播，但后期只有玉米矮缩螺原体能够传播。2014 年，Rashidi 等使叶蝉同时获得金黄色植原体和菊花黄化植原体，研究发现，菊花植原体能显著抑制金黄色植原体的增殖和传播。病原物还可以通过改变寄主植物代谢和防卫等途径引诱介体昆虫，包括介体昆虫的取食偏好和定向偏好等，从而促进病原物通过介体昆虫的传播。MEAMI 烟粉虱能传播番茄黄化曲叶病毒，2007 年 Jiu 等研究发现，烟粉虱在感染番茄黄化曲叶病毒的烟草上种群密度、产卵量和寿命都高于在未感染烟草上的，说明 MEAMI 烟粉虱与番茄黄化曲叶病毒形成间接互惠关系。进一步研究发现番茄黄化曲叶病毒致病蛋白 βC1 与烟草中的转录因子 MYC2 互作，降低了植物的抗虫性，使得更适于 MEAMI 烟粉虱的生长与繁殖。

　　虫传病害主要通过改变耕作制度、清除感病植株、消灭介体昆虫和选育抗病品种等进行综合防治，从而减少病害流行和降低产量损失。调整种植方式、适时播种和移栽，使作物避开介体昆虫发生的高峰期或迁飞期，对预防病害有利。糜和麦都是由介体昆虫螨类传播的小麦条点花叶病的寄主，糜和麦的混种会使病害发生更加严重。在华北平原冬小麦区实施的将套种和间种改为平作，从而控制了小麦丛矮病。发病的作物寄主和杂草是病害的初侵染源，铲除病株等可减少病害的发生。许多持久性病毒主要在介体昆虫体内越夏和越冬，杀灭介体昆虫，特别是传播持久性病毒的介体能显著减少病害传播。杀灭介体昆虫可以通过杀虫剂、粘虫板和捕虫灯等方式进行。有些介体昆虫，其不能在同一种寄主上完成生活史，需要在转移寄主上产卵，或越冬，或越夏，因此，铲除或不种植转移寄主可控制介体昆虫。培育抗病品种是一种持续和有效的控制虫传病害的有效方法。对于无性繁殖的植物，选用脱毒和无毒种质资源，不但能减轻病害的危害，而且可减少病原物对作物的伤害。马铃薯 Y 病毒在马铃薯体内依靠维管束系统和胞间连丝移动，后者比前者的速度慢，在分生组织内没有维管束，病毒只能依靠胞间连丝移动，但其移动速度远慢于分生组织的生长，因此，旺盛生长的根尖和茎尖无毒或较少毒，可用于脱毒种薯的生产。

参考文献

耿显胜，舒金平，王浩杰，等，2015. 植原体病害的传播、流行和防治研究进展 [J]. 中国农学通报，31(25): 164-170.

阮义理，1985. 中国植物病毒病介体昆虫研究的进展 [J]. 植物保护 (6): 20-22.

BOSCO D, D'AMELIO R, 2010. Transmission specificity and competition of multiple phytoplasmas in the insect vector. Weintraub P, Jones P. Phytoplasmas: genomes, plant hosts, and vectors[M]. Wallingford, UK: CABI Publishing: 293-308.

MAYER C J, VILCINSKAS A, GROSS J, 2011. Chemically mediated multitrophic interactions in a plant-insect vector-phytoplasma system compared with a partially nonvector species[J]. Agricultural and forest entomology, 13(1): 25-35.

RASHIDI M, AMELIO R D, GALETTO L, et al, 2014. Interactive transmission of two phytoplasmas by the vector insect[J]. Annals of applied biology, 165(3): 404-413.

THEIN M M, JAMJANYA T, KOBORI Y, et al, 2012. Dispersal of the leafhoppers *Matsumuratettix hiroglyphicus* and *Yamatotettix flavovittatus* (Homoptera: Cicadellidae), vectors of sugarcane white leaf disease[J]. Applied entomology and zoology, 47(3): 255-262.

（撰稿：马占鸿；审稿：王海光）

重叠侵染　multiple infection

寄主可供侵染的一个位点上同时或先后遭受接种体不止一次的侵染，最终只能造成一个发病位点的现象。在人工接种试验中，由于可供侵染的位点是有限的，随着接种体数量不断增大，发病点数与接种体数量的比率也就不断减小，直到发病点数不再增加。如果以发病点数为纵坐标，以接种量（或接种体密度）为横坐标绘制相关曲线，其斜率会逐渐变小，直至趋近水平。这种现象不仅发生在气传病害上，在土传病害上也有报道。

发生重叠侵染现象的原因，一是寄主可供侵染的位点是有限的；二是病原物的传播体各自都是独立的，并且是随机地着落到任一位点上。格雷戈里（Gregory）提出了一个重叠侵染的转换模型，模型假设的前提是：寄主可供侵染的位点感病性是一致的（有时与实际情况不完全符合）；病原物传播体的着落与侵染是随机的（与实际情况基本上相符）。寄主位点遭受 0，1，2，⋯n 次侵染的概率符合泊松（Poisson）分布。即：

$$p_{(x=n)} = \frac{e^{-m}m^n}{n}$$

式中，m 为寄主单个位点遭受侵染次数的平均值；当侵染次数 $m=0$，$p_o=e^{-m}$，即未受侵染的概率，那么 $1-e^{-m}$ 就是位点受到 1 次和 1 次以上侵染的概率，与实际发病位点所占的百分率 y 相等。故有

$$y=1-e^{-m}，或 m=-\ln（1-y）$$

应用这一模型就可以根据实际调查得到的发病率（y），推算出寄主单个位点上遭受侵染次数（m）。例如，在 1000 个位点中，发病的位点为 500 个，则 $y=0.5$，$m=-\ln（1-0.5）=0.693$，即 500 个发病位点上，受到了 693 次侵染，故有 193（693−500）次侵染是重叠的。

在自然情况下或试验情况下，病害的重叠侵染现象肯定是普遍存在的，对接种试验中的病情数据进行重叠侵染转换有助于正确地推算病菌的侵染概率。多数情况下，经过重叠侵染转换的病情值（m）与接种量（或接种体密度）呈直线相关关系，其斜率即为侵染概率。另外，通过这样的处理和作图还可以推测病原物和寄主的其他关系。如果接种量高时直线上扬则可能有协生作用，如果出现下降则可能有拮抗作用。在应用重叠侵染转换公式时也要考虑一些不符合假设的情况，如作为寄主可供侵染的位点——叶片在生长过程中数量可能增加，面积可能有大小；新生叶片和老叶片的感病性可能不一致；叶片的生长部位、张开角度可能影响传播体着落的随机性等。

参考文献

曾士迈，杨演，1986. 植物病害流行学 [M]. 北京：农业出版社.

（撰稿：肖悦岩；审稿：胡小平）

臭椿花叶病　ailanthus mosaic disease

由马铃薯 Y 型线状病毒侵染臭椿以后主要表现为花叶症状的一种常见病害。

分布与危害　花叶病为臭椿常见病害，在北京、河北、山西、河南和陕西等地均有发生。臭椿在受到该病害感染后生长会受到严重影响。症状主要表现为系统花叶，叶面斑驳、黄绿镶嵌，并出现泡斑，叶面畸形，叶缘缺刻，有的叶片变细变尖，严重者呈线性（见图）。

病原及特征　臭椿花叶病是马铃薯 Y 型线状病毒侵染引起的。

侵染过程与侵染循环　未见相关研究报道。

流行规律　未知。

防治方法　具体未见相关研究报道。可参考木本植物病毒病害的防治措施。

参考文献

陈作义，朱本明，同德全，1981. 臭椿花叶病毒的电子显微镜观察 [J]. 自然杂志 (12): 75.

姚俊梅，刘仪，周仲铭，1993. 臭椿花叶病病原病毒的研究 [J]. 林业科学，29(6): 503-508.

刘冬梅，2007. 臭椿花叶病毒原的鉴定 [D]. 北京：中国农业大学.

臭椿花叶病症状（朱丽华提供）

牛颜冰，姚敏，王德富，等，2011. 臭椿病毒病原鉴定 [J]. 植物病理学，4: 437-440.

（撰稿：刘红霞；审稿：叶建仁）

初侵染和再侵染 primary infection and reinfection

初侵染是指越冬或越夏后存活的病原物，在新一代寄主植物生长后引起的最初的侵染，称为初次侵染（简称初侵染）。病原物在受初侵染的寄主植物组织内发育，导致植物发病，产生病原物孢子或其他繁殖体，传播到健康寄主引起再次侵染（简称再侵染）。许多植物病害在一个生长季可以发生数次再侵染。

初侵染的直接作用是造成寄主植物最初的感染。一般情况下只有初侵染的植物病害在寄主植物的生长期间是不会传播蔓延的。潜育期的长短不能完全决定一种植物病害再侵染的可能性。如黑粉病（少数例外）潜育期很长，数月到一年不等，只有初侵染而没有再侵染。有些病害虽然潜育期很短，但是不发生再侵染，如桃缩叶病，与寄主组织的感病时间相关。对于多数植物病害，如麦类锈病、白粉病、稻瘟病、葡萄霜霉病和大豆疫病等，潜育期均很短，可以重复发生再侵染，因而在寄主植物生长期间可以快速扩散造成病害流行，引起更为严重的灾害。有些植物病害，尽管可以发生再侵染，但并不对植物造成很大的危害，如由禾生指梗霉[Sclerospora graminicola（Sacc.）Schrot.] 引起的谷子白发病，发生再侵染仅在受侵叶片上产生局部病斑，并不能引起全株系统性的侵染。一种植物病害有无再侵染，与防治此种病害采取的防治措施和防治效率密切相关。仅有初侵染的病害，防止初侵染发生，基本就可以控制这种病害。对于可以发生再侵染的病害，除阻止初侵染外，还要防控再侵染，不同病害间的防治效率差异性较大。

参考文献
许志刚，2009. 普通植物病理学 [M]. 4 版. 北京：中国农业出版社.

AGRIOS G N, 2005. Plant pathology[M]. 5th ed. New York: Academic Press.

（撰稿：黄丽丽；审稿：陈万权）

川芎白粉病 chuanxiong powdery mildew

由白粉菌侵染引起的、危害川芎地上部的一种真菌性病害，是川芎上最重要的病害之一。

发展简史 2008 年胡容平报道病原菌为内丝白粉菌（Leveillula），并对病原菌形态特征进行了描述。2010 年叶华智等报道，川芎白粉病的病原菌为独活白粉菌（Erysiphe heraclei DC.），对病原菌的形态特征进行了描述，并提出了川芎白粉病的发生危害规律、防治方法。

分布与危害 川芎白粉病在四川的彭州、都江堰等川芎产区发生普遍。一般田间的发病株率为 10%～20%，严重时发病率超过 30%，部分管理不善的地块发病率高达 80%。高山苓种发病比大田重，在海拔 1100m 以下随海拔降低，病害发生率增加。

川芎白粉病主要危害叶片、叶柄和绿色嫩茎。病害从下部叶片开始，病叶和茎秆上出现灰白色不定形粉霉层，病斑不断扩大并相互结合覆盖全叶，病害逐渐向上部叶片和茎秆蔓延，发病后期，灰白色病斑上出现黑色小点。病害严重时，茎叶变黄枯死（见图）。

病原及特征 病原菌一为独活白粉菌（Erysiphe heraclei DC.），属白粉菌属。分生孢子椭圆形，25.4～35.6μm×12.7～16.3μm，串生在不分枝的孢子梗上。子囊壳暗褐色，附属丝近无色，多数近端近双叉状或不规则分枝；子囊多个，散生或近聚生，近卵圆形，80～112μm；子囊孢子椭圆形或卵形，略带黄色，19～25.4μm×12.7～15.2μm。

另一病原菌为内丝白粉菌（Leveillula sp.），属内丝白粉菌属。闭囊壳球形、扁球形，黄褐色渐变至黑褐色，直径150～200μm。附属丝常与菌丝交织在一起，基部略带褐色，闭囊壳内具多个子囊，子囊多为长椭圆形，少数椭圆形，两端圆，直或微弯，有柄，半透明，内含 2 个子囊孢子，子囊孢子椭圆形或卵圆形，略带黄色，单胞。分生孢子无色，表面不光滑，椭圆至近圆形。

侵染过程与侵染循环 川芎白粉病病菌主要以子囊壳在病残体上越冬，在山区苓种繁殖地的植株上危害，随茎节（苓子）传播，或者在蛇床子、防风等其他伞形科植物上越冬。

初侵染源为遗落病残体中的病原菌、带菌苓种、蛇床子、防风等寄主植物上的菌丝和子囊孢子。翌春气温回升后，病残体上的病菌子囊壳释放放子囊孢子，菌丝生长，产生孢子梗和分生孢子，分生孢子借气流、雨水和农事活动等进行传播蔓延，成为病害的初侵染源。

流行规律 川芎白粉病是一种气传兼种传病害，发病期间孢子借助气流和雨水传播至邻近植株上。远距离传播主要靠苓种传带。川芎白粉病流行与否及其流行程度主要取决于空气湿度、降水量、越冬菌源数量以及外来菌源到达的时间和菌量。坝区种植的川芎，秋季即可发病，但发病很轻。翌年 3～4 月，植株抽生新叶和嫩茎时，病害开始扩大蔓延。5～7 月高温、高湿的多雨季节进入发病高峰期。偏施氮肥、植株生长茂密、田间湿度大的地块发病较重。

防治方法

清洁田园 收获后及时清理田园，将残株病叶集中用生石灰或粉锈宁处理后深埋。春前田间管理时，清除植株下部老叶、病叶。

田间管理 避免多年连作，采用深沟高厢栽培；加强肥水管理，控制氮肥用量，增施磷、钾肥。

苓子消毒 秋季栽种前，苓子用 0.1% 高锰酸钾浸种 15 分钟，清水洗净后栽种。也可用 15% 粉锈宁可湿性粉剂按苓子重量的 0.2% 拌种。

化学防治 发病初期用药剂防治，药剂可选择 4% 农抗 120（嘧啶核苷类抗菌素）水剂 300～400 倍液、42% 苯菌酮悬浮剂 2000 倍液、43% 氟菌·肟菌酯悬浮剂 4000 倍液、0.5% 几丁聚糖水剂 400 倍液、41.7% 氟吡菌酰胺悬浮

C

川芎白粉病症状（曾华兰提供）

剂 6000 倍液、15% 粉锈宁可湿性粉剂 1000～1200 倍液等药剂进行叶面喷雾，7～10 天 1 次，连喷 2～3 次。

参考文献

胡容平，2008. 四川几种重要药用植物病害调查与川芎根腐病 *Fusarium solani* 防治初探 [D]. 成都：四川农业大学.

叶华智，严吉明，2010. 药用植物病虫害原色图谱 [M]. 北京：科学出版社.

（撰稿：曾华兰、何炼；审稿：丁万隆）

川芎根腐病　chuanxiong root rot

由镰刀菌引起的、危害川芎根部和茎基部的一种真菌病害，是川芎生产上最重要的病害之一。

发展简史　川芎根腐病自 20 世纪 80 年代开始在川芎种植区普遍发生。张玉芳等人最早报道，命名为川芎块茎腐烂病，由尖孢镰刀菌和茄类镰刀菌引起，以后不同学者对川芎根腐病的病原菌进行了研究报道，多数报道为尖孢镰刀菌和茄腐皮镰刀菌，并对病害的发生规律及防治进行了较为系统的研究。

分布与危害　川芎根腐病是川芎上一种常见病害，在川芎种植区普遍发生。在川芎主产地四川危害严重，川芎零星种植的甘肃、云南、江西等地也有不同程度的危害。川芎根腐病一般发病率为 10%～15%，严重时达 50%，危害后对产量影响严重。川芎根腐病主要危害根部和茎基部。发病初期，根部维管束褐变，根茎内部出现棕褐色病斑，随病情发展，受害面积扩大，局部呈褐色至红褐色，发干，部分变为水渍状，然后内部坏死，若遇天气潮湿多雨，常变为湿腐，根茎迅速腐烂，甚至无法从土中拔起。地上茎基部维管束褐变，后期须根溃烂、脱落，根茎朽烂或糊状，有特殊酸臭气。地上部症状不明显，发病初期，地上部从外围叶片开始褪色发黄，逐渐向心叶扩展，随着病情的发展，植株生长减慢，叶片从叶尖和叶缘开始发枯，最后全株枯死（见图）。病株的生长明显迟缓，长势较弱，根较小，到后期，整个植株完全停止生长，枯死，块茎腐烂。

病原及特征　对于川芎根腐病的病原菌，不同地区间病原菌类群存在差异。叶华智、严吉明、冯茜等人报道为茄腐皮镰刀菌 ［*Fusarium solani*（Mart.）Sacc.］，属镰刀菌属。大型分生孢子呈镰刀形、纺锤形等，稍弯，多隔，无色透明，分 1～3 隔，大小为 30.8（22.8～40.5）μm×5.9（5.1～6.3）μm。小型分生孢子无色透明，椭圆形、卵圆形等，0～1 隔，厚垣孢子间生或顶生，大小为 12.4（7.6～19.2）μm×8.4（3.8～5.2）μm。培养后期，厚垣孢子产生于分生孢子顶部或菌丝之间，串生，颜色较深，圆形或卵圆形，直径 8.4（6.3～10.1）μm。曾华兰等人报道为尖孢镰刀菌（*Fusarium oxysporum* Schlecht.），张玉芳等人报道为尖孢镰刀菌和茄腐皮镰刀菌。病原真菌对 pH 的适应范围很广，从 pH3～11 均能生长，以 pH6～8 生长最好。尖孢镰刀菌的生长温度范围为 5～40℃，茄腐皮镰刀菌为 10～35℃，两者最适温度均为 20～30℃。李佳穗等人认为茄类镰刀菌、尖孢镰刀菌、小不整球壳菌（*Plectosphaerella cucumerina*）和球状茎点霉（*Phoma glomerata*）均是川芎根腐病的病原。

侵染过程与侵染循环　川芎根腐病主要以分生孢子、菌丝体等在土壤和苓种上越冬。产区混合堆放的苓种平均带菌率高达 33.8%。带菌土壤和苓种是主要初侵染源。春季气温回升后，苓种和土壤中的菌丝生长，产生孢子梗和分生孢子，分生孢子随土壤、雨水和农事活动等进行传播蔓延。

流行规律　川芎根腐病是一种土传病害，发病期孢子借助土壤和雨水传播至邻近植株上。川芎根腐病流行与否及其

川芎根腐病的症状（曾华兰提供）
①发病植株；②病根；③湿腐

流行程度主要取决于越冬菌源数量、降水量以及外来菌源到达的时间和菌量。在川芎的整个生长期都会发生。川芎根腐病10～11月川芎苗期开始发病，翌年1～2月零星发生，4月中下旬至6月中旬根茎膨大期进入发病高峰期。5月高温多雨天气进入盛发期。苓秆上部幼嫩的苓种长出的幼苗比下部老熟苓种长出的幼苗更易发病。多年连作、偏施氮肥、排水不畅的地块发病较重。

防治方法

清洁田园　及时清除病株，防止病害蔓延，收获后及时清理田园，将残株集中用生石灰处理后深埋。

加强田间管理　避免多年连作，病地实行水旱轮作。采用深沟高厢栽培，保持田间排水通畅。苓种摊晾于通风阴凉处，减少病菌相互传染。加强肥水管理，控制氮肥用量，增施磷、钾肥。

苓子消毒　秋季栽种前，苓子用0.1%高锰酸钾浸种15分钟，清水洗净后栽种；或用50%多菌灵可湿性粉剂500倍液浸种20分钟，清水洗净后栽种。

化学防治　栽种前，结合施肥，每亩撒施1.5kg哈茨木霉菌。生长季发现病株及早防治。发病初期用枯草芽孢杆菌100亿个/L的菌悬液、99%噁霉灵可湿性粉剂3000倍液、50%甲基托布津可湿性粉剂800～1000倍液、40%多·硫悬浮剂500倍液等药液灌窝，10～15天1次，连灌2～3次。

参考文献

叶华智，严吉明，2010. 药用植物病虫害原色图谱 [M]. 北京：科学出版社 .

曾华兰，叶鹏盛，倪国成，等，2009. 川芎主要病虫害及其发生危害规律研究 [J]. 西南农业学报，22(1): 99-101.

张玉芳，杨星勇，刘先齐，等，1992. 川芎块茎腐烂病的发生及防治 [J]. 中药材，15(6): 7-8.

（撰稿：曾华兰、何炼；审稿：丁万隆）

穿龙薯蓣黑斑病　dioscorea black spot

由链格孢侵染导致的一种穿龙薯蓣真菌病害。属常见叶斑病，个别地区危害严重。

发展简史　该病最早始发于辽宁穿龙薯蓣产区，傅俊范、周如军等人对该病的病原学、发生规律及其防控技术进行了系统研究报道。

分布与危害　分布于东北及华北。穿龙薯蓣黑斑病主要危害叶片，不能危害花、枝条和果实。各年生穿龙薯蓣叶片均可受害，2、3年生叶片发病率较高。发病初期叶片上产生针尖大小黑褐色斑点，后扩展为圆形、近圆形或不规则形病斑，生长不受叶脉限制，外圈黑褐色，中间灰褐色，有明显的黄色晕圈。病斑直径2～10mm不等，严重时中间灰白色部分可以形成穿孔。湿度大时病斑上出现黑色絮状霉层，为病原菌的分生孢子和分生孢子梗。后期病斑扩展迅速，一些病斑连片形成大型病斑，病叶开始枯黄、萎蔫，严重影响叶片的光合作用。由于9月是穿龙薯蓣根茎快速生长期，而此时病斑扩展迅速，大量病斑使叶片提早变黄、枯萎，严重影响了穿龙薯蓣的产量和质量（图1）。

病原及特征　病原为薯蓣链格孢（*Alternaria dioscoreae* Vasant Rao），属链格孢属。分生孢子梗一般簇生，直立，少单生，分隔，60～102μm×4～7μm。分生孢子单生或短链生，暗褐色，卵形、长椭圆形或倒棒状，横隔膜2～7个，纵隔膜2～4个，分隔处略缢缩，孢身40～69μm×13～17μm。喙淡褐色，有隔膜，顶端稍膨大，9～46μm×3～6μm。分生孢子萌发最适温度20～25℃；菌落生长最适温度25～30℃（图2）。

侵染过程与侵染循环　病菌以菌丝和分生孢子在田间病残体上越冬，为翌年病害发生的主要初侵染源。借风雨传播，进行再次侵染，扩大危害。5月下旬至6月上旬，平均温度回升到15～20℃左右病害始发，7～9月为病害盛发期。

流行规律　高温、多雨、多露病害发生重。地势低洼，

图 1 穿龙薯蓣黑斑病田间危害症状（傅俊范提供）

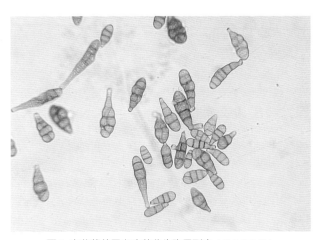

图 2 穿龙薯蓣黑斑病菌分生孢子形态（傅俊范提供）

植株过密，冠层通风透光性差发病重。

防治方法　彻底消除田间病残体，集中深埋腐熟或烧毁，减少初侵染来源。土壤消毒及合理施肥培育无病壮苗：用 30% 土壤消毒剂（30% 过氧乙酸）100 倍进行土壤消毒可大大减少田间初始菌源。选择地势较高的田块种植穿龙薯蓣，避免田间积水。选透风性好的田块种植。

加强田间病情监测，及时药剂防治。可喷施 75% 百菌清可湿性粉剂 600 倍液、80% 大生 M-45 可湿性粉剂 500 倍液、64% 杀毒矾可湿性粉剂 500 倍液、50% 扑海因可湿性粉剂 1500 倍液、80% 喷克可湿性粉剂 800 倍液，还可用 12% 绿乳铜乳油 600 倍液或 1∶1∶150 倍式波尔多液喷雾。

参考文献

丁万隆，2002. 药用植物病虫害防治彩色图谱 [M]. 北京：中国农业出版社 .

傅俊范，2007. 药用植物病理学 [M]. 北京：中国农业出版社 .

傅俊范，周如军，白静，等，2006. 辽宁省穿山龙黑斑病发生初报 [J]. 植物保护，32(5): 121-122.

周如军，傅俊范，2016. 药用植物病害原色图鉴 [M]. 北京：中国农业出版社 .

（撰稿：傅俊范；审稿：丁万隆）

穿龙薯蓣锈病　dioscorea rust

由薯蓣柄锈菌侵染叶片导致的一种穿龙薯蓣真菌病害。发生普遍，危害严重。

发展简史　该病最早始发于辽宁穿龙薯蓣产区。傅俊范、李阳人对该病的病原学、发生规律及其防控技术进行了系统研究报道。

分布与危害　主要危害 2 年生以上植株的叶片和茎，严重时可危害叶柄和果实。发病初期病斑为白色至淡黄色小点或小突起，不突破寄主表皮，后来逐渐发展为黄褐色或肉桂褐色、隆起、圆形的夏孢子堆，单生或连成片。夏孢子堆在叶的两面均有着生，多生于叶片上表面，多为聚集，不规则形，发病严重时布满叶片。夏孢子堆被寄主表皮覆盖或后期裸露并被破裂表皮围绕，粉状，红褐色。9 月上旬叶片背面形成冬孢子堆，深黑褐色，坚实，造成叶片提早变黄、枯萎（图 1）。

病原及特征　病原为薯蓣柄锈菌（*Puccinia dioscoreae* Kom.），属柄锈菌目柄锈菌属。夏孢子近球形、椭圆形或倒卵形，13 ～ 22μm×11 ～ 17μm，淡黄色或黄褐色，有刺。芽孔 1 ～ 2 个，多数为 1 个。多为腰生，少数为顶生或同时顶生和腰生。夏孢子最适萌发温度是 10 ～ 20℃；最适萌发湿度是 98%；最适萌发 pH6 ～ 8。冬孢子圆柱形或棍棒形，顶端圆或平截，基部略狭，2 ～ 4 室，多数为 3 室，隔膜处略缢缩，61 ～ 84μm×12 ～ 20μm，壁光滑，淡黄褐色，顶壁加厚且颜色加深，顶壁厚 10 ～ 21μm，柄很短或近无柄（图 2）。

侵染过程与侵染循环　病菌以冬孢子堆形态在枯叶上越冬。翌年 3、4 月随着气温回升，冬孢子萌发产生担孢子进行初侵染，产生夏孢子及夏孢子堆，夏孢子在穿龙薯蓣生长季进行反复侵染，造成危害。在东北病害始发期为 5 月上旬，最初茎部发病，幼茎上沿维管束方向密布白色、长型夏孢子堆，严重时几乎布满整个茎部，造成植株生长缓慢，甚至停止生长；后期整个茎部全部被肉桂褐色孢子堆包围，孢子堆突破表皮，随风雨传播。

流行规律　5 月中下旬叶片开始发病，6 月下旬至 8 月中旬为叶片发病高峰期。9 月上旬开始产生冬孢子堆，直至穿龙薯蓣生长季结束。夏孢子和冬孢子均借助气流及雨水飞溅传播。

防治方法

农业防治　选择土质结构疏松、肥沃的砂质壤土栽种，其次是壤土和黏壤土。因穿龙薯蓣对水分要求不高，故适合山区地势较高的田块种植，黏土、低洼积水、杂草多、透风差的田块不宜种植。保持床面整洁，注意及时除草，保持冠层通风，雨季及时排水，降低田间湿度。喷施叶面肥、氮肥和腐熟有机肥，提高植株抗病性。秋季穿龙薯蓣叶片枯萎后，及时清除床面病残体，并集中烧毁，不能深埋。

化学防治　在穿龙薯蓣展叶期就开始用药，根据田间降雨情况，每 7 ～ 10 天用药 1 次，遇雨重新补喷药剂。可选用 50% 翠贝干悬浮剂 1500 倍、25% 阿米西达悬浮剂 1000 倍、10% 世高水分散粒剂 800 倍、12.5% 腈菌唑乳油 1000 倍、15% 三唑酮可湿性粉剂 600 倍液进行茎叶喷雾。

图 1　穿龙薯蓣锈病田间危害（傅俊范提供）

图 2　穿龙薯蓣锈病叶片上冬孢子堆（傅俊范提供）

参考文献

傅俊范 ,2007. 药用植物病理学 [M]. 北京 : 中国农业出版社 .

傅俊范 , 周如军 , 严雪瑞 ,2004. 辽宁省发现穿地龙锈病 [J]. 植物保护 ,30(2): 90-91

周如军 , 傅俊范 ,2016. 药用植物病害原色图鉴 [M]. 北京 : 中国农业出版社 .

（撰稿：傅俊范；审稿：丁万隆）

传播距离　distance of spread

病害从菌源中心向四周扩散蔓延的距离。病害传播距离是病原物传播体的有效传播距离，不仅包括传播体的物理传播，还要考虑传播后，受各种生物、非生物因素影响，引致侵染发病的概率。因此，病害的传播距离是有限的，其传播距离的最端点也应有"实查可得"的病害最低密度（或概率）与其相对应。所谓病害最低密度依病害种类和工作要求的精

度而定。如小麦条锈病，在一般种植密度下，以 $4m^2$ 样方中病叶率为 0.01%；叶锈病可定为 1m 行长植株叶片上 1 个孢子堆等。

传播距离是研究病害以空间距离为量纲的某一时刻病情变化规律的一个侧面，它含有两层意思。一是病原物传播体的物理传播距离，和其他任何非生物的空中微粒气流传播的规律一样，可根据孢子的形状、大小、比重和气流运动的速度及孢子沉降速度求出；二是病原物传播体的有效传播距离，也就是孢子被气流传播并实际引致病害发生的距离，即病害传播距离。病原物传播体的物理传播距离和病害传播距离不相等，但密切相关。病害传播距离除受物理因素影响，如温度、湿度、光照等，还受生物学因素影响，如传播体数量、密度和侵染力等。

病害的传播距离可用一次传播距离或一代传播距离表示，一次传播一般以日为时间单位，即一日内所引致的病害传播距离。然而，在实际病害流行过程中，传播可能连日发生，同一日侵入的位点也会在连续数日内发病。因此，为了模拟病害自然传播，又提出一代传播距离的概念，即菌源开始传播后，在一个潜育期间内多批传播所造成的传播距离。病害传播距离的推算，首先要针对病害，确定最低发病密度（或概率），即确定"实际可查"的最低病情（X_{min}）。最低病情的标准，通常依照病害种类和工作要求精度而定。一经确定后，则可由传播梯度模型推导出传播距离（D）。若采用梯度模型 $X_i = a/ b_i^b$ 经一系列推导可得出传播距离公式：

$$D = \exp\left[\, 1/b\,(\ln a - \ln X_{min})\,\right]$$

根据传播距离的远近可分为近程、中程和远程传播三级。凡一次传播距离在百米以内的称为近程传播又称田内传播，由地表或植物冠层的风力、雨滴飞溅、地面径流等动力造成传播条件均一时发病后呈一定梯度。传播距离达几百米至几千米的可称中程传播，又称田间传播。当孢子量较大且风力和上升气流较强时，有相当数量的孢子遭散或被抬升到冠层以上数米高度，再被地面风吹送到其他田块，或借传毒昆虫的迁移把病害传到相邻的其他田块，中程传播一般见不到连续的梯度现象。少数气传病害一次传播距离能达到几十、几百千米以上的传播称作远程传播，又称区间传播。

传播距离的预测是指导早期进行病害点片化学防治的主要依据。但传播距离和传播条件相互关系的定量研究难度较大。已报道的研究指出：菌源中心菌量愈大或侵染条件愈好，传播距离愈远。

参考文献

肖悦岩 , 季伯衡 , 杨之为 , 等 ,1998. 植物病害流行与预测 [M]. 北京 : 中国农业大学出版社 .

曾士迈 , 杨演 ,1986. 植物病害流行学 [M]. 北京 : 农业出版社 .

（撰稿：汪章勋；审稿：檀根甲）

传播速度　velocity of spread

单位时间内病害传播的距离。时间单位可以是日、周或

月，也可以是一个潜育期的天数（p）。若时间单位采用日，传播速度等于逐日的一次传播距离的增量的日平均值。设：RD_d 为日平均传播速度，Dd_i 为第 i 天实现的一次传播距离，则：

$$RD_d = \frac{1}{n-1}\sum_{i=1}^{n-1}\left(Dd_{i+1}-Dd_i\right) = \frac{1}{n-1}\left(Dd_x-Dd_1\right)$$

例：假设小麦条锈病在 5 月 1 日实现的传播距离为 0.7m，至 5 月 12 日达 4m，则平均传播速度为：

$$RD_d = 1/（12-1）×（4-0.7）= 0.3m/日$$

同上，如时间单位采用一个潜育期的天数 p，则传播速度等于连续 n 代的一代传播距离的平均值，如令 RD_p 为代平均传播速度，令 Dp_i 为第 i 代的一代传播距离，则：

$$RD_p = \frac{1}{n-1}\sum_{i=1}^{n-1}\left(Dp_{i+1}-Dp_i\right) = \frac{1}{n-1}\left(Dp_n-Dp_1\right)$$

在传播速度的定量研究方面，成熟的方法和确切资料很少，流行过程的时间动态和空间动态相结合的理论研究已经起步。病害流行过程中，当传播条件（气流、风速、寄主植物密度等）相同时，流行速度（平均日增长率）愈高，传播距离愈大，传播速度就愈快；传播速度愈快，空间传播范围愈大，流行速度的潜能发挥也就愈大。这是流行过程中的两个侧面，二者相辅相成决定了病害的扩展蔓延。例如，1983 年，迈诺奇（K. P. Minogue）提出根据传播速度、传播梯度、产孢率、潜育期、传染期相结合的传播梯度依流行速度和传播速度而变的公式：

$$v = r/g$$

式中，g 相当于梯度模型，$X_i=a·d_i^{-b}$ 中的梯降系数 b，定义为病情逻值对距离的回归式斜率；a 为病害发病后菌源中心处的病情；X_i 为距离 d_i 处的病情；d_i 为距离；菌源中心为 1，$d \geqslant 1$，b 值决定于病害种类、传播条件等。r 为表观侵染速率，即病情逻值对时间的回归式斜率；v 为传播速度，指病害在单位时间内的向前扩展的速度，即梯度线向前平移的速度，其量纲为距离（m）/时间（日）。

（撰稿：汪章勋；审稿：檀根甲）

传播体　disseminule

任何可以传播一定距离、引起病害并产生后代的病原物结构。主要包括以下形式：

病原菌的各种孢子和孢子囊　例如稻瘟病菌的分生孢子、小麦条锈病菌的夏孢子、马铃薯晚疫病菌的孢子囊等。

真菌的菌核和微菌核　形状大小差别很大，菌核通常大小在几毫米到几厘米之间，微菌核则通常不到 0.1mm，表面常有色素，可耐高温、低温及干燥保存，例如油菜菌核病菌的菌核和棉花黄萎病菌的微菌核。

真菌菌丝　例如马铃薯早疫病菌的菌丝可通过种薯带菌进行传播。

细菌细胞或菌脓　例如柑橘溃疡病产生大量的细菌可

以通过雨水传播进行侵染。

病毒的粒体、含病毒的植物汁液以及携带病毒的介体　大部分植物病毒在植物之间的传播是依赖于介体，虽然不同的植物病毒有不同类型的生物体作为介体，但是多数植物病毒的传播介体都是能够刺吸植物韧皮部的昆虫，包括蚜虫、粉虱、飞虱以及蓟马等。

线虫的幼虫、成虫、卵和虫瘿　例如松材线虫。

高等寄生性植物的种子等　例如菟丝子和槲寄生等的种子，甚至菟丝子的蔓茎片断都可以经由风、动物或者人类活动传播。

病原的传播体通过长期进化，通常具备以下一种或多种特点，以适应传播和种群繁衍：

数量巨大　例如稻瘟病一个典型病斑可日产分生孢子 2000～6000 个，连续产孢 2 周左右。即使病原菌的传播体经扩散、传播后着落在寄主可供侵染的部位并成功侵染的概率很低，但由于其数量巨大，也能保证病害的传播以维持病原物种群的生存和繁衍。

体积小、质量轻　通常病原物的传播体都具有体积小、质量轻的特点，以利于被气流、水流、昆虫、农机具等携带传播。

主动性传播　有些菌物的孢子成熟后能主动放射，另一些则能通过菌丝生长蔓延扩展。如油菜菌核病菌子囊盘成熟后，子囊孢子可主动弹射，在静止空气中，弹射高度可达 75cm 左右。

抗逆性强　有些病原菌传播体对不良环境因素具有较强耐受力或抵抗力。如棉花黄萎病菌的微菌核可在土壤中存活多年。强抗逆性能保证传播体在传播过程中保持侵染活力，实现有效传播。

吸引介体　少数病原菌传播体具有引诱昆虫、鸟类等传播介体从而得到传播的特点。如麦角病菌侵染大麦，病菌在产生分生孢子时也刺激植物产生蜜露，诱使昆虫取食而代为传播其分生孢子。

参考文献

曾士迈，杨演，1986. 植物病害流行学 [M]. 北京：农业出版社．

（撰稿：吴波明；审稿：曹克强）

传播途径　transmission route

病原物由被侵染寄主植物释放后，侵入新的易感寄主前，在外界环境中所经历的全过程。植物病原物的传播途径主要包括气传、土传、种传和虫传等（见土传病害、虫传病害和种传病害）。传播是植物病害流行的基础，没有传播就没有病害的扩展。

病原物会根据自身特点发展出适于其传播的方式。病原物的传播机制与其在寄主植物体发生的部位和自身特点有一定关系。例如，植物叶部病害的传播多依赖于气流、雨水以及各种动物介体；植物根部病则主要依靠土壤的翻耕以及灌溉水流进行迁移；大部分植物体的繁殖都要依靠种子繁殖，而种子表面和内部均可能携带致病生物体成为病原物传播的重要途径；部分病原物可依附于昆虫等小动物的体表或侵入其体内依靠虫体的迁移和叮咬进食进行传染。

在植物病害中，有很多重要病原是通过气流传播的，即气传病害，例如禾本科作物的锈病和白粉病。这两种病害在世界范围内分布广泛，产孢量大且孢子小而轻，能够借助气流进行长距离传播而引起大范围的病害发生，对粮食作物造成严重的产量损失。

土壤是植物体赖以生存的基础，同样也是微生物喜爱的生活环境，其中存在部分细菌、真菌、病毒和原生动物等能够侵染植物，通过限制水分和营养的吸收和向植物体地上部分供应或导致地下部分的不正常发育而降低植物品质，甚至造成植物体的死亡。此类病害传播距离有限，不能进行远距离传播，其水平传播基本在一个田块范围之内。如部分致病镰刀菌引起的枯萎病和禾顶囊壳引起的小麦全蚀病，通过土壤或田间带菌病残体侵染幼根，并通过维管束向上扩展至茎基部或上部叶片，导致植物体死亡。

全球约90%的粮食作物需要通过种子繁殖，而病原物可以分布于种子表面或以菌丝的形式寄生在种皮内部随种子的运输传播。小麦腥黑穗病菌能够依附在种子表面，随着种子的播种孢子萌发产生菌丝穿透寄主细胞，随小麦的生长而生长并于开花期释放大量孢子完成侵染循环。

植物病毒的传播大多需要昆虫介体，主要包括半翅目、鞘翅目、缨翅目、直翅目、革翅目、鳞翅目和双翅目，其中，半翅目是迄今最重要的植物病毒传播介体类群。如莴苣侵染性黄化病毒由带毒蚜虫进食植物后侵染植物体引起。

而部分病原物在寄主生长的不同阶段和病害循环的不同时期具有多种传播途径。比如，马铃薯晚疫病菌寄生在种茎上和病残体上为病害发生提供初始菌源，随着植物体的生长和病原物的扩展，其病原孢子亦可随气流和雨水飞溅而传播，进一步扩大病害的发生范围。对于此类病害，应做到前期加强种茎和田间的管理，后期同样要有效控制病害发生中心，防止其大面积扩散而难以控制。

了解病害传播途径是认识病害发展和流行的基础。病原物的传播越来越成为制定植物健康保护决策的依据。切断有效的传播途径是控制病害大范围蔓延的重要手段之一。不仅各类病害传播途径繁多，且部分病害同时具有多种传播方式，给病害控制造成了很大困难。因此，了解病害在不同条件下的传播途径和特点能够为制定科学合理的病害防控策略提供依据。

参考文献

库克 B M, 加雷斯·琼斯 D, 凯 B, 2013. 植物病害流行学 [M]. 2版. 王海光, 马占鸿, 主译. 北京：科学出版社.

马占鸿, 2010. 植病流行学 [M]. 北京：科学出版社.

施艳, 王英志, 汤清波, 等, 2013, 昆虫介体行为与植物病毒的传播 [J]. 应用昆虫学报, 50(6): 1719-1725.

（撰稿：马占鸿、吴波明；审稿：王海光）

垂丝海棠穿孔病　perforation of *Malus halliana*

由海棠尾孢引起的，危害垂丝海棠的一种真菌性穿孔病病害。

分布与危害　在垂丝海棠种植区均有发生。病菌主要危害叶片，也危害新梢。严重时满叶穿孔形似筛网。造成大量落叶，枝条枯死，影响观赏并削弱树势，诱发树干流胶病或根癌病。

发病初期，病斑上产生黄色小点，渐形成黄褐色小斑，边缘红色，后期可见褐色不规则病斑内密生细小褐色点状物，即病原菌的子实体，最后形成穿孔症状，引起早落叶（图 1）。

病原及特征　病原为尾孢属的海棠尾孢（*Cercospora mali* Ell. et Ev.）。子座近球形，较小，褐色。分生孢子梗3～12根一簇，青褐色，顶端色淡而细，不分枝，平滑，直立到稍弯曲，有1～9个屈膝状折点，孢痕疤明显，横隔2～7个，大小为30～170μm×4.5～6μm，合轴式产孢。分生孢子针形无色，平滑不链生，横隔8～10个，孢子大小为30～180μm×2.7～4μm（图 2）。也侵染苹果。

侵染过程与侵染循环　病菌喜高湿度环境下进行侵染。

图 1　垂丝海棠穿孔病症状（伍建榕摄）

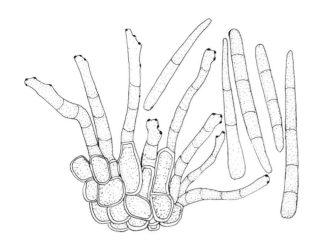

图 2 海棠尾孢（陈秀虹绘）

真菌以菌丝或分生孢子在病株或病残体上越冬，翌年春天借风、雨传播，自伤口或自然孔口侵入。

流行规律　其病菌的发育适温是 24～28℃。5～6 月温暖多雨有利于病菌侵染发病，夏季干旱病情减缓，秋雨季节再次发病。春季温暖多雨，伤口多，排水不良，树势衰弱，通风透光差，容易引起发病。

防治方法

农业防治　及时清理病叶，清除病源。创造通风透光条件。加强养护管理，增强植株抗性。易患病的几种植物不要种植在一起且种植时避免成片、过密栽植，减少相应侵染的机会。

化学防治　于萌芽前喷施 3～5 波美度的石硫合剂。展叶后喷施 1% 石灰倍量式波尔多液或 70% 甲基硫菌灵可湿性粉剂 1000 倍液；发病初期可喷施 75% 百菌清可湿性粉剂 600 倍液。

参考文献

陈秀虹，伍建榕，2014. 园林植物病害诊断与养护：上册 [M]. 北京：中国建筑工业出版社.

方会英，2009. 绿植花卉病虫害防治 [M]. 北京：化学工业出版社.

（撰稿：伍建榕、韩长志、姬靖捷、吴峰婧琳；审稿：陈秀虹）

垂丝海棠腐烂病　rottenness of *Malus halliana*

由苹果黑腐皮壳引起的一种真菌性垂丝海棠枝干部病害。又名垂丝海棠烂皮病、垂丝海棠臭皮病。

发展简史　中国最早于 1916 年在辽宁南部就有记载，是从日本引种苹果苗木时传入的，1948—1949 年曾两度在辽南地区大流行，造成大批果树死亡，是中国北方果区危害最严重的病害。

分布与危害　分布在东北、华北、西北和华东、华中的北部地区，尤其以东北地区受害严重。此外山西、河南、江苏、云南等地也有发生。

病害在海棠树各个生长阶段均会发生，以结果树干发病较重。病斑主要发生在主干、主枝、树杈及侧枝上，小枝很少受害。病树皮层腐烂坏死，病状以溃疡型为主，其次还有枯枝型。病斑皮层呈红褐色，略水渍肿胀状，病部常有黄褐色汁液流出，病皮极易剥离。病害严重时有酒糟味，后失水变褐色，病斑有时发生龟裂。在病斑上密生许多黑色小颗粒，当空气潮湿时小颗粒上涌出橘黄色卷丝状的胶状物是病原的无性孢子角（见图）。

病原及特征　病原为核菌球壳黑腐皮壳属苹果黑腐皮壳（*Valsa mali* Miyabe et Yamada）。有性态与无性态都产生于子座内。子囊壳 3～14 个，烧瓶状，具长颈，暗色，埋生在子座间，直径 350～680μm，颈长 190～360μm。子囊棍棒形，大小为 29～36μm×7～10μm；无色，内含 8 个子囊孢子。子囊孢子无色，单胞，香蕉形，大小为 7～10μm×1.5～2μm。其无性态是壳囊孢属的一个种 *Cytospora* sp.。分生孢子器暗色，长于子座内，多腔，有共同的孔口，分生孢子无色，单胞，香蕉形，大小只比子囊孢子稍小。

侵染过程与侵染循环　病菌以菌丝体、分生孢子器及子囊壳在病树皮上越冬。翌春，病菌开始活动，扩展致病，3～11 月，田间都有病菌孢子传播侵染，3 月下旬至 5 月侵染较多。病菌多由剪锯口、冻伤口、落皮层（翘皮形成前期）及带有死组织的伤口侵入，也可从果柄痕和皮孔侵入。由于病菌侵染时期长，侵入途径多，外观无症状的树皮往往潜伏有腐烂病菌。当树体或局部组织衰弱，抗病力降低时，潜伏病菌便向健康组织扩散危害，使枝树组织腐烂。

流行规律　此病一年有两个扩展高峰期，即 3～4 月和 8～9 月，春季重于秋季。树势健壮、营养条件好，发病轻微，树势衰弱，缺肥干旱、结果过多、发生冻害及红蜘蛛大发生后，腐烂病可大发生。发病时期因各地气候条件不同而异，北方果区 2 月下旬开始发病，3～4 月为发病盛期，7～8 月发病较少，8～9 月下旬稍有回升，11 月以后停止发病。

防治方法

农业防治　该病害的防治应以园区管理、药剂防治为主。冬季结合修剪，把病虫害枝、枯枝等剪除，集中烧毁或深埋，无法挽救的历史病株清除烧毁。合理密植，适当修剪，

垂丝海棠腐烂病症状（伍建榕摄）

适时中耕锄草，使果园通风透光，按比例施用氮、磷、钾肥，不偏施氮肥。排灌得当，防寒保树。冬、夏季将树干涂白，防冻伤和日灼。

化学防治　对修剪及刮治的伤口，可用波尔多液，或 4～6 波美度石硫合剂消毒后，伤口可涂抹 0.1% 萘乙酸羊毛脂促进伤口愈合，或涂接蜡（松香 2 份 + 石蜡 2 份 + 动物油 1 份）或抹以石膏退菌特水胶（10% 水胶 4 份 + 石膏 2 份 + 退菌特 1 份）。用松焦油防治腐烂病，抑菌效果显著（达 95%）。即使用 270℃ 以后分馏的松焦油 5 倍液，刷至病部见流水为度，可用刷子将病部刷成网孔状，病健交界处要多拉伤些（增加渗透杀菌功能），再刷松焦油药剂。还可用复方内疗素（1000 万生物单位的内疗素液 0.5kg 加入 1%～2% 的硫酸铜）防治腐烂病，复方内疗素是一种高效、低毒、内吸的生物制剂，并能够刺激伤口愈伤组织生长，以 4 月喷洒树干为好，不能喷洒至叶，否则会造成药害。

参考文献

陈秀虹 , 伍建榕 , 2014. 园林植物病害诊断与养护 : 上册 [M]. 北京 : 中国建筑工业出版社 .

刘永齐 , 2001. 经济林病虫害防治 [M]. 北京 : 中国林业出版社 .

吴成方 , 李萍 . 2014. 园林植物病虫害防治 [M]. 合肥 : 合肥工业大学出版社 .

张俊楼 , 修先平 , 林威 , 1987. 北方林果树病虫防治手册 [M]. 北京 : 科学技术文献出版社 .

（撰稿 : 伍建榕、韩长志、姬靖捷、吴峰婧琳 ; 审稿 : 陈秀虹）

垂丝海棠红花寄生害　*Scurrula parasitica* of *Malus halliana*

由红花寄生引起的一种危害垂丝海棠的病害。又名桑寄生。

分布与危害　主要分布于亚洲南部和东南部的热带和亚热带地区。垂丝海棠被侵害部位肿大成不规则瘤状，寄生物枝叶向上生长，其根出条向下向树皮外延伸。寄生的小红花植株不落叶，症状更明显。受害部位向阳或在树冠光照较好处（见图）。

病原及特征　病原为桑寄生科植物梨果寄生属（*Scurrula* L.）的红花寄生（*Scurrula parasitica* L.）。约有 50 种。在昆明发现 1 个变种小红花寄生［*Scurrula parasitica* L. var. *graciliflora*（Wollyrex DC.）H. S. Kiu］，特征与红花寄生相同，但花色为黄绿色，花小，花冠管状，1.2～2cm。红花寄生嫩叶、嫩梢有茸毛，成长叶两面无毛；花红色被毛，陀螺形。

侵染过程与侵染循环　寄生性种子植物的种子靠鸟类传播，黏附于树皮上，吸水萌发后与寄主接触处形成吸盘，并分泌消解酶，侵入寄主的输导组织，吸取养分，在根吸盘形成后数日便开始形成胚叶，长出茎叶部分。部分根出条沿着寄主枝条延伸，隔一段距离形成一条新的吸根侵入寄主皮层，并形成新的枝丛。寄生物为多年生植物，在寄主的枝干上越冬，每年产生大量种子。

垂丝海棠红花寄生害症状（伍建榕摄）

C

防治方法　移栽大树前必须将桑寄生植株锯去，应在根出条下部约20cm处锯断，伤口涂封固剂保护。在春末夏初检查园地，发现病株立即清除；检查林木时，发现有寄生的植物，彻底砍除病枝，以便减轻发病。由于寄生植物的吸盘和寄主缠绕较紧密，清除时注意尽可能少伤害寄主。

参考文献

陈秀虹，伍建榕，2014.园林植物病害诊断与养护：上册[M].北京：中国建筑工业出版社.

佘德松，李艳杰，2011.园林病虫害防治[M].北京：科学出版社.

王润珍，王丽君，王海荣，2011.园林植物病虫害防治[M].北京：化学工业出版社.

（撰稿：伍建榕、韩长志、姬靖捷、吴峰婧琳；审稿：陈秀虹）

垂丝海棠轮斑病　ring spot of *Malus halliana*

由苹果链格孢引起的危害垂丝海棠叶部的真菌性病害。

分布与危害　不同地区的海棠轮斑病的发生程度存在一定差异，在山东、河南和北京的危害相对较重，山西和陕西的危害相对较轻。海棠轮斑病的危害面积显著扩大，并有继续加重的趋势。

病斑多呈半圆形（多发生于叶边缘），多个病斑相连时呈不规则大斑，暗褐色，有明显轮纹，小气候潮湿时，病斑背面长有黑色霉状物。发病严重时，叶片焦枯，病叶和病果早脱落（见图）。

病原及特征　病原为链格孢属苹果链格孢（*Alternaria mali* Roberts）。分生孢子梗丛生，具明显的孢痕，呈屈膝状，有分枝，分隔，黄褐色，越向基部色越深，大小为16.9～70μm×4～6μm。分生孢子倒棍棒形，淡黄色，具纵、横分隔，一般有2～5个横隔，1～3个纵隔，分隔处稍缢缩，顶端有喙，大小为36～46μm×8～13.7μm，分生孢子单生或链生。

侵染过程与侵染循环　病原菌以菌丝体、分生孢子器在被害叶片上越冬。翌春在适宜条件下产生大量分生孢子通过风雨传播，从皮孔侵入枝干引起发病。轮斑病当年形成的病斑不产生分生孢子，故无再侵染。病菌侵染叶片多集中在6～7月，叶片受侵染不立即发病，病菌侵入后处于潜伏状态。

流行规律　病菌是弱寄生菌，老弱树易感病。偏施氮肥，树势衰弱，病情加重。温暖多雨或晴雨相间日子多的年份易发病。

防治方法　加强栽培管理，提高树体抗病力，新建果园注意选用无病苗木。定植后经常检查，发现病苗、病株要及时淘汰、铲除，以防扩大蔓延。苗圃应设在远离病区的地方，培育无病壮苗。同时，应实行苗木检疫，防止病苗传入。铲除越冬菌源，在早春喷4～5波美度石硫合剂，杀死潜伏在叶片病斑的病菌，生长季节喷施0.5：1：100波尔多液。

参考文献

陈秀虹，伍建榕，2014.园林植物病害诊断与养护：上册[M].北京：中国建筑工业出版社.

垂丝海棠轮斑病症状（伍建榕摄）

黄宏英，程亚樵，2006.园艺植物保护概论[M].北京：中国农业出版社.

孙小茹，郭芳，李留振，2017.观赏植物病害识别和防治[M].北京：中国农业大学出版社.

（撰稿：伍建榕、韩长志、姬靖捷、吴峰婧琳；审稿：陈秀虹）

垂丝海棠锈病　rust of *Malus halliana*

由山田胶锈菌引起的危害垂丝海棠叶部的真菌性病害。

分布与危害　分布于中国东北、华北、西北、华中、华南、西南等地。该病使垂丝海棠叶片布满病斑，严重时叶片枯黄早落。该病同时危害圆柏属的树木，发病时针叶大量死亡，甚至小枝枯死，使树冠稀疏，影响园林景区的观赏效果。

发病初期病斑上产生黄绿色小点，渐形成橙黄色小斑，边缘红色，约半个月后病斑表面密布鲜黄色细小点状物（性孢子器）。从性孢子器中会涌出具光泽的黏液，内有大量的性孢子，黏液干燥后，细小黄色点状物变为黑色。接着叶背病斑隆起，在凸起的病斑上产生许多淡黄色管状物（锈孢子器）。嫩叶、叶柄、幼果、果柄均易受害，呈现畸形（图1）。

病原及特征　病原为胶锈菌属的山田胶锈菌（*Gymnosporangium yamadai* Miyabe），是转主寄生菌。该寄生菌在苹果属植物上形成性孢子器和锈孢子器，而后传播到转主圆柏、龙柏、翠柏上则形成冬孢子角和冬孢子，冬孢子萌发后产生担孢子。性孢子器先埋生，后外露，近球形。

图 1　垂丝海棠锈病症状（伍建榕摄）

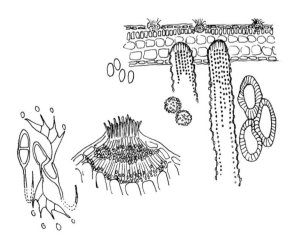

图 2　山田胶锈菌（陈秀虹绘）

性孢子单胞，无色，纺锤形。锈孢子器圆筒形，多生于叶背，有时长在果子上。锈孢子球形或多角形，单胞，褐色，膜厚，有瘤状凸起，大小为 19～25μm×16～24μm。锈孢子器有护膜细胞，六角形，大小为 25～115μm×16～30μm（图 2）。

侵染过程与侵染循环　该病原菌以菌丝体在针叶树上越冬，可存活多年。翌年 3、4 月萌发形成担孢子，担孢子经风雨传播，危害海棠，侵染叶片，发病后形成性孢子器、锈孢子器。锈孢子器内产生的锈孢子经风传到圆柏、柏等针叶树植物上侵染叶片和新枝梢，于 10～12 月出现症状。以后病菌即以菌丝体在柏类上产生的菌瘿内越冬。该病菌无夏孢子产生，因而不会发生再侵染。

流行规律　病害发生的严重程度与两类寄主的生长距离、春季雨水的多少、种植品种的抗病性有密切的关系。凡两类寄主植物相距较近，或同处于 5km 范围内，病菌易传播，发病重。春季雨水多，有利于冬孢子萌发和担孢子飞散传播，因而在寄主幼嫩组织生长时期，遇雨水、气温适宜，对病害发生有利。

防治方法　垂丝海棠锈病是转主寄生菌引起，在苹果属植物上形成性孢子器和锈孢子器，而后传播到转主圆柏上危害，形成冬孢子角和冬孢子。早春冬孢子在有水分的情况下萌发，冬孢子萌发后产生担孢子又侵染苹果属植物。当气温达 15～17℃ 时，苹果树幼芽萌动至幼果成长到大拇指大小时均可被害，性孢子器先埋生在病斑的组织中。故预防是两属植物相距 2～5km，若它们很近，只能于冬季修剪圆柏树上的冬孢子角（菌瘿）并集中烧毁。同时，在苹果属植物感病阶段，应向相距较近的两属植物同时喷洒杀菌剂。可交替喷施 0.8～1.5 波美度石硫合剂，或 40% 福美胂 500 倍液、50% 苯来特可湿性粉剂 1000 倍液、退菌特 600 倍液，每次使用 1 种，每隔 10～14 天喷 1 次，连喷 2～3 次，喷匀喷足。

参考文献

陈秀虹，伍建榕，2014. 园林植物病害诊断与养护：上册 [M]. 北京：中国建筑工业出版社.

董钧锋，2008. 园林植物保护学 [M]. 北京：中国林业出版社.

吴成方，李萍，2014. 园林植物病虫害防治 [M]. 合肥：合肥工业大学出版社.

（撰稿：伍建榕、韩长志、姬靖捷、吴峰婧琳；审稿：陈秀虹）

垂丝海棠圆斑病　round spot of *Malus halliana*

由苹果叶点霉引起的危害垂丝海棠叶部的真菌性病害。又名垂丝海棠灰斑病。

分布与危害　中国江苏、浙江、安徽、陕西、四川和云南等地均有发生。该病发生时，主要危害叶片，严重时引起叶枯。叶片初期为黄褐色小点，其四周呈紫红色晕圈，渐扩展成 3～4mm 的黄褐色圆斑。每片叶上有多个病斑（多至数十个），后期病斑呈灰色，内散生稀疏的小黑点，有的只在中心生一褐色小点，像鸡眼似的。果实染病时，病斑下凹，四周呈红色晕圈状（见图）。

垂丝海棠圆斑病症状（伍建榕摄）

病原及特征　病原为叶点霉属苹果叶点霉（*Phyllosticta mali* Prill. et Delacr.）。分生孢子器埋生，散生，近球形，黑褐色，直径 18～200μm。分生孢子小，长卵形或椭圆形，单胞，大小为 2.5～5.5μm×1.7～3μm。

侵染过程与侵染循环　侵染来源有土壤、病株、病苗、病残体、带菌种子、未腐熟的有机肥。病原菌可借气流、雨水和昆虫进行初侵染和多次侵染传播，或人为运输病苗、病种传播以及真菌本身弹射传播。

病菌在落叶上越冬，翌年 4 月下旬至 5 月上旬，温度在 20℃时左右，产生分生孢子，病菌可从植株的伤口、自然孔口（气孔、皮孔等）或直接穿透表皮侵入。进行初次侵染。

流行规律　梅雨季节病害发生严重，至 10 月病害停止发生。

防治方法　垂丝海棠圆斑病的预防要强调搞好果园卫生，做好排水工程，降低根部湿度，增施有机肥增强树势。秋冬季节结合修剪，剪掉树上的病枝、病叶以及落叶，集中烧毁。夏季进行深中耕。该病害的发展多在雨大到来，故应在发病前 10～15 天喷洒杀菌剂（可根据往年的发病时间推测）。可交替喷施 0.3～0.5 波美度石硫合剂，或 80% 代森锌 600 倍液、百菌清 400 倍液，每隔 7～10 天喷 1 次，连喷 2～3 次，喷匀喷足。

参考文献

白金铠, 2003. 中国真菌志：第十五卷　球壳孢目　茎点霉属　叶点霉属 [M]. 北京：科学出版社.

陈秀虹, 伍建榕, 2014. 园林植物病害诊断与养护：上册 [M]. 北京：中国建筑工业出版社.

王丽平, 曹洪青, 杨树明, 2005. 园林植物保护 [M]. 北京：北京工业出版社.

闫瑞仙, 李明照, 石爱霞, 等, 2018. 包头市园林植物病虫害 [M]. 呼和浩特：内蒙古大学出版社.

中国科学院中国植物志编辑委员会, 2004. 中国植物志 [M]. 北京：科学出版社.

（撰稿：伍建榕、韩长志、姬靖捷、吴峰婧琳；审稿：陈秀虹）

垂直抗病性　vertical resistance

在植物病理学研究中，根据寄主和病原菌之间是否有特异的相互作用，将植物的抗病性分为垂直抗病性和水平抗病性两类。垂直抗病性又名小种特异性抗病性或专化性抗性，即寄主品种对病原菌某个或少数生理小种免疫或高抗，但对另一些生理小种则高度感染。如果将具有这类抗病性的品种对某一病原菌不同生理小种的抗性反应绘成柱形图时，可以看到各柱顶端的高低相差悬殊，所以称为垂直抗病性。

简史　1963 年，J. E. Van der Plank 在《植物病害：流行和防治》一书中最早提出了垂直抗性和水平抗病性的概念。垂直抗病性的定义为：当一个品种是抵抗一种病原物的某些小种而不抵抗其他小种的，与此对应的抗病性类型有水平抗病性。1968 年，他又对垂直抗病性定义做了一些调整，即为：当一个品种对一种病原物的某些小种比对其他小种更抵抗。他在 1968 年进一步指出两类抗病性的混合存在，并具有 Vertifolia 效应（此效应是指培育垂直抗性品种过程中丧失水平抗性的现象），1982 年又再次说明两类抗病性的混合存在。1968 年，J. E. Van der Plank 从寄主品种和病原物小种的互作方面对两类抗病性进行了区别，提出垂直抗病性是指寄主品种与病原物小种之间的一种分化的相互作用，水平抗病性与小种之间没有分化的相互作用；1978 年又从变异系统方面来区分两类抗病性，指出在垂直抗病性中，病原物的变异是与寄主的变异质量相关的；在水平抗病性中，病原物的变异与寄主的差别无关。

表现和遗传　垂直抗病性通常认为是质量性状，是由单个或少数几个主效基因控制，培育具有这种抗性的品种相对容易，而且品种抗病性较好，因此，农业生产上广泛使用的抗病品种大多是垂直抗性品种。但由于这种抗病性是小种专化的，生产上大面积单一地推广具有该类抗性的品种时，容易导致侵染它的生理小种上升为优势小种而丧失抗病性。

垂直抗病性选育的利用　鉴于垂直抗病性主效基因品种的鉴定、选育等要比水平抗性品种微效多基因品种容易，现已选育出的生产上大部分抗病品种为垂直抗性主效基因品种。所以在抗病品种选育时，可通过多个主效基因基因叠加，选育携有多个主效基因的品种；在生产上合理利用垂直抗病性的品种，通过基因布局和轮换以及和水平抗性基因品种联合使用，从而延缓其抗病性的丧失。

参考文献

曾士迈，2005. 宏观植物病理学 [M]. 北京：中国农业出版社.

曾士迈，杨演，1986. 植物病害流行学 [M]. 北京：农业出版社.

曾士迈，张树榛，1998. 植物抗病育种的流行学研究 [M]. 北京：科学出版社.

COOKE B M, JONES G D , KAYE B, 2006. The epidemiology of plant diseases[M]. 2nd ed. Netherlands: Springer.

（撰稿：周益林；审稿：段霞瑜）

刺槐心材腐朽病　acacia heart rot

由刺槐多年卧孔菌引起，通常侵染刺槐干基部，造成心材白色腐朽的病害。

发展简史　最早由 Murrill 于 1907 报道。子实体作为中药在《药性论》《唐本草》《本草图经》中均有记载。2000 年作为一种阔叶树腐生菌在中国报道。戴玉成于 2002 年和 2003 年对北京和大连两城市的刺槐大树进行了调查，并对引起刺槐心材腐朽病的病原菌进行了采集和分离。经对子实体的鉴定和培养形状的研究，确定该病原菌为刺槐多年卧孔菌，这是该菌作为树木病原菌的首次报道。2012 年赵长林对刺槐

多年卧孔菌的形态学和分子系统学进行了深入研究。

分布与危害　主要分布于巴基斯坦、加拿大、美国、瑞典、印度、英国和中国。在中国主要分布在北京、江苏、辽宁、山东、陕西和四川。北京和辽宁地区发现的刺槐心材腐朽病，在 30 年树龄以上的老刺槐树上发病严重，引起心材白色腐朽，造成树木死亡或风折后死亡。

病原及特征　病原为刺槐多年卧孔菌 [*Perenniporia robiniophila*（Murrill）Ryvarden]，异名 *Trametes robiniophila* Murrill。隶属于非褶菌目多孔菌科多年卧孔菌属，该属是世界广布的多孔菌类群，能够降解木材中的主要结构成分，在森林生态系统的物质循环和能量流动中发挥着重要作用，然而又是一种林木病原腐朽菌（见图）。

子实体　担子果通常多年生，无柄盖状，有时平伏反卷，通常覆瓦状叠生；新鲜时无特殊气味，革质至木栓质，干后木栓质，重量明显变轻。菌盖半圆形或贝壳形，单个菌盖长可达 10cm，宽可达 6cm，基部厚可达 2.2cm。菌盖上表面浅黄褐色至红褐色或污褐色，同心环带不明显，活跃生长期间有细绒毛，后期脱落，表面变为粗糙至光滑；边缘锐或钝。孔口表面灰褐色，手触后变为浅棕褐色，无折光效应。管口圆形，每毫米 4～6 个；管口边缘厚，全缘。菌盖皮层下菌丝和细胞组成的部分为菌肉，浅黄褐色，干后木栓质，厚达 10mm。长在菌盖下面产生子实层的部分，呈管状的叫做菌管。菌管与菌肉同色，木栓质，长达 12mm。

菌丝系统三体系，包括生殖菌丝、骨架菌丝及联络菌丝。生殖菌丝有锁状联合。骨架菌丝和联络菌丝 Melzer 试剂呈

刺槐多年卧孔菌子实体（李洁摄）

拟糊精反应，在棉蓝试剂中其壁有强嗜蓝反应。

菌肉　生殖菌丝无色，薄壁，偶尔分枝，通常着生锁状联合，直径为 2.4～3.0μm。骨架菌丝占多数，无色，厚壁且有一宽或窄的空腔，常分枝，不分隔，直径为 2.8～4.5μm。骨架菌丝大量分枝，分枝菌丝交织排列，厚壁，内腔窄至几乎实心。

菌管　生殖菌丝占少数，一般存在于亚子实层，无色，薄壁，通常分枝，直径为 2～3μm；骨架菌丝占多数，无色，厚壁，有一中等程度的内腔，大量分枝，骨架部分直径为 2.5～4.0μm，骨架菌丝大致平行于菌管排列，分枝菌丝交织排列，子实层中无囊状体，但有锥形的小囊体，小囊体长可达 35μm；担子棍棒形，着生 4 个担孢子梗，基部有一锁状联合，大小为 26～29μm×7.0～8.5μm。类担子占多数，形状与担子相似，比担子稍小。

孢子　担孢子水滴形或近球形，无色，厚壁，平滑，在 Melzer 试剂呈拟糊精反应，在棉蓝试剂中其壁呈嗜蓝反应，大小为 5.8～7.0μm×4.0～6.0μm，平均长为 6.44μm，平均宽为 5.21μm，长宽比为 1.20～1.28。

侵染过程与侵染循环　病害通过树皮的裂缝处、剪锯口、伐木残桩侵入，可延及根部，通过病根侵染蘖蘖幼树。该菌主要造成心材白色腐朽，在侵染初期心材开始形成淡色花纹，最后木材呈黄褐色。心材腐朽一般不会导致树木迅速死亡，但随着心材腐朽的加重，病株极易风折而死亡。该病原菌也能扩展到边材和韧皮部，因此，受害树木最终表现为枯死。病株主干上子实体的出现是最重要的症状。子实体从夏季开始出现，通常从病株基部开始向上发展，有时在高达 3m 的树干上也形成子实体。子实体每年产生新的子实层体，并产生、放散大量担孢子进行再侵染。

流行规律　林龄在 30 年以上的刺槐，心材腐朽病受害尤为严重，但是对 20 年以下或者 20～30 年的树木受害不是很严重，从发病率与病情指数的增加幅度来看，林龄的影响是刺槐心材腐朽最主要的因素；随着郁闭度的增加，林分的发病率在不断增加但是病情指数不是一直增加，说明郁闭度对刺槐腐朽有影响但不是重要因素；林分密度越大则病情越重；阴坡发病率和病情指数高于阳坡；坡的下部发病较重；卫生条件差，则病情较重；抚育管理不善，造成外在伤口，发病重。

防治方法　由于刺槐多年卧孔菌主要造成心材腐朽，因此，还没有切实可行的防治措施，但及早清除受害树木上的子实体是减缓病害进一步扩展的途径之一。加强养护管理，营林时防止各种损伤，修枝后及时涂抹杀菌剂保护伤口，以免病菌侵染。风害严重的地区，应该逐年进行腐朽检查。对有价值的古树，要采取加固、支撑等特殊办法进行保护。

参考文献

戴玉成，2012. 中国木本植物病原木材腐朽菌研究 [J]. 菌物学报，31(4): 493-509.

戴玉成，高强，2005. 刺槐心材腐朽病初报 [J]. 东北林业大学学报 (1): 95-98.

苏木丽，高明娟，2013. 辽宁省本溪市郊区刺槐林多年卧孔菌的发生现状调查 [J]. 北京农业 (15): 88-89.

吴中伦，2000. 中国森林：第 3 卷　阔叶树 [M]. 北京：中国林业出版社 .

赵长林，2012. 中国多年卧孔菌属的分类与系统发育研究 [D]. 北京：北京林业大学 .

（撰稿：王爽；审稿：李明远）

葱（蒜）类锈病　onion (garlic) rust

由葱柄锈菌引起的、危害葱（蒜）地上部的一种真菌病害。是世界上许多葱、蒜种植区常见的病害之一。

发展简史　世界上最早记载的葱锈病是 1809 年发生在英格兰，1815 年 de Candolle 最初将其病菌命名为 *Xyloma allii* DC.，1829 年鲁道菲（Rudolphi）将其改名为 *Puccinia allii*（DC.）F. Rudolphi。1979 年亨德森（Henderson）和班尼（Bennell）将韭菜锈病病原命名为 *Puccinia porri*（Sowerby）G. Winter，1984 年乌马（Uma）和 1986 年泰勒（Taylor）将该锈病菌命名为 *Puccinia allii*。当前认为 *Puccinia allii* 更像是一个混合种，包括 *Puccinia porri*，*Puccinia mixta*，*Uromyces ambiguus*，*Puccinia blasdalei* 和 *Uromyces duris*。

分布与危害　葱（蒜）类锈病主要危害露地栽培的大葱、香葱、洋葱、大蒜和韭菜等。葱类锈病一年四季均可发生，以秋季最为严重；大蒜受害多发生在春季和初夏；韭菜锈病，一般春秋两季发病重。葱（蒜）类锈病常造成叶片疱斑密布，失去食用价值，导致叶片提前枯死。大蒜锈病在陕西关中地区，一般发病田块蒜头减产 5%～12%，严重田块减产 30% 以上。葱锈病由于种植集中、重茬多，也逐年加重，轻病田减产 10%～20%，重者 50% 以上。

葱（蒜）类锈病主要危害葱、蒜、韭菜的叶片、花梗及绿色茎部。叶片、花梗染病，发病初期表皮上产生梭形或纺锤形的褪绿斑，后在表皮下产生圆形或椭圆形稍凸起的病斑，初病斑中间呈灰白色，四周具有浅黄色晕环，而后形成稍隆起的橙黄色疱斑，后期表皮破裂外翻，即病菌夏孢子堆（图1），散出橙黄色粉末，即夏孢子（图 2 ①）。严重时，病斑布满整个叶片，失去食用价值，病斑连片可致全叶黄枯，植株提前枯死。秋后疱斑变为黑褐色，即病菌的冬孢子堆，破裂时散出暗褐色粉末，即冬孢子（图 2 ②）。采种株受害，花梗变成红褐色，花蕾干瘪或凋谢脱落。

病原及特征　病原主要为葱柄锈菌［*Puccinia allii*（DC.）Rudolphi］，属柄锈菌属。单主寄生，同宗配合。夏孢子单胞，球形至椭圆形，18～32μm×18～26μm，孢壁无色至黄色，有微刺，厚 1～2μm。冬孢子堆分散在夏孢子堆之间。冬孢子棍棒形至倒卵圆形，35～80μm×17～30μm，黄褐色至深褐色，表面平滑，双胞带有无色小柄，柄长 8～32.5μm，易脱落，分隔处有缢缩，顶平截或突起，且较厚，达 3～4μm，个别单细胞，顶端厚可达 6.5μm。

夏孢子的萌发温度为 9～21℃，侵染温度为 7～22℃，芽管分枝生长的温度为 5～25℃。在夏孢子密度很低的情况下，夏孢子堆的产生几乎不受温度的影响；而在孢子高密度的情况下，在 9～11℃ 夏孢子堆的形成受温度影响最大，如果超过这个温度范围，则夏孢子堆的数量显著下降。病原

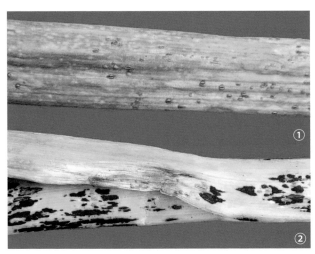

图 1　大蒜锈病田间植株症状（时呈奎提供）

①夏孢子堆；②冬孢子堆

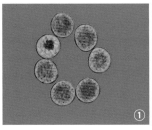

图 2　大蒜锈病菌夏孢子和冬孢子（时呈奎提供）

①夏孢子；②冬孢子

菌的潜育期也受温度影响，19～22℃时病菌的潜育期最短，随着温度的降低，潜育期增加；潜育期也受夏孢子浓度的影响，夏孢子的浓度每增加 10 倍，潜育期就相应地缩短 1.8 天。

　　葱（蒜）类锈病菌存在生理小种分化现象。用来自美国加利福尼亚的该病菌的担孢子接种大蒜和北美野韭，所有的病原都能使大蒜在接种后 13 天产生夏孢子堆，再过 21 天后产生冬孢子堆，但都不形成性孢子器和锈孢子器；而所有的病原均不能使北美野韭产生夏孢子堆、冬孢子堆、性孢子器和锈孢子器；相反，用来自中东的该病菌所产生的担孢子接种大蒜和北美野韭，都能使该大蒜和北美野韭在 7～12 天形成性孢子器。若将这些性孢子器混合后喷至大蒜和北美野韭叶片上，3～4 天后就会出现锈孢子器，且 10 天就会发育完好。若把这些锈孢子器里的锈孢子收集起来接种另外的植株，则 10～15 天后就能产生夏孢子堆，10～30 天就会产生冬孢子堆。

　　侵染过程与侵染循环　夏孢子萌发后从寄主表皮或气孔侵入，可直接侵入寄主组织，通过吸器吸收营养，建立寄生关系。

　　葱（蒜）类锈病菌在南方以夏孢子在葱、蒜、韭菜等寄主上辗转危害，并以夏孢子和菌丝体在留种葱、越冬青葱、大蒜及洋葱病组织上越冬，翌年夏孢子随气流传播进行初侵染和再侵染。在陕西以夏孢子在蒜苗或宿留葱上越冬，成为翌年春再次侵染大蒜的侵染源。在山东，病原菌在陆地以冬孢子在病残体上越冬，也可依附在拱棚内的葱苗上越冬，翌

年随气流传播进行初侵染和再侵染（图 3）。浙江及长江中下游地区，大葱锈病的主要盛发期在 3～4 月和 10～12 月。武汉地区 4 月中旬左右开始侵染大蒜中下部叶片，在 5 月中旬前后散出夏孢子进行多次再侵染。陕西关中在 4 月下旬至5 月上旬，5 月中下旬至 6 月上旬大面积流行。

　　该菌生活史型为单主寄生的全孢型寄生菌，除担孢子外，其他的性孢子、锈孢子、夏孢子、冬孢子 4 个阶段的孢子类型都是在大蒜的叶、薹上寄生完成。在蒜锈菌生活史的个体发育中，性孢子和锈孢子阶段在叶上表现的时间短，量小且分布零散，而在这个时期内，在夏孢子危害的症状尚未出现以前，性孢子器、锈子器阶段在田间很难被发现，直到 6 月上旬，夏孢子阶段在田间开始形成发病中心，植株开始表现症状。在春季蒜锈病初发阶段，性孢子器、锈孢子器在田间维持的时间相对较长，病点少，病势进展也比较滞缓。

　　流行规律　葱（蒜）类锈病菌主要借助风雨、气流进行传播，田间病株是主要的初侵染源。病原菌菌丝 5～25℃均能生长，生长发育最适温度为 19～22℃。夏孢子萌发适温为 9～18℃，低于 9℃，侵入后的菌丝体扩展仍可缓慢进行，高于 24℃，萌发率明显下降，高于 25℃ 仅可存活几天。气温高时，该病菌主要以菌丝在病组织内越夏。冬季温暖潮湿的南方丘陵地区和夏季低温多雨的北部冷凉山区，有利于病菌的越冬和越夏，往往造成翌年春季和当年秋季病害的严重发生。

　　孢子萌发和侵入需要有水膜存在，在适宜的环境条件下，夏孢子萌发后从寄主表皮或气孔侵入，潜育期 10 天左右。病菌喜温度较低、潮湿的环境，发病最适宜的气候条件是温度为 10～20℃，相对湿度在 85% 以上。因此，低温、高湿有利于该病害的发生和流行。影响葱（蒜）类锈病流行主要有以下几个因素：①田间病原物数量。若田间病原菌的数量多，则是病害流行的关键因素。②气象条件。低温高湿有利于该病害的发生和流行。年度间早春低温、多雨或秋季多雾、多雨的年份发病重。春季和初夏是大蒜蒜头形成膨大期，如果天气多阴雨，发病重。秋天是大葱、洋葱的主要生长季节，阴雨、多露，病害往往大流行。③品种间存在抗病性差异。不同品种的葱、蒜、韭菜对葱（蒜）类锈病的抗病性存在差异，如紫皮蒜比较抗锈病，白皮蒜锈病发病较重；就香葱而

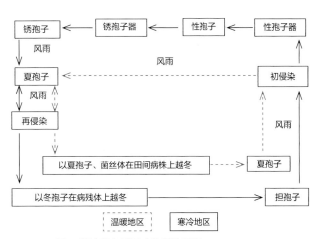

图 3　葱（蒜）类锈病的侵染循环（迟胜起提供）

言，种植较多的品种有小米葱、马尾葱、铁杆葱、牛角葱等，以小米葱、马尾葱较为抗病；就大葱而言，五叶长白501、五叶长白502、章丘1号、章丘2号、章丘大梧桐品种对葱锈病菌也都具有不同的抗感性。④栽培管理。栽培密度较大、田间郁闭、通透性差、管理粗放、杂草丛生的田块发病重；一般地势低洼、土质黏重、雨后易积水田块发病重；缺水、缺肥，植株长势较弱，抗病力低，或氮肥施用太多，生长过嫩的田块发病重；肥料未充分腐熟、有机肥带菌或肥料中混有本科作物病残体的易发病。⑤大蒜锈病菌的生存空间与海拔高度密切相关。同样的大蒜品种在海拔1000m以上的蒜植区内病情重，而在海拔1000m以下的栽培区则少见有危害。

防治方法 葱（蒜）类锈病是一种以气流传播为主的病害，由此在防治策略上，应该以选用抗病品种为主，结合农业防治和化学防治为辅的综合防治措施。

选用抗（耐）锈丰产良种 因地制宜选用抗病品种。大蒜如紫皮蒜、小石口大蒜、舒城蒜等抗耐病品种；香葱如小米葱、马尾葱等品种较抗病。

农业防治 ①轮作。避免葱、蒜混种，和非葱、蒜类作物进行2年以上轮作，最好水旱轮作。②选地。选择地势高爽、排灌方便、土层深厚、没有种过葱蒜、富含有机质、疏松的砂壤土、pH7～8的地块种植。③科学施肥。施足腐熟的有机肥，增施磷钾肥提高抗病力，避免偏施氮肥。④注意田园卫生。播种或移栽前，或收获后，清除田间病残体及四周杂草，集中烧毁或沤肥；深翻地灭茬，促使病残体分解，减少病原，田间发现病叶，及时摘除，深埋或烧毁。⑤合理密植。增加田间通风透光，开好排水沟，降低地下水位，达到雨停无积水；大雨过后及时清理沟系，防止湿气滞留，降低田间湿度。

化学防治 发病前注意预防，可采用68.75%噁唑菌酮·锰锌水分散粒剂800～1000倍液、50%克菌丹可湿性粉剂400～600倍液，兑水喷雾防治，根据情况间隔7～10天喷1次。田间发病时加强施药防治，发病初期及时喷洒15%三唑酮可湿性粉剂1500倍液、12.5%腈菌唑乳油1500倍、97%敌锈钠可湿性粉剂300倍液、25%敌力脱乳油3000倍液等，隔10～15天喷1次，防治1～2次。

参考文献
中国农业科学院植物保护研究所，中国植物保护学会，2015. 中国农作物病虫害[M]. 3版. 北京：中国农业出版社.

ANIKSTER Y, SZABO L J, EILAM T, et al, 2004. Morphology, life cycle biology, and DNA sequence analysis of rust fungi on garlic and chives from California[J]. Phytopathology, 94(6): 569-577.

（撰稿：迟胜起；审稿：竺晓平）

葱类菌核病 onion white root rot

由病原真菌白腐小核菌引起的，主要危害露地栽培的大葱、洋葱和大蒜等，是葱蒜类生产上发生最严重的病害。又名葱类白腐病。

发展简史 葱类菌核病最早于1841年在英国发现，随后在加拿大、美国、澳大利亚、肯尼亚等国的洋葱产地普遍发生。在澳大利亚的维多利亚地区，60%的农场受该病的危害，一般可造成5%～50%的损失。该病传播速度很快，加拿大英属哥伦比亚省菲莎河谷地区继1970年首次发现该病后，至1974年这些地区几乎每个洋葱地块都有该病危害，1975年该地植物保护部门不得不下令禁止在这些地区继续种植洋葱等葱属植物。

分布与危害 葱类菌核病在英国、美国、加拿大、澳大利亚、肯尼亚等国的洋葱产地普遍发生。中国陕西、甘肃、江西、云南、江苏和山东等地洋葱和大蒜产区都有分布。在低洼地，雨水频繁的年份或季节，菌核病发生尤其严重，常造成植株成片枯死，鳞茎腐烂。洋葱和大蒜自幼苗期至收获期均可染病，苗期发病表现为植株矮小、叶片黄化、幼苗枯死等症状。成株期发病，首先是外部老叶叶尖处褪绿变黄，并逐渐向里延伸，最后发病叶片部分或全部枯死、下垂。病害可进一步扩展到叶鞘及新生叶，使新生叶片变黄，严重时整株变黄、枯死。鳞茎和根系受害，初期在表皮出现水渍状斑，后鳞茎和根系变黑、水渍状腐烂，表面布满灰白色棉絮状菌丝体，后期其上产生大量油菜籽状的菌核。菌核初期白色，老熟后茶褐色或黑色，致密坚实，表面光滑。病株由于根系腐烂，很容易从土壤中拔出。病害在储藏期的鳞茎上可进一步发展，导致鳞茎水渍状腐烂（图1）。

病原及特征 病原为白腐小核菌（Sclerotium cepivorum Berk.），属小核菌属。菌核近球形至扁球形，表面光滑，黑褐色或暗褐色，直径200～600μm。有时也可形成大菌核，不规则形，长0.5～1.5cm。病菌在整个生活史中不产生任何类型的孢子，只有无性世代的菌丝体和菌核。菌丝体生长的适宜温度范围为12.0～21.0℃，低于6.0℃或高于30.0℃菌丝几乎停止生长。菌核在8.0～27.0℃范围内均可萌发，最适萌发温度为12.0～24.0℃。适宜菌丝体生长的pH为3.0～9.0，最适pH为4.8～5.3。在pH4.0～5.0时菌核产量最多，菌核萌发的最适pH为4.0～9.0。白腐小核菌寄主范围较窄，主要侵染洋葱、韭菜、大蒜及大葱等葱属植物。

侵染过程与侵染循环 春季温度适宜时，越冬菌核受葱属植物根系分泌物刺激，萌发形成菌丝，并向根系附近生长，在寄主根系表面形成附着胞等结构，直接由寄主根系侵入，并在根内外生长造成根系腐烂。

白腐小核菌以菌核和休眠菌丝体在病残体、土壤以及粪肥中越冬。在没有寄主的土壤中菌核一般可存活3～4年，有时长达15～20年或更长时间。病菌也能以菌核掺杂在种子间越冬成为翌年的初侵染来源。病菌在田间主要通过移栽发病鳞茎和幼苗、灌溉水、昆虫、农具和田间农事操作等方式传播。每个菌核萌发后可以侵染邻近的20～30株植株，菌丝体可以从发病植株的根系向邻近植株根系扩展而发生多次再侵染，导致同一行内许多植株受害（图2）。

流行规律

影响菌核萌发的条件 寄主根系分泌物和土壤微生物等是影响菌核萌发的重要因素。葱属植物根系分泌的含硫化合物对菌核萌发至关重要，正丙烯和烯丙基硫化物最利于菌核萌发。每个菌核只能萌发一次，萌发形成的菌丝体在土壤

图 1　葱类菌核病症状及病原菌形成的菌丝体（左）和菌核（右，箭头）
（引自 Crystal Stewart et al.）

图 2　洋葱菌核病侵染循环示意图（刘爱新提供）
①菌核；②菌核萌发形成菌丝；③病组织表面的菌丝及菌核；④菌丝体

中一般可存活几天至几周，如果萌发的菌丝体找不到合适的寄主，将会逐渐耗尽营养死亡。

病害发生及流行条件　病害发生程度与土壤中菌核数量、菌核在土壤中的分布、气候条件及栽培管理等多种因素有关。①菌核数量。病田每升土壤含有 0.1 个菌核，即可诱发明显的病害，若每升土壤中含有 1 个菌核，即可导致 30%～60% 的产量损失，当每升土壤中含有 10 个以上的菌核时，足以导致 100% 的发病。②菌核在土壤中的分布。菌核在土壤中分布越浅，侵染越早，发病越重。白腐小核菌形成的菌核多数分布在距表层土 0～25cm 处，最深在表层土下 30cm 处仍可侵染发病。③土壤条件。低温高湿的土壤条件适宜菌核病发生。土壤温度 10～23℃ 时菌核均可萌发侵染，侵染的最适土温为 15～18℃，最适宜病害发生流行的土温为 20～24℃，土壤温度超过 25℃ 时，病害受到抑制。培养条件下菌丝体最适生长 pH 4.8～5.3，但田间土壤 pH

4.5～7.8 时，50% 以上的菌核萌发良好。④耕作栽培条件。重茬地块病害严重。栽培密度过大、夏季雨水多、地势低洼、排水差、地温低或栽苗太深等也易于发病。偏施氮肥，植株生长幼嫩，也易发病。

防治方法　葱类菌核病的防治，以农业防治为主，化学防治和生物防治等多种措施相结合。

　　轮作倒茬　发病重的地区，应进行轮作倒茬。菌核在土壤中一般可以存活 3～4 年，因此，需要进行 4 年以上轮作，轮作作物可选用胡萝卜、芸薹属等蔬菜或禾本科作物等。

　　加强栽培管理，提高植株抗病能力　葱类作物收获后，应彻底清除病株残体和覆盖物，减少菌源。培育壮苗，采用地膜覆盖和起垄栽培，田间要注意增温排湿，增强光照等。增施底肥，实行氮、磷、钾平衡施肥，及时适量追肥。干旱时适量浇水，有条件地区尽量采用滴灌或喷灌。降雨多，田间湿度大时，要及时排水，适时中耕、松土等可减少病害发生。

　　各种农具的消毒　在病田使用过的农具，必须彻底清理或消毒，以防止农具传病。

　　化学防治　用药时间对病害的防治效果差别很大，防治葱类菌核病有 3 个关键期。首次施药为播种后立即在土壤表面喷药，有效药剂如 25% 戊唑醇，按有效成分 400g/hm² 配制成药液，均匀喷洒在土壤表面。其他杀菌剂有 50% 腐霉利 400g/hm²、25% 三唑醇 300g/hm²、50% 啶酰菌胺 250g/hm²、25% 嘧菌酯 300～400g/hm²、50% 扑海因 400～500g/hm² 等。第二次施药在播种后 30～40 天，用上述杀菌剂集中对茎基部进行喷洒。根据病情，播种后 50～60 天进行第三次喷药，集中喷洒茎基部。

　　菌核萌发诱导物防治　菌核萌发受葱蒜类作物根系分泌物的诱导。在葱类作物栽培前、土壤温度 10～20℃ 时，将二烯丙基二硫化物等按 0.5ml/m² 注入 20～30cm 土壤中，可刺激菌核提前萌发，使其找不到合适寄主而失去活性。用这种方法一年处理 2 次，土壤中菌核数量可以减少 90%～97%。在田间用大蒜粉按 120kg/hm² 处理土壤，也可达到同样的效果。

　　物理防治　在一年中最热的月份，使用聚乙烯薄膜覆盖土壤，提高土壤温度，利用暴晒或热处理土壤。

　　生物防治　土壤中存在多种木霉菌对葱蒜菌核病有较好的效果，在播种前或播种时，可将木霉菌孢子制剂撒入播种沟内。也可用充分发酵腐熟的洋葱废弃物，或洋葱废弃物与芸薹属、胡萝卜等废弃物混合物在 50℃ 堆闷 7 天以上，于栽培前 3 个月施到田间，对减少菌核活性也有较好效果。

参考文献

中国农业科学院植物保护研究所，中国植物保护学会，2015. 中国农作物病虫害 [M]. 3 版. 北京：中国农业出版社.

DAVIS R M, HAO J J, ROMBERG M K, et al, 2007. Efficacy of germination stimulants of sclerotia of *Sclerotium cepivorum* for the management of white rot of garlic[J]. Plant disease, 91(2): 204-208.

SAMMOUR R H, MAHMOUD Y A G, MUSTAFA A A, et al, 2011. Effective and cheap methods to control *Sclerotium cepivorum* through using clorox or sulfur powder and/or calcium oxide[J]. Research journal of microbiology, 6(2): 904-911.

（撰稿：刘爱新；审稿：竺晓平）

葱类紫斑病　onion purple blotch

由葱链格孢引起的真菌性病害。可侵染洋葱、大葱、大蒜、青葱等葱属植物。又名葱类黑斑病。

发展简史　对该病害的早期研究主要集中于病害的分布、危害情况和发病规律，如 1927 年 J. A. B. Nolla 等和 1929 年 H. R. Angell 先后报道了洋葱上的紫斑病害及其病原菌，随后 M. M. Fahim 和 A. El-Shehedi、J. E. Saad 与 D. J. Hagedorn 等开展针对该病害发病规律、侵染过程等方面的研究。20 世纪 80、90 年代，有关病原菌的侵入机制等方面的研究有比较集中的报道，如 R. B. L. Gupta、Theresa A. S. Aveling 等、K. L. Everts 和 M. L. Lacy 对病原菌的生物学特性的研究，并从亚细胞水平确定 *Alternaria porri* 可以通过附着胞直接侵入洋葱寄主。日本的 R. Suemitsu、K. Ohinshi 从 1990 年后系统研究了病菌的毒素。1986 年，D. P. Pathak 等对洋葱抗紫斑病种质资源进行了筛选，进入 2000 年后，B. S. Chethana、Ambresh 和 R. Gowda、S. Behera、Satyabrata Nanda 等人对洋葱抗紫斑病种质资源进行了大量筛选和抗病性测定。2011 年 B. S. Chethana 和 2015 年 R. U. Priya 等针对病害开展了药剂防控研究。

中国针对该病害的研究多集中在 20 世纪 90 年代以后，2005 年，程智慧等对大蒜紫斑病菌进行了分离培养条件的研究；2007 年，白庆荣、温嘉伟等等研究了 *Alternaria porri* 在病斑上的产孢条件及释放特征；2008 年，沈永杰对大蒜紫斑病菌生物学特性进行了测定。1998 年刘维信等对大葱抗紫斑病种质资源进行了自然抗病性鉴定，2007 年、2009 年邹燕等也对大蒜抗紫斑病抗性鉴定方法和抗病品种进行了研究筛选。

分布与危害　葱类紫斑病在世界各地均有分布，在温暖和潮湿的地区发病重。印度尼西亚曾报道，在湿度大的季节，青葱紫斑病常常严重发生，致减产 60%～70%。该病害在中国各地葱类植物产区均有报道，南方地区可终年受害，北方地区以夏秋季受害为重。一般年份病害造成的损失不大，但在流行年份，该病往往造成叶片和花梗变黄、枯死或折倒，产量及质量损失严重。2012 年，河南汝州大葱紫斑病发生严重，一些田块的病株率高达 50% 以上。

葱蒜类蔬菜的苗期、生长期及采种期均可受到紫斑病的危害，主要危害植株的叶片和花梗，在储藏期间还可侵染鳞茎。留种株受害常使种子发育不良。

叶片和花梗受害，最初多在近叶尖处或花梗中部产生水渍状的白色小点，逐渐扩大为 2～4cm×1～3cm 的紫褐色椭圆形病斑，稍凹陷，周围有黄色晕圈，病斑上有明显的同心轮纹，潮湿时生有黑褐色的霉；病害严重时，病斑常常相互连合成大型病斑，病部组织逐渐失水死亡，降低了其机械强度，导致发病叶片或花梗从病处折断，致使种子颗粒无收，即使花梗不折断也常使种子皱瘪，不能发芽。鳞茎病害多发生在颈部或从收获时的切口处感染发病，呈现半湿性腐烂，整个鳞茎收缩，病组织开始为红色或黄色，渐转变成暗褐色，并提前抽芽（图 1）。

病原及特征　病原为葱链格孢［*Alternaria porri*（Ellis）

Ciferri］，属链格孢属。分生孢子梗单生或 5～10 根簇生，淡褐色，有隔膜 2～3 个，大小为 30～100μm×4～9μm，不分枝或不规则稀疏分枝，每一枝上着生 1 个分生孢子。分生孢子褐色，常单生，直或略弯，倒棍棒状，或分生孢子本体椭圆形，至喙部嘴胞渐细；分生孢子具横隔膜 5～15 个，纵隔膜 1～6 个，大小为 6～130μm×15～20μm，最长可达 300μm；喙部（嘴胞）直或弯曲，具隔膜 0～7 个，大小为 45～432μm×2～4μm（图 2）。

菌丝发育适温为 22～30℃，分生孢子萌发适温为 24～26℃，萌发时分生孢子的每个细胞都可长出芽管，孢子的产生和萌发均需要水滴。

病菌在 25～28℃ 时的产孢能力最强，30～35℃ 时较差，湿度愈高、高湿保持时间愈长，产孢量则愈多；施肥情况也会影响病菌的产孢量，施用了氮、钾肥的植株，病斑的产孢量要小于不施肥或施磷肥的植株；病斑在黑暗条件下的产孢量明显高于在散射光条件下；具 6～9 日龄的葱紫斑病病斑产孢能力比较强，其中 8 日龄病斑的产孢能力最强。病斑在夜间释放孢子的数量明显多于白天。

侵染过程与侵染循环　分生孢子降落到侵染部位后，当气温超过 15℃，遇雨或叶面结露时，多个孢子会同时萌发，在寄主表面形成菌丝和小菌落，由菌丝自气孔或伤口侵入，也能以芽管直接穿透寄主表皮侵入。病菌通过气孔侵入的数量远远高于直接侵入的数量。

北方寒冷地区，病菌以菌丝体和分生孢子在寄主体内或随病残体在土壤中越冬，翌年条件适宜时越冬分生孢子或越冬菌丝上产生的分生孢子通过气流或雨水传播。发病适温是 25～27℃，低于 12℃ 则不发病。病害潜育期为 3～5 天，5 天后即可产生分生孢子，并可散发到各处，从而引起再侵染（图 3）。

流行规律

病菌的传播、扩散及其侵染　带菌种子、土壤中病残体上的病菌及活病株上的病菌都是翌年田间病害的初侵染来

图 1　大葱和洋葱紫斑病症状
（①②于金凤提供；③④引自 Howard F. Schwartz）
①大葱叶片病斑；②大葱枯死病叶；③洋葱头病斑；④洋葱枯死植株

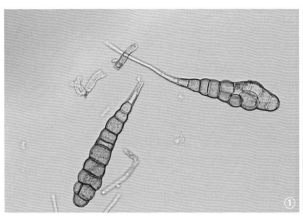

图 2　葱类紫斑病病原菌形态（竺晓平提供）

①分生孢子；②分生孢子梗

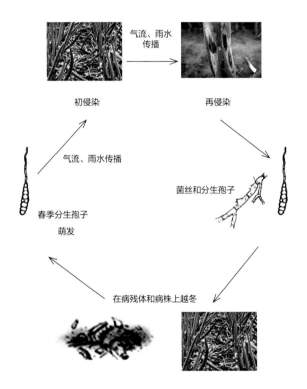

图 3　大葱紫斑病病害循环示意图（于金凤提供）

源，新产生的分生孢子通过田间操作、农具、灌水、气流、雨水传播，进行多次的再侵染。葱类紫斑病菌的分生孢子萌发的最适温度为 25℃ 时，在适温下病害的潜育期为 3 天。病菌侵入的适宜温度范围是 18～25℃。分生孢子的侵入率和附着胞数量呈正相关，附着胞的形成数量随温度的提高而增加，在 25℃ 条件下，24 小时后附着胞的形成数量达到高峰。分生孢子萌发必须要有水滴，适温下置清水中 3 小时后，其萌发率为 87%。

　　病害流行条件　①温、湿度。总的来说，温暖多湿的天气条件非常适合葱类紫斑病的发生与流行。当田间温度达到 23～25℃ 时，葱类植物进入旺长期，如果此时多雨潮湿，空气相对湿度高于 80%，病斑上就会产生大量的分生孢子，

紫斑病易暴发、流行。②生育期。通常葱类蔬菜生长前期比较抗病，中后期比较感病。如在澳大利亚南部地区，葱类蔬菜定植后 54～69 天，叶片上出现紫斑病斑，定植后 123～158 天（接近成熟）发病最为普遍。③虫害。在葱蓟马（*Thrips alliorum*）严重发生的葱类蔬菜伤口较多，紫斑病往往较重。④品种。就洋葱品种而言，红皮洋葱较黄皮洋葱抗病。据四川西昌 2007—2011 年连续 5 年的调查表明，红皮洋葱的平均病情指数为 1.3，而黄皮洋葱则为 19.5，差异十分显著。⑤施肥。土壤贫瘠、管理不善的地块，紫斑病比较严重。施用氮、磷、钾肥能抑制病斑产生分生孢子的数量和侵染力。⑥连作。葱类蔬菜连作时间愈长发病愈重。

　　防治方法　由于葱紫斑病在田间可形成重复多次的再侵染，因此，防治上应采取一切措施降低该病害在田间的流行速率。

　　农业防治　①清洁田园。收获后应清除田间病残体，并深耕翻土，消灭越冬菌源；生长季节要及时摘除病组织或拔除病株。②轮作与施足底肥。重病地应与非葱类蔬菜或大田作物实行 2 年以上的轮作，以减少田间的菌源。施足底肥，每亩可施农家肥 5000kg、磷肥 100kg、尿素 10kg、钾肥 15kg，或二氨 30kg，或复合肥 50kg 作底肥。③适期定植。选择地势高、排水好的地块种植葱类蔬菜。④加强栽培管理。避免大水漫灌，雨后及时排水；葱类蔬菜根部吸水、吸肥能力较弱，要适当多追肥，尤其是在叶片迅速生长期；适时收获，洋葱收获应掌握在葱头顶部成熟后，收获晾晒，待鳞茎外部干燥后再入窖；低温储藏，储藏窖应保持低温（0～3℃）和较低的湿度（相对湿度低于 65%），并经常通风换气。

　　物理防治　对有病或可疑种子进行种子消毒。如用 40% 的甲醛 300 倍液浸种 3 小时，浸后及时清水冲洗，避免药害；洋葱鳞茎可用 40～45℃ 温水浸泡 1.5 小时。

　　化学防治　①药剂拌种。可用 50% 福美双可湿性粉剂或 50% 多菌灵可湿性粉剂拌种，用药量为种子重量的 0.3%。②药剂防治。葱类蔬菜定植后 54 天左右，经常检查田间发病情况，一旦有病立即喷洒杀菌剂。药剂可选 50% 扑海因可湿性粉剂 1500 倍液，或 64% 杀毒矾可湿性粉剂 500 倍液，或 58% 甲霜灵·锰锌可湿性粉剂 500 倍液等，隔 7～10 天喷洒一次，连喷 3～4 次。

参考文献

白庆荣，朱琳，温嘉伟，等，2007.葱紫斑病发生及防治若干问题的初步研究Ⅱ.病斑产孢、孢子飞散传播 [J].吉林农业大学学报，29(4): 364-367.

中国农业科学院植物保护研究所，中国植物保护学会，2015.中国农作物病虫害 [M].3 版.北京：中国农业出版社.

GUPTA R B L, PATHAK V N, 1998. Yield losses in onions due to purple blotch disease caused by *Alternaria porri*[J]. Phytophylactica, 20: 21-22.

SKILES R L, 1953. Purple and brown blotch of onions[J]. Phytopathology, 43: 409-412.

（撰稿：于金凤；审稿：竺晓平）

葱蒜类干腐病　onion and garlic *Fusarium* basal rot

由尖镰孢、层出镰孢等几个镰刀菌属真菌引起的一个世界性病害。又名葱蒜类茎腐病。

发展简史　干腐病在 20 世纪 20 年代开始有报道，1924 年，J. C. Walker、G. K. K. Linker 等陆续发表了干腐病危害的报告。1971 年，G. S. Abawi 和 J. W. Lorbeer 及 1985 年 K. L. Everts 等确定病害的传播途径和侵染循环。1990 年，A. R. Entwistle 等发现除了尖镰孢外，其他镰孢也能导致干腐病，但尖镰孢是最普遍的病原。1989 年，J. W. Bacher 等在洋葱长日型品种中发现了抗性基因 *Foc1* 和 *Foc2*。在病害防控方面，1978 年 C. A. Jaworski 等即开始进行化学防控的药剂筛选工作，到 80、90 年代，大量的化学防治研究报告开始出现，如 1988 年 E. Barnoczkine-Stoilova、N. Ozer 和 N. D. Koycu 等针对种苗处理和土壤处理提出了多套化学防控解决方案；1996 年 K. Rajendran 和 K. Ranganathan 发现多种木霉和芽孢杆菌生防制剂能够有效控制病害。

分布与危害　各大洲只要有葱蒜种植的地区就有葱蒜类干腐病发生。在洋葱、大葱、细香葱、青葱、韭葱、大蒜等葱属植物的整个生育期以及储藏期均可发生危害，病害的发病率在 2.9%～80%。病害可造成田间洋葱产量损失达

44%，收获期发病，产量损失可以达到 30%。

该病的症状可出现在受害葱的根部、叶片、鳞茎、鳞茎基盘以及大蒜的蒜瓣等各个部位及各个生育期。葱蒜类干腐病的典型症状是鳞茎基盘（即根组织与鳞茎基部的连接处）腐烂、根部和鳞茎分离，极易被轻轻提起，有时在腐烂的洋葱鳞茎基盘或者大蒜的蒜瓣基部出现白色至粉红色的霉层（图 1）。纵向剖开洋葱鳞茎可见鳞茎基盘发生明显的褐变，此后随着水分的丧失，茎基盘组织出现凹陷和干腐状，干燥时茎基盘和干燥的外围膜质鳞皮会出现开裂。

病原及特征　该病害可由镰刀菌属的几种真菌引起，以洋葱尖镰孢洋葱专化型 ［*Fusarium oxysporum* f. sp. *cepae* （H. N. Hans.）W.C. Snyder & H.N. Hans.］为主，分离频率约为 68%，其次是层出镰孢 ［*Fusarium proliferatum*（Mats.）Nirenberg］、黄色镰孢 ［*Fusarium culmorum*（Smith）Sacc.］，此外，还有燕麦镰孢（*Fusarium avenaceum*（Corda et Fr.）Sacc.］、*Fusarium camptocerus*、串珠镰孢（*Fusarium moniliforme* Sheld.）和茄腐皮镰孢 ［*Fusarium solani*（Mart.）Sacc.］等的分离报道，只是引起局部地区的葱蒜类蔬菜发病。

洋葱尖镰孢洋葱专化型具有侵染专化性，主要侵染葱属植物，也能侵染黄瓜、南瓜、豌豆、大豆、小麦、水稻和玉米等其他作物。病菌生长的温度范围是 4～35℃，发育适温为 25～28℃。分生孢子有大小两种：小型分生孢子多为单胞、椭圆形或肾形，生在气生菌丝中，数量多；大型分生孢子往往生在垫状子座上，多为 4～6 个细胞、弯曲纺锤形，大小为 33～36μm×3.8～4.0μm。该菌容易产生球状的厚垣孢子，串生在菌丝中间或顶端（图 2）。洋葱受害组织的流出液能促进大型分生孢子转变成厚垣孢子，特别是在有机质丰富的土壤中，90% 的大型分生孢子在 14 天内都会转成厚垣孢子。

层出镰孢培养后可产生单胞或双胞的小型分生孢子，底部略钝，长链状地串生在分生孢子梗上，分生孢子梗多胞。该菌虽然不产生厚垣孢子，但也能在土壤中存活很长时间。层出镰孢在形态上与珠镰孢菌非常相似，极易混淆，可通过分子鉴定手段将它们区分开。

洋葱尖镰孢洋葱专化型常导致田间葱属植物的干腐病，

图 1　大蒜干腐病症状（吴楚提供）
①受害蒜头；②受害叶片

而层出镰孢常导致储藏期的病害发生。

黄色镰孢子座褐色或橘红色，不产生小型分生孢子，能产生大量的大型分生孢子，该孢子粗壮、厚壁且具有突起的隔膜，两端较平钝，孢子中部较宽，外侧背脊部弯曲，内侧腹部较平直，大小为 25～50μm×7～10μm，一般 3～5 个隔膜，足胞有轻微的孢子痕；分生孢子梗大小为 5μm×15～20μm。在人工培养下和在田间时都能产生大量的厚垣孢子，厚垣孢子大小为 9～14μm，主要产生于菌丝中和大型分生孢子中。在 PDA 培养基上，菌落含有大量致密的白色气生菌丝，菌落下面的培养基呈特殊的洋红色。

侵染过程与侵染循环　洋葱尖镰孢洋葱专化型有多种侵入手段，如直接穿透寄主表皮侵入鳞茎基盘，侵入需要果胶酶和多聚半乳糖苷酸酶等的参与，也可通过病原菌或害虫造成的伤口侵入寄主。侵入后由下向上蔓延，先在表皮层中扩展，4～5 天后便穿过内皮层，进入导管，并在导管内不断产生小型分生孢子，从而进一步扩散。

越冬和初侵染　洋葱尖镰孢洋葱专化型是土壤习居菌，厚垣孢子抗逆性强，至少在土壤中能存活 5～6 年。病菌主要通过厚垣孢子在土壤中越冬，也可以菌丝体、分生孢子在病残体上及土壤中越冬。带菌种苗也是初侵染来源之一。

再侵染与病害传播　病原菌虽然有再侵染，但田间主要以初侵染为主，再侵染作用不大。病害可通过带菌的农具、病残体、病种子、病种苗移栽或流水等传播。远距离传播主要通过带菌的土壤和种苗的调运。地蛆、线虫等地下害虫也能传播该病（图 3）。

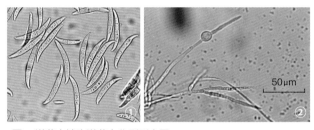

图 2　洋葱尖镰孢洋葱专化型形态图（①刘爱新提供；②于金凤提供）
①大型分生孢子；②厚垣孢子

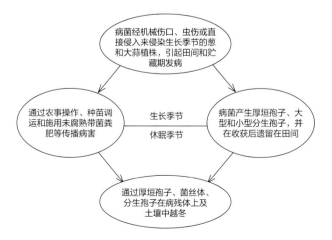

图 3　葱蒜干腐病侵染循环示意图（竺晓平提供）

流行规律

病原菌数量　尖镰孢为土壤习居菌，厚垣孢子在土中或在病残体中能存活 5～6 年。厚垣孢子通过牲畜的消化道后仍能存活。该病属于积年流行病害，连作土壤中病菌积累多，病害往往较严重。此外，长期连作会产生严重的连作障碍，大蒜尤其敏感，植株生长衰弱，更易加重病害。

气象条件　总体来说，洋葱尖镰孢洋葱专化型的侵染和病害的发展受温度的影响较大，当土温为 13～32℃、pH 为 2.2～8.4 时都可以发病，但最适土温是 28～32℃，最适 pH 为 6.6。土壤温度在 12℃ 以下时，病害很少或不发生。储运期间温度在 28℃ 左右时，大蒜最易腐烂，而 8℃ 或以下时病害很轻。

高湿度也有利于发病，生长季节或生长后期遇多雨、多雾天气易发病；低洼积水、大水漫灌、种植过密、通风不畅可以加重病害的发生。强光对病害发生不利，光合作用越强，植株生长越健康。

品种的抗病性　品种的抗病性有差异，长日型洋葱品种比较抗病，短日型品种相对较感病。适宜春季种植的洋葱品种普遍比适宜秋季种植的品种抗病。

其他病虫害　田间其他病虫害会加重该病的发生，如葱蝇（Delia antique Meigen）和灰地种蝇（Delia platura Mergen）等害虫常造成伤口，以及葱粉红根病菌（Phoma terrestris E.M. Hans.）引起的粉红根病的发生，使干腐病菌更容易从根部入侵。

防治方法　主要通过选用抗病品种、加强栽培管理并结合药剂和生物防治等综合措施来防治此病。

农业防治　①合理轮作。避免与葱属其他植物和谷类植物连作，可与茄科蔬菜进行 4 年以上轮作。②选用抗病品种。洋葱选用长日型或中间型品种。③收获后及时清除病残体，土壤深翻暴晒，或用威百亩等药剂进行熏蒸消毒。④科学栽培管理。施足基肥，增施磷、钾肥（1hm² 各施用 45～60kg）；杜绝大水漫灌，雨后及时排水；防止中耕、锄草等田间操作时造成伤口，同时还要防治根蛆等危害鳞茎。⑤储运期要尽量避免造成损伤。储存环境应阴凉和通风，保持室内温度在 0～4℃、相对湿度在 65% 左右。

化学防治　①种子处理。洋葱用种要经过严格筛选，选择饱满无病无破伤的蒜瓣做种。播种前可进行药剂处理，以 50% 福美双可湿性粉剂 + 50% 苯菌灵可湿性粉剂组合拌种的效果最好，1kg 种子各用福美双 4.05g 和苯菌灵 1.50g。也可选咪鲜胺、戊唑醇和扑海因等药剂处理种子。②苗床及田间土壤处理。种植前可用 50% 苯来特可湿性粉剂 1000 倍液，或 50% 多菌灵可湿性粉剂 500 倍液浇施土壤进行消毒，施用量以 5～10cm 表土湿润为度；也可用 95% 棉隆可湿性粉剂，1m² 用 10g 药剂拌适量细土，撒于地表，耕翻土壤 15～20cm 后，用薄膜覆盖 12～15 天并晾晒数天，然后播种或定植。③生长期药剂防治。一旦发现田间中心病株，立即灌药处理。药剂可选 50% 多菌灵可湿性粉剂 500 倍液，或 50% 苯莱特可湿性粉剂 1000 倍液等，每株用药液 200～300ml，隔 10 天浇灌 1 次，连灌 3～4 次。

生物防治　是防治病害的有效措施之一，如绿色木霉（Trichoderma viride）、哈茨木霉（Trichoderma harzianum）、钩状木霉（Trichoderma hamatum）、康宁木霉（T. koningii）和

拟康氏木霉（*Trichoderma pseudokoningii*）等木霉菌，荧光假单胞菌 [*Pseudomonas fluorescens*（strain WCS 417）]，枯草杆菌（*Bacillus subtilis*）以及洋葱伯克霍尔德氏菌（*Burkholderia cepacia*）等都是有效的拮抗菌。

参考文献

中国农业科学院植物保护研究所，中国植物保护学会，2015.中国农作物病虫害 [M]. 3 版. 北京：中国农业出版社.

CHRISTOPHER S C, 2000. Breeding and genetics of *Fusarium* basal rot resistance in onion[J]. Euphytica, 115: 159-166.

GUILLERMO A G, CAROLE F S K, WIM J M K, et al, 2008. Genetic variation among *Fusarium* isolates from onion, and resistance to *Fusarium* basal rot in related *Allium* species[J]. European journal of plant pathology, 121: 499-512.

（撰稿：竺晓平；审稿：赵奎华）

葱蒜类霜霉病 onion and garlic downy mildew

由毁坏霜霉引起的一类真菌病害。是葱蒜植物上发生的严重病害，危害大葱、洋葱、大蒜、细香葱、韭葱等。

发展简史 早在 1932 年，H. T. Cook 等人就对该病的危害进行了报道。在病原生物学和发病条件的研究方面，在 1982 年和 1984 年，P. D. Hildebrand 和 J. C. Sutton 分别对孢子的产孢条件和孢子的萌发进行了深入研究。1984 年，P. D. Hildebrand 和 J. C. Sutton 更进一步测定了环境因素对叶片上孢子存活能力的影响，确定露水的快速形成对孢子存活影响至关重要。在病害循环方面，1943 年 C. E. Yarwood、1984 年 P. D. Hildebrand 和 J. C. Sutton 等对附着胞、侵染丝的形成和侵入过程以及再侵染周期进行了研究。1964 年 B. M. Jovicevicll、1971 年 W. Rondomanski 等均确定带菌鳞茎是重要的侵染来源。1985 年，G. C. Jesperson 和 J. C. Sutton 开发了用于预测洋葱霜霉病流行的系统模型 DOWNCAST，2004 年，T. Gilles 等推出了更加完善的预测模型 MILIONCAST。

在病害防控方面，1959 年 V. Doom、1958 年 J. Palti 等针对立地条件、种植密度、肥水管理等方面的防控措施进行了系统研究，并证明热力处理球茎可以显著减少病害的发生。1990 年 M. Tahir 等、1992 年 M. Mohibullah、1997 年 R. K. Develash 和 S. K. Sugha、1989 年 J. Palti 以及 2008 年 Fazli Raziq 等进行了大量化学药剂筛选和测试，虽然结果略有不同，但效果比较好的药剂主要有雷多米尔（甲霜灵）、杀毒矾、安泰生（丙森锌）、代森锰锌（大生）、恶霉灵等。

分布与危害 霜霉病呈世界性分布，在温带、亚热带及热带地区的葱蒜种植区都有发生。该病害在美国春茬洋葱上往往减产 50%～100%，每年造成的经济损失可达 8500 万美元；而在印度的损失更大，仅 2002 年造成的减产率就高达 60%～70%。在中国山东金乡，大多数年份病害都严重发生，一般地块都能达到 20%～50% 的减产率。

葱蒜类霜霉病可以发生在植株的各个部位，既有局部侵染又有系统性侵染。局部侵染由降落在田间植株上的孢子囊萌发后侵入引起，系统侵染则由带菌的鳞茎种球发病所致。

该病主要危害叶和花梗，尤其是老叶最易受到感染。叶片发病多在洋葱、大蒜的叶片长至 12～15cm 时出现，先从外叶的中部或叶尖处发病，逐渐向上下叶片或心叶蔓延。病斑呈淡黄绿至黄白色，边缘不明显，纺锤形或椭圆形（图 1），潮湿时，叶片与茎的表面遍生白色至紫色绒霉，为病菌的孢子囊覆盖层，叶片常在病斑处发生弯折。中下部叶片被害，病部的上部叶片常干枯死亡。

花梗受害，其病斑和叶片的病斑相似，后期病斑干枯，花梗很容易从病部弯折而枯死，常导致种子发育受阻或空瘪。

鳞茎染病可引致系统性侵染，病株矮化，叶片畸形或扭曲，叶片也变为浅绿色。湿度大时，表面长出大量白霉。发病洋葱鳞茎球往往变小、产量减少，且发病叶片和鳞茎组织变得松软，在储藏期间易受其他病菌的感染。

病原及特征 病原为毁坏霜霉 [*Peronospora destructor*（Berk.）Casp.]，属霜霉属真菌。病菌的孢囊梗稀疏，1～3 根从气孔伸出，顶端呈 3～6 次二叉状对称分枝，无色、无隔膜，大小为 250～400μm；孢囊梗顶端有尖细小梗，向内弯曲，略呈钳状或鸟嘴状，小梗顶端各着生 1 个孢子囊；孢子囊单胞，卵圆形，淡褐色，大小为 60～65μm×22～30μm。孢子囊具有一定的抗逆性，在 −1～−3℃ 下，孢子囊可以存活 48 小时，在冷冻状态下可以存活 12～15 小时。有性孢子为卵孢子，卵孢子球形，具厚膜，呈黄褐色，大小 50～60μm。

图 1 大葱霜霉病田间症状（吴楚提供）

毁坏霜霉的菌丝发育要求较低的温度和较高的湿度，病菌不耐干燥和日晒。

侵染过程与侵染循环　初侵染时，越冬的卵孢子由雨水反溅附着到植株地上部组织，萌发产生芽管，芽管延伸到气孔并从气孔侵入寄主，以管状或球形吸器深入寄主细胞内吸取营养，完成侵入过程。再侵染发生时，初侵染发病植株上产生的孢子囊，萌发后形成芽管延伸到气孔，进入气孔后形成膨大的附着胞，直接在气孔内穿透表皮侵入。

田间主要以厚壁的休眠卵孢子随同枯死的病叶等病株残体遗留在土壤中越冬，或以菌丝体潜伏在病株鳞茎或其侧生苗中越冬。带菌的鳞茎或种苗，播种后也可直接感染幼苗。病种子中有潜伏的菌丝，种子表皮也可黏附孢子囊，这些都是田间病害的初侵染来源。初侵染发病产生的孢子囊可以引起生长季节的再侵染（图2）。病害主要通过气流和雨水传播，昆虫也能传播病害，种子能否传播尚无定论。休眠卵孢子可以在土壤中存活4～5年。只要条件合适，卵孢子经过1～2个月的短期休眠即可萌发，也能侵染当季种植的葱蒜类蔬菜。

流行规律

病菌侵染条件　从孢子囊梗上释放孢子囊主要受到湿度、红外线辐射和振动的影响。当田间相对湿度从高向低变化时，孢子囊的释放量要增加，没有红外辐射的黑暗环境，孢子囊也很少释放，田间葱叶随风雨摆动，可以促进孢子囊的释放。

薄壁的孢子囊在4～25℃温度范围和高湿度下都可以产生，但以13℃左右最为适宜。10℃以下或20℃以上则孢子囊产生显著减少。孢子囊的形成，需要较长的黑暗和短时间的光照间隔和持续的高湿度。

孢子囊的萌发适温为10℃，3℃以下或35℃以上不萌发。孢子囊萌发也需要高湿度，在温度为10℃和相对湿度为76%～95%的条件下，72小时后有60%的孢子囊萌发，而在10℃、相对湿度33%的条件下，72小时后只有20%的萌发率。

10～15℃的温度和70%～75%的相对湿度有利于卵孢子的形成，卵孢子萌发所要求的温度和湿度与孢子囊相一致。

湿度影响到从孢子囊形成、萌发、释放直到病菌入侵等各个环节，但各环节的要求也不尽相同。对孢子囊萌发来说，叶片和花梗表面的液态水滴或水膜是必需的，但对孢子囊形成来说，表面持续存在的液态水却是不利的，表面不连续的液态水和空气中的高湿度才更合适。

温度主要影响病菌侵入到寄主组织后的扩散速度，以10℃时病菌菌丝的扩展最快，7～10天即可产生孢子囊。

流行条件　葱类霜霉病的发生与气候有密切关系。温度对病害发生与发展影响很大，病害流行的最适宜温度是10～12℃，14～18℃时尚可维持，但高于22℃时，病害发生显著减少。湿度对病害发生与发展起到至关重要的作用，空气相对湿度在90%以上才有可能发病。冷凉和潮湿的气候有利于病害的发生，田间结露的频率和结露时间的长短对病害的发生起到决定性作用。在葱蒜类蔬菜的生长旺盛时期，如遇连续阴雨、暴雨或大雾、低温的环境条件，病害往往严重发生、易于流行；此外，夜间凉湿，白天温暖，浓雾重露，土壤黏湿等条件都有利于该病的发生和流行。目前尚没有完全免疫的品种。一般来说，红皮品种较黄皮品种抗病，黄皮品种又比白皮品种抗病。葱表皮蜡质层愈多，霜霉病发病率就愈小。重茬地块的病害往往较重，与葱蒜类以外的蔬菜轮作的病害较轻。灌溉方式也影响田间病害的发生，膜下浇水、滴灌及垄沟流水浇灌等都不会使地上部的叶片和花梗潮湿，病害较轻。种植密度太高往往导致通风不畅，病害加重。过量施用氮肥也有利于病害的发生。

防治方法　防治葱蒜类霜霉病的主要原则是，通过改进栽培管理和科学施用药剂，尽可能地减少田间再侵染次数和压低田间病原菌数量，以减轻病害的危害程度。

选用耐、抗病品种　不同品种的抗病性有一定差异，种皮颜色较深的红皮和黄皮品种比较抗病，如章丘巨葱、辽葱1号、蜡粉厚、中华巨葱、长龙、长宝等。

农业防治　①轮作。发病地与豆科、葫芦科或大田作物等轮作3～4年。②在无病田中留种或从无病植株上采种，防止种子带菌。③清除田间病残体，深埋或烧毁。④合理肥水管理。选地势高、土壤疏松、排水良好的地块种植；采用高畦、高垄栽培，最好选择南、北垄向，便于通风；选晴天上午或夜间浇水，及时排涝，有条件采用滴灌和地膜下浇水。施足有机肥，增施磷、钾肥，避免过量施用氮肥。

物理防治　①温汤浸种。带菌的种子可用50℃的温水浸种25分钟后，放入冷水中冷却，再捞出催芽播种；洋葱种球和侧生苗可采用45℃的温水处理60分钟。②种球干热处理。播种前，将洋葱种球用40～43℃恒温干热处理8小时。恒温干热处理与药剂浸种相结合效果更佳，即用干热处理种球后，再用72%甲霜灵·锰锌可湿性粉剂400倍液浸种1小时。对怀疑被系统侵染的洋葱种球，收获后需要置阳光下晾晒12天。

化学防治　①种子和幼苗处理。用0.3%种子量的35%雷多米尔可湿性粉剂拌种，或用50%福美双可湿性粉剂+35%雷多米尔可湿性粉剂（1:1混合）拌种；幼苗长至3～4片叶时，用74%百菌清可湿性粉剂600倍液喷洒幼苗和地面，隔7天喷1次，连喷3～4次。洋葱鳞茎种球下种前，剥除外部干枯和坏死的鳞片，然后按100kg种球用1kg的25%雷多米尔可湿性粉剂拌种，或用该药剂800倍稀释液

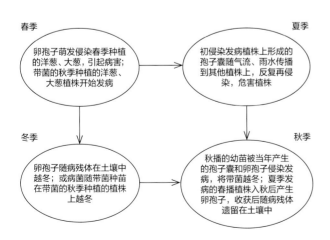

图2　葱霜霉病侵染循环示意图（竺晓平提供）

浸种 30～50 分钟，晾干后播种。②烟熏与喷粉。保护地栽培，可用 45% 百菌清烟剂或 15% 霜疫清烟剂等烟熏防治，即 1hm² 用药 3.75kg，7 天熏 1 次，连熏 4～5 次；也可喷粉防治，如 1hm² 喷撒 15kg 的 5% 百菌清粉尘剂或 7% 防霉灵粉尘剂。③生长期施药。发病初期进行喷药保护，或在大葱长至 15cm 左右（约 5 片叶）时，即开始茎叶喷雾预防。药剂有 64% 杀毒矾可湿性粉剂 600 倍液，或 58% 雷多米尔可湿性粉剂 500 倍液，或 50% 甲霜铜可湿性粉剂 600 倍液，或 58% 甲霜灵·锰锌可湿性粉剂 500 倍液，或 50% 烯酰吗啉可湿性粉剂 2500 倍液等，每 7～10 天喷 1 次，连喷 3～4 次。

参考文献

中国农业科学院植物保护研究所，中国植物保护学会，2015. 中国农作物病虫害 [M]. 3 版. 北京：中国农业出版社.

BULOVIENE V, SURVILIENE E, 2006. Effect of environmental conditions and inoculum concentration on sporulation of *Peronospora destructor*[J]. Agronomy research, 4: 147-150.

PALTI J, 1989. Epidemiology, prediction and control of onion downy mildew caused by *Peronospora destructor*[J]. Phytoparasitica, 17(1): 31-48.

（撰稿：竺晓平；审稿：赵奎华）

D

大白菜白斑病　Chinese cabbage white leaf spot

由芥假小尾孢引起的大白菜叶部真菌病害，也是十字花科蔬菜上常见的世界性病害。

发展简史　白斑病于1887年首次被Ellis和Everhart在油菜上发现，并命名为芥柱盘孢［*Cylindrosporium capsellae* Ell. et Ev.］。1894年，被更名为白斑小尾孢（*Cercospora albomaculans* Ell. et Ev.）。1895年，再次更名为［*Cercosporella albo-maculans*（Ell. et Ev.）Sacc.］。直到1973年，Deighton才将其定名为芥假小尾孢［*Pseudocercosporella capsellae*（Ell. et Ev.）Deighton］，并进行了详尽描述。至1991年，陆续发现此菌还可危害十字花科的乌塌菜、菜薹、芜菁、萝卜、芥菜、甘蓝、花椰菜、大白菜等。

分布与危害　白斑病是大白菜上发生较普遍的一种真菌病害，世界各地都有分布。在中国主要发生在辽宁、吉林、黑龙江、华北、华东、华南和西南地区也时有发生，以春、秋露地种植的大白菜发病较重。

该病不仅危害大白菜叶片，还可危害小白菜、油菜、萝卜、芜菁、芥菜等十字花科蔬菜叶片，极为严重时也可侵染叶柄。发病初期叶片上出现灰褐色小斑点，直径1～2mm，随着病程的延长病斑逐渐扩大，扩大后的病斑呈近圆形或不

规则形，病斑中心由灰褐色渐变为灰白色直至白色，病斑直径6～18mm，外围有污绿色晕圈或呈湿润状，当田间空气相对湿度达到60%以上时，叶背有淡灰色霉层形成，即为病菌的分生孢子梗及分生孢子；后期病组织逐渐坏死，病斑部变薄呈白色半透明状，似火烤样，极易破裂或穿孔（图1）。发病严重时，发病叶上的多个病斑连合成片，致使整叶干枯，最终脱落。通常下部叶片首先发病，逐渐蔓延至上部叶片，发病严重的地块田间一片枯白。一般年份发病率在20%～40%，产量损失约5%，发病重的地块或重病年份发病率可达80%以上，产量损失可达25%～35%，特别是在一些高海拔冷凉地区危害有逐年加重的现象。

病原及特征　病原为芥假小尾孢［*Pseudocercosporella capsellae*（Ell. & Ev.）Deighton］，属假尾孢属真菌。菌丝蔓延于寄主细胞间隙，有隔无色。分生孢子梗无色，丛生，不分枝或具短分枝。分生孢子梗数根至数十根从叶背气孔伸出，线形，无色，单胞，直或略弯曲，大小为7.0～17.2μm×2.5～3.25μm，顶端着生单个分生孢子。分生孢子无色，细线形或鞭形，顶部略尖，大小为30～90μm×2.0～3.0μm，直或略弯曲，一般有3～4个隔膜，多者有5～7个隔膜。子座近乎无色至榄褐色（图2）。有性态为*Leptosphaeria olericola* Sacc.。

侵染过程与侵染循环　病菌以菌丝体、分生孢子梗基部

图1　大白菜白斑病病叶症状（吴楚提供）

D

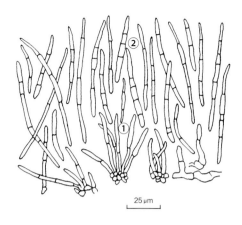

图 2 芥假小尾孢（引自郑建秋，2004）
①分生孢子梗；②分生孢子

的菌丝块随病叶及病残体遗留在田间土壤中越冬，也可以菌丝体的形式在留种种株的病组织中越冬。当环境条件适宜时产生分生孢子，成熟的分生孢子通过气流或雨水反溅传播至寄主植物上，孢子萌发后从叶片的气孔侵入，引致初侵染，病斑形成后又可产生分生孢子，借风雨传播进行多次再侵染。

流行规律 大白菜白斑病是一种气流传播的真菌病害，病菌的分生孢子可随空气飘浮的水平距离为 2.5～3m，垂直高度为 0.35～0.5m。由于芸薹假小尾孢的分生孢子表面黏液的作用，干燥条件下不易被风传播，只有遇水形成微小的液态粒子后才可随气流进行近距离传播，因此，水是分生孢子自然传播的重要载体，而气流则是传播分生孢子的主要形式，当雨季来临，特别是连续降雨或田间进行灌溉时，病残体、种子或种株上的病原菌随水滴飞溅或气流传播到健康植株上，在环境条件适宜时进行初侵染和再侵染，造成病害在田块内传播。另外，大白菜种子也可为病原菌提供生存条件和物质载体，随贸易、贮运等环节将病原菌扩大到新的病区，虽然白斑病的种子带菌率不高，但在交通运输业和种子贸易快速发展的当下，种子传播已成为大白菜白斑病远距离传播的一种途径，不容忽视。

当叶片表面湿润时，孢子萌发和感染时间的长短与温度呈负相关，温度越高潜育期越短，在 15～20℃ 时需 6～8 小时，10℃ 左右需 12 小时，5℃ 时需 24 小时，然而，最适温度为 10～15℃。在田间日平均温度 15℃ 以上，累计日积温 120℃ 后病害开始流行。

大白菜白斑病对温度要求不高，5～28℃ 均可发病，最适温度 11～23℃。当旬平均温度达到 23℃、相对湿度高于 62%、降雨在 16mm 以上时，经 12～16 天开始发病，此为越冬病菌的初侵染，病情不重；当大白菜生育后期，气温降低，旬平均温度 11～20℃，最低 5℃，温差大于 12℃，遇雨或暴雨，旬平均相对湿度 60% 以上时可发生再侵染，经过再侵染，病害扩展开来，连续降雨可促进病害流行。白斑病流行的气温偏低，属低温型病害。在北方菜区，盛发于 8～10 月，上海及长江中下游及湖泊附近菜区，春、秋两季均可发生，春季发病盛期在 4～6 月，秋季发病盛期

在 9～11 月，同一年份春秋两季比较以多雨的秋季发病重。不同年份同一季节比较，春季以春末夏初多雨或梅雨期间多雨的年份发病重；秋季以多雾、多雨、田间叶片结露重、日夜温差大的年份发病重。

此外，还与品种、播期、连作年限、地势等因子有关，一般播种早、连作年限长、地势低洼、排水不良、缺少氮肥或基肥不足、种植密度过大、通风透光较差、植株长势弱的田块发病重。

防治方法

选用抗病品种 虽然尚无对白斑病高抗或免疫的品种，但可选用对白斑病具有一定抗性的品种，如沈农青丰、山海关青麻叶、通化大白菜、鲁白 3 号、津绿 55、津绿 75、辽白 1 号、疏心青白口等。

农业防治 白斑病可侵染油菜、甘蓝、花椰菜等多数十字花科蔬菜，因此，一定要与非十字花科蔬菜进行茬口轮作，才可降低田间病原菌的基数，减少初侵染源。

根据当地气候规律及品种特性，选择适当的播种时期。

加强田间管理 播种前施足底肥，种植密度不宜过大，白菜生长期适当增施磷钾肥，雨后及时排水，追施有机肥，随时摘除下部发病早的老叶并带出田外及时处理。大白菜收获后，应及时将残株病叶从田间清除，深埋于地下或作为堆肥的原材料进行高温发酵。

物理、化学防治 从无病留种株上采收种子，尽量选用无菌种子。对于引进的商品种子，可采取用 50℃ 温汤浸种 20 分钟后（需不断搅拌），立即转入冷水中降温之后沥去水分催芽播种；也可在播种前用 2.5% 咯菌腈悬浮剂（适乐时）拌种，使用剂量为种子干重的 0.3%～0.4%。在发病初期开始喷药，每隔 10～15 天左右一次，连续喷施 2～3 次。常用药剂及使用浓度为 250g/L 醚菌酯悬浮剂（阿米西达）800～1000 倍、52.5% 噁唑菌酮·霜脲氰水分散粒剂（抑快净）1000～1200 倍、20% 苯醚甲环唑微乳剂 1500～2000 倍、25% 多菌灵可湿性粉剂 400～500 倍液、80% 代森锰锌可湿性粉剂 600～800 倍、50% 多霉灵可湿性粉剂 800 倍液、65% 甲霉灵可湿性粉剂 1000 倍液、50% 甲基硫菌灵可湿性粉剂 500 倍液、50% 苯菌灵可湿性粉剂 1500 倍液、50% 异菌脲可湿性粉剂（扑海因）800～1000 倍。

参考文献

赵倩，石延霞，李宝聚，等，2015. 白菜白斑病的诊断与防治技术 [J]. 中国蔬菜 (5): 72-74.

郑建秋，2004. 现代蔬菜病虫鉴别与防治手册 [M]. 全彩版. 北京：中国农业出版社.

中国农业科学院植物保护研究所，中国植物保护学会，2015. 中国农作物病虫害 [M]. 3 版. 北京：中国农业出版社.

BOEREMA G H, VERHOEVEN A A, 1980. Check-list for scientific names of common parasitic fungi. Series 2d "Fungi on field crops" vegetables and cruciferous crops[J]. European journal of plant pathology, 86: 199-228.

DEIGHTON F C, 1973. Studies on *Cercospora* and allied genera Ⅳ [J]. Mycological papers, 133: 42-46.

（撰稿：严红；审稿：谢丙炎）

大白菜病毒病　Chinese cabbage virus disease

主要由芜菁花叶病毒引起的、危害大白菜整个植株的一种病毒病害，是世界上大白菜种植地区最重要的病害之一。又名大白菜孤丁病。

发展简史　病毒病是大白菜、小白菜等白菜类蔬菜生产中的世界性重要病害，早在 1791 年就被发现。现在，全世界凡是种植白菜的地方就有该病的发生，甚至蔬菜生产极不发达的莱索托、科特迪瓦等非洲小国也不例外。在中国，黄河以北地区的白菜类蔬菜病毒病主要指大白菜病毒病，而黄河以南各地则主要指小白菜病毒病。

1921 年，美国病毒学家 E. S. Schultz 首次在白菜病毒病株中发现了芜菁花叶病毒（turnip mosaic virus，TuMV）。虽然中国在 1899 年就有大白菜、小白菜及油菜病毒病的记载，但直到 1941 年凌立和杨演才鉴定出油菜病毒病的病原物为 TuMV。迄今为止，美国、英国、法国、意大利、西班牙、希腊、日本和韩国等报道了数种病毒可以自然侵染白菜、油菜、萝卜、甘蓝和芜菁等十字花科蔬菜作物，如芜菁花叶病毒、黄瓜花叶病毒（cucumber mosaic virus，CMV）、花椰菜花叶病毒（cauliflower mosaic virus，CaMV）、蚕豆萎蔫病毒（broad bean wilt virus，BBWV）和芜菁黄化病毒（turnip yellows virus，TuYV）等，其中分布最广、危害最重的是芜菁花叶病毒。

1957 年，范怀忠和柯冲鉴定了广州郊区及附近市县郊的白菜、菜心、芥菜等花叶病株的病原病毒，为甘蓝病毒 2 号的 2 个品系及黄瓜病毒 1 号的 2 个品系。在前者的两个品系中，一个类似芜菁花叶病毒（简称"芜菁毒系"），分布较广；另一个类似油菜花叶病毒（简称"油菜毒系"），发生最多；在后者的两个品系中，一个对十字花科蔬菜完全缺乏侵染力，而另一个有微弱的侵染力，但发生均较少。1983—1985 年，李经略等人对西安地区大、小白菜等十字花科蔬菜病毒种群的鉴定结果是，TuMV 占 65.5%、CMV 占 13.6%、萝卜花叶病毒（radish mosaic virus，RMV）占 2.6%、烟草花叶病毒（tobacco mosaic virus，TMV）占 1%。1986—1987 年，谢丙炎等人鉴定湖南小白菜病毒病的主要毒原是 TuMV，占 61% 以上，次之为 TMV、CMV，分别占 21% 和 19%，且 TuMV 与 TMV 或 CMV 有可能复合侵染；另有极少量的苜蓿花叶病毒（alfalfa mosaic virus，AMV）。1983—1988 年，韦石泉等鉴定了辽宁大白菜病毒病的毒原主要是 TuMV，占 91.28%。1987—1989 年，冯兰香等从北京西郊的大白菜采种株上分离到 CaMV，这些采种株的心叶明脉，一些大叶片的背面布满了黑色小斑点。2013 年报道了李丽丽等对湖北、湖南、四川、贵州、广西、安徽、江苏等地大、小白菜病毒病原的研究结果，TuMV 占 83.1%、CMV 占 19.39%、TMV 占 8.62%、其他病毒占 0.31%。大多数地区 TuMV 单独侵染率为 50%～76%，广西则为 24.32%，生产上 TuMV 与 CMV 复合侵染较多占 70.27%，CMV 单独侵染率仅占 5.4%。此后的有关报道也都表明 TuMV 是中国大白菜、小白菜、油菜等十字花科蔬菜病毒病的最主要毒原。

TuMV 具有广泛的变异类型，是一种容易产生变异的病毒。自 1935 年 Hoggan 和 Johnson 首次涉入 TuMV 株系分化以来，国内外不少学者先后采用不同的方法划分了 TuMV 株系，特别是根据受侵染植物类型或品种的症状将 TuMV 分成不同的株系和致病型。1963 年，Yoshii 根据 TuMV 对甘蓝（*Brassica oleracea* subsp. *capitata* L.）和心叶烟（*Nicotoiana glutinosa* L.）的不同侵染性把其分离物分成 2 个株系组：引起甘蓝和心叶烟轻微症状的称为普通株系，引起甘蓝严重坏死斑症状和引起心叶烟严重花叶症状的称为甘蓝株系。1975 年 Mc Donald 等根据 TuMV 侵染芸薹属作物的症状差异，将 TuMV 划分为两种类型：Ⅰ 型能侵染所有的芸薹属作物，Ⅱ 型只能侵染部分芸薹属作物。由于 TuMV 快速变异常常导致难以形成被普遍接受的株系划分标准，因此，利用鉴别寄主划分株系的努力一直没有取得令人满意的结果。此后有人利用 TuMV 亚属间 CP 序列的差异性进行分组，如根据 TuMV-CP 核苷酸序列的系统进化树把全世界 TuMV 分离物划分为两个亲缘性较远的进化族等。尽管这类划分方法有一定的长处，然而始终未能明确地指出大白菜、小白菜植株上的 TuMV 株系与其品种间的生物遗传与变异关系，更不能以此揭示大、小白菜对 TuMV 的抗性遗传规律，在抗 TuMV 育种中没有明显的实用价值。直到 1980 年，美国病毒学家 Provvidellti 应用从日本和中国获得的许多大白菜栽培品种，研究了 TuMV 分离物与品种间的关系，取得了很大的成功，他发现了大白菜对 TuMV 的抗性具有株系特异性，其中某些品种对 TuMV 具有质量性状的抗性。在此基础上，Provvidenti 进一步选取具有代表性抗性特征的 9 份大白菜品种，组成一套新的 TuMV 株系鉴别寄主谱，将美国纽约州大白菜、芜菁上的 TuMV 不同分离物划分成为 4 个毒力不同的基因型株系：即 TuMV C-1、C-2、C-3 和 C-4 株系。这种株系鉴定方法可以有效地区分不同毒力的 TuMV 分离物。1983—1985 年间，日本曾选择 5 个萝卜品种、6 个甘蓝品种和 6 个大白菜品种作为 TuMV 株系鉴别寄主谱，将日本十字花科蔬菜上的 47 个 TuMV 分离物划分为 9 个株系，即 A、B、C、D、E、F、G、H 和 I 株系，其中以 A 和 B 株系致病力最强，可作为十字花科蔬菜抗 TuMV 育种的接种毒源。1985 年亚洲蔬菜研究中心的 Green 和 Deng 采用了 Provvidenti 的 TuMV 株系鉴定方法，对中国台湾地区的大白菜、甘蓝等十字花科蔬菜上 TuMV 进行了株系鉴定，结果更令人满意，除了鉴定出 TuMV C-1～C-4 株系外，还发现了 C-5 株系，各个株系对大白菜的致病力是不同的，C-5 株系致病力最强，其余依次为 C-4、C-3、C-2 和 C-1 株系。这一研究结果为十字花科蔬菜，特别是大白菜抗 TuMV 育种提供了科学依据。利用这 4 个大白菜栽培品种的 TuMV 株系鉴别寄主谱来划分大、小白菜 TuMV 株系的方法，很快得到国际上一些白菜育种专家和病毒学家的认可，英国、日本、韩国等也纷纷开展了与其相关的研究（见表）。

20 世纪 90 年代年，中国也应用上述方法将危害北京地区大白菜的 TuMV 分离物划分为 TuMVC-1～C-5 共 5 个株系，其中 TuMV-C4 株系占分离物的 42.4%，为最主要的株系，其余依次为 TuMV-C5、TuMV-C1、TuMV-C3 和 TuMV-C2

大白菜TuMV株系的划分标准表（引自Green S.K. et al.）

鉴别寄主	TuMV 株系				
	C1	C2	C3	C4	C5
PI 418957	I	R	I	R	S
PI 419105	S	R	R	S	S
Tropical delight	I	S	S	S	S
Crusader	S	R	S	S	S

注：I：免疫，R：抗病，S：感病。

株系，这意味着在大白菜抗 TuMV 育种中，用 TuMV-C5 株系作为接种原筛选出的抗病材料或品种具有高度抗病性，如用 TuMV-C4 株系作种原筛选出的抗病材料或品种也能够抗大多数地方的 TuMV 分离物。与此同时，还报道了用鲁白 2 号和秦白 1 号结球白菜、C2 不结球白菜、渝 8748 结球甘蓝、山东菜籽芜菁、法国花椰菜共 6 个品种作为鉴别寄主图谱，把中国 10 个省（自治区、直辖市）的白菜、甘蓝等病毒病株的 19 个 TuMV 分离物划为 7 个株系，即普通株系、小白菜株系、海洋白菜株系、大陆白菜株系、甘蓝株系、花椰菜株系和芜菁株系。1996 年，Jenner 和 Walsh 选择了 4 种不同的感病和抗病的油菜和芜菁甘蓝作为株系鉴定株，将 TuMV 分成 12 种不同的致病型……总之，TuMV 株系划分方法可因目的而异，但在众多的株系划分的方法中，就大、小白菜抗 TuMV 育种的需求来说，Provvidenti 和 Green 的方法与抗 TuMV 基因紧密挂钩、简单易行，愈来愈得到世界上蔬菜病毒和蔬菜育种工作者的采用，也在原国家科学技术委员会和农业部组织的全国白菜抗病新品种选育协作攻关组中得到广泛的应用。经过多年不懈的努力筛选出了一大批优良的抗病材料并育成了一批抗病良种，获得了巨大的经济效益和社会效益。

分布与危害　大白菜病毒病分布广泛，世界各大洲凡种植大白菜的地方就有该病的发生，尤以温带和热带地区发病严重。

该病在中国大白菜产区极为普遍，以河北、山西、内蒙古、北京、天津、辽宁、吉林、黑龙江、新疆、陕西、宁夏、甘肃、四川和云南等地发生最重，一般发病率为 3%～30%，严重地块可达 80% 以上。从 20 世纪 50 年代初期到 80 年代后期，中国北方的夏、秋季常常高温干旱，加之当时缺乏抗病品种，致使病毒病大流行、严重减产。1962 年是新疆大白菜病毒病的大流行年份，北疆的大白菜几乎全部绝收。

大白菜病毒病可危害大白菜的整个植株和整个生育期，发病愈早损失愈重，往往造成减产 1/3 以上；如果带病幼苗被定植到大田，一旦遇到适宜发病的气候条件，则可减产 75% 以上。而且感染病毒病后的大白菜很易遭受霜霉病和软腐病的侵害，损失加重，减产幅度几乎都在 50% 以上，因此，病毒病、霜霉病和软腐病被冠有"大白菜三大病害"之称，而病毒病则被列为三大病害之首。

大、小白菜从苗期到包心期均可发病，但发病愈早危害愈大，特别是 7 叶前的幼苗最易发病；7 叶后受害程度明显

减轻，包心后感染病情发展十分缓慢。因此，在生产实践中，大白菜植株对 TuMV 的抗性表现出明显的成株期抗性，特别是进入包心期后抗病性显著增强，即使遭受 TuMV 侵染病症也极其轻微。苗期发病时，起初心叶明脉，后沿叶脉失绿，并产生淡绿与浓绿相间的斑驳或花叶，随着病害的发展，病叶明显皱缩、质地脆硬、叶色变黄、心叶扭曲畸形、病株呈孤丁状；有些品种的叶片出现蚀纹斑，或在叶背的叶脉处产生褐色坏死点或条斑，叶片抽缩、凹凸不平或叶柄向一边弯曲，老叶提前脱落（图 1）。发病严重的植株矮缩，不能正常包心，根系不发达，须根较少；轻病株虽能包心，但部分内叶上常出现灰黑色坏死斑点或形成"夹皮烂"，甚至一些病株有苦味。带病的留种株翌年种植后，严重者花梗未抽出即死亡，较轻者抽出的花梗弯曲畸形，有纵横裂口，高度不及正常的一半。抽出的新叶出现明脉和花叶，老叶上生坏死斑。花早枯，很少结实，即使结实果荚也瘦小，子粒不饱满，发芽率低。

病原及特征　引起大白菜病毒病的最主要病毒种类是芜菁花叶病毒（turnip mosaic virus，TuMV），其次是黄瓜花叶病毒（cucumber mosaic virus，CMV），此外还有花椰菜花叶病毒（cauliflower mosaic virus，CaMV）、萝卜花叶病毒（radish mosaic virus，RMV）、烟草花叶病毒（tobacco mosaic virus，TMV）、烟草环斑病毒（tobacco ringspot virus，TRSV）、蚕豆萎蔫病毒（broad bean wilt virus，BBWV）及苜蓿花叶病毒（alfalfa mosaic virus，AMV）等。

TuMV 属于马铃薯 Y 病毒科马铃薯 Y 病毒属，是马铃

图 1　大白菜病毒病（①冯兰香提供；②③郑建秋提供）

①病苗呈现孤丁状；②病叶呈现轻花叶；③病叶出现蚀纹斑

薯 Y 病毒科中危害范围最广、危害程度最重的世界性病毒种类，主要分布在温带和热带地区。至少可以侵染 43 科 156 属中的 318 种植物，以十字花科植物受害最重，是十字花科蔬菜病毒病中的首要病毒种类，特别是在大白菜、小白菜、芜菁、芥菜和萝卜等病毒病中更为突出，约占病毒病原种类的 70% 以上；其他科的莴苣、菠菜、茼蒿、甜菜、烟草、矮牵牛、百日草以及车前草等植物也可受害。在田间，TuMV 常常与 CMV、CaMV 或 TMV 等复合侵染十字花科蔬菜。

TuMV 病毒粒体弯曲丝状，大小为 700～760nm×13～15nm，呈螺旋对称，螺距约 304nm，由 95% 的外壳蛋白和 5% 的 RNA 构成，具有典型的核蛋白紫外吸收曲线，其吸收峰的谷与峰分别在 245nm 和 260nm。温度钝化点在 62℃ 以下，稀释限点为 10^{-4}～10^{-3}，20℃ 下的体外存活期为 3～4 年，2℃ 下则为数月。从 1992 年 Nicolas 等首次发表 TuMV 核酸全序列以来，GenBank 上登录 TuMV 各分离物的核酸序列已达到 600 多条。在国内，何庆芳等最早进行了 TuMV cDNA 的合成与克隆。TuMV 基因组由一条单组分正单链 RNA 分子组成，长 9798～9844 个核苷酸（nt），有一个单开放阅读（ORF），两端是两个非转译区（UTR），在 5'UTR 有一个核糖体进入位点。

在自然界中，TuMV 可至少通过 89 种蚜虫以非持久性方式进行传播，如桃蚜（Myzus persicae Sulzer）、甘蓝蚜（Brevicoryne brassicae Linnaeus）、萝卜蚜（Lipaphis erysimi Kaltenbach）等，获毒时间不到 1 分钟，传毒仅需 10～30 秒，没有潜伏期。该病毒也极易经汁液接触传毒，但不能通过种子传播。植株感染 TuMV 后，体内出现一系列生理生化变化，病变细胞质内分布有大量线形病毒粒子和柱状内含体。叶绿体片层结构发育差，淀粉粒积累减少，叶绿素含量、光合速率、气孔导度、蒸腾速率明显降低；后期畸形肿胀，膜结构破裂直至解体，酶系活性改变，新陈代谢紊乱，影响植物生长发育，直接造成作物减产。

TuMV 非常容易产生变异，具有广泛的变异类型。根据侵染植物类型或品种，TuMV 可以分成不同的株系和致病型，也可从血清学上把其划分成不同的株系，还可通过分析 CP 基因划分株系等等。

大白菜对 TuMV 抗性性状存在着明显的主基因效应。1995 年 Ⅱ-Yong Kim 采用同一种抗病亲本（O-2）和不同的感病亲本（SE，SS）配制群体进行研究，发现两个群体的遗传规律不相同，故同一抗病亲本上可能存在着多个不同的抗性位点，同一抗病亲本对 TuMV 的抗性遗传规律亦受不同的感病亲本的影响。2012 年钱伟等以大白菜抗 TuMV 品种 BP8407 的高代自交系和感 TuMV 品种极早春的高代自交系、抗 TuMV 品种二青的高代自交系和感 TuMV 品种春大将的高代自交系配制两个 F2 群体，并以 F2 群体人工摩擦接种 TuMV-C4 株系后的 ELISA 鉴定的 P/N 值为抗性鉴定指标，应用 P1、P2、F1、F24 个世代的数量性状主基因 + 多基因混合遗传方法分析了大白菜 TuMV 抗性的遗传规律，发现大白菜 TuMV 的抗性由 2 对主效基因控制，遗传模型分别为 E-1、E-0，主基因遗传率分别为 86.51%、77.64%。从而认为大白菜对 TuMV-C4 抗性符合 2 对主基因 + 多基因

的遗传模式，抗性遗传以主基因为主；同年李巧云等以大白菜抗 TuMV 的国家级抗源材料 8407 和高抗 TuMV 的高代自交系材料 73 为亲本之一，分别与 2 个感病材料冠 291 和 06-247 构建 F1 杂交组合，并制备 F2 群体。对上述亲本及其 F1、F2 群体摩擦接种 TuMV-C4，根据病情分级和归类标准对大白菜 TuMV 抗性进行鉴定，结果表明以 8407 为抗病亲本，当感病亲本为冠 291 时，表现为由 1 对显性基因控制；当感病亲本为 06-247 时，表现为由 1 对隐性基因控制。以 73 为抗病亲本，当感病亲本为 06-247 时，TuMV 抗性由 1 对隐性基因控制；同一个抗病亲本，当感病亲本为冠 291 时，又表现为由两对隐性基因控制。因此，大白菜 TuMV 的抗性遗传规律十分复杂，同一个抗病材料，当感病亲本不同时，所配制的组合间 TuMV 抗性表现不同。2017 年李巧云等鉴定出了两个大白菜 TuMV 抗性基因——隐性 TuMV 抗性基因 retr02 和显性 TuMV 抗性基因 TuRBCS01。

侵染过程与侵染循环　在华北、东北和西北地区，芜菁花叶病毒主要在窖内储藏的大白菜、甘蓝、萝卜和花椰菜等留种株上越冬，也可在菠菜、芥菜等多年生宿根植物及田边杂草寄主的根部越冬，还可在温室里生长中的十字花科蔬菜作物体内越冬，成为翌年春季初侵染源。开春后，桃蚜、萝卜蚜、甘蓝蚜等的有翅蚜虫将病原病毒从越冬寄主植物上传到春季大白菜、小白菜、甘蓝、花椰菜、萝卜和油菜等十字花科蔬菜上，因此，这些有翅蚜往往是田间病毒病害初侵染的主要传播者，春菜受到初侵染后发病。一旦有翅蚜虫定居下来，就会产生大量的无翅蚜虫，春菜病株上的病原病毒不仅可以通过大量繁殖的无翅蚜继续传播，而且还可以通过中耕除草、浇水施肥、喷洒农药等农事操作以及昆虫危害等途径，极其高效地将含有病原病毒的病汁液传播给健康植株造成田间病毒病害的再侵染。随着田间无翅蚜虫的取食危害和病汁液的接触传染，再侵染现象急剧增加，田间病毒病也就逐渐蔓延开来。但是，无翅蚜虫传毒的范围较窄，仅在数百米以内，只有在刮大风或有翅蚜迁飞的情况下，病毒才能被远距离传播。这两种接连不断的再侵染导致春菜田间病毒病害的发生和扩散。春菜收获后，再经带毒有翅蚜虫迁飞与取食，病毒病又被传播到夏季小白菜、油菜、菜薹、萝卜等十字花科蔬菜上，并经病汁液接触传染的方式使病毒病在夏菜田间中不断地传播和蔓延；此后仍然通过这两种传毒方式引致秋季大白菜、小白菜、甘蓝、花椰菜、茎蓝、萝卜、油菜等十字花科蔬菜和杂草发病，一旦天气高温干旱，就会造成秋菜病毒病大流行。冬季来临时，一部分发病的大白菜、甘蓝、花椰菜等秋菜作为采种株进入窖内储藏，又成为翌年春菜发病的来源。在一年四季中，该病就是如此地循环发生、周而复始（图 2）。在南方，因冬季气候比较温暖，田间终年种植各种十字花科蔬菜，如菜心、小白菜、油菜和西洋菜等，病毒不存在越冬问题，受感染的十字花科蔬菜和杂草都是翌年田间病害的重要初侵染源，毒源植物十分丰富，病毒病可全年发生、周年循环。

蚜虫传毒为非持久性，在病株上取食 5～10 分钟后即可获毒，获毒率可高达 80% 以上，转而在健株上短时间的取食又可传毒，但连续在几株健株上取食后就失去传毒能力，

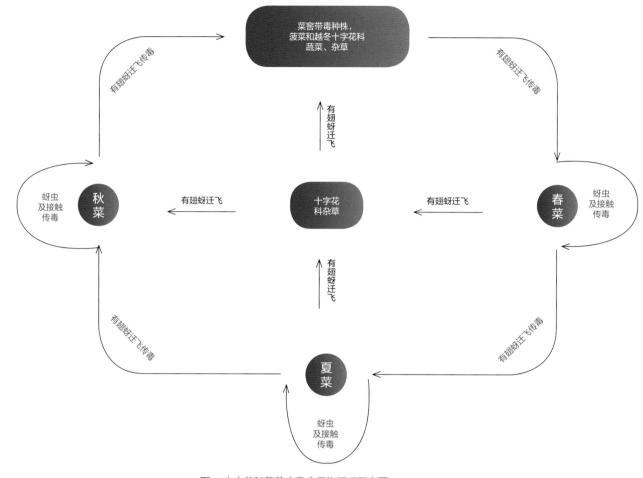

图 2　十字花科蔬菜病毒病侵染循环示意图（冯兰香提供）

一般保持传毒时间仅 25～30 分钟。通常春季田间大、小白菜病株上的这几种蚜虫的数量在早期差异不大，由于萝卜蚜比桃蚜和甘蓝蚜偏嗜大白菜，因而随着时间的推移，萝卜蚜愈来愈多，到了后期萝卜蚜的数量远远超过桃蚜和甘蓝蚜，成为传毒的主要介体和影响病毒病发病的主要因素。在传毒效率上，无翅蚜比有翅蚜要高，如桃蚜无翅蚜的传毒效率达85.7%，而有翅蚜则为 52.4%。但是有翅蚜有迁飞习性，活动能力强，因此传毒范围广、速度快，所以有翅蚜发生和迁飞的时间与病毒病的发生有着密切的关系。土壤和成熟的种子不能传播病毒。

流行规律　大白菜病毒病的发生流行与气候条件、栽培管理、品种抗性以及蚜虫发生时期等因素有着十分密切的关系，但决定病害流行与否的首要因素是雨量多少，其次是蚜虫数量。

气候条件　大白菜等十字花科类蔬菜喜冷凉、湿润的气候，生长发育的适宜温度为 18～21℃，整个生长期间都需湿润的环境条件，否则生长受阻。因此，对秋季大白菜产量影响最大的病毒病来说，从播种到包心前期的气温高低和雨量多少是病毒病发生与流行的关键气候条件。中国北方地区，大白菜播种后，若遇高温干旱、地温高且持续时间长，植株抗病力急剧下降，发病较重；反之，冷凉和阴雨连绵的天气不利于蚜虫和病毒的繁殖，发病很轻。特

别是在黑龙江、吉林和辽宁三地的 7 月下旬至 8 月上旬、新疆和甘肃的 6～8 月、黄河流域以北地区的 8 月中旬以及长江流域的 8 月中下旬期间，降雨天数和雨量多少是秋白菜病毒病流行的决定因素。总的来说，秋季高温干旱的年份，病毒病发生严重。

高温干旱病毒病重的原因主要有三：①大白菜等十字花科类蔬菜的整个生长期间都需比较冷凉湿润的环境条件，否则菜苗不能正常生长发育，尤其是地温高往往导致幼苗根系弱，抗逆性降低。②高温干旱和强光照，促使有翅蚜虫的大量产生和迁飞，而且在新的寄主植物上孳生出大量的无翅蚜虫，病毒随之广泛传播与蔓延。③高温干旱缩短了病毒病的潜育期，病毒繁殖速度加快，有利于病害的流行。气温越低潜育期越长，气温在 10℃ 时潜育期为 25～30 天甚至隐症，气温在 25～28℃ 时潜育期最短，仅 5～10 天。大雨对蚜虫有冲刷和淹死的作用。春秋两季蚜虫发生高峰期并遇有气温15～20℃ 和 75% 以下的相对湿度，发病就重。此外十温高、土壤湿度低，病毒病发生较重。

尽管大、小白菜等十字花科蔬菜的整个生长期都可感染病毒病，但不同生育期的抗病性差异很大，苗龄愈小受害愈重。以大白菜为例，7 叶期前是感病的敏感期，也是蚜虫传毒的危险期。在此期间，如果天气高温干旱，幼苗生长不良、蚜虫危害猖獗、植株感病越早、发病越重、损

失越大，甚至毁种重播；此后，特别是莲座期以后，植株染病受害显著减少。

栽培管理　耕作及栽培管理措施是否得当对病毒病的影响很大。十字花科蔬菜不宜互为邻作，在黑龙江、吉林、辽宁、四川、贵州、云南、西藏、陕西、甘肃、青海、宁夏、新疆等地，种植在夏甘蓝、伏萝卜附近的秋白菜往往发病早、发病重，早播的秋菜遇上高温干旱的天气，发病也早且重；管理粗放，生长前期杂草丛生、肥水不足、根系弱小、蚜虫蔓延的地块病害往往偏重。

栽种菜品种　大白菜中，青帮品种比白帮品种抗病；杂交品种比一般品种抗病；在油菜类型中，甘蓝型抗病力高于芥菜型，芥菜型高于白菜型。但抗病性强的品种往往品质欠佳或生育期较长，有待于进一步解决；另外，植株体内多元酚氧化酶活性高、总糖和氨基酸以及幼苗3～4叶期单宁含量高的品种一般抗病性均较强。在20世纪80年代，国外发现了一些大白菜品种或品系携带有独立的、能显性遗传的抗TuMV基因，中国通过杂交育种获得了大批具有不同抗病性的大白菜新品种，有效地减轻了TuMV对大、小白菜的危害。

防治方法　由于大白菜病毒病的发生与流行与品种抗病性、气候条件和栽培管理等诸多因素密切相关，该病害的寄主植物十分广泛，初侵染来源非常之多；主要传播媒介蚜虫的繁殖速度极快、防不胜防，传毒效率极高；并且人们在田间操作中造成的病毒汁液接触传染又十分普遍与频繁，加之尚无良好的杀病毒制剂，都给病害的有效防治造成了极大的困难。因此必须采取预防为主、综合治理的防治措施，特别是选种抗病品种、苗期小水勤浇、消灭传毒蚜虫极为重要。

选用抗病丰产品种　抗（耐）病毒病的大白菜、油菜、甘蓝、花椰菜、青花菜、芥菜、萝卜、榨菜等新品种在生产中被广泛种植。大白菜抗病品种主要有中白76、北京新五号、辽白1号、凌丰、珍绿80、锦秋1号、秦白三号、秀翠、胶白7号、金秋68、东白二号、东农906、秋白80和85、新早56、新中78、惠白88、潍白69、冀3号、8361、石育秋宝、天正秋白2号和天正秋白5号、晋菜1号和晋菜3号等。小白菜抗病品种有京冠1号、京绿7号、矮抗1号和矮抗2号、青抗一号、绿秆青等。油菜抗病品种有天津青帮、上海四月蔓、丰收4号、秦油2号、九二油菜和陇油系统等。大白菜抗TuMV基因的发现、基因组结构与功能关系的深入研究，不但有利于培育抗TuMV的大白菜品种，而且促进了大白菜转基因技术的发展，将具有抗性的TuMV—CP基因转入大白菜中，所获得的转基因植株表现出了明显的抗性，可延迟发病20～30天。

选好茬口和适时晚播　调整蔬菜生产布局，合理间、套、轮作，不以十字花科蔬菜特别是春季白菜、甘蓝采种地为前茬，而以春黄瓜、土豆、葱蒜类、茄科蔬菜茬口较好，育苗床尤需隔离；在保证大白菜、花椰菜等有足够生长期的前提下，秋菜尽量适期晚播，躲过高温干旱及蚜虫猖獗为害的季节，减少菜苗染病的概率，为丰产奠定良好的基础。

培育无病壮苗　由于苗期是病毒病的最易发病期，因此防止幼苗染病极为重要。秋菜育苗床应远离十字花科蔬菜地，育苗期间如遇高温干旱天气，尽可能地搭荫棚、覆盖防虫网或银灰色薄膜，还需小水勤灌，保持土壤湿润，降低地温，增施苗肥，保根壮苗。另外，及时清除苗床和周围杂草，及早防治蚜虫、菜青虫、菜螟等昆虫，田间作业时减少机械损伤，确保培育无病苗都十分重要。

加强栽培管理　采种株在入菜窖前和栽植后均需彻底治蚜，并需喷药消灭邻近菜地及杂草上的蚜虫，避免有翅蚜迁飞传毒。夏、秋菜生产田应远离其他十字花科蔬菜，定植前彻底清除前茬作物残余和周边杂草。深翻晒土，施足底肥，增施磷钾肥；福建菜农除做好平衡施肥外，还十分重视在榨菜苗期及定植前增施硼肥。适期播种，避免高温及蚜虫高峰，在高温干旱年份适当晚定植，定植时剔除病苗、弱苗，防止双手、衣裤和农具的接触传染；根据天气、土壤和苗情掌握蹲苗时间，干旱年份缩短蹲苗期；发现病弱苗及时拔除；苗期水要勤灌，以降温保根，增强抗性。采用配方施肥，特别是喷施复合叶面肥，以提高植株抗病能力和缓解病株症状。及时清除田间杂草、弱苗和重病株，减少病害传播。

高度重视苗期治蚜　多种蚜虫是大、小白菜等十字花科蔬菜病毒病的传播媒介昆虫，将其消灭在传毒之前最为关键。种株入窖前和出窖栽植后需彻底治蚜；春菜播种或定植前，对周边的木槿、桃树、菠菜、芥菜等木本或宿根植物以及田间十字花科杂草等越冬寄主喷药杀灭越冬蚜虫，减少有翅蚜迁飞；育苗期更要彻底地消灭田间及周边杂草，在大、小白菜等菜苗的第一片真叶长出后要及时喷药治蚜，定植后也不能松懈。药剂可选用2.5%功夫菊酯乳油1000倍液，或40%氰戊菊酯乳油6000倍液，或20%氟杀乳油2000倍液，或3%啶虫脒微乳剂2000～3000倍液，或50%抗蚜威可湿性粉剂2000～3000倍液，或10%吡虫啉可湿性粉剂1500倍液，或22.5%氯氟·啶虫脒可湿性粉剂2000倍液等，视天气和病害情况每隔5～7天喷1次。由于蚜虫对银色的忌避性，所以应用银灰色薄膜驱蚜效果良好。方法：①用银色薄膜网眼育苗，即播种后搭50cm高的小拱棚，间隔30cm纵横覆薄膜，覆盖18天左右。②悬挂白色塑料带，即在菜地张挂5cm宽的白聚乙烯塑料带，间隔60cm，高度20～50cm，驱蚜效果也很好。

化学防治　发病初期可喷洒20%病毒灵可湿性粉剂500倍液、2%宁南霉素水剂150倍液、20%病毒A可湿性粉剂500倍液、0.5%抗毒剂1号水剂300倍液、1.5%植病灵乳油剂800倍液等。间隔10天，连续喷施2～3次，有一定的防治效果。

参考文献

冯兰香，徐玲，刘佳，1990.北京地区字花科蔬菜芜菁花叶病毒株系分化研究[J].植物病理学报，3: 185-188.

国家蔬菜抗病育种课题TuMV株系研究协作组，1989.我国十省(市)十字花科蔬菜芜菁花叶病毒(TuMV)株系分化研究(Ⅱ)——新鉴别寄主筛选及株系划分[J].科学通报，21: 1660-1664.

刘佳，冯兰香，1994.北京地区甘蓝病毒病种群鉴定及变化分析[J].中国蔬菜，2: 23-25.

钱伟，张淑江，章时蕃，等，2012.大白菜TuMV抗性的主基因+多基因混合遗传分析[J].中国蔬菜，12: 16-21.

PROVVIDENTI R, 1980. Evaluation of Chinese cabbage cultivars from Japan and the People's Republic of China for resistance to turnip mosaic virus and cauliflower mosaic virus[J]. Journal American society of horticultural science, 105: 571-573.

（撰稿：冯兰香；审稿：谢丙炎）

大白菜黑斑病　Chinese cabbage *Alternaria* leaf spot

由 3 种链格孢引起的一种真菌病害，是大白菜主产区的重要病害，也是一种危害十字花科蔬菜的世界性重要病害。又名大白菜黑霉病、大白菜黑点病、大白菜灰斑病等。

发展简史　最早于 1836 年发现芸薹链格孢〔*Alternaria brassicae*（Berk.）Sacc.〕菌可侵染甘蓝，使甘蓝发生黑斑病。1934 年，开始此菌有危害大白菜的记录。1919 年，首次在中国的甘蓝上发现该病。1937 年，在江苏发现其可危害大白菜。

世界上已经报道的可以侵染大白菜引起黑斑病的病原菌有 5 种：芸薹链格孢〔*Alternaria brassicae*（Berk.）Sacc.〕、芸薹生链格孢（甘蓝链格孢）〔*Alternaria brassicicola*（Schweinitz）Wiltshire〕、萝卜链格孢（*Alternaria raphani* Groves et Skoloko.）、日本链格孢（*Alternaria japonica*）、链格孢（*Alternaria alternata*），中国报道大白菜黑斑病主要由链格孢属的芸薹链格孢、芸薹生链格孢、萝卜链格孢所致。

由于链格孢属中各种间培养性状不稳定，且高度相似和重叠，实际操作中用传统分类学方法很难鉴定到种的水平，必须借助多个性状综合考虑。李明远等用分生孢子大小和喙的形态、菌培养性状、病原菌侵染和田间症状等，对大白菜上的 3 种链格孢和细交链格孢作了对比分析，成功地将萝卜链格孢鉴定出来。郭京泽等探索了链格孢属种间显著差异性状对区分种和种间内株系的作用，并且分析了这些性状的稳定性，认定链格孢属的分类应选择更多的分类性状，在分类单元的描述方法上应该是差异显著性状的集合体。

随着分子生物学技术的不断发展完善，根据遗传背景进行真菌系统发育和分类鉴定研究，已成为国际上广泛使用的技术。Jasalavich 等对十字花科蔬菜有致病性的链格孢 rDNA 部分序列进行了分析比较，提出可以根据 ITS1 区的变异设计种专化性探针和引物，实现对植物材料上或纯培养的链格孢的种的鉴定。肖长坤等也分别设计合成了鉴定大白菜黑斑病菌 3 个种的特异性引物，并进行了 PCR 扩增，结果表明所设计的 3 个引物对可以作为十字花科蔬菜黑斑病菌 3 个种快速检测鉴定的分子特征标记。

围绕怎样利用白菜黑斑病病原菌进行大白菜苗期抗病性鉴定，李明远、柯常取、严红等对病原菌的分离、病菌生物学特性、供试菌种的保存、病原菌孢子诱发技术、接种用孢子浓度的计测方法、芸薹链格孢菌系致病力分化及大白菜苗期接种黑斑病菌保湿时间及调查期对症状的表现等进行了一系列研究，完成了"七五"至"九五"国家重点科技攻关"蔬菜新品种选育技术研究"课题中"白菜新品种选育"项目中有关白菜黑斑病抗病性鉴定方法和抗原筛选的研究。在此基础上又完成国家科技支撑项目"优质高产白菜育种技术研究及新品种选育"中白菜苗期多抗性鉴定方法的研究。

马海霞、刘影等采用室内鉴定和田间试验相结合的方法，对大白菜黑斑病病斑的潜育、显症、扩展及黑斑病的空间分布型进行了初步研究，其研究结果可作为指导田间防治白菜黑斑病的依据。

张凤兰、严红采用 4×4 完全双列杂交对大白菜苗期黑斑病的抗性遗传规律进行了研究，结果表明，两个抗病亲本和两个感病亲本抗性差异显著，两个抗病亲本杂交的 F_1 仍表现抗病，两个感病亲本的 F_1 仍表现感病，一个抗病亲本和一个感病亲本杂交的 F_1 表现中间偏抗类型，F_1 的抗性和中亲值差异显著，但未选到极显著水平的 F_1，为部分显性，正反交差异不显著呈现核遗传，细胞质作用不显著。一般配合力的 F 值极显著，而特殊配合力的 F 值不显著，大白菜苗期对黑斑病的抗性以加性效应为主，其广义遗传力为 64.45，狭义遗传力为 61.95。刘焕然等研究表明大白菜对黑斑病抗性属数量遗传，由 7～10 对以上基因控制，符合加性—显性模型，回交效应显著，表明主要为核基因遗传。杨广东等的研究也表明大白菜对黑斑病的抗性为显性遗传并受单个显性基因控制。

分布与危害　大白菜黑斑病在许多国家都有发生，尤其在美国、芬兰、加拿大、中国台湾发生较严重。20 世纪 40～60 年代，大白菜黑斑病已在中国普遍分布，但发病程度较轻，对生产影响不大。然而自 70 年代末开始，此病在各地的大白菜上危害日趋严重，特别是贵州、云南发生较严重。此外，河南、河北、甘肃、陕西、吉林、北京、武汉等地也均有严重危害的记录。1988 年，白菜黑斑病在华北、东北和西北地区突然暴发流行，特别是在北京大暴发，发病率几乎达到 100%，大部分田块外叶干枯，远远望去一片焦黄，造成 20% 的产量损失。1996 年，大白菜黑斑病再次在北京郊区流行。1982、1983 年，河北的大白菜黑斑病发生较重，仅保定地区普遍减产 10%，严重的可达 40%～60%。1991 年以后，大白菜黑斑病从关中地区、华北地区向东北地区飘移，吉林的敦化和黑龙江的哈尔滨均有过较大面积的发生，减产在 20% 以上。1999 年，内蒙古呼伦贝尔大白菜黑斑病流行，严重地块发病率高达 100%。

大白菜黑斑病不仅危害大白菜的叶片，叶柄、茎、花梗和种荚也会染病。开始是一个小的、黑褐色暗点（1～3mm），后逐渐扩大生成近圆形褪绿斑，并转为灰褐色，几天后可扩展成圆形的斑点，病斑直径 5～20mm，且有明显的同心轮纹，病斑中心变得很脆易裂，有的病斑还有黄色晕圈，在高温高湿条件下病斑易穿孔（图 1）。当发病严重时，多个病斑可连成片，致半叶或整叶干枯死亡。叶柄上的病斑长梭形，呈暗褐色条状凹陷，有轮纹。花梗及种荚染病时，往往出现纵行的长梭形黑色病斑。当田间空气的相对湿度达到 85% 以上时，病斑上产生暗褐色霉层，即病菌的分生孢子。黑斑病在大白菜外叶发病最重，球叶次之，心叶最轻，叶龄大的下部叶发病早且重。叶片发病次序是由下向上，由外向内。

黑斑病不仅影响大白菜的产量和品质，还造成储藏期大白菜腐烂。当种株感染黑斑病后，会使种荚发育不全，导致

图 1　大白菜黑斑病叶部症状（张鲁刚提供）

种子干瘪，影响种子的质量及产量。另外，携有黑斑病菌的种子往往发芽率可降低 7%～35%。

病原及特征　病原为链格孢属（*Alternaria*）真菌，主要为芸薹链格孢［*Alternaria brassicae*（Berk.）Sacc.］，芸薹生链格孢［*Alternaria brassicicola*（Schweinitz）Wiltshire］和萝卜链格孢［*Alternaria raphani* Groves et Skoloko］偶尔也能侵染大白菜，这 3 种病菌均为无性型真菌，其有性态为子囊菌。3 种链格孢菌在大白菜上回接后均可出现典型的黑斑病症状，均是大白菜黑斑病的病原，但不同地区、不同季节在大白菜上引起黑斑病的种群有所不同，特别是由萝卜链格孢侵染导致的大白菜黑斑病只在少数地区发生。中国北方如北京地区的大白菜主要种植在秋季，黑斑病以芸薹链格孢为主；陕西秋、冬季节以芸薹链格孢为主，萝卜链格孢为辅，春、夏季节以芸薹生链格孢为主；而在南方如广东、贵州、云南等地一年四季均以芸薹生链格孢为主。

芸薹链格孢菌丝在 PDA 培养基上无色，有隔，直径 2～7μm，菌丝生长温度 1～35℃，适温为 17℃，菌丝生长后期部分菌丝变榄褐色，并逐渐转化为孢子梗，孢子梗一般不分枝，长度不一，最长可达 1000μm。孢子梗单生或束生，近棍棒状，通常基部膨大，有隔，榄褐色至淡榄褐色，大小为 40～170μm×5～11μm。分生孢子要在高湿条件下产生，一般单生，偶见 2～4 个链生，通过梗壁上的小孔长出，顶侧生，直或微弯，倒棒状，淡榄褐色，有喙，具 6～19 个横隔膜，0～8 个纵或斜隔膜，大小为 95～235μm×12～23μm，最宽可达 40μm，孢子表面光滑或罕见小疣，较老的孢子隔膜处缢缩，喙较长至极长，可为孢身的 1/3～1/2，宽 5～9μm；孢身至喙渐细（图 2）。分生孢子萌发适温为 17～20℃。

芸薹生链格孢菌丝在 PDA 培养基上无色，丝状，有隔，菌丝生长适温为 25～27℃。孢子梗单生或 2～12 束生，通过子座伸出，常直立或向上弯曲，偶尔屈膝状，类棒状，通常基部稍膨大，有隔，淡色至中等橄榄色，光滑，长可达 70μm，宽 5～8μm。分生孢子也需高湿条件下才能产生，分生孢子顶侧生，由梗壁的小孔伸出，直立，通常有 20 个以上的孢子链生，有时有分枝；单个孢子圆柱状，或近卵形，或倒棒状，基部细胞圆形，顶部细胞近矩形，短而薄；分生

孢子具 1～11 个横隔膜，多在 6 个以下，多数孢子无纵隔。分隔处缢缩，淡榄至暗榄褐色，孢子表面光滑，较老的孢子有疣，孢子大小为 15～90μm×6.2～17.5μm。有喙或喙不明显，喙宽 6～8μm，长不超过孢身的 1/6（图 3）。分生孢子萌发适温为 28～31℃。

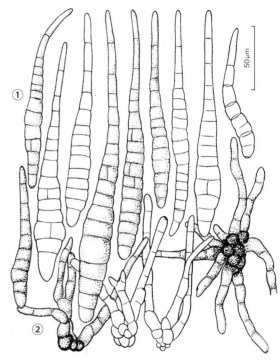

图 2　芸薹链格孢菌（引自李明远，1992）
①分生孢子；②分生孢子梗

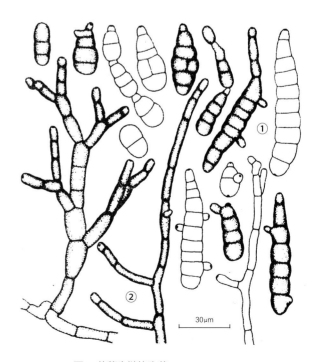

图 3　芸薹生链格孢菌（引自李明远，1992）
①分生孢子；②分生孢子梗

萝卜链格孢菌丝在 PSA 培养基上部分菌丝细胞膨大，圆化，壁增厚，色泽加深，形成厚垣孢子。膨大呈结节状的菌丝线性生长或辐射状扩展，这一现象已成为鉴别本种的重要特征之一。分生孢子梗从培养基表面或气生菌丝上生出，分生孢子单生或 2～3 个孢子串生，分生孢子多为短倒棍棒状，少数阔卵形或卵形，具 2～8 个横隔膜和 1～5 个纵、斜隔膜，主横隔处有明显缢缩，暗褐色，大小为 27.5～76.25μm×12.5～30.0μm，孢子多数无喙或有一短喙（图 4）。

侵染过程与侵染循环 大白菜黑斑病菌的分生孢子借风雨传播到寄主植株叶面，一旦温度、湿度条件适合时，分生孢子萌发产生芽管，芽管伸长从叶子的气孔或表皮直接侵入，使白菜染病。

在中国北方，黑斑病菌主要以菌丝体及分生孢子随病残体遗留在土壤中越冬，也可在贮存的采种株或种子表面越冬，这些病菌在适宜的温、湿度条件下可产生大量分生孢子，经气流、雨水传播，成为初侵染来源。环境条件适宜时，病斑上可产生大量的分生孢子，通过气流传播，造成再侵染。而在长江流域以南的地区，大白菜及十字花科蔬菜一年四季均可种植，因此黑斑病菌还可直接在不同茬口的植株之间完成侵染循环（图 5）。

流行规律 大白菜黑斑病菌喜温暖潮湿的环境，芸薹链格孢菌丝在 0～35℃ 均能生长，生长发育温度范围较宽，以 20～25℃ 最适，菌丝对高温的耐受力较差，50℃条件下经 10 分钟即失去活性，硝态氮及麦芽糖或蔗糖作为

氮、碳原比较适合菌丝生长且产孢能力也最强。分生孢子在 0～35℃ 下经 24 小时保湿后均可产生，最适温度为 15～23℃，个别菌株的孢子可耐受 45℃ 左右高温；芸薹生链格孢菌丝生长最适温度 28～31℃，分生孢子产生的最适温度为 20～31℃；萝卜链格孢菌丝在 10～40℃ 范围内均可生长，最适温度 23℃。湿度对这 3 种菌的分生孢子萌发及侵染非常重要，相对湿度大于 90% 时分生孢子才可萌发，大于 93% 时才能侵染，相对湿度愈大侵染率愈高；分生孢子对干燥的忍耐力较差，在相对湿度 63%～64% 时，4 小时后孢子萌发率下降 80%，192 小时则 100% 丧失萌发力。适当的光照有助于黑斑病孢子的产生，但孢子完成侵染过程需在黑暗条件下进行。pH4～6 时为孢子萌发最适酸碱度范围。孢子一般在土中仅能生存 3 个月，在水中可活 1 个月，而寄生在植物病残体中的菌丝可在土壤中越冬存活 1 年甚至更长，待温湿度条件适宜时菌丝开始生长并产生分生孢子，继续侵染植株完成一个循环。

大白菜黑斑病的发生与当地的气候条件、主栽品种是否抗病和栽培管理措施等均有很大关系，它们相互配合的程度对病害流行起着决定性作用。另外，大白菜黑斑病可由芸薹链格孢和芸薹生链格孢两种病原菌引起，芸薹链格孢菌丝生长及分生孢子形成所需的最适温度分别为 20～25℃、15～23℃，比芸薹生链格孢所需的温度 28～31℃、20～31℃ 要低，在各自的最适温度下，高湿有利于病害发生，尤其在连续阴雨或大雾的条件下，黑斑病极易流行成灾，特别是在耕作粗放、地势低洼、杂草丛生、土壤瘦瘠、大水漫灌、底肥不足的田块发病更加严重。

北方地区如吉林、辽宁、河北、北京等地，主要种植秋大白菜，播种期一般在 8 月 7 日（即立秋前后），此时已进入初秋，气温逐渐降低（15～25℃），大白菜黑斑病的病原多为芸薹链格孢；西北地区东部的陕西，春、夏种植的大白菜上黑斑病的病原菌为芸薹生链格孢，而秋季种植的大白菜上以芸薹链格孢引起的黑斑病为主；南方地区如广东、贵州、云南等地，气温较高，因此一年四季种植的大白菜上均可被芸薹生链格孢侵染。

防治方法 根据大白菜黑斑病发生规律及流行特点，首先选用抗或者耐黑斑病的品种，并采取加强栽培管理和农业防病措施为主、化学药剂防治为辅的综合防治措施。

选用抗（耐）黑斑病品种 虽然大白菜品种间对黑斑病的抗性有差异，但还未发现有对黑斑病完全免疫的品种。比较抗黑斑病的大白菜品种有：北京新 1 号、北京新 3 号、北京新 4 号、北京 88 号、中白 2 号、洛阳东京 3 号、秦白 3 号、秦白 4 号、豫白菜 3 号、郑杂 2 号、郑白 4 号、郑白 10 号、鲁白 15 号、双青 156、津青 9 号、太原 2 号、晋菜 3 号、青庆、通园 4 号、青岛改良 5 号、蓉白 4 号、牡丹江一号、牡丹江三号、辽白 19 号、辽白 22 号、辽白 10 号、秋绿 75 和水师营 10 号。只有因地制宜地选择适合当地抗黑斑病品种，才能减轻黑斑病给大白菜生产造成的危害。

农业防治 大白菜黑斑病的发生受气候因素影响较大，因此不同地区应根据当地季节气象特点适时播种，对秋播大白菜而言，在满足品种生育期的同时适当晚播可减轻黑斑病的发生，需播多个品种时，要合理安排播种期，较抗病的杂

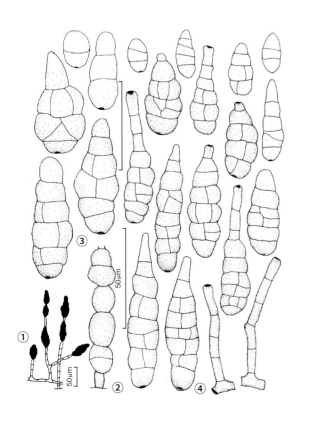

图 4 萝卜链格孢（引自张天宇，2003）

①PCA 平板上的产孢表型；②PCA 平板上的厚垣孢子；③PCA 平板上的分生孢子；④自然基质上的分生孢子梗及分生孢子

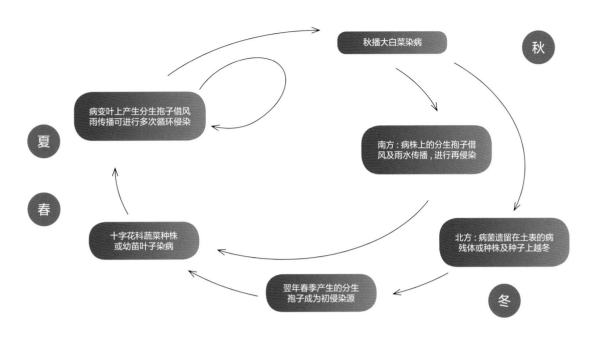

图5 大白菜黑斑病侵染循环示意图（严红提供）

交一代种子先播，较感病的品种后播，为保证适期播种应采取机械化或半机械化播种，使播种效率提高，让播种在最佳播种时间内完成；对病害发生较重的地块可在播种时每8垄留出1垄作打药行，便于后期进行药剂防治。

由于黑斑病病菌可侵染大多数的十字花科蔬菜，因此不能与其他十字花科蔬菜如小白菜、油菜、甘蓝、花椰菜、西兰花、籽用油菜等连作、套作、邻作，有条件的地区最好与瓜类、茄果类等非十字花科蔬菜轮作2～3年。

采取高垄栽培，建议垄高10～15cm，垄长不超过25m；选用优质种子，每亩用种量150～200g，播后覆土压实。大白菜苗出齐后要及时间苗，定苗要早且一次性完成，种植密度不宜太大，以免因植株过密影响通风而使田间湿度增加，密度以亩定苗2000株左右为宜，定苗后及时中耕，适时浇水，合理追施苗肥，保证单株均衡生长。

播种前施足底肥，适当增施磷、钾肥可提高植株的抗病力。有条件的地区还可采用配方施肥。施肥的原则是前重后轻，在莲座期沟施碳铵35kg/hm²，包心前期及中期各随水施碳铵20kg/hm²，最后一次追肥5～10kg/hm²。灌溉管理要本着前期小水勤灌，莲座期适当控水，包心期稳水足水的原则，切忌大水漫灌，以保持地面湿润为宜。在病害发生期适当控水，雨后及时清沟排涝，降低田间湿度。适时中耕松土（到外叶封垄不能动锄时停止），提高土壤温度，抑制病菌生长。

在白菜生长期，发现病叶应及时摘除，病株要带出田外深埋或烧毁，对病株周围土壤进行药剂处理，防止病原菌扩散。收获后彻底清除田间病残体，集中烧毁或深埋，可有效降低翌年的初始病原菌数量，减轻病害的发生。收获后，清洁田园，深翻晒土，消灭越冬病菌。

物理、化学防治　将种子置50℃恒温水中浸种20～25分钟，期间要不断搅拌，然后立刻移入凉水中冷却，晾干后播种。也可用50%扑海因、50%福美双或70%代森锰锌拌种，药剂使用量为干种子重的0.2%～0.3%；或用2.5%咯菌腈悬浮剂（适乐时）包衣，药剂使用量为种子干重的0.4%～0.5%，包衣后需晾干再播种。

发病初期及时喷药，常用的药剂有50%异菌脲（扑海因）可湿性粉剂1000倍液、80%代森锰锌可湿性粉剂（大生-M45）600～800倍液、50%福美双可湿性粉剂500倍液、10%苯醚甲环唑水分散粒剂（世高）1000～1200倍液、430g/L戊唑醇悬浮剂（好力克）2000～3000倍液等药剂叶面喷施，每隔7～10天喷施1次，连续喷施3～4次，可有效控制黑斑病的发生和蔓延。

参考文献

李明远，李固平，裴季燕，1987.蔬菜病情志[M].北京：北京科学技术出版社.

李树德，1995.中国主要蔬菜抗病育种进展[M].北京：科学出版社.

张天宇，2003.中国真菌志：第十六卷　链格孢属[M].北京：科学出版社.

中国农业科学院植物保护研究所，中国植物保护学会，2015.中国农作物病虫害[M].3版.北京：中国农业出版社.

RANGEL J F, 1945. Two *Alternaria* diseases of cruciferous plants [J]. Phytopathology, 35: 1002-1007.

ROGER R S, SHATTUCK V I, BUCHWALDT L, 2007. Compendium of *Brassica* diseases[M]. St. Paul: The American Phytopathological Press.

（撰稿：严红；审稿：谢丙炎）

大豆孢囊线虫病　soybean cyst nematodes

由大豆孢囊线虫引起的侵染大豆的一种病害，是世界大豆生产的重要病害，主要发生于偏冷凉地区。又名大豆根线虫病、大豆萎黄病，俗称火龙秧子。

发展简史　最早由俄国人 Jaczewski 于 1899 年在中国黑龙江首次发现。1952 年，由 M. Ichinohe 在日本报道并命名为 *Heterodera glycines* Ichin.，随后在全世界的大豆主要产区陆续被发现报道。

分布与危害　在中国，主要分布于东北和黄淮海两个大豆主产区，尤其东北地区多年连作大豆的干旱、沙碱老豆区发生普遍严重，是大豆第二大病害。大豆受其危害后，轻者减产 20%～30%，严重的达到 70%～80%，并且每年都有大面积地块绝产（图1①）。

孢囊线虫病在大豆整个生育期均可发生。它寄生于大豆根上，大豆孢囊线虫的二龄幼虫从根尖处侵入根部，造成根组织的代谢失调和组织损伤。被线虫寄生后，主根和侧根发育不良，须根增多，整个根系成发状须根。须根上着生白色至黄白色比针尖略大的小突起，大小约 0.5mm，即线虫的孢囊（图2）。病根根瘤很少或不结瘤。植株地上部分明显矮小、节间短，叶片发黄，叶柄及茎的顶部也成浅黄色，结荚很少（图1②③）。

病原及特征　病原为大豆孢囊线虫（*Heterodera glycines* Ichin.），属孢囊属线虫，形态如图3所示。孢囊为柠檬形，初为白色，渐呈黄色，最后为褐色，长 0.6mm。表面有斑纹。

侵染过程与侵染循环　大豆孢囊线虫以卵在孢囊内越冬。春季温度 16℃ 以上卵发育孵化成一龄幼虫，折叠在卵壳内，蜕皮后成为二龄幼虫，从寄主幼根根毛中侵入，侵入大豆幼根皮层直到中柱后为止，用口针刺入寄主细胞营内寄生生活。第二次蜕皮后成三龄幼虫，虫体膨大成豆荚形。第三次蜕皮后成四龄幼虫，雌虫体迅速膨大呈瓶状，白色，大部分突破表皮外露于根外，只是头颈部插入根内。此时雄虫虫体逐渐变为细长蠕状，卷曲于三龄雄虫的蜕皮中，在根表皮内形成突起。四龄幼虫最后一次蜕皮后成为成虫，雄成虫突破根皮进入土中寻找雌成虫交尾。交配后的雌虫继续发育，生殖器官退化，体内充满卵粒，部分排入身体后部胶质的囊中形成卵囊，大多卵粒仍在虫体内，虫体体壁加厚，虫体逐渐变为褐色孢囊，成熟孢囊脱落在土中。孢囊中的卵成为当年再侵染源和翌年初侵染源。在没有寄主的情况下，孢囊内的卵保持活力最长可达 10 年，并可逐年分批孵化一部分，成为多年的初侵染源，侵染循环如图4所示。

流行规律

与温湿度的关系　温度高、土壤湿度适中、通气良好，线虫发育快，最适宜的发育及活动温度为 18～25℃，低于 10℃ 幼虫便停止活动，最适的土壤湿度为 60%～80%，过湿氧气不足，易使线虫死亡。

与土壤类型的关系　在通气良好的土壤，如冲击土、轻壤土、砂壤土、草甸棕壤土等粗结构的土壤和老熟瘠薄地沙岗地、坡地等孢囊密度大，线虫发生早而重，减产幅度大。在偏碱性的土壤和白浆土中，线虫病发生也重。

与耕作制度的关系　大豆孢囊线虫在土壤内大豆耕作层中垂直分布，因此多年连作地土壤内线虫数量逐年增多，危害也逐年加重。

防治方法

种子检验　大豆种子上黏附线虫如泥花脸豆以及种子

图1　孢囊线虫病（①沈阳农业大学北方线虫研究所提供；②③吴楚提供）
①大田危害状；②大豆根部危害状；③叶片危害状

间混杂有线虫土粒以及农机具调运是造成远距离传播的主要途径。搞好种子的检验，杜绝带线虫的种子进入无病区。

农业防治　轮作是已知的最有效地控制大豆孢囊线虫的措施，采取大豆与禾本科作物如小麦、玉米、谷子等轮作，就可有效进行防治。施足底肥，提高土壤肥力，可以增强植株抗病力。厩肥要充分发酵腐熟。土壤干旱利于线虫的繁殖，

图 2　线虫的孢囊（段玉玺提供）

图 3　孢囊线虫形态（沈阳农业大学北方线虫研究所提供）

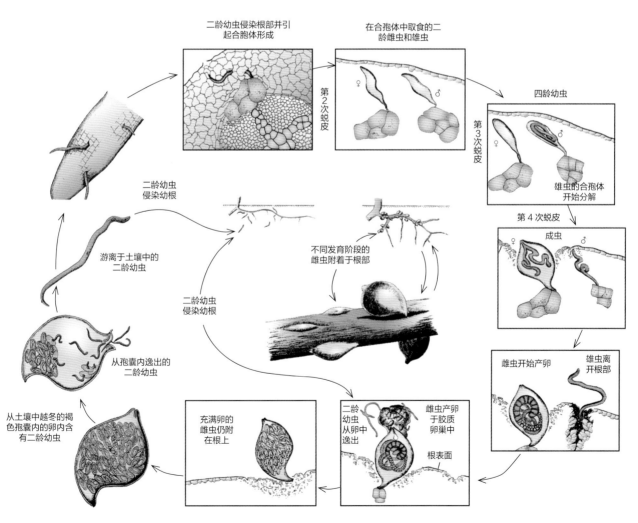

图 4　侵染循环（引自 Agrios, 2004）

灌水增加土壤湿度使线虫窒息死亡，可减轻大豆受害。田间机械作业要注意清除残草和泥土，并且要先在无病田作业然后再到病田作业。

抗病育种　不同的大豆品种对大豆孢囊线虫有不同程度的抵抗力，种植抗（耐）病品种如垦丰一号、抗线 1 号、抗线 2 号、辽豆 13 等，可避免线虫危害造成的减产，而且可以大大减少土壤内线虫密度，缩短轮作年限。

化学防治　常年严重发病的地块建议采用药剂处理土壤，但化学杀线虫剂价格贵、成本高、用量大、污染严重，轻易不使用。杀线虫较好的药剂有 DD 混剂、二溴氯丙烷、壮棉氮乳剂、呋喃丹等。DD 混剂每亩 30kg 加水稀释成 75kg 液，播前 15 ~ 20 天，在大豆垄中每米打 4 穴，穴深 15 ~ 20cm，与土拌匀后覆土 3 ~ 4cm，然后播种。或用种子量 0.5% ~ 1% 的甲基硫环磷拌种对大豆孢囊线虫病均有较好的防治效果。亦可试用 5% 涕灭威颗粒剂，每亩 10 ~ 12kg，施入土中，方法同呋喃丹。

生物防治　①昆虫防线虫。在培养皿里，一些弹尾虫能贪婪地取食大豆孢囊线虫的孢囊，大量弹尾虫能在长有大豆孢囊线虫的温室花盆中找到，然而若将它们应用于实践还需进一步研究。②细菌防线虫。日本、韩国、美国已发现 *Pasterua penetrans* Sayre & Starr 可以侵染 *Heterodera glycines*。该细菌侵染效率高，对不利环境条件有抗性，专化性寄生，但是它不能在人工培养基上生长，使这种线虫专性寄生物的应用受到限制。③真菌防线虫。捕食性真菌从营养菌丝上产生黏性网、黏性球、黏性枝和收缩环等捕食器官来捕食土壤中运动的线虫。捕食线虫真菌最著名的是节丛胞属（*Arthrobotrys*）、小指胞霉属（*Daetylella*）和单顶胞霉属（*Monacrosporium*）等菌，但是这种生防真菌的捕食性属于被动性捕食，捕食效率不是很高，是这类生防表现生防效果的一个局限性。寄生性真菌有胞内寄生真菌和虫体内寄生真菌。具有应用前景的真菌有轮枝霉属（*Verticillium*）、拟青霉属（*Paecilomyces*）、被胞霉属（*Mortierlla*）、钩胞霉属（*Harposporium*）、线生菌属（*Nematophora*）等。其中淡紫拟青霉（*Paecilomyces lilaeinus*）和厚壁胞轮枝菌（*Verticillium chlamydosporium*）是大豆孢囊线虫卵及雌虫的寄生菌。孢囊线虫雌虫上发现 3 种重要的专性内寄生真菌：辅助链枝菌（*Catenaria auxiliaris*）、嗜雌线生菌（*Nematophthora gynophila*）和链壶菌（*Laginidiaceous*），还有许多寄生性真菌正被逐渐发现。

捕食性和非捕食性寄生真菌联合使用要比单独应用其中的一种更有效。理想状态下，寄生真菌能寄生大豆孢囊线虫的卵和雌虫，而捕食性真菌能杀活动的幼虫。

参考文献

刘鹤，王媛媛，朱晓峰，等，2016. 胞囊线虫侵染不同抗性大豆品种根系的组织病理学差异研究 [J]. 大豆科学 (5): 795-799.

中国农业科学院植物保护研究所，中国植物保护学会，2015. 中国农作物病虫害 [M]. 3 版. 北京：中国农业出版社.

AGRIOS G N, 2004. Transmission of plant diseases by insects[M]. Netherlands: Springer.

（撰稿：段玉玺；审稿：陈立杰）

大豆根腐病　soybean root rot

大豆根腐病是由多种病原菌引起危害大豆根部的病害。

发展简史　1955 年，Suhoveck 在美国首次报道该病害，此后埃及、日本、俄罗斯、加拿大及中国等相继发现。

分布与危害　大豆根腐病是大豆的主要根部病害，在中国主要分布在东北、华北、黄淮地区以及陕西等地，其中尤以黑龙江三江平原和松嫩平原最重。中国各大豆产区根腐病一般地块发病率为 40% ~ 60%，重病田达 100%，一般年份减产 10%，严重时损失可达 60%，而且使大豆含油量明显下降。苗期发病影响幼苗生长甚至造成死苗，使田间保苗数减少。成株期由于根部受害，影响根瘤的生长与数量，造成地上部生长发育不良以至矮化，影响结荚数与粒重，从而导致产量下降，日本、印度、澳大利亚、加拿大和保加利亚等国家均有报道。

大豆整个生育期均可感染大豆根腐病。出土前种子腐烂受害种子变软，不能萌发，表面生有白色霉层。种子萌发后腐烂的幼芽变褐畸形，最后枯死腐烂（图①）。幼苗期症状主要发生在根部，主根病斑初为褐色至黑褐色或赤褐色小点，扩大后呈菱形、长条形或不规则形的稍凹陷大斑，病重时病斑呈铁锈色、红褐色或黑褐色（图②）。皮层腐烂呈溃疡状，地下侧根从根尖开始变褐色，水渍状，并逐渐变褐腐烂，重病株的主根和须根腐烂，造成"秃根"（图③）。病株地上部生长不良，病苗矮瘦，叶小色淡发黄，严重时干枯而死。

病原与特征　大豆根腐病由多种病原真菌侵染所致，不同地区病原菌种类不同，镰刀菌、腐霉菌和立枯丝核菌为主要致病菌。由于地区性差异，各地报道的病原菌种类不尽相同。

侵染过程与侵染循环　该病主要是土壤传播。土壤和病残体（病根）是大豆根腐病的初侵染来源。大豆种子萌发后 4 ~ 7 天病菌即可侵染胚茎和胚根，虫伤和其他自然伤口有利于多种病菌侵入，引起苗期病害。

流行规律

种植方式　连作发病重，轮作发病轻，垄作比平作发病轻，大垄比小垄发病轻。

土壤类型　土壤质地疏松、通透性好的砂壤土、轻壤土、黑壤土较黏重土壤及白浆土发病轻，土质肥沃的地块较瘠薄地发病轻。

播期　播种过早的较适时晚播种的发病重；土壤旱情时间长或久旱后突然连续降雨，根部表皮伤口增多，发病重。

播种深度　播种过深，地温低，发病重。

施肥　氮肥用量大，组织柔嫩发病重；增施磷肥可减轻病害。

地下害虫　地下害虫越多，根腐病发生越重。

化学除草　化学除草剂使用不当，易产生药害，会加重该病的发生。

防治方法

合理轮作　与非寄主植物轮作 3 年以上。

种子消毒处理　用种子重量 0.3% 的 50% 福美双或 40% 拌种双可湿性粉剂拌种或 0.3% 菲醌拌种。

农业防治　精耕细作，深耕平整土地，早中耕，深中耕，

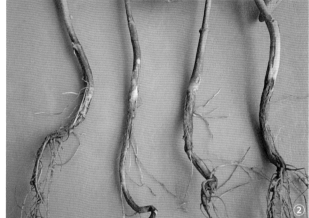

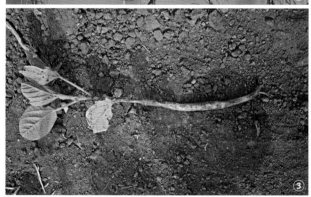

大豆根腐病症状（沈阳农业大学北方线虫研究所提供）

①幼芽变褐畸形；②幼苗期根部症状；③大豆根腐病造成秃根症状

排除积水，提高土温，降低湿度，增施速效肥等。提倡垄作栽培，有利于降湿、增温、减轻病害。适时晚播，发病轻，地温稳定在 7～8℃ 时开始播种，并注意播深为 3～5cm，不能过深。

参考文献

中国农业科学院植物保护研究所，中国植物保护学会，2015.中国农作物病虫害 [M]. 3 版 . 北京 : 中国农业出版社 .

SUHOVECKY A J, 1955. A *Phytophthora* root rot of soybeans[D]. Ohio: The Ohio State University.

（撰稿：段玉玺、陈立杰；审稿：王媛媛、朱晓峰）

大豆根结线虫病　soybean root-knot nematodes

由根结线虫属引起的一种大豆土传病害。

发展简史　Kofoid 在 1919 年即发现南方根结线虫可以侵染大豆；1964 年在中国北京发现。

分布与危害　根结线虫属全世界已报道的有 80 余种，分布广、危害大，是很多蔬菜作物和大田作物的重要病害，也能危害大豆。大豆根结线虫病在国外分布于各大豆产区。在中国黄淮海大豆产区发生普遍，分布于河南、山东、江苏、安徽、四川、浙江、广东和北京等地，2012 年，海南三亚大豆育种基地也发现了该病害。在福建、湖北等南方大豆种植区也较为普遍，尤以沿海、沿江、滨湖的砂壤土中最为严重。大豆株发病率一般为 20%～50%，个别严重的达 100%。根结线虫危害大豆植株根部。被线虫侵染的根组织受刺激增生膨大，成为不规则形或串珠状根结，根结的形状和大小不一，表面粗糙，因不同种群侵染而略有差异。受害植株地上部生长发育不良，植株矮小，叶片萎黄，底部叶片焦灼，严重时植株萎蔫枯死。根部则见根结处伴生许多侧根，使整个根系形成乱发状的根结团，检视膨大的根端，可见乳白色的球形或苹果形雌虫及雌虫尾部的卵囊。

病原及特征　病原为根结线虫属（*Meloidogyne* spp.）中几个不同种。中国鉴定到的为南方根结线虫和北方根结线虫。国外报道引起大豆根结线虫病的病原有南方根结线虫 ［*Meloidogyne incognita*（Kofoid et White）Chitwood］、花生根结线虫［*Meloidogyne arenaria*（Neal）Chitwood］、北方根结线虫（*Meloidogyne hapla* Chitwood）、爪哇根结线虫 ［*Meloidogyne javanica*（Treub.）Chitwood］等。

根结线虫雌雄异型；卵呈长椭圆形或卵形，无色；一龄幼虫在卵内发育，二龄幼虫在卵内蜕皮后孵出进入土壤中，寻找寄主侵入寄主的根组织里，三龄幼虫虫体膨大呈长袋囊状或豆荚型，虫体经四龄发育阶段可分出雌雄虫体，成熟雌虫为梨形或苹果形，雄虫细长线形；雌成虫阴门位于体末，阴门周围角质层体表环纹形成特异性花纹，称之为会阴花纹，会阴花纹和口针形态是区别不同种类线虫的重要形态特征（见图）。

侵染过程与侵染循环　大豆根结线虫以卵在土壤内越冬，带线虫土壤是根结线虫病的主要初侵染源。翌春当地温回升至 11.3℃，卵陆续发育为一龄幼虫，地温平均达 12℃以上，一龄幼虫蜕皮发育成二龄幼虫，进入土内活动，寻至近根尖处（称为侵染性二龄幼虫）侵染大豆根部。在根尖处侵入寄主，在维管束的筛管附近寻找适宜细胞固着定殖，刺激 3～5 个细胞分裂膨大形成多核的巨细胞，巨细胞成为幼虫吸取寄主营养的代谢库，供幼虫生长发育，受害部位增粗，虫体也膨大，幼虫蜕皮形成豆荚形三龄幼虫及葫芦形四龄幼虫，经最后一次蜕皮性成熟成为梨形雌成虫，阴门露出根结外排出胶黏液，产卵于其中，遇空气后凝结形成卵囊团，随根结逸散入土中或黏附操作工具传播。1 条雌虫产卵 300～600 粒，条件适宜时可多达 2000 粒。1 个根结内至少有 1 个雌虫，多者 5 个。卵的孵化和幼虫的发育与温度有关，温度高、发育快，在一年内完成世代数多。4 个常见种的雄虫，在第四次蜕皮后，又恢复为线形，钻出根结，交配以后不久

大豆植株危害症状及病原线虫（引自陈庆恩，白金铠，1987）

即死去，有的认为雄虫与生殖无关。

流行规律　大豆根结线虫病的发生与土壤内线虫含量、土壤温湿度的高低有很大关系。根结线虫在土壤内垂直分布可达80cm，但其中80%以上幼虫分布在0～40cm的土层内，0～30cm的耕层内最多。根结线虫卵最适温度为25～32℃，15～16℃时产卵量很少。根结线虫卵孵化与土壤酸碱度有关，pH为7最适于 *Meloidogyne incognita* 卵孵化，孵化的最低pH为3，pH为7以上卵孵化率下降，pH为10.5时卵的孵化率很低。根结线虫适应于偏酸到中性的土壤条件。砂质土壤和土壤瘠薄，能促进根结线虫病的发生。

防治方法　制定理想的防治策略要搞清当地的种、小种，以及合理地综合应用几种主要防治措施加以防控。①轮作。禾本科作物是北方根结线虫的非寄主，在北方根结线虫的危害区，可与禾本科作物轮作。②应用抗病品种。在一个地区不宜连续或长期使用同一抗病品种。③其他特殊防治方法及药剂防治。如溴甲烷和棉隆等熏蒸剂在施用方法及土壤条件上严格规范化，使药剂达到适当分布深度（地表面下净深20cm处）并要立即密闭一定时限（半月左右），以防药效流失。

参考文献

陈品三，陈森玉，1989. 中国大豆根结线虫病 (*Meloidogyne incognita; M. arenaria; M. hapla*) 病原鉴定及地区分布 [J]. 大豆科学 (2): 167-176.

陈庆恩，白金铠，1987. 中国大豆病虫图志 [M]. 长春：吉林科学技术出版社.

陈森玉，陈品三，1990. 大豆根结线虫病病原生物学特性观察 [J]. 植物病理学报 (4): 15-19.

张绍升，1993. 福建大豆根结线虫病发生及病原鉴定 [J]. 植物保护 (4): 14-15.

COOLEN W A, LAMBERTI F, TAYLOR C E, 1979. Root-knot nematodes (*Meloidogyne* species); systematics, biology and control[M]. New York: Academic Press: 301-302.

EISENBACK J D, TRIANTAPHYLLOU H H, 1991. Root-knot nematodes: *Meloidogyne* species and races[J]. Manual of agricultural nematology, 1: 191-274.

SASSER J N, 1979. Economic importance of *Meloidogyne* in tropical countries[M]. New York: Academic Press: 359-373.

（撰稿：陈立杰；审稿：朱晓峰）

大豆褐纹病　soybean brown rot

由大豆壳针孢引起的大豆叶部气传性病害。又名大豆褐斑病。

发展简史　大豆褐纹病于1915年最早被报道于日本，在中国主要大豆产区都有发生。其中，东北和西北冷凉地区较重。

分布与危害　是大豆主要的叶部病害之一，在世界各大豆区均有不同程度发生，多发生于冷凉地区。中国以黑龙江东部发生较重，一般地块病叶率达50%左右，病情指数15%～35%；严重地块病叶率达95%以上。

该病的典型症状是叶部产生多角形或不规则形、褐色或赤褐色小型斑，病斑略隆起，中部色淡，稍有轮纹，表面散生小黑点。病斑周围组织黄化，发生重的地块叶片多数病斑可汇合成褐色斑块，严重时病斑愈合成大斑块，导致叶片提早10～15天枯黄脱落，影响大豆正常生长发育，造成严重减产（图1）。

病原及特征　病原为大豆壳针孢（*Septoria glycines* Hemmi）。病菌的分生孢子器埋生在叶组织里，散生或者聚生，球形，器壁褐色，膜质，直径64～112μm，具孔口；器孢子针形，无色，正直或者弯曲，一般具有1～3个隔膜，多是3个隔膜，26～48μm×1～2μm（图2）。

侵染过程与侵染循环　病菌以器孢子和菌丝体在病叶、茎和种子上越冬，成为翌年的初侵染源。种子带菌是引致幼苗子叶发病的来源，在病株残体上越冬的病菌释放出的器孢子，借风雨传播，首先侵染大豆底部叶片，然后进行重复侵

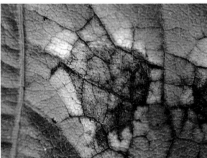

图1　大豆褐纹病病叶与病斑（引自陈庆恩，白金铠，1987）

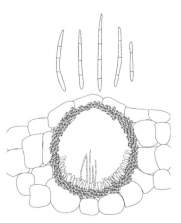

图2　分生孢子器和器孢子（朱晓峰绘）

染向上部叶片蔓延。

流行规律　温暖湿润天气有利于侵染发病，高温干燥则抑制病情。一般 6 月中旬开始发病，7 月上旬进入发病盛期，8 月以后病情转轻。密植的大豆田块发病较多。

防治方法　选用抗病品种，或从无病健康植株上留种，播种前进行种子消毒。进行 3 年以上轮作。收获后及时清除病株残体，深翻土地减少越冬菌源。发病初期喷洒 75% 百菌清可湿性粉剂 600 倍液或 50% 琥胶肥酸铜可湿性粉剂 500 倍液、14% 络氨铜水剂 300 倍液、77% 可杀得微粒可湿性粉剂 500 倍液、47% 加瑞农可湿性粉剂 800 倍液、12% 绿乳铜乳油 600 倍液、30% 绿得保悬浮剂 300 倍液，隔 10 天左右防治 1 次，连续防治 1～2 次。

参考文献

陈庆恩，白金铠，1987. 中国大豆病虫图志 [M]. 长春：吉林科学技术出版社 .

HEMMI T, 1915. A new brown-spot disease of the leaf of *Glycine hispida* Maxim. caused by *Septoria glycines* sp. n.[J]. Transactions of the Sapporo natural history society, 6: 12-17.

（撰稿：陈立杰；审稿：段玉玺）

大豆黑斑病　soybean *Alternaria* leaf spot

由多种链格孢属真菌引起的大豆叶部病害。

分布与危害　大豆黑斑病普遍发生于黑龙江、辽宁、吉林、江苏、浙江、湖北、四川等地大豆产区。国外见于美国、澳大利亚、俄罗斯等国。

该病害发生时期为植株生育后期。对产量影响甚微。该病菌主要侵染叶片，但也能侵染豆荚，症状主要表现为叶上病斑圆形至椭圆形，褐色，具同心轮纹，上生黑色霉层，常一个叶片上散生几个至十几个病斑，但未见叶片因受害引致枯死脱落；荚上生圆形或不规则形黑斑，密生黑色霉层，常因荚皮破裂侵染豆粒（图 1）。

病原及特征　病原有芸薹链格孢菜豆变种 [*Alternaria brassicae*（Berk.）Sacc. var. *phaseoli* Brun]、链格孢 [*Alternaria alternata*（Fr.）Keissl.]、簇生链格孢 [*Alternaria fasciculata*（Cke. & Ellis.）Jones & Grout]，为链格孢属真菌（图 2）。

芸薹链格孢　分生孢子梗单生或 2～3 根丛生，不分枝，多数正直，具 1～4 个隔膜，基部细胞稍膨大，淡褐色，顶端色淡，大小为 32～86μm×4～5μm。分生孢子绝大多数单生，倒棍棒形，褐色；嘴喙稍长，不分枝，淡色；孢身有 4～7 个横隔膜，0～3 个纵隔膜，隔膜处略缢缩，大小为 29～54μm×11～15μm；嘴喙有 0～1 个隔膜，大小为 14～32μm×3～5μm。

链格孢　分生孢子梗单生或数根束生，基部细胞稍膨大，不分枝或偶有分枝，正直至屈曲，具 1～15 个隔膜，暗褐色，顶端色淡或上下色泽均匀，大小为 19～51μm×4～5.5μm。分生孢子 3～6 个串生，梭形或椭圆形或卵形或倒棍棒形，褐色至榄褐色，无嘴喙或甚短，孢身具 2～6 个横隔膜，0～3 个纵隔膜，隔膜处略缢缩，大小为 16～37μm×8～14μm；嘴喙多无隔膜，大小为 0～20μm×0～6μm。

簇生链格孢　分生孢子梗多数丛生，3～6 根，少数单生，不分枝，正直或有 1～3 个膝状节，基部细胞稍膨大，有 3～8 个隔膜，暗褐色，顶端色淡，大小为 32～128μm×4～5.5μm。分生孢子 2～5 个串生，少数单生，椭圆形或倒棍棒形，暗褐

图 1　大豆黑斑病危害症状（吴楚 提供）
①②豆荚受害状；③大豆黑斑病叶背面症状；④大豆黑斑病叶正面症状

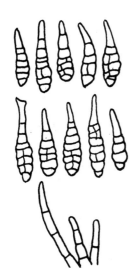

图 2 分生孢子梗和分生孢子（朱晓峰绘）

大豆黑点病危害症状（引自陈庆恩，白金铠，1987）

色，无嘴喙或短小，孢身具 3～9 个横隔膜，0～6 个纵隔膜，隔膜处略缢缩，大小为 13～48μm×6～8μm；嘴喙有 0～2 隔膜，大小为 3～32μm×3～6μm。

侵染过程与侵染循环 3 种病菌均以菌丝体及分生孢子在病叶上越冬，成为翌年的初侵染菌源，然后借风、雨传播，进行重复侵染。多发生于大豆生育后期。大豆黑斑病多发于高温多雨天气。在大豆植株受机械损伤、昆虫危害和其他病害造成伤口后，黑斑病病原菌常常作为次侵染病原物从伤口侵入、危害大豆叶片。

流行规律 在大豆生育后期较易发病。

防治方法 主要采用农业防治措施。清除田间病株残体，秋翻土地将病株残体深埋土里等。实行 3 年以上轮作；种植发病轻的品种；及时防治其他虫害和病害，均可减轻发病。

参考文献

雷忠仁，郭予元，李世访，2014. 中国主要农作物有害生物名录 [M]. 北京：中国农业科学技术出版社.

李鹏，陈丹，2017. 大豆黑斑病诊断及防治 [J]. 现代农村科技 (7): 36.

王昌家，李兴国，张富春，等，1994. 大豆黑斑病大面积发病初报 [J]. 大豆通报 (2): 5.

中国农业科学院植物保护研究所，中国植物保护学会，2015. 中国农作物病虫害 [M]. 3 版. 北京：中国农业出版社.

BERA S C, 1983. A new leaf spot disease of beans caused by *Alternaria brassicicola*[J]. Indian phytopathology, 36(4): 729-730.

（撰稿：段玉玺、陈立杰；审稿：朱晓峰）

大豆黑点病　soybean pod and stem blight

由大豆拟茎点霉引起的雨水传播的真菌性病害。

分布与危害 世界大豆产区均有分布，中国主要分布于东北、华北以及江苏、湖北、四川、云南、广东、广西等地。主要危害茎、荚和叶柄。茎部染病，褐色或灰白色病斑，后期病部纵行排列小黑点，病株早枯，茎秆腐烂易折。豆荚染病，初圆形褐色斑，后变灰白色干枯而死，有小黑点，剥开病荚，豆粒表面密生灰白色菌丝，豆粒苍白萎缩（见图）。

病原及特征 病原菌无性态为大豆拟茎点霉（*Phomopsis sojae* Lehman）。其有性态 *Diaporthe phaseolorum* var. *sojae*（Lehman）Wehm. 为菜豆间座壳大豆变种。分生孢子有两种类型：α 型分生孢子无色梭形，β 型分生孢子无色丝状。子囊孢子梭形，双胞，无色。

侵染过程与侵染循环 病菌在种子或病残体内越冬。翌年病菌侵入寄主后，只在侵染点直径 2cm 范围内生长，寄主衰老时才渐渐扩展。带病种子是豆荚黄荚期受侵染引起，从结荚初期至成熟期，高于 20℃ 的气温持续时间越长越利于病害发生。豆荚受侵，造成种子带菌，病毒病或缺钾加速种子腐烂。

流行规律 病菌经雨水传播，多雨年份发病重，尤其是大豆生长后期高温多雨、湿度大、延迟收获，病情重。

防治方法 精选种子，汰除病粒，用拌种双或福美双拌种。与禾本科作物轮作，避免免耕和连作，增施磷、钾肥，提高植株的抗病力。及时收获，收获后及时清理病残体并翻耕。发病初期喷洒 25% 吡唑醚菌酯乳油、30% 苯甲·丙环唑悬浮剂、50% 嘧菌酯水分散粒剂等药剂。

参考文献

陈庆恩，白金铠，1987. 中国大豆病虫图志 [M]. 长春：吉林科学技术出版社.

刘惕若，1978. 大豆病虫害 [M]. 北京：中国农业出版社.

吕佩珂，苏慧兰，吕超，2005. 中国粮食作物、经济作物、药用植物病虫原色图鉴 [M]. 2 版. 呼和浩特：远方出版社.

（撰稿：陈宇飞；审稿：文景芝）

大豆红冠腐病　red crown rot of soybean

由寄生帚梗柱孢引起的大豆上的土传真菌性病害。

发展简史 寄生帚梗柱孢是 1965 年在美国佐治亚州首次报道并鉴定的一种侵染花生（*Arachis hypogaea*）引起花生黑腐病的新植物病原菌，该菌通过种子传播迅速蔓延于美国所有的花生产区，对花生产业造成严重威胁。1968 年，在日本首次报道该菌侵染大豆引起大豆红冠腐病，该菌分布于包括北海道在内的日本全国。在中国，大豆红冠腐病最早于1992年在江苏报道；寄生帚梗柱孢菌引起的花生黑腐病最早于2008年在广东报道。

分布与危害　分布在美国、日本、韩国、印度和喀麦隆等国家。在广东，因为同一品种连年种植，大豆红冠腐病在华夏3号上发病率高达80%。该病害在中国的云南、广东、江西和福建等地区有分布。

大豆苗期至成株期均可受害，以成株期为发病盛期。罹病植株叶片初期褪绿变黄，后期整个植株萎蔫死亡。病害主要危害大豆近地面的茎基部和根系，罹病植株茎基部组织变红色腐烂（图1①），根系变黑腐烂（也称黑色根腐病）。在潮湿条件下，罹病茎基部常有大量橙色至红色小颗粒状物，是病原菌的子囊壳（图1②）。

病原及特征　病原为寄生帚梗柱孢（*Cylindrocladium parasiticum*），是中国进境植物检疫性病原菌。有性态为冬青丽赤壳菌（*Calonectria ilicicola*）。分生孢子梗侧生于一根直立的长柄上，长柄末端泡囊球状，直径4.0～13.0μm。分生孢子梗帚状分枝2次或3次，产孢细胞瓶状。分生孢子单生，无色，圆柱形，1～3个隔膜，大小为27.3～70.9μm×4.1～8.2μm。厚垣孢子褐色，常成串或成堆聚集

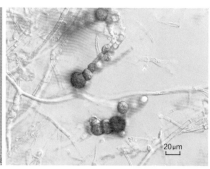

图2　寄生帚梗柱孢菌形态：直立的长柄及球状泡囊、分生孢子梗和圆柱状分生孢子；微菌核（潘汝谦提供）

成微菌核。子囊壳橙红色，亚球形或卵形，大小为337.5～609.4μm×309.4～496.9μm。子囊无色透明，棍棒状，具长柄，内含8个子囊孢子，子囊孢子常聚集在子囊上部。子囊孢子无色，纺锤形至镰刀形，1～3个隔膜，分隔处常有缢缩，大小为27.3～54.5μm×4.1～6.8μm（图2）。寄主范围广泛，可侵染20多种植物，包括大豆、花生、蔓豆和紫花苜蓿等多种豆科植物，番木瓜、中华猕猴桃和紫花山蚂蝗等其他植物和杂草。

侵染过程与侵染循环　大豆红冠腐病是典型的土传病害。病原菌主要以微菌核在病残体和土壤中越冬。微菌核在土壤中可以存活多年，是最重要的初侵染接种体。在田间，病原菌也可以通过耕作机械、流水等传播。分生孢子和子囊孢子在病害循环中的作用不明显。

流行规律　温暖潮湿有利于病害发生流行。

防治方法　由于大豆红冠腐病是局部分布的病害，其病菌寄主范围广而且可以通过花生种子进行长距离传播，因此，检疫对防治大豆红冠腐病蔓延具有重要作用。避免单一品种连年连作；避免与豆科作物轮作；水旱轮作3～5年。用戊唑醇、丙环唑等甾醇抑制剂拌种或灌根。

参考文献

盖钧镒，崔章林，林茂松，1992.大豆黑色根腐病的鉴定与诊断[J].大豆科学，11(2): 113-119.

GUAN M, PAN R, GAO X, et al, 2010. First report of red crown rot caused by *Cylindrocladium parasiticum* on soybean in Guangdong, Southern China[J]. Plant disease, 94(4): 485.

NISHI K, 2007. Soybean root necrosis fungus, *Calonectria ilicicola* (in Japanese)[M]. MAFF Microorganism Genetic Resources Manual No.21.

（撰稿：潘汝谦；审稿：王源超）

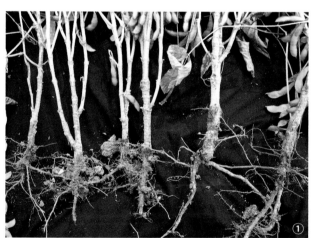

图1　大豆红冠腐病症状（潘汝谦提供）

①罹病大豆植株茎基部变红色腐烂；②罹病大豆植株茎基部的红色子囊壳

大豆花叶病毒病　soybean mosaic virus disease

由大豆花叶病毒引起的大豆病毒病害。

发展简史　1916年，美国学者Clinton观察了大豆花叶病毒引起的症状并做了记录。1921年，Gardner和Kendrick报道了大豆花叶病毒在大豆植株上的花叶和坏死症状及其种子上形成的斑驳。中国东北在1899年就有了大豆上相关病

害的报道。1939 年俞大绂、1950 年裴维蕃等分别对大豆花叶病毒进行了研究。1943 年 Johnson 和 Koechler、1948 年 Conover 等、1963 年 Koshimizu 和 Iizuka 先后指出大豆花叶病毒是由多个病毒株系组成，并提出利用病毒在不同大豆品种上的致病差异来划分株系的设想。1965 年 Takahashi、1979 年 Cho 与 Goodman 和 1982 年濮祖芹等分别对日本、美国和中国部分地区的大豆花叶病毒株系进行了划分。

分布与危害　大豆花叶病毒在中国各大豆产区都有发生，但自北向南危害逐渐加重，一般导致产量损失 10% 左右。大豆花叶病毒在大豆植株上的症状主要有花叶和坏死两大类，花叶类症状（图①）在感染初期，嫩叶出现明脉，后陆续出现花叶、黄斑花叶，部分还出现叶片皱缩增厚、叶片反卷、植株矮化、茎秆和豆荚上茸毛消失等症状。坏死型症状

大豆花叶病毒在大豆植株上的症状（智海剑提供）

①花叶；②坏死；③籽粒上的斑驳症状

（图②）表现为感染初期叶片出现褐色枯斑或叶脉坏死，随后坏死面积逐渐扩大成片，严重时叶片脱落。部分大豆品种感染大豆花叶病毒后，主茎生长点坏死，形成"顶枯"。温度对症状的表现有明显的影响，20～25℃ 适宜显症，30℃ 以上易产生隐症。

大豆花叶病毒的侵染可导致大豆种皮斑驳（图③），籽粒斑驳的颜色有淡褐、深褐、黑等，多数与种子的脐色接近，种子斑驳的形状一般不规则。斑驳与大豆品种、大豆花叶病毒株系以及环境条件有关。

大豆花叶病毒的寄主主要是大豆，但它也可侵染蚕豆、豌豆等其他豆科植物，个别甚至可以侵染非豆科植物。

病原及特征　大豆花叶病毒（soybean mosaic virus，SMV）属于马铃薯 Y 病毒属（*Potyvirus* Y）。SMV 粒体为线秆状，长 630～750nm，宽 13～19nm。稀释限点为 10^{-4}～10^{-2}，致死温度 50～65℃，常温下体外存活期 2～5 天。大豆花叶病毒粒子由外壳蛋白及单链正义 RNA 组成。大豆花叶病毒基因组约 9600nt，按一个阅读框翻译，产生的蛋白前体切割后形成 11 个成熟蛋白。大豆花叶病毒存在致病性分化，中国大豆花叶病毒被分为 22 个株系，美国分成 7 个株系。

侵染过程与侵染循环　在中国大部分大豆产区，大豆花叶病毒在大豆种子上越冬，翌年带毒种子长出的病苗成为当年大豆花叶病毒流行的初侵染源。而在南方，大豆花叶病毒除了种子越冬外，也可在蚕豆等寄主上越冬。介体蚜虫的非持久性传播导致大豆花叶病毒的多次再侵染和田间扩散，感病植株产生的部分种子携带的大豆花叶病毒又成为下一年度的病源。引种是大豆花叶病毒地区之间传播的主要途径。

防治方法

选育推广抗病品种　大豆品种对大豆花叶病毒的抗性存在明显差异，推广抗大豆花叶病毒品种是最经济有效的防治手段。大豆对大豆花叶病毒的抗性有单基因控制的质量抗性，这类抗性效果明显，但抗谱较窄，抗性易丧失。另外也有多基因控制的数量抗性，数量抗性效果虽低于质量抗性，但抗性较为持久，应兼顾两类抗性的应用。

降低种子带毒率　可以阻止大豆花叶病毒的流行，在大豆制种田拔除早期病株可以在一定程度上降低种子带毒率，从而减少大豆花叶病毒的初侵染来源。此外避免从疫区调入种子可以显著降低大豆花叶病毒流行的可能性。

及时杀灭蚜虫　介体蚜虫的传毒造成大豆花叶病毒的多次再侵染，是决定大豆花叶病毒流行的重要因素。利用化学杀虫剂及时杀灭蚜虫在一定程度上可减少大豆花叶病毒的再侵染。蚜虫对银灰色有较强的负向趋性，在田间悬挂银灰塑料条或用银灰地膜覆盖，一定程度上可减少蚜虫传播大豆花叶病毒的机会。

参考文献

林汉明，常汝镇，邵桂花，等，2009. 中国大豆耐逆研究 [M]. 北京：中国农业出版社 .

中国农业科学院植物保护研究所，中国植物保护学会，2015. 中国农作物病虫害 [M]. 3 版 . 北京：中国农业出版社 .

HILL J H, BENNER H I, 1980. Porperities of soybean mosaic virus ribonucleic acid[J]. Phytopathology, 70(3): 236-239.

（撰稿：智海剑；审稿：陶小荣）

大豆灰斑病　soybean frogeye leaf sport

由大豆褐斑钉孢引起的侵染大豆的一种真菌病害。

发展简史　大豆灰斑病是由 Hara 于 1915 年首先在日本发现的，定名为 *Cercospora sojina* Hara。1982 年，刘锡进等重新研究大豆灰斑病，根据分生孢子和分生孢子梗的形态、色泽，将大豆灰斑病重新定名为 *Cercospora sojina*（Hara）Liu & Gou，属于大豆褐斑短胖孢。1996 年 H. D. Shin & U. Braun 将其归为子囊菌无性型钉孢属，定名为 *Passalora sojina*（Hara）H. D. Shin & U. Braun。

分布与危害　自 Hara 首次发现该病以来，相继在美国、英国、中国、澳大利亚、巴西、德国、朝鲜、苏联以及印度等国也发现此病，至今已分布世界各地。国内各大豆区也均有分布，不同的地区和年份发现程度不同，在东北以黑龙江东部三江平原地区（合江、牡丹江、松花江、绥化地区）发生程度较重。灰斑病除危害叶片、降低光合作用，致使提前落叶造成产量损失外，还严重地影响大豆的品质，灰斑粒中脂肪含量降低 2.9%，蛋白质含量降低 1.2%，百粒重降低 2g左右，而且大豆灰斑病危害种子形成褐斑粒严重影响出口。该病害仅危害大豆（图 1）。

病原及特征　病原为大豆褐斑钉孢［*Passalora sojina*（Hara）H. D. Shin & U. Braun；异名大豆尾孢（*Cercospora sojina* Hara）］，属钉孢属。病菌的分生孢子梗生于病叶正反两面，以背面为多，无子座或子座较小，分生孢子梗 5～12根丛生，淡褐色，上下色淡均匀，单一或分枝。有时顶端稍狭，正直或具有 1～8 个膝状节，隔膜 0～5 个，顶端近截形至圆形，孢痕显著，梗的大小为 51～128μm×5～6μm。分生孢子初为椭圆形，后为倒棍棒形、圆柱形，无色透明，通常正直，基部近截形至倒圆锥截形，顶端略钝至较圆，隔膜 1～9 个，大小为 19～80μm×3.5～8μm（图 2）。

侵染过程与侵染循环　大豆灰斑病菌以菌丝体在种子上和病残体上越冬。带菌种子和病残体是病害的初侵染源。一般大豆复叶期开始发病（7 月初），7 月中旬进入发病盛期。

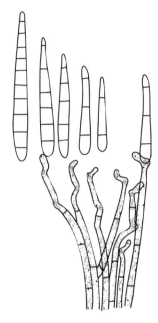

图 2　大豆褐斑钉孢分生孢子梗和分生孢子（朱晓峰绘）

图 1　**大豆灰斑病症状**（①③④⑤引自陈庆恩，白金铠，1987；②吴楚提供）

①叶上症状；②病斑放大；③茎上症状；④荚上症状；⑤籽粒上症状

豆荚从嫩荚开始发病，鼓粒期为发病盛期，8 月底后感染籽粒，9 月上中旬为籽粒发病高峰。复叶发病至荚发病间隔 40 天，荚至种皮发病相隔 5 天。

流行规律 灰斑病菌侵染温度范围在 15～32℃，最适为 25～28℃。在适宜温度下接种保湿 2 小时即可侵入。降雨和湿度条件是灰斑病流行极为重要的因素。当温度适宜，平均温度在 20℃ 以上和相对湿度在 80% 以上时，则潜育期短、病斑小，有的只有一个褐点，因而在大流行年份，叶片的病斑小而多。病粒率的多少更是取决于荚盛期——鼓粒中期的降水量和降水日数。因病菌侵入豆荚后，在寄主体内扩展也要求有一定的湿度，如在长期无雨露条件下，豆荚虽受害，但病粒率却会很低。7～8 月多雨高温（RH>80%）可造成病害流行。高密植多杂草发病严重。根据温度不同，该病害潜育期 4～16 天（30℃ 为 4 天，20℃ 为 12～16 天）。

防治方法 大豆灰斑病初侵染来源是病株残体和带菌种子。因此采取清除菌源，合理轮作；种植抗病品种及搞好预测预报；大发生年及时喷药保护；可以减轻发生危害。

农业防治 清除田间菌源，秋收后彻底清除田间病残体，及时翻地，把遗留在田间的病残体翻入地下，使其腐烂。可减少越冬菌源。进行大面积轮作，及时中耕除草，排除田间积水，对减轻病害作用很大。

选种和种子处理 可用种子重 0.3% 的 50% 福美双可湿性粉剂或 50% 多菌灵可湿性粉剂拌种，能达到防病保苗的效果，但对成株期病害的发生和防治的作用不大。不同药剂对灰斑病拌种的保苗效果是不同的。福美双、克菌丹的保苗效果很好。

化学防治 ① 40% 多菌灵胶悬剂 1500g/hm²，稀释成 800～1000 倍液喷雾。② 50% 多菌灵可湿性粉剂或 70% 甲基托布津可湿性粉剂 1500～2250g/hm²。兑水稀释成 800～1000 倍液喷雾。③ 2.5% 溴氰菊酯乳油 600ml/hm² 与 50% 多菌灵可湿性粉剂 1500g/hm² 混合，加水 1500kg 喷雾，可兼防大豆食心虫。

选用抗病品种 品种不抗病是灰斑病经常大发生的重要因素。选用抗病品种是解决灰斑病经济而有效的措施，但大豆品种对灰斑病的抗病只是被害程度上的差异。抗病品种表现单叶病斑少，病斑小，较抗病的品种有垦农一号、合丰 27、合丰 28、合丰 29 等。还未发现免疫品种。抗病推广品种有合丰 27、合丰 28、合丰 29、合丰 30、合丰 32、合丰 33、合丰 34、绥农 9、绥农 10、宝丰 7、宝丰 8、垦农 7、垦农 8 等 20 多个，同时也育成了东农 9674、东农 593、绥 945007、绥 945025 等抗病品系。

参考文献

陈庆恩，白金铠，1987. 中国大豆病虫图志 [M]. 长春：吉林科学技术出版社.

李本宁，1989. 大豆灰斑病菌生物学特性研究 [J]. 大豆科学，8(1): 65-70.

刘锡琎，郭英兰，1982. 中国短胖孢菌 [J]. 真菌学报 (2): 88-102.

刘亚光，2002. 大豆灰斑病菌毒素组分、致病性及其诱导抗性的研究 [D]. 哈尔滨：东北农业大学.

吴秀红，2002. 抗大豆灰斑病新种质的筛选与抗源利用 [D]. 哈尔滨：东北农业大学.

LEHMAN S G, 1928. Frog-eye leaf spot of soybean caused by *Cercospora diszu* Miura[J]. Agricultural research, 36: 811-833.

（撰稿：段玉玺、王媛媛；审稿：刘晓宇、范海燕）

大豆菌核病　soybean *Sclerotinia* stem rot

由核盘菌引起的一种主要危害大豆茎部的真菌病害。

发展简史 大豆菌核病最早被报道于 1946 年的加拿大安大略省，现主要分布在美国、加拿大、阿根廷、匈牙利、日本和印度等国。

分布与危害 大豆菌核病发生在中国东北、华东、西南和西北的各大豆产区，黑龙江发病情况尤为严重，在流行年份减产 20%～30%，严重地块减产达 50%～90%，甚至绝产。菌核病除危害大豆外，尚可侵染菜豆、蚕豆、马铃薯、茄子、辣椒、番茄、白菜、甘蓝、油菜、向日葵、胡萝卜、菠菜、莴苣等 64 科 300 多种植物。大豆苗期到成株期均有发生，尤其开花结荚期危害较重，危害地上部分可造成苗枯、茎腐、叶腐、荚腐等症状，幼苗先在幼茎基部发病，以后向上扩展，病部呈深绿色湿腐状，其上生白色菌丝体，以后病势加剧，幼苗倒伏、死亡。茎秆染病多从主茎中下部叉处开始，病部水渍状，后褪为浅褐色至近白色，病斑形状不规则，常环绕茎部向上、下扩展，致病部以上枯死或倒折（图 1）。

病原及特征 病原为核盘菌［*Sclerotinia sclerotiorum*（Lib.）de Bary］，茎上形成不规则鼠粪状的菌核，坚硬，外部黑色，内部白色，切面呈薄壁组织状。产生菌核的温度范围是 5～30℃，可耐 –40℃ 低温，并能存活多年。菌核在最适温度为 18～20℃ 时萌发产生子囊盘。子囊盘有柄，上生栅状排列的子囊，子囊棒状，内含 8 个子囊孢子，子囊孢子单胞、无色，椭圆形（图 2）。

侵染过程与侵染循环 菌核散落于土壤里、混在种子里或未腐熟植株残渣里。越冬的菌核是翌年侵染源，土壤中的菌核在适宜的温湿度条件下产生子囊盘并弹射出子囊孢子，借气流传播至叶、叶柄及茎部，而再侵染菌源主要是菌丝及菌核附着物。

流行规律 大气和田间湿度较高的时候，菌丝生长迅速，2～3 天后健株即发病。发生流行的适温为 15～30℃、相对湿度 85% 以上，一般菌源数量大的连作地或栽植过密、通风透光不良的地块发病重。

防治方法 大豆菌核病是土传病害，在防治上应以预防初次侵染为主。

农业防治 加强长期和短期测报工作，以正确估计年度发病程度，并据此确定合理种植结构。及时深翻清除种子中混杂的菌核，将散落于田间的菌核及病株残体深埋土里或收集烧毁，可抑制菌核萌发减少初侵染源。

选用抗、耐病品种 如吉育 35、合丰 26、黑河 7 号、九丰 3 号、内豆 1 号等。

化学防治 一般菌核从萌发出土后到子囊盘萌发盛期，可喷施 40% 菌核净可湿性粉剂 1000 倍液；50% 腐霉利（速克灵）1500～2000 倍液；50% 农利灵可湿性粉剂；25%

D

图 1　大豆菌核病危害症状（吴楚 提供）

①豆荚受害状；②叶片受害状；③枝条枯死状；④示菌核；⑤示菌丝

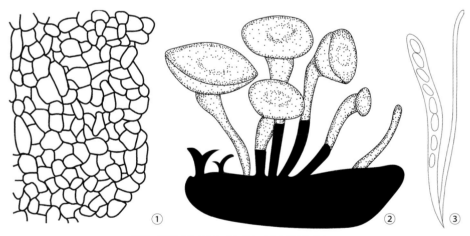

图 2　病原（朱晓峰仿《中国大豆病虫图志》绘）

①菌核组织切面；②子囊盘；③子囊

的施保克乳油，每公顷 1050mg；80% 多菌灵可湿性粉剂 600～700 倍液；50% 扑海因可湿性粉剂 1000～1500 倍液；12.5% 治萎灵水剂 500 倍液；40% 治萎灵粉剂 1000 倍液；50% 复方菌核净 1000 倍液，于发病初期防治 1 次，7～10 天后再喷 1 次，注意药剂喷施要均匀。

参考文献

常红艳，吴上华，2009. 豆菌核病的发生与防治技术 [J]. 黑龙江科技信息 (24): 138.

陈庆恩，白金铠，1987. 中国大豆病虫图志 [M]. 长春：吉林科学技术出版社.

宋淑云，张伟，刘影，等，2009. 大豆品种对大豆菌核病 (*Sclerotinia sclerotiorum*) 的抗性分析 [J]. 吉林农业科学，34(3): 30-32.

吴彦玲，朱少宇，吴娟，2009. 大豆菌核病的发生与防治 [J]. 现代农业科技 (24): 176, 178.

杨勇，2010. 大豆菌核病的发生及防治 [J]. 现代农业科技 (7): 187.

赵丹，许艳丽，2006. 大豆菌核病的识别与综合防治 [J]. 大豆通

报 (3): 15-16.

KOCH L W, HILDEBRAND A A, 1946. Soybean diseases in southwestern Ontario in 1946[J]. Canadian plant disease survey, 26: 27-28.

（撰稿：段玉玺、朱晓峰；审稿：陈立杰、王媛媛）

大豆立枯病　soybean seedling blight

由真菌立枯丝核菌引起的大豆立枯病，是大豆上的一种重要病害。又名大豆死棵、大豆猝倒病、大豆黑根病。

发展简史　1858 年，Kühn 从病变的马铃薯块茎中分离到一种病原菌，并将其命名为纹枯病菌（*Rhizoctonia solani* J. G. Kühn）。该病菌具有广泛的寄主范围，常见于水稻、小麦、谷子、大豆等植物。主要侵染土壤表层下植物的种子，也会侵染根、茎、叶和豆荚。

分布与危害　大豆立枯病在各大豆产区均有分布。在中国主要分布于东北、华北和南方少数省份。立枯丝核菌侵染幼苗严重时，茎基部变褐细缩，折倒枯死。成株期植株变黄，生长迟缓矮小，靠地面茎基部红褐色，皮层开裂呈溃疡状。病根不结或很少结根瘤，须根大多死亡（见图）。

病原及特征　病原有性态为瓜亡革菌 [*Thanatephorus cucumeris*（Frank）Donk]，亡革菌属；无性态为丝核菌属立枯丝核菌 AG-4 和 AG1-IB 菌丝融合群。自然情况下很少出现有性态。无性态病菌可抵抗高温、冷冻、干旱等不良条件，适应性很强，一般能存活 2～3 年或更久。寄主范围较广，可寄生于棉花、大麦、小麦、甜菜、黄麻、红麻、玉米、高粱、马铃薯、茄子、花生、大豆、烟草、萝卜等 200 多种植物。

侵染过程与侵染循环　病原菌初侵染源主要来自土壤、农作物的病残体和肥料等，病菌以菌丝体或菌核在病残体或土壤中腐生越冬。翌年，病菌在萌动的幼苗根部分泌物的刺激下开始萌发，以直接侵入或从自然孔口及伤口侵入寄主，通过雨水、灌溉及农事操作传播。

大豆立枯病危害幼苗症状（王源超提供）

流行规律　病害的发生、流行与寄主抗性、栽培管理、气候环境等因素相关。

防治方法　选育抗病品种，与禾本科作物轮作 3 年，适期播种，避免播种过深，适当增施磷钾肥及用 0.3% 种子重量的 50% 多菌灵可湿性粉剂拌种。

参考文献

丁锦华，徐雍皋，李希平，2009. 植物保护词典 [M]. 南京：江苏科学技术出版社.

吕佩珂，高振江，张宝棣，等，1999. 中国粮食作物、经济作物、药用植物病虫原色图鉴：下册 [M]. 呼和浩特：远方出版社.

（撰稿：王源超；审稿：叶文武）

大豆毛口壳叶斑病　*Aristastoma* leaf spot of soybean

由油滴毛口壳孢引起的大豆上的叶部真菌性病害。

发展简史　大豆毛口壳叶斑病是 2008 年在中国安徽阜阳发现的新病害。

分布与危害　在中国黄淮海及东北部分大豆产区都有发生。可严重影响叶片正常的光合作用，引起大豆植株早期落叶及早衰，由于发病期处于大豆的鼓粒期，因此对大豆的产量影响较大。田间表现大豆叶片黄化，叶片中部产生大面积的褪绿斑，叶斑中部呈不规则的深褐色坏死，周围形成大片不规则黄色褪绿病斑，在叶的背面着生散生的小黑点，为病原菌的分生孢子器，中下部叶片发病重，部分品种的顶部叶片也有发生（图 1）。

病原及特征　病原为油滴毛口壳孢（*Aristastoma guttulosum* Sutton）。载孢体为分生孢子器，直径 150～300μm，表生，散生；分生孢子器处具多根刚毛，刚毛直，数目不定，不分枝，顶端渐尖；分生孢子直或弯曲呈棍棒状，具 0～3 个隔膜，内含有明显油球，大小为 32～42μm× 3.9～4.6μm。温度 20～30℃ 时，孢子的相对萌发率较高，以 25℃ 为最适温度；光照条件下孢子也更易萌发。该病原菌在 PDA 培养基上生长较缓慢，后期菌落变黑，产生分生孢子（图 2）。

侵染过程与侵染循环　大豆毛口壳叶斑病的病残体和分生孢子器均能成为病害再侵染的侵染源，且大豆毛口壳叶斑病病菌通过分生孢子器能更好地渡过不良环境。侵入途径试验表明，孢悬液直接接种叶片和针刺接种 2 种方法均能使大豆叶片产生病斑，且从伤口侵染毒素扩展迅速。在室温保湿条件下，伤口处理条件下 5～6 天，大豆开始表现出症状。自然条件下 7～8 天，开始表现出侵染症状。

流行规律　大豆毛口壳叶斑病能产生毒素，针刺接种大豆叶片，25～30℃ 室温保湿培养 72 小时后能产生明显褪绿斑。该病菌毒素有一定的侵染能力，且对不同植物的致病性有差异。

防治方法　此病害为新病害，应严密监控此病害的发生情况，虽然对其防治技术还不清楚，但我们应加快研究进程，做好技术储备，防止新病害变为流行病害。

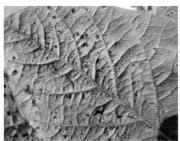
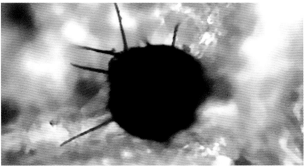
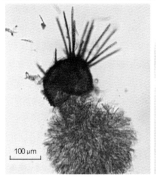

图 1　大豆毛口壳叶斑病病叶（朱晓峰提供）

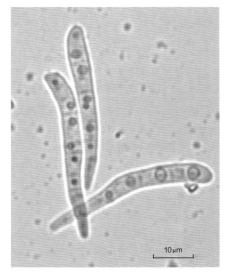

图 2　病叶上的分生孢子器和分生孢子（朱晓峰提供）

参考文献

潘阳，朱晓峰，王媛媛，等，2011. 大豆毛口壳叶斑病菌产毒素的研究 [J]. 植物病理学报 (6): 596-603.

ZHU X F, PAN Y, CHEN L J, et al, 2012. First report of leaf spot of soybean caused by *Aristastoma guttulosum* in China[J]. Plant diease, 96(11): 1694.

（撰稿：陈立杰；审稿：段玉玺）

大豆霜霉病　soybean downy mildew

由东北霜霉引起的一种大豆病害。在大豆生育期均可发病。

发展简史　1921 年首先发现于中国的东北地区。

分布与危害　大豆霜霉病分布于中国各大豆产区，1921 年首先发现于中国的东北地区，以东北和华北发生较普遍，大豆生育期气候凉爽的地区发病较重。多雨年份病情加重。国外普遍分布于世界各大豆产区。病种种子发病率 10%～50%。百粒重减轻 4%～16%，重者可达 30% 左右。病种发芽率下降 10% 以上；含油量减少 0.6%～1.7%；出油率降低 2.7%～7.6%。由于霜霉病的危害，病叶早落，大豆产量品质下降，可减产 6%～15%。寄主植物除大豆外，还有野生大豆（*Glycine ussuriensis*）。

大豆霜霉病危害大豆幼苗、叶片、荚和籽粒。最明显的症状是叶片正面是褪绿斑而叶背产生霜霉状物。种子带菌经系统侵染引起幼苗发病，但子叶不表现症状，当幼苗第一对真叶展开后，沿叶脉两侧出现淡黄色的褪绿病斑，后扩大半个叶片，有时整叶发病变黄，天气多雨潮湿时，叶背密生灰白色霉层（图 1）。成株期叶片表面生圆形或不规则形、边缘不清晰的黄绿色斑点，后变褐色，叶背生灰白色霉层。病斑常汇合成大的斑块，病叶干枯死亡。豆荚表面常无明显症状，剥开豆荚内壁有灰白色霉层，重病荚的荚内壁有一层灰黄色的粉状物，即病菌的卵孢子。病荚所结种子的表面无光泽，并在部分种皮或全部种皮上附着一层黄白色或灰白色菌层，为病菌的卵孢子和菌丝体。

病原及特征　病原为东北霜霉 [*Peronospora manschurica*（Naum.）Sydow]，属卵菌门霜霉属。病菌无性世代产生孢子囊，有性世代产生卵孢子。孢子囊梗自气孔伸出，无色（在叶片上呈灰色或淡紫色），单生或数枝束生，呈树枝状，大小为 240～424μm×6～10μm；顶部作数次叉状分枝，主枝呈对称状，弯或微弯，小枝成直角或锐角，最末的小梗顶端尖细，其上着生 1 个孢子囊。孢子囊椭圆形或倒卵形，少数球形，无色或略带淡褐色，单胞，表面光滑，多数无乳头状突起，大小为 14～26μm×14～20μm。有性世代产生卵孢子，黄褐色近球形，厚壁，表面光滑，内含 1 个卵球，藏卵器不正形（图 2）。大豆霜霉菌生理分化明显，已报道有 26 个生理小种。日温 20～30℃适宜于病斑发展，温度低于 10℃、高于 30℃时，则不能形成孢子。

侵染过程与侵染循环　病菌以卵孢子附着在病籽粒上和在病组织中越冬成为翌年的初侵染菌源，以在种子上的卵孢子为主。每年 6 月中下旬开始发病，7～8 月是发病盛期。病籽粒上黏着的卵孢子越冬后萌发产生游动孢子，侵染大豆幼苗的胚茎，菌丝随大豆的生长上升，而后蔓延到真叶及腋芽，形成系统侵染。幼苗被害率与温度有关，附着在种子上的卵孢子在 13℃ 以下可造成 40% 幼苗发病，而温度在 18℃

以上便不能侵染。病苗叶片上产生大量孢子囊，随风雨、气流散播，孢子萌发后产生芽管，再侵入寄主，在细胞间隙蔓延，再形成孢囊梗和孢子囊，从而进行多次再侵染。

流行规律　大豆霜霉病的发生、流行与气候条件、品种抗病性以及菌源的多少有关，其中气候条件是影响流行的主要因素，以雨量和温度最为主要。东北、华北地区多雨年份发病严重。

菌源量与发病的关系　种子带菌量的多少、田间越冬菌源的多少及空中孢子的数量都影响着病害的流行。种子带菌率高不仅苗期病重，也为成株期发病提供大量菌源，引起严重发病；大豆田连作，田间越冬菌源量大，霜霉病重；空中孢子的数量出现高峰期后 10 天左右，田间出现发病高峰。

品种抗病性　不同品种之间抗病性存在着显著差异。在吉林推广的品种中，在相同的环境条件下，子粒罹病率以小金黄 1 号和集体 4 号最高为 11%～12.5%；黑铁荚和集体 5 号次之为 6.4%～8.2%；早丰 5 号和白花锉最低为 0.2%～2.4%。田间病株率以小金黄 1 号最高为 33%；九农 5 号和九农 6 号次之为 20%；九农 2 号最低为 11%。因而各地发病轻重同品种布局有一定关系。大面积种植感病品种，环境适合，短时间内病害即可蔓延到全田。

气候条件　由于较低的温度（晚上 10℃，午间 24℃）和较高的湿度有利于病菌孢子囊的形成萌发和菌丝体生长，所以在大豆生长季节气候冷凉高湿有利于此病的发生流行；高温干旱则不利于发病。在黑龙江，6 月大豆处于幼苗阶段，如温度偏低（13℃以下）多雨，苗期往往发病重；如气温偏高（18℃以上）、干旱，则苗期发病轻。在东北和华北地区，7～8 月正值大豆成株期，月平均气温处于发病适温（20～24℃）范围内，病害的发生流行主要取决于此时的降雨情况，如雨水较多，特别是持续阴雨，最易造成病害流行。反之，遇上干旱低湿，发病就轻。在长江流域和江南地区，7～8 月月平均气温一般在 26℃以上，往往又是旱季，故发病较轻，进入 9 月之后，气温虽已下降，但大豆已转入生育后期，此时发病对产量影响较小。

防治方法

选育和推广抗病品种　现已知较抗病的品种有早丰 5 号、白花锉、九农 9 号、九农 2 号、丰收 2 号、丰地黄、合交 1 号、牧师 1 号、东农 6 号、东农 36 号、哈 75-5048、合丰 25 号、黑农 21 号、郑长叶豆（18）、吉林 21 号等。尤其是绥农 4 号、绥农 6 号、绥 76-5187、绥 78-5035、绥 79-5345、抗霉 1 号等品系对霜霉病表现免疫。因此，推广抗病高产新品种是防治霜霉病的重要措施。同时要积极开展抗病资源和病菌生理小种的鉴定。应注意病菌的生理小种变异问题，根据优势小种调整大豆品种的抗性基因布局。

在无病田或轻病田留种的基础上，播前要注意精选种子，并进行药剂拌种。可用种子量 0.1%～0.3% 的 35% 甲霜灵（瑞毒霉）拌种剂、80% 三乙膦酸铝（克霉灵、乙膦铝）拌种，防治效果均可达到 100%。也可用 50% 多菌灵可湿性粉剂和 50% 多福合剂拌种，用量为种子重量的 0.7%。如需同时拌根瘤菌的，为避免药剂直接与根瘤菌接触，可把根瘤菌拌在有机肥料或泥粉中，然后施入垄内作基肥用。

实行轮作　进行 2 年以上的轮作。大豆收获后，进行秋季深翻，清除田间病叶残株，以减少初侵染菌源。

加强田间管理　增施磷、钾肥，增加中耕次数，促进植株生长健壮，提高抗病力。

药剂防治　在发病初期落花后，用 75% 百菌清可湿性粉剂 700～800 倍液、瑞毒霉锌（25% 瑞毒霉与 80% 代森锌

图 1　大豆霜霉病症状图（王媛媛摄）

图 2　大豆霜霉病原菌孢子囊梗、孢子囊和卵孢子形态
（朱晓峰绘）

可湿性粉剂混合1：2）500倍液，也可用50%福美双可湿性粉剂、65%代森锌可湿性粉剂和50%退菌特可湿性粉剂等，使用浓度500～1000倍液。每亩用药液75L左右。每15天喷1次，连续2～3次。

参考文献

陈庆恩，白金铠，1987.中国大豆病虫图志[M].长春：吉林科学技术出版社.

SINCLAIR J B, BACKMAN P A, 1989. Compendium of soybean diseases[M]. 3rd ed. St. Paul: The American Phytopathological Society Press.

（撰稿：段玉玺、陈立杰；审稿：王媛媛）

大豆炭腐病　soybean charcoal rot

由菜豆壳球孢引起的大豆上的土传真菌性病害。

发展简史　大豆炭腐病最早于1943年在美国密西西比州被鉴定，次年在加拿大安大略省被发现。该病已广泛发生在世界主要大豆产区，是危害大豆最重要的病害之一。在中国，吕国忠等于1991年最先在辽宁发现大豆炭腐病，之后李宗乾等（2003）在山东、张吉清等（2009）在北京和天津报道了该病。1890年，Halsted最早将甘薯炭腐病病原菌定名为 *Rhizoctonia bataticola*，之后的100多年间菜豆壳球孢分类地位被修订多次，异名包括 *Macrophoma phaseolina*、*Macrophoma phaseoli*、*Sclerotium bataticola* 等。菜豆壳球孢被归属于子囊菌门壳球孢属，亚纲、目和科地位未定，是壳球孢属唯一的一个种。

分布与危害　在世界主要大豆产区均有发生。一般可造成5%左右的产量损失，严重时达30%～50%。1996—2007年，美国因炭腐病造成的大豆产量损失平均每年为77.8万t，仅次于大豆孢囊线虫的危害。随着气候变暖，大豆炭腐病在中国的危害也逐步加重，严重发生地块造成绝收。

大豆炭腐病可发生在任何生育期内。苗期侵染,幼苗下胚轴出土部分变为红褐色；子叶上有棕褐色至黑色病斑，严重时坏死脱落，并导致茎部坏死；幼苗根部被侵染，出现坏死斑，甚至腐烂，导致植株萎蔫。环境条件不适宜时，苗期染病植株一般处于隐症状态，直至大豆生殖生长期重新显症。

炭腐病典型症状在大豆开花后开始显现，主要表现为小叶、叶片黄化、有不规则的坏死斑。随着病情发生，叶片萎蔫和枯死，但不脱落；主根、茎基部表皮和下表皮组织变为银灰色，微菌核在维管束组织内形成，阻断水分运输，导致植株萎蔫。在地上部分茎秆，病斑多出现在茎节处，为银灰色或黑色。病菌导致主根维管束组织变为红褐色，并向上扩展使茎部维管束和髓组织变色。剖开主根，木质部分可见灰色至黑色条斑。病菌也可侵染豆荚和籽粒，其症状取决于侵染时大豆植株的生育期和生长状况。一般情况下，豆荚畸形而干瘪、易脱落，表面附着大量的黑色微菌核，病斑颜色为银灰色。严重感染籽粒表面散布黑色的斑块或污点，有时种皮裂纹和裂缝处有微菌核产生（见图）。

病原及特征　病原为菜豆壳球孢［*Macrophomina phaseolina*（Tassi）Goid.］在PDA培养基上菌落初期为白色，气生菌丝不发达，后大量产生微菌核，变为灰黑色。菌丝体呈锐角或近直角分枝，分枝处不缢缩或缢缩不明显。先端幼嫩菌丝一般不分隔；成熟菌丝有明显分隔，隔间较短。菌丝直径为12～90μm，平均直径为45μm。微菌核大小为50～300μm。寄主范围广泛，可侵染包括高粱、玉米、棉花、大豆、菜豆、向日葵等在内的500多个植物种。不同寄主的分离物生物学特性具有较丰富的多样性，但总体上来说，该菌喜好高温和偏酸环境。

侵染过程与侵染循环　病菌主要以微菌核在病残体或土壤中越冬成为翌年病害发生的初侵染源，也可以以菌丝体或微菌核在大豆种子上越冬。微菌核在大豆植株病残体上可存活2年以上时间。微菌核萌发产生的先菌丝可直接侵入根部，或通过自然孔口或伤口侵入到根的内部。侵入后，菌丝大量繁殖和生长，形成菌核，堵塞寄主维管束组织，导致植株萎蔫或死亡。植株病残体腐烂后，微菌核释放到土壤中，成为下一病害循环的主要初侵染源。病菌可通过植株残体、

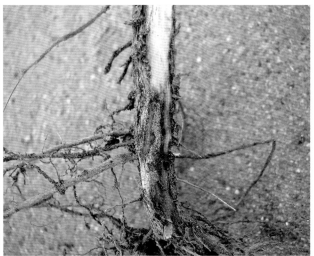

大豆炭腐病症状（朱振东提供）

土壤、种子、雨水、灌溉水、肥料等传播。

流行规律　土壤贫瘠、干旱、高温及根部损伤有利于病害发生，5cm深土层温度达到28～30℃植株死亡率显著提高。

防治方法　选用耐病品种和健康种子。与非寄主作物或玉米、高粱和棉花等轮作2～3年。配方施肥，增施厩肥、堆肥等有机肥，遇旱及时灌溉。调整播期，避开开花结荚期高温、干旱。用苯菌灵、甲基硫菌灵、福美双、噻菌灵、嗪胺灵、克森丹等处理土壤，用多菌灵、敌菌丹、代森锰锌、二甲呋酰胺、甲基硫菌灵等处理种子，用生防菌如哈茨木霉、绿色木霉菌、铜绿假单胞菌等进行种子处理可以有效防止病害发生。

参考文献

张吉清，崔友林，段灿星，等，2009.大豆炭腐病病原菌鉴定[J].华北农学报，24(5): 192-196.

HARTMAN G L, SINCLAIR J B, RUPE J C, 1999. Compendium of soybean diseases[M]. 4th ed. St. Paul: The American Phytopathological Society Press.

（撰稿：朱振东；审稿：王源超）

大豆炭疽病　soybean anthracnose

由大豆炭疽菌引起的大豆真菌病害，是一种世界性的大豆生产上的常见病害。

分布与危害　大豆炭疽病在巴西、印度、南美及中国普遍发生。中国主要分布于东北、华北、西南、华中及华南。病苗子叶片上病斑圆形，暗褐色，多发生于子叶边缘，呈半圆形，病部凹陷，有裂纹，病叶有圆形或不规则病斑，暗褐色，散生的小黑点即分生孢子盘，病茎病斑不规则，由褐色至灰白色，能扩展包围全茎，造成植株枯死，病荚上的病斑近圆形，灰褐色，斑上有小黑点呈轮纹状排列（见图）。

大豆炭疽病危害症状（吴楚提供）

病原及特征　病原为大豆炭疽菌（*Colletotrichum glycines* Hori.），无性态为大豆刺盘孢。有性态为大豆小丛赤壳［*Glomerella glycines*（Hori）Lehman et Wolf］。病菌发育适温为25～28℃，高于34℃或低于14℃均不能发育，分生孢子萌发适温20～29℃，最适pH为7～9。

侵染过程与侵染循环　病菌以菌丝体或分生孢子盘在大豆种子和病残体上越冬，翌年播种后即可发病。生产上苗期低温或土壤过分干燥，大豆发芽出土时间延迟，容易造成幼苗发病，病苗在潮湿条件下产生大量分生孢子，借风雨传播，进行多次再侵染。

流行规律　成株期温暖潮湿条件利于该菌传播侵染。植株在整个生育期都是感病的，特别是在大豆开花期到豆荚形成期。

防治方法　选用抗病品种，播种前挑选无病种子。收获后及时清除病残体、深翻，实行3年以上轮作。药剂防治，播种前用种子重量0.5%的50%多菌灵可湿性粉剂或50%扑海因可湿性粉剂拌种。也可在开花后喷25%炭特灵可湿性粉剂500倍液或47%加瑞农可湿性粉剂600倍液。

参考文献

蒋维宇，朱明德，1987.大豆炭疽病菌（*Colletotrichum glycines* Hori.）生物学特性的研究[J].河南农业大学学报(2): 186-192.

吕佩珂，高振江，张宝棣，等，1999.中国粮食作物、经济作物、药用植物病虫原色图鉴：下册[M].呼和浩特：远方出版社.

SINCLAIR J B, BACKMAN P A, 1989. Compendium of soybean diseases[M]. 3rd ed. St. Paul: The American Phytopathological Society Press.

（撰稿：王源超；审稿：叶文武）

大豆纹枯病　soybean sheath blight

由佐佐木薄膜革菌引起的病害。

分布与危害　分布于吉林、江苏、湖北、湖南、福建、江西、贵州、四川、台湾等地。多局部零星发生，南方比北方重。因它侵染传播速度快，豆田一旦感染，整片豆田就很快会全部感染，造成严重减产，甚至绝收。

危害茎部、叶片和豆荚。病株生育不良，茎叶变黄逐渐枯死。茎上病斑呈不规则云纹状，褐色，边缘不明显，表面缠绕白色菌丝，后渐变褐色，上生褐色米粒大的菌核，易脱落。叶上初生水渍状不规则形大斑，湿度大时病叶似烫伤状枯死。天晴时病斑呈褐色，逐渐枯死脱落，并蔓延至叶柄和分枝处，严重时全株枯死。荚上形成灰褐色水渍状病斑，上生白色菌丝，后形成褐色菌核。种子被害后腐败（图1）。

病原及特征　病原为佐佐木薄膜革菌［*Pellicularia sasakii*（Shirai）Ito］。菌核初为白色，后变为暗褐色，球形，直径0.5～1mm，有少许菌丝连接于寄主上，极易脱落。菌核萌发温度为13～38℃，适温为32～33℃。担子倒卵形或长椭圆形，无色，9～20μm×5～7μm。担子顶端生2～4个小梗，每个小梗上着生一个担孢子。担孢子为倒卵形或卵圆形，基部稍尖，无色，单胞，5～10μm×3.6～6μm（图2）。

图 1　大豆纹枯病症状（引自陈庆恩，白金铠，1987）
①植株被害状；②叶上症状；③叶上菌核；④茎上菌核

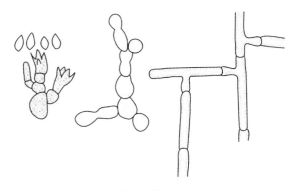

图 2　病原组织切片（朱晓峰绘）

侵染过程与侵染循环　病菌以菌核在土壤中越冬，也能以菌丝体和菌核在病残体上越冬，成为翌年初侵染菌源。在适宜的温湿度条件下，菌核萌发长出菌丝继续危害大豆。7～8月田间往往一条垄上一株或几株接连发病，病株常上下大部分叶片均被感染。

流行规律　高温高湿条件下发病严重；与水稻轮作或水稻田埂上的大豆易发病。大豆纹枯病的季节流行曲线为"S"形，始发期为 5 月底至 6 月初。6 月上旬，大豆植株小，行间荫蔽度低，田间相对湿度小，病害增长缓慢，日增长率较低，属"S"曲线缓慢增殖期；6 月中旬，大豆处于结荚期和鼓粒初期，感病组织大量存在，田间封行荫蔽，相对湿度增大，气温显著升高，病害迅速发展，日增长率明显提高；6 月下旬，寄主抗性增强，重复感染增加，病害发展缓慢，其流行进入增值衰退期，病指出现下降趋势。

防治方法

选种抗病品种　如河南的豫泛 961、豫泛 963、豫豆28、豫豆 29 等表现一定的抗病性。

农业防治　每公顷密度不应超过 18.75 万株；且实行 3年以上轮作。秋收后及时清除田间遗留的病株残体，秋翻土地将散落于地表的菌核及病株残体深埋土里，可减少菌源，减轻翌年发病。

化学防治　发病初期用 2% 井冈霉素 800～1000 倍液或50% 纹枯利乳油 300～500 倍液、20% 稻脚青可湿性粉剂1000 倍液、70% 甲基托布津可湿性粉剂 800 倍液喷雾，连续 2 次，每次间隔 1 周。

参考文献

陈庆恩，白金铠，1987.中国大豆病虫图志 [M].长春：吉林科学技术出版社.

吕佩珂，高振江，张宝棣，等，1999.中国粮食作物、经济作物、药用植物病虫原色图鉴：下册 [M].呼和浩特：远方出版社.

孙丽华，2009.2008 年商丘市大豆生长中后期主要病虫害发生及防治 [J].现代农业科技 (1)：144-145.

王永锋，马赛飞，裴桂英，等，2001.大豆纹枯病的防治方法 [J].河南农业 (4)：18.

中国农业科学院植物保护研究所，中国植物保护学会，2015.中国农作物病虫害：上册 [M].3 版.北京：中国农业出版社.

（撰稿：段玉玺、王媛媛；审稿：陈立杰）

大豆细菌性斑点病　soybean bacterial blight

由丁香假单胞菌大豆致病变种引起的大豆细菌性病害，是一种世界性病害，也是造成大豆减产的主要病害之一。

发展简史　1961 年，Paul 研究感病玉米叶片粉末中的致病菌，且利用该粉末测试玉米病害的发生情况。在霜冻发生的年份，发现接种该粉末的植株受到了霜冻的迫害，而未接种植株没有发生冻害。20 世纪 70 年代初，Stephen、Army 和 Upper 发现了粉末中的细菌。1977 年，Lindow 发现接种该细菌使植物更易受到霜冻的伤害。随后将细菌鉴定为丁香假单胞菌。在大豆上的致病变种为 *Pseudomonas syringae* pv. *glycinea*（Coeper）Young et al.。

分布与危害　大豆细菌性斑点病主要在欧洲、非洲、亚洲、北美洲、南美洲以及澳大利亚等地广泛发生。在中国南北产区均有不同程度发生。病原菌主要侵染大豆叶部、叶柄、荚、种子、子叶均能受害。侵染初期，叶上呈现小的黄绿色水渍状斑，病斑逐渐扩大，呈角斑状或不规则形，淡褐色，中心渐干枯成暗褐色或黑色，周围有一黄色晕圈。天气潮湿时病斑上分泌白色细菌黏液，液滴干燥后成为有光泽的膜。有时数个病斑融合成不规则形大斑，并常破裂。茎和叶柄上的病斑都呈长条形，荚上病斑与叶上相似（见图）。

病原及特征　丁香假单胞菌大豆致病变种 [*Pseudomonas syringae* pv. *glycinea*（Coeper）Young et al.] 菌体短杆状，革兰氏阴性菌，主要危害豆科植物的大豆、豇豆、利马豆、菜豆、金甲豆等。病原菌存在明显的生理小种分化现象，不同地区的生理小种差异较大。

侵染过程与侵染循环　病原菌在种子内能存活 2～3 年，种子感染细菌是通过在生长季节感染的花器和豆荚再蔓延到种子或在收获时被感染而引起的。播种带菌种子，种子发芽后直接侵入子叶，产生病斑，引起幼苗发病，并成为该病扩展中心，在暴风雨后或栽培在较湿的环境下有利于细菌的传播。子叶首次被侵染常常引起幼苗的第二次侵染，并在环境条件适宜时，通过风雨、昆虫、人畜等传播到植株上，再通过气孔和伤口侵染，从而引起茎叶发病，入侵后细菌在叶肉

大豆细菌性斑点病叶部症状（王源超提供）

大豆细菌性斑疹病叶部症状（王源超提供）

组织的细胞空隙中活动产生毒素抑制叶绿素的产生，侵染后在叶肉组织细胞的整个空间充满细菌液，叶片出现典型的水渍状。

流行规律　在凉爽、多雨的条件下，有利于大豆细菌性斑点病的发病，暴风雨后，会加剧该病害的暴发。

防治方法　严格执行植物检疫法规，严禁从病区调运大豆种子。种植抗病品种。播种前用种子重量 0.3% 的 50% 福美双拌种。与小麦，玉米等非寄主作物轮作 3 年。发病初期及时喷洒 72.2% 普力克水溶性液剂 1000 倍液，或 77% 可杀得可湿性粉剂 1000 倍液，或 47% 加瑞农可湿性粉剂 800 倍液，或 12% 绿乳铜乳油 600 倍液。

参考文献

吕佩珂，高振江，张宝棣，等，1999.中国粮食作物、经济作物、药用植物病虫原色图鉴：下册 [M].呼和浩特：远方出版社.

孙殿君，刘春燕，李涛，等，2014.大豆细菌性斑点病的发病原因与防治方法 [J].大豆科技 (3): 40-41, 58.

（撰稿：王源超；审稿：叶文武）

大豆细菌性斑疹病　soybean bacterial pustules

由地毯草黄单胞菌大豆致病变种引起的大豆细菌性斑疹病，是造成大豆产量重大损失的一种世界性流行细菌病害。又名大豆细菌性叶烧病。

分布与危害　大豆细菌性斑疹病分布于世界各大豆产区。叶片、叶柄、荚、子叶、种子均能受害，叶片受害初期有褪绿色圆形小点，之后逐渐变为红褐色不规则形病斑，直径 1～2mm，因病斑中央叶肉组织细胞分裂快，体积增大，细胞木栓化隆起，形成小疱状斑，叶片表皮全部破裂似火山口，成为斑疹状，发病中的叶片上病斑累累，融合后形成大块变褐枯斑，似火烧状（见图）。豆荚受害初期呈红褐色圆形小点，之后逐渐变为黑褐色较大、干枯、隆起且不规则形病斑。

病原及特征　病原为地毯草黄单胞菌大豆致病变种

（*Xanthomonas axonopodis* pv. *glycines*），为革兰氏阴性菌，好气性，病原菌发育适温 25～32℃。主要寄生于大豆、菜豆、野生大豆等。

侵染过程与侵染循环　斑疹病病菌主要在大豆种子和病残体中越冬，在杂草上也有发现，但存活时间不长。随着病组织的腐烂，病原菌逐渐死亡。带病种子播种后会引起幼苗发病，以风雨为主要传播途径，通过气孔、水孔和伤口进行扩大再侵染。

流行规律　在大豆生长期，温暖和多雨的条件易于细菌性斑疹病的发生，暴风雨更利于伤口形成，致使斑疹病发生严重。

防治方法　选育和利用抗病品种。播前精选种子，并进行种子消毒，剔除病粒坏粒。进行药剂拌种，用大豆种衣剂对种子进行包衣或用 1g 农用链霉素加水 10kg 浸种 60 分钟，晾干后播种，也可用 50% 福美双可湿性粉剂拌种，1000kg 种子用药量 3kg。收获后及时将田间的病株残体清除掉。侵染初期喷洒波尔多液等农药。与禾本科作物实行 3 年以上轮作，同时控制好种植密度。

参考文献

吕佩珂，高振江，张宝棣，等，1999.中国粮食作物、经济作物、药用植物病虫原色图鉴：下册 [M].呼和浩特：远方出版社.

王芳，2007.大豆细菌性病害的识别与综合防治 [J].大豆通报 (5): 21, 34.

赵海红，2013.大豆细菌性斑疹病的发病原因及防治方法 [J].黑龙江农业科学 (11): 159-160.

（撰稿：王源超；审稿：叶文武）

大豆羞萎病　soybean sleeping blight

由大豆黏隔孢侵染引起的大豆真菌性病害，是一种较老的大豆真菌病害，属次生病害。

发展简史　1957 年，吉林省九站农业科学研究所首次在所内发现该病。多年来一直零星发生，不被重视。由于种植结构不合理，加之气候条件及整地、施肥等管理方式粗放，该病在某些省份暴发流行。2009 年，黑龙江北部 21 个县（市、区）发生面积达 8.67 万 hm²，部分地区发生较为严重，650hm² 大豆因此绝收，全省减产近 3000t。该病主要危害茎及叶片、叶柄，发病地块植株大部分折倒，且茎秆髓部变褐色，严重地块发病率达 70%，减产 50% 左右。

分布与危害　从苗期到成株期均可发病。茎、叶柄、叶枕、叶片、荚、籽粒都可受侵染，幼嫩的器官组织易受侵染。苗期发病的植株生长受抑制而显著矮小，常早期枯死。茎部多在柔嫩枝梢上发病，呈褐色条斑，纵向伸展，受病的一侧生长受抑制，使茎扭曲。叶柄上的症状与茎部相似。条斑出现在叶柄上端时，常因叶柄扭曲，使叶片翻转萎垂。叶柄基部受害时，常变黑色、细缢而使叶柄披垂。受病的叶枕呈暗褐色，逐渐变为黑色，也常细缢而使小叶萎垂。叶片上的症状是在背面沿叶脉出现条斑，起初红褐色，逐渐变为黑色。豆荚受病时，常从梗端开始变褐，沿维管束扩展。受害严重的豆荚扭曲呈畸形而不结实。受病较轻的豆荚仍能结实。籽粒受病的程度随豆荚受病的程度而定。轻病粒的饱满程度和色泽基本正常，仅脐部变褐。受病较重的籽粒，脐部周圆也有褐色病斑。受病越重的籽粒变褐范围越大，籽粒越瘦小。受病籽粒萌发时，褐色病斑在种皮上迅速扩展，并产生密集的孢子堆（图 1）。

病原及特征　病原为大豆黏隔孢（*Septogloeum sojae* Yoshii & Nish）。菌丝在寄主表皮下集结，形成子座结构，淡黄褐色，突破表皮后仍可继续扩展，并可互相联合。分生孢子梗排列紧密，短棒状、无色、单胞，大小为 18～36μm×3.6～5.4μm。分生孢子棒状或长纺锤状，直或稍弯、无色、有 1～6 横隔，大小为 20～51μm×3～5.9μm（图 2）。

在新鲜大豆茎叶煎汁、蔗糖、琼脂培养基上，从孢子产生的菌丝体最初黄白色，菌落扩展很慢，但很快不断产生暗酱红色带黏性的孢子堆，形成不规则隆起、凸凹不平的块状菌落。菌落上偶尔有少许灰白色气生菌丝，边缘常有一窄圈埋生菌丝。菌落分泌色素，使培养基变为琥珀色。分生孢子梗和分生孢子均无色，菌丝无色至淡黄褐色，形态与寄主上的相同。

在新鲜大豆茎叶、蔗糖培养液中，主要在表面形成飘浮的菌落，结成一层，也有少量沉底。在表面菌落上产生酱红色黏性孢子堆。孢子梗在菌丝上比较疏散。分生孢子形态正常，常有发芽的。菌落分泌色素，也使培养液变成琥珀色。在固体和液体培养中的老菌丝都能产生厚垣孢子，顶生或间生，单生或链生，起初无色，后变为褐色。

侵染过程与侵染循环　病菌以分生孢子盘在病残体或种子上越冬，成为翌年的初侵染源。

流行规律　重茬、连作、氮肥施用过多，发病重；大豆生长时前期干旱少雨，后期低温多雨，造成大豆苗小、苗弱、长势不好抗病能力不强，发病重；地势低洼、排水不良、除草剂使用不当，发病加重。

防治方法　严格检疫，建立无病留种田，选用无病种子，防止病害随种子传播。合理轮作，清除病残体、及时排水、合理施肥，培育壮苗等农业措施，防效良好。必要时用 2.5% 咯菌腈悬浮种衣剂 +35% 多克福种衣剂拌种。在苗期和发病初期喷药防治，药剂可选用 30% 戊唑·多菌灵悬浮剂、45% 咪鲜胺水乳剂、10% 苯醚甲环唑水分散粒剂、40% 氟硅唑乳油、50% 甲基硫菌灵悬浮剂等。

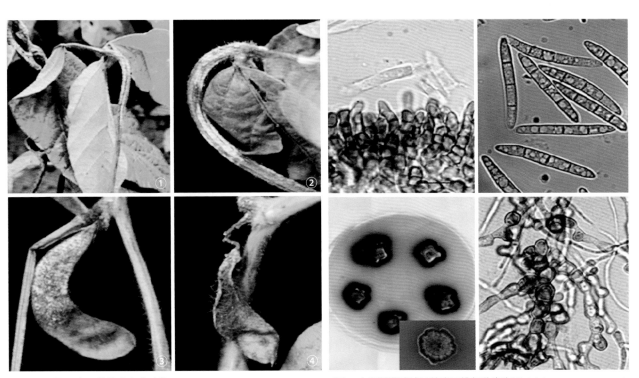

图 1　大豆羞萎病危害症状（引自 Hong et al., 2012）
①叶片症状；②茎秆症状；③④豆荚症状

图 2　大豆羞萎病病原的孢子堆与分生孢子（引自 Hong et al., 2012）

参考文献

吉林农业大学植物病理教研组，1965. 大豆新病害——羞萎病的症状观察和病原鉴定 [J]. 吉林农业科学 (3): 35-38.

焦晓丹，2012. 黑龙江大豆羞萎病发生概况与防控措施 [J]. 中国植保导刊 (4): 31-33.

吴凤云，杨雪梅，2010. 大豆羞萎病的发生及防治 [J]. 大豆科技 (2): 57-58.

HONG S K, CHOI H W, LEE Y K, et al, 2012. Occurrence of soybean sleeping blight caused by *Septogloeum sojae* in Korea[J]. Mycobiology, 40(4): 265-267.

（撰稿：文景芝；审稿：陈宇飞）

大豆锈病　soybean rust

主要由亚洲锈病菌引起的中国大豆的三大病害之一。

发展简史　1891 年，首次在非洲发现并报道该病害，1902 年，在日本首次记录。自 20 世纪 60 年代起该病害成为热带和亚热带地区大豆生产的主要病害。中国 1899 年在吉林首次发现并报道该病害，随后在中国 20 多个省（自治区、直辖市）陆续发现并报道。谈宇俊等证实了中国 19 个省（自治区、直辖市）的大豆锈病的病原菌均为豆薯层锈菌。

多年来，关于大豆锈病病原菌出现过多种异名。大多学者将 *Phakopsora pachyrhizi* 确定为大豆锈病菌的合法名。大豆锈病的病原公认的有两种，即亚洲锈病菌（*Phakopsora pachyrhizi*）和美洲锈病菌（*Phakopsora meibomiae*）。它们均属锈菌目栅锈菌科层锈属（*Phakopsora*）。两种大豆锈病病原在症状上无法区分，但是两个种在 ITS 区有较大的差别。亚洲锈病菌发生范围比较广，可引起严重的产量损失；美洲锈病菌只在美洲有报道，对大豆产量影响不大。

分布与危害　大豆锈病已在全世界各大洲的 39 个国家和地区有报道。中国先后在台湾、河北、四川、西藏、吉林、陕西、江西、福建、湖南、黑龙江、辽宁、湖北、广西、广东、贵州、云南、江苏、浙江、安徽、山东、甘肃、海南、河南以及山西等地发现了该病。但是在其中黑龙江、吉林、辽宁以及河北偶有报道，发生很少，发生和危害严重的主要在南方大豆种植区。大豆锈病病原的寄主广达 53 个属的 150 种豆科植物，已知的天然寄主至少有 31 个种，分别归属 17 个属，其中 12 个属的 21 种植物分布在中国。大豆为锈菌最为理想的寄主，其他常见的寄主还包括：落花生属、木豆属、刀豆属、小冠花属、猪屎豆属、山蚂蝗属、镰扁豆属、毛辦花属、刺桐属、羽扇豆属、大翼豆属、黧豆属、豆薯属、菜豆属、豌豆属、四棱豆属、葛属、钩豆属、野豌豆属和豇豆属等。

该病主要侵染叶片、叶柄和茎，在发病初期，大豆叶片出现黄褐色小点，以后病菌侵入叶组织，形成夏孢子堆，叶片出现褐色小斑，夏孢子堆成熟时，病斑隆起，呈红褐色、紫褐及黑褐色，表皮破裂后散发出棕褐色粉末，即夏孢子。在温、湿度适于发病时，夏孢子可多次再侵染，叶片两面均可发病。在发病后期病斑上形成黑褐色稍隆起的疱斑即冬孢子堆，内聚生冬孢子，冬孢子堆表皮不破裂，不产生孢子粉。受侵染叶片变黄枯焦脱落，严重者影响到全株，形成瘪荚，豆粒不饱满。大豆整个生育期内均能被侵染，开花期到鼓粒期更容易感染，叶柄和茎上病斑与叶片相似。根据大豆锈病病斑在大豆品种上的反应型分为 3 种类型，即 0 型，免疫或接近免疫；Tan 型，14 天后病斑呈棕色，大小为 0.4mm²，每个病斑产生 2～5 个夏孢子堆，病斑发展快，此类型属感病反应型；RB 型，14 天后病斑呈红棕色，大小为 0.4mm²，每个病斑产生 0～2 个夏孢子堆，病斑发展慢，此类型属抗病反应。

病原及特征　病原为亚洲锈病菌（*Phakopsora pachyrhizi* Sydow & P. Sydow）。大豆锈病在自然条件下，只发现夏孢子和冬孢子阶段，夏孢子是寄主的传染源，冬孢子存在于寄主叶片上。夏孢子堆呈圆形、卵圆形或椭圆形，生于叶的下表皮层，稍隆起，淡红褐色；夏孢子淡黄褐色，近球形、卵形或椭圆形，单胞，表面密生细刺，具 4～5 个不明显的萌芽孔，大小为 22.4～35.2μm×14.4～25.6μm。冬孢子堆埋生于寄主组织里由 2～4 层冬孢子栅状排列组成，散生或聚生，冬孢子淡黄褐色至黑褐色，长椭圆形或长柱状，表面光滑，膜厚，大小为 13～25μm×8～12μm（见图）。

侵染过程与侵染循环　大豆锈菌性孢子器及锈孢子器阶段不明。仅发现夏孢子及冬孢子。尽管有在实验室条件下诱发冬孢子萌发形成担子或担孢子的报道，但是担孢子作用还是不明确。夏孢子可在大豆上越冬、越夏，侵染大豆后，进行多次再侵染，并可通过气流传播至各地。凡降雨量、降雨日多的高湿年份有利于锈病流行发病。在南方大豆产区秋大豆播种越早，发病越重。

流行规律　锈病的流行是由锈菌的多重侵染特性和夏孢子巨大的繁殖能力决定的，夏孢子 10～14 天便可完成一个侵染循环，一个夏孢子堆成熟后可释放出成千上万个夏孢子。因此适合夏孢子生长萌发和侵染的环境条件，如温度、降雨量和雨日数是造成流行的主要因素。当日平均气温在 15～26℃ 时，夏孢子开始萌发并繁殖，日平均气温低于 15℃ 或高于 27℃ 均不利于夏孢子的萌发和侵染。雨量和降雨日数是影响内陆或平原地区锈病发生的主要因素，当雨季推迟或雨量减少时，锈病的发生会随之推迟并减弱，当雨季提前或阴雨连绵时，锈病发生则相应提前。长时间的雾、露天气也有利于夏孢子的侵染和繁殖，在 20℃ 时与露水接触 1.5 小时夏孢子即可萌发，福建、浙江、广西和云南等沿海和山区的锈病流行均与这些地区常年的雾、露天气密切相关。美洲的锈病流行地区也多集中在雾、露多发的地区。海拔高度也与锈病的发展有关，通常山区的锈病比平原地区严重，在海拔 600m 以下，锈病严重度与海拔呈正相关，在海拔 600m 以上，锈病普遍比较严重，在巴西同样也观察到海拔 800m 以上锈病普遍发生比较严重。

大豆在整个生育期均可受到锈菌感染，但以花期最为敏感，锈菌侵染速率与植株生育期呈正相关。田间的病情严重度与地势、排水状况、灌溉方式以及种植密度相关。增加田间湿度的因素如畦田、冲田、排水不畅或漫灌等均可加重病害程度。

通过对各地气象资料与锈病调查情况的分析，谈宇

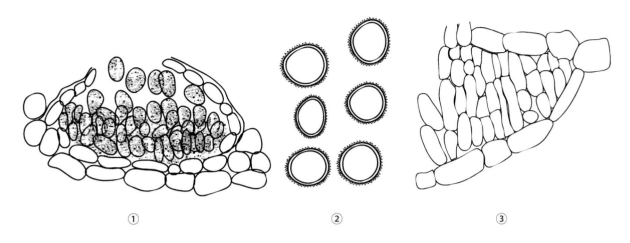

大豆锈病病原（朱晓峰仿白金凯绘）
①夏孢子堆；②夏孢子；③冬孢子堆

俊等将中国大豆锈病发生区域分为 3 个区域：①重病区位于北纬 19°～27°。这个区域内锈病常年发生，通常可造成 30%～50% 的产量损失，严重时可达 50%～70% 甚至 100%；②常发病区主要分布在北纬 27°～34°，如在大豆花期降水日数超过 15 天，月降水量达到 150mm，锈病的发生即可造成 50%～70% 的减产，而当降水量少的年份锈病几乎不发生；③偶发病区主要位于北纬 34° 以北。这类地区在大豆花期后降水很少。因此锈病很少发生。在东南亚、美洲以及非洲等锈病多发的地区均集中在雨水较多的区域。

防治方法

大豆抗锈病品种筛选和抗锈病育种　泰国生产上应用的 10 个大豆品种多数对大豆锈病是感病的。1988 年南非大豆品种在津巴布韦进行的抗病筛选试验结果显示，所有的品种均感病，仅有津巴布韦的 6 个品系是抗病的。2002 年巴西在田间自然发病条件下鉴定了 452 个品种对 *Phakopsora pachyrhizi* 的抗性，有 10 个品种表现抗病，但 2003 年在半干旱地区，全部表现为感病，现在的育种目标主要是筛选抗 RB 型的品种和种质。巴西在出现大豆锈病 2 年后对 501 个大豆栽培品种和 2023 个品系进行抗性鉴定结果显示，无一个表现抗性。目前已发现与大豆锈病抗性有关的 2 个标记（Satt12 和 Satt472），这些标记将被用于大豆锈病抗性品系的筛选。中国台湾 1965 年就开展了抗大豆锈病品种筛选和抗锈病育种研究，20 世纪 60 年代末对从美国引入的大豆种质抗性筛选，已经鉴定出 PI200492、PI200490 和 PI200451 对大豆锈病具有抗性，可用作抗源。谈宇俊等鉴定了 8711 份大豆材料，未鉴定出免疫和高抗资源，鉴定出 74 份中抗材料，单志慧、马占鸿等也相继鉴定出了一些中抗和耐病的品种和材料。如九月黄、中黄 2～4 号、九丰 3 号、徐豆一号、苏豆一号、桂豆 5 号等。中国有 6 个生理小种，导致有些抗病品种的抗性丧失，因此，在常年发病区如果应用抗病品种，要注意抗病基因的合理布局。

近两年对 *Phakopsora pachyrhizi* 抗性基因的鉴定、定位工作也有了很大的进展，已知有大豆品种对大豆锈病的抗性多由一对显性基因控制，感病为隐性，由一些抗性基因控制的，*Rpp*1、*Rpp*2、*Rpp*3、*Rpp*4 和 *Rpp*5。有 *RPP*3 和 *RPP*5 两个抗性基因被定位。

农业措施　①适当提早播种，避开环境有利于病害发生的季节，缩短播种期，避免种植密度过高，以利于田间喷洒杀菌剂。津巴布韦采取一种"陷阱"方法，即在大豆种植农场选择 0.25hm² 的一块大豆田较其他地块提早 1 个月播种，出现大豆锈病后也不喷药，大豆开花后每天观察大豆锈病发生情况，一旦出现锈病症状开始喷药。②加强田间管理，开好排水沟，达到雨停无积水；大雨过后及时清理沟系，防止湿气滞留，降低田间湿度，这是防病的重要措施。③采用测土配方施肥技术，适当增施磷钾肥。培育壮苗，达到"冬壮、早发、早熟"，增强植株抗病力，有利于减轻病害。

化学防治　田间应用三嗪酮和三唑酮可使发病大豆显著增产；苯菌灵、氧化萎锈灵或氧化萎锈灵和苯菌灵混用可减轻落叶，但单独使用苯菌灵没有明显作用。生产上常用的还有代森锰锌、氟环唑、丙唑醇、戊唑醇、嘧菌酯、丙环唑、百菌清、己唑醇和联苯三唑醇等。

参考文献

陈坤荣，1988. 大豆锈病的化学防治 [J]. 中国油料作物学报 (4): 69-70.

罗英，单志慧，周新安，2006. 大豆抗锈种质的评价 [J]. 中国油料作物学报，28(4): 457-460.

单志慧，周新安，2007. 大豆锈病研究进展 [J]. 中国油料作物学报，29(1): 96-100.

谈宇俊，孙永亮，1989. 大豆锈病的鉴定技术 [J]. 中国油料作物学报 (1): 65-67.

庄剑云，1991. 中国大豆锈病的病原、寄主及分布 [J]. 中国油料作物学报 (3): 67-69.

（撰稿：段玉玺、陈立杰；审稿：王媛媛）

大豆疫病　*Phytophthora* stem and root rot of soybean

由大豆疫霉引起的大豆疫病，是危害大豆生产的一种重要的土传病害。又名大豆根茎腐病。

发展简史　1948年，在美国印第安纳州首次发现大豆根腐病和茎腐病，并在1958年确认其致病菌是大豆疫霉［*Phytophthora sojae*（Kaufmann & Gerdemann）］。20世纪70年代，大豆仅存在一个抗病品种，由于大豆疫霉生理小种变异速度很快，致使抗病品种丧失抗性，导致一些州的大豆产量损失很大，特别是俄亥俄州，受灾面积达12万hm^2。韩国和中国的大豆品种的抗药性差异比其他种植国家高很多，这表明韩国和中国具有更丰富的抗病品种资源。

分布与危害　大豆疫病是世界范围内大豆生产的主要威胁之一，每年给世界范围内大豆生产造成的损失高达十几亿美元，被中国列为A1类进境检疫对象。大豆疫病在大豆的整个生育期均可发生，且可以侵染大豆的任何部位，出苗前侵染可导致烂种。出苗后侵染使茎基部变褐、呈水渍状，叶片变黄萎蔫，植株枯萎甚至死亡。成株期受害通常在茎基部或分枝基部开始发病，出现深褐色不规则的病斑，可扩展到地上部第十节以上。发病植株茎部的皮层和维管束组织变黑坏死，根部也变褐腐烂。受害植株最初上部叶片褪绿，下部叶片黄化，随后整株枯萎死亡，叶片凋萎但一般不脱落（见图）。

病原及特征　病原为大豆疫霉［*Phytophthora sojae*（Kaufmann & Gerdemann）］，其寄主范围较窄，主要侵染大豆，此外仅可以侵染羽扇豆属的几种植物。大豆疫霉菌种下分类单元为生理小种，大豆疫霉菌在与寄主大豆互作的过程中，无毒菌株很快变为毒性菌株，且具有复杂的毒力类型，对大豆的生产造成严重危害。

侵染过程与侵染循环　大豆疫霉菌主要以卵孢子在病残体中越冬，病残体降解后也可以在土壤中存活。卵孢子具有较强的抗逆能力，在土壤中能存活数年。越冬后卵孢子在适宜的条件下萌发产生游动孢子囊，游动孢子囊可以直接萌发形成菌丝，在低温、水饱和的土壤中则进一步分化形成游动孢子。游动孢子有趋化性，在大豆根部分泌物的刺激下游动并吸附到根表面，很快形成休止孢。休止孢萌发形成芽管，从根表侵入寄主植物中引起初侵染。发病植株可以再次产生游动孢子囊，释放游动孢子从而引起再侵染，导致该病害的蔓延。到大豆生长季节末期，大豆疫霉菌分化形成藏卵器和雄器，在发病大豆植株上形成大量的卵孢子。有时在逆境下，大豆疫霉菌也可以产生厚垣孢子，从而顺利度过不良的环境条件。

防治方法　大豆疫霉与寄主大豆符合"基因对基因假说"，培育和利用抗病品种是一种快速有效的防治策略。用甲霜灵、烯酰吗啉、氟吗啉、烯酰吗啉＋托布津（2∶1）以及烯酰—锰锌种衣剂拌种，对苗期大豆疫病具有较好的防治效果，用30% 安·福·噁（成分：烯酰吗啉8%，福美双17%，噁霉灵5%）种衣剂处理种子，药效期可长达45～60天，达到防治土传病害、促进幼苗生长、增加作物产量和品质的效果。高湿度有利于大豆疫霉的增殖，因此控制土壤湿度对于防治大豆疫霉根腐病是非常重要的，雨后需要及时排除积水，低洼地块则需要高垄栽培。此外，大豆种植后不要立即施用钾肥和厩肥；与非寄主（例如玉米和小麦）轮作，也可以减轻该病害的发生。另外，利用生防细菌和放线菌抑制大豆疫霉的生长。

参考文献

吕佩珂，高振江，张宝棣，等，1999.中国粮食作物、经济作物、药用植物病虫原色图鉴：下册[M].呼和浩特：远方出版社.

KAUFMANN M J, GERDEMANN J W, 1958. Root and stem rot soybean caused by *Phytophthora sojae* n. sp.[J]. Phytopathology, 48: 201-208.

SCHMITTHENNER A F, 1988. *Phytophthora* rot of soybean[M]// Wyllie T D, Scott D H. Compendium of soybean disease. St. Paul: The American Phytopathological Society Press.

（撰稿：王源超；审稿：叶文武）

大豆疫病田间危害（王源超提供）

大豆紫斑病　soybean *Cercospora* spot

由菊池尾孢引起的一种危害大豆的病害。

发展简史　该病1921年首次在朝鲜半岛发生。1924年，美国发现该病。现在世界各大豆产区均有分布，紫斑病在中国大豆产区发生普遍，是中国南方大豆产区常见的一种病害，北方大豆产区也时有发生，在东北大豆产区多次流行，对大豆生产造成很大损失。

分布与危害　在国内外大豆种植区普遍发生。常于大豆结荚前后发病；导致叶片早落，形成紫斑粒，感病品种的紫斑粒率15%～20%，严重时在50%以上。紫斑病影响大豆产量及品质，并降低大豆出苗率。

主要危害大豆叶、茎、荚与种子。染病叶片初呈圆形紫红色斑点，散生，扩大后病斑颜色加深，边缘紫色；严重时叶片发黄，湿度大时叶片正反两面均产生灰色、紫黑霉状物。茎秆染病后，产生红褐色斑点，病斑扩大，茎秆变成黑紫色，上生稀疏的灰黑色霉层。染病豆荚呈灰黑色，病荚内层生紫色斑。荚干燥后变黑色，有紫黑色霉状物。籽粒上病斑多呈紫红色，也有黑色及褐色两种，籽粒干缩有裂纹（图1）。

病原特征　病原为菊池尾孢［*Cercospora kikuchii*（Matsumoto & Tomoyasu）Gardner］。病菌产生子座和分生孢子梗。子座小，褐色，直径19～35mm；分生孢子梗束生，有的多至23根，暗褐色，顶端色淡，或上下色泽均匀，多隔膜，0～2个膝状节，孢痕显著，大小为16～192μm×4～6μm；分生孢子鞭形，无色透明，正直或弯曲，基部截形，顶端略尖，多隔膜可达20个以上，但不明显，大小为54～189μm×3～5.5μm（图2）。大豆紫斑病菌在侵染大豆过程中产生一种非化毒素——尾孢毒素，是重要的致病因子，具有明显的光敏致毒活性。

侵染过程与侵染循环　病菌以菌丝体或子座在豆粒或病残体上越冬，成为翌年初侵染源。菌源侵入幼苗子叶发病，产生大量分生孢子，随气流和雨水传播，成为当年次侵染的菌源。

流行规律　菌丝生长发育及分生孢子萌发温度为16～33℃，最适温为28℃，产生分生孢子的适温在23～27℃。大豆结荚期高温多雨，发病加重。

防治方法　选用抗病或早熟的品种。严格粒选，剔除紫斑粒。无紫斑的种子，进行种子消毒，并用种衣剂包衣种子后播种可减轻发病。此外，与禾本科或其他非寄主植物进行2年以上的轮作，可减轻发病。在发病初期，选用50%多霉威可湿性粉剂1000倍液、80%大生可湿性粉剂500～600倍液。每亩用药液75～100kg，每隔7～10天防治1次，连续防治2～3次。多雨季节，在蕾期到嫩荚期，可喷洒80%可杀得可湿性粉剂500倍液、10%世高1500～2000倍液，一般每隔10～15天喷1次，喷2～3次，每亩用药液50kg左右。收获后及早清除田间病残株叶也可降低发病率。

参考文献

陈庆恩，白金铠，1987. 中国大豆病虫图志 [M]. 长春：吉林科学技术出版社 .

陈绍江，王金陵，杨庆凯，1996. 大豆紫斑病菌毒素研究 [J]. 植物病理学报，1: 45-48.

高凤菊，王建华，2009. 大豆紫斑病的发生规律及综合防治 [J]. 大豆科技，5: 2: 40-41.

李卫华，李键强，2004. 大豆籽粒紫斑病研究进展 [J]. 作物杂志，4: 30-32.

裴维蕃，1955. 关于大豆紫斑病菌 (*Cercospora kikuchii* Matsumoto et Tomoyasu) 的生物学研究 [J]. 植物病理学报，1(2): 191-202.

中国农业科学院植物保护研究所，中国植物保护学会，2015. 中国农作物病虫害：上册 [M]. 3 版 . 北京：中国农业出版社 .

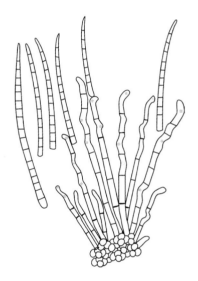

图2　大豆紫斑病病原（朱晓峰绘）

图1　**大豆紫斑病**（引自陈庆恩，白金铠，1987）

①叶上症状；②③荚上症状；④茎秆症状；⑤籽粒症状、紫斑粒；⑥黑霉豆

朱振东，李怡林，邱丽娟，等，2002.大豆对紫斑病抗性鉴定方法的研究 [J].大豆科学 (2): 96-100.

（撰稿：段玉玺、朱晓峰；审稿：陈立杰）

大丽花白粉病　dahlia powdery mildew

由蓼白粉菌和二孢白粉菌引起的一种危害大丽花叶片的真菌病害。又名大丽花白背病。

分布和危害　在中国吉林、上海、江苏、辽宁、四川、贵州、福建、安徽等地均有发生。大丽花白粉病引起早期落叶、枯梢、花蕾畸形或完全不能开放，多发生于枝条中下部将硬化的或老叶片背面，枝梢嫩叶受害较轻。连年发生则严重地削弱大丽花的生长势，植株矮小，降低观赏性（图 1）。

病原及特征　病原为蓼白粉菌（*Erysiphe polygoni* DC.）和二孢白粉菌（*Erysiphe cichoracearum* DC.），无性世代为粉孢属（*Oidium* sp.）。有性阶段在昆明少见（图 2）。分生孢子柱形，子囊果聚生至近聚生，较少散生，暗褐色，扁球形，附属丝 13～37 根，不分枝或不规则分枝，少数近双叉状分枝 1～2 次，弯曲，常作扭曲状或曲折状。

侵染过程与侵染循环　通过分生孢子萌发形成芽管，在芽管顶端萌发形成附着胞，附着胞下方长出侵染丝并侵入叶片，完成侵染过程。白粉病常以菌丝体、闭囊壳和分生孢子于病部越冬。翌春，分生孢子或子囊孢子借风雨传播，直接侵入或气孔侵入。生长期分生孢子借风雨传播进行多次再侵染。

流行规律　较高湿度有利于发病；降雨过多则不利于病

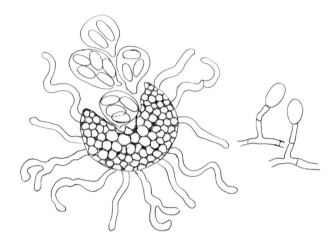

图 2　蓼白粉菌及粉孢霉（陈秀虹绘）

图 1　大丽花白粉病症状（伍建榕摄）

害发生。通常，大丽花白粉菌会以菌丝来进行越冬，当春季温度回升到20℃左右时，并且空气湿度高于70%，此时菌丝就会生长，并且借助自然的力量进行传播，从而危害大丽花。15℃开始发病，17~25℃为发病盛期，30℃以上即少发病，故3~4月开始发病，8月减少，9~10月再度发生。偏施氮肥，导致植株徒长，抗病能力降低。大丽花白粉病随着施肥、气候条件的改变，其危害有扩大和逐年加重的趋势。

防治方法

农业防治　清除病叶及病残体，认真销毁。苗床通风要好，避免密度过大。

化学防治　可喷布50%苯来特1000倍液、50%代森锌1000倍液、15%粉锈宁800倍液等杀菌剂防治，利用无毒高脂膜200倍液防治，有利于环境保护和观赏。

参考文献

陈秀虹，伍建榕，西南林业大学，2009.观赏植物病害诊断与治理[M].北京：中国建筑工业出版社.

樊远征，黄俊华，常林，等，2012.盆栽大丽花的繁殖养护及病虫害防治措施[J].新疆林业(6): 20-22.

姜守忠，吴兴亮，1987.中国常见真菌的识别[J].生物学通报(3): 8-12.

（撰稿：伍建榕、赵长林、洪英娣、杨娅琳；审稿：陈秀虹）

大丽花白绢病　dahlia southern blight

由齐整小核菌引起的危害大丽花根部的一种真菌性病害。

分布与危害　在厦门、辽宁、广东等地均有发生。病菌寄主广泛，鸢尾、兰花、芍药、除虫菊、桃、梨等也常被侵害，引起猝倒、根腐、基腐和果腐。白绢病株根颈部及主干基部布满一层灰白色绢丝状菌丝，后形成黄褐色油菜籽大小的菌核（病症），植株感染后引起根茎腐烂，最终整株倒伏死亡（见图）。

病原及特征　病原为齐整小核菌（*Sclerotium rolfsii*

Sacc.），属小核属真菌。菌丝白色，疏松或集结成线形而紧附于基物上，形成菌核，菌核小（直径0.5~1mm）而整齐，初白色，后变黄褐色，内部灰白色。

侵染过程与侵染循环　病菌以菌丝和菌核在土表层越冬，可营腐生生活，高温高湿易发病。病菌以菌丝体和菌核在土壤中和植株残体存活多年，从植株根颈部侵害寄主。

流行规律　病菌喜高温，因此病害多在高温多雨季节发生，6月上旬开始发病，7~8月气温上升至30℃左右时为发病盛期，9月末停止发病。高温高湿是发病的重要条件，气温3~38℃，经3天菌核即可萌发，再经8~9天又可形成新的菌核。

防治方法　拔出病株，将土壤中的菌核集中销毁，在病穴撒布石灰，或填入70%五氯硝基苯粉剂和新土100倍进行消毒。发病初期，用50%托布津可湿性粉剂500倍液或50%多菌灵可湿性粉剂500倍液浇灌病株基部，隔7~10天再浇1次。

参考文献

文艺，何进荣，姜浩，2004.大丽花[M].北京：中国林业出版社.

（撰稿：伍建榕、赵长林、洪英娣、杨娅琳；审稿：陈秀虹）

大丽花冠瘿病　dahlia crown gall

由根癌土壤杆菌引起的危害大丽花的基部和根部的一种细菌性病害。

分布与危害　在吉林、辽宁、上海等地均有发生。在大丽花基部和根上发生异常组织增生的大肿瘤。肿瘤逐渐变坚硬，表面粗糙，龟裂。肿瘤外部为褐色、深褐色，内部初为白色，后为褐色腐朽状（见图）。

病原及特征　病原为根癌土壤杆菌［*Agrobacterium tumefaciens*（Smith & Towns.）Conn］。该菌寄主范围很广，包括59科的640余种植物。土壤杆菌呈杆状，大小1.5~0.3μm×0.6~1.0μm，单个或成对排列。不形成芽孢。革兰氏阴性。以1~6根周毛运动。

大丽花白绢病症状（伍建榕摄）

大丽花冠瘿病症状（伍建榕摄）

侵染过程与侵染循环　病原细菌在肿瘤表层和土壤中越冬。细菌在土壤中可存活数月到一年多；地上部分的细菌可存活 2～3 年。细菌主要由伤口侵入，如虫伤、机械伤、嫁接伤等。细菌侵入皮层组织，并开始大量繁殖，附近的细胞受到刺激而加紧分裂，逐渐形成肿瘤。

流行规律　春秋季发病严重，在 3～6 月和 8～10 月这段时间传播速度快，病情严重。土壤湿度大，中性或弱碱性，为病原细菌提供了有利条件。

防治方法

农业防治　利用种子繁殖，建立无病留种圃。小植株或插条种植前消毒，用链霉素 1000 倍液泡根部 30 分钟；甲醇 50 份，冰醋酸 25 份加碘片 12 份混合后涂环或浸醮；硫酸铜 100 倍液浸根 5 分钟。清除重病植株，并烧毁。实行轮作倒茬或土壤消毒，控制病害。

化学防治　轻病株，割除根和茎基肿瘤，然后用 1% 硫酸铜液清洗 5 分钟，并将此液倒入种植穴中。

参考文献

杨俊梅，张翼飞，2004. 大丽花常见病虫害及防治 [J]. 河北农业科学 (6): 18.

邹淑珍，2003. 大丽花常见病害识别及防治 [J]. 江西植保，26(4): 178-179.

（撰稿：伍建榕、赵长林、洪英娣、杨娅琳；审稿：陈秀虹）

大丽花褐斑病　dahlia brown spot

由链格孢和球腔菌属引起的一种危害大丽花叶片的真菌病害。

分布与危害　广泛分布于世界各地。可以侵染较多种植物，其中尤以冷季型植物受害最重，造成植株死亡，极大地破坏该植物的景观（图 1）。

病原及特征　病原为链格孢 [*Alternaria alternata* (Fr.) Keissl.] 和球腔菌属的一个种 (*Mycosphaerella* sp.)（图 2）。链格孢为交链孢属，菌丝及分生孢子梗褐绿色，具横隔。分生孢子倒棒状，表面具横隔和纵隔，呈壁砖状结构，横隔较粗，多数为 3 个，末端喙短，排成较长的直链或斜链；褐绿色，大小较一致，35～42μm×6～20μm，空气中多见。子囊座着生在寄主叶片表皮层下；假囊壳为埋生，球形，或扁圆形，孔口扁平或呈乳头状突起；子囊孢子椭圆形，无色，双胞大小相等。

侵染过程与侵染循环　病菌以菌丝在植物残体上度过不良环境。菌核有很强的耐高低温能力，侵染、发病适温为 21～32℃。在生长不利的高温条件下，植株抗病性下降时，才有利于病害的发展，因此，发病盛期主要在夏季。当气温升至大约 30℃，同时空气湿度很高（降雨、有露、吐水或潮湿天气等），且夜间温度高于 20℃ 时，造成病害猖獗。另外，低洼潮湿、排水不良、气温高、偏施氮肥、植株旺长、组织柔嫩等因素都极有利于病害的发生。

流行规律　翌年 5 月上中旬，病菌产生的分生孢子借助风雨传播。植株下部叶片比上部发病重。高温、高湿有利于发病。

防治方法

农业防治　重病区避免连作，初见病叶时及时剪除销毁，减少病原来源，施用腐熟肥料，注意通风、排水、施肥，加强管理。冬季清园后，烧除所有地面上的病残体和落叶。

化学防治　发病时喷洒 80% 代森锌、50% 代森锰锌 500 倍液或 15% 亚胺唑可湿粉 2000～3000 倍液，隔 10 天左右喷 1 次。

参考文献

陈秀虹，伍建榕，西南林业大学，2009. 观赏植物病害诊断与治理 [M]. 北京：中国建筑工业出版社.

杨俊梅，张翼飞，2004. 大丽花常见病虫害及防治 [J]. 河北农业科学 (6): 18.

（撰稿：伍建榕、赵长林、洪英娣、杨娅琳；审稿：陈秀虹）

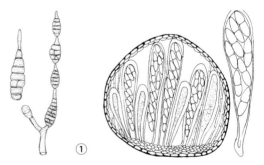

图 2　大丽花褐斑病病原特征（陈秀虹绘）

①链格孢；②球腔菌

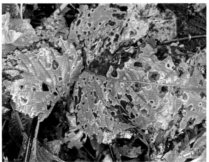

图 1　大丽花褐斑病症状（伍建榕摄）

大丽花黑粉病　dahlia smut

由大丽花叶黑粉菌引起的一种危害大丽花的真菌性病害。又名大丽花瘤黑粉病。

分布与危害　在中国大丽花栽培地区均有发生。大丽花黑粉病是局部侵染病害，大丽花的茎、花、叶等部位均可受害（图1）。

病原及特征　病原为大丽花叶黑粉菌（*Entyloma dahlia* Syd.），属叶黑粉菌属真菌。孢子多半是单个的，不排列成球，保持在寄主地上部分细胞中，形成明显的病斑，成熟时借物理作用释放孢子进行传播（图2）。

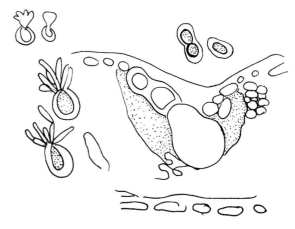

图2　大丽花叶黑粉菌（陈秀虹绘）

侵染过程与侵染循环　主要以冬孢子形态在病株残体上、污染的种子表面、土壤中、地表或混在粪肥中越冬，成为翌年主要初侵染源。适宜条件下冬孢子萌发产生担子和担孢子，随气流、雨水和昆虫远距离传播侵入大丽花的幼嫩组织上或伤口内，侵染幼嫩分生组织，菌丝在寄主的细胞间和细胞内生长发育，菌丝成熟后断裂为冬孢子，又散出随风传播。厚垣孢子在土壤中或病株残体上越冬，成为翌年侵染来源，混入堆肥中和黏附在种子表面的孢子也是初侵染来源。

流行规律　春、夏季遇适宜温、湿度条件，越冬的厚垣孢子萌发产生担孢子，随风雨传播到幼嫩组织。雨水多，湿度大的年份发病重。种植密度过大，偏施氮肥或人为活动等造成伤口，利于病菌侵染。

防治方法

农业防治　清除有病植株，彻底销毁，不要乱丢弃。选育和栽培抗病力强的品种。

化学防治　植株喷布15%粉锈宁800倍液等杀菌剂防治。

参考文献

陈秀虹，伍建榕，西南林业大学，2009. 观赏植物病害诊断与治理 [M].北京：中国建筑工业出版社.

邹淑珍，2003. 大丽花常见病害识别及防治 [J]. 江西植保，26(4): 178-179.

（撰稿：伍建榕、赵长林、洪英娣、杨娅琳；审稿：陈秀虹）

图1　大丽花黑粉病症状（伍建榕摄）

大丽花花腐病　dahlia flower rot

由小卵孢属真菌引起的危害大丽花花蕾、花瓣的一种真菌性病害。

分布与危害　在土壤湿度较大、温度偏高的情况下利于病害发生。花朵受害后刚开始为褪绿的色斑，之后变成黄褐色。叶上发病，则发生近圆形至不规则形大病斑，病斑常发生于叶缘，淡褐色至褐色，有时显轮纹，水渍状，湿度大时长出灰霉。茎部病斑褐色，呈不规则状，严重时茎软化而折倒，为大丽花的主要病害。花蕾或初开花朵染病后，出现针头大小的斑点，迅速扩大并连片。有色花上呈白斑，白色花上呈褐斑，逐渐产生水渍状坏死斑，病斑呈不规则状坏死，呈湿腐状（图1）。

病原及特征　病原为小卵孢属（*Ovularia* sp.）真菌（图2）。孢子梗聚生，孢子单独在垂直不分枝的孢子梗顶端。

侵染过程与侵染循环　病菌在病部或随病残体越冬，分生孢子主要借淋水溅射传播，条件适宜时能进行多次再侵染。生产上，染病的切花和插条可随花木调运进行远距离传播。

流行规律　在温暖潮湿的小气候中，尤其是连绵细雨后转暖的天气里。有微伤（虫伤或机械伤口）即发病。多发生在盛花期内，土壤湿度偏大，地温偏高时有利病害的发生。

防治方法

农业防治　改善圃棚通风透气条件。及时收集病残落蕾、落花集中销毁。要及时将病花、病叶剪除，深埋。保持圃地卫生。实行轮栽。或换用无病菌新土。加强栽培管理，避免栽植过密，以利通风透光；浇水时不要向植株淋浇，以免水滴飞溅传播病菌，雨后注意排除积水。

图 1　大丽花花腐病症状（伍建榕摄）

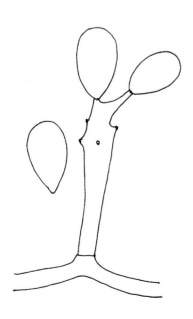

图 2　小卵孢属（陈秀虹绘）

化学防治　喷雾可选用 70% 甲基托布津粉剂 2000 倍液、50% 扑海因可湿性粉剂 1500 倍液等。花蕾期到来之前，根据气象预报是否有降雨等情况及时喷药杀菌，减少病源。可喷施 40% 多硫悬浮剂 600 倍液，或 40% 三唑酮可湿性粉剂 1000 倍液，交替施用。若同时有细菌性花腐出现，应把防细菌和防真菌花腐病的药物混合喷施。对细菌性花腐，可喷 72% 农用硫酸链霉素可溶性粉剂 1300 倍液，或 30% 氧氯化铜悬浮剂 10 倍液等。

参考文献

张齐，2002. 大丽花病害防治 [J]. 花木盆景（花卉园艺版）(11): 29.

周与良，邢来君，1986. 真菌学 [M]. 北京：高等教育出版社.

邹淑珍，2003. 大丽花常见病害识别及防治 [J]. 江西植保，26(4): 178-179.

（撰稿：伍建榕、赵长林、洪英娣、杨娅琳；审稿：陈秀虹）

大丽花花叶病毒病　dahlia mosaic virus disease

由多种病毒引起的大丽花病害。又名大丽花花叶病、大丽花环斑病。

分布与危害　在中国广东、云南（昆明）、上海、内蒙古、辽宁等地都有发生。严重时植株生长萎缩，一般呈零星分布。病叶皱缩、卷曲，卷叶和缩叶至整株矮缩，有的皱缩处还出现黄绿斑驳状，有的病叶出现黄环状斑。有时可见到有蚜虫和叶蝉在受害植株上。夏天高温时有的大丽花虽带毒但不显症状（隐症），直到翌年才表现早期花叶和矮化的症状（见图）。

病原及特征　病原有大丽花花叶病毒（dahlia mosaic virus, DMV）、黄瓜花叶病毒（cucumber mosaic virus, CMV）和番茄斑萎病毒（tomato spotted wilt virus, TSWV）。3 种病毒可分别侵染，也可协同侵染；TSWV 常单独引致大丽花花叶病或大丽花环斑病毒病。

侵染过程与侵染循环　病毒通过病根和病芽嫁接传播，蓟马可以传毒。

流行规律　植株在夏季接近开花期受病毒侵染，但暂时不表现任何症状，翌年才表现花叶及矮化现象。

防治方法

农业防治　勿从病区选繁殖材料，采用直播法栽培。选用耐病和抗病优良品种。采用脱毒和组织培养法繁殖无毒苗并在栽植后及时注意控制传毒虫媒。铲除杂草，注意田园卫生，减少病毒侵染来源。适期喷洒农药，把蚜虫、叶蝉等传毒昆虫消灭在传毒之前。发现病株及时拔除并销毁。加强管理，注意通风透光，合理施肥与浇水，促使花卉生长健壮可以减轻病毒危害。

化学防治　防治传毒害虫，用 20% 吡虫啉可湿性粉剂 100 倍液，或 40% 氧化乐果乳油 1000～1500 倍液，还可兼防白粉病，喷施 1～2 波美度石硫合剂。及时拔除病株。对初病株喷叶面营养剂加 0.1% 肥皂液数次，每隔 7～10 天 1 次，有助钝化病毒，促进病植株恢复生长。应在摘除疑似病叶前

大丽花花叶病毒病症状（伍建榕摄）

后用温肥皂液洗手，处理完毕，才喷施药剂。

参考文献

张齐，2002. 大丽花病害防治 [J]. 花木盆景（花卉园艺版）(11): 29.

邹淑珍，2003. 大丽花常见病害识别及防治 [J]. 生物灾害科学，26(4): 178-179.

（撰稿：伍建榕、赵长林、洪英娣、杨娅琳；审稿：陈秀虹）

D

大丽花灰霉病   dahlia gray mold

由灰葡萄孢引起的一种危害大丽花叶片、花蕾、花瓣的真菌性病害。

分布与危害   大丽花灰霉病发生普遍，各地均有发生。灰霉病常造成叶片、花蕾、花瓣的腐烂坏死，使大丽花生长衰弱，降低观赏性。叶上发病，则发生近圆形至不规则形大病斑，病斑常发生于叶缘，淡褐色至褐色，有时显轮纹，水渍状，湿度大时长出灰霉。茎部病斑褐色，呈不规则状，有时显轮纹，水渍状，湿度大时长出灰霉。严重时茎软化而折倒，为大丽花的主要病害（见图）。

病原及特征   病原为灰葡萄孢（*Botrytis cinerea* Pers. ex Fr.），属葡萄孢属。该菌寄主广泛，引起许多观赏植物叶片和花器发生灰霉病。菌丝匍匐，灰色。孢梗细长，稍有色，不规则的星状分枝或单枝、树状分枝，顶端细胞膨大成球形，上生小梗，梗上分生孢子，孢子聚集成葡萄穗状，孢子无色或灰色，单胞，卵圆形。其菌核黑色，不规则状。有性态为富氏葡萄孢盘菌 [*Botryotinia fuckliana* (de Bary) Whetzel.]，子囊盘淡褐色，稍有毛，2～3 个束生于菌核上，盘直径 1～5mm，

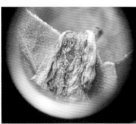

大丽花灰霉病症状（伍建榕摄）

其柄长 2～10mm。有性阶段自然界较少发现。

侵染过程与侵染循环 大丽花灰霉病几乎可以侵染大丽花地上部所有器官，包括果实、花器（花萼、花瓣、雄蕊）、叶片等，其花器受害最重。病菌以菌丝体或菌核潜伏在病处越冬。翌年产生分生孢子侵染，表面产生灰色霉状物。菌核在适宜条件下长出分生孢子梗，产生分生孢子，引起再次侵染。多雨季节危害严重，病菌寄主范围广泛。

流行规律 高温、多雨有利于分生孢子大量形成和传播。栽植过密，湿度大，光照不足，氮肥过多，植株生长柔弱，均易发病。

防治方法

农业防治 寄主的嫩叶期，遇上种植地有连绵阴雨天、空气湿度大、气候阴冷时较易使该病流行。种植密度越大，品种连片时，病害越易流行。在有寒流前 2～3 天，应及时对裸地苗圃加盖塑料薄膜（温棚）保暖和挡雨。同时减少淋水，尤其是不能从苗顶向下淋水，改用顺地沟灌，最好是寒流过后，天晴温高后才灌水。易发生灰霉病的植物在栽种时应采用高床培育，便于灌水和控水。水肥管理要合理，不能偏施氮肥，缩短寄主嫩叶、嫩茎生长时期，加强抗病性。易发生灰葡萄孢霉病害的植物，最好不要连片种植，需要连片种植时，要稀植，使之通风透光，减少发病，在温室或温棚内种植以上植物，要控制温度，适时通风透光。

化学防治 注意少数植株发病及时拔除病株并喷药保护，可喷硫黄粉剂，用喷粉器喷或用纱布袋装好，挂在温棚高处，使之自由散落。或用 50% 多菌灵 800～1000 倍液或 70% 敌克松 500 倍液，透喷 2～3 次，隔 8～10 天喷 1 次。

参考文献

巴尼特 , 1977. 半知菌属图解 [M]. 北京 : 科学出版社 .

陈秀虹 , 伍建榕 , 西南林业大学 , 2009. 观赏植物病害诊断与治理 [M]. 北京 : 中国建筑工业出版社 .

（撰稿：伍建榕、赵长林、洪英娣、杨娅琳；审稿：陈秀虹）

图 1 大丽花茎腐病症状（伍建榕摄）

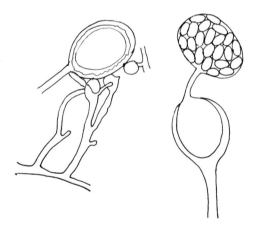

图 2 德巴利腐霉（陈秀虹绘）

大丽花茎腐病 dahlia stem rot

由德巴利腐霉和丝核薄膜革菌引起的危害大丽花茎秆的一种真菌性病害。

分布与危害 各地均有不同程度的发生。引致受害的叶片、叶鞘等部位腐烂枯死。受害植株近地表面茎部产生水渍软腐斑，随即植株萎蔫而死。病部表面可见白色至灰色棉状菌丝体，最后内部形成黑色菌核。病菌也可侵染块根，引起褐色腐烂（图 1）。

病原及特征 病原为德巴利腐霉（*Pythium debaryanum* Hesse）和丝核薄膜革菌［*Pellicularia filamentose*（Pat.）Rogers］。德巴利腐霉属腐霉属的真菌。腐霉属的特征是丝状、裂瓣状、球状或卵形的孢子囊着生在菌丝上，孢子囊顶生或间生，无特殊分化的孢囊梗（图 2）。丝核薄膜革菌属薄膜革菌属的真菌。子实体为一坚密的薄层，干燥时白色或淡黄色。担子下面的细胞短而呈腰鼓形，以聚伞式分枝，顶生小梗 4 个，小梗 5.5～12μm×1.5～3.5μm；孢子椭圆形或长椭圆形，壁薄，顶端突起平切状，7～12.5μm×4～7μm。无性态为立枯丝核菌（*Rhizoctonia solani* Kühn）。

侵染过程与侵染循环 大丽花茎腐病多发生在茎上，混在种子中的菌核随播种带病种子进入田间，或遗留在土壤中的菌核遇有适宜的温湿度条件即萌发产生子囊盘，放散出子囊孢子，随风吹到衰弱植株伤口上，萌发后引起初侵染。病部长出菌丝又扩展到邻近植株或通过病健株接触进行再侵染。引起发病，并以这种方式进行重复侵染，直到条件恶化，又形成菌核落入土中或随种株落入土中越冬或越夏。

流行规律 南方 2～4 月及 11～12 月适其发病，北方 3～5 月发生多。病原菌依附罹病残体留在土壤中生活，遇适宜环境即侵染传播。象甲、蝼蛄、叩头虫等一些地下害虫不仅造成根系的伤口，还可以携带病菌，侵入扩大危害。高湿、高温、雨水多可加重病害程度，有利于病害流行和蔓延。

防治方法

农业防治　有条件时，每年实行轮作倒茬；严重污染的土壤应弃之不用，可用珍珠岩、蛭石或炉渣的混合物代替，营养液灌溉。植株栽植不能过密，在排水良好的条件下，可减轻病害。

化学防治　污染的土壤可用热力灭菌或化学灭菌处理。50% 五氯硝基苯每亩 1kg，拌和细土撒施。

参考文献

陈秀虹，伍建榕，西南林业大学，2009.观赏植物病害诊断与治理 [M].北京：中国建筑工业出版社.

姜守忠，吴兴亮，1987.中国常见真菌的识别 [J].生物学通报 (3): 8-12.

张齐，2002.大丽花病害防治 [J].花木盆景（花卉园艺版）(11): 29.

（撰稿：伍建榕、赵长林、洪英娣、杨娅琳；审稿：陈秀虹）

大丽花茎枯病　dahlia stem blight

由毛精壳孢引起的危害大丽花茎秆的一种真菌性病害。又名大丽花假单胞蔓枯病。

分布与危害　在中国华北、吉林、辽宁、上海、甘肃等地区均有该病害的发生。该病原菌主要危害大丽花的花茎、枝等部位，严重影响大丽花的生长繁殖以及观赏价值（图1）。

病原及特征　病原为毛精壳孢［*Chaetospermum chaetosporum*（Pat.）Smith］，属精壳孢属。分生孢子器直径 400～2000μm，分生孢子梗 10～30μm×2μm，孢子大小为 26～45μm×8～15μm，附属丝 3～10 根，长达 45μm（图2）。寄生于大丽花茎、枝和叶上。尚能侵染欧洲桤木、大果柏木、油棕、李属、可可等植物。

侵染过程与侵染循环　茎枯病病菌在土中生育旺盛，在干旱的土中生存可达 4 个月以上。因此，土壤也是该病菌越冬的场所。翌春，当温湿度适宜时，产生大量孢子萌芽，经伤口或非伤口侵入幼茎或幼枝，尤多自节间之鳞片处侵入，此期称为侵入期；再经 3～7 天就可表现病斑，称为潜育期；病斑逐渐扩大，2～14 天可再产生分生孢子器，释放分生孢子，称为发病期；分生孢子借风、雨传播，再次侵染幼茎或幼枝。以分生孢子器和菌丝体在病叶和落叶上越冬。

流行规律　翌春，当气温上升到 15℃ 左右时，菌丝开始生长蔓延，产生分生孢子。孢子借风雨传播，从伤口侵入。在 25℃ 左右时，潜伏期 7 天以下。

防治方法

农业防治　重病区避免连作，初见病叶病枝时及时剪除销毁，减少病菌来源，施用腐熟肥料，注意通风、排水、施肥，加强管理。冬季清园后，要烧去所有病残枝、叶和植株、选无病根茎留种。

化学防治　发病时喷洒 80% 代森锌、50% 代森锰锌 500 倍液或 15% 亚胺唑可湿粉 2000～3000 倍液，隔 10 天左右喷 1 次。

参考文献

陈秀虹，伍建榕，西南林业大学，2009.观赏植物病害诊断与治理 [M].北京：中国建筑工业出版社.

杨俊梅，张翼飞，2004.大丽花常见病虫害及防治 [J].河北农业

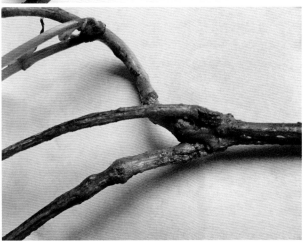

图 1　大丽花茎枯病症状（伍建榕摄）

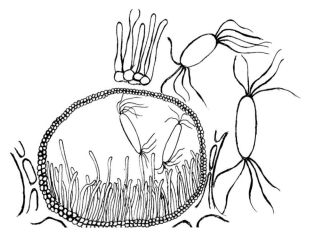

图 2　毛精壳孢（陈秀虹绘）

科学 (6): 18.

朱天辉，2015.园林植物病理学 [M].北京：中国农业出版社.

（撰稿：伍建榕、赵长林、洪英娣、杨娅琳；审稿：陈秀虹）

大丽花枯萎病　dahlia wilt

由德巴利腐霉引起的危害大丽花叶部的一种真菌性病害。

分布与危害　在中国云南、辽宁（沈阳）、吉林（长春）等地均有发生。主要危害叶和嫩茎，被害部分褐色腐烂，病害初发时植株生长不良，随着腐烂的发展，植株逐渐枯萎而死。在茎感病部位的表面，可见绢丝状的霉层为病症（见图）。

病原及特征　病原为德巴利腐霉（*Pythium debaryanum*

大丽花枯萎病症状（伍建榕摄）

Hesse），是腐霉属的真菌。菌丝直径大约 5μm；孢子囊球形至卵形；藏卵器球形，顶生或间生，表面平滑，卵孢子球形，平滑，壁较薄。

侵染过程与侵染循环　病原菌以卵孢子和厚垣孢子在病残体上越冬，卵孢子遇水萌发产生游动孢子囊，游动孢子借雨水溅散蔓延，所以避免在低洼地或排水不良的地方栽种。

流行规律　发病期在 6～8 月，7 月为发病盛期，特别是 7 月中下旬只要有 3 次连续 12 小时以上的降雨，即会暴发流行。反之，若 7 月温度偏低、少雨，即使前期温度适宜、多雨，也不会大流行。

防治方法

农业防治　秋末冬初剪除枯枝落叶，减少侵染来源，并进行土壤消毒。

化学防治　发病初期可喷施 40% 多硫悬浮剂 600 倍液，或 40% 三唑酮可湿性粉剂 1000～1500 倍液，交替施用，以保护新发叶片不再受病原菌侵染。

参考文献

张齐，2002.大丽花病害防治 [J].花木盆景（花卉园艺版）(11): 29.

周与良，邢来君，1986.真菌学 [M].北京：高等教育出版社.

邹淑珍，2003.大丽花常见病害识别及防治 [J].生物灾害科学，26(4): 178-179.

（撰稿：伍建榕、赵长林、洪英娣、杨娅琳；审稿：陈秀虹）

大丽花轮纹病　dahliae verticillata

由大丽花叶点霉引起的一种危害大丽花叶部的真菌性病害。又名大丽花暗纹病。

分布与危害　广东、辽宁、上海、内蒙古以及云南（昆明）、福建（厦门）等地区均有发生。叶面及叶缘发生圆形或半圆形的暗绿色轮纹状的病斑。病斑以后变暗褐色，中间为灰绿色。病斑表面散生黑色小粒点。病重时，叶片凋萎下垂（图 1）。

病原及特征　病原为大丽花叶点霉（*Phyllosticta dahliicola* Baum.），属叶点霉属。分生孢子小于 5μm。分生孢子器球形或扁球形，器壁膜质，褐色，孔口圆形，暗褐色，产孢细胞瓶形，单胞、无色，4～6μm×1.5～2μm，分生孢子椭圆形，两端圆，单胞，无色，3～5μm×2～3μm（图 2）。

侵染过程与侵染循环　病原菌以分生孢子器或菌丝体在被害叶片上越冬。当环境条件适合生育时，子囊孢子飞散，成为当年初侵染源。初侵染后，侵入叶片的病原菌增殖，在病斑组织内形成繁殖器官（分生孢子器），不久即形成孢子堆。孢子堆经风雨传播，再次侵染健康植株的叶片。病原菌在 25°C 以下的较低温度下发育良好。

流行规律　翌年形成分生孢子，借风雨传播。在高温、多雨的季节和栽培管理不善的条件下发病严重。

防治方法

农业防治　摘除病叶并销毁，注意通风、排水、施肥，

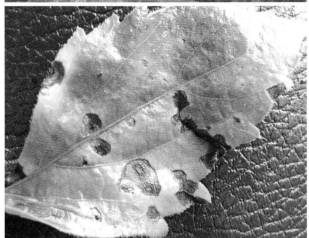

图 1　大丽花轮纹病症状（伍建榕摄）

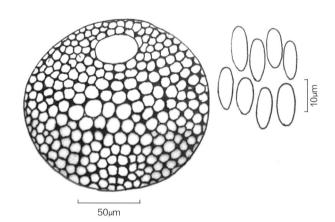

图 2　大丽花叶点霉（陈秀虹绘）

加强管理；冬季收挖时先将场地枯叶清除，减少翌年的初侵染源。

化学防治　见大丽花叶斑病。

参考文献

陈秀虹，伍建榕，西南林业大学，2009. 观赏植物病害诊断与治理 [M]. 北京：中国建筑工业出版社.

樊远征，黄俊华，常林，等，2012. 盆栽大丽花的繁殖养护及病虫害防治措施 [J]. 新疆林业 (6): 20-22.

文艺，何进荣，姜浩，2004. 大丽花 [M]. 北京：中国林业出版社.

许志刚，2009. 普通植物病理学 [M]. 4 版. 北京：高等教育出版社.

（撰稿：伍建榕、赵长林、洪英娣、杨娅琳；审稿：陈秀虹）

大丽花轮枝孢萎蔫病　dahlia *Verticillium* wilt

由大丽轮枝孢和镰刀菌引起的一种危害大丽花叶片的真菌病害。

分布与危害　在中国华北、吉林（长春）、辽宁（沈阳）、上海、甘肃等地区有该病害的发生，病原菌寄主广泛，能侵染 70 多类树木种、变种及多种灌木，轻者影响大丽花观赏，重者整株死亡（图 1）。

图 1　大丽花轮枝孢萎蔫病症状（伍建榕摄）

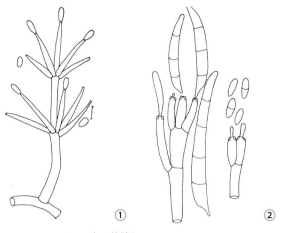

图 2　病原菌特征（陈秀虹绘）
①大丽轮枝孢；②镰孢菌

病原及特征　病原为大丽轮枝孢（*Verticillium dahilae* Kleb.）和镰刀菌（*Fusarium* sp.）。可寄生黄栌、大丽菊、棉、向日葵等多种植物。大丽轮枝孢分生孢子梗基部始终透明，上端由 2～4 层辐射状轮生的枝梗和一个顶枝组成，无色，具隔膜，每层间相距 20～45μm，每轮有 3～4 根枝梗，枝梗 13.5～21.5μm×2.0～3.0μm，每小枝顶生 1 至数个分生孢子，全长 110.0～130.0μm×2.5μm。分生孢子长卵圆形，无色，单胞，2.0～9.5μm×1.5～3.0μm（图 2①）。镰刀菌菌丝有隔，分枝。分生孢子梗分枝或不分枝。分生孢子有两种形态，小型分生孢子卵圆形至柱形，有 1～2 个隔膜；大型分生孢子镰刀形或长柱形，有较多的横隔（图 2②）。

侵染过程与侵染循环　为了破坏植物的角质层，许多病原菌都会分化出特殊的侵染结构帮助建立最初的侵染。在侵染过程中，分生孢子通过雨水散布到植物表面之后，分化成附着胞。通过附着胞产生其作用，侵染穿透宿主表皮细胞。进入到植物体内后，最终形成侵染性菌丝。这种侵染性菌丝通过胞间连丝进入邻近的细胞中，导致大丽花萎蔫病的出现。

流行规律　病原为土传病菌，通过病健根残体接触传播。病菌在土壤中病残体上存活至少 2 年，可直接从苗木根系侵入，也可以通过伤口侵入。发病速度及严重度与根系分布层病菌数量呈正相关。过量施用氮肥会加重病害发生，增施钾肥可缓解病情。

防治方法

农业防治　种植前应切除块茎腐烂变色的部分，用健康块茎繁殖新株。及时拔除病株，清理病残体。不用病残体进行施肥。实行轮作倒茬是有效防治措施。

化学防治　污染的土壤用热力灭菌和化学处理。5% 多菌灵每亩 1kg，拌细土撒施。

参考文献

陈秀虹，伍建榕，西南林业大学，2009. 观赏植物病害诊断与治理 [M]. 北京：中国建筑工业出版社 .

樊远征，黄俊华，常林，等，2012. 盆栽大丽花的繁殖养护及病虫害防治措施 [J]. 新疆林业 (6): 20-22.

文艺，何进荣，姜浩，2004. 大丽花 [M]. 北京：中国林业出版社 .

（撰稿：伍建榕、赵长林、洪英娣、杨娅琳；审稿：陈秀虹）

大丽花软腐病　dahlia soft rot

由胡萝卜果胶杆菌胡萝卜亚种引起的一种危害大丽花茎部的细菌性病害。

分布与危害　在华北、云南、上海等地均有发生。植株受侵染后，茎变为褐色和软腐状。植株木髓和射线部位是湿润的，略带黑色腐烂状，并延伸扩展到皮部。如果用显微镜观察，可见到大量细菌团在游动。已腐烂的组织放出一种恶臭味。这种细菌也侵袭块茎（见图）。

病原及特征　病原为胡萝卜果胶杆菌胡萝卜亚种（*Pectobacterium carotovorum* subsp. *carotovorum*）。杆状，周生鞭毛，是唯一兼行嫌气性植物病原菌。

侵染过程与侵染循环　该病菌在寄主残体上或土壤内越冬，借雨水、灌溉水和昆虫等传播，从伤口侵入寄主，连作地发病重。

流行规律　土壤湿度大、栽植过密、湿度高、施用未腐

大丽花软腐病病状（伍建榕摄）

熟有机肥、土壤黏重等均易发病。

防治方法

农业防治　拔除并销毁全部萎蔫植株。没有受侵染的植株，放入堆肥中堆沤是安全的；轮作倒茬是必需的有效防治途径。植株间要加强通风透光。后期的水、氮肥都不能使用过多，要增施磷、钾肥。

化学防治　蕾期后，可用 0.5% 波尔多液或 70% 托布津1500 倍液喷洒，每 7～10 天 1 次，有较好的防治效果。

参考文献

陈秀虹，伍建榕，西南林业大学，2009. 观赏植物病害诊断与治理 [M]. 北京：中国建筑工业出版社.

（撰稿：伍建榕、赵长林、洪英娣、杨娅琳；审稿：陈秀虹）

大丽花炭疽病　dahlia anthracnose

由束状刺盘孢引起的危害大丽花叶部和茎部的一种真菌性病害。

分布与危害　病叶叶尖多白斑，常从叶缘开始受害。病斑半圆形至不规则形，污褐色至灰褐色。病斑隐约呈轮纹状，外围有时呈黄晕。空气湿度大时，病斑的小黑点上呈现粉红色小点的病症（分生孢子堆）（图 1）。

病原及特征　病原为束状刺盘孢 [*Colletotrichum dematium* (Pers.) Grove]，为刺盘孢属（图 2）。分生孢子单胞，无色，长椭圆形或弯月形，产于瓶状小梗上，萌发后产生附着胞。分生孢子盘平坦，上面敞开，下面埋于基质内。分生孢子梗内分布着深褐色刚毛。有些种已发现有性阶段，它们可归属子囊菌门的小丛壳属或无柄盘菌属。该病原可引起 90 种寄主受害。有潜伏侵染的特性。

侵染过程与侵染循环　病菌以菌丝体或分生孢子盘在病斑上或病残体（土壤）中存活越冬。菌体在寄主残体上越冬，借风雨及灌溉水等传播。在南方病菌可全年活动，分生孢子借风雨传播侵染致病。

流行规律　炭疽病菌生长适温为 22～28℃，空气相对湿度 90% 以上，因此阴雨连绵季节发病严重。浇水时当头淋浇容易发病。南方一些地区 7～9 月遇台风伴随暴雨造成叶片伤害，发病尤烈。寄主有伤口，或高温多雨天气，或园圃透性差，或偏施氮肥的圃地，多染此病。

防治方法

农业防治　实行配方施肥，及时收集病残落叶烧毁，保持圃地卫生。选种抗病品种，合理密植。发病时加大株行距，清沟排水渍。

化学防治　常发病园圃应在新叶抽出期开始喷药预防。可喷 80% 炭疽福美可湿性粉剂 800 倍液，或 50% 施保功可湿性粉剂，或 50% 施宝悬浮剂 1000 倍液，或喷施 75% 百菌清 +70% 托布津可湿性粉剂（1:1）1000～1500 倍液。每 7～10 天 1 次，交替施用，喷匀喷足。连续 2～3 次，喷药后若下雨，晴天后补施。

参考文献

叶建仁，贺伟，2016. 林木病理学 [M]. 北京：中国林业出版社.

图 1　大丽花炭疽病症状（伍建榕摄）

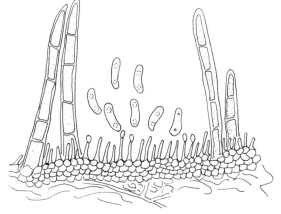

图 2　束状刺盘孢菌（陈秀虹绘）

杨俊梅,张翼飞,2004.大丽花常见病虫害及防治 [J].河北农业科学 (6): 18.

（撰稿：伍建榕、赵长林、洪英娣、杨娅琳；审稿：陈秀虹）

大丽花细菌性枯萎病　dahlia *Pseudomonas* wilt

由青枯病假单胞菌引起的危害大丽花的一种细菌性病害。

分布与危害　在江苏、四川、上海等地均有发生。受侵染的植株通常是突然枯萎和萎蔫。当茎被切割时,细菌便可从植物组织中溢出。植株近土壤处产生湿腐和软腐症状,这点与轮枝菌和镰刀菌引致的真菌性萎蔫相区别（见图）。

病原及特征　病原为青枯病假单胞菌〔*Pseudomonas solanacearum*（Smith）Smith〕,为需氧的革兰氏阴性小杆菌。

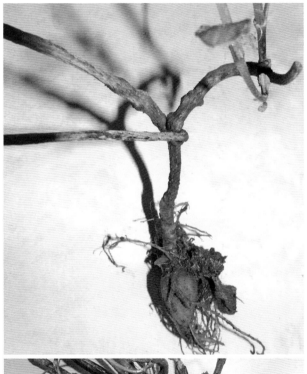

大丽花细菌性枯萎病症状（伍建榕摄）

菌体呈杆状或略弯曲,有单端鞭毛或丛鞭毛,有荚膜,无芽孢。

侵染过程与侵染循环　细菌在土壤中病残体上越冬。

流行规律　病原菌的生育适温为 $27 \sim 28°C$,当地温达到 $15 \sim 20°C$ 时最容易发病。

防治方法

农业防治　拔除并销毁全部萎蔫植株。没有受侵染的植株,放入堆肥中堆沤是安全的;轮作倒茬是必需的有效防治途径。被污染的土壤必须消毒,采用热力灭菌,柴草三烧法,即深翻土块垒高成条沟,沟内放柴草烧,挖 3 次、烧 3 次。

化学防治　可用 40% 甲醛 40 倍液、农用链霉素 1000 倍液浇灌土壤。

参考文献

姜守忠,吴兴亮,1987.中国常见真菌的识别 [J].生物学通报 (3): 8-12.

文艺,何进荣,姜浩,2004.大丽花 [M].北京:中国林业出版社.

许志刚,2009.普通植物病理学 [M].4 版.北京:高等教育出版社.

（撰稿：伍建榕、赵长林、洪英娣、杨娅琳；审稿：陈秀虹）

大丽花细菌性徒长病　dahlia bacterial growth

由带叶棒状杆菌引起的一种危害大丽花的细菌性病害。

分布与危害　在甘肃、辽宁、吉林等地均有发生。植物感病后,从植株的瘤状物上长出稠密的刷状物的徒长枝（见图）。

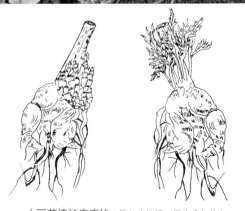

大丽花徒长病症状（①伍建榕摄；②陈秀虹绘）

病原及特征　病原为带叶棒状杆菌（*Corynebacterium fassians* Tilfordg Dows.）。革兰氏染色反应阳性（G+），菌体短杆状，有时呈棍棒状，球形或椭圆形。多单个生长，无鞭毛，不能游动，无荚膜和芽孢。

侵染过程与侵染循环　病菌可通过自然孔口（气孔、皮孔、水孔等）和伤口侵入，借流水、雨水、昆虫等传播，在病残体、种子、土壤中过冬，在高温、高湿条件下容易发病。

流行规律　病菌在 20℃ 生长良好，土壤温度低，出苗缓慢，有利于病菌侵入，易发病。

防治方法

农业防治　选择无病种苗。及时清除、销毁病株，每穴灌注 2% 甲醛液或 20% 石灰水消毒，也可撒施石灰粉。并进行 3 年以上的轮栽。

化学防治　土壤消毒，发病初期用链霉素 4000 倍液或用 30% DT（琥胶肥酸铜）可湿性粉剂 500 倍液、70% DTM 可湿性粉剂 500～600 倍液喷雾，或 77% 可杀得可湿性粉剂 500 倍液。每隔 7～10 天喷 1 次，连续 3～4 次。也可用上述药剂灌根，每株灌药液 0.5kg，并结合喷雾，7～8 天 1 次，连续 3～4 次。

参考文献

张齐, 2002. 大丽花病害防治 [J]. 花木盆景（花卉园艺版）(11): 29-29.

邹淑珍, 2003. 大丽花常见病害识别及防治 [J]. 生物灾害科学, 26(4): 178-179.

（撰稿：伍建榕、赵长林、洪英娣、杨娅琳；审稿：陈秀虹）

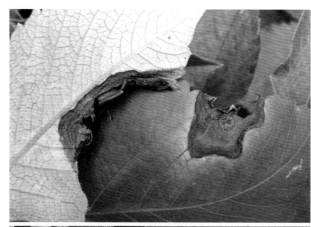

图 1　大丽花叶斑病症状（伍建榕摄）

大丽花叶斑病　dahlia spot

由大尾孢引起的一种危害大丽花的真菌性病害。又名大丽花斑点病。

分布与危害　在中国分布于吉林、辽宁、山西、河南、台湾、湖南、广西、云南等地。是一种危害轻微的植物病害。因常与蛙眼病、破烂叶斑病、赤星病等叶斑病混生，不易区分。斑点病主要危害的是大丽花的叶片（图 1）。

病原及特征　病原为大丽花大尾孢 [*Cercospora grandissima* Rangel（*Cercospora dahliae* Hara）]。分生孢子梗暗色，成簇长出和自叶组织突破，连续在新的生长尖着生分生孢子；分生孢子无色或暗色，线状，几个细胞（图 2）。

侵染过程与侵染循环　分生孢子萌发形成芽管，然后在芽管顶端萌发形成附着胞，附着胞下方长出侵染丝并侵入叶片，完成侵染过程。病菌在大丽花病叶残体中越冬，成为翌年的侵染来源。

流行规律　植株过于密集、通风不良以及潮湿的环境发病均较严重。病害发生在 6～9 月。

防治方法

农业防治　摘除病叶并销毁。注意通风、排水、施肥，加强管理。冬季收挖时注意场地枯叶的清除，减少初侵染来源。

化学防治　发病时喷洒 80% 代森锌、50% 代森锰锌

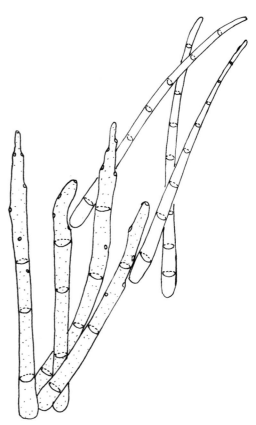

图 2　大丽花大尾孢（陈秀虹绘）

500 倍液或 1% 的波尔多液，隔 10 天喷 1 次。

参考文献

陈秀虹，伍建榕，西南林业大学，2009. 观赏植物病害诊断与治理 [M]. 北京：中国建筑工业出版社.

樊远征，黄俊华，常林，等，2012. 盆栽大丽花的繁殖养护及病虫害防治措施 [J]. 新疆林业 (6): 20-22.

文艺，何进荣，姜浩，2004. 大丽花 [M]. 北京：中国林业出版社.

张齐，2002. 大丽花病害防治 [J]. 花木盆景 (花卉园艺版) (11): 29.

（撰稿：伍建榕、赵长林、洪英娣、杨娅琳；审稿：陈秀虹）

大麻白斑病　hemp white leaf spot

由大麻叶点霉或藁秆叶点霉引起的一种大麻叶部真菌病害。国外也称大麻油斑病。

分布与危害　分布在辽宁、黑龙江、吉林、浙江、安徽、云南等大麻种植区。主要危害大麻叶片。初生褐色圆形病斑，后变为灰白色，中心白色，上生黑色小粒点，即病菌的分生孢子器。该病与斑枯病相似，分生孢子器多呈轮状排列，必要时需镜检病原进行区别（图 1）。

病原及特征　病原有两种，分别为大麻叶点霉 [*Phyllosticta cannabis*（Kirchn.）Speg.] 和藁秆叶点霉 (*Phyllosticta straminella* Bres.)，均属叶点霉属真菌。*Phyllosticta cannabis* 的分生孢子器初埋生在寄主组织里，后突破表皮外露，扁球形。分生孢子单胞无色，椭圆形至圆筒形，直或弯曲，大小为 $4 \sim 6 \mu m \times 2 \sim 2.5 \mu m$。*Phynosticta straminella* 分生孢子器生在叶面，球形至扁球形，上部的壁较厚，暗褐色，大小为 $96 \sim 150 \mu m$，分生孢子椭圆形或卵形，无色透明，单胞，两端各具 1 油球，大小为 $5 \sim 9 \mu m \times 2.5 \sim 4 \mu m$（图 2）。两种病原菌除分生孢子的形状略有不同外，其区别主要在于分生孢子的大小。

侵染过程与侵染循环　病菌以分生孢子器和菌丝体在田间病残组织上越冬，翌春菌丝体生长，分生孢子器吸水，

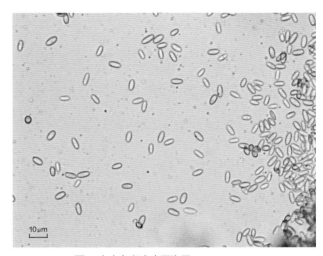

图 2　大麻白斑病病原孢子（王会芳提供）

溢出大量分生孢子进行初侵染。生长期间分生孢子借风雨传播进行再侵染。

流行规律　苗期低温多雨利于病菌入侵和发病，低温多雨有利于病害的发生。

防治方法　进行 3 年以上轮作。收获后及时深翻，消灭病残组织中的病菌，减少危害。选用健康、饱满的种子，做到适期播种，防止过早播种。加强麻田管理，及时间苗，增施草木灰，提高麻株抗病力。发病初期，尤其是在寒流侵袭前，喷洒 50% 咪鲜胺可湿性粉剂或 50% 异菌脲可湿性粉剂 $225 \sim 300 g/hm^2$，均有良好防病保苗作用。

参考文献

陆家云，1997. 植物病害诊断 [M]. 2 版. 北京：中国农业出版社.

王福亮，2009. 黑龙江省主要大麻病害的综合防治 [J]. 吉林农业科学，34(3): 44-45.

（撰稿：王会芳；审稿：陈绵才）

大麻白星病　hemp whitish spot

由大麻壳针孢引起的一种大麻叶部真菌病害。又名大麻黄斑病、大麻斑枯病。

分布与危害　广泛分布在山东、河北、安徽、云南、东北等大麻种植区，为大麻种植区常发病害。主要危害叶片。最初沿叶脉处产生多角形或不规则形至椭圆形病斑，黄白色、淡褐色至灰褐色，大小 $2 \sim 5 mm$，病斑有时四周具黄褐色晕圈，后期病斑扩大后可合并成较大的病斑，病部生出黑色小粒点，即病原菌的分生孢子。发病严重时病斑融合造成叶片早落。此病在中国东北麻区常有发生，受害严重时，早落叶，生长受阻，影响产量（图 1）。

病原及特征　病原为大麻壳针孢（大麻白星病菌）[*Septoria cannabis*（Lasch.）Sacc.]。分生孢子器黑色，球形，直径 $90 \mu m$ 左右，散生或聚生在叶两面，初埋生后突破表皮。分生孢子无色透明，针形，直或弯曲，顶端较尖，具隔膜 $2 \sim 5$ 个，多为 3 个隔膜，大小为 $45 \sim 55 \mu m \times 2 \sim 2.5 \mu m$

图 1　大麻白斑病症状（王会芳提供）
①侵染初期；②侵染中期

图 1　大麻白星病症状（王会芳提供）
①侵染初期；②侵染中后期

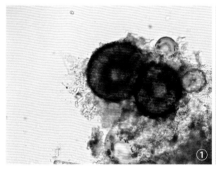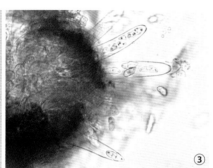

图 2　大麻白星病病原菌特征（王会芳提供）
①大麻壳针孢分生孢子座；②大麻壳针孢分生孢子；③无性态孢子

（图 2①②）。菌丝发育适温为 25℃，最适 pH5.2。其无性态为球腔菌属（*Mycosphaerella*）（图 2③）。

侵染过程与侵染循环　病菌以分生孢子或菌丝体在遗留地面的病残体上越冬，翌春遇水湿后，成熟的分生孢子从孔溢出大量分生孢子，借风雨传播进行初侵染，病部不断产生孢子进行再侵染。

流行规律　排水不良的低洼阴湿麻地，以及地下水位高和过度密植的麻地，发病往往较重，偏施和过量施用氮肥的发病也重。

防治方法　主要采取农业防治措施控制其危害。选择高燥地块栽植大麻，雨季及时排涝，防止湿气滞留。施用充分腐熟有机肥，增施磷钾肥，不要偏施、过施氮肥。合理密植，保持田间通风透光，使大麻健康生长，增强抗病力。提前预防，可用 70% 甲基硫菌灵可湿性粉剂 800～1000 倍液或 50% 多菌灵可湿性粉剂 600～800 倍液、25% 苯菌灵乳油 800 倍液、75% 百菌清可湿性粉剂 500～600 倍液、70% 代森锰锌可湿性粉剂 400～600 倍液，隔 10～15 天 1 次，共喷 2～3 次。在发病初期可用下列药剂喷雾：50% 克菌丹 400 倍液，或 50% 异菌脲可湿性粉剂 1000 倍液，或 64% 噁霜锰锌 M8 可湿性粉剂 500～600 倍液。每 7 天用药 1 次，连续 4～5 次。

参考文献

吕佩珂，高振江，张宝棣，等，1999. 中国粮食作物、经济作物、药用植物病虫原色图鉴 [M]. 呼和浩特：远方出版社 .

汪可宁，谢水仙，刘孝坤，等，1988. 我国小麦条锈病防治研究进展 [J]. 中国农业科学，21(1): 1-8.

杨定发，何月秋，赵明富，等，2004. 云南省元江县大麻真菌性病害初步记述 [J]. 中国麻业，26(6): 281-282.

WATANABE T, TAKESAWA M, 1936. Studies on the leaf-spot disease of the hemp[J]. 日本植物病理学会报，6(1): 30-47.

（撰稿：王会芳；审稿：陈绵才）

大麻猝倒病　hemp damping-off

主要由腐霉属真菌侵染大麻幼苗的病害。又名大麻倒苗、大麻霉根、大麻小脚瘟。

分布与危害　各大麻种植区均可发生，是各地区大麻栽培中的一种重要病害，各类麻田发病率为 6.5%～15%，估计每年损失 5%～10%。一旦染病，如管理不及时，易造成绝收。主要危害幼苗的茎基，病斑呈水浸状，有时未见明显症状而植株突然死亡，病部长出白色棉絮状的菌丝体，茎基部近地面处产生褐色病斑，病苗枯死倒伏且极易从土中拔出（见图）。

病原及特征　病原主要为瓜果腐霉［*Pythium aphanidermatum*（Eds.）Fitz. 和终极腐霉（*Pythium ultimum* Trow）。病菌侵害种子或幼苗，在幼苗基部茎的表面，引起一种棕褐色水样软腐，植株因头重而倒伏，另外还有许多真菌也

大麻猝倒病症状（王会芳提供）

引起大麻猝倒，如 *Phizoctonia solani*、*Botrytis cinerea* Pers. ex Fr.、*Macrophomina phaselina*、*Fusarium solani*（Mart.）Sacc.、*Fusarium oxysporum* Schlecht.、*Fusarium sulphureum*、*Fusarium avenaceum*（Corda et Fr.）Sacc.、*Fusarium graminearum* Schw. 等，使大麻猝倒病普遍发生。

瓜果腐霉属腐霉目腐霉科卵菌，菌丝无隔多核，孢子囊生在菌丝顶端或中间，长筒形，有裂瓣或姜瓣状不规则的分枝，在一定条件下可萌发产生游动孢子。游动孢子初在泡囊内缓慢运动，渐渐加速，待泡囊的外膜部分破裂时，游动孢子成团挤出。游动孢子放出后，泡囊即消失。游动孢子呈肾形，凹处有 2 鞭毛，游动约半小时后变为圆形的休止孢子。

终极腐霉属腐霉目腐霉科卵菌，孢子囊多间生，球形至梨形，直径 13～30μm，常直接萌发产生牙管。藏卵器球形，壁光滑，顶生或间生，直径 18～25μm；具侧生雄器 1 个，偶有 2～3 个，典型的同丝生，无柄，紧贴藏卵器，偶有下位生和异丝生，7.7～15.5μm×5.5～10.3μm，平均 10.87μm×6.79μm；授精管明显可见，粗约 1.5μm。卵孢子球形、平滑，不满器，直径 10～25μm，壁厚 0.9～2.8μm，内含贮物球和折光体各 1 个。

侵染过程与侵染循环　两种主要腐霉属病菌的腐生性很强，可在土壤中长期存活，以含有机质的土壤中存活较多，病菌以卵孢子在病株残余组织上及土壤中越冬和度过不良的环境，在适宜的条件下萌发产生游动孢子，或直接长出芽管侵害寄主。病菌借雨水或土壤中水分的流动而传播，在病组织上产生孢子囊，进行重复侵染，后期又在病组织内形成卵孢子越冬。值得注意的是病菌可在土壤中以腐生状态长期生存达 4 年之久，为苗期的重要病害。

流行规律　在适宜的条件下，越冬后的厚垣孢子及卵孢子萌发，先产生芽管，继而在芽管顶端膨大形成孢子囊和游动孢了。游动孢子或菌丝在植株土面上下部位侵染茎、根。在潮湿天气，借助于地表水或灌溉水进行传播，并在寄主组织中形成卵孢子，组织腐烂时，卵孢子释放入土。低于寄主最适生长温度的条件下发生严重。空气相对湿度 80% 以上，土壤含水量大，有利于发病。苗床排水不良或降水过多而过湿，此病就迅速传播。各地麻区因气候不同，其发病期有所差异，一般其发病盛期为 4 月下旬至 5 月初，在 5 月上旬以后逐渐减少。

防治方法

植前土壤处理　植前将土壤充分翻晒，播种前用 750～1050kg/hm² 草木灰或火土灰撒施，可减少猝倒病的发生。

加强管理　注意播种密度和勤除杂草，保持田间不积水、通风和透光从而减轻或避免各种病害。

及时剔除病苗　当田间发现少数病苗时，应立即挖除。

化学防治　用 75% 百菌清 1000 倍液，80% 代森锌可湿性粉剂 800～1000 倍液，50% 甲基托布津可湿性粉剂 1000 倍液，25% 甲霜灵 800～1000 倍液防治效果最好。

参考文献

胡学礼，杨明，陈裕，等，2008. 西双版纳'云麻 1 号'高产栽培技术 [J]. 中国麻业科学，30 (6): 330-332.

黄敬芳，竺万里，林伯荃，等，1980. 吴忠大麻产区死苗死株原因的调查研究 [J]. 中国麻业 (4): 29-34.

杨永红，黄琼，白巍，等，1999. 大麻病害研究的综述 [J]. 云南农业大学学报，14(2): 223-228.

（撰稿：王会芳；审稿：陈绵才）

大麻根腐病　hemp root rot

一种主要由镰刀菌属及丝核菌属真菌侵染根部，导致根部腐烂，从而引起大麻损失的病害。

分布与危害　中国各地麻区都有发生。随着轮作倒茬减少，病害发生日趋加重。大麻根腐病整个生长期都可发生。发病初期，病株枝叶特别是顶部叶片稍见萎蔫，傍晚至次日早晨恢复。症状反复数日后，地上部分和全株萎蔫，但叶片仍呈绿色。病根初呈黄褐色，后变成黑色，病斑凹陷，大小不一，可达髓部，根部变黑，肉质根散落，仅留根皮呈管状，根部可局部或全部被害，重病株老根腐烂。横切茎观察，可见微管束变褐色，后期潮湿时可见病部长出白色至粉红色霉层（病菌分生孢子）。该病在大麻生长期（包括苗期）都会使植株倒伏，新根不长，地上部叶黄、枯焦、脱落，枝条细弱，严重者导致植株死亡。

病原及特征　Barloy 和 Pelhate 认为在法国由 *Fusarium solani* 引起的根腐病最严重；Pandotra 和 Sastry 曾报道过 *Rhizoctonia solani* 的 1 种毒性菌株毁坏印度北部 80% 药用大麻；Ferri 认为在南温带和热带 *Sclerotium rolfsii* 主要对纤维和药用栽培品种造成危害。

茄腐皮镰刀菌 [*Fusarium solani*（Mart.）Sacc.]，气生菌丝灰白色，分生孢子座苍绿色至深灰蓝色，并常展开形成黏孢团状。小型分生孢子卵形，0～1 隔，假头状着生。大型分生孢子近腊肠状，弯曲，顶细胞多数钝圆，基细胞呈不明显足状，0～3 隔，多数 3 隔。无隔孢子 9.9～3.3μm× 3.3～4.5μm，1 隔孢子 16.5～25.4μm×3.8～5.6μm，2 隔孢子 22.3～6.4μm×6.6～7.2μm，3 隔孢子 33～42.9μm× 6.9～8.7μm。厚垣孢子顶生、间生，单生或串生，直径 9.9～13.2μm。

侵染过程与侵染循环　大麻根腐病的病原菌茄腐皮镰刀

菌以菌核、厚垣孢子在病残根上或土壤中越冬，主要通过肥料、工具、雨水及流水传播。种子可携带有潜伏的病菌。病菌经虫伤、机械伤等伤口侵入。翌年春条件适宜时，病菌首先侵入根部或茎基部，渐次向上发展。病部产生的分生孢子可以引起再侵染，但作用不大。其在土壤里可存活10年以上。

流行规律　大麻根腐病的发生与温度和湿度关系密切。温度在22～26℃最适合发病，超过30℃发病率在2%以下。对湿度也很敏感，植株种植过密、天棚过低、通风透光性差、湿度越大时，发病越重。大水漫灌发病重，小水勤浇发病轻。重茬地、潮湿地、土壤黏重板结、田间积水、有害生物（如线虫、金针虫、蝼蛄、地老虎等）危害重，也容易造成病害的流行。

防治方法　大麻根腐病属于土传病害，因此农业措施是最有效的防控方法。

合理轮作　采用水旱轮作或者非寄主轮作，非寄主作物如玉米、烟草等。轮作年限越长，病害越轻。

加强栽培管理　灌溉时尽量不要大水漫灌，有条件的可进行滴灌，及时排水，严格控制畦内水分，使土壤保持疏松状态并及时增施磷、钾肥，可以增强抗病力。

提前防治地下害虫　播种之前采取各种措施提前预防地下害虫的发生。

化学防治　由于根腐病是土传病害，一定要提前灌药、预防，如发病后再用药，效果甚微。药剂可用99%噁霉灵原粉F 3000倍液或苯醚甲环唑进行灌根处理。

参考文献

许艳萍，杨明，郭鸿彦，等. 2006. 昆明地区工业大麻病虫害及其防治技术 [J]. 云南农业科技 (4): 46-48.

杨永红，黄琼，白巍，等. 1999. 大麻病害研究的综述 [J]. 云南农业大学学报，14(2): 223-228.

BARLOY J, PELHATE J, 1962. Premieres observations phytopathological relatives aux cultures de chanvre en An jou[M]. Annual epiphyties, 13: 117-149.

（撰稿：王会芳；审稿：陈绵才）

大麻茎腐病　hemp stem canker

由壳二孢属或茎点霉属真菌引起的大麻茎部病害，导致韧皮纤维肿大、腐烂，严重影响大麻纤维的品质和产量，是危害大麻生产的主要病害之一。

分布与危害　在湖北、河南、江西、安徽、山东、河北等主产区均普遍发生，且危害较重。此病若在大麻播种后发生，会造成烂种或死苗；开花期以后发生，植株枯萎。一般发病率为10%～15%，严重的达60%～80%，甚至成片死亡。该病造成大麻不同程度的减产。

大麻茎腐病主要危害大麻的茎秆，播种后发病引起烂种死苗，近地面的嫩茎先发病，初为水渍状小斑点，扩展后呈纺锤形或不规则形褪绿斑，以后病斑逐渐变灰褐色至灰白色，稍凹陷，病斑上散生小黑点，即分生孢子器。开花后发病，多自根部或基部开始，以后逐步向茎部蔓延，有的从叶柄基部侵入而后蔓延到茎部。根部感病后，根系变为褐色；茎部受害后，开始产生黄褐色病斑，以后病斑中部变为灰白色，且有光泽，上面密生很多小黑点（分生孢子器）。发病严重的植株，全株叶片卷曲萎蔫，植株顶端弯曲下垂，叶片蓣果变成黑褐色，株形矮小。当病斑绕茎或枝发展严重时，病部以上的茎叶干枯死亡。同时，由于病菌侵害根、茎的皮层及内部，使根部皮层和茎部韧皮部组织脱光和腐蚀，仅剩纤维，茎的内部中空，最后全株枯死，或被风吹折断。发生严重时，可造成绝产，是大麻生产中的毁灭性病害。

病原及特征　病原有多种，壳二孢属（*Ascochyta*）和茎点霉属（*Phoma*）真菌均能引起该病发生。草茎点霉（*Phoma herbarum* West.）。分生孢子器埋生或半埋生，有时突破表皮，球形，褐色，分散或偶尔聚生，有孔口，无乳突。产孢细胞安瓿形至桶形，无色，内壁芽生瓶体式产孢。分生孢子椭圆形，无色，单胞，4～5μm×1.5～2μm。其在PDA上一周左右菌开始生长，菌落橄榄绿至近黑色，气生菌丝少，絮状，白色，菌丝中心黄色，后密生小黑点（分生孢子器）。在OA（燕麦片琼脂培养基）上3～4天菌开始生长，几乎无气生菌丝。大型分生孢子卵形、近圆柱形、椭圆形，顶端钝圆，基部明显变尖，无色，单胞，光滑，大小为1.14～2.00μm×0.57～1.05μm。小型分生孢子圆柱形或哑铃形，两端钝圆，无色，单胞，大小为0.76～1.71μm×0.29～0.95μm。分生孢子器半埋生，球形，孔口圆形，无乳突或微具乳突，大小为14.31～25.76μm×0.29～0.95μm（见图）。

侵染过程与侵染循环　病菌以菌丝体在病残组织内或以菌核在土壤中越冬，翌年定植后产生分生孢子，借气流和水滴传播。

流行规律　此菌的分生孢子在0～30℃都可萌发，以25～30℃最适宜。分生孢子的耐旱力较强，在室温20～28℃的条件下，经30天干旱，其发芽率仍在10%以上。菌丝的生长适宜温度为30～32℃。菌核能在1℃的低温下不致丧失生活力，在土壤中存活能达2年之久。

大麻茎腐病多发生在盛花期以后，苗期也能发病。借助气流和水滴传播进行初侵染，每年7～8月有1次发病高峰。土壤黏重、水肥管理不当、植株长势弱易发病。

防治方法

选用抗病品种　选用抗病较强的品种种植。对于带菌种子，可辅之以种子处理，以减轻病害。

种子处理　常用浸种的方法，用55～56℃温水浸种

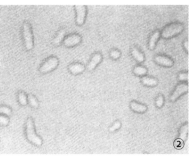

大麻茎腐病病原菌草茎点霉（引自黄素芳等，2009）
①分生孢子器；②分生孢子

D

10～15 分钟。

　　农业防治　开沟作厢，排涝防渍，大麻大多数病害都是由于土壤湿度过大、雨水过多而引起发病的。加强田间管理增施磷、钾肥，可增强植株的抗病能力。中耕除草时注意不要伤根，以减少病菌的传播。

　　化学防治　苗期和现蕾后根据发病情况喷杀菌剂 1～3 次，每隔 7～10 天喷 1 次。药剂有 250g/L 醚菌酯悬浮剂、80% 代森锰锌可湿性粉剂 960～1200g/hm^2。

　　参考文献

黄素芳，向本春，任敏忠，等，2009. 新疆甘草斑点病病原分离鉴定 [J]. 新疆农业科学，46(3): 536-539.

陆家云，1997. 植物病害诊断 [M]. 2 版. 北京: 中国农业出版社.

（撰稿: 王会芳; 审稿: 陈绵才）

大麻霉斑病　hemp mold spot

　　由大麻尾孢引起的、主要危害大麻叶片的一种真菌病害。

　　分布与危害　该病在中国吉林、山东、贵州和云南等各个苎麻产区均有发生。柬埔寨、印度、美国、巴基斯坦、乌干达、韩国、波兰等国也有分布。

　　主要危害叶。多从下部叶片向上扩展，初为圆形至不规则形褐色小斑，扩展过程中受叶脉限制形成多角形病斑，大小为 2～3mm，褐色至暗褐色，大流行时扩展融合成大斑，大片组织褐变，造成叶片干枯脱落。

　　病原及特征　病原为大麻尾孢（Cercospora cannabina Wakefeiid），属尾孢属。病菌子实体生在叶背面，无子座；分生孢子梗 2～10 根束生，浅褐色，上下色泽均匀，正直或弯曲，少数具 1～2 个膝状节，顶端狭，不分枝，圆形至近圆形，孢痕明显，隔膜 0～4 个，大小为 16～67μm×3.5～5.0μm。分生孢子鞭形，无色透明，正直或略弯，基部近截形或截形，隔膜 1 到多个，大小为 45～80μm×3～4μm。

　　侵染过程与侵染循环　病菌以菌丝体或分生孢子在病残体上越冬，成为翌年初侵染源。植株发病后，病部可不断产生分生孢子借气流传播，进行多次重复侵染。

　　流行规律　该菌为弱寄生菌，麻田管理跟不上、麻株生长发育不良易发病；荫蔽低洼麻田或栽植过密发病重；地下害虫、线虫多易发病；肥料未充分腐熟、有机肥带菌或用易感病种子易发病；高温、高湿、多雨易发病。

　　防治方法

　　农业防治　选用抗病品种，选用无病、包衣的种子，如用未包衣种子，则须用拌种剂或浸种剂灭菌。合理密植，科学施肥，注意氮磷钾配合，增强植株抗病力。加强管理，改善麻田通风透光条件，雨后及时开沟排水，防止湿气滞留，可减少发病。播种前和收获后，清除田间及四周杂草，集中烧毁或沤肥；深翻地灭茬，促进病残体分解，减少病原和虫原可减少发病。

　　化学防治　发病初期喷洒 50% 琥胶肥酸铜（DT）可湿性粉剂 500 倍液，或 60% 多福混剂 600～800 倍液，或

36% 甲基硫菌灵悬浮剂 500 倍液，或 50% 苯菌灵可湿性粉剂 1500 倍液，或 65% 甲霉灵可湿性粉剂 1000 倍液。

　　参考文献

LENTZ P L, TURNER C E, ROBERTSON L W, et al, 1974. First North American record for *Cercospora cannabina*, with notes on the identification of *C. cannibina* and *C. cannabis*[J]. Plant disease reporter, 58: 165-168.

WATSON A J, 1971. Foreign bacterial and fungus diseases of food, forage, and fiber crops. An annotated list[J]. Agriculture handbook, 418: 111.

（撰稿: 余永廷; 审稿: 张德咏）

大麻霜霉病　marijuana downy mildew

　　由大麻假霜霉引起的、危害大麻的叶、茎部分的一种卵菌病害。又名大麻假霉病。

　　分布与危害　该病在中国主要分布在华北、东北和云南等地区。

　　危害大麻叶片和茎秆。发病初期，在叶片正面出现白色黄色斑点，随后产生不规则形黄色病斑，后变褐色，背面生一层灰黑色霉状物；茎部受害，病斑轮廓不明显，有时茎秆弯曲。该病蔓延迅速，可使得植株生长减慢、叶片相继死亡，影响大麻产量，造成严重经济损失。

　　病原及特征　病原为大麻假霜霉［*Pseudoperonospora cannabina*（Otth.）Curz］，属假霜霉属。营养体为发达的无隔菌丝体。孢囊梗自气孔伸出，单生或丛生，主干单轴分枝，以后又作二、三回不完全对称的二叉锐角分枝；孢子囊椭圆形，淡褐色，20～30μm×12～20μm，萌发时产生数个肾脏形双鞭毛的游动孢子；有性孢子（卵孢子）尚未发现。

　　侵染过程与侵染循环　病菌以菌丝体及孢子囊在病残体中越冬。新种植地块的初侵染源为夹在种子中的病残体。侵染大麻后，病菌孢囊梗从气孔伸出，2～5 根束生，3～4 次分枝，通过游动孢子囊释放出游动孢子进行再侵染。

　　流行规律　适温（低于 26℃）和高湿（湿度大于 55%），特别是阴雨连绵的天气利于该病的发生。

　　防治方法　主要采取农业防治措施，控制其危害。

　　选择岗地种麻，能及时排涝；改良栽培措施，选用无病地种植。施用充分腐熟的有机肥，增施磷钾肥，不可偏施过施氮肥；合理密植，保持田间通风透光，增强抗病能力；合理浇水，做到浇水不淹地，速灌速排，使田间不积水；清除病残组织，结合翻地深埋。药剂拌种采用 12% 甲硫悬浮液，药种比 1∶50，或红种子大麻种衣剂 1 号，药种比 1∶50。发病初期及时喷洒 80% 喷克可湿粉剂 600 倍液或 40% 大富丹可湿粉剂 400～500 倍液，75% 百菌清可湿粉剂 600 倍液，90% 乙膦铝可湿粉剂 500 倍液，72% 杜邦克露或 72% 克霜氰或 72% 霜脲锰锌可湿粉剂 700～800 倍液，50% 克菌丹可湿性粉剂 600 倍液。

　　参考文献

陆家云，1997. 植物病害诊断 [M]. 2 版. 北京: 中国农业出版社.

杨永红，黄琼，白巍，1999. 大麻病害研究的综述 [J]. 云南农业大学学报 (14): 223-226.

王福亮，2009. 黑龙江省主要大麻病害的综合防治 [J]. 吉林农业科学 (34): 44-45.

（撰稿：张鑫；审稿：朱春晖）

大麻线虫病　hemp nematodes

由线虫侵害引起的大麻上的一种常见病害，对大麻生产可造成严重危害。

发展简史　1956 年，Van der Linde 报道 9 个南方根结线虫种群中有 5 个种群能侵染大麻并能在大麻植株上大量繁殖。1958 年，Martin 的研究也表明，南方根结线虫和爪哇根结线虫可以侵染危害大麻。在欧洲和南美等地区，南方根结线虫是侵染大麻的主要种群，而北方和爪哇根结线虫侵染大麻的报道相对较少。在中国，大麻线虫病害报道极少，2016 年，从云南采集到爪哇根结线虫侵染的大麻样品。在室内利用南方根结线虫、爪哇根结线虫和象耳豆根结线虫进行了接种实验，表明在温室盆栽条件下，南方根结线虫、爪哇根结线虫和象耳豆根结线虫都可以侵染大麻，根结明显，且严重阻碍其生长（见图）。而大麻茎线虫病在意大利、德国、俄罗斯发生较重。但在中国还未见有关茎线虫危害大麻的相关研究报道。

分布与危害　大麻线虫病是一种世界性分布病害，在欧洲、南美等地区发生危害严重。南非也曾报道有根结线虫危害大麻。在中国云南地区，发现有根结线虫危害大麻的情况，引起大面积大麻出现叶片变黄、落叶，导致大麻剥皮难度加大，严重阻碍了大麻的生产。

病原及特征　病原主要为根结属（*Meloidogyne* spp.）或茎线虫属（*Ditylenchus* spp.）线虫。南方根结线虫 [*Meloidogyne incognita*（Kofoid et White）Chitwood]、爪 哇 根 结 线 虫

[*Meloidogyne javanica*（Treub.）Chitwood]、北方根结线虫（*Meloidogyne hapla* Chitwood）和起绒草茎线虫（*Ditylenchus dipsaci*）被报道也能侵染大麻。在南非侵染大麻的有南方根结线虫、爪哇根结线虫和北方根结线虫，而南方根结线虫主要为 2 号和 4 号生理小种。

根结线虫主要侵染大麻根部，苗期、成株期均可受害。侵染后初生很多细小根结，后可长到绿豆至大豆或蚕豆粒大小。剥开根结能见到黄白色雌虫或卵囊，随后卵囊变褐或全根腐烂。严重时每株根系上多个根结，有的相互融合引起全根或侧根肿胀扭曲变形，细根毛很少，使根系生长不规则、受阻。地上部出现叶色变黄、落叶或株枯。大麻受根结线虫侵染后不仅导致产量降低，还能引起大麻剥皮困难。起绒草茎线虫侵染大麻，主要危害大麻茎、枝和叶柄，使其产生隆起，褪绿并使茎发生扭曲，节间畸变，生长受阻，植株矮化。

侵染过程与侵染循环　大麻根结线虫多分布于土壤 5～30cm 处，在砂壤土中主要分布在 20～40cm 土层，而在黄壤土中主要分布在 10～20cm 土层。常以卵或二龄幼虫随病残体遗留在土壤中越冬，成为翌年的主要初侵染源。一般可存活 1～3 年，翌春条件适宜时，孵化成二龄幼虫，二龄幼虫为其侵染期虫态。二龄幼虫从大麻根部根尖侵入，在根内刺激大麻根部细胞，导致细胞膨大形成巨型细胞，通过巨型细胞吸取寄主营养，从而发育三龄、四龄幼虫最后到成虫，并产卵，卵产在胶质卵囊内，卵囊埋在根结内。南方根结线虫与爪哇根结线虫适宜的生长温度是 25～30℃，而北方根结线虫略微偏低。大麻根结线虫病近距离传播主要是依靠灌溉水、雨水、附于农具、动物、鞋上带虫土壤。而远距离传播主要通过带线虫种苗，或附于种苗根部的带线虫土壤传播。

流行规律　大麻根结线虫病在通气性较好、结构疏松的砂质土壤地易于发病；田间土壤湿度是影响孵化和繁殖的重要条件。土壤湿度适合麻类生长，也适于根结线虫活动，雨季有利于孵化和侵染，但在干燥或过湿土壤中，其活动受到抑制。同时，连作、偏施无机化肥（特别是氮肥）地发病也较重。

防治方法　大麻线虫病害防治研究相关报道较少，主要

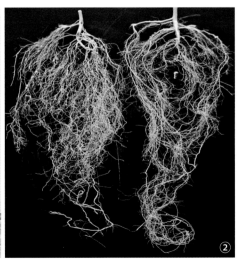

温室盆栽接种爪哇根结线虫（成飞雪摄）
①地上部分；②示根结

D

集中于抗性品种的鉴定与选育。选择抗性品种是大麻线虫病害防治中最直接有效的方法。此外，实施轮作对大麻线虫病害的防治也具有很好的控制作用。对重病田块，在大麻移栽前也可以利用化学药剂如棉隆、威百亩等进行土壤消毒处理，也能达到较好的防治效果。随着分子生物学技术的发展以及基因组测序普及，开展大麻抗性基因的挖掘与转基因抗性育种将成为控制大麻线虫病害的有效手段。

参考文献

杨永红，黄琼，白巍，1999. 大麻病害研究的综述 [J]. 云南农业大学学报，14(2): 223-228.

NORTON D C, 1966. Additions to the known hosts of *Meloidogyne hapla*[J]. Plant disease reporter, 50: 523-524.

POFU K M, MASHELA P W, 2014. Density-dependent growth patterns of *Meloidogyne javanica* on hemp cultivars: establishing nematode-sampling timeframes in host-status trials[J]. American journal of experimental agriculture, 4(6): 639-650.

ROBINSON A F, COOK C G, 2001. Root-knot and reniform nematode reproduction on kenaf and sunn hemp compared with that on nematode resistant and susceptible cotton[J]. Industrial crops and products, 13: 249-264.

SONG Z Q, CHENG F X, ZHANG D Y, et al, 2017. First Report of *Meloidogyne javanica* on Hemp (*Cannabis sativa*) in China[J]. Plant disease, 3: 1.

VAN DER LINDE W J, 1956. The *Meloidogyne* problem in South Africa[J]. Nematologica, 1: 177-183.

（撰稿：成飞雪；审稿：张德咏）

大麻叶斑病 hemp leaf spot

主要由链格孢或弯孢属真菌引起的大麻叶部病害，不能致死，但影响大麻产量。

分布与危害 此病在大麻产区普遍发生，以山西大麻产区为主。昆明地区 6～7 月湿度较大，大麻正值快速生长期，严重时造成早期落叶。该病主要发生于叶片上，初期产生暗褐色小点，以后扩大成近圆形不规则的小病斑，病斑中部淡褐色，周边暗黄色，在叶上方看病斑为橄榄色，直径 2～6mm，微具同心轮纹，病斑上生黑色的霉状物。发病严重时，叶片萎蔫、卷缩脱落。后期病斑背面散发许多黑色粒状物，在潮湿条件下为灰色霉层，即病原的分生孢子梗和分生孢子。

病原及特征 病原有桂竹香链格孢［*Alternaria cheiranthi* (Lib.) Wiltsh.］、香茅弯孢［*Curvularia cymbopogonis* (C.W. Dodge) Groves. & Skolko］和 *Phomopsis ganjae*。桂竹香链格孢，属链格孢目黑霉科链格孢属真菌。分生孢子梗 4～12 根束生，灰褐色，不分枝，局部膨大，具隔膜 2～15 个，大小为 32～96μm×4～7μm；分生孢子单生或串生，椭圆形或近椭圆形至不规则形，暗黄褐色，嘴喙很短或无，表面光滑，具横隔膜 1～5 个，纵隔膜 1～11 个，隔膜处稍缢缩，大小为 21～97μm×13～32μm。香茅弯孢菌落灰至灰黑色

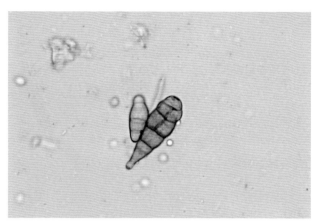

大麻叶斑病病原菌特征（曾向萍提供）

绒毛状，气生菌丝很发达，PDA 上产孢少，分生孢子梗褐色，分隔，直立或略弯，少数有分枝，单生，顶部屈膝状合轴式延伸。分生孢子大多数 4 隔以上，脐点突出，棒状或广梭形，直立或略弯，自基部第三细胞膨大，略向一侧弯曲使孢子微弯。中部细胞暗褐色，基部和头部细胞浅褐色（见图）。

此外，有报道称菠菜链格孢（*Alternaria spinaciae* Allescher et Noack）也是该病病原。

侵染过程与侵染循环 病菌以菌丝体在种子、土壤、病残体上越冬，翌年春季产生分生孢子，借气流传播进行初次侵染，大麻生长季节，植株病部可不断产生分生孢子进行重复侵染。

流行规律 病原菌为弱寄生，麻株在发育不良的情况下发病严重，荫蔽低湿的麻地发病较多，高温高湿有利于孢子侵入，阴雨多湿时发病较重。

防治方法

农业防治 实行轮作；合理密植和合理施用氮磷钾肥，施足基肥，增施磷钾肥，提高抗病力；及时排水，加强中耕除草；及早拔除病株且烧毁；清除田间病株残体，实行深翻。避免种植过密，改善麻地通风透光状况，也能减轻发病。发现零星病株要及时挖除，清除残株落叶，集中深埋。

化学防治 初发病时可喷施 80% 多菌灵可湿性粉剂、75% 百菌清可湿性粉剂、80% 代森锰锌可湿性粉剂等药剂防治 2～3 次。在高温高湿季节，选择晴天叶面喷施甲基托布津，能较好地防止病菌的再次侵染扩散，防治效果显著。

参考文献

许艳萍，杨明，郭鸿彦，等，2006. 昆明地区工业大麻病虫害及其防治技术 [J]. 云南农业科技 (4): 46.

（撰稿：王会芳；审稿：陈绵才）

大麦黄花叶病 barley yellow mosaic virus disease

由大麦黄花叶病毒和大麦和性花叶病毒单独或复合引起，是大麦重要病毒病害。该病害在中国主要由BaYMV引起。

发展简史 大麦黄花叶病最早于 1940 年在日本冈山报道，该病害在欧洲和中国流行前，一直被认为是日本特有的。

该病害在中国从 20 世纪 50 年代浙江省宁海县珠海农场第一次记录发生，直到 70 年代中期大面积流行后才引起人们重视。20 世纪 60～70 年代长江中下游及东部沿海地区（包括湖北、安徽、江苏、上海和浙江）因耕作制度改变，大力推广种植大麦品种——早熟 3 号，由于该品种生长周期短、产量高，但高感大麦黄花叶病，从而迅速导致病害大面积流行。

大麦和性花叶病毒最早在欧洲被发现，与大麦黄花叶病毒粒子形态、传播媒介、寄主范围相同，曾被认为是大麦黄花叶病毒的一个株系，但两者抗血清不相关，基因组同源性较低，且在英国大麦品种 Maris Otter 上表现的症状比大麦黄花叶病毒轻微，从而鉴定为一种不同的病毒。

分布与危害　大麦黄花叶病是一种影响大麦的严重病害，已知在欧洲和亚洲分布。中国主要在长江中下游及东部沿海地区，包括湖北、安徽、江苏、上海和浙江等地有分布。

病害在大麦上引起的典型症状是黄色、花叶，症状在 12 月下旬到翌年 3 月上旬出现，但是不同的大麦品种、地理环境、大麦生育期以及发病的不同病程时期，表现出的花叶程度也不同：发病初期于心叶上呈现淡黄绿色短条点，发病盛期新叶褪绿，上散生绿色短条点，老病叶变深黄色或橘黄色，严重的导致枯斑，植株矮化，在某些品种上花叶进一步发展为坏死症状，引起地间呈黄色条块，甚至整块麦地呈现黄色（图 1）。

病毒侵染所引起的症状表现由于不同大麦品种而有所差别，感病品种症状严重，抗病品种则无症或症状轻微，通常六棱大麦损失较二棱大麦轻。

病害危害造成大麦产量损失严重，主要表现为：①病苗分蘖矮化、僵缩，不能形成有效穗，重病麦苗在拔节前枯死，单株穗数减少。②病株叶片黄化，光合作用效率降低，营养运输受阻，穗粒数减少，千粒重降低。③病株的籽粒干瘪，出粉率降低，粉质差，商品性价值降低。

病原及特征　大麦黄花叶病毒（barley yellow mosaic virus，BaYMV）和大麦和性花叶病毒（barley mild mosaic virus，BaMMV）均为马铃薯 Y 病毒科大麦黄花叶病毒属（*Bymovirus*）成员，病毒粒子呈线状略弯曲，典型长度分别为 200～300nm 和 500～600nm，直径为 13nm，和马铃薯病毒科其他成员一样，均能在寄主植物细胞质内形成特征性风轮状内含体或卷轴状内含体，这些内含体由病毒基因编码蛋白（CI）形成（图 2）。

BaYMV 基因组由两个不同长度的单链正义 RNA 组成，3'- 末端具有 poly（A）尾，5'- 末端结合有 VPg 蛋白。RNA1 长度为 7630～7645 个核苷酸，含有一个单一的大开放阅读框（ORF），编码一个由 2410～2412 个氨基酸组成的分子量约为 271kDa 的大多聚蛋白，经蛋白酶切割后产生 8 个成熟蛋白，从 N- 端到 C- 端分别为 P3、7K、CI、14K、NIa-VPg、NIa-Pro、NIb 和 CP。RNA2 长度为 3582～3585 个核苷酸，含有单一大开放阅读框，编码一个由 890 个氨基酸组成的分子量约为 98kDa 的小多聚蛋白，经蛋白酶切后产生 P1 和 P2 两个成熟蛋白。BaYMV 编码的唯一结构蛋白为 CP，分子量 32kDa。

BaMMV 基因组由两个不同长度的单链正义 RNA 组成，3'- 末端具有 poly（A）尾，5'- 末端结合有 VPg 蛋白。

RNA1 长度为 7261～7263 个核苷酸，含有一个单一的大 ORF，编码一个由 2258 个氨基酸组成的分子量约为 256kDa 的大多聚蛋白，经蛋白酶切割后产生 8 个成熟蛋白，从 N- 端到 C- 端分别为 P3、7K、CI、14K、NIa-VPg、NIa-Pro、NIb 和 CP。NIa-Pro 为催化裂解的蛋白酶，识别 QA、QS 或 EG 双氨基酸残基。BaMMV 编码的 14K 蛋白分子量只有 BaYMV 编码的 14K 蛋白的一半，但是具有相似的疏水特性。RNA2 长度为 3516～3524 个核苷酸，含有单一大 ORF，编码一个由 891 个氨基酸组成的分子量约为 98kDa 的小多聚蛋白，经蛋白酶切后产生 P1 和 P2 两个成熟蛋白，P1 含有一个类似马铃薯 Y 病毒属 HC-Pro 蛋白样的蛋白质结构域，识别 GA 双氨基酸残基并裂解，P2 蛋白与真菌传杆状病毒

图 1　大麦黄色花叶病症状（陈剑平提供）

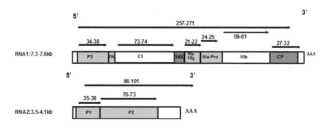

图 2　大麦黄花叶病毒和大麦和性花叶病毒基因组结构

（陈剑平提供）

属（*Furovirus*）CP-RT 蛋白具有一定的同源性。P1 和 P2 蛋白均已在病毒侵染的大麦植株中发现。BaMMV 编码的唯一结构蛋白为 CP，分子量 28.4～28.5kDa（图 2）。

BaYMV 和 BaMMV 的自然寄主仅为大麦（*Hordeum valgare*），但 BaMMV 可以摩擦接种侵染山羊草（*Aegilops* spp.）、旱麦草（*Eremopyrum hirsutum*）、小黑麦（*Triticosecale*）、黑麦（*Secale cereale*）、硬粒小麦（*Triticum durum*）。

侵染过程与侵染循环　土壤中禾谷多黏菌是 BaYMV 和 BaMMV 的传播媒介。寄主大麦残根中或散落在土壤中的禾谷多黏菌休眠孢子堆，经过一段休眠期，释放初生游动孢子侵染寄主大麦根细胞，并且将体内携带的病毒传到寄主细胞，或者在病株根部获毒，初生游动孢子侵入寄主细胞后形成原生质团，产生游动孢子囊，释放次生游动孢子，次生游动孢子携带病毒再次侵染大麦根系，形成原生质团和游动孢子囊，不断侵染循环，或形成休眠孢子堆，完成生活史。

禾谷多黏菌休眠孢子和游动孢子带毒率比较低，只有 1%～2%，但带毒量很大，每个带毒孢子含有 3000～7000 个病毒粒子，具有很强的侵染能力，病土稀释 15625 倍仍然可以侵染小麦，干燥的病土传毒时间超过 10 年。

这类病毒从根到叶的运动相当缓慢，需 30～40 天，而从叶到根的运动仅需要 5 天。病毒从根到叶的运动之所以缓慢，可能取决于韧皮部对病毒的吸收情况。

流行规律　温度是影响大麦黄花叶病症状表现的一个重要因子。禾谷多黏菌在 10～16℃ 时最能侵染并传播病毒，如果秋季温和冬季寒冷则发病较重，11 月中下旬的温度为 10℃，则最有利于发病。在温度达到 20℃ 时病害出现隐症。

水是休眠孢子萌发和游动孢子游动所必需的。湿度不足可限制禾谷多黏菌侵染寄主根部的能力。在发生侵染之前，很短时间的干燥有利于休眠孢子体内初生游动孢子的形成和释放。另外，水还是病害蔓延的一个途径。

在不易翻耕、干燥的重黏土中病害常较重。土壤渗水性可以影响游动孢子的运动以及土壤的干燥速率，土壤 pH 可以影响禾谷多黏菌存活、休眠孢子萌发和侵染。

防治方法　有关禾谷多黏菌的拮抗物、寄生物或捕食者的资料几乎没有，但推测自然界存在一些天然的生物防治物质。在离体条件下，木霉（*Trichoderma harzianum*）可寄生于禾谷多黏菌的休眠孢子上，并促使其解体。

防止病土运输扩散，避免利用病残体厩肥等田间管理措施，可以作为控制病害蔓延的预防措施，深耕和轮作也有助于减轻病害。

选育抗病大麦品种是防治大麦黄花叶病最经济有效的方法。幸运的是，大麦种质资源中存在大量 BaYMV 和 BaMMV 抗源，其中 4 个日本品种 Chosen、Hagane Mugi、Iwate Mensumy 2、Mokusekko 3 和欧洲品种 Energy 对 BaYMV 和 BaMMV 均表现免疫，中国已利用这些抗源培育出一批大麦抗病品种并在生产上应用，对有效控制大麦黄花叶病在中国的危害发挥了重要作用。

参考文献

中国农业科学院植物保护研究所, 中国植物保护学会, 2015. 中国农作物病虫害 [M]. 3 版. 北京: 中国农业出版社.

（撰稿：陈剑平；审稿：康振生）

大麦坚黑穗病　barley covered smut

由大麦坚黑粉菌侵染引起的穗部病害。又名炭麦、黑麦、灰包和鬼麦。该病是危害大麦的一种主要病害，在世界各大麦产区均有不同程度发生。它对大麦生产危害较小，一般造成的平均产量损失为 1%～5%。

发展简史　印度和加拿大在 1935 年左右开始了对大麦坚黑穗病抗性研究。中国植物病理学家俞大绂早在 20 世纪 30 年代开展了大麦抗坚黑穗病的育种研究，在病原菌群体中发现了不同的毒性基因，并利用鉴别寄主鉴定获得 6 个抗坚黑穗病基因，大麦坚黑粉菌与其寄主互作模式符合基因对基因假说。

分布与危害　在世界各大麦种植区域均有坚黑穗病的发生。在历史上，该病害曾在加拿大、美国危害非常严重，造成严重经济损失。病株在抽穗后显现坚黑穗病的典型症状，病株花器、小穗均被破坏，花器内种子部位形成冬孢子团，内部黑粉状物持久被包裹在一层银灰色至灰白色薄膜内，不易破裂，冬孢子间具油脂类物质相互黏聚而不易飞散（见图）。病原菌的冬孢子主要黏附在收获的大麦籽粒上，而散落在田间冬孢子所占比例较小。在 20 世纪 50 年代初期，中国大麦坚黑穗病平均发病率在 10% 左右，如 1956 年福州近郊龙门县一般地块发病率 4%～5%，部分病重地块发病率 13.5%；1957 年福建新店附近个别病重田发病率高

大麦坚黑穗病田间症状（蔺瑞明提供）

达50%以上；1989年江苏北部大麦黑穗病重病田病穗率达26%。由于普遍采用有效的杀菌剂种子包衣处理，能有效防治该病害，大麦坚黑穗病所造成的经济损失很小。但在局部地区如四川甘孜、西藏昌都地区和云南弥渡的部分地块发病率在4%～8%，云南宣威大麦坚黑穗一般发病率在5%左右，甚至超过15%，严重影响了当地大麦产量和品质。1990—1993年在阿塞拜疆东部和伊朗阿尔达比（Ardebil）地区调查发现，约一半地块发生大麦坚黑穗病，造成的产量损失约1.37%；1974—1975年摩洛哥各地大麦种子抽样调查发现，84%种子样品携带大麦坚黑穗菌。由于坚黑穗病感染的麦穗与健康籽粒一起收割，该病害引起的减产并降低大麦籽粒的等级都会增加经济损失。

病原及特征　病原为大麦坚黑粉菌［Ustilago hordei（Pers.）Lagerh.］，属黑粉菌属。冬孢子球形或近球形，直径5～8μm，橄榄褐色至深褐色，半边颜色较淡，表面光滑无刺。冬孢子萌发温度5～35℃，最适萌发温度为20℃，最适侵染温度20～24℃。在干燥条件下冬孢子存活能力维持长达5年之久，但在潮湿土壤中其萌发力维持时间较短。冬孢子仅在寄主组织上形成，干燥后可在液氮中长久保存。冬孢子萌发后，彼此靠近的不同交配型担孢子融合，双核侵染菌丝在"结合桥"处形成。U. hordei 基因组大小为26.1Mb，编码7113个蛋白。大麦坚黑粉菌群体中存在不同的交配型，也有生理小种分化现象。Tapke，Pedersen和Kiesling在美国大麦坚黑粉菌标样中鉴定出14个生理小种。俞大绂从中国江苏大麦坚黑粉菌标样中发现5个生理小种，后来与方中达从中国西南地区的病菌标样中鉴定出9个生理小种。杂交和突变是大麦坚黑粉菌新小种产生的根源。已经发现 U. hordei 群体中存在2种交配型。已鉴定出 U. hordei 多个无毒基因和等位毒性基因，如 Avr1，Avr2，Avr3，Avr4/Avr5 和 Avr6 等，其中无毒基因 Avr1 已被克隆，已在鉴别寄主中发现相对应的抗病基因。U. hordei 能侵染大麦（Hordeum）和燕麦（Avena sativa L.），引起坚黑穗病。大麦坚黑粉菌容易与其近源种燕麦散黑粉菌［Ustilago avena（Pers.）Rostr. 异名 Ustilago nigra Tapke］杂交，这可能与二者具有相同的毒性基因和孢子团的一些形态变异有关。

侵染过程与侵染循环　大麦坚黑穗病属于单循环病害，每个生长季仅在苗期发生一次侵染。大麦收割脱粒过程中，病穗被挤压破碎，包裹病麦花器和小穗的白色薄膜破裂，散出的黏性冬孢子粉黏附在麦粒上，或散落到土壤表面。若遇有适当湿度时，冬孢子能当季萌发，以先菌丝蔓延到大麦颖壳和种皮间缝隙，或侵入到种皮内潜伏，越冬或越夏。对于裸大麦，病原菌仅以冬孢子黏附在种子表面越冬或越夏。此外，在收获前，病穗与附近的健穗在风力作用下相互碰撞和摩擦，部分冬孢子黏附到健穗上。因此，带菌种子是该病害的最主要初侵染源，也是其主要传播途径。当湿度适宜时，病原菌冬孢子或潜伏在种子中的休眠先菌丝几乎能和大麦种子同时萌动。播种后，当土壤温度、湿度适宜的条件下，冬孢子萌发产生先菌丝，或种内先菌丝恢复生长。冬孢子萌发后形成圆柱形先菌丝，包含4个细胞，每个细胞的近隔膜处产生一个担孢子。不同配型担孢子相互结合或担孢子萌发产生的次生小孢子萌发形成的单

核菌丝相互结合，形成双核侵染菌丝，在种子萌发后、幼苗出土前经大麦胚芽鞘侵入。菌丝在寄主组织中蔓延扩展，并定殖在生长点之后的分生组织中。如果病原菌侵入了整个胚芽鞘，会导致病株更多的分蘖株发病。随着寄主植物生长，菌丝始终保持停留在分生组织中，菌丝体随麦苗生长而向上扩展。直到花器形成时，病菌菌丝侵入子房组织，并在形成种子的部位形成一个菌丝团。大麦抽穗前，被侵染的小穗内形成大量黑粉状冬孢子团。

流行规律　黏附在麦粒表面的冬孢子，或潜伏在麦粒颖壳内或种皮内的休眠先菌丝，是坚黑穗病的主要初侵染菌源。由于冬孢子易于萌发，散落在田间土壤或粪肥中的病穗或少量冬孢子存活率较低，而非主要初侵染菌源。萌发较早的冬孢子先菌丝能侵入颖片和种皮间隙并以菌丝形式休眠。病菌冬孢子随大麦种子的萌发而萌动，侵染菌丝经胚芽鞘侵入，侵染仅在大麦种子萌发后至出土前发生。当胚芽鞘出土并露出叶梢时，就不能发生侵染。因此，播种后土壤温湿度对病原菌侵染过程影响较大。播种后土壤比较干燥、土温低或播种较深，出苗缓慢，则增大病原菌侵染概率，发病往往较重。播种时土壤温度10～25℃，土壤湿度适中（含水量40%～50%），发病率较高；尤其是在土壤温度20℃时，非常适合病原菌冬孢子萌发和菌丝生长和入侵，发病率最高。播种后温度变幅较大时，发病率也较高。有的地区种植户多采用自留麦种，而不采用药剂处理种子，累加易造成翌年病害的加重、流行。由于该病害主要通过种子远距离传播，跨区调运种子也是造成大麦坚黑穗病发生流行的主要因素。大麦坚黑粉菌种群内存在不同的生理小种，虽然新小种产生速度较缓慢，但其优势小种发生变化，将会导致生产品种抗病性"丧失"，也会引起该病害在局部地区突然暴发流行。

防治方法　利用保护性杀菌剂（如代森锰锌）或系统性杀菌剂（如萎锈灵或戊唑醇）处理种子，或播种抗病品种并结合农业防治措施，都能非常有效控制坚黑穗病发生。

化学防治　种子药剂处理是防治大麦种传病害的关键措施。采用保护性杀菌剂或内吸性杀菌剂处理种子，都能有效防治大麦坚黑穗病。①药剂浸种。播种前用15%三唑醇100g，或20%三唑酮150ml，或50%多菌灵可湿性粉剂200～300g，配制100kg药液，可浸种100kg左右种子。浸种36～48小时后捞出种子并晾晒干，即可播种，浸种时间可根据温度高低适当延长或缩短。②药剂拌种。亦可采用占种子量0.3%的50%多菌灵可湿性粉剂拌种，均能达到有效杀灭种子表面携带的大麦坚黑穗病菌冬孢子；15%粉锈宁可湿性粉剂拌种，用药量占种子重量0.2%，防治效果达到100%；可用50%福美双拌种，用药量占种子重量0.5%；15%三唑醇，占种子重量0.1%左右。

农业防治　①选用无菌良种。建立无病留种田，在大麦抽穗灌浆期，大麦坚黑穗病症状已明显表现出来，及时发现并拔除制种田间病株、病穗，并带出田外烧毁或沤肥，以减少病原菌冬孢子数量，减低种子带菌率。利用PCR技术可以快速检测田间病株率。同时注意种子更新换代，少用或尽量不用自留病田麦种；多选用原种或良种，籽粒饱满，发芽势强，播种后出苗快而整齐，减少病菌侵染概率。②适期播种。大麦坚黑穗病适宜发病土壤温度为20～25℃。对于冬大麦，

播种早，土温高，黑穗病发生重而条纹病发生轻；播种迟，土温低，黑穗病发生轻而条纹病发生重，春大麦的情况恰相反。适宜时期播种，有利于减少种子萌发至麦苗出土时间，减少病菌侵染机会。利用机械条播，深浅一致，出苗快而整齐，可有效减轻病害发生。

选用抗病或耐病品种　种子处理能有效防控坚黑穗病，从而没有重视选育培育抗病品种。但是，美国发现许多品种对 14 个生理小种中的部分小种具有抗性。大麦对坚黑粉菌抗性符合基因对基因学说。在鉴别寄主中发现了与无毒基因相对应的抗病基因，如抗病基因 *Ruh1*、*Ruh2*、*Ruh3*、*Ruh4*、*Ruh5* 和 *Ruh6* 等。在一些品系中，主效基因抗性是由 1 对显性基因控制；而在其他材料中，已发现主效基因抗性是受 2 对、3 对或 4 对独立遗传的基因调控。然而，1 个抗病基因还不能保证品种不受病原菌侵染，而仅能控制病穗不再发展。Wells（1958）利用遗传学分析发现大麦品种 Titan（CIho 7055）、O.A.C.21（CIho 1470）、Ogalitsu（CIho 7152）和 Anoidium（CIho 7269）均含有抗病基因 *Uh*，Anoidium 还含抗病基因 *Uh2*，Ogalitsu 具有另一个抗病基因 *uh3*，Jet（CIho 967）含有抗病基因 *uh4*。大麦品种 Pannier（CIho 1330）含有抗 8 号小种的 4 个独立遗传抗病基因。春大麦品种 Gree（CIho 15256）、Beacon（CIho 15480）、Conquest（CIho 11638）和 Morex（CIho 15773）抗 *U. hordei* 的 13 个生理小种。通过遗传分析和抗病基因标记定位，获得与抗病基因紧密连锁的分子标记，如获得与 Q21861 抗坚黑穗病基因 *Ruhq* 紧密连锁的分子标记，该基因第五染色体短臂上，将品种 TR306 中的抗病基因 *Ruh1* 已标记定位在第一染色体的短臂上。利用已获得的分子标记开展分子标记辅助选择育种，加速了抗病育种进程，提高了育种效率。目前也发现了一些控制部分抗性的微效基因。有的品种表现为部分抗性，即病株的部分麦穗被侵染而发病，或者表现为病害的严重度降低。此外，环境因子也影响病菌侵染的严重程度。

参考文献

董金皋，2007. 农业植物病理学 [M]. 2 版. 北京 : 中国农业出版社.

卢良恕，1996. 中国大麦学 [M]. 北京 : 中国农业出版社.

魏景超，1979. 真菌鉴定手册 [M]. 上海 : 上海科学技术出版社.

中国农业科学院植物保护研究所，1995. 中国农作物病虫害 [M]. 2 版. 北京 : 中国农业出版社.

ARDIEL G S, GREWAL T S, DEBERDT P, et al, 2002. Inheritance of resistance to covered smut in barley and development of a tightly linked SCAR marker[J]. Theoretical and applied genetics, 104: 457-464.

FARIS J A, 1924. Physiologic specialization of *Ustilago hordei*[J]. Phytopathology, 14: 537-557.

FLOR H H, 1955. Host-parasite interaction in flax rust - its genetics and other implications[J]. Phytopathology, 45: 680-685.

TAPKE V F, 1945. New physiologic races of *Ustilago hordei*[J]. Phytopathology, 85: 970-976.

YU T F, 1940. Breeding hulled barley for resistance to covered smut (*Ustilago hordei* (Pers.) K. and S.) in Kiangsu Province[J]. Nanking journal, 9: 281-292.

YU T F, FANG C T, 1945. A preliminary report on further studies of physiological specialization in *Ustilago hordei*[J]. Phytopathology, 35: 517-520.

（撰稿：蔺瑞明；审稿：康振生）

大麦散黑穗病　barley loose smut

由裸黑粉菌系统侵染引起的大麦穗部病害。又名大麦黑疸、乌麦、大麦灰包等，在世界各大麦种植区域广泛分布，是大麦上常见病害之一。由于采用化学药剂种子包衣处理等技术措施，该病害对大麦生产造成的危害较小。

发展简史　病原裸黑粉菌 [*Ustilago nuda*（Jens.）Rostr.]，异名为 *Ustilago tritici*（Pers.）Rostr. 及 *Ustilago nuda* var. *tritici* Schaf.，能侵染大麦及小麦引起散黑穗病。但后来发现裸黑粉菌寄生性具有寄主专化现象：裸黑粉菌大麦专化型 [*Ustilago nuda* f. sp. *hordei*] 仅能侵染大麦，而不能侵染小麦；小麦专化型即小麦散黑粉菌 [*Ustilago nuda.* f. sp. *tritici*] 仅能侵染小麦和黑麦，而不能侵染大麦。裸黑粉菌群体中存在生理专化性，最早 Tisdale 和 Griffiths 鉴定出 2 个生理小种，1941 年，Thren 在欧洲鉴定出分别能侵染冬性和春性大麦各 1 个生理小种。在 20 世纪 50 年代 Tapke 从美国 30 个州、墨西哥和加拿大收集的 146 个菌株中鉴定出 4 个生理小种，其中 1 号小种出现频率高达 63%。另外，1951 年，Catcheside 利用 10 个鉴别寄主（Regal、O.A.C.2I、White Hulless、Bay、Warrior、Compana、Trebi、Montaclm、Titan 和 Valkie）鉴定出 10 个加拿大生理小种。大麦与裸黑粉菌互作符合基因对基因假说，已发现 15 个大麦抗散黑穗病基因。

分布与危害　它是世界性病害，曾经在北美地区、南亚次大陆、欧洲及非洲大麦种植地区暴发流行，造成严重经济损失。病株在抽穗期前生长正常，但常较健株略高，多数病株抽穗时间比健康株略早。病害症状在大麦抽穗到成熟阶段非常明显。在抽穗前，除了容易破碎的菌瘿薄膜外，病穗的花器、小穗均已被破坏，完全转变成了一团干燥的、橄榄褐色冬孢子粉，只残留穗轴和芒，芒变白干枯。刚抽出苞叶的病穗外面包一层灰白色的薄膜，但在病穗刚露出苞叶后很快就破裂，冬孢子被风雨吹散，扩散到周围健穗正在发育的籽粒上。有的病穗上依然保留麦芒，但有的只剩下裸露光秃的穗轴（见图）。大麦散黑穗病在中国大麦种植地区平均病穗率为 1%～5%。散黑穗在个别地区的个别年份发病率较高，如 1995 年江苏盐都六棱大麦散黑穗病自然病穗率 5.5%～12.0%，平均病穗率 6.7%，平均每亩损失大麦 27.5kg。该病害造成的损失与病穗率直接相关。在个别情况下，高感病品种产量损失超过 20%～30%。但经过多年的努力，特别是内吸性化学药剂处理种子技术广泛应用，该病害对大麦生产造成的影响减少到了最低程度。利用内吸性化学药剂防治散黑穗病是非常有效的措施，所用种子经化学药剂拌种处理，即使某个地区的气候条件非常适合散黑穗病发生，也可以使该病造成的年损失率到不到 1%。因此，散黑穗病对当前大麦生产造成的危害较轻，但对该病害的防治仍要保持足够的重视，防止菌源量积累。另外，应充分利用抗病品种，减少对化学药剂的依赖。

病原及特征　病原为裸黑粉菌［*Ustilago nuda*（Jens.）Rostr.］，属黑粉菌属，侵染和危害大麦穗部组织，造成散黑穗病。大麦和小麦散黑穗病症状和发病规律相同，并且病原菌形态较相似，但二者病原菌冬孢子萌发方式存在差异。裸黑粉菌能在寄主组织中产生透明的双核菌丝。在成熟时，菌丝体中的菌丝细胞壁加厚、断裂，形成橄榄褐色、球形至卵圆形的冬孢子，表面布满细刺，直径 5～8μm，一半颜色稍浅，另一半略深。在适宜条件下，冬孢子形成 24 小时后即可萌发，萌发温度 5～35℃，最适温度 20～25℃。在寄主组织或培养基上，冬孢子萌发时产生 4 个细胞的担子（即先菌丝），而不产生担孢子。亲和型的担子细胞或其产生的接合管融合，形成双核侵染菌丝。菌丝生长最适温度 24～30℃，最高温度 35℃。冬孢子在大麦成熟时的自然条件下仅存活几周，因此，不可能经越冬或越夏后再侵染寄主。大麦散黑穗菌群体内存在生理小种分化现象，但由于其生物学特性使其产生新小种的过程较缓慢。

侵染过程与侵染循环　大麦散黑穗病的病原菌从花器侵入，是系统侵染类型的真菌病害，在大麦一个生长季仅发生 1 次侵染。病原菌仅以休眠菌丝残存在被侵染的大麦种子胚部，以此越冬或越夏，种子外表无任何症状。在下一个生长季，当带菌的种子萌发时，病原菌菌丝也开始萌动、生长、蔓延，菌丝随寄主上胚轴向上生长，进入到生长点附近的组织中，菌丝体继续随麦苗生长而向上扩展。在麦苗生长发育到 2～3 个节时，菌丝体进入穗原基。在大麦孕穗期间，菌丝体在穗部组织中迅速生长繁殖，侵染并破坏全部花器，其内菌丝细胞壁加厚、分化、断裂，形成冬孢子（或厚垣孢子）组成的黑粉团，黑粉团被极易破碎的菌瘿薄膜包裹着，多数病穗不能结实。一般来说，除穗轴外，病穗其他组织都会被破坏并转变成黑粉团。在病穗露出苞叶后不久，黑粉团包膜破裂，释放出成熟冬孢子。散黑穗病株抽穗期常比周围健株略早，此时正值大麦抽穗扬花期，冬孢子经风吹雨淋飘落到其周围附近植株正在开花的花器中。冬孢子萌发后，亲和型先菌丝融合形成的双核侵染菌丝从柱头侵入子房或直接穿透子房壁侵入，在寄主胞间和胞内蔓延、扩展，直到进入发育中的胚，并定殖在盾片、胚轴以及生长点组织中。当大麦种子成熟时，菌丝已进入胚、胚乳和子叶盘，随着大麦成熟，菌丝细胞的胞膜加厚而进入休眠状态。

流行规律　大麦散黑穗病种传单侵染循环病害，该病害侵染仅限在大麦开花期发生，无再侵染过程，因而带菌种子是唯一初侵染源。当病穗开始散发冬孢子时，大风、阴雨连绵而凉爽天气条件（15～22℃）非常有利于冬孢子扩散、传播和萌发。大雨则易将病菌孢子淋落到地上而减少飘落到周围健株上的概率。病原菌侵入大麦花器的概率主要受抽穗至开花期时田间温度和湿度影响较大。潮湿、多云和气温适中的天气条件下大麦花器保持开口时间较长，在此环境条件下更有利于病菌侵入花器。在相对湿度 95% 左右、适宜的温度（20～25℃）条件下，最有利于病原菌冬孢子萌发和侵入。相反，如果大麦抽穗开花期气候干燥，黑粉菌成功侵染概率低，种子带菌率就低。一般而言，大麦开花期温度不是病原菌萌发和成功侵入大麦花器的限制性因素，病穗率与上一生长季大麦扬花期雨水多少呈正相关。冬孢子抗干热能力强，但不耐湿热。裸黑粉菌冬孢子在 15～16℃ 时，仅尚存活几个月，但在 -2～0℃ 条件下保存，则可存活 14 年仍具侵染力。

大麦散黑穗病症状（蔺瑞明提供）
①大麦散黑穗病株保留麦芒症状；②后期穗轴裸露症状

在干燥条件下，冬孢子保持萌发力长达 5 年。散黑穗病菌能以休眠菌丝在贮存的大麦种子内长期存活达 11 年。远距离跨区调种，也能引起该病害在局部地区突然暴发流行。

防治方法　采用化学防治措施为主并结合抗病品种推广利用等农业防治措施，可以有效防治散黑穗病。

化学防治　采用化学药剂处理种子是防治该病害最有效的措施。但与其他大多数种传病原菌不同之处在于，不能用仅具有表面活性的保护性杀菌剂防治大麦散黑穗病。20 世纪 70 年代前，主要利用冷、热水处理种子以及筛选合格种子来防治散黑穗病，这样能杀死胚中的菌丝而不伤及胚，降低种子带菌率。

利用高效、经济的种子处理杀菌剂防治散黑穗病技术已被广泛应用。萎锈灵是最先用于防治散黑穗病的杀菌剂。用 75% 萎锈灵 150g 或 100% 萎锈灵 100g 拌麦种 50kg；也可用 25% 萎锈灵拌种，用药量约占种子重量 0.3% 左右。用 15% 粉锈宁可湿性粉剂按种子量 0.2% 拌种，或 12.5% 特普唑按种子量 0.3%～0.5% 拌种，种子重量 0.15% 的 15% 羟锈宁粉剂拌种，或 50% 苯来特按种子量 0.1%～0.2% 拌种，可以完全有效控制散黑穗病。当药剂处理后的种子萌发时，系统性杀菌剂就会转移到生长的麦苗内，杀死或抑制病原菌菌丝生长。但是，在欧洲已发现了一些高抗萎锈灵的裸黑粉菌菌株。经遗传分析发现，从欧洲大麦田分离到 2 个抗萎锈灵菌株的抗药性受 1 个显性或不完全显性基因 *CBX1R* 控制。环丙吡菌胺是防治多种作物的土传和种传病害的种子处理新广谱杀菌剂，包括防治大麦散黑粉病等病害。另一种化学药剂戊唑醇已登记用作大麦种子处理杀菌剂，对防治散黑穗病非常有效。

农业防治　建立无病制种田是有效控制大麦散黑穗病的重要措施。在制种田，所用种子经过严格灭菌处理。在大麦开花抽穗前应加强田间管理，注意检查、及时拔除病株，并彻底销毁，以减少病菌初侵染菌源数量。此外，制种田块远离普通大麦生产田至少 300m。

选用抗病、耐病或避病品种　大麦品种对散黑穗病抗性存在三种类型：①胚抗类型，病原菌不能侵入胚内。②病原菌虽能侵入胚，但在不同分生组织发育有差异，成株期不表现发病症状。③闭花授粉类型品种或颖壳开口角度小，开口时间短，达到避病的效果。育种家已经为散黑穗病危害严重的地区选育抗病品种。至少有 15 个大麦抗散黑穗病基因（*Run1*～*Run15*）已经被鉴定并命名。在加拿大西部，*Run8* 抗大多数散黑粉菌生理小种，并且多数抗性大麦品种含有该基因。多个抗散黑穗病基因已被标记定位，如 *Run1*（即 *Un1*）基因位于第一染色体短臂（7HS），与一个抗秆锈病基因和控制淀粉类型基因连锁；*Run6* 定位于大麦第三染色体长臂（3HL），与控制叶片绒毛性状基因连锁；*Run8* 基因位于第五染色体（1HL），并获得与其紧密连锁的分子标记，为这些基因在分子标记辅助育种中有效利用奠定了基础。大麦对散黑穗病抗性具有生理小种专化性，针对当地主要流行生理小种开展抗病育种更能有效控制该病害。生产中广泛使用的主要大麦品种已积累了较好的抗性。

参考文献

董金皋, 2007. 农业植物病理学 [M]. 2 版. 北京 : 中国农业出版社.

卢良恕, 1996. 中国大麦学 [M]. 北京 : 中国农业出版社.

中国农业科学院植物保护研究所, 1995. 中国农作物病虫害 [M]. 2 版. 北京 : 中国农业出版社.

AGRIOS G N, 2005. Plant pathology [M]. 5th ed. New York: Academic press.

JONES P, 1997. Control of loose smut [J]. Plant pathology, 46: 946-951.

SKOROPAD W P, JOHNSON L P V, 1952. Inheritance of resistance to *Ustilago nuda* in barley [J]. Canadian journal of botany, 30(5): 525-536.

TAPKE V F, 1948. Environment and the cereal smuts [J]. The botanical review, 359-412.

TAPKE V F, 1955. Physiologic races in *Ustilago nuda* and techniques for their study [J]. Phytopathology, 45: 73-78.

TISDALE W H, GRIFFITHS M A, 1927. Variants in *Ustilago nuda* and certain host relationships [J]. Journal of agricultural research, 34: 993-1000.

ZANG W, ECKSTEIN P E, COLIN M, et al, 2015. Fine mapping and identification of a candidate gene for the barley Un8 true loose smut resistance gene [J]. Theoretical and applied genetics, 128: 1209-1218.

（撰稿：蔺瑞明；审稿：康振生）

大麦条纹病　barley stripe

由麦类核腔菌引起的危害大麦地上部分的真菌病害。

分布与危害　大麦条纹病是世界大麦种植区的主要病害之一，尤其在北欧和地中海地区比较严重。在中国春麦区、冬麦区和青藏高原裸大麦（青稞）种植区普遍发生。大麦条纹病植株地上部分均能发病，以叶部受害最重。首先出现在幼苗第二或第三片叶，然后蔓延到其他更多叶片，新长出的叶片出现黄色条纹。病斑纵向逐渐延伸至整个叶片，之后病组织迅速坏死。病斑间常彼此合并，最后病叶枯死。病株常常矮化，抽穗期旗叶呈浅茶褐色，许多病株不能抽穗，或抽出的麦穗枯死、扭曲，或被挤压成一团，病穗为褐色。侵染程度较重的麦穗不能结实，或形成严重皱缩的籽粒，多为褐色（图 1）。世界上许多国家条纹病导致产量严重损失。土耳其条纹病为害减产 15%，埃及导致感病品种产量损失可达 44%～92%。在中国，冬麦区秋播推迟，出苗时气温较低，常连续阴雨，条纹病易发生；春麦区和青藏高原青稞种植区播种时一般温度较低，成株期高温多湿，也易引起病害流行。20 世纪 50 年代初大麦条纹病在苏北造成的产量损失高达 30%。甘肃玉门自 2005 年以来严重流行，病田发病率达 60%，产量损失高达 40%。在长江流域、云南及甘南藏区流行严重，甘南藏区病株率高于 18%，江苏、浙江、四川、湖北等地病情严重地区大麦产量损失达 20%。

病原及特征　大麦条纹病菌有性态是麦类核腔菌（*Pyrenophora graminea* Ito & Kuribayashi），其无性态是禾内脐蠕孢 [*Drechslera graminea*（Rabenh.）Shoemaker，异名 *Helminthosporium gramineum* Rabenh.]，在自然界中常

见的是其无性态，有性态较少见。

菌丝体淡黄色，遍布病组织中。分生孢子梗多由气孔生出，常 3～5 个丛生，梗上顶生或侧生分生孢子。分生孢子直或略弯，有 2～10 个隔膜，半透明至黄褐色，基部常较上端略宽，基细胞呈半球形，大小为 30～110μm×11～24μm，次生分生孢子梗及分生孢子较常见。分生孢子极易萌发，在足够湿度下 6～30℃ 均可萌发，适温 25℃。分生孢子或菌丝体在 PDA 或 PSA 人工培养基培养基上生长良好，菌落生长条件为 pH5～7、25℃、无光照，致死温度和时间为 50℃、10 分钟；自然条件下在大麦叶片、秸秆和麦穗上均可产孢，但在人工培养基上却不易产孢。在加入大麦秸秆煮沸过滤液的琼脂培养基上荧光与黑暗交替条件下培养 6 小时，再经近紫外光与黑暗交替条件下培养 7 天后可产生分生孢子。

在自然界很少见到麦类核腔菌子囊壳。秋季在大麦秸秆上能形成子囊壳。假囊壳略伸长，576～728μm×442～572μm，表生或部分埋生，表面具有坚硬刚毛。刚毛上常形成大量分生孢子。子囊棒状或圆筒状，双囊壁清晰，顶端钝圆，基部着生在短柄上。子囊孢子 43～61μm×18～28μm，浅黄褐色，椭圆形，末端钝圆，具有 3 个隔膜，中间细胞具 1 个隔膜（偶尔 2 个）。但末端细胞不具纵隔膜。在病害侵染循环中子囊孢子不起作用。

麦类核腔菌存在生理专化性，已建立由 5 个大麦品种组成的鉴别寄主。根据菌株致病性差异划分为无毒性、中等毒性和有毒性菌株 3 种类型，筛选到高致病力菌株 Dg2，在国外作为条纹病抗性鉴定的常用菌株。

图 1 大麦条纹病症状（蔺瑞明提供）

侵染过程与侵染循环 病原菌丝体主要生活在大麦果皮和外壳的薄壁细胞间，种子萌发时菌丝生长，从芽鞘侵染到幼芽，依次侵入到各层嫩叶组织中，最后侵入穗部。病部产生的大量分生孢子在大麦扬花期间传到邻近植株花器上，孢子萌发，菌丝进入内颖与种皮之间、或在种皮内以潜伏菌丝形式存活下来，潜伏菌丝一般不会形成二次侵染，而在下次播种后成为初侵染源。

病菌主要以菌丝体在大麦种皮内越冬越夏。一般来说，大麦条纹病在田间形成的初侵染源是种子内潜伏的休眠菌丝，麦田残留病株上的菌丝和分生孢子也具有一定的致病力，可成为翌年初侵染来源之一。随带菌种子萌发菌丝生长，从芽鞘侵染到幼芽，依次侵入到各层嫩叶组织，最后侵入穗部。病部产生的分生孢子在大麦扬花期间传播到邻近植株花器上，形成再侵染（图 2）。

流行规律 种子播种时土壤温度低于 12℃，种子发芽缓慢，幼苗柔弱，利于带菌种子内潜伏菌丝从芽鞘侵入到幼芽和嫩叶组织中，形成初侵染。病害发生的最适土壤温度为 5～10℃，11～15℃ 发病减轻，24℃ 以上不能发病。因此，冬麦区早播发病轻，播种越迟发病越重，而春麦区与其相反。大麦成株期高温多湿，病菌生长迅速，植株生长柔嫩，病症表现显著；扬花期田间湿度大，利于分生孢子产生和萌发，造成再次侵染，使种子带菌，导致翌年病害流行加重。休眠菌丝体在种子内可存活 5～10 年，甚至达 16 年之久。不同地区间引种带菌种子，利于条纹病传播流行。

防治方法 种子带菌是大麦条纹病的主要侵染源。推广抗病品种，选用无病良种是防治该病经济有效的措施。种子处理可减少种子带菌；调节播期或采用提高地温等栽培措施，以减少病菌侵染的机会，利于防病。

化学防治 浸种：冷水温汤浸种，即先将麦种在冷水中浸种 4～6 小时，再置于 49℃ 水中浸种 1 分钟，然后放到 54℃ 水中浸种 10 分钟，随即取出放入冷水中冷却；5% 硫酸亚铁（皂矾）水溶液浸种 12 小时，或 80% "402" 抗菌剂乳油 2000 倍浸种 12 小时，晾干播种。拌种：20g 大麦清（二硫代四甲基秋兰姆和三唑酮复配制剂）加水 0.75kg，拌种 10kg，闷种 24 小时；或用好立克（有效成分为戊唑醇）1 袋 6ml 加水 0.75kg，拌种 10kg，6～8 小时后即可播种。三唑酮（粉锈宁）可湿性粉剂种子处理虽有一定防效，但使大麦发芽、出苗变慢，生产上慎用。

农业防治 推广种植抗病品种；在病害常发区建立无病留种田，繁殖无病良种。播前选用颗粒饱满、发芽率高、发芽势强的种子，并晒种 1～2 天；冬麦适当早播，春麦要适当晚播；湿润地带适当浅播；开沟排水，提高地温，利于防病。

参考文献

MATHRE D E, 2014. 大麦病害概略 [M]. 蔺瑞明，冯晶，陈万权，等译. 北京：中国农业科学技术出版社.

曹远林, 1995. 大麦条纹病的初侵染和再侵染的研究 [J]. 甘肃农业大学学报 (3): 263-267.

陈利锋，徐敬友, 2007. 农业植物病理学 [M]. 2 版. 北京：中国农业出版社.

蒋耀培，唐国来，汤月忠，等, 2009. 沪郊大麦条纹病重发原因与防治技术探讨 [J]. 上海农业科技 (5): 131-132.

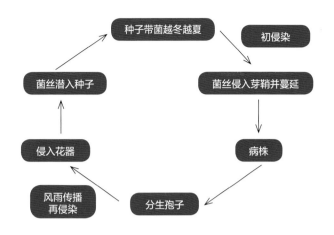

图 2　大麦条纹病侵染循环示意图（徐世昌提供）

ARABI M I E, JAWHAR M, 2007. Inheritance of virulence in *Pyrenophora graminea*[J]. Australasian plant pathology, 36: 373-375.

ARABI M I E, JAWHAR M, AL-SAFADI B and MIRALI. N, 2004. Yield responses of barley to leaf stripe (*Pyrenophora graminea*) under experimental conditions in southern Syria[J]. Journal of phytopathology, 152: 519-523.

ARRU L, NIKS R E, LINDHOUT P, et al, 2002. Genomic regions determining resistance to leaf stripe (*Pyrenophora graminea*) in barley[J]. Genome, 45: 460-466.

BULGARELLI D, COLLINS NC, TACCONI G, et al, 2004. High-resolution genetic mapping of the leaf stripe resistance gene *Rdg2a* in barley[J]. Theoretical and applied genetics, 108: 1401-1408.

GATTI A, RIZZA F, DELOGU G, et al, 1992. Physiological and biochemical variability in a population of *Drechslera graminea*[J]. Journal of genetics & breeding, 46: 179-186.

HARUN Bayaktar, KADIR Akan, 2012, Genetic characterization of *Pyrenophora graminea* isolates and the reactions of some barley cultivars to leaf stripe disease under greenhouse conditions[J]. Turkish journal of agriculture and forestry, 36: 329-339.

TEKAUZ A, 1983. Reaction of Canadian barly cultivars to *Pyrenophor graminea*, the incitant of leaf stripe[J]. Canadian journal of plant pathology, 5: 294-301.

（撰稿：徐世昌、朱靖环；审稿：康振生）

大麦条锈病　barley stripe rust

由条形柄锈菌大麦专化型引起的、危害大麦地上部的一种真菌病害。又名大麦黄疸病、大麦颖锈病。该病害在大麦叶片上产生鲜黄色（铁锈色）夏孢子堆，且与叶脉平行，呈虚线状，因此得名条锈病。

分布与危害　大麦条锈病主要在气候冷凉的条件下发生，世界各地大麦种植区都有发生。在中国大麦、青稞种植的冷凉区域都曾发生，是西藏、云南、四川北部和青海等青稞种植区的主要病害之一。条锈病对大麦的危害程度取决于发生锈病时大麦生长发育阶段。如果在大麦开花期或开花前发生锈病流行，则对大麦产量造成严重影响。不论大麦其他部位是否发病，穗部侵染造成的危害特别严重。大麦条锈病发病植株的蒸发作用和呼吸作用增加，光合作用减少，影响籽粒饱满度和根系生长。

病原及特征　主要病原为条形柄锈菌大麦专化型（*Puccinia striiformis* West. f. sp. *hordei* Eriks. et Henn. Psh），属柄锈科真菌。另外，极少数的条形柄锈菌小麦专化型（*Puccinia striiformis* West. f. sp. *tritici* Eriks. et Henn. Pst）也可以侵染大麦引起条锈病。

大麦条锈病菌主要侵染大麦叶片、叶鞘，在大麦生长后期，如果条件合适也可侵染茎、穗、颖壳及芒。发病部位散生圆形黄褐色隆起粉状物，即夏孢子堆。大麦生长后期侵染部位的表层破裂，出现锈褐色冬孢子堆，冬孢子堆短线状、扁平，常数个融合。条形柄锈菌小麦专化型在大麦上产生的大麦条锈病菌夏孢子较在小麦上形成的小麦条锈病菌的夏孢子色泽略鲜黄（见图）。

条形柄锈菌大麦专化型由不同的毒性菌性组成，被分为4个毒性类型（BYR 1、2、3、4）。夏孢子堆大小为0.3～0.5mm×0.1～0.2mm。夏孢子单胞，近球形、淡黄色，大小

不同大麦生长时期条锈病症状（蔺瑞明提供）

①拔节期；②灌浆期；③扬花期

为 20～30μm×17～22μm，表面有小刺，散生芽孔 7～10 个。夏孢子萌发适温为 11～17℃，19℃ 时，萌发率大大降低；超过 23℃ 极少萌发。冬孢子单胞，偶有双胞，形状多样，短棍棒形到圆形，表面光滑，顶端稍厚，具柄。

侵染循环与流行规律　大麦条锈病菌为活体寄生，当地残存的和随气流远距离传播而来的夏孢子是大麦条锈病主要初侵染源。低海拔地区的大麦有时候被来自高海拔地区的禾本科植物的条锈病菌夏孢子侵染。尚未发现大麦条锈病菌的转主寄主。

大麦条锈病菌夏孢子在 15℃ 以上的条件下很快失去活性，最适萌发温度范围是 5～15℃，萌发最低温度最低是 0℃，最高是 21℃。在温度为 10～15℃、连绵阴雨天或有露水条件下病害发展得最快。因此，春季和夏初是大麦条锈病大麦的主要发生季节。但是，条锈病菌菌丝在 −5℃ 条件下仍能生存，部分地区的秋季和冬季病菌仍然能侵染寄主植物。中国大麦条锈病菌在西藏可以顺利越夏，林芝、波密等地有一个明显的越夏阶段，越夏的主要寄主是自生麦苗。越夏的条锈病菌可以自然侵染秋苗，产生的夏孢子可以形成再次侵染，进入潜育阶段，霜冻致使产生孢子的秋苗叶片冻死。潜育的菌丝是主要的越冬方式。大麦条锈病在西藏可以独立完成周年循环，构成一个以本地菌源为主的流行区域。

防治方法　大麦条锈病的发生和流行与品种感病性、越夏和越冬菌源、生理小种和气候条件等密切相关，在生产中采取以选种抗锈良种为主、栽培和药剂防治为辅的病害综合治理措施。

选用抗条锈大麦品种　选育抗病品种是控制大麦条锈病最有效、最经济且对环境友好的方法。在大麦种植区需要根据当地优势生理小种选择抗病品种，对于病原菌生理小种复杂的地区，尤其注意选用不同抗性品种及抗病基因的合理布局，并且利用高温成株抗性（high-temperature adult-plant，HTAP）基因培育持久抗性品种。

加强田间管理　通过合理的栽培措施，大麦收割后及时铲除杂草和自生麦苗，减少菌源；适期播种，减少菌源量；合理施肥，增强植株的抗病能力。

药剂防治　①药剂拌种。如三唑酮杀菌剂拌种。②种子包衣。使用三唑酮类杀菌剂进行种子包衣，播后形成保护层，且持效期长。对于防治大麦条锈病效果良好。③喷施杀菌剂。有 20% 粉锈宁乳油、95% 敌锈钠原粉、65% 代森锌可湿性粉剂。于发病初期喷施，隔 10～20 天 1 次，喷施 1～2 次。

参考文献

牛永春，李振岐，高鸿生，1994. 我国大麦条锈病菌的生理分化 [J]. 植物病理学报 (3): 285-288.

王宗华，1992. 条锈菌在西藏越夏越冬规律的初步研究 [J]. 西南农业学报 (1): 64-68.

中国农业科学院植物保护研究所，中国植物保护学会，2015. 中国农作物病虫害 [M]. 3 版. 北京：中国农业出版社.

LINE R F, 2002. Stripe rust of wheat and barley in North America: a retrospective historical review[J]. Annual review of phytopathology, 40: 75-118.

（撰稿：冯晶、王凤涛；审稿：康振生）

大麦网斑病　barley net blotch

由大麦网斑内脐蠕孢侵染引起的真菌病害，是大麦上常见的病害。

发展简史　1959 年，记载蠕形菌可以侵染大麦形成网斑病。西藏吉隆有大麦网斑病的发生。2001 年，任宝仓等报道大麦网斑病在甘肃玉门、山丹、甘南等地区发生。

分布与危害　中国主要在西藏、青海等地区发生，局部地区在感病品种上危害较重。大麦网斑病是大麦生产中常见的重要病害之一。在中国长江流域普遍发生，以四川、华东地区发生最重。东北及陕西也有发生。发生严重时，对产量有相当大的影响，可造成叶片枯死，穗小粒秕，甚至不能抽穗。在南北方新老大麦种植区，病害田间发病率为 5%～30%，局部地区危害严重时可达 70%。大麦网斑病年份间发生程度存在差异。田间有时可见其与大麦根腐叶斑病混合发生。

网斑病对大麦穗粒数影响较小，但对千粒重影响较大，是造成大麦减产的主要因素，同时，网斑病也降低大麦谷物的品质。网斑病造成的产量损失大小主要取决于病害发生时间早晚、严重度及病害发生持续时间。后期发病不会影响株高、穗粒数，但随病情的加重，株高有下降趋势。

大麦从幼苗至成熟期均能受害，主要危害植株叶片。叶片症状有网斑型和斑点型 2 种。幼苗发病时，病斑大都在离叶尖 1～2cm 处，受害叶片初期出现淡褐色斑点，随后斑点逐渐扩大呈现黄褐色至浅黑褐色网状病斑（因病斑色泽深浅不一，交错似网纹状）（见图）。病斑内部有纵横交织的网状细线，呈暗褐色；也有病斑内没有横纹或横纹不明显的品种。病斑边缘有黄色晕圈，有时也不产生黄色圈。湿度大时，病斑上长有青灰色霉层，其上可看到少量的小黑点（即分生孢子梗和分生孢子）。病斑较多时，连成暗褐色条状斑，引起叶片早枯；这些病斑在病害后期可汇合呈断续条纹状，造成叶片枯死以致不能抽穗或麦穗微小。斑点型病叶呈现卵圆形、菱形、长椭圆形病斑，暗褐色，边缘常常变黄或不明晰。这些病斑在后期可汇合，引起叶枯。病害严重时也可危害叶鞘、麦穗，叶鞘上的症状与叶片上相似。全生育期均可发生，大麦自三叶一心开始表现症状，从基部叶片逐渐向上蔓延，严重时全株叶片均可发病。

病原及特征　大麦网斑菌无性阶段是大麦网斑内脐蠕孢 [*Drechslera teres*（Sacc.）Shoemaker]，异名大麦网斑长蠕孢 [*Helminthosporium teres* Sacc.]。有性态为 *Pyrenophora teres*（Died.）Dreechs.，称圆核腔菌，属核腔菌属。

大麦网斑病症状（蔺瑞明摄）

分生孢子淡橄榄色，圆柱状，有 1～10 个隔膜，大小为 30～175μm×15～22.5μm。分生孢子梗多单生，也有 2～3 根束生的，直，仅顶端微弯。病残体上形成子囊壳。子囊壳黑褐色，近椭圆形，大小为 430～800μm×300～600μm，子囊 30～61μm×180～274μm，无色，棍棒形，顶部圆形，双囊壁，内含 8 个子囊孢子，有时 4 个。子囊孢子黄褐色，近椭圆形，大小为 40～62.5μm×17.5～27.5μm。孢子萌发适温为 20～25℃。

侵染循环　病菌以分生孢子、菌丝体或子囊壳在种子及病残组织上越冬越夏。种子播种后，病菌子囊孢子或分生孢子发芽侵入幼苗，产生病斑。以后在病斑上形成分生孢子，借风雨传播再侵染，花部受害使种子带菌，成熟时在麦壳等病残体上形成子囊壳并越夏、越冬。病菌可存活 7 年。该病可通过种子带菌传播，是主要的初侵染源。在田间带菌种子和病残体均可初侵染。

流行规律　低温、高湿、日照少，有利发病。一般 4～5 月为盛发期，特别是在孕穗至成熟期雨水多时，病害发展快，危害较严重。冬大麦播种较晚发病重。在 20℃，相对湿度 100% 条件下，发展迅速。

①播种量、密度与发病的关系。发生程度与密度存在显著相关性。随密度的增加，病情指数增高；播种量多的地块比播种量少的地块网斑病发生严重，随播种量的增加，田间密度加大，并温度增高，则有利于该病害的发生。

②施肥与发病关系。偏施氮肥且用量大，发病重，病情指数高。N、P、K 配合施用，虽病叶率相近，但病情指数明显下降。盐碱地上施用腐殖酸肥料，也有利于减轻病害。施用尿素做氮肥的比硝铵做氮肥在同等量的情况下，发病较重。

③土壤及地下水位、栽培措施与发病的关系。地下水位较高、盐碱较重的地区，病害发生较重。地下水位在 3～10m 的地块，地表潮湿，春季土壤返盐快，大麦生长较弱，网斑病发生早而重，平均发病率达 45%，个别地块发病率可达到 100%；严重度一般为 0.5～2.5 级，严重地块可达 4 级；产量下降 8%～15%。地下水位较低，土壤含盐量低或无盐碱，发病较轻，仅灌水之后发病，发病轻的年份，发病率不足 5%，严重度为 0.1～1 级。

栽培措施与病害的发生有密切关系。重茬时间愈长，发病愈重；平均发病率达 50%，平均病指达到 1.5 级，轮作地发病率 30% 左右，轮作两年以上的发病率仅 16.7%。新垦荒地发病率低于 10%。秸秆还虽是主要的培肥措施，但若土壤干燥，秸秆腐烂速度较慢，因而病残体长期遗留田间，会导致病害逐年加重。

④栽培条件与发病的关系。地膜大麦同期病叶率为 40% 左右，严重度约 0.5。露地大麦在 5 月初显症，逐渐扩大蔓延，6 月上旬发病率达 60% 左右，严重度约 1.5。原因可能是地膜大麦出苗早、发育快、抗性较强，故发病轻。

防治方法

农业防治　建立无病留种田，繁殖无病良种供生产使用。加强栽培管理，适时播种，深耕土壤，深埋病株残体，减少菌源，实行合理轮作制度，做好开沟排水工作，提高植株抗病力。选育抗病品种进行防治。

种子处理　播种前用以下方法对种子进行处理：①冷浸日晒。清晨 5：00～6：00 将种子浸入清水中，5 小时后取出摊开在阳光下暴晒，期间不断翻动。②拌种。每 50kg 种子用 2% 立克秀拌种剂 50～75g 进行充分拌种，效果也很好。③浸种。每 60kg 种子用 80%"402"抗菌剂 14～20ml 兑水 100kg 浸种 24 小时，或每 60kg 种子用 50% 多菌灵可湿性粉剂 200～300g 兑水 100kg 浸种 24 小时，或每 60kg 种子用 100kg 石灰水浸种 24 小时，浸种完毕后将种子捞出、晒干，再进行播种。④闷种。用 40% 大麦清 3 号（福酮）可湿性粉剂 20g 兑清水 1kg 洒在 1hm² 地的大麦用种上，不断搅拌，等种子吸干药液后将其装入塑料袋中堆闷 4 小时，再进行播种。

化学防治　在病害初发时及时喷施 65% 代森锌可湿性粉剂 500 倍液或多菌灵可湿性粉剂 1000 倍液或 50% 二硝散可湿性粉剂 200 倍液或喷洒 0.3～0.8 波美度石灰硫黄合剂进行防治。

参考文献

MATHRE D E, 2014. 大麦病害概略 [M]. 蔺瑞明，冯晶，陈万权，等译. 北京：中国农业科学技术出版社.

洪映萍，杨文彦，2010. 大麦主要病虫害及其防治要点 [J]. 云南农业科技，3: 51-53.

张凤英，2002. 啤酒大麦网斑病发病规律调查及产量损失测定 [J]. 大麦科学，2: 39-41.

（撰稿：冯晶、毕云青；审稿：康振生）

大麦云纹病　barley scald

是由黑麦喙孢霉引起的真菌病害，是大麦的主要病害之一。

发展简史　1951 年在中国植物病理学会南京分会上各地病情会讯中报道了在山东、安徽、江苏和浙江有云纹病的发生。1989 年盛秀兰和曾辉发现在西北、西南春麦区及浙江一带有大麦云纹病的发生。在甘肃山丹、合作等地，华东冬麦区也有发生。该病已逐渐成为大麦上的主要病害。

分布与危害　在冷凉、半湿润地区发生普遍。在欧洲和北美地区该病分布范围较广，在新西兰、日本、澳大利亚也有报道。中国主要发生在西北、西南春大麦（青稞）种植区，华东地区也有发生，多雨潮湿年份发病较重，对产量有一定影响。云纹病造成的产量损失一般为 1%～10%。除危害大麦、元麦（裸大麦）及黑麦外，还危害小麦和一些禾本科杂草。

云纹病多发生在大麦分蘖期，抽穗后气温升高，病情显著减轻。主要危害大麦、青稞的叶片及叶鞘，条件适合时可侵染花的苞片和麦芒。病菌最初在叶片和叶鞘上产生白色透明小斑，后逐渐扩大变为青灰以至淡青褐色，边缘深褐色，最后病斑内部变为灰白色，病斑呈纺锤形或椭圆形。其扩展不受叶脉限制，病斑较多时合并呈云纹状，叶片枯黄致死，在病部表皮下形成子座。高湿条件下，病斑上形成灰色霉层（分生孢子梗和分生孢子）（见图）。

病原及特征 病原为黑麦喙孢霉 [*Rhynchosporium secalis*（Oudem.）Davis］，能产生喙孢糖苷毒素。分生孢子梗无色、短小。分生孢子圆柱形至卵圆形，一段粗，一段细，多数顶端孢子有 1 个形如楔状斜向短喙状突起，初无隔膜，成熟后中间生 1 个横隔，无色，大小 $12\sim20\mu m\times2\sim4\mu m$。

分生孢子发芽适温为 $10\sim20℃$，超过 $25℃$ 发芽率显著降低。分生孢子致死温度为 $40℃15$ 分钟。在大气湿度 92%、气温 $18℃$ 的条件下，分生孢子只需 6 小时即可侵入寄主组织。当气温为 $20℃$ 时，病害潜育期为 11 天。在低温干燥的条件下，分生孢子可存活数年，但在温度 $20\sim24℃$、湿度 45% 的条件下，仅能存活 1 个月。

侵染循环 大麦云纹病病菌主要以分生孢子和菌丝体在被害组织上越夏、越冬。寄主病残体是主要的初始菌源。病残体上的菌源数量取决于前茬大麦云纹病的严重度及病残体所暴露的环境条件。病菌能在地表附近的病残体上存活较长时间，而在土壤表面或土壤中存活期较短。另外，带菌种子也是初次侵染来源之一，病种子的传病作用是靠潜伏于病斑内的菌丝体。种子萌发时，从带菌籽粒颖壳和种皮上的菌丝体长出的菌丝侵入新萌发的胚芽鞘。

大麦播种出苗后，分生孢子借风雨传播侵染幼苗而发病。大麦生长期间，依靠病斑上形成的分生孢子，可多次再侵染，使病害逐渐蔓延扩大。收获后，病菌分生孢子及菌丝体又在寄主组织残体上休眠越冬。在下一个生长季节侵染麦苗。

水分对病菌分生孢子扩散起至关重要的作用。飞溅的水滴是分生孢子从产孢病斑上释放所必需的媒介。

流行规律 低温、高湿有利于病害发生与流行。温度低于 $5℃$ 或高于 $30℃$，病菌产孢较少，在很大程度上抑制再次侵染的发生。大麦生长茂密、发育不良和生长嫩弱时，易于受害。施用混有病株残体而未经腐熟的粪肥，亦利于发病。

防治方法

消灭越冬（夏）菌源 收获后及时进行耕翻灭茬，促进病残组织腐烂分解，消灭病源。

合理密植，开沟排水，不可单一施氮过多 中耕除草，低洼地注意开沟排水，可提高土温，降低田间湿度，促进植株生长健壮，提高抗病力，减轻病害发生。

药剂拌种 播前 $10\sim20$ 天用 3% 敌萎丹悬浮剂 4ml/kg 种子拌种后播种；或用 50% 多菌灵可湿性粉剂按种子重量 0.3% 于播种前 $10\sim20$ 天拌种后播种。

药剂喷施 发病初期可喷洒 75% 拿地稳水分散粒剂 20g/ 亩、43% 好力克悬浮剂 15ml/ 亩、15% 粉锈宁可湿性粉剂 1000 倍液或 40% 灭病威悬浮剂 600 倍液、70% 甲基托布津可湿性粉剂 1000 倍液、50% 多菌灵可湿性粉剂 800 倍液、60% 防霉宝可湿性粉剂 1000 倍液、70% 代森锰锌可湿性粉剂 400 倍液，亩用药液 $75\sim100$L。病害较重时可在 $7\sim10$ 天后再喷 1 次。

参考文献

陈熙，1984. 大麦云纹病初次侵染来源的初步观察 [J]. 浙江农业大学学报，10(4): 467-470.

陈占全，2002. 应用杀菌剂防治青稞云纹病研究 [J]. 陕西农业科学 (11): 11-15.

商鸿生，李修炼，2004. 麦类作物病虫害诊断与防治原色图谱 [M]. 北京：金盾出版社.

原泽良荣，1995. 大麦云纹病的种子传染及其防治对策 [J]. 国外农学麦类作物 (1): 15-16.

（撰稿：冯晶、陈海民；审稿：康振生）

附表 病害分级标准

分级	症状描述
0	叶片无病斑
1	病斑占叶片面积 10% 以下
2	病斑占叶片面积 10%～25%
3	病斑占叶片面积 25%～50%
4	病斑占叶片面积 50%～80%
5	病斑占叶片面积 80% 以上

D

大麦云纹病危害症状（蔺瑞明摄）

大区流行　pandemic

在一个流行季节中，病害自然传播范围很大，能够在不同地理气候地区甚至洲际间传播的状态。也称泛域流行或泛洲流行。是植物病害流行的类型之一。pandemic 一词源于医学领域，原泛指某种疾病同时发生于世界各地许多国家的流行情形，后被引用到生物学领域。

影响因素　菌源区有大量病原物、病原物的远程传播或其传播介体的远距离移动、病原物对远程传播有一定的适应能力是植物病害大区流行的内在形成因素；感病寄主的大面积种植及寄主布局、适宜病原物侵染的气候环境因素是植物病害大区流行的外在条件。

小麦条锈病、秆锈病、叶锈病都有大区流行的现象，以条锈病和秆锈病最为严重。对于小麦条锈病，中国甘肃、青海以及山西北部、内蒙古等高寒春麦区和平原冬麦区之间存在着十分密切的区间菌源关系，是造成小麦条锈病大流行的重要原因；小麦秆锈病在中国的流行是由福建、广东等东南沿海地区起始，逐步北传，先后传至长江流域、华北、东北和西北地区；小麦秆锈病在北美洲是由美国南部和墨西哥北部传播至美国北部和加拿大。除小麦三种锈病外，小麦白粉病、黄瓜霜霉病、烟草霜霉病、玉米大斑病、玉米锈病等都有大区流行的报道，这些病害主要是病原物依靠气流传播造成大区流行。除此之外，依靠昆虫传播的病毒病害中，蚜虫传播的小麦黄矮病、白背飞虱传播的南方水稻黑条矮缩病等也有大区流行现象。

研究意义　研究病害大区流行规律和流行区系可为病害的预测预报提供理论基础，也可为制定病害的分区治理措施提供理论依据。首先，对于大区流行病害，需以其扩及的全部地区作为一个整体制定大区总体防治策略，根据区间关系，对"关键地区"进行重点防治，从源头上制止或者减少病害的大流行，是最为有效的措施。其次，由于病害流行有分区的特点，各地区的具体问题要具体分析，因此要根据不同的地区采取不同的防治策略和方法。此外，病害大区流行的研究还为病菌变异规律的研究提供不可或缺的基础，品种抗性的丧失是病害发生流行的一个重要原因，而品种抗性的丧失大多是由于病菌变异导致的，流行区系的研究表明了病菌变异过程就是在大区流行过程中逐渐实现的，明确病菌在地区间的传播规律十分有利于探明病菌变异规律，因而在保持品种抗病性方面有重要的指导意义。

参考文献

刘万才，陆明红，黄冲，等，2014. 南方水稻黑条矮缩病大区流行规律初探 [J]. 中国植保导刊, 34(4): 47-52.

马占鸿，2010. 植病流行学 [M]. 北京：科学出版社.

肖悦岩，季伯衡，杨之为，等，1998. 植物病害流行与预测 [M]. 北京：中国农业大学出版社.

曾士迈，1963. 小麦锈病的大区流行规律和流行区系 [J]. 植物保护 (1): 10-13.

（撰稿：马占鸿；审稿：王海光）

大蒜病毒病　garlic virus disease

大蒜上发病率最高、危害性最大的一种世界性的病害，由多种病毒复合侵染引起。又名大蒜花叶病。

发展简史　洋葱黄矮病毒（OYDV）是危害大蒜的主要病毒之一，也是最早被发现的侵染大蒜的病毒。1916 年，Giddings 首次在美国西弗吉尼亚州的洋葱上发现。1935 年，Henderson 将此致病因子定名为洋葱黄矮病毒。1946 年，Brierly 和 Smith 发现洋葱黄矮病毒不仅侵染洋葱、葱，还侵染大蒜。侵染大蒜的洋葱黄矮病毒为弱毒株系，具较强的寄主专化性，很难侵染洋葱或青葱。1957 年，Kupk 在韭葱发现不同于 OYDV 的一种新的病毒病。1978 年，Bos 等通过血清学和生物学鉴定，将其定名为韭葱黄条病毒（LYSV）。1972 年，Bos 在荷兰的无症青葱中检测出了青葱潜隐病毒（SLV），该病毒侵染青葱，不显症，但与 OYDV 复合侵染时则表现严重症状。1991 年，Van Dijk 在荷兰瓦赫宁根洋葱和青葱上发现并鉴定了洋葱螨传潜隐病毒（OMbLV），在大蒜上亦分离到其大蒜株系 OMbLV-G。1994 年，E. Barg 和 S. K. Green 在洋葱上发现一种类似马铃薯 Y 病毒组的病毒，将其定名为洋葱螨传线状病毒（OMFLV）。该病毒与 OMbLV 有密切血清学关系，也侵染大蒜。

分布与危害　大蒜病毒病在世界各地种植的葱类植物上均有发生，在法国、印度、埃及、澳大利亚、荷兰、智利、捷克、斯洛伐克、中国、阿根廷和摩洛哥等国家，仅由韭葱黄条病毒引起的大蒜病毒病，其常年发病率就约为 20%；由大蒜普通潜隐病毒引起的大蒜病毒病在法国、英国、德国、阿根廷、韩国、印度、印度尼西亚及尼泊尔等国极为普遍。中国是世界上最大的大蒜种植和出口国，大蒜病毒病常常造成 20%～45% 的减产，严重年份及地块可以达到 50% 以上。在中国北方大蒜主产区，病毒病分布很广，黑龙江大蒜病毒病多数为复合侵染，其中韭葱黄条病毒、大蒜普通潜隐病毒和青葱潜隐病毒发生比较普遍；山东蒜区往往遭受多种病毒的侵染，病株率达 100%。

大蒜病毒病可由某一种或多种病毒复合侵染引起，既有相似的主要症状又有各自的不同特点。主要症状为条纹花叶，发病初期，在叶片上沿叶脉产生褪绿条点，以后连接成褪绿黄条纹。轻者只在下位叶上呈现明显条纹，上位叶产生褪绿条点，重者下位叶变黄，上位叶及蒜薹均有明显条纹。严重发生时植株矮化、畸形，畸形株扭曲，心叶往往被包住、伸展不出来。病株鳞茎（蒜头）减小、瓣少甚至不分瓣，蒜薹矮小纤细，显条纹症。根系少，蒜薹、蒜头产量下降，品质变劣（图 1）。

不同病毒单独感染大蒜的症状各具特点。大蒜感染洋葱黄矮病毒后所产生症状的类型因大蒜品种而异，或植株矮化、黄条斑布满叶面，或大部分叶片绿色只伴有鲜黄色条斑，或仅表现轻度褪绿，无条斑。大蒜感染韭葱黄条纹病毒后，基本症状是叶片上出现黄条纹，如受强毒株系侵染，叶片上的黄条纹常常连片，占叶面积的 70% 以上；而受弱毒株系侵染，其条纹较少、颜色较淡。大蒜普通潜隐病毒单独侵染大蒜多不表现症状，与马铃薯 Y 病毒复合侵染，则表现严重的黄

图 1　大蒜病毒病田间症状（竺晓平提供）

①条纹花叶大蒜病叶片；②受洋葱黄矮病毒侵染的大蒜病株；③受病毒侵染扭曲矮化的大蒜重病株

化和花叶症状。

病原及特征　已知大蒜病毒病的病原病毒有 16 种之多，引起中国大蒜病毒病的毒原种类以韭葱黄条病毒、洋葱螨传潜隐病毒和洋葱黄矮病毒为主，以大蒜普通潜隐病毒和青葱潜隐病毒为次（图 2）。

韭葱黄条病毒（leek yellow stripe virus，LYSV）　属于马铃薯 Y 病毒科马铃薯 Y 病毒属。粒体弯曲线状，长约 820nm，由蚕豆蚜（Aphis fabae）和桃蚜（Myzus persicae）等数种蚜虫以持久性方式传毒，也可经汁液接种传播；温度钝化点为 50～60℃，稀释限点为 10^{-3}～10^{-2}，体外存活期 3～4 天；该病毒侵染韭葱、大蒜，不侵染洋葱和青葱。

洋葱螨传潜隐病毒（onion mite-borne latent virus，OMbLV）　属于甲型线性病毒科青葱 X 病毒属。病毒粒体为丝状，长约 775nm，单链 RNA 病毒，由麦瘿螨（Aceria tulipae）传毒，也可通过机械传播，但蚜虫和种子不传毒。

洋葱黄矮病毒（onion yellow dwarf virus，OYDV）　属于马铃薯 Y 病毒属。洋葱黄矮病毒在世界上分布极广，不仅侵染洋葱、青葱，还侵染大蒜。粒体为弯曲线状，长约 775nm，由冬葱瘤额蚜（Myzus ascalonicus Donc.）等数种蚜虫以持久性方式传毒，也易经汁液接种传播。钝化温度为 60～65℃，稀释限点为 10^{-4}～10^{-3}，体外存活期 2～3 天。

大蒜普通潜隐病毒（garlic common latent virus，GCLV）属于线形病毒科香石竹潜隐病毒属，由蚜虫以非持久性方式传毒，病毒粒体弯线状，长 610～910nm，钝化温度 60℃，体外存活期 2～3 天。是大蒜病毒病的主要病毒种类之一，单独侵染大蒜无症状，但与洋葱黄矮病毒及韭葱黄条病毒共同侵染时会产生叶片黄化和花叶的症状。该病毒除侵染大蒜外，还侵染洋葱、青葱及其他葱属植物。

青葱潜隐病毒（shallot latent virus，SLV）　属于香石竹潜隐病毒属。粒体直线形至略弯曲线形，长约 650nm，由冬葱瘤额蚜（Myzus ascalonicus）和蚕豆蚜等蚜虫以持久性方式传毒，也可经人工接种传播；钝化温度为 80℃，稀释限点为 10^{-5}～10^{-4}，体外存活期 8～11 天。该病毒侵染青葱不显症，但与洋葱黄矮病毒复合侵染时则表现出严重的症状。

侵染过程与侵染循环　有汁液接触和介体两种侵染途径，均为通过伤口被动侵入。汁液接触侵染为病株与健株叶片相互摩擦或田间作业造成微小伤口，病株带毒汁液接触健

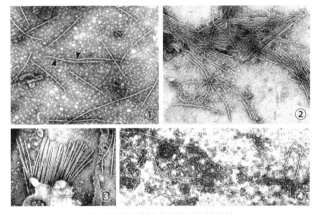

图 2　侵染大蒜的病毒粒子电镜照片

（引自 Descriptions of plant viruses，Bar=500nm）

①青葱潜隐病毒（SLV）；②附着于细胞膜碎片上的青葱潜隐病毒束状内含体；③韭葱黄条病毒（LYSV）；④洋葱黄矮病毒（OYDV）

株造成侵染。介体侵染时通过多种蚜虫或螨类进行传毒。蚜虫用刺吸式口器从病株的地上部组织中吸取带毒汁液而成为病毒携带者，取食时再通过口器将病毒传送到其他植株中；麦瘿螨主要危害储藏的蒜头，以螨体前端的喙刺入带毒蒜瓣，使螨体带毒，再危害其他蒜瓣，导致侵染。

田间大蒜病毒病的病毒来源主要是带毒蒜种、田间病株、前茬遗留带病鳞茎及邻近作物的毒株。各种大蒜病毒都可由种蒜（鳞茎）传播，病区连续多年种植带毒种蒜或没有复壮、更新的种蒜，带毒率均很高。在田间，大蒜病毒也可经病株汁液传播或介体害虫传播，各种病毒还可随带毒种蒜的引种调运而作远距离的传播（图 3）。

流行规律　大蒜病毒病害的发病程度与天气状况、栽培管理有着密切的关系。通常在大蒜生长季节，如遇较长时间的高温干旱，浇水施肥和喷药治虫等管理措施跟不上，必然造成植株生长衰弱、蚜虫大量发生，病害极易发生与流行；间作套种不合理，与葱属作物连作和邻作的大蒜田，由于毒源植物多也会加重病害。此外，农事操作造成的机械损伤也会促进病毒传播。大蒜是无性繁殖作物，常年无性繁殖会使多种病毒在营养器官中逐代积累，病情也势必逐年加重。

防治方法　由于尚无防治大蒜病毒病的药剂，因此，农业

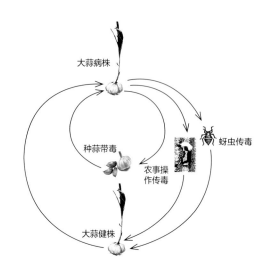

图 3　洋葱黄矮病毒引起的大蒜病毒病的侵染循环示意图
（刘红梅提供）

防治措施就显得极为重要。

轮作　避免大蒜连作，与非葱蒜类蔬菜轮作 3～4 年，减少病毒来源和互相感染。

蒜种脱毒　利用茎尖组织培养技术，获得无毒大蒜，生产脱毒蒜种，供大面积种植所用，一般可使大蒜增产 30%～110%，其增产效果往往可以维持 4 个无性世代。

种蒜处理　在播种前严格选种，淘汰有病、虫的蒜头，选出的种瓣再用 80% 敌敌畏乳剂 1000 倍液浸泡 24 小时，以消灭蒜瓣上的螨类。

加强栽培管理　施足有机肥、适时追肥，并保持田间土壤湿润，在高温季节增加浇水次数，以降低土温，宜在早晨或晚间日落前后进行浇水。

田间防治　对于留种田，从幼苗期就开始进行严格选样，及时拔除病株，以减少病害传播；在大蒜植株生长期间及蒜头储藏期间都需防治传毒害虫。如留种田覆盖银灰色地膜，并在距地面高约 1m 处，随蒜行拉 10cm 宽的银灰膜条，可起到一定的避蚜作用。药剂防控除了及时喷药防治大蒜田及周围作物上蚜虫外，还可在大蒜田发病初期喷洒蓖麻油 100 倍液，或高脂膜 200 倍液，或 10% 混合脂肪酸水乳剂 100 倍液，或 20% 盐酸吗啉胍·铜可湿性粉剂 500～1000 倍液等以减轻病害发生。3～7 天喷 1 次，共 3～4 次。

参考文献

董祎，徐启江，2005. 葱蒜类病毒的分子生物学鉴定研究进展 [J]. 微生物学免疫学进展，33(4): 76-78.

中国农业科学院植物保护研究所，中国植物保护学会，2015. 中国农作物病虫害 [M]. 3 版. 北京：中国农业出版社.

VAN DIJK P, 1993. Survey and characterization of poty viruses and their strain of *Allium* species[J]. Netherlands journal of plant pathology, 99: 233-257.

XU P W, SUN H S, SUN R J, et al, 1994. Strategy for the use of virus-free seed garlic in field production[J]. Acta horticulture, 358: 307-314.

（撰稿：刘红梅；审稿：竺晓平）

大叶黄杨白粉病　powdery mildew of evergreen euongmus

由正木粉孢霉引起的大叶黄杨最为普遍的一种病害，多在叶片正面形成白色粉状霉层，对植株的光合速率和景观效果造成较大影响。

发展简史　1948 年凌立就记载四川有大叶黄杨白粉病。1995 年李士竹等报道山东发病率达 41%。2002 年李庚花等报道江西发现此病。1992—2002 年，冯红、李士竹和李庚花等分别鉴定大叶黄杨白粉病由正木粉孢霉 ［*Oidium euonymi-japonicae*（Arc.）Sacc.］ 所致。此后中国其他种植区陆续也有相关报道。

分布与危害　中国四川、云南、上海、陕西、山东、江西、湖北、河南、北京等地均有发生记载。日本也较为普遍，美国、欧洲也有发生。主要危害幼嫩新梢和叶片，发病时，叶片两面出现白色小点，多发生于叶背，病斑逐渐扩展成圆形白粉层，后期特别是在嫩枝叶上，病斑连接成不规则形状，严重时，整个叶片布满白粉，叶片皱缩，出现褪色斑块（见图）。

病原及特征　病原为正木粉孢霉［*Oidium euonymi-japonicae*（Arc.）Sacc.］，属粉孢属。菌丝表生，无色，有隔膜，具分枝，直径 3.5～4.5μm，菌丝上常出现成对附着胞，形状多裂，分生孢子梗从表生菌丝上垂直生出，棍棒状，基部细胞稍扭曲，有 2 个隔膜，3 个细胞，大小为 73.4μm×43.9μm～6.3μm×10.1μm；分生孢子多单生分生孢子梗的顶端，成熟后随即脱落，椭圆形至矩圆形，两端钝圆，大小为 25.3μm×41.7（34.1）μm～10.1μm×18.0（14.2）μm；中国未发现有性阶段。国外报道有性态为 *Microsphaera euonymi-japonicae*（Arc.）。

侵染过程与侵染循环　病菌以菌丝体在大叶黄杨的被害组织内和产生灰色膜状菌层越冬。翌春在大叶黄杨展叶和生长期产生大量的分生孢子通过气流传播感染，成为病害初次侵染的菌源。病菌在寄主枝叶表面寄生，产生吸器深入表皮细胞内吸收养分，每年春、夏、秋季产生大量孢子多次侵染叶片和新梢。白粉病为多循环病害，在一个生长季中病原物能够连续繁殖多代，从而发生多次再侵染。病原物的增殖率高，但其寿命不长，对环境条件敏感，在不利条件下会迅速死亡。如北京地区病原菌主要以菌丝体在叶片上或落叶内越冬，春天产生大量的分生孢子随风雨传播至新叶，遇到适宜的条件孢子萌发产生芽管侵入叶片组织，并在叶片表面形成白粉状霉层，以正面为主。菌丝体吸取叶片的养分和水分，使感病植物新梢变白、皱缩畸形、生长受阻，观赏效果受到严重影响。如鄂西南地区 4 月上旬开始在当年生新叶上出现病斑，5 月中旬至 7 月上旬病害发生较重，5 月下旬为第一个发病高峰，7 月中旬至 8 月下旬病害停止发展，9 月上旬至 11 月上旬病害发生再次较重，10 月下旬为第二个发病高峰，7 月中下旬至 8 月下旬的夏季高温抑制该病的发生。一般枝条上部幼叶易发病，下部较老叶片发病较轻。发病期间雨水多发病严重，幼嫩的徒长枝发病重，栽植过密，行道树下遮阴的绿篱，光照不足，通风不良，低洼潮湿等因素都可

大叶黄杨白粉病症状（王爽、祁润身摄）

加重病害的发生。

流行规律　大叶黄杨白粉病菌分生孢子在 5～30℃，相对湿度 98% 以上，pH2～10 均可萌发，适宜范围为 20～25℃、pH5～8，尤以 25℃、pH5、相对湿度 100% 最适于萌发，对高温敏感，而光照、营养对孢子萌发影响不大。病菌以分生孢子和菌丝体在病组织中越冬，人工接种条件下潜育期为 6 天左右。夏季高温不利于病害发展，多雨季节和高湿条件利于该病发生，秋季凉爽多雨利于发病。栽植于树荫下的大叶黄杨发病重，向阳的植株发病轻或不发病；嫩叶、新梢发病重，老叶发病轻；不及时修剪，大叶黄杨枝叶过密时发病较重。大叶黄杨白粉病的发生有明显的季节性，且其病情指数谷峰波动幅度不大，每年有 2 个明显的发病高峰，即 4 月下旬至 5 月中旬和 9 月中旬至 10 月中旬。早春白粉病病原菌基数较低，发病较轻，随着病原菌数量的增加和新生叶片易于感染，加上又是新梢迅速生长期，所以病情指数上升明显，造成春季的发病高峰；5 月中旬至 9 月中旬，由于高温抑制了白粉病病原菌的生长，加上新生叶片又不断形成，致使病情指数较低；而后因降雨增加了环境湿度，加速病原菌的传播，所以在 9 月中旬至 10 月中旬病情指数小幅度上扬；10 月中旬以后，由于发病严重的叶片早期脱落和气温的逐渐降低，病情指数开始缓慢下降。气温平均值偏高和阴雨偏多是造成大叶黄杨白粉病流行的重要因素。如大叶黄杨白粉病在北京地区每年都会发生，通常呈零星状态，但北京地区冬季气温的高低直接影响到白粉病菌的越冬率，北京地区春季降雨较少，特别是病害流行的关键时期 3、4 月的降雨量年度间波动较大，春季关键时期降雨的有无，便成为制约当年春季病害流行的重要因素。

防治方法

栽培管理　大叶黄杨在园林绿化中无论是被用作绿篱和绿球，还是被用作绿色模块，都需要高度密植才能达到理想的景观效果。而高度密植则会造成树丛内部通风透光性较差、温湿度偏高，有利于白粉菌的越冬存活。防患于未然，加强栽培管理，控制栽植密度，通风透光，增强树势，结合修剪整形及时除去病梢，提高抗病力。

加强测报　白粉病是多循环气传病害，受气象条件影响很大。根据气象条件准确预测白粉病的发生趋势，掌握病害防控的关键时期，及时采取防治措施是有效防控大叶黄杨白粉病的关键。

化学防治　多菌灵、粉锈宁、甲基托布津、百菌清、露娜森、腈菌唑乳油、氟硅唑、丙环唑、三唑酮、苯醚甲环唑、醚菌酯等对大叶黄杨白粉病的抑制效果较好。因此，在病害发生的初期和盛期，可用以上药剂进行化学防治，在施药时，注意药剂的交替使用，以免病菌产生抗药性。

生物防治　王雅等人对大叶黄杨植株春梢进行叶面喷

施生防菌枯草芽孢杆菌 Bv10 菌株的发酵液，生防试验结果显示，喷施 7 天后，枯草芽孢杆菌 Bv10 发酵液对大叶黄杨白粉病的防治效果达 70.37%，低于对照药剂粉锈宁；喷施 14 天后，该生防菌的防效降低至 25.26%。

参考文献

刘兴元，2006. 鄂西南地区大叶黄杨病害现状及防治对策研究 [D]. 武汉：华中农业大学.

孙雪花，高九思，2013. 大叶黄杨白粉病危害情况及发生规律研究 [J]. 园艺与种苗 (7): 20-22, 34.

王雅，田芳，谭小艳，等，2013. 枯草芽孢杆菌菌株 Bv10 对大叶黄杨白粉病的防治效果 [J]. 南阳师范学院学报，12(3): 26-27, 40.

郑晓露，2017. 都市大叶黄杨白粉病的防治药剂筛选 [C] // 中国植物病理学会. 中国植物病理学会 2017 年学术年会论文集. 中国植物病理学会：1.

周江鸿，夏菲，车少臣，2015. 北京市 2015 年大叶黄杨白粉病流行原因与防控对策分析 [J]. 园林科技，137(3): 28-31.

（撰稿：王爽；审稿：李明远）

丹参白绢病　danshen southern blight

由齐整小核菌引起的、危害丹参根部和茎基部的一种真菌性病害，是丹参上的重要病害之一。

发展简史　丹参白绢病的研究不多，因此报道较少。傅俊范于 2007 年最早报道，2008—2011 年，王冬梅等、叶华智等、金苹等对丹参白绢病的病原学、发生危害规律和防治方法进行了系统的研究。

分布与危害　丹参白绢病在中国丹参产地均有发生，主要分布于四川、安徽、江苏、山东、河北等产区，零星发病，部分地块发生较重，发生严重的年份造成丹参产量大幅度下降。丹参感病后，从近地面的根茎处开始发病，逐渐向地上部和地下部蔓延。病部皮层呈水渍状变褐坏死，最后腐烂，其上出现一层白色绢丝状菌丝层，呈放射状蔓延，常蔓延至病部附近土面上；发病中后期，在白色菌丝层中形成黄褐色油菜籽大小的菌核。严重时腐烂成乱麻状，最终导致叶片枯萎，全株死亡（见图）。

病原及特征　病原为齐整小核菌（Sclerotium rolfsii Sacc.）、现名罗耳阿太菌 [Athelia rolfsii（Curzi）Tu & Kimbr.]，属阿太菌属。病原菌菌丝体白色丝绢状，菌核球形，初为白色，逐渐加深呈茶褐色，油菜籽粒大小。菌核萌发及菌丝生长温度范围 13～42℃。病原菌在自然条件下，不容易产生担子。病原菌寄主范围很广，能寄生包括丹参在内的 200 多种植物。菌丝在 13～40℃ 都能生长，最适生长温度为 28℃。菌核在 13～40℃ 均可萌发，萌发的最适温度为 28～34℃。

侵染循环与流行规律　丹参白绢病为土传病害。病菌以菌核、菌丝体在田间病株和病残体中越冬，翌年条件适宜时菌核萌发形成菌丝侵染植株引起发病。连续干旱后遇雨可促进菌核萌发，增加对寄主侵染的机会。病株和土表的菌丝体可以通过主动生长侵染邻近植株。菌核形成后，不经过休眠就可萌发进行再侵染。菌核在高温高湿下很易萌发，菌核随土壤水流和耕作在田间近距离扩展蔓延。丹参整个生长季节均有白绢病发生，6～9 月为发病高峰期。高温多雨季节发病重，田间湿度大、排水不畅的地块发病重，酸性砂质土易发病，连作地发病重。

防治方法

加强田间管理　选择无病地种植，病地实行轮作。采用深沟高畦栽培，防止田间积水。病害发生初期，及时拔除病株，并用井冈霉素、多菌灵或木霉制剂等处理病穴土壤和邻近植株。

种子和种根消毒　播种前，选择新鲜、饱满、成熟度一致的无病种子在 25～30℃ 温水中浸种 24 小时，然后用相当于种子重量 0.5% 的 50% 多菌灵或 0.3% 的 50% 敌克松可湿性粉剂拌种，或用 50% 甲基硫菌灵可湿性粉剂 1000 倍液浸种 6 小时。栽种前可用 50% 多菌灵可湿性粉剂 500 倍液浸种 10～15 分钟，或 70% 甲基硫菌灵可湿性粉剂 1000 倍液浸 3～5 分钟，捞出晾干后栽种。

化学防治　整地前，育苗地和栽培地每亩撒施 1.5kg 哈茨木霉菌；发病初期，可用 40% 菌核净可湿性粉剂 800～1000 倍液、或 5% 粉锈宁 2000 倍液、或 50% 多菌灵可湿性粉剂 1000 倍液等药液浇灌病株茎基部，7～10 天 1 次，连灌 2 次。

参考文献

傅俊范，2007. 药用植物病理学 [M]. 北京：中国农业出版社.

金苹，高晓余，2011. 白绢病的研究 [J]. 农业灾害研究，1(1): 14-22.

叶华智，严吉明，2010. 药用植物病虫害原色图谱 [M]. 北京：科学出版社.

（撰稿：曾华兰、蒋秋平；审稿：丁万隆）

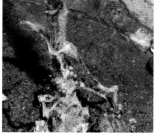

丹参白绢病的菌丝及菌核（何炼提供）

丹参根腐病　danshen root rot

由镰刀菌引起的、危害丹参根部和茎基部的一种真菌性病害，是丹参上的重要病害之一。

发展简史　丹参根腐病在四川丹参产区最早由叶鹏盛等于 2003 年报道，对丹参根腐病的病原菌、发生危害症状及微生物防治进行了系统研究。随后不同学者分别报道了四川、山东、陕西等地丹参根腐病的病原菌、发生危害规律与防治措施。

分布与危害　丹参根腐病在四川、河北、安徽、山东、江苏等丹参主产区均有发生。丹参根腐病一般的发病株率为10%～30%，重病地发病率可达50%，危害后对产量影响严重。丹参根腐病主要危害植株根部和茎基部。发病初期表现为地上茎基部的叶片变黄，后逐渐向上扩展，植株长势较差，形似缺肥状，严重时地上部枯死，近地面的茎基部坏死，地下部根的木质部呈黑褐色腐烂，仅残留黑褐色的坏死维管束而呈干腐状，根部横切维管束断面有明显褐色病变。丹参根腐病通常发生于植株的主根及部分侧根，甚至在根系的一侧，而另一侧根系不表现病状，侧根先发生褐色干腐，逐渐蔓延至主根（见图）。在气候和土壤湿度适合植株生长时，病株的未受害侧根可维持上部枝叶不枯死，甚至枝叶已枯死的植株仍可长出侧芽继续生长，但一般生长明显迟缓，长势较弱，根较小。

病原及特征　对于丹参根腐病的病原菌，不同地区间病原菌类群存在差异，但均为镰刀菌属真菌。陈小红、傅俊范等分别报道为木贼镰刀菌［*Fusarium equiseti*（Corda）Sacc.］。叶鹏盛等报道四川丹参腐病病原菌为茄腐皮镰刀菌［*Fusarium solani*（Mart.）Sacc.］，分生孢子以大分生孢子为主，孢子镰刀状，微弯，较短宽，3～5个隔膜，大小为25～36μm×4.5～6μm，易在分生孢子座上形成蓝色黏孢团。小分生孢子数量稀少，椭圆形或近卵形，无隔或1个隔膜，大小为10～18μm×3～5μm。厚壁孢子多间生，单生或2个串生于菌丝或大分生孢子内。王刚云等报道陕西商洛丹参枯萎病的病原菌主要是尖孢镰刀菌（*Fusarium oxysporum* Schlecht.）和链格孢属（*Alternaria*）真菌。杨立等报道了山东莱芜丹参种植基地的丹参根腐病病原菌为尖孢镰刀菌，袁孟娟等报道了山东聊城丹参根腐病病原菌为腐皮镰刀菌。

侵染循环　病原菌以菌丝体和厚垣孢子在土壤、种根及未腐熟带菌粪肥中越冬，成为翌年主要初侵染源。病菌从根毛和根部的伤口侵入植株根系引起发病。病原菌产生的分生孢子可随水流和地下害虫传播，进行再侵染。

流行规律　4月中下旬开始发病，7～9月是病害发生高峰期。高温多雨、排水不畅、土壤黏重有利于病害发生。地下害虫及线虫危害重的地块发病重，连作地发病重。

防治方法

加强田间管理　选择无病地种植，病地实行轮作；采用深沟高厢栽培，防止田间积水；病害发生初期，及时拔除病株，用生石灰处理后深埋，并用噁霉灵或木霉制剂等处理病穴土壤和邻近植株。

种根消毒　栽种前用70%甲基硫菌灵可湿性粉剂1000倍液浸3～5分钟，捞出晾干后栽种。

化学防治　整地前，育苗地和栽培地每亩撒施1～1.5kg哈茨木霉菌；发病初期，用枯草芽孢杆菌100亿个/L的菌悬液、99%噁霉灵可湿性粉剂3000倍液或40%多·硫悬浮剂500倍液等药剂灌窝，10～15天1次，连续灌2～3次。

参考文献

杨立，缪作清，杨光，等，2013.丹参枯萎病及其病原菌的研究[J].中国中药杂志，38(23): 4040-4043.

叶鹏盛，曾华兰，江怀仲，等，2003.丹参根腐病及其微生物防治研究[J].世界科学技术，5(2): 63-65.

（撰稿：叶鹏盛、曾华兰；审稿：丁万隆）

丹参根结线虫病　danshen root-knot nematode

由根结线虫引起的、危害丹参根系的一种病害，是丹参上的重要病害之一。

分布与危害　丹参根结线虫病在四川、安徽、江苏、山东、河北等丹参主产区均有发生，主要危害丹参根系，一般减产10%～20%，严重可达30%。线虫侵入丹参后，在被寄生的主根和支根上长出大小不等的瘤状突起，即根结。根结初为黄白色，表面光滑，后变褐并破碎腐烂。线虫寄生后，根系生长发育受阻，主根不能正常膨大，根系功能受到破坏，植株地上部发育不良，株形矮小，叶片变黄。

病原及特征　对于丹参根结线虫病的病原菌，不同地区间线虫种类存在差异。傅俊范报道为北方根结线虫（*Meloidogyne hapla* Chitwood）和花生根结线虫［*Meloidogyne arenaria*（Neal）Chitwood］，属根结线虫科根结线虫属；叶华智等报道为南方根结线虫［*Meloidogyne incognita*（Kofoid et White）Chitwood］；周绪阳等报道陕西山阳丹参根结线虫病病原为南方根结线虫；李英梅等报道陕西商洛危害丹参的根结线虫有4种，分别为爪哇根结线虫、南方根结线虫、北方根结线虫和花生根结线虫。

侵染循环与流行规律　病原线虫以虫体和卵在病根残体和土壤中越冬，翌年地温回升后，越冬幼虫和卵内孵化出的幼虫从幼嫩根尖侵入寄主根组织，并在寄主根的中柱与皮层中定殖，吸取营养。在线虫寄生的过程中，由于口针不断穿刺细胞壁，并分泌唾液刺激寄主皮层薄壁细胞过度增长和增大，形成明显的根结。线虫可随水流、种苗、土壤和耕作传播。

根结线虫耐低温能力较强，耐高温能力差，15～30℃是根结线虫适宜生长繁殖温度，有利于发病。根结线虫好气，地势高燥、结构疏松的中性砂质壤土有利于发病，土壤含水量20%以下或90%以上不利于发病。连作地发病重。

防治方法

农业防治　培育无病苗。选择3年以上未种植丹参的地块作为丹参留种基地，繁殖无病种子（种苗）。施用无病的肥料和水，确保源头上无线虫病。合理轮作。与禾本科作物实行3～5年轮作或实行水旱轮作。轮作2年的地块发病率

丹参根腐病的症状（曾华兰提供）

为 13%，轮作 5 年的发病率可以降到 0.1%。清洁田园。在栽培种植过程中，要及时清除包括病苗、病根、杂草在内的病残体，病残体集中烧毁。使用的农机具要及时清洗消毒。加强田间管理与科学施肥。土壤深翻晒垄，及时防除田间杂草。增施磷钾肥，增强植株抗性，有机肥应充分腐熟。在使用粪肥时要经过高温发酵腐熟，确保里面的线虫已杀灭。

物理防治　夏季深翻，灌大水后盖地膜密封，阳光照射 20 天左右，利用高温高湿杀死线虫。或用 3DT-90 型土壤连作障碍电处理机杀死线虫。

化学防治　丹参播种或移栽前 15 天，每亩用 10% 福气多颗粒剂 2kg 加细土 50kg 混匀撒施，深翻 25cm 进行土壤处理；或每亩用 15～20kg 98% 棉隆微粒剂进行土壤熏蒸。

参考文献

傅俊范，2007. 药用植物病理学 [M]. 北京：中国农业出版社 .

叶华智，严吉明，2010. 药用植物病虫害原色图谱 [M]. 北京：科学出版社 .

（撰稿：曾华兰、蒋秋平；审稿：丁万隆）

丹参叶枯病　danshen leaf blight

由壳针孢引起的、危害丹参叶片的一种真菌性病害。又名丹参斑枯病。

分布与危害　丹参叶枯病在中国丹参产地均有发生，主要分布于四川、山东、安徽、河北、陕西等产区。丹参叶枯病一般田间发病株率为 25%～40%，严重时达 50%，严重影响丹参产量。主要危害叶片。下部叶片先发病，逐渐向上部叶片蔓延。染病叶面产生褐色圆形小斑，随着病情的加重，病斑扩大，中央呈灰褐色，叶片最后焦枯，植株死亡（见图）。

病原及特征　病原为壳针孢属真菌（*Septoria* sp.）。分生孢子器球形，大小为 87～155.5μm×25～56μm。分生孢子无色透明，35～44μm×2～3μm，有 0～7 个隔膜（多数 3 个）。

侵染循环　叶枯病危害时间较长，在丹参的整个生长期均有发生。病原菌以分生孢子器和菌丝体在病残组织中越冬，成为翌年初侵染源。分生孢子可随风雨传播，经孔口或伤口侵入造成再侵染，扩大危害。叶枯病的潜伏期 5～12 天，在整个生育期，病部产生的分生孢子可不断造成多次侵染，继续扩大危害。

流行规律　叶枯病危害时间较长，在丹参的整个生长期均有发生。该病在多雨季节、田间湿度大时普遍发生，逐渐加重。植株茂密、排水不畅的地块发病重。

防治方法

农业防治　雨后及时开沟排水，降低田间湿度。合理施肥，适当增施磷钾肥，增强植株抗性。及时清洁田园，收获后将病残体集中用生石灰处理后深埋。

化学防治　栽种前用 1：1：100 的波尔多液浸种 10 分钟。发病初期，用 50% 代森锰锌 500 倍液喷雾，每 10 天 1 次，连喷 2～3 次；或用 30% 噁霉灵 1500 倍液喷雾，每 10 天 1 次，连喷 2～3 次；或用 65% 代森锌 600 倍液喷雾，每 10 天 1 次，

丹参叶枯病症状（蒋秋平提供）

连喷 2～3 次。

参考文献

傅俊范，2007. 药用植物病理学 [M]. 北京：中国农业出版社 .

李晓飞，2017. 药用植物丹参主要病害及防治 [J]. 吉林农业 (8)：68.

（撰稿：何炼、蒋秋平；审稿：丁万隆）

单年流行病害　monoetic disease

在作物的一个生长季节中，只要条件适宜，能够完成菌量积累过程并造成严重危害的病害，是植物病害流行类型之一。这类病害在病害循环中有多次再侵染，在病理学分类中属于多循环病害（polycyclic disease）。由于在此类病害每完成一个侵染循环都使病害增长数倍，而所增长的病害又会成为下一个侵染循环病害增长的基数，范德普朗克（J. E. Van der Plank，1963）称之为复利病害（compound interest disease，简称 CID）。三个名词在多数场合下可以通用。单年流行病害是 1986 年由中国曾士迈提出的，与积年流行病害相对应。这类病害最本质的特征是再侵染频繁，潜育期短，一个生长季节内可以完成多个世代，使得病原物具有很高的潜在的增殖率。从病害发生部位看，多为地上部发生的局部侵染并局部发生的病害，如大多数叶斑病。从传播方式看多为气流或风雨流水传播，也有昆虫传播，传播体数量大，传

播距离远。从病原物传播体对环境的敏感性看，病菌存活需要一定的温度、湿度和光照，病菌侵染也需要一定的温度、湿度、结露条件和持续时间。尽管一般的传播体寿命短，但遇到适宜的环境，病害流行速率可以很高。当条件不适宜时，病情则发展缓慢，甚至受到遏制。因而年度间、季节间以及地区间因为条件不同，流行程度会有很大差别。从病原物越冬比例看，总体较低，特别是不产生休眠体的病菌，每年的初始菌量变化可能较大，但不是影响病害流行程度的主要因素。

这类病害在适宜的条件下当年就能由少到多、由点到面地发展起来并造成作物严重减产，所以也常称为流行性病害，包括许多重要的农作物病害。如小麦锈病、小麦白粉病、水稻稻瘟病、水稻白叶枯病、稻细菌性条斑病、大白菜黑斑病、黄瓜霜霉病、梨黑星病、柑橘疮痂病、花生锈病、甜菜褐斑病、烟草赤星病、烟草黑胫病等。以小麦条锈病为例，1个夏孢子堆每天就可以产生 1000～2000 个传播体，产孢期可以持续 10 天，如果侵染成功，7～10 天就能形成新的病斑。曾士迈（1962）估算在中国华北地区即使早春的病叶率仅为百万分之几或更低，但只要 3～4 月有足够的降水量和雨露日，平均气温保持在 10℃ 上下，2 个月后，病情指数就可以增长 1000 万倍并造成严重的减产。再如马铃薯晚疫病，它的病斑每天都可以扩大一圈并产生霉轮，潜育期也只有 3～4 天，田间流行速率可以很高。以病斑面积计算，一个生长季节甚至可以增长 10 亿倍。

病害预测主要针对流行速率。依据的主要因素是寄主抗病性、气象因素和栽培管理措施。气象因素包括温度、湿度和降水，对于众多的真菌病害来说，结露也是重要的因子。防治策略也以减少病菌再侵染、降低病害流行速率为主。综合防治措施包括种植抗病品种、合理密植、水肥管理和喷洒药剂。

参考文献

曾士迈，杨演，1986. 植物病害流行学 [M]. 北京：农业出版社.

（撰稿：肖悦岩；审稿：胡小平）

当归褐斑病　*Angelica* leaf spot

由壳针孢属真菌引起的、危害当归地上部的一种病害。是当归生产中的主要病害之一。

发展简史　壳针孢属真菌侵染当归属植物引起叶部褐斑病在美国、中国、韩国及保加利亚均有报道。中国 1990 年韩金生在《中国药用植物病害》一书中首次记载壳针孢属真菌（*Septoria* sp.）引起当归（*Angelica sinensis* Diel.）褐斑病。此后陆家云、丁万隆、白金铠、陈秀蓉对当归褐斑病均有记载和描述。2011 年陈秀蓉编写的《甘肃省药用植物真菌病害及其防治》一书中，对当归褐斑病的症状、病原、发病规律以及防治方法进行了详细描述。以上记载中对病原菌均未定种。2003 年白金铠提出当归褐斑病的病原为白芷壳针孢（*Septoria dearnessii* Ellis et Everhart）。但是据甘肃观测，当归褐斑病的病原与白芷壳针孢形态上有明显差异，因此，

仍未定种。

分布与危害　当归褐斑病在中国当归种植区均有分布，在陕西的太白、宝鸡、陇县、凤县、平利以及甘肃的岷县、渭源和漳县均发生严重。根据 2004—2016 年对甘肃当归主产区的调查，当归褐斑病在不同当归种植田块均有不同程度危害，发病率 45.0%～100.0%，严重度 2～3 级。病害发生严重年份，叶片枯死，根部产量下降。

褐斑病症状主要表现为叶片、叶柄均受害，叶面初生褐色小点，后扩展呈多角形、近圆形、红褐色斑点，大小 1～3mm，边缘有褪绿晕圈。后期有些病斑中部褪绿变灰白色，其上生有黑色小颗粒，即病菌的分生孢子器。病斑汇合时常形成大型污斑，有些病斑中部组织脱落形成穿孔，发病严重时，全田叶片发褐、焦枯（图 1）。

病原及特征　病原为壳针孢属（*Septoria* sp.）的一待定种，属球腔菌真菌。该菌分生孢子器扁球形、近球形、黑褐色，直径 67.2～103.0μm（平均 84.5μm），高 62.7～89.6μm（平均 78.1μm）。分生孢子针状、线状，直或弯曲，无色，端部较细，隔膜不清，大小为 22.3～61.2μm×1.2～1.8μm（平均 44.2μm×1.7μm）（图 2 ⑤）。甘肃的标样较白金铠 2003 年记载的白芷壳针孢（*Septoria dearnessii*）的分生孢子 14～28μm×1～2μm，长近一倍，因此种待定。

当归褐斑病病原菌在 PDA 培养基上，菌落生长缓慢，8 天后菌落直径为 22.3mm，20 天时菌落直径 63.0mm，生长速度为 3.15mm/d，菌落黑褐色，明显向上隆起呈半球形、不规则形，表面细绒状，密实，轮生黑色小点，产紫色色素（图 2 ①）；在 OA 培养基上，菌丝稀疏，在原菌饼周围有少量分生孢子器，生长速度为 2.47mm/d，产紫色色素（图 2 ②）；在麦芽浸膏（MEA）培养基上，生长速度为 2.05mm/d（图 2 ③）。此菌分生孢子两端和中间细胞均可萌发长出无色芽管（图 2 ⑥）。该菌菌丝生长、分生孢子萌发和产孢的温限分别为 5～30℃（最适 15～25℃）、5～30℃（最适 20℃）和 5～25℃（最适 15℃）。连续光照有利于病菌的生长、萌发和产孢。在 75% 以上的相对湿度中均可萌发，以水中萌发最好。菌丝在 pH4.0～10.0 范围内均能生长，

图 1　当归褐斑病症状（陈秀蓉提供）

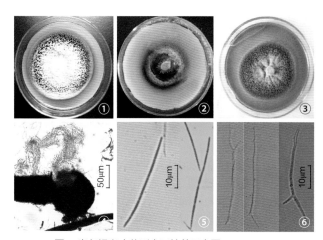

图2 当归褐斑病菌形态及培养示意图（王艳提供）

① PDA 上菌落形态；② OA 上菌落形态；③ MEA 上菌落形态；④分生孢子器；⑤孢子形态（示隔膜）；⑥萌发的分生孢子

以 pH 5.5 生长最快；产孢的 pH 为 4.5～7.5，其中以 pH 6.0 产孢量最大。当归叶片浸渍液、葡萄糖液对孢子萌发有较强的促进作用，而蔗糖液和土壤浸渍液则有抑制作用；10 种碳源中葡萄糖、D-半乳糖等 4 种碳源对其生长有促进作用；13 种氮源中在谷氨酸培养基上生长最快，而甘氨酸、脯氨酸和蛋白胨可促进其产孢。

侵染过程与侵染循环　当归褐斑病病菌以菌丝体及分生孢子器随病残组织在土壤中越冬。翌年，以分生孢子引起初侵染。生长期产生的分生孢子，借风雨传播进行再侵染。

流行规律　温暖潮湿和阳光不足有利于发病。一般 5 月下旬开始发病，田间病害逐渐由发病中心向四周扩展；7 月下旬至 9 月初是病害盛发期，田间发病率可由 30% 左右增长到 80% 以上，病害病情指数也可由 30 左右增长至 80 以上；9 月中旬以后病情指数不再增加，进入病害衰退期，并持续至收获期。当归褐斑病的病情指数与病情基数、田间温度和湿度具有显著的相关性。病情基数越大，发病越重；田间平均温度 15～25℃，湿度高于 75% 有利于褐斑病的发生和蔓延。

防治方法

农业防治　收获后及时清除田间病残体，降低越冬病菌基数，以减少初侵染源。采用垄作栽植，合理密植，增加田间的通风透光等调控措施，减缓病情扩展。发病初期，及时摘除病叶，结合喷施高效低毒的杀菌剂等措施，防止病害流行。

化学防治　发病初期喷施 70% 安泰生可湿性粉剂每公顷用药 1125～1688g（有效成分）、70% 甲基硫菌灵可湿性粉剂 788～1050g（有效成分）和 10% 苯醚甲环唑水分散粒剂 101～127g（有效成分），防效均可达 71% 以上，并且具有较好的增产作用。一般 7～10 天喷施 1 次，连喷 2～3 次，交替使用药剂。

参考文献

陈泰祥，杨小利，陈秀蓉，等，2015. 甘肃省当归褐斑病发病规律初步研究及田间药效评价 [J]. 中药材，38(1): 14-17.

韩金生，1994. 中国药用植物病害 [M]. 长春: 吉林科学技术出版社.

王艳，陈秀蓉，王引权，等，2009. 甘肃省当归褐斑病菌 Septoria sp. 生物学特性及其营养利用研究 [J]. 中药材，32(4): 478-482.

（撰稿：王艳、陈秀蓉；审稿：高微微）

当归炭疽病　*Angelica* anthracnose

由束状炭疽菌引起的、危害当归茎秆的一种真菌病害。是当归生产中的主要病害之一。

发展简史　1998 年黄俊斌报道湖北鄂西地区栽培当归发生炭疽病，发病率为 38%，通过形态学方法将当归炭疽病的病原鉴定为当归炭疽病菌［*Colletrichum gloeosporium*（Penz）Sacc.］，但未进行其他详细的鉴定及研究。2012—2013 年在甘肃定西渭源、岷县、漳县等当归种植区，调查发现当归炭疽病，采用形态学和 rDNA-ITS 序列将将病原鉴定为束状炭疽菌［*Colletotrichum dematium*（Pers.）Grove］。通过接种当归健株确定该病菌致病性强。与湖北报道的当归炭疽病菌不同，且与其他寄主上的束状炭疽菌在生理特性上也有一定的差异。

分布与危害　在甘肃当归主产区均有发生。发病初期先在植株外部茎秆上出现浅褐色病斑，随后病斑逐渐扩大，形成深褐色长条形病斑，叶片变黄枯死（图1①），后期茎秆及叶片从外向内逐渐干枯死亡，在茎秆上布满黑色小颗粒，即病原菌的分生孢子盘，最后茎秆腐朽变灰色至灰白色，整株枯死（图1②）。叶片未见病斑。严重年份发病率为 44.0%～85.0%，但各地不同地块严重程度有差异。

病原及特征　病原为束状炭疽菌［*Colletotrichum dematium*（Pers.）Grove］，属炭疽菌属。该菌的分生孢子盘黑褐色，扁球形、盘形或球形，大小为 50～400μm（图2③），周围有褐色刚毛，刚毛直立、长短不等，长度为 45～200μm，顶端尖基部宽约 4～8μm，有 0～7 个隔膜（图2④）。分生孢子有两种形态，一种为新月形，两端尖，无色透明，单胞，中间有一个油球，孢子大小为 18～24.5μm×3.5～5μm；另一种孢子为卵圆形或椭圆形，无色透明，单胞，孢子大小为 9.7～16.5μm×2.5～4μm（图2②）。

束状炭疽菌仅在当归浸汁液培养基上产生大量的分生孢子，并且产生分生孢子盘（图2①），因此当归浸汁液培养基为病原菌生长的适宜培养基。该菌菌丝生长和孢子萌发适温均为 25℃，产孢适温 20℃。相对湿度 95% 以上可以

图1 当归炭疽病症状（陈秀蓉提供）

①茎秆；②整株

图 2　束状炭疽菌（陈秀蓉提供）
①菌落上产生的分生孢子盘；②两种类型的孢子；③分生孢子盘外形；
④刚毛形态

萌发，液态水中萌发最好。适宜菌丝生长和产孢的 pH 为 11 和 10；菌丝在葡萄糖、蔗糖、乳糖、麦芽糖、甘露醇和 D- 阿拉伯糖等 6 种碳源培养基上生长快，而甘露糖、D- 半乳糖和氯醛糖等 3 种碳源为其不良碳源；大豆蛋白胨、L- 亮氨酸等 15 种氮源培养基均有利于菌丝生长良好；蔗糖溶液能促进孢子萌发。

侵染过程与侵染循环　病菌可在土壤和病残组织上越冬，成为翌年的主要初侵染来源。人工接种病菌可通过伤口、根部以及地上部自然孔口侵入茎秆。生长季节中，此病一般在 6 月中下旬开始发生，田间可见零星病株，但症状不典型，观察不到病症。7 月株高 20cm 可见典型症状，有些株高不到 30cm 即已严重发病，茎秆腐朽，表面布满黑色小颗粒。8 月下旬到 9 月上旬达到发病高峰。

流行规律　田间发病程度与相对湿度和气温存在极显著正相关，即湿度大、温度高有利于病害发生。

防治方法　当归炭疽病的发生和流行与越冬菌源基数、气候条件和栽培管理措施密切相关，因此，需采取栽培措施和化学药剂相结合的综合防治措施。

农业防治　收获后及时清除病株残体，精耕细作、深翻土壤，减少初侵染源。注意轮作倒茬，此病在重茬地发病重，因此，应与禾本科、十字花科植物轮作倒茬，以减少土壤中病原物的积累。

化学防治　由室内毒力测定结果表明，苯醚甲环唑、戊唑醇、氟硅唑的 EC_{50} 分别为 2.14μg/ml、8.21μg/ml、14.13μg/ml，因此，建议在当归生产中可以按常规量喷施 43% 戊唑醇悬浮剂、10% 苯醚甲环唑可湿性粉剂及 40% 氟硅唑乳油。此外，30% 醚菌酯、70% 甲基硫菌灵、50% 多菌灵等亦有较好的抑菌效果，可以在生产中选择使用。

参考文献

卞静，陈泰祥，陈秀蓉，等，2014. 当归新病害——炭疽病病原鉴定及发病规律研究 [J]. 草业学报，23(6): 266-273.

陈秀蓉，2015. 甘肃省药用植物病害及其防治 [M]. 北京：科学出版社.

黄俊斌，周茂繁，赵纯森，1998. 四种药用植物炭疽病的病原鉴定 [J]. 湖北植保 (3): 9-11.

（撰稿：杨成德、陈秀蓉；审稿：高微微）

稻粒黑粉病　rice kernel smut

由狼尾草腥黑粉菌引起、从花器侵染只危害水稻稻谷的真菌性病害。又名稻黑穗病、稻墨黑穗病。

发展简史　1896 年，日本学者 Takahashi 首次报道该病发生，并将稻粒黑粉病菌命名为 *Tilletia horrida* Takahashi。以后其拉丁学名经历了几次变更。在中国，早在 1931 年就已有记载其发生危害。1966 年，王云章定名为 *Tilletia horrida* Tak.，1975 年，魏景超定名为 *Neovossia horrida*（Tak.）P. et K.，1979 年，戴芳澜在《中国真菌总汇》中定名为 *Tilletia horrida* Tak.。因此，其公认的学名有 *Tilletia horrida* Tak.、*Neovossia barclayana* Bref.、*Tilletia barclayana*（Bref.）Sacc. et Syd.、*Neovossia horrida*（Tak.）Padw. et Azmat Kahn.。

早期该病害在田间只是零星发生，危害稻穗的个别谷粒，很长时间内未引起重视。其危害方式、侵染过程等问题一直未弄清楚。直到 1951 年以后，逐渐演变为杂交水稻制种田中较普遍发生的病害，并陆续证实其是从花器侵染危害水稻稻谷的局部病害，澄清了过去认为的从种胚或种苗系统侵染的错误认识。目前国内外主要对其病原侵染、生物学特性、发生流行规律、致病机制、药剂防治等进行了相关的研究。

分布与危害　稻粒黑粉病主要发生在东南亚地区，非洲、美洲的部分稻区也有分布。在中国，分布遍及南北稻区，以江西、湖南、四川、河南、江苏、浙江、安徽、云南、福建、辽宁等稻区的中晚稻发生较严重。病菌直接侵染水稻的花器，定殖后在子房内迅速产生大量的黑粉孢子，使整个谷粒完全丧失经济价值，严重影响质量和产量，一般导致水稻减产 20% 左右，重者 50%，甚至 80% 以上，已成为中国杂交稻制种田的重要病害。

寄主包括水稻、狼尾草、御谷等。

稻粒黑粉的典型症状是染病谷粒米质全部或部分被破坏，变成青黑色粉末状物，即病原菌的厚垣孢子（黑色冬孢子粉），常黏附于谷粒外壳表面。病粒在稻穗上发生位置不固定，一般每穗受害 1 粒或数粒，严重时达数十粒。按危害程度不同症状可分为以下 4 种类型：健胚型、秕谷型、貌似健康型、完全开裂型（图 1）。

病原及特征　病原为狼尾草腥黑粉菌［*Tilletia barclayana*（Bref.）Sacc. et Syd.］，异名 *Neovossia horrida*（Tak.）Padw. et Azmat Kahn.，属腥黑粉菌属。

病菌最初在颖壳内产生厚垣孢子堆。厚垣孢子黑色，球形，大小为 25 ~ 32μm×23 ~ 30μm。外围往往有一层透明的胶质鞘。表面密布淡色的齿状突起，基部宽 2 ~ 3μm，高 2.5 ~ 4μm，略弯曲。不育孢子圆形至多角形，淡黄色或无色，大小 15 ~ 23μm，膜厚 1.5 ~ 2μm，有一短而无色的尾突。厚垣孢子萌发形成简单、无隔、有的具简单分枝的先菌丝；先菌丝顶端轮生 50 ~ 60 个担孢子，担孢子无色透

图 1 稻粒黑粉病——每穗受害 1 至数十粒。病粒污绿色或污黄色，内有黑粉（吴楚提供）

明，线状，稍弯曲，不分隔，大小为 38～55μm×1.8μm；担孢子萌发产生针状或香蕉状次生小孢子或菌丝，大小为 10～14μm×2μm，具有侵染能力（图 2、图 3）。

侵染过程与侵染循环　病菌感染颖花内的花器官，菌丝先从花柱进入子房，再侵入珠心组织，2～3 天子房内出现树脂状膨大菌丝并形成雏形厚垣孢子，后厚垣孢子变褐色，6～8 天形成小刺，侵染后 10～13 天病粒破裂露出黑粉。病粒形成必需满足两个条件：一是母本颖花内的器官被感染，二是授粉受精。

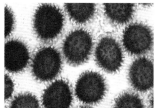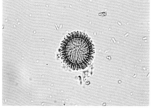

图 2 稻粒黑粉病菌厚垣孢子（冯爱卿提供）

种子、土壤、粪肥中越冬的厚垣孢子是主要的初侵染源，翌年在水稻扬花期至灌浆初期萌发，产生担孢子和次生小孢子借助风、雨、水流等传播到花器或幼嫩的谷粒上，再次形成黑色的厚垣孢子堆，黏附在种子上或散落于田间越冬。

流行规律　稻粒黑粉病主要发生在水稻扬花至乳熟期，只危害谷粒米质部分，通常在穗后期才可见到病粒。因此，在扬花至乳熟期间有充足的菌源、适宜的气候、品种易感、品种柱头外露率高、颖壳张开时间长、角度大、密植等因素将有利于其发生流行。水稻在开花期间遇阴雨天气，温度 28～30℃，田间湿度达 100% 时，最有利于病菌的侵染和繁殖。此外，喷施生长激素赤霉素、多施氮肥、赶粉、种植于老病区的制种田等因素均会加大病菌感染的概率。

防治方法　稻粒黑粉病存在显症晚且一旦显症已无法补救的特点。因此，对该病应采取以预防为主、尽量减少菌源、提高杂交母本抗病能力、适时合理用药的综合防治策略。

种植健康种子和抗病高产品种　尽量选留无病种子，播种催芽前可应用 7%～10% 的盐水洗种或药剂浸种。

农业防治　制种基地适当进行轮作或水旱轮作。正确

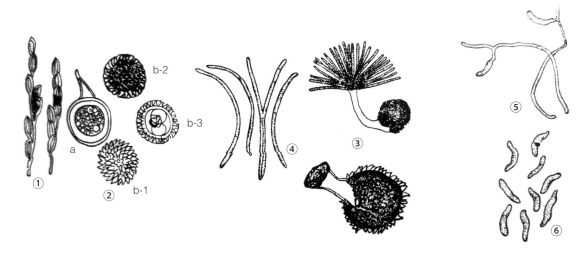

图 3 稻粒黑粉病各类型孢子（引自《中国农作物病虫害》，2015）

①病穗；②孢子：a. 不育孢子；b-1. 孢子表面；b-2. 齿状突起基部；b-3. 剖面；③厚垣孢子萌发；④担孢子；⑤担孢子产生次生小孢子；⑥次生小孢子

安排父母本播插期，尽量避开适温高湿的发病条件。合理密植。科学配方施肥。科学使用激素，赤霉素的喷施应根据不同组合特性，坚持适量适时的原则，一般使用始期以见穗4%～6%为宜。

化学防治　一般掌握在水稻破口前3～6天和扬花期施药，对于不育系在盛花高峰次日施药最佳。喷药应避开开花期，对穗部上中下层均匀喷雾。药剂可选用30%苯甲·丙环唑乳油225～300ml/hm²、20%三唑酮乳油1200ml/hm²、80%戊唑醇可湿性粉剂90～120g/hm²等兑水常量喷雾防治。

参考文献

戴芳澜, 1979. 中国真菌总汇[M]. 北京: 科学出版社: 741-744.

黄富, 程开禄, 潘学贤, 1998. 稻粒黑粉病菌的分类学研究进展[J]. 云南农业大学学报, 13(1): 145-147.

廖杰, 张长伟, 潘学贤, 等, 2004. 制种田稻粒黑粉病药剂防治的最佳时期[J]. 四川农业科技 (7): 31-32.

刘慧, 2008. 我国稻粒黑粉病的研究进展[J]. 江西植保, 31(1): 3-6.

中国农业科学院植物保护研究所, 中国植物保护学会, 2015. 中国农作物病虫害: 上册[M]. 3版. 北京: 中国农业出版社.

TEMPLETON G E, 1961. Local infection of rice florets by the rice kernel smut organism, *Tilletia horrida*[J]. Phytopathology, 51(2): 131-132.

（撰稿：朱小源、冯爱卿；审稿：王锡锋）

稻曲病　rice false smut

由稻绿核菌引起的一种真菌性穗部病害。又名稻乌米、稻伪黑穗病、稻绿黑穗病、稻谷花病、稻青粉病和稻丰收病。

发展简史　1878年，由Cooke首次在印度发现，其病原菌被命名为*Ustilago virens* Cooke。Patouillard在1887年又根据日本的材料命名为*Tilletia oryzae*。1895年Bregend提出*Ustilaginoidea*属，并将名称改为*Ustilaginoidea virens*，翌年Takahashi又命名为*Ustilaginoidea virens* Cke。1934年Sakurai发现了稻曲病菌的有性态，提出了有性世代的名称为*Claviceps virens*（Cke）Sakurai。后由Hashioka在1971年根据有性世代的特征提出名称*Claviceps oryzae* Sativae。

2008年，Tanaka比较了稻曲病菌和*Clavicipitaceous*属的有性态，发现两者存在差异，重新命名了稻曲菌为*Villosiclava virens*。

分布与危害　广泛分布于世界各水稻种植区，包括亚洲的印度、日本、缅甸、孟加拉国、印度尼西亚、斯里兰卡、马来西亚、菲律宾、泰国和越南；美洲的玻利维亚、巴西、哥伦比亚、圭亚那、秘鲁、委内瑞拉、苏里南、古巴、墨西哥和美国；非洲的埃及、刚果、加纳、几内亚、科特迪瓦、利比里亚、马达加斯加、莫桑比克、尼日利亚、苏丹、坦桑尼亚、塞拉利昂和赞比亚；欧洲的意大利；大洋洲的斐济、巴布亚新几内亚和澳大利亚。危害严重的国家有印度、菲律宾、日本和中国。

中国各稻作区均有稻曲病发生，主要分布于华中、华东、华南和京津等地。20世纪80年代以来，随着紧凑型品种的推广以及施肥水平的提高，主要稻区相继出现稻曲病的危害。包括北方稻区的辽宁、河北，南方稻区的浙江、江苏、安徽、湖北、湖南、广东、广西、福建等地。稻曲病在长江中下游地区发生较为普遍，引起较大损失，已上升为中国水稻的主要病害。

稻曲病通常在中、晚稻和杂交水稻上发生，造成的病穗率为0.6%～56%，每个病穗上一般有病粒1～10粒，多者30～50粒。水稻感染稻曲病后，不仅影响病粒本身，还影响邻近谷粒的营养，导致小穗不育、谷粒发育迟缓，从而导致瘪谷增加，千粒重下降，减产20%～30%，甚至更高（图1、图2）。同时稻曲病菌产生的毒素对人畜有较强的毒性，用混有稻曲病粒的稻谷饲喂家禽可引起家禽慢性中毒，造成其内脏病变甚至死亡。

病原及特征　病原菌有性态为稻麦角菌（*Villosiclava virens* E. Tanaka & C. Tanaka），属麦角菌属；无性态为稻绿核菌［*Ustilaginoidea virens*（Cooke）Takahashi］，绿核菌属（图3）。

侵染过程与侵染循环　稻曲病仅发生在水稻穗部。病菌进入幼嫩的谷粒后，主要侵染花丝并在颖壳内形成菌丝块，菌丝块随后增大突破内、外颖，露出块状的孢子座。孢子座最初呈黄绿色，然后转变为墨绿色或者橄榄色，包裹颖壳，近球形，体积可达健粒的4～5倍。最后孢子座表面龟裂，散布出墨绿色粉末为病菌的厚垣孢子。孢子座中心为菌丝组织构成的白色肉质块，外围分为3层组织：外层是最早成熟

图1　稻曲病（吴楚提供）

①发病前期，黄色块状物为分生孢子座；②发病中期，病粒外包被黑粉；③发病后期

图 2 稻曲病（吴楚提供）

①薄膜破裂，露出黄色孢子座；②病粒两侧生黑色扁平菌核；③病粒散出黑粉

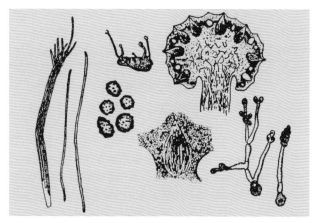

图 3 稻曲病病原菌示意图（吴楚提供）

的大量松散的黄色或墨绿色厚垣孢子；中间橙黄色是菌丝和接近成熟的厚垣孢子；里层为淡黄色的菌丝和正在形成的厚垣孢子。有的稻曲球到后期侧生黑色、稍扁平、硬质的菌核 1～4 粒，经风雨震动后很容易脱落在田间越冬。

稻曲病菌以厚垣孢子附着在稻粒上或落入田间越冬，也可以菌核在土壤中越冬，成为翌年的初侵染来源。翌年水稻孕穗至抽穗灌浆期，在适宜的温湿度条件下，厚垣孢子萌发产生分生孢子传播到孕穗末期的幼穗，经自然缝隙进入花器；或者菌核萌发产生子座，形成子囊壳释放子囊孢子，子囊孢子萌发产生分生孢子进行类似侵染。病菌在气温 24～32℃ 发育良好，26～28℃ 最适，低于 12℃ 或者高于 36℃ 不能生长。病菌菌丝在寄主组织内经 10～15 天的潜育期后开始引致稻粒发病形成稻曲球。

流行规律　稻曲病的流行主要由以下因素造成。

气候条件　温度和雨量是影响稻曲病发病与流行程度的主要气象因子。稻曲病菌在 15～32℃ 均能生长，以 26～28℃ 最为适宜，34℃ 以上不能生长。在水稻破口前 1 周遇到雨日、雨量偏多，田间湿度大，日照少有利于病害流行。

品种抗性　一般晚熟品种比早熟品种发病重，不同品种、不同播期发病有差异。秆矮、穗大、叶片较宽而角度小，耐肥抗倒伏和适宜密植的品种，有利于稻曲病的发生；一般半矮生型较密穗型耐病。杂交稻重于常规稻，粳稻重于籼稻，晚稻重于中稻，中稻重于早稻。田间观察到的抗性多为水稻感病敏感期与不适气象因素相结合的结果。

栽培管理　栽培管理粗放，种植密度过大，灌水过深，排水不良，尤其在水稻分蘖期至始穗期，稻株生长茂盛，若氮肥施用过多，造成水稻贪青晚熟，剑叶含氮量偏多，会加重病情的发展，病穗病粒亦相应增多。

防治方法　稻曲病的防治采取农业防治为主，并结合化学防治方法。

选用高产、抗病、早熟品种　目前的栽培品种中尚没有能免受感染的品种，但不同品种之间的发病程度差异明显。发病较轻的品种有隆科 10 号、特优 158、天优 998、金优 601、杰优 493、K 优 77、中优 448、窄叶青、雪光、合江 23、水晶 3 号、鄂宜 105、金优 974、牡 19、牡 840、双糯 4 号、矮糯 23、油优 36、油优 452、嘉湖 5 号等。发病较重的品种有两优培九、粤优 938、红莲优 6、中莲优 950、谷优 527、Ⅱ优 725、Q 优 5 号、成乐 1104、龙特优 927、岫 207-5、冈优 3551、秀水 48、2159 糯、汕优 2 号、桂朝 2 号等。

农业防治　建立无病留种田或者在收割前进行穗选，选取无病健株留种。如果在病田留种，则播种前需要对种子进行消毒处理，可选方法如下：先用泥水或盐水选种，清除病粒，再用 1% 石灰水或者 15% 三唑酮可湿性粉剂 1000 倍液浸种 24～48 小时，捞出催芽、播种。用 2000 倍液 70% 抗生素 402 浸种 48 小时，捞出催芽、播种。用 50% 多菌灵可湿性粉剂 500 倍液浸种 48 小时，捞出后催芽、播种。每 100kg 种子用 15% 三唑酮（粉锈宁）可湿性粉剂 300～400g 拌种。

加强栽培与肥水管理。针对不同品种，适时移栽，使水稻孕穗末期与雨季、高温高湿天气错开；合理密植，改善田间小气候；合理施肥，不偏施、迟施氮肥。肥沃田块尿素每亩不超过 10kg，贫瘠田块每亩不超过 15kg，这样可以减轻稻曲病的发生。水分管理上采取浅水勤灌，适度晒田；水稻生长后期湿润灌溉，降低田间湿度，同样可以减轻病害的发生。

化学防治　5% 纹曲宁（井冈霉素和枯草芽孢杆菌复配制剂）水剂每亩用量 250ml，加水 50kg。在水稻破口前 5～7 天喷施第一次药，施药后第七天追施第二次药。30% 爱苗（苯甲·丙环唑）乳油每亩用量 17.5ml，加水 50kg。在水稻穗破口前 5～7 天喷施第一次药，施药后第七天追施第二次药。抽穗前 5～10 天，每亩用 5% 井冈霉素 450ml 兑水 50kg 喷施。水稻抽穗前 7～15 天，每亩喷施 150g 络氨铜。每亩用井福合剂（50% 井冈霉素 60g+ 福美双 150g+ 水 50kg）喷雾，安全、防效好而且可以兼防水稻纹枯病。在破口前 7 天左右，每亩用 20% 二苯醋锡（瘟曲克星）可湿性粉剂 100g，加水 50kg

喷雾。

参考文献

陈利锋, 徐敬友, 2006. 农业植物病理学[M]. 北京: 中国农业科学技术出版社.

傅强, 黄世文, 2005. 水稻病虫害诊断与防治原色图谱[M]. 北京: 金盾出版社.

洪剑鸣, 童贤明, 2006. 中国水稻病害及其防治[M]. 上海: 上海科学技术出版社.

黄世文, 2010. 水稻主要病虫害防控关键技术解析[M]. 北京: 金盾出版社.

李洪连, 2008. 主要作物疑难病虫草害防控指南[M]. 北京: 中国农业科学技术出版社.

李志, 刘万代, 景延秋, 2008. 农作物病害及其防治[M]. 北京: 中国农业科学技术出版社.

欧世欢, 1981. 水稻病害[M]. 北京: 农业出版社.

苏祖芳, 周纪平, 丁海红, 2007. 稻作诊断[M]. 上海: 上海科学技术出版社.

王云川, 沈厚芬, 徐福海, 2006. 稻曲病的发生规律及综合防治技术[J]. 现代农业科技(3): 16.

杨毅, 2008. 常见作物病虫害防治[M]. 北京: 化学工业出版社.

中央农业广播电视学校, 1995. 水稻栽培与病虫害防治: 北方本[M]. 北京: 中国农业科学技术出版社.

SONG J H, WEI W, LV B, et al, 2016. Rice false smut fungus hijacks the rice nutrients supply by blocking and mimicking the fertilization of rice ovary[J]. Environmental microbiology, 18: 3840-3849.

TANAKA E, TAKETO A, SONODA R, et al, 2008. *Villosiclava virens* gen. nov., comb. nov., teleomorph of *Ustilaginoidea virens*, the causal agent of rice false smut[J]. Mycotaxon, 106: 491-501.

（撰稿：罗朝喜；审稿：王锡锋）

稻叶黑粉病　rice leaf smut

由稻叶黑粉菌引起、主要危害水稻叶片的真菌性病害。又名稻叶黑肿病。

发展简史　该病在世界各稻区危害程度较轻，有关此病的研究报道较少。

分布与危害　在许多国家均有发生。20世纪90年代在中国局部地区的杂交稻上曾发生偏重，具体区域有广西、江西、湖南、湖北、海南、福建、安徽、四川、吉林、黑龙江等。主要引起水稻叶片早衰，一般导致减产8%～15%，严重者达20%～30%。

稻叶黑粉病可危害水稻叶片正反面，其典型症状是初期叶面上散生或群生斑点如漆似的乌黑小点，在叶片上呈断续的短线状分布，病斑后期稍隆起且其内充满暗褐色的冬孢子堆。发病严重时病斑密布，影响光合作用，导致叶片提早变黄枯死（见图）。

病原及特征　病原为稻叶黑粉菌（*Entyloma oryzae* Syd. et P. Syd.），属叶黑粉属。主要寄主是水稻。

病菌的冬孢子（厚垣孢子）堆潜生在寄主表皮下。冬孢子壁厚、暗褐色、近圆形，表面光滑，大小为 7.5～10μm× 7.5～12.5μm，冬孢子萌发时依次产生先菌丝、担孢子和次生担孢子。先菌丝无色，短棍棒状；担孢子单胞，淡橄榄色，棒状或纺锤形；次生担孢子在担孢子上呈叉状排列。

侵染过程与侵染循环　病菌从叶片伤口或叶缘水孔侵入，自叶缘或叶尖开始发病，逐渐扩展至叶中及叶基部。整株发病多由基部叶片开始，逐渐向中上部叶片扩展、直达剑叶。一般侵染叶片3～5天后开始显症。

上年在病草、病残体上越冬的冬孢子是初侵染源。翌夏在温湿度适宜条件下产生担孢子及次生小孢子，借风雨传播实现再次侵染。

流行规律　稻叶黑粉病是水稻生长后期病害，在分蘖盛期和末期开始发病，扬花灌浆期达发病高峰。发病适温在20℃左右，连续阴雨天或大雨均有助于病情上升。该病在土壤贫瘠、周围有树荫蔽的山垄田、沙漏田发病偏重。植株长势弱或偏施氮肥长势过旺也会促进病害的发生。

防治方法

农业防治　对病区及时清洁病叶和病草；适时播种，培育壮秧；合理密植，保持田间通风透光；分蘖末期至孕穗期注意控制田间湿度；合理施肥，提高植株抗病力，可通过种花生、豌豆、蚕豆等改良土壤或增施硅肥。

化学防治　可结合水稻生长后期其他病害进行兼防。药剂可选用 25% 戊唑醇水乳剂 225～300ml/hm²、30% 丙环唑·苯醚甲环唑乳油 225～300ml/hm²、40% 氟硅唑乳油 150ml/hm²、20% 三唑酮可湿性粉剂等 900g/hm²。

稻叶黑粉病病叶症状（冯爱卿、吴楚提供）

参考文献

蔡煌, 1996. 福鼎县稻叶黑肿病逐年严重[J]. 植物保护 (3): 49.

中国农业科学院植物保护研究所, 中国植物保护学会, 2015. 中国农作物病虫害: 上册[M]. 3 版. 北京: 中国农业出版社.

周杜挺, 何可佳, 2006. 4 种杀菌剂防治水稻黑肿病田间药效试验[J]. 农药科学与管理, 25(10): 16, 25-26.

庄元卫, 王述明, 季万如, 等, 1999. 水稻叶黑肿病的发生与防治研究[J]. 植物医生, 12(3): 23-24.

（撰稿：朱小源、冯爱卿；审稿：王锡锋）

等病情线　iso-disease line

即病害等密度曲线图上病情值相同各点的连线。病害传播在任一方向上的梯度可用各种数学模型进行描述, 但不同模型只是描述病害在一个方向（水平或垂直方向）上的梯度分布, 实际上病害传播是在一定空间内水平和（或）垂直多个方向同时发生的, 是多个单向传播事件累积的结果。单向传播的梯度模型, 可以扩展为多方向传播的病害空间分布模型。以病害在水平方向上的传播为例, 当病原物传播体传播和侵染的一段时间内风向、风速不断变化时, 新生病害可能呈圆形分布, 当不同方向的风速和出现频率不一致时, 病害会呈椭圆形分布。同理, 病害在垂直方向上的传播和梯度也可做类似处理。圆形或椭圆形曲线为病害等密度曲线, 类似于地形图中的等高线、气象图中的等温线。此类梯度模型可以预测病害分布范围和传播距离。实际上, 由于植物冠层空气中的气流复杂多变, 病害传播所造成的等病情线可能不全是规则的圆形或椭圆形, 很可能还包括不规则形, 因此情况可能更加复杂。病害梯度会受寄主和环境因素的影响, 如寄主个体感病性和生态环境比较均一时（对于一定面积的同一种作物田块而言通常是这样）, 只要观察到病害梯度就表明有一个当地的菌源中心存在, 因为从外地多个菌源中心传来的传播体会在大面积的作物中产生一致的病害分布。由本地菌源引起的病害流行, 越是早期, 梯度越明显, 尤以一代传播的梯度最为明显。当然这也受多种因素的影响, 在有强风或湍流或旋风较多时, 梯度就不甚明显。此外, 当病害比较严重时（如病情大于 20% 以后）, 梯度会变小。

参考文献

肖悦岩, 季伯衡, 杨之为, 等, 1998. 植物病害流行与预测 [M]. 北京 : 中国农业大学出版社 .

曾士迈, 杨演, 1986. 植物病害流行学 [M]. 北京 : 农业出版社 .

（撰稿：汪章勋；审稿：檀根甲）

地黄斑枯病　rehmannia leaf blotch

由毛地黄壳针孢侵染地黄叶片而造成的真菌病害。又名地黄青卷病。

发展简史　王鸣岐在 1950 年的《河南植物病害名录》中报道了地黄斑枯病, 随后 1952 年浙江省卫生局科技局在《浙江省栽培药用植物病虫害防治》中对该病害进行了报道, 戚佩坤等于 1966 年在《吉林省栽培植物真菌病害志》中对地黄斑枯病及病原进行了描述。

分布与危害　地黄斑枯病在中国的地黄主产区均有发生危害, 内蒙古、辽宁、北京、河南、山西、陕西、河北、山东、湖北、四川、江苏、安徽都有地黄斑枯病的分布。地黄斑枯病常与地黄轮纹病混合发生。感病品种和温暖湿润的田间环境, 有利于斑枯病的发生, 发病后常造成田间地黄叶片焦枯死亡。

病原菌先侵染地黄近地面叶片, 初期为淡黄褐色点状斑, 病斑逐渐发展呈圆形、方形或受叶脉限制而呈不规则形, 病健交界处明显。后期病斑呈暗灰色, 散生细小黑点, 即病菌的分生孢子器。病斑的大小为 1～16mm×1～11mm。发病严重时, 叶片上病斑连片时, 导致整个叶片干枯内卷, 即农民俗称的"青卷病", 会给地黄造成严重的减产（图 1）。

病原及特征　病原为毛地黄壳针孢（*Septoria digitalis*）。由于地黄斑枯病常与轮纹病混合发生, 并且斑枯病病原生长缓慢, 所以在对病原进行分离时, 经常会分离到轮纹病的病原而分离不到斑枯病的病原, 但轮纹病的病原并不会造成典型斑枯病症状。组织分离时, 采用水琼脂培养基进行病原菌的分离, 减少杂菌的污染, 及早挑出斑枯病的病原。病菌在 PDA 平板上生长缓慢, 菌落近圆形, 墨绿色, 气生菌丝不发达,

图 1　地黄斑枯病症状（王飞提供）

①地黄斑枯病青卷状；②地黄斑枯病典型病斑；③田间地黄斑枯病症状

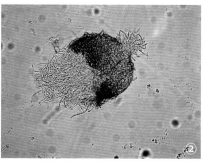

图 2　地黄斑枯病病原（*Septoria digitalis*）（王飞提供）
①病原菌菌落；②病原菌分生孢子器及分生孢子

培养 5 天开始产生分生孢子器和分生孢子。分生孢子器在植物组织中初埋生，后突破表皮外露，分生孢子器球形或近球形，直径为 68～87μm，有孔口，器壁暗褐色，膜质。分生孢子梗缺。分生孢子针形，基部钝圆，顶端略尖，无色，直或微弯，有 3～4 个隔膜，大小为 21～35μm×1.5～3μm（图 2）。

侵染过程与侵染循环　病原菌以分生孢子器随病残体在土壤中越冬，翌春在合适的条件下释放出分生孢子，侵染地黄下部叶片完成初侵染。病斑上形成新的分生孢子器，成熟后释放出分生孢子，随雨水流动或气流传播进行再侵染，温暖湿润的田间环境有利于病害的发生危害。

流行规律　于 6 月中旬田间初发病，初期病情发展缓慢，7 月下旬进入第一个发病高峰期，整个 8 月由于高温抑制，斑枯病处于稳定期，进入 9 月随气温降低，有利于病害的发展，形成第二个发病高峰，持续到 10 月上中旬，此时在田间很容易看到斑枯病引起的卷叶症状。

防治方法　采用以种植抗病品种为主，农业措施和化学预防为辅的措施，综合防治地黄斑枯病。

抗病品种　金状元、金九、9302、狮子头等品种对地黄斑枯病表现高抗，而 85-5 对地黄斑枯病感病，在地黄斑枯病发生危害地区，可以种植抗病品种。

农业防治　地黄收获后，收集病叶，集中掩埋或烧毁。避免大水漫灌，雨季及时排水，降低田间湿度。增施磷钾肥，提高植株抗病能力。

化学防治　零星发病时，用 5% 菌毒清、70% 代森锰锌、70% 甲基托布津或 20% 三唑酮进行喷雾预防。

参考文献

戴芳澜，1979. 中国真菌总汇 [M].北京：科学出版社 .

鲁传涛，刘红彦，吴仁海，等，2003. 怀地黄病虫害发生特点及无公害防治 [C] // 河南省植物保护学会 . 农业有害生物可持续治理的策略与技术 .北京：中国农业科学技术出版社 .

（撰稿：鲁传涛、王飞；审稿：丁万隆）

地黄病毒病　rehmannia virus disease

由植物病毒单独或复合侵染引起的地黄系统性病害，发病率高，是危害地黄生产的最严重的病害之一。又名地黄花叶病、地黄黄斑病、地黄卷叶病、地黄土锈病。

发展简史　早期主要通过生物学检测和血清学检测等方法鉴定地黄病毒的种类。1962 年，田波等首先在河南的地黄上分离到地黄退化病毒（DDV），通过鉴定发现该病毒为烟草花叶病毒属（*Tobamovirus*）成员。1981 年，朱本明和陈作义通过酶联免疫吸附测定法（Enzyme-Linked Immuno Sorbent Assay，ELISA）在地黄黄斑病病株中检测到地黄黄斑病毒。1983 年，濮祖芹等发现 TMV 地黄分离物与其他 TMV 分离物的生物学特性有差异，如 TMV 地黄分离物在矮牵牛（*Petunia hybrid*a）和茄子（*Solanum mengena*）上为无症带毒，而 TMV 烟草分离物表现为系统花叶，TMV 地黄分离物在大白菜（*Brassica pekinensis*）上表现系统花叶，而烟草分离物在大白菜上为无症带毒。但是未从分子角度对该分离物进行精确分类。1994 年，余方平和杨立通过鉴别寄主范围和血清学的方法，在河南等地的地黄上分离到 4 种病毒，其中 2 种分别鉴定为烟草花叶病毒（tobacco mosaic virus，TMV）、黄瓜花叶病毒（cucumber mosaic virus，CMV）和另 2 种未确定分类地位的病毒。直到 2004 年，张振臣等通过 RT-PCR 扩增获得了 TMV 地黄分离物的 MP 和 CP 的核苷酸序列，随后，雷彩燕和 Zhang 等扩增获得了 TMV 地黄分离物的全基因组序列，通过与其他 TMV 株系比对发现，TMV 地黄分离物的 "4404-50 motif" 与 *Tobamovirus* 属的特异性保守位点一致，根据 Gibbs 等提出的 *Tobamovirus* 属病毒的分类描述和鉴定依据，该 TMV 地黄分离物是 *Tobamovirus* 属的成员。但是，TMV 地黄分离物与其他 *Tobamovirus* 属成员的核苷酸相似性最高仅为 86%。根据国际病毒分类委员会（The International Committee on Taxonomy of Viruses，ICTV）第八次报告的分类标准，当 *Tobamovirus* 属病毒的全基因组核苷酸序列的差异小于 10% 时，可以认为是同一病毒的不同株系。而 TMV 地黄分离物与其他 *Tobamovirus* 属病毒全基因组核苷酸序列的最小差异为 16%，超过 10%，因此，将地黄中的 *Tobamovirus* 属病毒称作 "TMV 地黄分离物" 是不准确的，Zhang 等将该病毒暂定为 *Tobamovirus* 属的新成员，命名为地黄花叶病毒（rehmannia mosaic virus，ReMV）。2008 年以前，TMV 地黄分离物未被准确命名为 ReMV，研究者们将在地黄中鉴定到的 *Tobamovirus* 属病毒统称为 TMV，下文中引用早期文章时提到的 TMV 遵循原报道中使用的病毒名称，不区分 TMV 和 ReMV。

2004 年，张振臣等利用血清学的方法在河南孟县和温县的地黄样品中不仅检测到了 TMV，还检测到了蚕豆萎蔫病毒（broad bean wilt virus，BBWV）、香石竹意大利环斑病毒（carnation Italian ringspot virus，CIRV）和 CMV。2010 年，周颖等利用 RT-PCR 的方法鉴定到北京地区的地黄花叶病毒为 CMV 和 BBWV2 的复合侵染。2013 年，张西梅等通过提取病毒双链 RNA（double-strand RNA，dsRNA）并以其为模板进行非序列依赖性 PCR 扩增（SIA），在山西绛县的地黄中检测到了油菜花叶病毒（youcai mosaic virus，YoMV）和 ReMV 的复合侵染。

分布与危害　地黄病毒病广泛存在于中国各个地黄的种植区。日本和韩国也有地黄病毒病的报道。

地黄病毒病的发生在地黄种植区极为普遍，ReMV 和

CMV 是侵染地黄的主要病毒。2004 年，张振臣等对河南温县和孟县的地黄病毒病进行调查时发现，TMV 的检出率最高为 100%，BBWV 和 CIRV 的检出率为 6.5%，CMV 的检出率为 1.8%。2006 年，王敏等对河南焦作地区的温县、武陟、沁阳、博爱和山东菏泽、成武等地的地黄进行病毒病检测时发现 TMV 和 CMV 均是地黄的主要病毒，田间病毒侵染率高达 100%。2009 年，杨玲等在辽宁、山西、山东和河南等地采集 25 种栽培地黄和野生地黄上有花叶症状的叶片中，有 24 种带有 ReMV。2011 年 10 月，对山西绛县的地黄种植田中的地黄病害进行调查，发现该种植田内的地黄病毒病为 YoMV 和 ReMV 的复合侵染，田间感染率高达 95%。

地黄病毒病是造成地黄品种严重退化的主要原因。在地黄的生产过程中，多使用根茎进行无性繁殖，这就造成了病毒病的广泛传播。病毒病可以在地黄体内代代相传，随根茎传播至新的栽培区，又大又壮的地黄根茎作种用后，翌年长出的地黄出现花叶病、卷叶病等症状（图 1），根茎缩小，笼头增长，等级和产量逐年降低。地黄病毒病对当季的产量影响不大，主要是使用带毒的根茎进行无性繁殖时造成了两年以后地黄根茎迅速退化。正像当地群众所说："当年种高产，二年变了样，三年细又长"。由于病毒病等原因，许多历史上的著名地黄品种遗失殆尽，如浙江的苋桥地黄已丢失，浙江的红种地黄已因病毒病而被淘汰。河南主产区栽培品种主要为北京 3 号、金九，其他品种已很难找到。

地黄病毒病是造成地黄产量和品质下降的主要因素之一。地黄感染病毒后，其块根不能正常膨大，随着病症的加重，产量逐年下降。病毒感染越重，单株产量越低，产量可降低 60% 以上，有效成分降低 30%～50%。

病原及特征　鉴定到的地黄病毒病的病原有 6 种，包括 ReMV、CMV、PVX、BBWV2、CIRV、YoMV，其中 ReMV 和 CMV 是造成地黄病毒病的主要病毒。

地黄花叶病毒（ReMV）是帚状病毒科（Virgaviridae）烟草花叶病毒属（*Tobamovirus*）I 亚组的成员。病毒粒子结构为杆状，长约 300nm，钝化温度为 90～95℃，稀释限点为 10^{-6}～10^{-5}，20～22℃ 条件下的体外存活期在 60 天以上。

图 1 地黄病毒病症状（丁万隆提供）

根据分离到 ReMV 的地区，ReMV 有不同的分离物，中国主要有河南分离物（ReMV-Henan）和山西分离物（ReMV-SX），韩国有 ES 分离物（ReMV-ES），日本有 Japanese 分离物（ReMV-Japanese）（图 2）。

ReMV 除了能侵染地黄外，还能够侵染茄科、豆科、番杏科、十字花科和藜科等 5 科 12 种植物。其中在茄科的心叶烟、黄花烟、曼陀罗，番杏科的番杏，豆科的豇豆，藜科的苋色藜和昆诺藜上表现为局部枯斑症状。在红花烟、普通烟、番茄和白菜等植物上表现为系统花叶症状。

现在对侵染地黄的 CMV 分离物的生物学特性和分子生物学特性报道较少，但 ReMV 和 CMV 复合侵染地黄的情况常有发生。

黄瓜花叶病毒（CMV）是雀麦花叶病毒科（Bromoviridae）黄瓜花叶病毒属（*Cucumovirus*）的典型成员，自然界通过蚜虫以非持久的方式传播，也可通过机械摩擦的方式接种，寄主范围极其广泛，能侵染 100 多个科 1200 多种单、双子叶植物，是寄主植物最多、分布最广和最具经济重要性的植物病毒之一。

侵染过程与侵染循环　地黄根茎的无性繁殖是传播地

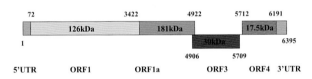

图 2 ReMV-SX 基因组结构示意图（张西梅提供）

黄病毒病的主要途径。另外，ReMV 可以在土壤中的病株残根、茎上越冬，作为翌年的初侵染源，ReMV 还可以通过机械摩擦进行传播，田间病健植株接触、农事操作等都可引起发病。CMV 主要在越冬的农作物、蔬菜、多年生树木、杂草等植物上越冬，翌春通过蚜虫传播至地黄种植田。

防治方法　对于病毒病的防治至今还没有发现特效药物。在地黄的生产实践中人们已经摸索出了一些行之有效的防治办法。

培育脱毒组培苗　茎尖脱毒已经成为十分成熟的生物技术。利用茎尖分生组织培养技术，培育植物脱毒种苗是防治病毒病的首选方法，国内外已培育成功多种无性繁殖作物的脱毒种苗并在生产上应用，如茎尖 16 号，日本的赤野地黄也实现了脱毒苗生产，其产量和有效成分均显著高于感病地块。

倒栽留种　倒栽留种是产区主要的留种方式。通过选择感病轻或抗性强的单株进行扩大繁殖，能在一定程度上克服病毒的危害。长期的选择，不仅保障了地黄的顺利生产，也是优良品种选育的重要方式。

选育抗病品种　选用优良抗病品种具有巨大的应用潜力，是一种投入少、见效快、无污染的有效措施，历史上有名的优良抗病品种有金状元、小黑英等。

参考文献

陈德恩，刘田才，吴友吕，等，1985. 地黄病毒病及对退化影响研究 [J]. 中草药，16(9): 28-31.

田波，1962. 关于河南地黄上分离到的一种病毒 [J]. 微生物学报，8(4): 418-419.

王敏，李明福，黄璐琦，等，2006. 栽培地黄 (*Rehmannia glutinosa* Libosch.) 普遍感染 TMV 和 CMV[J]. 植物病理学报，36(2): 189-192.

周颖，张瑞，郭颂，等，2010. 北京地区地黄花叶病病原的分子鉴定 [J]. 植物保护学报，37(5): 447-452.

（撰稿：王蓉；审稿：丁万隆）

地黄枯萎病　rehmannia *Fusarium* wilt

由镰刀菌侵染地黄茎基部或地下块根引起的土传真菌病害，是中国地黄产区最重要的病害。又名地黄根腐病。

发展简史　王鸣岐等在 1950 年的《河南植物病害名录》中报道了尖镰孢 (*Fusarium oxysporum*) 能侵染地黄造成地黄根腐病。甘贤友等于 1990 年对河南地黄枯萎病的病原进行了分离鉴定和柯赫氏法则验证，认为河南地区地黄枯萎病的病原为茄腐皮镰刀菌［*Fusarium solani* (Mart.) Sacc.］。之后四川、山西的相关报道，也认为侵染地黄造成地黄枯萎病的病原菌是茄腐皮镰刀菌。

分布与危害　地黄枯萎病是中国地黄产区发生危害最重、造成产量损失最大的病害。东北、北京、河北、山东、山西、河南、浙江、四川等地区，都有该病害的分布。

发病初期，茎基出现黑褐色病斑，地上部分叶片萎蔫状，茎基病斑逐渐发展至环状，维管束变黑褐色，整株叶片枯死，地下块根腐烂。在地势不均匀、土壤透水性差的地块，雨季排水不畅，造成田间积水，常造成枯萎病大发生，发病后控制难度极大，给地黄的生产带来毁灭性的减产。地黄枯萎病发生时，地黄块茎整株腐烂，可致减产 50%～80%，甚至绝收（见图）。

病原及特征　病原主要为茄腐皮镰刀菌［*Fusarium solani* (Mart.)Sacc.］，属镰刀菌属。病原菌分生孢子有 2 种类型，小型分生孢子椭圆形、卵形，无色，单胞或有 1 个分隔，大小为 6.7～10.7μm×2.0～4.0μm；大型分生孢子纺锤形、镰刀形，有 3～5 个隔膜，13.4～46.7μm×5.3～10.0μm。

侵染过程与侵染循环　地黄枯萎病为土传病害，病菌在病残体和土壤中越冬存活，带菌的块根也是无性繁殖过程中的重要病菌来源。越冬病原菌在翌春条件合适时与寄主植物

接触，完成初侵染，随着病原菌在寄主上的繁殖，随雨水流动和田间灌溉，在土壤中进行传播，完成再次侵染。茄腐皮镰刀菌在土壤中能存活多年，寄主植物广泛，遇到合适的田间条件和寄主时，就会继续危害发病。

流行规律　5 月中下旬，地黄出苗后，病原菌开始侵染地黄茎基部，伤口有利于病菌的入侵；6 月田间出现零星病株，7～8 月为发病盛期，地势低洼积水、大水漫灌的田块，发病重。地黄块根膨大开裂时易被病原菌侵染，该时期雨水多、温度高有利于发病。土壤黏重、排水不畅发病重。

防治方法　控制好田间生态环境，创造不利于病害发生的条件，是控制该病害的主要原则。病原菌多从块根伤口入侵完成初侵染，因此种植时应选择块根不宜开裂的抗病品种。

农业防治　与小麦、玉米、高粱、甘蔗、粟等禾本科植物轮作，忌与芝麻、油菜、花生、豆类、西瓜、黄瓜、菊花等作物连作。采用高垄种植，避免大水漫灌，雨季及时排水，保证田间无积水。加强田间管理，农事操作时避免给地黄块根造成伤口。增施磷、钾肥，提高植株抗病力。

选用抗病品种　种植金九、北京 3 号、金状元、9302、小黑英等块根不宜开裂的品种，使病原菌不宜完成初侵染。发病重的地区，尽量少种植 85-5 等高产易开裂的品种。

化学防治　挑选健康种栽用 50% 多菌灵浸种处理。初发病时可采用 70% 代森锰锌、70% 甲基硫菌灵或 50% 福美双进行淋灌防治。

参考文献

鲁传涛，刘红彦，吴仁海，等，2003. 怀地黄病虫害发生特点及无公害防治 [C] // 河南省植物保护学会. 农业有害生物可持续治理的策略与技术. 北京：中国农业科学技术出版社.

王守正，1994. 河南省经济植物病害志 [M]. 郑州：河南科学技术出版社.

叶华智，严吉明，2010. 药用植物病虫害原色图谱 [M]. 北京：科学出版社.

（撰稿：鲁传涛、王飞；审稿：丁万隆）

地黄轮纹病　rehmannia leaf ring spot

主要由球壳孢目的壳二孢属和茎点霉属真菌引起的地黄轮纹病，是地黄最重要的叶部病害。

发展简史　王鸣岐等于 1950 年在《河南植物病害名录》中描述了指形叶点霉 (*Phyllosticta digitalis*) 侵染地黄，造成地黄褐纹病。戚佩坤等于 1966 年在《吉林省栽培植物真菌病害志》中报道了指形叶点霉侵染地黄，同时地黄壳二孢 (*Ascochyta molleriana*) 也能造成地黄轮纹病。之后山西、四川等地报道的地黄轮纹病，病原菌均为地黄壳二孢。王飞等学者对河南、山西、河北、山东等地的地黄轮纹病进行了系统鉴定，结果表明，侵染中部地区地黄，造成典型同心轮纹状病斑的病原，均为茎点霉属 (*Phoma* sp.) 真菌。

分布与危害　栽培地黄的地区均有该病害的发生危害。中国东北、北京、山东、山西、河北、四川、湖北等地地黄产区均有该病害的分布。地黄轮纹病具有暴发性，适宜条件下

地黄枯萎病田间症状（王飞提供）
①地黄枯萎病重病田；②地黄枯萎病地下块茎症状

短期内就会造成大面积叶片溃烂，导致严重减产。

由于中药加工企业对地黄收购标准变化，产量高、单株重、稀植型的抗轮纹病地黄品种85-5种植面积越来越少，而株形小、总产稳定、密植型的感轮纹病品种北京3号在产区成为了主导品种。生产中更多采用了省时省工的平畦栽培方式，并且种植密度加大，再加上产区最近几年雨水的增多，田间易形成高温高湿的小环境，造成了地黄轮纹病的连年大发生。严重的田块能使病情指数达到40%以上，给地黄生产带来严重的影响。

病原菌主要危害地黄叶片，病斑褐色，圆形或长椭圆形，直径2～30mm×2～22mm，有明显同心轮纹，后期病斑上散生暗褐色小点，为病原菌的分生孢子器。高温高湿条件下，病斑易穿孔，多个病斑融合，造成叶片枯死。危害叶柄时，形成深褐色梭形斑，病斑中部开裂。地黄下部老叶先发病，逐渐向上部叶片发展，田间高温湿度大时，病害发生严重，地黄整株叶片枯死（图1）。

病原及特征　壳二孢（*Ascochyta molleriana*）真菌会造成地黄轮纹病的发生。该病菌的分生孢子器球形或扁球形，直径80～135μm，分生孢子器初埋生，后突破表皮。分生孢子椭圆形、圆柱形，无色透明，两端钝圆，有一分隔，分隔处稍缢缩。叶点霉（*Phyllosticta digitalis*）和茎点霉属（*Phoma*）真菌也能侵染地黄叶片，造成典型轮纹状病斑。鉴于叶点霉属和茎点霉属真菌分类地位的相似，及不同学者对同一病菌归属的争议，笔者认为侵染地黄的是同一种病原菌。该病菌的载孢体在植物组织上，初期埋生，后突破表皮，能够看到球形黑色小点。分生孢子器球型或扁球形，有孔口，直径120～210μm。分生孢子单胞、无色、短棒状、椭圆形或卵形，大小为4～5μm×1.5～2μm（图2）。

侵染过程与侵染循环　病原菌随病残体在土壤中越冬，或在繁种田地黄叶片上越冬，翌春分生孢子器遇雨水后释放

出分生孢子，分生孢子随雨水流动或气流传播侵染地黄叶片，完成初侵染，在病斑上形成新的分生孢子器成熟后，释放出分生孢子，进行再侵染。高温高湿，田间郁闭适于病害的发生危害。

流行规律　带病越冬的地黄繁种田，在4月中旬就能发病。田间种植地黄，从地黄出苗后即有零星病斑出现，直到地黄采挖，在整个生育期内，都有地黄轮纹病的危害。一般在6月田间出现病株，7月降雨后，病害开始大规模发生，8、9月高温高湿的气候条件，是病害的盛发期，连续降雨会造成病害的大暴发。不同地黄品种对轮纹病的抗性差异较大，抗育831和郭里毛对地黄轮纹病的抗性指数都超过了80%，对轮纹病表现高抗。红薯王、85-5、金九、金状元、三块等5个品种的相对抗性指数在60%～70%，对地黄轮纹病表现中抗。狮子头、9302等品种相对抗性指数在40%～50%，对轮纹病表现中感。密县野生地黄为感病品种，河南产区使用的主栽品种北京3号发病最重。

防治方法　感病品种的使用，造成了轮纹病的连年危害，高温高湿的田间条件利于病害的暴发，因此在防治中，应采用以种植抗病品种为主，辅以农业防治对地黄轮纹病进行综合防治。

农业防治　选择透水性好的砂壤土，整平地块，开挖排水沟，减少田块积水；采用起埂种植，增加地黄田的通风透光条件，降低田间的湿度；多施有机肥，增施磷、钾肥，提高地黄的抗性。地黄收获后，应及时清理病残叶，进行集中销毁。繁种田应与地黄田分开，避免成为地黄轮纹病初次侵染的病源。

抗病品种利用　在地黄轮纹病发生危害严重的地区，应种植对轮纹病抗性好的品种85-5、抗育831、郭里毛和金九，同时也应该多利用抗病野生资源，加快高产、抗病新品种的选育。

化学防治　选择在6月底或7月初未发病时进行预防，施药时要均匀喷雾，尤其是对下部初侵染叶片进行重点喷雾。雨季时，要在下雨后进行及时补喷防治，提高药剂的效果。药剂的选择可使用嘧菌酯、戊唑醇、宁南霉素和代森锰锌等效果好的无公害药剂，在地黄轮纹病的发生期，可交替使用不同药剂进行防治，避免过度依赖单一的化学药剂而使病原产生抗性。

参考文献

白金铠，2003. 中国真菌志：第十五卷　球壳孢目　茎点霉属　叶点霉属 [M]. 北京：科学出版社.

王飞，2012. 地黄轮纹病病原学及防治研究 [D]. 武汉：华中农业大学.

（撰稿：王飞、鲁传涛；审稿：丁万隆）

图1 地黄轮纹病重病单株（王飞提供）
①重病单株；②典型病斑

图2 地黄轮纹病病原（*Phoma* sp.）（王飞提供）
①病原菌PDA上的菌落形态；②病原菌的分生孢子器；③病原菌分生孢子

地黄线虫病　rehmannia nematodes

由孢囊线虫或根结线虫引起的、危害地黄块根的一种土传病害。又名地黄土锈病。

发展简史　1950年王鸣岐报道了河南地黄上有孢囊线

虫病和根结线虫病发生，戴芳澜等1958年报道了地黄上有孢囊线虫病的危害，陈金堂等于1981年鉴定了北京地区地黄孢囊线虫病的病原。

分布与危害　中国地黄主产区均有地黄线虫病危害，东北、北京、山东、河南、山西、四川等地黄产区均有该病害分布。发病后，地上部分植株矮小，地黄叶片萎黄变小，直至整株枯萎，地下部分块根不膨大，须根增多。根结线虫危害的块根上有瘤状突起或疮痂状，顶破表皮外露，褐色至黑褐色，直径1～3mm，高1mm。孢囊线虫危害造成须根增多，须根纠结成团，块根表皮和须根上会出现白色小点，为雌虫形成的孢囊。该病害发生不是很普遍，多发生在前茬作物发生过线虫病的田块，一旦发病，会给地黄造成80%以上的减产，是地黄上毁灭性的病害（见图）。

病原及特征　病原有大豆孢囊线虫（*Heterodera glycines* Ichin.）和南方根结线虫〔*Meloidogyne incognita*（Kofoid et White）Chitwood〕。地黄上的孢囊线虫，孢囊为柠檬形，初为白色，渐呈黄色，最后为褐色，阴门位于突出的圆锥体上，阴门小板为两侧半膜状型，有发达的下桥和泡状突。孢囊大小为300～838μm×273～630μm，长宽比为1.43，阴门膜孔长30～65μm，阴门膜孔宽26～52μm，阴门裂长39～65μm，下桥长63～112μm。卵长宽比为2.37，大小为94～126μm×31～52μm。二龄幼虫体长393～535μm，体宽19～30μm，口针长19～27μm，尾长38～61μm，排泄孔口87～126μm，背食道腺开口6～8μm。雄成虫长724～1685μm，宽23～42μm，口针长23～28μm，背食道腺开口3～5μm，排泄孔104～187μm，食道长118～214μm，交合刺长19～42μm，引器长5～13μm。地黄上的根结线虫，雌虫头部以下膨大如梨形，大小为548～849μm×337～548μm。卵长圆形，大小为95～109μm×40～42μm。二龄幼虫针形，长333～413μm，宽13～14μm。雄虫长1168～1969μm，宽41～42μm。

侵染过程与侵染循环　根结线虫二龄幼虫侵染块根表皮，刺激细胞形成巨型细胞，幼虫在内取食，并刺激细胞增生形成根结。孢囊线虫二龄幼虫侵染块根表皮或须根根尖，幼虫寄生于根表皮内取食，雌雄交配后，雌虫体内形成卵粒

地黄线虫病症状（刘红彦提供）

并膨大变为孢囊。

流行规律　地黄孢囊线虫在北京地区1年发生5～6代，世代重叠，以孢囊、卵和二龄幼虫在土壤和地黄块根上越冬，翌年5月上旬地黄出苗时开始侵入，6月中旬出现第一次成虫高峰，以后出现5次二、三龄幼虫高峰，最后一次高峰出现在10月初。地黄根结线虫以成虫、卵或幼虫在土壤或块根病瘤内越冬，翌年二龄幼虫危害地黄根尖，在河南地区6月田间发病，7～8月是该病害的发生高峰期。

防治方法　以轮作为主，辅以种植抗病品种和土壤处理进行综合防治。

农业防治　地黄本身不能重茬种植，需要与其他作物进行8年以上轮作。种植地黄时选择前茬无线虫病发生危害的禾本科作物田，忌与大豆、甘薯、山药等作物接茬种植。栽培过程中加强水肥管理，保持土壤的墒情，创造不利于线虫生存的环境。

抗病品种　根据线虫病危害的规律，种植小黑英、北京3号、北京1号、85-5、金九等早熟抗病品种，块根膨大期避开线虫初侵染时期。

化学防治　种植地黄时，采用10%噻唑磷、淡紫拟青霉进行土壤处理，然后再下种。

参考文献

陈金堂，李知，1981.危害地黄的大豆孢囊线虫的初步研究[J].植物病理学报，11(1): 37-44.

戴芳澜，1958.中国经济植物病原目录[M].北京：科学出版社.

王守正，1994.河南省经济植物病害志[M].郑州：河南科学技术出版社.

（撰稿：王飞、刘玉霞；审稿：丁万隆）

地黄疫病　rehmannia blight

由恶疫霉引起的、危害地黄叶片和块茎的卵菌类病害。

发展简史　1989年，姜子德和戚佩坤报道恶霉疫在广东危害地黄；在韩国地黄产区，掘氏疫霉、烟草疫霉引起地黄疫病。

分布与危害　地黄疫病在中国、韩国地黄产区均有发生。田间表现为近地面的叶片和茎基先发病，叶片上先从叶缘发病，形成半圆形、水渍状病斑，后病斑融合，蔓延至叶柄，整叶腐烂，湿度大时，可见到白色棉絮状的菌丝体。病害向下发展到地黄块茎，导致块茎表皮部呈黑褐色腐烂，严重时扩展到块茎髓部，整个块茎腐烂，后期表皮带有白色霉层。该病害在适宜条件下发展迅速，整株萎蔫，块茎腐烂，是地黄上的毁灭性病害（见图）。

病原及特征　病原为恶疫霉〔*Phytophthora cactorum*（Leb. et Cohn）Schröt〕。使用V8培养基培养，其菌丝体灰白色，呈棉絮状。菌丝无隔、无色透明。菌丝宽2.3～6μm，幼嫩菌丝较老龄菌丝纤细。孢子囊洋梨形，大小为24～40μm×19～25μm，易脱落，基部近圆形，大部分有一明显小柄，柄长3～6μm。孢子囊在水中易萌发，释放出游动孢子。游动孢子肾形，休止时近球形。在韩国引起地黄疫

地黄疫病症状（刘红彦提供）

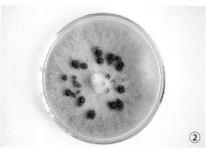

地黄紫纹羽病症状及病原菌菌落（王飞提供）
①地黄紫纹羽病块茎症状；②地黄紫纹羽病病原菌菌落

病的病原菌为掘氏疫霉（*Phytophthora drechsleri* Tucker）、烟草疫霉（*Phytophthora nicotianae* van Breda de Haan）。

侵染过程与侵染循环 病原菌以卵孢子和菌丝体在地黄病残体或者土壤中越冬，翌春条件适宜时产生孢子囊和游动孢子，借风雨、流水、农具等传播，侵染发病。

流行规律 地势低洼、土壤黏重、偏施氮肥的地块发病重。施用未腐熟的农家肥，发病严重。阴雨多湿有利于病害发生和传播，遇大暴雨可迅速蔓延扩展。田间湿度越大、持续时间越长越有利于病菌侵染。温度高潜育期短，再侵染频繁发生，短期内可造成毁灭性危害。

防治方法

农业防治 地黄最忌连作，应与禾本科作物轮作；避免选择常年积水的低洼田块种植地黄，选择高畦栽培，有条件时采用地膜覆盖，可更好地降低病菌与地黄接触的机会。适当控制氮肥，增施磷钾肥。田间发现病株应立即拔除，并用生石灰消毒土壤，病株带出田块销毁。重视种苗管理，加强防疫工作。

化学防治 中心病株出现后及时喷洒 40% 三乙膦酸铝可湿性粉剂 250 倍液、70% 乙膦·锰锌可湿性粉剂 500 倍液或 64% 噁霜·锰锌（杀毒矾）可湿性粉剂 500 倍液，每隔 10 天左右 1 次，视病情防治 2～3 次。

参考文献
么厉，程惠珍，杨智，2005. 中药材规范化种植（养殖）技术指南 [M]. 北京：中国农业出版社 .

FARR D F, ROSSMAN A Y, 2017. Fungal databases, systematic mycology and microbiology laboratory, ARS, USDA. Retrieved January 22. from http://nt.ars-grin.gov/fungaldatabases/.

（撰稿：刘新涛、刘红彦；审稿：丁万隆）

地黄紫纹羽病 rehmannia violet root rot

由紫卷担子菌引起的、危害地黄块根的一种真菌病害。

发展简史 王鸣岐等于 1950 年首次报道了河南的地黄紫纹羽病，其他地区未见该病害的报道。

分布与危害 该病害在河南主要发生在开垦不久的黄河滩地，而在耕种超过 100 年的地块基本不发生，病害发生严重的地块，地黄减产 36.36% 以上。发病后，地上部叶片出现萎蔫症状，逐渐发展至整株枯死。初期发生，在地黄块根表面出现紫褐色菌丝，逐渐发展为菌索覆盖地黄块茎，最后形成紫色菌膜将地黄块茎完全包裹，块根腐烂。块根由初侵染部位开始，由外向内腐烂，腐烂的块根表皮僵硬，易脱落。发病后期，地黄块根腐烂并落入土壤，病组织上形成紫褐色不规则状菌核，直径 2～20mm（图①）。

病原及特征 病原为紫卷担菌 [*Helicobasidium purpureum*（Tul.）Pat.]，在 PDA 培养基上菌落绒毛状，菌丝稀薄，气生菌丝和基生菌丝色浅褐色，背面有褐色物质产生。菌落上散生毛绒状褐色菌核，菌核形状不规则，大小 2～15mm，质地坚硬（图②）。菌核内菌丝变态，节间长度为 24μm，正常菌丝的节间长度为 84μm。担子圆筒形或棍棒形，大小为 25～40μm×2.5～3.5μm，有 3 个隔膜，每个分隔着生 1 个小梗，小梗顶端生担孢子，担孢子卵圆形，基部尖、无色，10～25μm×5μm。

侵染过程与侵染循环 病原菌以菌丝体、菌索和菌核在地黄块茎或土壤中越冬，翌年条件合适，菌索及菌核产生新的菌丝体，与寄主植物的根部接触后，完成初侵染，一般先从块根下端的幼嫩组织侵入，也有从上部侵入的，随雨水流动和田间灌溉，病原菌在土壤中进行传播，完成再次侵染。

流行规律 地黄紫纹羽病是土传病害，前茬作物为花生、甘薯、果树等易发生该病害。在土壤贫瘠、有机质丰富的新开垦田块，发病概率高。一般在 7 月田间湿度大时，出现零星病株，8～9 月是发病高峰期，雨水多排水不畅的田块发病时，可造成大面积枯死。

防治方法 及时清理病残体，选择无病田是防治的关键。

农业防治 与禾本科作物轮作，忌与花生、红薯、果树等作物轮作。对有机肥进行充分腐熟，避免携带病原菌。新开垦的荒地，在种植地黄前可使用生石灰进行灭菌处理。

化学防治 栽培地黄时，采用 50% 多菌灵 200 倍液对种栽进行浸种处理。发病初期可使用 70% 甲基硫菌灵对发病区进行灌根处理。

参考文献
王守正，1994. 河南省经济植物病害志 [M]. 郑州：河南科学技术出版社 .

（撰稿：王飞、文艺；审稿：丁万隆）

地理植物病理学　geophytopathology

借助地理学方法研究植物病害在空间上的发生发展规律、宏观趋势预测和病害防治的学科，是植物病理学的一个分支。地理植物病理学属于植物病理学的宏观层次，研究植物病害在大的时间和空间尺度的分布和变化规律及其成因，其目标是为宏观层次植物病害发生趋势预测和病害防治提供科学依据。

地理植物病理学起源于植物地理学。1807 年，Humboldt 和 Bonpland 发表《关于植物地理学的一些想法》一文，总结其在 1799—1803 年间的观测结果，提出植物地理学这一新分支是研究植物的地理分布。1950 年，以色列希伯来大学教授 Reichert 将这一概念引入植物病理学，首次提出了植物病理地理学（patho-geograpghy）概念，认为它是植物地理学在植物病理学研究上的应用，是生物地理学的补充。在此基础上，德国波恩大学教授 Weltzien 提出了地理植物病理学（geophytopathology）概念并发表了影响深远的一篇综述，认为其中植物病理学占主导地位，地理学是植物病理学的辅助工具。Weltzien 认为地理植物病理学不仅仅描述植物病害的地理分布、起源、迁移路径，还研究造成植物病害分布的原因，其目标是指导植物病害的防治。这样地理植物病理学的研究范围也大大扩展，几乎可从地理的视角研究植物病理学的各个方面。中国的植物病理学家更倾向使用地理植物病理学。

地理植物病理学作为植物病理学的一个分支，是一门交叉学科：它的研究对象主要是植物病害，其研究方法和工具则主要借助于地理学。在解释植物病害空间分布及其演变规律时遵循的也是系统原则，亦即植物病害的发生和流行是由寄主、病原和环境互作而决定的，而这三要素都是有空间结构的。它们在空间上的关系很多时候只有结合植物病理学和地理学的研究方法才能充分揭示。随着植物病理学和地理学的发展，尤其是计算机技术的发展使得分析大范围空间相关的大量数据成为可能，近几十年国内外学者在地理植物病理学领域的研究取得了丰富成果。

植物病害或植物病原物的分布有一定的空间范围。将各地区的病害发生调查结果，例如一定区域内病害种类数、单一病害的发生与否和单一病害的发生频率或严重程度等，绘制于地图上用以描述大尺度上植物病害的地理分布。近几十年来，随着 GPS（全球定位系统）在病害调查中的广泛应用，各种病害的分布图也更加精确。由于寄主、病原物、环境条件及人类活动的作用，区域病情会有强度、频率的差异。不同研究者描述病害的地理分布时通常将之分为：地带Ⅰ，即中心地带或常发区，病害经常流行且造成的损害重；地带Ⅱ，即偶发区，病害发生频率较低，造成的损失也比中心区降低；地带Ⅲ，即分布地区的最外层，病害很少出现，不造成重要损害。许多病害的地理空间分布都符合这三个地带的划分，如小麦白粉病、松树萎蔫病、小麦条锈病、甜菜叶部病害等。

除显示单一时间点的病害分布图外，将不同时间的病害分布显示在同一图中可以反映植物病害的传播规律，这也是地理植物病理学研究的一个重要方面。例如，小麦条锈病是一种典型的气传大区流行病害，其病原菌喜凉怕热，在冬暖的平原地区不能越夏，在夏季凉爽的高寒地区可以越夏却不能越冬，需要在地理条件不同的地区越冬和越夏，并靠孢子的远程传播完成周年循环。曾士迈等考虑气象、地理、栽培数据，对华北、西北、长江中下游流行区系进行了综合区划。陈万权、康振生、马占鸿等通过大规模勘查、长期定点监测，结合地理信息系统和 DNA 指纹鉴定等多种技术和方法进一步完善，将中国小麦条锈病发生流行的主要区域划分为越夏易变区、冬季繁殖区和春季流行区。

除展示植物病害的分布之外，还可以将病害分布和影响病害发生的各种因子进行叠加展示，进而定量分析各种环境条件对植物病害发生和流行的影响。考虑的因素通常包括温度、湿度、降雨、日照、气压、海拔高度等。此外，各地的土壤条件、品种和种植制度等也可以叠加进去，分析各种影响因子单独或综合对植物病害流行的影响。过去十几年中，国内外对很多病害在不同地区的发生风险的分布研究都取得了显著的进展。例如，根据湿度和中午温度高低将美国加利福尼亚州生菜主生产区分为南北两个区域，分别具有低、高霜霉病发病风险；根据限制 TCK 孢子萌发侵染和自然存活年限将中国冬麦区划分为高、中、低风险区和基本不发生区，为制定安全的植物检疫措施和保障中国小麦的安全生产提供了科学依据。除了利用 GIS（地理信息系统）综合分析各种环境因子，CLIMEX 软件在病菌适生区域划分和病害的预测中的利用也较为广泛，如用于预测稻瘟病在大洋洲东南部的发生潜力，麦瘟病在中国发生的风险分析，全球柑橘黑斑病潜在适生区研究，鲜食葡萄皮尔斯病在世界葡萄分布区的适生性等。

随着 GIS 的发展和在植物病理学中的广泛应用，植病研究者未来可以利用 GIS 的许多空间分析和建模方法，根据本地区的各因素对病害流行的影响，结合其周围地区的情况，分析它们在时间和空间上的关联性来更好地进行病害的风险估计和预测预警，为更好地管理植物病害服务。

参考文献

曹克强，李冬梅，2000. 地理植物病理学 (Geophytopathology) 研究进展 [J]. 河北大学学报，23(2): 66-69.

陈万权，康振生，马占鸿等，2013. 中国小麦条锈病综合治理理论与实践 [J]. 中国农业科学 (20): 4254-4262.

曾士迈，2005. 宏观植物病理学 [M]. 北京：中国农业出版社.

曾士迈，杨演，1986. 植物病害流行学 [M]. 北京：中国农业出版社.

WELTZIEN H C, 1972. Geophytopathology[J]. Annual review of phytopathology, 10: 277-298.

WELTZIEN H C, 1978. Geophytopathology[M] // Horsfall J G, Cowling E B. Plant disease, an advanced treatise. New York: Academic Press: 339-360.

（撰稿：吴波明；审稿：曹克强）

棣棠褐斑病　brown spot of Kerria japonica

由银莲花壳二孢引起的一种棣棠的重要真菌性病害。

分布与危害　在中国棣棠分布区都有发生，主要危害叶片。发病初期叶片边缘着生有灰褐色病斑，病斑呈不规则状扩展，内灰褐色，边缘红褐色，发病后期病斑干枯，褐色，着生黑色粒状物（见图）。

病原及特征　病原为壳二孢属银莲花壳二孢（*Ascochyta anemones* Kab. et Bub.）。分生孢子器初埋生，后突破，褐色至暗褐色，球形或近球形，有孔口，直径 90～150μm，松散集生。无分生孢子梗。产孢细胞葫芦形，无色，光滑，瓶体式产孢，3.0～6.0μm×2.6～6.6μm，分生孢子无色，短圆柱形，中间 1 个分隔，不缢缩，两端圆滑，并各有 1 个油球，8～11μm×3.6～5.0μm。

侵染过程与侵染循环　以菌丝在寄主植株落叶和树上残留病叶等病残体上越冬，借刮风、降雨及灌溉水传播，4月下旬至 5 月初开始发病，7～9 月为发病高峰期。10 月以前的落叶，因地面温度高、湿度大，越冬时已经腐烂，病菌越冬率低，但 10 月以后的病落叶，病菌越冬率高。冬季寒冷干燥有利于病菌越冬，春季潮湿多雨有利于病菌繁殖产生孢子。每年春季以后随着气温上升、雨量增多，病菌开始产生 2 种孢子，即拟分生孢子和子囊孢子。当日平均气温达到

棣棠褐斑病症状（伍建榕摄）

5℃时，遇有 5mm 降雨量，越冬菌开始产生大量拟分生孢子。3 月上旬，越冬病叶上的拟分生孢子靠雨水冲溅传播，一般是近距离传播，上下不超过 1m，水平不超过 10m。5月上旬以前是拟分生孢子危害阶段，主要危害树冠下部叶片。日平均气温达 15℃ 以上，遇有适宜雨量保持 24 小时阴天，这时越冬病菌就会产生大量子囊孢子，其侵染时期在 5 月下旬至 6 月底，并借助雨水繁殖、风力传播，传播距离远，是褐斑病中后期流行暴发地主要侵染源。

流行规律　叶片受到病菌侵染后，并不立即表现出病症，而是在 8～12 天后才会出现病斑。在干旱少雨时，树体健壮，抗病性强，植株处于旺盛生长阶段时，病菌潜育期长。褐斑病菌能连续产生孢子，带病叶片不脱落时，病菌就能连续产生孢子，进行再侵染。雨量、湿度条件是病菌繁殖的先决条件，阴雨期间病菌会产生大量分生孢子，为病菌大流行作准备。树冠上部叶片上的病菌，会随雨水流向下部叶片，使下部叶片聚集大量病菌，这样传播距离近，传播效率高，植株感病率较高。褐斑病年发生周期中有 4 个阶段：萌芽至 6 月底是初侵染期，其中，子囊孢子初侵染期在 5 月中下旬至 6 月底，这是褐斑病防治第一关口；褐斑病防治的第二个关口在 7 月，是病原菌大量累积期；8～9 月大量落叶时是褐斑病盛发期；10～11 月病菌逐渐进入越冬期，此时期叶片带菌量将直接影响越冬菌源量。刚开始发病时叶片边缘有一些灰褐色的病斑，并且生长不规则，生长后期，病斑开始干枯，呈现出黑色的颗粒状物质。这种病害会借助刮风、降水加以传播，若不及时处理，危害较严重，每年 7～9月为发病高峰期。

防治方法

农业防治　冬季及生长季节及时做好修剪、清园工作，收集病残落叶销毁，清除初侵染源。加强修剪，使植株始终保持通风透光状态。发病期禁止喷灌，降低病害发展速度。

化学防治　经常发病的园圃在冬季清园后、翌年初春新叶抽生时初见病叶喷药进行保护，尤其注重清园后到翌年初春发病前的喷药保护。药剂可选用 50% 多菌灵可湿性粉剂1000 倍液喷洒。另有棉红蜘蛛危害，用 40% 三氯杀螨醇乳油 1500 倍液喷杀。喷 1～2 次，药剂可交替施用。发病期间也可全面喷药 1～2 次，10 天左右 1 次，喷匀喷足保护再度萌生的新枝叶。也可用 75% 百菌清可湿性颗粒 800 倍液、70% 代森锰锌可湿性颗粒 400 倍液或 50% 敌菌灵可湿性颗粒 500 倍液喷雾，每 10 天 1 次，连续喷 3～4 次可有效控制住病情。

参考文献

陈秀虹,伍建榕,西南林业大学,2009. 观赏植物病害诊断与治理 [M]. 北京：中国建筑工业出版社.

（撰稿：伍建榕、韩长志、周嫒婷；审稿：陈秀虹）

棣棠茎枯病　stem rot of Kerria japonica

由茶茎点霉引起的一种棣棠重要的真菌性病害。

分布与危害　在中国棣棠分布区都有发生，主要发生于

棣棠茎枯病症状（伍建榕摄）

秋季。主要侵染主茎，发病后其上芽干缩枯死，主茎皮层坏死，颜色由绿色变褐色，再变灰白色，其上产生很多小黑点，为病菌的分生孢子器（见图）。

病原及特征　病原为茎点霉属的茶茎点霉（*Phoma cameliae* Cooke）。分生孢子器壁厚，棕褐色，近球形，147μm×128μm，孔口约10μm，分生孢子单细胞，大小为6～8μm×6～7μm。孢子卵形、无色。

侵染过程与侵染循环　以菌丝体和分生孢子在病枯枝上过冬，孢子借风雨传播，从伤口和自然孔口侵入。

流行规律　茎点霉是一种分布极广的弱寄生菌。其病菌的发育适温是24～28℃。5～6月温暖多雨有利于病菌侵染发病，夏季干旱病情减缓，秋雨季节再次发病。春季温暖多雨，伤口多、排水不良、树势衰弱、通风透光差等均容易引起发病。

防治方法　见棣棠枝枯病。

参考文献

白金铠，2003. 中国真菌志：第十五卷　球壳孢目　茎点霉属　叶点霉属 [M]. 北京：科学出版社.

孙彩云，柳鑫华，王庆辉，等，2013. 中药棣棠花 *Kerria japonica* 化学成分的初步分析 [J]. 广东药学院学报，29(5): 514-517.

中国科学院中国植物志编辑委员会，1985. 中国植物志：第37卷 [M]. 北京：科学出版社: 2-3.

（撰稿：伍建榕、韩长志、周媛婷；审稿：陈秀虹）

棣棠枝枯病　branch blight of *Kerria japonica*

由苘麻大茎点霉引起的，危害棣棠枝条的一种重要真菌性病害。

分布与危害　在中国棣棠分布区都有发生。主要发生于秋季，危害枝条，尤其是1～2年生枝条易受害。枝条染病先侵入顶梢嫩枝，从茎尖向下干枯，蔓延至侧枝和主枝，使茎皮层由绿色变成黄褐色，后变成灰白色，并在病部形成很多黑色小粒点，即病原菌分生孢子器，病健部界限明显，由紫黑色线分界。染病枝条上的叶片逐渐变黄后脱落（图1）。

病原及特征　病原为大茎点属的苘麻大茎点霉（*Macrophoma abutilonis* Nakata et Takimoto）。分生孢子器半埋生，扁球形至球形，器壁膜质，黑褐色，大小为126～262.5μm×105～189μm，有孔口。分生孢子圆筒形、长卵形至纺锤形，单胞无色，直或略弯曲，大小13.5～24.3μm×5.4～8.1μm，是一种弱寄生菌（图2）。

侵染过程与侵染循环　病菌以菌丝体、分生孢子等在枯枝上和病株残体上越冬，翌年春天借风、雨传播，自伤口或自然孔口侵入，也能从皮孔侵入。病菌喜高湿度环境下进行侵染，4月上旬开始发病，6月上中旬为发病盛期，雨季过后病害扩展趋缓。

流行规律　是一种分布极广的腐生菌。其发育适温是24～28℃。5～6月温暖多雨有利于病菌侵染发病，夏季干旱病情减缓，秋雨季节再次发病。春季温暖多雨、伤口多、排水不良、树势衰弱、通风透光差均易引起发病。

防治方法

农业防治　及时剪除枯枝，清理病叶，集中深埋或烧毁以减少病源。创造通风透光条件，加强养护管理，增强植株抗性。易患病的几种植物不要种植在一起，且避免成片、过密栽植，减少相应侵染的机会。

化学防治　必要时于春季发芽前喷洒40%福美胂100

图 1　棣棠枝枯病症状（伍建榕摄）

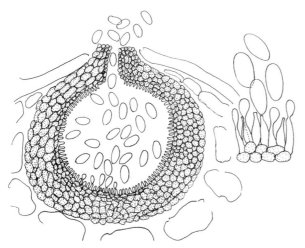

图 2　苘麻大茎点霉（陈秀虹绘）

倍液、30% 腐烂敌 100 倍液、50% 苯来特 1000 倍液、15% 粉锈宁 800 倍液或 50% 杀菌王氯溴异氰尿酸水溶性粉剂 1000 倍液。

参考文献

陈会勤，薛金国，2011. 观赏植物学 [M]. 北京：中国农业大学出版社.

张中义，1992. 观赏植物真菌病害 [M]. 成都：四川科学技术出版社.

（撰稿：伍建榕、韩长志、周嫒婷；审稿：陈秀虹）

丁香白粉病　lilac powdery mildew

由华北紫丁香叉丝壳引起的真菌病害，丁香叶片上布满白色的霉层以及菌丝。

发展简史　截至 2021 年在丁香上报道的白粉病病菌有 1 个球针壳属和 2 个白粉菌属。2 个白粉菌属中的 *Erysiphe syringae* Schwein 于 1834 在北美洲首次报道，在 19 世纪或 20 世纪初传到了欧洲，到 20 世纪中期在欧洲广泛分布；另一个种，*E. syringae-japonicae* 于 1982 年在日本作为新种首次报道，这个种当时已经在东亚广泛流行。使用 1977—2005 年收集的植物标本的分子分析表明，*E. syringae-japonicae* 在 20 世纪 90 年代引入欧洲，并由东向西扩展。

分布与危害　丁香白粉病分布于中国（辽宁、吉林、黑龙江）和俄罗斯。发生在叶片上，初期以叶片正面为主，先在叶片正面出现褪绿小点儿，为浅黄绿色，随后在这些小点上产生白色粉状圆斑，随着病情的扩展，最后整叶布满一层白粉，并且叶片背面也布有白色粉状物，颜色逐渐变为灰白色。严重时叶片卷曲，叶柄、花梗、枝条上也有白色粉状物。秋季在白粉层上产生初为黄褐色，后加深为黑色的球形颗粒，是病菌的闭囊壳。严重时会导致丁香不能开花，甚至最终造成整株丁香死亡。危害华北紫丁香、暴马丁香、洋丁香等（图 1）。

病原及特征　病原有性态（即后期能够看到的黑色小颗粒）为叉丝壳属华北紫丁香叉丝壳（*Mircosphaera syringejaponicae*）。闭囊壳聚生或散生，球形至扁球形，附属丝大多与闭囊壳直径等长，无色至淡色，直或弯，基部色淡，顶端无色，顶端多次双分叉，基部较直，末枝顶端多反卷。闭囊壳内含多个子囊，卵形至卵圆形，2～7 个，多为 4～6 个，具短柄或无柄，内含 4～8 个子囊孢子，子囊孢子卵形至椭圆形（图 2）。分生孢子椭圆形，单胞，大多数的白粉菌产生串生的向基性成熟的分生孢子链，此类型的分生孢子可称为节孢子。无性世代（即初期看到的白色粉状物）为粉孢属（*Oidium*）。

侵染过程与侵染循环　白粉菌以菌丝体在病芽、病叶或病枝上越冬，或以闭囊壳在病落叶上越冬，翌年以分生孢子或子囊孢子作初次侵染。在整个春夏季以分生孢子进行反复侵染。6 月下旬开始发病，至秋季发病停止。病害多从植株下部叶片或蔽荫处开始发生，逐渐向上扩散蔓延。可有多次再侵染。亚热带地区往往只进行无性繁殖，不产生或很少产生闭囊壳。白粉菌在整个生长季节能产生大量的分生孢子梗和分生孢子，看起来像一层白粉。随风雨和气流进行传播，直接从表皮侵入或气孔侵入，温暖潮湿的季节发病迅速。在冬季落叶彻底的林分，翌年白粉病较轻。

流行规律　株丛过密、通风透光不良等条件有利于病害发生。

图 1 丁香白粉病症状（伍建榕摄）

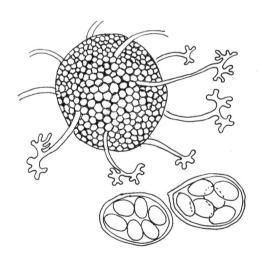

图 2 叉丝壳属（陈秀虹绘）

发病与温度、湿度、栽培管理有密切的关系。最适宜温度为 20～25℃，超过 30℃ 或低于 10℃ 时病菌受到抑制。白粉病菌对湿度的适应性较广，湿度越大越利于病菌孢子的萌发，但是相对湿度低于 25% 时，病菌仍能萌发。不过若把白粉菌孢子放在水滴中，由于它的高渗透压影响，反而不利于白粉菌孢子萌发。在栽培管理中，如密度过大、氮肥过多钾肥不足、通风透光不好、土壤缺水或灌水过量、湿度过大的地块，高温、高湿又无结露或管理不当均容易发生该病。

病菌在昆明不见有性阶段出现，病菌分生孢子和菌丝体在芽鳞内或幼嫩组织上越冬，翌年春暖展叶时，病菌孢子随气流侵入芽和幼嫩花序上继续发展和危害。

防治方法

农业防治　加强栽培管理，改善环境条件。栽植密度不要过密，尽量通风透光，降低湿度，适当多施磷钾肥，避免施过多氮肥，浇水最好在晴天的上午进行。白粉菌的侵染范围很广，如月季、槭树、景天等，故尽量不要与白粉病菌的其他受害花卉接近，以免相互传染，加重病情。减少侵染来源，结合修剪剪除病枝、病芽和病叶。保持环境卫生，及时清理落叶，工具在使用前进行消毒处理。

化学防治　冬季修剪后及春季发芽前喷 3～5 波美度石硫合剂，消灭病芽中的越冬菌丝。发病初期喷施 15% 粉锈宁可湿性粉剂 1000 倍液或 70% 甲基托布津可湿性粉剂 1000 倍液，均有良好防治效果。还可以使用 2% 抗霉菌素、2% 武夷霉素、40% 多硫悬浮剂、Bo-10 等喷雾防治。喷洒农药应注意药剂的交替使用，以免白粉菌产生抗药性。

参考文献

陈秀虹，伍建榕，2014. 园林植物病害诊断与养护：上册 [M]. 北京：中国建筑工业出版社.

林焕章，张能唐，1999. 花卉病虫害防治手册 [M]. 北京：中国农业出版社.

张璐，2008. 物业景区内丁香白粉病综合防治 [J]. 现代物业 (1)：98-99.

TAKAMATSU SUSUMU, SHIROYA YOSHIAKI, SEKO YUSUKE, 2016.Geographical and spatial distributions of two *Erysiphe* species occurring on lilacs (*Syringa* spp.)[J]. Mycoscience, 57(5): 349-355.

（撰稿：伍建榕、刘丽、竺永金；审稿：陈秀虹）

丁香斑枯病　lilac spot blight

由丁香壳针孢引起的丁香上的一种严重病害。又名丁香花斑病、丁香叶枯病、丁香火疫病。

分布与危害　东北各地均有发生，北京、安徽等地也有零星发生。病原菌能危害果实、叶片、嫩枝及花序，主要危害部位叶片两面散生近圆形、多角形或不规则形病斑，其边缘有深色的病健界线，中心处色浅灰褐色，后期病斑中央有散生的少量黑色小点状物（图 1）。按寄主受害程度，可分 4 种类型，即点斑、星斗斑、花斑、枯焦。①点斑。开始发病时下部的叶片出现褪绿斑点，不久病斑中心变成灰白色，边缘呈褐色，对光透视，坏死斑周围有黄色晕环。②星斗斑。病斑继续发展，由病斑边缘延伸 1 根或数根褐色斑，与另外的点斑相连，形成各式各样的星斗图案形状。③花斑。斑有时不断向外扩展，形成不太明显的同心轮纹，中心灰白色，周围暗褐色，最后从病斑周围散射出波状线纹，病斑似花朵。④枯焦。病叶变褐，干枯扭曲挂在枝条上，从远处观看犹如火烧一样，故又得名"火疫病"。嫩枝感病，产生黑色条状纹，从整个枝条一侧变黑色；花芽染病完全变黑，扭曲状。

病原及特征　病原为壳针孢属丁香壳针孢（*Septoria syringae* Sacc. et Speg.）。分生孢子器褐色，近球形单生，大小为 80～190μm×160μm，有孔口；分生孢子梗短，无色，单细胞；分生孢子无色，针形或线条形，多细胞，大小 20～50μm×2.5～3.5μm（图 2）。

侵染过程与侵染循环　病菌以分生孢子器在染病落叶上越冬。分生孢子由气孔侵入，潜育期 10～30 天。病原菌以菌丝体和分生孢子器在病残体内越冬，成为翌年的初侵染来源。初春雨后，分生孢子器吸水发胀溢出大量分生孢子，由风雨传播。

流行规律　病害发育适宜温度为 23～24℃，在昆明比较适宜发病，故生长期有病原时，病害较为严重。

防治方法

农业防治　减少病源，苗木出圃时应及时检疫，清除病株，避免相互传染。适度修剪苗木，剪去病枝病叶，异地烧毁或深埋处理，修剪工具消毒后方可使用。加强管理，丁香生长旺盛期以根外追肥和叶面喷施的方式增施氮磷钾肥；种

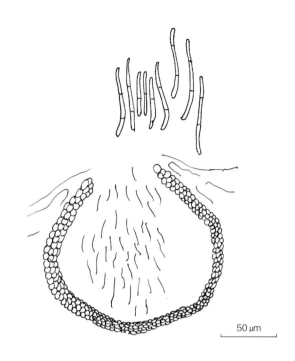

图 2　丁香壳针孢（陈秀虹绘）

植密度适宜，保持良好的通风透光性，增强苗木生长优势，从而提高苗木的抗病能力。使之通风透光，避免施过多的氮肥，苗圃设在高燥之地并注意及时排水，尽量避免造成创伤。发病初期，及时剪除病叶、病枝，喷洒 200～400mg/L 农用链霉素溶液，或在株丛下部地面直径 2m 的范围内撒施漂白粉或硫黄粉，每株约 100g 即可。

化学防治　发病时，喷洒 70% 甲基托布津可湿性粉剂 1000 倍液或 1% 等量式波尔多液，10 天 1 个周期，连喷 3～4 次效果较好。

检疫防治　严格实行检疫制度，严禁将病株引入无病区。

参考文献

陈秀虹，伍建榕，2014. 园林植物病害诊断与养护：上册[M]. 北京：中国建筑工业出版社.

（撰稿：伍建榕、刘丽、竺永金；审稿：陈秀虹）

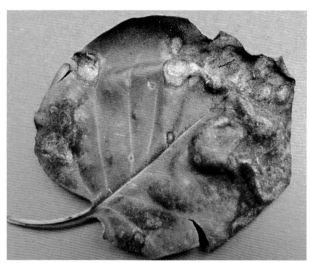

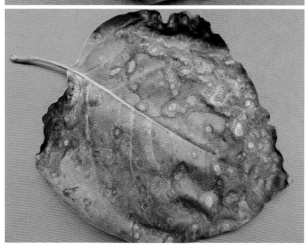

图 1　丁香斑枯病症状（伍建榕摄）

丁香顶死病　lilac top death

由丁香盘长孢和仁果囊孢壳引起的，主要危害丁香枝条顶端的真菌病害。

分布与危害　在中国丁香分布区都有发生。发病初期，丁香顶芽受害，萌发的病叶边缘呈枯萎状，或停滞不长，顶芽逐渐坏死变黑或腐烂，后期病部有细小黑色点状物病症，丁香盘长孢病原菌小黑点靠近病健交界处，仁果囊孢壳病原菌小黑点出现在溃烂部位，即仁果囊孢壳寄生性要弱些（图 1）。

病原及特征　病原为盘长孢属丁香盘长孢（*Gloeosporium*

D

图 1　丁香顶死病症状（伍建榕摄）

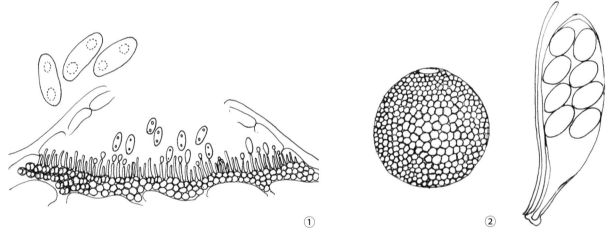

① ②

图 2　丁香顶死病病原特征（陈秀虹绘）
①丁香盘长孢；②仁果囊孢壳

syringae Kleb.）。分生孢子盘浅盘状，褐色，无刚毛。分生孢子长椭圆形，单胞，无色，大小为 8～16μm×5.5～6μm。另一病原是子囊菌门球壳菌目圆孔壳科囊孢壳属的仁果囊孢壳［Physalospora obtusa（Schw.）Cooke］。子囊壳黑色近球形，有短颈，大小为 200～400μm×180～320μm，先埋生，后突破寄主表皮外露，有孔口。子囊平行排列于子囊壳底部，棍棒形，每个子囊含 8 个孢子，大小为 130～180μm×21～30μm。子囊孢子椭圆形，无色，单胞，双行排列，大小为 23～38μm×7～13μm。无性态为球壳孢属仁果球壳孢（Sphaeropsis malorum Peck）。分生孢子器黑色，近球形，直径 100～200μm，先埋生后外露。分生孢子淡褐色，长椭圆形，单胞，少数双胞，大小为 22～32μm×10～14μm（图 2）。

侵染过程与侵染循环　该病原真菌在病落叶上越冬。菌丝从顶蓬叶的基部出现，迅速进入木质部，并使木质部变成灰色，稍后变成黑蓝色，在侵入点以上部分干枯，使枝条迅速死亡。顶死病以湿季或湿季期间发生最多。

防治方法　种植无病苗，注意尽量杜绝各种伤口出现，伤口多的枝条应及时修剪掉或截枝，注意切口处要涂保护剂或涂封蜡。

参考文献

陈秀虹，伍建榕，2014. 园林植物病害诊断与养护：上册[M].北京：中国建筑工业出版社.

（撰稿：伍建榕、刘丽、竺永金；审稿：陈秀虹）

丁香褐斑病　lilac brown spot

由尾孢属的一个种和丁香疣蠕孢引起的危害丁香的一种重要病害。

分布与危害　在中国丁香分布区都有发生，发生较为普遍，尤以大连、丹东、武汉、长沙和南昌等地发病严重。主要危害丁香叶片，幼苗和成龄树都有发生，是丁香的重要病害，侧重危害暴马丁香。初期病斑为水渍状，呈现不规则形、近圆形病斑，灰绿色，边际色较深，大小为 3～12mm。随着病情发展，丁香叶片病斑部位出现黑色小霉点，即病原菌的分生孢子和分生孢子梗，质地较硬，在潮湿条件下看得更为明显，严重时，逐渐由几个小斑扩大为大块枯斑，呈灰褐色，布满叶片，远望如火烧，病害发生严重时，导致丁香叶片干枯，最终提前落叶，全株仅留少量叶片，影响绿化景观（图 1）。后期病斑上会出现黑褐色的绒毛状物体。发病严重时，叶片上会布满病斑。褐斑病和黑斑病的症状大体相同。

病原及特征　一个病原为尾孢属的一个种（*Cercospora* sp.）。子座近球形，较小，褐色。分生孢子梗 3～12 根一簇，淡褐色，顶端色淡而细，不分枝，平滑，直立到稍弯曲，有 1～9 个屈膝状折点，孢痕疤明显，横隔 2～7 个，大小为 30～170μm×4.5～6μm，合轴式产孢。分生孢子针形无色，平滑不链生，横隔 8～10 个，孢子大小为 30～180μm×2.7～4μm。另一病原是瘤蠕孢属的丁香瘤蠕孢（*Heterosporium syringae*），分生孢子梗暗褐色，单枝，大小为 100～120μm×7～8μm。分生孢子与梗同色，圆筒形，具分隔 1～6 个，大小为 35～50μm×12～18μm，表面密生细疣（图 2）。

侵染过程与侵染循环　病原菌以菌丝和分生孢子器的形式在植株病残体上和土壤中越冬。翌春，分生孢子器就会产生孢子。分生孢子由风雨传播，可多次侵染。

流行规律　秋季多雨时发病重。26℃ 是菌丝生长最为适宜的温度，18～27℃ 则是孢子萌发的最适宜温度，故丁香褐斑病一般会在 4 月开始发病，5～6 月会进入发病高峰期。另外，上年发病比较严重的地块，下年发病一般也会比较严重。同时在连作、密植、通风不良以及湿度过高的地块，该病害也会发生更严重一些。但到秋季以后，伴随着气温的降低，丁香褐斑病则会逐渐减轻，直至停止发病。

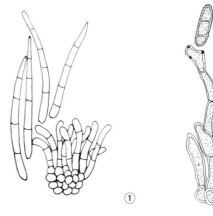

图 2　丁香褐斑病病原特征（陈秀虹绘）
①尾孢属；②丁香疣蠕孢

防治方法

植物检疫　丁香褐斑病可以随苗木传播至他处，所以在引进苗木时，应当加强检疫。

农业防治　加强苗木的栽培管理，合理控制种植密度。同时重视增施磷、钾肥，节制氮肥的施用量，以提高整个植株的抗病性。秋冬季要清洁田园，及时清除枯枝落叶病残体集中烧毁，削减病原侵染源，减少丁香被重复侵染的机会。丁香栽培时不宜过密，生长期要及时修枝整形以控制枝叶密度，利于通风透光。雨季要注意及时排积水以降低湿度，保证丁香正常生长。

化学防治　在丁香展叶后每隔 15 天喷 1 次 50% 甲基硫菌灵 800 倍液或 50% 多菌灵可湿性粉剂 1000 倍液防治，2～3 次即可。也可以在发病前或发病初期喷洒 1∶1∶150 倍波尔多液，以维护新叶，增加抗病能力。

参考文献

陈秀虹，伍建榕，2014. 园林植物病害诊断与养护：上册[M]. 北京：中国建筑工业出版社.

佟忠江，张宝平，李艳斌，2014. 简述丁香的栽培管理及主要褐斑病的发生防治 [J]. 农民致富之友 (13): 49.

（撰稿：伍建榕、刘丽、竺永金；审稿：陈秀虹）

图 1　丁香褐斑病症状（伍建榕摄）

丁香炭疽病　lilac anthracnose

由丁香盘长孢引起的，主要危害丁香叶、小枝和果实的真菌病害。

分布与危害　在中国丁香分布区都有发生。该病原菌主要危害叶片、小枝和果实，叶片分布较密处，于幼嫩阶段易受害，病叶初发生在叶尖、叶缘（见图）。病斑较大，近圆形或不规则形，直径 2～5cm，最大病斑占叶面积 1/2 以上。

病原及特征　病原为盘长孢属丁香盘长孢（*Gloeosporium syringae* Kleb.）。另一种病原菌学名为胶孢炭疽菌［*Colletotrichum gloeosporioides*（Penz.）Sacc.］，有性态为围小丛壳［*Glomerella cingulata*（Stonem.）Spauld. et Schrenk］。分生孢子长圆形、圆筒形或卵形，单胞，无色，大小为 7～16.8μm×2.8～6μm，有小而黑色的基座，直径 81.9～207.9μm。病斑灰褐色，其上散生大量小黑粒（病菌分生孢子盘），病健交界处有一条明显的波浪状紫黑色纹带。

侵染过程与侵染循环　病菌在土壤及病残体上越冬，翌年靠气流、风雨传播危害。病菌可通过伤口侵入，低温潮湿、连雨天气有利于发病。

防治方法

农业防治　加强园地管理，合理施肥，促使植株生长健壮，增强抗病能力。搞好田园卫生，对园中的病死叶片和落地的花枝、果实要清除干净，集中销毁。

化学防治　在发病初期，用 1% 波尔多液喷雾保护。也可试用 70% 甲基托布津可湿性粉剂 1000～1500 倍或 80% 代森锌可湿性粉剂 600～800 倍药液喷雾防治。

参考文献

SHIVAS R G, TAN Y P, EDWARDS J, et al, 2016. *Colletotrichum* species in Australia[J]. Australasian plant pathology, 45(5): 447-464.

（撰稿：伍建榕、刘丽、竺永金；审稿：陈秀虹）

丁香萎蔫病　lilac wilt

由黄萎轮枝孢引起的危害丁香叶片甚至整株萎蔫的一种病害。

分布与危害　该病在中国栽种丁香的地区均有发生。春至夏季初病时整株的叶片失去光泽，变为灰白色，渐枯萎早落叶，夏末叶片已落光，导致新陈代谢失调，枝条失去养分和水分而死亡。根颈处病斑迅速变色（灰白色），内有些细小的白色点状物和丝状物的病症（图 1）。

病原及特征　病原为轮枝孢属的黄萎轮枝孢

丁香炭疽病症状（伍建榕摄）

图 1　丁香萎蔫病症状（伍建榕摄）

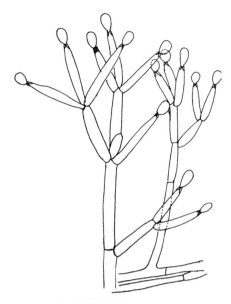

图 2　黄萎轮枝孢（陈秀虹绘）

（*Verticillium albo-atrum*）。分生孢子梗直立，具分隔，分枝轮生、对生或互生。分枝末端及主梗端产生多数瓶梗产孢细胞，分生孢子连续产生，常聚集成易分散的孢子球，无色或淡色，分生孢子单胞，无色，长卵形，大小为 3～7μm×1.5～3μm（图 2）。

侵染过程与侵染循环　病原菌在土壤内生存，土壤板结时，丁香根系衰弱易被病原菌侵染。

防治方法

农业防治　避免使用未腐熟的腐叶土。发现病株及时拔除并随即喷淋药液封锁发病中心。

化学防治　广谱性药剂定期进行叶面喷施，预防病害的发生。发病初期用 58% 甲霜灵·锰锌 600 倍液 7～10 天喷施 1 次。

参考文献

CORRELL J C, 1988. Vegetative compatibility and pathogenicity of *Verticillium albo-atrum*[J]. Phytopathology, 78(8): 1017-1021.

（撰稿：伍建榕、刘丽、竺永金；审稿：陈秀虹）

丁香细菌性疫病　lilac bacterial blight

由丁香假单胞菌丁香致病变种引起的丁香病害。又名丁香细菌性轮纹病、丁香细菌性斑点病。

分布与危害　在中国分布广泛，辽宁、黑龙江和宁夏发病严重。叶片感病时，有 4 种类型的叶斑，第一种为褪绿小斑，后变褐，四周有黄色晕圈，后病斑中央为灰白色；第二种病斑边缘有放射状线纹，如星斗斑；第三种为花斑，具同心纹，中央灰白色，周围有波状线纹；第四种为枯焦，叶片褐色，干枯皱缩挂于枝条上，远看如火烧过一般，嫩叶感病后变黑，很快枯死，花序及花芽感病后变黑变软，严重时植株死亡（见图）。

病原及特征　病原为丁香假单胞菌丁香致病变种（*Pseudomonas syringae* pv. *syringae* Van Hall.）。菌体短杆状，大小为 0.7～1.2μm×1.5～3μm，有荧光色素。鞭毛极生，革兰氏染色阴性反应。生长温度为 4～40℃，最适温度为 25～30℃。

侵染过程与侵染循环　病原细菌在寄主病芽、病叶组织中越冬，翌年生长季节，溢出的脓经风雨、昆虫传播，从皮孔、气孔或者伤口直接侵入寄主组织。在春季和雨季，丁香长新梢时症状明显，幼苗和大苗对此病敏感，发病相对较重。

流行规律　温暖、潮湿及氮肥施用过多，通风不良，苗圃地积水，植株生长势弱时发病严重。紫花丁香和白花丁香抗病，朝鲜丁香较感病。

丁香细菌性疫病症状（朱丽华提供）

防治方法

栽培管理　及时剪除病枝、病叶并烧毁。疏剪过密枝叶，及时排除园地积水，合理施肥。

化学防治　发病期间，喷洒 1：1：160 波尔多液，或者 65% 的代森锌 500 倍液，每半个月 1 次，共 2～3 次。

参考文献

武三安，2007.园林植物病虫害防治 [M].2 版.北京：中国林业出版社.

（撰稿：刘红霞；审稿：叶建仁）

丁香心材腐朽病　lilac heart rot

由鲍姆桑黄孔菌引起，主要侵染丁香属（*Syringa*）主干，造成丁香心材白色腐朽的病害。又名丁香白腐病、丁香心腐病。

发展简史　丁香心材腐朽病主要寄生于丁香属植物，多数生长在丁香属树木上。丁香心材腐朽病及其相近种类为二系菌丝系统，子实体由生殖菌丝和骨骼菌丝组成，质地坚硬，故早期的分类研究依据形态特征将其列为木层孔菌属鲍姆木层孔菌（*Phellinus baumii* Pilát Bull.，1932）。2012 年以新种发表时被认为是纤孔菌属 *Inonotus* P. Karst 的种类，只因为系统发育分析表明其与纤孔菌属近缘。但纤孔菌属为一系菌丝系统，子实体全部为生殖菌丝，质地较软；因此在分类地位上，丁香心材腐朽菌可能为独立的属。2016 年戴玉成等人收集了更多的锈革孔菌科种类，进行了多基因片段分析，建立了桑黄孔菌属（*Sanghuangporus* Sheng H. Wu，L. W. Zhou & Y. C. Dai），并证实了丁香心材腐朽病的病原菌分类地位属于桑黄孔菌属。

分布与危害　分布于亚洲（中国、日本）、欧洲（俄罗斯）。中国分布于吉林、黑龙江、河北、山西、甘肃、北京

等。腐朽力强，引起心材白色腐朽，症状多发生在主干中、下部和较粗的侧枝干基部，受害严重的，病腐常贯穿整个树干，迅速枯干死亡，易遭风倒或风折（见图）。在中国东北和俄罗斯远东地区，丁香心材腐朽病的天然寄主主要为丁香属植物，特别是暴马丁香（*Syringa amurensis*），偶尔也生长在白蜡树属（*Fraxinus*）、李属（*Prunus*）等植物上。在中国中南地区及韩国主要生于桑属（*Morus*）植物上，偶尔也生长在其他被子植物上。日本的丁香心材腐朽病寄主为丁香属、桑属植物。由于丁香心材腐朽菌的寄主范围广泛，在不同地区可能对寄主有一定的专化性。

病原及特征　病原菌为鲍姆桑黄孔菌（*Sanghuangporus baumii*（Pilát）L.W. Zhou & Y.C.Dai），属桑黄孔菌属（*Sanghuangporus*）。异名有鲍姆纤孔菌［*Inonotus baumii*（Pilát）T. Wagner & M. Fisch.］、鲍姆木层孔菌（*Phellinus baumii* Pilát Bull.）。子实体中等大、木质、多年生、无柄，菌盖半圆形、贝壳状，4～10cm×3.5～15cm，厚 2～7cm，基部厚达 4～6cm，幼体表面有微细绒毛，肉桂色带黑色，老后表面粗糙，黑褐色至黑色，有同心环带及放射状环状龟裂，无皮壳。盖边缘钝圆，全缘或稍波状，下侧无子实层，菌肉锈色。管口面栗褐色或带紫色，管口微小，圆形。刚毛纺锤状多。孢子近球形，淡褐色，平滑，3～4.5μm×3～3.5μm。

侵染过程与侵染循环　鲍姆桑黄孔菌主要由伤口侵入。树干上长出病原菌的子实体，为主要的外部症状；被害木质部形成具粗细线纹的白色腐朽类型，为典型的内部症状。腐朽初期，木质部心材部分稍变淡黄褐色。中期，材质渐变松软，含水率较高，开始出现初期的不甚明显的褐色细线纹，横断面上呈色泽不匀的浅色杂斑，病害纵向或横向扩展蔓延比较迅速，树干外部开始出现小型子实体。后期，木质部的褐色粗细线纹较明显，横断面上常常形成被粗细褐线分割成不等大小或不正形的块状白色腐朽，呈淡黄褐色、黄白色或洁白色混杂。由于病菌分解木质素，剩下纤维素，心材或边

丁香心材腐朽病症状（王爽摄）

材的纵断面形成孔状不规正的空洞，这时树干上已长满病原菌的子实体，多者达 20 个以上。

流行规律 发生严重的林分，密度和郁闭度较大，林地低洼或阴湿，被害木生长细弱，病腐率较高，树干上长满了病原菌的子实体，相反，在密度、郁闭度适中的缓坡和阳坡地，病腐率较低。除了树种本身感病性较强外，树木受到环境胁迫是该病流行的原因之一。

防治方法

农业防治 伐除发病严重的病腐木、枯木，清除病原菌的滋生繁殖场所。对发病轻而有生长前途的林木，应结合养护管理加强抚育，同时，注意收集树干上出现的子实体，埋入土中或烧毁，消除病原菌感染来源。树干上余留的伤口或树洞，用消毒杀菌剂进行伤口消毒，保护涂伤或填堵树洞，防止病菌的再次侵染或淋雨注入。应用植物微生态制剂进行土壤改良。

物理防治 先查清病斑大小，将有碍包扎病斑的枝条去掉，再用深层土和成泥，在病斑上涂一层泥浆，再在上面抹一层 3～5cm 的泥，四周比病斑宽 4～5cm，并多次按压，使之与病斑紧密黏着，中间不能有空气，然后再包上一层塑料布扎紧。半年后去掉。此法简单，效果明显，成本低廉。刮除治疗可先在树下铺一塑料布，用来收集剥落下来的病组织。接着用立刀和刮刀配合刮去病皮，深达木质部，病皮上刮去 0.5cm 左右健皮，直至露出新鲜组织为止，刮后可用 10 波美度石硫合剂、1.50%～2% 腐植酸钠或 5% 田安水剂 5 倍液涂抹。病斑面积较大的，用刀先在病斑外围距病斑疤 1.5cm 左右处割一"隔离带"，深达木质部，接着在隔离带内交叉划道若干，道与道之间距离为 0.50～1cm。然后用毛刷将配好的药涂于病部。

化学防治 在树木发芽前，在树周密喷 75% 五氯酚钠可湿性粉剂加助杀剂或害立平 1000 倍液，着重喷 3cm 以上的大枝，铲除病菌。

参考文献

戴玉成, 2003. 药用担子菌——鲍氏层孔菌（桑黄）的新认识 [J]. 中草药 (1): 97-98.

戴玉成, 2012. 中国木本植物病原木材腐朽菌研究 [J]. 菌物学报, 31(4): 493-509.

丁慧君, 周斌, 朱晓宇, 等, 2012. 丁香白腐病发生与防治 [J]. 农业科技与信息 (8): 17-18.

吴声华, 戴玉成, 2020. 药用真菌桑黄的种类解析 [J]. 菌物学报, 39(5): 781-794.

（撰稿：王爽；审稿：李明远）

丁香疫腐病 lilac *Phytophthora* rot

由恶疫霉和丁香疫霉引起的，主要形成丁香茎基部皮腐的病害。

发展简史 瑞士于 1906 年和爱尔兰于 1922 年首次报道了苹果疫霉和丁香疫霉引起苹果果实腐烂。以后比利时、捷克斯洛伐克、荷兰、美国、英国、法国、斯堪的那维亚半岛各国、意大利、德国、爱尔兰、加拿大、波兰和日本都有类似的报道。但截至 1973 年，该病未造成明显的经济损失。自 70 年代中期以来，在西欧和北欧，丁香疫霉引起树上、特别是储藏期果实腐烂，严重威胁着苹果生产。在英格兰，1974 年采收的橘苹，果实储藏后烂果率达 85% 多；在瑞典，1976 年金冠果实烂果率达 50% 以上。在法国，丁香疫霉引起的果腐发生在北部苹果种植区，而在南部主要是苹果疫霉，欧洲其他国家的苹果尚未受到该病侵染。在加拿大也有丁香疫霉引起果腐的报道，而在美国尚未见到，该病对梨生产的影响较小。在加拿大，喷灌被苹果疫霉病菌污染的水后，仁果类普遍发生烂果。除澳大利亚报道隐地疫霉（*Phytophthora cryptogea*）可造成储藏期金冠烂果外，其他疫霉菌不能引起苹果或梨烂果。

分布与危害 该病害一旦传入中国，定殖可能性较高，危害后果严重，根除困难，属于严格禁止进境的检疫性有害生物。丁香疫霉的游动孢子能侵染无伤软组织，如果实、叶片、花、实生苗根和胚轴。皮孔可能也是病菌侵入产生裙腐和颈腐的重要通道，但尚未得到证实。冻伤及田间作业造成的伤口有利于病菌侵入，嫁接口肿胀的皮部特别容易受到侵染而产生裙腐。刺瘤处的发育根也是皮部产生病斑的重要来源。严重时，会造成近地枝条坏死和叶片坏死。皮腐具有明显特征，如产生绿色斑驳、坏死组织橘黄色或褐色，但容易与其他原因引起的树皮坏死相混淆。丁香疫霉引起的皮腐症状与苹果疫霉相似，但斑驳和条纹不明显，坏死树皮主要为褐色。病根外露，茎基有坏死斑，初期深褐色，渐变黑色，病叶上有暗至黑色近圆形大斑。病株近地面有大量死枝。病菌多在潮湿的小环境中侵入，后来在潮湿或干燥的条件下均能危害，使植株生长不良，病害在干基部加重，呈现白色絮状物的病症（图 1）。

病原及特征 一个病原为疫霉属恶疫霉 [*Phytophthora cactorum*（Leb. et Cohn）Schröt.]（图 2）。菌丝体内寄生，无色，透明。孢囊梗与菌丝有较大的区别。菌丝不分枝，或孢囊梗合轴分枝，孢囊梗端着生孢子囊，孢囊梗形成一个孢子囊后又继续延伸长出孢囊小梗，在其顶端形成新的孢子囊，而将先生成的孢子囊推向一侧，再继续延伸长出孢囊小梗，再次在顶端形成新的孢子囊，又将前孢子囊推向另一侧，如此继续产出孢子囊，使其在孢囊梗上互生，只保持梗端着生 1 个孢子囊，1 根孢囊梗可生成多个孢子囊。孢囊梗一般自气孔伸出，孢子囊卵形，少数长卵形，大小为 32～38μm×23～30μm，乳突不明显，具短柄。卵孢子球形，直径 30μm，近满器。另一病原是丁香疫霉（*Phytophthora syringae* Kleb.）。丁香疫霉是同宗配合、土壤带菌种类，主要靠游动孢子侵染。游动孢子寿命较短。菌丝体和孢子囊具有休眠的特点，适当的土壤湿度和低温有利于游动孢子的存活。生长和增殖与土壤中定殖的活组织有关。两种疫霉具有不同温度要求和生长特点。卵孢子发芽和孢子囊形成需要接近饱和的土壤湿度，而游动孢子的释放和迁移取决于自由水的存在。

丁香疫霉属于真菌病害，寄主范围广泛，可危害柑橘、李、苹果、樱桃、板栗、火棘等 14 个科 29 个属的植物。

侵染过程与侵染循环 丁香疫霉卵孢子在果园土表或

图 1　丁香疫腐病症状（伍建榕摄）

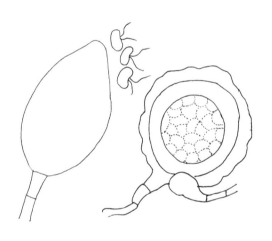

图 2　恶疫霉（陈秀虹绘）

土里能存活 2 年以上。其发芽适温为 12～15℃，卵孢子发芽产生芽管，形成 1 至多个孢子囊。孢子囊中形成游动孢子，并释放到水中，游动一段时间后形成孢囊。孢囊侵入前先形成芽管，芽管长度可达 200μm。条件不适合游动孢子释放时，孢子囊直接发芽产生次生孢子囊，从而形成游动孢子，这一方式可以重复，连续形成多代小孢子囊。

防治方法

农业防治　种植无病苗，在移栽前施足腐熟的有机肥，在基肥面上要垫 15～20cm 厚的素土，不要使根与肥料接触，以防肥料腐熟度不足烧根。苗木种植前要消毒处理，可用 1% 石灰水浸泡半小时，再用清水冲洗干净，20 余株为一捆，外面用能保湿的包装物包扎好，以免干燥后须根易死亡，成活率受影响，将苗运至种植地放在阴凉处待栽种。丁香移栽若种在排水不良的立地环境内，土居真菌中的疫霉菌就有良好的发展环境，积水的环境会使茎基腐烂，加之有疫霉菌危

害，丁香疫霉病更加严重，因此丁香疫霉病的预防与养护重点是选好栽种的立地环境，使茎基处的环境无疫霉菌污染，若能对种植穴进行消毒更好。养护时注意操作，包装运输时，根部要带土团，或蘸泥浆，不使植株受到伤害，尤其是茎基处不能受伤。

化学防治　发病初期用 40% 乙膦铝可湿性粉剂 500 倍液或 25% 甲霜灵 500 倍液喷洒丁香植株和地表，可有效防止再侵染，也可用 72.7% 普力克 600～800 倍液，隔 7～10 天喷 1 次，视病情连续用药 2～3 次。病害大流行时药剂可选用 53.8% 可杀得可湿性粉剂 600 倍液，或 72% 杜邦克露可湿性粉剂 600 倍液，或 64% 杀毒矾可湿性粉剂 600 倍液，或 75% 百菌清 800 倍液。用药间隔时间可缩短 5～7 天，用药次数增至 4～5 次。嘧菌酯与丁香酚组合（3.75∶10.5）以 600～800 倍液均匀喷雾或灌根。

参考文献

HARR DC，洪霓，1992. 苹果疫霉病 [J]. 国外农学（果树）(3): 43-47.

陈秀虹，伍建榕，2014. 园林植物病害诊断与养护：上册 [M]. 北京：中国建筑工业出版社.

张博，张悦丽，马立国，等，2016. 一种针对疫霉和腐霉的杀菌剂组合 [P]. 发明专利，201610965985.0.

（撰稿：伍建榕、韩长志、周媛婷；审稿：陈秀虹）

丁香枝枯病　lilac branch blight

由伏克盾壳霉引起的一种危害丁香枝条的病害。

发展简史　伏克盾壳霉（*Coniothyrium fuckelii* Sacc.）有性型为 *Leptosphaeria coniothyrium*（Fuckel）Sacc. 早在 1917 年有报道其有性型侵染树莓造成树莓枝枯。无性型在

2013年中国吉林首次报道侵染树莓叶片造成树莓叶枯病。

分布与危害 在中国丁香分布区都有分布，此类病原菌在病部越冬，降雨多的年份易发病。病枝梢的病斑上有黑色点状物是病症。枝条病斑先湿腐，紫红色微肿，后变暗褐色的下凹斑（经过半年到一年），再后凹陷斑干死，雨季时病斑又呈浮肿状致干枯，有时可见到有粉红色卷丝状的分生孢子角出现。*Coniothyrium fuckeli* 能侵染牡丹、玫瑰、月季等多种植物，造成枝枯病。国外也有报道其危害金钟柏的叶和根（图1）。

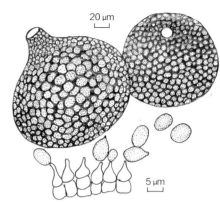

图2 伏克盾壳霉（陈秀虹绘）

病原及特征 病原为盾壳霉属伏克盾壳霉（*Coniothyrium fuckelii* Sacc.）。分生孢子器黑色，近球形，具孔口，直径180～250μm，梗短，大小为3μm×1.5～2μm；分生孢子小，单胞，卵形、球形或椭圆形，大小为2.5～4.5μm×2.1～3.8μm，褐色（图2）。

侵染过程与侵染循环 该病原菌以菌丝或分生孢子在病组织上越冬，春季释放出分生孢子，借风力传播。秋季和早春雨露较多的天气有利于侵染发病，一般健壮植株发病轻，纤细植物发病重。

防治方法

农业防治 发现病枝及时剪除销毁，以防病原菌传播。加强栽培管理，提高植株抗病能力，尽量避免各种机械创伤。剪口可用1%硫酸铜溶液消毒，再涂以160倍等量式波尔多液。

化学防治 休眠期可喷洒3～5波美度石硫合剂，生长期可喷洒160倍等量式波尔多液、70%甲基托布津可湿性粉剂500～1000倍液等。着重喷洒枝干，预防病菌侵染。

参考文献

杨小萌, 2018. 丁香枝枯病病原菌的分离和测定 [J]. 山西农经 (7): 73-74.

HUMPHREYS-JONES D R, 1980. Remove form marked records leaf and shoot death (*Coniothyrium fuckelii*) on *Thuya orientals* cv. Aurea Nana.[J]. Plant pathology, 29(4): 199-200.

（撰稿：伍建榕、刘丽、竺永金；审稿：陈秀虹）

图1 丁香枝枯病症状（伍建榕摄）

定向化选择 directional selection

又名前进选择、线性选择或动态选择，它也和稳定化选择一样有利于单个最适值，但它是在按照选择的方向，通过基因型频率和群体平均值的系统改变而达到的结果。定向化选择在前进性变化的环境中起作用而导致一种适应的状态。

定向化选择是达尔文1859年在《物种起源》一书正式提出，它是自然选择的方式或模式之一。定向化选择能快速导致群体中等位基因频率的较大的变化，一般典型的表现为短期突然的变化，而不是长期持续的变化。

对病原菌毒性的定向选择 在农业植物病害系统中如

果引进一个抗性基因育成一个新品种，从而使病原物由突变而成为毒性，或由增加群体中已经存在的毒性基因频率以适应这种新情况，那就是对毒性的定向选择。许多为了抗性而应用的品种垮台的原因大多是定向选择所致。对寄主中的每一个抗性基因，在病原物中就有一个相应的毒性基因，从这个关系来说，它一般属于基因对基因病害。定向选择压力可大可小，如果接种体从外部来源进入作物，则压力可能很小或甚至没有，如果按种体在作物上永久存在而与外部接种体无关，压力就可能大。

垂直抗病性品种，如果其隐存的水平抗病性很弱或较弱，逐步大面积推广后，当遇上侵袭力较强的相应毒性菌系，则后者便能得天独厚地发展成为优势小种，这就是毒性或毒性小种的定向选择。具有 R1 基因的马铃薯品种在美国的历史是很典型的定向选择的例子，如 Kennebec、Cherokee 以及其他一些具有 R1 的品种，在 20 世纪 40 年代后期和 50 年代初期，已在美国东北部缅因州生产上应用，最初是对晚疫病免疫的，因为这种高抗性，具有 R1 基因的马铃薯品种推广很快，1954 年因天气适合于晚疫病发生，未喷药的 R1 型品种发病，落叶率达 90%。实际上病害在当年早期就在一些地方出现，说明定向选择已造成适当比例的毒性基因积累在晚疫病菌的局部地区群体中。马铃薯中由基因 R1 所给予的抗性被毒性克服"丧失"抗病性后，R1 型品种就需要喷药保护以防治晚疫病，就像不存在 R 基因的情况。定向选择的速度还和毒性小种的侵袭力强弱有关。中国小麦条锈病菌小种监测中发现有些小种虽然毒性谱相当广，生产上也种植有它能侵染的品种，但始终没有发展起来。如 1975 年起发现的条中 21 号，它能侵染阿勃等当时主栽品种，但其后多年频率始终徘徊在 8% 以下，到 90 年代逐渐消失，这很可能就是因为它的侵袭力不够强而导致的。

参考文献

曾士迈，杨演，1986. 植物病害流行学 [M]. 北京：农业出版社.

曾士迈，张树榛，1998. 植物抗病育种的流行学研究 [M]. 北京：科学出版社.

（撰稿：周益林、范洁茹；审稿：段霞瑜）

冬青卫矛叶斑病　euonymus spot

由坏损假尾孢引起的冬青卫矛常见叶部病害。又名大叶黄杨叶斑病、大叶黄杨褐斑病、正木叶斑病。

发展简史　中国最早报道冬青卫矛叶斑病是在 20 世纪 80 年代初，主要分布在中国北方地区。由于城市绿化的快速发展，作为优良的绿篱植物，冬青卫矛被广泛栽植在各庭院角落、大街小巷。冬青卫矛叶斑病便在中国的南北地区广泛发生和危害。南方地区因气温、降水等因素影响，发病较北方地区更为严重。90 年代初，中国比较系统地开展了冬青卫矛叶斑病的发生规律和防治的研究。由于分子系统学的发展，冬青卫矛叶斑病的病原也得到了进一步的更正，郭英兰等于 2009 年将其由坏损尾孢（*Cercospora destructiva*

Rav.）修订为坏损假尾孢［*Pseudocercospora destructiva*（Ravena）Guo et Liu］。

分布与危害　主要分布在山东、河南、陕西、四川、湖北、江苏、浙江、上海、北京等地。造成叶片提早脱离甚至枝条枯死，是扦插苗死亡的重要原因。一般树势衰弱发病重，老叶发病早而且重，干旱高温发病重，南方地区雨水多发病重。寄主为卫矛科卫矛属植物，但品种间抗病性差异大。同一立地条件下，金星黄杨发病重于大叶黄杨，银边黄杨发病重于金星黄杨，嫁接苗不发病。

病原及特征　病原为坏损假尾孢［*Pseudocercospora destructiva*（Ravena）Guo et Liu］，属假尾孢属真菌。其子座球形至椭圆形，黑色，分生孢子梗丛生于子座上，屈膝不分枝（图1①），分生孢子圆筒形至棍棒形，无色多胞，具 1～5 个隔膜，大小为 35～69μm×2～3μm，平均大小为 47.1μm×2.5μm（图1②）。有性态为 *Mycosphaerella* sp.，少见。

分生孢子萌发温度在 10～30℃，小于 5℃ 不萌发，最适温度为 25℃。相对湿度在 70% 以上，分生孢子均能萌发。相对湿度越高，分生孢子萌发率越高，分子孢子在 pH 2～10 的环境下均能萌发，以中性偏酸性条件适宜，pH 5 时，分生孢子萌发率为最好。

侵染过程　病菌以分生孢子为初侵染来源，分生孢子借风雨进行传播，产生芽管从叶片的自然孔口（水孔、气孔）和伤口侵入。潜育期约 2 个月。发病初期，叶片上会有黄色小斑点，之后会逐渐变为黄褐色，并随之扩大为圆形或不规则形的斑（图2①）。后期病斑灰褐色或灰白色，病斑边缘的颜色通常较深，病斑上还会着生许多细小的黑色霉点。该病斑通常可透过叶背面，且叶背面的病斑颜色会较正面病斑颜色浅。病斑以后会干枯，干枯病斑会与健部裂开，常形成穿孔（图2②）。另外，叶斑病发生严重时，病斑还会连成一片，造成冬青卫矛叶片枯黄和提早落叶并形成秃枝，严重者会造成植株死亡。

侵染循环　病菌以菌丝等形态在植株病叶或落叶上越冬，在落叶上或病叶上产生分生孢子。分生孢子由风雨进行传播，秋季侵染老叶，翌年发病；分生孢子春季侵染幼叶，当年可形成病斑。分生孢子全年可形成，是主要的接种体形式。通常到翌年春季，随着气温回升，分生孢子大量传播，并由气孔或剪口、伤口等侵入。一般 20～30℃ 的气温下，该病易发生，因此该病害通常于 5～6 月开始大量侵染，7、8 月是侵染盛期。一般 7～8 月中旬会出现病害症状，8 月中下旬至 9 月，大叶黄杨叶斑病比较严重，此时该病害病斑开始扩大，并出现提早落叶的情况。一般到 10 月，大叶黄

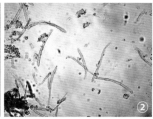

图1　冬青卫矛叶斑病病原菌形态特征（余仲东提供）

①分生孢子座、分生孢子梗丝状不分枝；②分生孢子筒状，4～5 个隔膜

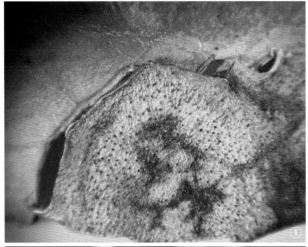

图 2　冬青卫矛叶斑病症状（余仲东提供）
①圆形、近圆形病斑；②病斑龟裂

杨叶斑病的病情会有所下降，11 月后该病基本停止，病菌以菌丝体在落叶或病叶上越冬。

流行规律　冬青卫矛叶斑病发病的轻重与气温及降水量有直接关系。病害的发展前期与温度关系密切，当平均气温在 13.6～16.0℃ 时病害发展缓慢，自 5 月下旬以后随着温度的上升，病害发展很快，一般 5 月平均气温达 20℃ 以上、降水量 60mm 以上时，有利于叶斑病菌的侵染。7 月温度在 24～26℃、雨量偏多时能造成此病大流行。8 月下旬当平均气温高达 34℃ 时，病情指数达最高。8 月下旬以后气温虽呈下降趋势，但旬平均温度仍较高，病情指数仍然呈上升趋势。一般到 10 月，冬青卫矛叶斑病的病情会有所下降，11 月后该病基本停止。在室外可看到病株上和地面上周年有感病的叶片存在，它们是重要的初次和再次侵染源。病原菌潜育期约 2 个月。新叶最早出现病斑在 6 月中旬。越冬老叶上的新病斑最早出现在 4 月中旬，老叶感染是上年秋季分生孢子侵染的结果。

另外，冬青卫矛（大叶黄杨）生长旺盛者抗病力强，树龄老者发病重。不同品种染病程度不同，金心黄杨发病重于大叶黄杨，银边黄杨发病重于金心黄杨，而嫁接黄杨未见发病。如果伴有介壳虫、蚜虫、螨虫等虫害发生，冬青卫矛叶斑病病势也会更加严重。管理粗放、多雨、圃地排水不良、扦插苗过密、通风透光不良等条件下，发病重。春季天气寒

冷发病重。夏季炎热干旱，肥水不足，树势生长不良也加重病害的发生。

防治方法　冬青卫矛叶斑病的防治关键是减少接种体来源，提高苗木的生长势。因此，该病害的防治可采用以下几种方法：

减少侵染来源　秋季清除病落叶、枯枝。春季发芽前喷洒 5 波美度的石硫合剂以杀死越冬菌源。从健康无病的植株上取条，扦插繁殖无病苗木。育苗床要远离发病的苗圃。

加强养护管理　控制病害发生。肥水要充足，尤其是夏季干旱时，要及时浇灌。在排水良好的土壤上建造苗圃。种植密度要适宜，以便通风透光降低叶表湿度。

化学防治　发病严重的地区从 5 月开始喷药。常用药剂有 1% 等量式波尔多液，或 50% 多菌灵可湿性粉剂 500 倍液，或用 200 倍的高脂膜。7～10 天喷 1 次药，连续喷 3～4 次，基本上可控制病害的发生。

参考文献

郭小宓，万宏，1992. 大叶黄杨叶斑病研究初报 [J]. 华中农业大学学报，11(2): 140-144.

郭英兰，1992. 中国真菌志：尾孢属真菌 [M]. 北京：科学出版社.

（撰稿：余仲东；审稿：叶建仁）

豆类锈病　bean rust

由单胞锈菌引致的、危害豆类叶片的一种真菌病害。是世界上豆类产地重要的病害之一。

分布与危害　锈病是豆类植物上最重要的病害之一，主要发生在豆类生长中后期，分布范围广，流行性强，危害损失重。在全球近 60 个国家均有分布。近 50 年，此病在美国科罗拉多州东部、内布拉斯加州西部和周边地区发生周期性的流行，造成的产量损失超过 50%。中国各菜区此病普遍发生，主要危害露地栽培菜（豇）豆，以沿海地区和多雨年份危害严重，大发生时发病率可达 100%，造成大量叶片干枯脱落，严重影响豆类蔬菜的品质（图 1）。大流行年份可

图 1　豇豆锈病（吴楚提供）

减产 50%～100%。

菜豆和豇豆锈病的症状相似。多发生在较老的叶片上，茎和豆荚也发生。叶片初生黄白色的小斑点，后逐渐扩大、变褐，稍隆起，呈近圆形的黄褐色小疱斑，后期病斑中央的突起呈暗褐色（即为病菌夏孢子堆），周围常具黄色晕环，形成"绿岛"，表皮破裂后散出大量锈褐色粉末（夏孢子）。夏孢子堆多发生在叶片背面，严重时也发生在叶面上（图2）。茎和荚果染病，也产生暗褐色突出的夏孢子堆。发病严重时，新老夏孢子堆群集形成椭圆形或不规则锈褐色枯斑，相互连结，引起叶片枯黄脱落。秋后天气逐渐转凉时，在菜（豇）豆生长中后期，病斑发展成椭圆形或不规则黑褐色枯斑（冬孢子堆），表皮破裂后散出黑褐色粉末（冬孢子）。有时在叶片正面及茎、荚上产生直径为 1.3～3.0mm 的圆形黄绿色小斑点，其中央褐色部分密生栗褐色小粒点（性孢子器），以后在这些斑点的周围（茎、荚）或在相对应的叶背产生黄白色绒毛状物（锈孢子器），再继续进一步形成夏孢子堆及冬孢子堆。但在菜（豇）豆上性孢子器和锈孢子器很少发生。

病原及特征 病原菌属单胞锈菌属，在生活史上属于全孢型单主寄生锈菌，在同一寄主上能产生 5 种不同类型的孢子，即夏孢子、冬孢子、担孢子、性孢子和锈孢子。田间常见的是夏孢子和冬孢子。菜豆锈病菌有两种，菜豆疣顶单胞锈菌 [*Uromyces appendiculatus*（Pers. Ung.）] 和菜豆单胞锈菌 [*Uromyces phaseoli*（Pers.）Wint.]；豇豆锈病菌为豇豆单胞锈菌（*Uromyces vignae* Barclay）。

菜豆锈菌的夏孢子单胞，椭圆至长圆或卵圆形，浅黄或橘黄色，表面有稀疏微刺，具芽孔 1～3 个，大小为 20～30μm×17.5～22.5μm。冬孢子单胞，圆至椭圆形，褐色，顶端有较透明乳突，突高 4.25～8.25μm，下端具无色透明长柄，孢壁深褐色，表面光滑，厚 2.5～3.75μm，孢子大小为 26.3～35.5μm×20～25.75μm（图3）。锈孢子近椭圆形或楔形，淡榄色或无色，表面密生微刺，大小为 20～27.5μm×15～22.5μm。

豇豆单胞锈菌的夏孢子单细胞，短椭圆形或卵形，淡黄色，表面有细刺，大小为 20～32μm×18～25μm，有芽孔 2 个。冬孢子单细胞，圆形或短椭圆形，黄褐色，顶部有一半透明的乳头状突起，大小为 27～36μm×20～28μm（图4）。

菜豆锈病菌具有很强的生理分化和变异性。在美国 20 世纪 80 年代鉴定出 55 个生理小种。在巴西、墨西哥、哥伦比亚和澳大利亚，先后鉴定出 150 多个生理小种。在中国台湾有 15 个菜豆锈菌生理小种；北方地区存在 8 个菜豆锈菌

图 2 菜豆锈病病症（吴楚 提供）
①发病前期叶片症状；②发病中后期叶片症状；③发病后期叶背症状；④发病叶片背面症状的夏孢子

生理小种。但关于豇豆锈菌的生理分化现象的研究尚未见报道。开展锈病菌生理小种鉴定是菜豆抗锈病育种的重要基础工作，应受到高度重视。

侵染过程与侵染循环　在中国北方，菜（豇）豆锈病菌以冬孢子在病残体上越冬。翌年春季，温湿度条件适宜时，冬孢子经3～5天萌发产生担子和担孢子，通过气流传播到豆叶上产出芽管侵入引起初侵染，8～9天潜育后出现病斑，形成性孢子和锈孢子，产生的锈孢子侵染菜（豇）豆，并形成疱状夏孢子堆，散出夏孢子进行再侵染，病害得以蔓延扩大，深秋产生冬孢子堆及冬孢子越冬（图5）。因为秋季日照变短，日照时间的变化诱导病原菌产生冬孢子堆和冬孢子，在南方长日照地区，锈菌不产生冬孢子。在南方温暖地区，特别是华南热带、亚热带地区，只见病菌夏孢子和冬孢子，主要以夏孢子越季，成为此病的初侵染源。夏孢子借气流和雨水传播，从气孔或表皮直接侵入。初侵染发病后产生大量新的夏孢子，通过传播可频繁进行再侵染。如此一年四季辗转传播、蔓延和危害。锈菌夏孢子落到感病品种的叶片上，遇合适的温、湿度条件即萌发长出芽管，沿着叶表皮生长。遇到气孔后，芽管顶端膨大形成压力胞，然后从压力胞下方伸出1条管状的侵入丝，钻入气孔内。在气孔下长出侵染菌

丝和吸器，伸入附近细胞内，用以从组织中吸取养料和水分，到此时，锈菌夏孢子完成萌发侵入寄主的过程。锈菌夏孢子的萌发和侵入都要求与水滴或水膜接触。如无水滴或水膜，夏孢子很少或不能萌发。因此，结露、降雾、下毛毛雨均非常有利于锈病的发生。菜豆进入开花结荚期，气温20℃左右，高湿、昼夜温差大和结露持续时间长，锈病易流行。在人工接种条件下，豇豆锈病的发病程度与接种保湿时间呈明显的正相关趋势。保湿1.5小时，锈菌可引起豇豆发病，病情指数为4.35，病叶率为18.84%；保湿18小时，病情指数为13.07，病叶率为45.95%；保湿24小时，病情指数为15.76，病叶率为50.51%。另外，豇豆锈病的发病程度与锈菌接种浓度呈正相关。用喷雾法接种，浓度为每视野含孢子5～30个，病情指数随孢子浓度增高而增大，含孢子30个时，发病程度最高，病情指数为18.83，病叶率为55.83%。但当浓度再增大时，病情指数有下降趋势。

流行规律

病菌的传播、扩散及其侵染条件　菜（豇）豆锈病是一种气流传播病害，锈菌夏孢子遇到轻微的气流，就会从夏孢子堆中飞散出来。风力弱时，夏孢子只能传播至邻近豆株上。当菌源量大、气流强时，强大的气流可将大量的锈菌夏孢子吹送至远方。南方发病早，产孢早，孢子可随气流传播到北方的豆株。

夏播与春播豇豆田的距离不同，锈病发生程度具有明显的差异。豇豆锈病与侵染源距离存在着明显梯度现象，拟出的病害侵染梯度模型为：$X^i=97.2949/d^{i1.053}$。病害侵染梯度的出现说明春播豇豆为夏播豇豆锈病的发生提供了明显的菌源中心。夏播豇豆距菌源中心距离愈近、病害密度愈大，经济损失愈严重。

病菌夏孢子形成、侵入和萌发条件　叶面结露及叶面上的水滴是锈菌孢子萌发和侵入的先决条件。夏孢子形成和侵入适温为15～24℃，10～30℃均可萌发，其中以16～22℃最适。例如，豇豆锈病夏孢子在15～20℃时萌发率最高，6小时其萌发率为61.4%～79.4%，10小时可达64.1%～84.8%。另外，在不同的日平均气温条件下接种，豇豆锈病的发病程度有明显差异。在18～22℃、23～26℃、27～

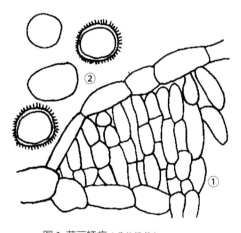

图3 菜豆锈病（吴楚提供）
①冬孢子堆放大；②夏孢子和冬孢子

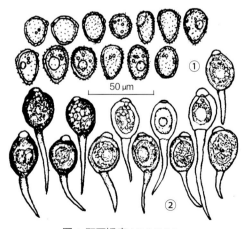

图4 豇豆锈病（吴楚提供）
①夏孢子；②冬孢子

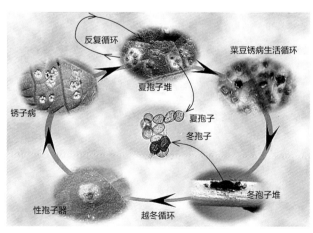

图5 菜豆锈病侵染循环示意图
（引自 Howard F. Schwartz & Mark S. McMillan）

30℃和33～37℃时，病情指数分别为26.09、49.16、22.28和0.00。显然，在23～26℃下接种最易发病，豇豆锈病在不同温度下其潜育期不同。10℃时其潜育期为15天，27℃时为14天，在15～25℃时其潜育期则为6～12天，其中19～23℃时平均潜育期最短为8天。不同的保湿时间对豇豆锈病的潜育期也有较大影响，在23℃保湿4小时，平均潜育期为14天，保湿16小时以后，其平均潜育期则为8天。气温20～25℃，相对湿度95%以上最适于锈病流行。

流行条件　在以当地越冬菌源为主的地区，锈病一般先从基部叶片开始发生，随着病害发展逐步向上蔓延，最后导致植株严重发病。一般在菜（豇）豆现蕾或初花后，开始进入盛发期。如果发病早，常造成叶片早期脱落，结荚减少，损失较大。如果发病过晚，仅部分叶片发病，危害不大。在有利于病害发生的条件下，病害发展速度很快，单片病叶和发病中心可以成倍增长。因此，越冬菌源数量即使很少，只要条件有利，也会造成病害流行。在很少或没有越冬菌源的地区，菜（豇）豆锈病的春季菌源依靠从外地吹来的夏孢子，一般在生长中后期开始发生。

诱发锈病的因素很多，主要因素有：①高温高湿。一般日平均气温24℃，遇上频繁的小到中雨，或降雨时间长，则病害易于流行。例如，豇豆锈病在日平均气温稳定在24℃，雨日数和间断中、小雨多时，就会流行。丘陵山区雾多、露重，往往比平原地区发病早而重。保护地或棚室浇水多，通风不及时；露地栽培的，当季降雨早，降雨次数多，雨量大，锈病发生严重。②栽培管理。菜地土质黏重，地势低洼积水，种植密度过大，田间郁闭不通风，或过多施用氮肥，植株旺长也会促使发病。不同栽培密度下豇豆锈病发生情况有明显差异。田间栽培密度高、植株生长旺盛的发病严重。密度为6000株/亩，发病率12.41%；密度为8000株/亩，发病率为23.54%；密度为10000株/亩，发病率为35.46%。在同一密度下，长势弱的发病率高。菜豆与豇豆套种或紧邻重病田的迟播菜（豇）豆，发病加重。不同季节播种，病情有所不同。例如，在广州地区，春茬菜（豇）豆的锈病远比秋茬的严重。③品种。菜（豇）豆品种间抗病性有差异，一般菜豆比豇豆较易感病。在菜豆中，矮生种比蔓生种较抗病；在蔓生种中，细花比中花和大花较抗病。

防治方法　菜（豇）豆锈病的防治应该采取以农业防治为主、药剂防治为辅的综合防治措施。

选用抗（耐）锈丰产良种　菜（豇）豆不同品种对锈病的抗性差异明显，利用抗锈良种是防治锈病最经济、最有效的措施。各地都选育出了不少抗锈丰产品种，可因地、因时制宜地推广种植。在菜豆中，可选用较抗病的矮生种，或选用蔓生种中的细花系列品种。抗（耐）锈病的菜豆品种有：碧丰、江户川矮生菜豆、意大利矮生玉豆、甘芸1号、12号菜豆、大扁角菜豆、83-B菜豆、矮早18号、新秀2号、春丰4号、福三长丰、新秀1号、九粒白、绿龙等。抗锈病豇豆品种有：粤夏2号、桂林长豆角、铁线青豆角、望丰早豇80、成豇3号、航豇2号、穗郊101、红嘴金山、湘豇2号、湘豇4号、大叶青、益农红仁特长豆角、金山长豆、成都紫英白露等。在选用抗锈丰产良种时，要注意品种的合理布局和搭配及轮换种植，防止大面积单一使用某个品种。

农业防治　合理轮作。与其他非豆科作物如瓜类、茄果类、十字花科蔬菜轮作2～3年。加强管理。高畦栽培，合理密植。科学浇水，及时排除田间积水，降低田间湿度。增施磷钾肥，以增强植株长势，提高抗病力。及时整枝，收获后及时清除病残体，带出田间集中销毁，减少田间菌源。杜绝在早豇豆地中套种迟播豇豆。迟豇豆和早播重茬田应间隔一定距离，严防紧紧相邻，避免病菌交互侵染。棚室栽培尤应注意通风降温。必要时调整春秋种植面积比例，以减轻危害。在南方一些地区，如广州地区，菜豆锈病春植病情远重于秋植，在无理想抗病品种或无理想防治药剂而病害严重危害的地方，可因地制宜地调整春秋种植面积比例，或适当调整播植期以避病，如春播宜早，必要时可采用育苗移栽避病。

化学防治　喷药防治是大面积控制锈病流行的主要手段之一。要充分发挥药剂的最大防锈保产效果，提高经济效益，必须根据当地菜（豇）豆锈病的发生流行特点、气候条件、品种感病性及杀菌剂特性等，结合预测预报，确定防治对象田、用药量、用药适期、用药次数和施药方法等。在发病前或发病初期病斑未破裂前开始用药。可选用唑类杀菌剂，包括三唑酮（15%、25%可湿性粉剂，20%乳油，20%胶悬剂），12.5%烯唑醇可湿性粉剂、15%三唑醇可湿性粉剂、20%丙环唑微乳剂、25%丙环唑乳油、25%腈菌唑乳油、5%烯唑醇微乳剂、40%多·硫悬浮剂、10%世高水溶性颗粒剂，嘧菌酯（阿米西达、绘绿，50%水分散粒剂，250g/L悬浮剂）等。各种药剂的具体用药量根据使用说明书确定。视病情发展，每隔7～10天喷药1次，连喷2～3次。注意药剂的交替使用。

参考文献

雷蕾，杨琦凤，张宗美，2000.菜豆种质资源苗期对锈病的抗性鉴定[J].西南园艺，28(2): 27.

商鸿生，王凤葵，马青，2007.新编棚室蔬菜病虫害防治[M].北京：金盾出版社.

王汉荣，茹水江，张渭章，等，2000.豇豆品种（系）对豇豆锈病的抗性鉴定与评价研究[J].中国农学通报，16(2): 60-61.

王江柱，2011.菜园优质农药200种[M].北京：中国农业出版社.

王润初，易国强，陈俊炜，1995.豇豆锈病发生与菌源距离的关系[J].长江蔬菜(1): 21-22.

吴松，2007.豇豆锈病发生规律与防治技术研究[J].上海蔬菜(5): 99-100.

叶忠川，1983.菜豆抗锈病筛选及锈菌之生理小种[J].中华农业研究，32(3): 259-269.

岳彬，李亚萍，1989.菜豆锈病菌生理小种研究初报[J].华北农学报，4(3): 99-104.

FISHER H H, 1952. New physiologic races of bean rust (*Uromyces phaseoli* typica)[J]. Plant disease reporter, 36: 103-105.

STAVELY J R, 1984. Pathogenic specialization in *Uromyces phaseoli* in the United States and rust resistance in beans[J]. Plant disease, 68: 95-99.

（撰稿：曾永三；审稿：赵奎华）

D

杜鹃白粉病 rhododendron powdery mildew

由桤叉丝壳菌引起的一种侵染杜鹃叶片的真菌性病害。

分布与危害 该病在中国广泛分布，在安徽、江西、南京等地均有发生。危害杜鹃的叶片，叶表面被覆一层白色粉状物（图1）。

病原及特征 病原为桤叉丝壳菌［*Microsphaera alni*（Wallr）Salm.］，属叉丝壳属真菌。子囊果为闭囊壳，附属丝为二叉分枝型，闭囊壳内有多个子囊（图2）。

侵染过程与侵染循环 病菌分生孢子借风传播，不断进行侵染。它们有很独特的性状，能在相当干燥的条件下萌发，有的相对湿度为零的条件下也能萌发。

流行规律 该病能在干旱季节流行，在昆明无有性态闭囊壳产生，故常年见该病发生。

防治方法 植株用化学药剂防护，如50%苯来特1000倍液、15%粉锈宁800倍液。

参考文献

陈秀虹，伍建榕，西南林业大学，2009.观赏植物病害诊断与治理[M].北京：中国建筑工业出版社.

（撰稿：伍建榕、刘朝茂、陈健鑫、吕则佳；审稿：陈秀虹）

图1 杜鹃白粉病症状（伍建榕摄）

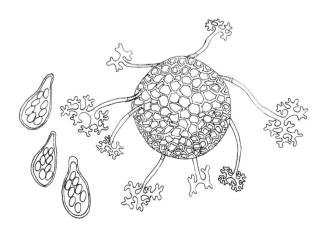

图2 桤叉丝壳菌（陈秀虹绘）

杜鹃白绢病 rhododendron southern blight

由齐整小核菌引起的一种危害杜鹃花茎基部的真菌性病害。

分布与危害 在江西、南京、安徽等地均有发生。主要危害茎基部，病部皮层组织坏死后形成白色菌膜状物。植株基部先受害，而后沿茎干向上下蔓延，病部皮层组织坏死，形成白色菌膜状物，并可蔓延至土壤表层。白色菌丝层上逐渐形成许多小颗粒，初为白色，后呈黄色，最后变成褐色油菜籽大小的菌核（见图）。

病原及特征 病原为齐整小核菌（*Sclerotium rolfsii* Sacc.），属核盘菌属真菌。菌核褐色至黑色，球形至不规则形，组织紧密，表层细胞小而色深，内部细胞大而色浅或无色。

侵染过程与侵染循环 春夏季多发。残留菌丝形成菌核可在田间越冬，遇到合适的温湿度条件就可萌发侵染。

杜鹃白绢病症状（伍建榕摄）

流行规律　高温多雨、湿度大的环境下发病严重。

防治方法　改善栽培条件，培育健康植株。注意排水。发现病株及时拔除烧毁，用清洁土或对土壤消毒。白绢病发生前，6月上旬喷波尔多液（1：1：100），寒露至霜降期间喷1次70%甲基托布津1000倍液，效果显著。

参考文献

陈秀虹，伍建榕，西南林业大学，2009.观赏植物病害诊断与治理 [M].北京：中国建筑工业出版社.

张羽佳，2014.齐整小核菌生物除草剂菌克阔稻田施用后的菌核持续性动态研究 [D].南京：南京农业大学.

（撰稿：伍建榕、刘朝茂、陈健鑫、吕则佳；审稿：陈秀虹）

杜鹃斑点病　rhododendron spot

由杜鹃棒盘孢引起的一种危害杜鹃花叶片的真菌性病害。

分布与危害　在江西、沈阳、上海等地均有发生。叶缘或叶尖呈现椭圆形或圆形病斑，边缘色深，中间稍浅，并有褐色小点，即病菌的分生孢子盘（图1）。

病原及特征　病原为杜鹃棒盘孢（*Coryneum rhododendri* Mass.），属棒盘孢属的真菌。载孢体为分生孢子盘，不规则开裂；分生孢子梗圆柱形，具隔膜，基部平截，无色至浅褐色；分生孢子纺锤形或球形；褐色，光滑，顶端细胞常呈淡色（图2）。

侵染过程与侵染循环　分生孢子或分生孢子盘在残体中越冬，随风雨传播，在合适的温湿度下侵染。

流行规律　春季和夏季多发生。

防治方法

农业防治　在杜鹃栽植时，用覆盖物覆盖地面；设置防风屏障，防止昆虫危害等，均有利于防病。

化学防治　花后喷布50%苯来特1000倍液、70%福美铁1000倍液或65%代森锌500倍液等，每隔10～14天1次，共喷2～3次。

参考文献

陈秀虹，伍建榕，西南林业大学，2009.观赏植物病害诊断与治理 [M].北京：中国建筑工业出版社.

（撰稿：伍建榕、刘朝茂、陈健鑫、吕则佳；审稿：陈秀虹）

杜鹃饼病　rhododendron cake

由多种外担菌真菌引起的，危害杜鹃的一种常见病害。又名杜鹃叶肿病、杜鹃瘿瘤病、杜鹃叶蜡病。

分布与危害　中国的江西、浙江、江苏、上海、广东、广西、台湾、云南、四川、山东和辽宁等地发病较重。叶片受害后边缘开始肿大、变形，严重时全叶肿大肥厚，背面凹下，正面隆起，呈瘤状或半球状肉质瘿瘤，病部初期淡绿色，后逐渐呈淡红褐色至红褐色。多雨潮湿时，瘿瘤表面产生白色至灰黑色霉粉层。主要危害杜鹃的嫩枝、嫩梢、叶片、花、花芽和幼芽等幼嫩部位（图1）。

病原及特征　病原为日本外担菌（*Exobasidium japonicum* Shirai）、半球状外担菌（*Exobasidium hemisphaericum* Shirai）和杜鹃外担菌（*Exobasidium rhododendri* Cram.），属外担菌属的真菌。日本外担菌担子为棍棒形或圆柱形，大小为32～100μm×4～8μm。担子顶部着生3～5个小梗，每个小梗上产生1个担孢子。担孢子无色，单胞，圆筒形，大小为10～18μm×3.5～5μm。半球状外担菌担子棍棒形或圆筒形，直径约10μm，顶生4个小梗，小梗圆锥形，高5μm；担孢子纺锤形，稍弯曲，无色，单细胞，13.5～19.5μm×3.5～5μm。杜鹃外担菌孢子无色，长梭形，大小为10～20μm×2.5～5.0μm，有时有隔膜，萌芽时成3个隔膜；产生菌瘿，直径1～2mm，灰色（图2）。

侵染过程与侵染循环　本菌是活养寄生菌，以菌丝体在植株组织内潜伏越冬。菌丝体生长在寄主体内，以双核菌丝在细胞间隙中伸展，由菌丝体上产生吸器伸入细胞内吸收营养。担子在角质层下形成，由菌丝直接生出，以后单个或成丛地露出表面或由气孔伸出，在病部上形成的白色粉末即担子层。翌年春天，当气温达到10℃左右，越冬病原菌便开始产生担孢子。借风或昆虫传播、侵染，潜育期7～17天。

流行规律　一年中主要有2个发病期，一次为春末夏初，另一次为夏末秋初，以春末夏初3月下旬至4月上旬发

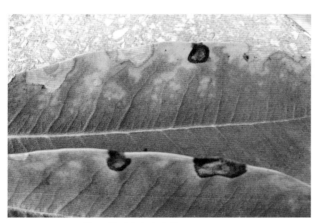

图1 杜鹃斑点病症状（伍建榕摄）

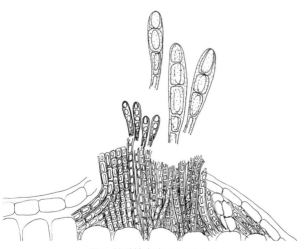

图2 杜鹃棒盘孢（陈秀虹绘）

图 1 杜鹃饼病症状（伍建榕摄）

①高山杜鹃饼病症状；②毛叶杜鹃饼病症状；③西洋杜鹃饼病症状；④腋花杜鹃饼病症状

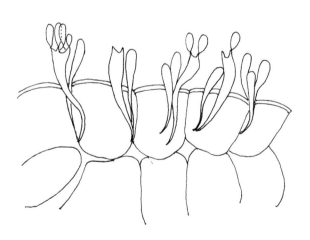

图 2 日本外担菌（陈秀虹绘）

病为主。气温 15～20℃、相对湿度 80% 以上时发病较重。湿度大、气温低、通风差有利于该病的发生和蔓延。

防治方法　在发病期喷洒波尔多液或多菌灵，做到雨前防，雨后治。应在病部发生白色粉末之前彻底摘除病叶，切勿错过防治最佳时期。在病部未产生白色粉层前的发病初期（一般是在 4 月底和 9 月底）向叶面喷雾比锈灵 1000 倍液，可控制病害蔓延。通风透光，降低空气湿度。发病前，喷洒

1：1：160 波尔多液保护；发病时，喷洒 65% 代森锌可湿性粉剂 500～600 倍液或 0.3～0.5 波美度石硫合剂 3～5 次。在杜鹃花抽梢期（3 月上旬）选用 65% 代森锰锌可湿性粉剂 600 倍液、20 倍等量式波尔多液或 70% 甲基托布津可湿性粉剂 1000～1500 倍液喷雾防治。

参考文献

陈秀虹，伍建榕，西南林业大学，2009. 观赏植物病害诊断与治理 [M]. 北京：中国建筑工业出版社 .

宿秀艳，2006. 杜鹃花病虫害的诊断及其防治技术 [J]. 辽宁农业科学 (1): 51-53.

叶道荣，2013. 杜鹃花病虫害防治技术与相生植保 [J]. 现代园艺 (17): 95-96.

翟洪民，2014. 杜鹃 3 种病害的发生及防治对策 [J]. 植物医生，27 (3): 21.

（撰稿：伍建榕、刘朝茂、陈健鑫、吕则佳；审稿：陈秀虹）

杜鹃春孢锈病　rhododendron spring rust

由杜鹃春孢锈菌引起的危害杜鹃的一种真菌性病害。

分布与危害　分布于藏东西怒江河谷，海拔约 3300m 一带，云南同一类环境也有该病发生。叶面上几乎无病斑，

叶背生有病斑且排列不规则、单生或聚生、黄色粉堆，其下部有小杯状物，短圆柱状。散出大量锈孢子黄粉状物。锈孢子椭圆形、外壁密布小疣（图1）。

病原及特征 病原为杜鹃春孢锈菌（*Aecidium rhododendri* Barcl.），属春孢锈菌属真菌。锈子器生于寄主表皮下，杯形有包被，包被由一层细胞组成，在顶上开裂；锈孢子串生，近球形，单胞（图2）。

侵染过程与侵染循环 该病未发现转主寄主。

流行规律 4～5月发病，6月全株几乎所有叶片都发病，提前落叶，又发新叶，消耗病树的营养使之早衰。

防治方法 对名贵的植株在2～3月喷施杀菌剂，减轻病情。

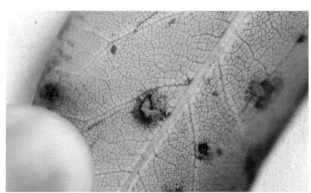

图1 杜鹃春孢锈病症状（伍建榕摄）

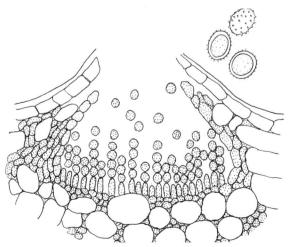

图2 杜鹃春孢锈菌（陈秀虹绘）

参考文献

陈秀虹，伍建榕，西南林业大学，2009.观赏植物病害诊断与治理[M].北京：中国建筑工业出版社.

王瑞灿，孙企农，1999.园林花卉病虫害防治手册[M].上海：上海科学技术出版社.

（撰稿：伍建榕、刘朝茂、陈健鑫、吕则佳；审稿：陈秀虹）

杜鹃顶死病 rhododendron top death

由葡萄座腔菌引起的一种危害杜鹃花顶芽和叶片的真菌性病害。

分布与危害 该病在上海、安徽、江苏等地均有发生。病菌侵染杜鹃末梢的芽和叶片，出现叶片卷曲，变为褐色，最后脱落。枝条受侵染后，发生溃疡斑，茎干枯萎、死亡。在枯死枝的顶端溃疡疤上，往往可以见到近成熟或成熟的

图1 杜鹃顶死病症状（伍建榕摄）

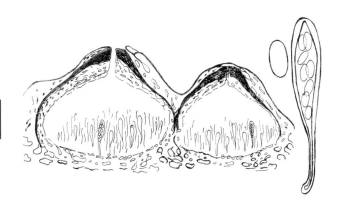

图 2 葡萄座腔菌（陈秀虹绘）

图 1 杜鹃根腐病症状（伍建榕摄）

子实体（病症），是黑色半埋生的小颗粒物，丛生或散生（图 1）。

病原及特征 病原为葡萄座腔菌［*Botryosphaeria dothidea* (Moug.ex Fr.) Ces. et de Not.]，属葡萄座腔菌属。子囊座垫状，黑色，孔口不显著；子囊棍棒形，有短柄，双囊壁；子囊孢子卵圆形至椭圆形，单胞，无色（图 2）。

侵染过程与侵染循环 子囊孢子在病部或残体上越冬，湿度大有利于病害发生。

防治方法

农业防治 剪除所有病枝梢，收集病落叶；植株展叶后，喷布波尔多液等化学药物预防病害。与丁香要隔离种植，因两者易受同病菌侵染。

化学防治 经常发病的苗圃，可用 50% 克菌丹 800 倍液等浇灌土壤。

参考文献

陈秀虹，伍建榕，西南林业大学，2009. 观赏植物病害诊断与治理 [M].北京：中国建筑工业出版社．

（撰稿：伍建榕、刘朝茂、陈健鑫、吕则佳；审稿：陈秀虹）

杜鹃根腐病 rhododendron root rot

由串珠镰孢和蜜环菌引起的一种对杜鹃花生长产生严重威胁的真菌性病害。

分布与危害 该病在中国分布较广，在杜鹃花栽培的地方均有发生。此病多发生在根颈部位，发病率不高，但染病后死亡率很高。茎基部和主根出现水渍状褐斑，引起软腐并逐渐腐烂脱皮；木质部呈黑褐色，树皮逐渐呈灰白色，并会逐渐蔓延，疏导组织被破坏，最后导致受害枝条或全株枯萎死亡（图 1）。

病原及特征 病原为串珠镰孢（*Fusarium moniliforme* Sheld.）和蜜环菌［*Armillariella mellea* (Vahl. ex Fr.) Karst.]（图 2）。串珠镰孢属镰刀菌属真菌，分生孢子梗单生，分生孢子无色，有大小 2 型孢子，大型孢子多细胞，微弯或两端

图 2 蜜环菌子实体（担子果）（伍建榕摄）

尖而弯曲显著，镰刀形。蜜环菌属蜜环菌属的担子菌。担子果丛生，菌盖浅土黄色，边缘有条纹，菌柄多中生。

侵染循环 病原菌在土壤中越冬，并能长期存活，借风雨传播，当根系生长衰弱、盆土中浇水过多或长期积水时易得此病。

防治方法

农业防治 彻底清除苗圃内的病残体，减少侵染来源。生长季节及时拔除病株，连同周围的土壤一起移走，之后进行消毒处理。改善栽培条件，控制病害的发生。选择排水良好、肥沃的壤土栽植杜鹃。无土栽培时可选用树皮（硬木树皮、松树皮）堆肥作基质，树皮与砂子的混合基质比泥炭和砂子的混合基质发病明显降低。大棚栽培降低土壤湿度；用硫酸铝和硫黄粉调节土壤 pH。重病地实行轮作。土壤和栽培基物的消毒：土壤和基物可以用太阳能进行消毒，也可以用热蒸汽消毒；土壤也可以用农药处理，常用农药有敌克松、多菌灵等，灌施或拌土混施。在不影响观赏的情况下，尽可能地栽种抗病品种，尤其是老苗圃。加强通风，增加早晚光照，增施钾肥，提高植株抗病性。

化学防治 喷洒 25% 多菌灵 300 倍液或 50% 甲基托布津 600 倍液。用 2% 硫酸亚铁或 0.1% 的高锰酸钾溶液淋洗

全株，清水冲洗 3～5 遍后重新上盆。用 70% 甲基托布津可湿性粉剂配成 1000 倍水溶液喷洒盆土，可治愈。

参考文献

陈斌艳，2004. 杜鹃花常见病害及其防治 [J]. 广西植保，17(4):18-19.

陈秀虹，伍建榕，西南林业大学，2009. 观赏植物病害诊断与治理 [M]. 北京：中国建筑工业出版社.

王兰明，2006. 杜鹃花栽培与病虫害防治 [M]. 北京：中国农业出版社：58.

（撰稿：伍建榕、刘朝茂、陈健鑫、吕则佳；审稿：陈秀虹）

杜鹃叶疫病　rhododendron leaf blight

由隐地疫霉和喀什喀什壳孢引起的一种危害杜鹃的真菌性病害。

分布与危害　在江西、辽宁、安徽等地均有发生。疫霉病菌引起主根和茎基部变褐腐烂。重病株的茎细长，叶片卷曲，变褐叶疫，最终枯死。枝条被侵染后枯萎和死亡。在部分病枝上有小黑点粒，是喀什喀什孢子实体，现尚不清楚其对枝枯的影响（图 1）。

病原及特征　病原为隐地疫霉（*Phytophthora cryptogea* Pethybor. et Laf.）和喀什喀什壳孢（*Kaskaskia* sp.）（图 2）。隐地疫霉属疫霉属真菌，其孢囊梗锐角分枝，具有特征性膨大（节状）；游动孢子囊倒洋梨形，顶端有一明显的乳突状孢子释放区。喀什喀什壳孢的分生孢子器球形，分生孢子透明，无隔，壁薄，光滑，卵形、长圆形到椭圆形。

侵染过程与侵染循环　分生孢子在病部、残体中越冬，可随风雨传播，翌年在合适的温湿度下侵害。

流行规律　每年夏季多发。高温高湿，浇水次数多、水量大易发病。

防治方法

农业防治　仔细检查，及早清除病枝和重病植株，并挖除病株周围的土壤。杜鹃种植在排水良好的土壤，灌水要适当，切勿使土壤过湿。收集病枝叶和病死株销毁。有条件的

图 1　杜鹃冠腐叶疫病症状（伍建榕摄）

D

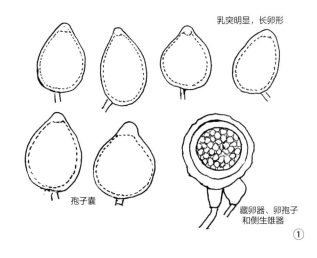

现浅褐色至暗褐色小斑点，叶背色淡。病斑扩展为各种褐色至暗褐色大型斑块。病斑多围绕叶脉，呈多角形，轮廓鲜明。有时，病斑呈不规则形或圆形，病斑上散生极小的黑色或灰褐色小粒点（分生孢子器）病症（图1）。

病原及特征　病原为杜鹃壳针孢（*Septoria rhododendri* Sacc.），属壳针孢属真菌。分生孢子器直径 100～150μm；球形，顶部有孔口外通；分生孢子无色、杆状、稍弯曲，大小为 11～34μm×1.5～3μm（图2）。

侵染过程与侵染循环　病菌在病叶中越冬，随气流、风

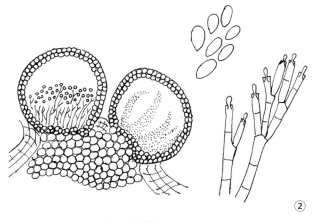

图 2　病原特征（陈秀虹绘）
①隐地疫霉；②喀什喀什壳孢

地方，实行苗圃轮作或土壤热力灭菌。还可用 50% 克菌丹 800 倍液浇灌土壤。

化学防治　植株展叶后，喷 1% 波尔多液保护，初发病改用其他杀菌剂防治。也可喷施 72% 杜邦克露 600 倍液；50% 靠山水分散微颗粒剂 700 倍液。

参考文献

陈斌艳，2004. 杜鹃花常见病害及其防治 [J]. 广西植保，17(4): 18-19.

陈秀虹，伍建榕，西南林业大学，2009. 观赏植物病害诊断与治理 [M]. 北京：中国建筑工业出版社.

王兰明，2006. 杜鹃花栽培与病虫害防治 [M]. 北京：中国农业出版社 (7): 58.

（撰稿：伍建榕、刘朝茂、陈健鑫、吕则佳；审稿：陈秀虹）

图 1　杜鹃褐斑病症状（伍建榕摄）

杜鹃褐斑病　rhododendron brown spot

由杜鹃壳针孢引起的，危害杜鹃叶部的一种真菌性病害。

分布与危害　在上海、安徽、江西等地均有发生。褐斑的危害严重，常造成大量落叶，使树势衰弱。初期，叶面出

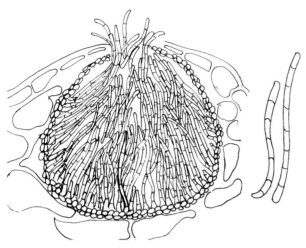

图 2　杜鹃壳针孢（陈秀虹绘）

图 1　杜鹃黑痣病症状（伍建榕摄）

雨传播，从气孔侵入。植株染病后，生长衰弱，翌年花蕾的数量减少，影响观赏。

流行规律　在高温多雨、树势弱、地势低洼、地下水位高、相对湿度大的环境下发病严重。

防治方法　植株展叶后，喷布波尔多液（1∶1∶200）1～2次，间隔10天，病情发展后喷杀菌剂65%代森锌500倍液等，防止病菌进一步侵染。

参考文献

陈秀虹，伍建榕，西南林业大学，2009.观赏植物病害诊断与治理[M].北京：中国建筑工业出版社.

白金铠，2003.中国真菌志：第十五卷　球壳孢目　壳二孢属　壳针孢属[M].北京：科学出版社.

（撰稿：伍建榕、刘朝茂、陈健鑫、吕则佳；审稿：陈秀虹）

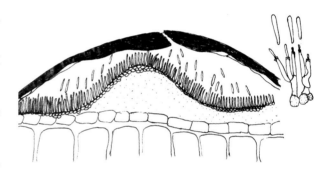

图 2　杜鹃黑痣菌（陈秀虹绘）

杜鹃黑痣病　rhododendron black nevus

由白井氏斑痣盘菌和杜鹃黑痣菌引起的，危害杜鹃叶片的真菌病害。又名杜鹃小漆斑病、杜鹃黑纹病。

分布与危害　主要分布于江苏、湖南、河南等地区。危害时初期叶片表面产生黄白色小斑点，后形成黑色圆形病斑，且具有光泽呈黑痣状（图1）。

病原及特征　病原为白井氏斑痣盘菌（*Rhytisma shiraiana* Hemmi et Kurata.）和杜鹃黑痣菌（*Melasmia rhododendri* P. Henn. et Shirai）；白井氏斑痣盘菌属斑痣盘菌属的真菌，子囊果黑色，不规则形，子囊棍棒状，内含8个子囊孢子，子囊孢子无色、线形。黑痣菌属黑痣菌属的真菌，假子座上有黑色光亮的盾状盖，长椭圆形至线形，子囊孢子椭圆形，单胞，无色（图2）。

侵染过程与侵染循环　病菌主要在病叶内越冬，孢子随风传播。

流行规律　在降雨多、湿度大的年份发生较普遍。

防治方法　一般及时摘除病叶，集中处理即可。病害

严重时可喷洒1∶1∶160～200波尔多液、试用50%多菌灵1000倍液，或50%史百克800～900倍液。

参考文献

陈斌艳，2004.杜鹃花常见病害及其防治[J].广西植保，17(4)：18-19.

陈秀虹，伍建榕，西南林业大学，2009.观赏植物病害诊断与治理[M].北京：中国建筑工业出版社.

王瑞灿，孙企农，1999.园林花卉病虫害防治手册[M].上海：上海科学技术出版社.

（撰稿：伍建榕、刘朝茂、陈健鑫、吕则佳；审稿：陈秀虹）

杜鹃花腐病　rhododendron rot

由核果丛梗孢引起的，主要危害杜鹃花瓣的真菌性病害。

分布与危害　该病在中国分布广泛，在杜鹃花栽培的地方均有发生。杜鹃花腐病只危害花朵，造成花期缩短，花朵下垂，早期凋萎、脱落。花瓣感病后，病部失去光泽，呈水渍状，发软、褪色，最后变褐腐烂发黑，潮湿时表面长出灰色霉层，影响观赏（图1）。

病原及特征　病原为丛梗孢科的核果丛梗孢（*Monilia laxa*）（图 2）。无性态发达，分生孢子串生呈念珠状，短圆形到圆形，向顶面生，孢子成团时为粉状，灰色。有性阶段很少产生，有性态为链核盘菌属核果链核盘菌［*Monilinia laxa*（Aderh. & Ruhland）］。

图 1　杜鹃花腐病症状（伍建榕摄）

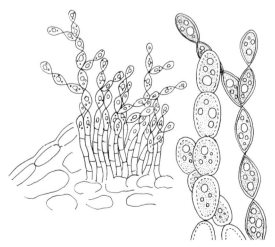

图 2　丛梗孢属真菌（陈秀虹绘）

侵染过程与侵染循环　病菌在腐花上形成菌核，菌核随败花落入土壤中越冬。成为翌年侵染源。

翌年开花期，产生分生孢子，随风雨飞散或气流传播，在花朵发芽时侵入寄主组织，形成病斑，一般在春雨季节发病严重。发病症状在红色品种的花瓣上为污白色至褐色斑点，在白色种花瓣上为淡褐色斑点。后期在腐败花上产生黑色不规则形扁平菌核。随花落入土中越冬。

防治方法

农业防治　花期过后及时清除地面枯花及植株上残花。

化学防治　开花前用 1∶1∶100 波尔多液或 500 倍 70% 五氯硝基苯喷布土壤表面，杀伤分生孢子；吐花期用 1000 倍 70% 甲基托布津或 70% 百菌清喷雾。温室中栽培的杜鹃可通过降低湿度来减轻侵染。

参考文献

曹中，2011. 杜鹃常见病虫害的发生与防治 [J]. 农家科技 (3): 26.

任纬恒，2019. 高山杜鹃病害的病原菌分离鉴定与防治基础研究 [D]. 贵阳：贵州师范大学.

汤诗杰、马建霞、郭忠仁、等，2005. 杜鹃花常见病虫害的发生与防治 [J]. 江苏林业科技 (3): 24-25, 38.

孙小茹、郭芳、李留振、等，2017. 观赏植物病害识别与防治 [M]. 北京：中国农业大学出版社.

张乐华，1995. 庐山杜鹃花常见病害的发生及防治 [J]. 江西林业科技 (2): 26-28.

（撰稿：伍建榕、刘朝茂、陈健鑫、吕则佳；审稿：陈秀虹）

杜鹃灰斑病　rhododendron gray spot

由杜鹃壳蠕孢和二色壳蠕孢引起的一种危害杜鹃叶片的真菌性病害。

分布与危害　该病在中国分布广泛，在上海、沈阳、安徽等地均有发生。病叶初生红褐色小点，逐渐扩大呈不规则形，小病斑可相互连接成大病斑，病斑褐色，中心灰褐色，边缘明显。后期病部表面生黑褐色小点，点的大小不均匀（图 1）。

病原及特征　病原为杜鹃壳蠕孢（*Hendersonia rhododendri* Thum.）和二色壳蠕孢（*Hendersonia bicolor* Pat），属壳蠕孢属。杜鹃壳蠕孢的分生孢子器生于表皮下，有乳头状突起，深褐色至黑色；分生孢子长圆形，有横隔膜 2 至多个，褐色。二色壳蠕孢的分生孢子卵形，大小为 8～12μm×5～6μm，分生孢子梗短（图 2）。

侵染过程与侵染循环　分生孢子在残体或病部越冬，可随风雨传播。

流行规律　高温高湿情况下易发生，湿度大时有利于病害发生，多在 7～11 月。

防治方法

农业防治　在杜鹃栽植时，用覆盖物覆盖地面，设置防风屏障，防治昆虫危害等。另外，减少伤口也有利于防病。

化学防治　花后喷布 50% 苯来特 1000 倍液、70% 福美双 1000 倍液、65% 代森锌 500 倍液等，每隔 10～14 天 1 次，

图 1 杜鹃灰斑病症状（伍建榕摄）

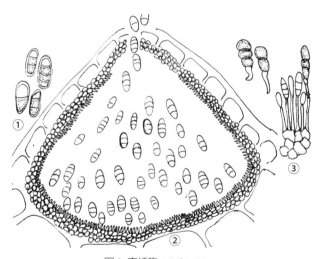

图 2 壳蠕孢（陈秀虹绘）

①二色壳蠕孢分生孢子了；②分生孢子器；
③杜鹃壳蠕孢分生孢子有无色长柄

共喷 2～3 次，可用 0.5～1.5 波美度石硫合剂杀菌和杀小昆虫一并完成。

参考文献

陈秀虹，伍建榕，西南林业大学，2009. 观赏植物病害诊断与治理 [M]. 北京：中国建筑工业出版社 .

张乐华，1995. 庐山杜鹃花常见病害的发生及防治 [J]. 江西林

业科技 (2): 26-28.

（撰稿：伍建榕、刘朝茂、陈健鑫、吕则佳；审稿：陈秀虹）

杜鹃灰霉病　rhododendron gray mold

由灰葡萄孢引起的一种杜鹃真菌性病害。

分布与危害　主要分布于欧洲、亚洲、北美洲，以亚洲最多。中国西南山区、缅甸北部和东喜马拉雅地区是世界最大的杜鹃花分布区，尤以云南、四川和西藏为主要分布区。灰霉病发生于杜鹃的叶片和花器。发病初期，花瓣上出现坏死斑点，扩展很快，并相互连接形成大型病斑。在湿度高的条件下，病部产生大量灰色的分生孢子层，灰霉病因此而得名（见图）。

病原及特征　病原为灰葡萄孢（*Botrytis cinerea* Pers. ex Fr.），属孢盘菌属。分生孢子梗丛生，灰色，后转褐色，分生孢子卵形。

侵染过程与侵染循环　主要通过植株伤口侵染，也可由开败的花器、坏死组织和表皮直接侵染引起发病。冻害常是叶部发病的诱因。病原菌的子实体从菌丝或菌核生出。

流行规律　低温高湿的早春或晚秋及阴雨连绵、降雨量大的夏季，杜鹃花也易发病。

防治方法

农业防治　加强栽培管理，避免冻害，减小环境湿度，及时清除病残体。

化学防治　发病严重可以喷施杀菌剂，10% 多抗霉素可湿性粉剂 1000～2000 倍液、40% 灰雄悬浮剂 1000 倍液、50% 灰霉净可湿性粉剂 800 倍液或 30% 克霉灵可湿性粉剂 800 倍液抑菌。

参考文献

陈秀虹，伍建榕，西南林业大学，2009. 观赏植物病害诊断与治理 [M]. 北京：中国建筑工业出版社 .

林高峰，张建兵，项峰，2010. 杜鹃花主要病虫害的发生及防治

杜鹃灰霉病症状（伍建榕摄）

[J]. 现代农业科技 (5): 160-161.

孙小茹，郭芳，李留振，等，2017. 观赏植物病害识别与防治 [M]. 北京：中国农业大学出版社．

赵风平，2009. 杜鹃灰霉病病原及防治技术的研究 [D]. 哈尔滨：东北林业大学．

（撰稿：伍建榕、刘朝茂、陈健鑫、吕则佳；审稿：陈秀虹）

杜鹃角斑病　rhododendron angular spot

由杜鹃尾孢引起的，主要危害杜鹃叶片的常见真菌性病害，几乎危害全部的杜鹃品种。

分布与危害　在中国各地发生较为普遍，尤以广州、武汉、南京、沈阳、合肥、苏州等地发病严重。多发生在老叶叶尖和叶缘上，边缘紫褐色，后期病斑上有小黑点。初发生时，叶片产生褐色小斑点，斑点相互愈合，逐渐发展成大斑。叶斑受叶脉限制，呈不规则状，正面色较深，反面色较淡。后期病斑中部变为灰褐色，病斑上产生许多黑色或灰褐色小点，即分生孢子器。叶片受害后逐渐发展，极易脱落，严重时，枝干完全暴露，植株衰弱（图 1）。

病原及特征　病原为杜鹃尾孢（*Cercospora rhocdodendri* Fer.），属尾孢属。暗色的分生孢子梗合轴式延伸，分生孢子尾状或线形，多隔，无色（图 2）。

侵染过程与侵染循环　分生孢子在残体中越冬。翌年在合适的温湿度下侵染。借风雨传播。

流行规律　高温高湿条件易发病，梅雨季节发病严重。常在春夏发生。翌年 4 月下旬至 5 月初开始发病，7～8 月为发病高峰期。多雨、多雾、通风不良的环境有利于病害的发生和流行。

防治方法

农业防治　冬季配合清园，清除病叶，集中烧毁。将花盆放置在通风良好的地方，浇水时以保持盆土湿润为度，忌积水。

化学防治　花后及时喷洒 75% 的百菌清 600 倍液，7～

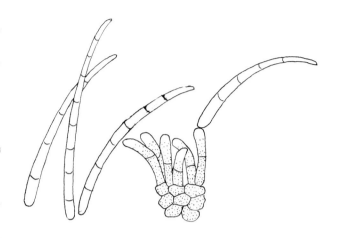

图 2　杜鹃尾孢（陈秀虹绘）

10 天喷 1 次，连续喷 2～3 次，可控制病害蔓延。在杜鹃花开花后或发病初期，选用 70% 甲基托布津可湿性粉剂 1000 倍液、50% 多菌灵可湿性粉剂 500～800 倍液，或 25% 敌力脱乳油 3000 倍液喷洒预防，每周 1 次，连续 2～3 次。50% 杀菌王水溶性粉剂 1000 倍液。

参考文献

郭英兰，刘锡琏，2005. 中国真菌志：第二十四卷　尾孢菌属 [M]. 北京：科学出版社．

宿秀艳，2006. 杜鹃花病虫害的诊断及其防治技术 [J]. 辽宁农业科学 (1): 51-53.

王兰明，2006. 杜鹃花栽培与病虫害防治 [M]. 北京：中国农业出版社 (7): 56.

于炜，冯玉，2012. 杜鹃花常见病虫害及其防治 [J]. 中国园艺文摘，28(11): 121-122, 174.

（撰稿：伍建榕、刘朝茂、陈健鑫、吕则佳；审稿：陈秀虹）

杜鹃枯梢病　rhododendron shoot blight

由橄榄色盾壳霉引起的一种较难防治的杜鹃真菌性病害。又名杜鹃花疫霉焦枯病。

分布与危害　该病在中国分布广泛，在云南、上海、安徽等地均有发生。杜鹃花全株均可受害。苗期发病时叶面生成大小不一的红棕色、水浸状病斑。随病害发展，病斑面积不断扩大，小苗整株萎蔫死亡。成株期发病最初表现为植株顶梢枯萎，枝干表面出现红褐色的溃疡病斑，后期植株顶梢枯死，叶片脱落，植株最终枯萎死亡。新梢和芽被侵染后变色，凋萎变细，顶部弯曲下垂呈钩状，自弯曲部向下脱叶；新梢木质化，叶片全部脱落，常直立枯死；病根由表皮向木质部逐渐变成褐色，全株死亡（图 1）。

病原及特征　病原为橄榄色盾壳霉（*Coniothyrium olivaceum* Bonord.），属球壳孢目。分生孢子器黑色，球形，散生，表面有花纹，梗短，不分枝。分生孢子单胞，卵形或倒卵形，暗色（图 2）。

图 1　杜鹃角斑病症状（伍建榕摄）

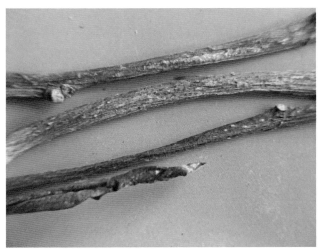 

图 1　杜鹃枯梢病症状（伍建榕摄）

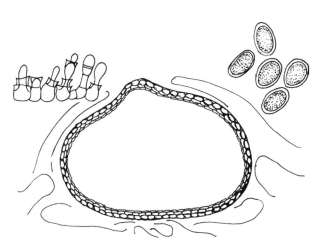

图 2　橄榄色盾壳霉（陈秀虹绘）

侵染过程与侵染循环　为土壤习居菌，以菌丝、卵孢子、厚垣孢子在土壤中的植物残体上越冬。翌年 4～5 月间卵孢子萌发产生游动孢子囊，成熟后散出游动孢子，借风雨传播，侵入植物体内。菌丝也可在土壤中传播，夏季大雨和灌大水病菌更易传播。

流行规律　该病菌喜高湿，凡地势低洼、排水不良、栽植过密、通风透光差、土壤过湿等条件均利于发病。前茬作物为易感病植物或相邻地块栽植易感病植物的地块也易发病。

防治方法

农业防治　采取预防为主、综合防治的策略。栽前可用乙膦铝进行土壤消毒。应尽量采用新基质，对旧基质采取加压蒸汽消毒。合理栽植，合理改良土壤并提高土壤有机质含量，最好以酸性、腐殖质含量高、疏松透气性好且肥力高的山泥作为高山杜鹃栽培基质。夏季气温过高时应采取必要的遮阳、降温等措施，保证种植场地通风和半阴环境。发现病枝应及时剪除并集中销毁，减少侵染源。枝条修剪应选择晴天进行，剪口处用 1∶1∶150 倍液的波尔多液保护。

化学防治　6～9 月发病季节，可用 50% 甲基硫菌灵或硫黄悬浮剂 800 倍液，每隔 10 天喷 1 次，连喷 2～3 次。

参考文献

汤诗杰，马建霞，郭忠仁，等，2005. 杜鹃花常见病虫害的发生与防治 [J]. 江苏林业科技 (3): 24-25, 38.

王兰明，2006. 杜鹃花栽培与病虫害防治 [M]. 北京：中国农业出版社 (7): 57.

杨秀梅，瞿素萍，张宝琼，等，2019. 高山杜鹃枯梢病病原菌鉴定及品种抗病性调查 [J]. 园艺学报，46(5): 923-930.

杨秀梅，2019. 高山杜鹃枯梢病防治 [J]. 中国花卉园艺 (2): 33.

（撰稿：伍建榕、刘朝茂、陈健鑫、吕则佳；审稿：陈秀虹）

杜鹃烂皮病　rhododendron rotten-skin

由金黄壳囊孢引起的一种危害杜鹃花枝干的真菌性病害。

分布与危害　在安徽、江西、上海等地均有发生。感病部位为主干、主枝及侧枝处，发病初期，病斑部位的皮层呈红褐色，略隆起，呈水渍状肿胀，组织松软，用手指压之即下陷，病斑椭圆形。病部常有黄褐色汁液流出，病皮极易剥离。病部失水皱缩，病斑变黑褐色下陷，有时发生龟裂，并于其上产生密集的黑色小粒点，即病菌的分生孢子器。受害枝干皮层坏死，症状表现为溃疡和枝枯两种类型（图 1）。

病原及特征　病原为金黄壳囊孢 [*Cytospora chrysosperma* (Pers.) Fr.]。载孢体为子座，多腔室，具一共同的中心孔口，各腔室间由角状细胞或交错丝组织构成；分生孢子梗无色，具分隔；分生孢子单胞，无色，腊肠形（图 2）。有性态为污黑腐皮壳（*Valsa sordida* Nit.）。

侵染过程与侵染循环　分生孢子器在病部越冬，翌年在适宜条件下侵染。

流行规律　春夏季高温高湿天气发生。

防治方法　冬季结合园圃修剪，将病枯枝清理烧毁。对修剪及刮治的伤口用波尔多液或 5～10 波美度石硫合剂消毒。

参考文献

陈秀虹，伍建榕，西南林业大学，2009. 观赏植物病害诊断与治理 [M]. 北京：中国建筑工业出版社.

（撰稿：伍建榕、刘朝茂、陈健鑫、吕则佳；审稿：陈秀虹）

杜鹃立枯病　rhododendron standing blight

由立枯丝核菌引起的，危害刚扦插不久或一年生杜鹃的真菌性病害。又名杜鹃猝倒病。

分布与危害　上海、杭州等地杜鹃扦插苗床上常发生此病。多见于扦插苗上，根、根颈部受害变褐腐烂，木质部外露，叶片变黄萎蔫，致全株枯死，但是苗不会倒伏。湿度大时，病部常有淡褐色蛛网状的菌丝，有时结成大小不等褐色的菌核（图1）。

病原及特征　病原为立枯丝核菌（*Rhizoctonia solani* Kühn），属丝核菌属。菌丝体棉絮状，菌丝呈直角分枝，分枝处缢缩，距分枝处不远有一个隔膜，互相纠结形成菌核（图2）。

侵染过程与侵染循环　病菌以菌丝或菌核在残留的病

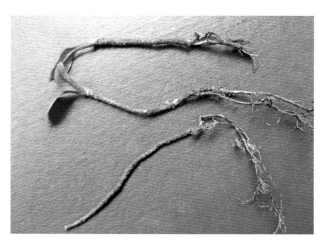

图1　杜鹃立枯病症状（伍建榕摄）

图1　杜鹃烂皮病症状（伍建榕摄）

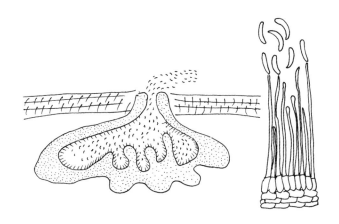

图2　金黄囊孢壳菌（陈秀虹绘）

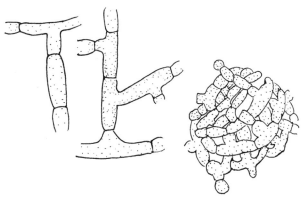

图2　立枯丝核菌（陈秀虹绘）

株上或土壤中越冬。

流行规律　密度过大、湿度高、排水不良易发病，适宜温度为 13～24℃，最适温度 24℃。该病一般春夏发病，周期短、蔓延快，幼苗可连续多次发病。

防治方法

农业防治　应控制苗床浇水，注意通风透光，高温时适时遮阳。发现病株，要及时拔除。

化学防治　土壤内可灌 50% 克菌丹 800 倍液消毒。发病初期可喷 75% 百菌清可湿性粉剂 600 倍液或 64% 毒杀矾可湿性粉剂 500 倍液，7～10 天喷 1 次，连续喷 2～3 次。施以 70% 甲基托布津或 70% 百菌清 500～800 倍液浇灌，每隔 5～7 天喷 1 次。也可喷 5% 井冈霉素 1000 倍液、95% 绿亨 1 号 3000 倍液、80% 绿亨 2 号可湿性粉剂 800 倍液。

参考文献

陈斌艳，2004. 杜鹃花常见病害及其防治 [J]. 广西植保，17 (4): 18-19.

陈秀虹，伍建榕，西南林业大学，2009. 观赏植物病害诊断与治理 [M]. 北京：中国建筑工业出版社.

孙小茹，郭芳，李留振，等，2017. 观赏植物病害识别与防治 [M]. 北京：中国农业大学出版社.

汪梅蓉，2003. 北仑杜鹃花主要病虫害及其防治 [J]. 浙江林业科技 (6): 43-46.

魏景超，1979. 真菌鉴定手册 [M]. 上海：上海科学技术出版社.

（撰稿：伍建榕、刘朝茂、陈健鑫、吕则佳；审稿：陈秀虹）

杜鹃煤污病　rhododendron sooty blotch

由茶煤炱菌引起的，主要危害杜鹃花叶片，其次危害枝条和叶柄的真菌性病害。又名杜鹃煤烟病。

分布与危害　在云南、南京、江西等地均有发生。杜鹃枝叶上，有时会产生一层煤灰状物。发病初期，幼嫩的枝叶上呈暗褐色霉斑，以后逐渐扩大，形成煤灰状霉层。这种霉层阻碍了植株正常的光合作用，造成树势衰弱。病情发生严重时，杜鹃整株污黑，枝叶枯萎，植株死亡。

病原及特征　病原为茶煤炱菌（*Capnodium theae* Hara），属煤炱属。是一种由蚜虫、介壳虫引起的次生性病害。菌丝体表生，组成细胞为球形，串珠状，黑褐色；有长颈分生孢子器。

侵染过程与侵染循环　病原菌以菌丝在病叶、病枝上越冬，并借助蚜虫、介壳虫、蚂蚁等害虫和风雨传播。

流行规律　6 月中旬至 7 月上旬、8 月底至 9 月中旬分别出现一次发病高峰，蚜虫、介壳虫数量大，空气湿度高时利于流行。

防治方法

农业防治　消灭蚜虫、介壳虫等害虫。注意通风透光，降低温湿度。发现煤污病发生时，及时剪除病叶，集中烧掉。家养少量盆花时，用清水擦洗叶片可取得一定效果。

化学防治　可选用 50% 多菌灵可湿性粉剂 500～1000 倍液或等量式波尔多液等喷洒。以治虫为主，5 月上旬及 9 月上旬各喷 1 次 50% 甲胺磷或 40% 氧化乐果 1000 倍液，切断传播媒介；冬季喷施 2～5 波美度石硫合剂或 1∶1∶100 波尔多液，杀灭越冬菌体。

参考文献

林高峰，张建兵，项峰，2010. 杜鹃花主要病虫害的发生及防治 [J]. 现代农业科技 (5): 160-161.

汪梅蓉，2003. 北仑杜鹃花主要病虫害及其防治 [J]. 浙江林业科技 (6): 43-46.

张乐华，1995. 庐山杜鹃花常见病害的发生及防治 [J]. 江西林业科技 (2): 26-28.

（撰稿：伍建榕、刘朝茂、陈健鑫、吕则佳；审稿：陈秀虹）

杜鹃盘双端毛孢枝叶枯病　rhododendron *Seimatosporium* leaf blight

由越橘盘双端毛孢引起的一种危害杜鹃枝叶的真菌性病害。

分布与危害　该病在中国分布很广，云南、安徽、江西、上海、北京、南京、沈阳等地均有发生。叶面和小枝出现浅褐色至暗褐色小斑，叶背色淡。病斑扩大后其上生有许多小黑点，病斑围绕叶脉呈多角形、圆形或不规则形（病状）（图 1）。

图 1　杜鹃双端毛孢枝叶枯病症状（伍建榕摄）

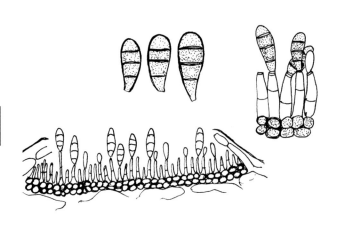

图 2　越橘盘双端毛孢（陈秀虹绘）

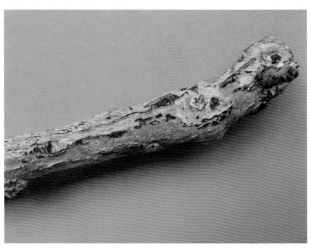

图 1　杜鹃破腹病症状（伍建榕摄）

病原及特征　病原为越橘盘双端毛孢［*Seimatosporium vaccinii*（Fckl.）Eriksson］，属盘双端毛孢属，可侵染杜鹃多个种。载孢体盘状，褐色。分生孢子梗圆柱形，无色，具1～2个环痕；分生孢子具有3个隔膜，直或弯曲，隔膜明显，纺锤形；中部或上部3个细胞较基部细胞颜色深；无附属物（图2）。

侵染过程与侵染循环　该病菌在病叶上越冬，翌年在温度适宜时，病菌的分生孢子借风、雨传播到寄主植物上发生侵染。

流行规律　该病在7～10月均可发生。植株下部叶片发病重。高温多湿、通风不良均有利于病害的发生。植株生长势弱的发病较严重。

防治方法　待植株开始展叶后，喷1～2次波尔多液或喷1次50%甲基托布津800倍液。

参考文献

陈秀虹，伍建榕，西南林业大学，2009. 观赏植物病害诊断与治理 [M]. 北京：中国建筑工业出版社.

（撰稿：伍建榕、刘朝茂、陈健鑫、吕则佳；审稿：陈秀虹）

杜鹃破腹病　rhododendron abdominal rupture

由小麦小球腔菌引起的一种危害杜鹃花茎干韧皮部的真菌性病害。

分布与危害　上海、浙江、江苏等地均有发生。危害茎干韧皮部，使木质部裸露，营养物质无法向下运输。感病部位为主枝及侧枝处，受害枝干皮层坏死，症状表现为溃疡和枝枯两种类型。发病初期，病斑部位的皮层呈褐色，病皮易剥离。病部失水皱缩，病斑变黑褐色下陷，有时发生龟裂，并于其上产生密集的黑色小粒点，即病菌的子实体（图1）。

病原及特征　病原为小麦小球腔菌（*Leptosphaeria tritici*），属小球腔菌属的真菌。子囊座球形或近球形；子囊壳状，具短喙或无喙；子囊棍棒形或圆筒形，子囊间有拟侧丝，含8个子囊孢子。子囊孢子通常为梭形，黄褐色至无

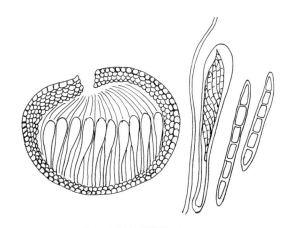

图 2　小麦小球腔菌（陈秀虹绘）

色（图2）。

侵染过程与侵染循环　病原菌在枯枝及带病组织中越冬，从伤口处侵入。

流行规律　一般在梅雨季发生，但凡造成茎部损伤的因素都会加重发病，例如虫伤、机械伤、摩擦损伤等。

防治方法　冬季结合园圃修剪，将病枯枝清理烧毁，避免造成伤口和日灼。对修剪及刮治的伤口用波尔多液或5～10波美度石硫合剂消毒。

参考文献

陈秀虹，伍建榕，西南林业大学，2009. 观赏植物病害诊断与治理 [M]. 北京：中国建筑工业出版社.

王瑞灿，孙企农，1999. 园林花卉病虫害防治手册 [M]. 上海：上海科学技术出版社.

（撰稿：伍建榕、刘朝茂、陈健鑫、吕则佳；审稿：陈秀虹）

杜鹃炭疽病　rhododendron anthracnose

由3种炭疽菌属真菌引起的一种危害杜鹃的真菌性病害。

分布与危害　在安徽、辽宁、云南等地均有发生。多危

害叶片；叶尖或叶面上生浅褐色病斑，边缘深褐色较宽，其上散生有黑色小粒点（见图）。

病原及特征　病原为博宁炭疽菌（*Colletotrichum boninense*）、球炭疽菌［*Colletotrichum coccodes*（Wallr.）Hughes］和胶孢炭疽菌［*Colletotrichum gloeosporioides*（Penz.）Sacc.］，属炭疽菌属。分生孢子盘略埋生，盘边缘有暗色分隔的刚毛，分生孢子长椭圆形或弯月形，内有两个油球。

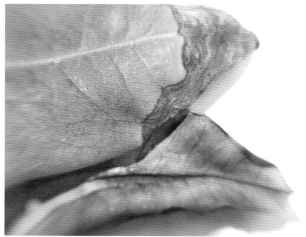

杜鹃炭疽病症状（伍建榕摄）

侵染过程与侵染循环　病原菌在病叶上越冬，借风雨传播。

流行规律　多雨季节湿度、雨量大易发病，发病较重。

防治方法　喷洒 1∶1∶1000 倍式波尔多液，50% 史百克 800～900 倍液。

参考文献

陈斌艳，2004. 杜鹃花常见病害及其防治 [J]. 广西植保 17(4): 18-19.

任纬恒，2019. 高山杜鹃病害的病原菌分离鉴定与防治基础研究 [D]. 贵阳：贵州师范大学 .

王瑞灿，孙企农，1999. 园林花卉病虫害防治手册 [M]. 上海：上海科学技术出版社 .

（撰稿：伍建榕、刘朝茂、陈健鑫、吕则佳；审稿：陈秀虹）

杜鹃锈病　rhododendron rust

由杜鹃金锈菌和疏展金锈菌引起的一种危害杜鹃的真菌性病害。

分布与危害　两种锈菌以杜鹃金锈菌在中国分布较广，而疏展金锈菌仅分布于云南、四川及台湾等地。危害发生在叶片上。叶面出现黄色或褐色病斑（图1）。

图 1 杜鹃锈病症状（伍建榕摄）

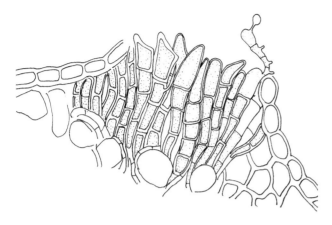

图 2　杜鹃金锈菌（陈秀虹绘）

病原及特征　病原为杜鹃金锈菌 [*Chrysomyxa rhododendri* (DC.) de Bary] 和疏展金锈菌（*Chrysomyxa expansa* Dietel.），属锈菌属。单细胞、无色的冬孢子串生成短链，在松散的侧面相连成冬孢子堆（图 2）。

侵染过程与侵染循环　病原菌以夏孢子阶段的菌丝在常绿灌木兴安杜鹃叶上越冬，病部叶表面呈暗棕红色病斑，翌春逐渐发育。5 月下旬至 6 月上旬，形成微隆起暗棕红色冬孢子堆。6 月中下旬冬孢子成熟，在适宜的湿度条件下，萌发产生担孢子。担孢子随风传播，侵染云杉当年生嫩叶。云杉在 6 月下旬或 7 月上旬发病显症状。7 月中旬至 8 月下旬，锈孢子器陆续成熟破裂，释放锈孢子。锈孢子随风传播，侵染兴安杜鹃。在叶背产生橘黄色夏孢子堆，夏孢子成熟飞散重复侵染杜鹃。秋末，以夏孢子阶段菌丝过冬。

防治方法　在公园、庭院避免杜鹃属植物与云杉配植在一起。病区喷洒 70% 福美铁 1000 倍液，或 15% 粉锈宁 800 倍液以控制病害的发生与蔓延。

参考文献

陈秀虹，伍建榕，西南林业大学，2009. 观赏植物病害诊断与治理 [M]. 北京：中国建筑工业出版社 .

张乐华，1995. 庐山杜鹃花常见病害的发生及防治 [J]. 江西林业科技 (2): 26-28.

（撰稿：伍建榕、陈健鑫、吕则佳；审稿：陈秀虹）

颜色黑褐，枯萎的病部表面长出黑色针状（长 1～4mm）的孢子梗束，单个分生孢子梗呈丝状，直立或扭曲，褐色或橄榄褐色，分隔，顶端分枝。分生孢子串生，椭圆形，浅褐色至橄榄褐色，单胞，光滑（图 2）。

侵染过程与侵染循环　病原以菌丝体在病残体越冬，翌年形成分生孢子传播。

流行规律　在高温高湿条件下易发病。

防治方法　在加强抚育管理的基础上，及时修剪病枝，

图 1　杜鹃芽枯萎病症状（伍建榕摄）

杜鹃芽枯萎病　rhododendron bud blight

由杜鹃芽链束梗孢引起的一种危害杜鹃叶芽、花芽的真菌性病害。

分布与危害　在杜鹃种植地区均有分布。刚发病时褪绿变黄，逐渐变褐色，最后变成黑褐色。芽枯比芽腐迅速，顶生花芽和叶芽均易受害（图 1）。

病原及特征　病原为杜鹃芽链束梗孢 [*Pycnostysanus azaleae* (Peck) Mason]，属芽链束梗孢属。菌丝埋生，密集交织并在束梗下面形成假子座。分生孢子梗聚集成束梗，

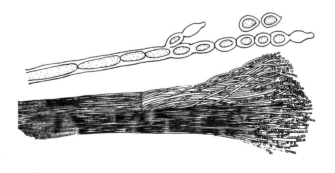

图 2　杜鹃芽链束梗孢菌（陈秀虹绘）

采摘病芽，集中销毁。定期喷洒杀菌剂，空气湿度大时可撒硫黄粉，空气湿度小时可喷甲基托布津、多菌灵水剂，重点植区 7～8 月开始每 10 天 1 次，一年 3～4 次。

参考文献

陈秀虹, 伍建榕, 西南林业大学, 2009. 观赏植物病害诊断与治理 [M]. 北京 : 中国建筑工业出版社 .

（撰稿：伍建榕、刘朝茂、陈健鑫、吕则佳；审稿：陈秀虹）

杜鹃叶斑病　rhododendron leaf spot

由截盘多毛孢属真菌引起的一种主要危害杜鹃叶片的病害。是杜鹃花上常见的重要病害之一。

分布与危害　该病在中国分布很广，安徽、江西、上海、北京、江苏（南京）、辽宁（沈阳）等地均有发生。主要危害叶片。发病初期，叶片上出现红褐色小斑点，逐渐扩展为圆形病斑，或不规则的多角形病斑，黑褐色，直径 1～5mm。后期，病斑中央组织变为灰白色。发病严重时，病斑相互连接，导致叶片枯黄、早落。在潮湿环境条件下，叶斑正面着生许多褐色的小霉点，即病原菌的分生孢子及分生孢子梗（图 1）。

病原及特征　病原为截盘多毛孢属（*Truncatella* sp.）

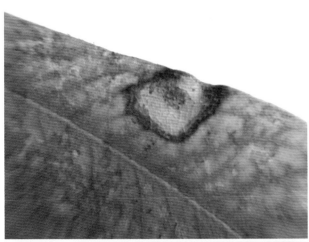

图 1　杜鹃叶斑病症状（伍建榕摄）

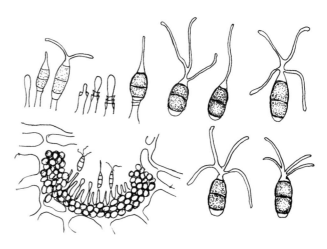

图 2　截盘多毛孢属（陈秀虹绘）

的真菌。分生孢子盘黑色，不规则开裂。分生孢子纺锤形，直或微弯，基部细胞无色，具有 3 个隔膜（图 2）。

侵染过程与侵染循环　病原以菌丝体在植物残体上越冬，翌年形成分生孢子为初侵染源。分生孢子由风雨传播，自伤口侵入。

流行规律　在江西，该病于 5 月中旬开始发生，8 月为发病高峰期。广州地区，发病高峰期在 4～7 月。温室条件下栽培的杜鹃花可周年发病。因分生孢子只有在水滴中才能萌发，所以雨水多、雾多、露水重有利于发病，梅雨和台风季节及多雨年份发病重。通风透光不良，植株生长不良，会加重病害的发生。

防治方法

农业防治　秋季彻底清除落叶并加以处理，生长季节及时摘除病叶。栽植或盆花摆放密度要适宜，以便通风透光，降低叶面湿度。夏季盆花放在室外的荫棚内，以减少日灼和机械损伤等造成的伤口。

化学防治　开花后立即喷洒 65% 代森锌可湿性粉剂500～600 倍液，或 50% 多菌灵可湿性粉剂 500～800 倍液，或 70% 甲基硫菌灵可湿性粉剂 1000 液。每 10～14 天喷 1 次，连续喷洒 2～3 次。谢花后，可喷 70% 甲基硫菌灵可湿性粉剂 700 倍液、20% 粉锈宁可湿性粉剂 2500～3000 液、50%多菌灵可湿性粉剂 500～700 倍液，或 80% 代森锰锌可湿性粉剂 600 倍液，10 天喷施 1 次，从 5 月中旬开始至 8 月底止，共 7～8 次。

参考文献

陈秀虹, 伍建榕, 西南林业大学, 2009. 观赏植物病害诊断与治理 [M]. 北京 : 中国建筑工业出版社 .

何香, 尚慧艳, 何恒果, 2016. 南充市杜鹃花主要病虫害调查 [J]. 浙江农业科学 , 57 (9): 1471-1472.

金波 , 2004. 园林花木病虫害识别与防治 [M]. 北京 : 化学工业出版社 : 46.

（撰稿：伍建榕、陈健鑫、吕则佳；审稿：陈秀虹）

D

杜鹃叶枯病　rhododendron *Pestalotiopsis* leaf blight

由杜鹃拟盘多毛孢引起的，危害杜鹃叶部的真菌性病害。

分布与危害　在合肥、成都、桂林、沈阳、昆明、广州等地均有发生。主要危害叶片，导致叶片早落。此病主要发生在老叶上，从叶尖、叶缘开始发生，病斑黄褐色，与健部分界明显，边缘色稍深。严重时形成的不规则干枯可占叶片面积的 1/2～2/3。后期在病部上产生稍突的小黑点，即为病菌的分生孢子盘。主要危害中上部叶片，发病初期叶尖褪绿变黄，病斑逐渐向叶片基部蔓延，叶缘病斑褐色至红褐色，后期叶缘褐色枯死，直至整个叶片变成褐色，严重时整株叶片枯焦脱落。感病轻的植株部分叶子提前枯死脱落，抖动时易脱落，重者整株叶子全部掉光，从而导致树势衰弱，影响杜鹃开花和生长发育，花蕾变小。将花蕾剖开，可清晰见到花器受损，雄蕊和雌蕊都发育不全（图 1）。

病原及特征　病原为杜鹃拟盘多毛孢［*Pestalotiopsis rhododendri*（Sacc.）Gusa］，属拟盘多毛孢属。分生孢子长梭形，5 个细胞的中部 3 个为暗色，两端细胞无色；顶端细胞具 3～5 根长毛（图 2）。

侵染过程与侵染循环　在合适的温湿度下侵染，分生孢

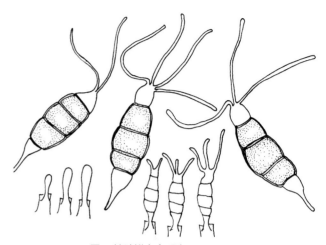

图 2　杜鹃拟盘多毛孢（陈秀虹绘）

子在残体中越冬，翌年侵染。高湿易发病。

流行规律　病菌主要从伤口侵入，植株长势衰弱、受虫害时，病害严重。土壤贫瘠，特别是缺铁素营养、植株矮小黄化以及杜鹃冠网蝽严重发生的年份，病害发生也严重。

防治方法

农业防治　加强管理，增施有机肥或复合肥料，尤其要注意缺铁黄化时补充铁素营养，以提高植株的抗病能力。

化学防治　植株染病后，可交替喷洒 30% 三唑酮 600～800 倍液、25% 施保克 800～1000 倍液、40% 百菌清 500 倍液、70% 甲基托布津可湿性粉剂 1000 倍液、50% 多菌灵可湿性粉剂 600～800 倍液、65% 代森锌可湿性粉剂 500 倍液、1% 等量式波尔多液等。如有害虫危害，可喷洒 1000～1500 倍液的烟参碱进行除治。

参考文献

陈秀虹，伍建榕，西南林业大学，2009. 观赏植物病害诊断与治理 [M]. 北京：中国建筑工业出版社.

陈斌艳，2004. 杜鹃花常见病害及其防治 [J]. 广西植保，17(4): 18-19.

任春光，李苇洁，刘曼，等，2013. 贵州百里杜鹃自然保护区病害种类初步调查 [J]. 中国森林病虫，32 (2): 18-21.

孙小茹，郭芳，李留振，等，2017. 观赏植物病害识别与防治 [M]. 北京：中国农业大学出版社.

赵琳，李钰茜，孙鹤铭，等，2018. 家庭盆栽杜鹃花常见病虫害及防治技术 [J]. 现代园艺 (15): 177-178.

（撰稿：伍建榕、刘朝茂、陈健鑫、吕则佳；审稿：陈秀虹）

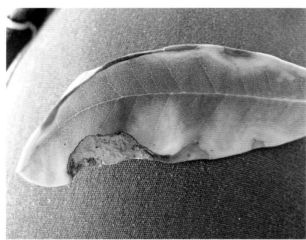

图 1　杜鹃叶枯病症状（伍建榕摄）

杜鹃枝枯病　rhododendron branch blight

由槭刺杯毛孢和坎斯盘单毛孢引起的一种危害杜鹃花枝干的真菌性病害。

分布与危害　在丹东有分布。枝干发黑干枯，病菌主要侵染枝梢，病斑灰色，并在病斑上产生黑色小颗粒（分生孢子器或分生孢子盘），后期枝条枯死（图 1）。

图 1　杜鹃枝枯病症状（伍建榕摄）

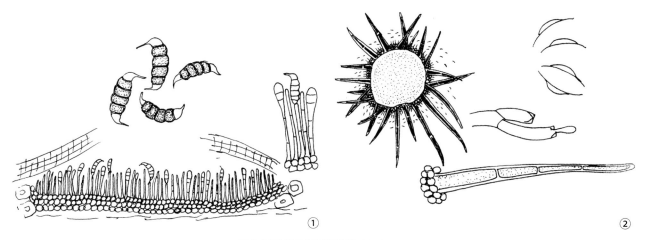

图 2　杜鹃枝枯病病原特征（陈秀虹绘）
①坎斯盘单毛孢；②槭刺杯毛孢

病原及特征　病原为槭刺杯毛孢（*Dinemasporium acerinum* Peck）和坎斯盘单毛孢[*Monochaetia kansensis*（Ell. et Barth）Sacc.]（图 2）。坎斯盘单毛孢属盘单毛孢属，载孢体是分生孢子盘，分生孢子梗无色，直或弯曲，少分枝；分生孢子 4 个隔膜，顶端和基部细胞无色，中间细胞壁厚，褐色，在隔膜处缢缩，顶端生一线形附属丝。槭刺杯毛孢属盘菌目盘菌科刺杯毛孢属，载孢体初呈球形，后开裂呈杯状，具刚毛，分生孢子梗无色，具隔膜；分生孢子单胞，光滑，纺锤形，两端各生 1 根不分枝的附属丝，无色或淡褐色。

侵染过程与侵染循环　分生孢子器或分生孢子盘在残体上越冬，可借风雨传播，在合适的温湿度下侵入。

流行规律　每年夏季发生较为严重。

防治方法　剪除发病枝梢，尤其在秋季要彻底清除病枯枝，并烧毁。精细管理，注意通风透光，使植株发育健壮，减轻发病。注意观察植株生长情况，早发现病害，掌握病菌侵染时期，早期施药，防止病菌侵染。用 50% 退菌特 800 倍液等真菌药剂即可起到防治的效果。

参考文献

谯德惠，2005. 叶肿病、枝枯病危及丹东杜鹃花产业 [J]. 中国花卉园艺 (21): 28.

（撰稿：伍建榕、刘朝茂、陈健鑫、吕则佳；审稿：陈秀虹）

E

鹅掌楸叶斑病　liriodendron Chinense leaf spot

由炭疽菌和链格孢引起的，造成鹅掌楸叶片黑斑、变黄、提早脱落的一种病害。又名鹅掌楸黑斑病。

分布与危害　主要分布于江苏南京及其他一些地区的鹅掌楸苗圃以及园林绿化带。发病严重时，病叶枯黄、早落，影响树木生长与观赏。主要危害中国鹅掌楸、北美鹅掌楸和杂交鹅掌楸。鹅掌楸放叶后，于 4 月初在叶部出现针尖状褐点，该点逐渐扩大呈褐色或黑色圆形或不规则形病斑（图 1），病斑周围常有褪绿晕圈。后期病斑可连成一片，表面出现黑色小点，有时可见橘黄色孢子堆。病叶提早脱落，发病严重时，6 月即可见病叶脱落。苗木和大树均可受害。

病原及特征　有 2 种病原真菌可引起该病，即炭疽菌（*Colletotrichum* sp.）和链格孢［*Alternaria alterata*（Fr.）Keissl.］。发病早期，以链格孢为主；5 月后随病害发展，炭疽菌数量上升，并渐成为主要病原菌。炭疽菌分生孢子盘褐色，浅盘状，有刚毛；分生孢子单细胞、无色、两端钝圆，圆桶形或椭圆形，具 2 个油球，大小为 10～15μm×3～5.1μm。分生孢子萌发时中央产生 1 个分隔，萌发产生的芽管顶端常常形成附着胞。附着胞暗色，近球形至椭圆形（图 2）。链格孢分生孢子梗由菌丝长出，直立或稍弯，单生，不分枝，有横隔；分生孢子多为 2～3 个串生，橄榄灰色至橄榄褐色，表面平滑、卵形、纺锤形或棒状，有的有喙，有的无，有横隔膜 2～8 个，纵隔膜 2～6 个，孢子大小为 10～65μm×7～

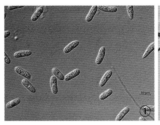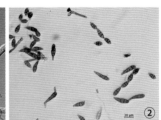

图2　鹅掌楸叶斑病病原形态（朱丽华提供）
①炭疽菌；②细链格孢

16.5μm（图 2）。

侵染循环　病原炭疽菌和交链孢均可无伤直接侵入或通过伤口侵入。就无伤直接侵入而言，交链孢的侵染力高于炭疽菌；而就伤口侵入而言，炭疽菌的侵染力却高于交链孢。在整个病害发生过程中，病原菌在小枝和健康叶片上都存在潜伏侵染现象，且以小枝为病原菌潜伏侵染的主要部位。

防治方法　及时清除病落叶，减少侵染源。圃地加强水肥管理，注意排水通风，提高植株抗病力。苗木发病初期，喷洒 75% 百菌清可湿性粉剂 2000 倍液，或 50% 炭疽福美可湿性粉剂 500 倍液或乾坤宝 1500 倍液，每 10～15 天喷洒 1 次，连续 2～3 次。

参考文献

孙辉，2003.鹅掌楸黑斑病的研究 [D].南京：南京林业大学.

（撰稿：叶建仁；审稿：张星耀）

图 1　鹅掌楸叶斑病（朱丽华提供）
①发病初期症状；②发病后期症状

发病　symptom appearance

植物受病原物侵害后，在外部显示病状或症状的现象。

在非侵染性病害中，植物无法在极端不良的环境条件下正常生长发育，在外表出现病变症状。在侵染性病害中，发病是侵染过程中的第三阶段，首先在体内有微观的内部症状出现，然后在外部显示出宏观症状。在有些真菌和细菌病害中，病部还会出现病菌的子实体，如真菌的菌丝、菌核、孢子或其他繁殖器官，细菌有菌脓外溢等。寄主植物症状的发生和发展，与病原物和寄主的亲和性密切相关，同时受各种环境因素的影响。

病原物—寄主亲和性　许多病原物有明显的致病力分化，它们在某些寄主品种上表现为强致病力，而在另一些品种上表现为弱致病力。相反，植物品种对病原物不同群体也存在明显的抗性差异。因此，不同病原物—寄主组合的亲和性不同，决定了病害症状的表现、症状类型、症状发展速度以及病部表面繁殖体产生的数量。寄主不同生育期和寄主不同部位，对病原物的敏感性不同，亦影响症状的表现。

环境因素

湿度　在潮湿条件下，大多数真菌病害和细菌病害的病斑扩展迅速，有时产生"急性型"病斑，并在病部表面产生大量的繁殖体。

温度　在病原物生长的适宜温度范围内，症状发展迅速，超出这个范围，病斑扩展减慢以至停止。温度还影响病原物繁殖体的产生。

光照　只对少数病害，如小麦条锈病的发生有明显影响。光照强度大于13500lx时，小麦条锈菌菌丝体才能正常生长发育，引起发病。

肥水管理　直接或间接影响病害症状发展，氮肥过多常使植株处于易感状态，病害重。缺肥又可使某些高糖病害严重发生，如稻胡麻斑病等。

参考文献

AGRIOS G N, 2005. Plant pathology[M]. 5th ed. New York: Academic press.

（撰稿：康振生；审稿：陈剑平）

番木瓜棒孢霉叶斑病　*Corynespora* leaf spot of papaya

由多主棒孢引起的番木瓜病害。主要危害叶片和果实，有时也可以危害叶柄和茎秆。是番木瓜的重要病害之一。

分布与危害　病害广泛分布在中国番木瓜种植区，包括广东、海南、广西和云南等地的番木瓜种植区。随着番木瓜种植面积增加，病害也日趋严重，成为番木瓜的重要病害之一，田间个别果园发病率高达100%。

发病初期，在叶片和叶柄上形成圆形、椭圆形或不规则形枯黄病斑，病斑扩展成灰褐色至灰白色的病斑，潮湿时病斑表面具灰褐色霉层，后期病斑中央常开裂或穿孔，边缘有黄色晕圈。危害果实，病斑圆形，具灰褐色霉层，后期病斑略凹陷，有或无黄色晕圈（见图）。

病原及特征　多主棒孢［*Corynespora cassiicola*（Berk. & Curt.）Wei］的寄主范围广，除危害番木瓜外，还可危害橡胶树、豇豆、甘薯和木薯等300多种植物。

在PDA培养基上的菌落为绒状，灰褐色。分生孢子梗褐色，160～350μm×7～13μm，隔膜3～7个，顶端可膨大；分生孢子顶生、单生或短链生，倒棍棒形至圆柱形，略弯曲，褐色，具假隔膜6～16个，大小为54～250μm×7～22μm，孢壁较厚。菌丝最适生长温度为30℃。分生孢子最适萌发温度为28～30℃。菌丝最适pH为7；分生孢子最适萌发pH为6。分生孢子在水滴中的萌发率可达到90%。

侵染过程与循环　以菌丝体在病株和病残体或其他寄主上越冬，翌年环境条件适宜时，产生大量分生孢子，借助风雨传播，直接或伤口侵入，引起叶片、叶柄和果实发病。环境条件适宜时病害可重复多次。

流行规律　病害发生和流行主要在高温高湿环境条件。

番木瓜棒孢霉叶斑病在叶片和果实上危害症状（谢昌平提供）

因此，在高温的季节，若果园通风不良，荫蔽潮湿、地势低洼、排水不良等环境条件均有利于病害的发生。在海南一般在 7～11 月发生较为严重。品种间抗病性有差异，一般以马来西亚品种最为感病；穗中红系列品种较为抗病。

防治方法

搞好果园卫生　清除中下层的病叶片和病残体，以减少病害的初侵染源。

加强栽培管理　建园应选择地势平坦、土层深厚、排水良好、地下水位低的田块种植；雨季来临前应搞好排灌系统，及时排除田间积水。清除果园周边和果园内的灌木杂草，降低果园的环境湿度。定植前应施足基肥，生长期合理施肥，增施有机肥。

化学防治　发病初期可选用多菌灵可湿性粉剂、甲基托布津可湿性粉剂、大生 M-45 可湿性粉剂和丙环唑乳油等喷雾，7～10 天喷施 1 次，连续 3～4 次。

参考文献

谢昌平，郑服丛，2010. 热带果树病理学 [M]. 北京：中国农业科学技术出版社.

（撰写：谢昌平；审稿：李增平）

番木瓜疮痂病　papaya scab

由枝孢霉引起的、危害番木瓜生产的一种真菌病害。

发展简史　1886 年 Corda 首次在捷克的番木瓜叶片和茎杆上报道该病病原菌。1997 年，彭晖华等首次报道中国广西番木瓜疮痂病危害，随后，广东、海南陆续报道此病危害。

分布与危害　疮痂病是番木瓜上的重要病害之一，在番木瓜产区均有发生，主要危害叶片，有时也危害果实，严重时造成落叶，果实溢出白色胶状物。

危害叶片　主要发生在叶片背面，在沿叶脉两侧出现白色小点，后变为圆形、椭圆形或不规则白斑，渐转为浅黄色，病斑表面组织木质化，突起呈疮痂状，手摸质感粗糙；叶面呈现褪绿淡黄色病斑，严重时整叶变黄；后期病斑呈灰褐色，易破裂穿孔，病叶易早衰脱落。湿度大时，在病斑上着生灰色至褐色的霉层，此为病原菌的分生孢子梗及分生孢子（图 1 ①）。

危害果实　受害部位初为白色、后为黄褐色，病斑上常常覆盖灰白色、中央灰褐色的霉层，果实表面的疮痂比叶片的疮痂凸起更明显，且病斑处常溢出白色胶状物（图 1 ②）。

病原及特征　该病的病原至少有 4 种，分别为番木瓜生枝孢（*Cladosporium caricinum* C. F. Zhang et P. K. Chi）、*Cladosporium caricilum* Corda、芽枝孢［*Cladosporium cladosporioides*（Fres.）de Vries］和多主枝孢［*Cladosporium herbarum*（Pers.）Link］，其中 *Cladosporium caricinum*、*Cladosporium caricilum* 和 *Cladosporium cladosporioides* 为主要病原菌（图 2）。

Cladosporium caricinum　分生孢子梗单生或串生，顶端或中间膨大成结节状，孢痕明显，暗褐色，壁光滑，有分隔。分生孢子串生，圆形、椭圆形或圆柱形，近无色至淡橄榄色，

图 1　番木瓜疮痂病症状（胡美姣提供）

①叶片症状；②果实症状

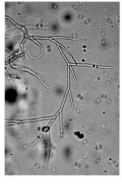
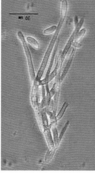
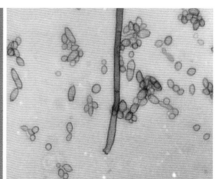

图 2　番木瓜疮痂病病菌（胡美姣提供）

多数无隔，少数 1～2 个隔，大小 3.9～15.6（8.5）μm×2.9～6.5（5.1）μm。在 PDA 培养基上菌落平展，墨绿色，具白色边缘。

Cladosporium caricinum 分生孢子梗簇生，直立或微曲，2～7 个分隔，先端淡色，不分枝，大小为 102～230μm×2.57～5.1μm，有节状膨大；枝孢 15.3～20.4（7.8）μm×3.8～5.1（3.6）μm；分生孢子柱形、长椭圆形或近圆形，0～1 个分隔，淡褐色，表面光滑，大小 5.1～26.2（14.3）μm×3.8～7.6（4.77）μm。

Cladosporium cladosporioides 分生孢子梗单生或丛生，直立或弯曲，有隔膜，梗端和梗基部膨大，少数具分枝，褐色，向上逐渐变浅至近无色，大小 68～244（141.7）μm×3.2～4（3.9）μm；分生孢子着生在梗顶端或侧面，浅褐色至褐色，圆形、椭圆形或柠檬状，0～2 个分隔，大小 6～14（9.4）μm×2～4（2.7）μm。

侵染循环 病菌以菌丝体和分生孢子在病叶、病果等病残体上越冬，翌年环境条件适宜时，以分生孢子进行初侵染，借气流或雨水传播，病部产生的分生孢子进行再侵染，病害不断扩展蔓延。

流行规律 初始菌源数量和温湿度条件是发生流行的决定因素。往年发病重的果园，来年病害一般发病较重。在温度适宜的条件下，遇上连续下雨，往往加速病害流行。此外，果园低洼积水、定植过密、生长茂盛，都会加重病害的发生流行。

防治方法

农业防治 选择通风透光的地块种植，且定植时注意株行距，适当稀植。清洁果园，及时清除植株病叶、病果，并集中烧毁或深埋；及时清除果园及果园周边的杂草，以利于通风透光，降低果园湿度。

化学防治 在发病初期进行药剂防治。可选择的杀菌剂有 50% 多菌灵可湿性粉剂 500～900 倍液、70% 甲基托布津可湿性粉剂 600～800 倍液、25% 咪鲜胺乳油 1000～1500 倍液、10% 苯醚甲环唑水分散剂 2000～3000 倍液、50% 腐霉利可湿性粉剂 1500 倍液或 47% 春雷·王铜可湿粉剂 600～800 倍液。7～10 天喷 1 次，连续 3～4 次。

参考文献

杜宜新，2006. 广东省番木瓜病原真菌鉴定及生物学特性研究 [D]. 泰安：山东农业大学 .

罗霓，何凡，范鸿雁，2008. 海南省番木瓜主要真菌病害调查 [J]. 中国热带农业 (4): 48-50.

彭晖华，张忠义，1997. 中国枝孢属的分类研究 番木瓜生枝孢等 3 个新纪录种及 9 个已知种 [J]. 云南农业大学学报，12(1): 23-27.

谢昌平，劳智滢，丁榕，等，2009. 番木瓜疮痂病菌的室内药剂筛选 [J]. 热带农业科学，29(1): 30-32.

谢昌平，谢梅琼，文衍堂，2005. 番木瓜疮痂病病原菌鉴定及生物学特性的研究 [J]. 热带农业科学，25(6): 9-14.

谢昌平，郑服丛，2010. 热带果树病理学 [M]. 北京：中国农业科学技术出版社：138-139.

CHEN R S, WANG W L, LI J C, et al, 2009. First report of papaya scab caused by *Cladosporium cladosporioides* in Taiwan[J]. Plant disease, 93(4): 426.

（撰稿：胡美姣；审稿：李敏）

番木瓜环斑病毒病 papaya ringspot virus disease

由番木瓜环斑病毒引起的、危害番木瓜生产的一种病毒病害。又名番木瓜环斑病、番木瓜环斑花叶病。是世界番木瓜产业上最重要的病害之一。

发展简史 该病害最早于 1937 年在美国夏威夷首次发生，其病原病毒由 Jensen 于 1949 年首次描述。由于该病毒在番木瓜上引致叶片花叶和畸形，在果实、茎秆和叶柄上产生环斑，病株矮化，因此该病毒最初被命名为番木瓜畸形环斑病毒（papaya distortion ringspot virus），1964 年 Conover 修正该病毒为番木瓜环斑病毒（papaya ringspot virus）。1965 年 Webb 和 Scott 在甜瓜上发现甜瓜花叶病毒（watermelon mosaic virus）。由于该病毒与番木瓜环斑病毒在血清学上不可区分，其粒子形态、物理特性、传播途径以及在植物细胞内包涵体形态和特征上极其类似，因此，1980 年 Lovisolo 建议将这 2 种病毒归为一类，种名采用番木瓜环斑病毒，但由于二者存在差异，因而该病毒被分为 PRSV-P 型和 PRSV-W 型两种致病类型。PRSV-P 型主要侵染番木瓜和少数几种葫芦科植物，而 PRSV-W 型不能侵染番木瓜，但能侵染几乎所有的葫芦科植物。1962 年 Herold 和 Weibel 首次明确病毒粒子结构为线状，1983 年 De La Rosa 和 Lastra 证明病毒核酸为单链 RNA。近代分子生物学的兴起，该病毒的基因组、结构和功能被广泛研究。遗传进化树分析表明，该病毒可能在 2250 年前起源于亚洲，如印度，在 600 年前传入中国，300 年前从印度直接传入澳大利亚和美洲大陆。由于番木瓜起源于中南美洲，在 500 年前才引入印度，因此病毒从那时起可能就从葫芦科植物上传入到了番木瓜上。随后病毒在几百年间在番木瓜和葫芦科植物上来回传播。由于区域间生态环境和寄主的差异，因而导致该病毒的 2 种致病类型都产生了大量的株系类群，迄今国内外已报道该病毒株系和分离物至少 60 余个，其中 PRSV-P 和 PRSV-W 的 2 个代表性株系的全基因组序列、1361 个 DNA 和 RNA 序列已在 Genbank 上报道。

在中国，该病害始见于 1959 年，至 60 年代中期流行成灾。在华南地区，范怀忠等于 1965 年首次报道该病害，并通过鉴别寄主和分子生物学分析发现该病毒至少存在 4 个株系。随后范怀忠领导的课题组在病原种类和株系鉴定、检测技术、生物学和分子生物学、病害发生规律、病害防治等方面进行了较为系统和全面的研究。

由于在番木瓜常规品种和种质资源中尚未发现对该病具有较高抗性的品种或种质材料，因此世界各国都开展了转基因抗病品种的培育工作。夏威夷 Fitch 等于 20 世纪 90 年代初开展表达 PRSV 衣壳蛋白（coat protein，CP）基因的转基因研究，于 1993 年获得了转 *CP* 基因的抗病品系 55-1 和 63-1，这两个品系对夏威夷当地病毒株系都有较高的抗性，于 1997 年获准进行商品化生产，整个夏威夷种植的番木瓜 85% 以上都为转基因品系。中国中山大学、华南农业大学、中国热带农业科学研究院和台湾中兴大学等分别在 20 世纪 90 年代开展了番木瓜转基因研究，所转的基因包括病毒的 *CP* 基因、复制酶基因、核酶基因等，并获得了不同抗性的转基因品系，部分品系进行了相应的转基因植物的安全性评价等各个阶段。其中华南农业大学将 Ys 株系的复制酶基因（replicase，Rep）通过农杆菌共培养转化方法转化入了番木瓜组织，获得了质优丰产的高抗番木瓜环斑病毒的转基因品系华农 1 号。该品系于 2006 年获得了国家颁发的在广东生产应用的安全证书，于 2010 年、2015 年继而获得了在中国番木瓜适生区生产应用的安全证书。自 2006 年在广东应用以来，华农 1 号品系对番木瓜环斑病表现出了很高的抗性，至今为止，转基因番木瓜植株在田间种植期间没有任何症状表现，而且至少可以种植 2 年以上，因此在华南地区种植面积已达 50% 以上。这是中国继美国夏威夷之后成功应用转基因技术控制水果病毒病害的一个范例。

分布与危害　该病广泛分布于番木瓜生长的热带和亚热带地区，凡是番木瓜种植的国家，几乎都有该病的发生。已报道该病的国家和地区包括孟加拉国、印度、印度尼西亚、日本、黎巴嫩、马来西亚、尼泊尔、菲律宾、叙利亚、泰国、也门、中国、巴哈马、巴西、哥伦比亚、哥斯达黎加、古巴、多米尼加、厄瓜多尔、萨尔瓦多、洪都拉斯、墨西哥、波多黎各、特立尼达和多巴哥、美国、委内瑞拉、法国、德国、意大利、澳大利亚、尼日利亚。

该病是番木瓜生产上一种毁灭性病害。感病番木瓜首先在植株顶叶出现花叶斑驳和褪绿黄化，后期叶片扭曲、畸形，似鸡爪状。叶柄、茎秆和果实上产生斑点、条纹或同心轮纹状环斑。在植株早期侵染，可导致植株严重矮化。当年感病的植株，在冬春季期间，其中下部叶片会全部脱落，仅剩顶部少量皱缩小叶片，翌年不结果或少结果，病株一般在 1～2 年内死亡。

在中国，该病在台湾、海南、广东、广西、云南和福建等番木瓜产区广泛流行。常规栽培品种发病率都高达 90%，导致番木瓜 50%～90% 的减产并严重影响果实品质；同时，该病害可导致翌年发病株无法收获果实，使得番木瓜只能在秋播春植，而当年收果后全部砍除，迫使番木瓜丧失了多年生、周年产果的优势。2000 年以来为了适应市场需求，中国从夏威夷、泰国和中国台湾等地引入了各种优质小果型番木瓜，但在华南地区种植后，发病比当地更为严重。

病原及特征　病原为番木瓜环斑病毒（papaya ringspot virus，PRSV），属马铃薯 Y 病毒科马铃薯 Y 病毒属（Potyvirus）。病毒粒子为弯曲线状，大小为 700～800nm×12nm。病毒基因组为 +ssRNA，基因组全长约 10kb，5′- 末端与一个基因组结合蛋白（VPg）相结合，3′- 末端具有 Poly（A）尾结构。整个基因组由一个开放阅读框（ORF）编码，先直接表达一个多聚蛋白前体，再经剪切、组装成能行使功能的蛋白。从 N 端到 C 端基因序列依次为 P1、HC-Pro、P3、C1、NIa、Nib 和 CP。

危害番木瓜的 PRSV P 型株系世界范围内报道的约有 36 个。其中日本、美国和澳大利亚分别报道了 5、3 和 2 个株系，厄瓜多尔、巴西、越南、斯里兰卡和泰国各报道了 1 个株系，中国台湾报道有 12 个株系。中国大陆南方地区根据 PRSV 在西葫芦（Cucurbita pepo L.）上的症状不同，可将其分为 4 个株系：Ys、Vb、Sm 和 Lc。其中 Ys 为优势株系，侵染西葫芦叶片产生黄色斑点，并带有轻花叶；Vb 次之，在西葫芦上产生沿叶脉变灰白症状；Sm 株系在华南地区分布不够广泛，在西葫芦上可产生重花叶；Lc 株系仅在广西少数地区分布，导致西葫芦叶片卷曲。这 4 个株系在植物体内运转速度略有差异，其中 Sm 运转最快，Vb 次之，Ys 最慢，但物理性质相差不大，存活期和致死温度略有差异。

侵染过程与侵染循环　病毒必须通过蚜虫刺吸、农事操作和植株叶片间相互摩擦产生的伤口才能从外部进入番木瓜植株细胞内。病毒在植株细胞内脱壳释放出 RNA，在依赖 RNA 的 RNA 聚合酶的作用下复制核酸，在衣壳蛋白基因指导下翻译合成衣壳蛋白，核酸和衣壳蛋白自行组装成新的病毒子代。病毒通过胞间连丝扩展到邻近细胞，并通过植株的维管束组织扩散至植株各个组织。

病毒在田间番木瓜病株及染病的葫芦科植物上越冬，春季通过桃蚜（Myzus persicae）、棉蚜（Aphis gossypii）、橘蚜（Toxoptera citricidus）等多种蚜虫以非持久方式传播至大田番木瓜植株上，在田间可通过蚜虫反复传播。此外，农事操作和大风造成的病健植株叶片间的机械摩擦也能传病，种子不具传毒作用。由于番木瓜种苗可通过组织培养和扦插繁殖，因此带病的繁殖材料也是病害初侵染的主要来源。值得指出的是，蚜虫在传播病毒的过程中，由于对番木瓜汁液中富含的蛋白酶和凝乳酶等生物碱敏感，因此蚜虫在植株中的取食方式多为"试探取食"，这样导致蚜虫在植株中取食时间短，迁飞频繁，从而在田间整个生长季节内可快速将病毒传至更多的植株。

流行规律　种植品种、气候、有翅蚜数量和活动能力以及毒源植物与该病的发生与流行密切相关。番木瓜品种中尚未发现具有较好抗性的常规品种，在常规年份这些品种 100% 发病，特别是水果型品种尤其感病。气候中温度是最重要的因素。病毒在植株中的侵染、增殖的最适温度通常为 20～26℃，在这一温度范围内，病害发生多且重。在广东，番木瓜生长期一般为 3～12 月，5～6 月是病害的第一个发病高峰期，7～8 月由于气温高不适合发病，且一些发病轻的植株出现"隐症"现象，因而病害数量逐渐下降，到 9～10 月温度又降为适合发病，病害数量又逐渐上升，出现了第二个发病高峰期。适合的气候，不仅有利于病毒侵染和增殖，而且在天气温暖和干旱的条件下，更有利于有翅蚜生长发育、活动和繁殖。有翅蚜数量和活动能力与发病发生呈正相关。有翅蚜盛发期比病害高峰期通常早 10～30 天。对于毒源植物而言，番木瓜园附近种植葫芦科作物多，或这些葫芦科作物距离番木瓜园越近，则发病越早和越重。

防治方法

种植抗病品种　是防治病毒病最为经济和有效的措施，但在番木瓜常规品种和种质资源中尚未发现对该病具有较高抗性的品种或种质材料，因此难以通过常规育种方法来获得生产上应用的抗病品种，而转基因生物技术的发展为获得抗病品种提供了可能。如华南农业大学通过转基因技术选育出了高抗番木瓜环斑病毒的转基因品系华农 1 号。

无病种苗培育　对于非转基因抗病品种而言，无病种苗的培育是防控该病的基础。番木瓜种苗的培育方式主要有种子苗、组织培养苗和扦插苗三种方式。除种子苗外，其他两种方式的番木瓜材料在种苗繁育前，最好利用血清学和分子生物学方法进行病毒检测,以保证所有繁育的材料是无毒的。幼苗出苗后通常在防虫温室和网室内进行培育,以防止蚜虫传毒。

网室种植 番木瓜环斑病主要通过蚜虫和机械接触传播,在防虫网内种植番木瓜可有效防止蚜虫对病害的传播。

番木瓜果园选择和清除越冬寄主 番木瓜果园应选择远离葫芦科等种植的地块,在种植前应彻底清除原有番木瓜发病植株、新建果园中或附近的葫芦科植物,从而尽量减少病毒的初侵染源。

其他防病技术 番木瓜属浅根系草本大型植物,喜高肥、怕涝、怕旱。因此,种植地块整地时要高垄深沟,重施有机肥,植后早施追肥,促进番木瓜早生快发。有条件的果园要建设滴灌和喷灌设施,实行水肥一体化管理。

参考文献

中国农业科学院植物保护研究所,中国植物保护学会,2015.中国农作物病虫害 [M]. 3 版 . 北京 : 中国农业出版社 .

(撰稿:李华平;审稿:胡美姣)

番木瓜茎基腐病 papaya stem base rot

由瓜果腐霉、棕榈疫霉引起的番木瓜茎基部腐烂的一种病害。又名番木瓜烂头病。

发展简史 1916 年,菲律宾首次报道,棕榈疫霉是引起番木瓜茎基腐病的重要病原菌,随着研究的深入,发现番木瓜茎基腐病是由复合病原菌引起。20 世纪 80 年代,在中国广东发现该病引起苗期死亡,90 年代,该病在低洼潮湿果园发生迅速,是番木瓜新的重大危险性土传病害。

分布与危害 番木瓜茎基腐病主要危害幼苗期和生长期的植株,常发生于主干与地面的交界处,危害幼苗时,造成茎基部和根部腐烂,危害生长期植株时,造成茎基部腐烂,严重时整个植株死亡。该病发生危害较普遍,发病率一般在10%～30%,严重时可达 50%。该病害除危害番木瓜外,还可危害瓜类蔬菜、甜瓜、番茄、番石榴等。

发病初期,植株茎基部近地面处出现水渍状斑点,然后逐渐扩展为较大的不规则状斑块,此时茎基部表面略显肿胀或表皮开裂,病组织变褐腐烂,有时流出白色胶状物,湿度大时,病部产生白色棉絮状菌丝体,即为病菌菌丝、孢囊梗和孢子囊。剖开受害番木瓜茎基部,可见其内部组织变为暗褐色,呈水浸状腐烂。随着病斑的扩展,向上可蔓延至茎干较高的部位,向下扩展至根部,当病斑扩展至环绕茎干一周时,由于水分、养分供应不足,病株叶片逐渐黄化、枯萎、下垂,最后全株死亡(见图)。

病原及特征 引起该病的病原菌有 2 种,分别为瓜果腐霉 [*Pythium aphanidermatum*(Eds.)Fitz.],属腐霉属;棕榈疫霉 [*Phytophthora palmivora*(Butler)Butler],属疫霉属。

瓜果腐霉 在 CMA 培养基上菌落白色,絮状,气生菌丝茂盛,菌丝多分枝,无分隔,孢子囊为膨大菌丝或瓣状菌丝、不规则菌丝组成,顶生或间生,萌发后形成球形孢囊,孢囊内含大量游动孢子,游动孢子肾形,侧生双鞭毛,藏卵器球形,无色,壁平滑,多顶生,偶间生,柄较直。雄器袋状、宽棍棒状、屋顶状、玉米状或瓢状,间生或顶生,大小为 12～15μm×10～15μm;卵孢子球形,平滑,不满器,壁厚,直径 14～22μm。

棕榈疫霉 在固体培养基上气生菌丝中等旺盛,未见菌丝膨大体;厚垣孢子球形,顶生或间生,可大量产生。孢囊梗简单合轴分枝;孢子囊梨形、卵形,少数椭圆形,孢子囊乳突明显,常为 1 个,孢子囊脱落,具短柄,长 2.3～4.0μm。

侵染循环 该病病原以卵孢子或菌丝体随病组织在土壤中越冬,成为初侵染源。在适宜的温湿度条件下,越冬的卵孢子或菌丝体产生游动孢子囊,并释放出游动孢子或游动孢子囊直接萌发形成芽管侵入植株内,病部产生的游动孢子囊和游动孢子借灌溉水、风雨或人为传播引起发病。

流行规律 夏季高温、雨水多,有利于病原菌的生长与传播,茎基腐病发生严重。土壤黏重、地势低洼积水的果园易发病,而排水良好的砂质土很少发病。幼苗移栽时,栽培过深或根颈部培土过多,发病严重。番木瓜茎干斜拉过程中造成其茎干基部轻微损伤,而且斜拉后茎干易于暴晒受伤,为病原菌提供侵入途径,果园发病重。

防治方法

育苗措施 选择地势较高、通风透气良好的地块育苗,

番木瓜茎基腐病(谢艺贤提供)

①整株症状;②茎基部症状

不宜采用易带病菌的菜园土等作为育苗土，且育苗土先用五氯硝基苯、甲霜灵或福美双等消毒，再装杯育苗。在育苗过程中，应根据苗床湿度，适当控制浇水量，避免苗床过湿。

栽培管理措施　选择灌、排水方便的缓坡地或平地建设番木瓜果园，并对地块进行深翻，减少菌源；采用深沟高畦起垄栽培，施腐熟有机肥，控施氮肥，增施磷钾肥。雨后及时排水，降低果园湿度。田间覆盖杂草时，应与茎基部保持一定的距离。田间杂草应及时清除。幼苗移栽时防伤根，减少病菌从伤口侵入。注意培土，不宜将植株培土过深及避免培潮湿的黏土。

化学防治　田间发病严重的植株应及时清除病株，并集中深埋或烧毁。发病初期的病株进行化学防治，将病株根颈部的土壤扒开，用消毒过的竹片或小刀将已感病的皮层和组织刮净，然后用47%春雷·王铜可湿性粉剂800～1000倍液、30%噁霉灵水剂800～1000倍液、64%杀毒矾可湿性粉剂300倍液、25%瑞毒霉可湿性粉剂800倍液、69%烯酰吗啉可湿性粉剂600～800倍液、72.2%霜霉威水剂500倍液、44%精甲·百菌清800倍液+47%春雷·王铜可湿性粉剂800倍液、47%春雷·王铜可湿性粉剂800倍液或波尔多液（6∶6∶50）等涂抹病部或灌根，7～10天施1次，连续2～3次。雨后及时补施。经过治愈恢复树势的植株，由于伤口容易断裂，使用1.2～1.5m的竹竿支撑加固。

参考文献

陈积学，蒙平，2012.海南番木瓜主要病虫害绿色防控技术[J].安徽农学通报，18(4): 74-75.

李永忠，杨媚，周而勋，等，2007.番木瓜茎基腐病初步研究[J].广东农业科学(12): 60-61.

罗霓，何凡，范鸿雁，2008.海南省番木瓜主要真菌病害调查[J].中国热带农业(4): 48-50.

谢昌平，郑服丛，2010.热带果树病理学[M].北京：中国农业科学技术出版社：142-143.

MALE M F, VAWDREV L L, 2010. Efficacy of fungicides against damping-off in papaya seedlings caused by *Pythium aphanidermatum*[J]. Australasian plant disease notes (5): 103-104.

MUBEENLODHI A, ALIKHANZADA M, SHAHZAD S, et al, 2013. Prevalence of *Pythium aphanidermatum* in agro-ecosystem of Sindh province of Pakistan[J]. Pakistan journal of botany, 45(2): 635-642.

（撰稿：胡美姣；审稿：李敏）

番木瓜疫病　*Phytophthora* blight of papaya

由多种疫霉菌引起的番木瓜病害，主要是棕榈疫霉和辣椒疫霉。危害部位主要在茎基部和果实，是番木瓜的重要病害之一。

分布与危害　病害广泛分布在中国番木瓜种植区，包括广东、海南、广西和云南等地的番木瓜种植区。田间个别果园发病率高达80%～100%。

茎基部　发病初期，地上部分停止生长，叶片发黄，后期由顶部枯萎蔓延至整株萎蔫枯死；发病茎基部呈水浸状、暗褐色病斑，病斑纵横扩展，在茎基部形成褐色坏死病斑，病健交界处呈水浸状，病茎缢缩（见图）。

果实　发病初期形成圆形至不规则形水渍状病斑，边缘褐色，其后迅速扩展至整个果实引起软腐，果肉变褐色，在潮湿环境条件下，病斑上产生白色棉絮状霉层。

病原及特征　病原主要是棕榈疫霉［*Phytophthora palmivora*（Butler）Butler］和辣椒疫霉（*Phytophthora capsici* Leon.）。其寄主范围广，除危害番木瓜外，还可危害橡胶树、辣椒、胡椒和红掌等多种植物。

棕榈疫霉　在V8培养基上菌丛白色，毛绒状，边缘清晰，孢子囊合轴式产生，多呈卵形、柠檬形、近椭圆形，大小为40.5～61.2μm×22.4～29.1μm，长宽比1.7～2.5，具有1个乳突；乳突明显，高2～4μm，基部圆形，柄多中生，易于脱落，脱落后柄长2～3μm，产生大量球形、端生或间生的厚垣孢子；异宗配合，交配后产生卵孢子；藏卵器球形，无色，直径20～30μm，壁光滑；雄器围生，较长；卵孢子球形，无色或淡黄色，满器，直径为18～28μm。生长最适宜温度27～30℃，最高温度不超过35℃。

辣椒疫霉　在V8培养基上菌落絮状，边缘清晰；气生菌丝中等，菌丝柔韧，不易切断。偶见厚垣孢子，大小为31.4～41.9（36.6）μm。孢囊梗不规则分枝或伞状分枝；孢子囊形态及大小变化较大，椭圆形、长卵形、倒梨形、卵圆形或近球形，大小为34.9～90.7（56.6）μm×24.4～

番木瓜疫病在茎基部上危害症状（谢昌平提供）

45.4（32.3）μm，长宽比 1.70～1.84（1.77），乳突较明显，少数呈半乳突，一般 1 个，少数 2 个，孢子囊在水中易脱落，具长柄，平均柄长 17.5～104.7（40.2）μm；排孢孔宽 5.2～7.0（6.1）μm；休止孢子球形，直径 8.7～14.0（11.3）μm。藏卵器近球形，大小为 24.4～33.2（29.3）μm，卵孢子球形，满器或不满器，直径 17.5～27.9（23.1）μm；雄器围生，近球形或圆筒形，大小为 8.7～14.4（11.0）μm×10.5～17.5（14.4）μm。生长最适宜温度 25～30°C，最高生长温度 35°C。

侵染过程与侵染循环　病菌以菌丝体和厚垣孢子的形式在病残体上越冬或以卵孢子形式在土壤中越冬，在温湿度条件适宜时，孢子囊释放游动孢子或直接萌发为芽管，借助雨水或田间浇灌水传播到健康的幼果上或植株的茎基部，通过伤口或直接侵入。一般在幼果上潜伏，果实成熟即可表现出症状；危害茎基部潜育期 7～10 天后，在病部产生大量孢子囊进行再侵染。

流行规律　病害发生和流行主要是高湿环境条件。育苗圃应选择在地势较高、通风透光良好的地块进行育苗；田间果园通风透光不良、荫蔽、地势低洼、排水不良等潮湿的环境条件均有利于病害的发生。采收时果实机械损伤过多、采收成熟度过高均有利于病害的发生。采收过程中应防止机械损伤，避免擦伤、压伤，要轻拿轻放。

防治方法

苗圃地的选择　苗圃应选择地势低较高、不易于积水、通风良好和土质肥沃的地块育苗。育苗盆育苗应使盆之间保持一定的距离，以便于管理和苗床的通风透光。

加强田间栽培管理　田间地势低洼应搞好排灌系统，以便于在雨季及时排除田间积水。及时清除果园周边和果园内小的灌木杂草，以利于通风透光，降低果园的环境湿度。

搞好采收管理　采收过程尽量轻拿轻放，减少机械损伤。采收应选择晴天进行。

化学防治　病害发生严重时，可选用乙膦铝可湿性粉剂、甲霜灵可湿性粉剂、杜邦克露可湿性粉剂、烯酰吗啉可湿性粉剂、普力克水剂或灭病威可湿性粉剂。间隔 7～10 天 1 次，连续 3～4 次。

参考文献

谢昌平，郑服丛，2010. 热带果树病理学 [M]. 北京：中国农业科学技术出版社.

（撰写：谢昌平；审稿：李增平）

番茄、辣（甜）椒疮痂病　tomato and pepper bacterial spot

由野油菜黄单胞菌辣椒斑点病致病变种侵染引起的、危害番茄、辣（甜）椒叶片及果实的一种细菌性病害。又名番茄、辣（甜）椒细菌性斑点病。是大棚及露地栽培茄科蔬菜重要病害之一。

发展简史　1921 年，Doidge 首次在南非分离到番茄疮痂病病原菌（*Bacterium vesicatorium*）；同年，Gardner 和 Kendrick 在美国印地安纳州也分离到疮痂病病原菌

（*Bacterium exitiosa*）；1918 年，Sherbakoff 发现辣椒疮痂菌病原菌；1922 年和 1923 年 Higgins 和 Gardner 先后将这三种菌鉴别为同一种菌（*Bacterium vesicatorium*）；1978 年，Dye 将疮痂菌正式命名为 *Xanthomonas campestris* pv. *vesicatoria*。20 世纪 90 年代 Vauterin 等和 Stall 等根据疮痂菌病原菌在表现型和遗传特性上的差异将之分为 A、B 两个菌组；1957 年 Sutic 在南斯拉夫分离到了番茄上的一种新的疮痂菌（*Pseudomonas gardneri*）；1996 年 Jones 等在美国佛罗里达州分离到了番茄上的 T3 小种；Jones 等（2000）将上述两种病原菌归为疮痂菌组 C 和 D。

在中国，孙福在等于 1999 年对采自北京、山西等地的 19 个株系进行了鉴定，表明中国存在 2 个小种，即番茄小种 1（T1）和辣椒、番茄小种 3（PT3），后者为中国优势生理小种。2008—2010 年，陈新对中国 16 个地区的 60 余株疮痂菌进行生理小种鉴别，为番茄生理小种 T1、T3 和辣椒生理小种 P0、P2 以及番茄—辣椒生理小种 T1P0、T3P0、T1P2。

分布与危害　是番茄和辣（甜）椒上普遍发生的一种病害，广泛分布于世界上湿度较大、天气暖和的地方，在欧洲、亚洲、非洲、美洲的大多数国家和地区均有发生。20 世纪前后，该病在中国的黑龙江、吉林、辽宁、内蒙古、山西、北京、新疆、山东、云南、江苏、安徽、河北、陕西、福建等地的辣（甜）椒和番茄上发生和流行，造成很大损失。

疮痂病主要危害番茄和辣（甜）椒的叶片和果实（见图）。老叶最先发病，发病初期在叶背面形成水渍状暗绿色小斑，直径 0.2～0.5cm，边缘带有黄绿色晕圈，逐渐扩展成圆形或连接成不规则黄色病斑，病斑表面粗糙并有黄色晕圈，后期叶片干枯质脆。果实以青果受害重，果面初生圆形白色小点，扩大后呈褐色、粗糙隆起的环斑，直径 1～3mm，呈疮痂状，病斑边缘有裂口，潮湿时疮痂中间有菌脓溢出。

病原及特征　病原为野油菜黄单胞菌辣椒斑点病致病变种（*Xanthomonas campestris* pv. *vesicatoria*），现分为 4 个不同的种：*Xanthomonas euvesicatoria*，*Xanthomonas vesicatoria*，*Xanthomonas perforans*，和 *Xanthomonas gardneri*。属黄单胞菌目黄单胞菌属。疮痂菌的菌体呈短杆状，大小为 1.0～1.5μm×0.6～0.7μm；单极生鞭毛；菌体呈链状排列，有荚膜、无芽孢；革兰氏染色为阴性，好气，不能利用葡萄糖；在 YDC 固体培养基上菌落凸起呈圆形，呈现出黄色黏稠状；病原菌生长发育温度范围为 5～40°C，最适生长温度 27～30°C，致死温度 59°C。

根据遗传特性与生理生化特性，疮痂菌被分为 *Xanthomonas euvesicatoria*（A 组）、*Xanthomonas vesicatoria*（B 组）、*Xanthomonas perforans*（C 组）和 *Xanthomonas gardneri*（D 组）等 4 个组。疮痂病的国际鉴别寄主已发展到 9 种，其中 5 种用于鉴别辣（甜）椒生理小种，包括 Early Calwonder（ECW）、ECW-10R（含有抗性基因 *Bs1*）、ECW-20R（含有抗性基因 *Bs2*）、ECW-30R（含有抗性基因 *Bs3*）和 *Capsicum pubescens* 品种 PI235047（含有抗性基因 *Bs4*）；4 种用于鉴别番茄生理小种，包括 Hawaii7998（HA7998）、Hawaii7981（HA7981）、Bonny Best 和 *Sonalum pennellii* 品种 LA716。国际上现已鉴别出的

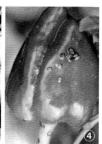

番茄、辣（甜）椒细菌性疮痂病症状（①②吴楚提供；③④郑建秋提供）
①番茄病叶症状；②辣椒病叶症状；③番茄病果症状；④甜椒病果症状

疮痂菌生理小种在辣（甜）椒上有 11 个（P0～P10）、番茄上有 5 个（T1～T5）。

侵染循环　疮痂菌主要在种子表面或随病残体在土壤中越冬，成为田间病害的初侵染来源，病菌从气孔或水孔侵入，潜育期为 3～6 天。条件适宜时，病斑上溢出的菌脓借助雨水、昆虫及农事操作传播，并引起多次再侵染。种子带菌是病害远距离传播的重要途径。病残组织中的病菌在灭菌土壤中可存活 9 个月。

流行规律　高温多湿有利于病害发展和传播，因此疮痂病多发生于 7～8 月；尤其是在夏季暴雨过后，植株伤口增多，更加有利于病菌的侵入和传播，极易造成病害的暴发。大田内如有 10% 的植株发病，只要温湿度适宜，就可传染到整个地块以致造成流行。

防治方法　宜采用以栽培和药剂防治为主、生物防治为辅的方法。

栽培防治　在栽培中勿与茄科蔬菜连作，宜与十字花科作物或禾本科作物轮作 2～3 年以上。推行深沟高畦垄栽技术，降低田间湿度，增加土壤通透性，增强田间通风透光性；用营养钵培育壮苗、大龄苗，早春可用小拱棚地膜覆盖育苗；采用腐熟有机肥作底肥，并配施钾、磷、锌、硼肥，合理喷洒叶面肥，追施壮果肥；适时整枝打杈，及时清除田间病残体。

生物防治　疮痂病的生物防治在国外应用较多。*Pseudomonas syringae* Cit7（pNAH7）是一种比较成熟且在多种细菌性病害防治中用到的生防制剂；利用植物根际促生菌、生防制剂、叶面活性剂共同防治疮痂病效果明显；疮痂菌的 *hrpA*、*hrpH* 和 *hrpS* 基因突变菌株能减轻病害，噬菌体结合苯并噻二唑，或者利用 h- 突变噬菌体可减轻病害并使果实增重；水生拉恩氏菌（*Rahnella aquatilis*）、特氏纤维单胞菌（*Cellulomonas turbata*）、诱导因子（Harpin 蛋白）等也有益于疮痂病防治。

化学防治　种子处理可用农用链霉素（1∶10）或 0.1%高锰酸钾浸泡 20 分钟；苗床消毒可用 40% 的福尔马林 30ml 加 3～4L 水消毒，用塑料膜盖 5 天，揭膜 15 天后再播种。发病初期喷 73% 农用链霉素可湿性粉剂 3000 倍液，或 50%琥胶肥酸铜可湿性粉剂 500 倍液，或 50% 丰护安可湿性粉剂 500～600 倍液，每隔 7～10 天喷 1 次，连续 3～4 次。

参考文献

中国农业科学院植物保护研究所，中国植物保护学会，2015. 中国农作物病虫害 [M]. 3 版 . 北京：中国农业出版社 .

COOK A A, STALL R E, l969. Differenation of pathotypes among isolates of XV[J]. Plant disease, 53: 617-619.

JONES J B, LACY G H, BOUZAR H, et al, 2004. Reclassification of the *Xanthomonas* associated with bacterial spot disease of tomato and pepper[J]. Systematic and applied microbiology, 27: 755-762.

OBRADOVIC A, JONES, J B, MOMOL M T, et al, 2005. Integration of biological control agents and systemic acquired resistance inducers against bacterial spot on tomato[J]. Plant disease, 89(7): 712-716.

（撰稿：赵廷昌；审稿：王汉荣）

番茄斑枯病　tomato *Septoria* leaf spot

由番茄壳针孢侵染番茄引起，是一种导致番茄产量降低的主要的真菌性叶斑病害。又名番茄斑点病、番茄白星病、番茄鱼目斑病。

发展简史　美国、英国、加拿大、韩国、澳大利亚、中国等国家均有番茄斑枯病发生，早在 1942 年 Andrus 和 Reynard 就研究了番茄斑枯病的抗性和遗传，证明了抗性是被作为单一基因遗传的。1992 年美国东北部番茄斑枯病大规模暴发，给番茄生产造成了严重的经济损失。随着番茄斑枯病趋于严重，从 20 世纪 90 年代以来，研究重点转移到番茄斑枯病害的流行规律、番茄斑枯病抗性鉴定方法研究及寻找抗源材料上。1992 年 Francis 等研究了番茄斑枯病对番茄产量的影响。1995 年 Parker 研究了同一垄内番茄斑枯病的空间传播情况。美国的 Alexander 发现容易感病的番茄在果实特性上属于普通种植的品种，大部分抗病番茄属于一般不被经常种植的品种，如秘鲁番茄、多毛番茄、潘那利番茄等。

分布与危害　斑枯病在露地和保护地栽培番茄中均有发生。番茄斑枯病在韩国、英国、美国、加拿大、澳大利亚等国家有发生；1992 年，在美国东北部曾大规模暴发，导致果实减产 50%。在中国，番茄斑枯病在黑龙江、吉林和辽宁有分布。受斑枯病危害的番茄一般减产 20%～30%，严重时 50% 甚至绝收，严重影响了番茄生产的发展和种植者的经济效益。

番茄斑枯病是温暖多雨天气时番茄的主要叶斑病害。除番茄外，在茄子、马铃薯以及酸浆、曼陀罗等茄科杂草上也有发生。

番茄各个生长期均可受害，主要危害番茄叶片，尤其在开花结果期的叶片上发生最多，其次为茎、花萼、叶柄，果实很少受害。

叶片受害，通常是接近地面的老叶最先发病，以后逐渐蔓延到上部叶片。初发病时，叶片背面出现水浸状小圆斑，不久正反两面都出现圆形和近圆形的病斑，边缘深褐色，中央灰白色，略凹陷，上面密生黑色小粒点，即病菌的分生孢子器；感病品种病斑大，直径 2～5mm，其上散生很多分生孢子，抗病品种病斑小，直径一般小于 1mm，其上散生少量或没有分生孢子（图 1）。危害严重时小的病斑连汇，形成大的枯斑，导致叶片逐渐枯黄，后期中下部叶片全部干枯，仅剩下顶端少量健叶，造成早期落叶，植株早衰。茎秆和叶柄上的病斑近圆形或椭圆形，略凹陷，褐色，其上散生小黑点。果实上病斑圆形，褐色，一般很少发生。由于中下部叶片大量早期脱落，致使果实暴露在日光下，极易造成果实灼伤，以至减产或绝产。

病原及特征　病原为番茄壳针孢（*Septoria lycopersici* Speg.），属壳针孢属。

在 PDA 培养基上，病菌菌落为黑色秕粒状，致密，隆起，生长缓慢，少或无气生菌丝。分生孢子器扁平、球形，黑褐色，壁薄，孔口部色深，无乳突，大小为 180～200μm×100～200μm，初生埋于寄主表皮下，逐渐突破表皮外露。分生孢子器底部产生分生孢子梗及分生孢子，分生孢子无色，针形，微弯，具 3～9 个隔膜，大小为 45～90μm×2.3～2.8μm（图 2）。

病菌菌丝生长适宜温度 25℃ 左右，最低 1.5℃，最高 34℃；生长适宜的相对湿度 92%～94%。分生孢子形成适温 25℃，最低 1.5℃，最高 28℃。在温度 25℃ 和饱和相对湿度下，

48 小时内病菌即可侵入寄主组织。在温度 20℃ 或 25℃ 时，病菌发展快且易产生分生孢子器，而在 15℃ 时，分生孢子器形成慢。在适宜发病条件下，病害潜育期 4～6 天，10 天左右即可形成分生孢子器。分生孢子 52℃ 经 10 分钟致死。

侵染过程与侵染循环　番茄斑枯病菌主要以分生孢子器或菌丝体随病残体遗留在土壤、粪肥中越冬，也可以在多年生的茄科杂草上越冬。第二年病残体上产生的分生孢子是病害的初侵染来源。分生孢子器吸水后从孔口涌出分生孢子团，借风、雨水溅到番茄叶片，所以接近地面的叶片首先发病。此外，雨后或早晚露水未干前，在田间进行农事操作时可以通过人手、衣服和农具等进行传播。分生孢子在湿润的寄主表皮上萌发后从气孔侵入，菌丝在寄主细胞间隙蔓延，以分枝的吸器穿入寄主细胞内吸取养分，使组织破坏或死亡，并在组织中蔓延。菌丝成熟后又产生新的分生孢子器，进而又形成新的分生孢子进行再次侵染（图 3），一个生长季可发生多次再侵染。

流行规律

气候条件　番茄斑枯病菌生长发育适温 22～26℃，12℃ 以下或 27.8℃ 以上不适；相对湿度在 92% 以上利于发

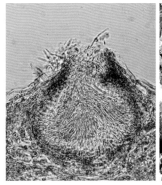
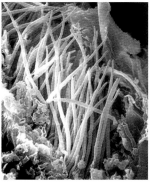

图 2　番茄斑枯病病原形态图（引自园艺植物病害案例库）

图 1　番茄斑枯病症状（赵秀香提供）

①②叶片受害状；③茎秆受害状

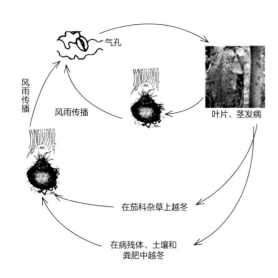

图 3　番茄斑枯病侵染循环示意图（赵秀香提供）

（左栏上部图内标注）风雨传播　气孔　风雨传播　叶片、茎发病　在茄科杂草上越冬　在病残体、土壤和粪肥中越冬

病。温暖潮湿和阳光不足的阴天，番茄斑枯病易发生。当气温在15℃以上，遇阴雨天气，同时土壤缺肥、植株生长衰弱，病害容易流行。番茄斑枯病常在初夏发生，到果实采收的中后期快速蔓延，在结果期，如遇到阴雨天多、光照不足、昼夜温差大、结露时间长、作物长势弱，斑枯病发生比较严重。

栽培条件　种植过密、通风透光差、缺肥、连作等不良的栽培条件下，植株衰弱，抗病力降低时，易发病；在低洼地、排水不良，易致病害流行。高畦栽培植株根部不易积水，通气性也很好，湿度低，减少发病的机会，而平畦恰好相反，土壤积水，氧气缺乏，发病较重。

品种抗病性　番茄不同品种抗病性差异也不同，通常野生品种类型抗病力较强，如秘鲁番茄、多毛番茄及潘那利番茄等对斑枯病有很强的抗性；普通的栽培品种抗病力较差。

防治方法　番茄斑枯病的发生和流行与气候及栽培管理条件关系密切。病害防治应采取以种植抗病品种、加强种子检疫和栽培管理为主，配合化学防治的综合措施。

加强种子检疫　通过严格的检疫杜绝病原菌的侵染，从无病株上选留种子。对于可能带菌的种子进行种子消毒，用52℃温水浸种30分钟后捞出晾晒，然后催芽播种。

选用抗病品种　生产中较抗病品种有浦红1号、广茄4号、蜀早3号等。

加强栽培管理　选干燥易排、能灌的地块栽培。采用高畦或半高畦栽培。定植不宜过密，合理及时整枝、插架，以利通风透光，降低田间湿度。多施有机肥，施足基肥，增施磷钾肥，提高抗病性。及时清洁田园，铲除杂草及病株残叶，减少菌源，拔秆后彻底清除田间病株深埋。重病地与非茄科作物实行3～4年轮作，最好与豆科或禾本科作物轮作。

苗床处理，培育壮苗　育苗应在无病区建畦，或用无病的大田土换土育苗，防止苗期染病。苗床喷施1∶1∶2000的波尔多液，也可用70%甲基硫菌灵可湿性粉剂1000倍液，每亩每次喷150kg，连喷2～3次。加强田间管理，合理用肥，

增施磷钾肥，避免过度密植；保持田间通风透光及地面干燥。

化学防治　发病初期喷药防治，可选用50%多菌灵可湿性粉剂2.25kg/hm²、或70%代森锰锌可湿性粉剂2.55kg/hm²、或50%异菌脲可湿性粉剂1.5kg/hm²、或70%甲基硫菌灵可湿性粉剂、或58%甲霜锰锌可湿性粉剂喷雾；阴雨天气，可用45%百菌清烟剂熏烟，每亩施用250g等；每7～10天喷1次，连喷2～3次即可。

参考文献

崔庆财，张培勇，闫华，等，2004. 温室番茄斑枯病的发生与综合防治 [J]. 吉林蔬菜 (1): 22.

黄仲生，2000. 番茄斑枯病的发生与防治 [J]. 蔬菜 (4): 28.

王秋霜，李景富，许向阳，2006. 番茄斑枯病研究概述 [J]. 东北农业大学学报, 37(2): 254-257.

BARSDALE T H, 1982. Resistance in tomato to *Septoria lycopersici*[J]. Plant disease, 66: 239-240.

FRANCIS J F, ELMER W H, 1996. *Septoria* leaf spot lesion density on trap plants exposed at varying distances from infected tomatoes[J]. P1ant disease, 80: 1059-1062.

FRANCIS J F, WADE H, 1992. Reduction in tomato yield due to *Septoria* 1eaf spot[J]. Plant disease, 76: 208-211.

WADE H E, FERRANDINO F J, 1995. Influence of spore density 1eaf age temperature and dew periods on *Septoria* leaf spot of tomato[J]. Plant disease, 79: 287-290.

（撰稿：赵秀香、刘志恒；审稿：王汉荣）

番茄褐斑病　tomato brown spot

由番茄长蠕孢侵染引起的病害。又名番茄芝麻叶斑病、番茄黑斑病、番茄芝麻瘟。是番茄上较为常见的一种病害。

分布与危害　在亚洲、欧洲、南美洲、北美洲和大洋洲的番茄种植区都有一定程度的发生。2000年以来，该病在中国浙江、上海、四川、重庆、福建、江苏、江西、安徽、山东、湖南、湖北、宁夏、甘肃、陕西、河南、黑龙江等广大番茄产区均有发生，每年都造成损失，有的年份减产严重。除番茄外，还危害多种茄科蔬菜及豆类、芝麻等作物。

该病害主要发生在番茄叶片上，也可危害茎和果实。受害叶片现近圆形、椭圆形至不规则形、病健交界明显、大小不等的灰褐色病斑，直径1～10mm，较大的病斑上有时有轮纹，病斑多时密如芝麻点，因而称芝麻叶斑。病斑中央稍凹陷，稍薄，有光泽。茎受害，也如叶片一样生芝麻点，有时几个病斑常融合成长条形。果实上病斑圆形、椭圆形，或几个病斑融合成不规则形，初期病斑均为斑点，水浸状，表面光滑，渐渐中间凹陷，病斑灰褐色，大小不等，有时有轮纹，后期病斑中间色浅、开裂。叶柄、果柄受害症状与茎相同。高湿时，病斑表面生出灰黄色至暗褐色霉，即病菌的分生孢子梗和分生孢子（见图）。

病原及特征　病原为番茄长蠕孢（*Helminthosporium carposaprum* Pollack），属长蠕孢属真菌。该菌菌落初灰白色，后为褐色，菌丝无色或黄褐色至褐色。分生孢子梗细长，有

番茄褐斑病症状（王汉荣提供）

①叶片上症状；②茎秆上症状；③果实上症状

F

隔，丛生，淡褐色，梗基部几节略膨大，分生孢子圆筒形或棍棒形，淡黄褐色，着生于孢子梗顶部，孢子有隔膜 0～20 个，大小为 39.6～69.3μm×14.9～24.8μm，萌发时芽管从孢子两端伸出。

侵染循环 病菌主要以菌丝体和分生孢子在土壤中的病残体上越冬。越冬菌丝体和分生孢子，或越冬病残体上新生分生孢子是病害的初侵染来源。病菌的分生孢子借气流、雨水、灌溉水或农事操作传播，从寄主的气孔、水孔或表皮直接侵入。条件适宜时 2～3 天即可染病，进行再次侵染。

流行规律 病菌发育的适宜温度为 25～28℃，适宜酸碱度为 pH6.5～7.5，适宜的空气相对湿度为 80% 以上。高温高湿的季节病害易流行。番茄地潮湿、积水，番茄长势差，发病较重。一般春番茄较秋番茄发病重。

防治方法 应采用农业防治为主、化学防治为辅的综合防治技术。

选用抗病品种 选用抗病或耐病的番茄优良品种，这是最经济有效的防治措施。

农业防治 重病田与非茄科蔬菜作物轮作 2～3 年。加强田间管理。挖好排水沟，高畦深沟种植，防止田间积水，采用地膜覆盖、膜下滴灌的栽培方式。合理密植，及时整枝，改善田间通透性，及时通风透光，控温降湿。采用配方施肥，适当增施磷、钾肥；及时清除病叶，收获结束后清除病残体并烧毁，或集中堆制沤肥。

化学防治 ①粉尘剂和烟雾剂预防。5% 百菌清粉尘剂 1kg/ 亩喷粉，7 天喷一次，连续 3～4 次。或 45% 百菌清烟雾剂 110～118g/ 亩，或 10% 腐霉利烟雾剂 300～400g/ 亩，每个标准大棚分放 5～6 处，傍晚点燃闭棚过夜，7 天熏 1 次，连熏 3～4 次。②发病初期或发病前进行药剂喷雾防治，常用的药剂有 50% 异菌脲可湿性粉剂 1000～1200 倍液、50% 甲基托布津可湿性粉剂 500～600 倍液、50% 多菌灵可湿性粉剂 600～800 倍液，或 50% 多·霉威可湿性粉剂 800～1000 倍液，或 10% 苯醚甲环唑水分散粒剂 3000～4000 倍液，50% 咪鲜胺锰盐可湿性粉剂 1000～1500 倍液，或 50% 腐霉利可湿性粉剂 1000～1500 倍液，或 50% 嘧霉胺·乙霉威水分散粒剂 600 倍液，每 7 天喷 1 次，连续

3～4 次。

参考文献

陆宁海，徐瑞富，吴利民，等，2005. 番茄褐斑病菌的侵染条件及致病性研究 [J]. 西北农林科技大学学报（自然科学版），33(1): 91-94.

陆宁海，徐瑞富，吴利民，等，2005. 长蠕孢菌产孢条件的研究 [J]. 微生物学通报，32(5): 77-81.

吕佩珂，李明远，吴钜文，等，1992. 中国蔬菜病虫原色图谱 [M]. 北京：农业出版社.

徐瑞富，吴利民，陆宁海，2005. 番茄褐斑病病原菌鉴定及生物学特性研究 [J]. 河南农业大学学报，39(3): 312-316.

BROSCH G, RANSOM R, LECHNER T, et al, 1995.Inhibition of maize histone deacetylases by HC toxin, the host-selective toxin of *Cochliobolus carbonum*[J]. Plant cell, 7(11): 1941-50.

CHINOKO Y D, NAQVI S H Z, 1989. Studies on fungi associated with post-harvest rot of tomato (*Lycopersicon esculentum* Mill.) in south west Nigeria[J]. Nigerian journal of botany: 9-17.

LAUGHNAN J R, GABAY S J, 1973. Reaction of germinating maize pollen to *Helminthosporium maydis* pathotoxins[J]. Crop science, 43: 681-684.

MCCOLLOCH L P, POLLACK F G, 1946. Helminthosporium rot of tomato fruits[J]. Phytopathology, 36: 988-998.

（撰稿：王汉荣；审稿：王连平）

番茄花叶病毒病 tomato mosaic disease

主要由番茄花叶病毒引起的、危害番茄生产的病毒病害。

发展简史 1909 年，美国最先报道发生番茄花叶病；1934 年，新西兰报道发生番茄花叶病；1958 年，澳大利亚发生由烟草花叶病毒引起的番茄花叶病。20 世纪 60 年代，开展了越冬、种子传毒、流行学等相关研究；70 年代后，陆续在荷兰、伊朗、巴基斯坦、西班牙、意大利、印度、坦桑尼亚和中国等报道发生番茄花叶病毒病。对其病原研究主要集中在（tomato mosaic virus，ToMV）和烟草花叶病毒

（tobacco mosaic virus，TMV）。由于 ToMV 与 TMV 同属烟草花叶病毒属，二者的血清学关系很近，在许多寄主上也产生相同的症状，因而相当长一段时间，ToMV 被认为是 TMV 的一个株系。1971 年 Harrison 等将 ToMV 从 TMV 中划分出来作为一个种，1976 年 Hollings 和 Huttinga 较详细地描述了 ToMV 特性，并指出 ToMV 与 TMV 同属烟草花叶病毒组，二者不但在病毒粒子形态与大小、血清学关系、物理特性、寄主反应、传播方式上都极为相似，而且外壳蛋白氨基酸组成上也很相近。在中国，冯兰香等于 1987 年对发生在各地的 ToMV 株系及其分布进行了系统研究。周雪平等对该病毒的生物学、血清学和分子生物学特性进行了研究，并认为中国番茄上发生的大多应为 ToMV。

分布与危害　番茄花叶病毒病是世界范围内分布最广的番茄病毒病之一，几乎所有番茄产区均有该病发生。在中国各地也均有不同程度的发生。

番茄花叶病毒主要通过侵染番茄植株，干扰植物正常生理代谢，影响坐果率及果实的产量和品质，从而对番茄生产造成损失。该病每年对番茄产量的影响可达 15%～25%。番茄是世界上栽培最广泛的蔬菜作物之一。2010 年，全球番茄产量达 1.5 亿 t，其中中国番茄产量为 4100 多万 t，占世界产量近 1/3。以此推算，全球每年因番茄花叶病毒病造成的经济损失可达上百亿美元，其中，中国损失约 30 亿美元。

病原及特征　病原主要为番茄花叶病毒（tomato mosaic virus，ToMV），属秆状病毒科（Virgaviridae）烟草花叶病毒属（*Tobamovirus*）。该病毒粒子为刚直的长秆状，大小约为 18nm×300nm。基因组为正义、单链 RNA，大小约为 6.4kb，编码 4 个蛋白，其中靠近 5′ 端的 183kDa 和 126kDa 2 个蛋白由基因组直接表达产生，主要参与病毒的复制，但也参与其他一些功能，比如基因沉默的抑制和病毒的细胞间运动等。另外 2 个蛋白，即病毒的外壳蛋白和运动蛋白则由基因组复制出负链 RNA 后，再生成的亚基因组表达产生。该病毒寄主范围很广，能侵染茄科、十字花科、禾本科、藜科、豆科等众多植物，番茄是其主要寄主。

除 ToMV 外，烟草花叶病毒（tobacco mosaic virus，TMV）、黄瓜花叶病毒（cucumber mosaic virus，CMV）、马铃薯 X 病毒（potato virus X，PVX）及马铃薯 Y 病毒（potato virus Y，PVY）等，也能侵染番茄引起番茄花叶症状，而且这些病毒常复合侵染，引起更复杂的症状。

侵染循环　ToMV 非常稳定，并有较广泛的寄主范围，已在植物、土壤、淡水、云、海水中均检测到 ToMV，甚至在丹麦格陵兰岛 500～140000 年的冰川中也检测到该病毒，说明 ToMV 广泛存在于自然界中。尽管如此，无论是露地栽培还是温室等设施栽培的番茄，其 ToMV 毒源主要还是来源于种子、耕作土壤带毒，至于灌溉水在番茄花叶病毒病侵染循环中的作用还需要进一步研究。

ToMV 主要通过种子带毒、土壤带毒侵染番茄幼苗，形成初侵染。没有发现 ToMV 有自然传播介体，该病毒很容易通过病株汁摩擦传播；病健植株叶片接触和田间农事操作是 ToMV 在田间进行传播与扩散的主要途径。

番茄种子主要是外表皮黏附、外种皮及胚乳带毒，但胚不带毒。种子的带毒率因果而异，有的番茄果实的种子带毒率可高达 94%。种子所带 ToMV 病毒在种子催芽、出苗过程中侵染幼苗产生病株（苗），土壤所带 ToMV 在番茄苗种植后侵染根部产生病株；以病株为中心，通过病健植株接触和田间农事操作形成再侵染，产生新病株；如此反复，病害不断发展。种子所带病毒是病害的主要毒源，当番茄成熟收获时，部分感病较轻的番茄植株也能结果，其种子可能直接用作生产用种子从而使其带毒；其果实也会污染一起收获的健康果实的种子，从而使生产用种子带毒。遗留在田间的病株残体、受侵染的中间寄主植物（如辣椒、烟草或杂草）是病害的重要毒源（图 2）。

流行规律

高温干旱年份发病重　高温、干旱天气有利于番茄病毒病的发生，在露地番茄生产上尤为突出。一方面较高的温度有利于病毒在寄主体内繁殖；另一方面，高温干旱天气不利于番茄植株生长及其对病毒病的抵抗。

露地番茄病毒病比保护地重　露地番茄一般在气温较高的春末或初秋季节种植，无任何保护屏障，易直接受到恶劣天气的严重影响，病毒病往往发生早、流行快、危害重；

图 1　番茄花叶病毒病症状（何自福提供）

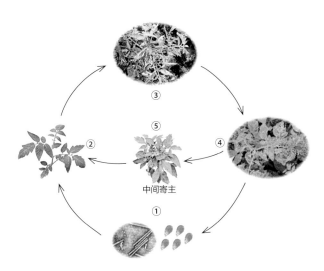

图 2 番茄花叶病毒病周年侵染循环示意图（何自福提供）
①初侵染源（毒源）；②被侵染的幼苗；③带毒幼苗形成大团发病中心；
④大团再侵染新病株；⑤中间寄主植物

而保护地番茄生长在一个温度适中和栽培管理良好的环境里，塑料薄膜或其他屏障能减轻外界不良环境的干扰，毒源少，植株生长健壮，病害发生常较露地轻得多。

栽培季节不同发病率不同　对于中国大部分番茄产区，一般夏番茄花叶病毒病最重，秋番茄次之，春番茄再次之，冬种番茄最轻甚至不发生。华南地区由于夏季气温较高且持续时间长，不利于番茄生长，加之青枯病发生严重，所以夏种番茄很少；而冬春气温较高，冬种番茄面积较大，花叶病毒病的发生也较重。因此，华南地区番茄花叶病以秋番茄最重，其次是冬番茄和春番茄。

种植抗病番茄品种的病害发生轻　20世纪80年代中期，中国引进及培育出一批抗 ToMV（或兼抗 CMV）番茄品种，并在全国推广应用，番茄花叶病毒在全国范围内的发生与流行显著减轻，成效十分显著。

老菜区的病情重于新菜区　在老菜区，由于番茄自身或与茄科、十字花科、葫芦科、豆科等蔬菜作物长期连作或邻作，毒源丰富，花叶病毒病发生及病情往往较重。

番茄茬口较多的地区发病重　如珠江三角洲菜区，番茄生产包括春种、秋种、冬种等，茬口较复杂，病毒病终年均有发生，而以冬种为主的粤西菜区，番茄病毒病较轻。

防治方法

种植抗（耐）病品种　是防治番茄花叶病最经济、有效的措施。早在20世纪初，研究者开始 ToMV 抗性资源的筛选，从野生番茄中得到了3个抗 ToMV 基因，即从多毛番茄（*Lycopersicon hirsutum*）中得到的 *Tm-1* 和从秘鲁番茄（*Lycopersicon peruvianum*）中得到的 *Tm-2* 和 *Tm-2²*。这3个基因都已被克隆。*Tm-1* 位于第5号染色体，编码一个分子量约为 80kDa 的蛋白 p80^{GCR237}，该蛋白主要通过与 ToMV 的复制酶基因结合，阻止病毒复制复合体的形成来发挥作用。*Tm-2* 和 *Tm-2²* 是一对等位基因，位于第9号染色体。它们都编码一个 CC-NBS-LRR 类 R 蛋白，且相互之间在氨基酸序列上只有4个氨基酸的差异。研究表明，*Tm-2* 和 *Tm-2²*

都作用于病毒的运动蛋白。这3个基因已被广泛应用于番茄抗 ToMV 育种。在世界范围内，ToMV 的发生与流行呈下降趋势，这些基因的应用功不可没。

在中国，先后培育出单抗、兼抗及多抗的丰产、优质番茄新品质及新品种56个，各地生产者可根据本地市场的需求，选择种植抗病、优质的番茄品种。

抗病品种在番茄花叶病毒病的防治上效果明显，但长时间大面积种植会导致品种抗性丧失。在生产上，*Tm-1*、*Tm-2* 和 *Tm-2²* 在释放后不久即引起病毒产生突变。这些病毒突变株的复制蛋白或运动蛋白发生变异，以至于它们能在 *Tm-1*、*Tm-2* 或 *Tm-2²* 的纯合体中正常复制。如果这些突变株成为优势种群，即可能导致病害的流行。因此，在抗病品种利用中，应首先明确当地 ToMV 株系分化情况，做到有的放矢，并避免长期大面积种植单一的抗性基因品种。

轮作　ToMV 污染的土壤是该病毒田间主要侵染源之一。ToMV 可在土壤或随病残体在土壤中长期存活，而连作会导致土壤中病毒的积累。因此，在生产上应与非寄主作物（如水稻、玉米、小麦）进行轮作，有条件地区与水稻进行轮作效果会更好。

种子消毒处理　种子带毒是 ToMV 主要侵染源之一，也是该病毒进行长距离传播的途径，生产上应选择健康不带毒的种子，并进行种子消毒处理。种子消毒处理可用 10% 磷酸三钠溶液浸种 30～120 分钟，清水冲洗干净后再催芽、播种。

搞好田园清洁　杂草作为中间寄主，在病毒病的流行中起重要作用。在番茄生产开始前，应尽可能彻底清除棚室内外、田间地头的杂草，以减少毒源。前茬作物及番茄收获后，要彻底清除田间植株残体，并集中晒干烧毁，避免将病株残体遗留在田间直接翻耕。

避免农事操作传播病毒　农事操作是番茄花叶病毒病田间传播的主要途径。在田间，一旦发现病株，应及时将其连根拔除，并装入塑料袋中带出田外集中烧毁；拔出病株（尤其是大病株）不宜直接拖拉出番茄地，以免其接触传染健康植株。田间整枝打杈、绑蔓、采摘等农事操作时，病、健株要分开操作；常用 3% 磷酸三钠溶液洗手或浸泡工具，尤其是在接触病株后。

化学防治　可用药剂有 6% 寡糖·链蛋白可湿性粉剂、0.5% 几丁聚糖水剂、2% 氨基寡糖素水剂、20% 盐酸吗啉胍铜可湿性粉剂、20% 吗胍·乙酸铜可湿性粉剂等；在发病初期喷药1次，视病情再施药2～3次，对于控制番茄花叶病有一定控制与延缓作用。

参考文献

冯兰香，蔡少华，郑贵彬，等，1987. 我国番茄病毒病的主要毒原种类和番茄上烟草花叶病毒株系的鉴定 [J]. 中国农业科学，20(3): 60-66.

洪健，薛朝阳，徐颖，等，1999. 受番茄花叶病毒侵染后寄主的超微病变研究 [J]. 植物学报，41(12): 1259-1263.

周雪平，薛朝阳，刘勇，等，1997. 番茄花叶病毒番茄分离物与烟草花叶病毒蚕豆分离物生物学、血清学比较及 PCR 特异性检测 [J]. 植物病理学报，27(1): 53-58.

ADAMS M J, ANTONIW J F, KREUZE J, 2009. Virgaviridae: A

new family of rod-shaped plant viruses[J]. Archives of virology, 154: 1967-1972.

CASTELLO J D, LAKSHMAN D K, TAVANTZIS S M, et al, 1995. Detection of tomato mosaic tobamovirus in fog and clouds[J]. Phytopathology, 85: 1409-1412.

HARRISON B D, FINCH J T, GIBBS A J, et al, 1971. Sixteen groups of plant viruses[J]. Virology, 45: 356-363.

HOLLINGS M, HUTTINGA H, 1976. Tomato mosaic virus[M] // Description plant viruses, No. 156.Cmwlth. Mycol. Inst. Assn. Applied Biol., Kew, England.

LANFERMEIJER F C, WARMINK J, HILLE J, 2005. The products of the broken Tm-2 and the durable Tm-2^2 resistance genes from tomato differ in four amino acids[J]. Journal of experimental botany, 56(421): 2925-2933.

WEBER H, SCHULTZE S, PFITZNER A J, 1993. Two amino acid substitutions in the tomato mosaic virus 30-kilodalton movement protein confer the ability to overcome the Tm-2^2 resistance gene in the tomato[J]. Journal of virology, 67(11): 6432-6438.

（撰稿：何自福；审稿：王汉荣）

番茄黄化曲叶病毒病　tomato yellow leaf curl disease

由番茄黄化曲叶病毒等烟粉虱传播的双生病毒引起的、危害番茄生产的病毒病害。

发展简史　1929 年，以色列的番茄上观察到类似黄化曲叶病的症状。1959 年，由于种植感病的番茄品种 Money Maker，黄化曲叶病在以色列重发。1960 年，弄清该病是由烟粉虱传播病毒引起；1964 年，该病病原被命名为番茄黄化曲叶病毒（tomato yellow leaf curl virus，TYLCV）；1988 年，分离到该病毒；1991 年，首次对以色列番茄黄化曲叶病毒分离物（TYLCV-IL）测序。此后，陆续在埃及、约旦、意大利、黎巴嫩、摩洛哥、突尼斯、西班牙、土耳其、多米尼加、墨西哥、古巴、波多黎各、美国、日本和中国等国家报道发现了 TYLCV；在世界各地也报道了大量与番茄黄化曲叶病相关的病毒，基因组序列比较分析表明，这些病毒分离物与 TYLCV 的亲缘关系较近，但属双生病毒科菜豆金色花叶病毒属的不同种。因此，广义上，由烟粉虱传播的双生病毒侵染引起的黄化、曲叶症状的番茄病害均称为番茄黄化曲叶病毒病；狭义上，仅指 TYLCV 侵染引起的番茄病毒病。

分布与危害　番茄黄化曲叶病毒病广泛分布于世界各地，几乎所有番茄产区均有此病的发生。该病害已分布在以色列、约旦、埃及、黎巴嫩、伊朗、泰国、印度、巴基斯坦、越南、尼泊尔、菲律宾、印度尼西亚、马来西亚、斯里兰卡、日本、坦桑尼亚、马里、尼日利亚、塞内加尔、苏丹、意大利、西班牙、土耳其、葡萄牙、阿塞拜疆、土库曼斯坦、乌兹别克斯坦、古巴、多米尼加、牙买加、墨西哥、美国、澳大利亚等国家。在中国，该病害主要分布在广西、广东、海南、云南、台湾、福建、浙江、江苏、上海、安徽、山东、河北、天津、北京、河南、湖北、湖南、陕西、甘肃、辽宁、内蒙古、新疆、四川、贵州等地番茄产区。番茄感染番茄黄化曲叶病毒病后，植株结果少或无果，一般减产 40%～60%，严重达 80% 以上，甚至绝收。例如，2009 年，全中国番茄黄化曲叶病毒病的年发生面积超过 6.7 万 hm^2，年经济损失至少 20 亿元。

番茄植株感病初期，顶部几片叶从叶缘开始褪绿黄化，叶片变小，叶片皱缩向上或向下卷曲，老叶症状不明显（图 1 ①②）；随着病情发展，病株明显矮化，整株黄化，叶片或皱缩，或严重卷曲，叶质较脆硬，病株大多数花脱落，结果很少，果实畸形，着色不均匀，失去商品价值（图 1 ③④）。

病原及特征　引起世界各地番茄黄化曲叶病毒病的病原众多，除在世界范围内较广泛分布的番茄黄化曲叶病毒（tomato yellow leaf curl virus，TYLCV）外，更多的是世界各地发现的、有限分布的"某番茄曲叶病毒"或"某番茄黄化曲叶病毒"。根据国际病毒分类委员会（ICTV）2018 年发布的病毒分类及文献，可引起番茄黄化曲叶病毒病的病毒至少有 72 种，这些病毒均属双生病毒科（Geminiviridae）菜豆金色花叶病毒属（*Begomovirus*）。虽然引起番茄黄化曲叶病的病毒有多种，但其有共同特点，病毒粒子均为双联体结构（或称之为孪生），每个粒子的大小 18nm×30nm，无包膜（图 2）；病毒的基因组结构为单链环状 DNA。在上述 72 种病毒中，仅泰国番茄黄化曲叶病毒（tomato yellow leaf curl Thailand virus）、古吉拉特番茄曲叶病毒（tomato leaf curl Gujarat virus）、北碧番茄黄化曲叶病毒（tomato yellow leaf curl Kanchanaburi virus）、新德里番茄曲叶病毒（tomato leaf curl New Delhi virus）、锡那罗亚番茄曲叶病毒（tomato leaf curl Sinaloa virus）和帕兰波番茄曲叶病毒（tomato leaf curl Palampur virus）这 6 个种为双组分（含 DNA-A 和 DNA-B），其余的种均为单组分，仅含 DNA-A，每个组分大小为 2.5～2.8kb。DNA-A 编码 *AV1*（*CP*）、*AV2*、*AC1*、*AC2*、*AC3* 和 *AC4* 基因，DNA-B 编码 *BV1* 和 *BC1* 基因。另外，中国番茄黄化曲叶病毒（tomato yellow leaf curl China virus）、云南烟草曲叶病毒（tobacco leaf curl Yunnan virus）、越南番茄黄化曲叶病毒（tomato yellow leaf curl Vietnam virus）、菲律宾番茄曲叶病毒（tomato leaf curl Philippines virus）、新德里番茄曲叶病毒（tomato leaf curl New Delhi virus）等还伴随有卫星分子（betasatellite 或 DNA β），其大小为 1.3～1.4kb。该分子也有一个 ORF（C1），编码 118 个氨基酸的 βC1，参与辅助病毒的致病与寄主植物的症状诱导，是症状相关因子。DNA β 不能自主复制，需依赖于辅助病毒编码的蛋白进行复制和系统运输。

应该注意的是，双生病毒科菜豆金色花叶病毒属种的命名规则为"寄主＋症状＋最初发现地＋病毒"。虽然"某番茄黄化曲叶病毒"或"某番茄曲叶病毒"为不同种，但它们侵染番茄引起的症状并无绝对差异，在某一时期番茄植株可能主要表现为叶片卷曲症状、叶片黄化且卷曲症状等，仅仅是该病毒的发现者命名时为了区分已有的病毒种的一种选

图1 番茄黄化曲叶病症状（何自福提供）

①②番茄感病初期症状；③④感病后期症状

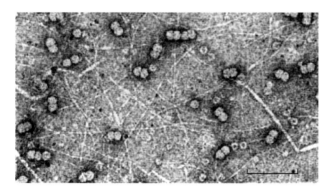

图2 提纯的番茄黄化曲叶病毒粒子电镜照片

（引自 Czosnek et al., 1988）

择。因此，田间不能根据番茄植株的症状来确定是何种病毒侵染引起的，需要将病毒分离物的全基因组序列与国际上已报道的病毒分离物基因组序列进行同源性比较，依据该属病毒分类标准来确定病毒分类地位。在中国，已报道可侵染引起番茄黄化曲叶病的病毒有 14 种（见表）。这些病毒均为单组分，仅含有 DNA-A，部分来自云南病毒分离物还伴随有 DNA β 分子。

侵染过程与侵染循环 自然条件下，侵染引起番茄黄化曲叶病毒病的双生病毒均是由烟粉虱（*Bemisia tabaci*）以持久方式传播，机械摩擦和种子不传毒。当烟粉虱成虫迁移到番茄黄化曲叶病植株上，刺吸植株汁液的同时获得病毒，病毒粒子通过口针进入食道和消化道，穿过中肠膜进入血淋巴，到达唾液腺，最终进入唾液管；当烟粉虱再次取食时，病毒随烟粉虱的唾液一起排出进入番茄植株细胞，在细胞内进行复制、转录、翻译、装配与运输，进而危害番茄植株。烟粉虱最短获毒饲育期和传毒饲育期为 15～30 分钟；病毒在烟粉虱体内的潜育期为 8 小时，病毒可在介体烟粉虱体内终身存在，进行传播。在寄主细胞内，病毒是以滚环复制（rolling circle replication，RCR）的方式进行病毒基因组的复制，分为两个阶段：第一阶段是合成互补链，以病毒链 DNA 为模板，在病毒和寄主因子（依赖寄主的 DNA 合成酶系）作用下合成超螺旋共价闭环 dsDNA；第二阶段进行病毒基因组滚环复制，以 dsDNA 为模板，在病毒复制因子（Rep/RepA、REn 等）和寄主细胞内复制因子的作用下，以滚环复制方式合成 ssDNA。病毒在通过滚环复制形成 dsDNA 中间体的同时，还进行着病毒基因组的转录。双生病毒的 IR 区包含有双向的启动子，能够通过双向转录的方式产生 mRNA，表达出病毒各蛋白。在具有移动功能的蛋白（单组分 MP，双组分 BV1、BC1、MP）等作用下，ssDNA 在胞间移动。病毒衣壳蛋白（CP）包裹 ssDNA 装配形成典型的病毒粒体，病毒粒子进入韧皮部筛管中进行长距离运输，随介体烟粉虱取食传播到新的寄主植物上，进入新一轮侵染循环（图3）。

在华南地区，由于田间周年均有作物种植，而且杂草种类繁多，这为介体烟粉虱种群存活和病毒寄生在中间寄主上提供了十分有利的条件，进而为番茄黄化曲叶病的流行提供了丰富的传播介体和侵染源，使番茄黄化曲叶病在华南地区春、秋茬番茄上均严重发生与流行。华南地区的番茄黄化曲叶病最先是由烟粉虱或番茄苗带毒传播到大田，形成1个或多个发病中心；病毒通过烟粉虱从发病中心向四周扩散传播，在大田番茄病株与健株间辗转侵染与危害。当番茄收获结束后，菜农清理番茄植株残体，烟粉虱从番茄植株上大量迁移到周围寄主植物上，其中部分烟粉虱携带病毒从番茄病株上传播到中间寄主植物（如番木瓜、胜红蓟等）上；当下一茬番茄开始育苗或移栽大田后，烟粉虱再次从菜田周边中间寄主植物上陆续迁移到番茄上，部分烟粉虱带毒在刺吸番茄植株时传播病毒。如此春去秋来，循环往复，构成华南地区番茄黄化曲叶病侵染循环（图4），其中烟粉虱在番茄黄化曲叶病的侵染循环中起关键作用。

在华东和华北等其他番茄产区，番茄黄化曲叶病的侵染循环与华南地区稍有不同。介体烟粉虱在温室蔬菜或花卉等植物上越冬，这些烟粉虱寄主中部分也是病毒的中间寄主；当番茄种植后，病毒随着烟粉虱带毒传播，并在大棚中进行

侵染中国番茄的15种双生病毒及其分布表

病毒中文名	病毒学名	分布区域
番茄黄化曲叶病毒	tomato yellow leaf curl virus	上海、江苏、浙江、安徽、山东、河南、河北、天津、北京、辽宁、内蒙古、陕西、宁夏、甘肃、新疆、湖北、湖南、云南、福建、广西、广东等
中国番茄黄化曲叶病毒	tomato yellow leaf curl China virus	广西、云南、四川
广东番茄黄化曲叶病毒	tomato yellow leaf curl Guangdong virus	广东
泰国番茄黄化曲叶病毒	tomato yellow leaf curl Thailand virus	云南、台湾
中国番茄曲叶病毒	tomato leaf curl China virus	广西
台湾番茄曲叶病毒	tomato leaf curl Taiwan virus	台湾、广东、浙江
广东番茄曲叶病毒	tomato leaf curl Guangdong virus	广东
广西番茄曲叶病毒	tomato leaf curl Guangxi virus	广西
海南番茄曲叶病毒	tomato leaf curl Hainan virus	海南
新竹番茄曲叶病毒	tomato leaf curl Hsinchu virus	台湾
中国番木瓜曲叶病毒	papaya leaf curl China virus	云南、广西、河南、四川
烟草曲茎病毒	tobacco curly shoot virus	云南
云南烟草曲叶病毒	tobacco leaf curl Yunnan virus	云南
胜红蓟黄脉病毒	ageratum yellow vein virus	海南、广西
花莲胜红蓟黄脉病毒	ageratum yellow vein Hualian virus	台湾

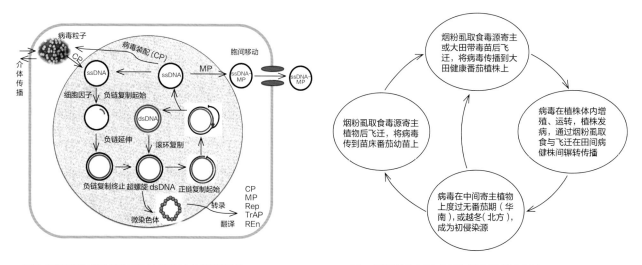

图 3　番茄黄化曲叶病毒在寄主细胞内复制示意图（何自福提供）　　　　图 4　番茄黄化曲叶病周年侵染循环示意图（何自福提供）

辗转侵染与危害。同时，温室中的病株及带毒烟粉虱也是露地栽培的番茄主要侵染源。因此，烟粉虱的越冬场所是中国北方番茄黄化曲叶病侵染循环的关键。

流行规律

病害的发生与介体烟粉虱暴发相关　番茄黄化曲叶病的自然传播介体为烟粉虱，以持久方式传播，其中以 B 型烟粉虱传播效率最高。烟粉虱尤其是 B 型烟粉虱在世界范围内大暴发，导致其传播的番茄黄化曲叶病广泛发生与流行。自 20 世纪 90 年代烟粉虱在中国各地相继暴发以来，已在 20 多个省（自治区、直辖市）普遍发生与危害。虽然番茄黄化曲叶病 1994 年在广西有发生报道，但直到 2005 年，该病毒病才开始在广西、广东等华南地区流行。从 2007 年开始，在浙江、江苏、上海、山东、河南、安徽、河北、天津、内蒙古等地相继暴发与流行。

病害流行程度与烟粉虱种群密度密切相关　烟粉虱对双生病毒的传毒效率随其个体数量的增加而提高。烟粉虱在获毒 24 小时后，单头带毒成虫即可将 TYLCV 传于健康番茄植株，使 18.5% 的植株感染病毒；当传毒烟粉虱达到每株 5～15 头时，其传毒效率可达 100%。田间烟粉虱平均单叶成虫数量为 5.8 头时，温室番茄黄化曲叶病的病株率为 60%；而单叶成虫数量为 54.7 头的温室，病株率达 100%。

病害流行程度与栽培季节有关　在广东、广西等华南地区，番茄分为春茬、秋茬种植，每年 4～5 月、10～12 月分别为春番茄和秋番茄的发病高峰期，病害流行程度与番茄苗期感染情况及大田期烟粉虱种群量直接相关。一般秋番茄发病重于春番茄。

在山东、江苏等华东地区，3 月下旬至 5 月上旬、7 月下旬至 9 月上旬分别是设施番茄和露地番茄黄化曲叶病发病高峰期。一般情况下，高温季节栽培的夏秋番茄发病较重，低温季节的越冬番茄发病较轻，设施栽培番茄重于露地栽培番茄。

在北京、河北等华北地区保护地番茄，8 月上旬开始零星发病，9～10 月是发病高峰期。

病害流行程度与番茄品种抗性有关　2009 年之前，中国生产上种植的番茄品种基本上都不抗番茄黄化曲叶病，是导致该病在中国大面积暴发与流行的主要原因之一。之后，选育和筛选出一批抗病番茄品种在生产上推广应用，对于控制番茄黄化曲叶病的流行起到了重要作用。

防治方法

种植抗病品种　是防治番茄黄化曲叶病最经济、有效的措施。可选用迪芬尼、佳西娜、格利、荷兰 6 号、迪抗、西农 2011、苏红 9 号等抗病品种。中国番茄黄化曲叶病的病原病毒比较复杂，尤其是华南地区和云南。华东、华北、西南、华中等主要是外来入侵种番茄黄化曲叶病毒以色列株系，而华南和云南病毒比较复杂，既有本地种（如中国番茄黄化曲叶病毒、广东番茄黄化曲叶病毒、广东番茄曲叶病毒、广西番茄曲叶病毒、台湾番茄曲叶病毒、中国番木瓜曲叶病毒等），又有外来入侵种（如番茄黄化曲叶病毒以色列株系）。根据亚洲蔬菜研究发展中心及广东省农业科学院植物保护研究所的研究结果，不同抗性基因对不同病毒种表现明显差异，一些抗病品种对某种或某几种病毒表现出抗病，对另外一些

种可能表现为感病。因此，各地可根据病毒种类及品种抗性来选择番茄品种。

轮作　番茄黄化曲叶病毒的寄主范围相对较窄。自然寄主植物包括番茄、番木瓜、胜红蓟、烟草等。因此，生产上可通过与非寄主农作物轮作，尤其是与水稻、玉米、小麦等作物轮作，达到控制病害的目的。

清除中间寄主植物　中间寄主植物是下一茬番茄的初侵染源，应尽可能彻底清除，对于防控番茄黄化曲叶病的发生极为重要。

防治传毒介体烟粉虱　烟粉虱是番茄黄化曲叶病毒的唯一传播介体，在病害侵染循环中起着关键作用。防控烟粉虱，对于防治番茄黄化曲叶病的流行有较大的作用。可采用黄板诱杀和喷药防治烟粉虱，药剂防治应在烟粉虱初发期选用啶虫脒、噻虫嗪、烯啶虫胺、阿维菌素、丁醚脲等，并注意药剂的轮换使用。

化学防治　可用于防治番茄病毒病的药剂有 6% 寡糖·链蛋白可湿性粉剂、0.5% 几丁聚糖水剂、2% 氨基寡糖素水剂、20% 盐酸吗啉胍铜可湿性粉剂、20% 吗胍·乙酸铜可湿性粉剂等。在发病初期喷药 1 次，视病情再施药 2～3次，对于控制番茄黄化曲叶病有一定的作用。

参考文献

崔晓锋，2004. 双生病毒 DNA β 分子 βC1 基因的功能研究 [D]. 杭州：浙江大学 .

丁菲，王前，蒋磊，等，2010. 安徽淮北番茄曲叶病的病原鉴定初报 [J]. 安徽农业大学学报，37(3): 421-424.

何自福，虞皓，罗方芳，2005. 广东番茄曲叶病毒 G3 分离物基因组 DNA-A 的分子特征 [J]. 植物病理学报，35(3): 208-213.

何自福，虞皓，毛明杰，等，2007. 广东番茄黄化曲叶病是由中国台湾番茄曲叶病毒侵染引起的 [J]. 农业生物技术学报，15(1): 119-123.

郑积荣，王慧俐，王世恒，2012. 抗番茄黄化曲叶病毒番茄新品种航杂 3 号 [J]. 园艺学报，39(3): 601-602.

BOULTON M I, 2003. Geminiviruses: major threats to world agriculture[J]. Annals of applied biology (2): 142-143.

BROWN J K, ZERBINI F M, NAVAS-CASTILLO J, et al, 2015. Revision of *Begomovirus* taxonomy based on pairwise sequence comparisons[J]. Archives of virology, 160 (6): 1593-619.

CZOSNEK H, BER R, ANTIGNUS Y, et al, 1988. Isolation of tomato yellow leaf curl virus, a geminivirus[J]. Phytopathology, 78 (5): 508-512.

CZOSNEK H, GHANIM M, GHANIM M, 2002. The circulative pathway of begomoviruses in the whitefly vector *Bemisia tabaci* --insight from studies with tomato yellow leaf curl virus[J]. Annals of applied biology, 140:215-231.

GUTIERREZ C, RAMIREZ-PARRA E, MAR C M, et al, 2004. Geminivirus DNA replication and cell cycle interactions[J]. Veterinary microbiology, 98:111 -119.

LI Z H, ZHOU X P, ZHANG X, et al, 2004. Molecular characterization of tomato-infecting begomoviruses in Yunnan, China[J]. Archives of virology, 149: 1721-1732.

ZHOU X P, XIE Y, TAO X R, et al, 2003. Characterization of

F

DNA β associated with begomoviruses in China and evidence for co-evolution with their cognate viral DNA-A[J]. Journal of general virology, 84(1): 237-247.

（撰稿：何自福；审稿：王汉荣）

番茄灰叶斑病　tomato gray leaf spot

　　由茄匍柄霉侵染引起的、番茄种植中常见的一种病害。

　　分布与危害　主要发生在温暖潮湿地区。主要分布区有非洲的尼日利亚、塞内加尔、苏丹、坦桑尼亚、赞比亚等，大洋洲的新西兰、澳大利亚，欧洲的意大利、英国，美洲的加拿大、美国、洪都拉斯、牙买加、巴西、哥伦比亚、委内瑞拉等，亚洲的印度和中国。中国在 20 世纪前，番茄灰叶斑病并不是主要病害，此后，随着一些国外品种特别是一些硬果型番茄的引进和大棚番茄的推广，该病逐渐发展成为重要的病害，并呈现出流行的趋势。2002 年该病在山东鱼台大面积暴发，现在已遍布山东、浙江、河北、辽宁、湖南、海南及北京等地。

　　该病主要危害番茄叶片，也可危害嫩茎、叶柄、果柄、萼片，几乎不危害果实。初为暗褐色、水渍状的小斑点，后扩大为黑褐色、直径 0.5～5.0mm 的圆形或近圆形斑，病斑周围有黄色晕圈；条件适宜时，病斑继续扩大，并转为灰褐色。在发病后期，病斑易破裂形成穿孔（见图）。该病比早疫病、实腐病和斑枯病的病斑小、圆，且分布均匀。使植株早衰，造成番茄减产。一般发病株率为 40%～100%，重病田产量损失在 50% 以上，甚至绝收。

　　病原及特征　病原为茄匍柄霉（*Stemphylium solani* G. F. Weber），属匍柄霉属。菌丝无色，分枝，分隔。分生孢子梗淡褐色，有隔膜，单生或 2～3 根束生，大小为 130～200μm×4～7μm。分生孢子浅褐色至浅黑色，脐部深褐色，无喙，一般着生于分生孢子梗的顶端，分生孢子

为砖格形，有 3～6 个横隔膜及数个纵隔膜，在中隔处缢缩，表面光滑或具有细疣，大小为 40～50μm×20～25μm。有性阶段少见，为番茄格孢腔菌（*Pleospora lycopersia* EL. & Em. Marchal），属座囊菌目黑星菌科多孢菌属。无性阶段该菌在温度 5～35℃、pH4～10 条件下均能生长，以 20～30℃、pH6～8 为最适；维生素是生长所需的营养元素，光照抑制分生孢子的形成。

　　侵染过程与侵染循环　该菌主要通过气孔侵入，但也可直接穿透角质层侵入叶片。该菌分生孢子在叶表面萌发产生一个或多个芽管，芽管向四周伸长，至气孔附近形成侵染菌丝；从气孔侵入后，分化的次生侵染菌丝可继续扩展。该病菌以分生孢子或菌丝体随病残体在土壤中越冬，成为翌年主要初侵染源，种子带菌少。当温、湿度条件适宜时，病菌在田间引起初侵染，发病后新生的分生孢子通过气流、雨水、灌溉水、农具和农事操作等途径传播，引起多次再侵染。

　　流行规律　该病主要发生在气候暖湿地区的春、夏季。北方地区一般发病初期为 4 月末至 5 月初，5 月中旬进入发病的敏感期，田间往往出现发病高峰，并且一直持续到 7 月中旬才开始减弱，秋季发病相对较轻。在长江中下游地区，一般发病始于 3 月下旬，4 月中下旬形成高峰。

　　该病的发生及流行与栽培的番茄品种密切相关。21 世纪以前，中国种植的软果型的番茄很少发生灰叶斑病，之后，由于大量推广硬果型品种番茄，才使该病频发、重发。该病的发生及流行的主要外部条件是温度和相对湿度。在 20～30℃ 的发病适温范围内，病害的潜育期仅为 3～4 天。分生孢子在 95% 以上湿度最宜萌发。连续雨天、多雾天气以及忽高忽低的温度均有利于该病的发生及蔓延。此外，番茄连作、种植地低洼积水、偏施或重施氮肥，均有利于灰叶斑病的发生及流行。

　　防治方法

　　利用抗病品种　尽量选用对灰叶斑病抗性较好的番茄品种，如加拿大种质资源委员会确认的番茄品种 CODED1-9，美国佛罗里达州在生产中已经推广了一些抗病品种（HA3073、

番茄灰叶斑病症状（王汉荣提供）

①叶片上受害症状；②茎秆上受害症状；③萼片上受害症状

FL47、FL91、Phoenix、RPT153 等），Linda、RPT6153 等品种。充分利用中国在 21 世纪以前种植的番茄品种，这些品种不易发生灰叶斑病，对之加以改进、提高使之适应生产消费的新需求。

农业防治 ①及时清除病株和病残体，拉出田外集中清理并烧毁，减少菌源。②避免连作，合理轮作。避免与茄科作物连作，病重田块与非寄主植物如十字花科蔬菜，葫芦科蔬菜轮作 3 年以上，或与水稻水旱轮作。③加强棚室内温度、水分管理。开沟排水，降低地下水位。及时整枝抹芽，保证气流畅通。适时通风控温、除湿。

化学防治 ①化学预防。在病害常发区、重发区，应在发病前采取化学预防措施。可用 70% 百菌清可湿性粉剂 800 倍 +70% 代森锰锌可湿性粉剂 600 倍液混合喷雾，或 20% 噻菌铜悬浮剂 500 倍液喷雾。②化学控制。番茄灰斑病流行较快，发现病斑后及时用药防治非常关键。可用 10% 苯醚甲环唑水分散粒剂 1500 倍 +70% 甲基托布津可湿性粉剂 800 倍液喷雾，或 25% 嘧菌酯悬浮剂 1500 ～ 2000 倍液等喷雾。一般每隔 7 ～ 10 天喷药 1 次，病情严重时可缩短至 3 ～ 4 天喷 1 次。在湿度较大的阴雨天，或在浇水前后，可选用 45% 百菌清烟剂或粉尘剂 250g/ 亩。以上方法应交替使用，避免病菌产生抗药性。

参考文献

杜公福，周艳芳，石延霞，等，2013.海南省冬季北运蔬菜匍柄霉叶斑病病原的鉴定 [J].植物保护，39(2): 122-127.

李宝聚，周艳芳，李金平，等，2010.博士诊病手记（三十）番茄匍柄霉叶斑病（灰叶斑病）的诊断与防治 [J].中国蔬菜 (23): 24-26.

李宝聚，周艳芳，赵彦杰，等，2009.博士诊病手记（十六）番茄灰叶斑病的发生与防治 [J].中国蔬菜，(17): 24-26.

刘安敏，孙家栋，陶秀珍，等，2004.保护地番茄灰叶斑病的发生与综合防治 [J].中国植保导刊，24(4): 23-24.

吕佩珂，李明远，吴钜文，等，1992.中国蔬菜病虫原色图谱 [M].北京：中国农业出版社.

魏景超，1979.真菌鉴定手册 [M].上海：上海科学技术出版社.

RAMALLO A C, HONGN S I, BAINO O, et al, 2005. Stemphylium solani in greenhouse tomato in Tucuman, Argentina[J]. Fitopatologia, 40: 17-22.

DEATAIDE H, HEGDE R K, 1988. Vitamin requirements of *Stemphylium* lycopersici-acausal agent of leaf spot of tomato[J]. Current research university of agricultural sciences bangalore, 17: 148-149.

（撰稿：王汉荣；审稿：王连平）

番茄溃疡病　tomato bacterial canker

由密执安棒形杆菌密执安亚种侵染番茄引起的毁灭性的细菌性维管束病害。

分布与危害 广泛发生于世界各主要番茄产区，是番茄生产中毁灭性病害之一，造成的经济损失高达 80%。截至 2016 年，全球已有 85 个国家和地区报道了该病害的发生。中国关于番茄溃疡病的记录始于 1954 年，目前已分布于全国 22 个省（自治区、直辖市），尤其在河北、甘肃、宁夏、内蒙古、新疆等番茄制种地区呈上升趋势。2007 年，中国将番茄溃疡病列入《中华人民共和国进境植物检疫性有害生物名录》。

主要危害番茄，是一种维管束病害，在番茄的各个生育时期均可发生，分为局部症状和系统症状。田间可见叶片边缘焦枯、向上卷曲，茎秆、叶柄部位出现疱疹状小白斑，后期开裂呈现溃疡状，维管束变褐，果实上可见中央深褐色、边缘有白色晕圈、略微隆起的"鸟眼状"病斑。病害发展到后期，植株整体枯死，偶尔可见类似"青枯"的整株萎蔫现象（见图）。

病原及特征 病原为密执安棒形杆菌密执安亚种［*Clavibacter michiganensis* subsp. *michiganensis*（Smith）Davis et al.］，属棒形杆菌属（*Clavibacter*）。菌体多为棍棒状或短杆状，大小 0.3 ～ 0.4μm×0.6 ～ 1.2μm，无鞭毛，无运动性，革兰氏染色呈阳性；在普通细菌培养基平板上生长 72 小时后，菌落直径 1 ～ 2mm，呈淡黄色至黄色、圆形、边缘整齐、凸起、不透明、黏稠；最适生长温度为 25 ～ 28°C，最适生长 pH 为 6.0 ～ 8.5。

侵染循环 主要以带菌种子和种苗进行远距离传播，田间病残体、带菌土壤也是重要的初侵染来源。感染溃疡病菌的幼苗，在定植到田间后 3 ～ 4 周，即开始显症，病原菌随灌溉水、雨水等在田间二次传播，造成再侵染。番茄溃疡病侵染番茄植株后可通过维管组织附着于种子表面或侵入种子内部，并在种子内长时间存活，0.01% 的种子带菌率可造成田间病害的大规模流行，番茄溃疡病也可在田间的病残体上存活较长时间，越冬菌源可导致翌年溃疡病的大暴发。

防治方法 由于抗性番茄品种的缺乏，番茄溃疡病的防治重在把控源头，同时辅以规范的农事操作和及时的药剂干预。

使用洁净的番茄种子可以从源头上对病害进行控制，种子处理是控制番茄溃疡病发生和传播蔓延最有效的手段。收获后的番茄种子，经过 24 ～ 48 小时的发酵，清洗后置于浓度为 1% ～ 2% 的稀盐酸中进行 15 ～ 20 分钟酸处理，能有效地杀灭种皮内外携带的溃疡病菌，也可以使用 72% 硫酸链霉素 2000 倍液或 1% 次氯酸钠等药剂进行种子处理。

田间出现溃疡病症状后，病原菌极易通过修剪、灌溉等农事操作在番茄植株间传播，因此需要对发病植株进行及时清除，同时避免使用接触过发病植株的剪刀进行修剪。大水漫灌和喷灌会造成病害的大面积扩展，有条件的地区，应使用覆膜滴灌技术。对于制种田，不能使用来自于发病父本的花粉进行人工授粉。

在溃疡病发生的敏感期或病害初期，化学防治可以在一定程度上限制病害的发展。铜制剂（波尔多液、可杀得）和农用硫酸链霉素是田间常用的防控番茄溃疡病的化学农药。此外，生防菌的使用，例如枯草芽孢杆菌、哈茨木霉等，也能减缓病害的发展。

参考文献

BACH H J, JESSEN I, SCHLOTER M, et al, 2003. A TaqMan-PCR protocol for quantification and differentiation of the phytopathogenic *Clavibacter michiganensis* subspecies[J]. Journal of

番茄溃疡病症状（罗来鑫提供）

①叶缘焦枯；②维管束变褐；③果实"鸟眼状"病斑

microbiological methods, 52: 85-91.

CHANG R J, RIES S M, PATAKY J K, 1991. Dissemination of *Clavibacter michiganensis* subsp. *michiganensis* by practices used to produce tomato plants[J]. Phytopathology, 81: 1276–1281.

DREIER J, BERMPOHL A, EICHENLAUB R, 1995. Southern hybridization and PCR for specific detection of phytopathogenic *Clavibacter michiganensis* subsp. *michiganensis*[J]. Phytopathology, 85: 462-468.

FATMI M, SCHAAD N W, 2002. Survival of *Clavibacter michiganensis* subsp. *michiganensis* in infected tomato stems under natural field conditions in California, Ohio and Morocco[J]. Plant pathology, 51: 149–154.

GARTEMANN K H, ABT B, BEKEL T, et al, 2008. The genome sequence of the tomato-pathogenic actinomycete *Clavibacter michiganensis* subsp. *michiganensis* NCPPB382 reveals a large island involved in pathogenicity[J]. Bacteriol, 190: 2138-2149.

GITAITIS R D, BEAVER R W, VOLOUDAKIS A E, 1991. Detection of *Clavibacter michiganensis* subsp. *michiganensis* in symptomless tomato transplants[J]. Plant disease, 75: 834-838.

JAHR H, BAHRO R, BURGER A, et al, 1999. Interactions between *Clavibacter michiganensis* and its host plants[J]. Environmental microbiology, 1: 113-118.

LUO L X, WATERS C, BOLKAN H, et al, 2008. Quantification of viable cells of *Clavibacter michiganensis* subsp. *michiganensis* using a DNA binding dye and a real-time PCR assay[J]. Plant pathology, 57: 332-337.

（撰稿：罗来鑫；审稿：王汉荣）

番茄晚疫病　tomato late blight

　　由致病疫霉侵染引起的番茄上重要病害之一。保护地、露地均可发生。

　　发展简史　晚疫病是一种著名的、毁灭性的病害，曾在马铃薯上引起病害大流行并导致了爱尔兰大饥荒。1845年首次报道马铃薯晚疫病发生，1847年在法国首次报道番茄晚疫病发生，中国最早记载于1936年。该病是世界及中国番茄生产中广泛发生和流行的最重要的病害之一。

　　分布与危害　在中国的番茄产区，无论是陆地栽培还是大棚种植，鲜食还是加工番茄，每年都有不同程度的发生。北京、山西、河南、河北、山东、陕西、贵州、四川、云南、湖北等地在不同时期均报道过当地种植的番茄遭受了晚疫病不同程度的危害。1976年、1977年和1979年，北京春播露地番茄因晚疫病造成的损失均在30%以上；1983年，江苏南京因该病减产番茄2000t；1984年，湖北宜昌受该病危害的番茄达73.2hm²，毁种21hm²，减产40%～60%；1991—1994年，在云南昆明暴发了3次番茄晚疫病，发病率都达到100%。1999—2002年，在广西有5次晚疫病流行；2001—2003年，甘肃平凉露地种植番茄1000hm²，暴发该病的面积占64%；2002—2003年，福建厦门番茄种植面积2670hm²，发生该病的面积达1600hm²；2007年，青海西宁种植的番茄受晚疫病影响，70hm²番茄受害率达95%。2007年，内蒙古巴彦淖尔番茄晚疫病大流行，受灾面积占加工番茄播种面积的47.6%，造成产量损失63.89万t，占总产量的28.4%。

　　在番茄生长的整个生育期，只要条件适宜晚疫病都可能发生。该病害可危害番茄叶片、茎和果实，其中以叶片和青果受害最常见。叶片受害多从叶尖、叶缘开始发病，初为暗绿色、水渍状、不规则病斑，扩展后颜色转为暗褐色；病叶组织很快坏死，还可蔓延至叶柄和主茎。湿度大时，叶片背面病健交界处生白色霉层，即病菌的孢囊梗和孢子囊；空气干燥时，叶片病部干枯、变脆易碎。茎秆发病，病斑纵向延伸产生暗褐色条斑，植株易从发病部位弯折，或引起植株萎蔫；湿度大时产生稀疏的白色霉层。果实受害主要发生在青果上，发病初期病斑呈暗绿色油渍状，后期变为棕褐色，果实一般不变软，湿度大时长出白色霉层（图1）。

病原及特征　病原菌为致病疫霉［*Phytophthora infestans*（Mont.）de Bary］，属疫霉属。病菌适宜在黑麦琼脂培养基、V8 或黑麦番茄汁培养基上生长，菌落白色。菌丝无隔、自由分枝。孢囊梗由菌丝生出，顶端尖细、直立、合轴分枝。孢子囊顶生或侧生，单胞、卵圆形或近圆形，大小为 21～38μm×12～23μm，顶端有半乳突，基部具短柄。孢囊梗顶端膨大产生孢子囊，再向前生长，将所产孢子囊推向一侧；顶端再膨大再生新的孢子囊，如此不断产生孢子囊。在温暖的环境条件（18～24℃）下，孢子囊萌发可直接形成芽管，或在冷凉、湿润的条件（8～13℃）下释放游动孢子，每个孢子囊可释放 5～12 个游动孢子。游动孢子肾形、双鞭毛，在水中游动片刻后静止，鞭毛收缩成为休止孢，休止孢萌发产生芽管侵染番茄。晚疫病菌的菌丝生长温度为10～30℃，最适为 20～23℃，孢子囊形成温度为 3～26℃，最适 18～22℃。

致病疫霉是一种异宗配合的卵菌，其有性生殖一般需要 A1 和 A2 两种交配型的菌株。1956 年前普遍认为全球范围内只存在 A1 交配型，1956 年首次在墨西哥发现了 A2 交配型，1984 年以后世界许多国家都相继发现了 A2 交配型菌株。在中国，1996 年在北京、内蒙古、山西和云南等地的马铃薯上发现了 A2 交配型菌株；1997—1999 年，在河北徐水的 44 个番茄晚疫病菌菌株中，发现了 3 个 A2 交配型菌株；2003 年，在云南的 124 个菌株中，发现了 3 个 A2 交

配型菌株；2004 年，在中国 18 个省（自治区、直辖市）的 201 个菌株中，发现了 8 个 A2 交配型菌株，它们分别来自广西、云南、河北和福建；2000—2006 年，在广西的 239 个菌株中，仅发现了 8 个 A2 交配型菌株；2009 年，测定了1991 年到 2006 年台湾的 655 株菌株，未发现 A2 交配型菌株。综上所述，中国番茄主产区的晚疫病菌仍然以 A1 交配型为主，A2 交配型菌株的比例很少，而且只在个别省份有分布。A1、A2 交配型菌株同时存在，显示田间极有可能发生有性生殖，产生抗逆性强的卵孢子。对于田间卵孢子产生情况了解很少，中国仅有从云南的马铃薯晚疫病病叶中观察到。

国内外对晚疫病菌遗传多样性的研究较多，除了对病菌交配型的研究之外，用到较多的标记有线粒体单模型（mitochondrial DNA haplotype）、同工酶、对甲霜灵的抗药性、SSR 多样性、无毒基因多样性、RAPD 以及 AFLP 等。晚疫病菌群体经历了几次群体迁移，第一次可能是从墨西哥传播到欧洲，第二次是从欧洲到南美洲、非洲和亚洲。晚疫病菌群体可能随着中国从苏联、欧洲、美国等地区引进马铃薯种薯而传入中国。在国内，随着黑龙江、内蒙古、甘肃等地马铃薯种薯的调出以及种质资源的交流，也极大地促进了晚疫病菌的传播、扩散。

致病疫霉的线粒体单模型有 4 种，即Ⅰa、Ⅰb、Ⅱa、Ⅱb，其中Ⅰb 为较古老的类型。4 种单模型在世界各地的分布不同。中国的致病疫霉包括了所有 4 种类型，4 种类型的分布也呈现出地理位置上的差异，其中主要为Ⅱa 和Ⅰa。番茄晚疫病菌包括Ⅰa、Ⅰb、Ⅱb，其中以Ⅰa、Ⅱb 为主；江苏、山东等地菌株以Ⅱb 为主，河北、云南等地菌株多为Ⅰa 型；Ⅰb 型菌株很少，但在江苏、安徽、云南和北京有分布。国内检测的致病疫霉单模型与寄主有一定的相关性，目前检测到的Ⅰb 菌株主要来自番茄上，马铃薯上的菌株仅有分别来自四川凉山和福建泉州的各 1 个菌株。对于致病疫霉同工酶的分析往往针对 6-磷酸葡萄糖异构酶（*Gpi*）和肽酶（*Pep*）进行，国内检测的晚疫病菌同工酶的基因型主要为Gpi（100/100/111）、Pep（100/100）。

番茄晚疫病菌可以分为 24 个生理小种（见表）。2001年，亚洲蔬菜研究与发展中心鉴定台湾地区有 T1、T1，2、T1，2，3、T1，4 和 T1，2，4 等 5 个生理小种。2002—2008 年，大陆地区应用亚洲蔬菜研究与发展中心提供的 6 个番茄鉴别寄主 Ts19（Ph+）、Ts33（Ph-1）、W.Va700（Ph-2）、CLN2037B（Ph-3）、L3708（Ph-3，4）以及 LA1033（Ph-5）了测定 304 个菌株，从中鉴定出 T0、T1、T1，2、T1，2，3、T1，2，3，4、T1，4、T1，2，4、T3、T1，3、T1，3，4、T1，2，3，4，5 等 11 个生理小种；其中主要为 T1，2、T1 和 T0，分别占30.0%、29.2% 和 16.1%。2003—2004 年，应用分别含有单个抗性基因（R1-R11）的马铃薯鉴别寄主测定番茄晚疫病菌的生理小种，发现从云南番茄上分离的 61 个致病疫霉菌对已知的 10 个抗性基因有毒性，存在 26 种毒力类型，毒力复合程度高、类型复杂，具有较高的毒力多样性；其中 1，3，4，7，9 为优势毒力类型，其次是 1，3，4，6，7，9 和 1，3，7，9。

致病疫霉对甲霜灵的敏感性测试对生产中防治晚疫病药剂的选择有重要的指导作用。一些地区多年使用甲霜灵类药剂并在一个生长季多次使用，出现了抗药性菌株，导致甲

图 1　晚疫病危害番茄叶片、茎、青果的症状（吴楚提供）

①番茄叶部受害状；②番茄晚疫病病株；③番茄茎秆受害状；
④番茄青果受害状及产生的白色霉层

F

番茄晚疫病菌的主要生理小种表

生理小种	鉴别寄主（基因）					
	Ts19 （Ph +）	Ts33 （Ph-1）	W.Va70 （Ph-2）0	CLN2037B （Ph-3）	L3708 （Ph-3, 4）	LA1033 （Ph-5）
T0	S	R	R	R	R	R
T1	S	S	R	R	R	R
T1, 2	S	S	S	R	R	R
T1, 2, 3	S	S	S	S	R	R
T1, 2, 3, 4	S	S	S	S	S	R
T1, 2, 3, 4, 5	S	S	S	S	S	S
T2	S	R	S	R	R	R
T2, 3	S	R	S	S	R	R
T2, 4	S	R	S	R	S	R
T2, 3, 4	S	R	S	S	S	R
T2, 3, 4, 5	S	R	S	S	S	S
T1,2,4	S	S	S	R	S	R
T1, 2, 5	S	S	S	R	R	S
T1, 3	S	S	R	S	R	R
T1, 3, 4	S	S	R	S	S	R
T1, 3, 5	S	S	R	S	R	S
T1, 2, 3, 5	S	S	S	S	R	S
T1, 2, 4, 5	S	S	S	S	S	S
T3	S	R	R	R	R	R
T3, 4	S	R	R	S	S	R
T3, 5	S	R	R	S	R	S
T3, 4, 5	S	R	R	S	S	S
T4	S	R	R	R	S	R
T1, 4	S	S	R	R	S	R

注：S：感病型；R：抗病型。

霜灵不能有效地防治晚疫病。比如：2006 年对来自云南的 82 个菌株进行了测试，敏感菌株为 14 株，占测定菌株总数的 17.1%；中抗菌株数为 26 株，占 31.7%；抗性菌株为 42 株，占 51.2%。2010 年测试了来自河北的 49 个菌株，以甲霜灵敏感菌株为主，抗性菌株仅有 7 个。

侵染过程与病害循环 致病疫霉的孢子囊接触到感病番茄的叶、茎或果实，可以直接萌发或者释放游动孢子，在合适的温湿度条件下萌发产生芽管，芽管顶端膨大形成附着胞，然后产生侵染钉穿透寄主表皮，菌丝在细胞间隙扩展，有时会形成吸器，以此从寄主细胞中吸取水分和营养物质。至此，致病疫霉完成了整个侵染过程。

病菌主要以菌丝体在马铃薯和番茄病残体、田间的栽培番茄、马铃薯，番茄和马铃薯的自生苗或田边的野生茄科植物上越冬，成为翌年田间发病的初侵染源。孢子囊借助风雨、气流传播蔓延，进行多次再侵染，导致病害流行。致病疫霉产生的有性孢子为卵孢子，卵孢子可以在受侵染的寄主组织叶片、茎、薯块、果实、种子上产生并成为重要的侵染来源（图 2）。

流行规律 晚疫病是一种危害性大、流行性强的病害，病害发生的早晚以及病情发展的速度主要与气象因素密切

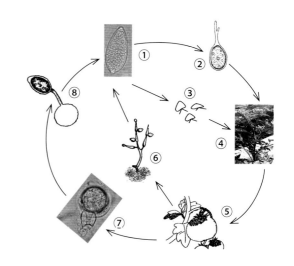

图 2 致病疫霉侵染引起的番茄晚疫病的病害循环示意图（朱小琼提供）
①孢子囊；②孢子囊萌发产生芽管；③游动孢子；④健康番茄植株；⑤发病的番茄植株；⑥番茄植株发病后病组织上产生的白色霉层为孢囊梗和孢子囊；⑦卵孢子；⑧卵孢子萌发产生孢子囊

相关。在低温、高湿、连续阴雨或早晚多雾多露的情况下病害容易流行。适宜该病发生的温度是白天24℃以下，夜间10℃以上，相对湿度为75%～100%。病菌形成孢囊梗要求空气湿度大于85%，形成孢子囊要求湿度大于90%，而且以饱和湿度为最适条件，温度为3～26℃，最适为18～22℃。所以，孢囊梗往往在夜间大量产生。孢子囊必须在有水滴或水膜时才能萌发侵入。孢子囊萌发的方式和速度与温度有关，温度为8～13℃时，孢子囊萌发产生游动孢子，游动孢子萌发的最适温度为12～15℃；温度高于15℃时则直接萌发产生芽管，需要5～10小时才能侵入。菌丝侵入寄主后，20～23℃时蔓延最快，潜育期最短。当条件适宜时，从中心病株出现致全田枯死，仅需半个月至1个月时间。田间温度高于30℃不利于病害的扩展。若中心病株出现以后遇到连续高温干旱，病害有可能停止发展。

晚疫病的发生与植株的抗性以及栽培条件等因素也密切相关。地势低注、积水、种植过密等导致田间湿度过大的情况都有利于病害的发生。偏施氮肥导致植株徒长或植株营养不良、长势衰弱等情况下容易发生晚疫病。

防治方法　番茄晚疫病的防治仍然以加强栽培管理、化学防治为主，结合选用抗病品种、预测预报等综合措施。

农业防治　①轮作。减少侵染来源是一项重要的措施，田间有卵孢子产生而且发病严重的病田可与非茄科作物实行3年以上轮作。②栽培管理。采取高畦种植，提早培土；合理密植，及时整枝打杈，摘除植株下部老叶，改善通风透光条件，降低田间湿度。配方施肥，创造有利于植株生长的小环境。合理灌水，切忌大水漫灌，雨后及时排水，避免积水，降低田间湿度。保护地番茄，前期适量控水，天气转暖后及时放风，并逐渐加大放风量，降低保护地内湿度，防止高湿引起病害发生。

选用抗病品种　番茄不同品种对晚疫病的抗性表现不同，利用抗晚疫病品种是最经济、有效的病害防治措施。生产上使用的抗病品种主要有强力米寿、荷兰5号、圆红、渝红2号、中蔬4号、中蔬5号、佳红、中杂4号等。

化学防治　发现中心病株应及时摘除病叶、病枝、病果，拔除重病株，并对中心病株周围的植株进行喷药保护，特别注意喷植株中下部的叶片和果实，防止病害蔓延危害。如果遇到连续阴雨等高湿度的条件，必须对全田进行喷药保护。喷药防治是防治晚疫病的主要手段之一，同时也是利用抗病品种防治病害措施的必要补充。要充分发挥药剂的最大效果，提高经济效益，必须根据当地晚疫病发生流行特点、气候条件、品种感病性及杀菌剂特性等，结合预测预报，确定防治对象田、用药量、用药适期、用药次数和施药方法等。常用的药剂主要有25%甲霜灵可湿性粉剂800～1000倍液、72.2%霜霉威水剂800倍液、72%的霜脲氰可湿性粉剂600～750倍液、69%烯酰吗啉-锰锌水分散粒剂600～800倍液等。甲霜灵、烯酰吗啉等药剂容易产生抗药性，在化学防治过程中应注意与不同类别药剂的轮换使用或进行复配使用，延缓或减少抗药性的产生。

晚疫病是一种高度依赖气候条件的病害，当条件适宜时，病害可迅速暴发，从开始发病到全田枯死，最快的不到半个月，因此，预测预报从而及时防控病害特别重要。目前已建立基于田间气象条件、病害监测和信息技术的监测预警系统，该系统在大面积种植的马铃薯上有较多应用，但在番茄上的应用还较少。

参考文献

冯兰香，杨宇红，谢丙炎，等，2004.中国18省市番茄晚疫病菌生理小种的鉴定[J].园艺学报(6):758-761.

王文桥，马志强，张小风，等，2002.致病疫霉抗药性、交配型和适合度[J].植物病理学报，32(3):278-283.

杨宇红，谢丙炎，冯兰香，等，2004.中国番茄晚疫病菌交配型及其分布研究[J].菌物学报(3):351-355.

中国农业科学院植物保护研究所，中国植物保护学会，2015.中国农作物病虫害[M].3版.北京:中国农业出版社.

朱小琼，车兴璧，国立耘，等，2004.六省市致病疫霉交配型及其对几种杀菌剂的敏感性[J].植物保护，30(4):20-23.

GUO L, ZHU X Q, HU C H, et al, 2010. Genetic structure of *Phytophthora infestans* populations in China indicates multiple migration events[J]. Phytopathology, 100(10): 997-1006.

KOTS K, MEIJER H J G, BOUWMEESTER K, et al, 2016. Filamentous actin accumulates during plant cell penetration and cell wall plug formation in *Phytophthora infestans*[J]. Cellular and molecular life sciences, 74: 909-920.

LI B, CHEN Q, LV X, et al, 2009. Phenotypic and genotypic characterization of *Phytophthora infestans* isolates from China[J]. Journal of phytopathology, 157(9): 558-567.

NOWICKI M, FOOLED M R, NOWAKOWSKA M, et al, 2012. Potato and tomato late blight caused by *Phytophthora infestans*: An overview of pathology and resistance breeding[J]. Plant disease, 96(1): 4-17.

（撰稿：朱小琼；审稿：王汉荣）

番茄细菌性斑点病　tomato bacterial spot

由丁香假单胞菌番茄致病变种侵染番茄引起的病害。又名番茄细菌性叶斑病、番茄细菌性斑疹病。

分布与危害　番茄细菌性斑点病自1933年首次报道以来，已在摩洛哥、南非、澳大利亚、苏联、美国、以色列、加拿大等20多个国家和中国台湾有发生报道。

番茄细菌性斑点病具有传染性强、影响范围广、危害较大等特点。1998—1999年，中国在吉林长春番茄大棚内发现该病。自21世纪以来，该病已蔓延到黑龙江、辽宁以及甘肃、山西、天津、新疆等北方地区的番茄产区，常年减产5%～75%，平均每年减产20%～30%，严重时高达50%，给番茄生产造成了巨大的威胁。在南方，2006年1月，首次在福建闽清种植的反季节番茄上发现此病。

该病主要受害部位是叶片，其次是茎、花、果实和果柄（见图），尤以叶缘及未成熟果实最明显。叶片染病，产生深褐色至黑色斑点，四周常具黄色晕圈；叶柄和茎染病，产生黑色斑点；幼嫩绿果染病，初现稍隆起的小斑点，果实近成熟时，围绕斑点的组织仍保持较长时间绿色。

病原及特征　病原为丁香假单胞菌番茄致病变种 ［*Pseudomonas syringae* pv. *tomato*（Okabe）Young，Dye & Wilkie］（简称 PST），属假单胞菌属。该病菌主要危害番茄，也可危害辣椒。人工接种可危害茄子、龙葵、毛曼陀罗和白花曼陀罗等茄科植物。

PST 存在着生理小种的分化，现已鉴定出 PST 存在 2 个生理小种，即生理小种 0 号和生理小种 1 号。2 个小种的区别在于它们对抗病番茄具有不同的毒力。在抗病番茄上接种 PST 的 0 号小种，植物会产生过敏性坏死反应；而在抗病番茄上接种 1 号小种，PST 大量增殖，引起感病反应。RAPD 和 AFLP 技术不能区分 PST 存在 2 个生理小种。病菌分血清学 I 和血清学 II 菌系。菌株的致病性、碳水化合物的利用、噬菌体敏感性和质粒情况具有多样性。菌株的总可溶性蛋白电泳图谱也存在很大差异。

侵染循环　番茄细菌性斑点病的病原菌可在番茄植株、种子、病残体、土壤和杂草上越冬，也可在拟南芥等多种植物的叶和茎上存活，病原体在干燥的种子上可存活 20 年。以带病种子越冬，这是向新菜区传播的主要途径，播种带菌的种子，幼苗期即可染病。此外，病菌也可随病株残余组织遗留在田间越冬，病菌在干燥的残余组织内可长期成活，并成为翌年初侵染源。田间发病后，病原细菌通过雨水、昆虫、农事操作等传染途径进一步传播，以致造成流行。造成种子带菌和植株组织的带菌，形成病菌的越冬场所。

防治方法

选育抗病品种　是防治该病经济有效的措施，因地制宜地选育和引用抗耐病高产良种。现除了用常规的育种手段外，正利用分子生物学技术，特别是抗性基因工程进行品种的选育，能够得到高抗、高产、优质的番茄品种。

植物检疫　加强检疫是防止传播、减少损失的一个重要手段。由于该病主要是种传病害，因此要加强种子检疫，防止带菌种子传入非疫区。

选用无病种苗　建立无病留种田，从无病留种株上采收种子。

种子处理　是方便实用简单的办法，在番茄播种前，用 55℃ 的温汤浸种 30 分钟，捞出晾干后，冷却后再催芽播种。也可采取化学种子处理，用 20% 噻唑锌悬浮剂 100～200 倍液浸种 30 分钟，洗净后播种。

农业防治　适时轮作与非茄科蔬菜实行 3 年以上的轮作，以减少初侵染源。加强田间管理。在发病初期清除掉病叶、病茎及病果；灌溉、整枝、打杈、采收等农事操作中要注意，以免将病害传播开来；尽量采用滴灌，防止大水漫灌；合理密植，适时开棚通风换气，降低棚内湿度；增施磷、钾肥，提高植株抗病性。

化学防治　土壤消毒处理是消灭病原菌，降低重茬影响的有效办法。每年于 7～8 月，深翻耕 10～15cm，洒上土壤处理剂，然后加入有机肥及稻草，用土覆盖，扣上塑料拱棚，然后灌水闷棚 20 天，可以消除病菌。

发病期喷药防治可选用 77% 可杀得可湿性粉剂 400～500 倍液，或 53.8% 可杀得 2000 干悬浮剂 600 倍液，或 20% 噻菌灵（龙克菌）悬浮剂 500 倍液，或 14% 络氨铜水剂 300 倍液，或 0.3%～0.5% 氢氧化铜，或 200μl/L 链霉素或新植霉素，每隔 10 天喷 1 次，连喷 3～4 次。如果病害较重，可用 20% 噻唑锌悬浮剂 300 倍液，每隔 3 天喷 1 次，直到喷好为止。

番茄细菌性斑点病（②③吴楚提供；①④⑤⑥赵廷昌提供）
①③番茄叶片受害状；②番茄茎秆受害状；④⑤番茄果实受害状；⑥病原菌电镜图

参考文献

刘秋，田秀铃，孟祥林，等，2002. 番茄细菌性斑点病病原鉴定的初步研究 [J]. 辽宁农业科学 (1): 42-43.

任建国，王俊丽，岳美云，2011. 杀菌剂对番茄细菌性斑疹病菌的毒力测定 [J]. 北方园艺 (1): 171-173.

时涛，2002. 番茄抗细菌性斑点病的遗传特性和抗性基因的分离及鉴定 [D]. 武汉：华中农业大学.

孙福在，杜志强，焦志亮，1999. 番茄细菌性斑点闻病原菌及生理小种鉴定 [J]. 植物保护学报 (3): 265-269.

孙福在，赵廷昌，杜志强，等，1998. 辣椒、番茄细菌性斑点病国内外研究与进展 [J]. 植保技术与推广 (2): 40-42.

赵廷昌，2007. 番茄细菌性斑点病研究进展 [C]// 王琦，姜道宏. 植物病理学研究进展. 北京：中国农业科学技术出版社：271-275.

赵廷昌，孙福在，李明远，等，2004. 番茄细菌性斑点病的发生与防治 [J], 中国蔬菜 (4): 64.

（撰稿：赵廷昌；审稿：王汉荣）

番茄细菌性髓部坏死病 tomato pith necrosis

由皱纹假单胞菌引起的、危害番茄地上部的一种细菌病害。是世界上许多国家番茄产业上的重要病害之一。

发展简史　是中国也是世界上许多国家番茄上的重要病害之一，其发生历史久远，分布范围广泛，危害损失严重，一直受到高度重视。该病在 1978 年发现以来，不同国家陆续报道了该病的存在，英国、法国、德国、西班牙、丹麦、意大利、美国、瑞士、以色列、葡萄牙、瑞典、新西兰、南非、南斯拉夫、日本、苏联、巴西、土耳其、叙利亚、波兰、希腊、阿根廷、阿尔巴尼亚、坦桑尼亚等国家有发生分布。

分布与危害　该病在中国个别地区有发现。1998 年宁波（宁波市江东区福明乡园艺场的棚栽番茄和宁波市农业科学研究所蔬菜基地露地樱桃番茄）和 2000 年山东鱼台首次发现此病。2001 年，在山东鱼台大棚种植的番茄上发病，受害面积 467hm²，发病率达 60%，造成植株枯死，个别大棚罢园；2001 年 8 月至 2003 年 6 月，江苏苏州新区蔬菜园艺场联体温室种植的秋番茄也受此病危害，受害面积 0.13hm²，发病率 35%，发病情况因品种而轻重不一，造成植株枯死，个别品种死亡率达 95%。

主要危害番茄茎和枝，叶、果实也可被害。初病期植株上、中部叶片开始失水萎蔫，部分复叶的少数小叶边缘褪绿。小叶多在叶尖、叶缘处发病，初呈暗绿色失水状，渐向小叶内扩展并黄枯。与此同时，茎部长出突起的不定根，尚无明显的病变。后在长出突起的不定根的上、下方，出现褐色至黑褐色病斑，长度逐渐扩展达 5～10cm，病斑表皮变硬。纵剖病茎，可见髓部发病症状，病变部分超过茎外表变褐的长度，呈褐色至黑褐色，严重的后期髓部呈梯形结构；茎外表褐变处的髓部先坏死、干缩中空，并逐渐向上和下延伸（见图）。黑褐色病斑多在茎下部，也可在茎中部或分枝上发生，最后全株枯死。病株从表现萎蔫至全株枯死，病程缓慢，约 20 天。分枝、花器、果穗被害症状与茎部相似。樱桃番茄果实多从果柄开始变褐，终至全果褐腐，果皮变硬。湿度大时，从病伤口或叶柄脱落处溢出黄褐色菌脓；病部坏死斑不形成溃疡症状，病果上无"鸟眼"斑，区别于溃疡病；病茎髓部坏死处无腐臭味，别于软腐病；叶片无斑点，别于细菌性斑疹病和疮痂病。

除了危害番茄外，寄主还有胡椒、菊花、紫苜蓿（无症）。该病菌普遍存在，估计还会有其他寄主。接种寄主有豆、花椰菜、甜瓜、黄瓜。

病原及特征　病原为皱纹假单胞菌（*Pseudomonas corrugata* Roberts & Scarlett）。革兰氏阴性、无芽孢、棒形、多根极生鞭毛。在 YBGA 培养基上菌落有皱褶或光滑，产生黄色至褐色色素。病菌在葡萄糖—蛋白胨培养基上产生蓝色扩散性非荧光色素。随着菌龄变化和不同培养基，菌落变成土黄色或淡黄褐色，产生黄—黄绿色扩散性非荧光色素。病菌能够引起莴苣坏死，但不能引起马铃薯软腐。氧化酶阳性，不产生果聚糖，不溶解果胶，硝酸盐还原为亚硝酸盐，积累 PHB，能够利用乙酸、N- 乙酰葡糖胺、乌头酸、D- 和 L- 丙

番茄髓部坏死病症状（①赵廷昌提供；②吴楚提供）

①番茄茎内部坏死，干枯中空，呈褐色至黑褐色；②番茄病茎根部纵切面

氨酸、DL-4- 氨基丁酸、DL-5- 氨基戊酸、D- 阿拉伯糖醇、L- 阿拉伯糖、L- 精氨酸、L- 天冬氨酸、甜菜碱、葵酸（caprate）、N- 己酸、辛酸、柠檬酸、diaminobutane、D- 果糖、延胡索酸、D- 半乳糖、葡糖胺、D- 葡萄糖、葡糖酸、L- 谷氨酸、戊二酸、甘油、heptanoate、L- 组胺、DL-3- 羟丁酸、p- 对羟基苯甲酸、肌醇、L- 异亮氨酸、2- 酮戊二酸、DL- 乳酸、L- 亮氨酸、L- 苹果酸、丙二酸、D- 甘露塘、壬酸、L- 苯丙氨酸、L- 脯氨酸、丙酸、核糖、肌氨酸、L- 丝氨酸、精胺、海藻糖、蔗糖、琥珀酸、threalose、葫芦巴碱、L- 酪氨酸、N- 戊酸、L- 缬氨酸和 D- 木糖。

不能水解淀粉、DNA 和七叶灵。不能使洋葱片腐烂、不能利用乙酰胺、己二酸、阿东糖醇、2，3，4- 苯甲酸、DL-2- 氨基丁酸、苦杏仁苷、D- 阿拉伯糖、L- 阿拉伯糖醇、熊果苷、壬二酸盐、苯甲酸酯、苯甲基胺、丁胺、D- 纤维二糖、L- 瓜氨酸、肌酸、L- 半光氨酸、半乳糖醇、乙胺、赤藓糖醇、D- 和 L- 岩藻糖、D- 龙胆二糖、苷氨酸、糖原、o- 和 m- 水杨酸、菊粉、衣康酸、5- 酮葡糖酸、DL- 犬尿氨酸、乳糖、乙酰丙酸、马来酸、麦芽糖、D- 和 L- 苯乙醇酸、D- 松三糖、D- 密二糖、甲基延胡索酸、L- 甲硫氨酸、甲基 -D- 葡糖苷、甲基 -D- 甘露糖苷、甲基木糖苷、DL- 正缬氨酸、草酸、苯乙酸、邻苯二甲酸盐、间本二酸酯、ter- 邻苯二甲酸盐、庚二酸、D- 棉子糖、鼠李糖、水杨苷、葵二酸酯、山梨糖醇、辛二酸、L- 酒石酸、D- 塔格糖、L- 苏氨酸、色胺、D- 和 L- 色氨酸、D- 松二糖、尿素、木糖醇、L- 木糖。

不同菌株的生理生化特性基本一致，但也存在着差异，结果不一致的项目有：圆葱腐烂、脂肪酶、精氨酸双水解酶、胡萝卜根腐烂、烟草过敏、土温 80 水解、明胶水解、DL- 氨基丁酸、戊胺、丁酸、异丁酸、柠康酸盐、乙醇胺、DL- 甘油酸、组胺、2- 酮葡糖酸、L- 赖氨酸、D- 来苏糖、D- 苹果酸、L- 正亮氨酸、L- 鸟氨酸、异戊酸、D- 酒石酸、m- 酒石酸、甘露醇、丙酮酸、高丝氨酸、苏氨酸、乙醇酸和乙醇的利用。对该病菌的研究还涉及抗血清、细胞的脂多糖、脂肪酸的含量和对砷的抗性等，某一菌株的抗血清不能与所有菌株发生凝聚反应，菌体的脂肪酸种类和含量也存在差异。因此，这两项内容不能用于鉴定病原菌。*Pseudomonas corrugata* 基因组约为 6.16Mb，GC 含量为 60.6%。基因组研究发现，*Pseudomonas corrugata* 没有三型分泌系统和三型效应子，但其 R 型菌株仍能引起烟草过敏性反应。

侵染循环 对该病的侵染循环知道的甚少，从紫苜蓿（无症）的根、水稻粒以及土壤和水中可分离到病原菌。土壤中的病菌为番茄髓部坏死的初侵染源。此病可在棚栽或露地番茄上发生，棚栽发病早于露地。病菌多从整枝伤口处侵入发病，并通过雨水、农事操作等传播蔓延。症状表现多在番茄青果期。一般 4～6 月遇低温、高湿天气，容易发病。连作地、排水不良、氮肥过量的地块发病重。

防治方法

种子检疫 加强种子的检疫，杜绝带菌种子进入无病区。种子无菌及妥善的田间管理是预防该病发生的首要措施。在种子方面，应自无发病的地区采种，种苗生产过程应避免污染该菌。生产的种子则应进行种子带菌率测定，较可行的测定法为试种法，至于选择性培养基直接分离，或聚合

酶链式反应等较灵敏而便捷的检测技术，则仍待进一步改良或研究开发。种子处理也是预防种子传病的可行措施。

田间管理 施用腐熟的有机肥，不偏施、过量施用氮肥，增施磷钾肥。雨后及时排除积水。病害一旦出现后，则应随时清除病苗和病果，以免遗留田间成为二次感染源。另一方面，彻底清除田间杂草（如无症的带菌植物——苜蓿），也是减少该病发生的重要措施。因病菌可从伤口侵入，因此，不要在叶子上露水未干的感染田块中工作，也不要把感染田中用过的工具拿到未感染田中使用。

农业措施 轮作倒茬是防治该病必需的措施，在常年发病区，在发病地块避免连作，可与非茄科蔬菜轮作 2～3 年。

参考文献

李焕玲，钏锦霞，李宝聚，2013. 李宝聚博士诊病手记（六十二）茄科蔬菜细菌性病害种类 [J]. 中国蔬菜 (15): 23-25.

李秀芹，姜京宇，张丽，2013. 河北省番茄细菌性髓部坏死病的发生与防治 [J]. 中国蔬菜 (7): 25-26.

刘金菊，林兴华，2020. 番茄细菌性髓部坏死病识别与绿色防控 [J]. 云南农业科技 (2): 46-47.

孙福在，赵廷昌，刘永，2003. 山东鱼台县发生番茄细菌性髓部坏死病 [J]. 植物保护 (6): 56-57.

（撰稿：赵廷昌、关巍；审稿：王汉荣）

番茄叶霉病 tomato leaf mildew

由黄褐钉孢侵染、危害番茄叶片的一种真菌性病害。俗称番茄黑毛病。

发展简史 番茄叶霉病于 1883 年在英国首次记载。番茄叶霉病病原最早由 Cooke 鉴定为黄（褐）枝孢（*Cladosporium fulvum* Cooke）；1954 年，Ciferri 将该病原物命名为黄褐孢霉［*Fulvia fulva*（Cooke）Ciferri］；1983 年，Arx 将该病原物命名为黄褐菌绒孢（*Mycovellosiella fulva*）；2003 年，番茄叶霉病病原又改为黄褐钉孢［*Passalora fulva*（Cooke）U. Braun Crous］。

番茄叶霉病病原菌生理小种分化较为复杂，是蔬菜病害中生理小种分化最为复杂的病害之一。在法国和地中海区发现该病病菌至少分化为 8 个生理小种。随着对叶霉病病原菌生理小种的深入研究，国际上建立了一套较完备的叶霉病生理小种鉴别寄主体系。

20 世纪 30 年代，加拿大和美国开始番茄叶霉病抗病育种研究，并从栽培番茄及野生番茄中筛选出多个抗源应用于番茄抗病育种。据加拿大的 Lang ford 报道，在 30 年代几乎所有的温室番茄品种均经过了叶霉病抗性筛选。20 世纪 60 年代初，日本也开展了番茄叶霉病的抗病育种研究，所利用的抗源主要来源于美国育成的抗叶霉病番茄品系。据山川邦夫 1987 年报道，在日本已有 58 个抗叶霉病的番茄品种用于生产。在过去的几十年里，培育出许多抗叶霉病的品种，如欧美国家早期的品种有 Stirling Castle、Leaf Mould Resister、V473、V121、Ray State、STEP390、Vagabond 等，20 世纪 70～80 年代育成的新品种或杂交种有 DURO、

DOMBO、DOMBITO 和 CARUSO 等。随着染色体技术和分子标记技术用于番茄抗病基因定位以来，有关番茄叶霉病抗性基因的遗传及染色体定位研究取得了很大的进展。1956年，美国番茄遗传学家 Rick 和 Butler 首先把 *Cf-1*、*Cf-2* 和 *Cf-3* 基因定位于染色体上。Kerr 和 Bailey 在 1964 年将 *Cf-1* 基因定位于番茄 1 号染色体上。1980 年，Kanwar 等把所有 24 个抗叶霉病基因已全部定位于番茄 12 条不同的染色体上。1994 年，Jones 等克隆了番茄叶霉病抗性基因 *Cf-9*，1995 年 Dixon 等克隆了 *Cf-2*。据此，人们通过图位克隆和转座子示踪等技术相继克隆了多个番茄叶霉病抗性基因（*Cf*）及其同源物，而且部分基因的结构功能和抗病机制已明确。与番茄抗病基因互补的无毒基因 *Avr9*、*Avr4*、*Avr2* 和 *Avr4E* 也相继被克隆，这极大地促进了叶霉病抗病机理的研究，并将为番茄叶霉病的防治提供新的思路。

中国番茄叶霉病病菌生理小种具有十分复杂的种群结构，而且这个种群结构还随着栽培品种的不断更替而发生变异。自 20 世纪 80 年代初，随着保护地番茄生产的迅速发展，中国也开展了番茄抗叶霉病育种。如张环等于 1989 年培育出了中国第一个抗叶霉病品种双抗 2 号（含 *Cf-4* 基因）。根据田间叶霉病生理小种组成特点，中国农业科学院蔬菜花卉研究所、北京市蔬菜研究中心、辽宁省农业科学院等单位分别育出抗叶霉病的中杂 9 号、双抗 2 号、佳粉 15 号及辽粉杂系列等多个抗叶霉病品种，并在生产中推广应用，取得了良好的防病效果。

分布与危害　在中国，番茄叶霉病于 1931 年在台湾首见危害，20 世纪 50 年代大陆偶见发生。80 年代以后，随着设施栽培面积的扩大，危害渐趋加重。目前大多数番茄产区均有分布，以华北和东北地区受害严重。叶霉病在露地和设施栽培番茄中均有发生，尤其保护地内危害严重，露地番茄虽有发生但一般危害不重。由于该病在番茄整个生长季均可发生，且流行速度快，常常在短期内暴发成灾，重病田块病叶率高达 90% 以上，造成叶片完全干枯，严重影响植株养分积累。据历年调查统计，由番茄叶霉病引起的产量损失一般年份为 20%～30%，流行年份达 50% 以上，严重地块甚至绝收，成为设施番茄生产的重要障碍之一。

番茄叶霉病主要危害番茄叶片，严重时可侵染茎和花，果实很少受害。

叶片受害，初在叶片正面显现不规则形或椭圆形、淡绿色或浅黄色褪绿斑块，边缘界限不清晰，以后病部叶背面产生致密的绒毯状霉层，严重时叶片正面也可生出霉层。霉层初时白色至淡黄色，后逐渐转为深黄色、褐色、灰褐色、棕褐色至黑褐色不等的各种颜色。发病严重时，数个病斑连汇成片，致使叶片逐渐干枯卷曲。病害常由中下部叶片开始发病，逐渐向上扩展蔓延，后期导致全株叶片皱缩、枯萎而提早脱落（图 1）。

花部受害，致使花器凋萎或幼果脱落。偶尔果实发病，多在蒂部形成近圆形、黑色的凹陷病斑，革质硬化、不能食用。病部产生大量灰褐色至黑褐色霉层。

病原及特征　病原为黄褐钉孢 [*Passalora fulva*（Cooke）U. Braun Crous]，属钉孢属；异名褐孢霉 [*Fulvia fulva*（Cooke）Ciferri、*Cladosporium fulvum* Cooke]。

病菌分生孢子梗成束从气孔伸出，有分枝，初无色，后呈淡褐色至褐色，具 1～10 个隔膜，节部膨大呈芽枝状，其上产生分生孢子。分生孢子椭圆形、长椭圆形或长棒形，初无色，后变淡褐色，可有单胞、双胞或 3 个细胞等多种类型，以单胞和双胞者常见，大小为 13.8～33.8μm×5.0～10.0μm（图 2）。

番茄叶霉菌可在多种培养基上生长和产孢，番茄叶霉菌在燕麦培养基和玉米粉培养基上生长最佳，但菌丝层薄；在

图 1　番茄叶叶霉病症状（刘志恒提供）

①正面；②背面；③田间

PDA 和 PSA 培养基上生长缓慢，但菌丝层厚。病菌对单糖、双糖和多糖都能利用，氮源以硝态氮和有机氮利用较好，氨态氮抑制病菌的生长。分生孢子对碳源的利用以葡萄糖和淀粉较好，木糖最佳；氮源以谷氨酸最佳。病菌在 PSA 培养基上产孢量最大。

番茄叶霉菌菌丝发育温度为 9～34℃，最适温度为 20～25℃。分生孢子在 5～30℃均可萌发，最适温度为 25℃。病菌的生长和繁殖，需要较高的湿度，一般以 80% 以上的相对湿度为适宜。分生孢子在水滴中萌发最好，相对湿度低于 96% 时，孢子萌发受到抑制，相对湿度低于 75%，孢子不萌发。菌丝在弱光及黑暗条件下生长较好，而较强光照不利于该菌的生长发育。光照对叶霉病菌的分生孢子萌发没有明显影响，但对产孢量有抑制作用。分生孢子在黑暗条件下比在光照条件下萌发快且萌发率高。分生孢子在 pH 为 3.0～9.0 均可萌发，最适 pH 为 5.0，小于 2.0 或大于 10.0 时，孢子不能萌发。分生孢子的致死温度为 45℃、5 分钟，孢子可在地表或浅土层中的病残体上越冬。

番茄叶霉病病菌具有明显的生理分化现象，不同地区生理小种的组成和致病性具有明显差异，是蔬菜病害致病真菌中生理分化表现最为明显、复杂的病菌。国际通用的番茄叶霉病生理小种鉴别寄主谱由 7 个含不同抗病基因的番茄品种组成，即 Moneymaker、Leaf Mould Resister、Vetomold、VI21、Ont7516、Ont7717、Ont7719，它们分别含有 Cf-0、Cf-1、Cf-2、Cf-3、Cf-4、Cf-5 和 Cf-9 抗叶霉病基因，其中 Cf-0 是无任何抗性的普通感病基因。

全世界鉴定出的番茄叶霉病菌生理小种至少有 24 个。20 世纪 30 年代，美国、加拿大、荷兰、英国等国番茄叶霉病菌以生理小种 0 为主，其后相继分化出 1、2、3、1, 2、2, 3 和 1, 2, 3 等生理小种，克服了 Cf-1、Cf-2、Cf-3 以及这 3 个基因不同组合的基因型。截至 1990 年，荷兰、法国、波兰等欧洲国家相继出现了番茄叶霉病菌生理小种 2, 5、2, 4、11、2, 4, 5, 11 和 2, 4, 5, 9, 11 等分化层次较高的小种。

中国 1984—1985 年首次鉴定出北京地区番茄叶霉病菌以 1, 2 和 1, 2, 3 生理小种为主；1990 年又鉴定出侵染 Cf-4 基因的生理小种群 1, 2, 4、2, 4 和 1, 2, 3, 4；2000 年又鉴定出侵染 Cf-9 基因的新的生理小种 1, 2, 3, 4, 9。东北地区 1994 年番茄叶霉病菌生理小种鉴定为 1, 2, 3、1, 3 和 3，其中以 1, 2, 3 为主；2006 年番茄叶霉病菌主流生理小种为 1, 2, 3, 4 和 1, 2, 3，新发现的生理小种有 1, 2, 3, 4 和 1, 2, 4；2006—2007 年东北三省番茄叶霉病菌主流生理小种为 1, 2, 3, 4 和 1, 3, 4，新发现的生理小种有 1, 3, 4 和 1, 4；2009 年未发现新的生理小种，优势生理小种为 1, 2, 3, 4，但优势生理小种较先前鉴定的发生一定的变化。辽宁 1992—1996 年番茄叶霉病菌生理小种 1, 2, 3 是当时生产上流行的优势小种，小种 1, 2, 3, 4 为稀有小种；2007 年番茄叶霉病菌生理小种有 1, 2、2, 3、1, 2, 3 和 1, 2, 3, 4，生理小种 1, 2, 3, 4 为辽宁设施番茄叶霉病菌的优势小种。2002 年黑龙江哈尔滨番茄叶霉菌生理小种为 1、3 和 1, 2, 3，其中生理小种 1, 2, 3 为该地区的优势小种。2006 年山东寿光地区的生理小种为 1, 2, 3, 4，莱阳地区为生理小种 1, 2, 3。从国内各地区关于番茄叶霉病病原菌生理小种分化的监测结果来看，能够侵染 Cf-4 基因的生理小种 1, 2, 3, 4 是中国大部分地区的优势生理小种。番茄叶霉病菌生理小种具有十分复杂的种群结构，且种群结构在栽培品种变更后生理小种也不断发生演化。

在番茄叶霉病菌侵染番茄的过程中，病菌分泌两种重要的毒素 ECP1 和 ECP2，以 ECP2 蛋白毒性最强，最为重要。ECP2 蛋白是包含 142 个氨基酸的蛋白质，这 142 个氨基酸对叶霉病菌的致病力起着至关重要的作用，它可以破坏叶霉病菌在番茄叶片中菌丝生长和分生孢子的形成。

侵染过程与侵染循环 叶霉病菌主要从气孔侵入番茄叶片，且不形成任何特殊的侵入结构，菌丝从气孔侵入后，可在番茄叶肉组织细胞间扩展，紧紧缠绕在海绵组织细胞外，以海绵组织细胞浸析物为菌丝生长的营养来源。在侵染途径上，抗、感品种之间无明显的差异。

番茄叶霉病菌主要以菌丝体随病残体在土壤内越冬，也可以分生孢子黏附在种子表面或菌丝体潜伏于种皮内越冬，成为翌年病害的初侵染来源。春季环境条件适宜时，病菌开始活动。播种带菌种子，病菌可直接侵染幼苗，从病残体内越冬后的菌丝体可产生分生孢子，通过气流传播，引起初次侵染。田间植株发病后，发病部位产生大量分生孢子，借助气流和雨水传播，从气孔侵入，不断进行再侵染。病菌孢子萌发后，从寄主叶背的气孔侵入，菌丝在细胞间隙蔓延，产生吸器吸取养料；病菌也可以从萼片、花梗的气孔侵入，并进入子房，潜伏在种皮内，成为翌年的初侵染菌源（图3）。

流行规律 番茄叶霉病发生与流行的主要影响因素为气象因素、栽培管理条件及品种的抗病性。

气象因素 温暖、高湿的气候条件是影响病害发生和流行的主要因素。叶霉病菌生长发育适应性较强，生长、萌芽和侵染要求的条件范围较宽。相对湿度在 80% 以下，不利于孢子形成，也不利于病菌侵染及病斑的发展；在高温（气温 20～25℃）、高湿（相对湿度 95% 以上）的条件下，病害潜育期仅 10 天左右即可进入发病期而严重发生。保护地番茄生产中遇有连续阴雨天气，光照不足，通风不利，湿度过高，利于病菌孢子的萌发和侵染，且致使植株长势衰弱，降低抗病力，病害极其容易发生、流行和蔓延；若短期内温度上升至 30～36℃，对病害有很大的抑制作用。

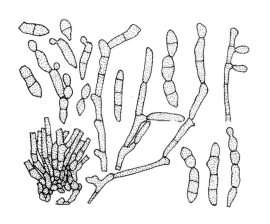

图 2 番茄叶霉病病原形态图（引自陆家云，1997）

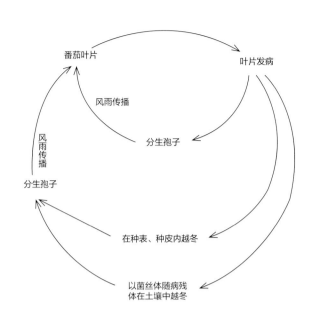

图 3 番茄叶霉病侵染循环示意图 (赵秀香提供)

栽培管理因素 植株过密、密郁闷湿、通风管理不良、氮肥缺乏、绑架不及时、管理粗放等，均易加重病害。

品种抗病性 番茄品种间对叶霉病的抗病性具有明显差异。番茄抗叶霉病由单个显性基因所控制，且已发现有 20 余个抗病基因。随着 RFLP、RAPD、AFLP 等分子标记技术的发展和应用，越来越多的基因被定位和克隆，已克隆的抗叶霉病基因有 *Cf-2*、*Cf-4*、*Cf-4A*、*Cf-5*、*Cf-9*、*Cf-ECP1*、*Cf-ECP2*、*Cf-ECP4*、*Cf-ECPS*、*Hcr9-4E* 等。其中对 *Cf-9* 研究得最为透彻，该基因包括一个编码 863 个氨基酸的 ORF，包含 7 个结构域，编码一个跨膜蛋白，无胞内蛋白激酶区域，其膜外部分有 27 个富含亮氨酸重复单位，占据了蛋白分子的大部分。

中国抗番茄叶霉病的品种有双抗 2 号（含 *Cf-4* 基因）、佳粉 15 号（含 *Cf-4*、*Cf-5*）、辽杂系列、中杂 9 号等，但是番茄叶霉病菌新的生理小种不断出现克制了已应用的抗叶霉病基因，致使抗病品种的抗性丧失。因此，有针对性地利用抗源培育抗病品种，掌握当地病原菌生理小种分化变异对抗病育种十分重要。

防治方法 番茄叶霉病在设施番茄上发生严重，防治上应采取合理调节温湿度，及时清除病残体，结合化学防治的综合措施。

选用抗病品种 番茄对叶霉病的抗性多为单基因抗性，病原菌生理小种极易分化变异，抗病品种抗性较易丧失，因此，应注意生理小种的消长，因地制宜选用抗病品种并及时调整和轮换。已推广的品种中抗叶霉病的有佳粉 1 号、佳粉 2 号、佳粉 15、佳粉 16、佳粉 17、中杂 7 号、中杂 9 号、东圣 5 号、双抗 1 号、双抗 2 号、沈粉 3 号、沈粉 5 号、佳红 15、辽粉杂 3 号、辽粉杂 7 号、浙粉 202、毛粉 802、毛粉 32、西番 303 和保冠等。

种子处理 种子在 52℃ 温水浸种 30 分钟，取出后在冷水中冷却，再在高锰酸钾溶液中浸种 30 分钟，然后清水洗净后晾干催芽播种；或 2% 武夷霉素可湿性粉剂 100 倍液浸种 60 分钟或硫酸铜浸种 1000 倍液浸种 5 分钟；或 50% 克菌丹可湿性粉剂按种子重量 0.4% 拌种。

农业防治 用无病土育苗；采用地膜覆盖栽培；增施磷钾肥，病田合理控制灌水，提高植株抗病性；重病田可与非寄主作物轮作 2～3 年，以降低土壤中菌源基数；收获后深翻，清除病残体。休闲期或定植前空棚时，用硫黄熏蒸进行环境消毒，按每 100m³ 用硫黄 0.25kg 和锯末 0.5kg，混合后分几堆点燃熏蒸 24 小时；也可在生长期用百菌清烟剂，每公顷 3750g，分放几处后，用火点燃进行熏烟，一般密闭 3 小时后即可开棚。

生态防治 合理调控温度、湿度和光照条件。保护地番茄科学通风，前期搞好保温，后期加强通风，降低棚内湿度，夜间提高室温减少或避免叶面结露。应用膜下灌水方式，采取定植时透灌，前期轻灌，结果后重灌的原则，创造利于番茄生长而不利于病害发生的环境条件。病害严重时，采用高温闷棚方法，35～36℃ 2 小时，可有效抑制病情发展。

化学防治 发病初期喷药防治，可用 10% 苯醚甲环唑水分散粒剂 0.6～0.9kg/hm²、10% 多氧霉素可湿性粉剂 0.75～1.0kg/hm² 或 42.8% 氟吡菌酰胺·肟菌酯悬浮剂 0.3～0.45L/hm²；也可用 70% 甲基硫菌灵可湿性粉剂、40% 嘧霉胺水剂、50% 异菌脲可湿性粉剂、50% 啶酰菌胺水分散粒剂和 2% 春雷霉素可湿性粉剂。另外，保护地番茄用 45% 百菌清烟剂 3～3.75kg/hm² 熏蒸，也可喷撒 5% 百菌清粉尘剂 1kg/hm²，隔 8～10 天 1 次。

番茄叶霉病菌已对多菌灵、代森锰锌、乙霉威、嘧菌酯以及氟硅唑等产生了不同程度的抗性，交替、轮换使用以上药剂以延缓抗药性的产生。

参考文献

柴敏，于拴仓，丁云花，2005. 北京地区番茄叶霉病菌致病性分化新动态 [J]. 华北农学报，20(2):97-100.

顾沛雯，张军翔，红敏，2004. 番茄叶霉病菌生物学特性研究 [J]. 宁夏农学院学报，25(3): 21-23.

韩晓莹，康立功，许向阳，等，2010. 2009 年东北三省番茄叶霉病菌主流生理小种变化监测 [J]. 东北农业大学学报，41(12): 26-29.

李宁，许向阳，姜景彬，等，2012. 番茄叶霉病抗基因 *Cf-10* 和 *Cf-16* 的遗传分析及 SSR 标记 [J]. 东北农业大学学报，43(1): 88-92.

陆家云，1997. 植物病害诊断 [M]. 北京：中国农业出版社.

茹水江，陈笑芸，戴丹丽，等，2002. 浙江省番茄叶霉病病原生物学特性研究 [J]. 浙江农业学报，14(1): 38-41.

叶青静，杨悦俭，王荣青，等，2004. 番茄抗叶霉病基因及分子育种的研究进展 [J]. 分子植物育种，2(3): 313-320.

LAUGE R, JOOSTEN M H A J, VAN DEN ACKERVEKEN G F J M, et al, 1997. The in plants-produced extracellular proteins ECP1 and ECP2 of *Cladosporium fulvum* are virulence factors[J]. Molecular plant-microbe interaction, 10: 735-744.

LI S, ZHAO T T, LI H J, 2015. First report of races 2, 5 and 2, 4, 5 of *Cladosporium fulvum* (syn. *Passalora fulva*), causal fungus of tomato leaf mold disease in China[J]. Journal of general plant pathology, 81(2): 162-165.

STEVENS M, ALLEN, RICK C M, 1986. Leaf mould in the tomato crop[M]. New York: Chapam and Hall Ltd: 67-68.

F

TBHOMAS C M, ZONES D A, PAMISKE M, et al, 1997. Characterization of the tomato *Cf-4* gene for resistance to *Cladosporium fulvum* identifies sequences that detemine recognitional specificity in *Cf-4* and *Cf-9*[J]. The plant cell, 9: 2209-2224.

（撰稿：赵秀香、刘志恒；审稿：王汉荣）

番茄早疫病　tomato early blight

由茄链格孢侵染番茄引起，是番茄上一种常发病害，也是一种世界性病害。又名番茄轮纹病。

发展简史　世界各国很早即已开展了番茄早疫病的研究，包括病原菌生物学特性、发生流行规律、抗病育种和综合防治等。1979年，Shahin报道"切割菌丝诱导产孢法"，解决了番茄早疫病菌在人工培养基上不易产孢的问题；1991年，Langsdorf报道了早疫病菌毒素对番茄亚显微结构的破坏作用；1995年，Pérez指出对番茄早疫病分离菌系属于不同培养生物型；1994年，童蕴慧指出番茄早疫病菌菌株间存在生物学特性和致病力差异；Thirthamallappa认为番茄对早疫病抗性的遗传特性由隐性多基因控制；A. F. Nash研究表明番茄对早疫病的抗性属于数量遗传，存在上位性或基因连锁；1994年，张来振认为番茄早疫病是一种低糖病害，植株含糖量与早疫病发生呈正相关；严红、柴敏利用早疫病菌毒素为选择压力进行体细胞的无性筛选，从而得到抗病品种。美国以多毛番茄为抗病亲本分别育成了C1943、71B2、NC EBR-1和NC EBR-2。2000年，美国又育成了一个高产且商品特性好的杂交栽培品种Mountain Supereme，其高抗早疫病的茎部病斑，中抗早疫病的叶部病斑。

分布与危害　番茄早疫病在美国、澳大利亚、以色列、印度和希腊等地发病率很高，严重时可使产量损失35%～78%。20世纪70年代以来，中国部分地区由于推广抗病毒病而不抗早疫病的番茄品种，导致番茄早疫病严重发生。由于番茄栽培面积的扩大、连作年限的延长、田块植株残留体的残留，致使番茄早疫病年有发生。此病主要危害露地番茄，病重时可以引起落叶、落果和断枝，严重影响产量，一般年份发病率在10%左右，番茄产量损失10%～30%；流行年份发病率可达100%，番茄产量损失可达30%～40%；严重时甚至导致绝产。而且因受害果实内含有毒素，食用后导致人体罹患血液病，影响身体健康。因此，番茄早疫病给人们生产和健康带来了不可低估的影响。

番茄早疫病主要危害叶片，也可危害叶柄、茎秆和果实等各个部位。

叶片被害，最初呈深褐色或黑色、圆形至椭圆形小斑点，逐渐扩大达1～2cm的病斑，边缘深褐色，中央灰褐色，具明显的同心轮纹，有的边缘可见黄色晕圈，潮湿环境下，病斑表面生有黑色霉层，即病菌的分生孢子梗和分生孢子。病害常从植株下部叶片开始，逐渐向上蔓延。严重时病斑相连形成不规则的大斑，病株下部叶片枯死脱落。茎部病斑多数在茎部分枝处发生，病斑呈灰褐色，椭圆形，稍凹陷，也具有同心轮纹，但轮纹不明显，发病严重时病枝断折。叶柄也可发病，形成轮纹斑。果实上病斑多发生在蒂部附近和有裂缝之处，圆形或近圆形、黑褐色，稍凹陷，也具有同心轮纹，危害严重时，病果常提早脱落。潮湿条件下，各受害部位均可长出黑色霉状物（图1）。

病原及特征　病原为茄链格孢［*Alternaria solani*（Ell. et Mart）Gones et Grout.］，属链格孢属真菌。

病菌菌丝具有隔膜和分枝，较老的颜色较深。分生孢子梗从病斑坏死组织的气孔中伸出，直立或稍弯曲，色深而短，单生或簇生，圆筒形或短棒形，具1～7个分隔，暗褐色，大小为40～90μm×6～8μm。分生孢子自分生孢子梗顶端产生，通常单生，其形状差异很大，倒棍棒形至长椭圆形，黄褐色，顶端有细长的嘴胞，表面光滑，9～11个横隔膜，0到数个纵隔膜，大小为120～296μm×12～20μm。分生孢子喙长等于或长于孢身，有时有分枝，喙宽2.5～5μm。

在PDA培养基上，病菌菌丝发达，生长较快，呈放射状生长，气生菌丝灰白色。菌落初为淡灰色，后转为青褐色、褐色；在PSA培养基上，菌落呈整齐的圆形或波浪状，基质呈黑色或黄褐色，菌丝颜色为灰白色或灰褐色。不同菌株间菌丝生长速度有明显差异。早疫病菌在V8汁液琼脂培养基上生长最好，且含有番茄汁液的培养基适于菌丝生长。PDA是该菌最为适宜的培养基，其次为CSA和Czapek琼

图1 番茄早疫病症状（刘志恒提供）
①叶片；②茎秆；③果实

脂培养基。菌落扩展速度和菌落颜色、致密度有一定相关性，扩展速度较快的菌落，颜色较深，形态致密；而扩展较慢的菌落，颜色较浅，形态稀疏。

在固体培养中，病菌对碳源的利用以葡萄糖、木糖、蔗糖、乳糖和肌醇为好，对山梨糖的利用很差。病菌对氮源的利用以 NH_4Cl 和酵母浸出汁为最好，其次为 KNO_3。另有研究结果表明，葡萄糖、蔗糖、麦芽糖、鼠李糖、阿拉伯糖和树胶醛糖是较适合番茄早疫病病原菌的碳源，该菌对有机氮和无机氮均能利用，其中酪氨酸、甘氨酸、天门冬酰胺和亮氨酸比较适宜菌丝生长，半胱氨酸和硫酸铵不适合该菌生长。在液体培养中，病菌对碳源的利用以可溶性淀粉和木糖为好，其次为葡糖糖，病菌对甘油、甘露醇和肌醇的利用较差。病菌对氮源的利用以谷氨酸为最好，其次为 $NH_4H_2PO_4$ 和酵母浸出汁，病菌对牛肉膏和 $NaNO_3$ 利用也较好，病菌对其他氮源则利用较差。

黑暗和可见光条件下，早疫病菌不产生或极少产生分生孢子，紫外线诱导处理可大幅度提高产孢量。

病菌生长和分生孢子萌发温度均为 $1 \sim 45°C$，最适温度 $26 \sim 28°C$，病菌发育的 pH 为 $4.0 \sim 9.9$，适宜 pH 为 $5.0 \sim 7.0$；分生孢子形成温度 $15 \sim 33°C$，最适温度为 $19 \sim 23°C$；分生孢子在相对湿度 $31\% \sim 96\%$ 范围内均可萌发，以 $86\% \sim 98\%$ 为最适。温度适宜时，分生孢子在水滴中经 $1 \sim 2$ 小时即可萌发。病菌侵染最适温度为 $24 \sim 29°C$。病菌致死温度为 $50°C$，10 分钟。光照对菌丝的生长有明显促进作用。

番茄早疫病菌分离菌株间虽然在侵染能力、形态、培养性状和对环境条件的耐性等方面均有很大差异，但其是否存在生理小种分化现象尚未明确。番茄早疫病原菌毒素即茄链格孢菌酸，是一种半醌衍生物，也是病菌的毒性因子；可改变胞间连丝附近的原生质膜形态学和生理学特性，引起原生质膜渗漏，致植株萎蔫、坏死、褪绿。

病菌除危害番茄外，还可侵染马铃薯、茄子、辣椒、曼陀罗等植物。

侵染循环　病菌主要以菌丝体和分生孢子在病残体上，或落至土壤越冬，还能以分生孢子附着在种子表面或以菌丝潜伏于种皮内越冬，成为翌年发病的初侵染源。病残体上的病菌可存活 1 年以上，分生孢子在常温下可存活 17 个月。在条件适宜时，越冬的以及新产生的分生孢子通过气流和雨水传播，从气孔、伤口或从表皮直接侵入寄主。在适宜条件下，病菌侵入寄主组织后 $2 \sim 3$ 天即可形成病斑，$3 \sim 4$ 天后病部产生大量分生孢子，可传播多次进行再侵染，使病害扩大蔓延流行（图 2）。

流行规律　番茄早疫病的发生和流行，与气象因素、寄主的生育期和长势以及品种的抗病性等关系密切。

气象因素　高温、高湿的气象因素利于发病。通常气温 $15°C$ 左右，相对湿度 80% 以上，病害开始发生；$25°C$ 以上，阴雨多雾，病情发展迅速。北方地区一般 $7 \sim 8$ 月多雨季节发病严重，常造成较大损失。春季保护地番茄定植后，由于昼夜温差大，相对湿度高，易结露，番茄叶片上常有一层水膜，利于病害的发生与蔓延。

栽培管理　露地栽培重茬地，地势低洼，排灌不良，栽植过密，贪青徒长，通风不良发病较重。连作土壤中累积的菌量多，发病亦重。

寄主因素　①植株生育状况。植株长势与发病有关，早疫病在苗期和成株期均可发病，但大多在结果初期开始发生，结果盛期进入发病高峰，此时植株营养大量向果实输送，叶、茎的光合产物含量低，易被病菌侵染；在田间一般老叶先发病，幼嫩叶片衰老后才易受感染。水肥供应良好，植株生长健壮，发病轻；植株长势衰弱，早疫病发生危害严重。②品种抗病性方面。在番茄生产上，品种间抗病性均有很大差异。河南生产栽培的番茄 11 个品种中未发现免疫和高抗品种，仅中杂 11 品种属叶部耐病、茎部抗病的品种；中杂 101、中杂 106 为茎部耐病、叶部轻微感病的品种；黄 153、中蔬 4 号、Moneymaker、Micro Tom、中杂 105、中杂 9 号、早粉、粉果基本都是茎、叶感病或高感。辽宁生产主栽品种中杂 9 号耐病，辽园多丽、佳源大粉、L-402、合作 905、合作 903、佳粉 15、中蔬 6 号和中杂 11 中度感病，合作 906 感病。

防治方法　对于番茄早疫病的防治，应采取以种植抗病品种和加强栽培管理为主、配合化学防治的综合措施。

种植抗病品种　一般早熟、窄叶的番茄品种发病偏轻，高棵、大秧、大叶的番茄品种发病偏重。生产上可用茄抗 5 号、奇果、矮立红、密植红、荷兰 5 号、强丰、强力米寿、苏抗 4 号、苏抗 5 号、苏抗 9 号、苏抗 11 号、满丝、毛粉 802、粤胜、金棚 1 号、粉都 78、春雷、陇番 5 号、陇番 7 号、青海大红番茄、茸丰、豫番 1 号、满丝、21 世纪宝粉、金粉 101、上海 908、合作 918、合作 928、中杂 105、中研 958、苏粉 1 号、苏粉 2 号、渝粉 109、西安早丰和西粉 3 号等抗、耐病品种。此外，番茄抗早疫病品系 NCEBR1 和 NCEBR2 可用作抗病亲本，选育抗病品种。

无病株留种和种子处理　从无病地块、无病植株上采收种子；若种子带菌，在 $70°C$ 条件下干热处理 72 小时等方法进行处理外（注意采后对种子给予一定的后熟转化期），播前可用 $52°C$ 温汤浸种 30 分钟，自然降温处理 30 分钟，然后冷水浸种催芽。用种子重量 0.4% 的 50% 克菌丹可湿性粉剂拌种；或用种子重量 $0.2\% \sim 0.33\%$ 的 2.5% 咯菌腈悬浮种

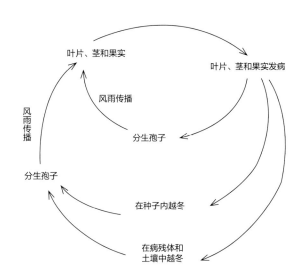

图 2　番茄早疫病侵染循环示意图（赵秀香提供）

衣剂对种子包衣；或用 1% 福尔马林溶液浸泡种子 15～20 分钟，然后取出闷种 12 小时。

农业防治　苗床用无病新土；重病田与非茄科作物轮作 2～3 年。施足基肥，适时追肥，增施钾肥，做到盛果期不脱肥，提高寄主抗病性。合理密植，番茄及时绑架、整枝和打底叶，促进通风透光。露地番茄注意雨后及时排水，清除病残枝叶和病果，结合整地搞好田园卫生，减少菌源。

生态防治　①保护地番茄重点抓生态防治和变温管理，控制温湿度。早春晴天上午晚放风，使棚温迅速增高。当棚温升到 33℃ 时开始放风，使棚温迅速降到 25℃ 左右。中午加大放风量，使下午温度保持 15～25℃，阴天打开通风口换气。②采用变温管理的优点。上午高温利于光合作用，制造营养，下午低温利于光合产物运转，夜间低温可减少自身呼吸的消耗，有利营养物质的积累。变温管理主要通过启闭棚门，撩起边膜，开设天窗调温。

化学防治　连年发病的温室、大棚，在定植前密闭棚室后，按每 100m³ 空间用硫黄 0.25kg、锯末 0.5kg，混匀后分几堆点燃熏烟 12 小时。或采用 45% 百菌清烟剂（标准棚每棚 100g）、5% 百菌清粉尘剂（每亩用 1kg）熏蒸或喷撒。

幼苗定植时，对幼苗喷施 1：1：300 倍的波尔多液；定植后每隔 7～10 天再喷药 1～2 次。保护地栽培可喷撒 5% 百菌清粉尘剂 10～15kg/hm²，或用百菌清烟剂 1.5～2.0kg/hm²；间隔 9 天，连续 3～4 次。露地保护地栽培，在发病初期，选择晴朗天气喷雾防治，可用 10% 苯醚甲环唑水分散粒剂 0.6～0.9kg/hm²，或 50% 啶酰菌胺水分散粒剂 675～1200L/hm²，或 42.8% 氟菌·肟菌酯悬浮剂 0.225～0.375L/hm²；间隔 7 天，连喷 2～3 次。该病原菌已对甲氧基丙烯酸酯类（嘧菌酯、唑菌酯）、二甲酰亚胺类（腐霉利）、苯并咪唑类（多菌灵、甲基硫菌灵）、烟酰胺类（啶酰菌胺）等农药产生抗性，田间用药应注意轮换，以减缓病原菌抗药性的产生。

参考文献

冯兰香，杨又迪，1998. 中国番茄病虫害及其防治技术研究 [M]. 北京：中国农业出版社.

马原松，裴冬丽，张灵君，2011. 不同番茄品种对早疫病的抗病性研究 [J]. 江苏农业科学 (1): 137-139.

邵玉琴，吕佩珂，1993. 番茄早疫病发生、流行与生态因子关系的研究 [J]. 内蒙古大学学报 (自然科学版), 24(2): 208-211.

王春明，郑果，洪流，2010. 6 种杀菌剂对温室番茄早疫病的防效 [J]. 甘肃农业科技，7: 20-22.

王海强，田家顺，严清平，等，2008. 番茄早疫病菌对 7 种杀菌剂的敏感性比较及其对苯醚甲环唑的敏感性基线建立 [J]. 农药，47(7): 294-296.

王莹莹，纪明山，李保聚，2016. 番茄早疫病病原鉴定及综合防治技术 [J]. 中国蔬菜 (1): 85-87.

袁柳萍，2012. 番茄早疫病的发生与防治 [J]. 植物保护，7: 29.

张晓，张艳军，陈雨，等，2008. 嘧菌酯对番茄早疫病菌的抑制作用 [J]. 农药学学报，10(1): 41-46.

张子君，李海涛，邹庆道，等，2007. 不同培养基对番茄早疫病菌菌丝生长的影响 [J]. 辽宁农业科学 (4): 17-18.

邹庆道，张子君，李海涛，等，2005. 不同温度及光照对番茄早疫病菌菌丝生长的影响 [J]. 辽宁农业科学 (1): 36-37.

VLOUTOGLOU, KALOGERAKIS S N, 2000. Effects of inoculum concentration, wetness duration and plant age on development of early blight (*Alternaria solani*) and on shedding of leaves in tomato plants[J]. Plant pathology, 49: 339-345.

（撰稿：赵秀香、刘志恒；审稿：王汉荣）

番石榴蒂腐病　guava stem-end rot

由可可球二孢引起的一种真菌病害。又名番石榴焦腐病、番石榴溃疡病。

分布与危害　番石榴蒂腐病可危害树干、枝条和果实，引起枝条枯死、果实腐烂，是影响番石榴生产的主要真菌病害，也是番石榴储藏期的常见病害。除了危害番石榴外，该病害的病原菌还可以造成香蕉、杧果、番木瓜等热带亚热带水果果实的腐烂，甚至造成荔枝、杧果等植株的死亡。

该病主要危害番石榴树干、枝条和果实。树干、枝条初期病部树皮淡褐色，病痕沿上下扩展，病部两侧病健交界处有裂痕，树皮呈溃疡状；木质部外层褐色至黑褐色，随着病组织的扩展，茎溃疡裂皮症状加重，树皮沿病痕裂开。如病部发展到绕树干一周，则病株死亡。在病部树皮上可见子囊果和分生孢子器。危害果实，多在果实两端开始发病，成熟果实发病较多，病斑初期为淡褐色，近圆形，后期暗褐色至黑色，最终全果变黑、果皮皱（幼果受害干腐，果皮不皱），果肉也呈黑褐色，病部后期通常长出许多黑色小点（分生孢子器和子囊果）。剖开病果，果轴呈褐色至黑色（图 1）。

病原及特征　病原为可可球二孢（*Botryodiplodia theobromae* Pat.），异名为可可毛色二孢［*Lasiodiplodia theobromae*（Pat.）Criff. et Maubl.］、蒂腐壳色单隔孢（*Diplodia natalensis* Pole-Evans），属球二孢属。有性世代为柑橘葡萄座腔菌［*Botryosphaeria rhodina*（Cke.）Arx.］，属葡萄座腔菌属（图 2）。

子囊果埋生，近球形，暗褐色，偶有 2 个聚生在子座内，大小为 224～280μm×168～280μm，孔口突出病组织，子囊棍棒状，双层壁，有拟侧丝；子囊孢子 8 个，椭圆形，单胞，无色至淡色，大小为 21.3～32.9μm×10.3～17.4μm。

分生孢子器为真子座，球形或近球形，直径 112～252μm，单个或 2～3 个聚生在子座内，分生孢子初为单胞无色，成熟的孢子双胞褐色至暗褐色，表面有纵纹，大小为 19.4～25.8μm×10.3～12.9μm；在病果上产生大量的分生孢子器和分生孢子，形态如同树干上的无性世代，9 月采回的病果置于室内，11 月可检查到有性世代。

在 PDA 培养基上，菌落生长迅速，菌丝体初灰白色，后灰色至暗灰色，在 28～30℃ 光照条件下，12 天形成分生孢子器，28 天后分生孢子成熟。分生孢子器近球形，有的 2～3 个聚生于子座内，器壁较厚，分生孢子椭圆形，初期单胞无色，成熟的分生孢子双胞，褐色至暗褐色，表面有纵纹，大小为 20.7～28.4μm×11.6～14.9μm，在 PDA 上（28～30℃）培养 6 个月未产生子囊世代，但把接菌的枝条挂在树枝上，

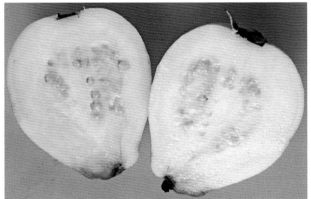

图 1　番石榴蒂腐病危害症状（胡美姣提供）

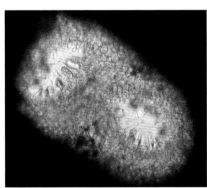

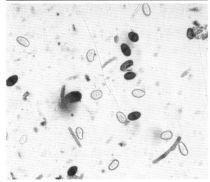

图 2　番石榴蒂腐病菌（胡美姣提供）

可产生大量子囊果及成熟的子囊孢子。

侵染循环　被害的枝条是翌年的主要侵染源，翌年春产生分生孢子或子囊孢子借风雨传播进行初侵染和再侵染。该病菌具有潜伏侵染的特性，在储藏期，初发病果实来自田间的病菌潜伏侵染，病害靠果实间接触传播。

流行规律　病菌孢子和菌丝均可侵染寄主组织，风雨、害虫叮咬及农事操作造成伤口后更易感病。一般在多雨的 8～9 月开始在田间发病，10 月达到发病高峰，在风口及高地势处发病尤为严重。管理不善或树龄过长，树势衰弱，发病较严重。

防治方法　见番石榴炭疽病。

参考文献

高新明，2011. 番石榴焦腐病病原菌鉴定、生物学特性及分子检测技术研究 [D]. 福州：福建农林大学.

高新明，李本金，兰成忠，等，2011. 番石榴焦腐病的 ITS 分析及 PCR 检测 [J]. 植物病理学报，38(3): 227-232.

刘任，戚佩坤，梁关生，等，番石榴茎溃疡病病原鉴定 [J]. 华南农业大学学报，17(2): 65-69.

（撰稿：胡美姣；审稿：李敏）

番石榴茎溃疡病　guava stem canker

由可可球二孢引起的、主要危害番石榴树干的病害，是番石榴普遍发生的病害之一。

分布与危害　该病害广泛分布在中国番石榴种植区，尤其是树龄在 4 年以上的树干发病最为严重，严重发病的地块发病率可达 70%，甚至造成个别植株整株死亡，对番石榴生产造成严重危害。

主要危害番石榴树干，也可危害树枝和果实。树干、树枝被害表现树皮溃疡、纵裂。初期病部树皮淡褐色，病痕沿着茎上下扩展，病部两侧病健交界处有裂痕，树皮呈溃疡状。木质部外层褐色至黑褐色，随着病组织的扩展，茎溃疡裂皮症状加重，树皮沿病痕裂开。严重的病树，绕树干 1 周，使整株死亡。成果被害表现果腐，病斑初期为淡褐色，后期暗褐色至黑色，果皮皱缩，最后整个果实黑腐。被害的幼果果皮不皱缩，在受害的成果和幼果上产生许多小黑点。

病原及特征　病原为可可球二孢（*Botryodiplodia theobromae* Pat.）。其分生孢子器为球形或近球形，直径为 112～252μm，单个或 2～3 个聚生在子座内，分生孢子初单胞，无色，成熟的分生孢子为双胞，褐色至暗褐色，表面有纵纹，大小为 19.4～25.8μm×10.3～12.9μm。在马铃薯葡萄糖琼脂培养基 PDA 培养基上培养，菌丝体初灰白色，后灰色至暗灰色，生长迅速，在 28～30℃ 光照条件下，12 天形成无性态，28 天后分生孢子成熟，分生孢子器近球形，有的 2～3 个聚生于子座内，器壁较厚，分生孢子椭圆形，初期单胞，无色，成熟的分生孢子双胞，褐色至暗褐色，表面有纵纹，大小为 20.7～28.4μm×11.6～14.9μm。

侵染循环　病原菌以菌丝体、分生孢子器和子囊果在病株和病残体上越冬，在环境条件适宜时，产生大量的分生孢子和子囊孢子，借助风雨传播，发病后病部产生分生孢子进行再次侵染。人工接种 8 种热带、亚热带水果的树干，只侵染番石榴，不侵染杧果、荔枝、龙眼、橙、黄皮、人心果、番木瓜，但接种果实，除芋头球茎外，均可侵染橙、杧果、番木瓜、杨桃、黄皮、番茄、梨、番石榴等。

流行规律 病害在田间整年均可发生，但以温暖潮湿的环境条件更有利于病害的发生。一般在每年的 10～12 月，树干、树枝上会出现新的病痕。病害与树龄有密切的关系，一般幼苗期较少发病，随着树龄的增长，病害也逐渐加重。一般在 4 年以上的树龄发病较为严重。品种抗病性有一定差别，一般泰国番石榴、珍珠番石榴较本地番石榴发病严重。植株长势差，田间枯枝落叶、病果较多，病原菌数量大，往往有利于病害的发生。田间杂草丛生、土壤贫瘠、雨季积水的田块，易造成田间湿度大，有利于病害的发生。

防治方法

加强栽培管理 增施有机肥，注意有机肥和化肥配合施用，避免偏施氮肥；搞好田间的排灌系统，避免雨季时田间积水；及时用人工或除草剂清除田间的杂草。

搞好田间卫生 冬春季节，应修剪病树上的枯枝，并集中烧毁；采收果实后，应将树上或地面的病果清除，以减少侵染来源。

化学防治 在新梢抽发期开始喷药，可选用氧氯化铜悬浮剂 +75% 百菌清可湿性粉剂（1∶1）、甲基托布津可湿性粉剂 + 百菌清可湿性粉剂（1∶1）、百菌清可湿性粉剂 + 安克锰锌可湿性粉剂（1∶1）和氟硅唑乳油等，7～10 天喷施 1 次，连续 3～4 次。

参考文献

谢昌平，郑服丛，2010. 热带果树病理学 [M]. 北京：中国农业科学技术出版社.

（撰写：谢昌平；审稿：李增平）

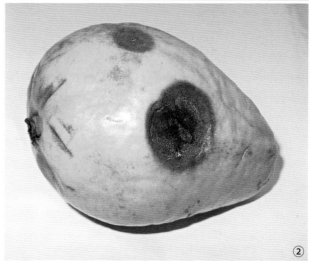

图 1 番石榴炭疽病（谢艺贤提供）

①叶片症状；②果实症状

番石榴炭疽病 guava anthracnose

由胶孢炭疽菌和尖孢炭疽病引起番石榴的一种重要的真菌病害。

发展简史 19 世纪中期，埃及首次报道番石榴炭疽病。1951 年，印度首次发现该病危害。1969 年，印度报道胶孢炭疽菌（Colletotrichum gloeosporioides）引起番石榴储藏期的炭疽病。中国 20 世纪 90 年代华南 5 省（自治区）病害普查时在云南、广东、广西、福建等地均发现该病害。

分布与危害 番石榴炭疽病是储藏期间最常见的病害之一，在果实成熟期普遍发生，严重时果实发病率达 20%。

该病可危害枝梢、花和果实，引起梢枯、落花和烂果。感染叶片，叶斑近圆形，褐色至暗褐色，边缘色深，微现轮纹。枝梢受害，出现黑褐色短条状凹陷斑，绕茎后枝枯。幼果感病后变为干果，将近成熟果实受害后，果面上先出现针头状小斑，进一步扩大为深褐色圆形或近圆形、中间下陷、水浸状病斑，直径为 3～30mm。几个斑点连成大斑。以夏、秋果受害严重，严重时果实发病率可达 20%，在潮湿条件

下，病斑上常产生粉红色或橘红色小点（即病原菌的子实体）（图 1）。

病原及特征 病原菌有 2 种。胶孢炭疽菌 [Colletotrichum gloeosporioides（Penz.）Sacc.] 和尖孢炭疽菌（Colletotrichum acutatum Simm.），均属炭疽菌属。

胶孢炭疽菌有性态为围小丛壳 [Glomerella cingulata（Stonem.）Spauld. et Schrenk]，属小丛壳属。

分生孢子盘黑色，刚毛直，暗色，1～3 个分隔，顶端色淡，3.5～4.5μm×24～30μm。本地番石榴成熟果实上一般不长刚毛；产孢细胞圆筒形或瓶梗形，内壁芽殖；分生孢子圆筒形，单胞，无色，内含物颗粒状，大小 11.6～36μm×4.0～5.0μm。子囊壳着生于黑色的瘤状子座内，每个子座含 1 至数个子囊壳；子囊壳暗褐色，烧瓶状，外部附有毛状菌丝，子囊壳直径 85～300μm；子囊长棍棒形，平行排列于子囊壳内，大小为 55～70μm×9μm，内含 8 个子囊孢子；子囊孢子单胞无色，卵圆形或长椭圆形，稍弯

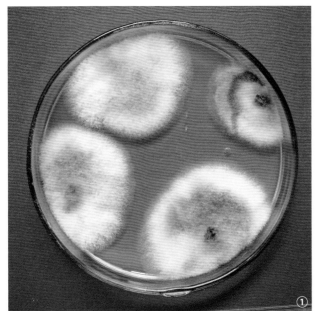

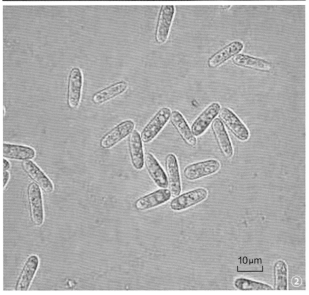

图 2　番石榴炭疽病菌（胡美姣提供）
①菌落；②分生孢子

曲，12～22μm×3.5～5.0μm；分生孢子萌发的温度范围为12～40°C，最适温度为28～32°C；适宜的相对湿度为95%以上（图2）。

　　在印度阿萨姆邦，尖孢炭疽菌是引起番石榴储藏期果实腐烂的主要病原菌之一，中国很少发生。当相对湿度大时，在腐烂果实上形成的分生孢子盘内不产生刚毛，但产生大量橙红色的分生孢子。分生孢子圆柱形或卵形、无色、单胞，大小为10.8～18μm×3.6～4.3μm。通过光学显微镜和扫描电镜研究发现，分生孢子可直接产生侵入丝。侵入丝通过气孔或直接刺穿角质层进入果实内，大量的真菌在细胞内和细胞间扩展，快速降解细胞壁和破坏细胞膜结构的完整性，导致细胞破裂，最后刺穿角质层形成分生孢子盘。

　　侵染循环　病菌在病株和病残体上越冬，分生孢子借风雨传播。新梢、嫩叶易感病。由于该菌具有潜伏侵染的特性，

病原菌侵染后长期潜伏在果实内，在果实近成熟时开始发病。储藏期间主要以病果与健康果实接触传播。

　　流行规律　高温高湿的气候有利于该病的发生。新梢、嫩叶易感病。不同品种的抗病性差异很大，泰国大果番石榴最易感病，广州地区本地品种胭脂红番石榴则较抗耐病。

　　防治方法

　　农业防治　清理果园，剪除病虫枝、果实并集中烧毁。少施氮肥、增施钾肥和有机肥，提高植株抗病能力。

　　化学防治　7～8月间每10天防治1次，连续2～3次喷药保护，药剂有50%代森铵1000倍液、50%托布津1000倍液、70%托布津可湿性粉剂800～1000倍液、75%百菌清800倍液、胶体硫200倍液、波尔多液等。并在果实膨大中期喷药后套袋。采后可选的杀菌剂有特克多、苯莱特、咪鲜胺等。

　　物理防治　进行热处理防治，一般将果实浸泡在46.1°C的热水中35分钟，放置1～2小时后打蜡，或在20°C下储藏24小时后再进行冷藏，则有利于保持果实的质量。

　　参考文献

　　董凤英，胡美姣，2001. 番石榴果实采后病害及保鲜技术研究进展 [J]. 热带农业科学 (2): 44-50.

　　胡美姣，李敏，高兆银，等，2010. 热带亚热带水果采后病害及防治 [M]. 北京：中国农业出版社：144-145.

　　郎国勇，2012. 番石榴炭疽菌生物学特性及防治剂筛选 [D]. 福州：福建农林大学.

　　罗振海，孔太湖，1988. 泰国大果番石榴果实红麻斑病研究 [J]. 热带农业科学 (3): 47-49.

　　（撰稿：胡美姣；审稿：李敏）

反应型　infection type, IT

　　根据植物过敏性坏死反应情况、病斑性状和产生子实体情况等划分的类型，用以表示植物品种抗病程度。又名侵染型。例如，小麦对条锈病的反应型按0；0；、1、2、3、4六个类型划分（见表），各类型可附加"+"或"－"号，以表示偏重或偏轻，用以表示不同小麦对条锈病的抗性程度。

　　反应型的评估通常是依靠人工肉眼观察进行的，在病原物毒性鉴定和寄主抗性鉴定中应用较多，其还可作为一个病情指标用于植物抗病性的数量性状位点（QTL）分析。反应型与产孢量之间不是简单的线性关系，不同反应型产孢量之间的差异远大于反应型代码之间的差异。反应型可通过数量化处理而转化成反应型产孢系数，进一步与病害普遍率和严重度相结合，用于研究病原物的致病性和寄主的抗病性。例如，小麦条锈病反应型的6个类型0；0；、1、2、3、4对应的产孢系数分别为0、0、0.01、0.16、0.51、1。

　　参考文献

　　冯锋，曾士迈，1990. 小麦条锈病反应型和产孢量关系的初步研究 I. 成株期试验 [J]. 北京农业大学学报，增刊：174-179.

小麦条锈病反应型级别和相应症状描述表

反应型	症状描述
0（免疫型）	叶片上不产生任何可见症状
0;（近免疫型）	叶片上产生小型枯死斑，不产生夏孢子堆
1（高度抗病型）	叶片上产生枯死条点或条斑，夏孢子堆很小，数目很少
2（中度抗病型）	夏孢子堆小到中等大小、较少，其周围叶组织枯死或显著褪绿
3（中度感病型）	夏孢子堆较大、较多，其周围叶组织有褪绿现象
4（高度感病型）	夏孢子堆大而多，周围不褪绿

注：引自"陈万权、刘太国、陈巨莲、徐世昌. 小麦抗病虫性评价技术规范第1部分：小麦抗条锈病评价技术规范.中华人民共和国农业行业标准NY/T 1443.1—2007，中华人民共和国农业部2007年9月14日公布，2007年12月1日实施"，有改动。

曾士迈，张树榛，1998.植物抗病育种的流行学研究 [M].北京：科学出版社：41-54.

（撰稿：王海光；审稿：马占鸿）

防卫反应基因　defense-responsive genes

寄主植物在受到病原菌入侵过程中被诱导表达并参与对病原物的防卫反应的一类基因。这类基因类型多种多样，编码不同类型的蛋白质，它们受不同类型病原菌（真菌、细菌、病毒、卵菌、线虫等）诱导上调表达或抑制下调表达，且多数应答迅速，在寄主植物抵御病原菌过程中发挥作用。植物防卫反应基因的研究内容涉及防卫反应基因的鉴定和功能机制解析、对不同病原菌响应应答的生物学机制、参与抗病反应信号途径激活传递与调控、最优化利用这些基因以提高植物的抗病性等。

类型及特点　植物防卫反应基因大致可以分为以下两类：一类是抗病性直接相关的基因。如编码植保素合成相关的酶类基因、钝化病原菌致病蛋白的基因、控制抗菌代谢物质合成的基因、调控寄主激素代谢途径的基因、植物细胞壁修饰相关基因、清除活性氧的细胞内防卫酶系统基因等。在各种植物中鉴定克隆的几丁质酶基因、β-1,3 葡聚糖酶基因等大多直接参与植物对各种病原菌的抗病反应过程。比如植物通过自身合成几丁质酶来水解真菌细胞壁的重要组成部分——几丁质的 β-1,4- 糖苷键，以破裂真菌细胞壁，达到抵御真菌入侵的目的；植物的 β-1,3 葡聚糖酶基因通过自身合成的 β-1,3 葡聚糖酶来降解病原菌的细胞壁以抑制病原菌的生长，或者间接通过降解病原菌细胞壁后形成的寡糖来作为激发子以激活基础防卫反应。另一类是主要参与植物的生长发育，但在抗病性与诱发过程中具有一定抗病功能的基因。在没有病原菌入侵寄主植物时，这类基因是植物正常生长发育所必需的；一旦有病原菌入侵，这类基因会迅速被诱导响应以积极应答对病原菌的入侵，参与抗病反应信号途径的传递、调控寄主植物各种不同生理代谢过程，以提高植物对病原菌的抗病性。这类基因包含类型丰富多样，在不同植物中报道的这类防卫反应基因基本涵盖各种基因类型，除了具有抗病功能外，还有其他各种生物学功能。

植物防卫反应基因多数是诱导性的，部分基因可以受多种不同病原菌诱导，部分基因仅受特异类型病原菌诱导，部分基因仅受特异类型病原菌的特定生理小种或生态型诱导。这类基因受病原菌激活表达迅速，大多在较短时间内完成一个激活脉冲，它们参与调控的抗病反应信号传导大多也在较短时间完成，抑或可以持续一定时间。

在植物—病原菌互作过程中大量被诱导表达的防卫反应基因，它们的表达变化大多发生在基因转录水平，抑或者目前技术限制无法确定它们的翻译水平是否被诱导。目前有极少数文章报道可以利用核糖体印迹与深度测序技术相结合发现少数防卫反应基因在翻译水平也能够被诱导表达。

鉴定方法　在不同植物中克隆并功能鉴定了大量的防卫反应基因，它们能够赋予植物对不同病原物的抗病性。植物防卫反应基因鉴定方法多种多样，包括同源基因克隆、mRNA 差异展示技术、消减抑制杂交、cDNA 芯片、蛋白质芯片、RNA-seq 等。其中 RNA-seq 方法可以高通量鉴定植物在特定生长发育时期特定组织器官受特定病原菌激活表达的所有基因，且这种方法基于测序，不需要寄主植物基因组序列是否已知，同时依赖于数据库大量基因注释信息和生物信息学分析手段。利用相关技术可以一次性鉴定到大量受病原物诱导表达的基因，通常需要逐个重复验证是否响应病原物的应答，常利用 RT-PCR、Northern 杂交或者 qRT-PCR 技术来进行。同时，也可以研究这些基因是否对其他不同类型病原菌也积极响应应答。目前，在很多植物中报道了大量受不同类型病原菌或者不同类型激发子诱导表达的基因，其中是否这些基因直接或者间接提高植物对病原菌的抗病性尚不十分明确，需要针对这些基因进行进一步的生物学功能解析，深入探究它们是否真正参与植物抗病性，大多通过转基因手段在植物中过量表达或者抑制表达与基因敲除来探究该防卫反应基因表达量变化与对病原菌抗病性之间的关系。同时需要借助遗传学手段分析这些防卫反应基因在抗病反应信号传导途径中所处的具体位置，利用分子生物学手段分析这些防卫反应基因直接或间接调控的其他基因。

防卫反应基因利用　大多数防卫反应基因没有病原菌小种特异性，能够提高寄主植物对不同病原物的广谱和持久抗病性。目前，在重要农作物中鉴定了大量防卫反应基因，对它们的生物学功能研究发现它们大多数正调控或者负调控对不同类型病原物的抗性，它们除了参与植物的抗病性，还是植物生长发育等其他生理活动过程的必须基因，在植物的不同生理途径中发挥作用。在具体利用这些基因的时候，不能简单地提高或者降低这些防卫反应基因的表达以片面追求提高植物的抗病性，它们表达量的变化往往还会影响其他性状。因此，必须在以不影响其他性状，比如重要农艺性状的基础上，通过适当调控这些防卫反应基因的表达来不断提高植物对不同病原菌的抗病性。部分防卫反应基因在重要农作物，如水稻、麦类、玉米、棉花、蔬菜等中均有成功应用，通过调控这些防卫反应基因的表达可以在不影响作物农艺性状的前提下，提高植物对病原菌的广谱和持久抗性。

一些作物中鉴定到的防卫反应基因属于抗病 QTL，育种工作者可以利用杂交或者分子辅助选择育种手段将这些包含重要防卫反应基因的抗病 QTL 转育到农业生产品种中，在不改变或者提高作物农艺性状基础上，不断拓宽作物抗病谱，提高作物持久抗病性。

参考文献

DYAKOV Y T, DZHAVAKHIYA V G, KORPELA T, 2007. 分子植物病理学 [M]. 北京：科学出版社 .

DANGL J L, JONES J D G, 2001. Plant pathogens and integrated defence responses to infection[J]. Nature, 411: 826-833.

MATTHEW D, JIM B, 2000. Molecular plant pathology[M]. New York: Academic Press.

（撰稿：袁猛；审稿：郭海龙）

防治效益评估　evaluation of comprehensive benefit of disease control

以有害生物综合管理目标为衡量标准，对实施管理的结果或供选管理方案的模拟试验结果，做出好坏优劣的评价，多方案中的比较择优，原有方案的改进，新方案的创新……即对有害生物综合系统输出结果的效果和利益的综合度的评价。它直接服务于方案选优和科学管理决策。病害系统管理的目的是使系统运行和使用中以较少的投入获得较大的综合效益，通过效益反馈信息，对系统不断调控和优化，以改进管理，提高病害管理工作的管理水平。度量管理水平的高低、或管理的实际结果与期望目标的差距，必须要进行效益评估，也就是对系统功能的评价。只有建立一套科学合理、切实可行的评估体系和评价方法，才能对病害管理工作的效果、效益进行定量的横向比较，对不同实况和多种方案进行定量的评比择优，不断改进工作，选出最佳方案做出科学决策。

从控制论看，管理是个双路反馈系统。首先要拟定管理目标和指标体系。同时管理结果的评估信息又是调整和修订管理目标和指标体系的依据。两者相互结合形成管理信息系统的双路反馈。反馈的基本形式，是管理结果所形成的经济、生态、社会三大效益的综合效益评价的信息。所以效益评估体系与管理目标的指标体系遥相呼应。实质上，管理目标及其指标体系就是效益评估的衡量准则。

效益评估的目的和内容　根据系统性质不同，评估目的也有侧重：①对原有系统（现存系统）的现状评估。目的在于清晰地识别现存系统，总结管理过程中的经验，找出不足。为系统的进一步发展、优化提出决策依据。②对未来系统（创建新系统或在原系统基础上进行系统改造）的预测性评估。这种评估的目的在于做出系统的规划、设计，提出实施设计后可能引起的变化，通过多方案比较，选出最佳方案。系统评估包括两方面，一是对系统结构的评估，二是系统功能的评价。其中功能评价是核心，结构分析可对功能评价做出解释或补充。因此，病害系统管理的评价，主要侧重于功能评价，即对构成该系统输出的功能项：经济效益、生态效益、

社会效益及其依次组成三大效益的各指标因素的权衡分析和相互关系分析，在其间适当分配权重，通过得出一个能反映三大效益的综合效益数值，据此进行方案优选和决策。同时还要评价该系统运行中潜在的风险概率大小。

效益评估的步骤和方法包括以下 5 个方面。

①拟定管理目标和总目标量化的指标体系。病害系统管理的总目标是通过各种防治技术的协调运用，将病害造成的经济损失控制在经济允许损害水平以下，保证农作物的优质高产，使经济、生态、社会三大效益的综合效益最佳或满意，同时潜在的经济损失或决策失误的风险概率最小。总目标确定后，根据经济生态学原理，制订使总目标具体化的指标因素，组建指标体系。在确定指标因素和建立指标体系时必须遵循以下几点原则：指标体系应能反映系统运行的全过程及评估的全内容；各指标间具有相对独立性，以便权衡比较和便于给出相应的权重值；考虑指标体系应用时的简便实用性和通用性，使具有广适性的潜能；最下层的因素设置要便于其他模型衔接。

②建立评估体系。以管理目标及其确定的指标体系为准则，把总目标，综合效益分成经济效益、生态效益、社会效益三个亚目标，再把每一亚目标逐层分解，直到分解成易于衡量的基层指标因素为止。根据各指标因素间的性质和隶属关系组成一个有序的效益评估的指标体系模型。构建这类模型的方法目前都较少研究。

③赋予评估体系中各指标因素以合理的权重值。同时确定最基层因素的量化方法。

④按经济效益、生态效益、社会效益三个亚目标进行单项效益评估，在此基础上进行综合效益评估。

⑤风险分析。对系统管理过程中的经济损失和决策失误进行风险概率的分析。

骆勇 1990 年利用层次分析对北京病虫测报体系做了评估分析研究。赵美琦等 1990 年采用层次分析的原理和方法建立了农田有害生物综防管理系统效益评估体系模型，并在专家多轮讨论和投票的支持下逐层逐个因素给出合理的权重值（见表）。徐学荣 2004 年建立了植保生态经济系统的分析与优化。

效益评估体系中各层指标因素的权重值是个非常重要而又复杂的问题，受着多种因素的干扰。对于国家、省市、地县、农民或生产者不同层次植保管理决策者而言，赋予各指标因素的权重值都会不同。一般情况下，管理者层次愈低，赋予经济效益的权重值愈大。其主要原因是决定于三大效益对各层次管理者反馈强度不同。管理者层次愈低，经济效益的反馈愈直接、作用愈强烈，而生态效益和社会效益的反馈却极为模糊；管理者层次愈高，时空跨度愈大，三大效益的反馈愈有力。因此，对农民和生产者在病害管理系统中单纯追求经济效益，不顾甚至以破坏生态环境为代价的高收入问题，除需国家从政策、法律上予以强制解决外，还应制定各层植保工作的三大效益合理数值的统一标准。使标准和政策一起，起着植保管理工作的导向作用。

参考文献

徐学荣 , 2004. 植保生态经济系统的分析与优化 [D]. 福州：福建农林大学 .

有害生物综防管理系统植保效益评估的层次分析及各因素权重值表

总目标			各层次因素及其权重		评估因素最终权重
经济效益	0.617	直接经济效益	0.792	投入产出比 0.638 纯收入 0.362	0.312 0.177
		间接经济效益	0.208	推广效益 0.472 技术寿命 0.344 其他经济效益 0.184	0.061 0.044 0.024
生态效益	0.217	农业生态的稳定性	0.683	对天敌益菌的保护作用 0.252 有害生物残存量 0.115 有害生物迁出量 0.090 对非靶有害生物的作用 0.094 品种抗病性寿命 0.227 药剂寿命（抗药性） 0.222	0.037 0.017 0.013 0.014 0.034 0.033
		环境生态效应	0.317	空气、水、土中的残留 0.276 主副产品残留 0.331 农药的安全性 0.393	0.019 0.023 0.027
社会效益	0.167	社会贡献	0.783	产品贡献 0.440 减少资源消耗 0.396 活跃市场繁荣经济 0.164	0.058 0.051 0.021
		心理承受度	0.217	风险度对推广的影响	0.036

（综合效益）

曾士迈，赵美琦，肖长林，1994. 植保系统工程导论 [M]. 北京：中国农业大学出版社.

（撰稿：赵美琦；审稿：肖悦岩）

非寄主抗病性　nonhost resistance

自然界中，能够被一种病原物侵染寄生的所有植物种类构成了这种病原物的寄主范围，寄主抵御病原物侵染的能力又名为寄主抗病性。非寄主抗病性则是指某种病原物与其寄主范围以外的植物间存在的不亲和现象。这是一类表现在"种"水平上的不亲和性，即某一非寄主植物种内所有个体能够成功抵御某一病原物类群内所有个体的侵染。例如，自然条件下，双子叶植物拟南芥（Arabidopsis thaliana）能够抵抗水稻病原物稻瘟菌（Magnaporthe oryzae）所有小种的侵染。因此，与寄主抗病性中抗病基因介导的小种特异性抗性不同，非寄主植物对病原物的不同小种或株系具有广谱的抗性；同时，由于病原物的寄主范围相对稳定，因而非寄主抗性也通常被认为具有持久性。

非寄主抗病性的机制复杂多样，根据其是否由病原物侵染所触发可分为预制性和诱导性防御机制两类。预制性防御是指在病原物侵染之前植物已经形成的物理的或化学的保护机制。例如，植物表面的角质层对多数病原物而言是一道阻隔侵染的物理屏障，但是一些成功的病原真菌能够响应寄主植物角质层中特殊蜡质成分的刺激，诱导形成附着胞进行侵染；而一些非寄主植物由于角质层中缺乏诱导病菌孢子萌发和侵染机构分化的蜡质组分而免受侵染。经过长期的适应性演化，植物的不同类群或物种可分化形成种群特异的抗生性天然产物合成途径，它们产生的抗菌性化合物是限定病原物寄主范围的重要因素。例如：燕麦正常生长发育过程中可在根部累积产生三萜皂苷类化合物燕麦素（avenacin），这类抗菌性化合物保护了燕麦免受小麦全蚀病菌的侵害。

诱导性防御机制是指非寄主植物受到侵染时所触发的一系列先天免疫反应，如活性氧爆发、胼胝质累积、合成病程相关蛋白与植物保卫素以及在侵染位点发生过敏性坏死反应等，这些生理生化反应共同作用，可有效地遏制入侵的微生物。非寄主植物与寄主植物在识别病原物入侵及激活先天免疫的机理方面并没有本质的差别：二者均通过位于细胞表面的模式识别受体（pattern recognition receptors，PRRs）和位于细胞内的抗病蛋白（NB-LRR proteins）识别来自入侵病原物的一些分子模式（pathogen-associated molecular patterns，PAMPs）和效应因子（effectors）。但是，病原物与寄主植物经过长期协同演化，成功的病原物可通过躲避寄主的识别以及向寄主体内分泌效应子集群等方式，对包括病原物识别、免疫信号传导及防御反应激活等各个先天免疫环节进行干扰和抑制，从而克服寄主植物的先天免疫。同样的效应因子集群在非寄主植物细胞内由于其靶标分子可能已经随着植物分化而发生演变，致使效应因子不能有效抑制先天免疫，最终导致病原物与非寄主植物的不亲和反应。

除了上述防御机制以外，遗传和分子生物学研究还发现一些病原物在活体寄生阶段需要某些植物基因参与才能够与寄主建立亲和的寄生关系,这些植物基因又被称为感病基因。显然,如果植物缺乏某种病原物的感病基因,那么这些植物就不在该种病原物的寄主范围之内,有关这种非寄主"抗病性"的分子机制仍有待进一步研究。

非寄主抗病性或植物不在病原物的寄主范围内的自然现象早已引起人们的注意,这类抗病性因其广谱和持久的特性被认为具有诱人的应用前景。然而,非寄主抗病性往往由多重和复杂的分子机制所决定,以及寄主与非寄主植物间通常难以获得可育的杂交后代,因此,对非寄主抗性进行遗传解析的研究具有很大的挑战性,对其机理的认识仍然十分有限。但是,随着分子生物学及组学技术的飞速发展,人们对植物与病原物的相互作用,尤其对植物识别病原物的分子机制有了更为深刻的认识。这些技术和理论的进步为深入解析非寄主抗病性的遗传和分子机制开拓了广阔的研究空间,这些研究不仅将推动植物抗病生物学的发展,也将为改良作物抗病性及培育广谱、持久抗病农作物的应用研究奠定坚实的基础。

参考文献

BEDNAREK P, OSBOURN A, 2009. Plant-microbe interactions: chemical diversity in plant defense[J]. Science, 324(5928): 746-748.

DODDS P N, RATHJEN J P, 2010. Plant immunity: towards an integrated view of plant-pathogen interactions[J]. Nature reviews genetics, 11(8): 539-548.

FAN J, DOERNER P, 2012. Genetic and molecular basis of nonhost disease resistance: complex, yes; silver bullet, no[J]. Current opinion plant biology, 15(4): 400-406.

HEATH M C, 2000. Nonhost resistance and nonspecific plant defenses[J]. Current opinion plant biology, 3(4): 315-319.

SCHULZE-LEFERT P, PANSTRUGA R, 2011. A molecular evolutionary concept connecting nonhost resistance, pathogen host range, and pathogen speciation[J]. Trends in plant science, 16(3): 117-125.

（撰稿：范军；审稿：陈东钦）

非侵染性病害　uninfectious disease

由于作物自身的生理缺陷或遗传性疾病,或由不适宜的物理、化学等非生物环境因素直接或间接引起的植物病害。这类病害由于没有病原物的侵染,不能在植物个体间相互传染,也称为非传染性病害或生理性病害。

非侵染性病害的原因　引起非侵染性病害的因素很多,主要包括不适宜的温度、湿度、光照、水分、营养和有害物质等。

营养失调　营养失调包括营养缺乏、各种营养不均衡和营养过量。当营养元素缺乏时植物不能正常生长发育,就会生病,表现为缺素症。如缺铁引起的黄化病;缺硼、磷、镁容易引起空洞果。

水分失调　作物生长离不开水,当水分过多时,会影响土温的升高和土壤的通气性,使根系活力减弱,引起烂根、

凋萎或枯死现象。当水分不足时,作物营养生长受到限制,叶面积减小,缺水严重时,作物不能正常进行光合作用和蒸腾作用,气孔关闭,引起植株叶片枯黄萎蔫,造成落花落果,产量下降,严重时导致作物细胞缺水死亡,作物枯死。水分供应不均或剧烈变化也会对作物造成影响,如在根菜类、甘蓝及番茄在前期水分供应不足,后期充足的情况下可引起果实开裂。

温度不适　植物的正常生长和发育具有特定的温度范围,过高或过低的温度都会阻碍植物正常的代谢,导致植物不能正常的生长发育,引起病害。植物在高温环境下光合作用受阻,叶绿素遭破坏,叶片上出现死斑、变黄,出现未老先衰以及配子异常等生理现象;同时高温也加剧植物蒸腾作用,使其体内水分失衡,引起植物干枯死亡;此外,在干热地带,植物与地表接触容易造成茎基热溃疡。

低温对植物的伤害主要是冻害和冷害,均可引起作物生长异常。温度降到0°C以下的冻害,可使植物细胞内含物结冰,细胞间隙脱水,引起死亡。冷害的常见症状是变色、坏死或表面出现斑点,导致作物生命活动受到损伤或死亡;遭遇冷害的木本植物出现芽枯或顶枯,从顶部向下枯萎、破皮、流胶和落叶。短时间的低温,造成的伤害过程是可逆的。

光照失调　光照不足时,引起植物黄化和徒长,叶绿素减少,细胞伸长而枝条纤细等现象。光照过强时,容易引起露地植物日灼病。

有毒物质　引起植物非侵染性病害的有毒物质主要包括有害气体、水污染和土壤污染。有害气体如空气中的二氧化硫、氟化物、氧化氮、臭氧、氯气、氨气、乙烯等。如二氧化硫引起植物萎蔫或出现暗绿色的水渍状斑点,进一步发展成为坏死斑。氟化物引起植物叶尖和叶缘出现红棕色斑块或条痕,叶脉也呈红棕色,最后受害部分组织坏死、破碎、凋落,不同植物种类和品种对氟化物的敏感性不一样。生活废水和工业废水进入河流造成水污染,用污染了的水源灌溉植物时,水中的无机和有机污染物容易对作物造成危害。此外,工业废水和生活污水渗透农田污染土壤,大气中的有害气体及飘尘随降雨落在土壤中,均可降低作物产量和品质。被污染的土壤,不仅既影响作物的健壮生长,还会造成农产品有害物质的超标。

药害　化学农药超量、超范围不合理使用,除草剂飘移,农药施用时间不当都会对作物或种子产生药害。药害分为急性药害和慢性药害。急性药害一般在施药后2～5天发生,一般表现为烧伤斑点或条纹、失绿凋萎、落花落果、卷叶畸形、幼嫩组织枯焦等;慢性药害一般在施药数十天后才出现症状,影响作物的正常生长发育,造成枝叶不茂、生长发育缓慢、叶片黄化、植株扭曲畸形、果实变小、籽粒不饱满等。

非侵染性病害的诊断　引起植物非侵染性病害的原因很多,在进行诊断时主要是采取现场调查,排除侵染性病害,查明和鉴别作物发病原因,采取相应的防治措施对症治疗。主要从以下3个方面进行诊断:①病株在田间均匀分布,只有病状,无病征,不具有传染性。②大面积同时发生,没有从点到面的扩展过程,没有发病中心,受害植株几乎表现

出完全相似或基本相似的症状。③非侵染性病害的发生与气候、环境和栽培管理措施密切相关，在适当的条件下，有的病状可以恢复，如，植物的缺素症在施肥后症状可以减轻或消失。

与侵染性病害的关系　①非侵染性病害加重侵染性病害的发生。非侵染性病害的发生导致植物长势衰弱，抗病能力降低，利于侵染性病原物的入侵和发作。②侵染性病害可引起非侵染性病害。侵染性病害发病严重时，同样导致植物生长衰弱，长势不良，降低植物对非侵染病害的抵抗力，形成非侵染性病害和侵染性病害交错发生的恶性循环。③非侵染病害和侵染病害之间时常相互影响相互促进。如，由真菌引起的叶斑病，造成植物早期落叶，削弱了长势，降低了植物在越冬期间对低温的抵抗力，使患病植物更容易受冻害。

非侵染性病害的防治　根据田间症状的表现，拟定最科学的非侵染性病害防治措施，对病害进行针对性的施药或改善环境条件，观察病害的发展情况。具体有以下措施：

①选用抗逆性强的作物品种，提高作物的抗逆性。②改善环境条件和栽培条件，保持生态平衡，促进生态良性循环。对土壤黏重地要进行深翻扩土，搞好土壤改良，修建好排水沟，增施有机肥，提高土壤通透性和土壤微生物的活性。③采用科学的栽培技术，促进作物生长健壮，合理密植，及时中耕除草，改善通透条件等。④科学肥水管理，增施腐熟的有机肥，培肥地力；根据作物生长状况及叶片、果实表现，做到有针对性施肥和使用多元肥；适量施肥，也不超标追肥，避免烧根、伤根。⑤根据作物缺素症的症状和表现，开展作物营养诊断，采取缺什么补什么的原则，及时补充速效性营养元素，缓解缺素造成的危害。⑥谨慎选用、混用及使用农药。选用农药时，一定要考虑药剂对作物的安全性。科学合理混用农药，不能与其他药剂混用的一定要单独用，喷药时避开作物耐药力弱的时候，一般苗期、开花期用药易出现药害，避免高温、烈日中午用药。发生药害后，立即喷洒2～3遍清水，减轻药害的危害程度。

参考文献

许志刚，2006. 普通植物病理学 [M]. 3 版 . 北京：中国农业出版社.

（撰稿：吴国星；审稿：李成云）

分子病情指数　molecular disease index

传统的病情指数涵括了普遍率和严重度双重信息，即病情指数 = 普遍率 × 严重度。分子流行学的研究中常需定量病原菌在寄主中的侵染程度，特别是在潜育阶段。应用分子生物学方法和定量分析手段可以获得病害尚未显著时病原菌的侵染程度。这个指标为在潜育阶段估计未来可能的发病程度或初始菌量提供可靠依据。分子病情指数或分子严重度的计算一般用所测的病原菌的量与寄主的重量的比值表示，而用什么单位可根据情况而定。一般对某病原菌的种或某个菌系的定量分析需要有特异性的引物，以区分和扩增特定的

DNA 片段。在某些病害系统中，如土传病害，应用分子生物学方法可以监测所取样本中某种病原菌或某个基因型的特定谱带在总体样本中的比例，可以此作为普遍率的指标。由于定量的分子方法如实时 PCR（real-time PCR）可以获得样本中所含特定基因或 DNA 的初始量，分子病情指数的计算可以根据样本中的病原菌 DNA 的重量除以寄主的 DNA 的重量表示。一般寄主 DNA 总量会大大高于病原菌的 DNA 的量，所以两者的重量单位可以不同。如病原菌 DNA 重量用 ng 或 pg 表示，而寄主 DNA 重量用 mg 甚至 g 表示。另外，也可以用病原菌 DNA 重量除以寄主样本的实际重量表示。这可以作为一个相对的指标。

参考文献

LUO Y, MA ZH, MA Z H, 2007. Introduction to molecular epidemiology of plant diseases[M]. Beijing: China Agricultural University Press.

（撰稿：骆勇；审稿：肖悦岩）

分子植物病理学　molecular plant pathology

现代植物病理学的一个重要分支学科。分子植物病理学利用分子生物学理论和技术，从分子水平上研究并解释寄主植物抗病性、病原物致病性、植物病害的发生机制与发生规律等植物病理学现象，阐明病程中寄主与病原物相互作用的分子基础，并对植物病害防控的新策略和新途径进行探讨。

简史　20 世纪中后期，人们就已经开始重视参与植物病害发展的遗传物质。1935 年，W. Stanley 成功地分离出了烟草花叶病毒（tobaco mosaic virus，TMV）的蛋白结晶，并认为这种蛋白具有侵染性，从此拉开了分子植物病理学研究的序幕。1937 年，鲍登（E. C. Barden）和皮里（N. W. Pirie）报道了烟草花叶病毒的化学组成，证明该病毒由 95% 蛋白质和 5%RNA 组成。2 年以后，考斯切（G. A. Kausche）首次在电子显微镜下观察到了烟草花叶病毒的粒体。1952—1956 年哈里斯（J. I. Harris）和弗兰克尔—康拉特（H. Frankel-Conrat）对 TMV 粒体中的蛋白质和核酸性质的研究都有重要发现。弗兰克尔对 TMV 的蛋白质和核酸进行重组的工作，证明了核酸作为一种遗传物质包含必需的遗传信息，而非蛋白质。1958 年，吉尼（A. Gierer）和芒特瑞（K. W. Mundry）进一步证明了 TMV 中的 RNA 具有侵染性，可以侵染植物细胞并产生新的病毒粒子。1953 年，沃森（J. D. Watson）和克里克（F. Crick）证明 DNA 以双螺旋存在，将生物学的研究带入分子的水平。1960 年以后，关于植物病毒核酸复制和粒体装配及其基因组的结构和功能得到了大量研究。而针对烟草花叶病毒的广泛研究，不仅证明了 DNA（和 RNA）是编码特定氨基酸的遗传密码，也为植物病毒形态、组成、重组、粒体结构等方面的研究奠定了基础。

20 世纪 50～70 年代是植物病原细菌基因操作技术积累的时期，至 70 年代中期，围绕根癌土壤杆菌（Agrobacterium

tumefaciens）和欧文氏菌（*Erwinia*）展开的研究成为植物病原细菌致病性分子遗传研究的重大突破。1977 年，奇尔顿（M. D. Chilton）研究发现土壤杆菌中 Ti 质粒中的 T-DNA 包含的一小段 DNA 能诱发植物产生肿瘤，并且可以转移至植物细胞中。1978 年，谢尔（J. Schell）研究小组首次实现了将带有抗性基因的转座子 Tn7 的 Ti- 质粒转移到植物细胞中。从此 Ti- 质粒作为载体广泛应用于植物遗传工程。20 世纪 70 年代初期，人们开始了对欧文氏菌这类重要植物病原细菌的分子遗传学的研究。1984 年，科恩（N. T. Keen）首先报道从菊欧文氏菌（*Erwinia chrysanthemi*）中克隆到果胶裂解酶基因，初步揭示了欧文氏菌果胶酶产生和分泌的复杂遗传机制。茄青枯假单胞菌（*Pseudomonas solanacearum*）和丁香假单胞菌（*Pseudomonas syringae*）是最具有经济重要性的假单胞。1984 年，克隆到大豆假单胞菌（*Pseudomonas glycinea*）的第一个无毒基因（*avrA*）（B. J. Staskawicz, N. T. Keen），而有关毒素的基因直到 1986 年以后才正式发表。

真菌病害是一类最重要的植物病害，自 20 世纪 70 年代中期开始，病原真菌遗传转化系统的研究就已经开始。粗糙脉孢霉（*Neurospora crassa*）和构巢曲霉（*Aspergillus nidulans*）的遗传转化试验相继取得成功。20 世纪 80 年代以来，分子生物学技术已成为寄主—病原物互作模式研究中的主要研究手段。1981 年，针对马铃薯晚疫病菌的小种专化性互作现象，布什内尔（W. R. Bushnell）等提出了激发子—抑制子模式。后来，卡罗（J. A. Callow）、科恩（N. T. Keen）和加布里埃尔（D. W. Gabriel）等通过研究寄主—病原物专化性的识别作用，以及产生防卫反应的关系，提出了激发子—受体模式。20 世纪 90 年代以来，人们发现了阿司匹林的衍生物水杨酸与系统获得抗病性有关。1984 年，斯卡伟兹（B. J. Staskawicz）从大豆假单胞菌中分离到第一个植物病原菌的无毒基因（*avrA*）。1992 年，布里格斯（S. E. Briggs）和沃尔顿（J. D. Walton）从抗圆斑病菌（*Cochliobolus carbonum*）的玉米中分离到第一个植物抗性基因（*Hml*），并随后证明 *Hml* 是通过对病原菌产生的寄主选择性毒素的解毒而起作用的。后来，研究者们分离得到了大量植物病害抗性基因，并且发现了富含亮氨酸重复序列的存在。

研究内容 分子植物病理学的研究不仅包括核酸和蛋白质，还包括在寄主与病原物互作中发挥重要作用的多糖、酚类化合物和有机酸类等生物大分子，以及寄主和病原物次生代谢产物的结构及功能等，以期从识别、信息传递和病害表型等多方面阐述寄主与病原物互作中相关基因的功能及其产物对病程发展的影响。病原物的致病基因和寄主植物的抗病基因与感病基因的表达调控是分子植物病理学的重要研究内容。除此之外，生物大分子的结构功能研究，功能基因组与生物信息学研究也是分子植物病理学的研究内容，这也意味着不同于传统植物病理学"由外到里"研究，分子植物病理学以研究寄主和病原物的基因等为主要对象，利用分子水平上的研究手段，从个体到群体对相关基因的功能进行分析，从而阐明寄主—病原物相互作用的有关基因的结构、表达、调控及其产物功能，从而对病害的发展

及防控提供理论依据。

展望 分子植物病理学自建立以来发展迅速，在植物病原物致病机理的解析以及致病基因的分离与鉴定、重要致病因子结构的解析与药物靶标设计与筛选、植物抗病基因的发掘与应用、重要作物病害防控新策略的探讨等方面都取得了很大的进步。分子植物病理学在分子生物学、植物病理学、细胞生物学间广泛渗透，不断深入和发展，从分子水平、细胞水平、个体和群体等不同层次深入探索植物病害的发生发展规律，并为植物病害的绿色防控提出新策略和新思路。

参考文献

AGRIOS G N, 2009. 植物病理学 [M]. 沈崇尧，译. 北京：中国农业大学出版社.

王金生, 2001. 分子植物病理学 [M]. 北京：中国农业大学出版社.

许志刚, 2009. 普通植物病理学 [M]. 北京：高等教育出版社.

（撰稿：彭友良；审稿：孙文献）

枫杨丛枝病　Chinese ash witches' broom

由核桃微座孢菌引起的枫杨枝干上病枝丛生的常见病害。

发展简史 枫杨丛枝病首次于 1954 年在南京发现。

分布与危害 在安徽、浙江、山东、河南等地均有发生。病原除危害枫杨外，还可寄生在核桃和核桃楸叶片上。国外分布于北美洲、欧洲、印度、新西兰，侵染山核桃属的植物。病害多发生在侧枝上，有时也发生在幼树主干的萌蘖条上。感病枝条簇生如扫帚状，基部稍肿大，病叶小，呈黄绿色，边缘稍卷曲，初生叶略带红色。每年 5 月，病叶背面密生白粉状物，有时叶正面也有。在丛枝症状不太明显的枝条上，叶形虽然正常，但叶背面也产生白粉状物，秋季枝条上会形成很多的侧芽，翌年萌发后形成丛枝状。6 月以后，病叶逐渐自边缘开始枯焦脱落，当年再萌发新叶。部分病枝在冬季受冻枯死。翌年病枝发芽，丛枝继续扩大，数年后，病树整个树冠都形成许多簇生的丛枝，植株死亡。

病原及特征 病原为担子菌门微座孢菌目（Microstromatales）的核桃微座孢菌［*Microstroma juglandis*（Bereng.）Sacc.］。子座圆形或圆锥形，结构疏松，一般在气孔下形成子座。分生孢子梗棍棒状，无色，密集丛生于子座上，自气孔突出寄主表面。分生孢子椭圆形，单胞，无色，2～6 个着生于分生孢子梗顶端，大小为 $6.5\sim8.2\mu m \times 3.3\sim4.0\mu m$。也有报道在患丛枝病的枫杨幼嫩枝叶及树皮中发现有类立克次体（RLO），但作用尚不清楚。

侵染过程与侵染循环 尚不清楚。有报道称病菌以子座在落叶上越冬，春季孢子通过气流传播。

流行规律 尚不清楚。

防治方法 植株发病初期，将病枝连着的大枝及时砍除，以抑制病害蔓延。

参考文献

金开璇，汪跃, 1986. 枫杨丛枝病中发现的类立克次体（RLO）

[J]. 林业科学 , 22(3): 332-333.

（撰稿：刘红霞；审稿：叶建仁）

附着胞　appressorium

许多植物病原真菌在侵染寄主植物时产生的一类特异性侵染结构，它主要是由附着在寄主表皮的孢子萌发形成的芽管或菌丝尖端膨大分化而成，其胞内沉积的黑色素和高浓度甘油，使其产生巨大膨压并分化出侵染钉，可穿透植物表皮和角质。

形成过程　真菌分生孢子黏附到植物表面后，受到一系列物理信号或化学信号（如表面疏水性、硬度、蜡质层及角质层成分等）的诱导，孢子可萌发形成芽管。芽管在伸长过程中，其尖端可分化形成"钩状"肿大的菌丝末端，继而特异性诱发形成附着胞。在附着胞形成初期，生出芽管的分生孢子发生有丝分裂，其中一个子细胞核进入芽管的"钩状"尖端，用于形成附着胞，同时芽管末端形成细胞横隔膜。伴随着附着胞的发育，分生孢子通过细胞自噬实现自我凋亡，凋亡产生的降解物被运输至附着胞，为其分化成熟提供原料。同时，黑色素沉积在附着胞细胞壁的内层，形成厚约100nm黑色素层，其只允许水分子等小分子通过，而流入附着胞内的糖原、脂类等有机分子则无法透过细胞壁。因此，成熟附着胞中累积的糖原、脂类经分解产生高浓度的甘油，帮助附着胞吸水膨大，产生出高达 6～8MPa 的膨胀压。膨胀压产生的机械穿透力进而使附着胞底座的中心小孔分化出侵染钉，穿透植物表皮组织。

功能　黏附着胞可分泌黏胶，使其牢固地黏着在寄主表面。真菌附着胞的产生和正常分化对于病原真菌的致病性具有决定作用，它直接影响病原真菌与寄主植物的分子识别，并介导病原菌的侵入和寄主植物防御反应的发生。

（撰稿：郑祥梓；审稿：刘俊）

G

甘草褐斑病　liquorice leaf bloth

由甘草尾孢引起的一种甘草叶部真菌病害。

发展简史　关于甘草褐斑病的发展情况研究极少，所见到相关研究报道，主要是其病原鉴定、发生动态和药剂筛选等内容。

分布与危害　甘草褐斑病主要分布在中国西部地区。始发时甘草叶片上产生圆形或不规则形病斑，中心部呈灰褐色，边缘呈褐色。后期叶片两面均产生灰黑色霉状物，即病原菌分生孢子梗和分生孢子。发病严重时，病斑相互连接，叶片变为淡红褐色至紫黑色，造成甘草叶片大量脱落（见图）。在中国西北发病率80%以上，常常造成50%以上的叶片早期脱落。

病原及特征　病原为甘草尾孢（*Cercospora glycyrrhizae*），属尾孢属。子实体叶两面生，但主要叶面生，近球形或椭圆形，淡灰褐色。子座上分生孢子梗2～6根束生，灰褐色，无隔，顶端色淡并较狭，不分枝，具0～5个膝状节，顶端近截形，

甘草褐斑病症状（丁万隆提供）

孢痕显著。分生孢子无色透明、鼠尾状、鞭状、直或稍弯曲，基部粗、上部细，具隔膜，个别分生孢子较长。

侵染循环与流行规律　病菌以菌丝体在病株残体上越冬，翌春条件合适时，分生孢子借助风雨传播引起初侵染。病斑上产生的分生孢子又不断地繁殖引起再侵染。高温、降雨多、露时长、湿度大时病害发生严重。一般6月中旬开始发生，7月病情指数缓慢上升，8月中旬病情指数快速增加，至9月上旬达到病害高峰期。

防治方法

农业防治　刈割甘草地上部分作为饲料，可以有效减少菌源。

化学防治　在甘草褐斑病发生初期，可选用高脂膜900g/hm²、苯醚甲环唑180g/hm²、烯唑醇30g/hm²或百菌清675g/hm²喷雾处理，间隔7天，共喷药2次。

参考文献

曹占凤，王艳，陈秀蓉，2014. 甘肃省甘草病害种类调查及病原鉴定 [J]. 中国现代中药，16(12): 1015-1018.

周天旺，李建军，张新瑞，等，2013.陇西县甘草褐斑病的发生动态及防效试验 [J].甘肃农业科技 (7): 14-15.

（撰稿：陈宏灏；审稿：丁万隆）

甘草锈病　liquorice rust

由甘草单胞锈菌引起的一种危害甘草地上部分的真菌病害。

发展简史　甘草锈病是甘草主要病害之一，但对其研究的报道相对较少。中国20世纪90年代始见报道，对甘草锈病病原生活史、侵染规律、种间抗病性等方面进行了初步研究，此后报道主要集中在防治技术研究方面。随着人工甘草种植面积不断扩大，甘草锈病造成的严重经济损失引起了高度关注，对甘草锈病立项进行系统研究并取得了科技成果登记。

分布与危害　甘草锈病在野生甘草分布区和人工甘草种植区均有分布，主要集中在中西亚、中国东北和西北等区域。在甘草叶面形成大量蜜露状性子器、褐色夏孢子或黑褐色冬孢子，造成甘草光合作用减弱、植株矮缩枯死和早期落叶等症状（见图）。在人工栽培条件下，甘草锈病因栽培年限增加而递增，定植3年甘草田病株率达30%～60%，减产在15%以上。

病原及特征 病原为甘草单胞锈菌（*Uromyces glcyrrhizae* Magn.），属单胞锈菌属。在完整的生活史中能产生5种不同类型的孢子，即夏孢子、冬孢子、担孢子、性孢子和锈孢子。夏孢子和冬孢子为无性世代，担孢子、性孢子和锈孢子为有性世代，夏孢子可以反复侵染危害甘草。

夏孢子发生于甘草叶背面，孢子堆紧密，夏孢子单胞，圆形，有柄不明显，1～2个芽孔，表面有突瘤，颜色淡褐色。冬孢子发生于甘草叶背面，孢子堆之间疏松，冬孢子单胞，圆形近椭圆，有柄很明显，1个芽孔，颜色深褐色。担孢子由担子产生，担子有隔，担子末端侧面产生4个担孢子，担孢子椭圆形，单胞，无色，1个芽管。性子器产生于甘草叶背面，圆形，埋于表皮细胞下，受精丝管状，伸出表皮并分泌蜜露，最终黏结成喙状，性子器初为无色后变为棕红色，性孢子椭圆形，无色。锈孢子发生于性子器群中，圆形，成串。

夏孢子的最适萌发温度为15℃左右，萌发率受甘草叶面新老程度影响显著，适宜萌发pH6～10，受光照影响不显著，可溶性淀粉、磷酸铵能促进其萌发，致死温度为43℃下20分钟。甘草锈菌冬孢子萌发属于真正休眠，需要一定放置时间和反复冻融才能萌发。夏孢子萌发后芽管异核作用现象普遍，通常结合方式为多次Y状连合或3～4个芽管在一点结合，形成网状结构，有些芽管在结合后具有拉直变细的现象，夏孢子多核情况主要以3核体为主。

侵染过程与侵染循环 夏孢子萌发后在气孔旁或气孔上方形成附着胞，直接从气孔侵染，部分芽管不形成附着胞，通过甘草叶片的腺体侵入，在15℃下甘草锈菌夏孢子68小时能够完成侵染过程，但在35℃下仅潜育期就长达24天。保湿、叶片脱蜡和添加表面活性剂等措施能够提高侵染效率。甘草锈菌以冬孢子或菌丝体越冬，成为翌年初侵染源。夏孢子靠气流传播造成再侵染，病害呈中心传播，属于多循环病害。

流行规律 甘草锈病在低温湿润环境下易暴发，往往随甘草定植年限增加而发病不断严重，一个生长季节一般流行两次，高峰期分别于6月中旬和9月上旬，田间流行时间动态分别符合Logisti模型和Yield density模型。甘草种间抗性分化明显，光果甘草抗锈性较强，乌拉尔甘草次之，胀果

甘草感病性较强，而乌拉尔甘草种内也出现明显的抗性分化，抗病表现为坏死性免疫反应和慢锈性。同一地区的甘草锈菌菌株对不同种源地乌拉尔甘草的寄生适合度与空间距离呈正相关。

防治方法

农业防治 不同种甘草、不同种源地的同一种甘草混播，能够在一定程度上减轻甘草锈病的流行，另外，每年8月初刈割甘草地上部分作为饲料，可以有效减少翌年菌源。

化学防治 分别在5月上旬和8月中旬两次病害发生初期进行药剂防治，可选醚菌酯225g/hm²、苯醚甲环唑180g/hm²、三唑酮60g/hm²连续叶面喷雾处理2次，间隔7天，药液量450L/hm²。喷雾应在天气晴朗、无风的傍晚进行，交替使用药剂。

参考文献

陈宏灏，南宁丽，张治科，2016. 宁夏甘草锈病发生规律初步研究 [J]. 中国现代中药，18(3): 289-291.

罗文文，薛根生，陈昕旺，1992. 甘草单胞锈菌的孢子阶段、生活史及防治研究 [J]. 植物保护学报，19(2): 127-132.

（撰稿：陈宏灏；审稿：丁万隆）

甘蓝黑胫病 cabbage black leg

由黑胫茎点霉引起的、危害甘蓝、花椰菜、白菜、萝卜等的一种真菌病害。是甘蓝的重要病害，在甘蓝生长期和储藏期均可危害。又名甘蓝根腐病、甘蓝黑根子病、甘蓝根朽病。

发展简史 甘蓝黑胫病于1849年在法国首次被发现，然后它传遍欧洲、澳大利亚和美国以及苏联北部的高加索、克拉斯诺达尔和部分远东地区。1933年，开始在西伯利亚和苏联的西北地区出现。中国在20世纪70年代戴芳澜先生就有关于甘蓝黑胫病的相关研究。1986年全国蔬菜病害调查中就发现80%的蔬菜患有黑胫病，但由于缺少可以追溯的文献记录，因此关于中国甘蓝黑胫病原菌可能的起源历史、演化动态、与世界其他国家同种病原间的亲缘关系等尚缺乏判断依据。

分布与危害 甘蓝黑胫病在世界多个甘蓝种植区广泛发生。中国多发生在东北、华北、西北等地，主要危害甘蓝，也危害花椰菜、西兰花、白菜、芜菁、芜菁甘蓝、苤蓝、萝卜、芥菜和油菜等十字花科植物。其中花椰菜、西兰花和芜菁等是中度感病品系，芜菁甘蓝、萝卜和芥菜等品系通常发病较轻。陕西西安和湖北武汉等地的白菜产区常遭受黑胫病的严重危害，重病年份损失可达30%～40%。在潮湿年份，该病在乌克兰和哈萨克斯坦发展迅速，并且遍布白俄罗斯全境、尤其是南部和西南部地区。如条件适宜，该病害可引起全田发病，在储藏期的危害率能接近80%，产量损失可达70%。

病菌可在苗期或大田期各阶段侵染寄主导致病害发生。早期最显著的症状是幼苗在苗床中距移栽14～20天时，子叶上可见模糊的灰白色斑点，幼苗叶片初显模糊的灰白色病变区，逐渐变成清晰的灰白色或灰色的病斑，其上散生许多

甘草锈病田间症状（丁万隆提供）

黑色小点（分生孢子器）；在潮湿的条件下，可使植株幼苗快速死亡。病菌在下胚轴、子叶、第一片叶上产生大量孢子，引起苗床或田间的二次侵染。叶片发病后，在叶上出现近圆形浅棕色至褐色病斑，病斑中散生分生孢子器。在成熟、衰老或死亡植株上，靠近外部叶片上的点状物有时会变为红色，尤其是在靠近边缘的叶片上。茎上病斑初为黑褐色，长形，边缘淡紫色，凹陷，随着病斑继续扩展蔓延，可环绕茎秆，变黑。若病斑靠近地面，常常向下蔓延至根部，呈暗紫色的溃疡斑，病斑上亦散生少量黑色小点，严重时主、侧根全部腐烂，可引起倒伏，地上部逐渐枯萎。若病害发展缓慢或较轻时，随着主根的逐渐死亡，在茎基病斑上端健康部位可再生新的侧根，以维持生长，但植株发育不良，长势衰弱，后期即使维持到叶球形成，此时罹病的根颈难以支撑不断增重的叶球，最终植株仍会折倒。有些病株在田间突然萎蔫枯死，其萎蔫的叶片仍附着在茎轴上而不脱落。健旺植株如根部发病，外叶边缘表现淡红色症状，有的植株外叶发黄与缺磷症状相似。田间根部症状一般是在肉质根上形成溃疡斑或在叶球内出现干腐，但一般不会导致严重的腐烂。种株被侵染发病以后，在侧枝、花梗及种荚上表现的病斑与茎上相似，病荚内种子干瘪，种皮皱缩。田间感病植株可将病菌带入储藏间成为其在储藏过程中危害的侵染源，储藏期间病菌还可继续侵染，根部或叶片表现出干腐状（图 1）。

病原及特征 病原为黑胫茎点霉［*Phoma lingam*（Tode）Desm.］，属茎点霉属真菌。有性时期是十字花科小球腔菌或斑点小球腔菌［*Leptosphaeria maculans*（Desm.）Ces. & de Not.］，形成假囊壳，相比无性时期较少产生。子囊壳类似分生孢子器紧密排列呈簇状，形成于老的黑茎或叶上。子囊壳内含大量圆柱形至棒状的子囊，子囊包含 8 个圆柱形至椭圆形、黄褐色、多隔子囊孢子。分生孢子器一般散生、埋生或半埋生在寄主表皮下，球形或近球形，深黑褐色，直径 100～400μm，顶端有明显突起的孔口，并聚集成直径 1mm 近圆形或者卵形的小黑点。分生孢子器内有胶质物和许多分生孢子，吸湿后从孔口中涌出很长的污白色胶质的长分生孢子角（内含大量分子孢子）。分生孢子长圆形，单细胞，无色，内有两个油球，大小为 3～6μm×1～2.5μm。黑胫茎点霉病菌的线粒体 DNA 是线形的，长约 1.40μm（图 2）。

甘蓝黑胫病菌的菌株通常依据其对油菜是否造成茎部溃疡并产生植物毒素 sirodesmin PL 而分为两类：造成溃疡及严重危害的是强致病力、毒性菌株或 A 群；不造成茎溃疡的是弱致病力、无毒菌株，或 B 群。有致病力的菌株 A 群生长较慢并不产生色素，无致病力菌株 B 群生长较快并

且产生棕色水溶性色素。

从其他十字花科杂草如遏蓝菜、大蒜芥属、播娘蒿属、独行菜属和糖芥属等获得的小球腔菌（*Leptosphaeria*）菌株归类到十字花科小球腔菌（*Leptosphaeria maculans*）。

通常有致病力的菌株侵染发病时首先在侵染点周围出现失绿区域，病斑扩大变灰色，发病严重时叶片枯焦，其上产生分生孢子器。无致病力的菌株不产生典型症状，或只在接种点的周围稍微有些失绿（叶片失绿也可能是由刺伤引起的），并不扩展成病斑，从接种后至第 14 天始终保持这种状态，而强致病力的菌株此时已造成子叶全部枯焦死亡。凡无致病力的菌株在查氏培养液内，20℃下培养 20 天可产生褐色水溶色素，其菌落生长较快，分生孢子器形成较少。有致病力菌株则相反，不产生褐色水溶色素，菌落生长较慢和形成大量分生孢子器。在 7 种酶：MDH（苹果酸脱氢酶）、IDH（异柠檬酸脱氢酶）、6PG（6-磷酸葡萄糖脱氢酶）、PGM（葡萄糖磷酸变位酶）、AAT（天冬氨酸转氨酶）、GFT（谷丙转氨酶）、EST（脂酶）系统中，有致病力菌株

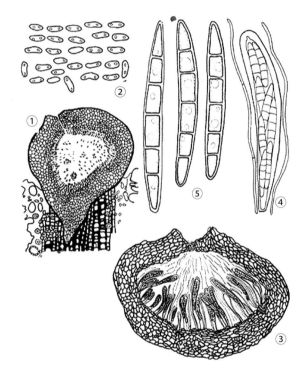

图 2 甘蓝黑胫病菌（引自 Lenore Gray）

①分生孢子器；②分生孢子；③子囊壳；④子囊；⑤子囊孢子

图 1 甘蓝黑胫病症状（吴楚提供）

①苗期症状；②成株期根部症状；③苗期根部症状；④结球病株症状，出现干腐

与无致病力菌株在酶带的位置和数目上不同，表明两类菌株在酶活性上有差异。并且两类菌株产生的有毒物质结构也不同。因此，两类菌株在症状表现和代谢产物方面均存在差异，但两类菌株并没有重新分类。

有研究者从弱毒菌株中发现一个特殊菌株，其产生了一种新的寄主选择性毒素（host-selective phytotoxin），该毒素与已有的强毒株和弱毒株的毒素不同。并且，此菌株包含一段只有强毒菌株含有的 5.2kb 重复 DNA 序列，但其又能使传统抗强毒菌株的棕色芥菜（Brassica juncea）发病。

侵染过程与侵染循环　以菌丝、分生孢子器、带菌种子、土壤中的病残体和其他带菌十字花科蔬菜种株构成初侵染源。潜伏在种皮中的菌丝或孢子入侵子叶，延至幼茎，侵害薄壁组织和维管束，引起幼苗发病，严重的致幼苗枯死。苗床中的病苗上可产生分生孢子器释放出分生孢子进行再侵染，继续在苗床内为害。病苗移栽到大田后病害可继续发展，病斑上产生分生孢子，与土壤中越冬后的病原菌均可借雨水和水滴飞溅传播到其他健康叶片和茎上，从表皮直接侵入或从伤口侵入，引起寄主发病，病斑上产生的分生孢子又可进行再侵染（图 3）。

流行规律　病原菌在种子、土壤、种用叶球和病残体以及其他十字花科蔬菜种株上越冬。病原菌可在种子中存活 4 年，病残体上存活 3 年，菌丝体和分生孢子器在土壤中可存活 2～3 年。翌年，当气温达到 20°C 时，越冬病原菌可产生分生孢子，分生孢子萌发后通过气孔、皮孔、水孔和伤口侵入。分生孢子器内的分生孢子遇水排放，在田间主要靠雨水飞溅进行传播蔓延。分生孢子可以在空气中随气流传播一定距离，但其孢子浓度随距离增加而快速减少。

病害流行的主要因素是湿润多雨以及雨后高温的气候条件。在雨天有风或是灌溉的情况下，植株易被感染。当温度在 20～24°C、相对湿度达 60%～80% 时适宜病害的发生。在一个种植季节，病菌可以繁殖 5～8 代。雨水是传播入侵的必要条件，但侵入后温度对潜育期的影响较大，在日平均温度 24～25°C 时潜育期只需 5～6 天，17～18°C 时需 9～10 天，9～10°C 时则需 23 天。苗期和采种期多雨的地区和年份发病较重，重茬地排水不良以及前干后涝地均易发病。病害的严重程度与初夏的降雨量有直接的关系。此外，甘蓝蝇和种蝇的幼虫、椿象等也有传病作用。而病原物的远距离传播主要通过带菌种子。

防治方法　甘蓝黑胫病在春秋两季的侵染持续时间长，很难找到集中实施防治措施的时间，且病原菌存活时间长，用一般的植物病害防控方法防控此病效果甚微，防控难度较大。目前，主要采取以下措施进行综合防控。

种子处理　带病种子是主要的初侵染来源，从无病植株上选留种子是首要的预防措施，对选用的种子进行杀菌处理也是十分必要的。采用 50°C 温水浸种 20～30 分钟后，以冷水冷却，晾干播种，或用种子重量 0.4% 的 50% 福美双可湿性粉剂。

苗床管理　①苗床土选择麦田或葱、蒜地表土。②也可用 50% 福美双可湿性粉剂消毒土壤，用药 10g/m²。或用 40% 五氯硝基苯粉剂，用药 8～10g/m²，掺拌 30～40kg 细干土，播种时直接撒于床面。③采用营养钵育壮苗，避免移栽伤根。苗床上方搭拱棚，用薄膜遮顶，防止雨淋，减少再侵染。大田定植要选健苗，以免将病苗带入大田。

轮作措施　实行与非十字花科蔬菜作物轮作 4 年以上。且十字花科植物不应该在邻近或顺风的田块方向种植。

化学防治　发病初期喷洒 60% 多·福可湿性粉剂 600 倍液，或 40% 多·硫悬浮剂 500～600 倍液，70% 百菌清可湿性粉剂 600 倍液，间隔 7～10 天 1 次，连续防治 2～3 次。

栽培管理　幼苗期要控制住大白菜根蛆和菜青虫等虫害以及十字花科杂草危害，减少害虫造成的伤口，苗床一般每隔 7～10 天应检查一次，及时防治。低洼地采用半高垄栽培或结合中耕培土成垄。采用平畦栽培的，要做到雨后及时排水。堆肥作底肥的，应充分腐熟，防止种蝇产卵后幼虫为害造成伤口，为病菌侵入提供通道。追施化肥时注意防止烧根。田间发现病株要立即拔除，并带出田外深埋或焚烧。浇水时尽量不要喷洒叶面，防止病原菌溅洒扩散。避免在雨天或田间潮湿的情况下进行田间农事操作。

抗病品种　抗甘蓝黑胫病的甘蓝品种甚少，可选用四季 39 等抗病品种。

储藏管理　在收获前用 50% 多菌灵可湿性粉剂 500 倍液对储藏室进行杀菌处理。田间采摘健康的植株用于储藏，也可用 25% 异菌脲油悬浮剂 2000 倍蘸根后储藏。适宜储藏的温度为 0°C，空气相对湿度 85%～90%，氧气浓度为 5%，二氧化碳浓度为 1%～5%。

参考文献

蔡启上，1991. 甘蓝茎点霉（Phoma lingam）线粒体 DNA 的电子显微镜观察 [J]. 惠阳师专学报 (3): 22-25.

房德纯，蒋玉文，2004. 新编蔬菜病虫害防治彩色图说 [M]. 北京：中国农业出版社 .

栗淑芳，苏浴源，申领艳，等，2012. 张家口错季甘蓝黑胫病的

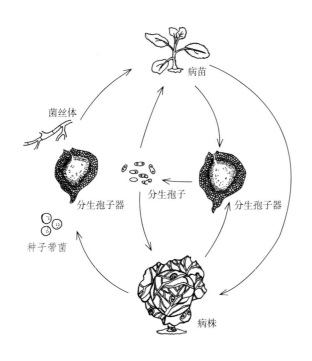

图 3　甘蓝黑胫病侵染循环示意图（马冠华提供）

发生与防治 [J]. 农业科技通讯 (11): 153-154.

吕佩珂，李明远，吴钜文，等，1992. 中国蔬菜病虫原色图谱 [M]. 北京：中国农业出版社.

KERI M, VAN DEN BERG C G J, MCVETTY P B E, et al, 1997. Inheritance of resistance to *Leptosphaeria maculans* in *Brassica juncea*[J]. Phytopathology, 87(6): 594-598.

PURWANTARA A, BARRINS J M, CONZIJNSEN A J, et al, 2000. Genetic diversity of isolates of the *Leptosphaeria maculans* species complex from Australia, Europe and North America using amplified fragment length polymorphism analysis[J]. Mycological research, 104 (7): 772-781.

SOLEDADE M, PEDRAS C, CLAUDIA C, et al, 1999. Phomalairdenone: a new host-selective phytotoxin from a virulent type of the blackleg fungus *Phoma lingam*[J]. Bioorganic & medicinal chemistry letters, 9: 3291-3294.

（撰稿：马冠华；审稿：谢丙炎）

甘蓝菌核病　cabbage *Sclerotinia* blight

由核盘菌引起的、危害甘蓝茎基部及地上部的一种真菌病害，是世界上许多国家甘蓝生产中最常见的病害之一。又名甘蓝菌核性软腐病、甘蓝菌核性白腐病。

发展简史　菌核病菌的危害极为广泛，早在 20 世纪 60 年代即有专家研究该病菌寄主范围，可以侵染十字花科、茄科、豆科、菊科和伞形花科等多种植物。然而专门针对甘蓝菌核病的研究报道较少。该病在全世界各甘蓝种植国家均有发生。在中国，甘蓝菌核病的发生非常普遍，20 世纪 80 年代即有发生危害的研究报道，以南方沿海地区及长江流域发生普遍，危害严重。

分布与危害　甘蓝菌核病在世界上广泛分布，美洲的巴西、加拿大和美国，欧洲的匈牙利，非洲的南非，亚洲的伊朗、尼泊尔、印度、泰国、日本、韩国和中国等国家均有发生。

中国以南方沿海地区及长江流域各地发生普遍，危害严重，如四川、云南、重庆、湖北、湖南、江西、安徽、江苏、上海、浙江、福建、广东、广西和海南；北方甘肃、宁夏、内蒙古、陕西、山西、山东、河南、河北、北京和天津等地的保护地也见有发生。由于病菌能分泌果胶酶，导致受害植株细胞离析软腐，且扩展蔓延很快，使受害甘蓝叶球或茎基部常常腐烂，影响甘蓝的产量和质量，造成严重的经济损失。一般减产 10%～30%，重病田可达 70%。甘蓝采种株也可受害，造成结荚率低，种荚籽粒不饱满，直接影响种子的产量和品质。甘蓝菌核病在苗期和成株期均可侵染危害，主要危害植株的茎基部，也可危害叶片、叶球、叶柄以及采种株的茎秆及种荚。苗期受害，多由幼苗近地面处发病扩展，导致茎基部变色，呈水渍状腐烂，引起猝倒。

成株受害多从近地表的茎基部、叶柄或叶片开始，初生水渍状的淡褐色病斑，扩大后病斑凹陷，呈湿腐状，病斑不规则形，边缘不明显。后期引起叶球或茎基部腐烂，茎基部病斑环茎一周后致使全株枯死，但无臭恶气味。湿度大时，发病部位软腐，长出浓密棉絮状的白色菌丝体，后期形成黑色鼠粪状菌核（图 1）。

采种株多在成株期发病，除侵染叶片和果荚外，还可引起茎秆腐烂、中空、表面及髓部生白色絮状菌丝和黑色菌核，后期导致茎秆倒伏。叶片多从距地面较近的或下半部的衰老叶片开始发病。初呈水渍状、浅褐色病斑，多雨高湿条件下，病斑上生出白色棉絮状菌丝体，由叶柄向茎秆蔓延，引起茎秆发病；茎秆受害多始于茎基部或分枝的分叉处，产生水渍状、不规则形的病斑，扩展后环绕茎秆一周，淡褐色、边缘不明显，导致植株枯死。终花期湿度高时病部也长出白色棉絮状菌丝体，后期茎秆组织腐朽呈纤维状，内部中空，剥开可见白色菌丝体和黑色菌核。菌核鼠粪状，圆形或不规则形，初期白色后变黑色；受害种荚黄白色，荚内生成黑色粒状菌核。

病原及特征　病原为核盘菌 ［*Sclerotinia sclerotiorum*（Libert）de Bery］，属核盘菌属真菌。

菌核或子囊孢子萌发产生无色、有隔膜的菌丝体，菌丝体聚集形成菌核。菌核由皮层、拟薄壁细胞和疏丝组织组成，具有抵抗不良环境的能力，可以越冬和越夏。菌核黑色，呈不规则状、球形至豆瓣形或鼠粪状，直径 1～10mm。通常，菌核萌发可产生 1～20 个子囊盘，多为 5～10 个。子囊盘初为乳白色小芽，随后逐渐展开呈盘状，颜色由淡褐色变为暗褐色；子囊盘杯形、肉质、大小不等，子囊盘下有柄，细长弯曲，长度可达 6～7cm；子囊盘柄顶部伸出土表后，其先端膨大，展开后为盘形，开展度在 0.2～0.5cm，盘浅棕色、内部较深，盘梗长 3.5～50mm。

子囊盘表面为子实层，由子囊和杂生其间的侧丝组成。侧丝无色、丝状，顶部较粗；子囊盘萌发形成子囊，子囊无色、倒棍棒状，大小为 113.87～155.42μm×7.7～13μm。子囊内含 8 个子囊孢子，在子囊内斜向排成一列；子囊孢子椭圆形或梭形、无色、单胞，大小为 8.7～13.67μm×4.97～8.08μm；子囊孢子萌发产生菌丝（图 2）。

菌核无休眠期，但抗逆性很强。在温度 18～22℃、有光照及足够湿度的条件下，菌核即可萌发，产生菌丝体或子囊盘。菌核萌发时先产生小突起，约经 5 天后伸出土面形成子囊盘，展开后 4～7 天放射子囊孢子，以后凋萎。菌核在干燥条件下，可以存活 4～11 年，但在水中浸泡 1 个月后则可软化腐烂。

病菌除危害十字花科蔬菜甘蓝等作物外，还可侵染番茄、辣椒、茄子、马铃薯、莴苣、胡萝卜、黄瓜、洋葱、菠菜、菜豆、豌豆、蚕豆等 64 科 225 属近 400 种植物。

侵染过程与侵染循环　病菌以菌核在土壤中、粪肥中、采种株上或混杂在种子间越冬、越夏，成为下个生长季的初侵染来源。种子中混杂的菌核，播种时随种子进入田间，翌年春季在适宜的温、湿度条件下，土中的菌核大量萌发产生子囊盘及子囊孢子进行侵染。在田间，菌核可经流水传播，引发病害，产生子囊盘及子囊孢子；子囊孢子成熟后，从子囊顶端逸出，主要借助气流传播。子囊孢子在寄主表面萌发后产生的菌丝从伤口侵入，首先在生活力衰弱的叶片及花瓣上侵染，进行初侵染引起发病，获得营养后才能通过菌丝侵

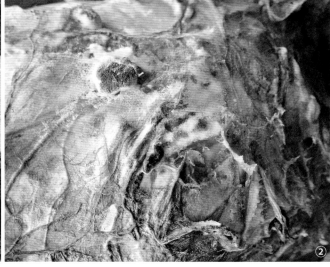

图1 甘蓝菌核病症状（①②匡成兵提供；③吴楚提供）
①叶球受害状；②鼠粪状菌核

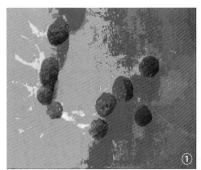

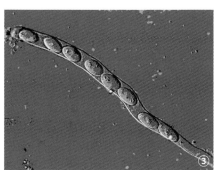

图2 核盘菌形态图（匡成兵提供）
①菌核；②菌核萌发产生子囊盘；③子囊和子囊孢子

染健壮的部位。在甘蓝生长季节，病菌主要通过菌丝体在病、健株间或病、健组织间蔓延与接触，进行反复再侵染，病害很快扩展到全田，并可扩展危害甘蓝类蔬菜以外的其他作物。作物生长后期，病菌菌丝生长受到环境因子影响制约时，逐渐聚集成团形成菌核，抵御低温、干旱等不利环境，在土壤、病残体或种子中越冬或越夏（图3）。

流行规律 甘蓝菌核病菌喜于温暖潮湿的环境，此环境利于菌核的存活、萌发、传播和侵入。因而温湿度是影响蔬菜菌核病发生流行和危害程度的主要因素。菌核萌发产生子囊盘的最适温度为18～22℃，适宜相对湿度85%以上，适宜条件下菌核萌发形成子囊孢子；子囊孢子萌发最适温度为5～10℃，最低0℃，最高35℃；菌丝不耐干旱，相对湿度85%以下菌丝生长受到抑制，65%以下生长停滞；菌核在干燥的土壤中可以存活3年以上，而在潮湿土壤中仅存活1年。越冬菌核是病害的初侵染菌源，越冬菌核数量越多，初侵染的子囊孢子数量越多，发病越严重。

气候条件是影响菌核病发生和流行的重要因素，当田间温度20℃左右、相对湿度85%以上的环境条件下，病害发展迅速、病情严重；反之，湿度70%以下发病轻。病害潜育期为5～15天。因此，低温、湿度大或多雨的早春或晚

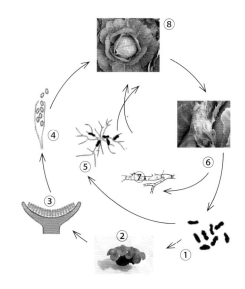

图3 甘蓝菌核病循环示意图（匡成兵提供）
①菌核；②子囊盘；③子囊盘表面的子囊；④子囊释放子囊孢子；⑤菌核萌发菌丝；⑥病组织表面的菌丝；⑦菌丝体；⑧健康植株

秋有利于该病发生和流行，菌核形成快、数量多。

在湖北、湖南及河南等地，菌核一年萌发 2 次，第一次在 2～4 月，第二次在 11～12 月，每年的春季发病都重于秋季。此外，早春低温、连续阴雨或多雨水以及梅雨期间、多雨年份发病较重；深秋低温、寒流早、多雨、多雾年份发病也重；连作地、低洼地、排水不良、种植过密、通风透光差、偏施氮肥或遭受霜害、冻害的田块，往往发病既早又重。

防治方法　对于甘蓝菌核病的防治，应采取种子处理和清除菌源等农业措施为主，辅以药剂防治的综合措施。

农业防治　①选用无病种子或种子处理。从无病株上采种，对可疑种子用食盐 0.5～0.75g 或硫酸铵 0.5～1kg，加水 5kg 进行选种，除去上浮的秕粒和菌核，再用清水洗净播种；也可用 55°C 温水浸种 15 分钟，杀死菌核，然后冷水浸泡冷却后催芽播种。②苗床和生产田选择。选择未种植过十字花科作物或地势较高、排水较好的地块作苗床，适时假植，培育壮苗。生产田以近年未种植过十字花科或同类寄主作物的田块，或与粮食作物轮作 2 年以上，或水旱轮作 1 年以上。适时移栽、合理密植。③清洁菌源。生长期及时清除病株、病叶，收获后及时清除病残体，带出田外深埋或烧毁；收获后深翻土壤，加速病残体的腐烂分解。④采用配方施肥。施用腐熟沤制的堆肥或有机肥，避免偏施氮肥，配施磷、钾肥及硼、锰等微量元素，防止开花结荚期徒长、植株倒伏或脱肥早衰；及时中耕或清沟培土。⑤加强田间管理。多雨地区实行深沟栽培，雨后排水，防止湿气滞留；病害流行季节，露地蔬菜清沟埋墒，排水降渍；大棚蔬菜搞好通风降湿，小水勤灌，忌大水漫灌，浇后加大通风量，形成不利于病害流行的环境条件；采种菜盛花期及时摘除黄叶、老叶，改善株间通风透光条件，减少发病；老病区春、秋季定植时，采用黑色地膜覆盖，抑制子囊盘发育，并减少病菌与植株接触机会，减缓发病。

化学防治　①床土消毒。播种前，将 50% 硫菌灵可湿性粉剂或 40% 多菌灵可湿性粉剂与细土按 1∶30 拌匀后，均匀撒于床面上进行土壤消毒，控制苗期危害。②药剂防治。发病初期及时喷药，可喷洒 40% 菌核净可湿性粉剂，或 50% 腐霉利可湿性粉剂，或 50% 咪鲜胺可湿性粉剂，或 50% 异菌脲可湿性粉剂，或 50% 乙烯菌核利可湿性粉剂，或 30% 噁霉灵乳油等。注重喷洒植株茎基部及地面，间隔 7～8 天用药 1 次，连续防治 3～4 次。注意交替用药，延缓或防止病菌抗药性产生。

对于保护地栽培蔬菜，可用 10% 或 15% 腐霉利烟剂于傍晚进行密闭烟熏，每亩每次用药 250g，隔 7 天熏 1 次，连熏 3～4 次。也可喷撒粉尘剂，于发病初期傍晚，喷撒 5% 百菌清粉尘剂或 10% 氟吗啉（灭克）粉尘剂，每亩每次用药 1kg，隔 7～9 天喷撒 1 次，连续喷撒 3～4 次。施药后不会增加棚室内湿度，对高湿病害防效更佳。还可病部涂药，发现田间有始发病茎或病枝时，将 50% 腐霉利可湿性粉剂或 50% 多菌灵可湿性粉剂加水 100 倍，调成高浓度糊状药液，涂抹在病茎或病枝上，重病株 5～7 天再涂 1 次，此法虽然费工，但节省药剂且防治效果较好。

生物防治　应用生防菌盾壳霉（*Coniothyrium minitans*）和木霉菌中的某些种（*Trichoderma* spp.）等真菌寄生菌，对菌核病菌有一定抑制作用，生产上已有应用。

参考文献

陈祖佑，周景光，1987. 甘蓝菌核病的发生及其危害研究 [J]. 广东农业科学 (5): 39-41.

杜磊，杨潇湘，2016. 甘蓝菌核病的发生规律与防控对策 [J]. 长江蔬菜·技术版 (23): 51-52.

李东锋，赵艳芳，王维峰，等，2016. 制种甘蓝菌核病的发生与防治 [J]. 种业导刊 (5): 19-20.

中国农业科学院植物保护研究所，中国植物保护学会，2015. 中国农作物病虫害：中册 [M]. 3 版. 北京：中国农业出版社.

（撰稿：赵秀香、刘志恒；审稿：谢丙炎）

甘蓝枯萎病　cabbage *Fusarium* wilt

由尖孢镰刀菌引起的、危害甘蓝整株的一种真菌病害，是世界上许多甘蓝种植区造成甘蓝产量损失最为严重的病害之一。

发展简史　最早于 1895 年在美国纽约州的哈德逊峡谷（Hudson Valley）发现。1935 年，Wollenweber 和 Reinking 根据该病原菌的显微形态特征和菌落产生的黏性分生孢子，将甘蓝枯萎病菌命名为 *Fusarium conglutinans*；1940 年，Snyder 和 Hansen 又根据形态学将其更名为 *Fusarium oxysporum*，并以 conglutinans 作为该菌的分化种名。甘蓝枯萎病菌的生理分化经过了几次变更，1952 年，Armstrong 和 Armstrong 认为侵染甘蓝、萝卜和紫罗兰的致病型均为尖孢镰刀菌黏团专化型（*Fusarium oxysporum* f. sp *conglutinans*，FOC）。1965 年，Gordon 根据寄主特点，将侵染十字花科植物引起枯萎类病害的病原菌分为 3 个专化型，分别为黏团专化型（FOC）、萝卜专化型（*Fusarium oxysporum* f. sp. *raphani* Kendrick & Snyder，FOR）和紫罗兰专化型（*Fusarium oxysporum* f. sp. *mathioli* Baker，FOM），其中 FOC 分化为 2 个生理小种，主要引起甘蓝类蔬菜枯萎病。1985 年，Ramirez-Villupadua 等根据对不同寄主的致病性，将尖孢镰刀菌黏团专化型（FOC）分为 5 个小种：小种 1 可侵染甘蓝和其他十字花科蔬菜，寄主广泛；小种 2 主要危害小萝卜，也可侵染其他十字花科作物，但不能危害甘蓝和花椰菜；小种 3、小种 4 侵染紫罗兰，引起紫罗兰枯萎病；小种 5 引起抗小种 1 的含有 A 型抗病基因的甘蓝品种发病。1987 年，Bosland & Williams 根据病原致病性、同工酶多态性、营养亲和群特性、地理分布、寄主范围、形态特征和基因序列特征等方面，将侵染十字花科的 5 个尖孢镰刀菌黏团专化型（FOC）的生理小种重新归类整理如下：原 FOC1 号、5 号生理小种为黏团专化型（FOC）的小种 1 和小种 2；原 FOC2 号生理小种为萝卜专化型（FOR）；原 FOC3 号、4 号生理小种分别为紫罗兰专化型（FOM）小种 1 和小种 2。该套生理小种分类命名法得到学术界广泛认同并沿用。

20 世纪初，美国率先开展了甘蓝枯萎病抗性遗传的研究。1930 年，Walker 认为甘蓝对枯萎病的抗性受单一显性基因控制，这种抗性在较高温度下表现稳定。1933 年，

Melvin 则提出了不同的观点，认为其抗性受多基因控制，且在 20～24℃ 条件下抗性容易丧失。据此，人们将受单基因控制的抗性称作 A 型抗性，而将受多基因控制的抗性称为 B 型抗性。1937 年，Blank 认为 A、B 两种抗性可以同时存在于同一品种中。迄今为止，A 型抗性基因在抗枯萎病育种中发挥着非常重要的作用，美国、日本、韩国等甘蓝枯萎病发病严重的国家已先后培育出具有 A 型抗性基因的高抗枯萎病的甘蓝品种：如 WisconsinAllSeasons、WisconsinHollander、珍奇、夏强、百惠等。

中国甘蓝枯萎病始发于 2001 年北京延庆，虽然 1964 年在《广西农作物病虫害名录》中曾报道在南宁的甘蓝上发生过黄萎病，当时定名为 *Fusarium conglutinans* Wollenw，但没有详细的资料，是否与甘蓝枯萎病同属一个病原菌尚不能定论。自该病发生到在北方许多地区暴发流行的近十多年以来，中国对甘蓝枯萎病病原、发生危害、寄主范围、分子检测、抗性遗传、抗病机理、抗病育种及综合治理等进行了比较系统的研究，取得了重要的进展。2010 年，康俊根研究表明甘蓝对枯萎病的抗性表现符合单显基因性状遗传。2011 年，吕红豪、姜明等也证实甘蓝对枯萎病的抗性受单显基因控制，同时，姜明等通过抗感基因池的方法开发出了与该基因遗传距离 2.78 cM 的 SCAR 分子标记；2014 年，张吉祥等研究建立了甘蓝枯萎病菌及 1 号和 2 号生理小种的分子检测技术。2015 年，李二峰等利用比较蛋白质组学的方法揭示了甘蓝枯萎病菌的致病相关分子机理；方智远等率先在国内培育出了中甘 18、中甘 96 等高抗甘蓝枯萎病的品种。

分布与危害 在全世界大部分夏秋甘蓝种植区均有发生。据 1986 年统计，发生国家有美国、加拿大、法国、匈牙利、意大利、荷兰、俄罗斯、古巴、巴西、澳大利亚、希腊、哥斯达黎加、巴拿马、波多黎各、萨尔瓦多、特立尼达岛、新喀里多尼亚、新西兰、萨摩亚、日本、中国、印度、伊拉克、菲律宾、泰国、越南、刚果（布）、摩洛哥、喀麦隆、刚果（金）、津巴布韦、罗得西亚、南非等。其中小种 1 分布范围广，在全球各大洲甘蓝产区普遍存在；小种 2 仅在美国加利福尼亚、得克萨斯、田纳西州和俄罗斯有发生。该病于 2001 年在北京延庆甘蓝生产基地首先发现，目前已扩展到山西、河北、陕西、甘肃等北方甘蓝产区，台湾中南部的彰化、云林、嘉义和苗栗等地也发现有该病的危害。

甘蓝枯萎病主要危害甘蓝类蔬菜，也可侵染其他十字花科作物，包括结球甘蓝、抱子甘蓝、羽衣甘蓝、球茎甘蓝、芜菁甘蓝、苤蓝、花椰菜、青花菜、芜菁、萝卜（樱桃萝卜、小红萝卜）、芥菜、大叶芥菜、芥蓝、不结球白菜、油菜、大白菜、独行菜等。从苗床到大田期均可发生。苗期发病，初期叶脉变黄，随后叶片变黄导致幼苗死亡。成株期发病，通常由下部叶片逐渐往上部叶片发展，初期仅个别叶片中肋或侧脉变黄，继而植株或整个下部叶片以主脉为中心向一侧黄变，主脉向黄变一侧扭曲致叶片畸形，植株向一侧弯曲呈单侧生长，发病植株矮化，根系减少，叶片和根部维管束变褐；发病严重时下部叶片黄化脱落，植株结球不实甚至不能包心并凋萎枯死（图 1），导致甘蓝的品质及经济价值受到严重影响，给甘蓝种植业造成毁灭性的损失。如 2001

图 1 甘蓝枯萎病症状（杨宇红提供）

①甘蓝苗期枯萎病症状；②成株期枯萎病症状；③发病植株横切面；④发病植株纵切面

年甘蓝枯萎病在北京延庆发现以来，发病面积迅速扩大，4年之间在延庆枯萎病的发病面积提高了6.5倍，年产量损失增加7.6倍，累计年产量损失达到403万kg，致使当地甘蓝出口量从2003年的4500万kg降至2006年的1900万kg。山西晋中及周边地区是中国最大的夏季旱垣甘蓝生产基地，在山西寿阳旱垣夏甘蓝枯萎病发病面积占当地甘蓝种植面积的40%左右；轻病田发病率在10%以下，中度病田发病率在10%～15%，发病较重的病田达到40%以上，成为制约甘蓝产业发展的严重障碍。

病原及特征　病原为尖孢镰刀菌黏团专化型〔*Fusarium oxysporum* f. sp. *conglutinans*（Woll.）Snyder et Hansen〕，属镰刀菌属真菌。在其生活史中能产生3种类型的孢子，即小型分生孢子、大型分生孢子和厚垣孢子。小型分生孢子无色透明，长椭圆形至短杆状，直或略弯，多数单胞，大小为6～15μm×2.5～4μm，绝大多数为7～10μm×2.5～3μm；个别具1隔膜，大小为19μm×4μm，下部的细胞较宽，顶端渐尖。大型分生孢子梭形或镰刀形，两端逐渐变细，但顶部较钝，没有明显的足细胞，多3个隔膜，无色，大小为25～33μm×3.5～5.5μm。厚垣孢子顶生或间生，通常单胞，有时双胞，球形至卵圆形，壁厚且不规则，大小为7～12μm×7～15μm（图2）。产孢细胞短、单瓶梗。以小型分生孢子为主，罕见大型分生孢子和厚垣孢子。分生孢子存活期较短，对翌年病害的发生和流行作用不大；厚垣孢子壁厚，能有效抵抗低温和干旱，可在土壤中存活多年，即使土壤中没有甘蓝等寄主仍能保持活性，为甘蓝枯萎病重复侵染的主要菌源。

病原菌在PDA培养基上，菌落圆形，气生菌丝絮状，生长紧凑、茂盛；菌落正面呈白色，背面略呈奶黄色。菌丝丝状，无色，有隔。在人工培养基质中，病原菌适宜生长温度为20～30℃，25℃时菌丝生长最快，低于15℃和高于30℃的条件下生长趋于缓慢，低于5℃或高于35℃时则不能生长。pH对菌丝生长影响不大，在pH为3～10的范围内均能生长，以pH为8时生长最快。病菌生长可利用多种碳源，其中以淀粉为碳源时生长最快，其次为乳糖；不同的氮源对病原菌的生长也有显著影响，以硝酸钾、硝酸钙和硝酸钠作为氮源比较适宜，硫酸铵、尿素则不利于菌落生长。光照对病原菌生长影响不大，不同光照条件下枯萎菌均能生长。在土壤中，温度对病原菌生长影响最大，最适宜生长土温在27℃左右，低于16℃、高于32℃生长均受到极大的抑制；土壤湿度和pH对病菌生长的影响不大。

甘蓝枯萎病菌存在小种1和小种2两个生理小种，用于生理小种鉴定的鉴别寄主为3个甘蓝品种，即Golden Acre 84、Wisconsin Golden Acre和Badger Inbred 16。生理小种类型是根据其在上述3个鉴别寄主上侵染型的差异而确定（见表），鉴定生理小种的土壤温度保持在24℃，接种后10～15天进行调查鉴定。中国甘蓝枯萎病初步推断由尖镰孢黏团专化型小种1引起。

侵染过程与侵染循环　甘蓝枯萎病菌在土壤中为兼性寄生，产生丝状体在土壤和病残体中生长，同时形成分生孢子和厚垣孢子，遇到合适的气候条件从幼嫩的支根或老根产生的伤口侵入寄主，直接通过维管束随水分扩展到木质部，然后通过茎秆向上进入叶片。侵入后在导管中繁殖，阻碍水分通过，并产生毒素，导致植株枯死。

甘蓝枯萎病菌以菌丝体或厚垣孢子在土壤中越冬，在土壤中可存活数年之久；种子也可带菌。翌年春季条件适宜时从根尖或根部伤口侵入寄主，引起初侵染，形成田间中心病株。中心病株上的病菌可产生大量的孢子，通过土壤、肥料、灌溉水、昆虫以及农具等传播，再从根部伤口侵入，造成田间不断地再侵染。落入土壤的孢子在土壤中生存、繁殖，越过夏季，侵染秋季十字花科作物，病菌越冬后又可侵染春季作物，如此冬去春来，循环往复，形成甘蓝枯萎病的侵染循环（图3）。其中，越冬是枯萎菌侵染循环中的关键环节。

流行规律　甘蓝枯萎病为土壤传播病害，主要以带菌土壤、发病幼苗及病残体传病，病田土壤作肥、病苗移植、病残体随处遗弃、病菜运输、灌溉水甚至农具等均可造成病原菌蔓延，扩大病情。另外，种子对该病害的扩散也起一定的作用。甘蓝枯萎病发展速度及发病严重程度主要取决于品种感病程度与土壤温度，土壤温度偏高及土壤夯实适宜发病。通常土壤温度在16℃时，枯萎菌可以侵染植株，空气或土壤温度高于此温度时，开始显症，并且病害随温度升高逐渐加重。当温度达到25～29℃时，枯萎病增长最快，发病最为严重，感病品种2周内即可死亡，一些品种在整个生育期间则持续衰弱，渐渐死亡，有些仍然可以结球，但球小而弱；如果病菌侵入植株后温度不适合时则植株仅表现生长缓慢，

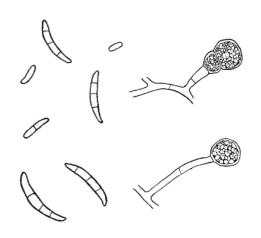

图2 甘蓝枯萎病菌分生孢子（左）、厚垣孢子（右）
（引自 *Annals of the Missouri Botanical Garden*, 1916; Joseph C. Gilman, 1916）

甘蓝枯萎病菌生理小种鉴定表

甘蓝品种	小种	
	1	2
Golden Acre or Golden Acre 84	S	S
Wisconsin Golden Acre	R	S
BI-16（Badger Inbred 16）	R	R

R.抗病；S.感病。

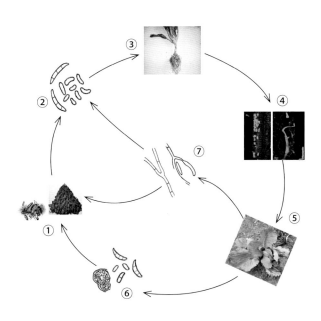

图 3 甘蓝枯萎病侵染循环示意图（杨宇红提供）

①以菌丝体或厚垣孢子在土壤中越冬；②条件适宜时产生分生孢子；③由根尖或根部伤口侵入寄主；④在组织中繁殖；⑤植株发病死亡；⑥发病组织产生孢子；⑦发病组织产生菌丝

结球小而疏松；此时如果土温持续降低（低于 20℃），植株仅仅少量叶片受到病害影响，但仍可恢复并正常结球。另外，土壤温度对小种 1、小种 2 的发病程度和生态型的变异影响很大，小种 1 通常在土温高于 18℃ 时发病，低于 16℃ 则失去致病性；小种 2 在温度低至 14℃ 时仍能发病。土壤的湿度和酸碱度对枯萎病影响较小，然而任何不利于根部生长的其他因子均可提高植株对枯萎病的感病程度：如生长初期种植于凉爽、潮湿的土壤中对发病有利，种植密度过高有利于病害侵染，不适宜的栽培方式、其他土传病害的发生及各种除草剂等造成幼苗根部伤口等因子均加剧枯萎病的为害。另外，甘蓝感病品种的根部分泌物可增加对抗性品种的侵染程度；同时，土壤的营养状况与症状的表现也息息相关，钾不足将导致许多综合病症加剧的同时也加重枯萎病的发病程度。除此以外，镰孢菌酸、病菌产生的 pectolytic 酶对病害有一定的限制作用。

甘蓝枯萎病是一种在温暖季节中发生的病害，主要发生在热带、亚热带等较为温暖的地区，或者在较寒冷地区的晚春和早秋时节。中国主要发生在北京、山西、陕西、甘肃、河北等北方地区，发病高峰期为 6 月中下旬至 9 月初，此时发病率和病情指数迅速升高。通常 2 月底至 3 月初育苗，4 月底至 5 月初定植，6 月下旬至 7 月初采收的春甘蓝发病较轻；而 5 月底育苗，6 月底至 7 月初定植，9 月下旬至 10 月初采收的夏甘蓝发病较重，一般造成产量损失高达 30% 以上。

在甘蓝枯萎病 A 型和 B 型 2 种抗性基因中，A 型抗性基因由单显性基因控制，对温度不敏感，在所有温度条件下均表现稳定的抗性，但具有小种特异性，仅对小种 1 表现抗性，而可感染小种 2；B 型抗性基因由多基因控制，对 1 号

和 2 号生理小种均具抗性，但仅表现在低温下有效，在土壤温度超过 20℃ 时其抗性就失去作用，这种抗性基因的温度敏感性限制了其进一步的利用。在甘蓝栽培品种中，一般叶片鲜嫩，叶球白色至浅绿色，口味较好的甘蓝，对枯萎病抗性弱；反之，叶色灰绿，叶片厚，叶球深绿色，口味较差的甘蓝，对枯萎病抗性强。

防治方法　甘蓝枯萎病是一种难以通过物理或者化学手段防治的土传病害，其发生和流行与品种感病性、土壤带菌量及气候条件等密切相关。因此，防治方法应以加强检疫、选种抗枯萎病良种为主，辅以农业、物理和药剂防治的综合治理措施。

加强检疫　警惕病害在全国蔓延。甘蓝枯萎病仅在北京、山西、河北、陕西、甘肃等地发生危害，在其他地区尚未发现。因此，必须严格检疫制度，从国外引种时谨防病原随种子传入中国，同时限制疫区甘蓝等发病十字花科蔬菜运往外地，杜绝该病随产品、种子进行远距离传播、扩散至其他未发病地区；其次，禁止将病、残、死株随意遗弃，乱丢乱堆，应集中烧毁处理，防止近、中距离传播。另外，不要在有十字花科蔬菜枯萎病的地区制种、采种；不要使用在疫区培育的带土十字花科蔬菜种苗，尽量避免进入病田观摩，以减少病原的传播，防止病害在中国蔓延。

选用抗（耐）枯萎病良种　甘蓝不同品种的产量、品质性状以及对枯萎病的抗、感性状差异非常明显，利用抗病品种是防治枯萎病最经济、有效的措施。中国甘蓝品种普遍缺乏抗性基因，所育出的甘蓝品种虽品质优良、口感好，但大多不抗枯萎病，现有的抗源材料中绝大部分来源于欧洲、日本及韩国等甘蓝枯萎病抗性育种研究较为先进的国家。因此在育种工作中应加强从以上国家引进抗性种质。

在甘蓝类作物中存在 A 型和 B 型 2 种枯萎病抗性基因，A 型抗性具有温度不敏感特征，对于甘蓝抗枯萎病育种具有重要意义。但由于 A 型抗性同时具有生理小种特异性，长期种植单一的 A 型抗性品种容易导致优势小种更替而使品种抗性丧失，因此在抗病品种的选育中也应注意对 B 型抗性的保存和保护，如中甘 96、中甘 18 以及国外引进的珍奇、绿太郎、夏强、百惠等。甘蓝枯萎病发病严重地区可根据需要选择具有抗病性的优良品种，并注意品种的合理布局和轮换使用，因地、因时制宜地推广种植。

农业防治　主要包括无病土育苗、轮作防病、适期播种、加强田间管理等多种措施。轮作在一定程度可以控制土传病害，选择从未种植过十字花科作物或从未发生过甘蓝枯萎病的田块作为苗床，播种前将苗床耙松、耙平，施适量底肥或者撒施适量尿素做基肥，并进行必要的药剂处理。发病区宜与非寄主如谷类、玉米及非十字花科蔬菜如葫芦科、茄科等进行 5 年以上轮作，有条件的地区实行水旱轮作效果更好，可有效减少土壤中枯萎病菌的累积，控制病害的发生危害。

适期播种是指通过调整移栽适期，避开发病高峰期。中国北方甘蓝枯萎病发病高峰期集中在 6～9 月，春甘蓝宜适当提前播种，秋甘蓝则适当推迟播种，尽量躲过高温干旱季节，从而避开枯萎病的发病高峰，减轻枯萎病对甘蓝的危害。

在田间管理方面，做到蹲苗适度，改变蹲苗"满月"习惯，防止苗期土壤干旱，遇有苗期干旱年份地温过高，宜勤浇水

降温，确保根系正常发育。深耕土壤至 25～50cm，以促进根系发育，增加对枯萎病的抵抗能力；定植成活后至植株封行前开展中耕除草，可适时进行 2～3 次中耕，深度 6cm 左右为宜，尽量避免伤根，中耕后结合培土。加强灌溉管理，掌握前少后多的原则，莲座期前可结合追肥浇水，进入结球中期，对水分的要求逐渐增加，在一般情况下，夏秋栽培每 4～6 天浇 1 次水。多雨季节要及时排水以防渍涝，避免土壤积水造成根部缺氧。另外，避免种植过密，植株间至少相隔 5～8cm，以减少植株间对水的竞争。合理追肥：缓苗后，每亩浇 10% 腐熟人粪尿 600kg；莲座期每亩施尿素 10kg、硫酸钾 7kg；结球初期每亩施腐熟人粪尿 1500kg、硫酸钾 5kg。发现病株后，应及时清理田园，将病株连同周围 5～10m 的植株拔除，位于下水头植株应当多拔一些。拔下的病株、采收后的根茬以及败叶不可乱扔，要集中深埋或用其他有效的方法销毁。

物理防治　利用太阳能进行土壤热处理能杀死土壤处理层中绝大多数病原菌，从而显著降低田间病原菌的基数，有效控制枯萎病的发生。具体做法如下：将田间甘蓝或十字花科作物的残株用机器搅碎、晒干，使用旋转式耕耘机将晒干的残留物与土表约 15cm 深的土壤（1%w/w）充分混匀，然后连续洒水灌溉 3 天至土层 6～7cm 处，用 0.025mm 厚的透明薄膜覆盖，在阳光下暴晒 4～6 周后掀膜，然后整土种植甘蓝。盖膜处理时应经常检查，防止边角漏气，遇到畦面薄膜破损，应及时盖土，防止漏气，以提高增温效果。

化学防治　药剂处理种子和育苗苗床是杜绝发病初侵染源的有效措施。可用种子重量 0.3% 的 50% 多菌灵可湿性粉剂拌种，或者用种子重量 3% 的 2.5% 咯菌腈种衣剂进行包衣处理；同时，将适量的多菌灵或甲基硫菌灵或 30% 枯萎灵可湿性粉剂（15% 多菌灵 +15% 福美双）或恶霉灵撒施于秧床土壤表面，混匀后将种子直接撒播于秧床上，在一定程度上可以控制病害的发生危害。

田间药剂防治贯彻预防为主的方针，在枯萎病发生前或发病始期，进行施药保护。具体操作如下：在苗期或定植时使用多菌灵、恶霉灵等化学农药处理土壤或蘸根，必要时结合防虫，喷淋或浇灌 12.5% 增效多菌灵可溶液剂 200～300 倍液、或 54.5% 恶霉·福可湿性粉剂 700 倍液、50% 甲基硫菌灵悬浮剂 600 倍液、50% 百·硫悬浮剂 500 倍液、20% 二氯异氰脲酸钠可溶性粉剂 400 倍液、或 50% 氯溴异氰尿酸可溶性粉剂或 30% 苯噻氰乳油 1000～1500 倍液，每株浇灌 100ml。约隔 10 天浇灌 1 次，共防治 1～2 次。将荧光假单孢杆菌（*Pseudomonas fluorescens*）LRB3W1 菌株与苯菌灵复配用于防治甘蓝枯萎病，苯菌灵在较低的使用浓度下即可表现出很好的防治效果，在保证防治效果的同时降低了化学药剂对环境的破坏。

为提高植株抗病力，还可施用 1.6% 己酸二乙氨基乙醇酯水剂 900 倍液、或植物微量元素营养液（植物动力 2003）1000 倍液、或 0.01% 芸薹素内酯乳油 3000 倍液、或富尔 655 液肥，每亩用 80g 加水 30kg，喷叶 2～3 次。

参考文献
蒲子婧，张艳菊，刘东，等，2012. 甘蓝枯萎病研究进展 [J]. 中国蔬菜 (6): 1-7.

中国农业科学院植物保护研究所，中国植物保护学会，2015. 中国农作物病虫害 [M]. 3 版 . 北京 : 中国农业出版社 .

BOSLAND P W, WILLIAMS P H, 1987. An evaluation of *Fusarium oxysporum* from crucifers based on pathogenicity, isozyme polymorphism, vegetative compatibility, and geographic origin[J]. Canadian jourual of botany, 65: 2067-2073.

RAMIREZ-VILLUPADUA J, ENDO R M, BOSLAND P, et al, 1985. A new race of *Fusarium oxysporum* f. sp. *conglutinans* that attacks cabbage with type A resistance[J]. Plant disease, 69: 612-613.

SUBAMANIAN C V, 1998 *Fusarium oxysporum* f. sp. *conglutinans*[J]. IMI Description of fungi and bacteria, 22: 213-222.

（撰稿：杨宇红；审稿：谢丙炎）

G

甘薯疮痂病　sweet potato scab

由甘薯痂囊腔菌引起的、一种危害甘薯茎和叶的真菌病害，是甘薯叶部病害中危害最严重的一种，是中国南方甘薯的主要病害之一。又名甘薯缩芽病、甘薯硬杆病、甘薯麻风病、甘薯狗耳病等。

发展简史　该病发现于 20 世纪初，1931 年 Sawada 报道了中国台湾发生甘薯疮痂病，阐述了病害叶部症状，并对其病原 *Sphaceloma batatas* 进行描述。Goto 于 1937 年对该病的茎部症状进行描述。1943 年，Viégast 和 Jenkins 发现并描述了该病原菌的有性态 *Elsinoe batatas*。

分布与危害　主要分布于东南亚及南太平洋岛屿、美国、巴西、墨西哥、澳大利亚等地。该病在中国的台湾、福建、广东、广西、海南、浙江等地发生，在海南、广东、福建、浙江危害较重。该病造成的损失与发病期迟早相关，一般情况下甘薯扦插后越早发病，损失越大。生长前期发病，通常造成 30%～40% 的产量损失，严重的损失可达 60%～70%；生长中期发病，产量损失可达 20%～30%；生长后期发病，则产量损失仅 10% 左右。发病植株除造成减产外，病薯的淀粉含量减少，品质降低。

甘薯疮痂病危害甘薯的嫩梢、幼芽、叶片、叶柄和藤蔓，尤以嫩叶的反面叶脉最易感染，同时也可危害薯块。发病初期病斑为红色油渍状的小点，之后随茎叶的生长病斑逐渐加大并且病斑相互合并，形成圆形至椭圆形或长条形灰白色至红棕色病斑，中间突起呈疣状，木质化后形成疮痂，表面粗糙开裂而凹凸不平。叶片发病后扭曲畸形，向内卷曲，严重的缩缩变小；嫩梢和顶芽受害后缩短，直立不伸长或卷缩呈木耳状；茎蔓发病初期为褐色圆形或椭圆形突起疮疤（见图），后期病斑凹陷，严重时病斑连成片，植株停止生长，受害严重的藤蔓折断后乳汁稀少。在潮湿的环境条件情况下，病斑表面长出粉红色毛状病原物。

病原及特征　病原为甘薯痂囊腔菌 [*Elsinoe batatas*（Saw.）Viégast & Jensen]，属多腔菌科。无性态 *Sphaceloma batatas* Sawada，称甘薯痂圆孢。病菌以菌丝体寄生于植株表皮细胞和皮下组织，之后在病斑表面形成分生孢子盘，并产生分生孢子梗和分生孢子。分生孢子梗单胞，圆柱

甘薯疮痂病（邱思鑫提供）

①叶片症状；②田间病株；③茎部症状

形，无色；分生孢子单胞，椭圆形，两端各含一个油点，大小为 2.4～4.0μm×5.3～7.5μm。偶见菌丝体在干枯的病残体上形成子座及其单排、球形的子囊，大小为 10～12μm×15～16μm，内生 4～6 个透明、有隔、弯曲的子囊孢子，大小为 3～4μm×7～8μm。

侵染过程与侵染循环　病菌以菌丝体在甘薯病残组织内或老蔓中越冬，带菌的种苗或带病的薯蔓是田间病害发展的主要初侵染源。春季气温升高时，菌丝即开始产生子座，形成分生孢子，借气流和雨水传播，从寄主伤口或表皮侵入致病。病害的潜伏期为 7～21 天，大田首先发病植株成为发病中心，病斑上产生分生孢子传播后形成再侵染。病薯苗的调运是远距离传播的途径。

流行规律　在 15℃ 以上时病菌开始活动，气温在 20℃以上开始发病，25～28℃ 为最适温度。湿度是病菌孢子萌发和侵入的重要条件，特别是连续降雨和台风暴雨有利发病。雨天翻蔓，病害扩展蔓延更快。在高温、高湿的夏季，最易造成该病的流行。中国南方薯区 4～11 月均可发病，其中 6～9月为病害流行盛期。病菌侵染甘薯需要有饱和湿度或水滴，遇连续降雨或台风暴雨，往往会出现病害流行高峰。地势和土质与发病有很大关系，山顶、山坡地比山脚、过水地等发病轻；旱地比洼地发病轻；砂土、砂质壤土比黏土轻；排水良好的土地比排水不良的土地发病轻。水旱轮作能减轻病害发生。多施含磷和钾的肥料，可使植株生长健壮，减轻发病。

防治方法

选用抗病品种　大田生产可选种湘农黄皮、广薯 70-9、广薯 15 等抗病品种。

做好病薯苗检疫　划分无病区和保护区，严禁调运病苗至保护区，防止病害蔓延。

培育健康种苗　选择排灌方便、光照充足、土质肥沃的无病田块作为育苗床，选用健康的种薯培育无病健苗。

改进耕作制度和栽培技术　实施轮作，有条件的实行水旱轮作。提倡秋薯留种，改老蔓育苗为种薯育苗；施肥时勿偏施氮肥，适当多施磷钾肥，增强植株抗病力。提倡施用酵素菌沤制的堆肥，多施绿肥等有机肥料。适度灌水，雨后及时排水降湿。

清洁田园　在收获后，尽量清除田间病株、残体，集中烧成灰肥或深埋土中，消灭病源。

化学防治　发病初期喷洒 36% 甲基硫菌灵悬浮剂 500～600 倍液，50% 多菌灵可湿性粉剂 600 倍液，50% 苯菌灵可湿性粉剂 1500 倍液，50% 福·异菌（灭霉灵）可湿性粉剂 800 倍液，每亩施药液 50～60L，隔 10 天 1 次，连续防治 2～3 次。

参考文献

方树民，柯玉琴，黄春梅，等，2004. 甘薯品种对疮痂病的抗性及其机理分析 [J]. 植物保护学报，31(1): 38-44.

何霭如，余小丽，汪云，2011. 甘薯疮痂病的致病因素及综合防治措施 [J]. 现代农业科技 (21): 188-189.

江苏省农业科学院，山东省农业科学院，1984. 中国甘薯栽培学 [M]. 上海：上海科学技术出版社.

CLARK C A, MOYER J W, 1988. Compendium of sweet potato diseases[M]. St. Paul: The American Phytopathological Press.

JENKINS A E, VIÉGAS A P, 1943. Stem and foliage scab of sweet potato (*Ipomoea batatas*)[J]. Journal of the Washington academy of sciences, 33: 244-249.

RAMSA Y M, VAWDREY L L, HARDY J, 1988. Scab (*Sphaceloma batatas*) a new disease of sweet potatoes in Australia: fungicide and cultivar evaluation[J]. Australian journal of experimental agriculture, 28: 137-141.

（撰稿：邱思鑫；审稿：余华）

甘薯丛枝病　sweet potato witches' broom

由植原体引起的一种甘薯重要病害，是中国东南沿海薯区的一种主要甘薯病害，有的年份流行成灾，造成严重减产。又名薯公、藤鬼。

发展简史　甘薯丛枝病最早于 1947 年在琉球群岛的粟国岛发现。1951 年，Summers 首次报道了该病，随后沿着西太平洋边缘的朝鲜半岛至所罗门群岛各地陆续发现了甘薯丛枝病。中国于 20 世纪 50 年代在福建沿海、1969 年在台湾澎湖发现了该病。1970 年，Lawson 等发现该病的发生与植原体密切相关。1972 年和 1978 年 Kahn 等和 Dabek 先后进一步证实了该病的病原为植原体。中国学者于 1978 年研究发现福建甘薯丛枝病由马铃薯 Y 病毒组的线状病毒和植原体复合感染所致，但谢联辉等于 1984 年研究确认了福建甘薯丛枝病病原为植原体而非复合病原。

分布与危害 甘薯丛枝病广泛分布于亚洲、澳大利亚和西太平洋的各地。该病发病率高，是影响中国东南沿海甘薯产量和品质的一个主要限制因子。在苗床期、大田生长期均可发生，早期染病可致绝收，中、后期染病可严重影响产量和质量。福建于 20 世纪 50 年代就已发现甘薯丛枝病，60 年代初仅在沿海薯区零星发现，之后随各地大量引种、调苗，致使该病迅速向其他地区蔓延。70 年代在福建沿海部分县市大面积流行，发病严重的田块发病率达 60%，80 年代后期在福建沿海薯区普遍发生，有的年份流行成灾，造成严重减产。

甘薯感染丛枝病后，其典型症状是植株叶小、褪绿、矮缩，侧枝丛生和小叶簇生（见图），叶色浅黄，叶片薄且细小、缺刻增多。植株生长早期感染该病后，起初是顶蔓的叶片变小、萎缩、叶色较淡；继之蔓的下部侧芽不断萌发，节间缩短，形成丛枝和簇叶。病叶往往较正常叶片小，有的叶片大小虽变化不大，但其表面粗糙、皱缩、叶片增厚，有的叶片的叶缘还会向上卷，病叶乳汁较健叶少而色淡。早期感病的植株大部分不结薯或结小薯。中后期染病同样表现小叶、丛枝病状。1 个芽眼能长出 10～19 个分枝。由于潜育期较长，所以会出现无病状的带毒薯蔓，称为"隐潜苗"，"隐潜苗"常被当做健苗种植；地下部吸收根多而细小，不结薯或结薯小且干瘪，薯皮粗糙或生有突起物，颜色变深，薯肉乳汁少、纤维多，病薯肉一般煮不烂，有硬心，失去食用价值。

病原及特征 甘薯丛枝病是由植原体（phytoplasma）引起的一种病害。在病株叶脉韧皮细胞中可见植原体，大小为 100～750nm。该植原体的野生寄主有牵牛、圆叶牵牛、厚藤。试验寄主有刺毛月光花、三裂叶薯、锐叶牵牛、三色牵牛和长春花等。它可通过两种叶蝉 *Orosius lotophagorum ryukyuensis* 和 *Nesophrosyne ryukyuensis* 持久性传播。病原

菌的潜伏期长，通过嫁接接种甘薯后潜伏期可长达 283 天，因而被感染植株可表现健康假象。

侵染过程与侵染循环 甘薯病藤、病薯上的植原体是甘薯丛枝病的初侵染源，通过叶蝉等传播昆虫进行传播，侵入健康植株。田间初侵染与再侵染均依赖昆虫进行传播和侵入。非介体传播以无性繁殖薯块、薯苗为主，也是远距离传播的主要途径之一。另外，嫁接可以传病，而种子、土壤不会传病。

流行规律 凡用病薯、病藤所育成的薯苗，特别是病区以越冬老蔓育苗，因薯苗多带有病原物，故栽到大田里即可发病，造成减产。每当田间传毒昆虫大量发生时，甘薯丛枝病就严重发生。年降水量小或遇持续干旱时有利于传媒昆虫繁殖，而导致病害流行。干旱瘠薄的土地比湿润肥沃的土壤发病较重，连作地比轮作地发病重，早栽的比迟栽的发病重。

防治方法 防治甘薯丛枝病应采取无病种薯、种苗为中心的综合防治措施，并加强检疫，堵塞病源，压缩疫区，以控制病害的发展。

加强检疫 严格执行植物检疫制度。甘薯丛枝病一般都是随着种苗的流动而长距离传播危害，截住病源，控制疫区，严禁到病区引种、调苗，以防病害随病薯、病苗向无病区传播蔓延。建立无病留种地，自繁、自选、自用，培育栽植无病种薯、种苗可防止因调运病薯苗向外传播蔓延。

选用抗病良种 现在栽培的甘薯品种尚未发现有免疫力，但品种的抗病性有明显差异。生产上可选用汕头红、惠红早、禹北白、湖北种、潮薯 1 号、漳浦 1 号、沙涝越、金山 57、福薯 2 号、龙薯 9 号等较抗病的品种。

清除初侵染源 过冬苗是此病的主侵染源，也是媒介昆虫越冬、大量繁殖传病的重要场所。因此，彻底改过冬苗为薯块育苗，选用无病薯块，培育无病薯苗是清除侵染源的首要工作。另外，在甘薯采收后立即全面彻底清除病薯和病株残体，及时拔除苗地与大田病株，尤其要及早除净苗地和早栽薯田的早期病株，尽量减少初侵染源数量。

治虫防病 田间发病以虫传为主。加强苗圃治虫防病是减轻病害的重要措施之一。甘薯苗圃均是选择避风向阳的温暖地带，正好是小青叶蝉、红蜘蛛、蓟马、粉虱等迁入越冬

甘薯丛枝病（邱思鑫提供）

①叶片症状；②侧枝丛生症状

的好场所。因此必须经常检查苗圃，见到病株，立即拔除，及时防治叶蝉等传毒昆虫。在大田甘薯收获后，要抓紧薯地的治虫工作，把虫媒消灭在传病之前。当田间丛枝病发病初期，每隔5～7天查苗一次，发现病株立即拔除，补栽无病壮苗。定期调查虫情，适时喷洒农药，消灭传毒害虫，做到灭虫防病。

推广薯田套种　大豆或花生与甘薯套种可明显减轻发病，分别较单作甘薯降低发病率31%～42%，鲜薯产量则分别高过单作早薯78%～96%，还具有提高复种指数，充分利用生长季节，用地养地结合等好处。

实行轮作　施用酵素菌沤制的堆肥或腐熟有机肥，增施钾肥，适时灌水，促进植株健康生长，增强抗病力。

参考文献

陈孝宽, 2007. 甘薯丛枝病的发生规律与综合防治 [J]. 福建农业科技 (3): 39-40.

江苏省农业科学院, 山东省农业科学院, 1984. 中国甘薯栽培学 [M]. 上海：上海科学技术出版社.

林炳章, 1992. 甘薯丛枝病发生与防治 [J]. 病虫测报, 12(2): 46-47.

谢联辉, 林奇英, 刘万年, 1984. 福建甘薯丛枝病的病原体研究 [J]. 福建农学院学报 (自然科学版), 13(1): 87-90.

GIBB K S, PADOVAN A C, MOGEN B D, 1995. Studies on sweet potato little-leaf phytoplasma detected in sweet potato and other plant species growing in Northern Australia[J]. Phytopathology, 85(2): 169-174.

JACKSON G V H, ZETTLER F W, 1983. Sweet potato witches' broom and legume little-leaf diseases in the Solomon Islands[J]. Plant disease, 67(9): 1141-1144.

SHEN W C, LIN C P, 1993. Production of monoclonal antibodies against a mycoplasma like organism associated with sweetpotato witches' broom[J]. Phytopathology, 83: 671-675.

（撰稿：邱思鑫；审稿：余华）

甘薯复合病毒病　sweet potato virus disease

由甘薯褪绿矮化病毒和甘薯羽状斑驳病毒共同侵染甘薯引起的，是甘薯上最严重的病毒病害之一。

发展简史　甘薯复合病毒病最早报道于20世纪40年代，但一直没能确定病原。1976年，Schaefers等确定了该病害由蚜虫传播的甘薯羽状斑驳病毒和粉虱传播甘薯褪绿矮化病毒引起，并把该病害称为甘薯复合病毒病。2010年乔奇等首先报道了甘薯褪绿矮化病毒在中国的发生，并检测到多种病毒混合侵染甘薯的现象。2012年，张振臣等利用血清学、分子生物学和嫁接传染试验等方法首次证明中国广东、江苏、四川、安徽和福建等地甘薯上已普遍发生甘薯复合病毒病。

分布与危害　主要分布在非洲，是非洲甘薯上危害最严重的病毒病害。非洲以外已报道该病害的国家包括以色列、阿根廷、巴西、秘鲁、美国和中国等。感染甘薯复合病毒病的甘薯表现叶片扭曲、皱缩、花叶、畸形以及植株矮化等严重症状（见图）。甘薯复合病毒病对甘薯产量影响很大，依

品种不同可减产57%～98%，甚至绝收。2012年中国首次报道甘薯复合病毒病以来，在南方薯区、北方薯区和长江中下游薯区陆续有甘薯复合病毒病的发生。甘薯复合病毒病已成为影响中国甘薯生产的重要限制因素之一。

病原及特征　甘薯复合病毒病（sweet potato virus disease，SPVD）主要病原包括甘薯褪绿矮化病毒（sweet potato chlorotic stunt virus，SPCSV）和甘薯羽状斑驳病毒（sweet potato feathery mottle virus，SPFMV）。SPCSV 属于长线性病毒科（Closteroviridae）毛形病毒属（*Crinivirus*），是唯一侵染甘薯的长线性病毒。SPCSV 病毒颗粒为长丝线状，长 850～950nm。SPCSV 基因组为双组分单链正义 RNA，基因组大小为 17.6kb 左右；根据血清学关系和核苷酸序列分为东非（EA）和西非（WA）两个株系。SPCSV 由烟粉虱以半持久方式传播。寄主范围较窄，主要侵染旋花科、茄科和苋科植物。

SPFMV 属于马铃薯 Y 病毒科（Potyviridae）马铃薯 Y 病毒属（*Potyvirus*）。SPFMV 病毒粒体为线条状，长 830～880nm，在寄主细胞内可见风轮状内含体。基因组为单链正义 RNA，大小为 10.0kb 左右。根据核苷酸序列以及在寄主上的症状类型等，SPFMV 至少可划分为 EA、O、RC 三个株系。SPFMV 可由蚜虫非持久性传播。

侵染过程与侵染循环　甘薯是无性繁殖作物，感染 SPVD 后，病毒会通过薯块、薯苗等营养繁殖体进行世代传

甘薯复合病毒病症状（张振臣提供）

递和远距离传播。SPVD 的近距离传播主要通过蚜虫、粉虱等介体昆虫。SPFMV 可由蚜虫非持久性传播，SPCSV 主要由烟粉虱半持久方式传播。

流行规律 SPVD 的发生和流行主要取决于种薯种苗是否带毒、传毒介体种群数量和活力以及甘薯品种的抗性等。

防治方法 SPVD 的发生和流行与种薯种苗带毒量、蚜虫和粉虱等传毒介体昆虫发生量以及品种抗病性密切相关。因此，SPVD 的防治应采取以种植脱毒品种或抗病品种、留种田检疫和苗床期剔除病苗为主要内容的综合防控措施。

种植脱毒品种 种植脱毒甘薯是防治 SPVD 最有效的途径。脱毒甘薯的生产过程包括茎尖苗培养、病毒检测、优良茎尖苗株系筛选、脱毒试管苗快繁、原原种、原种繁殖等环节。

培育抗病品种 不同甘薯品种对 SPVD 的抗性有明显差异，有的品种对病毒具有抗病性或耐病性，因此，种植抗病或耐病品种也是预防病害发生的有效方法。例如，甘薯品种 New Kawogo 对 SPVD 的抗性较好，在 SPVD 流行地区大面积种植抗病品种，能减轻附近感病品种 SPVD 的发生率，而且从这些抗性品种上剪取种苗进行栽种更容易获得无病毒症状的植株。

其他防控措施 加强留种田检疫、减少跨区远距离调运种薯种苗，加强苗期病害的检测和识别，发现病株及时拔除销毁。加强留种田和苗期烟粉虱、蚜虫等介体昆虫的防治，均可有效减少病害的发生和扩散蔓延。

参考文献

张振臣，乔奇，秦艳红，等，2012. 我国发现由甘薯褪绿矮化病毒和甘薯羽状斑驳病毒协生共侵染引起的甘薯病毒病害 [J]. 植物病理学报，42(3): 328-333.

中国农业科学院植物保护研究所，中国植物保护学会，2015. 中国农作物病虫害 [M]. 3 版 . 北京 : 中国农业出版社 .

QIAO Q, ZHANG Z C, QIN Y H, et al, 2011. First report of sweet potato chlorotic stunt virus infecting sweet potato in China[J]. Plant disease, 95: 356.

（撰稿：张振臣；审稿：乔奇）

甘薯干腐病 sweet potato dry rot

由镰刀菌属的一些种或子囊菌门间座壳属的甘薯间座壳菌引起，主要危害薯块的一种真菌性病害。是甘薯储藏期的主要病害之一。

分布与危害 甘薯干腐病在江苏、浙江、山东等地发生普遍。1976 年，在山东历城重点调查，平均发病率 49.6%，严重的达 72%。一般损失 2% 左右，严重时甚至全窖发病，损失颇大。

甘薯干腐病有两种类型，在收获初期和整个储藏期均可侵染危害。一类是由镰刀菌属的一些种引起，这类干腐病在薯块上散生圆形或不规则形凹陷的病斑，发病部分薯皮不规则收缩，皮下组织呈海绵状，淡褐色，病斑凹陷，进一步发展时，薯块腐烂呈干腐状。后期才明显见到薯皮表面产生圆形或近圆形病斑。病斑初期为黑褐色，以后逐渐扩大，直径 1～7cm，稍凹陷，轮廓有数层，边缘清晰。剖视病斑组织，上层为褐色，下层为淡褐色糠腐。受害严重的薯块，大小病斑可达 10 个以上（见图）。此种类型与黑斑病很相似，但病斑以下组织比黑斑病较疏松，且呈灰褐色，而黑斑病剖面组织近墨绿色，质地硬实。在储藏后期，此类病菌往往从黑斑病病斑处相继入侵而发生并发症。

另一类干腐病由间座壳属的甘薯间座壳菌引起，这类干腐病多在薯块两端发病，表皮褐色，有纵向皱缩，逐渐变软，薯肉深褐色，后期仅剩柱状残余物，其余部分呈淡褐色，组织坏死，病部表现出黑色瘤状突起，似鲨鱼皮。

病原及特征 第一类甘薯干腐病的病原菌有数种，都是属镰刀菌属，主要有尖孢镰刀菌（*Fusarium oxysporum* Schlecht.）、串珠镰刀菌（*Fusarium moniliforme* Sheld.）、茄腐皮镰刀菌［*Fusarium solani*（Mart.）Sacc.］。尖孢镰刀菌和茄腐皮镰刀菌除产生大、小型分生孢子外，还可产生厚垣孢子。小孢子假头状着生。串珠镰刀菌不产生厚垣孢子，小孢子念珠状串生。尖孢镰刀菌大型分生孢子宽度大于 4μm，而茄腐皮镰刀菌小于 4μm。尖孢镰刀菌病菌主要从伤口侵入，菌丝体在薯块内部蔓延，破坏组织，使之干缩成僵块。当湿度高时，在薯块空隙间产生菌丝体和分生孢子，并从组织内经表面裂缝长出白至粉红色霉状物。

第二类干腐病的病原是间座壳属的甘薯间座壳菌（*Diaporthe batatatis* Harter et Field）。假子座发达，黑色，生于基物内，部分突出，子囊壳埋生于子座基部，有长颈伸出子座外。子囊短圆柱形，顶壁厚。子囊孢子椭圆形或纺锤形，双胞，无色。无性态为拟茎点霉属甘薯拟茎点霉（*Phomopsis batatis* Ell. et Halst.）。分生孢子器中产生 2 种类型分生孢子，甲型：无色，单胞，纺锤形，直，通常含 2 个油球；乙型：无色，单胞，线型，一段弯曲呈钩状，不含油球。

侵染过程与侵染循环 甘薯镰刀菌干腐病的初侵染源是种薯和土壤中越冬的病原菌。带病种薯在苗床育苗时，病菌侵染幼苗；带菌薯苗在田间呈潜伏状态，甘薯成熟期病菌可通过维管束到达薯块。主要从伤口、病斑或芽眼处侵入。

流行规律 储藏期扩大危害，收获时过冷、过湿、过干都有利于储藏期干腐病的发生。发病最适温度为 20～28℃，32℃ 以上病情停止发展。通风不良利于发病。

防治方法

培育无病种薯。选用 3 年以上的轮作地作为留种地，从春薯田剪蔓或从采苗圃高剪苗栽插夏秋薯。

精细收获，小心搬运，避免薯块受伤，减少感病机会。

甘薯干腐病症状（孙厚俊提供）

清洁薯窖，消毒灭菌。旧窖要打扫清洁，或将窖壁刨一层土，然后用硫黄熏蒸（每立方米用硫黄15g）。北方可采用大屋窖储藏，入窖初期进行高温愈合处理。

种用薯块入窖前，用50%甲基硫菌灵可湿性粉剂500～700倍液，或用50%多菌灵可湿性粉剂500倍液，浸蘸薯块1～2次，晾干入窖。

参考文献

董金皋，2001.农业植物病理学 [M].北京：中国农业出版社.

江苏省农业科学院，山东省农业科学院，1984.中国甘薯栽培学 [M].上海：上海科学技术出版社.

（撰稿：孙厚俊；撰稿：谢逸萍）

甘薯根腐病　sweet potato root rot

由茄腐皮镰刀菌甘薯专化型引起的、危害甘薯根部的一种真菌性病害。俗称甘薯烂根病、甘薯烂根开花病。是甘薯上重要的病害之一。

发展简史　中国于1937年在山东首次发现甘薯根腐病。1950年，MclCure研究发现茄腐皮镰刀菌（*Fusairum solani*）通过剪口侵染薯苗基部茎节的皮层和髓部。该菌被定名为茄腐皮镰刀菌甘薯专化型［*Fusarium solani*（Mart.）Sacc. f. sp. *batatas* McClure，简称FSB］。国外多数研究表明引起甘薯块根腐烂和侵染薯苗的病原物鉴定为茄腐皮镰刀菌。中国胡公洛等（1982）报道甘薯根腐病病原是爪哇镰刀菌（*Fusairum javanicum* Koord）、爪哇镰刀菌根生变种（*Fusairum javanicum* var. *radicicola*）、茄腐皮镰刀菌（*Fusairum solani*）、串珠镰刀菌（*Fusairum moniliforme*）和尖孢镰刀菌（*Fusairum oxysporum*），主要致病菌为 *Fusairum javanicum*。1984年，周丽鸿等将甘薯根腐病的病原物鉴定为 *Fusairum javanicum*。1990年，陈利锋等研究表明甘薯根腐病的病原物的无性态为FSB，有性态为红球壳（*Nectria haematococca* Berek et Br.）。20世纪90年代以后普遍认为甘薯根腐病病原菌是FSB。

分布与危害　在中国，甘薯根腐病主要分布在山东、河北、河南、陕西、江苏、安徽、江西、湖北、四川、福建、浙江等地，其中以山东、河南发生较普遍。

该病为典型的土传、毁灭性病害，蔓延迅速，防治困难，病菌除危害甘薯外，还可侵染裂叶牵牛、圆叶牵牛、茑萝、田旋花和月光花等旋花科植物。危害甘薯后，发病地块轻者减产10%～20%，重着可达40%～50%，甚至绝收。随着抗病品种的育成和推广，根腐病已基本得到控制。

甘薯根腐病对甘薯苗床和大田薯苗都造成危害。薯块或苗床期感染该病，病薯较健薯出苗晚，出苗率低，生长缓慢，须根尖端和中部有黑褐色病斑，拔秧时易自病部折断。大田薯苗感染后，轻病株地下部不定根或中部开始变黑，地上部茎蔓生长缓慢，植株矮小，分枝少，遇日光暴晒呈萎蔫状（见图），且叶腋处可能出现现蕾开花现象。重病株地下部须根中部或根尖出现赤褐色至黑褐色病斑，中部病斑横向扩展绕茎一周后，病部以下根很快变黑腐烂，拔苗时易从病部拉断。

地上叶片自下而上变黄、增厚、反卷，干枯脱落，主茎自上而下逐渐干枯死亡，造成种植前期缺苗断垄。地下茎受侵染，产生黑色病斑，病部多数表皮纵裂，皮下组织发黑疏松。重病株地下茎大部腐烂，轻病株近地面处的地下茎能长出新根，但多形成柴根。

病株不结薯或结畸形薯，而且薯块小，毛根多。块根受侵染初期表面产生大小不一的褐色至黑褐色病斑，稍凹陷，中后期表皮龟裂，易脱落（见图）。皮下组织变黑疏松，底部与健康组织交界处可形成一层新表皮。储藏期病斑并不扩展。病薯不硬心，煮食无异味。

病原及特征　20世纪90年代以来，公认的甘薯根腐病病原是茄腐皮镰刀菌甘薯专化型［*Fusarium solani*（Mart.）Sacc. f. sp. *batatas* McClure］，属镰刀菌属。该病原菌产生大、小型分生孢子及厚垣孢子。在人工培养基上，菌丝灰白色，呈稀绒毛状或絮状，并有环状轮纹，培养基的底色淡黄至蓝绿或淡红色。大型分生孢子纺锤形，略弯，上部第二、三个细胞最宽，壁厚，分隔明显，顶细胞圆形或似喙状，足胞不明显，3～8个分隔，多数有5个隔膜，大小一般为42.9～54.0μm×4.4～5.7μm。小型分生孢子卵圆形至椭圆形，多数单胞，大小为5.5～9.9μm×1.7～2.8μm，在瓶梗顶端聚成假头状。少数有1个分隔，大小为13.2～17.6μm×2.8～4.6μm。厚垣孢子球形或扁球形，淡黄色或棕黄色，生于侧生菌丝上或大型分生孢子上，单生或两个联生。厚垣孢子有两种类型：一种表面光滑的，直径一般为7.1～11.0μm；另一种表面有疣状突起，直径一般为9.1～12.0μm。

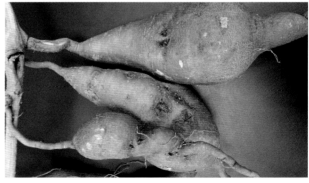

甘薯根腐病地上部和地下部症状（赵永强提供）

甘薯根腐病菌的有性态为血红丛赤壳［*Nectria sanguinea*（Bolt.）Fr.］，属丛赤壳属。有性态在病害的侵染循环中起的作用尚不清楚。在田间自然条件下，病株上尚未发现有性态，但人工培养可产生子囊壳。经根部和土壤接种致病测定，证明有较强的致病力。子囊壳散生或聚生，不规则球形，初期浅橙色，表面光滑，成熟后红色至棕色，表面产生疣状突起。子囊棍棒形，大小一般为 62.4 ～ 72.0μm×7.2 ～ 8.4μm，内生 8 个子囊孢子。子囊孢子椭圆形，12.0 ～ 14.4μm×4.8 ～ 6.0μm，中央有 1 个分隔，在隔膜处稍缢缩。

侵染过程与侵染循环　甘薯根腐病是一种典型的土传病害，带菌土壤和土壤中的病残体是翌年的主要侵染来源。土壤中的病原菌至少可以存活 3 ～ 4 年，其垂直分布可达 100cm 土层，但以耕作层土壤中密度最高。病菌自甘薯根尖侵入，逐渐向上蔓延至根、茎。病种薯、病种苗、病土以及带菌粪肥均能传病，田间病害的扩展主要借水流和耕作活动，远距离的传播靠的是种薯、种苗和薯干的调运。

流行规律　甘薯根腐病的发生与温湿度、土壤质地、土壤肥力、栽培措施、品种抗病性等因素密切相关。甘薯根腐病菌生长最适宜温度是 25 ～ 36℃，但在 14℃ 时即可缓慢生长。甘薯根腐病的发病温度范围在 21 ～ 30℃，适温为 27℃。甘薯根腐病菌抗干旱能力强，土壤含水量在 10% 以下有利于发病，因此，在温度变化不大的情况下，降雨是影响发病程度的重要因素。砂质土，肥力低的土壤，保水能力差，发病重；结构良好的肥沃土壤发病轻。因此，丘陵旱薄地和瘦瘠砂土地发病较重，而平原壤土肥沃地、土层深厚的黏土地发病较轻。

病地连作年限越长，土壤中病残体积累越多，含菌量越大，发病也越重；病地实行 3 年或更长时间的轮作，改种花生、谷子、玉米等作物，能有效地控制根腐病的发生。

甘薯不同栽插期发病程度不同。早栽气温低，不利于病菌侵染危害，而对甘薯早扎根、早返苗有利，发病较轻。当气温逐渐升高适宜发病时，甘薯根系已基本形成，再遭危害影响较小。晚栽的薯苗根系刚伸展就遭受病菌侵染，且病程短，所以受害重。夏薯发病重于春薯，也与温度有关。

防治方法　尚无对甘薯根腐病有效的化学药剂防治措施。主要采用种植抗耐病品种为主、栽培防治为辅的方法。

选用抗病丰产品种　是防治根腐病最经济有效的措施。尚未发现对甘薯根腐病免疫的品种，但不同品种间抗病程度有明显差异。1970 年以来，中国各育种单位在筛选抗源的基础上，都开展了甘薯抗根腐病育种，并取得了显著成效。各地已陆续选出适合本地栽培的抗病丰产品种，现在栽培面积最大的抗病品种为徐薯 18。其他抗病性较强的品种还有徐薯 27、宁 R97-5、豫薯 10、徐薯 24、苏渝 303、烟 337、徐薯 25、宁 27-17、南京 J54-4、鲁 94114、济 01356、浙紫薯 1 号、万紫 56、商 056-3、宁 11-6、农大 6-2、豫薯 13 号、徐济 36、徐紫薯 2 号、苏薯 2 号、皖薯 3 号、豫薯 6 号、鲁薯 7 号、济薯 109 等。

培育壮苗，适时早栽，加强田间管理　栽插期不同，病情和产量有显著差异。春薯选择壮苗适期早栽，能增强甘薯的抗病力，根腐病发病轻。栽苗后注意防旱，遇天气干旱应

及时浇水，提高甘薯抗病力。应集中烧毁病田中的残体，减少田间菌量。增施净肥和复合肥，尤其是增施磷肥，提高土壤肥力，增强甘薯的抗病力，可收到良好的防病保产效果。此外，地势高低不同的发病田块，要整修好排水沟，以防病菌随雨水自然漫流，扩散传播。

轮作换茬　病地实行与花生、芝麻、棉花、玉米、高粱、谷子等作物轮作或间作，有较好的防病保产作用。轮作年限，要依发病程度而定。一般病地轮作年限 3 年以上。在发病严重的地块，应及时改种或补种其他作物，减少损失。

建立三无留种地，杜绝种苗传病　建立无病苗床，选用无病、无伤、无冻的种薯，并结合防治甘薯黑斑病，进行浸种和浸苗。选择无病地建立无病采苗圃和无病留种地，培育无病种薯。无病地区不要到病区引种、买苗，杜绝病害的传入。

参考文献

胡公洛，周丽鸿，1982. 甘薯根腐病病原的研究 [J]. 植物病理学报，12(3): 47-51.

中国农业科学院植物保护研究所，中国植物保护学会，2015. 中国农作物病虫害 [M]. 3 版. 北京：中国农业出版社.

CLARK C A, MOYER J W, 1988. Compendium of sweet potato diseases[M]. St. Paul: The American Phytopathological Press.

（撰稿：张成玲；审稿：谢逸萍）

甘薯黑斑病　sweet potato black rot

由甘薯长喙壳菌引起的、危害甘薯根部的一种真菌性病害，是甘薯上重要的病害之一。又名甘薯黑疤病，俗称甘薯黑疔、甘薯黑疮、甘薯黑膏药病等。

发展简史　1890 年，甘薯黑斑病首先由 Halsted 发现于美国，1919 年传入日本，1937 年由日本鹿儿岛传入中国辽宁盖县，随后自北向南蔓延危害，现有 26 个省（自治区、直辖市）相继报道过该病害的发生和危害，在华北、黄淮海流域、长江流域，南方夏、秋薯区发生较重，是中国薯区发生普遍且危害严重的甘薯病害。

分布与危害　甘薯黑斑病在世界各甘薯产区均有发生。每年由该病造成的产量损失 5% ～ 10%，危害严重时造成的损失为 20% ～ 50%，甚至更高。此外，病薯可产生甘薯黑疱霉酮（ipomeamaronoe）等呋喃萜类有毒物质，人和家畜食用后可引起中毒，甚至死亡；用病薯作发酵原料时，会毒害酵母菌和糖化酶菌，延缓发酵过程，降低酒精产量和质量。

黑斑病在甘薯苗床、大田和储藏期皆可发生，主要危害块根及幼苗茎基部。

苗期　如种薯或苗床带菌，种薯萌芽后，幼苗基部及白嫩部分最易受到侵染。发病初期，幼芽基部出现平滑稍凹陷圆形或梭形的黑斑或小黑点，随后逐渐纵向扩大至 3 ～ 5mm，发病重时环绕薯苗基部，呈黑脚状，地上部叶片变黄，长势弱，病斑多时幼苗可卷缩。在种薯带菌量高的情况下，幼苗绿色茎部，甚至叶柄也可被侵染，同样形成圆形和梭形黑色

凹陷的病斑。当温度适宜时，病斑上可产生灰色霉状物，即病菌的菌丝层和分生孢子。后期病斑表面粗糙，具刺毛状突起物，为子囊壳的长喙。有时可产生黑色粉状的厚垣孢子。

生长期　薯苗栽插后，遇低温，植株生长势弱，则易遭受病菌侵染。幼苗定植1～2周后，基部叶片发黄、脱落，蔓不伸长，根部腐烂，维管束纤维状，秧苗枯死，造成缺苗断垄。有的病株可在接近土表处生出短根，但生长衰弱，不能抵抗干旱，即使成活，结薯也很少。健苗定植在病土中可能染病，但发病率低，地上部一般无明显症状。

薯蔓上的病斑可蔓延到新结的薯块上，以收获前后染病较多，病斑多发生于虫咬、鼠咬、裂皮或其他损伤的伤口处。病斑黑色至黑褐色，圆形或不规则形，轮廓清晰，中央稍凹陷，病斑扩展时，中部变为粗糙，生有刺毛状物（见图）。切开病薯，病斑下层组织呈黑色、黑褐色或墨绿色，薯肉有苦味。

储藏期　储藏期薯块病斑多发生在伤口和根眼上，初为黑色小点，逐渐扩大成圆形或梭形或不规则形病斑，直径1～5cm不等，轮廓清晰。储藏后期，病斑深入薯肉达2～3cm，薯肉呈暗褐色或黑色，味苦。温湿度适宜时病斑上可产生灰色霉状物或散生黑色刺状物，顶端常附有黄白色蜡状小点（子囊孢子）。往往由于黑斑病的侵染，造成其他病原菌或腐生菌并发，引起各种腐烂。

病原及特征　病原为甘薯长喙壳菌（*Ceratocystis fimbriata* Ellis et Halsted），属长喙壳菌属。菌丝初无色透明，老熟则呈深褐色或黑褐色，寄生于寄主细胞间或偶有分枝伸入细胞间。菌丝的直径约为3～5µm。无性繁殖产生内生分生孢子和内生厚垣孢子。分生孢子梗由菌丝顶端或者侧枝上形成，鞘状，分生孢子成熟后由分生孢子鞘内依次推出。内生分生孢子无色，单胞，棍棒形或圆筒形，大小为9.3～50.6µm×2.8～5.6µm。

孢子萌发出芽管，芽管顶端再串生出次生内生孢子，可连续产生2～3次，然后生成菌丝，也可在萌发后形成内生厚垣孢子。厚垣孢子由菌丝顶端或侧枝产生，暗褐色、球形或椭圆形，具厚壁，大小为10.3～18.9µm×6.7～10.3µm，有较强的抵抗逆境的能力，需经一段时间休眠后才可萌发。有性生殖产生子囊壳，子囊壳呈长颈烧瓶状，基部为球形，直径为105～140µm；颈部极长，称为壳喙，350～800µm。子囊为梨形或卵圆形，内含8个子囊孢子。子囊壁薄，当子囊孢子成熟时，散生在子囊壳内，子囊壁即行消解。子囊孢子无色、单胞，钢盔状，5.6～7.9µm×3.4～5.6µm。成熟时由于子囊壳吸水，产生膨压，将子囊孢子排出孔口，成团聚集于喙端，初为白色，后呈黄色。子囊孢子不经休眠即可萌发，在传染上起着重要的作用。

病菌在培养基上生长的温度为9～36℃，适温为25～30℃。3种孢子的形成对温度要求不同，分生孢子在10℃、30天即可形成，厚垣孢子在15℃、8天形成，子囊孢子15℃、5天或20℃、4.5天可形成。病菌的致死温度为51～53℃。生长的pH为3.7～9.2，最适pH为6.6。3种孢子在薯汁、薯苗茎汁、1%蔗糖溶液中或薯块伤口处很易萌发，但在水中萌发率很低。

甘薯黑斑病菌为同宗结合，易产生有性态。种内包括很多株系，形态相似但有高度寄主专化型。在自然情况下，主要侵染甘薯，人工接种能侵染月光花、牵牛花、绿豆、红豆、芸豆、大豆、橡胶树、椰子、可可、菠萝、李子、扁桃等植物。在海地除危害甘薯外，还危害成熟的凤梨（菠萝）。

侵染过程与侵染循环　病原菌接触到寄主植物后，分泌纤维状物质，紧紧固定在寄主细胞壁上，穿透寄主细胞壁后侵入寄主细胞，完成寄主识别。甘薯黑斑病菌进入寄主，分泌毒素，杀死寄主的组织然后再从其中吸取养分，从而破坏寄主的组织结构和生理生化过程，引起寄主快速萎蔫和细胞组织变为暗黑色，再到深褐色或黑色，最后坏死腐烂。

甘薯黑斑病菌主要以厚垣孢子、子囊孢子和菌丝体在储藏病薯、大田、苗床土壤及粪肥中越冬，成为翌年发病的主要侵染源。病薯病苗是病害近距离及远距离传播的主要途

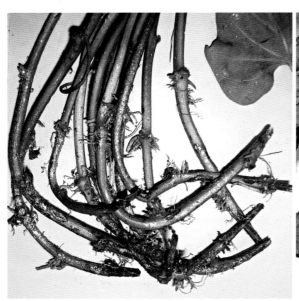

甘薯黑斑病苗期症状和薯块症状（孙厚俊、张成玲提供）

径、带菌土壤、肥料、流水、农具及鼠类、昆虫等都可传病。

伤口、芽眼及自然孔口是病原菌侵入的主要途径。收获、运输及虫、鼠、兽等造成的甘薯伤口均是病菌侵染的重要途径。育苗时，病薯或苗床土中的病菌直接从幼苗基部侵染，形成发病中心，病苗上产生的分生孢子随喷淋水向四周扩散，加重秧苗发病。病苗栽植后，病情持续发展，重病苗短期内即可死亡，轻病苗上的病菌可蔓延侵染新结薯块，形成病薯。收获过程中，病种薯与健种薯间相互接触摩擦也可以传播病菌，运输过程中造成的大量伤口有利于薯块发病，储藏期间温度和湿度条件适宜时造成烂窖。

黑斑病菌以厚垣孢子或子囊孢子附着在种薯上，或以菌丝体潜伏在薯块内越冬。也可在茎蔓上越冬。病菌生命力较强，在窖温不低于 5℃ 干燥条件下，厚垣孢子和子囊孢子均可存活 150 天。在水中，子囊孢子可存活 148 天，厚垣孢子可存活 128 天。病菌在田间土壤内能存活 2 年 9 个月。病害的传播主要有 3 个途径，即种薯种苗、土壤肥料和人畜携带。

种薯种苗传病　用带菌的种薯育苗，在苗床上就会产生病苗，病苗又可侵染健康薯块，在适宜的温湿度条件下可循环传播，使病害扩大蔓延。北方有些地区有拔苗后用清水浸苗的习惯，使病菌通过水淹沾染到无病苗上，形成大量带菌薯苗。随着运输行业的发展，许多地区通过从外地调运薯苗进行栽种，而通过清水浸过的病苗，若经长途运输，生机衰弱，更有利于黑斑病菌侵染发病。据山东省农业科学院植物保护研究所试验，薯苗中有 20% 的病苗，经清水浸泡后，栽插死苗率达 90.4%；剔除病苗后健苗不经水浸的，死苗率仅 7.4%。此外，有的地区为了争取有利时机栽插，常于拔苗后在窖内或室内屯苗 3～5 天，则其中所混的病苗，因密集高湿而增加病菌繁殖传播的机会，容易成为带菌苗，以致栽插后造成大量死苗缺株，进而污染土壤、肥料和薯窖，增加该地区的病情严重度。

土壤和粪肥传病　一般而言，大田土壤传染发病较轻，但用病土育苗，可造成苗床和肥料带菌传病。土壤带菌主要来自病残体和带菌肥料。用病薯、病残体沤肥或用病床土垫圈和用病薯水泼圈等，均可使肥料带菌传病。病菌在粪肥中存活时间，在冬季可存活 120～190 天，春季存活 60～70 天，夏季存活约 28 天。在四川、福建、浙江等地，病菌在粪水腐熟处理过程中寿命不超过 1 个月。可见，带菌厩肥未经腐熟者能够传病。

流行规律　甘薯黑斑病流行发生的轻重与温度、湿度、土质、耕作制度、甘薯品种和种薯伤口及虫鼠危害状况等有密切关系。

温度、湿度　甘薯受病菌侵染后，土温 15～35℃ 均可发病，最适温度为 25℃。甘薯储藏期间，最适发病温度为 23～27℃，10～14℃ 时发病较轻，15℃ 以上有利于发病，35℃ 以上病情受抑制。储藏初期，薯块呼吸强度大，散发水分多，如果通风不良，高于 20℃ 的温度持续 2 周以上，则病害迅速蔓延。病害潜伏期的长短受温度和病菌侵染途径等影响。温度低，潜伏期长，25℃ 左右时潜伏期最短，一般为 3～4 天。储藏期间薯块上的黑斑病潜伏期可长达几个月。病菌从伤口侵入时潜伏期短，直接侵入时潜伏期长。

病害的发生与土壤含水量有关。含水量在 14%～100%均能发病，在 14%～60% 时，病害随湿度的增加而加重；超过 60%，随湿度的增加而发病减轻。例如，育苗期因苗床加温、浇水、覆盖以及薯块上存在大量伤口，是黑斑病流行最有利的条件，而 35℃ 以上高温育苗，则是控制发病的有效措施。生长期土壤湿度大，有利于病害发展，如地势低洼潮湿、土质黏重的地块发病重；地势高燥、土质疏松的地块发病轻。生长前期干旱，而后期雨水多，引起薯块生理破裂者，发病重。

伤口　伤口是病菌侵入的主要途径。因此，在收获和运输过程中，受伤多或鼠害、虫害严重造成大量伤口的薯块，黑斑病发生重。在大田生长结薯后期，多雨天气，薯块生理开裂多，地下害虫多，病菌也易侵入，病情重。在甘薯储藏入窖时，操作粗放造成的伤口也有利于病菌侵入，造成发病加重。

耕作制度　由于黑斑病菌能通过土壤肥料等传播，且病菌在田间土壤能存活较长时间，因此连作田块病害发生较重。而且春薯发病比夏薯和秋薯重。

寄主抗病性　甘薯对黑斑病尚无免疫品种，但品种间抗病性有差异。薯块易发生裂口的或薯皮较薄易破损、伤口愈合慢的品种，发病较重。薯皮厚、肉坚实、含水量少、虫伤少、愈伤木栓层厚且细胞层数多的品种发病较轻。

所有的甘薯块根组织受到病菌侵染后，均能产生甘薯酮、香豆素等植保素。病菌侵入后，抗病性较强的品种迅速产生足量的植保素抑制病菌菌丝的生长繁殖和孢子的萌发，从而使病情减轻；而感病品种不能迅速足量产生上述化合物以阻止病菌的繁殖扩展，因而发病就重。

品种的抗病性在一定程度上还受温度的影响。在 20～35℃ 时寄主的抗病性随温度的升高而增强，这主要与木栓层的形成和植保素的产生有关。此外，植株不同部位感病性也存在明显差异。薯苗基部白色幼嫩部分，尤其是地下白色幼嫩组织易受病菌侵入，而地上绿色部分组织比较坚韧，病菌难以侵入，通常很少受害。

防治方法　甘薯黑斑病危害期长，病原来源广，传播途径多。因此，对于黑斑病的防治应采用以繁殖无病种薯为基础、培育无病壮苗为中心、安全储藏为保证的防治策略。实行以农业防治为主、药剂防治为辅的综合防治措施，狠抓储藏、育苗、大田防病和建立无病留种田 4 个环节，才能收到理想的防治效果。

铲除和堵塞菌源　严格控制病薯和病苗的传入和传出是防止黑斑病蔓延的重要环节，生产中必须千方百计杜绝种苗传病，以铲除和堵塞菌源。

首先要做好"三查"（查病薯不上床、查病苗不下地、查病薯不入窖）、"三防"（防引进病薯病苗、防调出病薯病苗、防病薯病苗在本地区流动）工作。对非疫区要加强保护，严禁从病区调进种薯种苗，做到种苗自繁、自育、自留、自用，必需引种时，把好引种关，不要引进病薯苗、薯蔓等。引入后，先种在无病地繁殖种薯，第二年再推广。另外，在薯块出窖、育苗、栽植、收获、晒干、复收、耕地等农事活动中，都要严格把关，彻底检除病残体，集中焚烧或深埋。病薯块、洗薯水都要严禁倒入圈内或喂牲口。不用病土、旧床土垫圈或积肥，并作到经常更换育苗床，对采苗圃和留种地要注意轮作换茬。

建立无病留种田 建立无病留种田、繁殖无病种薯，是防治甘薯黑斑病的有效措施。由于黑斑病传染途径多，因此建立无病留种田，采用高剪苗、轮作等做到苗净、地净，通过施用饼肥、化肥、绿肥或其他菌肥等做到肥净，并做好防治地下害虫的工作，从各方面防止病菌侵染危害。

培育无病壮苗是综合防治的中心环节。①一般采用51～54℃温水，浸种10分钟，洗掉表面病原菌分生孢子。②用50%甲基硫菌灵可湿性粉剂200倍稀释液浸种10分钟，防病效果达90%～100%。用70%甲基硫菌灵可湿性粉剂300～500倍稀释液浸蘸薯苗，防治效果亦良好。③育苗时把苗床温度提高到35～38℃，保持4天，以促进伤口愈合，控制病菌侵入。此后苗床温度降至28～32℃，出苗后保持苗床温度在25～28℃，并可促使早出苗，提高出苗率。

推广高剪苗技术 由于种薯或苗床土壤中常常携带黑斑病、根腐病及线虫病等病原，病原物会缓慢向薯苗侵染，高剪薯苗能尽可能地避免薯苗携带病原菌。原因是病原物的移动速度低于薯芽的生长速度，病原物大部分滞留在基部附近，上部薯苗带病的可能性比较小。

栽前种苗处理 将种苗捆成小把，用70%甲基硫菌灵可湿性粉剂800～1000倍液浸苗5分钟，或50%多菌灵可湿性粉剂2500～3000倍液浸苗2～3分钟，具有较好的消毒防病作用。

安全储藏 为降低甘薯储藏期菌源，做好以下措施：①适时收获。在霜冻前晴天收获，尽可能避免薯块受伤，减少感染机会。在入窖前严格剔除病薯和伤薯。②种薯消毒。按每100kg鲜薯使用有效成分10～14g乙蒜素（抗菌剂402），加水1～1.5kg，混匀后喷洒在一层稻壳上，然后再加一层未喷药的稻草或谷草，上面放薯块，再用麻袋等物盖在薯块上面并密闭，熏蒸3～4天后敞开。③旧窖消毒。种薯入窖前，旧窖打扫干净，对薯窖喷施1%福尔马林液，用量为30～40L/m³，密闭3～4天。④薯窖管理。对甘薯窖高温处理，促使薯块愈伤组织形成。防病愈合的最适温度为34～37℃，在加温过程中必然要经过适宜病菌繁殖的温度（20～30℃），如果在此温度范围内滞留时间过长，不仅容易引起甘薯黑斑病等病害的发展，还会促进薯块发芽。窖温不能超过40℃，否则会因高温发生烂窖事故。因此，尽量争取在薯块进窖后15～20小时内将窖温升到34～37℃，并保持4天。高温愈合后尽快使窖温降至12～15℃，但窖内温度不能低于9℃，否则容易造成冻害。

选育抗病品种 在甘薯黑斑病的防治方法中，选育抗病品种是最为经济有效的防治手段。甘薯品种间抗黑斑病差异很大，要因地制宜地引进与推广适合当地情况的抗病品种。中国各地育成的抗病品种有苏薯9号、徐薯23、渝苏303、苏渝76、苏渝153、鄂薯2号、冀薯99、烟薯18、烟紫薯1号、鲁薯7号等。

参考文献

任贤贤，2011. 植物病虫害诊断与防治技术[M]. 北京：中国农业科学技术出版社.

中国农业科学院植物保护研究所，中国植物保护学会，2015. 中国农作物病虫害[M]. 3版. 北京：中国农业出版社.

（撰稿：张成玲；审稿：谢逸萍）

甘薯黑痣病 sweet potato scurf

由甘薯毛链孢引起的、只侵害地表下薯蔓和薯块的一种真菌病害，是一种世界性的病害。又名甘薯黑皮病。

发展简史 甘薯黑痣病首先于1890年由Halsted描述，命名为Scurf，并将其病原菌归类为一个新的属和种，命名为 *Monilochaetes infuscans*，然而他并没有提供该病菌的实验记录。该病菌的首次人工培养记录由Taubenhaus发表于1914年。1916年，Harter对该病原菌的分离、培养方法、接种方法和病原菌的形态特征等进行了详细描述，并将该病菌归类为丝孢纲（Hyphomycetes）暗色孢科（Dematiaceae）。

分布与危害 该疾病自1890年以来一直被美国人所熟知，后来在亚洲、欧洲、非洲和大洋洲也相继出现该病的报道。王元茂等在1961年的文章中即将该病害与甘薯黑斑病一起作为中国常见病害提及。该病害在中国各甘薯产区均有发生，对产量基本无影响，长期以来未引起人们的重视，但随着甘薯鲜食产业的兴起，黑痣病的危害成为制约甘薯销售价格的主要因素。

田间生长期和储藏期均可发病，多危害薯块。薯块发病，初时在薯块表面产生淡褐色小斑点，其后斑点逐渐扩大变黑，为黑褐色近圆形至不规则形大斑。湿度大时，病部生有灰黑色粉状霉层。发病严重时，病部硬化并有微细龟裂。病害一般仅侵染薯皮附近几层细胞，并不深入薯肉。但薯块受病后易丧失水分，在储藏期容易干缩，影响质量和食用价值

甘薯黑痣病症状（赵永强提供）

（见图）。

病原及特征　病原为甘薯毛链孢（*Monilochaetes infuscans* Ell. et Halst. ex Harter）。菌丝初期无色，后变为黑色。分生孢子梗从病部表层的菌丝分出，不分枝，基部略膨大，具隔膜，长为 40～175μm，其顶端不断产生分生孢子。分生孢子无色或稍着色，单胞，圆形至长圆形，大小为 12～20μm×4～7μm。

侵染过程与侵染循环　病菌主要随病薯在窖内越冬，也可以在病蔓上及土壤中越冬。翌春育苗时即可侵染引起幼苗发病。田间病菌侵染植株发病后产生分生孢子侵染薯块。病菌主要借雨水、灌溉水传播，直接从表皮侵入，在表皮层危害。

流行规律

温湿度　该病在 6～32℃ 时发病，传播的最适宜温度为 30～32℃，储藏期间，窖温升高，温度、湿度适宜，可引起全窖薯块发病发黑；夏秋两季多雨、受涝、地势低洼或排水不良、土壤有机质含量高、土壤黏重及盐碱地发病重。由于水利条件的改善，大水漫灌加重了通过流水传播该病。

菌源　大面积连年种植甘薯，病薯和薯苗带菌量得到有效积累，加上施用未腐熟粪肥，均加大了菌源数量。

防治方法　甘薯黑痣病可以通过种薯、秧苗、土壤等传播，在防治时考虑采取综合措施才能取得更理想的效果。如在精选无病种薯、建无病苗床的基础上进行种薯处理，培育无病薯苗；栽植前薯苗进行药剂处理；实行轮作倒茬，尽量选择无病的地块种植等。

杜绝种苗传病　建立无病苗床，选用无病种薯。无病地区避免到病区引进种薯、种苗，杜绝病害的传入。苗床排种时用 50% 纯品多菌灵可湿性粉剂 1000 倍或纯品甲基托布津 1000 倍浸泡 10 分钟进行消毒。薯苗采用高剪苗方式剪取，可很大程度上减轻薯苗病原物的携带量，有效防止或减轻大田病害的发生。剪下的薯苗用上述药液浸泡根部（约 10cm）10 分钟。苗床上若发现病薯要立即深埋或烧毁处理。

调整栽种和收获时期　春薯可适当晚栽，能减轻黑痣病发生。收获期要做到适时收获，一般在寒露至霜降之间，具体时间以当地日平均气温在 15℃ 左右为宜。若收获过晚，薯块容易遭受霜冻，利于黑痣病病菌侵入。收获后要在晒场上晒 2～3 天，使薯块伤口干燥，可抑制薯块病菌侵入。也可先在屋内干燥处晾放 10～15 天（堆 0.3～0.7m 即可），度过薯块旺盛呼吸阶段，迫使薯块进入休眠状态，然后再入窖。

加强田间管理　采用高畦或起垄种植，浇水栽秧后，用 50% 纯品多菌灵 15～45kg/hm² 兑细土穴施，最后覆土，可杀灭土壤中的黑痣病菌。雨后及时排水，降低土壤湿度。有条件的地方，可实行与禾本科作物 3 年以上的轮作。

储藏期管理　甘薯储藏期温度控制在 12～15℃，如果温度低于 9℃，甘薯易受冻害，诱发黑痣病或其他病害。若温度高于 17℃，甘薯极易发芽生根，且利于黑痣病的发生。

参考文献

董金皋，2001. 农业植物病理学：北方本 [M]. 北京：中国农业出版社.

郭泉龙，李计勋，梁秋梅，2005. 甘薯黑痣病发生规律及其防治措施 [J]. 中国农技推广 (8): 45.

江苏省农业科学院，山东省农业科学院，1984. 中国甘薯栽培学 [M]. 上海：上海科学技术出版社.

刘计刚，2009. 鲜食甘薯黑痣病成因与栽插期的关系 [J]. 安徽农学通报，15(14): 143.

刘晓芸，杨兰，王会君，等，2014. 甘薯黑痣病防治药剂的筛选 [J]. 河南农业科学，43(11): 93-96.

王元茂，黄彩风，1961. 大栢公社提高秋甘薯产量的经验 [J]. 浙江农业科学 (7): 18-19.

张化良，刘承忠，2001. 甘薯黑痣病在平阴严重发生 [J]. 中国植保导刊，21(3): 43.

赵永强，杨冬静，孙厚俊，等，2016. 拔苗和剪苗对甘薯黑痣病发生的影响 [J]. 安徽农业科学，44(33): 129-130.

中国农业科学院植物保护研究所，中国植物保护学会，2015. 中国农作物病虫害 [M]. 3 版. 北京：中国农业出版社.

HARTER L L, 1916. Sweet potato scurf[J]. Journal of agricultural research, V(17): 787-791.

RONG I H, GAMS W, 2000. The hyphomycete genera exochalara and monilochaetes[J]. Mycotaxon, 76: 451-462.

TAUBENHAUS J J, 1916. Soil stain, or scurf, of the sweet potato[J]. Journal of agricultural research, V(21): 995-1001.

（撰稿：赵永强；审稿：谢逸萍）

甘薯茎腐病　bacterial stem and root rot of sweet potato

由达旦提迪基氏菌引起的甘薯上的细菌性病害，是一种毁灭性的细菌病害。

发展简史　该病害于 1974 年在美国首次发现。中国于 20 世纪 90 年代由方树民等在福建首次发现该病，最初被命名为甘薯细菌性黑腐病，病原为欧文氏菌（*Erwinia* sp.）。2002 年，仅福建连城的发病面积就达 200hm²，随后在广东暴发成灾。2006 年，黄立飞等鉴定该病病原为菊欧文氏菌（*Erwinia chrysanthemi*），命名为甘薯茎腐病。甘薯茎腐病菌在相当长的时间内是以同物异名菊欧文氏菌存在的。1953 年，Burkholder 等在菊科植物上首先分离到该病菌，随后在玉米、万年青、大蕉和水稻等植物软腐或萎蔫病株中分离到类似细菌，并根据寄主来源、病害症状及理化特征，将该细菌划分为 6 个致病变种。迪基氏菌属（*Dickeya*）是从最早的菊欧文氏菌，后称菊果胶杆菌（*Pectobacterium chrysanthemi*）中分离出来的新属。2005 年，由 Samson 等基于 121 个表型数值分类及血清学和 16S rDNA 基因的系统发育分析，建立了新的迪基氏菌属（*Dickeya*），建议设定 6 个新种，分别为玉米迪基氏菌（*Dickeya zeae*）、达旦提迪基氏菌（*Dickeya dadantii*）、花叶万年青迪基氏菌（*Dickeya dieffenbachiae*）、香石竹迪基氏菌（*Dickeya dianthicola*）、香蕉迪基氏菌（*Dickeya paradisiaca*）和菊迪基氏菌（*Dickeya chrysanthemi*）。2012 年 Brady 建议将花叶万年青迪基氏菌（*Dickeya dieffenbachiae*）变成（*Dickeya dadantii*）下的致病变种（*Dickeya dadantii* subsp. *dieffenbachiae*）。

G

后又增加了 3 个种，茄迪基氏（*Dickeya solani*）、水生迪基氏菌（*Dickeya aquatic*）和方中达迪基氏菌（*Dickeya fangzhongda*），因此，该属的成员包含 8 个种。

2010 年 Huang 等报道，中国甘薯茎腐病 16S rDNA 序列与达旦提迪基氏菌同源性达 99%，根据新的分类系统，甘薯茎腐病病原最终被确定为达旦提迪基氏菌。

分布与危害 甘薯茎腐病严重影响了美国的甘薯产业。在中国福建、广东、江西、广西、海南、河南、江苏、重庆、浙江和河北等地陆续发现，一般受害损失 30%～40%，重者达 80%，甚至绝收，该病已成为南方甘薯主产区发病面积最大、危害最严重的病害之一。严重影响甘薯产业的健康发展。

甘薯茎腐病发病初期表现为植株生长缓慢，在与土壤接触的茎基部呈现褐色的腐烂病斑或茎基部腐烂。该病害最显著的特征是在甘薯的茎及叶柄上会产生黑褐色、水浸状病斑，最后软化解离，导致枝条末端部分萎凋。根茎维管束组织有明显的黑色条纹，髓部消失成空腔，伴有恶臭味。发病后多数整株枯死，部分表现为少数枝条解离。染病薯块表面呈黑边棕色凹陷病斑，或外部无症状内部腐烂，病组织呈水浸状（见图）。

病原及特征 病原为达旦提迪基氏菌（*Dickeya dadantii*），为革兰氏阴性杆菌，兼性厌氧。大小为 0.5～0.7μm×1.0～2.5μm，鞭毛周生、多根。无芽孢和荚膜，能运动。在 NA 培养基上菌落表面稍凸，微皱缩，边缘整齐，不透明，无光泽，呈土黄色。生长温度为 5～35℃。

在世界范围内广泛分布，寄主范围广泛，可以侵染包括甘薯、马铃薯、水稻、玉米、胡萝卜、大豆、番茄、卷心菜、菠萝、香蕉、菊花、兰花、矮牵牛及非洲紫罗兰等 50 余种植物。被认为是分子植物病理学十大植物致病菌之一。

侵染过程与侵染循环 病菌主要经由寄主的伤口侵入，病菌无法长期在土壤中存活，但可在植物残体、杂草或其他植物的根际存活。初侵染源主要来自病薯、病蔓、田间灌溉水、受污染的农具及工作鞋上黏附的病土等；远距离传播主要通过甘薯块根和种苗的调运。

甘薯植株受害症状（楼兵干提供）

流行规律 温度低于 27℃ 时为潜伏感染，病害侵染的最适温度为 30℃。高温、高湿的环境利于病害的发生，连作田块发病较重。

防治方法

加强植物检疫 严禁从病区调种，规范种薯来源，提倡自留、自繁、自育，避免种薯和薯苗大调大运。

推广利用抗病品种 是最经济有效的措施，不同甘薯品种间的抗病性差异很大，选用抗病性较好的品种。发病田块应实行非寄主作物轮作，选用无病地作繁苗地，用健康、无病种薯进行繁殖。

农业防治 覆盖育苗注意经常通风，提倡高剪苗，注意随时进行切刀消毒，避免病菌随切刀传播；采用高垄栽培技术，避免大水漫灌。天旱及时浇水，避免裂土伤根，雨后及时排除田间积水。发现零星病株，应及时铲除病薯和病土。

化学防治 播种和扦插前以农用硫酸链霉素浸泡种薯和薯苗，或在发病初期利用农用硫酸链霉素和噻菌铜灌根或喷施，具有较好的防治效果。

参考文献

方树民，1991. 福建省部分地区发生甘薯细菌性黑腐病 [J]. 植物保护，17(3): 52.

黄立飞，罗忠霞，房伯平，等，2011. 我国甘薯新病害——茎腐病的研究初报 [J]. 植物病理学报，41(1): 18-23.

黄立飞，罗忠霞，房伯平，等，2014. 甘薯茎腐病的研究进展 [J]. 植物保护学报，41(1): 118-122.

中国农业科学院植物保护研究所，中国植物保护学会，2015. 中国农作物病虫害 [M]. 3 版 . 北京 : 中国农业出版社 .

（撰稿：冯洁；审稿：余华）

甘薯茎线虫病 sweet potato stem nematodes

由马铃薯腐烂茎线虫引起，主要危害甘薯地下茎及块根的病害。严重时可扩展至地上茎部。主要发生在温带及亚热带地区。是中国甘薯生产上的重要病害。

发展简史 甘薯茎线虫病最早被发现于美国新泽西州储藏甘薯上，其病原线虫为马铃薯腐烂茎线虫（*Ditylenchus destructor* Thorne），该线虫自 1945 年起被作为一个独立种从起绒草茎线虫（*Ditylenchus dipsaci*）中分离出来。Kühn 于 1888 年首次观察并描述了该线虫引起马铃薯干腐的症状，现已成为多个国家造成马铃薯减产的重要病原之一。中国关于甘薯茎线虫病的报道最早出现在 1937 年，最初将病原定为起绒草茎线虫。1980 年，张云美等首次报道山东发生的甘薯茎线虫病的病原为马铃薯腐烂茎线虫。1982 年，丁再福和林茂松等对采自山东、江苏、安徽等地的甘薯茎线虫病病原进行鉴定，再次肯定其病原为马铃薯腐烂茎线虫。此外，陈品三和王玉娟等先后报道了马铃薯腐烂茎线虫可引起当归麻口病。由于中国在过去很长一段时间里未对线虫病害进行系统的调查和准确鉴定，导致马铃薯腐烂茎线虫通过甘薯种薯运输、种苗调运、农事操作以及花卉植物的种苗、苗木运输等途径，已扩散到 10 多个省（自治区、直辖市），成为中国北方薯区最为严重的病害之一。

分布与危害 马铃薯腐烂茎线虫在世界范围内均有分布，发生区域主要以温度划分，现有报道的发生区域包括亚洲、非洲、北美洲、南美洲、大洋洲和欧洲。该线虫已被亚太植物保护组织及许多国家和地区列为重要的植物检疫性有害生物。马铃薯腐烂茎线虫自 20 世纪 40 年代传入中国北方地区，通过甘薯种薯运输、种苗调运、农事操作以及花卉植物的种苗、苗木运输等途径，已扩散到北京、河北、河南、山东、江苏、浙江、辽宁、安徽、吉林、甘肃、内蒙古等地，其中在山东、河北、江苏发病最为严重。此外，根据徐州甘薯研究中心研究结果显示，在人工接种及薯苗带虫情况下，甘薯茎线虫病在福建三明也可发生，但病情指数呈逐年下降趋势。

马铃薯腐烂茎线虫寄主范围十分广泛，大约包括 120 种植物。除甘薯外还包括多种重要经济作物和花卉，如马铃薯、花生、甜菜、萝卜、胡萝卜、蚕豆、大蒜、洋葱、山药、当归、薄荷、人参、鸢尾、郁金香、大丽菊等。一些田间杂草也可以成为马铃薯腐烂茎线虫的寄主，如田蓟、野薄荷、鹅绒委陵菜、酸模等。在无高等植物寄主存在的情况下，该线虫还能够在大约 40 个属 70 种真菌上完成生活史，常见的有 *Alternaria*、*Botrytis*、*Fusarium*、*Penicillium*、*Phoma*、*Trichoderma*、*Verticillium*、*Cylindrocarpon* 等。有大量研究报道表明，来自不同种群的马铃薯腐烂茎线虫具有不同的寄主范围和毒力，即该线虫可能存在寄主生理小种。1988 年，Jones 首次在南非的花生上发现马铃薯腐烂茎线虫，但花生上的种群并不危害马铃薯和已有报道的其他寄主。

在中国，马铃薯腐烂茎线虫主要危害甘薯（见图）。根据 2010 年国家甘薯产业技术体系的甘薯病虫害普查结果，甘薯茎线虫病在中国北方薯区的河北、河南、安徽和山东都为首要或第二重要的甘薯病害，发生地区包括 382 个市、县。河北、山东等地区甘薯茎线虫病的发生面积通常在 25% 左右，发病率为 30% 左右，侵染严重的地区发病率可达到100%。茎线虫病通常可造成甘薯减产 20%～30%，严重者可达到 50%，甚至绝收。徐振等研究结果表明，茎线虫病造成甘薯减产的程度与发病时期及田间茎线虫种群基数有直接关系。当茎线虫的种群密度低于 10 头 /g 土壤时，其对甘薯产量影响很小，与对照无显著差异。当茎线虫种群密度上升到 50 头 /g 土壤及以上时，可使甘薯产量下降 39.6% 以上。茎线虫病的发病时期同样影响甘薯产量，在接种剂量为 200头 / 株情况下，在薯苗移栽后第 9 周发病的处理病情指数显著低于前期发病的各处理。此外，该线虫不仅可在田间危害造成减产，还可在储藏期引起甘薯烂窖。

病原及特征 病原为马铃薯腐烂茎线虫（*Ditylenchus destructor* Thorne），由于该线虫最早发现于马铃薯上，可导致马铃薯腐烂，因此国外也称之为 potato rot nematode。马铃薯腐烂茎线虫属于线虫纲垫刃目茎线虫属。整个发育过程可分为卵、幼虫、成虫 3 个时期。成熟的雌虫和雄虫均是细长的蠕虫形，雌虫略大于雄虫，雄虫大小为0.90～1.60mm×0.03～0.04mm，雌虫大小为 0.90～1.86mm×0.04～0.06mm。虫体前端唇区较平，无缢缩，尾部长圆锥形，末端钝尖。雌虫虫体缓慢加热致死后稍向腹面弯曲，有

甘薯茎线虫病症状（徐振提供）
①薯苗茎部受害症状；②薯块横切症状

细微的环纹。唇架中度骨质化，有 4 个唇环，唇正面有 6 个唇片，侧器孔位于侧唇片。口针短小，口针基部球小而明显；中食道球梭形、有小瓣膜，峡部窄、围有神经环，食道腺延伸、稍覆盖于肠的背面，个别覆盖于肠侧面和腹面。排泄孔位于食道与肠连接处或稍前，半月体在排泄孔前。侧区具有 6 条侧线，外侧具网格纹。阴门横裂、位于虫体后部，成熟雌虫的阴唇略隆起，阴门裂与体轴线垂直，阴门宽度占 4 个体环。卵巢发达、前伸、达食道腺基部，前端卵原细胞双列。卵长椭圆形，长度约为体宽 1.5 倍。后阴子宫囊大，延伸至阴肛距 2/3～4/5。尾呈锥状，稍向腹面弯曲，末端窄圆；直肠和肛门明显，尾长为肛门部体宽 3～5 倍。雄虫虫体前部形态特征与雌虫相同。单精巢前伸，前端可达食道腺基部。泄殖腔隆起，交合伞起始于交合刺前端水平处向后延伸达尾长 3/4；交合刺成对，朝腹向弯曲，前端膨大具指状突。

卵椭圆形，淡褐色，大小为 44.2～83.7μm×22.1～41.0μm，卵长稍大于虫体宽，卵宽约为卵长的一半。条件适宜时，每条雌虫每次产卵 1～3 粒。一生共可产卵 100～200 粒。在27～28℃时，发生一代需要 18 天，20～24℃时需要 20～26 天，8～10℃时需要 68 天。该线虫在 2～30℃活动，高于 7℃即可产卵和孵化，25～30℃最适；对低温忍耐力强，不耐高温，高于 35℃则不活动。

2006 年，季镭等采用 PCR-RFLP 技术对中国 10 个不同地区的甘薯茎线虫群体进行了限制性片段长度多态性分析，发现不同茎线虫群体间存在基因分化现象。来自山东的两个群体 Dell 和 Dely 的酶切图谱与来自其他地区的线

虫群体相比明显不同。对甘薯茎线虫的近似中鳞球茎茎线虫（Ditylenchus dipsaci）以及食菌茎线虫（Ditylenchus myceliophagus Goodey）的分析结果，通过 ITS-RFLP 技术建立的酶切图谱可以很好地将 3 种茎线虫区分开。2010 年，Subbotin 等比较分析了来自世界范围内不同寄主上茎线虫种群的 78 个 ITS 基因序列。发现不同群体间 ITS 基因序列长度存在显著差异，而序列长度的差别主要是由于 ITS1 中的重复序列引起。系统发育分析结果表明所有测试种群可被分为 2 个族群，一个族群在 ITS 区域存在重复序列而另一个族群则没有。

侵染过程与侵染循环　马铃薯腐烂茎线虫属迁移性内寄生线虫，主要危害块根、块茎、鳞茎类植物的地下部。当寄主植物为甘薯时，马铃薯腐烂茎线虫既可从薯苗或薯块的伤口侵入，也可从薯苗地下茎的表皮或薯块表皮直接侵入，但各项研究结果均未在甘薯的须根中分离到茎线虫。室内及田间调查结果表明，尽管茎线虫可以从甘薯表皮直接侵入，但其侵入率显著低于伤口侵入。多个国家甘薯的种植流程都是苗床育苗、剪苗和大田栽种，因此大田栽种的薯苗都带有剪苗时造成的伤口，为茎线虫的侵入提供有利条件。另一方面，如何减少薯苗伤口处茎线虫的侵入量将是防治甘薯茎线虫病的关键所在。不同甘薯品种由于表皮结构的差异，也在茎线虫病的抗侵入性方面表现出显著的差异。

在茎线虫侵入甘薯的过程中，其背食道腺会分泌果胶酶、纤维素、淀粉酶和蛋白酶等多种水解酶，利用这些酶的作用，软化或降解植物细胞壁，破坏植物组织，使甘薯细胞崩溃、组织腐烂。1993 年，林茂松等提取马铃薯腐烂线虫的分泌物，用其处理感病品种栗子香，30 天后，薯块接种孔周围 11.5cm 的组织变为褐色，并有轻度腐烂现象，切片检查，变褐色部分的甘薯组织细胞开始离析、腐烂。对马铃薯腐烂茎线虫致病相关酶类研究较多的是葡聚糖内切酶。纤维素是植物细胞壁的重要组成部分，主要由 1000 个以上的葡萄糖单位以 β-1,4- 糖苷键相连形成的直链聚合物组成的网状结构。彭焕等（2009）运用 RT-PCR 结合 RACE 的方法，成功克隆出两个马铃薯腐烂茎线虫内切葡聚糖酶基因，分别命名为 Dd-eng-1 和 Dd-eng-2。原位杂交结果显示，这两个基因均在马铃薯腐烂茎线虫两侧腹食道腺特异性表达。当利用活体外 RNA 干扰降低上述 2 个基因的表达水平时，导致处理线虫对感病寄主的侵染率下降 50% 左右，证明葡聚糖内切酶在马铃薯腐烂茎线虫侵染甘薯的过程中发挥着重要作用。

马铃薯腐烂茎线虫可以卵、幼虫、成虫在病薯中随储藏和在田间越冬，以幼虫、成虫在土壤、粪肥中越冬。此外，田间部分杂草也能够为茎线虫提供越冬场所。因此，仓库内的病薯，田间病残、病土、病肥是线虫病的主要侵染来源。在恶劣的自然条件下，田间病残及杂草寄主能对茎线虫提供有效保护。土壤表面病薯内的茎线虫，经过冬季死亡率只有 10% 左右。茎线虫的远距离传播主要通过病薯、病苗调运等农事行为，田间近距离则由土壤、肥料、病薯、病苗上的线虫经耕作、流水等传播扩散。

马铃薯腐烂茎线虫随着病薯越冬后可传到苗床侵染幼苗，由病薯繁育出的薯苗也带有茎线虫。携带茎线虫的薯苗栽入大田可直接发病，同时田间土壤中病残体和土壤中的茎线虫又可通过表皮或从伤口侵染块根和地下茎。茎线虫侵染主要发生在薯苗移栽 2 周后，从甘薯秧苗下部末端侵入，并由此逐渐向上扩展。移栽后 10 周左右，茎线虫已扩展到薯苗的地上部。通常情况下薯苗在移栽后 8 周开始结薯，但在 12 周以后才能在薯块中监测到茎线虫。另外，在整个监测过程中薯苗的须根始终未发现茎线虫。收获后病薯进入储藏窖越冬，完成周年循环过程。有的地区有种植窝瓜的习惯，即把小薯直接栽到大田，这样会把甘薯茎线虫直接带入田间。另外，在病薯内的茎线虫抗低温和抗干燥能力都比较强，储藏一年的薯干内茎线虫的存活率可达到 76%，所以薯干调运传播的作用也不能忽视。

流行规律　甘薯茎线虫病的发生发展与甘薯品种的抗性、环境气候条件、甘薯的栽培管理、土壤质地等因素都有一定关系。马铃薯腐烂茎线虫在 2°C 即开始活动，7°C 以上能产卵和卵孵化，发育适温为 25～30°C。当寄主植物为马铃薯时，温度为 15～20°C，相对湿度为 90%～100% 条件下危害最重，相对湿度低于 40% 茎线虫很难存活。在甘薯上，土壤湿度是影响茎线虫病危害程度的重要因素之一。土壤含水量为 20% 时发病最重，随着土壤含水量的升高或降低，甘薯茎线虫病的危害程度均下降。将 200 头茎线虫接种于新栽薯苗 50 天后，土壤含水量为 20% 的处理薯苗病情指数最高的为 92%，1g 组织内茎线虫数量高达 1615 头。当土壤含水量升高为 26% 和 30% 时，薯苗病情指数分别下降为 52% 和 20%，薯苗单位重量组织内的茎线虫数量也分别下降到 925 头和 170 头。另一方面，当土壤含水量降低为 10% 时，茎线虫病危害同样减轻，病情指数仅为 44%，茎线虫种群密度为 320 头 /g 组织。

关于马铃薯腐烂茎线虫的耐低温和耐干燥能力，众多研究者却得出很多不同的结论。根据 Ustinov 等的研究报道，该线虫不能形成抗性休眠体，不耐干燥，以卵越冬。而 Gubina 的报道则称该线虫在空气中干燥 5 个月仍能存活。大多数学者认为，马铃薯腐烂茎线虫喜温耐干，在含水量 12.7% 的薯干中大部分线虫呈休眠状态，遇到雨水或浸在水中即恢复活动。如晒干存放 7 个月的甘薯蔓拐，浸水 24 小时后，内部的线虫存活率达 98%。Makarevskoya 的研究结果表明，植物组织中的该线虫在 -2°C 情况下仍能够存活，但在 -4.5°C 条件下死亡。然而，Ladygina 发现该线虫在 -28°C 条件下仍能部分存活。2010 年，王宏宝等将茎线虫置于病薯、甘油和细沙 3 种介质中，在 -20°C 和 -70°C 温度下经过不同时间处理发现，在甘油和细沙介质中的茎线虫，经低温处理后均未发现存活线虫，但在病薯中的茎线虫在 -70°C 条件下处理 180 天后，不同地理种群间仍然有 5%～20% 的茎线虫存活，可见茎线虫在低温下的生存很依赖原来的寄主材料。马铃薯腐烂茎线虫不耐高温。烟台农业科学研究所研究表明，将病薯放在土表，经一冬天，内部茎线虫仅死亡 10%，薯苗中的茎线虫经 48～49°C 温水浸 10 分钟，死亡率达 98%。青岛农业科学研究所实验结果表明，将带线虫薯苗置于 42°C 温箱中 24 小时，线虫即可全部死亡。

栽培方式对甘薯茎线虫病的发生影响很大，一般春薯发病重于夏薯，甘薯直栽重于苗栽。种植夏薯或春薯提前收获，线虫危害期短，可减轻危害。另一方面，田地里的土质对茎线虫的发病程度也有一定的影响，一般来讲质地疏松、通气性好的砂质土、干燥土病重，黏质土病轻。

由于不同的甘薯品种对甘薯茎线虫病具有不同的抗性水平，所以在相同条件下，不同抗性的品种间茎线虫病发病情况差异特别明显，如郑红 22 表现为高抗，而胜利百号、栗子香则表现为高感。

防治方法　甘薯茎线虫病一旦发生，田间土壤、病薯、病苗及部分杂草均可成为翌年的侵染源，随着茎线虫种群的不断积累，使危害逐年加重。由于马铃薯腐烂茎线虫寄主十分广泛，所以作物轮作也很难对其进行有效控制。只有通过高剂量农药熏蒸或高温闷棚等极端方法才可较为高效地对其杀灭，然而这种方法对田间生态环境破坏严重，且实施成本较高，所以应用范围有限。因此要对甘薯茎线虫病进行有效防治，需要在生产上的各个环节均采取相应措施对其进行综合防控。中国已制定出"甘薯茎线虫病综合防治技术规程"行业标准（NY/T 2992—2016），该标准于 2017 年 4 月起正式实施。

病原检疫及耕作措施　首先应加强检疫措施，严格实行种薯、种苗检疫，严禁从病区调运种薯、种苗，同时对病区薯干也应控制调运，保护无病区。第二是建立无病留种地，繁育和种植无病种薯、种苗。例如可选 3～5 年未种过甘薯及其他茎线虫寄主植物的地块作留种地。留种地幼苗扦插时最好从春薯地中剪蔓头，由于茎线虫病主要危害甘薯地下部分，在地上茎部位扩散范围有限，所以高剪苗能保证种苗不带线虫。扦插前配合适当的药剂处理，生长期还要防止传入线虫，种薯单收单藏。第三要清除病残，减少侵染来源，尤其是发病较重的田块，更要在育苗、移栽、储藏三个时期，严格清除病残（包括收获时乱扔在田间的病薯、病蔓等），应集中晒干烧掉，勿做肥料或留用。第四要实行轮作，由于茎线虫的寄主范围较宽，所以轮作时应避免产生块根或块茎的作物，如可选用玉米、小麦、棉花等。如果条件允许进行水旱轮作效果更佳。

化学防治　是茎线虫病防治的重要措施，而且可以直接杀死土壤、粪肥、种苗中的线虫。过去病区常用具有熏蒸性的药剂处理土壤，但熏蒸药剂必须在插秧前 20～30 天使用，处理上也比较麻烦。现在有一批对甘薯茎线虫防治效果较好的药剂，如红竿宝、神农丹、蜱虫磷、甲维盐等。很多药剂也已经应用到生产实践中，如 5% 克线磷颗粒剂，移栽时用穴施或开沟，施药，浇水，栽苗的方法，每亩地用量 3～4kg，对茎线虫具有一定的防治效果。大田药剂防治时，必须配合药剂浸苗才能获得良好的防治效果。

杀线剂处理对茎线虫的趋向行为也有一定的影响。正常情况下，茎线虫对灰霉菌、半裸镰刀菌趋性最强，其次为马铃薯，对甘薯趋性最弱。在高剂量（10mg/L）的阿维菌素或有机磷类杀虫剂处理后，茎线虫表现出明显的卷曲、痉挛或静止不动等中毒症状。经清水清洗去除药剂后中毒症状仍未消失。然而在杀线剂的处理浓度为 0.01～0.1mg/L 时，茎线虫对灰葡萄孢菌、甘薯的趋向性均有所增强。

抗性品种选育　从环保及经济的角度来说，利用抗性品种无疑是甘薯茎线虫病最为理想的防治方法。因此，如何从众多的甘薯品种中筛选出高抗茎线虫病的优秀资源用于实际生产或后续的抗性育种工作是选育抗性品种的关键。甘薯对茎线虫病的抗性体现在很多方面，如何全面准确评价一个甘薯品种的抗茎线虫病抗性尤为重要。江苏徐州甘薯研究中心每年都会对来自全国各地的、超过 200 多个甘薯品种进行茎线虫病抗性鉴定。鉴定内容包括田间病圃鉴定、室内抗侵入性鉴定及室内抗扩展性鉴定等。

甘薯对茎线虫病的抗性表现为两个方面：一是甘薯特殊的形态结构可抵御茎线虫的侵入，即抗侵入性。例如甘薯抗茎线虫病品种鲁薯-78066 块根周皮的木栓层细胞有 4～5 层，并在细胞壁上沉积较多的木栓质。表皮接种茎线虫实验结果表明这种结构可有效降低茎线虫的侵入量。二是甘薯不同品种所含有的抗线虫活性的蛋白或化学物质，即抗扩展性。测定甘薯品种抗扩展性的方法是通过块根打孔接入茎线虫悬浮液，人为造成茎线虫已完成侵入寄主的过程。青农 2 号薯块的接种孔壁变成褐色，但不向周围组织扩展。现有报道表明甘薯的抗扩展性与酚类物质有关。长期以来，人们在甘薯抗茎线虫病的抗性品种选育、鉴定方面做了大量工作。鉴定出了福薯 13、烟紫薯 176、徐 01-2-5、华北 52-45、烟 252、济薯 10 号、鲁薯 3 号、青农 2 号、徐州 18、美国红安薯 1 号、郑红 22 等高抗品种。

参考文献

林茂松，文玲，方中达，1999. 马铃薯腐烂茎线虫与甘薯茎线虫病 [J]. 江苏农业学报，15(3): 186-190.

徐振，赵永强，孙厚俊，等，2014. 甘薯生长期及茎线虫种群基数对茎线虫病发病程度的影响 [J]. 西南农业学报，27(4): 1505-1508.

XU Z, ZHANG C L, SUN H J, et al, 2015. Attractant and repellent effects of sweet potato root exudates on the potato rot nematode, *Ditylenchus destructor*[J]. Nematology, 17: 117-124.

（撰稿：徐振；审稿：谢逸萍）

甘薯蔓割病　sweet potato *Fusarium* wilt

由镰刀菌甘薯专化型引起的、危害甘薯藤蔓和薯块的真菌病害，是中国南方薯的主要病害。又名甘薯镰刀菌枯萎病、甘薯蔓枯病、甘薯萎蔫病等。

发展简史　该病最早由 Halsted 于 1890 年报道，起初认为是由 *Nectria ipomoeae* 引起。1914 年，Harter 和 Field 认为是由 *Fusarium batatatis* 或 *Fusarium hyperoxysporum* 引起。1931 年，Wollenw 将病原定为 *Fusarium bulbigenum* var. *batatas*。1940 年，Snyder 和 Hansen 将病原确定为 *Fusarium oxysporum* f. sp. *batatas*。该病在 20 世纪 50 年代之前在美国南部等许多甘薯种植区域发生危害严重，是影响甘薯生产的重要病害，之后随着抗病品种的推广种植，该病得到了较好的控制。20 世纪 70 年代在日本部分地区由于种植推广感病品种而使得该病迅速蔓延。20 世纪 90 年代以前由于推广的主栽品种感病，该病在福建薯区流行危害严重。

分布与危害　甘薯蔓割病在各甘薯产区广泛分布，但中国主要在南方薯区发生危害较为严重。育苗期发病可造成甘

G

薯出苗量减少；大田种植期越早发病，产量损失也越大，重病田块可造成 80% 以上的产量损失。病原菌还可侵染番茄、马铃薯、烟草、黄秋葵、棉花、玉米、甘蓝、大豆等多种作物，可侵染作物根部而不引起外部症状。

苗期发病，主茎基部的老叶先变黄；有些被病原菌侵染的苗暂时不表现症状，但在扦插后不久叶片开始发黄，之后茎基部膨大，纵向开裂，剖视可见维管束呈黑褐色，裂开处呈纤维状。气候潮湿时在病状开裂处可见由病菌菌丝体和分生孢子组成的粉红色霉状物。薯块发病蒂部呈腐烂状，横切可见维管束呈褐色斑点。发病植株叶片自下而上逐渐黄化凋萎脱落，最后全株干枯死亡。有时老叶枯死后又长出新叶，但新叶较小且叶片较厚，节间短，丛生；有些病株通过不定根吸收养分，凋萎死亡速度较慢（图 1）。

病原及特征 病原为尖孢镰刀菌甘薯专化型［*Fusarium oxysporum* f. sp. *batatas*（Wollenw.）Snyder & Hansen］，属瘤座孢科。其大型分生孢子无色，一般为 3 个分隔，少数有 4 个或 5 个分隔，大小为 25～45μm×3～4μm；小型分生孢子无色，单胞或具 1 个分隔，大小为 5～12μm×2～3.5μm；厚垣孢子产生于菌丝或大型孢子中间细胞，成熟孢子黄褐色，球形，直径为 7～10μm。

侵染过程与侵染循环 病菌主要以菌丝和厚垣孢子在病薯块内或附着在田间的病株残体上越冬，其厚垣孢子可在土中存活 3 年以上，因而病薯、病蔓和土壤都是翌年的初侵染源。病菌主要从土壤中通过幼苗茎部或根部的伤口或从带病种薯中通过导管侵入，在导管组织内繁殖，致使茎基、叶柄及块根受害，使茎叶黄化、萎蔫，或使根茎部变黑、腐烂；发病严重的植株在拐头出现开裂或局部变褐，导致染病植株逐渐萎蔫、枯死；发病植株上产生的孢子通过流水或农事操作可发生再侵染。一般在栽后 2～3 周可见发病植株，但随再侵染的发生整个生育期均可见一些新的发病植株。温度高，病害潜育期短，27～30℃ 时仅需 11 天；温度低，则潜育期长。带菌的薯块和薯苗调运是病菌进行远距离传播的途径，流水、农具等是近距离传播的主要途径（图 2）。

流行规律 甘薯蔓割病的发生危害程度与土壤的温度和湿度密切相关。土温在 15℃ 左右，病菌就能繁殖侵染，

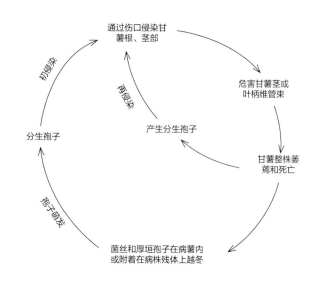

图 2 甘薯蔓割病侵染循环（刘中华提供）

土温在 27～30℃ 时最有利于发病，在 25℃ 以下病害发展较慢，因而夏季病害发生较春季重，夏秋季的台风暴雨是造成该病流行的主要因素。甘薯扦插返苗期，遇阴雨天气则发病重，一般栽后 15～20 天出现发病高峰。生长中后期降雨多，则病害有继续蔓延的趋势。栽后越早发病，损失危害也越重。发病植株的根、主蔓、枝蔓、叶柄均可见纵裂症状，但多发生在近土壤的拐头部位，以拐头发病的植株危害最大。从土壤类型看，土质疏松贫瘠的酸性连作砂土、砂壤土地发病较重，而土质较黏、pH 较高的稻田土等发病较轻。病地连作发病重，轮作发病减轻。

防治方法

选用抗病品种 选育和推广抗病品种是防治该病最经济有效的措施，建议生产上选用华北 48、潮薯 1 号、广薯 l5、广薯 l6、豆沙薯、湘农黄皮、金山 57、广薯 87、福薯 8 号、福薯 2 号、岩薯 5 号等抗病良种。

培育健康种苗 选择排灌方便、土壤肥沃、光照良好的无病田块作为育苗床，结合无病的种薯培育健康种苗。

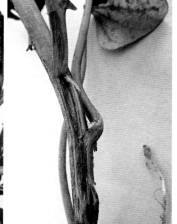

图 1 甘薯蔓割病大田（左）、典型症状（中）、病部纵切图（右）（邱思鑫提供）

　　加强管理　严格控制病区带菌种薯、种苗调运。加强田间水分管理，及时排灌。田间发现病株，尽量拔除销毁。

　　实行轮作　有条件地区实行水旱轮作，重病地可与水稻、大豆、玉米等轮作 3 年以上。

　　化学防治　种薯育苗前用 25% 苯菌灵悬浮剂 100～200 倍液处理 1 分钟；或在育苗和大田扦插时，薯苗用 70% 甲基托布津可湿性粉剂 700 倍液或 50% 多菌灵 500 倍液浸种、浸苗 10 分钟。移栽前将薯苗浸在有效浓度为 0.8g/L 的超微多菌灵可湿性粉悬液或有效浓度为 1.0g/L 的多菌灵可湿性粉悬液 20 分钟，取出晾干后扦插。必要时对大田植株喷淋或浇灌 2% 的春雷霉素 2000～3000 倍、37% 多菌灵草酸盐可溶性粉剂 400 倍液、12.5% 增效多菌灵浓可溶剂 300 倍液、3% 甲霜·噁霉灵水剂 800 倍液。

参考文献

方树民，陈玉森，郭小丁，2001. 甘薯兼抗薯瘟病和蔓割病种质筛选鉴定 [J]. 植物遗传资源科学，2(1): 37-39.

方树民，陈玉森，郑光武，2002. 甘薯主栽品种对甘薯瘟和蔓割病抗性评价 [J]. 植物保护，28(6): 23-25.

方树民，何明阳，康玉珠，1988. 甘薯品种对蔓割病抗性的研究 [J]. 植物保护学报，15(3): 186-190.

江苏省农业科学院，山东省农业科学院，1984. 中国甘薯栽培学 [M]. 上海：上海科学技术出版社.

刘中华，蔡南通，王开春，等，2009. 福建省甘薯主要病害发生现状与研究对策 [J]. 福建农业科技 (2): 65-66.

HILDEBRAND E M, STEINBAUER E M, DRECHSLER C, et al, 1958. Studies on sweetpotato stem rot or wilt and its causal agent[J]. Plant disease reporter, 42(1): 112-121.

LEE Y H, CHA K H, LEE D G, et al, 2004. Cultural and rainfall factors involved in disease development of *Fusarium* wilt of sweet potato[J]. Plant pathology journal, 20: 92-96.

（撰稿：邱思鑫；审稿：余华）

甘薯潜隐病毒病　sweet potato latent virus disease

　　由甘薯潜隐病毒引起，侵染中国甘薯的主要病毒病害之一。

　　发展简史　1979 年，中国台湾学者在台农 65 号甘薯品种上首次发现甘薯潜隐病毒病。1990 年，李汝刚等从北京、江苏、四川和山东等地的 200 多份甘薯样品中检测到甘薯潜隐病毒病。1990 年，杨永嘉等检测发现保存在徐州的甘薯资源上普遍存在甘薯潜隐病毒病。1993 年，闫文昭等发现四川的成都、绵阳、南充、内江等地普遍存在甘薯潜隐病毒病。1990—1993 年，杨崇良等的调查结果表明，山东甘薯病毒主要为甘薯潜隐病毒病等。2003 年，张振臣等对河南 10 份甘薯样品进行了 RT-PCR 检测，发现 10 份样品均能检测到甘薯潜隐病毒病。2007 年，黄玉娜等对甘薯潜隐病毒病的外壳蛋白基因进行了原核表达并制备了多克隆抗体。2012 年，秦艳红等对采自中国 17 个省（自治区、直辖市）的 131 份样品进行检测，发现甘薯潜隐病毒病已在中国普遍存在。

　　分布与危害　甘薯潜隐病毒在中国甘薯主产区均有发生。该病毒侵染甘薯常常不产生明显的叶部症状，有的仅产生轻度斑驳，对甘薯造成的危害较轻。大田情况下，甘薯常常发生多种病毒混合侵染的现象，甘薯潜隐病毒可与甘薯褪绿矮化病毒发生协生作用，使甘薯潜隐病毒的含量增加，加重对甘薯的危害。

　　病原及特征　甘薯潜隐病毒（sweet potato latent virus，SPLV）属于马铃薯 Y 病毒科（Potyviridae）马铃薯 Y 病毒属（*Potyvirus*），具有许多 *Potyvirus* 病毒的特性，在被感染植株的细胞中产生圆柱状内含体，与一些 *Potyvirus* 病毒有血清学关系，但与 SPFMV 无血清学关系。病毒粒体为长丝状，长 700～750nm，也有研究报道为 800～870nm，外壳蛋白的分子量为 3.6×10^4kDa，该病毒的稀释限点为 $10^{-3} \sim 10^{-2}$，失活温度为 60～65℃，于 25℃ 下体外存活期不超过 24 小时。寄主范围有旋花科、藜科及茄科的多种植物。该病毒机械接种到牵牛上 6～8 天后，沿叶脉出现灰绿色的不规则花叶，后期叶片黄化。

　　SPLV 不同分离物 *CP* 基因的核苷酸序列和推导的氨基酸序列相似性分别为 83%～99% 和 91%～99%。中国广东分离物（SPLV-CH）*CP* 的 N 末端存在 *Potyvirus* 属病毒蚜传所必需的 DAG 基序，而台湾分离物（SPLV-T）*CP* 相应位置则突变为 DTG，SPLV-T 和 SPLV-CH *CP* 基因的核苷酸序列相似性为 93.5%。侵染中国甘薯的 SPLV 比较保守，*CP* 基因的核苷酸和推导的氨基酸序列相似性分别为 94%～100% 和 96%～100%。

　　侵染过程与侵染循环　甘薯是无性繁殖作物，SPLV 以带毒的种薯、种苗作为田间主要的侵染源，病毒的近距离传播主要通过机械和介体昆虫传播，病毒的远距离传播主要通过种薯种苗的调运。

　　流行规律　SPLV 的流行因素主要取决于传毒介体的种群数量和田间带毒薯苗的数量，田间蚜虫种群数量大和田间传染源多时易发生病毒病的流行。

　　防治方法　推广应用脱毒甘薯是防治 SPLV 的最有效途径。

　　种植脱毒种薯　推广种植脱毒种薯，严格种薯病毒检测，采取隔离措施，防止病毒再感染，严把种薯质量关。

　　农业防治　清除旋花科和藜科等杂草，及时发现和拔除发病植株，以减少毒源。

　　防蚜避蚜　当田间发生蚜虫时，及时喷施杀虫剂防治蚜虫。

　　加强检疫　建立无病留种田，减少远距离种薯种苗调运，加强苗床期病毒检测，及时发现带毒植株并拔除。

参考文献

李汝刚，蔡少华，SALAZAR L F，1990. 中国甘薯病毒的血清学检测 [J]. 植物病理学报，20: 189-194.

QIN Y H, ZHANG Z C, QIAO Q, et al, 2013. Molecular variability of sweet potato chlorotic stunt virus (SPCSV) and five potyviruses infecting sweet potato in China[J]. Archive of virology, 158: 491-495.

（撰稿：秦艳红；审稿：张振臣）

甘薯曲叶病毒病 sweet potato leaf curl virus disease

由甘薯曲叶病毒引起的甘薯上较严重的病毒病害之一。

发展简史 1985 年，Chung 等首先报道在中国台湾甘薯上有甘薯曲叶病发生，直到 1994 年 Lotrakul 等从美国一种观赏甘薯上分离得到甘薯曲叶病毒病，人们才在分子水平初步认识了该病毒，随后在世界多个薯区检测出该病毒。2012 年，中国科学家首次成功构建了甘薯曲叶病毒病的侵染性克隆。之后关于甘薯曲叶病毒病的研究集中在病毒的分子变异、昆虫传毒效率和寄主范围等方面。现已发现甘薯曲叶病毒病可通过甘薯种子传毒。

分布与危害 在世界甘薯产区广泛存在，其中在中国的江苏、四川、浙江、广东、广西等地的甘薯上有该病毒危害的报道。

甘薯曲叶病毒病侵染甘薯主要表现叶片上卷等症状（见图）。甘薯曲叶病毒病的侵染可使甘薯减产 62.7%，在甘薯不产生症状的情况下，甘薯曲叶病毒病的单独侵染也可使甘薯减产 26%。在田间条件下，甘薯曲叶病毒病通常与其他菜豆金色花叶病毒属病毒混合侵染，造成更严重的产量损失。

病原及特征 甘薯曲叶病毒（sweet potato leaf curl virus，SPLCV）属于双生病毒科（Geminiviridae）菜豆金色花叶病毒属（*Begomovirus*），基因组为单链环状 DNA，SPLCV 的基因组只含有 DNA-A 组分，不含 DNA-B 组分。DNA-A 大小约为 2.8kb，在病毒正义链上包含 AV1 和 AV2 共 2 个开放阅读框，病毒互补链上包含 AC1、AC2、AC3 和 AC4 共 4 个开放阅读框，在 AV2 和 AC1 之间含有一个非编码区，又称基因间隔区。SPLCV 的寄主范围局限于旋花科甘薯属的一些植物。烟粉虱是该病毒的昆虫传播介体。

侵染过程与侵染循环 甘薯是无性繁殖作物，感染 SPLCV 后，病毒会通过薯块、薯苗等营养繁殖体进行世代传递和远距离传播。该病毒也可通过种子和嫁接传播。在田间，带毒的薯苗是主要的初侵染源，病毒主要通过烟粉虱以持久方式传播。SPLCV 也可侵染一些旋花科植物，感染 SPLCV 的这些植物也可作为毒源。

防治方法

培育和种植脱毒甘薯品种 在脱毒甘薯培育过程中，应采用分子生物学、指示植物嫁接等多种方法进行 SPLCV 检测，确保脱毒苗的质量。

消除田间杂草，减少毒源 田间牵牛等一些旋花科杂草是 SPLCV 的寄主，消除这些杂草可减少毒源。

隔离留种田 脱毒甘薯的留种田周围不可种植非脱毒甘薯。

防控烟粉虱 育苗期若有烟粉虱发生，可用吡虫啉、阿维菌素、啶虫脒等药剂进行防治。

参考文献

BI H P, ZHANG P, 2012. Molecular characterization of two *Sweepoviruses* from China and evaluation of the infectivity of cloned SPLCV-JS in *Nicotiana benthamiana*[J]. Archives of virology, 157:441-454.

CLARK C A, DAVIS J A, ABAD J A, et al, 2012. Sweet potato viruses: 15 years of progress on understanding and managing complex diseases[J]. Plant disease, 96(2): 168-185.

KIM J, KIL E J, KIM S, et al, 2016. Seed transmission of sweet potato leaf curl virus in sweet potato (*Ipomoea batatas*)[J]. Plant pathology, 64(6):1284-1291.

LING K, HARRISON H F, SIMMONS A M, et al, 2011. Experimental host range and natural reservoir of sweet potato leaf curl virus in the United States[J], Crop protection, 30(8): 1055-1062.

（撰稿：乔奇；审稿：张振臣）

甘薯软腐病 sweet potato soft rot

由黑根霉引起的一种甘薯储藏期的真菌病害。

感染 SPLCV 的甘薯植株（乔奇提供）

分布与危害 广泛分布于中国各甘薯生产区。病菌多从薯块两端和伤口侵入。薯块发病初期，外部症状不明显，仅薯块变软，呈水渍状，发黏。薯皮破后流出黄褐色汁液，有酒香味，如伴有其他微生物的生长，则发出酸霉味和臭味，以后干缩成硬块。病菌侵入多由一点或多点横向发展，很少纵向发展。病菌自薯块中腰部侵入导致的坏烂称为环腐型；病菌自头部侵入导致薯块半段干缩成为领腐型。发病后，病原菌分泌果胶酶，溶解细胞壁中的果胶质，使组织软腐，且蔓延迅速，常使全窖腐烂，造成严重的经济损失。

病原及特征 甘薯软腐病病原真菌不止一种，都属于根霉属，其优势病原物为黑根霉（*Rhizopus nigricans* Ehr.）。菌丝初无色，后变暗褐色，形成匍匐根。无性态由根节处簇生孢囊梗，直立，暗褐色，顶端着生孢子囊。孢子囊黑褐色，球形，囊内产生很多深褐色孢子，单胞，球形、卵形或多角形，大小 11～14μm，表面有条纹。成熟时孢子囊膜破裂，散出大量孢囊孢子。在条件适宜的情况下，孢囊孢子萌发产生芽管并进一步长成无隔菌丝。有性态产生黑色接合孢子，但极少见，球形表面有突起。

侵染过程与侵染循环 病菌附着在被害作物上在储藏窖内越冬，为初侵染源。病菌从伤口侵入，病组织产生孢囊孢子借气流传播，进行再侵染。薯块损伤、冻伤，易于病菌侵入（见图）。甘薯软腐病病菌大部分是从空气中传播，由伤口入侵甘薯块根，甘薯软腐病菌的腐生性较强，寄主范围也较广，可以在土壤、空气、病残体和薯窖中长期存活。

流行规律 病原菌菌丝生长最适宜温度为 23～26℃；产生孢囊孢子最适宜的温度为 23～28℃；孢子萌发的最适温度为 26～28℃；发病的最适温度 15～23℃，相对湿度 78%～84% 有利于病害发生，由于孢子侵入并不需要饱和的湿度，故侵入以后，虽在较低的相对湿度下仍能继续危害；温度控制在 29～30℃，相对湿度在 95%～100% 的条件下，可以使伤口愈合，降低发病率。在储藏期，当薯块在较低温度下生活力减弱时，或者薯块受伤而环境条件又不利伤口愈合时，极易发病且病情发展迅速。

防治方法

适时收获，避免伤口 入窖前精选健薯，病菌可通过薯块间的接触从病薯传到健薯，入窖前应淘汰病薯，把水汽晾干后适时入窖。入窖前清理、熏蒸薯窖。

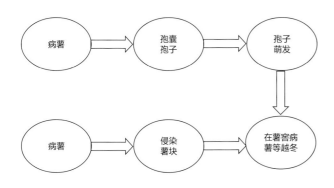

甘薯软腐病侵染循环（杨冬静提供）

科学管理 对窖贮甘薯应据甘薯生理反应及气温和窖温变化进行 3 个阶段管理：①储藏初期，即入窖后 30 天内，由于薯块生命活力旺盛，呼吸强度大，放出大量的热量、水汽和二氧化碳，从而形成高温高湿的环境条件，因此，这段时间的主要工作是通风、降温和散湿，温度控制在 15℃ 以下，相对湿度控制在 90%～95%。具体措施就是利用通风孔或门窗，有条件的利用排风扇，加强通风。如果白天温度高，可以采取晚上打开、白天关闭的方法；以后随着温度的逐渐下降，通风孔可以日开夜闭，待窖温稳定在 15℃ 以下时可不再通风。②储藏中期，即 12 月至翌年 2 月低温期，是一年中最冷的季节，应注意保温防冻，使窖温不低于 10℃，最好控制在 12～14℃。具体措施：封闭通风孔或门窗，加厚窖外保温层，薯堆上覆盖草垫或软草。③储藏后期，即 3 月以后外界气温逐渐升高，要经常检查窖温，保持在 10～14℃，中午温度过高及时放风，傍晚及时关闭风口，使窖温保持在适宜范围之内。

种薯管理 严格挑选种薯，剔除受冻害的薯块，对有轻微冻害的种薯，出苗前苗床温度不宜过高，应保持在 20℃ 左右，以促进种薯恢复活力和控制病菌繁殖。

参考文献

豆利娟，刘明慧，王钊，等，2009. 甘薯软腐病的发生与防治 [J]. 现代牧业 (6): 25-26.

杨冬静，徐振，赵永强，等，2014. 甘薯软腐病抗性鉴定方法研究及其对甘薯种质资源抗性评价 [J]. 华北农学报 (s1): 54-56.

（撰稿：杨冬静；审稿：谢逸萍）

甘薯褪绿矮化病毒病 sweet potato chlorotic stunt virus disease

由甘薯褪绿矮化病毒引起的甘薯上最严重的病毒病害之一。

发展简史 甘薯褪绿矮化病毒病最早报道于 20 世纪 70 年代，曾称甘薯凹脉病毒和 SPVD 相关长线形病毒等。2002 年该病毒第一个基因组全序列被测定，之后关于甘薯褪绿矮化病毒病与其他病毒的协生现象和机理成为研究热点并取得重要进展，例如，甘薯褪绿矮化病毒病可与多种病毒协生导致症状加重，甘薯褪绿矮化病毒病的 RNase3 和 p22 具有基因沉默抑制功能等。2011 年，乔奇等首先报道了甘薯褪绿矮化病毒病侵染中国甘薯；2013 年，秦艳红等成功测定了中国甘薯褪绿矮化病毒病东非株系和西非株系的基因组全序列。中国建立了基于病毒核酸序列的多种检测方法，如 2013 年乔奇等建立了甘薯褪绿矮化病毒病的 RT-LAMP 检测方法，2014 年王丽等建立了甘薯褪绿矮化病毒病的荧光定量 PCR 检测方法等，为该病毒的监测预警奠定了基础。

分布与危害 主要分布在非洲和南美的一些国家，分为东非（EA）和西非（WA）两个株系，WA 株系在世界范围内均有发生，而 EA 株系主要分布在东非，秘鲁曾经出现过 EA 株系与 WA 株系共同侵染甘薯的现象。在中国存在 EA 和 WA 两个株系，但 WA 株系分布更广泛。甘薯褪绿矮化病毒病在河北、山东、江苏、山西、河南、安徽、湖北、湖南、浙江、江西、四川、重庆、广东、福建、海南等多地的局部发生，且呈现扩散蔓延趋势。

甘薯褪绿矮化病毒单独侵染甘薯时，产生较轻微的缺绿症和植株矮化，中下部叶片可变紫或黄化，对甘薯产量影响不明显。甘薯褪绿矮化病毒病的主要危害常表现在与其他甘薯病毒的协同侵染，甘薯褪绿矮化病毒病与甘薯羽状斑驳病毒（sweet potato feathery mottle virus）、甘薯 C 病毒（sweet potato virus C）、甘薯 G 病毒（sweet potato virus G）、甘薯病毒 2（sweet potato virus 2）、甘薯潜隐病毒（sweet potato latent virus）、黄瓜花叶病毒（cucumber mosaic virus）、甘薯褪绿斑病毒（sweet potato chlorotic fleck virus）、甘薯 C6 病毒（sweet potato C-6 virus）、甘薯轻斑驳病毒（sweet potato mild mottle virus）、甘薯轻斑点病毒（sweet potato mild speckling virus）、甘薯脉明病毒（sweet potato vein clearing virus）或甘薯曲叶病毒（sweet potato leaf curl virus）等多种其他病毒共同侵染甘薯能形成协生病害，给甘薯生产带来严重损失，甘薯减产可达 80%，严重时绝收。

病原及特征　甘薯褪绿矮化病毒（sweet potato chlorotic stunt virus，SPCSV）属于长线形病毒科（Closteroviridae）毛形病毒属（Crinivirus），病毒颗粒为长丝线状、螺旋对称，颗粒长 850～950nm，直径为 12nm。SPCSV 的基因组由 RNA1 和 RNA2 组成（见图），大小为 17.6kb 左右，RNA1 主要负责病毒 RNA 的复制，RNA2 主要负责病毒的包装和运输。

侵染过程与侵染循环　甘薯是无性繁殖作物，感染 SPCSV 后，病毒会通过薯块、薯苗等营养繁殖体进行世代传递和远距离传播。在田间，带毒的薯苗是主要的初侵染源，SPCSV 通过烟粉虱、白粉虱或非洲白粉虱以半持久方式传播，其中烟粉虱是最有效的昆虫传播介体。SPCSV 也可侵染一些旋花科植物，感染 SPCSV 的这些植物也可作为毒源。

流行规律　SPCSV 的流行除与种薯种苗是否带毒有直接关系外，还与烟粉虱数量密切相关。当甘薯感染 SPCSV 后，烟粉虱可以在短时间内完成病毒传播，导致病毒迅速扩散。烟粉虱的数量越大，病毒传播的有效性就越强。

防治方法　由于缺乏抗 SPCSV 的甘薯品种和有效的防控药剂，因此对 SPCSV 的防控可采取如下综合措施：

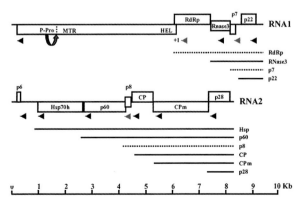

SPCSV 乌干达分离物基因组结构示意图

（引自 Kreuze et al., 2002）

加强检疫　严禁从病区引种，防止病毒扩散蔓延。

培育和种植脱毒甘薯品种　在脱毒甘薯培育过程中，病毒检测是最为关键的技术环节，应严格按照行业或地方有关标准对培育出的甘薯茎尖苗进行 SPCSV 检测，使真正的脱毒种苗应用于生产。

及早拔除病毒病植株　虽然 SPCSV 单独侵染甘薯症状轻微，感病植株难以识别，但 SPCSV 与其他多种病毒共侵染时可使甘薯产生严重的病毒病症状，如植株矮化以及叶片卷曲、扭曲、褪绿、皱缩、明脉等。在甘薯苗床和田间及早拔除这些发病植株，可有效降低病毒病危害。

消除田间杂草，减少毒源　田间裂叶牵牛、圆叶牵牛等一些旋花科杂草是 SPCSV 的寄主，消除这些杂草可减少毒源。

隔离留种田　脱毒甘薯的留种田周围不可种植非脱毒甘薯。

防控烟粉虱　中国不同地区烟粉虱发生的代数不尽相同，育苗期若有烟粉虱发生，可用吡虫啉、阿维菌素、啶虫脒等药剂进行防治。

参考文献

CLARK C A, DAVIS J A, ABAD J A, et al, 2012. Sweet potato viruses: 15 years of progress on understanding and managing complex diseases[J]. Plant disease, 96(2): 168-185.

KREUZE J F, SAVENKOV E I, VALKONEN J P T, 2002. Complete genome sequence and analyses of the subgenomic RNAs of sweet potato chlorotic stunt virus reveal several new features for the genus Crinivirus[J]. Journal of virology, 76(18): 9260-9270.

SCHAEFERS G A, TERRY E R, 1976. Insect transmission of sweet potato disease agents in Nigeria[J]. Phytopathology, 6(5): 642-645.

（撰稿：乔奇；审稿：张振臣）

甘薯瘟病　sweet potato bacterial wilt

由假茄科雷尔氏菌引起的甘薯土传细菌性病害，是中国南方薯区的重要病害之一，严重影响甘薯产业的稳定发展。又名甘薯青枯病、甘薯细菌性枯萎病。

发展简史　甘薯瘟病于 1946 年在中国广东、广西首先发生，1958 年侵入湖南、江西，1963 年侵入浙江平阳。福建于 1971 年在福鼎发现，1977 年普查时扩展至全省 30 个县（市、区）。1962 年黄亮首先对甘薯瘟病原菌进行了鉴定，他认为广西甘薯瘟是由 2 种病原细菌引起的，分别为黄单胞菌属（Xanthomonas batatae sp.）杆状菌和芽孢杆菌属（Bacillus kwangsinensis sp.）杆状菌。同年，郑冠标等发表了广东甘薯瘟病原细菌的鉴定结果，认为广东各地的甘薯枯萎是由同一种病原细菌所引致，经鉴定为青枯假单胞菌甘薯专化型（Pseudomonas batatae sp.）。之后，1981 年任欣正等对甘薯、番茄等 9 种植物的青枯病菌作比较研究，证明它们均属于青枯假单胞菌（Pseudomonas solanacearum Smith），并建议将以前报道的甘薯瘟病原细菌 Pseudomonas batatas 改为 Pseudomonas solanacearum。根据 Yabuuchi 等（1995）对青枯菌的研究，现甘薯瘟病原细菌为 Ralstonia solanacearum。

分布与危害　该病在广东信宜初次发生，随后在广西、湖南、江西、福建、浙江、台湾等地发现，多发生在长江以南各薯区。该病蔓延迅速，传播途径广泛，危害严重，损失巨大。发病轻的减产 30%～40%，重的可达 70%～80%，甚至绝产。

甘薯瘟病属于土传细菌性维管束病害，从育苗到结薯期均能发生，病菌从植株伤口或薯块的须根基部侵入，破坏组织的维管束，使水分和营养物质的运输受阻，叶片青枯垂萎。虽然整个生长期都能危害，但各个时期的症状不同（图 1）。

病原及特征　国际上将茄科雷尔氏菌［*Ralstonia solanacearum*（Smith）Yabuuchi］又划分成 3 个不同的种，即由亚洲和非洲分支菌株构成的假茄科雷尔氏菌［*Ralstonia pseudosolanacearum*（Smith）Yabuuchi］、由美洲分支菌株构成的茄科雷尔氏菌以及由印尼分支菌株构成的蒲桃雷尔氏菌（*Ralstonia syzygii*）。该病原应为假茄科雷尔氏菌。简称青枯菌，生长适宜温度为 27～34℃，最适 pH 为 6.8～7.2。菌株间存在致病力分化（图 2）。病原菌大小为 1.13～1.66μm×0.57～0.76μm，多数单生，少数成对，革兰氏阴性，无芽孢和荚膜。极生鞭毛 1～4 根。肉汁陈琼脂平板上菌落白色，圆形或近圆形。

侵染循环与流行规律　甘薯瘟病的发生和危害，与气候、品种、地势和土质、耕作制度等关系密切。可通过病苗、病薯、带菌土、肥料和流水等传播。

影响因子　①气候。尤以温度和湿度为最主要，在 20～40℃ 的范围内甘薯瘟病都能繁殖，以 27～32℃ 和相对湿度 80% 以上生长繁衍最快，危害也最重。南方各薯区 6～9 月的高温高湿条件下是发病盛期。此期如遇降雨或台风暴雨，常出现发病高峰。②品种。尚无免疫的甘薯品种，甘薯瘟在老病区由于病菌毒性变异和分化，品种间抗病力强弱不一。③地势和土质。地势低洼、排水不良的黏质土壤，水分多的

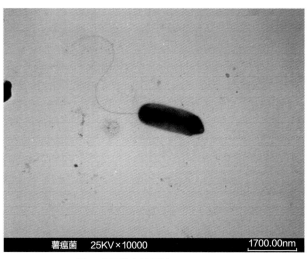

图 2　病原菌电镜图片（刘中华提供）

山脚和平地，比山顶、坡地、旱地或排水较好的砂质壤土发病重。偏碱性的海涂地比带酸性的红黄壤发病轻。④耕作制度。连作地不仅导致甘薯产量下降，而且发病逐年加重。水旱轮作 2～3 年以上，可以明显减轻甘薯瘟病。

传播途径　①薯块和薯苗传播。病原菌可以潜伏在薯块或薯苗中进行传播，是远距离传播的主要途径。②土壤传播。染病土壤病可以诱使甘薯发病。③流水传病。病菌可随流水从病田蔓延至无病田引起甘薯发病。④肥料传播。用病薯或病残体等作饲料，用薯土垫圈、沤肥等，因其中混有病原菌，将带菌肥料施入薯田，能引起甘薯发病。

防治方法

加强检疫　做好病情普查工作，划分病区、保护区和无病区，严格检疫，封锁限制病区。严禁病区的病薯、病苗等上市出售或出境传入无病区，防止扩大蔓延。不用病区牲畜的粪便作为甘薯肥料，以防止病害传播。

选用抗病良种　可推广应用抗病性强的华北 48、新汕头、豆沙薯、湘薯 75–55、金山 57 等品种。

培育无病壮苗　提倡用秋薯留种，以提高品种种性，防止退化。用净种、净土、净肥培育出无病壮苗，能增强抗病力。

合理轮作　有条件的地方建议实行水旱轮作，或与小麦、玉米、高粱、大豆等作物轮作，是防治此病的重要措施，但应避免与马铃薯、烟草、番茄等轮作。

清洁田园　病薯、病残体带有大量病菌，收获时应清除病残体并集中无害化处理，以免病菌重复感染。

化学防治　用石灰、硫黄消毒土壤，以每公顷施 1125～1500kg 石灰氮作基肥，有消毒土壤、调节土壤酸碱度的作用。在发病初期用硫酸链霉素、农用硫酸链霉素及铜制剂等进行灌根处理。有条件的情况下，可采用氯化苦或棉隆土壤熏蒸剂处理种薯基质，减少种薯带菌率。

参考文献

方树民，1983. 甘薯瘟病菌致病力变异的初步研究 [J]. 福建农学院学报，12(2): 150-163.

刘中华，蔡南通，王开春，等，2009. 福建省甘薯主要病害发生现状与研究对策 [J]. 福建农业科技 (2): 65-66.

刘中华，余华，方树民，等，2011. 甘薯瘟两种不同致病型的初

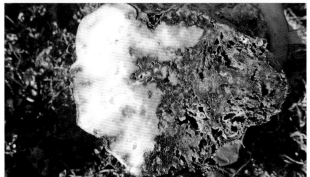

图 1　甘薯植株和块根上危害症状（刘中华提供）

步研究 [J]. 福建农业学报，26(6): 1016-1020.

叶青，1981. 甘薯瘟病产地检疫鉴定技术 [J]. 福建农业科技 (5): 22-24.

张联顺，杨秀娟，陈福如，2000. 国内甘薯瘟病的研究动态及今后研究途径 [J]. 江西农业大学学报，22(2): 254-258.

（撰稿：刘中华；审稿：余华）

甘薯羽状斑驳病毒病 sweet potato feathery mottle virus disease

由甘薯羽状斑驳病毒引起的甘薯上发生最广泛的病毒病害之一。

发展简史 20 世纪 50 年代中国曾报道甘薯病毒的发生，但未能深入研究。1979 年，彭加木等证实了中国闽南沿海一带的甘薯丛枝病是由一种属于马铃薯 Y 病毒组的线状病毒和类菌原体复合感染所致。1986 年，研究人员从中国台湾甘薯上鉴定到甘薯羽状斑驳病毒病以及其他几种病毒的发生。1990 年，李汝刚等利用血清学方法对北京、江苏、四川和山东等地的甘薯样品进行检测，发现上述地区甘薯上普遍存在甘薯羽状斑驳病毒病等病毒。1992 年，李汝刚等对甘薯羽状斑驳病毒病进行了分离和鉴定，并制备了多克隆抗体和单克隆抗体。此后，中国学者陆续开展了甘薯羽状斑驳病毒病的分离提纯、免疫电镜检测技术和分子生物学等方面的研究工作。张振臣等制备了甘薯羽状斑驳病毒病高效价、特异性好的多克隆抗体，建立了甘薯羽状斑驳病毒病的血清学检测方法。秦艳红等对中国甘薯羽状斑驳病毒病的分布和分子变异情况进行了系统调查，发现中国甘薯上甘薯羽状斑驳病毒病存在 3 个株系。

分布与危害 甘薯羽状斑驳病毒是侵染甘薯的主要病毒之一，分布广泛，世界主要甘薯产区和主要甘薯品种上均有发现。

甘薯羽状斑驳病毒单独侵染甘薯引起的症状较轻或不表现症状，症状与病毒株系、品种及环境条件有关。在叶片上常表现为紫斑、紫环斑、不规则羽状斑等（见图）。甘薯羽状斑驳病毒病侵染后造成的甘薯产量损失一般为 20%～30%，严重的可达 50%。甘薯羽状斑驳病毒病与甘薯褪绿矮化病毒（sweet potato chlorotic stunt virus，SPCSV）协生共侵染可引起甘薯复合病毒病（sweet potato virus disease，SPVD），SPVD 可使甘薯减产 50%～98%，甚至绝收。

病原及特征 甘薯羽状斑驳病毒（sweet potato feathery mottle virus，SPFMV）属于马铃薯 Y 病毒科（Potyviridae）马铃薯 Y 病毒属（Potyvirus）。SPFMV 病毒粒体为线条状，长 830～880nm，在寄主细胞内可形成风轮状内含体。基因组为单链正义 RNA，大小为 10.0kb 左右。SPFMV 稀释限点为 $10^{-4} \sim 10^{-3}$，体外存活期不到 24 小时，热灭活温度 60～65℃。根据 SPFMV 的核苷酸序列以及在寄主上的症状类型等，SPFMV 至少可划分为 EA、O、RC 和 C 4 个株系。其中 O、RC 和 EA 三个株系的关系较近，C 株系与其他三个株系的关系相对较远。国际病毒分类委员会第九次报告已将 C 株系划分为一个新种，命名为甘薯病毒 C（sweet potato virus C，SPVC）。中国甘薯上存在 EA、RC 和 O 株系，SPFMV 三个株系 CP 基因核苷酸序列相似性为 92%～100%，O 株系比 EA 株系和 RC 株系的分布更广。SPFMV-O 株系中国分离物的基因组全长 10922 个核苷酸，3′ 端有 Poly（A）尾巴，只含有一个开放阅读框架（ORF），起始密码子（AUG）位于 115 核苷酸处，终止密码子（UGA）位于 10971 核苷酸处，3′ 端有 251 个核苷酸的非编码区。基因组编码一个大的多聚蛋白，多聚蛋白可翻译加工成几种具有不同功能的蛋白，推测加工后的蛋白包括 P1（74K），HC-Pro（52K），P3（46K），6K1，CI（72K），6K2，NIa-VPg（22K），NIa-Pr（28K），NIb（60K），CP（35K）。SPFMV 的寄主范围仅限于旋花科牵牛属的一些植物如牵牛和巴西牵牛等。

侵染过程与侵染循环 甘薯是无性繁殖作物，带毒的无性繁殖体为主要的初侵染源。SPFMV 的田间传播主要依靠桃蚜、棉蚜、豆蚜和萝卜蚜以非持久方式传播 SPFMV，以桃蚜的传毒力最强，玉米蚜和禾谷缢管蚜不能传毒。SPFMV 还能通过汁液摩擦和嫁接方式传播。SPFMV 可随薯块、薯苗等营养繁殖体进行远距离传播。

防治方法 甘薯羽状斑驳病毒的防治应采取以培育脱毒种薯、种苗为核心的综合防治措施。

培育脱毒种苗 采用茎尖分生组织培养的方法培育脱毒种薯种苗，并采取隔离措施，防止病毒再感染。

农业防治 建立无病留种田，苗床期剔除发病植株，可有效减少大田病毒病的发生。

选用抗病品种 选用优良的抗病品种，如甘薯品种 Huachano 对 SPFMV 高抗。

化学防治 及时药剂防治蚜虫等介体昆虫，可减少病毒的传播。

参考文献

李汝刚，蔡少华，SALAZAR L F，1990. 中国甘薯病毒的血清学检测 [J]. 植物病理学报 (20): 189-194.

张振臣，李大伟，陈建夫，等，2000. 甘薯羽状斑驳病毒外壳蛋白基因在大肠杆菌中的表达及特异性抗血清的制备 [J]. 农业生物技术学报 (8): 177-179.

QIN Y H, ZHANG Z C, QIAO Q, et al, 2013. Molecular variability

甘薯羽状斑驳病毒病症状（张振臣 提供）

of sweet potato chlorotic stunt virus (SPCSV) and five potyviruses infecting sweet potato in China[J]. Archive of virology, 158: 491-495.

（撰稿：秦艳红；审稿：张振臣）

甘蔗白条病 sugarcane leaf scald disease

由白条黄单胞菌引起的、危害甘蔗生产的细菌病害。

分布与危害 20世纪20年代，甘蔗白条病在爪哇岛、澳大利亚和斐济就已发生。随后在菲律宾、毛里求斯、美国夏威夷也相继报道，目前至少在66个甘蔗种植国家均有发生。20世纪80年代，甘蔗白条病在中国福建、广东、江西、台湾等蔗区就有发生，最近，在广西和海南等蔗区也有报道。甘蔗白条病会引起病菌黏液淤塞蔗茎维管束，影响水分和养分运输，导致甘蔗生长缓慢，有效茎数减少，宿根年限缩短，甘蔗蔗茎产量损失严重，蔗汁锤度、转光度和纯度等甘蔗糖分性状变劣。

甘蔗白条病有慢性和急性2种发病症状。病害慢性期的特点：发病初期叶片表面出现与主脉平行、长1～2mm的白色至黄色褪绿铅笔线条纹，边缘很整齐；发病后期，褪绿条纹周围的叶组织坏死、枯萎。成株期病蔗的蔗茎中下部芽容易长出侧枝，茎基部出现纤弱的分蘖，侧枝和分蘖的叶片出现与主茎叶片相似的白色条纹和褪绿症状（图1）。病害急性期的特点：外表无任何症状，成熟茎秆突然枯萎和死亡，整个植株或大面积的田地可能都会受到影响；有时在蔗茎基部会有小芽，表现出典型的铅笔状条纹；急性型症状最容易在甘蔗最适生长期遇到持续干旱后突然下暴雨这一阶段发生，但这种症状似乎仅限于发生在那些高感品种。另外，潜伏侵染也是该病害的另一个重要特点，植株可以耐受病原菌数周、数月甚至几年而不出现任何症状，或者症状因不明显而被忽视，当遇到外部环境胁迫时，特别是天气干旱或营养不良，潜伏期就会结束，表现出外部症状。

病原及特征 病原为白条黄单胞菌（*Xanthomonas albilineans*），属于黄单胞菌科黄单胞菌属，革兰氏阴性菌，细长杆状，0.25～0.3μm×0.6～1.0μm，单生或成链，极生单根鞭毛；菌落蜜黄色或浅黄色，平滑、圆整、光亮、黏稠状（图2）。白条黄单胞杆菌为寄生菌，专性好氧，最适分离培养温度25～28℃，生长最高限制温度37℃，在人工培养基中生长缓慢，一般至少培养4～6天。

侵染过程与侵染循环 甘蔗白条病主要通过感染病菌的种茎长距离传播，还可以通过砍刀等收获工具进行机械传播。该病菌可以通过植株叶与叶、根与根的接触以及土壤传播，也可以通过气流传播。在缺乏严格的隔离检疫条件和足够灵敏的分子检测技术的情况下，携带病菌的甘蔗种质容易通过调种和引种的方式在不同国家或地区之间传播。

流行规律 当带菌植株遇到天气干旱或营养不良等环境胁迫时容易发病，飓风期的强降雨或者低温均加重病害发生和流行。温暖海洋性气候的地区白条病发病较轻，而在大陆性气候和温湿度变化明显的地区发病较重。

防治方法 白条黄单胞菌被列入2007年《中华人民共和国进境植物检疫性有害生物名录》。开发精准高效的检疫技术，加强甘蔗白条病的检验检疫、病害流行监测十分必要。种植抗病品种是预防病害发生最经济有效的途径。从甘蔗野生种质资源材料（中国种 *Saccharum sinense*）中筛选出优良的抗病种质，通过远缘杂交，导入抗性遗传物质，有助于创新抗病甘蔗新种质、新材料。另外，由于甘蔗白条病主要通过感病的无性繁殖种苗、种茎进行长距离传播，采用脱毒健康种苗作为繁育材料可以有效切断白条病的传播途径，生产、繁殖和推广脱毒健康种苗是防治甘蔗白条病的一种有效措施。同时加强栽培管理、适当使用化学药剂防控，也会降低白条病的发病率。

参考文献

孟建玉，张慧丽，林岭虹，等，2019. 甘蔗白条病及其致病菌 *Xanthomonas albilineans* 研究进展[J]. 植物保护学报，46(2): 257-265.

王鉴明，1985. 中国甘蔗栽培学[M]. 北京：农业出版社：431-432

KLETT P, ROTT P, 1994. Inoculum sources for the spread of leaf scald disease of sugarcane caused by *Xanthomonas albilineans* in Guadeloupe[J]. Journal of phytopathology, 142(3): 283-291.

LIN L H, NTAMBO M S, ROTT P C, et al, 2018. Molecular detection and prevalence of *Xanthomonas albilineans*, the causal agent of sugarcane leaf scald, in China[J]. Crop protection, 109: 17-23.

RICAUD C, RYAN C C, 1989. Leaf scald[M]//Ricaud C, Egan B T, Gillaspie A G. Disease of sugarcane major disease. Amsterdam: Elsevier Science Publisher: 39-58.

ROTT P, DAVIS M J, 2000. Leaf scald[M]//Rott P, Bailey R A, Comstock J C, et al. A guide to sugarcane diseases. Montepellier: CIRAD Publication Services: 38-44.

图1 甘蔗白条病症状（高三基提供）

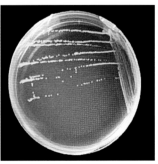

图2 白条黄单胞杆菌（高三基提供）

SADDLER G S, BRADBURY J F, 2015. Xanthomonas[M]. Hoboken: John Wiley & Sons, Inc.: 1-53.

（撰稿：高三基；审稿：沈万宽）

甘蔗白疹病　sugarcane white rash

由甘蔗痂圆孢引起的一种甘蔗叶片次要真菌病害。

分布与危害　广泛分布于亚洲、美洲加勒比海地区、大洋洲。在太平洋地区，密克罗尼西亚、波利尼西亚和关岛有记载。

发病初期，受侵染的甘蔗叶片呈现黄色圆形或椭圆形的小斑点，病斑逐渐转为淡褐色，最后变为灰白色或粉白色，多有褐色边缘。病斑汇合后形成狭长的粉白色条纹，表皮略隆起。白疹病主要危害甘蔗的叶片，造成蔗叶提早枯死，产糖量下降，在感病品种上造成的经济损失可高达20%以上（见图）。

病原及特征　病原无性态为痂圆孢属的甘蔗痂圆孢（*Sphaceloma sacchari* L.）；有性态为痂囊腔菌属的甘蔗痂囊腔菌（*Elsinoe sacchari* L.）。分生孢子盘生于甘蔗叶片角质层下，后期胀破表皮外露。分生孢子梗无色，0～1个隔膜，大小为4～29μm×3～4.6μm。分生孢子无色透明，单胞、卵形或长椭圆形，大小为7～8.5μm×3μm。多个子囊腔散生于枕形子座组织内，每一子囊腔内单生1个近球形的子囊；子囊孢子无色，长椭圆形，直或微弯，大小为9～10μm×3～3.3μm，多胞，具1～3个隔膜，分隔处缢缩。

侵染过程与侵染循环　病菌以菌丝体在病残组织内越冬。条件适宜时病斑上产生子囊孢子，经风雨传至蔗叶表面，分生孢子萌发后从蔗叶表面直接侵入，引发初侵染。显症后在潮湿条件下病斑产生分生孢子，经风雨传播进行再侵染。

防治方法　砍蔗后烧毁蔗田种残留的病蔗叶。选育和栽培抗病品种。降低蔗田湿度，对甘蔗进行合理的水肥管理。有条件的地方适时剥除枯死蔗叶，对易发病的蔗田在雨季及时开沟排水。

参考文献

黄诚华，王伯辉，2014. 甘蔗病虫防治图志 [M]. 南宁：广西科学技术出版社 .

李增平，张树珍，2014. 海南甘蔗病虫害诊断图谱 [M]. 北京：中国农业出版社 .

（撰稿：林善海；审稿：沈万宽）

甘蔗白疹病症状（林善海提供）

甘蔗赤腐病　sugarcane red rot

由镰形炭疽菌引起的、危害蔗茎、蔗叶中脉的一种真菌病害，是世界上许多甘蔗种植区发生较普遍的重要病害之一。又名甘蔗红腐病。

发展简史　早于1893年报道在爪哇发生。随后迅速在多个甘蔗生产国相继有报道，现已在世界各个甘蔗产区普遍发生。此病在印度和美国曾给甘蔗生产造成严重危害，1926年，曾导致美国路易斯安那州的糖业濒于毁灭。在昆士兰和夏威夷等地也曾造成严重的损失。1930—1940年在印度北部大暴发，对印度的重要栽培品种造成毁灭性打击，由于赤腐病病原菌变异较大，已出现6～7个或以上的变种，一般抗病品种种植4～5年抗性就会丧失，故在印度甘蔗赤腐病被称为"甘蔗的癌症"，是该国甘蔗生产中经济危害最严重的病害，至今仍严重影响该国甘蔗产业的发展。多年来，甘蔗赤腐病在中国也普遍发生，但未曾大面积发生流行过。

分布与危害　广泛分布于印度、巴基斯坦、美国、孟加拉国和澳大利亚等多个国家。中国福建、广东、广西、四川、云南、海南、湖南、江西、浙江和台湾等各植蔗区均有分布。

寄主有甘蔗、高粱、石茅等。该病以危害蔗茎和叶片中脉为主，也侵害叶鞘和宿根蔗桩。叶中脉染病，一般对产量的影响不大。但由于病部产生大量分生孢子，因此成为蔗茎赤腐病的接种体的主要来源。蔗茎受害后，病菌分泌蔗糖转化酶，使蔗汁纯度降低和蔗糖分减少。此外，病部的红色素还影响蔗汁的澄清。发病率高时对产量造成影响。若蔗种带病则常使蔗芽不能萌发造成严重缺株。危害蔗叶中脉，初生红色小点，进而沿中脉上下扩展成纺锤形或长条形赤色斑，中央枯白色，并生出黑色小点，为病菌分生孢子盘，一条中脉上常有多个病斑，病部后期破裂，叶片常因此而折断。受害蔗茎，初期外表症状不明显，但内部组织变红并上下扩展，可贯穿几个节间，变色部分常夹杂圆形或长圆形的白色斑块，若为长圆形时则与蔗茎垂直，嗅之有淀粉发酵的酸味。后期病茎的表皮皱缩、无光泽，有明显的红色斑痕，其上着生褐色分生孢子盘，髓部中空，充满灰白色菌丝，茎内组织腐败干枯，上部叶片失水凋萎，严重时整株枯死。宿根蔗桩受害易引起腐烂，影响萌发。发病严重时常使甘蔗生长不齐和严重缺株，有效茎数减少（见图），对甘蔗造成的产量损失可达25%～50%。

病原及特征　病原的无性态是镰形炭疽菌（*Colletotrichum falcatum* Went），属炭疽菌属真菌；有性阶段为塔地小丛壳〔*Glomerella tucumanensis*（Speg.）Arx et E. Mull.〕，属小丛壳属真菌。常见的孢子是无性态的分生孢子，半月形，平均25μm×6μm，无隔膜，内含粒状和油点，并常有1大液泡。分生孢子密集呈粉红色或橙红色，分生孢子梗长圆形，淡色，无隔膜，着生于分生孢子盘中，在分生孢子梗中杂有刚毛。除分生孢子外，此菌还常产生能抵抗干旱和不良环境的厚垣孢子，呈墨绿色，圆形或椭圆形，含油点，多生在菌丝的顶端，脱落后即发芽入侵寄主。病菌生长温度范围为10～37℃，最适温度为27～35℃。pH 5～6。

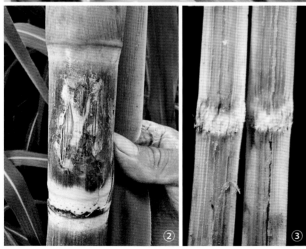

甘蔗赤腐病症状（黄应昆提供）
①病叶；②病株；③病株内部

侵染过程与侵染循环　以菌丝、分生孢子和厚垣孢子在蔗种、病株和土壤里越冬，翌年进行初次侵染。病叶上病菌的分生孢子或厚垣孢子借风雨、昆虫等传播进行重复侵染。幼苗的发病与蔗种的带菌有直接关系。病菌主要通过伤口如螟害孔、生长裂缝和机械伤口等侵入叶片和茎内组织。所以螟害严重的地方蔗茎赤腐病也跟着严重发生。

流行规律　冬春植蔗下种后常因低温阴雨发芽慢，抗病力弱和湿度大的环境诱发此病而造成缺株；土壤过湿、过酸也有利于病害发生。暴风雨多，机械损伤率高，或虫害严重虫孔多，则发病严重。

防治方法

选种抗病品种　印度290、桂糖15号、新台糖22号、粤糖00-236、台糖89-1626等易感病；台糖134、印度419、粤糖82-339、粤糖86-368、粤糖89-113、粤糖93-159、粤糖96-168、粤糖55号、桂糖11号、桂糖12号、桂糖02-901、桂糖29号、桂糖31号、云蔗71-388、云蔗65-55、云蔗89-151、云蔗99-91、云蔗99-596、云蔗01-1413、云蔗03-194、云蔗05-49、云蔗05-51、福农91-21、福农15号、福农38号、福农39号、闽糖69-421、闽糖70-611、川糖61-408、柳城05-136及新台糖系列等较为抗病。

农业防治　选用无病无螟害种苗，病区留种应尽量选用梢头苗。冬植、早春植蔗采用地膜覆盖，促进萌芽，避过病菌的侵袭。加强田间管理，及时防治蔗螟等害虫和防除田间杂草，促进蔗苗生长健壮，增强抗病能力。实行轮作，适当减少宿根年限。甘蔗收获后及时把田间病株残叶清除烧毁。

化学防治　1%硫酸铜液浸种2小时；50%苯菌灵可湿性粉剂、75%百菌清可湿性粉剂1000～1500倍液加温至52℃浸种20～30分钟。

参考文献

黄应昆，李文凤，2011. 现代甘蔗病虫草害原色图谱 [M]. 北京：中国农业出版社.

马丁 J P，阿伯特 E V，休兹 C G，1982. 世界甘蔗病害 [M]. 陈庆龙，译. 北京：农业出版社.

CSIRO, 2005. Unlocking success through change and innovation: Options to improve the profitability and environmental performance of the Australian sugar industry[R]. Submission to Sugarcane Industry Assessment.

（撰稿：黄应昆；审稿：李文凤）

甘蔗赤条病　sugarcane red stripe

由燕麦噬酸菌燕麦亚种引起的、危害蔗叶、蔗茎的一种细菌病害，又名甘蔗红条斑病、甘蔗细菌性红条斑病，是广泛分布于世界各蔗区的重要病害之一。

发展简史　1890年，首次报道夏威夷群岛发生甘蔗赤条病。1923年，澳大利亚的局部地区发生此病，造成严重损失。在巴基斯坦，甘蔗赤条病多次暴发流行，致使一些优良材料从育种项目中被淘汰；在阿根廷，该病发病率均在30%以上，给当地甘蔗和制糖产业造成了巨大的经济损失。

中国的广东、广西、福建、云南、江西、四川、浙江、海南和台湾等地都有赤条病发生的记载，但多为局部蔗田零星发生，且发病率一般不高，尚未对甘蔗生产构成较大威胁。1972年，广东海康一些蔗田发病率高达41%。在广西蔗区2000年以来几乎每年都有零星发生，先后发生在南宁、北海、扶绥的蔗地。

分布与危害　广泛分布于美国、澳大利亚、印度、古巴、伊朗、阿根廷、巴基斯坦和加蓬等50多个植蔗国家和地区。中国的广东、广西、福建、云南、江西、四川、浙江、海南和台湾等地均有分布。

甘蔗赤条病菌寄主主要有甘蔗、玉米、野高粱、苏丹草等。赤条病危害甘蔗多出现在梢头部展开不久的心叶基部，很少发生在老叶。最初出现水渍状褪绿条纹，不久即呈红色，最后转为栗色或深红色。条纹通常位于叶的中部近中脉处发生，但有些条纹则集中于叶的基部。条纹沿维管束行走，与叶脉平行，向叶的上下方伸长。条纹整齐而不弯曲，与之相邻不受侵染的维管束的边缘线条泾渭分明。条纹宽度0.5～4mm，长自数厘米至贯通全条蔗叶。常常2、3条或数条条纹合并形成宽带状病叶组织。病痕上颇常发现白色薄片，叶的下表面尤为常见，这是细菌于夜间或凌晨自罹病组织的气孔流出干涸后形成的，在气候潮湿而温暖的期间里，特别是这样。半展开的心叶受到病菌的感染，如果过分严重向下蔓延到甘蔗的生长点，便使梢头部腐烂，并发出恶臭，这时心叶很容易被拉出来（见图）。

病原及特征　甘蔗赤条病属细菌性病害，由燕麦噬酸菌（*Acidovorax avenae*）引起。赤条病菌寄生于蔗株的维管束中。菌体呈短杆状，末端圆钝，浅黄色至黄色。大小为0.70μm×1.67μm，具单1极鞭毛，偶尔有2或3根鞭毛，能游动，单生，偶有串成链状，不形成芽孢，无隔膜。

侵染过程与侵染循环　甘蔗赤条病在田间的传播大多由于风雨导致，这病很少通过种苗或机械途径传播。在叶的薄壁组织中，这种细菌一大堆一大堆地产生，从叶片的气孔或伤痕表面溢出形成细菌悬浮液。在风雨的作用下，这种细菌悬浮液易于自一株传至另一株，有时可能由一蔗田传至另一蔗田，从健康叶片的气孔或伤痕侵入。病菌侵入后，便在入口处的薄壁组织的细胞间隙中繁殖，然后侵入维管束的各种组织，特别是导管充满了病菌。

甘蔗赤条病通过蔗种传播的可能性很小，因为染病蔗种的芽常烂掉不能萌发或萌发后很快死亡。有时甘蔗在幼苗期便出现病株，主要是由田间的带病残叶传染所致。砍蔗刀和其他农具不会传病。

流行规律　多雨风大，尤其是兼有微雨的时候，温暖潮湿，空气湿度大，叶的气孔或伤痕表面常溢出形成大量的细菌悬浮液，侵染传播发病严重。不同品种发病程度有差异。杂草多的蔗地，发病更加严重。中国大陆蔗区发病品种主要有新台糖16号、新台糖25号、粤糖93-159、粤糖00-236、桂糖94-116、桂引5号、桂糖46号、云蔗03-194等。

防治方法　最有效且最经济的方法是用抗病品种代替感病的生产品种。因此，在选育甘蔗品种的过程中，可通过人工接种试验来淘汰感病品种。

农业防治　搞好田间卫生。病区甘蔗收获后要认真清除甘蔗残株病叶，集中烧毁，减少田间菌源。加强田间管理，注意氮、磷、钾肥的合理施用。

种苗温水处理。种苗播种前，采用流动水预浸泡48小时，然后再用50℃温水处理2小时，可达到95%的防治效果。宜采用成熟但不太老的中间节断作种苗，以2～3芽苗为好。

建立无病苗圃。将经过温水处理的种苗集中种植，建立脱毒种苗基地一级、二级、三级种苗圃，并实施耕作刀具的隔离和消毒，为大面积生产提供无病种苗。刀具的消毒可用75%的酒精擦拭，5%～10%的来苏水或福尔马林液浸泡，也可用火焰灼烧进行消毒，可减少此病的传播。

化学防治　发病初期可用72%农用链霉素可湿性粉剂3000～4000倍液或1%波尔多液喷雾，每周1次，连续喷2～3次，可抑制病害的蔓延。

甘蔗赤条病症状（李文凤提供）

①病叶；②病株；③病田

参考文献

黄应昆 , 李文凤 , 2011. 现代甘蔗病虫草害原色图谱 [M]. 北京 : 中国农业出版社 .

CSIRO, 2005. Unlocking success through change and innovation: Options to improve the profitability and environmental performance of the Australian sugar industry[R]. Submission to Sugarcane Industry Assessment.

（撰稿：李文凤；审稿：黄应昆）

图 1　甘蔗凤梨病症状（林善海提供）

甘蔗凤梨病　sugarcane pineapple disease

由奇异根串珠霉引起、危害甘蔗下种后种茎的一种真菌病害，是世界上大多数甘蔗种植区重要病害之一。

分布与危害　在世界甘蔗种植国家和地区广泛分布，包括亚洲、非洲、美洲、欧洲、大洋洲及太平洋地区的斐济、萨摩亚群岛和所罗门群岛。

主要危害甘蔗的种茎，造成新植蔗种腐烂，萌芽减少，缺株严重，为甘蔗芽期的重要病害。凤梨病在中国所有甘蔗植区均有发生，是对甘蔗生产影响较大的病害之一。发病初期，受侵染的甘蔗种茎发生腐烂，组织变红色、棕色、灰色和黑褐色，散发出菠萝香味，在蔗段的髓腔中产生密集交织的深灰色绒毛状菌丝体，种茎的切口两端先发红，后变黑色，长出小丛的 4～5mm 长的黑色刺毛状（似眼睫毛状）子实体（病菌具长颈的子囊壳）和大量煤黑色的霉状物（病菌的分生孢子），有时病菌突破蔗皮后也能在蔗茎表皮形成小丛的黑色刺毛状子实体和大量黑色霉层。后期发病的种茎内部组织崩解、变空，仅存维管束，蔗茎上的蔗芽萌发前呈水浸状坏死，或在萌发后不久即枯萎，部分已长出新根的蔗芽可继续生长，但其生长明显受抑制（图 1）。

病原及特征　病原为根串珠霉属奇异根串珠霉［*Thielaviopsis paradoxa*（Seyn.）Höhn. = *Chalara paradoxa*（Seyn.）Höhn.］，有性态为长喙壳属奇异长喙壳菌复合种［*Ceratocystis paradoxa* complex（Dade）C. Moreau］。病菌无性繁殖产生薄壁和厚壁两种类型的分生孢子，薄壁分生孢子单胞、无色，长方形，内壁芽生式从分生孢子梗生出，大小为 7～23μm×2～2.2μm，在病部大量产生后形成黑色霉状物。病菌异宗配合产生有性子实体，有性阶段的子囊壳长颈瓶状，深褐色，大小为 210～304μm×1100～1490μm；子囊卵圆形，后期易消解；子囊孢子单胞、无色，椭圆形，大小为 7.5～10μm×3～4μm（图 2）。

病菌除侵染甘蔗外，还可寄生椰子、油棕、槟榔等棕榈科植物及香蕉、番木瓜、可可、咖啡、杧果、菠萝等热带作物；人工接种条件下，病菌可侵染水稻、小麦、玉米、燕麦、石茅、稗及狐尾草等。

侵染过程与侵染循环　病菌以厚壁分生孢子在土中越冬，在土中可存活 4 年，因此田间带菌的土壤是主要的初侵染来源。凤梨病可通过调运带病蔗茎远距离传播。病菌的厚壁分生孢子在条件适宜时萌发，从蔗茎两端的切口处侵入，并在其薄壁组织内迅速蔓延，引发初侵染，蔓延至蔗茎节处

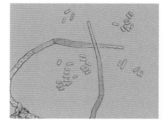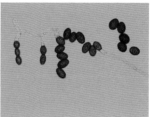

图 2　甘蔗凤梨病薄壁和厚壁分生孢子（林善海提供）

会受到暂时阻隔，后期在发病蔗茎上大量产生薄壁分生孢子和厚壁分生孢子，厚壁分生孢子落入土中存活越冬，薄壁分生孢子随气流、雨水传播到有虫口、鼠害、机械损伤等造成的蔗茎伤口处侵入进行再侵染，蝇类则可直接传播病菌的薄壁分生孢子。

流行规律　病菌的生长温度为 13～34℃，最适温度为 28℃，pH 为 5.5～6.3。土壤湿度及温度对下种的蔗茎受凤梨病的危害程度影响极显著。温度过低，土壤过湿或干旱，种茎萌芽缓慢，受病菌侵染时间长，有利于凤梨病的发生；种茎节过少、过短及蔗田土壤偏酸则发病严重。

防治方法

温汤浸种及蔗种消毒　对采种的甘蔗种茎进行 50℃温汤浸种 20 分钟催芽，并选用 50% 多菌灵、甲基托布津、或苯来特 500 倍液浸种消毒。

选育抗病和栽培萌芽力强的甘蔗品种　选择蔗芽饱满，较幼嫩的蔗茎适期播种，促使蔗芽萌发快，生长壮旺，增强其抗病性；蔗种采用不少于 3 个节的种苗，利用蔗节对病菌的暂时阻隔来保护中间芽的萌发及生根生长。

对易发病的蔗田，及时增施磷、钾肥，可有效减轻病情。

参考文献

黄诚华 , 王伯辉 , 2014. 甘蔗病虫防治图志 [M]. 南宁：广西科学技术出版社 .

李增平 , 张树珍 , 2014. 海南甘蔗病虫害诊断图谱 [M]. 北京：中国农业出版社 .

DE BEER Z W, DUONG T A, BARNES I, et al, 2014. Redefining *Ceratocystis* and allied genera[J]. Studies in mycology, 79: 187-219.

MBENOUN M, DE BEER Z W, WINGFIELD M J, et al, 2014. Reconsidering species boundaries in the *Ceratocystis paradoxa* complex, including a new species from oil palm and cacao in Cameroon[J]. Mycologia, 106(4): 757-784.

（撰稿：林善海；审稿：沈万宽）

甘蔗褐斑病　sugarcane brown spot

由子囊菌无性型尾孢属的长柄尾孢引起的、危害甘蔗叶部的一种真菌病害，此病因使蔗叶产生红褐色斑点而得名，是世界上许多甘蔗种植区的重要病害之一。

发展简史　最早于 1906 在印度发现，随后迅速在多个甘蔗生产国相继有报道，现已在世界各个甘蔗产区普遍发生。中国各蔗区均有发生，是甘蔗上的一种常见病害。云南西南湿热蔗区发生较普遍，但未曾大面积发生流行过。

分布与危害　广泛分布于多个植蔗国家和地区。中国广东、云南、广西、四川和海南等植蔗区有分布。

主要危害叶片。发病初期斑点卵圆形或线形，病斑扩展后，自小斑点至长 13mm 不等，有由一狭窄的黄色环带或"斑点环"环绕着的特征。老斑点中心干燥变草黄色，有一红色地带及外面的黄色斑点环围绕着。甚感病的品种，其斑点较大，常数斑点合并而形成形状不规则的红褐色大斑块。通常斑点为数甚多，分布于整片叶片上，两表面不相上下。斑点先在老叶出现，随着蔗株的生长继续不断地向上侵染。受侵染严重的蔗叶未成熟而先死亡，及至生长季末期，由于已死或垂死的蔗叶数多，受害蔗株或整块蔗田常呈"火烧"状。发生严重时，影响产量、糖分和蔗汁重力纯度，一般亩产糖量减少 12.3%（见图）。

病原及特征　褐斑病属真菌病害，由长柄尾孢（*Cercospora longipes* Butler）侵染引起。分生孢子在蔗叶的上表面和下表面产生，以下表面产生孢子更多。分生孢子梗着生于小束中，分生孢子倒棒状，直或弯，透明，4～6 隔膜，大小为 40～80μm×5μm 或 60～170μm×3.5μm。

侵染过程与侵染循环　遗留在土表的病株残体和堆置田间附近的病叶是初次侵染的菌源，其分生孢子随风、雨传播落到蔗叶上，在适宜的条件下即萌发侵入。

流行规律　低温多雨、长期的阴雨天、土壤及空气湿度大、通风透光性差及偏施氮肥时常病害严重发生；而合理施肥、生长正常，通风透光好的蔗田，发病较轻。冬季温度低，则翌年发病晚、发病程度轻。小茎种甘蔗最易感病，含有割手密遗传性的后代也易感病；一般大茎种甘蔗较抗病。

防治方法

选种抗病品种　垦殖 80-27、元江 76-14、新台糖 16 号、新台糖 22 号、云蔗 01-1413、粤糖 55 号、柳城 05-136、粤甘 39 号、粤甘 43 号、粤甘 46 号、福农 07-3206、桂糖 06-2081、德蔗 06-24、福农 1110 等较感病；新台糖 10 号、新台糖 24 号、新台糖 25 号、新台糖 26 号、粤糖 86-368、粤糖 93-159、粤糖 00-236、粤糖 00-318、桂糖 02-467、桂糖 29 号、云蔗 99-91、云蔗 05-49、云蔗 05-51、福农 15 号、福农 36 号、福农 38 号、福农 39 号、柳城 05-129、柳城 07-536 等较抗病。

农业防治　加强栽培管理，防止积水，合理施肥，增施有机肥，多施磷、钾肥。及时剥除病叶，间去无效、病弱株，以改善田间湿度及通透性，并可减少侵染源。甘蔗收获后及时清除病株残叶，减少田间菌源。

化学防治　发病初期喷药防治，可用 50% 苯菌灵、50% 多菌灵、80% 代森锰锌等可湿性粉剂 600～1000 倍液、325g/L 苯甲·嘧菌酯悬浮剂 1500 倍液或 1% 波尔多液加 0.2%～0.3% 磷酸二氢钾溶液（300～500 倍液）叶面喷雾，每周 1 次，连续喷 2～3 次。

参考文献

黄应昆，李文凤，2011. 现代甘蔗病虫草害原色图谱 [M]. 北京：中国农业出版社.

马丁 J P，阿伯特 E V，休兹 C G，1982. 世界甘蔗病害 [M]. 陈庆龙，译. 北京：农业出版社.

CSIRO, 2005. Unlocking success through change and innovation: Options to improve the profitability and environmental performance of the Australian sugar industry[R]. Submission to Sugarcane Industry Assessment.

（撰稿：李文凤；审稿：黄应昆）

甘蔗褐斑病症状（李文凤提供）
①病叶；②病株；③病田

甘蔗褐条病 sugarcane brown stripe

由狭斑长蠕孢（又名甘蔗褐条斑长蠕孢）引起的、危害甘蔗叶部的一种真菌病害，是世界上许多甘蔗种植区的最重要病害之一。

发展简史 1924年在古巴首次发现，主要发生在古巴秋植甘蔗 Cristalina，B. H. 10 和 S. C. 12 上。随后在澳大利亚、巴西、斐济、日本、巴拿马、南非、美国、印度、秘鲁、巴基斯坦等几十个植蔗国发生。在中国的广东、广西、云南、福建、台湾、海南等地均有记载。1975年，海南定安龙门坡蔗区冬春季平均连续阴雨天达20天以上，导致甘蔗褐条病严重发生，重病区发病率达100%，严重影响了甘蔗的正常生长。1996年和1997年，云南弥勒蔗区因长期阴雨及感病品种桂糖11号大面积种植而连续2年暴发流行甘蔗褐条病，发病田块似"火烧状"。2001年，广西蒙山降水量较历年增加60%～160%，加之长期缺磷缺钾的施肥方法，导致该地严重发生20多年罕见的甘蔗褐条病。随着全球气候异常，该病在大部分蔗区时常发生流行，尤其是大面积种植感病品种桂糖11号、桂糖02-761、云引3号的蔗区，长期连续种植甘蔗的宿根田块发病更重，一眼望去就似"火烧状"。

分布与危害 在世界各地分布十分广泛，主要分布于古巴、澳大利亚、巴西、斐济、日本、巴拿马、南非、美国、印度、秘鲁、巴基斯坦等植蔗国家和地区。在中国的台湾、广西、云南、广东、海南、福建、四川、江西和浙江等地均有分布。

甘蔗褐条病寄主主要有甘蔗、玉米、石茅、稗、狐尾草等。危害甘蔗叶片，嫩叶最先受侵染，病斑初期呈透明水渍状小点，以后病斑很快向上下扩展为水渍状条斑，与主脉平行。后变为黄色，并在病斑中央出现红色小点，不久整个病斑都变成红褐色，周围有狭窄的黄晕，在阳光透射下特别明显，病斑在叶片两面表现相同。成熟的条斑一般长5～25mm，有时甚至50～75mm，宽一般不超过2～4mm。与眼斑病不同，没有向叶尖延伸的坏死病条，很少发生顶腐。发病严重时，条斑合并成大斑块，使叶片提早干枯，甘蔗生长受抑制，叶片减少，植株矮小，造成减产减糖。发病严重田块，一般减产18%～35%，重的可达40%以上，蔗糖分降低15%～30%（见图）。

病原及特征 甘蔗褐条病属真菌性病害，病原菌的有性态（狭斑旋孢腔菌）［*Cochliobolus stenospilus*（Drech.）Mat. and Yam.］，属旋孢腔菌属真菌；无性态为狭斑长蠕孢（*Helminthosporium stenospilum* Drechsler）。

无性阶段的分生孢子主要产生在老熟枯干蔗叶的病斑上，分生孢子呈橄榄绿色或淡褐色，纺锤形，两端钝圆，微弯，大小为37～105μm×11～18μm，具3～11个隔膜，一般7～8隔膜。在少数场合下（如中国台湾）或人工培养基上曾发现病菌的有性阶段，子囊壳瓶状，一般完全掩埋，只露出很短的有孔的嘴，暗褐色。子囊梭形，直或稍弯曲，基部有短柄，具1～8个子囊孢子。子囊孢子无色，线状，有4～12个隔膜，作整齐的螺旋形排列。该菌在蔗糖马铃薯、琼脂培养基中生长良好，菌丝适宜生长温度28～32℃。

侵染过程与侵染循环 留在田间的病株残叶和生长在蔗田中的病株是该病的初次侵染菌源，病部中病斑大量产生分生孢子后，借气流传播蔓延。分生孢子在湿润的叶片上萌芽，主要通过气孔侵入。从病斑上不断产生分生孢子进行重复侵染。褐条病不可能由蔗种带菌传病，但附着在蔗种上的病叶所产生的分生孢子也可成为初次侵染源。

流行规律 在贫瘠或缺磷的土壤上发生严重，肥沃的冲积土极少发病；宿根蔗较新植蔗发病重；低温多雨、长期的阴雨天易暴发流行。

防治方法

选用抗病品种 台糖134、选蔗3号、海蔗5号、云蔗71-388、新台糖20号、新台糖22号、粤糖55号、粤甘24号、粤甘42号、桂糖11号、桂糖02-761、桂糖30号、桂糖31号、桂糖32号、云蔗99-596、云蔗03-194、福农91-21、福农0335、福农40号、闽糖02-205、柳城03-1137、云瑞07-1433、黔糖3号等易感病；新台糖10号、新台糖16号、新台糖25号、新台糖26号、粤糖86-368、粤糖93-159、粤糖00-236、粤糖00-318、桂糖02-467、云蔗99-91、云蔗01-1413、云蔗05-49、云蔗05-51、福农15号、福农36号、福农38号、福农39号、川糖13号、柳城05-129、柳城

甘蔗褐条病症状（黄应昆提供）
①病叶；②病株；③病田

05-136、柳城 07-536、黔糖 5 号等较抗病。抗病品种的茎和叶片含硅质比感病品种多。

农业防治　培肥土壤，增施有机肥，适当多施磷钾肥，可减少褐条病的发生。穴植配施硅肥，可增强蔗株的抗病能力，减轻病害。及时去除发病严重的病叶，减少田间菌源，控制传播蔓延；剥除老脚叶，间去无效、病弱株，使蔗田通风透气，降低蔗田湿度，可以减轻病害。

化学防治　对发病中心用 50% 多菌灵可湿性粉剂、75% 百菌清可湿性粉剂、10% 苯醚甲环唑水分散粒剂 500～600 倍液或 1% 波尔多液加 0.2%～0.3% 磷酸二氢钾溶液（300～500 倍液）叶面喷雾，每隔 7 天喷 1 次，连续喷施 2～3 次即可控制。

参考文献

黄应昆，李文凤，2011. 现代甘蔗病虫草害原色图谱 [M]. 北京：中国农业出版社.

马丁 J P，阿伯特 E V，休兹 C G，1982. 世界甘蔗病害 [M]. 陈庆龙，译. 北京：农业出版社.

CSIRO, 2005. Unlocking success through change and innovation: Options to improve the profitability and environmental performance of the Australian sugar industry[R]. Submission to Sugarcane Industry Assessment.

（撰稿：黄应昆；审稿：李文凤）

甘蔗黑穗病　sugarcane smut

由甘蔗鞭黑粉菌引起，危害甘蔗生长点的一种真菌病害，是世界上甘蔗种植区普通发生的病害，尤其是在中国危害性严重。又名甘蔗鞭黑穗病、甘蔗黑粉病。

发展简史　1877 年，在南非纳塔尔（Natal）的"中国种"甘蔗品种上首先发现并报道，当时其病原鉴定为真菌 Ustilago sacchari Rabenth（甘蔗黑粉菌），后来又改称为 Ustilago scitaminea Syd.（甘蔗鞭黑粉菌）。之后数十年里，在非洲和亚洲对该病做了许多观察，至 1940 年在阿根廷发现甘蔗黑穗病以前，该病仅限于东半球蔗区发生危害。随着甘蔗品种或种质的频繁交换，甘蔗黑穗病现已发展成为世界植蔗区普通发生的一种甘蔗病害。随着分子生物学技术的应用，2001 年甘蔗黑穗病的病原真菌被建议命名为 Sporisorium scitamineum。

分布与危害　世界甘蔗种植区普遍发生的甘蔗病害。在中国的华南、华中和西南蔗区均广泛发生，是中国甘蔗生产上经济危害性最严重的甘蔗病害之一。

甘蔗黑穗病最明显的特征是染病蔗株的档头部具有一条向下向内卷曲的黑色鞭状物（见图）。鞭状物的长度短则十几厘米，长则几十厘米，如铅笔状粗细，不分枝。鞭状物形成初期，外包一层银白色薄膜，成熟后变黑色并破裂，散发出大量黑粉状的厚垣孢子，随风四处飞扬，最后只剩下心柱。受害植株在鞭状物未抽出之前，蔗节纤细，顶叶变得坚挺，分蘖明显增多，呈丝簇状。染病种蔗萌芽早，茎细小，叶细长，淡绿，分蘖增多，后分蘖上也长出黑穗鞭状物。

病原及特征　病原为甘蔗鞭黑粉菌（Sporisorium scitamineum；异名 Ustilago scitaminea Syd.），属黑粉菌属，厚垣孢子近圆形，棕色或黑色，单胞具乳突，大小 5～6μm。厚垣孢子在潮湿的环境下，萌发长出长短不一的担子，其上着生 4 个透明、椭圆形的担孢子，其中 2 个为"+"交配型，2 个为"－"交配型，"+"和"－"交配型的担孢子相结合形成具有侵染力的双核菌丝体，该菌丝属活体营养，只有在寄主植物组织内才能不断生长；单独的"+"或"－"担孢子不能形成菌丝，也不具有侵染力，但可以不断芽殖。甘蔗鞭黑粉菌冬孢子的萌发和侵染受冬孢子的菌龄、侵染环境、温湿度及时间等因素影响。冬孢子萌发和菌丝生长的最适温度 25～28℃，冬孢子的致死温度是 49～50℃，62℃ 可以立即失活，但在冰上至少可以存活 3 天，最适合菌丝生长的 pH 6.5。甘蔗鞭黑粉菌有 2～3 个不同生理小种的分化（中国存在 3 个生理小种，且小种 3 为优势生理小种），不同的生理小种对相同的甘蔗品种有不同的致病力。

侵染过程与侵染循环　甘蔗鞭黑粉菌冬孢子落到感病甘蔗品种或种质的蔗芽上，遇合适的温、湿度条件即萌发长出菌丝，菌丝自蔗芽侵入，菌丝通过蔗茎胞间连丝扩展至生长点，生长点变异产生黑色鞭状物。

带菌土壤和宿根蔗中带病蔗株为初侵染源。病株上的厚垣孢子主要随气流传播，其次为灌溉水及雨水传播，形成再侵染。厚垣孢子落到蔗芽上，藏在鳞片间遇水萌发，形成侵染菌丝，盘踞于分生组织中暂时处于休眠状态。随着蔗芽的萌发、生长，病菌恢复活动，并随生长点向上延伸，生长点受病害而形成鞭状物，此为初侵染。厚垣孢子被风吹落到生长的蔗茎上或随雨水沿着叶鞘内侧落到侧芽上，或落到土壤中近蔗头的蔗芽上，使甘蔗抽出侧枝或分蘖，并最终产生鞭

甘蔗黑穗病（沈万宽提供）

状物，此为再侵染。这些落到蔗芽上的孢子也可暂不萌芽，或萌芽后暂时休眠并潜伏在蔗芽中，与土壤中的厚垣孢子成为下个生长季节的初侵染源。

流行规律 甘蔗鞭黑粉菌厚垣孢子的萌发温度为6～36℃，最适温度为25～30℃。春季高温、高湿、多雨的气候利于厚垣孢子的萌发和侵染，因而容易导致黑穗病发生和流行。而干旱少雨则有利于厚垣孢子在田间的积累，所以，当冬春季长期干旱而夏季雨水偏多时，亦常造成黑穗病大流行。宿根蔗田比新植蔗田发病重，宿根年限越长，发病越重。梢头苗做种比整株做种发病轻。施氮过多发病较重。

该病害发病的轻重与甘蔗品种的抗病性有密切的关系。抗病性强的品种发病率一般低于10%，而感病的品种发病率可高达30%以上。目前主要的甘蔗栽培品种普遍感染黑穗病，如ROC22的田间发病率为10%～20%，宿根蔗甚至高达40%以上。甘蔗黑穗病可造成甘蔗严重减产，而宿根蔗的发病率和引起的产量损失比新植蔗更高，发病严重的田块甚至失收。中国每年因甘蔗黑穗病引起甘蔗减产约达1150万t原料蔗。

防治方法 甘蔗黑穗病的发生和流行与品种感病性、菌源、生理小种和气候条件等密切相关，因素复杂，因此，需采取以选育抗黑穗病良种为主、栽培和药剂防治为辅的病害综合治理措施。

选用抗病良种 经人工接种抗黑穗病鉴定及田间抗性表现，对甘蔗黑穗病具有良好抗性的栽培品种有新台糖10号、新台糖16号、台优、粤糖93-159、粤糖94-128等。

栽培防治 ①实行轮作。与水稻、玉米、甘薯、花生或苜蓿等作物轮作。②适当减少宿根年限，种植无病种苗。留种时应在未发病田块选留无病株的梢部做种。③拔除病株。发现病株要及时拔除，特别是在抽出黑穗前及时拔除病株，并集中烧毁。已抽出黑鞭的要小心剪下，用塑料袋装好，带出田外集中烧毁。病田不留病根，病株残茬也要烧毁。④施足基肥，注意氮、磷、钾肥合理配合施用。适时灌水，及时培土，防止甘蔗倒伏，减少侧芽生长。⑤热水处理，带菌种苗用52℃热水浸种18～30分钟，可有效杀灭种茎内的病原菌。⑥适量施用硅肥可明显降低甘蔗黑穗病的发生率、延长发病潜伏期，同时对甘蔗生长具有明显促进作用。

化学防治 主要是种苗消毒，可结合热水处理进行。带菌种苗用52℃热水浸种18～30分钟，加入25%三唑酮可湿性粉剂或80%喷克可湿性粉剂500倍液效果更好；也可用1∶100的43%福尔马林液浸种5小时，然后用薄膜覆盖闷种2小时；或用70%代森锰锌可湿性粉剂1∶500倍浸种5～7分钟；或用3%石灰水浸种24小时。

参考文献

安玉兴，管楚雄，2009.甘蔗病虫及防治图谱[M].广州：暨南大学出版社.

中国农业科学院植物保护研究所，中国植物保护学会，2015,中国农作物病虫害[M].3版.北京：中国农业出版社.

（撰稿：沈万宽；审稿：陈健文）

甘蔗虎斑病 sugarcane banded sclerotial disease

由立枯丝核菌引起的、危害甘蔗叶片和叶鞘的一种常见真菌性病害。又名甘蔗纹枯病。

分布与危害 分布于澳大利亚、孟加拉国、布基纳法索、中国、古巴、斐济、印度、印度尼西亚、日本、马达加斯加、马来西亚、尼日利亚、巴拿马、巴布亚新几内亚、菲律宾、波多黎各、萨摩亚、泰国、美国和越南等甘蔗种植国家和地区。

主要危害甘蔗下层的叶片和叶鞘，在多雨季节易发生，造成下层蔗叶枯死，个别重病植株死亡，尚未发现造成大面积危害。以分蘖期、拔节期和伸长期发病重。病害通常从近地面的叶鞘及叶片发病，由下至上蔓延，由内而外扩展。发病初期，受侵染的下层老叶上呈现暗绿色不规则形水浸状病斑，继而扩展成灰绿色或灰褐色波纹状或云纹状相连的大病斑，后期病斑中央变草黄色或黄色，边缘红棕色，病健分界明显，病斑可相互汇合成大病斑，外观呈蛇皮斑纹状，故名虎斑病。潮湿时，病部可见白色蛛丝状菌丝体，病斑表面形成大小不一的灰白色和深褐色的颗粒状菌核，菌核呈不规则形或圆形，表面密布小孔。有时叶鞘也能被侵染，呈现出与叶片相同的症状。叶片上大量病斑汇合后造成叶片迅速干枯，蔗株生长受阻，发病严重时导致蔗梢腐烂，甚至整株枯死（见图）。

病原及特征 病原无性态为丝核菌属的立枯丝核菌（*Rhizoctonia solani* Kühn），有性态薄膜革菌属的佐佐木薄膜革菌［*Pellicularia sasakii*（Shirai）Ito］。病原菌在PDA培养基上的菌丝体呈蛛丝状、棉絮状，初期无色、多核，菌丝细胞里面的细胞核数量为3～8个，后逐渐变为淡褐色，并产生褐色色素，菌丝分枝直径为2.0～5.0μm；菌丝分枝多呈直角，由少部分呈锐角分枝，分枝处由明显的缢缩。在

甘蔗虎斑病症状（林善海提供）

菌落表面紧贴在培养皿的盖和壁边上形成菌核，菌核呈不规则形或近球形，表面粗糙，大小为 0.6～6.4mm。幼嫩菌核白色，老熟后变为深褐色或黑褐色。

然条件下，病菌可侵染胡椒、毛薯、香茅、果蔗等作物。人工接种还可侵染其他 9 科 11 种植物，包括禾本科的玉米和水稻、楝科和大叶桃花心木、芭蕉科的香蕉、五加科的幌伞枫、豆科的花梨木、马鞭草科的柚木、瑞香科的白木香、大戟科的虎刺梅、薯蓣科的大薯等。

侵染过程与侵染循环　病菌习居于土壤中，也可寄生于蔗田边的绊根草等杂草上。当甘蔗生长的蔗叶与带菌土壤或发病杂草叶片接触时引发初侵染，显症后产生气生菌丝，通过气生菌丝的蔓延或蔗叶的相互接触引发再侵染。侵染季结束后产生菌核，掉落在土壤中越冬存活。

防治方法

农业防治　砍蔗后烧毁蔗田种残留病蔗叶。选育和栽培抗病品种。对易发病的蔗田，在雨季到来前砍除蔗田边杂草，剥除下层枯叶。发病初期剥除病叶集中烧毁。

化学防治　必要时选择 50% 的井冈霉素水剂 1500 倍液，或 10% 立枯灵水剂 300 倍液，或 50% 的多菌灵可湿性粉剂 500～600 倍液，或 80% 乙蒜素乳油 1500～2000 倍液等喷雾防治。

参考文献

黄诚华，王伯辉，2014. 甘蔗病虫防治图志 [M]. 南宁：广西科学技术出版社 .

李增平，张树珍，2014. 海南甘蔗病虫害诊断图谱 [M]. 北京：中国农业出版社 .

（撰稿：林善海；审稿：沈万宽）

甘蔗花叶（嵌纹）病　sugarcane mosaic disease

由甘蔗花叶病毒和高粱花叶病毒侵染引起的一种系统性病毒病害，是一种重要的世界性甘蔗病毒病害，也是中国蔗区发生最普遍、危害最严重的病害之一。又名甘蔗嵌纹病。

发展简史　1892 年，Musschenbroek 在爪哇首次记述了甘蔗花叶病，当时称之为"黄条病"。1920 年 Brandes 在美国路易斯安那州发现黍蚜（Rhopalosiphum maidis Fitch）能传播此病，并确认该病为一种传播性的病毒病，至今全世界各大蔗区普遍发生，并成为几大蔗区的重要病害之一。该病害曾在阿根廷、波多黎各、古巴、美国路易斯安那州等国家或地区严重流行，最终危及制糖工业。中国台湾 1918 年和 1947 年曾发生过 2 次大流行，四川也于 1966 年出现了一次流行。之后，福建、广东、广西、海南、四川和浙江等蔗区发生相当普遍和严重。云南蔗区，甘蔗花叶病 20 世纪 80 年代前仅局部蔗区零星发生，发病面小，危害轻，20 世纪 90 年代初此病虽有发展，但扩展蔓延不大，进入 20 世纪 90 年代后期，随着种植面积的迅速扩大，频繁大量从境外引种、蔗区间相互调种、植期多样化、品种单一化种植，为甘蔗花叶病的发生流行提供了有利条件，使其得以迅速扩展蔓延。目前，此病已遍布云南 8 个主产地，发病面积达 6.6 万 hm²

以上，其中严重发病面积达 3.3 万 hm²，且有逐年扩展蔓延加重危害的趋势。

分布与危害　广泛分布于世界各植蔗国家和地区。中国的福建、云南、广西、广东、海南、浙江、江西、四川和台湾等植蔗区均有分布。

甘蔗花叶病病毒寄主范围较广，能侵染甘蔗属 5 个种中的一些类型和若干栽培或野生禾本科植物，如玉米、高粱、紫狼草、马唐和蟋蟀草等。侵染甘蔗症状主要表现在叶片上，但染病蔗株可使整丛发病，病毒遍及全株。主要是叶绿素受到破坏或不正常发展而使叶部产生许多与叶脉平行的纵短条纹（有的品种在夏季高温时症状会消失，即所谓"隐症"现象）。其长短不一，布满叶片，有的浅黄色、有的浅绿色，与正常部分参差间隔成"花叶"，尤以新叶症状最为明显。虽染病蔗株矮化，分蘖减少，但病状在感病当年通常不明显，多在翌年宿根蔗生长才表现出来；宿根病蔗则发芽缓慢、生长不良，甘蔗种苗感病后，萌芽率低；病株生长差、矮化、分蘖减少，汁液量减少。当病毒的侵染率达 75% 时，甘蔗的产量降低 5%～19%，而且蔗汁中还原糖增加，降低蔗糖的结晶率。华南各地尤其是云南、广西旱地甘蔗花叶病的发病株率达到 30% 以上；感病品种，严重田块发病率高达 100%，种茎发芽率下降 10.6%～35.3%，产量损失 3%～50%，蔗糖分下降 6%～14%，病株节间变短，品质变差，严重影响商品价值，每年造成数以亿计的经济损失（见图）。

病原及特征　甘蔗花叶病由一类病毒侵染引起。20 世纪 90 年代以前，根据鉴别寄主反应、病毒粒体形态大小及内含体形态、血清学相关性等曾把引起甘蔗花叶病害的病原都归属为马铃薯 Y 病毒属（Potyvirus）的甘蔗花叶病毒（sugarcane mosaic virus，SCMV）或 SCMV 的许多株系。之后结合基因组特性的研究，引起甘蔗花叶病的病原被划分为甘蔗花叶病毒（SCMV）、高粱花叶病毒（sorghum mosaic virus，SrMV）、玉米矮花叶病毒（maize dwarf mosaic virus，MDMV）、约翰逊草花叶病毒（Johnsongrass mosaic virus，JGMV）、玉米花叶病毒（zea mosaic virus，ZeMV）等 5 种不同的病毒，它们构成了马铃薯 Y 病毒属的甘蔗花叶病毒亚组（SCMV 亚组）。从非洲、美洲和澳大利亚的研究表明，甘蔗花叶病病原主要是 SCMV 和 SrMV 2 种病毒，且包括多种株系。中国蔗区已确定的花叶病病原有甘蔗花叶病毒（SCMV）和高粱花叶病毒（SrMV）2 种，其中 SrMV 是所有主产蔗区的主要病毒病原，而 SCMV 主要侵染果蔗。

侵染过程与侵染循环　该病主要靠蚜虫和带病蔗种来传播，初次侵染源主要是带病蔗种。蚜虫是甘蔗花叶病自然传播媒介，蚜虫取食带病蔗株后转移到无病蔗株就会传播，能传病的蚜虫有好几种，最重要的是黍蚜，其次是锈李蚜、桃蚜等；种茎带毒是甘蔗花叶病的主要传播和扩散途径，生产上，长期采用蔗茎作为无性繁殖材料，没有严格选用无病蔗种，种苗带毒十分突出，促进了病毒的积累和传播、扩散；收砍、耕作刀具未经消毒处理，交叉重复使用，有利于病毒交叉重复侵染。病毒传入健康蔗后，即在各部位表现症状，其潜育期为 2～4 周，快则 1 周左右。

流行规律　病害发生的轻重同品种抗性、天气条件、中

甘蔗花叶病症状（李文凤提供）
①病叶；②病株；③病田

间寄主及带病蔗种等因素有密切关系。品种的抗病性是影响发病的重要因素，在甘蔗属的5个种中，热带种高度感病，印度种和大茎野生种感病，中国种和割手密高度抗病或免疫，用含有抗病性强的血缘栽培种作种其植株都表现出免疫或高度抗病。

高温少雨天气，有利于虫媒的繁殖和活动，促进病害的传播、蔓延；高温炎热的气候则不利于病害传播、发病轻。幼嫩的植株比老熟的植株易感病。一般杂草多或间种高粱和玉米的蔗田，花叶病常严重发生。带病种蔗的调运有助于该病远距离传播。

防治方法

培育和选用抗病品种　是最为经济有效的措施。抗病性较强的品种发病率低于10%，感病的品种发病率可高达50%以上，严重的甚至高达80%～90%。因此，世界几个主产蔗国和地区如美国、古巴、印度、巴西、澳大利亚、法国以及中国台湾等都把甘蔗无性系对花叶病的抗性作为品种选择的一个主要目标。中国也已将抗甘蔗花叶病作为甘蔗育种目标之一。不断培育和筛选出能抗蔗区重要病害的新品种，供蔗农种植，这样才能从根本上控制蔗区病害的发生流行。粤糖79-177、粤糖00-236、川糖61-408、云蔗89-151、云蔗98-46、新台糖22号、新台糖26号、桂糖11号、SP61-7180、云瑞99-601、拔地拉、柳城03-182、粤糖35号、粤甘24号、粤甘46号、桂糖02-467、桂糖29号、桂糖31号、云蔗03-103、云蔗04-241、云蔗05-49、云蔗08-2060、福农15号、福农39号、福农40号、福农1110、柳城03-1137、柳城05-136、德蔗06-24、黔蔗5号等易感病；新台糖16号、新台糖25号、粤糖86-368、粤糖93-159、粤糖96-86、粤糖00-318、粤糖34号、粤糖40号、粤糖42号、粤糖55号、粤甘26号、粤甘43号、海蔗22号、桂糖97-69、桂糖02-351、桂糖30号、桂糖06-2081、云蔗99-596、云蔗01-1413、云蔗03-258、云蔗06-80、云蔗06-

407、福农30号、福农36号、福农0335、福农09-7111、福农09-2201、赣蔗02-70、赣蔗07-538、闽糖01-77、柳城05-129、柳城07-150、柳城07-536、德蔗03-83、德蔗07-36、云瑞06-189、云瑞07-1433等较抗病。

加强引种检疫，严防病毒随种苗远距离传播　甘蔗花叶病主要以带病蔗种作远距离传播。蔗区间相互引种频繁，如不注意引种检疫，势必造成病毒随种苗远距离传播，加速扩散蔓延。因此，蔗区间相互引种、调种，必须加强引种检疫。首先，掌握蔗区病害，应尽量避免从发病区引种，从发病区引种应选择不发病田块；其次，引进的蔗种应集中繁殖，并加强对病害的监测，一旦发现病害及时销毁，控制其传播；第三，认真清除砍种留下的残留物并集中烧毁，同时对砍好的蔗种进行浸种消毒处理，以免病害扩散蔓延。

脱毒健康种苗的生产及利用　甘蔗作为用蔗茎腋芽进行无性繁殖作物，许多重要甘蔗病害都是通过种苗传播的。由于多年反复种植，极易受到种苗传播病原的反复侵染（如花叶病、宿根矮化等），造成产量和品质下降，从而导致宿根年限的缩短以及种性的退化。防止由种苗带病传播的病害，最有效的措施是繁殖、生产和推广无病健康种苗。美国路易斯安那州从20世纪60年代起便研究使用甘蔗专用种苗圃。首先使用热蒸汽消毒种苗，防治花叶病、宿根矮化病等危害，随后又转用效果更好的热水浸种消毒，之后又推广使用热水浸种消毒结合组织培养脱毒技术来获得和培育无病原种，再用原种材料繁殖建立起供应生产专用的苗圃，摆脱了花叶病、宿根矮化病和白条病对甘蔗产量和糖分造成严重损失的困扰，为整个地区甘蔗高产稳产创造了良好条件。巴西、古巴、澳大利亚、南非和菲律宾等国家十分重视脱毒健康种苗的研究、生产和推广，每个糖厂均建有自己的健康种苗生产基地，80%以上的蔗区使用健康种苗。古巴利用甘蔗茎尖培养技术结合热处理，有效防治甘蔗花叶病和宿根矮化病，使用健康种苗可增产20%～40%，蔗糖分提高0.5%；中国台湾，20世纪 90 年代初开始健康种苗的研究和利用，结果增产 30%。

其他防控措施　选用无病种苗，从无病区或无病蔗田中留种，对有病的蔗种可用温汤处理，其方法是每隔 1 天处理 1 次，每次 20 分钟，共处理 3 次，每次的温度为：第 1 次 52℃，第 2 次和第 3 次均为 57.3℃，此法可消除病毒又不伤害蔗芽。及时拔除病株、减少病毒源；及时防虫除草，消除转换寄主和传播的昆虫。及时施肥培土、合理施肥，增施有机肥、适当多施磷、钾肥，避免重施氮肥，促使蔗苗生长健壮、早生快发、增强蔗株抗病和耐病能力。重病田不留宿根、不连作，避免蔗田中套种或在蔗田附近种植玉米、高粱一类的作物，加强与水稻、大豆、甘薯、花生等非感病作物轮作，减少病毒源，改良土壤结构，提高土壤肥力，有利于甘蔗正常生长，从而增强其抗病能力。

参考文献

黄应昆，李文凤，2011. 现代甘蔗病虫草害原色图谱 [M]. 北京：中国农业出版社 .

马丁 J P，阿伯特 E V，休兹 C G，1982. 世界甘蔗病害 [M]. 陈庆龙，译 . 北京：农业出版社 .

CSIRO, 2005. Unlocking success through change and innovation: Options to improve the profitability and environmental performance of the Australian sugar industry[R]. Submission to Sugarcane Industry Assessment.

（撰稿：李文凤；审稿：黄应昆）

甘蔗黄点病　sugarcane yellow spot

由散梗钉孢引起、危害甘蔗叶片的一种真菌性病害。又名甘蔗黄斑病。

分布与危害　在甘蔗种植国家和地区广泛分布，包括阿根廷、澳大利亚、孟加拉国、巴巴多斯岛、加里曼丹岛、巴西、布隆迪、柬埔寨、喀麦隆、乍得、中国、哥伦比亚、刚果、古巴、斐济、加蓬、加纳、瓜德罗普岛、危地马拉、圭亚那、印度、印度尼西亚、日本、肯尼亚、马达加斯加、马拉维、马来西亚、毛里求斯、缅甸、新喀里多尼亚、巴拿马、巴布亚新几内亚、菲律宾、留尼汪岛、萨摩群岛、所罗门群岛、南非、斯里兰卡、坦桑尼亚、泰国、特立尼达和多巴哥、乌干达、美国和越南等。

主要危害甘蔗的叶片，造成蔗叶提早枯死，产糖量下降，在感病品种上造成的经济损失可高达 20% 以上。在中国海南临高、儋州、白沙等地种植的粤糖 93-159 上发病严重。

发病初期，受侵染的甘蔗叶片上呈现黄色小斑点，继而小斑点扩展成直径 1cm 左右的不规则黄斑或铁锈色黄斑，蔗叶下表面病斑处变红；病斑两面生有暗灰色霉层（病菌的分生孢子梗和分生孢子），蔗叶下表面尤其明显。大量病斑汇合后造成蔗叶提早枯死（见图）。

病原及特征　病原为钉孢属散梗钉孢 [*Passalora koepkei* = *Cercospora koepkei* Krüger = *Mycovellosiella koepkei* （Krüger）Deighton]。有性态为球腔菌属（*Mycosphaerella* sp. ）。分生孢子梗可生于叶片上下表面的病斑上，通常 3～10 梗丛生，浅灰色或淡褐色，顶端屈膝状，大小为 20～54μm×4.5～7.5μm，多具 3～6 个分隔。分生孢子无色、透明、多胞、纺锤形，大小为 16～47μm×4～8μm。

侵染过程与侵染循环　病菌以菌丝体在病残组织内越冬，在土中的蔗叶上可存活 3 周。条件适宜时病斑上产生分生孢子，经风雨传至蔗叶表面，分生孢子萌发后从蔗叶表面直接侵入，引发初侵染。在潮湿条件下，显症后的病斑上再次产生分生孢子，经风雨传播后进行再侵染。人工接种条件下，蔗田周围生长的一些常见杂草可被侵染而发病，单发病杂草在病害循环中的作用尚不清楚。

流行规律　潮湿天气有利于黄斑病的发生，在雨水多的季节甘蔗黄斑病发病严重。病菌菌丝体生长和孢子萌发的最适温度为 28℃。在甘蔗的中、下层老叶上发病较为严重。

自然寄主包括大茎野生种甘蔗、割手密、甘蔗野生种、芒和五节芒以及一种未鉴定的杂草。

防治方法

农业防治　砍蔗后烧毁蔗田中残留病蔗叶。降低蔗田湿度，对甘蔗进行合理的水肥管理。有条件的地方适时剥除枯死蔗叶，对易发病的蔗田在雨季及时开沟排水。合理施用氮、磷、钾肥。

选育和栽培抗病品种　病害易发区种植广东 2 号、粤糖 64/395、Co997 等。

化学防治　病害发生严重的蔗区，必要时在雨季来临前选用硫黄粉喷粉、1% 醋酸铜，或 2% 波尔多液（硫酸铜 1kg、生石灰 0.5kg、水 50kg、糖 0.5kg），或 50% 多菌灵可湿性粉剂 500～600 倍液等喷雾防治。

参考文献

黄诚华，王伯辉，2014. 甘蔗病虫防治图志 [M]. 南宁：广西科学技术出版社 .

甘蔗黄点病症状（林善海提供）

李增平，张树珍，2014. 海南甘蔗病虫害诊断图谱 [M]. 北京：中国农业出版社 .

CROUS P W, APTROOT A, KANG J C, et al, 2000. The genus *Mycosphaerella* and its anamorphs[J]. Studies in mycology, 45: 107-121.

（撰稿：林善海；审稿：沈万宽）

甘蔗黄叶病　sugarcane yellow leaf disease

由甘蔗黄叶病毒引起的、危害甘蔗生产的病毒病害。

分布与危害　病害最早于 1989 年在美国夏威夷首次发现，随后在全球 30 多个种植甘蔗的国家和地区陆续报道，在中国广西、云南、广东、海南、福建、贵州等蔗区普遍发生，在粤西蔗区存在多种病毒株系（基因型）。感病甘蔗叶片黄化、甚至枯死，引起甘蔗蔗茎和蔗糖产量减产 10% 左右，严重发病的甘蔗品种蔗茎产量减产 30%～40%，蔗糖产量减产 20%～30%。

受害甘蔗发病初期病症较早出现在上部叶片，发病中后期则主要出现在下部叶片。病症表现为叶片中脉黄化，并向两侧扩展，中脉下表皮为鲜黄色，上表皮仍是正常的白色或绿白色，有的染病品种叶片中脉两侧出现红褐色。随后，染病植株叶片从叶尖开始干枯坏死，并向下扩展，严重感病植株叶片发黄、坏死（见图）。中国蔗区一般在 9 月底至 10 月初感病植株就可表现出病害症状。

病原及特征　病原为甘蔗黄叶病毒（*Sugarcane yellow leaf virus*，SCYLV）属于黄症病毒科（Luteoviridae）马铃薯卷叶病毒属（*Polerovirus*），粒子呈二十面对称体，直径 24～29nm。SCYLV 基因组由一条单链、正性的 RNA 构成。

侵染过程与侵染循环　自然条件下，SCYLV 的传播介体为甘蔗蚜虫。带毒的甘蔗蚜虫和感病的甘蔗或蔗种材料是侵染的主要毒源，短距离的病毒传播主要是通过甘蔗蚜虫取食传播，在侵染初期，有翅甘蔗蚜虫在其他田块感病植株取食后带毒迁飞，形成初侵染源，具有随机性。当田块出现初侵染源，且植株封行后，病毒通过无翅甘蔗蚜虫移动取食为害，在田间短距离的传播，加重植株发病率，这是再次侵染，具有非随机性，只能通过相邻植株之间传播。长距离扩散则随感病植株的蔗种或种质材料引种传播。

防治与方法　种植抗病品种、推广甘蔗脱毒健康种苗是预防病害发生最经济有效的途径。水旱或与非甘蔗蚜虫寄主作物轮作、增施钾肥等方法也可以减轻病害发生。采用化学药剂防治甘蔗蚜虫，切断虫媒这一传播途径也可以起到很好防治效果。

参考文献

高三基，林艺华，陈如凯，2012. 甘蔗黄叶病及其病原分子生物学研究进展 [J]. 植物保护学报，39(2): 177-184.

中国农业科学院植物保护研究所，中国植物保护学会，2015. 中国农作物病虫害：下册 [M]. 3 版 . 北京：中国农业出版社 : 801-806.

（撰稿：高三基；审稿：沈万宽）

甘蔗黄叶病症状（高三基提供）

甘蔗轮斑病　sugarcane ring spot

由甘蔗小球腔菌引起的一种甘蔗叶片常见真菌性病害。

分布与危害　在世界甘蔗种植国家和地区广泛分布。

主要危害甘蔗的叶片，也能侵染叶鞘或蔗茎，通常较老的蔗叶易受侵染。该病未能对甘蔗的生产造成明显的经济损失。发病初期，受侵染的下部蔗叶呈现暗绿色或褐色斑块，周围具一狭窄的黄晕圈；斑点扩展后形成椭圆形草黄色病斑，边缘红褐色至深褐色，有时不整齐，后期在老病斑中央散生小黑点（病菌的子囊果和分生孢子器）（见图）。

病原及特征　病原无性态为叶点霉属的高粱叶点霉（*Phyllosticta sorghina* Sacc.），有性态为小球腔菌属的甘蔗小球腔菌（*Leptosphaeria sacchari* Breda de Haan）。分生孢子器扁球形，黑色，直径 62～130μm。分生孢子长椭圆形，无色透明，单胞，大小为 9～13μm×3～4μm。子囊果圆形或半球形，褐色，具乳头状短颈，大小为 135～150μm×142～170μm；子囊圆筒形，基部略小，大小为 56～85μm×11～15μm，内含双行排列的 8 个子囊孢子；子囊孢子长椭圆形，无色，大小为 20～23μm×5～6μm，多胞，具 3 个隔膜，分隔处缢缩。

侵染循环与发生规律　病菌以子囊果在病组织中越冬。在甘蔗生长季节条件适宜时，病组织上产生子囊孢子，经风雨传播侵染叶片，显症后不断产生分生孢子进行再侵染。温暖潮

甘蔗轮斑病症状（林善海提供）

湿的季节有利于轮斑病的发生。病菌生长的适宜温度为 28℃。具有较多印度蔗遗传基因的甘蔗品种感病，如 F.180 高感。

甘蔗轮斑病每年在多雨潮湿的季节发生，以甘蔗老叶上发生较为严重。

目前为止，甘蔗是该病菌的唯一自然寄主。

防治方法

农业防治　清洁蔗田。有条件的地方，砍蔗后烧毁蔗田中残留的病蔗叶，减少初侵染源。选育和栽培抗病品种，加强田间管理，增强蔗株抗病力。及时清除再侵染源。在发病初期及时剥除病叶烧毁，减少再侵染源。

化学防治　历年易发病的蔗田，在发病初期选用 1% 波尔多液，或 70% 代森锰锌可湿性粉剂等药剂喷雾防治。

参考文献

黄诚华，王伯辉，2014. 甘蔗病虫防治图志 [M]. 南宁：广西科学技术出版社 .

李增平，张树珍，2014. 海南甘蔗病虫害诊断图谱 [M]. 北京：中国农业出版社 .

（撰稿：林善海；审稿：沈万宽）

甘蔗梢腐病　sugarcane Pokkah boeng

由串珠镰孢引起的、危害甘蔗生长点的一种真菌病害，是世界甘蔗种植区普遍发生的甘蔗病害。

发展简史　1896 年，最先在印度尼西亚爪哇岛发现，因此命名为 "Pokkah boeng"。1927 年梢腐病在爪哇发生流行，使感病品种 POJ2878 受到严重危害，引起 10% ～ 38% 的蔗茎枯死。1927 年 Bolle 等首次分离获得了甘蔗梢腐病病原菌，并将其鉴定为 Fusarium moniliforme Sheld.（串珠镰孢）。之后的研究表明能够引起梢腐病的镰刀菌种类繁多。早期，世界各植蔗国时有甘蔗梢腐病发生的报道，但除爪哇以外，大多数是甘蔗实生苗受害而不是生产品种。目前，甘蔗梢腐病是甘蔗生产中主要病害之一。

分布与危害　现在已有 78 个国家的地区报道有甘蔗梢腐病发生。在中国广东、广西、福建、台湾、云南、四川、湖南、江西等地均有发生甘蔗梢腐病的记载。一般为零星发生，给甘蔗生产造成的威胁不大，但 1989 年在广东的珠江三角洲蔗区，梢腐病突然暴发，侵袭粤糖 57-423 和粤糖 54-176 等主栽品种，危害面积达 900hm²，受害蔗株的株高较健康株平均短 30 ～ 60cm，受害蔗田平均减产 10 ～ 30t/hm²，甘蔗糖分降低 0.56 个百分点，重力纯度降低 3 个百分点左右，发病严重的造成梢头部腐烂和大量长出侧芽，甘蔗糖分降低达 3 个百分点，重力纯度下降 7 个百分点。2000 年以来，随着新台糖系列品种在中国大陆蔗区的推广应用，梢腐病发生与危害有逐年加重的趋势。

该病主要发生在蔗茎的梢部和叶片，感病后引起腐烂，故名梢腐病。甘蔗梢腐受害心叶呈梯形凹凸扭曲，并有纵裂，梢头部的叶片常缠在一起变形，有明显褐色皱纹。叶缘和叶尖有红色或黑色的病斑，呈烧焦状态。生长点受害时，引起顶端腐烂及幼轴坏死，有时腐败发出恶臭，蔗茎停止生长，侧芽大量萌发，或者整株枯死。病部呈褐色，上方有时有淡红或淡黄色的粉霉状物，有时还有黑色小点。早期症状为幼叶基部出现褪绿黄化的斑块，在斑块上会出现红褐色或黑褐色的小点或条纹，后条纹裂开，呈纺锤状裂口，裂口边缘呈现锯齿状。叶片的基部较正常叶狭窄，叶片显著皱褶、短缩。病叶老化后，病部呈现不规则的红点及红条，有些变红的组织形成不规则的眼形或菱形穿孔，有些形成边缘带暗褐色排列成梯形的病斑，叶缘、叶端也形成暗红褐色至黑色不规则形的病斑，有的叶片展开受阻，顶端出现打结状。如果仅叶片染病，植株一般可恢复生长；若叶鞘染病，则生有红色坏死斑或梯形病斑。如病菌通过生长点侵入蔗茎的梢头部，蔗茎的内外部均出现症状，纵剖后具有很多深红色条斑，节部条斑呈细线状，有的节间形成具横隔的长形凹陷斑，似梯状。病部发生在茎的一侧时，造成蔗茎弯曲。发病最严重时，梢头腐烂，形成梢腐，生长点周围组织变软、变褐，心叶坏死，使整株甘蔗枯死。有些品种侧芽亦很少萌发（见图）。

病原及特征　病原有性态为藤仓赤霉［Gibberella fujikuroi（Sas.）Wollenw.］。其子囊壳偶尔在寄主病斑表面出现，呈球形或卵形，蓝紫色。子囊呈棍棒状，微弯，无色，内生子囊孢子 8 个。子囊孢子呈长椭圆形，双细胞，分隔处缢缩。无性态为串珠镰孢（Fusarium moniliforme Sheld.），菌丝纤细无色，分枝不规则，有时数条菌丝组合成孢梗束。无性阶段的分生孢子有两种，即小型分生孢子和大型分生孢子。小型分生孢子串生在分生孢子梗的顶端，长卵形，大小为 6.5 ～ 11μm×2.8 ～ 3.5μm，无隔膜，串生。大型分生孢子着生于气生菌丝或分生孢子座里，微弯曲，呈镰刀状，大小为 30 ～ 65μm×3.5 ～ 4.2μm，具 3 ～ 7 个隔膜。

侵染过程与侵染循环　甘蔗梢腐病菌分生孢子落到感病甘蔗植株幼嫩叶片上，遇合适的温、湿度条件，分生孢子萌发长出菌丝，菌丝沿着幼嫩叶片边缘穿透内部组织的软角质层，其后菌丝侵染薄壁状细胞，蔓延至嫩茎维管束，最终导致叶片扭曲变形，蔗茎出现阶梯状病变。

甘蔗梢腐病的初侵染来源主要是带病种苗、病株及腐生在土表上的病残枯株。病原菌的分生孢子通过气流、雨水等在田间进行传播扩散，落在梢头心叶上的分生孢子，在适宜

甘蔗梢腐病症状（沈万宽提供）

①早期症状；②中期症状；③后期症状

的温湿度条件下萌发出芽管，侵入甘蔗幼嫩叶部，进而侵染蔗株的生长点，导致蔗株发病。病部产生的分生孢子经传播蔓延后又对植株进行再侵染。

流行规律　高温高湿、长期干旱后遇雨水或灌水过多的情况下容易诱发梢腐病，甚至于导致该病害大面积暴发流行。偏施、重施氮肥的蔗田比氮磷钾合理配施的蔗田发病重。植株组织柔嫩，生长过快的植株发病重。

防治方法　甘蔗梢腐病的发生和流行与品种感病性、菌源、致病力分化和气候条件等密切相关，因素复杂，因此，需采取以选育抗病良种为主、栽培和药剂防治为辅的病害综合治理措施。

选用抗病良种　在甘蔗生产中要因地制宜地选用抗病品种。较抗梢腐病的品种有桂糖 11 号、桂糖 17 号、粤糖 63-237、粤糖 93-159、粤糖 00-236、CP80/1827 和新台糖 22 号等；感病品种主要有新台糖 1 号、新台糖 10 号、新台糖 16 号、新台糖 20 号、新台糖 23 号及福农 28 号等。

农业防治　①合理施肥。采用配方施肥技术，注意氮、磷、钾肥合理配合施用，避免偏施、过施氮肥。②整修排灌系统，及时排除蔗田积水，促使甘蔗正常生长，增强抗病力。③加强栽培管理，及时剥去老叶，清除无效分蘖，挖除病株并集中销毁。甘蔗收获后，及时清洁蔗园，清除蔗地病叶残株并集中烧毁，以减少初侵染源。④合理轮作。发病严重的蔗田要注意轮作，特别是不要与此病原菌中间寄主轮作。⑤不在发病蔗地留种，尤其不留感病植株的蔗茎做种，以减少病原菌初次侵染来源。

化学防治　①种茎（苗）消毒。用 50% 多菌灵、百菌清或甲基托布津 1000 倍液，也可用 50% 苯来特 500 倍液浸种 5～10 分钟，有一定的防治效果。②喷药防治。在高温多雨季节，生长旺盛的蔗地，发病初期喷药防治。可用 1：1：100 倍式波尔多液，或 50% 苯菌灵可湿性粉剂 1000 倍液，或 75% 百菌清可湿性粉剂 700 倍液，或 66.8% 霉多克 1：1500 倍液，或 39% 恶甲霜 1：800～1000 倍液，喷心叶，隔 7～10 天 1 次，连续防治 2～3 次。选用晴天用药，如喷后 24 小时内遇大雨需补喷 1 次。

参考文献

安玉兴，管楚雄，2009. 甘蔗病虫及防治图谱 [M]. 广州：暨南大学出版社 .

中国农业科学院植物保护研究所，中国植物保护学会，2015, 中国农作物病虫害 [M]. 3 版 . 北京：中国农业出版社 .

（撰稿：沈万宽；审稿：陈健文）

甘蔗线虫病　sugarcane nematodes

一种极难防治的土传病害，是影响甘蔗生长和产量的重要病害之一。

发展简史　1885 年，爪哇的 Treub 在寻找息列病病因的时候发现了蔗根线虫，并将其称为爪哇异皮线虫（*Heterodera javanica = Meloidogyne javanica javanica* Chitwood），这是甘蔗寄生线虫最早的记录。

分布与危害　寄生在甘蔗上的线虫，在全世界甘蔗种植地区分布广泛。

危害症状地上部分症状很容易与因营养不良或根系不完全所引起的症状类似，不容易确认，主要症状有：①失绿。蔗叶叶尖干枯，蔗叶失绿变黄，蔗株表现为营养不良。②矮化。受害植株出现矮化或节间缩短，叶片变细，生长缓慢，这种情况在甘蔗苗期比较明显。③凋萎。凋萎现象一般在当天蒸腾压高峰或长期缺水期间才可察觉。地下部分症状：①根瘤。由根结线虫侵染引起，最常见的是靠近主根根尖处膨大成小椭圆形球状物。②根伤。由线虫穿入根部引起线条状的伤痕，伤痕开始时肉桂色，后呈红紫色，最后变为紫黑色。伤痕的色泽因其他病原菌的再次侵染而颜色加深。③蔗根粗短。这是由于侧根刚从主根长出即被线虫吃食，结果根群中几乎没有侧根。④根的表面坏死。这是由多种不同的迁移性线虫取食根表引起的（见图）。

甘蔗线虫病主要危害甘蔗的根部，在宿根种植和长期连作的蔗地中，危害比较普遍严重。

甘蔗线虫除了单独危害甘蔗以外，还可以与真菌和细菌协同侵染而形成复合病害，导致产量和品质下降。

病原及特征　危害甘蔗的线虫主要有 8 类：螺旋线虫（*Helicotylenchus* spp.）、矮化线虫（*Tylenchorhynchus* spp.）、根腐线虫（*Pratylenchus* spp. 有些文献中也叫短体线虫）、根结线虫（*Meloidogyne* spp.）、剑线虫（*Xiphinema* spp.）、穿孔线虫（*Radopholus* spp.）、肾状肾形线虫（*Rotylenchus* spp.）和毛刺线虫（*Trichodorus* spp.）。中国以前面 4 种较常见，而矮化线虫最为主要。矮化线虫属的虫体圆筒形，侧区有 2～5 条侧线，有时侧区有网格。口针粗大，口针长 15～30μm，基部球发达。雄虫与雌虫体型相似，雄虫的尾部略弯曲，雌虫的尾部呈圆形或圆锥形。

侵染过程与侵染循环　矮化线虫以成虫、幼虫及卵在宿根蔗蔗根和根际土壤中越冬，为该病的初次侵染源。当宿根蔗或当年播种的蔗茎长出新根，幼虫触到时，立即用口针刺入幼根表皮取食，营根外寄生生活，同时向蔗根注入其毒分泌物，使蔗根细胞液化而坏死，甘蔗生长受到抑制。在某些条件下，矮化线虫会进入根内，转为内寄生。矮化线虫大多在根际土中交配产卵，该线虫适宜的生长发育温度为 18～28℃，完成 1 个世代需 22～28 天。成虫寿命为 46～55 天。线虫在根际的自行很慢，一年时间最大移动范围不超过 95cm，因此，该病的远距离传播通常借助于流水、病土搬运、农机具粘带碎病根的蔗种等。

流行规律　甘蔗线虫病终年都可发生，3 月底至 4 月初有 1 次发生高峰期。宿根和连作是积累病原线虫的主要原因，因而宿根年限越长，连作次数越多，受害越严重。

防治方法

农业防治　种植抗病品种。通过轮作、增施有机肥或石灰的方法改良土壤、做好蔗园的清洁卫生，清除田间杂草和病株残体、深耕晒垡等农业措施，创造利于蔗株而不利于线虫繁殖的环境条件，从而控制线虫的发展。

化学防治　在新植蔗播种或宿根蔗破垄松蔸时，使用 10% 克线丹颗粒或 10% 力满库颗粒剂等，用量约为 60kg/m²，撒施于种植沟或蔗根旁，然后覆土。

生物防治　利用天敌生物防治甘蔗线虫，符合环保和健康要求，因此，尽管中国用于防治甘蔗线虫的生物农药有很多还处于试验阶段，但仍然具有广阔的应用前景。

参考文献

安玉兴，管楚雄，2010. 甘蔗病虫及防治图谱 [M]. 广州：暨南大学出版社.

冯志新，2001. 植物线虫学 [M]. 北京：中国农业出版社.

黄诚华，王伯辉，2014. 甘蔗病虫防治图志 [M]. 南宁：广西科学技术出版社.

马丁 J P，阿伯特 E V，休兹 C G，1982. 世界甘蔗病害 [M]. 陈庆龙，译，北京：农业出版社.

魏吉利，黄诚华，商显坤，等，2012. 广西甘蔗线虫种类及分布 [J]. 南方农业学报，43(2): 184-186.

WANG H H, ZHUO K, YE W M, et al, 2015. Morphological and molecular charaterisation of *Pratylenchus parazeae* n. sp. (Nematoda: Pratylenchidae) parasitizing sugarcane in China[J]. European journal of plant pathology, 143:173-191.

（撰稿：陈健文；审稿：沈万宽）

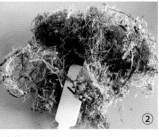

甘蔗线虫病根部症状（陈健文提供）
①示伤口；②示根瘤

甘蔗宿根矮化病　sugarcane ratoon stunting disease

由杆状细菌引起的、危害甘蔗茎部微管束的一种细菌病害，是世界上主要甘蔗种植区最重要的病害之一。

发展简史　1944—1945 年，首先在澳大利亚昆士兰甘蔗品种 Q28 上发现，对其病原的鉴定起初认为是一种病毒病害。1984 年，鉴定其病原为一种寄居于木质部的较难培养的细菌（*Clavibacter xyli* subsp. *xyli*），2002 年，变更为木质部赖氏杆菌（*Leifsonia xyli* subsp. *xyli*）。1986 年中国大陆首次报道了甘蔗宿根矮化病的存在。

分布与危害　广泛发生于世界各植蔗国和地区。中国各植蔗地区也普遍存在，是中国经济危害性最严重的甘蔗病害之一。

甘蔗宿根矮化病的发病植株在外观上无典型的外部症状。染病后的植株矮小、茎径较细、生长迟滞、宿根发株少。病蔗对土壤缺水很敏感，所以当遇到干旱天气时生长更为迟滞。病情严重的植株会出现凋萎症状，叶尖或叶缘干枯；若灌溉水充足则会掩盖其外表症状，并能减少损失。在幼茎梢头部生长点之下 1cm 左右的节部组织变成橙红色。橙红色的深浅常因甘蔗品种的不同而异。有些品种染病后不一定表现为橙红色变色。

在成熟蔗茎的节部维管束变色，颜色可从黄色到橙红色直至深红色（见图）。从地面数 1～10 节，特别是 3～8 节最容易看到。在蔗株的纵剖面上可见到变色的维管束呈圆点状、逗点状或延伸成短条状；在横剖面则可见到红色的维管束作圆点状或条纹状，红色条纹由茎的中央向叶痕部位呈放射状伸出。这些变色的维管束仅限于节部，绝不延伸至节间。变色维管束的多少、颜色的深浅，随品种和株龄的不同而不同。但有些染病蔗株可能并不呈现这种内部症状。

甘蔗宿根矮化病在干旱地区造成的损失尤其严重，病害造成损失的程度随宿根年限的增加而增加。一般新植蔗减产 10%～15%，宿根蔗减产 20%～30%，严重的蔗田甚至失收，甘蔗糖分损失 0.5% 左右，宿根年限缩短 1～2 年，严重时甚至不能保留宿根。

病原及特征　由一种棒状菌属细菌——木质部赖氏杆菌（*Leifsonia xyli* subsp. *xyli*）引起。病菌存在于病蔗的维管束中。菌体呈直线或微弯的细长棍棒状，偶尔有分枝，薄壁，有时一端膨大，内有 1 个或 1 个以上的间体，常有隔膜。病原细菌在蔗株分布不均匀，蔗茎基部含菌量较高，往上逐渐减少，叶片、叶脉和叶鞘含菌量极少。

侵染过程与侵染循环　种传病害，病原菌可长期存活于作种苗的茎中或宿根蔗头中，在下一个生长周期开始时，带菌的种苗或蔗头便可长出带菌的植株。病原细菌寄居于蔗茎微管束中，影响蔗株水分、营养元素的运输。

流行规律　通过蔗种或收获工具，如蔗刀、收获机械等传播蔓延。切割过患病蔗株的蔗刀或收获机械在收获健康蔗株或斩蔗种时，即将病菌传播到健康蔗株或蔗种上。土壤、甘蔗根系的接触或叶片的摩擦均不会传播此病。宿根蔗、干旱缺水的田块甘蔗宿根矮化病发生加重。

防治方法　甘蔗宿根矮化病主要通过种苗及收获工具传播，因此，种苗脱菌及收获工具消毒处理等是防治甘蔗宿根矮化病的主要措施。

种苗的热处理　热水处理。用 50℃ 热水浸种 2 小时，以双芽苗为佳。此法的缺点是蔗芽易受损害，特别是一些不耐热的品种，对其萌芽率有较大的影响。热空气处理：热空气处理的设备是大型的电热鼓风恒温箱，温度和时间分别是

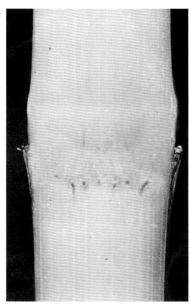

甘蔗宿根矮化病（沈万宽提供）

54～58℃、8 小时。此法优点是设备简单，不易伤及蔗芽；缺点是费时，且蔗种极易失水。故必须采用全茎苗进行处理，不可斩成双芽苗。混合空气蒸汽处理。把蒸汽和空气混合后输入处理箱中，使箱中的温度保持在一定的恒温（53℃ 或 54℃）下处理 4 小时。此法避免了上两种方法的缺点。

建立无病苗圃　将经过热处理的种苗集中种植，并对耕作刀具消毒，为大面积生产提供无病种苗。刀具的消毒可用 70% 的酒精擦拭，也可用火焰灼烧。

农业防治　在砍种过程中，砍蔗刀及耕作机具要与其他品种的操作工具分开，分别使用，经常进行消毒处理，并及时消灭田间啮齿类动物。利用不携带病原的茎尖分生组织经组培工厂化快速繁育后，可获得大量的脱毒健康组培苗，再经一级、二级种苗繁育后可获得健康种茎，供大田生产。为防止经过热处理及原来健康的蔗种再度受宿根矮化病的侵染，必须彻底清除蔗田的再生蔗，一切用具如砍蔗刀、播种机等使用前必须用沸水、蒸汽或火烤进行消毒。下种前深耕，精细整地，施足基肥；下种后及时追肥，防止干旱，使甘蔗增强抗病力。

消灭田鼠和其他咬食甘蔗的啮齿类有害动物，防止病菌传播。

参考文献

安玉兴，管楚雄，2009. 甘蔗病虫及防治图谱 [M]. 广州：暨南大学出版社.

中国农业科学院植物保护研究所，中国植物保护学会，2015, 中国农作物病虫害 [M]. 3 版. 北京：中国农业出版社.

（撰稿：沈万宽；审稿：陈健文）

甘蔗锈病　sugarcane rust

由黑顶柄锈菌引起褐锈病和屈恩柄锈菌引起黄锈病的世界性甘蔗重要病害之一。

发展简史　甘蔗锈病最早于 1890 年在爪哇岛发现。在印度，自 1949 年以来经常发生流行，主栽品种印度 475 因高度感病而被迫取消栽种。20 世纪 70 年代后，在加勒比海地区（古巴、牙买加等）、澳大利亚、美国、墨西哥、印度、泰国和非洲的毛里求斯等植蔗国家和地区普遍发生，并多次暴发流行。中国于 1977 年首次发生甘蔗锈病，当年台湾主栽品种台糖 176 受锈病严重危害；1982 年，云南调查发现甘蔗锈病在昌宁、耿马等局部蔗区零星发生，之后福建、广东、四川、江西、广西、海南等蔗区也先后报道，目前甘蔗锈病已遍及中国各主产蔗区。

分布与危害　根据症状和病原特征，甘蔗锈病分为两种类型，即由黑顶柄锈菌引起的甘蔗褐锈病和由屈恩柄锈菌引起的甘蔗黄锈病。黑顶柄锈菌是流行性的，常常引起病害大发生流行，其广泛分布在爪哇岛、印度、中国、澳大利亚、非洲、南美洲和北美洲等地区；屈恩柄锈菌是突发性的，重要性不大，不致扩展为流行性的规模，分布范围相对较窄，主要分布在印度、澳大利亚、美国和拉丁美洲等国家和地区。2014 年，屈恩柄锈菌在云南蔗区首次报道，广西局部蔗区

有分布。

甘蔗锈病主要发生在叶片上。病叶上最早的症状为长形黄色小斑点，叶片上下两面均可见。斑点的大小主要在长度方面增大，色泽变褐色至橙褐色，周围有一窄小的黄色晕环。后期病斑由于形成夏孢子堆而呈现脓疱状。夏孢子堆大多在叶片下表皮，夏孢子堆在压力作用下胀破表皮释放出高密度的橙色夏孢子，最后病斑变黑色，其周围叶组织坏死。此病严重时，叶上出现大量病斑，病斑合并而形成大幅不定形的坏死区域，结果蔗叶未熟先死，甚至嫩叶也是这样（见图）。锈病发病严重的田块，一般减产15%～30%，重的可达40%以上，蔗糖分降低10%～36%。

病原及特征 甘蔗锈病是真菌性病害，由黑顶柄锈菌（*Puccinia melanocephala* Sydow. et P. Sydow）［异名蔗茅柄锈菌（*Puccinia erianthi* Padw. et Khan）］引起褐锈病，由屈恩柄锈菌（*Puccinia kuehnii* Butler）引起黄锈病，两种病原菌均属双孢锈属，是一种专性寄生菌。黑顶柄锈菌夏孢子球形或倒卵形，褐色至深褐色，表面密布小刺，壁四周均匀加厚，大小为 20～40μm×13～25μm，芽孔多为 4 个，偶为 5 个；侧丝较多，无色，匙形。冬孢子双细胞，分隔处有明显缢缩，上端深褐色，下端淡褐色，顶壁常加厚，棍棒状，具短柄，大小为 28～45μm×10～20μm。屈恩柄锈菌夏孢子梨形或倒卵形，金黄色至淡栗褐色，表面具稀疏小刺，壁顶端显著加厚 10μm 或更多，大小为 25～50μm×16～35μm，具芽孔 4～5 个；无明显侧丝。冬孢子双细胞，深褐色，壁光滑，长椭圆形或棍棒形，较细长，大小为 30～56μm×15～22μm。夏孢子与水膜接触萌发甚快，干燥条件下夏孢子存活时间短，萌芽率低，最适温度为 20～25℃，在 10～29℃时常发芽，在凉爽的条件下保持活力达 5 个星期，但气候炎热时则很快丧失活力。

侵染过程与侵染循环 病株上残留的病叶和其他中间寄主是主要的侵染来源。由风吹水溅使夏孢子从夏孢子堆迁移到新的侵染位置而发生。病菌只能在寄主的组织上存活，寄主主要是甘蔗和其他多年生禾本科植物，因此，只有活的寄主植物才是该病的首次侵染源。

流行规律 甘蔗锈病发生和温湿度有密切的关系，平均温度在 18～26℃易发生流行。云南德宏、西双版纳蔗区一般在每年 5 月起，气温非常适合此病流行。但高温不利于夏孢子存活萌发，病菌孢子必须与水膜接触才能萌发，孢子堆的形成也需要较高的相对湿度，雨多、露水重、湿度大病害容易发生流行。管理不善、土壤贫瘠、甘蔗生长较差的田块锈病发生较重。

防治方法

选种抗病品种 避免栽种感病品种或暂缓栽种感病品种，这是最经济有效的防治锈病措施。

选蔗 3 号、闽糖 69-421、Q124、P44、桂糖 15 号、桂糖 17 号、桂引 9 号、新台糖 26 号、新台糖 28 号、台糖 90-7909、粤糖 60 号、粤甘 35 号、粤甘 39 号、粤甘 42 号、桂糖 31 号、云蔗 99-599、云蔗 06-407、云蔗 08-1278、云蔗 09-1134、福农 94-0304、福农 15 号、福农 30 号、福农 39 号、福农 40 号、福农 1110、福农 07-2020、柳城 03-1137、德蔗 03-83、德蔗 05-77、德蔗 09-84、云瑞 99-155 等易感病；新台糖 10 号、新台糖 16 号、新台糖 20 号、新台糖 25 号、粤糖 86-368、粤糖 93-159、粤糖 00-236、粤糖 00-318、桂糖 02-467、桂糖 29 号、云蔗 99-91、云蔗 99-596、云蔗 01-1413、云蔗 03-194、云蔗 05-49、云蔗 05-51、福农 36 号、福农 38 号、柳城 05-129、柳城 05-136、柳城 07-536 等较抗病。

农业防治 加强水肥管理，防止积水、降低田间湿度；合理施肥，增施有机肥，多施磷、钾肥，增强蔗株抗病能力；剥除老叶，间去无效病弱株，及时防除杂草，使蔗田通风透气，降低蔗田湿度；及时割除发病严重的病叶，减少传播；甘蔗收获后及时清除病株残叶，压低田间菌源。

化学防治 要加强对常发区病情监测，发病初期能够及时喷药防治，减少菌量，控制流行。可用 0.5%～1% 波尔多液、97% 敌锈钠原粉和 65% 代森锌、12.5% 烯唑醇或 75% 百菌清等可湿性粉剂 500～600 倍液加 0.2%～0.3% 磷酸二氢钾溶液（300～500 倍液）叶面喷雾，7～10 天喷 1 次，连喷 2～3 次，喷药时需做到叶面、叶背喷洒均匀。

参考文献

黄应昆，李文凤，2011. 现代甘蔗病虫草害原色图谱 [M]. 北京：中国农业出版社.

CSIRO, 2005. Unlocking success through change and innovation:

甘蔗锈病症状（黄应昆提供）
①病叶；②病株；③病田

Options to improve the profitability and environmental performance of the Australian sugar industry[R]. Submission to Sugarcane Industry Assessment.

RAID R N, COMSTOCK J C, 2000. Common rust[M]//Rott P, Bailey R A, Comstock J C, et al. A guide to sugarcane diseases. Montpellier: CIRAD and ISSCT.

（撰稿：黄应昆；审稿：李文凤）

甘蔗眼点病　sugarcane eye spot

由甘蔗平脐蠕孢菌引起的、主要危害甘蔗叶片的一种真菌病害，是世界甘蔗种植区普遍发生的病害。又名甘蔗眼斑病、甘蔗赤斑病。

发展简史　初期的研究于1890—1899年期间在印度尼西亚爪哇岛进行。因为病痕为细长状，1890年，Kruger把这种主要是叶上的斑点病称为眼点病。1892，van Breda de Haan将其病原菌当作一新种，命名为*Cercospoca sacchari*（甘蔗尾孢）。1928，法利士将甘蔗眼点病病原菌暂定名为*Helminthosporium ocellum* n. sp.（眼点长蠕孢）。之后，普遍认为其病原菌是*Helminthosporium sacchari*（van Breda de Haan）Butler（甘蔗长蠕孢）。目前，公认为是甘蔗平脐蠕孢[*Bipolaris sacchari*（Butler）Shoemaker]，异名*Helminthosporium sacchari*（Butler）、*Drechslera sacchari*（Butler）Subram. Jain。

分布与危害　甘蔗眼点病现已发展成为一种世界性危险性甘蔗病害。在美国、澳大利亚、古巴、巴西、印度等甘蔗糖业主要生产国均有该病发生的记载。在中国台湾、广东、广西、福建、云南、四川、江西、海南及湖南等地蔗区均有发生。

甘蔗眼点病主要危害叶片，但发病严重时亦可侵染甘蔗植株的顶部即生长点，造成梢状腐烂。发病初期在嫩叶上出现水渍状小点，4～5天后纵向扩展成长5～12mm、宽3～6mm的长圆形病斑，其长轴与叶脉平行。病部中央呈红褐色，四周具草黄色狭条晕圈，形状似眼睛，故称眼点病（见图）。随后，病斑顶端出现一条与叶脉平行的条纹，这些条纹都向叶尖处扩展延伸，很少向叶鞘伸展，颜色初呈草黄色，后变为红褐色，长60～90mm，宽度亦比原来眼斑略大，群众称之为"黄鳝斑"。后期多个病斑及条纹连合，造成大片叶组织枯死。在适宜条件下，病斑上出现暗色霉状物，此乃分生孢子梗和分生孢子。条件适宜或一些不抗病的品种，其心叶及梢部发生急性型或梢腐型眼点病，整个蔗田一片黄枯，产量和糖分损失严重，甚至失收。眼点病是传播速度特别快、经济危害性较重的甘蔗病害，除了影响甘蔗产量外，也影响甘蔗糖分质量。

病原及特征　病原为甘蔗平脐蠕孢[*Bipolaris sacchari*（Butler）Shoemaker]，异名*Helminthosporium sacchari*（Butler）、*Drechslera sacchari*（Butler）Subram. Jain。该菌的有性态至今未发现。分生孢子梗单生，顶端呈屈膝状，黄褐色。分生孢子顶生，圆筒形，两端圆钝，略显纺锤形，稍弯曲，橄榄绿色至棕色，具隔膜3～11个，大小为40～114μm×9～18μm。病菌生长温度为20～32℃，最适温度为27～32℃。孢子形成的适温为20～25℃，32℃时不产生孢子。分生孢子在水中浸0.5～2小时便萌芽，每孢皆可长出芽管，但一般由两端的细胞先萌发。该病原菌除寄生于甘蔗外，也寄生于香茅、紫狼草等。

侵染过程与侵染循环　甘蔗眼点病菌孢子落到感病甘蔗植株的叶片上，遇合适的温、湿度条件即萌发形成芽管，并通过气孔或穿透巨型细胞进入叶中，长出菌丝，菌丝从开

甘蔗眼点病症状（左）和田间群体危害状（右）（沈万宽提供）

始侵入的地方侵入细胞间或细胞中，向叶的上方和下方以及侧面生长，并产生毒素形成病斑。

甘蔗眼点病主要危害叶片，蔗种传病的可能性很小。在春植蔗和秋植蔗兼种的地区，终年有甘蔗生长，病菌相互传播，不存在越冬问题。分生孢子的抗旱性很强，能在叶片上度过旱季，待雨水或潮湿天气来临时可萌发而侵染甘蔗，在单一春植蔗地区，病菌可在上季遗留于田间的病株残余上越冬，成为初侵染源。病斑上产生的大量分生孢子主要由气流传播，也可以借助人、畜和农具传播，形成再侵染。分生孢子落在甘蔗叶片上，遇到雨水或露水 2 小时便开始萌发芽管，从叶片的气孔或直接穿透泡状细胞入侵，寄主感染后30～48 小时，即发生淡黄色水渍状斑。数日后开始产生分生孢子梗和分生孢子，进行重复侵染。幼嫩的叶片比老的叶片更易受到侵染。

流行规律 在高温、高湿且持续时间长或连续阴天多、晨雾重的天气条件下，再加上重施氮肥，甘蔗眼点病极易暴发、流行。在广东蔗区，甘蔗眼点病从 4 月开始发生至 7～8 月发病高峰期；在云南德宏蔗区，眼点病一年内有 2 个发病高峰期，第一高峰期是 4 月底至 5 月初，第二个高峰期在10～11 月。在适宜条件下，病菌繁殖快，侵染周期短，5～7 天菌体即可在病斑内发育并产生大量分生孢子，进行重复侵染。同一品种施氮肥水平低、植株生长缓慢的比施氮肥水平高、植株生长迅速的发病轻。秋植蔗发病比冬植蔗严重，而冬植蔗发病又比春植蔗严重。

防治方法 甘蔗眼点病的发生和流行与品种感病性、菌源、气候条件等密切相关，因素复杂，因此，需采取以选育抗病良种为主、栽培和药剂防治为辅的病害综合治理措施。

选用抗病良种 通过人工接种或自然感染的方法进行抗病性筛选，淘汰感病品种。对眼点病抗病的品种有粤糖63-237、粤糖 85-177、海蔗 4 号、Triton、台糖 134、新台糖 20 号、粤糖 91-976、CP89-2143、CP88-1672 等；中抗病品种有新台糖 10 号、新台糖 16 号、新台糖 22 号、粤糖 93-159、粤糖 94-128、粤引 9 号等；感病品种有粤糖 57-423、Co419 等。

农业防治 ①改变植期。合理布局甘蔗植期，眼点病流行的蔗区应尽量减少秋植蔗，特别是感病品种，而改秋植为冬植，大力推广春植蔗。这样可避开眼点病发病期，减少损失。②合理施肥。在眼点病流行前或流行期间避免重施氮肥，适当增施钾肥、磷肥以增强甘蔗的抗病力。③去除干枯的病叶、老叶和无效分蘖，既可有效减少侵染源，也可使蔗田通风透光，减少发病。④在该病流行的蔗区暂停留宿根蔗。⑤在低湿蔗地，要加强田间排水工作，防止田间积水，降低田间湿度，使其不利于病原菌的侵染。

化学防治 于发病初期可用 1∶1∶100 倍式波尔多液或500～1000 倍液的 2% 春雷霉素或 75% 百菌清可湿性粉剂或50% 多菌灵可湿性粉剂 500～800 倍液喷洒蔗叶，每 7～10 天喷施 1 次，喷 2～3 次，可抑制病情发展。

参考文献
安玉兴，管楚雄，2009.甘蔗病虫及防治图谱 [M].广州：暨南大学出版社.

中国农业科学院植物保护研究所，中国植物保护学会，2015.中国农作物病虫害 [M].3 版.北京：中国农业出版社.

（撰稿：沈万宽；审稿：陈健文）

甘蔗叶焦病 sugarcane leaf scorch

由甘蔗壳多孢引起的、危害甘蔗叶片的真菌性病害。又名甘蔗叶烧病、甘蔗焦枯病。

分布与危害 主要分布在中国台湾、菲律宾、阿根廷、孟加拉国、古巴、斐济、印度、印度尼西亚、日本、尼日利亚、巴拿马、巴布亚新几内亚、南非、泰国、委内瑞拉和越南。在中国大陆，尤其是广西蔗区发生较为普遍。

由叶焦病导致的甘蔗损失根据气候及栽培品种而异。感病并仅剩 4 张绿叶的 Co29 品种减产 17%，产糖量减少13%。而菲律宾的 H37-1933 产糖损失为 10%～30%，高感品种 Phi16111 大约减产 25%。在印度尼西亚，甘蔗品种SP70-1284 在种植 5 个月和 8 个月时感染叶焦病可分别引起产糖损失 36.5% 和 16.8%。

该病多发生于已展开的叶片上，最初产生分散、狭窄的淡褐色条斑，后转为红褐色，条斑周围淡黄色，呈纺锤形条纹，沿中脉延伸扩大。多数条纹合并扩大，整片叶片枯死，形似火烤。在病死的枯叶上、下表皮有许多黑色小点，为病原菌的分生孢子器。老叶染病初时所产生的斑点，通常不发展为条状斑。叶鞘少有染病（见图）。

甘蔗叶焦病（林善海提供）

病原及特征 已报道的病原有 2 种：*Stagonospora sacchari* Lo et Ling，为甘蔗壳多孢以及 *Leptosphaeria bicolor* W.J. Kaiser, Ndimande & D. L. Hawksworth（无性阶段为 *Stagonospora* sp.）。其中，前者为常见的病原，后者只在肯尼亚出现过。*Stagonospora sacchari* 分生孢子器呈球形或近球形，深褐色或黑褐色，表面有皱纹，直径 135～129μm，孔口略突起，直径 15～27μm，内有大量的分生孢子。分生孢子器嵌于病叶组织之中，上表皮较下表皮多。分生孢子透明，椭圆形，顶端渐尖，基端略圆或平截，直或微弯，3 个隔膜，1 个或 4 个隔膜的少，隔膜处略缢缩。成熟的分生孢子中含油点 1～2 个。分生孢子梗透明，短。病菌的生长温度为 10～34℃，最适温度为 28℃，pH 生长范围为 4.0～8.5，最适 pH 为 5.5～6.5。

侵染过程与侵染循环 病菌随发病组织落到土壤中越冬，成为翌年的初次侵染源。通过雨水传播到当年生长的植株上，侵染甘蔗叶片组织，在条件适宜时产生分生孢子器。分生孢子在空气潮湿时排出，并通过雨水飞溅传播，再次侵染甘蔗叶片。

流行规律 造成该病流行的主要因素是降水。下雨时的大风雨雾将病菌孢子传播到健康蔗株上及其他蔗田中，造成更大面积的病害。甘蔗叶焦病的发生与雨水及干旱密切相关。该病害可在雨后迅速传播，尤其是在夏季高温多雨季节加速了病原的传播和繁殖。在较为干旱的冬季，被侵染的甘蔗叶片表现出典型的叶焦病症状。

自然寄主除了甘蔗，还有芒、五节芒和割手密。人工接种可侵染的寄主有高粱及其变种、白茅和象草。

防治方法 最有效的防治方法是采用抗病品种和加强田间管理，促进甘蔗健壮生长。

参考文献

黄诚华，王伯辉，2014. 甘蔗病虫防治图志 [M]. 南宁：广西科学技术出版社.

李增平，张树珍，2014. 海南甘蔗病虫害诊断图谱 [M]. 北京：中国农业出版社.

（撰稿：林善海；审稿：沈万宽）

甘蔗叶条枯病 sugarcane leaf blight

由台湾小球腔菌引起的危害甘蔗叶片和叶鞘的一种真菌病害，是世界上部分蔗区发生的甘蔗病害。又名甘蔗叶萎病。

分布与危害 印度、日本、菲律宾等甘蔗生产国均有甘蔗叶条枯病发生的记载。在中国台湾地区东海岸，由于降水量大，全年均可发生，并引起蔗茎产量及糖分的损失；而在台湾南部地区则不常发生。在中国广东西部蔗区局部危害严重，并有蔓延的趋势。

叶片感染叶条枯病症状为初生浅红色小斑点，后小斑点沿叶脉向两端扩展，形成纺锤形斑，中央常生红褐色侵入小点。甘蔗品种不同，病斑颜色有差异，有红色、淡黄色、黄褐色、赤褐色等多种颜色。成熟的病斑长 1～50mm，宽

1～3mm，有时多个病斑条纹连合成带状，带中常有一些狭窄的绿条间隔。发病重的，病叶呈红褐色，叶片枯死（见图）。后期病斑边缘出现黑色小点，即病原菌的子囊座。甘蔗叶条枯病也可发生于甘蔗叶鞘上，叶鞘感染亦产生紫红色病斑。

病原及特征 病原有性态为台湾小球腔（*Leptosphaeria taiwanensis* W. Y. Yen et C. C. Chi）。子座在病叶组织内埋生，圆形至卵圆形，深褐色，大小为 114～162μm×97～114μm。子囊呈卵圆形，直或略弯，透明，内含 8 个子囊孢子。子囊孢子呈长椭圆形，稍弯，具隔膜 3～4 个，成熟时呈深褐色，大小为 39～46μm×6.6～12.5μm。无性阶段为台湾尾孢（*Cercospora taiwanensis* Met et Yam）。分生孢子梗直或呈膝状弯曲。分生孢子呈线形，半透明或透明，具隔膜 3～5 个至 9～15 个，大小为 120～200μm×2.5μm。病菌生长适温为 25～30℃。该病原菌未见生理小种分化的报道。甘蔗叶条枯病病原菌的主要寄主除甘蔗杂交种及甘蔗原种外，芒草也可能为其寄主。

侵染过程与侵染循环 甘蔗叶条枯病菌子囊孢子或分

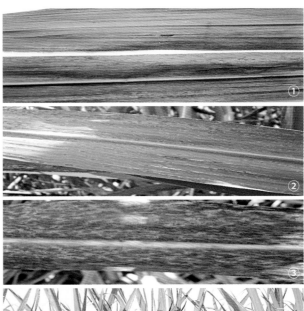

甘蔗叶条枯病（沈万宽提供）

①前期；②中期；③后期；④及群体症状

生孢子落到感病甘蔗植株嫩叶片上，遇合适的温、湿度条件即萌芽后从气孔侵入、长出菌丝，菌丝从开始侵入的地方侵入嫩叶细胞间或细胞中，向叶片的上方和下方以及侧面生长，并形成病斑。

甘蔗叶条枯病菌以枯死病叶上的子囊壳及分生孢子越冬，遇水释放出子囊孢子或分生孢子，借气流传播侵染健康蔗株。分生孢子是此病的主要侵染源，萌芽后从气孔侵入，危害期约 14 天。

流行规律　甘蔗叶条枯病菌萌发适温为 25～30℃，多雨地区发病重；水田或田间通风不良、湿度高的田块易发病或发病加重；甘蔗生长前期、嫩叶易发病等。

防治方法　甘蔗叶条枯病的发生和流行与品种感病性、菌源、气候条件等密切相关，因素复杂，因此，需采取以选育抗病良种为主、栽培和药剂防治为辅的病害综合治理措施。

选用抗病良种　在甘蔗生产中要因地制宜地选用抗病品种。根据田间发病情况调查，较抗甘蔗叶条枯病的品种有新台糖 22 号、新台糖 16 号、新台糖 10 号、粤糖 94/128、粤糖 85-177、粤糖 79-177 等。

农业防治　①雨后及时排水，防止田间积水和湿气滞留。②加强栽培管理，及时剥去老叶及病叶并集中烧毁或深埋。甘蔗收获后，及时清洁蔗园，清除蔗地病叶残株并集中烧毁，以减少初侵染源。③不在发病蔗地留种，尤其不留感病植株的蔗茎做种，以减少病原菌初次侵染来源。④发病严重的田块不保留宿根蔗，重新翻种抗病品种或合理轮作。

化学防治　发病初期，用 50% 苯菌灵可湿性粉剂1000～1200 倍液或 36% 甲基硫菌灵悬浮剂 600 倍液喷雾，每 7～10 天喷一次，共喷 2～3 次。

参考文献

安玉兴，管楚雄，2009. 甘蔗病虫及防治图谱 [M]. 广州：暨南大学出版社 .

中国农业科学院植物保护研究所，中国植物保护学会，2015. 中国农作物病虫害 [M]. 3 版 . 北京：中国农业出版社 .

（撰稿：沈万宽；审稿：陈健文）

柑橘白粉病　citrus powdery mildew

由 *Oidium tingitaninum* 引起的一种真菌性柑橘病害。主要危害新梢、嫩叶及幼果，可引起落叶、落果及新梢枯死，被害部位覆盖一层白粉，故称白粉病。

发展简史　柑橘白粉病于 1915 年首次由 Carter 在美国报道，并将其病原菌学名定为 *Oidium tingitaninum* Carter。随后，该病在印度尼西亚爪哇（1928）、印度（1929）、斯里兰卡（1925）、越南（1964）、菲律宾（1964）等地陆续被报道。

分布与危害　柑橘白粉病在美国、印度、斯里兰卡、越南、菲律宾和中国有发生。中国主要分布于华南和西南柑橘产区，在福建、云南、四川、重庆等低山温凉多雨区发生严重，广西局部砂糖橘区亦发生严重。

该病主要危害柑橘树的幼嫩枝叶和幼果，严重时引起大量落叶、落果，枝条干枯（见图）。在云南建水和福建永春、闽侯一带，夏梢被害后萎凋枯死，使树冠骨干枝无法形成，是该地柑橘上危害最严重的病害。

病原及特征　病原菌的无性态为 *Oidium tingitaninum* C. N. Carter，属顶孢属。分生孢子无色，串生，圆筒形。尚未发现有性态，主要以分生孢子扩散蔓延。

病原菌菌丝表生于叶片或嫩枝，成熟后产生大量分生孢子，分生孢子梗褐色，2～3 隔膜，大小为 32.5～50μm×5～7μm，顶端着生分生孢子；分生孢子长椭圆形或桶形，

柑橘白粉病症状（冉春提供）

大小为 42.5～22.5μm×20～12.5μm，单胞链生；分生孢子发芽管单边侧生，发芽管无二叉分枝，经过短生长后即产生吸器。其有性世代尚未发现。

侵染过程与侵染循环　病菌以菌丝体在病部越冬，翌年4～5月春梢抽长期产生分生孢子，借风雨飞溅传播，在水滴中萌发侵染。菌丝侵入寄主表层细胞中吸收营养液，外菌丝扩展危害并产生分生孢子。春、夏、秋三次抽梢期，都可受害，是病原重复侵染所致。雨季或潮湿气候下病害易流行。

柑橘白粉病至今尚未发现有性世代的子囊孢子，病原菌应以菌丝残存于病叶或罹病枝条上越冬，遇适合季节即释放分生孢子，再经空气传播感染幼叶及幼果。

流行规律　柑橘白粉病能危害多个柑橘栽培品种，柑橘各品种中以椪柑、红橘、四季橘、甜橙、酸橙、葡萄柚受害较重，温州蜜柑发病较轻，金柑未见发病，仅柚类的白柚及文旦柚较为抗病。

分生孢子适合低温生长，15～20°C 时发芽率最高，低温 10°C 及高温 30°C 时发芽呈现抑制性；适合孢子发芽的相对湿度为 85%～100%，而以 95% 时发芽率最高，因此，低温及高湿的季节适合该病发生。病菌分生孢子借气流传播，病源下风方向的果园发病较为严重，在潮湿的条件下容易发生，在雨季之后常猖獗流行，发病适温为 18～23°C。该病于 5 月上旬开始发生，树冠中央徒长嫩枝首先发病，随后夏梢及幼果普遍染病，多数地区在 6 月中下旬达到发病高峰，在云南建水一带整年均可发生，四川主要在夏、秋季发生，山地果园种植在北坡的植株发病比南坡严重。树冠西北方向近地面的、内部的枝梢及树冠中心的徒长枝最易遭害。

果园偏施氮肥，种植过密，树冠内部枝叶、幼果发病较树冠四周重，近地面枝叶发病较重。果园阴湿，树冠郁蔽的植株往往发病重，下部及内部枝梢最易染病。

防治方法

农业防治　增施磷、钾肥和有机质肥料，控制氮肥用量，搞好干旱季节灌水和雨季排水，使梢、叶、果健壮，以增强树势，提高抗病力；合理修剪，使树冠通风透光。结合冬季修剪，及时剪除病枝、病叶和病果，其他季节剪除受害徒长枝，并集中销毁。

化学防治　嫩梢抽发 3～6cm 时，用 60% 梨园丁（多·福）可湿性粉剂 1000 倍液，或喷洒 12.5% 禾果利（烯唑醇）可湿性粉剂 2000 倍液预防效果较好。冬季清园喷 1～2 波美度石硫合剂或 200 倍的 50% 硫悬浮剂。5 月中下旬至 6 月上旬、10 月上旬各喷 1 次 0.5 波美度石硫合剂或硫悬浮剂 400 倍液，在初发病期喷施 25% 粉锈宁可湿性粉剂 2000～3000 倍液后，再隔半个月喷一次，防治效果良好。此外，还可选用 70% 甲基托布津可湿性粉剂 1000 倍液等。

参考文献

夏声广，唐启义，2006. 柑橘病虫害防治原色生态图谱 [M]. 北京：中国农业出版社.

易良湘，2001. 柑橘白粉病的发生规律及防治技术 [J]. 西南园艺，29(1): 7.

（撰稿：唐科志；审稿：周常勇）

柑橘病害　citrus diseases

柑橘受到病原生物危害或不良环境条件的影响时，植物局部或整体的生理活动或生长发育出现异常，导致产量降低、品质劣变、局部甚至全株死亡的现象，是影响柑橘产业健康发展的重要制约因素。

分类　柑橘病害按照受害部位可分为根部病害、叶部病害和果实病害等；按病原生物类型可分为真菌病害、细菌病害、病毒（类病毒）病害、线虫病害等；按传播方式可分为种传病害、土传病害、气传病害和介体传播病害等；但最客观也最实用的柑橘病害分类是按照病因类型来划分的，其优点是既可推测发病的原因，又可推测病害发生特点和防治对策。根据这一原则，柑橘病害可分为两大类，第一类是有病原生物因素侵染造成的病害，称为侵染性病害，因为病原生物能够在植株间传播，因而又称传染性病害。其中病毒、类病毒、黄龙病细菌、植原体，在植株内可经维管组织运输，故又称系统性侵染病害；另一类是没有病原生物参与，只是由于植物自身的原因或由于外界环境条件的恶化所引起的病害，这类病害在植株间不会传播，因此称为非侵染性病害或非传染性病害。

发生与危害　经调查发现的柑橘病害至少 32 种，其中，黄龙病、溃疡病等细菌病害的危害严重，对柑橘产业安全构成严重威胁，例如江西赣州 2013 年来由于黄龙病砍树 4500 余万株；炭疽病、褐斑病等真菌病害呈上升趋势，局部地区危害严重；衰退病、碎叶病等病毒类病害趋于减弱，但也存在新发病害如黄脉病的快速大面积流行现象，给柑橘产区造成一定程度的损失。

防治方法　柑橘是一种多年生植物，在其生命周期内面临诸多病原物侵害和环境因子作用，部分病害一旦感染很难再恢复健康。因此，防治柑橘病害应当预防为主，并采用综合防治措施，才能取得良好的效果。

实施严格的植物检疫　严格执行检疫制度，加强产地检疫，防止"病从苗入"。在黄龙病、溃疡病等检疫病害未发生地区，必须采用检疫手段防止病害的传入，对疫区和非疫区采取针对性的防控措施。

推广使用无病苗木　严格筛选和高标准建设苗圃，严格依据《柑橘无病毒苗木繁育规程》的行业标准（NY/T 973—2006）和《柑橘苗木脱毒技术规范》（NY/T 974—2006）繁殖生产用苗或母本苗，从源头保证柑橘产业的健康发展。

严格防除媒介昆虫　对于媒介昆虫传播病害，要严格防除媒介昆虫，田间农事操作也应注意避免污染农具的病害传播。

及时挖除病株　及时清除病株是防治黄龙病、虫传病毒病的一项重要措施。每年于病株表现最明显的春或秋季月间检查果园，依据病害田间症状进行诊断，及时处理病树。

及时适期开展化学防治　化学药剂一般作用较为迅速，科学合理的施用化学药剂进行病害防控，做到高效防效和绿色环保的平衡。

加强栽培管理，冬季清园　减少病原初始菌量，促进植株健壮生长，促进柑橘园持续、稳定地丰产。

参考文献

中国农业科学院植物保护研究所,中国植物保护学会,2015.中国农作物病虫害 [M].3 版.北京:中国农业出版社.

ZHOU C Y,2018.Graft-transmissible citrus diseases in P. R. China-research developments[J].Journal of citrus pathology,5(1): 1-2.

（撰稿：宋震；审稿：周常勇）

柑橘疮痂病　citrus scab

柑橘上一种重要的真菌病害,主要危害柑橘的幼叶、新梢和幼果,产生疣状或疥癣状症状,导致果实小而畸形,产量下降,品质低劣。又名柑橘癞头疤。

发展简史　柑橘疮痂病最早由 Scribner 于 1886 年报道,标本采集于美国佛罗里达州,认为该病由枝孢属（*Cladosporium*）真菌引起。此后,Grossenbacher 自柑橘疮痂病斑上分离出枝孢属病菌,但接种后并没有表现疮痂病,Fawcett 在很多报道中提到自柑橘疮痂病斑上分离到的病菌不是典型的枝孢属,可能与枝孢属没有关系。1920 年,Fawcett 报道在酸橙上发现了疮痂病菌,根据寄主命名为酸橙疮痂病菌。1925 年,Jenkins 成功完成了疮痂病菌接种,首次确定其种名为柑橘痂圆孢（*Sphaceloma fawcettii* Jenkins）。1936 年,Bitancourt 和 Jenkins 描述了该病菌的有性态,定名为柑橘疮痂囊腔菌（*Elsinoe fawcettii* Bitancourt and Jenkins）。由于病样无核小蜜橘来自巴西圣保罗,所以巴西是最早发现柑橘疮痂病有性态的国家。

除上述普通疮痂病外,还有一类疮痂病被称作甜橙疮痂病,最早记录于 1882 年南美洲的巴拉圭。Bitancourt 和 Jenkins 于 1936 年首次将甜橙疮痂病的病原鉴定为柑橘痂圆孢属（*Sphaceloma australis* Bitancourt and Jenkins）,并于同年描述了其有性态,定名为柑橘痂囊腔菌（*Elsinoe australis* Bitancourt）。1937 年,Bitancourt 和 Jenkins 对甜橙疮痂病和普通疮痂病进行了详细的比较,指出甜橙疮痂病主要侵染甜橙果实,病斑较小,突起不明显。

此外,1936 年,Jenkins 报道了澳洲疮痂病（Australian citrus scab）,并将其病原命名为 *Sphaceloma fawcettii* *scabiosa*。需要指出的是最早发现澳洲疮痂病的是 Tryon,于 1889 年在澳大利亚昆士兰发现,当时将其归为柱隔孢属（*Ramularia*）,但迄今未发现其有性态。

分布与危害　普通疮痂病（又名酸橙疮痂病）是分布最广、危害最严重的一类疮痂病,广泛分布于世界上气候湿润的柑橘产区,仅地中海产区尚未被发现。普通疮痂病主要危害宽皮柑橘,也危害其他大多数柑橘品种。中国目前均为该种类型且分布于各个柑橘产区,以浙江、江西等地最为严重。柑橘成年树及幼苗的叶片和枝梢受害后,常常落叶,嫩梢生长不良;果实受害后容易落果,不落的病果小而畸形,品质低劣,损失严重。华南地区在春梢期间,因温度较低、春雨较多,一般发病较重;一些高海拔果园,由于荫蔽、雾大、温度较低,此病发生严重。柑橘疮痂病可危害叶片、新梢、花器及果实等,初期叶片出现黄色油渍状小点,病斑逐渐变为蜡黄色,后期病斑木栓化向叶背突出,叶面呈弯曲状,突起不明显;病斑直径 0.3～2.0mm,病斑散生或连片,病害发生严重时叶片扭曲、畸形;新梢发病,病斑周围突起现象不明显,病梢较短小,有扭曲状;花器受害后,花瓣很快脱落,谢花后果皮上会出现褐色小点,病斑逐渐变为黄褐色木栓化突起。幼果发病的症状与叶片相似,豌豆粒大的果实染病,呈茶褐色腐败而落果;幼果稍大时染病,果面密生茶褐色疮痂,常早期脱落;残留果发育不良,果小、皮厚、味酸、汁少,果面凹凸不平（见图）。快成熟果实染病,病斑小不明显;有的病果病部组织坏死,呈癣皮状脱落,下面组织木栓化,皮层变薄且易开裂。空气湿度大时,病斑表面能长出粉红色的分生孢子盘。

甜橙疮痂病主要发生的国家和地区包括南美的阿根廷、玻利维亚、巴西、厄瓜多尔、巴拉圭和乌拉圭等国家,大洋洲的库克群岛、斐济群岛、纽埃岛以及萨摩亚群岛,美国以及韩国济州岛。甜橙疮痂病在中国尚无发现报道,是进出口检验检疫对象。

澳洲疮痂病分布于澳大利亚,主要危害甜橙品种。

病原及特征　引起柑橘疮痂病的病原有 3 种。其中,普通柑橘疮痂病（citrus scab,早期名为 sour orange scab）的病原无性态为痂囊菌属的柑橘痂圆孢（*Sphaceloma fawcettii* Jenkins）;有性态为柑橘痂囊腔菌（*Elsinoe australis* Bitancourt & Jenkins）。该菌主要侵染宽皮柑橘,也危害其

柑橘疮痂病病果（李太盛、周常勇摄）

他大多数柑橘品种。无性态的孢盘呈盘状或垫状，分生孢子盘散生或多数聚生，近圆形，孢子梗短，不分枝，圆筒形，具 0～2 个隔膜，自子座密集长出，大小为 2～22μm×3～4μm，无色或灰色。分生孢子着生于分生孢子梗顶端，单胞，无色，长椭圆形、卵形或略呈肾形，两端常有 2 个油球，大小为 6～8.5μm×2.5～3.5μm。在人工培养基上菌丝开始生长时为圆筒状与念珠状，结成的子座初为扁球形，淡黄色，以后增大成为圆锥形，质地坚硬，边缘缺刻深，橙色，中部呈灰褐色，长有气生菌丝。此菌在人工培养基上生长很慢，生长最适温度为 15～23℃，最高温度约为 28℃。有性世代在中国尚未发现。

甜橙疮痂病的病原主要危害甜橙，有性态为 *Elsinoe fawcettii* Bitancourt & Jenkins，无性态为 *Sphaceloma australis* Bitancourt & Jenkins，是中国的进出口检验检疫对象。

澳洲疮痂病（Tryon's scab，早期名为 Australian citrus scab）病原的无性态是 *Sphaceloma fawcettii* var. *scabiosa* Jenkins，尚未发现其有性态，主要危害甜橙品种。

侵染过程与侵染循环　病原菌主要以菌丝体在病枝、病叶和病果等部位越冬。翌年春季，当气温达 15℃ 以上和多雨高湿时，老病斑产生分生孢子。分生孢子借风雨或昆虫传播，芽管萌发后从春梢嫩叶、花和幼果的表皮侵入，孢子萌发的温度为 8～36℃，潜育期约 10 天。新病斑上产生的分生孢子又借风雨传播，进行再侵染。这样辗转危害夏梢、秋梢和早冬梢，然后又以菌丝体在病部越冬。

流行规律　柑橘疮痂病的发生需要有较高的湿度和适宜的温度，其中湿度更为重要，其发病温度为 15～30℃，适宜温度为 20～24℃，在适温范围内，湿度直接影响柑橘疮痂病病原菌的萌发和侵染。凡春雨连绵的年份或地区，春梢发病重；在温带橘区发生严重，而在亚热带和热带产区发生较轻。在温带产区，自 3 月上旬至 12 月上旬均可发生，但以春梢和幼果期发生最严重。在亚热带和热带产区，则只在早春和晚秋略有发生。新梢抽发期及幼果期在适温范围内，平均旬雨日 6 天以上，雾重、结雾时间长，上年秋梢病叶率在 15% 以上，均有严重发病的可能。

水环境和风是柑橘疮痂病菌传播病原菌的重要手段。Whiteside 等证实柑橘疮痂病菌可产生有色和透明两种分生孢子，不同的分生孢子的散布和侵染对环境有着不同的要求，其中透明的分生孢子需要流动水才能够进行繁殖散布，在 2.5～3.5 小时才能够完成侵染过程；而透明的分生孢子需要借助大于 2m/s 的风速和流动水同时存在下才能从分生孢子梗上脱离。

柑橘疮痂病只侵染感病品种的幼嫩组织，新梢幼叶尚未展开前最感病。幼果在落花后豆粒大小时也最易感染。随着组织老熟，感病性逐渐降低，至组织将近老熟时则不感病。苗木及幼树常较壮年树发病重，是由于抽梢多、抽梢期长的缘故。

在中国，主要发生的是酸橙疮痂病，温州蜜柑、早橘、本地早、乳橘、南丰蜜橘、柠檬、酸橙等最感病；椪柑、蕉柑、枸头橙和小红橙等次之；柚类、朱红橘、槾橘、香橼、金柑、枳及大多数杂柑类品种相对抗病；甜橙类品种表现高度抗病。

防治方法

农业防治　合理修剪，增强通透性，降低湿度；控制肥水，促使新梢抽发整齐，缩短感病时间，减少侵染机会；结合修剪和清园，剪除树上病枝叶并清除园内落叶，集中烧毁。

化学防治　苗木和幼龄树以保梢为主，成年树以保幼果为主。一般 1 年喷药 2 次：第一次施药在春芽萌动期，芽长不超过 1cm 时对新梢进行保护，第二次在花谢 2/3 时对幼果进行保护，发病较重可半个月后再喷 1 次。有效药剂包括石硫合剂、波尔多液等以及新型药剂，如腈苯唑、苯醚甲环唑、80% 代森锰锌可湿性粉剂、硫酸铜钙等。

参考文献

中国农业科学院植物保护研究所，中国植物保护学会，2015. 中国农作物病虫害 [M]. 3 版 . 北京 : 中国农业出版社 .

（撰稿：李中安、宋震；审稿：周常勇）

柑橘膏药病　citrus *Septobasidium* felts

由白色膏药病菌或褐色膏药病菌引起，危害柑橘枝干的一种真菌病害。在世界多数柑橘产区均有发生。

分布与危害　柑橘膏药病在中国福建、台湾、湖南、广东、广西、四川、贵州、浙江、江苏等柑橘产区均有发生。柑橘膏药病因危害处如贴着一张膏药而得名，主要包含白色膏药病（图 1）和褐色膏药病（图 2）两种类型，一般情况下仅影响植株局部干枝的生长发育，严重发生时，受害枝纤细乃至枯死。

病原及特征　病原为隔担耳属的柑橘生隔担耳（*Septobasidium citricolum* Saw.），子实体乳白色，表面光滑。在菌丝柱与子实体层间，有一层疏散而带浅褐色的菌丝层。子实层厚 100～390μm，原担子球形、亚球形或洋梨形，大小为 16.5～25μm×13～14μm。上担子 4 个细胞，大小为 50～65μm×8.2～9.7μm。担孢子弯椭圆形，无色，单胞，大小为 17.6～25μm×4.8～6.3μm。

褐色膏药病病原菌为卷担菌属的一种（*Helicobasidium* sp.），担子直接从菌丝长出，棒状或弯曲成钩状，由 3～5 个细胞组成。每个细胞长出 1 条小梗，每小梗着生 1 个担孢子。担孢子无色，单胞，近镰刀形。

侵染过程与侵染循环　病菌以菌丝体在患病枝干上越冬。翌年春末夏初温湿度适宜时，菌丝生长形成子实层，产生担孢子借气流或介壳虫活动而传播，在寄主枝干表面萌发为菌丝，发展为菌膜。病菌既可从寄主表皮摄取养料，也可以介壳虫排泄的"蜜露"为养料而繁殖。

流行规律　通常介壳虫严重危害的果园发病往往较重。高温多雨的季节有利发病。潮湿荫蔽和管理粗放的老果园较多发病。在华南地区 4～12 月均可发生，其中以 5～6 月和 9～10 月高温多雨季节发病严重。

防治方法

农业防治　加强橘园管理，合理修剪密闭枝梢以增加通风透光性。剪除的病枝集中烧毁。控制氮肥用量，科学控放嫩梢。

图 1 柑橘枝干上的白色膏药病（胡军华摄）

图 2 柑橘树干上的褐色膏药病（胡军华摄）

化学防治 ①及时防治粉虱、蚜虫和蚧类害虫。②刮除菌膜，用 2～3 波美度的石硫合剂或 5% 的石灰乳或 1：1：15 的波尔多液涂抹患处。也可用 0.5～1：0.5～1：100 的波尔多液加 0.6% 食盐或 4% 的石灰加 0.8% 的食盐过滤液喷洒枝干。③于 4～5 月和 9～10 月雨前或雨后用 10% 波尔多液，或 70% 甲基硫菌灵 +75% 百菌清（1：1）50～100 倍液，或用 1% 波尔多液与食盐（0.6%）混合剂，或石灰（4%）与食盐（0.8%）过滤液喷施。

参考文献

陈志华，2003. 柑橘膏药病的发生及防治 [J]. 中国南方果树，32(3): 28.

夏声广，唐启义，2006. 柑橘病虫害防治原色生态图谱 [M]. 北京：中国农业出版社.

（撰稿：胡军华；审稿：周常勇）

柑橘根结线虫病 citrus root-knot nematodes

由根结线虫危害柑橘根部引起的一种柑橘病害。是中国柑橘产区的主要病害之一，易引起柑橘树势衰退，甚至整株凋萎枯死。

发生简史 1990 年，杨宝君将分离自四川简阳柑橘园柑橘根上的线虫，经形态学和主要酯酶带特征鉴定，命名为简阳根结线虫（*Meloidogyne jianyangensis*）。1994 年，张绍升将寄生于福建柑橘上的根结线虫鉴定出 5 个种：花生根结线虫（*Meloidogyne arenaria*）、柑橘根结线虫（*Meloidogyne citri*）、闽南根结线虫（*Meloidogyne mingnanica*）、苹果根结线虫（*Meloidogyne mali*）和短小根结线虫（*Meloidogyne exigua*）。2011 年，吴尧对发生严重柑橘根结线虫病的福建顺昌山区一柑橘园作了调查研究，通过形态学特征、酯酶和苹果酸脱氢酶酶谱分析、寄主范围测定、分子生物学等方法进行了鉴定，发现该线虫与已描述的根结线虫种存在明显差异，确定为根结线虫新种，将其命名为顺昌根结线虫（*Meloidogyne shunchangensis*）。

分布与危害 柑橘根结线虫病在中国长江流域、华东、华南等柑橘主产区均有发生，在福建、浙江、广东、广西、湖南、湖北、江西、四川、重庆、贵州等地均有危害报道。植株受害轻则表现为树势衰退，严重受害则造成凋萎死亡，造成大面积减产。在树龄较高的柑橘园，该病更易严重发生。

病原及特征 柑橘根结线虫病主要由花生根结线虫［*Meloidogyne arenaria*（Neal）Chitwood］侵染危害引起，其形态特征如下。

卵 卵粒略呈蚕茧状，较透明，外壳坚韧。

幼虫 分为 4 个龄期。一龄幼虫线状，卷曲在卵粒内。二龄幼虫即侵染性幼虫，呈线状，无色透明，从卵粒中初孵化时一般长 280μm、宽 45μm 左右，之后继续生长，其平均体长 465μm、口针长 11.5μm、尾长 46.5μm，尾部透明，末端长 16.1μm。二龄幼虫侵入寄主植物后，其虫体逐渐变大，由线状变成豆荚状。到三龄幼虫时，开始雌、雄性别分化。到四龄幼虫阶段，雄虫蜕皮伸长恢复为线性，雌虫继续发育为梨形或近球形，可较明显地从线虫体形及生殖器官上区别出雌、雄。

雌虫 乳白色，成熟雌虫为梨形或近球形，大小为 905μm×630μm 左右，在后尾端有微小突起。雌成虫唇瓣呈"X"形并且上隆，会阴花纹圆形，背弓低且平，腹外侧内线纹呈脸颊状，内角质层突起。

雄虫 体形呈线状，头端圆锥形，尾端钝圆呈指状，大小为 1837～1995μm×32～35μm，头部有环纹，唇瓣圆形且略高。口针长 25μm，口针基部球横向卵形，骨针长 38.6μm。

侵染过程与侵染循环 柑橘根结线虫以卵和雌虫在土壤或残落的病根中越冬。遇外界条件适宜时，卵粒在卵囊内发育成熟，孵化成一龄幼虫并留于卵内，第一次蜕皮完成后破卵壳而出，成为具有侵染能力的二龄幼虫，并开始进入土壤中活动，寻找适宜寄主。二龄幼虫一旦侵入柑橘幼嫩根系，即在根皮与中柱之间为害，并刺激幼根组织过度生长，形成永久性的固定取食位点。线虫通过软化解离根组织细胞壁形成巨型细胞，得以源源不断地吸取寄主丰富的营养物质，逐渐使得柑橘的幼嫩根系形成许多不规则的瘤状根结。线虫幼虫在根结内生长发育，并经历 3 次蜕皮发育为成虫，雌、雄虫成熟后交尾产卵。大量卵粒聚集在雌虫尾部后端的胶质卵囊中,卵囊一端露在根瘤之外,卵囊初时无色透明,后呈淡红色、红色以至紫红色。在广东5～6月间,柑橘根结线虫完成上述生活史过程约需要50天,因此一年中该病原线虫能繁殖多代,可进行多次再侵染。

柑橘根结线虫病的主要侵染来源,在无病区是带病种苗,在病区则是带病的土壤、肥料及病树残根。病苗携带是柑橘根结线虫病传播的主要途径,水流是该病近距离传病的重要媒介。此外,带有病原线虫的肥料、农机具以及人畜等也可以传播此病。

流行规律　柑橘根结线虫病在丘陵和平原各类土壤中均可发生,但一般在通气性良好的潮湿砂壤土中发生较重,而在通气不良的黏质土或较干燥的砂性土中发生较轻。有机质含量较高,pH 6～8的土壤线虫密度较大,通常危害较重。气温在20～30℃时,根结线虫的发育、孵化和活动最盛,使其一年可发生多代,并造成多次重复侵染,扩大对果园的危害。柑橘品种间的感病性有一定差异,但常见栽培品种皆可感病。柑橘园种植茄科作物常加剧根结线虫的发生。

防治方法　在无病区和新栽区,必须严格选用无病苗木。在病区,则实行以培育无病苗、土壤消毒和病树处理等相结合的综合防治措施,同时加强果园土、肥、水等栽培管理,培育强壮树势,促进根系生长。

参考文献

中国农业科学院植物保护研究所,中国植物保护学会,2015.中国农作物病虫害[M].3版.北京:中国农业出版社.

（撰稿：陈国康；审稿：周常勇）

柑橘果实日灼病　citrus sunscald

主要是由高温烈日暴晒引起的一种常见生理性病害,主要危害叶片、果实和树皮。

分布与危害　柑橘果实日灼病在中国的分布范围不规律,但在土层浅、质地黏重、灌水条件差的管理条件下,该病的发生更为普遍。受害部位的果皮初呈暗青色,后为黄褐色。果皮生长停滞,粗糙变厚,质硬。有时发生裂纹,病部扁平,致使果形不正。受害轻微的灼伤部限于果皮,受害较重的造成瓤囊汁胞干缩枯水,果汁极少,味极淡,不能食用（见图）。

病因及特征　日灼病是果实受高温烈日暴晒而引起的生理性病害,主要是由于炎夏酷热、强光暴晒,使树体枝干、果实受光面出现灼伤。起初果皮组织含水量低,水分不够,油胞破裂形成硬状斑块。温州蜜柑比甜橙发病重,早熟温州蜜柑比中熟温州蜜柑发病重,尤以树冠外围中上部的单顶果最易发生。枝干往往由于更新过重、缺少辅养枝、强阳光直接照射而造成日灼。受害果实的果皮灼伤变黄硬化或坏死,降低果实品质,影响果品的商品价值。

流行规律　柑橘果实日灼病主要受特殊气候的影响,包括太阳辐射的强弱和蒸发量的大小。该病一般于7月开始发生,8～9月发生最多。特别是西向的果园和着生在树冠西

柑橘果实日灼病症状（邓晓玲摄）

南部分的果实,受日照时间长,容易受害。土壤水肥不足,可加剧该病发生。在高温烈日气候下,对树冠喷施高浓度的石硫合剂、硫黄悬浮剂（胶体硫）,也可使该病加剧。此外,修剪不当,大枝或主干暴露在强烈的日光下,亦会灼伤树皮,损伤木质部,以致严重影响树势。

防治方法

石灰水喷果　在日灼病发生严重的地方,用1%～2%石灰水喷洒树南面向阳树冠上部的叶片正面。喷洒石灰水后,犹如蒙上一层白膜,能反射强光,降低叶温,保护叶片。

树干涂白　用0.5kg生石灰加水2.5～3kg化成石灰乳,将受阳光直射的主枝涂白。涂白的树皮在高温时比未涂白的树皮温度降低10℃左右,能避免阳光直射枝干,起到保护作用。

果实贴面或套袋　对树冠顶部和外围西南部的果实,用5cm×7cm的报纸小片贴于果实日晒面,能有效防止果实表面灼伤。为防止果温上升,还可进行果实套袋,或将水分抑蒸剂喷到果面上,减少水分的蒸发。多雨时节及时开沟排水,改善土壤通气状况,诱根深扎,增强柑橘树体的吸水能力。

合理施药　7～9月不要在橘园使用石硫合剂防治害虫,必须使用时,要降低使用浓度和减少次数,浓度以0.1～0.2波美度为宜,1～2次即可,并做到均匀喷药,勿使药液在果面上过多凝聚。

调节果园小气候　在柑橘园种草和绿肥,提倡生草栽培,以调节小气候。

参考文献

冯传余,1990.柑橘日灼病的发生及预防措施[J].浙江柑橘(2):43-44.

彭际森,2003.柑橘日灼病发生原因及防治对策[J].中国南方果树,32(2):24.

（撰稿：邓晓玲；审稿：周常勇）

柑橘褐斑病 citrus brown spot

由交链格孢柑橘致病型真菌引起的一种柑橘病害。主要发生在一些橘类及其这些橘与柚、橙等杂交的柑橘上，引起落叶、落果和枯梢。又名柑橘链格孢褐斑病（*Alternaria brown spot*）。

发展简史 褐斑病最早于1903年在澳大利亚的帝王橘上发现，其病原直到1959年才被确定，因其形态上与柑橘黑腐病（采后病害）病原菌相似，最早被鉴定为柑橘交链格孢（*Alternaria citri*）。*Alternaria citri*是一个尚未有确切定义的种，而褐斑病菌分生孢子形态和交链格孢菌一致，日本学者将之归入交链格孢菌中。有些交链格孢菌可产生寄主专化性毒素，Kohmoto等根据其产生的专化性毒素不同在交链格孢菌种下设立专化型，由于柑橘褐斑病菌可产生针对橘及其杂交柑橘有毒性的专化性毒素，而被称之为交链格孢菌橘致病型（*Alternaria alternata* pathotype *tangerine*）。

分布与危害 柑橘褐斑病在澳大利亚、美国、哥伦比亚、南非、以色列、土耳其、西班牙、巴西、阿根廷、秘鲁、希腊和伊朗等均有分布。中国的云南、重庆、浙江、福建、湖南、云南、广东、广西、四川和贵州等地均有褐斑病报道。

柑橘褐斑病主要危害特定种质的宽皮橘以及这些橘与柚，或与橙的杂交种柑橘。病害贯穿整个柑橘生长期，而又以新梢和幼期受害最烈（图1）。叶片发病产生褐色油渍状小点，病斑常沿叶脉扩展，形成带拖尾状病斑，病斑周围常有黄色晕圈，发病叶片极易脱落。新梢发病呈黑褐病斑，严重时枯死。果实自坐果后到采收前均感病，典型病斑近圆形，褐色，中间凹陷，灰白色，周围有明显的黄色晕圈。此外，果实上还产生灰白色未栓化微隆起的痤疮状病斑，隆起部位用指甲擦之易脱落（见图）。

病原及特征 病原为交链格孢橘致病型（*Alternaria alternata* pathotype *tangerine*），属格孢腔菌目。分生孢子梗散生，直立或顶端微弯曲，不分枝，色泽从基部到顶部由深褐色渐变淡褐色。分生孢子单生或短链生，多倒棍棒形，少有倒梨形或近椭圆形，淡褐色至褐色，具横隔膜3～7个，纵、斜隔膜0～2个。分生孢子大小为17.5～32.5μm×5.0～12.5μm，平均28.2μm×8.0μm。分生孢子喙细胞短柱状或锥形，淡褐色，0～1个隔膜，长2.5～9.5μm。喙细胞可转化为产孢细胞，其上形成次生孢子。最近1株来自瓯柑的褐斑病菌的基因组被定序，该基因组大小为34.41Mb，编码ACT毒素的25个基因构成一个基因簇，位于一条非必需染色体上。

侵染过程与侵染循环 以分生孢子参与病害循环。分生孢子主要由成熟叶片病斑上产生，果实和枝梢病斑一般很少产孢。病菌主要危害幼叶、果实和新梢，主要在带病的成熟叶片上越冬。翌春气温回升时，越冬病斑上产生的分生孢子通过气流传播，降落在新梢、嫩叶和幼果上，条件适宜时萌发，萌发过程中即可产生ACT毒素，直接或通过气孔侵染叶片。病菌进入感病组织后，进一步分泌毒素致细胞死亡，形成坏死斑，随病菌进一步的生长繁殖，毒素沿导管扩散，加速细胞坏死和病斑扩大，最终导致落叶、落果和枯梢。

流行规律 不同柑橘品种对褐斑病的抗性差异很大。在中国感病的柑橘有红橘、瓯柑、椪柑、贡柑、默科特、塘房柑、甜橘柚、爱媛和金秋砂糖橘等，柚、脐橙、温州蜜柑、砂糖橘、南丰蜜橘和柠檬则免疫。

病菌完成侵染需要适宜的温度和高湿条件。病菌侵染适宜温度为20～29°C，最适温度为27°C。在适宜的温度范围内，

柑橘褐斑病症状（李红叶、程兰和蔡明段摄）

少量孢子只需要 4～8 小时的叶片持续湿润期即可完成侵染，而大部分孢子则需要 10～12 小时持续湿润期才能完成侵染。当温度降至 17℃ 或升至 32℃，需要超过 24 小时的持续潮湿才能完成侵染。

生长期多雨，果园郁闭、通风不良有利发病。此外，早晚温差大，叶面易结露也有利病害发生和流行。

防治方法　柑橘褐斑病防治可采取种植抗病品种为主、加强栽培管理、结合及时喷药保护的综合防治措施。

种植抗病品种和品种更新　国外的研究发现有 Dancy 遗传背景的橘类和橙或柚杂交的柑橘品种均感病。在有利病害流行区种植感病品种，将带来病害，极难控制，新发展果园应避免种植高度感病品种，对已经严重发病的品种可考虑高接换种。

农业防治　育苗地应选择远离病果园，并从无病树上采接穗，进行繁殖。新发展果园应选择无病的健康苗木种植。新建的果园，种植易感病品种应选择在地势较高、通风透光良好的地块种植，合理密植，以利通风透光，减少病害。对于现有通风不良郁闭的果园，要通过疏树、大枝修剪、开沟挖渠、改善排水系统等措施降低果园的湿度，缩短叶面水膜持续时间，减少病原菌侵染的机会，以减轻病害发生。其次，加强树体管理，避免过度灌溉和偏施氮肥，增施钾和钙肥，以增强树势，提高树体的抗病能力，并促进新梢抽发整齐和快速成熟，缩短感病期。

清洁果园，减少初侵染源　柑橘采收后，最迟可在春梢萌芽前剪除枯枝、病虫枝，扫除病叶，移出果园集中烧毁，同时全树冠喷 1 次 1 波美度的石硫合剂，或 45% 晶体石硫合剂 100 倍液，以减少越冬病菌和初侵染源。

化学防治　用于褐斑病防治的药剂主要包括：铜制剂类杀菌剂，如亚铜氧化剂和氯铜氧化物等；二硫代氨基甲酸盐类药剂，如代森锰锌、丙森锌和代森联等；二甲酰亚胺类菌剂：如异菌脲、腐霉利和速克灵等；麦角甾醇合成抑制剂类杀菌剂，如咪鲜胺、腈菌唑、苯醚甲环唑等；甲氧基丙烯酸酯类杀菌剂，包括醚菌酯和吡唑醚菌酯等；琥珀酸脱氢酶抑制剂类杀菌剂，如啶酰菌胺、噻呋酰胺等。

参考文献

李红叶，梅秀凤，符雨诗，等，2015. 柑橘链格孢褐斑病的发生危害风险及治理对策 [J]. 果树学报，32(5): 969-976.

HUANG F, FU Y S, NIE D N, et al, 2014. Identification of a novel phylogenetic lineage of *Alternaria alternata* causing citrus brown spot in China[J]. Fungal biology, 119(5): 320-330.

TIMMER L W, PEEVER T L, SOLEL Z V I, et al, 2003. *Alteruaria* disease of citrus-novel pathosystems[J]. Phytopathologia mediterranea, 92: 99-112.

（撰稿：李红叶；审稿：周常勇）

柑橘褐腐病　citrus brown rot

由褐腐病菌引起的、危害柑橘果实的一种真菌病害，是世界柑橘种植区主要的病害之一。

分布与危害　柑橘褐腐病在柑橘产区普遍发生，引起果实腐烂，一般年份果实发病率 2%～5%，在雨水过多的年份或管理差、树势弱的果园，果实发病率可达 20%～30%。该病在柑橘生长期、成熟期、贮运中均可发病，在储藏期传染甚速，严重时在窖内可以使全窖腐烂，在木箱内全箱腐烂。

柑橘果实受感染后，表皮发生污褐色至褐灰色的圆形斑，后迅速扩展并呈圆形黑褐色水渍状湿腐，很快蔓延至全果，病斑凹陷，病健部分界明显，只侵染白皮层，不烂及果肉（见图）。病果有强烈的皂臭味，在干燥条件下病果皮质地坚韧，在潮湿时病斑则呈水渍软腐，长出白色柔软绒毛状菌丝。

病原及特征　柑橘褐腐病由疫霉属（*Phytophthora* spp.）真菌侵染引起，故也叫柑橘疫霉褐腐病，已确认的病原种有柑橘褐腐疫霉〔*Phytophthora citrophthora*（R. et E. Smith）Leon.）〕、柑橘生疫霉（*Phytophthora citricola* Saw.）、烟草疫霉（*Phytophthora nicotianae* van Breda de Haan）和寄生疫霉（*Phytophthora parasitica* Dast.）。

柑橘褐腐疫霉　在胡萝卜琼脂培养基上菌落呈棉絮状，较均匀；气生菌丝稍粗，一般为 7μm；未见厚垣孢子；孢囊梗不规则分枝；孢子囊形态变化很大，卵形、椭圆形或不规则形，大小为 28.4～69.3μm×26.8～38.1μm，平均 48.5μm×29.4μm，长宽比值为 1.28～2.10，平均 1.65，顶部具明显乳突，一般 1 个，少数 2 个；孢子囊不脱落。菌丝生长最高温度为 32℃。

柑橘生疫霉　在胡萝卜琼脂培养基上，菌落略呈棉絮状；菌丝较均匀，分枝处稍缢缩；未见厚垣孢子；孢囊梗简单分枝或合轴分枝，孢子囊卵形、长梨形或椭圆形，大小为 31.4～62.8μm×22.1～44.7μm，平均 47.6μm×30.9μm，长宽比值为 1.2～1.8，平均 1.5，顶部具半乳突，基部钝圆；孢子囊多不脱落，少数脱落，具短柄；同宗配合，藏卵器球形，直径 22.1～33.1μm，平均 26.5μm，壁光滑；卵孢子球形，直径 18.9～29.9μm，平均 23.8μm，多满器；雄器侧生，卵形或近球形，大小为 7.9～12.6μm×6.3～10.9μm，平均 11μm×9.5μm。菌丝生长最高温度为 32℃。

烟草疫霉　在胡萝卜琼脂培养基上，菌落呈棉絮状，气生菌丝较茂盛；菌丝扭曲，且粗细不均匀，未见菌丝膨大体；见少量厚垣孢子，球形，顶生或间生，平均直径 28μm；孢囊梗简单合轴分枝或不规则分枝；孢子囊卵形、

柑橘褐腐病果（王日葵摄）

近球形，基部钝圆，大小为 31.5～63μm×25.2～41μm，平均 46.2μm×30.5μm，长宽比值为 1.23～1.78，平均 1.45，乳突明显；孢子囊不脱落；与标准菌配对培养形成大量有性器官，藏卵器球形，平均直径 26.8μm，壁光滑，卵孢子球形，平均 22.5μm，满器；雄器围生，近球形，平均大小为 12.5μm×11μm。菌丝生长最高温度为 26℃。

侵染循环　柑橘褐腐病的侵染源主要来自土壤或残留园中的病果，病菌产生的孢子囊或从孢子囊中释放出来的游动孢子靠雨水飞溅附着到树冠下层果实上，游动孢子萌发后侵入果实，引起发病。从病果产生的孢子囊和游动孢子，通过雨水和风传播到健康的果实引起二次侵染。褐腐病病菌可随储藏果进入库房，继续侵害果实，引起果实腐烂。在储藏库中，褐腐病病菌主要通过与病果的接触传播。

流行规律　发生柑橘褐腐病的果园中，有明显的发病中心，通常在低洼积水处首先发病，多数集中在距离地面 1m 左右的树冠上，然后向四周扩展。越接近地面的果实，越容易染病。病害的发生与流行程度与气候条件、果园荫蔽度、地势及品种等关系密切。通常在幼果期遇高温多雨和果实成熟前出现两次发病高峰。病菌适宜生长温度为 10～36℃，最适宜生长温度和湿度条件为 22～28℃、85% 以上。

荫蔽、通风透光差的果园易发病。一般水田果园、低洼果园、砂坝地果园及平地果园比山地果园容易发病，偏施氮肥果园也易发病。荫蔽果园通风透光差，病菌繁殖和传播特别快。一般水田种植的果实发病率为 3%～4%，山坡地种植的为 1%～2%。柑橘储藏期的褐腐病发生主要受果实带病率影响，如果实采前褐腐病带病率高，储藏期发病率也高。

防治方法

采前综合治理　园地选择地下水位较低或山坡地，避免在低洼积水的地方建园，建好果园排灌系统以便及时排除积水。合理修剪，使树势平衡，保持果园通风透光。在 5～6 月、8～9 月发病高峰前地面撒施生石灰，每亩用 30～50kg 进行果园消毒，杀灭地表病菌，减少病原。采果后，及时清除病虫枝，烧毁或深埋。

采后化学防治　在 5～6 月和 8～9 月发生高峰期，特别是连续几天降雨时，应在雨停后第二天立即喷药，做到树冠与地面同时喷，隔天再喷 1 次。药剂可选用 80% 大生 M-45 可湿性粉剂 500～600 倍液、58% 瑞毒霉锰锌可湿性粉剂 700～800 倍液、30% 氢氧化铜 600～700 倍液、80% 疫霜灵 700～800 倍液、12% 绿乳铜 600～700 倍液，或 72% 克露 600～800 倍液。储藏期间，首先做好库房消毒，可每立方米库房体积用 10g 硫黄粉和 1g 氯酸钾，点燃熏蒸杀菌 24 小时。果实采收后当天，用咪唑类的抑霉唑（500mg/L）或咪鲜胺（500mg/L）溶液浸洗。

改善储藏条件　①控制适宜的温度、湿度。柑橘储藏适宜的温度条件：甜橙类和宽皮柑橘类库内适宜温度为 5～8℃，柚类为 5～10℃，柠檬为 12～15℃。柑橘储藏库相对湿度控制在 75%～85%。②进行薄膜单果包装，可防止病果与健果的接触感染，减少病害发生。

参考文献

成家壮，韦小燕，2002. 贮藏柑橘上疫霉种的鉴定 [J]. 西南农业大学学报，24(4): 310-311.

HO H H, 1981. Synoptic key to the species of *Phytophthora*[J]. Mycologia, 73: 705-714.

NEWHOOK F J, WATERHOUSE G M, STAMPS D J, 1978. Tabular key to the species of *Phytophthora* de Bary[J]. Mycological progress 143: 1-20.

（撰稿：王日葵、胡军华；审稿：周常勇）

柑橘褐色蒂腐病　citrus brown stem-end rot

由柑橘间座壳菌引起的一种柑橘储藏期真菌病害。病害自果蒂开始向果脐扩展腐烂，其病原与树脂病和黑点病病原相同。

分布与危害　柑橘褐色蒂腐病在世界各柑橘产区均有发生，尤以管理粗放、冬季易遭冻害、树脂病和黑点病发病严重地区和果园发生重。

发病从果蒂部开始，环绕果蒂出现水渍状淡褐色病斑，逐渐向果心、果肩和果腰部扩展，颜色逐渐变为褐色至深褐色，边缘呈波纹状。由于病果内部腐烂较果皮腐烂快，有"穿心烂"之称。剖视病果，可见白色菌丝沿果实中轴扩展，并向囊瓣和果皮的白皮层扩展，果味酸苦，不能食用（见图）。

病原及特征　病原为柑橘间座壳菌（*Diaporthe citri* Wolf），其形态特征等见柑橘黑点病。

侵染过程与侵染循环　病菌以菌丝、分生孢子器和分生孢子以及子囊壳和子囊孢子在病枯枝和病树干的树皮上越冬，果园终年都有枯枝，枯枝上终年可产生分生孢子器和分生孢子，每当雨后，成熟的分生孢子自分生孢子器孔口涌出，

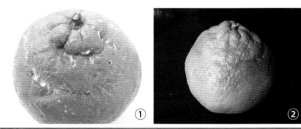

柑橘褐色蒂腐病症状（李红叶摄）

①果实上的症状，果皮病斑呈波纹状，其上有白色菌丝；②甜橙上的症状，示"穿心烂"，果蒂和果脐果皮均已变色，果皮病斑呈波纹状；③病果剖视症状，果实内部的白色菌丝

借助风雨、昆虫等媒介活动而传播，散落在果实表面，条件适宜时萌发侵入形成黑点。而一些落在果蒂上的孢子就在果皮上存活，或萌发形成菌丝在果蒂组织表面营腐生，当果蒂枯死，果蒂与果实间形成离层，孢子萌发，自离层侵入，沿果皮和果心向果脐腐烂。褐色蒂腐也可能是病菌首先侵染果梗，引起果梗发病，再由发病的果柄蔓延至果实所致。

流行规律 见柑橘树脂病和柑橘黑点病。

防治方法 通过加强栽培管理，以增强树势，结合修剪，减少枯枝，减少侵染来源。结合黑点病、疮痂病和炭疽病等喷药防治。采后处理一般结合绿霉病和青霉病进行，具体见柑橘绿霉病。

参考文献

李红叶，2011. 柑橘病害发生与防治彩色图说 [M]. 北京：中国农业出版社.

（撰稿：李红叶；审稿：周常勇）

柑橘黑斑病 citrus black spot

由柑橘黑斑病菌引起的、危害柑橘的一种真菌病害，是世界上柑橘种植区的主要病害之一。又名柑橘黑星病。

发展简史 柑橘黑斑病最早是在 1895 年由 Benson 报道发现于澳大利亚。1899 年，McAlpine 首次描述病原菌。20 世纪 60 年代南非暴发流行此病，致使该国 90% 的柑橘不能出口，损失惨重。1973 年，Vander Aa 报道柑橘叶点霉 ［*Phyllosticta citricarpa*（McAlpine）Vander Aa］无性阶段；1948 年，Kiely 在澳大利亚新南威尔士州发现了有性阶段为柑橘球座菌（*Guignardia citricarpa* Kiely），有性阶段产生子囊和子囊孢子。王兴红等做了柑橘相关的叶点霉属真菌种类和遗传分化的研究也证实了这一点。此病原菌已经有 2 个基因组数据在 NCBI 上公布。

分布与危害 柑橘黑斑病主要分布在夏季湿热多雨的地区。非洲的肯尼亚、莫桑比克、南非、利比亚、津巴布韦；大洋洲的澳大利亚；西南太平洋岛国都有该病的出现。亚洲的不丹、印度尼西亚、菲律宾，中国的福建、广东、广西、四川、云南、重庆、浙江、香港等柑橘产区均有发生。2005 年，Paul 等描绘了柑橘黑斑病在全球的潜在分布图，发现冷应力（冬天持续低温的天数）是决定柑橘黑斑病发生分布的一个重要因素。

柑橘黑斑病是世界性重要真菌病害，已被欧洲和地中海区域植物保护委员会（EPPO）和加勒比海区域植物保护委员会（CPPC）列入禁止入境的 A1 类有害生物名单；被亚洲及太平洋区域植物保护委员会（APPPC）和国际植物保护公约（IPPC）列为 A2 类有害生物名单。柑橘黑斑病给中国柑橘产业也造成了极其严重的损失。福建平和琯溪蜜柚种植区柑橘黑斑病发病率在 10%～15%，严重的达到 30% 以上，严重影响柚果出口。

柑橘黑斑病以危害果实为主，亦危害叶片和嫩梢。在中国主要产生黑斑型和黑星型两种症状。其中，黑斑型通常在果实完全成熟或者温度上升时产生，初生黄色小斑，在温暖

的环境下扩展成直径 1～3cm 不规则的黑色大病斑，病斑中央凹陷产生分生孢子，周围呈棕色或砖红色，扩展迅速，后期逐渐转为褐色至黑褐色，多个病斑连接成黑色的大病斑，在 6℃ 下储藏 2 个月后病斑可扩大蔓延至全果，深入果肉使全果腐烂，瓤瓣变黑，干缩脱水后如炭状，亦称毒斑型、恶性斑。黑星型常出现于果实由绿变黄时，产生直径 1～6mm 圆形或不规则的灰褐色至灰白色病斑，病斑有明显的界线，四周稍隆起，中央凹陷散生黑色小粒点，病斑散生不连成片，只危害果皮，不侵入果肉（图 1）。

病原及特征 病原为柑果茎点霉蜜柑变种（*Phoma citricarpa* var. *mikan* Hara）。分生孢子单胞，梨形，大小为 7～11μm×6～8μm，外层包裹胶质鞘。假囊壳球形或近球形，黑色，有孔口，大小为 139.4μm×128.1μm。子囊圆柱形或棍棒状，束生于假囊壳基部，拟侧丝早期消失。子囊孢子单列或双列于子囊内，纺锤形或近菱形，无色，初为单胞，成熟后成为大小不等的双胞，大小为 15.3μm×6.7μm，孢子两端有透明的黏胶状附属物（图 2）。

分生孢子器球形至近球形，黑色，有孔口，大小为 120～350μm×85～190μm。分生孢子梗较明显，着生于分生孢子器内壁上。分生孢子单胞，无色，有两种状况，一种为椭圆形或卵形，尾端有一条无色胶质物形成的纤丝，大小为 7～12μm×5.3～7μm；另一种为短杆状，两端略膨大，大小为 6～8.5μm×1.8～2.5μm。两种孢子着生在不同的分生孢子器内。

病菌发育温度为 15～38℃，适温 25℃。危害柑橘、甜橙、柚、柠檬、香橙等柑橘类果树。

侵染过程与侵染循环 柑橘黑斑病菌以子囊果、分生孢子器及菌丝体在病组织上越冬，翌年 4～5 月子囊果散出子

图 1 柑橘黑斑病症状（胡军华摄）

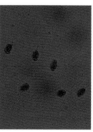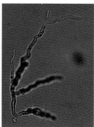

图 2 柑橘黑斑病菌菌落、孢子和菌丝形态（7 天）（胡军华摄）

G

囊孢子，分生孢子器内散出分生孢子侵染果实与叶片，产生初侵染。通过弹射机制、风雨及昆虫传播从而产生多次再侵染。病菌侵染植株后，以菌丝形式存在于果实或叶片的表皮与外皮之间，潜伏期可长达 36 个月。7 月底至 8 月，当果实接近成熟时，菌丝体迅速扩展，并表现症状。枝梢、叶片和花瓣也会受害，症状与果实上的症状相似，只是出现时间稍早，受害较轻，病斑较小。

流行规律 病原菌子囊孢子释放量与叶面湿度有显著相关性，病害发生严重度与降水量高度相关，而病原菌子囊孢子释放量和病害严重度与果园温度不相关。

树势越弱、树龄越小，越易发病；当果实接近成熟，果皮由绿色变为黄色时，发病程度加重；光照下病斑比在黑暗状态下发展要快；气温的上升会刺激症状的产生，采收时无症状的柑果在贮运期间，若温度、湿度适宜也会出现病斑；叶片湿润和干燥的交替，温度的波动最适宜子囊壳的成熟；果实采收后，储存温度超过 20°C 会促使病斑上产生分生孢子；干旱影响症状的发生，干枯的橘树比不干枯的橘树发病重；管理粗放、果树密度大、不通风的果园发病较重。感病植株的分散程度越高，柑橘黑斑病的发病率越高。柑橘黑斑病病菌具有较长的潜伏期，其潜伏期是多变的，果实较小则潜伏期长，果实较大则潜伏期较短。

防治方法

选用抗（耐）病品种 雪柑、酸橙及其杂交系具有柑橘黑斑病抗性，粗皮柠檬表现耐病，其他品种易感病，尤其柠檬、夏橙、脐橙和葡萄柚最易感病。

农业防治 加强橘园栽培管理，适当浇灌，去除过密枝叶，增强树体通透性，提高抗病力；秋末冬初结合修剪，剪除病枝、病叶，并清除地上落叶、落果，集中销毁可减少病害传播的机会。

化学防治 4 月下旬至 5 月底着果至幼果期是喷药防病关键期，隔 10～15 天喷 1 次，连喷 2～3 次。药剂可用代森锰锌、多菌灵、王铜、氢氧化铜、络氨铜、甲基硫菌灵或嘧菌酯等。7 月下旬到 8 月下旬，对有发病的果园，如遇高温干旱要及时喷药 2 次。

参考文献

KIELY T B, 1949. Preliminary studies of *Guignardia citricarpa* n. sp. the ascigerous state of *Phoma citricarpa* McAlp. and its relation to black spot of citrus[J]. Proceedings of the linnean society of New South Walas, 73: 249-292.

REIS R F, TIMMER L W, GOES de A, 2006. Effect of temperature, leaf wetness, and rainfall on the production of *Guignardia citricarpa* ascospores and on black spot severity on sweet orange[J]. Fitopatologia brasiliera, 31: 29-34.

（撰稿：胡军华；审稿：周常勇）

柑橘黑点病 citrus melanose

由柑橘间座壳菌引起的、危害柑橘嫩叶、新梢和果实，形成红褐色、褐色或黑色凸起小点状病斑的一种真菌性病害，

是柑橘上的一种古老病害。又名柑橘砂皮病（sand paper rust）。

发展简史 最早于 1892 年在美国佛罗里达州报道。橘、柑、柚、柠檬等几乎所有栽培柑橘均感病。黑点病的病原菌的无性态最早由 Fawcett 于 1912 年在美国佛罗里达州发现，命名为柑橘拟茎点霉菌（*Phompsis citri* H. S. Fawc.），其有性态最早由 Wolf 等于 1926 年发现和鉴定，并命名为柑橘间座壳菌（*Diaporthe citri* Wolf）。根据现行的一个真菌一个名称规则，*Diaporthe citri* Wolf 为该病害合法学名。

分布与危害 黑点病在世界各柑橘产区均有发生，以多雨潮湿的亚热带发生较重。该病在中国橘区发生逐年加重，发病面积也逐年增加。

黑点病主要危害果实、幼叶和新梢。幼叶发病最初出现水渍状小点，随后，病斑中央变褐坏死，凸起，色泽逐渐变红褐色、深褐色或黑色，周围黄色晕圈逐渐。随着病情的发展，黄色晕圈消失，斑点凸起愈加明显，变硬，摸之有砂粒的感觉，故也称砂皮病。果实感病后果皮粗糙，凹凸不平，严重时果皮僵硬，甚至开裂，果实畸形。病害严重流行年份果皮上可见条带状斑块，也称泪痕型或泥浆型大面积病斑（图 1）。

病原及特征 病原为柑橘间座壳菌（*Diaporthe citri* Wolf），属间座壳科。除了柑橘间座壳菌，从黑点病病斑上还可分离到十余种间座壳菌，但柑橘间座壳菌是优势种群。

柑橘间座壳菌的分生孢子器在枝梢表皮下形成，球形、椭圆形或不规则性，具瘤状孔口，直径为 210～714μm。分生孢子单胞无色，有两种类型，一种为纺锤形（α 型），大小为 6.5～13μm×3.2～3.9μm，易萌发；另一种为丝状或钩丝状（β 型），大小为 18.9～39μm×0.9～2.2μm，不易萌发。子囊壳球形，单生或聚生，埋生在树皮下的子座中，直径 420～700μm，喙细长，200～800μm，基部稍粗，上端渐细，突出子座外，呈毛发状。子囊无色，无柄，长棍棒状，大小为 42.3～58.5μm×6.5～12.4μm，顶部壁特厚，中有狭缝通向顶端，内有子囊孢子 8 个。子囊孢子无色，双胞，隔膜处缢缩，长椭圆形或纺锤形，大小为 9.7～16.2μm×3.2～5.8μm，平均 12.9～4.2μm。

在 PDA 培养基上，柑橘间座壳菌菌落呈白色，菌丝层平伏，紧贴培养基，生长速度约为 9mm/d。25°C 培养约 20 天，开始产生分生孢子器，30 天左右分生孢子器上方开始产生黄色油滴状物，即分生孢子（图 2）。

病菌菌丝生长温度为 10～35°C，最适温度为 20°C，α 型分生孢子萌发温度范围为 5～35°C，适温为 15～25°C。β 型分生孢子不萌发。果园植物上可终年产生分生孢子，在多雨潮湿时产生最多。

侵染过程与侵染循环 柑橘黑点病菌是弱寄生菌，病菌生活史中大部分时间在果园中的枯枝及腐烂树干的树皮中度过，在这些组织中进行终年的生长、繁殖和越冬。当翌年春天来临，温湿度条件适宜时，越冬病菌恢复生长，或从病组织向健康组织扩展危害，或繁殖产生子囊孢子和分生孢子，子囊壳常产生在大的、发病历史长的枝干上，而分生孢子，在大小枝干上都可产生，而且可终年产生，在病害循环中起主要作用。分生孢子成熟后，遇降雨即可释放泌出，潮湿时

图 1 柑橘黑点病症状（李红叶、蔡明段摄）

①发病叶片；②发病枝梢；③膨大期果实症状；④⑤成熟果实症状；⑥成熟果实症状，病斑连成片，呈泥饼状

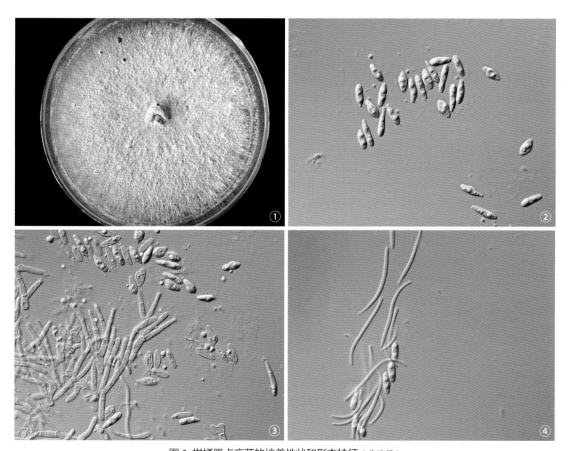

图 2 柑橘黑点病菌的培养性状和形态特征（黄峰摄）

①菌落特征；② α 型分生孢子；③分生孢子梗和 α 型分生孢子；④ β 型分生孢子和 α 型分生孢子

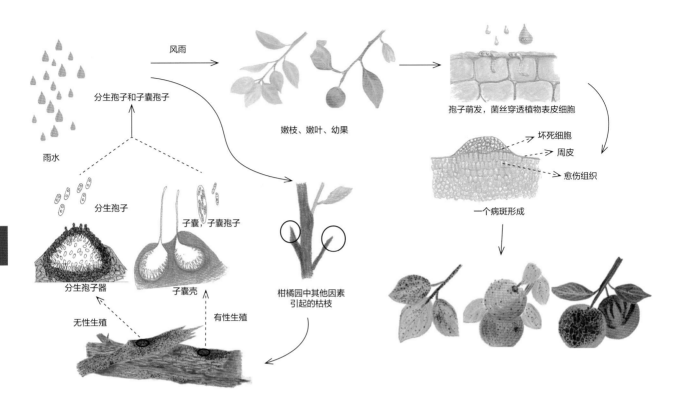

图 3 柑橘黑点病侵染循环示意图（刘欣、李红叶提供）

为淡黄色卷须状黏液，通过雨水流动、雨水飞溅扩散，和随后的风力进一步扩散传播。分生孢子的传播距离较短，分生孢子堆黏液也可通过昆虫的活动而传播。子囊孢子可从子囊中弹射后随气流传播较远距离。当病菌孢子落在幼果、新叶和新梢上时，遇到合适的温度和有足够湿度或水分即萌发产生芽管，并侵入植物表皮组织，进而产生病斑（图3）。

流行规律　枯枝是黑点病菌生长、繁殖和越冬的场所。病菌从枯枝到枯枝的传播是田间病菌基数增大和病害传播、扩散的重要途径，也是病害循环的重要一部分。因此，果园的枯枝数量与病害流行程度密切相关，而果园的立地条件和栽培管理水平、柑橘的树龄直接影响树势和枯枝数量，从而影响黑点病的流行。而气候因素直接影响病菌的生长、繁殖和侵染而影响病害的流行。

防治方法　黑点病的防治应实行以加强栽培管理、减少果园枯枝产生及及时清理枯枝为主，及时喷药保护为辅的综合治理措施。最有效药剂为代森锰锌，使用浓度为80%代森锰锌可湿性粉剂600倍，其次为0.5%～0.8%石灰等量式波尔多液。

参考文献

姜丽英，徐法三，黄振东，等，2012.柑橘黑点病的发病规律和防治[J].浙江农业学报，24(4): 647-653.

UDAYANGA D, CASTLEBURY L A, ROSSMAN A Y, et al, 2014. Species limits in diaporthe: molecular re-assessment of *Diaporthe citri*, *D. cytosporella*, *D. foeniculina* and *D. rudis*[J]. Persoonia-molecular phylogeny and evolution of fungi, 32(1): 83-101.

（撰稿：李红叶；审稿：周常勇）

柑橘黑腐病　citrus black rot

由链格孢属真菌引起的、主要发生在成熟期和储藏期柑橘果实上的一种真菌病害，是柑橘储藏期主要病害之一。又名柑橘黑心病。

分布与危害　柑橘黑腐病在世界各柑橘产区均有发生，主要侵染成熟期和贮运期的果实，常见黑心和黑腐两种类型症状。黑心型早期外部无明显症状，后期在果蒂部或果脐部可见浅灰色的病斑。剖开果实可见从心室开始逐渐向囊瓣扩展、腐烂，中心柱空隙处长有大量墨绿色的绒霉状物，即病菌的菌丝、分生孢子梗和分生孢子。黑腐型病菌从果皮伤口侵入，开始时出现水渍状淡褐色病斑，扩大后病斑中央凹陷，长出初为灰白色，很快变墨绿色的霉层，病菌很快进入囊瓣，引起腐烂，果肉味苦，不能食用。黑腐病型在温州蜜柑上发生较多（见图）。

病原及特征　病原曾经被定为柑橘链格孢（*Alternaria citri* Ell. et Pierce）。根据最新的资料，Peever等认为柑橘黑腐病的病原为链格孢［*Alternaria alternata*（Fr.）Keissl.］，其与褐斑病菌的区别主要体现在褐斑病菌可产生寄主专化性

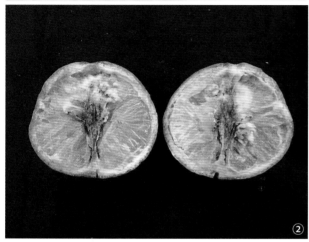

柑橘黑腐病症状（李红叶提供）
①外观症状；②果心症状

毒素，而黑腐病菌不能。有关黑腐病的病原形态特征描述和病原图，见柑橘褐斑病。

侵染过程与侵染循环　病菌以菌丝体和分生孢子在果实、枝梢和叶片上腐生并越冬，当温湿度适宜时产生分生孢子，通过气流传播，在果实的整个生长期均可从柱头痕、果脐和果蒂缝隙、果面伤口侵入，侵入后即可引起发病，或潜伏在组织内，待果实成熟后菌丝恢复生长，引起发病，果实腐烂。腐烂果实上产生的分生孢子可通过气流传播，行再侵染。

流行规律　黑腐病的发生与品种关系密切，橙类发病轻，宽皮柑橘，如温州蜜柑、椪柑、南丰蜜橘、福橘和红橘等发病重。干旱有利链格孢菌在柑橘果面的定殖，有利发病。栽培管理粗放，树势衰弱，或遭日灼、虫伤、机械伤等果实，易遭病菌侵入。储藏期温度较高，易引发病害严重。

防治方法　一般生长期的防治与疮痂病、黑点病（砂皮病）、褐斑病和炭疽病结合，采后防治与柑橘绿霉病和青霉病结合。

参考文献

张斌，梅秀凤，董峰，等，2020. 中国柑橘黑腐病和褐斑病菌的系统发育分析 [J]. 植物病理学报，50(1): 10-19.

PEEVER T L, CARPENTER-BOGGS L, TIMMER L W, et al, 2005. Citrus black rot is caused by phylogenetically distinct lineages of *Alternaria alternata*[J]. Phytopathology, 95(5): 512-518.

TIMMER L W, PEEVER T L, SOLEL Z V I, et al, 2003. *Alternaria* diseases of citrus-novel pathosystems[J]. Phytopathologia mediterranea, 42(2): 99-112.

（撰稿：李红叶；审稿：周常勇）

柑橘黄龙病　citrus huanglongbing

由韧皮部杆菌引起的柑橘细菌性病害，是全球柑橘生产上最具毁灭性的病害之一。又名柑橘黄梢病、柑橘黄枯病、柑橘青果病。

发展简史　Reinking 于 1919 年调查中国南方经济作物病害时发现并报告该病。1995 年，在第十三届国际柑橘病毒学家组织（International Organization of Citrus Virologists, IOCV）会议上，为纪念林孔湘教授在世界上首次证明该病害是一种嫁接传染性病害的原创性工作，由法国 Bove 教授提议以 Citrus Huanglongbing（HLB）为该病害的正式学名。在黄龙病嫁接传染性被证实以前，该病病原（因）一度被认为是水害、缺素、镰刀菌；自嫁接传染性被证实后一段时期，病原被认为是病毒；20 世纪 70 年代，利用电子显微镜观察病原形态特征以及对四环素和青霉素的敏感性，黄龙病病原被认为是类立克次氏体（类菌原体）；直至 80 年代初，发现该病病原菌膜有态聚多糖层成分后，认定是一种寄生于韧皮部的类细菌（难培养细菌）；90 年代对病原 16S rDNA 克隆测序，从分子水平上进一步证实该病病原为细菌。

分布与危害　柑橘黄龙病在亚洲、非洲、南美洲、北美洲、大洋洲的 40 多个国家相继报道有发生。其中，亚洲种主要分布于亚洲的许多国家、南美洲的巴西、古巴、多米尼加、阿根廷和北美洲的美国。非洲种主要分布于非洲国家。美洲种仅限于巴西的圣保罗州和米纳斯吉拉斯州，且美洲种的发生率愈来愈低。柑橘黄龙病在中国发生历史长、分布广。20 世纪 50 年代该病在广东潮汕地区、新会和广州市郊，福建尤溪地区和福州市郊以及广西柳城、融县、兴业和玉林等地流行；70 年代末，四川西昌地区及江西赣州地区也先后发现柑橘黄龙病，到 80 年代，黄龙病已在中国的广东、广西、福建、海南和台湾的产区广泛蔓延，并在浙江南部、湖南南部局部地区，贵州和云南部分地区相继发生。受全球气候变暖的影响，柑橘木虱的活动范围亦不断向北扩大、移动，加之柑橘苗木及种质资源的频繁调运，黄龙病的发生有逐渐扩大的趋势。

黄龙病能侵染各种柑橘类植物，病树产量低，果品质劣，造成巨大的经济损失。广东、广西和福建等地，累计有过亿株柑橘树因感染黄龙病被砍除。1978 年，广东杨村华侨柑橘场由于黄龙病流行，全场砍掉 189 万株结果树和 22.4 万株幼龄树，柑橘产量从 1977 年的 2 万余吨降至 1982 年的 0.53 万 t。广西柳州地区的荔浦和水福两县，1992 年一些 10 多年生的老果园的发病株达 50%～90%，一些刚进入盛产期的 6 年生果园病株达 10%～20%，部分 4 年生的幼龄果园发病率也有 5%～6%；钦州、玉林等地区，黄龙病的危害情况与柳州类似；桂林地区不少果园的发病率亦高达 50%～70%。迄今为止中国有柑橘栽培的 19 个省（自治区、直辖市）中已有 11 个受到危害，其面积占柑橘总栽培面积的 80% 以上。

黄龙病的典型症状是初期病树的黄梢（图 1）和叶片的斑驳型黄化（图 2）。叶片症状还表现为均匀黄化（图 3）和缺素型黄化（图 4），与缺锌状相似，称为花叶型或黄龙病二级症状（图 4）。橘类在成熟期常表现为蒂部深红色，底部呈青色，俗称"红鼻子果"（图 5）。而橙类则表现为果皮坚硬、粗糙，一直保持绿色，俗称"青果"（图 6）。

病原及特征 大多数学者认为柑橘黄龙病病原是由限制于韧皮部筛管细胞内的一种革兰氏阴性细菌，病原体呈圆形、卵圆形或长圆形，大小为 50～600nm×170～1600nm。候选韧皮部杆菌属，该病菌至今仍不能人工培养，柯赫氏定律（Koch's postulates）未完成。黄龙病菌共发现 3 个种：亚洲种 *Candidatus* Liberibacter asiaticus，非洲种 *Candidatus* Liberibacter africanus 和美洲种 *Candidatus* Liberibacter americanus。

侵染过程与侵染循环 在田间，柑橘黄龙病主要危害芸香科（Rutaceae）植物。寄主范围主要包括柑橘属（*Citrus*）、金柑属（*Forttunella*）和枳属（*Poncirus*）植物。此外，通过菟丝子还可以把柑橘黄龙病菌从柑橘传递到长春花（*Catharanthus roseus*）。

木虱是柑橘黄龙病菌的高效传播媒介，已知传播黄龙病菌的木虱有两种类型：一种是柑橘木虱（*Diaphorina citri*），另一种是非洲木虱（*Trioza erytreae*）。柑橘木虱主要传播黄龙病菌亚洲种和美洲种；非洲木虱主要传播黄龙病菌非洲种。其初次侵染源，在病区主要是果园病树，而在新区则主要是带病苗木。病树或病苗可由木虱侵染，可使果园 3～4 年内的发病率达到 70%～100%。柑橘黄龙病的远距离传播主要靠带病苗木和接穗的调运。

流行规律 柑橘黄龙病的发生，是黄龙病菌与寄主柑橘在环境因素的影响下相互作用的结果。黄龙病潜育期长短与侵染的菌量有关，也与被侵染的柑橘植株树龄、栽培环境的温度和光照有关。用带 1 或 2 个芽的病枝段，2 月中下旬嫁接于 1～2 年生甜橙实生苗上，在防虫网室内栽培，潜育期最短为 2～3 个月，最长可超过 18 个月。在一般的栽培条件下，绝大多数受侵染的植株在 4～12 个月内发病，其中又以 6～8 个月内发病最多。

田间黄龙病树、房前屋后的野生或零星栽培的柑橘类或芸香科寄主植物以及外来迁入的带病柑橘木虱都可成为侵染来源，其中田间病树是最主要的侵染源。在大面积连片栽种感病柑橘品种的情况下，田间黄龙病树（侵染源）和传病虫媒柑橘木虱同时存在，是黄龙病流行的先决条件，二者缺一都不能引致流行。

在传播媒介发生普遍的地区，病树和带病苗木的数量分别为病区果园和新区果园黄龙病流行程度的决定因素。果树发病率和苗木带病率较低则该病发生流行速度较慢；反之，果树发病率和苗木带病率较高则该病发生流行就快。带病苗木定植发病后，继续传播蔓延的速度取决于媒介昆虫的数量。柑橘木虱多的，蔓延快；柑橘木虱少的，蔓延慢。柑橘对该病并没有抗性品种，其中甜橙、宽皮柑橘及橘柚最易感病，葡萄柚及柠檬较耐病，莱檬、枳及枳橙耐病。

黄龙病的发生与纬度和海拔的关系密切。表现于黄龙病在中国南部柑橘产区发生，而在纬度较高的产区，则不发生或基本不发生；黄龙病在福建和四川的一些山区，海拔超过一定高度的地方发生极少。在高纬度和高海拔地区种植带病苗木和在健树上嫁接带病接穗，病害也会发生，但不扩展蔓延；在一些黄龙病不扩展蔓延的地方进行调查，没有发现柑橘木虱。由此可见，高纬度和高海拔的气候条件对黄龙病并无抑制作用，但当地的气候条件不适于传播媒介柑橘木虱的生活，病害即使发生也不能扩展蔓延，并终将随病树的挖除或死亡而自行消失。

防治方法 柑橘黄龙病是一种毁灭性病害，传播蔓延的速度非常快，还没有发现抗病品种和治疗的特效药剂。因此，防治柑橘黄龙病必须采取综合的防治措施，才能取得良好的效果。总结几十年的防治经验：实施植物检疫是保护新区的重要举措；建立无病苗圃，培育无病苗木是预防黄龙病的基础。大面积严格防治传病媒介昆虫，及时挖除病株是防治黄龙病发生流行的关键措施。创造条件进行隔离种植，可以隔离或减少传病媒介昆虫，从而减少黄龙病的发生。在采取上

图 1 柑橘黄龙病黄梢症状（邓晓玲摄）

图 2 黄龙病斑驳型黄化症状（邓晓玲摄）

图 3 黄龙病枝梢均匀型黄化症状
（邓晓玲摄）

图 4　黄龙病枝梢缺素型黄化症状
（邓晓玲摄）

图 5　橘类黄龙病"红鼻子果"
（邓晓玲摄）

图 6　橙类黄龙病"青果"
（邓晓玲摄）

G

述措施的基础上加强栽培管理，促进植株健壮生长，可使柑橘园持续、稳定地丰产。

　　严格植物检疫　在黄龙病未发生地区，必须采用检疫手段防止病害的传入，对疫区和非疫区采取针对性的防控措施。应严格执行检疫制度，加强产地检疫，防止"病从苗入"。

　　推广使用无病苗木　首先应选好苗圃。无病母本园和无病苗圃的地点可以选在没有柑橘木虱发生的非病区。如在病区建园，母本园要与一般柑橘园相距 5km 以上，苗圃与柑橘园相距 1km 以上。其次是培育无病苗木，应严格依据《柑橘无病毒苗木繁育规程》的行业标准（NY/T 973-2006）和《柑橘苗木脱毒技术规范》（NY/T 974-2006）繁殖生产用苗或母本苗。

　　及时挖除病株　这是防治黄龙病的一项重要措施。每年于病株表现最明显的 10～12 月间检查果园，依据叶片斑驳症状进行诊断，及时处理病树；同时，在挖除病株之前先喷药杀木虱，防止木虱转移感染健康树。

　　及时大面积联防联控柑橘木虱　在有黄龙病发生的果园，每次新梢抽发时统一安排喷药，第一次喷药应在新芽抽出 0.5～1cm，第二次喷药相隔 7～10 天，连续 2～3 次。加强冬季清园期的防治，以消灭越冬期活动能力差的柑橘木虱成虫，这也是全年防治的重要措施。

参考文献

林孔湘，1956. 柑橘黄梢（黄龙）病研究 I 病情调查 [J]. 植物病理学报，2(1): 13-42.

许美容，戴泽翰，孔维文，等，2015. 基于分子技术的柑橘黄龙病研究进展 [J]. 果树学报 (2): 322-334.

BOVÉ J M, 2006. Huanglongbing: a destructive, newly emerging, century-old disease of citrus[J]. Journal of plant pathology, 88(1): 7-37.

CHEN J, DENG X, SUN X, et al, 2010. Guangdong and Florida populations of "Candidatus Liberibacter asiaticus" distinguished by a genomic locus with short tandem repeats[J]. Phytopathology, 100(6): 567-572.

DUAN Y P, ZHOU L J, HALL D G, et al, 2009. Complete genome sequence of citrus huanglongbing bacterium, "Candidatus Liberibacter asiaticus" obtained through metagenomics[J]. Molecular plant-microbe interactions, 22(8): 1011-1020.

（撰稿：邓晓玲；审稿：周常勇）

柑橘灰霉病　citrus gray mould

　　由灰葡萄孢引起的一种柑橘真菌性病害。以危害花瓣继而引起幼果脱落和果皮疤痕所带来损失最大，病菌也危害嫩叶、嫩梢以及储藏期果实。

　　发展简史　灰葡萄菌是一种广寄主死体营养型病菌，能在超过 200 种双子叶植物上造成灰霉病。1952 年，在美国佛罗里达州发现灰葡萄孢菌能引起柠檬果皮畸形。随后在新西兰的温州蜜柑和柚上也可以观察到类似柠檬上灰葡萄菌危害产生的症状。在中国，朱丽等跟踪观察确认花瓣灰霉病与果面疤痕有关。

　　分布与危害　灰霉病在世界各柑橘产区均有分布。病菌危害柑橘幼苗、嫩叶和幼梢，引起坏死和腐烂，但影响较大的是病菌危害花瓣，引起幼果脱落，或引起果皮疤痕。花瓣发病最初产生水渍状褐色小圆点，后迅速扩大呈黄褐色软腐，长出灰褐色霉层。病菌也可从花瓣蔓延至萼片和果柄，致使幼果脱落。病菌侵染成熟果实，初生淡褐色水渍状斑点，后扩大呈褐色软腐，腐烂果实表面很快长出鼠灰色霉层，失水干枯变硬（见图）。

　　病原及特征　病原为灰葡萄孢（*Botrytis cinerea* Pers. ex Fr.），属柔膜菌目。病部产生的灰褐色霉层即为病菌的分生孢子梗和分生孢子。分生孢子梗数根丛生，自菌核或菌丝体上长出，直立或微弯曲，大小为 100～300μm×11～14μm，淡褐色，有隔膜，顶端 1～2 次分枝，分枝末端膨大成球状，其上密布小梗，聚生大量分生孢子呈葡萄穗状。分生孢子单胞，无色，卵圆形，大小为 9～16μm×6～10μm。

　　侵染过程与侵染循环　病菌以菌核或分生孢子在土壤或病残体上越冬越夏。遇温湿度适宜时菌丝体或菌核即可产

柑橘果皮灰霉菌引起的疤痕症状（朱丽摄）

生大量的分生孢子，分生孢子通过气流传播，降落在花瓣、嫩叶、新梢上，条件适宜时，萌发侵入。发病部位产生大量分生孢子再通过气流传播，引发再侵染。

流行规律　花期的低温阴雨是诱发花瓣灰霉病和由此引发的果面疤痕的最主要因素。每当花期遇寒流，阴雨绵绵，花期延长，花瓣灰霉病通常发生严重，病害从花瓣蔓延及果实，造成幼果脱落增多，受侵染而未脱落果实则留有疤痕。

果园过度密植，修剪不当，造成果园和树冠内郁闭，通风不良，湿气排放不畅，也有利病害的发生。

病菌耐低温，在 7～20℃ 时均可大量产生分生孢子。15～23℃，相对湿度在 90% 以上或表面有水膜时易发病。

防治方法　谢花期，可摇动树枝，促使花瓣脱落。初花期结合其他病虫害防治添加二甲酰亚胺类杀菌剂，如异菌脲、速克灵等；苯胺基嘧啶类杀菌剂，如嘧霉胺、嘧菌环胺、咯菌腈等杀菌剂防治灰霉病。花期遇阴雨多，应及时抢晴天喷药保护。此外，合理密植、修剪，做好果园开沟排水工作，保证果园通风透光良好，以便雨后的湿气或露水能及时排放。

参考文献

朱丽，王兴红，黄峰，等，2012. 柑橘花瓣灰霉病诱导的果面疤痕研究 [J]. 果树学报，29(6): 1074-1077.

FULLERTON R A, HARRIS F M, HALLETT I C, et al, 1999. Rind distortion of lemon caused by *Botrytis cinerea* Pers.[J]. New Zealand journal of crop and horticultural science, 27(3): 205-214.

（撰稿：李红叶；审稿：周常勇）

柑橘脚腐病　citrus foot rot

一种由疫霉引起的、危害柑橘根颈部及根部的土传性真菌病害。又名柑橘裙腐病、柑橘烂蔸疤。

发展简史　1834 年在亚速尔群岛首次报道，随后迅速扩散至葡萄牙（1845）和地中海国家。1834—1914 年，该病几乎遍及世界所有柑橘产区。1867 年，澳大利亚人 Charles Moorer 研究认为该病是由真菌寄生引起。1913 年，明确柑橘脚腐病真正病因是柑橘褐腐疫霉［*Phytophthora citriphthora*（R. et E. Smith）Leon.］，而之前归因于几种真菌和细菌是错误的。

据 Erwin 和 Ribeiro 统计，世界范围内从柑橘上分离出的疫霉有十余种之多，但不同国家或地区疫霉种类有所不同。南美的巴西、阿根廷有柑橘褐腐疫霉、寄生疫霉（*Phytophthora parasitica* Dast.）、樟疫霉（*Phytophthora cinnamomi* Rands）、恶疫霉（*Phytophthora cactorum*）、大雄疫霉（*Phytophthora megasperma*）和苎麻疫霉（*Phytophthora boehmeriae*）；美国有寄生疫霉、柑橘褐腐疫霉、恶疫霉、大雄疫霉、冬生疫霉（*Phytophthora hibernalis*）、掘氏疫霉（*Phytophthora drechsleri*）；在东南亚有柑橘褐腐疫霉、寄生疫霉、樟疫霉、棕榈疫霉（*Phytophthora palmivora*）和柑橘生疫霉；澳大利亚南部以柑橘褐腐疫霉为主，昆士兰地区以寄生疫霉为主；环地中海、黑海地区有寄生疫霉、柑橘褐腐疫霉和柑橘生疫霉。其中最主要的是寄生疫霉和柑橘褐腐疫霉两个种，它们能够引起柑橘的脚腐、流胶、根腐、褐腐等多种病害。四川地区柑橘脚腐病的疫菌有 5 种：寄生疫霉、棕榈疫霉、甜瓜疫霉（*Phytophthora melonis*）、恶疫霉、柑橘褐腐疫霉，其中寄生疫霉所占比例最大，达 58.8%。在海南和湛江地区发生柑橘脚腐病的柑橘园还分离出辣椒疫霉（*Phytophthora capsici* Leon.）。

分布与危害　脚腐病呈世界性分布。中国各产地均有发生，以西南柑橘产区病情最重。植株感病后，引起根和根颈腐烂，叶片黄化脱落，树势衰弱，产量下降，甚至成株枯死，造成严重经济损失。

柑橘脚腐病发病部位主要在地面上下 10cm 左右的根颈部。初期病部树皮呈不规则的水渍状，黄褐色至黑褐色，腐烂后，病部散发出酒糟臭味。高温高湿条件下，特别是大雨后，病斑迅速扩展，往往有一些胶液渗出，干燥后胶液浓稠，凝成褐色透明胶块。病害可扩展到木质部，使木质部变色腐朽。旧病斑树皮干缩，病健交界明显，最后树皮干裂脱落，木质部外露（见图）。病斑横向扩展可使根颈皮层全部变色腐烂，导致环割，阻碍和中断了有机营养的输送，致使整株死亡。

病原及特征　据 Erwin 和 Ribeiro 统计，世界范围内从柑橘上分离出的疫霉有 10 余种，其中最主要的是寄生疫霉（*Phytophthora parasitica* Dast.）和柑橘褐腐疫霉［*Phytophthora citrophthora*（R. et E. Smith）Leon.］。在中国，四川发生的主要是寄生疫霉，湖南发生的主要是柑橘褐腐疫霉。

寄生疫霉在固体培养基上气生菌丝旺盛，菌丝粗细不均匀，宽 5～11μm。菌丝膨大体或有或无，其上有若干条放射状菌丝。包囊梗简单合轴分枝或不规则分枝。孢子囊卵圆形至近圆形，少数椭圆形，长 23～64μm，宽 18～51μm，长宽比为 1.2～1.5。孢子囊具乳突，通常 1 个，少数 2 个，乳突大多明显，半球形，厚 3～8.5μm，少数孢子囊乳突不明显，部分孢子囊上有丝状附属物。孢子囊顶生，常不对称，具脱落性。包囊柄短，长 0.5～5μm。排孢孔宽 4～8.3μm。厚垣孢子或有或无，顶生或间生，直径 18～51μm。异宗配合，配对培养容易产生大量卵孢子。藏卵器小，球形，壁光滑，基部棍棒状，直径 20～32μm。雄器围生，近圆形或

卵形，8～14μm×10～19μm。卵孢子满器或不满器，直径 18～28μm。最适生长温度 25～30℃，最高 36℃。

柑橘褐腐疫霉在固体培养基上菌落均匀，放射状，气生菌丝较少。菌丝粗细均匀，在分枝处略有缢缩。未见菌丝膨大体和厚垣孢子。孢囊梗不规则分枝，粗 1.3～2.8μm。孢子囊形态变异极大，近圆形、卵形、椭圆形、倒梨形、长椭圆形和不规则形。部分孢子囊不对称，长度 39～108μm，宽 20～43μm，长宽比 1.3～2.9。孢子囊具乳突，多为 1 个，其次为 2 个，厚度 1.8～6.3μm。孢子囊脱落具短柄，长 1.4～10μm。排孢孔宽度 3.8～7.5μm。异宗配合，配对培养一般不产生藏卵器。藏卵器球形，雄器围生。最适生长温度 24～26℃，最高 33℃。

侵染过程与侵染循环　以菌丝和厚垣孢子在病株和土壤里的病残体中越冬。翌年，气温升高，雨量增多时，旧病斑中的菌丝继续危害健康组织，同时不断形成孢子囊，释放游动孢子，随水流或土壤传播。疫霉菌靠游动孢子致病，没有水的情况下游动孢子不能游动，因此，水是侵染的主要条件，也是传播疫霉菌的主要媒介。游动孢子从植株根颈部伤口和自然孔口侵入，在 15～35℃ 温度下潜伏期为 2～6 天，也可随雨滴溅到近地面的果实上，使果实发病。

流行规律　主要在高温多雨季节发生。4 月中旬开始在田间发生，6～9 月是发病高峰期，一般雨量高峰后 10～15 天出现发病高峰。病害发生随树龄增长而加重，特别是 10 年生以上结果过多的成年树、衰弱树及老树发病重，30～40 年生树发病最多。吉丁虫、天牛等害虫及其他原因引起的伤口，增加病菌侵染机会，加剧该病的发生危害。果园低洼、土质黏重、排水不良、树皮受伤、土壤含水量过高以及根颈部覆土过深，特别是嫁接口过低或栽植过深均有利于发病。果实下挂、接近地面等均有利于此病的发生，也会在贮运时发病。

柑橘类植物对该病的抗病性差异显著。高抗或抗病的品种、种类有枳、枳橙、枳柚、大叶金豆、枸头橙、酸橙和柚；中抗或中感的品种、种类有香橙、大建柑、宜昌橙、红皮山橘、年橘、酸橘、土柑、红柠檬和粗柠檬；感病或高感的品种、种类有甜橙、椪柑、金橘、尤力克柠檬、越南橘、四会柑等，其中实生甜橙树及以甜橙为砧木嫁接的甜橙树最易感病。

柑橘脚腐病危害症状（阳廷密、朱世平提供）

防治方法　防治柑橘脚腐病应采用以抗病砧木为主，对病树靠接换砧，加强药剂防治的综合治理。

利用抗病砧木　是新栽培果园预防该病发生最有效的措施。枳、枳橙、枳柚和枸头橙等砧木品种抗病力强。采用抗病砧木育苗，还需适当提高嫁接口的位置，使容易发病的接穗部分与地面保持一定的距离，以减少感染发病的机会。

加强栽培管理　地势低洼、土壤黏重、管理不良的果园，应搞好开沟排水工作，要求做到雨季无积水、雨后园地不板结；果园不要间作高秆作物，密度要合理；增施有机肥料，化肥不干施以免烧伤树根和树皮；及时防治天牛和吉丁虫等树干害虫；在中耕除草时，避免损伤树干基部树皮，防止病菌通过伤口侵入。

靠接换砧　在感病砧木的植株主干上靠接 3 株抗病砧木，借以起到增根或取代原病根的作用，使吸收和输送养分正常。对靠接砧木，以往只注重在病树上进行，而且多半是重病树，应提倡凡是用了感病砧木的果园应分批靠接，而且先靠接健康树、轻病树，以预防该病的扩大危害。

化学防治　在发病季节经常检查橘园发病情况，检查时必须挖去主干基部的泥土，直至暴露根颈部位，发现病斑，用刀刮去外表泥土及粗皮，使病斑清晰现出，再用刀纵刻病部深达木质部，刻条间隔约 1cm，然后涂药，未发病的植株也可涂药保护。90% 乙膦铝粉剂 100 倍液、25% 甲霜安可湿性粉剂 200～400 倍液、64% 杀毒矾可湿性粉剂 400～600 倍液、10% 双效灵水剂 3 倍液、2%～3% 腐植酸钠、抗枯灵原液 50 倍液以及 843 康复剂原液均有很好的治疗效果。

参考文献

先宗良，邓大林，兰庆渝，1992. 柑橘脚腐病病原菌的分离与鉴定 [J]. 植物保护学报，2(19): 186, 192.

朱伟生，陈竹生，兰晓瑜，等，1991. 柑橘种质资源对脚腐病的抗性鉴定 [J]. 中国柑橘，20(1): 11-13.

（撰稿：唐科志；审稿：周常勇）

柑橘溃疡病　citrus canker

由柑橘黄单胞柑橘亚种引起的一种重大检疫性细菌病害，是全球柑橘产业的重大威胁病害之一。

发展简史　柑橘溃疡病的发展历史较长。1918 年，Lee 报道该病可能起源于中国南部。1933 年，Fawcett 在皇家植物园的蜡叶标本上检测到该病。认为其起源于印度和爪哇，随后扩散到南非、中东地区，并逐渐迁移至世界许多柑橘生产国。在美国，1912 年佛罗里达州最早发现该病，后宣布铲除；1986 年、1989 年等又相继出现，1998 年进行柑橘溃疡病根除计划，花费超 1 亿美元，但只能取得有限的成功；到 2002 年，被柑橘溃疡病感染的面积仍达 1701km^2。在中国，1919 年华南地区最早在甜橙、柚和柑上发现此病，随后扩展到全国大多数柑橘产区。

柑橘溃疡病菌的菌系分化及命名比较复杂，随技术进步而有不同划分。早期柑橘溃疡病常与柑橘疮痂病混淆，到 1915 年才将其确定为一种新的细菌性柑橘病害。《伯杰氏细菌鉴定手册》第八版将其命名为 *Xanthomonas campestris* pv. *citri*。随后根据分子指纹和 DNA-DNA 杂交分析，将其更名为 *Xanthomonas axonopodis* pv. *citri*。后根据 16S RNA 差异，将其定名为 *Xanthomonas citri* subsp. *citri*。早期根据寄主范围、地理分布、血清学、质粒分析等将柑橘溃疡病菌分为 A、B、C、D、E 共 5 个菌系。致病力最强的亚洲菌系为 A 菌系，其最常见，分布最为广泛，主要分布在印度、日本、东南亚国家及中国等，又称亚洲型溃疡病，可侵染柑橘属所有植株；B 菌系发现于南美洲国家，对柠檬和墨西哥莱檬致病力强，但对于其他芸香科植物致病力稍弱，主要分布在阿根廷、乌拉圭及巴拉圭等国，在培养基上，B 菌系的生长速度要慢于 A 菌系；C 菌系发现于巴西，主要侵染墨西哥莱檬和酸橙，引起的症状与 A 菌系相同；D 菌系发现于墨西哥，主要侵染墨西哥莱檬；E 菌系发现于美国佛罗里达州，仅限于苗圃发生，且症状与其他菌系明显不同，但在树梢上的病斑与 A 菌系极为相似，又被称为柑橘细菌性斑点（CBS）。1995 年，根据该菌寄主专化性的差异，将其归为了柑橘变种 *Xanthomonas axonopodis* pv. *citri*（致病型Ⅰ，为原 A 菌系）、*Xanthomonas axonopodis* pv. *aurantifolia*（致病型Ⅱ，为原 B、C、D 菌系）以及 *Xanthomonas axonopodis* pv. *citrumel*（致病型Ⅲ，原 E 菌系）等 3 个致病变种。之后，根据 16S RNA 基因的差异，将其重新分为了柑橘黄单胞柑橘亚种（*Xanthomonas citri* subsp. *citri*）、棕色黄单胞莱檬亚种（*Xanthomonas fuscans* subsp. *aurantifolii*）和苜蓿黄单胞枳柚亚种（*Xanthomonas citri* subsp. *citri*）等 3 个亚种。

分布与危害　该病呈全球性分布，如美国、巴西、中国、阿根廷、南非、日本、韩国、印度等皆有发生危害。在中国湖南、湖北、广东、广西、福建、海南、江西、浙江、四川、贵州、江苏、重庆、台湾等地皆有分布。可危害数十种芸香科植物，传播迅速且传播途径广，危害严重，顽固难防。20 世纪 80 年代，美国的佛罗里达州约 2000 万株柑橘种苗被销毁，1995 年，挖除病株 156 万株，2007 年超过 1.6 亿棵树被销毁；2004 年，阿根廷和巴西每年由柑橘溃疡病引起的损失约 3.6 亿美元。

病原菌可危害柑橘叶、枝、刺和果实，引起落果和落叶，严重影响果实的商品价值。叶片受害，病斑中心凹陷，周围有黄色或黄绿色晕环，到后期，病斑中央呈火山口状开裂（见图）。

病原及特征　病原菌为柑橘黄单胞柑橘亚种（*Xanthomonas citri* subsp. *citri*），革兰氏阴性，好气杆菌，0.5～0.75μm×1.5～2.0μm，极生单鞭毛，有荚膜无芽孢。在 2% 蔗糖-蛋白胨琼脂上产生大量黄色黏液，菌落黄色、圆形，表面光滑，稍隆起。病菌生长适宜温度为 20～30℃，最低 5～10℃，最高 35℃，致死温度为 55℃10 分钟。最适酸碱度为 6.6。可水解酪蛋白、七叶树素、淀粉以及酪氨酸酶、蔗糖衍生物、硫化氢，不能降解硝酸盐和吲哚产物。

侵染过程与侵染循环　柑橘溃疡病菌在病部组织越冬，翌年温湿度适宜时，温度为 20～35℃，最适为 25～30℃。病菌从病斑中溢出，借助风、雨、昆虫及农事操作等进行传播。带病苗木、接穗及果实可进行远距离传播。病菌接触到

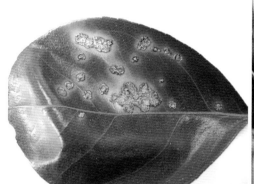

柑橘溃疡病危害叶、枝和果实症状（姚廷山提供）

寄主组织尤其是幼嫩部位，可由气孔、水孔、皮孔和伤口侵入，潜育期3～10天。嫩梢叶在萌发后20～55天，幼果在落花后35～80天，由于气孔形成多且处于开放阶段，病菌易侵入且大量发病。

流行规律　柑橘溃疡病自4月上旬至10月下旬皆可发生，5月中旬为春梢发病高峰；6、7、8为夏梢发病高峰，9、10月为秋梢发病高峰，6月上旬为果实发病高峰。柑橘溃疡病传播主要靠雨水等飞溅，形成许多次级感染位点，最终形成大面积、无规则的病区，病情梯度难以描述和量化。

防治方法　严格执行检疫制度，栽种无病苗，在无法彻底清除病树的地区，适时使用化学农药，配合生物、农业等多种措施进行综合防治。

严格检疫　禁止疫区苗木、接穗及砧木等外调，严禁病果外销，一旦发现应立即销毁。

培育无病苗木　在疫区建立防风林。采收果园剪除的病枝病果等集中烧毁，修剪后用1∶1∶100波尔多液清园。

加强栽培管理　增强树势，合理施用氮肥，增施深施磷钾肥、有机肥，及时排灌。控制夏梢可有效避免高温多雨等天气的影响，及时抹除夏梢和部分早秋梢，可降低病原菌侵入的概率。

化学防治　有效药剂包括铜制剂（30%氢氧化铜悬浮剂、1.5%噻霉酮水乳剂或27.12%碱式硫酸铜悬浮剂等）、2%春雷霉素水剂和70%农用链霉素可溶性粉剂等。此外，喷药减少潜叶蛾、恶性叶甲和凤蝶幼虫等危害，可降低溃疡病的发病程度。

生物防治　从杂草、林木、果树、蔬菜等植物源中获得的多种提取物均表现出对柑橘溃疡病菌具有较好的抑菌效果。通过使用柞蚕抗菌肽和枯草芽孢杆菌CQBS03等辅助方法，也可降低杀菌剂的使用次数和用量。

参考文献

姚廷山，周彦，周常勇，2015.柑橘溃疡病菌分化及防治进展[J].园艺学报，42(9): 1699-1706.

DAS A K, 2003. Citrus canker-A review[J]. Journal of applied horticulture, 5(1): 52-60.

GOTTWALD T R, GRAHAM J H, SCHUBERT T S, 2002. Citrus canker: The pathogen and its impact[J]. Plant management network. DOI:10.1094/PHP-2002-0812-01-RV.

（撰稿：杨方云；审稿：周常勇）

柑橘裂果病　citrus cracking

因水分供应不及时，久旱后突然下雨，引起柑橘果肉迅速膨大，果皮不能相应地生长而被胀裂的一种病害。是柑橘在壮果期间的重要生理病害之一。

分布与危害　在中国各地普遍发生，常造成大量减产，严重影响果农的经济收入。

果实一般先在近果顶端处开裂，然后沿子房缝线纵裂开口，瓤瓣破裂，露出汁胞。有的果实横裂或不规则开裂，形似开裂的石榴。裂果如不及时处理，则最后脱落或遭病菌侵染变色腐烂。

病因及特征　通常裂果的发生是由于果实内部生长应力增加，而果皮不能抵抗应力增加的结果。从果实组织结构分析，是果皮与果肉生长不一致所致。从果实内含物分析，裂果常发生在含糖量高的部位。果胶起连接相邻细胞的作用，果实近成熟时因果胶水解使裂果增加。从矿质营养分析，钾是重要元素，果实发育前期钾多，有利果皮发育、增厚，抵抗裂果的发生；发育后期钾多，则有利果肉生长，尤其是遇雨果实迅速吸收水分而增加裂果。从水分分析，土壤水分是果实裂果的重要因子，久旱遇雨或大量灌水，大量的水突然进入果实组织，使细胞膨压增加，内部生长应力增大，导致裂果。该病一般在8～10月壮果期伏旱骤雨之后发生。早熟薄皮品种易裂果，果顶部果皮较薄的品种裂果多，温州蜜柑的一些品种裂果常见。向阳坡地和土质瘠薄的橘园，间作作物需肥水多的柑橘园，树势衰弱和结果多的柑橘，发病严重。

流行规律

气候条件　果实膨大期、开始成熟期的干旱程度，雨量多少，日照强弱直接影响裂果。久旱骤雨或大雨后即晴均会加重裂果；反之此间雨量适中且分布均匀，可明显减少裂果。

柑橘品种　紧皮的甜橙果实较松皮的宽皮柑橘果实裂果发生多，果皮薄的果实较果皮厚的果实发生多。如甜橙的脐橙、锦橙、哈姆林甜橙等都会发生裂果；皮薄的宽皮柑橘的早熟温州蜜柑、南丰蜜橘和柚类的玉环柚等也易发生裂果。

果园土壤条件　柑橘果园土壤疏松、深厚、肥沃，保肥保水性稳定，裂果发生少；反之土壤瘠薄、黏重和板结，保肥保水性差，裂果发生多。

栽培管理 土壤不松土、不深翻、树盘不覆盖，土壤含水量变化大；施肥不合理（磷肥过多，钾肥不足）；秋旱严重，灌溉条件差，甚至无灌溉条件；疏果不当，均会造成裂果。

防治方法 结合当地气候条件，选择裂果少或不裂果的品种种植。

深耕改土 增强土壤有机质，改良土壤结构，提高土壤保水性能，以减少裂果。宜少施磷肥，适施氮肥，增施钾肥。7月壮果肥增施硫酸钾，同时在裂果发生前叶面喷布0.3%磷酸二氢钾或0.5%硫酸钾，以增强果皮抗裂性，减少裂果发生。

推广果园生草覆盖 以生草保持园地的湿度，保持土壤水分平衡，创造良好果园小气候，减少夏秋季节的裂果，并有利于防治螨害。

做好水分管理 伏旱期间，干旱初期在树盘内浅耕8～12cm，行间深耕15～25cm；如需灌水抗旱，应先用喷雾器喷湿树冠，然后再灌水。降雨后要及时排除积水，以防止土壤水分失调，避免果实吸收水分太多使内径膨胀而产生裂果。

化学防治 在正常树个别发生裂果时，可喷施赤霉素、细胞分裂素、芸薹素等，以保持果皮细胞处于活跃状态，减轻裂果。

参考文献

王智圣，林志兰，2005.柑橘日灼病和裂果病发生原因及防治方法[J].现代园艺(4): 21.

肖晓华，2007.柑橘裂果病的发生及防治[J].四川农业科技(1): 50.

（撰稿：邓晓玲；审稿：周常勇）

柑橘裂皮病 citrus exocortis

由柑橘裂皮类病毒引起的一种柑橘病害。

发展简史 20世纪40年代末和50年代初，美国和澳大利亚先后发现柑橘裂皮病。70年代以来，在中国四川、广西、浙江、湖南等地发现了有裂皮病状的植株，大多是枳砧或柠檬砧的引进品种。对近百个品种的指示植物鉴定表明，40年代引入的美国9个品种全部带病；60、70年代从摩洛哥等地引入的10个品种8个带病；80年代从墨西哥和意大利引入的十几个品种有近半数带病。中国的甜橙品种亦有不少受裂皮病感染，其中暗柳橙、新会橙等从多个地点采集的样品，全部或大多数植株已受感染；锦橙、先锋橙和雪柑则是部分植株已受感染。随着柑橘无病毒三级繁育技术体系的应用和推广，该病发生流行呈显著下降趋势。裂皮病的病原最初被认为是病毒，70年代研究明确是柑橘裂皮类病毒。

分布与危害 裂皮病可侵染柑橘类植物的许多种和品种，病状反应有很大差异。其中大多数砧木品种隐症带毒，以枳、枳橙和黎檬作砧的柑橘植株则病状明显，受害严重。一般表现为砧木部树皮开裂，在树皮下可有少量的胶，多数病树在接穗和砧木接合部有环形裂口，树冠生长受抑制，病树矮化；病重的植株，地上部除表现矮化外，还出现小枝枯死，新梢少而弱，枝叶稀疏；有的叶片呈缺锌状，春季开花多，落花落果严重等情况。病株很少死亡，但因植株矮化结果量少而失去经济价值。带病苗木在苗期无病状表现，田间植株出现树皮开裂所需的时间一般是在定植后4～8年，枳砧病株如病状出现较早，则往往砧、穗部粗细无明显差异，如发病较晚则仍呈现枳砧植株砧穗细的特点（图1）。

在指示植物伊特洛香橼亚利桑那"861"选系上的典型症状是新叶的中脉抽缩，向叶背明显卷曲（图2）。

病原及特征 病原是柑橘裂皮类病毒（*Citrus exocortis viroid*，CEVd），是马铃薯纺锤块茎类病毒科（Pospiviroidae）马铃薯纺锤块茎类病毒属（*Pospiviroid*）的共价闭合环状RNA。其基因组具有中央保守区，在细胞核内不对称滚环复制，没有核酶活性，大小约为370nt。它对各种化学和物理因子的作用有高度的稳定性。

侵染过程与侵染循环 病原可随苗木和接穗远距离传播，并可通过嫁接或修剪用的工具机械传播。种子不传病。至今尚未发现媒介昆虫。

防治方法 ①通过茎尖嫁接等方法获得无病毒母株，培育推广应用无病苗。②用1%次氯酸钠液或20%漂白粉液消毒嫁接刀或修枝剪等工具。③苗木除萌蘖或果园抹芽放梢时，应以拉扯去芽的方法代替手指抹芽，以免手上沾污的病原传给健株。

图1 柑橘裂皮病田间症状（赵学源摄）

①尤利克柠檬／香橼砧木；②Femminello无核柠檬／枳砧木

图2 柑橘裂皮病危害伊特洛香橼的叶部症状（杨方云摄）

参考文献

DURAN-VILA N, ROISTACHER C N, RIVERA-BUSTAMANTE R, et al, 1988. A definition of citrus viroid groups and their relationship to the exocortis disease[J]. Journal of general virology, 69: 3069-3080.

SMANCIK J S, WEATHERS L G, 1972. Exocortis disease: evidence for a new species of 'infectious' low molecular weight RNA in plants[J]. Nature new biology, 237: 242-244.

（撰稿：曹孟籍、王雪峰；审稿：周常勇）

柑橘轮斑病　citrus target spot

由柑橘拟隐球壳孢引起的一种新的真菌性病害。又名柑橘圆斑病。病害发生在每年的晚冬和早春（12月至翌年3月），引起大量落叶和枯枝，甚至死树毁园，严重威胁柑橘生产。

发展简史　陕南柑橘主产区城固及其周边地区每年冬

春季节频发一种病害，发病叶片干枯脱落，枝梢大量枯死，导致树势衰减，严重时整株枯死。对于该病害的病因，尚未有严密程序的病原鉴定。根据症状，有人将之推断为炭疽病、树脂病、脚腐病等，也有人推断为周期性冻害、排水不良引起的湿害等非侵染性病害。2009—2011年，朱丽等对该病的病原按柯赫氏法则进行了鉴定。

分布与危害　已知该病仅局限在陕南城固及周边地区。虽然在库克群岛、斐济岛、纽埃岛、汤加、瓦努阿图和西萨摩亚等太平洋岛国的柑橘上，也有一种由 *Cryptosporiopsis citri* 引起的症状与该病类似的叶斑病，但病害主要发生在老叶上，病菌只产生一种类型的分生孢子，其大小比本轮斑病菌的大型分生孢子小，小型分生孢子大，且两种病菌适应的生态条件不同，因此认为两个病害的病原为同属不同种。

柑橘轮斑病的发病规律与其他病害不同，流行季节在冬春低温季，当年新发的枝梢在温暖季节不发病。发病初期，叶面产生红褐色针头状大小斑点，后逐渐扩大，变成圆形或近圆形的病斑，直径1.2～13mm，淡黄色至红褐色，中央灰白色，背面病斑边缘有明显的油渍状晕圈，后期叶片正面病斑中央密生黑褐色绒毛状小颗粒。发病严重时，2～3个

柑橘轮斑病症状（朱丽摄）

①果园整体危害状；②叶面病斑上的子实体；③叶片背面病斑周围油渍状晕圈；④病斑后期症状；⑤金橘叶片危害状；⑥受害枝干横截面；⑦枝干上危害状；⑧⑨枝梢上病斑症状；⑩枝干上危害状

病斑联合成一个大斑。枝梢和枝干发病，树皮红棕色，木质部变灰褐色坏死，当坏死部位环绕枝干一周时，其上枝梢失水枯死。发病枝干树皮常开裂，露出木质部（见图）。

病原及特征 病原为柑橘拟隐球壳孢（*Cryptosporiopsis citricarpa*）。叶片上的黑褐色小点为病菌的分生孢子座，直径 0.1～0.5mm，分生孢子梗多单胞，偶尔有 1 个分隔，10～55.5μm×3.3～7.5μm，平均 22μm×5.0μm。大型分生孢子单胞无色，大小为 10～41μm×5～9μm，平均 32.5μm×7μm，向一侧略弯，腊肠形或弯月形，顶端钝圆，基部钝圆锥形。在人工培养条件下，还常产生一种小型分生孢子，单胞无色，3.5～19μm×1.0～4.5μm，平均 7μm×2.5μm，椭圆形、长卵圆形，略向一侧弯曲，顶端钝圆，基部略呈钝圆锥状，有明显的油球。

病原菌的生长温度为 0～28℃，最适生长温度 20℃。在最适温度条件下，其生长速率为 1.8mm/d。30℃ 条件下，病原菌停止生长，但依然能存活，若转移至 20℃ 条件下，菌物可恢复生长。但是若在 35℃ 条件下培养 14 天，再转移至 20℃ 条件下，菌物失去活性，不能再恢复生长。

病菌在 4～20℃ 条件下，培养 14 天后均可产生大量小型分生孢子，25℃ 条件下培养只产生少量小型分生孢子，0℃ 和 28℃ 条件下，不产生分生孢子。

侵染过程与侵染循环 暂无相关研究资料。

流行规律 田间观察发现，在温暖的柑橘生长季均未观察到叶片发病，病害发生与冬季低温冻害密切相关，冻害严重的年份，发病也重。致病性测定试验表明，在杭州，春、夏和秋季接种的叶片，需要经过冬季，到翌年 2 月才表现症状，而 1 月接种大约 3 周后就表现症状。轮斑病菌是低温型真菌，4℃ 条件下仍能生长产孢，而在 35℃ 条件下培养 14 天，即死亡。由此推测冬季低温是诱导病害发生的重要因子。而可能正因为病菌生长对低温的要求，轮斑病仅局限在陕南地区。

防治方法 鉴于病害发生需低温诱导，病害严重度与低温冻害密切相关，在新建柑橘园的选址上需要十分谨慎，柑橘园应建在小气候适宜的背风坡地，切忌在迎风口、易集聚冷空气的平谷地带建园。此外，低温来临前尽力做好树体的防冻工作，提高树体的抗冻能力，防止枝干受冻而造成全株枯死。

参考文献

ZHU L, WANG X, HUANG F, et al, 2012. A destructive new disease of citrus in China caused by *Cryptosporiopsis citricarpa* sp. nov[J]. Plant disease, 96: 804-812.

（撰稿：李红叶；审稿：周常勇）

柑橘绿霉病　citrus blue mold

由指状青霉引起的一种危害柑橘果实的真菌病害，是世界柑橘种植区的主要病害之一。

分布与危害 柑橘绿霉病在柑橘产区普遍发生且发病率较高，造成柑橘果实腐烂，损耗率可达 25%～30%。

发病初期果皮软腐，水渍状，略凹陷，色泽比健果略淡，组织柔软，以手指轻压极易破裂；以后在病斑表面中央开始

长出白色霉状物，菌丝体迅速扩展成为白色圆形霉斑，接着又从霉斑的中部长出绿色的粉状霉层（分生孢子和分生孢子梗）（图 1）。整个病斑可见明显的霉层，内层为绿色、外层为白色，最外层白霉与健康部交界处变色部分为水渍状，腐烂部分为圆锥形深入果实内部，潮湿时全果很快腐烂，在果心及果皮的疏松部分亦有霉状物产生，在干燥条件下果实干缩成僵果。

病原及特征 病原为指状青霉（*Penicillium digitatum* Sacc.）。病菌分生孢子丛为绿色，分生孢子梗无色，具隔膜，顶端 1～2 次分枝，呈帚状，分生孢子梗茎 70～150μm×5～7μm（图 2）；瓶梗单胞，无色，小梗中部较宽，上下部稍狭长，呈细长纺锤形。瓶梗上分生孢子 3～6 个串生；分生孢子单胞，无色，卵形至圆柱形，大小为 6～15μm×2.5～6μm。

侵染过程与侵染循环 柑橘绿霉病菌的寄主范围较窄，通常仅能侵染柑橘类果实。柑橘绿霉病菌分布很广，并能产生大量的分生孢子，通过气流传播，经伤口及果蒂剪口侵入柑橘果实。病菌侵染初期果实出现水渍状淡褐色圆形病斑，病部果皮变软腐烂，后扩展迅速，病部先长出白色菌丝，很

图 1 柑橘绿霉病果（王日葵摄）

图 2 柑橘绿霉病菌菌丝和分生孢子（朱从一摄）

快就转变为绿色霉层。霉层（分生孢子层）比较松散，遇到风吹后，孢子飘散，成为新的侵染源。在储藏期间，也可通过病果和健果接触传染。病菌侵入果皮后，分泌果胶酶，破坏细胞的中胶层，后导致果皮细胞组织崩溃腐烂，产生软腐症状。

流行规律 绿霉病发生的温度范围为 3～32°C，最适发病温度为 25～27°C，最适相对湿度为 96%～98%。在雨后、重雾或露水未干时采收的果实，果面湿度大，果皮水分含量高，易发病。在果实采收、分级、装运及储藏过程中，如处理不当，使果实受伤，增加感病概率，伤口愈深、愈大、愈易染病。在柑橘储藏过程中，未完全成熟的果实对病菌的抵抗力较充分成熟的果实强，储藏后期的柑橘果实生理机能衰弱，比较容易受侵害。

防治方法

综合防治　①加强栽培管理，增强树势，提高树体的抗病力。②冬季清洁果园，除去杂草，剪去病枝，清理地面枯枝落叶，发现病果随时摘除，集中深埋或烧毁，减少菌量。③冬季用波美石硫合剂或 300 倍液的硫黄胶悬剂喷洒 2～3 次，抑制或杀灭病菌。④采收前 15 天用 50% 甲基托布津 1000 倍液或 50% 代森铵 500 倍液交替防治，能有效地控制病害的发生和蔓延。

化学防治　柑橘采收后，及时使用化学防腐剂浸果可以防腐保鲜，最好采后当天处理，最迟不能超过 3 天。常用的化学防腐剂有苯并咪唑类的苯菌灵（500mg/L）、噻菌灵（1000mg/L）等，咪唑类的抑霉唑（500mg/L）、咪鲜胺（500mg/L）等，双胍盐类的双胍辛烷苯基磺酸盐（百可得）（1000mg/L）等，以及仲丁胺（0.1% 浸洗，0.1ml/L 熏蒸）。

改善储藏条件　①控制适宜的温度、湿度。甜橙类和宽皮柑橘类储藏库内适宜温度为 5～8°C，柚类为 5～10°C，柠檬为 12～15°C。相对湿度甜橙、柠檬为 90%～95%，宽皮柑橘、柚类为 85%～90%。②进行薄膜单果包装，可防止绿霉病果与健康果的接触感染，减少病害的发生。

参考文献

SUN X, LI H, YU D, 2011. Complete mitochondrial genome sequence of the phytopathogenic fungus *Pencilhum digitatum* and comparative analysis of closely related species[J]. FEMS microbiology letters, 323: 29-34.

SUN X, RUAN R, LIN L, et al, 2013. Genomewide investigation into DNA elements and ABC transporters involved in imazahl resistance in *Pencilhum digitatum*[J]. FEMS microbiology letters, 348: 11-18.

（撰稿：王日葵、胡军华；审稿：周常勇）

柑橘煤烟病　citrus fuliginous

主要由柑橘煤炱菌、刺盾炱属菌和巴特勒小煤炱菌等 10 种病菌引起的一种侵染性真菌病害。病菌在叶片、枝梢及果实表面形成似烟煤一样的菌丝层。又名柑橘煤病、柑橘煤污病、柑橘烟霉病。

发展简史 W. G. Farlow 于 1876 年首次报道，1875 年的春夏在加利福尼亚的甜橙树上发现该病，并用 *Capnodium citri* 作为通用名。随后，在澳大利亚、伊朗、北美和中国相继发生。其病原菌种类较多，主要有柑橘煤炱菌、刺盾炱属菌和巴特勒小煤炱菌 3 种。

分布与危害 柑橘煤烟病在世界上分布较广，在北美、欧洲、澳大利亚、东南亚地区、毛里求斯、美国夏威夷、南非、法国留尼汪岛、巴基斯坦、印度都有报道。在中国柑橘产区普遍发生。

煤烟病在柑橘枝叶和果实表面覆盖一薄层暗褐色或稍带灰色的霉层（图 1），严重阻碍柑橘树的光合作用，常导致树势衰退。严重受害时，开花少，果实小，品质下降。柑橘煤烟病因病原种类不同，霉状物的附生情况也不相同。由霉炱属（*Capnodium*）引起的霉层为黑色薄纸状，易撕下或自然脱落。由刺盾炱属（*Chaetothytum*）引起的霉层状似锅底灰，以手擦之即成片脱落（图 2）。由小煤炱属（*Meliola*）引起的霉层分布不均而呈辐射状小霉斑，分散于叶面及叶背，不易剥离。

病原及特征 柑橘煤烟病病原菌种类达 10 余种，形态

图 1 柑橘煤烟病病树（陈洪明提供）

图 2 柑橘煤烟病病叶症状（周彦提供）

各异。菌丝体均为暗褐色。有 1 个或多个分隔，具横隔膜或具纵横隔膜，闭囊壳有柄或无柄，闭囊壳壁外有附属丝或无附属丝，具刚毛。

中国常见的柑橘煤病病原菌有巴特勒小煤炱（*Meliola butleri* Syd.）、山茶小煤炱［*Meliola camelliae*（Gatt.）Sacc.］、柑橘煤炱（*Capnodium citri* Berk et Desm.）、烟色刺盾炱［*Capnophaeum fuliginodes*（Rehm.）Yamam.］、田中新煤炱［*Neocapnodium tanakae*（Shirai & Hara）Yamam.］、爪哇黑壳炱［*Phaeosaccardinula javanica*（Zimm.）Yamam.］和刺三叉孢炱［*Triposporiopsis spinigera*（Hohn.）Yamam.］，其中以前 3 种为主。

巴特勒小煤炱的菌丝体呈褐色，厚壁，有规则地分枝。有隔菌丝具附着枝，附着枝一般由 2 个细胞组成，顶端细胞膨大，紧贴寄主上，并产生侵入丝侵入寄主细胞，产生吸器。闭囊壳在菌丝体上表生，球形，直径 130～160μm。孢被呈暗色，由二层或多层厚壁比较大的细胞组成，无孔口，上部有黑色刚毛数根，下部有菌丝体相连。子囊椭圆形或卵形，蒂端略弯，壁易消解，大小为 50～66μm×30～50μm。子囊孢子 2～3 个，长圆形至圆筒形，有 4 个横隔，大小为 35～42μm×14～18μm。

柑橘煤炱菌菌丝体为丝状、暗褐色，有分枝，依靠蚧类、粉虱和蚜虫分泌物为生。先由菌丝缢缩成念珠状，后彼此分割形成分生孢子，褐色，表面光滑，大小为 10～20μm×7～9μm。分生孢子器筒形或棍棒形，群生于菌丝丛中，顶端圆形，膨大，暗褐色，大小为 300～355μm×20～30μm；膨大部内生分生孢子，成熟后自裂口处逸出。分生孢子椭圆形或卵圆形，单胞，无色，大小为 3.0～6.0μm×1.5～2.0μm。子囊壳球形或扁球形，直径 110～150μm，壳壁膜质，暗褐色，顶端有孔口，表面生刚毛。子囊长卵形或棍棒形，大小为 60～80μm×12～20μm，内生 8 个子囊孢子，双列。子囊孢子呈褐色，长椭圆形，砖格状，具纵横隔膜，大小为 20～25μm×6.0～8.0μm。

刺盾炱菌丝体为念珠状、外生、分枝，暗褐色，孢子多型。分生孢子器为筒形或棍棒形，群生于菌丝丛中，顶端圆形，膨大，暗褐色，大小为 136.9～335.0μm×25.9～45.5μm，膨大部内生分生孢子，成熟后自裂口处逸出。分生孢子椭圆形或卵圆形，单胞，无色。子囊壳球形或扁球形，直径 143.0～214.5μm，壳壁膜质，暗褐色，表面生刚毛。子囊长卵形或棍棒形，大小为 42.9～85.8μm×14.3～22.2μm，内生 8 个子囊孢子，双行排列。子囊孢子无色，长椭圆形，两端略细，具 3 个横隔，大小为 7.4～18.5μm×3.7～6.0μm。

侵染过程与侵染循环 柑橘煤烟病菌除小煤炱属为纯寄生菌外，均属表面附生菌。以菌丝体及闭囊壳或分生孢子器在病部越冬。翌年春季由霉层飞散孢子，借风雨散落于介壳虫类、蚜虫、黑刺粉虱、烟粉虱等害虫的分泌物上，以此为营养生长繁殖，辗转为害。

流行规律 柑橘煤烟病全年都可发生，以 5～9 月发病最重。多发生于栽培管理不良、植株高大、荫蔽、湿度大的果园。蚜虫、介壳虫和粉虱等害虫发生严重的果园病害严重。

防治方法

农业防治 适当修剪，以利通风透光，增强树势。做好冬季清园，清除染病枝叶及病果，将其带出橘园集中烧毁，减少翌年病菌来源。

防治刺吸式口器害虫 及时防治蚧类、粉虱和蚜虫等可减轻或避免诱发柑橘煤烟病的发生。春季芽萌动时和开花前重点防治蚜虫，喷施 10% 吡虫啉 1500 倍液加 50% 多菌灵 800 倍液各 1 次；5 月中旬重点防治介壳虫、黑刺粉虱等害虫，用 25% 扑虱灵 1500 倍液或 48% 乐斯本 1000 倍液或 95% 机油乳油 200 倍液加 50% 多菌灵 800 倍液全树冠喷雾，连用 2～3 次，每次间隔 7～10 天；7～9 月交替使用阿维菌素、氟虫腈、吡虫啉、扑虱灵防治白粉虱。冬季清园时喷 8～10 倍液松脂合剂或 200 倍机油乳剂灭虫，减少翌年虫口基数。

化学防治 在早春发病初期，可用代森锌、0.5% 波尔多液或灭菌丹 400 倍液喷雾，或用 70% 甲基托布津可湿性粉剂 600～1000 倍液喷雾。在 6～7 月改喷 1：4：400 的铜皂液，于 6 月中下旬和 7 月上旬各喷一次。

参考文献

REYNOLDS D R, 1999. *Capnodium citri*: The sooty mold fungi comprising the taxon concept[J]. Mycopathologia, 148: 141-147.

（撰稿：唐科志；审稿：周常勇）

柑橘苗木立枯病　citrus seedling damping-off

由立枯丝核菌为主、多种真菌引起的柑橘幼苗期的重要病害。

分布与危害 柑橘苗木立枯病在世界柑橘产区普遍发生，造成苗木猝倒和大量死亡。田间有 3 种常见症状：第一种是青枯，病苗靠近土表的基部缢缩、变褐色腐烂，叶片凋萎不落（见图）；第二种是枯顶，幼苗顶部叶片染病，产生圆形或不定形淡褐色病斑，并迅速蔓延，至叶片枯死；第三种是芽腐，感染刚出土或尚未出土的幼苗，使病芽在土中变褐腐烂。

病原及特征 主要病原有立枯丝核菌（*Rhizoctonia solani* Kühn）、瓜果腐霉［*Pythium aphanidermatum*（Eds.）Fritz.］、

柑橘苗木立枯病症状（李太盛摄）

疫霉菌（*Phytophthora* spp.）、柑橘褐腐疫霉［*Phytophthora citrophthora*（R. et E. Smith）Leon.］。中国已证实的病原菌有立枯丝核菌和柑橘褐腐疫霉。

立枯丝核菌在 PDA 培养基上，菌丝初期无色，后变褐色，直径 12～14μm，菌丝有横隔，往往成直角分枝，分枝基部略缢缩，老菌丝常呈一连串的桶形细胞，桶形细胞的菌丝最后交织成菌核。菌核无定形，大小不一，直径为 0.5～10mm，浅褐色、棕褐色至黑褐色，能抵抗不良的环境条件。

疫霉菌菌丝无色，不分隔，分枝不规则。孢子囊梗与菌丝无明显差异，无分枝。孢子囊顶生，易脱落，卵形，有乳头状突起，卵孢子球形，壁厚。

病菌对环境条件适应性广，病菌发育温度 19～42°C，适温 24°C；适宜 pH 为 3～9.5，最适 pH 为 6.8。

侵染过程与侵染循环　立枯丝核菌主要以菌丝体或菌核在土壤或病残体上越冬，在土中营腐生生活，可存活 2～3 年。当环境条件适宜时，菌丝体能直接侵染寄主幼苗，形成发病中心，通过水流、农具传播，进一步蔓延。

流行规律　高温多湿是该病发生的基本条件。一般在 5～6 月大雨或绵雨之后突然晴天，容易造成大发生。不同柑橘种类的抗病性有差异。柚、枳、枸头橙的抗病性较强，而酸橘、红橘、摩洛哥酸橙、粗柠檬、香橙、土柑、金柑、甜橙、柠檬均感病。此外，病情有随苗龄增长而减弱的趋势，苗龄 60 天以上时，不易感病。

防治方法　柑橘立枯病是一种土传病害，因此防治的重点是育苗土壤，主要方法有苗圃地的选择、轮作、土壤消毒和药剂防治。

优选苗圃地及轮作　选择地势高、排灌方便、土质疏松肥沃的砂壤土育苗。苗圃地可以采取旱—旱轮作或水—旱轮作，也可采用不同种类作物轮作。

土壤消毒　播种前用 95% 棉隆粉剂 50g/m² 处理时，防治效果约达 91%。采用 40% 甲醛水溶液 200 倍液、25% 咪鲜胺乳油 500 倍液、80% 代森锰锌可湿性粉剂 500 倍液等药剂，稀释喷淋土壤，也能有效预防立枯病。

药剂防治　当苗木长出 3 片叶时，可用 70% 敌磺钠（敌克松）可溶性粉剂 500 倍液或 50% 多菌灵可湿性粉剂 500 倍液喷洒进行预防性防治，每周 1 次，连续 3 次。注意药物的交替使用。及时拔除病株，并把病株周围土壤清理出去，用药进行灌根，以防立枯病蔓延。

参考文献

陈荟，朱伟生，1989. 柑橘立枯病研究 [J]. 中国柑橘，18(3): 7-8.

朱伟生，黄宏英，黄同陵，1992. 南方果树病虫害防治手册 [M]. 北京：农业出版社.

（撰稿：李太盛；审稿：周常勇）

柑橘青霉病　citrus green mold

由青霉病菌引起的、危害柑橘果实的一种真菌病害。是世界柑橘产区最主要的病害之一。

分布与危害　青霉病主要危害储藏期的果实，也可以危

害田间的成熟果实。如采果期间为多雨闷湿的天气，果园多有发生。青霉病多发生在储藏前期，初期果面上产生水渍状淡褐圆形病斑，病部果皮变软腐烂，易破裂，其上先长出白色菌丝，后变为青色，从果实开始发病到整个腐烂，历时 1～2 周（图 1）。青霉病的孢子丛青色，发展快且可扩展到果心，白色的菌丝带较狭窄，1～2mm，果皮软腐的边缘整齐，水渍状，有发霉气味，对包果纸及其他接触物无黏附力，果实腐烂速度较慢，21～27°C 时全果腐烂需 14～15 天。

病原及特征　病原为青霉属的意大利青霉（*Penicillium italicum* Wehmer）。病菌的有性态为子囊菌，不常发生，常见无性态。菌落产孢处淡灰绿色，分生孢子梗集结成束，无色，具隔膜，先端数回分枝呈帚状，大小为 0.6～349.6μm×3.5～5.6μm（图 2）；分生孢子初圆筒形，后变椭圆形或近球形，大小为 4～5μm×2.5～3.5μm。病原菌的发病适温为 18～28°C。

侵染过程与侵染循环　青霉菌可在有机物质上营腐生生长，产生大量分生孢子扩散到空气中，靠气流传播，病菌萌发后通过伤口侵入果皮，引起果腐。在病部又能产生大量分生孢子进行再侵染。在储藏库中，青霉菌侵入果皮后，能分泌一种挥发性物质，损伤健果的果皮，引起接触传染。

流行规律　青霉病发生所需的温度为 3～32°C，最适温

图 1　柑橘青霉病病果（姚廷山摄）

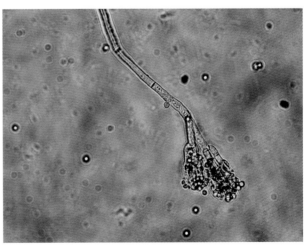

图 2　柑橘青霉病菌菌丝（胡军华摄）

度为 18～26℃，当湿度达 95%～98% 时，有利于发病。在雨后或露水未干时采果易引起柑橘青霉病发病增加。橘园发病一般始于果实蒂部，储藏期发病部位没有一定规律，果面伤口是引起该病大量发生的关键因素。

防治方法

农业防治 加强栽培管理，合理修剪，去除荫蔽枝梢，改善通风透光条件。采收不要在雨后或晨露未干时进行。从采收到搬运、分级、打蜡包装和储藏的整个过程，均应避免机械损伤，特别不能离果剪蒂、果柄留得过长和剪伤果皮。

化学防治 采用采前喷树冠和采后药剂处理两种方法，9 月中旬，喷 1～2 次杀菌剂保护，特别要尽量喷到果实上。采果前 1～2 个月对树冠喷 1～2 次杀菌剂，采用 45% 噻菌灵悬浮剂 1000～1500mg/kg、50% 抑霉唑乳油 250～500mg/kg、25% 咪鲜胺乳油 250～500mg/kg 等药剂。储藏期选用 50% 抑霉唑乳油 250～500mg/kg、5% 噻菌灵悬浮剂 1000～1500mg/kg、25% 咪鲜胺乳油 250～500mg/kg、50% 异菌脲可湿性粉剂 500～1000mg/kg、40% 双胍三辛烷基苯磺酸盐可湿性粉剂 200～400mg/kg 等药剂进行浸渍处理。

参考文献

FAWCETT H S, BARGER W R, 1927. Relation of temperature to growth of *Penicillium italicum* and *P. digitatum* and to citrus fruit decay produced by these fungi[J]. Journal of agricultural research, 35: 925-931.

GRISARO V, SHARON N, BARKAI-GOLANR, 1968. The chemical composition of cell walls of *Penicillium digitatum* Sacc. and *Penicillium italicum* Whem[J]. Journal of general microbiology, 51: 145-150.

（撰稿：王日葵、胡军华；审稿：周常勇）

柑橘树脂病 citrus diaporthe gommosis

一种危害柑橘枝干和枝梢，导致流出褐色胶液的真菌病害。又名柑橘疫霉流胶病。引起柑橘枝干流胶的病原很多，包括疫霉菌 *Phytophthora* spp.，以及柑橘间座壳菌（*Diaporthe citri*），即本条目所介绍的树脂病。此外，还有葡萄座腔菌科（Botryosphaeriaceae）中 *Neofusicoccum*，*Dothiorella*，*Diplodia*，*Lasiodiplodia* 和 *Neoscytalidium* 属中的一些真菌也会引起流胶。

发展简史 早在 19 世纪以前，美国就有柑橘枝梢死亡和轻微树脂病发生的记录。1912 年，Fawcett 依据无性态的形态学特征，将美国佛罗里达州引起柑橘褐色蒂腐病的病原真菌鉴定为 *Phomopsis citri*，经过研究黑点病（砂皮病）、褐色蒂腐病和树脂病，很快被确定为是由同一种真菌引起。该病菌的有性态于 1926 年发现和鉴定，命名为柑橘间座壳菌（*Diaporthe citri* F. A. Wolf）。根据现行真菌命名法规所推行的"一个真菌一个名称"规则，"*Diaporthe*"为 *Diaporthe/Phamopsis* 属群的唯一合法名称，*D. citri* 这个学名被保留下来作为柑橘树脂病的合法学名。黑点病和褐色蒂腐病另有介绍，本条目仅介绍该病菌危害枝干、枝梢所发生的树脂病。

分布与危害 树脂病广泛分布于世界各大柑橘栽培区。在中国各柑橘产区该病普遍发生，尤以冬春易遭冻害的地区发生较重。

树干受害后，可产生流胶和干枯两种症状。流胶型症状在温州蜜柑、爱媛、红橘、甜橙等品种上表现较普遍，病斑多发生在主干分权处和其下的主干，以及经常暴露在阳光下的西南面枝干和易遭冻害的迎风部位。受害后最初皮层组织松软，灰褐色至深褐色，水渍状，溢出初为淡褐色胶液，胶液后变深褐色。高温干燥时，病情发展缓慢，病部逐渐干枯下陷，病健交界处开裂，死亡的皮层剥落，露出木质部，而病斑周缘形成愈伤组织而隆起。干枯型症状多发生在早橘、南丰蜜橘、本地早等品种上，病部皮层红褐色，干枯略下陷，微有裂缝，但不立即剥落，在病健交界处有一条明显的隆起界线，在适温和高湿条件下，干枯型可转化为流胶型。病害不仅发生在成年结果的大树上，也发生在刚栽种不久的小树上。浙江一些高接换种的爱媛 28 品种柑橘新生枝梢树脂病发生普遍，引起枯枝，带来很大损失（见图）。

不论是流胶型还是干枯型，病菌都能透过皮层进入木质部，受害木质部变为浅灰褐色。在病健交界处，有一条黄褐色至黑褐色的痕带，切片观察可见导管内有褐色胶体和菌丝，推测导管系统的堵塞和损坏是导致树体死亡的主要原因。在发病树皮上可见许多黑色小粒点，此为病菌的分生孢子器在潮湿条件下小黑点上分泌出淡黄色胶质分生孢子团或卷须状分生孢子角。后期在同一病斑上可见黑色毛发状物，即为病菌的子囊壳。

衰弱的果枝或受冻的枝梢，特别是晚秋梢，受冻后自顶部向下褐色枯死，病健交界处常有少量的胶液流出，严重时整个枝梢枯死，表面散生许多小黑点（分生孢子器）。

病原及特征 见柑橘黑点病。

侵染过程与侵染循环 病枝干的死皮组织和枯枝上终年可产生分生孢子器和子囊壳，当遇降雨时，成熟的分生孢子或子囊从分生孢子器的孔口溢出，经风雨、昆虫等活动传播。当温度适宜，有降水或高湿时，降落的孢子萌发，从伤口侵入枝干和枝梢，引起发病。果园枯枝在整个生长季均可产生孢子引起侵染。

流行规律 该病菌为弱寄生菌，萌发的孢子只能从伤口侵入枝干。针对枝干，伤口的产生是柑橘树脂病流行的首要条件，寄主产生愈伤组织的能力也与树脂病的发生流行关系密切。造成柑橘枝干受伤的因素很多，最常见的是冻伤、日灼伤、修剪伤口和蛀干性昆虫造成的伤口，而寒潮侵袭后，橘树遭受冻害是诱发树脂病流行的主要因素。历史上每当冬季有特大冻害，都引起树脂病的流行。树脂病常发生在经常暴露在阳光下的枝干西南面和易遭冻害的迎风部位。冬季气温低，愈伤组织形成慢，修剪口也易遭病菌侵染发病。

树脂病的发生与果园的立地条件相关。土层浅薄，土壤保水保肥能力差，树势衰弱，或地势低洼，排水不良，土壤易积水，冬季冷空气易沉积的果园易发生树脂病流行。

病菌的传播需要雨水，分生孢子的萌发侵入需要表面有水膜，因此树脂病的发生与气温和降雨密切相关。一般年份病害在 5～6 月和 9～10 月（此时气温适宜，降雨丰富）发生严重，夏末和秋初病害发展缓慢

柑橘树脂病（李红叶摄）

防治方法　树脂病的防治可采取选择合适的地块种植，加强栽培管理，避免树体受伤为主，辅以药剂防治的综合防治措施。

选择适宜的地块建园　宜选丘陵山地或平地建园，以肥沃疏松的壤土或砂壤土最佳，海拔高度应控制在400m以下，坡向宜为南坡、东南坡和西南坡，在易发生冻害的地域应选择坡中段逆温层地带建园。在建园时，在迎风口营造好防风林或设置防风网，可减少冻害的发生，从而减轻树脂病的发生和危害。

清除病源和剪锯口的消毒保护　早春气温回升后结合修剪，剪除病虫枝、枯枝和徒长枝，集中烧毁。应避免在冬季低温来临前进行修剪。对剪锯口应及时喷药，一方面杀死残留在枯枝上的病菌，另一方面保护伤口，避免病菌从伤口侵入。药剂可用1波美度的石硫合剂等，大的剪锯口可用果树专用的伤口愈合剂、伤愈膏，如甲基硫菌灵糊剂和噻霉酮膏剂等。

加强栽培管理，提高树体抗病力　冬季温度较低的地区，在气温下降前，对1～3年生的幼树进行培土或裹塑料袋、稻草防寒，对大树培土。霜冻前1～2周，柑橘园应灌水1次，或于地面铺草，或堆草熏烟防冻。秋季或采收前后要及时适当增施肥料，以增强树势，提高抗冻能力。

树干刷白　在盛夏前用白涂剂刷白树干能够反射40%～70%的阳光，从而降低树体温度，避免树干日灼发生。在冬季冻害发生时，树木涂白可使树干温度变化比较平稳，减少冻害，从而减轻树脂病的发生和危害。

刮治和涂药　对老病斑，春季彻底刮除病组织，再涂伤口保护剂。也可用利刃纵划病部，深达木质层，上下超出病组织1cm左右，划线间隔0.5cm左右，然后分5月、9月两期涂药，每周1次，每期涂药3～4次。药剂可选用70%甲基硫菌灵可湿性粉剂200～300倍液，或60%腐植酸钾（钠）30～40倍液。

喷药防治与防治柑橘黑点病结合进行。

参考文献

GUARNACCIA V, CROUS P W, 2017. Emerging citrus diseases in Europe by species of Diaporthe[J]. IMA fungus, 8(2): 317-334.

HUANG F, HOU X, DEWDNEY M M, et al, 2013. *Diaporthe species occurring on citrus in China*[J]. Fungal diversity, 61: 237-250.

（撰稿：李红叶；审稿：周常勇）

柑橘衰退病　citrus tristeza

由柑橘衰退病毒引起的一种柑橘病毒病，是世界范围内的一种重要柑橘病害。又名柑橘速衰病。

发展简史　19世纪，澳大利亚、南非、巴西和印度尼西亚爪哇等地用酸橙砧木来应对柑橘脚腐病的危害时发生了大量植株死亡的现象。在巴西，人们将此现象称为衰退病（tristeza，在西班牙语和葡萄牙语系中，此词为悲哀之意）。20世纪50～60年代，西班牙又因此病毁树数千万株。长久以来，衰退病被认为是某些病原导致酸橙砧木发生的"品种不亲和"所引发；直到1946年首次通过试验发现，引发柑橘衰退病的病原可以通过嫁接和蚜虫进行传播，由此推测该病原可能是一种病毒；此后，在病株体内观察到大量线状的病毒颗粒，从而证明病毒是引起该病的病原。随后研究发现，柑橘衰退病毒在不同柑橘类型上引起的症状差异显著，故衰退病可分为速衰型、茎陷点型及苗黄型三种类型。

分布与危害　已有超过60个国家和地区报道发生柑橘衰退病，其发生区域几乎覆盖了世界上所有的柑橘产区，其中以在巴西、秘鲁、南非等国的危害最为严重。20世纪30年代至今，柑橘衰退病在世界范围内已毁灭过亿株柑橘树，并仍然严重威胁着世界上以酸橙作砧木的柑橘和对茎陷点型衰退病敏感的柚类、葡萄柚和某些甜橙的安全。柑橘衰退病在中国的分布极为普遍，由于中国长期使用枳、酸橘、红橘、红黎檬和枸头橙等抗病或耐病砧木并主要种植耐病的宽皮柑橘，所以生产上没有出现严重危害。但云南宾川、建水个别地区由于使用敏感的香橼砧木而导致大量死树。20世纪80年代末期，随着中国柑橘产业结构调整力度的加大，以及21世纪以来实施柑橘产业优势区域规划，柚类和甜橙的种植比例有了较大幅度的增加，致使中国部分对此病敏感的柚类和甜橙受到茎陷点型衰退病（图1）一定程度的危害。

病原及特征　病原为长线形病毒属（*Closterovirus*）的柑橘衰退病毒（citrus tristeza virus，CTV）。病毒颗粒细长弯曲，基因组是由19296个核苷酸构成的正义单链RNA链（+ssRNA），包装于2000nm×11nm螺旋对称的线形病毒粒体中，螺距315～317nm，每圈螺旋由815～1010个外壳蛋白亚基构成，是已知基因组最大的植物病毒（图2）。CTV的基因组含有12个开放读码框（ORFs），能够编码17种分子量为6～401kD的蛋白。与长线形病毒科的其他成员一样，CTV也具有两种外壳蛋白（CP），其中，主要外壳蛋白约占总CP的97%，包裹着病毒的大部分区域；次要外壳蛋白仅包裹病毒的5′末端，参与了病毒与褐色橘蚜食窦表皮的结合。在CTV颗粒的组装和移动过程中，除CP外，还需要有P6、P65和P61蛋白的参与。P61和P65蛋

图1 柑橘衰退病引起的甜橙茎陷点症状（周常勇摄）

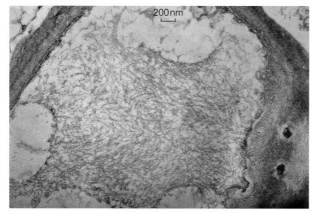

200nm

图2 柑橘衰退病毒在寄主细胞中的分布（周常勇摄）

白也与CTV的蚜传能力有关。CTV 3′端的ORF中P20与内含体的形成有关。*P23*编码的RNA结合蛋白调控CTV复制过程中正链和负链RNA的比例，并与苗黄症状的产生以及病毒与寄主的互作有关。P23、P25和P20还可以抑制本生烟中的基因沉默。研究还显示，虽然CTV在缺失*P33*、*P18*和*P13*后其功能不发生明显变化，仍可系统感染大多数的柑橘品种，但是这3个基因是决定CTV能否系统侵染柠檬、葡萄柚和克莱门丁橘等柑橘品种的关键因素。除P33外，CTV编码的前导蛋白L1和L2也参与了CTV株系间的交叉保护作用。

在CTV复制过程中，除5′端的基因可被直接翻译外，3′端10个基因的合成都需要有相同3′末端的亚基因组RNA（sgRNA）作为mRNA的参与，并且越靠近3′末端，基因的表达量也相应增加，但P25的表达量高于更靠近3′末端的P13和P18。此外，3′端基因的表达量还受转录起始位点+1移码、基因上游调控元件的种类以及基因上游是否存在NTR等因素的影响。

侵染过程与侵染循环　柑橘衰退病主要通过嫁接和多种蚜虫以非循环型半持久方式进行传播。其中褐色橘蚜（*Aphis citricida*）的传毒能力最强，可有效传播CTV的多个株系。棉蚜（*Aphis gossypii*）和绣线菊蚜（*Aphis spiraecola*）的传毒能力较弱，但因其在田间发生量大，因此也是CTV重要的传播媒介。豆蚜（*Aphis craccivora*）、橘二叉蚜（*Aphis aurantii*）、桃蚜（*Myzus persicae*）和指管蚜（*Dactynotus jaceae*）也可传播CTV，但其传播能力很弱。蚜虫一般在病株上取食30分钟后就可以获毒，并具有传毒能力。随着获毒取食时间的延长，传毒能力也随之增加，取食24小时时达到最大传毒能力，但获毒前对蚜虫进行饥饿处理，不能增加其传毒能力。获毒蚜虫在健康植株上取食24小时后，失去传毒能力。蚜虫的传毒能力与蚜虫的地理分布无关，蚜虫的发育阶段、虫口数目、毒源植物和接种植物的种类、环境条件以及虫体中的病毒含量等都会影响蚜虫的传毒效率。

此外，柑橘衰退病还可以通过两种菟丝子（*Cuscuta subinclusa*、*Cuscuta americana*）进行传播。

防治方法　防治柑橘衰退病的主要途径有：①采用枳、枳橙、红橘、酸橘等抗病或耐病品种代替酸橙作砧木防治速衰型柑橘衰退病。②使用无病毒苗木并严格防治蚜虫来防治茎陷点型衰退病。③运用交叉保护技术，即在无病毒柑橘上预免疫接种有保护作用的弱毒株，是防治茎陷点型衰退病的有效方法。

参考文献

BAR-JOSEPH M, 1989. The continuous challenge of citrus tristeza virus control[J]. Annual review of phytopathology, 27: 291-316.

DAWSON W O, GARNSEY S M, TATINENI S, et al, 2013. citrus tristeza virus-host interactions[J]. Frontiers in microbiology. DOI: 10.3389/fmicb.00088.

（撰稿：周彦；审稿：周常勇）

柑橘酸腐病　citrus sour rot

由酸腐病菌引起的、危害柑橘果实的一种真菌病害，是世界柑橘种植区的主要病害之一。

发生简史　柑橘酸腐病菌是 Smith 在 1917 年首次描述，并将此菌定名为 *Oospora citri-aurantii*（Ferr.）Sacc. et Syd.。1955 年，Ciferri 将此菌命名为 *Geotrichum candidum* Link var. *citri-aurantii*（Ferr.）R. Ciferri et F. Ciferri n. comb.。1965 年，Butler 将此菌命名为 *Geotrichum candidum* Link ex Pers。1988 年，Butler 将引起柑橘果实采后酸腐病害的菌命名为 *Geotrichum citri-aurantii*（Ferr.）Butler。

分布与危害　柑橘酸腐病在中国柑橘产区普遍发生，特别是冬季气温较高的地区。柑橘酸腐病是柑橘贮运中最常见、最难防治的病害之一，造成柑橘果实腐烂，发病率一般为 1%～5%，有时可达 10%。

酸腐病一般发生于成熟的果实，特别是储藏较久的果实。病菌从伤口或果蒂部入侵，病部首先发软，变色为水渍状，极柔软（图 1）。若轻按病部，易压破，酸腐的外表皮更易脱离，病斑扩展至 2cm 左右时稍下陷，病部长出白色、致密的薄霉层，略皱褶，为病菌的气生菌丝及分生孢子，后表面白霉状，果实腐败，流水，产生酸臭味。不同种类的柑橘果实，酸腐病症状有差异，对病原菌侵染的敏感性不同，以柠檬、酸橙最感病，橘类、甜橙次之。

病原及特征　酸腐病菌有性世代为酸橙乳霉（*Galactomyces citri-aurantii* E. E. Butler），无性世代为酸橙地霉 [*Geotrichum citri-aurantii*（Ferr.）Butler]，亦即酸橙节卵孢菌 [*Oospora citri-aurantii*（Ferr.）Sacc. et Syd.]。该菌广泛分布于土壤内，甚至空气中也可采集到。菌落展生，乳白色，柔软，多少呈酵母状。营养菌丝体无色，分枝，多隔膜，老熟的菌丝分枝，隔膜很多，最后在隔膜处逐渐发展为串生的节孢子，断裂而节孢子分散（在较粗的营养菌丝上，有时节孢子可间生）。节孢子初矩圆形，两端平截，迅速成熟，成为桶状或近椭圆形。菌丝 8.2～25.1μm×3.1～8.5μm，分生孢子梗 5.2～80.1μm×2.1～3.2μm，分生孢子 3.4～11.8μm×2.3～4.8μm（图 2）。

侵染过程与侵染循环　病原菌随着腐烂果或通过雨水传到土壤，当翌年柑橘成长期特别是成熟期，分生孢子通过空气或者雨水传播到果实表面，通过伤口侵染成熟的柑橘果实；病果上产生的分生孢子通过空气或雨水传播，进行二次侵染。果蝇也可以传播。在储藏期，主要通过与病果残留物的接触传播。

流行规律　病菌通过伤口主要侵染成熟的柑橘果实，果实表面高湿度和果皮含水量高利于发病。成熟度、伤口和带菌量是柑橘采后致病的关键因子。病菌分生孢子借风雨传播，病原菌主要通过 3 种方式入侵果实：一是通过机械损伤或虫害造成的伤口；二是通过自然开放的气孔、皮孔部位；三是通过分泌寄主细胞壁水解酶等直接破坏果实表皮的防御机制。病原菌孢子一旦接触伤口组织，侵染就开始。在没有伤口、果实张开的皮孔、气孔等便利入侵的情况下，病原孢子潜伏在果实表面，对因缺素引起果皮发育不正常或衰老后的果实发起攻击。

病菌在 26.5℃ 时生长最快。15℃ 以上才引起果实腐烂，10℃ 以下腐烂发展很慢，在 24～30℃ 的温度和较高的湿度下，5 天内病果全腐烂，并且邻近果实也会因接触而感染受害。

防治方法

采前综合防治　①加强害虫防治，做好病虫害预测预报，防治要及时；在栽培管理过程中防止果实机械伤，避免果面产生伤口。②采收前 15 天用双胍辛烷苯基磺酸盐（百可得）（1000mg/L）等药剂喷树冠，控制病害的发生和蔓延。③发现病果及时摘除，集中深埋或烧毁，减少病菌。

采后防治　规范采收，果实在贮运过程中轻拿轻放，防止碰撞和挤压，避免果实受伤。柑橘采收后，用醋酸双胍盐 500mg/L 或双胍盐类的双胍辛烷苯基磺酸盐（百可得）（1000mg/L）或 1%～2% 邻苯酚钠溶液浸洗果实，处理要及时，最好采后当天防腐保鲜处理，最迟不能超过 3 天。

改善储藏条件　①控制适宜的温度、湿度。甜橙类和宽皮柑橘类储藏库内适宜温度为 5～8℃，柚类为 5～10℃，柠檬为 12～15℃。甜橙、柠檬适宜湿度为 90%～95%，宽皮柑橘、柚类为 85%～90%。②用薄膜单果包装，可防止病果及烂果流出的液体与健康果接触感染，减少病害的发生。

参考文献

BUTLER E E, WEBSTER R K, ECKERT J W, 1965. Taxonomy, pathogenecity and physiological properties of the fungus causing sour rot of citrus[J]. Phytopathology, 55: 1262-1268.

图 1　柑橘酸腐病果（王日葵摄）

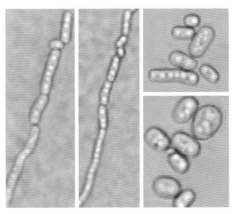

图 2　柑橘酸腐病菌分生孢子（朱从一摄）

SMILANICK J L, MANSOUR M F, 2007. Influence of temperature and humidity on survival of *Penicillium digitatum* and *Geotrichum citri-aurantii*[J]. Plant disease, 91(8): 990-996.

（撰稿：王日葵、胡军华；审稿：周常勇）

柑橘碎叶病　citrus tatter leaf

由柑橘碎叶病毒引起的一种病毒病，因其在厚皮莱檬、枳橙上表现叶片扭曲、叶缘缺损似破碎状而得名。

发展简史　1962年，Wallace和Drake发现厚皮莱檬（*Citrus excelsa* Wester）嫁接了来自美国加利福尼亚州的北京柠檬（*Citrus limon* 'Meyer Lemon'）接穗后，叶片产生了黄斑、叶缘破碎等症状，这是关于柑橘碎叶病的首次描述。随后发现，枳橙和枳橙嫁接受侵染的北京柠檬后，也会产生明显的叶部和茎部症状，并认为北京柠檬可能含有两种病毒：碎叶病毒和枳橙矮化病毒，但Roistacher等经过22年的分离实验证实北京柠檬植株内仅含有1种病毒，即柑橘碎叶病毒。1965年，Semancik和Weathers从通过摩擦接种碎叶病的豇豆中分离出杆状病毒粒子。20世纪90年代获得了碎叶病病原全基因组cDNA克隆及序列，明确该病病原与线性病毒科（Flexiviridae）发状病毒属（*Capillovirus*）的苹果茎沟病毒（apple stem grooving virus，ASGV）在粒子形态等理化特性上相似，血清学关系相近，基因组大小相一致，组织结构相同，序列也具有很高的一致性，故认为此病毒是ASGV的一个变种。

分布与危害　已报道发现柑橘碎叶病的国家有美国、日本、中国、韩国、巴西、泰国、菲律宾、澳大利亚和南非，尤其以日本和中国发生最为普遍。在中国台湾、浙江、福建、广东、广西、湖南、湖北、四川和重庆等地均有柑橘碎叶病发生，在浙江、湖南、福建和广西的局部地区还曾造成比较严重的危害。例如，湖南安化县唐溪园艺场栽植的早津温州蜜柑（*Citrus unshiu* Marc.）曾因柑橘碎叶病造成大面积死树，经济损失巨大。

柑橘碎叶病在许多寄主上不显症。主要危害以枳及其杂种作砧木的柑橘树，引起嫁接结合处环缢和接口附近的接穗部肿大，剥开接合部树皮，可见接穗与砧木间有一圈缢缩线；受害植株叶脉呈类似环状剥皮引起的黄化，黄化常发生于新梢；植株矮化，受强风等外力推动，病树砧穗接合处易断裂，裂面光滑。腊斯克枳橙（*Citrus sinensis* × *Poncirus trifoliata* 'Rusk'）实生苗受侵染后，新叶上出现黄斑，叶缘缺损，呈"之"字状扭曲，植株矮化，常用做柑橘碎叶病鉴定的指示植物（见图）。

病原及特征　病原是柑橘碎叶病毒（citrus tatter leaf virus，CTLV）。CTLV是β线性病毒科（Betaflexiviridae）发状病毒属的正义单链RNA病毒，在形态学、血清学以及分子生物学特性上与ASGV密切相关，被认为是同一种病毒的不同株系。

CTLV病毒粒子呈弯曲线状，大小为600～700nm×15nm，钝化温度为40～45℃，稀释终点为1/100～1/300，体外存活期为2～4小时。CTLV的基因组为正义单链RNA分子（+ssRNA），基因组全长约6496nt，5′端具有帽子结构，3′端具有poly（A）尾巴，包含两个重叠的开放阅读框：ORF1（6.3kb）和ORF2（1.0kb）。ORF1编码一个分子量约241kD的多聚蛋白，其中外壳蛋白（CP）位于其C端，大小为27kD，多聚蛋白的N端具有甲基转移酶、解旋酶、类木瓜蛋白酶和聚合酶功能区域；ORF2位于ORF1内部，靠近基因组RNA的3′端，编码36kDa的运动蛋白（MP）。

CTLV除产生基因组长度的RNA外，还产生2个共3′末端的sgRNA。其中sgRNA1含有MP和CP的编码区，sgRNA2含有CP编码区。这2个sgRNA起始于相应基因上游位置并且具有保守的启动子序列，推测MP及CP可能分别通过sgRNA1和sgRNA2表达。进一步的研究认为，亚基因组的产生是CTLV侵染所必需的，并且亚基因组的转录受类似启动子的序列控制，其中"UUAGGU"可能是sgRNA启动子的核心序列，在整个发状病毒属中具有保守性。

侵染过程与侵染循环　其长距离传播主要依靠带毒接穗和苗木。CTLV也可以通过农事工具等机械传播，受污染刀剪在香橼之间的传毒率可达92%以上。另外，CTLV可通过百合、昆诺藜、豇豆种子传播到后代，还能通过菟丝子传播。最新研究发现，CTLV能够通过柑橘种子传播，不过传毒率非常低。迄今尚未发现CTLV有传毒媒介昆虫。

流行规律　该病的危害与砧木种类直接相关。以枳及其杂种枳橙等为砧木的植株受侵染后会表现症状，导致树势衰弱，产量锐减。而以酸橘、红橘等为砧木，植株受侵染后不表现症状，对树势和产量无显著影响。

防治方法　由于此病毒田间无虫媒传播，通过使用无病

柑橘碎叶病症状（赵学源、宋震摄）

毒苗木，并在田间农事操作时注意避免刀剪等工具的机械传播，可以有效防治 CTLV 的发生与危害。

推广无病毒苗木 选择、培育无病毒母株，定植无病毒苗木是防止柑橘碎叶病发生的有效途径。用腊斯克枳橙作指示植物，结合 RT-PCR 等分子检测技术鉴定汰除带毒母株，选择无病母本用于种苗繁殖。将带病植株置于热处理室变温处理（白天 40°C，晚上 30°C）30 天后，然后取约 0.15mm 长的茎尖进行微芽嫁接可获得无病毒苗。

工具消毒，防止田间传播 柑橘植株进行嫁接、修剪、采穗时，对修枝剪和嫁接刀等工具可用 1% 次氯酸钠溶液处理 10～20 秒消毒，并立即用清水冲洗后擦干，然后应用。在苗圃，为避免人为造成汁液传播，应注意工具消毒和避免用手指抹萌蘖。

使用抗病砧木 通过采用耐病砧木如酸橘、红橘和枸头橙等，可以防止碎叶病造成严重危害。对于已受碎叶病侵染并产生嫁接口问题的枳或枳橙砧柑橘，通过靠接耐病红橘等砧木，可以使其恢复 5～6 年的正常生长。但因中国采用枳或其杂种砧木的地区相当普遍，碎叶病又呈零星发生状，靠接法不宜推广，而以挖除病树重新定植无病毒苗木为好。

参考文献

张天森，梁仙友，龚祖陨，1988. 柑橘碎叶病毒的发生与初步鉴定 [J]. 植物病理学报，18(2): 79-84.

赵学源，蒋元晖，李世菱，等，1987. 柑橘碎叶病的初步鉴定 [J]. 中国南方果树 (1): 18.

TATINENI S, AFUNIAN M R, HILF M E, et al, 2009. Molecular characterization of citrus tatter leaf virus historicallu associated with meyer lemon trees: complete genome sequence and development of biologically active invitro transcripts[J]. American phytopathological society, 99 (4): 423-431.

（撰稿：宋震；审稿：周常勇）

柑橘炭疽病 citrus anthracnose

由炭疽病菌引起的、危害柑橘叶片、枝梢、花器和果实的一种真菌病害，是世界柑橘产区最主要的病害之一。

发展简史 1790 年，Tode 首次观察到炭疽菌属（Colletotrichum）真菌并列入 Vermicularia 属。但是，由于炭疽菌属和丛刺盘属存在一定的差异，1831 年，Corda 将其从 Vermicularia 属中分出了分生孢子盘有刚毛的真菌，另建立了炭疽菌属。胶孢炭疽菌（Colletotrichum gloeosporioides）的名称最早是由 Penzig 在 1882 年提出的，菌株分离自意大利柑橘。对中国浙江、江西、广东、广西、海南、福建、湖南、重庆、四川、云南等地分离获得的炭疽菌菌株进行形态特征和分子生物学鉴定，结果表明 92% 以上菌株属于胶孢炭疽菌，表明其是引起中国柑橘炭疽病的优势种群。

尖孢炭疽菌（Colletotrichum acutatum）最早由 Simmonds 于 1965 年分离并命名。随后发现也是柑橘炭疽病的重要病原菌。平头炭疽菌（Colletotrichum truncatum）最早是由 Sydow 于 1913 年在印度的辣椒上分离，其寄主范围也相当广泛，

可侵染柑橘。脐孢炭疽菌（Colletotrichum boninense）第一次具体的形态、分子鉴定描述是 Moriwaki 于 2003 年发表的，也可侵染柑橘等。

2009 年，一系列有关炭疽菌种的分类修订和综述专题发表，是炭疽菌系统分类学的又一里程碑，其中 Hyde 总结收录得到承认的炭疽菌合格种 66 个，仍存疑问的种 20 个。2012 年，进一步对胶孢炭疽菌复合群、尖孢炭疽菌复合群以及脐孢炭疽菌复合群进行了修订，引入新种 41 个，炭疽菌种的数量达到 107 个。

分布与危害 柑橘炭疽病是一种弱寄生性真菌病害。中国各柑橘产区普遍分布，在全年各个时期均可发生。危害柑橘的叶片、枝梢、花器、果柄和果实，引起落叶、枝枯、落花、落果、树皮爆裂和储藏期果实腐烂（图 1）。

病原及特征 病原是炭疽菌属（Colletotrichum）的 3 个种：胶孢炭疽菌 [Colletotrichum gloeosporioides（Penz.）Sacc.]、尖孢炭疽菌（Colletotrichum acutatum Simm.）和平头炭疽菌 [Colletotrichum truncatum（Schw.）Andr. et Moore]。

胶孢炭疽菌是灰色快生型（fast growing gray，FGG），是发生较普遍的致病种，引起橘类各种组织、器官发病。采后柑橘果实炭疽病由胶孢炭疽菌引起。尖孢炭疽菌包括橘红色慢生型和莱檬炭疽型，前者造成甜橙花后落果；后者可侵染莱檬叶片、花器、果实等引起莱檬炭疽病，也可造成甜橙的花后落果。

胶孢炭疽菌菌落颜色白色至深青色，变化多样，产生鲜红色孢子堆，孢子呈棍棒状，两端钝圆（图 2）。尖孢炭疽菌菌落灰白色，产生淡红色孢子堆，分生孢子梭形，两端尖（图 3）。

病菌生长最适温度为 21～28°C，最高 35～37°C，致死温度为 65～66°C 10 分钟。分生孢子萌发适温为 22～27°C，最低为 6～9°C，在适温下分生孢子 4 小时萌发率为 87%～99%。分生孢子的寿命短，但它萌发的芽管顶端或菌丝及其侧枝顶端可形成附着胞，附着胞紧贴于寄主组织表面，有的还半埋于角质层中，可以长期存活。

侵染过程与侵染循环 胶孢炭疽菌在春季气温适宜时，由病残体上的分生孢子盘产生的新分生孢子或越冬后的分生孢子，由风雨或昆虫传播到果实组织表面，从伤口、气孔或

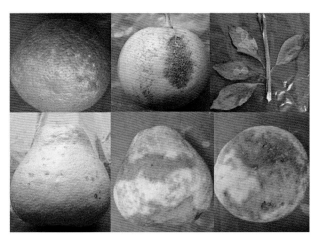

图 1 柑橘炭疽病症状（焦燕翔摄）

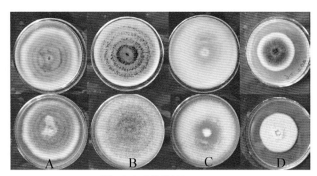

图 2 柑橘炭疽病菌落特征（焦燕翔摄）

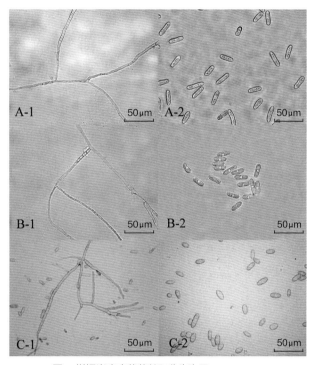

图 3 柑橘炭疽病菌菌丝和分生孢子（焦燕翔摄）

直接穿透角质层侵入表皮内，当树体抗病力弱和环境适宜时，附着胞迅速发展成侵染钉和菌丝，扩展危害，随后形成分生孢子盘，进行再侵染。经过 6～18 天的潜育期，引起发病出现症状，完成初侵染。病菌具有潜伏侵染的特性，其潜育期长，多数为一个季节，长的可达半年至 1 年。

尖孢炭疽菌在大部分柑橘种类（莱檬除外）如甜橙上只引起花后落果，不进一步危害柑橘的其他部位，其生活史可分为两个阶段：第一阶段为在开花期侵染花瓣，在花上的寄生方式为死体营养型，杀死组织以获取营养进行分生孢子的大量自我繁殖，引起开花期病害的流行。第二阶段为在无花期其他营养组织（如叶片、嫩梢）上的生存，是活体营养型。在无花期病菌分生孢子不进行自我繁殖，而是萌发成附着胞，以附着胞形式在叶片、嫩梢、受害花瓣掉落后残留的花萼上继续潜伏侵染，并以此越冬。

尖孢炭疽菌能够侵染莱檬果实和幼嫩组织，造成严重危害，其活体营养阶段非常短，只能持续数小时，而后附着胞就侵入细胞内行死体营养。

流行规律 胶孢炭疽菌喜高温高湿环境，全年都可发生，

一般在春梢生长后期开始发病，尤以高温多雨的夏、秋梢发病最盛。冻害和干旱会导致树体衰弱，抵抗力降低，容易导致炭疽病发生和危害。

尖孢炭疽菌通过雨水传播，花期降雨会加重病害发生，低温可以延缓病害的流行，但是对病害严重程度无影响。分生孢子能够在病残体和土壤中生存，在干燥条件下可以存活 1 年左右，遇到潮湿环境，其生活力和侵染力急剧下降。

果园管理不善，例如长期缺肥、干旱、介壳虫发生严重、农药药害、空气污染等，致使树体衰弱者，炭疽病发病往往普遍。

防治方法

抗病品种 选用抗性品种默科特橘橙、濑户佳、诺瓦、天草、胡柚、伏令夏橙等杂柑，火焰葡萄柚、冰糖橙、刘金刚甜橙、哈姆林甜橙、新会甜橙和晚棱脐橙等。

农业防治 加强栽培管理，改善通风透光条件。注意氮、磷、钾肥搭配，增施有机肥，及时补充硼肥，提高柑橘抗病能力。改良土壤，创造根系生长良好环境。搞好冬季清园，减少病原菌量。树干涂白，地面薄撒生石灰粉并浅翻松土等。

化学防治 在发病初期喷施波尔多液、代森锰锌、多菌灵、王铜、氢氧化铜、络氨铜、甲基硫菌灵、嘧菌酯、苯醚甲环唑、吡唑醚菌酯、代森联等药剂。每隔 15 天喷药 1 次，连喷 2～3 次，防止分生孢子萌发发病。

参考文献

HUANG F, CHEN G Q, HOU X, et al, 2013. *Colletotrichum* species associated with cultivated citrus in China[J]. Fungal diversity, 61(1): 61-74.

WEIR B S, JOHNSTON P R, DAMM U, et al, 2012. The *Colletotrichum gloeosporioides* species complex[J]. Studies in mycology, 73: 115-180.

（撰稿：胡军华；审稿：周常勇）

柑橘油斑病 citrus oleocellosis

由柑橘果实外皮油胞破裂渗出的具有植物毒性橘油侵蚀果皮细胞，使果实表面出现不规则黄褐色下陷斑的一种生理性病害，是影响柑橘鲜果商品性的重要生理性病害之一。又名柑橘油胞病、柑橘绿斑病和柑橘日灼病。

发展简史 柑橘油斑病过去又称果实油胞病、绿斑病和日灼病等，随着研究的深入，上述名称的症状及发病原因存在显著差异。1916 年，Fawcett 通过描述 Culbertson 柠檬果实挤压以及用棉花涂抹橘油诱导油斑病的试验成为最早报道柑橘油斑病的文献之一。19 世纪 40～60 年代，Miller 和 Winston、Mustard 等人将油斑病发生与橘园环境建立关系，并将油斑病发生归因于采收时湿冷气候，上述研究均将油斑病发生归因于机械损伤导致油胞破裂。1964 年，Cahoom 等人详细阐明土壤湿度和蒸汽压差与柠檬果实油斑病发生关系，并将油斑病发生归因于日间气温升高及空气相对湿度降低导致蒸汽压差显著提高所致。随着细胞显微技术的发展，1987 年，Sawamura 等研究结果表明柑橘果实油胞中溢出的

橘油被油胞周围组织的抗坏血酸氧化后产生毒性，导致油胞细胞壁生理损伤和油斑病发生；1989 年，Shomer 和 Erner 认为柑橘果皮绿褐色病斑是渗到橘皮下表层组织的橘油阻碍叶绿素向成色素细胞的分化，而形成了巨型叶绿体造成的；1998 年，Wild 研究认为 O_2 参与柑橘外皮病斑的颜色变褐过程；2001 年，Knight 等研究表明病斑是柑橘果实外皮层油胞细胞瓦解、细胞壁破裂或扭曲变形后相互叠加在一起造成的，并认为病斑变褐可能还有如多酚氧化酶和过氧化物酶等一些酶的参与。

分布与危害　柑橘油斑病在世界柑橘主产区都有发生的报道。2001 年 Tugwell 报道，澳大利亚南部柑橘产业 10% 果实受柑橘油斑病影响。2010 年，郑永强等对中国奉节、忠县、江津等产区调查，果实生长发育期间其病株率亦可达 10%～90%，单株病果率为 15%～90%。

病因及特征　柑橘油斑病是由于昆虫危害、机械损伤或其他生理因素致使柑橘果实油胞破裂渗出的芳香油，被破损油胞周围组织的抗坏血酸氧化产生毒性，导致油胞细胞壁生理损伤引发油斑病。此外，在湿润的环境条件下，果皮油胞层细胞易发生胀破；在严重干旱、昼夜温差太大等逆境条件下，可能引起表皮失水过多而发生收缩，油胞可能因挤压破裂，渗出芳香油毒害周围细胞，从而产生病斑。柑橘油斑病主要发生在采收期前后的采收、采后和储藏运输期间，亦可以发生在果实膨大期，发生时期不同，症状有明显差异。果实膨大期因果实成熟度较低，油胞破裂而产生的油斑一般为浅绿色，大小一般小于 0.8cm；而采收期前后采收、采后和储藏运输期间果实已接近成熟，油胞受损伤较轻的果皮上出现淡黄色斑，而损伤较重的则是深褐色的下陷病斑，其大小一般大于 1cm，且随时间延长病斑扩大，严重时可扩大到整个果面，后期油胞塌陷萎缩，病斑颜色加深为褐色。病斑易受青霉、绿霉菌侵染而导致果实腐烂（见图）。

流行规律　柑橘果实油斑病是一种生理性病害，主要与果实膨大期橘园环境因素和采收期及采后处理期处理措施机械损伤有关。

果实膨大期　不同种类、品种柑橘果实油斑病均可感病，但发生情况差异较大。脐橙、葡萄柚、宽皮柑橘、柠檬、莱檬等易发病。蕉柑发病早、严重；椪柑发病稍晚、轻；早熟温州蜜柑发病少，晚熟温州蜜柑发病重。物理伤害因素的增加会显著提高该病的发生。如在果实膨大期由于农作或枝叶摩擦时受伤和柑橘蓟马、螨类和叶蝉危害果实后都会导致该病大量发生。不适气候会加重该病发病情况。果实膨大期遭遇日间高温干旱、夜间高湿气候，该病往往大量发生。栽培管理措施亦对该病发病情况有显著影响。如在果实膨大期或果实发育后期，过多地施用碱性药剂，亦可使该病大量发生；而果实膨大期（夏季高温干旱期）冠层连续喷施 2～3 次 0.25% 硝酸钙，可显著降低该病发生。

采收期和采后处理期　采收期果实油斑病敏感度受橘园环境因素显著影响。如采收前连续降雨，柑橘园土壤水分充足、空气湿度大、植株和果实含水量较高，果实油斑病敏感度较高，采收油斑病发生情况较重；同时，早上采摘果实亦容易感染此病，而且在采后加工处理和储藏期发病程度较高。因此，适当早采或采后储藏前于室内放置 3～5 天进行失水处理，可以显著降低柑橘果实油斑病敏感度，同时减少采果和采后处理期贮运、洗果、包装等过程中机械损伤，会显著降低该病的发生率。

防治方法

果实生长发育期防治　果实生长发育期连续伏旱可能是诱导发病的主要因素，因而该时期的防治应以改善供水条件为主。如伏旱前中耕表土，并用杂草或稻草覆盖树盘；9～12 月干旱时及时灌溉；夏季高温期连续喷施 0.25% Ca（NO₃）₂ 2～3 次可显著减少发病；果实生长后期，加强对蓟马、螨类和叶蝉的防治等。

果实采收和采后处理期的防治　在此期间，采果、贮运、洗果、包装等过程中的机械损伤是诱发病害的主要因素。因而该时期的防治以避免机械损伤为主。如掌握采收时期，适当早采；避免在果面有露水、有大雾、雨天以及灌溉后立即采果；在采收、包装、贮运过程中，小心操作避免果面损伤；采摘后经过预贮处理。

参考文献

中国农业科学院植物保护研究所，中国植物保护学会，2015. 中国农作物病虫害 [M]. 3 版. 北京：中国农业出版社.

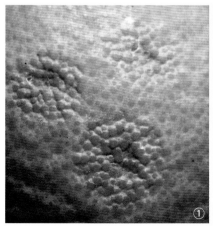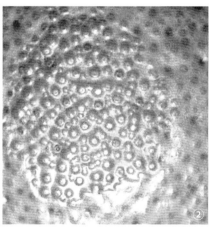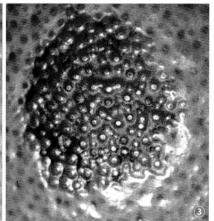

不同时期果实油斑病症状（郑永强提供）

①果实生长发育期症状；②采后机械损伤果实症状；③机械损伤较重病斑褐化情况

KNIGHT T G, KLIEBER A, SEDGLEY M, 2001. The relationship between oil gland and fruit development in Washington navel orange (*Citrus sinensis* L. Osbeck)[J]. Annals of botany, 88:1039-1047.

SAWAMURA M, MANABE T, KURIYAMA T, et al, 1987. Rind spot and ascorbic acid in the flavedo of citrus fruits[J]. Journal of horticultural sciences, 62: 263-267.

SHOMER I, ERNER Y, 1989. The nature of oleocellosis in citrus fruits[J]. Botanical gazette, 150: 281-288.

ZHENG Y Q, HE S L, YI S L, et al, 2010. Characteristics and oleocellosis sensitivity of citrus fruits[J]. Horticultural science, 123: 312-317.

（撰稿：郑永强；审稿：周常勇）

柑橘脂点黄斑病　citrus greasy yellow spot

主要是由柑橘灰色平脐疣丝孢菌引起的一种真菌性病害，是世界许多柑橘产区的主要病害之一。又名柑橘黄斑病（yellow spot）、柑橘脂斑病（greasy spot）。

发展简史　柑橘脂点黄斑病最早发现于美国，当时认为柑橘脂点黄斑病可能是与营养缺陷、螨类有关，也有人认为是一种未知病原物引起。1961年，Fisher将美国发生的脂点黄斑病病原菌描述为尾孢属的真菌 *Cercospora citri-grisea* Fisher。1970年前后，美国植物病理学家Whiteside针对柑橘脂点黄斑病进行了一系列的研究工作，并将柑橘脂点黄斑病的病原菌命名为 *Mycosphaerella citri* Whiteside，无性态为 *Stenella citri-grisea*（F. E. Fisher）Sivanesan。该名称在2009年以前被广泛地接受和使用。1987年，张凤如等对中国江苏、浙江、贵州、四川和云南等部分柑橘发病叶片的脂点黄斑病原的鉴定，结果与此一致。

随后，广义上的球腔菌类群（"Mycosphaerella"学）真菌在分类学上发生巨大变化。柑橘脂点黄斑病的合法学名被认定为 *Zasmidium citri-griseum*（F. E. Fisher）U. Branu & Crous。2015年，Huang等报道，除 *Zasmidium citri-griseum* 外，该属中的 *Zasmidium fructicola* 和 *Zasmidium fructigenum*，以及一些其他类尾孢菌（*Cercosporoid*）也与这类病害有关。然而，2016年，Abdelfattah等分析发生在意大利的脂斑病病原种群时，并没检测到 *Zasmidium citri-griseum*，而检测到最多的是 Mycosphaerellaceae 中的 *Ramularia*。在西班牙和摩洛哥，该病的病原是 *Mycosphaerella africana*。可见，脂斑病的病原可能因地区不同存在差异。

分布与危害　脂点黄斑病在世界各柑橘产区均有分布，尤以美国佛罗里达和加勒比海地区发病最重，严重时产量损失可达25%以上。脂点黄斑病主要危害叶片，引起大量落叶，从而影响树势，降低坐果率和果实大小，严重时可引起植株的死亡。病菌也危害果实，在果皮上形成油脂斑而影响其外观品质。

脂点黄斑病的症状复杂，可分脂点黄斑病型和褐色小圆星型（图1），以及两者兼有的混合型。

病原及特征　病原为柑橘灰色平脐疣丝孢菌［*Zasmidium*

citri-griseum（F. E. Fisher）U. Branu & Crous，= 柑橘球腔菌（*Mycosphaerella citri* Whiteside）］，属球腔菌科。

柑橘脂点黄斑病的病原菌发生在柑橘叶片和果实上，偶尔也可能出现于柑橘枝梢。菌丝既可内生，也可以表生。内生菌丝无色到淡色，表面菌丝从气孔伸出，有隔，有分枝，2～3μm宽，浅橄榄色到红棕色或棕色，细胞壁薄，粗糙。分生孢子梗独生，直立，近圆柱形，笔直到膝状弯曲，无分枝，5～80μm×2.5～6μm，0～6个隔膜。分生孢子独生或链生，偶见分枝，近圆柱形、倒棍棒状或圆柱形，笔直或稍微弯曲，6～70（～120）μm×2～4.5μm，0～10个隔膜，浅橄榄色到浅棕色，细胞壁薄，粗糙，顶部钝圆，基部平截（图2）。

假囊壳产生于近于崩溃的病叶中，丛生，近球形，黑褐色，具孔口，直径为65～86μm，高80～96μm。子囊倒棍棒状或长卵形，成束着生在子囊果基部，大小为31.2～33.8μm×4.7～6.0μm。子囊孢子呈两行排列于子囊内，双胞无色，长卵形，一端钝圆，一段略尖，大小为10.4～15.6μm×2.6～3.4μm。

侵染过程与侵染循环　假囊壳产生于果园地面近于崩溃的叶片上，干湿交替的自然条件有利于假囊壳的成熟，一旦叶片受潮，即吸水膨胀，弹射出子囊孢子。子囊孢子经气流传播至叶背面时，可萌发形成附生菌丝，在叶片背面营一段时间的附生生长。菌丝附生生长需要适温和较长时间的高湿条件。当附生菌丝接触气孔时，形成附着胞，从气孔进入叶肉细胞。该病害具有潜伏侵染的特性，潜伏期长短与柑橘品种有关，但即便在高感柑橘和适宜的环境条件下，也需要45～60天才能发病。

病菌侵染多发生在多雨的夏季，叶片脂点黄斑型症状多在入秋后出现，褐色小圆星则在冬季和翌年春季大量出现。冬季温暖时病情发展很快，落叶多发生在晚冬或早春。在脂斑型病斑上，分生孢子只在表生型菌丝上有发现，很少，在美国一般认为分生孢子在病害的循环中作用不大。而在中国，常山胡柚等具有褐色小圆形病斑型症状的品种上，分生孢子可在褐色小圆星形病斑上大量产生，其在病害循环中的作用尚不清楚。

流行规律　柑橘脂点黄斑病的发生程度与降水量无关，但与降水频率、灌溉（特别是喷灌）有关。干湿交替的条件有利于假囊壳的形成和成熟，但长时间连续阴雨，却能加速病落叶的腐烂而减少病菌的侵染来源。当春天气温回升到20℃以上，发病叶片腐烂，子囊孢子成熟后经雨水湿润，即可产生大量子囊孢子，引起初侵染，每年6～7月是病菌侵染的主要季节。其他季节，只要雨水充足，子囊果也可释放子囊孢子侵害危害。所有柑橘品种均感病，但品种间对该病害的抗性差异较大，葡萄柚、柠檬较感病，甜橙较抗病。在管理粗放、树势衰弱的老柑橘园内病情较重，可造成大量落叶。病害发生与螨和昆虫危害相关。锈螨发生严重的果园往往脂斑病发生严重，使用杀螨剂控制锈螨的数量，可减轻脂点黄斑病的发生，具体作用机理尚不清楚。

防治方法　脂点黄斑病的防治措施包括加强栽培管理，增强树势，合理密植，加强对锈螨、蚜虫和粉虱等害虫的防治，对减轻病害具有重要作用。及时清除病落叶，地面撒施石灰可减少侵染源。发病轻的果园，5月下旬至6月中旬，

图 1　柑橘脂点黄斑病症状（朱丽、李红叶提供）

①～④脂点黄斑型症状；⑤⑥褐色小圆星型症状；⑦⑧果实症状（①②④⑤⑥和⑧常山胡柚；③椪柑；⑦四季柚）

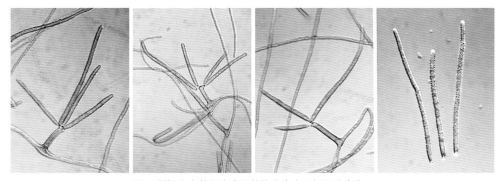

图 2　柑橘脂点黄斑病病原菌的分生孢子梗和分生孢子

（引自 Groenewald, 2015）

喷药 1 次，以保护春梢，即可以有效控制病害发展；一般发病果园，再于 7 月中旬加喷 1 次；重病果园或生产果实鲜销的果园，可在 8 月中旬再加喷 1 次。可采用的有效药剂如波尔多液、氢氧化铜、咪鲜胺、咪鲜胺锰盐、嘧菌酯、醚菌酯等。

参考文献

张风如，殷恭毅，1987. 柑橘脂点黄斑病病原菌的研究 [J]. 植物病理学报，8(3): 153-159.

HUANG F, GROENEWALD J Z, ZHU L, et al, 2015. *Cercosporoid* diseases of citrus[J]. Mycologia, 107(6): 1157-1171.

MONDAL S N, TIMMER L W, 2006. Greasy spot, a serious endemic problem for citrus production in the Caribbean Basin[J]. Plant disease, 90 (5): 532-538.

（撰稿：李红叶；审稿：周常勇）

高等植物病害综合防控 comprehensive prevention and control of higher plant disease

主要以人工铲除、结合化学防控、栽培管理为主的，以消灭寄生性种子植物为目标的综合防控。高等植物又名寄生性种子植物，寄生性种子植物的危害与其寄生性相关，主要通过产生大量的种子，大多数依靠风力或鸟类介体传播。全寄生植物与寄主争夺全部生物物质，对寄主的危害性大，例如列当、菟丝子等多寄生在一年生草本植物上，引起寄主植物黄化、生长衰退，甚至枯死。半寄生植物，例如桑寄生、独角金等，主要与寄主争夺水分和无机盐，其发病速度慢，对寄主的为害相对较小。另外，一些寄生性藻类还可引起植物的藻斑病或红锈病，除影响生长外，还影响观赏价值。

围绕寄生性种子植物发生危害特点，采用植物检疫、农业、生物、化学防控等措施，杜绝、铲除和治疗。

依法检疫 在无病区要实行严格的检疫，防止寄生植物的传入。在同纬度地区间引种时，严禁从外地调运带有菟丝子的种苗，一定要防止经种苗传入。

农业栽培措施

合理轮作或间作措施 菟丝子一般不寄生禾本科作物，如玉米、高粱、谷子等，以这些作物与大豆轮作或间作，可减轻菟丝子的危害。与高粱、苜蓿、三叶草等能刺激列当种子发芽但又不受列当侵害的植物进行轮作。与玉米和甘薯间作能显著降低列当的寄生。

改进栽培管理 结合苗圃和花圃管理，于菟丝子等寄生性植物种子未萌发前进行深耕细耙中耕深埋，使之不能发芽出土。粪肥经高温处理，使菟丝子的种子失去萌发活力。田间种植诱捕植物，如棉花、蚕豆、大豆、亚麻等根系分泌物，促进独角金种子萌发，但未能建立寄生关系，导致寄生茎死亡。寄生性藻类的防控主要是改进栽培管理，增加通风透光，增强寄主植物活力和抵抗力，可以显著降低头孢藻的寄生和发病率。增施肥料，增强植株的活力尤为重要。

人工铲除 春末夏初检查苗圃和花圃，一经发现立即铲除，或连同寄主受害部分一起剪除，由于其断茎有发育成新株的能力，故剪除必须彻底，剪下的茎段不可随意丢弃，应晒干并烧毁，以免再传播。在菟丝子发生普遍的地方，应在种子未成熟前彻底拔除，以免成熟种子落地，增加翌年侵染源。

化学防控 在菟丝子生长的 5～10 月间，于树冠喷施 6% 的草甘磷水剂 200～250 倍液，5～8 月用 200 倍，9～10 月气温较低时用 250 倍施药宜掌握在菟丝子开花结籽前进行。也可用敌草腈 0.25kg/ 亩，或鲁保 1 号 1.5～2.5kg/ 亩，或 3% 的五氯酚钠，或 3% 二硝基苯酚防治。最好喷 2 次，隔 10 天喷 1 次。波尔多液等铜制剂、石硫合剂及硫氰制剂，广泛使用控制寄生藻类。利用诱导抗性，防除寄生性杂草：例如苯并噻唑不同施用方式、时间和次数及其与生防真菌（*Fusarium oxysporum* f. sp. *orthoceras*）联合对向日葵列当的防除，并筛选出了新的药剂调环酸（prohexadione-Ca），诱导向日葵抗列当。

生物防控 利用寄生菟丝子的炭疽病菌制成生物防治

的菌剂，在菟丝子危害初期喷洒，可减轻菟丝子的数量并减轻危害，具有防病增产作用。多个属的真菌，例如镰刀菌属真菌产生镰刀菌素控制列当的生长，将多种对烟草列当具有防效的菌株联合使用，即施用混合菌悬液能更有效地防控列当。利用枯斑盘多毛孢及其诱变生物型对寄生性种子植物和杂草有显著的致病作用，利用真菌代谢产物可作为生物除草剂，防控寄生性种子植物。

参考文献

范志伟，沈奕德，2007. 植物诱导抗性与寄生性杂草防除 [J]. 杂草科学 (1): 10-12.

韩珊，朱天辉，李姝江，等，2009. 枯斑盘多毛孢及其诱变生物型对寄生性种子植物和杂草的防除潜力 [J]. 林业科学，45(4): 95-100.

孔令晓，王连生，赵聚莹，等，2006. 烟草及向日葵上列当（*Orobanche cumana*）的发生及其生物防治 [J]. 植物病理学报，36(5): 466-469.

（撰稿：姬广海；审稿：李成云）

高粱靶斑病 sorghum target leaf spot

由高粱生平脐蠕孢引起的、主要危害叶片和叶鞘等地上部分的一种真菌性病害，是严重影响高粱产量的叶部病害之一。

发展简史 高粱靶斑病于 1939 年首次报道在美国佐治亚州的一种苏丹草上发生，在此之前的 1889 年在北美洲保存的高粱及约翰逊草叶片标本上曾有该病害病斑。其后在巴基斯坦、印度、苏丹、津巴布韦、以色列、菲律宾、塞浦路斯和日本相继有该病在高粱上发生危害报道。该病害在高湿条件下容易发生，2000 年在美国暴发流行，在日本南部也曾是一种毁灭性病害。在中国，徐秀德等于 1992 年首次报道此病害在北方高粱产区发生，此后发病逐年加重，各高粱产区均有发生。

分布与危害 高粱靶斑病是高粱生产中的一种重要病害，世界高粱种植区均有发生。在中国黑龙江、吉林、辽宁、内蒙古、河北、山东、山西、陕西、甘肃、贵州、四川、新疆和台湾等高粱产区也普遍发生，已经成为高粱生产上的最主要叶部病害之一，导致高粱早衰、倒伏，严重影响高粱产量。

高粱靶斑病主要危害植株的叶片和叶鞘，在高粱抽穗前后症状表现尤为明显。发病初期，叶面上出现淡紫红色或黄褐色小斑点，后成椭圆形、卵圆形至不规则圆形病斑，常受叶脉限制呈长椭圆形或近矩形。病斑颜色常因高粱品种不同而变化，呈紫红色、紫色、紫褐色或黄褐色。当环境条件有利于发病时，病斑扩展迅速，病斑较大，中央变褐色或黄褐色，边缘呈紫红色或褐色，具明显的浅褐色和紫红色相间的同心环带，似不规则的"靶环状"，直径大小为 1～100mm，故称靶斑病。田间高粱在籽粒灌浆前后，感病品种植株的叶片和叶鞘自下而上被病斑覆盖，多个病斑可连合成一个不规则的大病斑，导致叶片大部分组织坏死。该病可造成高粱减产达 50%（图 1）。

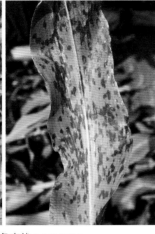

图 1　高粱靶斑病危害状（徐婧提供）

在生产上调查发现，不同地区或不同高粱品种叶片上病斑颜色、形状及大小有很大差异，通过病菌形态、培养性状观察以及病菌 rDNA-ITS 序列分析，虽然不同地区、不同品种病叶上的病斑形状、大小差异很大，但病原菌均为高粱生平脐蠕孢侵染所致。

病原及特征　致病菌为高粱生平脐蠕孢［*Bipolaris sorghicola* Alcorn，异名 *Helminthosporium sorghicola* Lefebvre et Sherwin］，属蠕孢属。

病菌分生孢子梗单生或 2～4 根自气孔或从寄主表皮细胞间生出，通常不分枝，浅褐色至黑褐色，具隔膜，基部呈半球形，大小为 50～730μm×4.8～7.5μm，孢子梗上着生 1～4 个分生孢子。分生孢子在湿度大或周围有水滴的情况下可直接萌发，并形成较短的分生孢子梗，其上再生分生孢子，形成分生孢子链。分生孢子具 2～8 个隔膜，以 4～6 个隔者居多，大小为 72.5～92.5μm×10～12.5μm。分生孢子浅褐色至淡榄褐色，微弯，两端钝圆，脐点明显可见，但不凹入基细胞内，几乎与基部边缘平齐（图 2）。

病菌生长温度范围为 5～35℃，适宜温度 25～30℃；分生孢子在 pH 为 3～10 时均能萌发，最适 pH 为 6～7。病菌能够利用各种碳源作为营养。在以不同糖类为碳源时，菌丝生长速度有明显差异：以木糖、菊糖、半乳糖和乳糖为最佳碳源，病菌菌落生长快、菌丝长势强；其次依次为蔗糖、麦芽糖、淀粉、甘露糖和果糖；以山梨糖为碳源时菌丝生长速度最慢。病菌在多种培养基上均能生长，在玉米粉培养基上生长快，其次为燕麦片培养基。该病菌在 PDA 培养基上菌落扩展较慢，但菌丝致密，菌落颜色较深。

高粱靶斑病菌在人工接菌条件下，能侵染玉米、高粱、苏丹草、哥伦布草、谷子、小麦、水稻、珍珠粟以及狗尾草、马唐等。

侵染过程与侵染循环　在适宜的温度和湿度条件下，病菌分生孢子在高粱叶片或叶鞘上萌发，芽管顶端形成附着胞，通过机械压力或酶的作用从叶片表皮侵入寄主组织，在寄主组织中繁殖、扩展，吸取寄主养料和水分，致使叶片形成病斑、干枯。

病菌以菌丝体和分生孢子在高粱秸垛中、土壤表面残落的病株残体上越冬，或者在野生寄主（如约翰逊草）上越冬，成为翌年病害发生的初侵染菌源。人工接种病原菌，12 小时后可见症状出现，初为红褐色小斑点，经 3～4 天后有典型病斑形成，上生灰色霉状物，为病菌的分生孢子梗和分生孢子。分生孢子借助风和雨水等的传播，再次反复侵染危害（图 3）。

流行规律　在高粱秸垛中，土壤表面残落的病残体是翌年病害传播的重要初侵染来源。在高粱叶片或叶鞘上的病菌分生孢子萌发后，芽管顶端形成附着胞，通过机械压力或酶的作用从叶片表皮侵入寄主组织，导致生理代谢失调，严重影响光合作用。

生长季中，风雨对病害在田间的传播与扩散起主要作用，病叶上再产生的病菌分生孢子可以借助风和雨水等传播并反复再侵染与危害。在高粱各生育阶段均可侵染发病，病害流行与外界环境条件关系密切。田间温度高、湿度大时，特别是 7、8 月高温多雨季节，病害流行较快。高粱田间过于郁闭，通风不良，将加重病害流行。高粱多年连作、田间植株病残体较多，土壤累积菌量大的田块发病较重。

高粱品种间的感病程度不同，利用品种抗病性是防治高粱靶斑病最重要的途径。2001 年，董怀玉等采用人工接种技术，从中外高粱资源中鉴定发现了一批免疫和抗病的高粱种质资源，其中，GW4643、GW4741、GW4747、GW4751 等表现免疫。

防治方法

选用抗、耐病品种　选育和种植抗病杂交种是控制高粱

图 2　高粱生平脐蠕孢菌形态（徐婧提供）

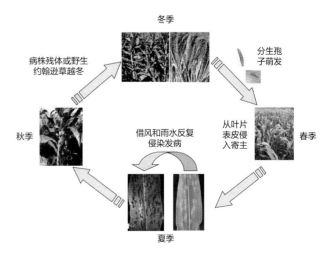

图 3　高粱靶斑病侵染循环（徐婧提供）

G

靶斑病发生和流行的根本途径。许多高粱杂交种对高粱靶斑病具有较强的抗性，应因地制宜选种推广，如辽杂 4 号、辽杂 6 号、辽杂 7 号、辽杂 10 号、锦杂 87 号、锦杂 93 号、锦杂 94 号、凌杂 1 号、晋杂 18 号等品种，均对高粱靶斑病具有较强的抗性。

农业防治　合理密植，增加通风透光；加强肥水管理，提高植株抗病力，在施足基肥的基础上，适期追肥，尤其在拔节和抽穗期及时追肥，防止后期脱肥，保证植株健壮生长。高粱收获后及时翻耕，将病残体翻入土中加速分解，及时处理掉堆积在村屯附近的高粱秸垛，减少田间初侵染菌源，减轻病害发生危害。

化学防治　田间发病初期，可用 50% 多菌灵可湿性粉剂、5% 百菌清可湿性粉剂、50% 异菌脲可湿性粉剂等喷雾防治，间隔 7～10 天喷 1 次，连续喷 2～3 次。

参考文献

徐秀德，刘志恒，2012. 高粱病虫害原色图鉴 [M]. 北京：中国农业科学技术出版社 .

张园园，徐秀德，徐婧，等，2012. 高粱靶斑病病原菌菌种群多样性研究 [J]. 沈阳农业大学学报，43(2): 163-167.

中国农业科学院植物保护研究所，中国植物保护学会，2015. 中国农作物病虫害 [M]. 3 版 . 北京：中国农业出版社 .

FREDERIKSEN R A, 2000. Compendium of sorghum disease[M]. 2nd ed. St. Paul: The American Phytopathological Society Press.

（撰稿：徐婧；审稿：徐秀德）

高粱病害　sorghum diseases

在高粱（*Sorghum bicolor*）生产上，发生的病害种类繁多，常见有 60 余种，其中比较重要的病害包括真菌病害 28 种、细菌病害 10 余种、病毒病害 18 种、线虫病害 3 种以及寄生性种子植物。在高粱种植区具有不同程度发生，一直是制约高粱增产的重要因素，每年因病害损失均在 10% 以上，有时甚至抵消或减少了新品种或应用新技术增加的经济效益。随着高粱品种结构的变化及单一作物种植面积的扩大、耕作制度和栽培措施的变化、全球气候的变暖，以及国内外广泛引种交流、新品种的大量涌现，高粱病虫害菌群和种类也随之发生了相应变化，致使高粱生产遭受的病虫害威胁渐趋严重。一种新的高粱病害的出现，不但造成直接经济损失，而且还可能给其他作物带来潜在威胁。然而，高粱的生理特点及生物因子和非生物因子致害的症状表现特殊，常呈现红褐色，致使高粱病害危害症状表现复杂多样，难以识别；病害种类的动态变化，特别是新见病害的症状特点及其发生规律等尚未被人们全面认识和掌握，生产上高粱病害的控制水平仍然较低，高粱病害的危害仍然严重。因此，系统了解高粱生产上的病虫类别及其发生危害的特点和规律，是制定有效防控措施的重要基础。

参考文献

白金铠，1997. 杂粮作物病害 [M]. 北京：中国农业出版社 .

徐秀德，刘志恒，2012. 高粱病虫害原色图鉴 [M]. 北京：中国

农业科学技术出版社 .

（撰稿：徐婧；审稿：徐秀德）

高粱顶腐病　sorghum top rot and twisted top

由亚黏团镰孢引起的，危害高粱叶片、叶鞘、茎秆、花序及穗部的一种真菌病害，是世界上许多高粱种植区常见的病害。

发展简史　高粱顶腐病是一种土传、种传病害，最早于 1896 年 Wakker 和 Went 在印度尼西亚爪哇的甘蔗上发现，以爪哇语 "Pokkan boeng" 命名，意指植株顶部受害呈畸形或扭曲。1927—1928 年，Bolle 在爪哇的高粱上也发现顶腐病。此后，在世界上多个国家的该病产区相继有该病发生流行的报道，如在美国的路易斯安那州、夏威夷、古巴、印度泰米尔纳德邦和澳大利亚等国家的一些地区均有该病发生报道。1990 年，Garud 等在印度马哈拉施特拉邦发现该病害。在中国，徐秀德等于 1993 年报道在辽宁首次发生高粱顶腐病，其后在许多地区相继发生，已成为高粱上重要的土种传病害。

分布与危害　高粱顶腐病在许多国家或地区曾有不同程度发生危害的报道。近几年，顶腐病在印度的主要高粱产区危害加重，在安得拉邦的粒用高粱和甜高粱上该病发生率可达 35% 以上。中国高粱产区均有不同程度发生，且有逐年加重趋势，一般发病率在 3%～5%，重病区发病率 70% 以上。

高粱顶腐病的典型症状，植株近顶端叶片变畸形、折叠和变色。在植株喇叭口期，顶部叶片沿主脉或两侧出现畸形、皱缩，不能展开。发病严重时，病菌侵染叶片、叶鞘和茎秆，造成植株顶部 4～5 片病叶皱缩，顶端枯死，叶片短小如手掌状，甚至仅残存叶耳处部分组织，呈撕裂状。随着病株生长，叶片伸展，顶端呈撕裂状，断裂处组织变黄褐色，叶片局部有不规则孔洞出现。病株根系不发达，根冠及基部茎节部呈黑褐色。植株花序受侵染时可造成穗部短小，轻者小花败育干枯，重者整穗不结实。主穗染病早的，造成侧枝发育，形成多分蘖和多头穗，分蘖穗发育不良。一些品种染病后，植株顶端叶片彼此扭曲、包卷，呈长鞭弯垂状，嵌住新叶顶部，使继续生长的新叶呈弓状。叶鞘、茎秆染病，导致叶鞘干枯，茎秆变软倒伏（图 1）。

病原及特征　病原为亚黏团镰孢（*Fusarium subglutinans* Wollenw. & Reink），属镰刀菌属，其有性态为藤仓赤霉亚黏团变种（有称其为近黏藤仓赤霉）[*Gibberella fujikuroi*（Saw.）Wollenw. var. *subglutinans* Edwards]。

病菌小型分生孢子丰富，长卵圆形或纺锤形，无色，大小为 6.4～12.7μm×2.5～4.8μm，不串生，聚集成疏松的黏孢子团，呈假头状；大型分生孢子镰刀形，较细直，顶胞渐尖，足胞较明显，具 2～5 个隔膜，以 3 隔膜者居多，大小为 20.0～63.0μm×2.0～6.5μm。产孢细胞为内壁芽生—瓶梗式产孢，单瓶梗和复瓶梗并存，以单瓶梗居多，分生孢子梗和分生孢子见图 2。在 PSA 培养基上，培养 3 周后的菌丝上产生厚垣孢子，顶生或间生，单生或串生，近圆形，

图 1　高粱顶腐病症状（徐秀德提供）

图 2　亚黏团镰孢菌的分生孢子梗和分生孢子（徐秀德提供）

淡褐色。子囊壳散生或聚生，蓝黑色，卵圆形或近圆锥形，光滑。子囊棍棒形，无色，大小为 68.0～109.0μm×9.0～14.0μm，内生 8 个子囊孢子。子囊孢子较直，两端钝圆，具 1～3 个隔膜，多为 1 个，分隔处缢缩，大小为 10.0～24.0μm×4.0～9.0μm（图 2）。

病菌在马铃薯蔗糖琼脂（PSA）、水琼脂（WA）、Bilai、高粱米和大米饭培养基上，在 25℃ 条件下培养，以 PSA 和两种米饭培养基上的菌丝生长良好。在 PSA 上气生菌丝绒毛状或粉末状，白色、浅粉红色、牵牛紫色，基质表面紫色至深蓝色；在大米饭培养基上菌丝白色、紫红色至牵牛紫色，色泽较为鲜艳；在高粱米饭培养基上菌丝白色或米色、粉红色至牵牛紫色。在 Bilai 和 WA 培养基上气生菌丝极少，白色。病菌的菌丝体在 5～35℃ 时均可生长，适宜温度为 25～30℃，以 28℃ 下生长最快。小型分生孢子萌发适温为 25～28℃，在 5℃ 和 40℃ 中几乎不能萌发。病菌在 pH 为 3～12 时均能生长，以 pH6～8 为宜，小型分生孢子萌发适宜 pH 为 6～7，两者均以 pH 为 7 时最佳。大型分生孢子产生与 pH、光照及不同培养基关系密切。将病菌置

于黑光灯或日光灯下照射，均有利于大型分生孢子形成，产孢量以黑光灯照射为最多，其次是日光灯照射。病菌在不同培养基上，经光照处理后产孢量不同，黑光灯下小麦粒、高粱粒、珍珠粟粒、玉米粒和高粱米培养基上的病菌产孢最多。

病菌能利用多种碳源，以半乳糖、甘露糖最佳，乳糖、木糖、葡萄糖次之，山梨糖和菊糖不利于病菌生长。氮源以酵母膏和肉汁对病菌生长较好，其次是牛肉膏、硫酸铵、蛋白胨、氯化铵、硝酸钾，以尿素为氮源菌丝生长最慢。总之，氮源对菌丝的生长远不及碳源好。

在人工接种条件下，病菌可侵染多种禾本科植物，如高粱、玉米、苏丹草、哥伦布草、谷子、珍珠粟、薏苡、水稻、燕麦、小麦和狗尾草等。

侵染过程与侵染循环　病菌以菌丝、分生孢子在病株、种子、病残体上及土壤中越冬，成为翌年高粱发病的初侵染菌源。播种后幼苗根部与土壤中病菌接触被侵染或种子带菌直接侵染幼苗根部进入植株体内，随着植株生长向上扩展。高粱苗期、成株期植株均能被侵染发病。当天气长时间潮湿，或在适宜的环境条件下发病，在患病部位表面可产生粉白色孢子层，病菌分生孢子借助于风雨、昆虫传播到健康植株再行侵染发病。种子带菌还可远距离传播，使发病区域不断扩大。

高粱、玉米、苏丹草、谷子、小麦、水稻、珍珠粟等禾本科作物及一些杂草也是该病菌寄主，这些患病寄主植物也可能是高粱顶腐病的病菌初侵来源（图 3）。

流行规律　高粱顶腐病是高粱上一种新流行病害，高粱整个生长期间均可发病，而且其症状表现复杂多样，流行规律不尽清楚，有以下流行特点。

高粱顶腐病菌的传播扩散条件　病菌通过种子、植株病残体和带菌土壤进行年度间病害传播，带菌种子和病株秸秆是病害远距离传播的重要途径。高粱制种田的顶腐病发病率

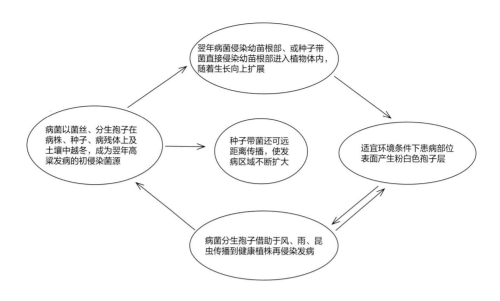

图 3 高粱顶腐病侵染循环（徐秀德绘）

较高，造成种子带菌量增大，病害发生程度会逐年加重。病株上产生的病菌病原体可借助风、雨、昆虫、动物及人为农事操作等进行再侵染，遇有适宜的发病条件即可发病。

高粱顶腐病流行条件　①不同品种间发病程度差异明显：一些高粱品系，如 ICS33A、Tx622A、Tx624A、ICSR88026、ICSH229、ICSV690、RW17445 及 PW17445 对该病害高度感染。一般高粱杂交种的抗病性强于自交系，根系发达的品种较为抗病。②不同栽培条件下的发病程度存在差异：不同地区、不同田块、不同土壤条件和栽培措施与发病程度差异明显。一般来说，低洼地块、园田地、土壤黏重地块发病重，特别是水田改旱田的地块发病更重，而山坡地和高岗地块发病轻；高粱、玉米多年连作，田间植株病残体较多，土壤累积菌量大的田块发病较重；播种时土壤温度低、出苗慢、耕作粗放、大水漫灌、排水不良、植株衰弱的田块发病重。地下害虫危害较重的地块发病较重。害虫危害造成的伤口有利于病菌的侵染，从而导致病害的严重发生。③种子带菌是病害远距离传播的重要途径，也是病害严重发生的初侵染来源。种子携带病原菌侵入寄主体内，遇有适宜的发病条件即可发病，并表现症状。一些高粱制种田的顶腐病发病率较高，造成种子带菌量增大，病害发生程度会逐年加重。

防治方法　根据高粱顶腐病的发生规律及流行特点，采取以选种抗病品种、建立无病繁种基地、应用保健栽培技术和药剂防治相结合的综合防治措施，可有效控制病害流行蔓延，使高粱顶腐病的危害损失降低到最低程度。

选用抗病品种　高粱品种间对顶腐病抗感性存在明显差异，一般来说高粱杂交种的抗病性强于自交系。一些高粱杂交种对高粱顶腐病有良好的抗性，抗病杂交种有辽杂 10 号、辽杂 12 号、铁杂 10 号、锦杂 93 号、晋杂 12 号、晋杂 13 号、吉杂 76 号等。

农业防治　减少菌源，施用农家肥应充分腐熟，阻断粪肥带菌途径，减少发病。建立无病留种田，降低种子带菌率和病害发生率。田间发现病株及时拔出，集中处理。高粱收获后及时深翻灭茬，促进病残体分解，抑制病原菌繁殖，减少土壤中病原菌种群数量，减轻病害的发生。科学栽培管理，合理轮作倒茬，科学品种布局，可有效降低发病率。精细整地，适期播种，避免在低洼阴冷的地块种植高粱；排湿增温，消灭杂草，促进苗壮，提高幼苗抗病性。合理施肥，增施磷、钾肥，提高高粱抗病能力，减轻发病程度。

化学防治　种子处理，播种前用 25% 三唑酮可湿性粉剂，或 12.5% 烯唑醇可湿性粉剂，按种子重量 0.2% 拌种。生长期施药，发病初期可用 50% 多菌灵可湿性粉剂，或 80% 代森锰锌可湿性粉剂 500 倍液喷施，有一定的防治效果。

参考文献

徐秀德，刘志恒，2012. 高粱病虫害原色图鉴 [M]. 北京：中国农业科学技术出版社 .

中国农业科学院植物保护研究所，中国植物保护学会，2015. 中国农作物病虫害 [M]. 3 版 . 北京：中国农业出版社 .

FREDERIKSEN R A, 2000. Compendium of sorghum disease[M]. 2nd ed. St. Paul: The American Phytopathological Society Press.

（撰稿：胡兰；审稿：徐秀德）

高粱黑束病　sorghum black bundle

由直帚枝杆孢引起的、危害高粱维管束组织、导致植株系统发病的一种真菌病害，是世界上许多高粱种植区最重要的病害之一。又名高粱导管束黑化病。

发展简史　1971 年，由 EL-Shafey 等在埃及高粱上首次报道有黑束病发生，1982 年，Frederiksen 等报道美国也有此病发生，随后在阿根廷、委内瑞拉、墨西哥、洪都拉斯和苏丹等国相继有高粱黑束病发生报道。在中国，徐秀德等（1991）在辽宁高粱上首次发现并报道了该病，随之在吉林、黑龙江及山东等地发现了此病，且病情逐年加重，已成为高粱生产上危害较重的病害之一。

分布与危害　在世界许多国家有高粱黑束病发生，1982 年 Natural 等认为，该病可造成高粱减产 50% 以上。在中国，吉林、黑龙江、辽宁、山西、山东、河北及内蒙古等高粱产区该病均有不同程度的发生，且有逐年加重的趋势，个别品种的发病率可达 90% 以上。

高粱黑束病在高粱整个生长期均可表现症状，苗期可造成死苗，成株期症状多样。发病初期叶脉黄褐色或红褐色（因品种而异），随之沿叶片中脉出现红褐色或黄褐色条斑，逐渐发展纵贯整个叶片，最后叶片呈紫褐色或褐色。病变从叶尖、叶缘向基部及叶鞘扩展，叶片失水，导致叶片干枯。剖茎检查，可见维管束、木质部导管变为褐色，并被病菌堵塞。茎基部节间的维管束变黑褐色较上部节间的明显，故有"黑束病"之称。有的病株呈现上部茎秆变粗、分蘖增多、不能正常抽穗和结实等症状（图 1）。

病原及特征　病原为直帚枝杆孢［*Sarocladium strictum*（W. Gams）Summerbell］，异名顶头孢（*Cephalosporium acremonium* Corda），属枝顶孢霉属真菌。病菌菌落圆形，气生菌丝纤细，初呈白色，后变淡粉红色，具隔膜，可数根至数十根连合成菌索。分生孢子梗直立，单生，无色，基部稍粗，无隔膜，有二叉或三叉状分枝，连同产孢梗体长 40～60μm。产孢细胞圆柱形，无色，内壁芽生一瓶梗式（eb-ph）产孢。分生孢子椭圆形或长椭圆形，大小为 2.9～8.7μm×1.5～2.9μm，无色，单胞，常聚集在产孢细胞顶端形成黏孢子团，内含分生孢子。

病菌菌丝在 6～40℃ 下均能生长，适宜温度为 25～30℃；在 6℃ 下，10 天后仅在接菌点周围形成短绒状菌丝；在 40℃ 下菌丝虽略有生长，但长势很弱；在 30～35℃ 高温菌丝集结，从皿底可见向外放射状生长。在低温菌落呈粉白色，随温度升高菌落变粉红色。病原菌在 pH3～11 均能生长，适宜 pH 范围 5～8，最适 pH 为 6，菌丝茂密，生长速度快；在 pH 较低和较高情况下，气生菌丝少，生长缓慢，而且菌落颜色随 pH 的增加由灰白色、白色、粉白色转为粉红色。分生孢子在 10～35℃ 温度范围内均能萌发，25℃ 为最适萌发温度，40℃ 不能萌发，5℃ 萌发率极低，芽管短小；pH 在 2～12 时孢子均可萌发，pH5～7 为适宜范围，以 pH6 为最适，过低或过高的 pH，孢子萌发率低，且长出的芽管短粗，甚至膨大、畸形。

高粱黑束病病菌除侵染高粱外，尚能侵染玉米、苏丹草、珍珠粟、棉花等作物及狗尾草等一些杂草。

侵染过程与侵染循环　高粱黑束病菌发芽后，从幼苗根部侵入寄主体内，首先定殖于高粱根部和幼茎组织中，然后逐渐向上扩展蔓延到维管束组织中，并随着植株生长病原菌向上扩展至植株顶部。病原菌也可从叶片侵入寄主组织，侵染叶片和叶鞘，通过维管束扩展引起发病，局部叶脉呈紫褐色或褐色。

高粱黑束病是一种土壤带菌和种子带菌传播的病害。病原菌以菌丝体在病株残体上或种子上越冬，成为翌年的初侵染菌源。田间一般于 7 月中下旬出现病株，8 月中旬病株可见明显的症状。据报道，采用分生孢子液浸根、土壤接菌和植株喇叭口中灌注接种菌液等不同方法接种，均可使植株表现黑束病症状、萎蔫。将高粱幼苗移栽于混拌有黑束病病菌的土壤中亦能引起植株发病，由此可见，土壤带菌或幼苗根部有伤口均有利于病原菌侵染发病（图 2）。

流行规律　高粱黑束病病菌通过种子、植株病残体和带菌土壤进行年度间病害传播，带菌种子是病害远距离传播的重要途径。高粱制种田的黑束病发病率较高，种子带菌量增大，病害发生程度会逐年加重。种子携带的病原菌随种子萌发侵入寄主体内，随着植株生长向上扩展，并于田间表现症状。

高粱、玉米多年连作，田间植株病残体较多，土壤中菌源累积量大的田块发病较重。田间虫害或其他病害造成伤口有利于病菌侵染，故地下害虫危害较重的地块以及植株受其他病害危害的田块黑束病发病较重。土壤高氮低钾，导致植株抗性不良，可引起病情加重。土壤肥力不均、偏施氮肥，

图 1　高粱黑束病症状（胡兰提供）

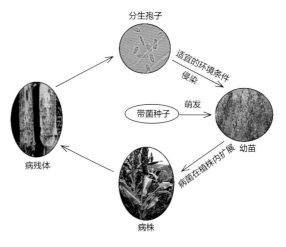

图 2　高粱黑束病侵染循环（胡兰绘）

过量灌溉引起田间积水，土壤干旱、盐碱严重，植株长势弱，都能加重病害发生。高粱品种间的抗病性有明显差异，大多数中国高粱品种较抗病。

防治方法 高粱黑束病的防治应以种植抗病品种为主，结合栽培技术等措施。对轻病区应着力推广种植抗病品种，对重病区在推广抗病品种的同时，应推广化学药剂种子包衣处理，并辅以增施磷、钾肥，合理灌溉等农业措施，提高防病效果。

选用抗（耐）病品种 高粱不同品系对黑束病的抗性差异明显，选育和种植抗病品种是经济有效的防病措施。以Tx622A、Tx623A等不育系为母本的高粱杂交种表现高度感病，而以Tx378A、Tx398A、Tx399A、421A等不育系为母本的杂交种则表现抗病。

农业防治 减少菌源，建立无病留种田，降低种子带菌率和病害发生率。提高土壤墒情，排湿提温，消灭杂草，促进苗壮，增强抗病能力。科学合理地施用氮磷钾肥，防止偏施氮肥，增施磷、钾肥，保持土壤肥力平衡，提高植株抗病力。结合田间调查，发现病株及时拔除，集中处理，减少病菌在土壤中残留和积累。高粱收获后及时深翻灭茬，促进病残体分解和病菌死亡，抑制病原菌繁殖，降低土壤中病原菌种群数量，减轻病害的发生。与非禾本科作物轮作倒茬，应注意其他禾本科作物黑束病的同步防治，减轻病害的发生。

化学防治 种子处理，播种前用25%三唑酮可湿性粉剂，或12.5%烯唑醇可湿性粉剂按种子重量0.2%拌种，有一定的防病效果，并可兼防高粱丝黑穗病。

参考文献

白金铠，1997.杂粮作物病害[M].北京：中国农业出版社.

徐秀德，刘志恒，2012.高粱病虫害原色图鉴[M].北京：中国农业科学技术出版社.

（撰稿：胡兰；审稿：徐秀德）

高粱红条病毒病 sorghum red stripe virus disease

由玉米矮花叶病毒引起的一种病毒病害，是世界上许多高粱种植区重要的病害之一。

发展简史 1962年，在美国俄亥俄州俄亥俄河附近高粱田发现此病后，许多国家先后发表了该病发生的有关报道。在中国，1966年以后在许多地区高粱上先后发现有由玉米矮花叶病毒引起的高粱红条病发生，局部区域使高粱产量受到很大损失。1973年在北京、1976年在天津许多高粱自交系上都发生了高粱红条病，此后该病在华北各地时有发生。1979年，史春霖等把从北京郊区表现花叶症的高粱植株上分离获得的病毒定为MDMV-B。MDMV-B与MDMV-A、C、D、E、F的差异在于它不能侵染约翰逊草。1986年，石银鹿等把从白草上得到的一种可造成玉米、高粱矮花叶症状的病毒分离物定名为MDMV-G。1987年，范在丰从华北表现花叶、红条的高粱植株上分离得到两种类型的病毒：花叶型及坏死型。1996年徐秀德等报道，高粱红条病毒病在

辽宁高粱产区突发流行，给高粱生产造成了较大的损失。采用电镜对典型症状的植株上分离获得的病毒粒体进行鉴定，确定大面积流行的高粱红条病毒病为玉米矮花叶病毒侵染所致。

分布与危害 高粱红条病毒病在美国、南美洲、欧洲、澳大利亚等地发生流行，危害严重。在中国，自20世纪60年代以来，在河南、河北、山东、山西、陕西、甘肃、辽宁、内蒙古、新疆、广东、天津、北京等地先后有高粱红条病毒病发生报道，一般北方地区的高粱发病更为严重，重病区发病率高达80%～90%，个别地块甚至造成毁种。

高粱红条病毒病在高粱整个生育期均可发生，危害叶片、叶鞘、茎秆、穗及穗柄，在高粱3叶期以前感病的品种受害较重，可造成减产50%以上。初期病株心叶基部细脉间出现褪绿小点，断续排列呈典型的条点花叶状，后扩展到全叶，叶色浓淡不均，叶肉逐渐失绿变黄或变红，成紫红色梭条状枯斑，病斑易受叶脉限制，最后呈"红条"状。病情严重时红色条纹症状扩展相互连合变为坏死斑，多在叶尖处病斑组织出现枯死并向叶基部扩展。重病叶全部变红褐色，组织脆硬易折，最后病部变紫红色或灰褐色干枯。在植株接近成熟时，多数品种叶上症状不明显，但茎秆上常出现红褐色或黑褐色长条形斑。被害植株常表现矮化，其矮化程度取决于病毒侵染时植株的生育阶段、病毒株系和品种、杂交种的感病性。病株分蘖数、穗数、穗的长度、每穗粒数和大小均有所减少（图1）。

病原及特征 致病毒原为玉米矮花叶病毒（maize dwarf mosaic virus，MDMV），属马铃薯Y病毒组（Potyvirus）。病毒粒体线条状，略弯曲，长度为750nm，直径13nm。紫外吸收光谱为典型的核蛋白吸收光谱，A260/A280比值为1:22，病毒核酸含量约5%。衣壳亚基蛋白分子量约36400Da。在病叶细胞里可见大量风轮状内含体、片状集结体和病毒粒体。在高粱汁液中钝化温度为54°C，稀释限点为10^{-3}，体外存活期3天。因玉米矮花叶病毒与甘蔗花叶病

图1 高粱红条病毒病病症状（刘可杰提供）

毒（SCMV）有血清反应关系，一些学者将该病毒作为甘蔗花叶病毒 J 株系，或作为甘蔗花叶病毒的约翰逊草株系。玉米矮花叶病毒有 7 个株系，即 A、B、C、D、E、F 和 G 株系。在田间多见 A 和 B 株系，这两个株系主要以寄主范围、血清学比较和介体昆虫专一性来区分。

侵染过程与侵染循环　蚜虫在带毒越冬寄主上吸毒后取食进行传播，带毒蚜迁飞到高粱幼苗上取食时，就把病毒传播到高粱上，并在高粱体内进行繁殖，破坏寄主组织。

病株残体不能传带玉米矮花叶病毒，约翰逊草是病毒的越冬寄主，病毒主要生存于约翰逊草的肉质根茎里，翌年从带毒地下根茎上长出新芽，然后通过蚜虫取食带毒新芽进行传播。蚜虫是田间病毒传播的主要媒介，在带毒植株幼芽上吸食 15 秒至 1 分钟即能获得病毒。蚜虫可短距离迁飞，也可借风力飞到 100km 以外。在高粱生长期间，蚜虫可进行多次取食、迁飞，造成多次再侵染。高粱快成熟时，蚜虫又迁飞到杂草上，通过取食使杂草带毒，并在杂草活体部分（植株、根部）越冬（图 2）。

流行规律　高粱红条病毒病主要通过蚜虫取食带毒新芽进行传播，高粱种子和高粱柄锈菌的夏孢子也能传带病毒引起发病，形成病毒中心株。多年大面积种植感病品种，有利于毒源的积累，条件适宜，病情会逐年上升。野生多年生禾本科杂草是病毒的越冬寄主，这些杂草的广泛分布，也有利于毒源的积累。高粱红条病毒病的传毒介体蚜虫的种类繁多，主要由麦二叉蚜（*Schizaphis graminum* Rondani）、粟缢管蚜（*Rhopalosiplum padi* L.）、玉米蚜（*Rhopalosiplum maidis* Fitch）、高粱蚜（*Melanaphis sacchari* Zehntner）和桃蚜（*Myzus persicae* Sulzer）等以非持久方式传播。春播高粱苗期的主要传毒介体是麦二叉蚜，有翅蚜虫是传毒的主要虫态。蚜虫发生的早晚、数量与高粱红条病发生、流行关系极为密切。蚜虫数量多，危害时间长，有利于该病传播。该病害在田间的发生和流行与蚜虫介体种类、虫口密度及自然带毒率关系密切。在田间扩展主要靠有翅蚜，尤以过路蚜为主。有翅蚜始见后 11～18 天，田间开始出现病株，蚜虫高峰期后 16～30 天为发病高峰期。蚜虫获毒最短时间为 30 秒，潜育期一般是 5～7 天，温度高时最短 3 天，温度低时可延长至 18 天甚至

不发病。

气象条件对病害流行起主导作用。中国北方春暖早，对越冬寄主返青有利，可使蚜虫越冬存活率增高，始发期和激增期提前，虫口密度增大。高粱苗期低温寡照的气象条件对寄主抗病性有不利影响。一般降雨次数多，降雨量大，气温偏低，对蚜虫繁殖和迁飞不利，发病轻。反之，久旱不雨，天气燥热，蚜虫增殖迅速，大量迁飞，发病严重。

耕作与栽培管理方式对病害发生影响也较大，推迟播种期、种植感病品种、媒介蚜虫大量存在、病毒基数累积大，是病害大流行的必备条件。田间管理好、杂草少的发病轻，管理粗放的发病重。

高粱品种间抗性差异明显。国外研究结果表明，高粱品系 RS621、Tx414、RS625、Tx398 和 Tx399 等具有较强耐病性，IS2549、IS2816C、IS12612C、Rio、TAM2566 和 Q7539 等具有良好的抗病性。1996 年，徐秀德等调查发现，高粱品系 Tx622A 及其组配的杂交种高度感病。

防治方法　高粱红条病毒病防治应以选用抗病品种、适时播种和加强栽培管理等农业措施防治为基础，以治蚜、清除毒源等措施为中心的综合防治方法，防治的关键在于预防。

消灭毒源及防治蚜虫　及时清除高粱田间、地边杂草，恶化蚜虫栖息环境，减少毒源。结合间苗、定苗及时拔除田间早发病苗，防止病毒进一步传播。抓好高粱出苗前其他作物上蚜虫的防治，最大限度地降低传毒介体数量，减少传毒机会。春播高粱蚜虫防治重点在麦田。防治蚜虫要从全局出发，统筹安排，及时防治。

选用种植抗病品种　选育和种植抗病品种是防治高粱红条病毒病的最经济有效的根本途径。在高粱中存在大量对高粱红条病毒病耐病、抗病甚至免疫的品种资源，应充分搜集、鉴定这些资源，并在育种中加以利用。另外，要根据品种的抗病性和历年病情，因地制宜地做好品种布局，重病区要种植抗病性强的品种，以降低危害和减少毒源的扩大及毒量的积累，减少侵染来源。

农业防治　调节播期，使高粱苗期避开蚜虫从小麦田、玉米田向高粱田迁飞的高峰；提高播种质量，选留健苗，培育壮苗。结合间苗和中耕除草，及时拔除病苗和杂草，减少病害发生。

化学防治　在高粱红条病初发期，要及时喷施药剂治蚜，消灭初次侵染来源。药剂可选用 2.5% 溴氰菊酯或 70% 吡虫啉可湿性粉剂 45～105g/hm^2 喷雾。对高粱敏感的敌敌畏、敌百虫等有机磷农药禁止在高粱上使用，以免造成药害。

参考文献

范在丰，裘维蕃，1978. 华北高粱红条病毒病的研究 [J]. 植物病理学报，17(1): 1-8.

史春霖，徐绍华，1979. 北京玉米和高粱上的玉米矮花叶病毒 [J]. 植物病理学报，9(1): 35-40.

石银鹿，张琦，王富荣，1986. 玉米矮花叶病毒的株系鉴定 [J]. 植物病理学报，16(2): 98-104.

徐秀德，董怀玉，杨晓光，等，1996. 辽宁省高粱红条病毒病发生与鉴定简报 [J]. 辽宁农业科学 (5): 47-48.

（撰稿：刘可杰；审稿：徐秀德）

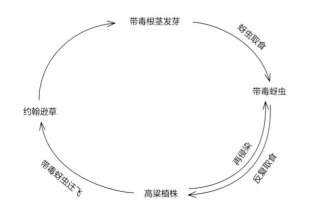

图 2　高粱红条病毒病侵染循环（刘可杰绘）

高粱坚黑穗病　sorghum covered kernel smut

由高粱坚孢堆黑粉菌引起的、危害高粱穗部的一种真菌病害，是世界高粱种植区常见的一种黑穗病。

发展简史　1943 年，Anon 报道在缅甸大面积发生高粱坚黑穗病，因该病造成高粱减产达 50%。1962 年，Tarr 报道非洲东部地区坚黑穗病是制约当地高粱生产的主要病害，田间病害发病率为 8%～42%。1968 年，Keay 报道在西非一些国家的高粱产区有高粱坚黑穗病发生，平均减产 5%～10%，个别地方减产高达 50% 以上。1963 年，Harris 调查发现，在尼日利亚每年因坚黑穗病造成的损失为 1.3%，在没有推广种子消毒处理的地区可减产 20%～60%。1971 年，Mathur 和 Dalela 调查发现，在印度雨季高粱因该病可减产 1.7%～4.5%，严重地块可减产 50%；在美国该病发生较轻。在中国，该病最早发生的确切时间未见报道，但目前在个别高粱产区有零星发生。

分布与危害　高粱坚黑穗病广泛分布于世界各高粱产区，在苏丹和几内亚北部的热带草原地区发生较为普遍，发生率分别为 24.8% 和 29.5%。在中国，高粱坚黑穗病在云南、四川、江苏、湖北、湖南、河北、山东、山西、甘肃、新疆、内蒙古、辽宁、吉林和黑龙江等地均有不同程度的发生，严重地区发病率达 20%～60%。目前，该病已不是中国高粱的主要病害，仅个别地区有零星发生。

该病主要危害高粱穗部籽粒，被害植株在抽穗后表现出明显症状，通常病穗上的各个小穗全部被害变为卵形菌瘿，外包灰色被膜，坚硬不破裂或仅顶端稍开裂，内部充满黑粉，这时整个病穗的小花变为冬孢子堆。内外颖很少被害，内部中柱也不被破坏。受害穗的穗形不变，仅是籽粒表现稍大。大多数情况下病穗上的各个小穗均被害变为菌瘿，但也有出现部分小穗未被侵害正常结实的情况。病株高度、形态与健株区别不大（图 1）。

病原及特征　病原为高粱坚孢堆黑粉菌［*Sporisorium sorghi* Erenb. ex Link，异名 *Sphacelotheca sorghi*（Link）Clinton］，属孢堆黑粉属。

病菌冬孢子堆生于寄主的子房内，椭圆形至圆柱形，长 3～7mm，有坚硬灰色膜包围，膜不易破碎，后期冬孢子成熟后，膜从顶端破裂，露出里面的黑褐色孢子堆和较短中柱。不育细胞长圆形至近圆形，成组或串生，无色，大小为 7～14μm×6～13μm。冬孢子多圆形或近圆形，黄褐色至红褐色，直径 4～8μm，壁上具有微刺，刺间具稀疏疣。

病菌冬孢子萌发产生先菌丝，先菌丝具 2～3 个隔膜，顶生或侧生 1 至数个担孢子。依据担孢子着生方式和形态可以分为 3 种类型：第一种类型是 4 个细胞先菌丝顶生或侧生无色的纺锤形担孢子，大小为 10～13μm×2～3μm；第二种类型是先菌丝产生分枝萌芽管；第三种为中间类型，4 个细胞先菌丝状结构产生长分枝。冬孢子萌发温度范围为 15～35℃，以 25℃ 为最适，冬孢子在水中或其他营养液中均可萌发，新鲜的或越冬后的冬孢子在水中经 3～10 小时即可萌发产生小突起，继而伸长为先菌丝。病菌菌丝在 20～35℃ 生长良好，30℃ 生长最快。适宜病菌生长的 pH 为 4.5～

7.5，pH 为 8.5～9.5 时生长逐渐变缓。采用振荡培养时，加入 0.3% 蛋白胨的麦芽糖液体培养基更能促进病菌生长，且最适菌丝生长。在干燥条件下冬孢子可存活 13 年以上。

高粱坚黑穗病菌存在明显的生理分化现象，国外已报道的至少有 8 个生理小种。1927 年，Tisdale 等在美国报道有 5 个生理小种，小种间在冬孢子堆的颜色、长度和破裂方式等特征差异明显。1951 年，Vaheeduddin 在印度也报道有 5 个小种，其中 2 个小种与美国的小种相同。在南非，依据在鉴别寄主 White Yolo 和 Hegari 上的不同反应划分为 2 个小种，定名为 SA1 和 SA2。

侵染过程与侵染循环　高粱坚黑穗病菌以冬孢子形态越冬，幼芽期侵染发病。田间土壤中冬孢子萌发产生的（＋）（－）担孢子结合形成双核菌丝，由寄主幼苗或幼根侵入寄主体内并定殖于寄主的分生组织内，菌丝随寄主的分生组织生长，最后进入分化的小花里形成冬孢子堆。

高粱坚黑穗病菌是在高粱幼芽期侵入，是高粱发病的系统侵染性病害。每年秋季病穗冬孢子堆中的病菌冬孢子散落在田间土壤中或附着在健康的种子表面，成为翌年病害发生的初侵染源。冬孢子萌发产生双核菌丝，从寄主幼苗或幼根侵入寄主并定殖于寄主的分生组织细胞间和细胞内，并随着植株生长向顶端分生组织发展。植株进入开花阶段后，菌丝生长至穗部，最后进入分化的小花里形成内含大量病菌冬孢子的黑穗。新产生的冬孢子是翌年病害发生的侵染源（图 2）。

流行规律　高粱坚黑穗病菌以冬孢子形态在土壤中或种子表面越冬，高粱幼芽期被侵染发病。土壤温湿度、种子带菌率、品种抗病性和农事操作等诸多因素均影响病菌侵染和病害发生。

高粱坚黑穗病的传播与扩散　由于坚黑穗病菌冬孢子萌发的适宜温、湿度范围较宽，冬孢子在土壤里越冬存活的机会很小，而种子带菌是高粱坚黑穗病传播扩散的主要途径，秋收后病穗和健穗混放，脱粒时病穗上散出的冬孢子大量附着于种子表面，致使种子带菌，成为该病害发生的初侵染菌。

高粱坚黑穗病流行与环境条件　①土壤温、湿度。土壤温度是决定初侵染的重要因子，土壤相对冷凉的条件有利于坚黑穗病的发生。早播（冷凉气候）发病率高，而天气渐暖时播种发病率相对减少，在炎热的 7～8 月播种几乎不发病。

图 1 高粱坚黑穗病症状（姜钰提供）

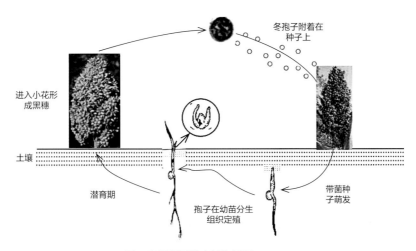

图 2　高粱坚黑穗病侵染循环（姜钰绘）

冬孢子附着在
种子上

进入小花形
成黑穗

土壤

潜育期

孢子在幼苗分生
组织定殖

带菌种
子萌发

高粱坚黑穗病菌侵染的最适温度因不同高粱品种而差异明显，当土壤湿度为 30%、pH7.2 时，Red Amber Sorgo 品种被侵染适温为 22.5～25℃，Blackhall Kafir 品种则为 20℃。土壤湿度是影响坚黑穗病菌侵染的重要因素，偏干燥的土壤有利于发病，土壤含水量在 28% 时最有利于侵染发病。在适宜土壤含水量时，土壤温度与病菌侵染率多少关系密切，在土壤温度和湿度均较低的情况下侵染，发病率最高；如果土壤温度超过 25℃、土壤含水量超过 28%，病菌侵染便受到抑制；当土壤温度在 19～20℃ 和土壤含水量在 10% 和 4% 时发病也很重。土壤湿度在 28% 以上时，即使在适宜的土壤温度下也不利于病菌侵染。②高粱播种深度与出苗速度。播种时覆土过厚，幼苗出土持续时间长，幼苗被感染的概率加大，发病率较高；如果幼苗尽快出土变绿，则会增强抗病性。在一般土壤湿度条件下播种越深发病越重，但超过 5cm 深时发病增加幅度不大。通常高粱从播种到出苗的时间越短发病率越低。③种子带菌量。种子带菌量越多发病率越高，在人工接种条件下种子的带菌量为 1% 和 0.1% 时，发病率均较高，而在 0.01% 时发病率较低。每粒种子负荷冬孢子量在 3 万～3.5 万个，比每粒种子上有孢子 1.5 万～3 万个的发病率显著增加。④品种抗病性。高粱品种间对坚黑穗病抗性差异明显，其抗性是显性遗传，但也有人报道为隐性遗传。1961 年，Casady 研究了品种对坚黑穗病的抗性遗传，发现 3 个抗性基因，且对 3 个生理小种表现的抗性是连锁的，小种 1 号、2 号和 3 号分别由显性抗病基因 *Ss1*、*Ss2* 和 *Ss3* 所控制；以感病品种 Pink Kafir（具有 *Ss1*、*Ss2* 和 *Ss3* 抗病基因）进行杂交，后代的抗病性是不完全显性的；以 Dwarf Yellow Milo×Spur Feterita 杂交的 F3 代进行测定表明，其双亲对坚黑穗病菌 1 号小种具有相同的抗性基因。

防治方法

选用抗病品种　高粱品种间对坚黑穗病抗性差异明显，根据病菌不同生理小种类群及分布，选育和推广高产抗病品种是防治该病害的最有效途径。

农业防治　种子带菌是高粱坚黑穗病传播扩散的主要途径，选用无病菌的种子，减少病源极为重要。高粱抽穗期发现病穗及时拔除，并带出田外深埋或烧毁；与非寄主作物

轮作；播种前精细整地，适时播种，缩短幼苗出土时间，减轻发病。建立无病制种田，收获时单收单打防止种子带菌，减轻田间发病。

化学防治　种子处理是防治坚黑穗病的关键措施。可用 25% 三唑酮可湿性粉剂 200～300g，拌种 100kg；10% 腈菌唑可湿性粉剂 150～180g，拌种 100kg。

参考文献

白金铠，1997. 杂粮作物病害 [M]. 北京：中国农业出版社 .

徐秀德，刘志恒，2012. 高粱病虫害原色图鉴 [M]. 北京：中国农业科学技术出版社 .

中国农业科学院植物保护研究所，中国植物保护学会，2015. 中国农作物病虫害 [M]. 3 版 . 北京：中国农业出版社 .

FREDERIKSEN R A, 2000. Compendium of sorghum disease[M]. 2nd ed. St. Paul: The American Phytopathological Society Press.

（撰稿：姜钰；审稿：徐秀德）

高粱粒霉病　sorghum grain mold

由多种病原真菌单独或复合侵染引起的高粱籽粒霉变的一种真菌病害，是世界上高粱种植区重要的病害之一。又名高粱穗粒腐病。

发展简史　该病害不仅造成高粱产量损失，而且病菌产生毒素严重影响人畜健康。国内外很多学者对高粱粒霉病有诸多研究。早在 1943 年，Leukel 和 Martinz 对高粱粒霉病籽粒进行了分离，从中分离得到了 5 种主要真菌。随后有许多学者先后对高粱籽粒所携带真菌种类进行研究，认为高粱籽粒可携带 40 多种病原真菌。在中国，2010 年，胡兰等对采自 13 个地区的高粱籽粒样品寄藏真菌类群进行了分离鉴定，共鉴定出 17 个属 35 种真菌，其中，交链孢菌（*Alternaria* spp.）、曲霉菌（*Aspergillus* spp.）和镰孢菌（*Fusarium* spp.）分离频率较高，其次为青霉菌（*Penicillium* spp.）、枝孢菌（*Cladosporium* spp.）、蠕孢菌（*Bipolaris* spp.）和弯孢霉菌（*Curvularia* spp.）。2012 年，张晓晓等利用特异性引物对中国北方高粱籽粒寄藏镰孢菌产毒素化学类型进行

分析，结果表明，禾谷镰孢种群中存在多种产毒素类型，主要有脱氧雪腐镰孢烯醇（deoxynivalenol，DON）、雪腐镰孢烯醇（nivalenol，NIV）、3-乙酰脱氧雪腐镰孢菌烯醇（3-acetyldeoxynivalenol，3-AcDON）和15-乙酰脱氧雪腐镰孢菌烯醇（15-acetyldeoxynivalenol，15-AcDON）。

分布与危害 高粱粒霉病在世界各高粱产区均有不同程度发生，尤其在高粱开花至籽粒成熟期多雨高湿气候的地区发生严重，个别地区高粱因该病造成的产量损失高达100%。在中国，各高粱种植区均有不同程度发生，个别地区该病对生产影响较大。粒霉病的危害不仅使高粱籽粒变小、变轻、腐烂，导致减产并降低营养价值和品质，还严重影响种子的发芽势，降低种子的发芽率。此外，霉烂籽粒中真菌分泌的毒素还能导致人畜中毒。

粒霉病危害籽粒的症状常因病原菌种类、侵染时间和病害发生的严重程度而异，通常表现3种类型：①受害严重的籽粒表面全部布满霉层。②籽粒完整，仅局部变色，呈现大小不等的病斑。③籽粒外观与健康籽粒无明显差别。经表面消毒处理后培养、分离，可获得不同种类病原菌。根据病原菌种类的不同，籽粒表面霉状物可呈现石竹色、橘黄色、灰色、白色或黑色等多种颜色（见图）。

病原及特征 高粱粒霉病的病原菌有多种，导致高粱籽粒霉烂的真菌多达20余种。在不同的地区和年份其病原菌种类略有变化，它们大多数属于非专性或兼性寄生菌，其优势种类因地区、年份以及季节的不同而有所变化。中国高粱粒霉病主要病原菌种类如下：

产黄色镰孢（*Fusarium thapsinum* Klittich，J.F.Leslie，P.E.Nelson & Marasas）属镰刀菌属。在 PSA 培养基上25℃培养3天后，菌落直径为25～30mm；菌丝白色，常聚集成较粗糙的菌丝束，蛛网状。根据不同菌株在培养基质产生的色素颜色不同，常分为两种类型：一种为初期基质呈灰紫色，后渐变为蓝紫色，菌落背面淡紫色至深紫色；另一种为初期基质白色，后期持续白色或黄色，菌落背面淡黄色至橘黄色。病菌小型分生孢子棒槌形或椭球形，可形成较长的分生孢子链，个别的在产孢细胞顶端几个小孢子聚集成假头状；棒槌形的小孢子有0～1个分隔，顶端略膨大，基部平截，大小为3～7.5μm×2.5～3.5μm；椭球形的小孢子较少见，无隔，

基部有一乳状突起。大型分生孢子产生于橘黄色分生孢子座上，3～5个分隔，细长，较直，略弯曲，顶细胞圆锥形，基细胞足跟明显，大小为26.1～38.3μm×3.7～5.3μm。厚垣孢子缺乏。产孢梗为单瓶梗或复瓶梗，简单分枝，通常可见成二叉状分枝，较长。

禾谷镰孢（*Fusarium graminearum* Schw.）在 PSA 培养基上，气生菌丝棉絮状，白色至草黄色、暗红色；在查氏培养基上呈谷鞘红色；在蒸米饭上呈粉红色至暗红色；在改进的别氏培养基上菌丝稀疏，无色；大型分生孢子多3～5个隔膜，大小为18.2～44.2μm×3.4～4.7μm。小型分生孢子和厚垣孢子少见。

半裸镰孢（*Fusarium semitectum* Berk. et Rav.）在 PSA 培养基上25℃培养4天后，菌落直径为40～65mm；气生菌丝繁茂，棉絮状，粉色至浅黄棕色、浅驼毛色。小型分生孢子数量少，纺锤形或长卵形，0～1个分隔，大小为5～20μm×2～5μm。大型分生孢子多为纺锤形，较直或稍弯曲，顶胞、基胞均为楔形，基胞上有一突起，多数有3～5个分隔，大小为15～40μm×3～6μm。厚垣孢子球形，间生，直径5～10μm。产孢细胞复瓶梗或单瓶梗，有的具重复分枝。个别菌株可以产生橘黄色分生孢子座。

拟轮枝镰孢［*Fusarium verticillioides*（Sacc.）Nirenberg］异名串珠镰孢（*Fusarium moniliforme* Sheld.）。病菌气生菌丝绒毛状至粉末状，白色至淡青莲色；在查氏培养基上呈玫瑰粉色，在蒸米饭上呈葡萄紫色。小型分生孢子串生，卵形或纺锤形，大小为3.9～14.3μm×1.8～3.9μm。大型分生孢子多有3～5个隔膜，大小为19.0～80.6μm×2.6～4.7μm。

层出镰孢［*Fusarium proliferatum*（Matsushima）Nirenberg］在 PSA 培养基上5～35℃的温度范围内均能生长，适宜温度25～30℃，最适28℃。在适宜温度下气生菌丝茂盛、密集，菌落生长厚；25℃和30℃下培养5天，平均菌落直径分别为97.2mm 和74.2mm。菌落呈粉白色至淡橙黄色；气生菌丝绒毛状至粉末状，长2～3mm；培养基背面橙黄色，基物无色。病菌小型分生孢子串生和假头生，长卵形或椭圆形，无隔或具1隔膜，大小为7.6～10.7μm×3.6～4.3μm。大型孢子镰刀形，较直，顶胞渐尖，足胞较明显，具1～5个分隔，以3～4隔膜居多，大小为27.1～38.3μm×3.7～4.9μm。

亚黏团镰孢（*Fusarium subglutinans* Wollenw. & Reink）在 PDA 或 PSA 培养基上，菌落粉白色至淡紫色，菌落背面边缘淡紫色、中部紫色，基质不变色。气生菌丝绒毛状至粉末状，长2～3mm。小型分生孢子较小，长卵形或拟纺锤形，多无隔，大小为6.4～12.7μm×2.5～4.8μm，聚集成假头状黏孢子团。大型分生孢子镰刀形，较直，顶胞渐尖，足胞较明显，2～6个分隔，以3个分隔者居多，大小为25～60.7μm×2.8～5.0μm。产孢细胞为单瓶梗和复瓶梗。厚垣孢子未见。

木贼镰孢［*Fusarium equiseti*（Corda）Sacc.］在 PSA 培养基上，25℃培养3天，菌落直径30～50mm。气生菌丝旺盛，较稀疏，绒毛状。菌落初期白色至粉色，背面浅粉色，后期逐渐变为黄褐色，背面深褐色。菌落上极易形成橘黄色黏孢团型分生孢子座。小型分生孢子很少，形态不规则。大型分生孢子镰刀形，稍弯曲，大小为24.8～81.4μm×3～7μm，

高粱粒霉病症状（徐秀德提供）

具 3～7 个分隔，以 5 隔者居多，中间细胞显著膨大，顶细胞延长呈锥形，基细胞为细长的足跟状。产孢细胞为单瓶梗，聚生或不规则分枝。厚垣孢子球形，直径 9～20μm，串生或聚生。

新月弯孢［*Curvularia lunata*（Wakker）Boedijn］属弯孢属。病菌分生孢子梗分化明显，直或弯，上部多呈屈膝状弯曲，褐色。分生孢子较粗壮，多数具 4 个细胞，两端细胞淡褐色，中间细胞深褐色，有的稍弯，显现出一侧凸起而另一侧较平的背腹形状，大小为 18～34μm×7～16μm。

禾生炭疽菌［*Colletotrichum graminicola*（Ces.）G. W. Wils.］属炭疽菌属；有性态为禾生小丛壳菌（*Glomerella graminicola* Polltis），属子囊菌门小丛壳属。病菌的分生孢子盘散生或聚生，突破表皮，黑色。分生孢子盘中具分散或成行排列的刚毛，数量较多，暗褐色，顶端色泽较淡，正直或微弯，基部略微膨大，顶端较尖，3～7 个隔膜，大小为 64～128μm×4～6μm。分生孢子梗圆柱形，无色单胞，大小为 10～14μm×4～5μm。分生孢子镰刀形，无色单胞，微弯，内含物不呈颗粒状，大小为 26.1～30.8μm×4.9～5.2μm。

高粱茎点霉［*Phoma sorghina*（Sacc.）Boerema, Dorenbosch & Van Kesteren］异名 *Phyllosticta glumarum*（Ell. et Fr.）Miyake。属茎点菌属。病菌分生孢子器散生或群生，球形至扁球形，似透镜状，直径 40～60μm，黑褐色，基部黄褐色，顶端凸起为孔口。分生孢子卵形至椭圆形，无色透明，具 1 个油球，大小为 3～6μm×2～3μm。

链格孢［*Alternaria alternata*（Fr.）Keissl.］属链格孢属。病菌在查氏培养基上 25℃ 培养 7 天，菌落直径 53～57mm，质地绒状，灰黑色至黑色。分生孢子梗单生或数根束生，不分枝或偶有分枝，具 1～2 个隔膜，褐色，正直至屈曲，大小为 25～45μm×4～6μm。分生孢子 3～10 个串生，梭形或椭圆形，形状不一致，褐色至橄榄褐色，大小为 15～54μm×8～14μm，具 2～7 个横隔膜，0～5 个纵隔膜，隔膜处有缢缩，无嘴喙或长短不一，多数色淡，少数与孢身颜色相似。

侵染过程与侵染循环 高粱粒霉病菌多为兼性寄生菌，主要以菌丝体或分生孢子、厚垣孢子在土壤中或土表的病株残体和高粱籽粒中越冬。带菌种子萌发后，病菌从高粱幼苗侵入寄主组织，直接引起幼苗根颈腐烂，引起苗枯病。有的病原菌（如镰孢菌等）可从幼苗根、茎部侵入，随着高粱生长在植株体内扩展，向上扩展至高粱穗部使得新形成的种子带菌，成为翌年的初侵源。高粱生长季中，在适宜的条件下，病菌分生孢子或子实体，借风和雨水传播至高粱穗部，从花器侵入引起籽粒霉变或种子带菌。1977 年，Rao 和 Williams 报道，在高粱开花期以串珠镰孢、半裸镰孢接种于高粱穗部，导致高粱粒霉病严重发生。高粱收获前个别籽粒带菌，脱粒后储藏过程中遇有适宜病菌生长的温、湿度，能加快籽粒霉烂，加重病原积累。

流行规律 高粱粒霉病菌均为兼性寄生菌，湿度适宜气候条件下，高粱从幼小花序到成熟穗的生育阶段都可以感染粒霉病。高粱种植密度大，田间小气候潮湿有利于发病。开花后至籽粒成熟期，多雨、多雾等潮湿的天气条件有利于发病，多湿天气持续时间越长发病越重。多年连作，田间植株病残体较多，土壤累积菌量大的田块发病较重。栽培管理粗放，穗螟危害严重的地块发病严重。品种间对粒霉病抗感性差异明显，一般红色籽粒品种比白色籽粒品种抗病，籽粒单宁含量高的品种比单宁含量低的品种抗病，硬粒型品种比粉质型品种抗病。

防治方法 不同地区的自然环境条件和耕作栽培制度不同，高粱粒霉病菌的种类和数量会有所差异，而且寄主—病原—环境之间相互作用关系相当复杂，用单一的防治方法控制该病的发生难以奏效，因此，高粱粒霉病的防治应采取综合防病措施。

选用抗（耐）病品种 利用寄主抗性是防治高粱粒霉病的主要措施，高粱不同品种对粒霉病抗性差异显著，发病严重地区，应选种抗病性强的品种。

农业防治 适当调节播种期，尽可能使该病发生的高峰期即高粱抽穗开花至籽粒成熟期避开雨季，可减轻发病。合理密植、适时追肥、及时收获、控制高粱螟等害虫对穗部的危害等措施，均可以减轻粒霉病的发生。采收果穗后及时晾晒，控制含水量，防止霉变，做到安全储藏。收获后及时清除病残体和病果穗，减少越冬菌源。

参考文献

白金铠，1997. 杂粮作物病害 [M]. 北京：中国农业出版社 .

胡兰，徐秀德，姜钰，等，2010. 我国不同地区高粱籽粒寄藏真菌种群分析 [J]. 沈阳农业大学学报，41(6): 725-728.

徐秀德，刘志恒，2012. 高粱病虫害原色图鉴 [M]. 北京：中国农业科学技术出版社 .

（撰稿：胡兰；审稿：徐秀德）

高粱煤纹病 sorghum sooty stripe

由高粱座枝孢菌引起的、危害高粱地上部分的一种真菌性病害，是世界上许多高粱种植区最重要的病害之一。

发展简史 高粱煤纹病菌于 1903 年由 Ellis 和 Everhart 在美国的约翰逊草和阿拉伯高粱［*Sorghum halepense*（L.）Pers.］上发现并首次报道，当时其病原菌被误定为 *Septorella sorghi* Ell. et. Ev.，属球壳孢目。1921 年日本学者三浦道哉在中国东北报道，该病菌侵染高粱，误认为其子实体是一个分生孢子盘，属黑盘孢目，其分生孢子有分枝和形成黑色菌核，命名为新属和新种须芒草座枝孢菌（*Ramulispora andropogonis* Miura）。1932 年，戴芳澜将该菌重新定名为［*Titaeospora andropogonis*（Miura）Tai］。1943 年，Bain 和 Edgerton 在美国研究证实了该菌的子实体不是分生孢子盘，而是分生孢子座。1946 年，Olive、Lefebvre 和 Sherwin 将高粱煤纹病菌修订为高粱座枝孢菌［*Ramulispora sorghi*（Ellis et Everhart）Olive et Lefebvre］。

分布与危害 高粱煤纹病是一种高粱上常见的、严重危害高粱叶部的真菌性病害，可严重影响高粱的产量和品质。该病害最早于 1903 年在美国首次报道后在世界各地的高粱产区被不断发现，如美国、阿根廷、日本、印度、澳大利亚、苏丹、坦桑尼亚、乍得、中非、马里、刚果、尼日利亚、津

G

巴布韦、布基纳法索、原苏联等国家。该病害在印度、美国和非洲的一些国家或地区发生危害严重，是高粱生产上最重要的病害之一。在马里，该病害曾导致高粱减产46%，在美国该病害曾导致高粱减产31%。在中国，高粱煤纹病曾在黑龙江、吉林、辽宁、内蒙古、河北、山西、山东、河南、湖南、广东、广西、江苏、福建、云南、贵州等高粱产区不同程度发生，局部地区有严重危害的记载。20世纪70年代后期由于推广应用抗病高粱杂交种，使得该病害得到有效控制，生产上该病几乎灭绝。近年来，该病在辽宁、黑龙江、内蒙古等地的局部地区再次发生危害，并有加重流行趋势。

高粱煤纹病主要危害高粱叶片和叶鞘。发病初期叶片上形成小的圆形病斑，淡红褐色或黄褐色，边缘具黄色晕圈；后逐渐扩大，呈长椭圆形、长梭形，中央淡褐色，边缘紫红色，后期病斑大小为50～140mm×10～20mm。当病情严重时，病斑连合成不规则形大型病斑，导致叶片枯死。在温暖和潮湿环境条件下，病斑上产生大量的淡灰色分生孢子，后期病斑变烟灰色，表面产生大量的黑色小菌核，碰触或涂抹易于脱落。病菌也可以侵染叶鞘和穗柄，导致受害叶鞘形成枯死斑，而受害穗柄呈黑色，但很少产生菌核（图1）。

高粱煤纹病寄主范围较窄，除能侵染高粱［*Sorghum bicolor*（L.）Moench］外，还能侵染阿拉伯高粱［*Sorghum halepense*（L.）Pers.］、二色高粱（*Sorghum bicolor* subsp. *bicolor*）和紫色高粱（*Sorghum purpureosericeum*）。

病原及特征 病原为高粱座枝孢菌［*Ramulispora sorghi*（Ellis et Everhart）L. S. Olive et Lefebvre，异名 *Ramulispora andropogonis* Miura］，属座枝孢属。

病菌分生孢子座由表皮下的子座发育而成，逐渐从气孔突出，在叶片两面着生。分生孢子梗极多，无色，圆柱形，0～1个隔膜，大小为10～44μm×2～3μm。分生孢子单生于分生孢子梗顶端，许多孢子聚集在分生孢子座上，呈胶质团状。分生孢子线形或鞭形，无色，多数具1～3个分枝，微弯，顶端略尖，具3～9个隔膜，内含物颗粒状，大小为32～80μm×2～3μm。后期叶片病斑两面逐渐形成菌核，菌核表生，近球形或半球形，表面粗糙或光滑，黑色，直径58～167μm；每个菌核以菌丝柱经气孔与气孔下的子座相连接。菌核萌发产生分生孢子座和分生孢子（图2）。

病菌在培养基上生长缓慢，培养的最适温度为28℃，最适pH为4.0。产孢适宜温度为20～24℃，适宜pH为4.5。在Raulin培养基（pH为4）上形成圆形、致密和皱缩、全缘的黑色菌落，几周后在黑色菌落粗糙的表面上形成粉红色、圆锥状的胶质团，内含大量分生孢子。在康乃馨煎汁琼脂、高粱叶煎汁琼脂和蒲公英煎汁琼脂培养基上培养，易产孢子。在10%葡萄糖胡萝卜煎汁培养基上，培养几周后也能产生孢子，但在培养中未见形成菌核。

侵染过程与侵染循环 越冬菌核萌发形成分生孢子座及分生孢子，分生孢子借助风和雨水传播，并附着在高粱叶片表面，当条件适宜时，分生孢子在叶表面上迅速萌发产生芽管，经气孔侵入组织中，干扰寄主代谢，使叶片形成病斑。

病菌以菌核在病株残体、种子和野生高粱上越冬，翌年在适宜的环境条件下，越冬菌核产生分生孢子，成为初侵染和再次侵染菌源。在叶表皮下的分生孢子座和叶表皮上着生的菌核是主要的越冬菌体，可在土壤中和叶残体上度过不良环境，多年生的阿拉伯高粱也是病菌生存场所。田间人工接种病原菌分生孢子，接种7天后产生小红点，12天后病斑上可产生分生孢子，病斑上产生的分生孢子可进行再次侵染（图3）。

流行规律 高粱煤纹病主要是靠风、雨水和气流传播病害，也属于种子传播病害。其发病严重程度常因品种、发病条件等不同而有较大变化，表现在从叶上发生少量病斑至整株枯死，危害较大。在田间种植感病品种并有适宜发病的环境条件时，煤纹病易常发生流行。高粱煤纹病的传播与扩散受综合因素的影响，其中，气候条件是最重要的因素，遭遇连续温暖和潮湿天气，分生孢子可借风和雨水反复传播，加重发病。

高粱煤纹病菌侵染高粱，病菌会形成一系列的特殊结构，越冬菌核先产生分生孢子，分生孢子在叶表面上迅速萌发产生芽管，芽管经气孔侵入叶片组织中，随后在叶片上形成病斑，病斑上产生的分生孢子可进行多次侵染。人工接种7天后高粱上产生小红点，12天后病斑上产生分生孢子。病菌能否接种成功取决于空气湿度，雾天和阴雨连绵天气有利于病菌侵染和发病。高粱煤纹病菌在高温、多雨和田间湿度较大的环境下易于发生和流行。高湿度是导致严重发病的环境条件，年降水700～1000mm的地区适宜病害发生。土壤肥力是影响发病的重要因素，氮肥多的土壤则病情加重，高粱种植在黏重土壤上亦有利于发病。

高粱品种间抗病性有明显差异。1944年，Olive等在北佛罗里达州试验站开始鉴定品种抗病性，筛选出Rex、Planter、Colman、Saccaline、Leoti、Denton、Rox、Orange、Sapling、Brown Durra、Norken、Atlas、Silver Top、Gooseneck等一批表现高抗和中抗的品种。1996年，Futrell和Webster鉴定了从世界各地重病区收集的2693份高粱品种材料，发现有5%的品种表现抗病，未发现高抗和免疫资源。在抗病的资源中，47%品系来自布基纳法索，10%来自尼日利亚，6%来自马里，可见西非的品种

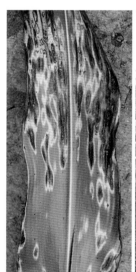

图1 高粱煤纹病危害状（徐婧提供）

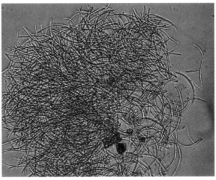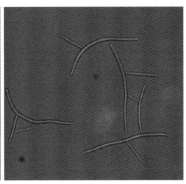

图 2　高粱煤纹病菌菌核和分生孢子（徐婧提供）

G

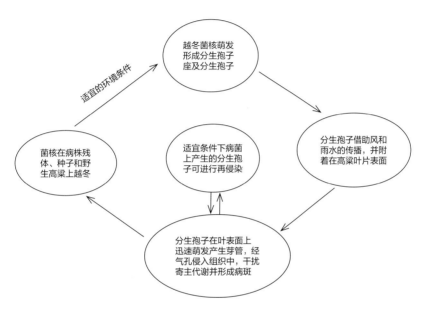

图 3　高粱煤纹病侵染循环（徐婧绘）

资源多表现抗病。一些高粱品系，如 MR114、90M11、B35、SC326-6、R198-03、R19112、MB104-11、R19007、R18903、Sureno、Tx2767、Tx2783 等对高粱煤纹病表现抗病，可作为育种材料应用。

防治方法　应采取以种植抗病品种为主，减少病菌来源、合理施肥、适期早播、合理密植等综合防治措施。

种植抗病品种　选种抗病品种是控制高粱煤纹病发生和流行的根本途径。不同品种对高粱煤纹病抗性差异显著，但表现高抗的品种较少，各地应因地制宜选用推广抗病或耐病品种。

农业防治　减少菌源，病菌能以菌核在病株残体、种子和野生高粱上越冬，翌年产生分生孢子，成为初侵染和再次侵染菌源。秋收后及时清理田园，减少遗留在田间的病株，冬前深翻土壤，促进植株病残体腐烂，是减少初侵染菌源的有效措施。实行高粱与玉米等禾本科作物以及豆科作物轮作，既有利于高粱生长发育，也能起到减少田间菌量积累的作用。改进栽培措施，适期播种，使发病适期错过高温多雨季节，减轻发病。加强肥水管理，施足底肥，增施磷钾肥，促使高

粱健壮生长、增强抗病力、提高植株抗病性，具有明显的防病增产作用。与其他作物间套作，合理密植，使高粱田通风透光，改善田间通风条件，降低田间湿度，改善田间小气候，都能控制和减轻病原菌的侵染。

化学防治　发病初期及时喷药，常用药剂有 75% 百菌清可湿性粉剂、或 50% 多菌灵可湿性粉剂、或 70% 甲基硫菌灵可湿性粉剂，按照药剂使用浓度要求，在抽穗期连续喷雾施药 2～3 次，每次间隔 7～10 天。

参考文献

徐秀德，刘志恒，2012. 高粱病虫害原色图鉴 [M]. 北京：中国农业科学技术出版社.

中国农业科学院植物保护研究所，中国植物保护学会，2015. 中国农作物病虫害 [M]. 3 版. 北京：中国农业出版社.

FREDERIKSEN R A, 2000. Compendium of sorghum disease. [M]. 2nd ed. St. Paul: The American Phytopathological Society Press.

XU X, CLAFLIN L E, 1995. Optimizing inoculum producion for *Ramulispora sorghi*[J]. Phytopathology, 85(10): 1169-1173.

（撰稿：徐婧；审稿：徐秀德）

高粱散黑穗病　sorghum loose kernel smut

由高粱散孢堆黑粉菌引起的、危害高粱穗部的一种真菌病害。又名高粱散粒黑穗病，俗称高粱灰疸。是世界高粱种植区的重要病害之一。

发展简史　高粱散黑穗病菌于1872年由 Kühn 在德国首次定名为 *Ustilago cruenta* Kühn。1914年，Potter 将其定名为 *Sphacelotheca cruenta*（Kühn）Potter。1985年，Vánky 将其重新修订为 *Sporisorium cruentum*（Kühn）Vánky。1953年，河北饶阳大面积发生高粱散黑穗病，随后在中国高粱种植区均有不同程度发生。

分布与危害　高粱散黑穗病广泛分布于世界各国高粱生产区。在中国，各个高粱产区均有不同程度发生。

高粱散黑穗病主要危害高粱穗部，被害植株较健株抽穗早，植株较矮，节数减少，有的品种可造成枝杈增多。通常整个穗全部发病，但穗结构保持原来形状，有的穗只一部分枝梗发病。病籽粒呈卵形或不规则圆形，有外膜包被灰包（冬孢子堆）从颖壳伸出，外膜破裂后散出黑褐色粉状冬孢子，最后仅留柱状的孢子堆轴（寄主组织的残余部分）。病粒通常护颖较长，长达2.5cm。有时在同一穗上部分小穗形成叶状结构，称之为变叶病。有的病株主穗不发病，正常结实，而后期病株分蘖穗形成病穗（图1）。

高粱散黑穗病菌除侵染粒用高粱外，还可侵染帚用高粱、苏丹草及具有阿拉伯高粱亲缘的甘蔗品种。在肯尼亚的高粱生产田发病率在14%～24%。在中国，20世纪50～60年代该病发生较为严重。1953年，河北饶阳高粱生产因散黑穗病的发生造成平均减产约20%，个别地块减产70%～80%。1959年，江苏徐州地区平均发病率约10%，个别地块高达30%。1962年，辽宁的发病率为10%左右。1963年，山东利津发病率达20%～30%，严重的高达57%。随着大力推广药剂拌种技术和种植抗病品种，使该病得到有效控制。该病在华北和东北的一些地区又呈回升趋势，在全国各高粱产区普遍发生。

病原及特征　高粱散黑穗病的致病菌为高粱散孢堆黑粉菌［*Sporisorium cruentum*（Kühn）Váhky，异名 *Sphacelotheca cruenta*（Kühn）Potter，*Ustilago cruenta* Kühn］，属孢堆黑粉菌属。

病菌冬孢子堆生于花序子房中，有时也侵染花器，卵圆形或长卵圆形，外包一层薄膜，后期薄膜易破裂，露出黑褐色粉状冬孢子。冬孢子堆中有发达而稍弯曲的堆轴，长度可达1.4cm。不育细胞成组存在，膜薄，近圆形或椭圆形，略带黄色，大小为10～17μm×8～15μm。冬孢子红褐色或黑褐色，圆形或卵圆形，壁上具有微刺。通常冬孢子萌发产生4个细胞的先菌丝，其上侧生担孢子，担孢子也可芽生次生担孢子。在蒸馏水中或在高温下，冬孢子萌发后不产生先菌丝而直接产生分枝菌丝。冬孢子在水中能萌发，如在水中补加糖等某些营养物质，可促进其萌发产生担孢子，尤其在麦芽汁液中先菌丝上产生的担孢子数量明显增多。病菌冬孢子萌发的适宜温度范围为13～36℃，最适温度为25℃。冬孢子萌发适宜的 pH6.5。病菌在培养基上培养生长的最适 pH 为4.5～8，温度为5～30℃，在较高温度下有利于菌丝体的生长。病菌在水琼脂培养基上可生长，菌落厚度不一，坚硬有色，而在营养丰富培养基上（Czapek、PSA 等）菌落呈酵母状（担孢子）生长，而非菌丝状生长（图2）。

高粱散黑穗病菌存在明显的生理分化现象。在美国已报道有2个生理小种。1937年，Rodenhiser 认为散黑穗病菌可能有3个生理小种。由于各国采用的小种鉴别寄主不同，故不宜衡量高粱散黑穗病菌生理小种的异同，且病菌小种在分布上也呈现不尽相同的端倪，但散黑穗病菌中有2个生理

图1 高粱散黑穗病症状（姜钰提供）

小种是肯定的。

侵染过程与侵染循环 高粱散黑穗病主要是病菌在芽期侵入寄主导致发病的系统性病害。越冬的冬孢子在翌年春季条件适宜时萌发产生担孢子，担孢子结合形成双核菌丝，从高粱的幼苗或幼根侵入，逐渐在体内系统蔓延。经较长一段潜育期，最后破坏寄主花器，使花序中的小穗成为孢子堆。未经担孢子结合的单倍体菌丝也可侵入到寄主体内，但不能引起高粱发病，也不形成冬孢子。将带菌种子播种后，附着的冬孢子可萌发直接侵入刚萌发的幼芽分生组织里；将冬孢子注射到 3～4 周的幼苗生长点中，可获得 64% 植株发病。在植株开花期，病菌也可侵染高粱花器，导致部分小穗形成黑粉。

高粱散黑穗病病菌主要以冬孢子在种子表面或土壤中越冬。种子带菌是其主要初侵染菌源之一，附着于种子表面的冬孢子，在室内经 4 年后，其发芽率尚有 2.1%～94.2%，田间发病率为 0.3%～37.5%，但置于田间地表的病穗里的冬孢子越冬则丧失萌发力。冬孢子在室内可存活 3～4 年，放在仓库、地表和室内，越过 1 个冬季仍有生活力，而在土壤里的冬孢子生活力则显著降低，越过 2 个冬季后，只有室内冬孢子尚有生活力，室外的均丧失生活力；散黑穗病菌冬孢子在温暖潮湿地区的土壤中难以越冬，很少能成为下一生长季节发病的侵染来源。散黑穗病菌冬孢子后熟期极短，当土壤温湿度条件有利时，可迅速萌发，因无后续寄主而失去生活力，致使传病作用不大（图 3）。

流行规律

病菌的传播与扩散 中国高粱散黑穗病发病重和普遍，种子带菌是其主要初侵染菌源。在田间冬孢子可散落或黏附在健穗种子上，秋收后病穗和健穗混放脱粒时，病穗上散出的冬孢子也可附着于种子表面，致使种子带菌。另外，由于病穗上冬孢子堆的外膜容易破裂，在高粱收获前很易散落于田间，使土壤中含有大量冬孢子，虽然冬孢子在土壤中越冬后的存活率不高，但土壤里部分越冬后存活的冬孢子可能是其传病的原因之一。在东北地区土壤中的冬孢子存活一年，越冬后存活率约有 21%。

病菌流行的环境条件 高粱散黑穗病病菌侵染的最低温度为 15℃，最适温度范围为 20～25℃，最高温度为 35℃。对 pH 要求不严，在 pH 为 3～9 时均可侵染发病。在土壤 pH 为 7.2、湿度为 30% 时，种植感病品种在土温 15℃ 时侵染率为 14.9%，20℃ 时为 40.6%，25℃ 时为 17.7%，30℃ 时为 10.8%，35℃ 时没有侵染。另外，土壤含水量低时幼苗生长受到抑制，受病菌侵染的时间延长，导致抗病力下降发病加重。土壤温湿度是散黑穗病菌侵染高粱的重要条件，土壤温度低、含水量少、覆土厚，幼苗出土时间长，利于病菌侵染。

防治方法

选用健康无病菌的种子 高粱散黑穗病能够经种子带

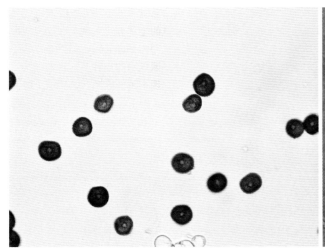 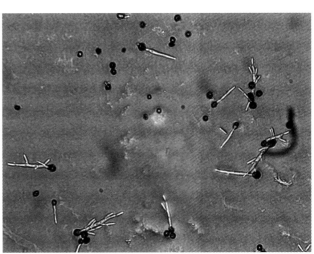

图 2 高粱散孢堆黑粉菌形态（姜钰提供）

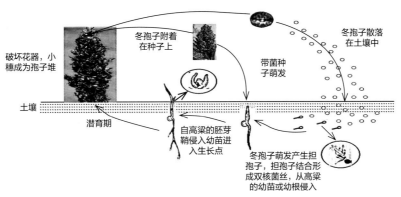

图 3 高粱散黑穗病侵染循环（姜钰绘）

菌远距离和年度间传播。采用在无病区或无病地块进行良种繁殖，是避免种子带菌传播病害的最有效措施。同时，通过种子健康检测，也可以对种子是否带有散黑穗病做出判断，并作为采取种子处理措施的依据。

选用抗病品种　不同品种间对散黑穗病的抗病性有明显差异，应根据病菌不同生理小种类群及分布，选育和推广高产抗病良种。可利用亨加利类型品种作为高抗材料，培育抗病品种。许多国家都进行过品种抗病性鉴定筛选和抗病品种选育工作。在美国，多数 Feterita 系统的品种抗 1 号和 2 号小种，但感染 3 号小种，而多数 Kafir 系统的则感染散黑穗病，但抗 3 号小种。在中国，山东、辽宁等地的试验结果，一般农家品种多不抗病，如大黑壳、大红袍等；而国外引进的高粱品种对散黑穗病具有抗性。

农业防治　建立无病留种田，收获时单收单打防止种子带菌，减轻田间发病。减少菌源，抽穗期发现病穗及时拔除，并带出田外深埋或烧掉。与非寄主作物轮作。播种前精细整地，适时播种，缩短幼苗出土时间，减轻发病。

化学防治　种子带菌是散黑穗病的主要侵染来源，因此，种子处理是防治散黑穗病的关键措施。常用药剂有：25% 甲呋酰苯胺乳油 200～300ml，拌种 100kg；25% 三唑酮可湿性粉剂 200～300g，拌种 100kg；10% 腈菌唑可湿性粉剂 150～180g，拌种 100kg。

参考文献

白金铠，1997. 杂粮作物病害 [M]. 北京：中国农业出版社.

徐秀德，刘志恒，2012. 高粱病虫害原色图鉴 [M]. 北京：中国农业科学技术出版社.

FREDERIKSEN R A, 2000. Compendium of sorghum disease[M] 2nd ed. St. Paul: The American Phytopathological Society Press.

（撰稿：姜钰；审稿：徐秀德）

高粱霜霉病　sorghum downy mildew

由蜀黍指霜霉菌引起的、危害高粱地上部分的一种真菌病害，是许多国家高粱上常见且其潜在危害的一种病害。

发展简史　高粱霜霉病最早于 1907 年由 Butler 首次在印度高粱上发现，当时根据病菌卵孢子形态将其病原菌归属于禾生指梗霉菌（*Sclerospora graminicola*）。1913 年，Kulkarni 发现该菌无性阶段的游动孢子囊后，将其重新定名为禾生指梗霉高粱变种（*Sclerospora graminicola* var. *andropogonis-sorghi* Kulkarni），后来 Butler 等通过对该病菌进一步研究，认为高粱霜霉病致病菌应该是独立的种。1928 年，Weston 和 Webet 在美国通过进一步比对禾生指梗霉菌和禾生指梗霉菌高粱变种的特性，认为所谓的高粱变种应该是一个独立的种。1932 年，Weston 和 Uppal 将其定名为高粱指梗霉菌（*Sclerospora sorghi* W. Weston et Uppal）。1961 年，在美国也发现有高粱霜霉病发生危害。1978 年，Shaw 通过对禾本科植物上的霜霉菌进行较系统研究，认为应该将高粱霜霉病菌从指梗霉属中分出来，归入指霜霉属（*Peronosclerospora*），并将高粱霜霉病致病菌重新修订为蜀

黍指霜霉菌［*Peronosclerospora sorghi*（W. Weston et Uppal）C. G. Shaw］。

分布与危害　高粱霜霉病是世界性的高粱病害，在巴基斯坦、印度、菲律宾、泰国、苏丹、肯尼亚、乌干达、坦桑尼亚、尼日利亚、赞比亚、津巴布韦、南非、原苏联、以色列、意大利、美国、秘鲁、阿根廷和中国等国家均有发生，且在许多国家发生比较严重。1961—1963 年在美国得克萨斯州高粱霜霉病有零星发生，1967 年则在得克萨斯州沿海岸线普遍发生，1968 年在美国的得克萨斯州和密西西比州种植高粱和苏丹草上严重发生了高粱霜霉病，导致大面积高粱叶子白化及褪绿变色，使饲草高粱减产 25%～50%。在中国，仅在河南曾有高粱霜霉病发生，其他地区未见有该病发生和危害的报道。

高粱霜霉病为系统侵染病害，也可造成局部侵染。系统侵染时卵孢子萌发侵染幼芽的分生组织，引起幼苗叶片褪绿和矮化的症状，发病叶片较窄狭，有浅绿、黄绿色长短不齐的条斑。遇低温多湿天气，在褪绿斑表面，主要在叶背面生白色霉层（孢囊梗和游动孢子囊）。成株期叶片上出现与叶脉平行的褪绿色和白色的条纹斑，随后常变为红色、紫色、白色，脉间组织枯死，叶片沿条纹斑纵裂，散出大量黄褐色粉状物即病菌的卵孢子，整个叶片变为褐色仅留下维管束丝状物。病株一般不能抽穗，个别轻病者能抽穗的其颖壳伸长簇生呈畸形。

高粱苗期叶片被病菌游动孢子囊侵染，2～3 个月后植株表现症状，病株的顶叶及下部叶片出现点刻状坏死斑，并有黄褐色不规则的条纹，坏死组织里也产生卵孢子。在气候冷凉、潮湿条件下，病斑上产生白色孢囊梗和游动孢子囊。如病原菌侵入叶片，扩展到植株的分生组织后，也可转为系统侵染。

病原及特征　致病菌为蜀黍指霜霉菌［*Peronosclerospora sorghi*（W. Weston et Uppal）C. G. Shaw，异名 *Sclerospora sorghi* W. Weston et Uppal；*Sclerospora graminicola* var. *andropogonis-sorghi* Kulk.］，属指霜霉属真菌。

病菌菌丝体在细胞间寄生，以吸器伸入寄主细胞内吸收营养。孢囊梗从气孔伸出，单生或丛生，无色，直立，有足胞，分枝短而粗，常排列成圆形或不规则形，小梗尖细，大小为 134～155μm×16.3～26.8μm。游动孢子囊顶生，近圆形或卵圆形，无乳突，无色透明。藏卵器壁厚，褐色，具不规则突起，内含 1 个卵孢子。卵孢子球形，内含大量油球，无色至淡黄色，厚壁。卵孢子萌发产生无色透明的芽管。游动孢子囊萌发的最适温度为 23℃，低于 10℃ 或高于 32℃ 则不萌发。

侵染过程与侵染循环　病菌以卵孢子散落于土壤或随病株残体散落于土壤中越冬，成为翌年的初侵染菌源。卵孢子在土壤中萌发产生芽管，从高粱幼苗根部组织侵入，引起系统发病。菌丝在高粱植株体内向上生长进入叶片分生组织内，导致叶片出现褪绿病斑，随后病斑上产生游动孢子囊，游动孢子囊借助风、雨等力量传播到邻近高粱叶片上进行再侵染发病。

土壤中卵孢子萌发从高粱幼苗根部侵入，菌丝在寄主体内向上生长进入叶片分生组织内，引起叶片出现褪绿斑，在褪绿斑上产生游动孢子囊，传播到邻近幼苗叶片上进行再侵

染发病。卵孢子通过远距离传播到新区。在系统侵染发病植株上的种子、颖壳和果皮上均带有卵孢子，条件适宜时，卵孢子萌发产生芽管，生出侵染丝穿透寄主根部表皮细胞侵入，随后在田间表现为系统症状。成熟的游动孢子囊脱落后迅速萌发长出芽管，有时游动孢子囊不脱落。游动孢子囊和卵孢子萌发均产生芽管，侵染高粱幼苗后方能出现系统发病症状。播种 25 天后的高粱植株易受游动孢子囊侵染，在幼苗 1～2 叶期时接种到 4～5 叶期时出现系统侵染症状。风传是游动孢子囊传播的重要方式（见图）。

流行规律　病菌以卵孢子散落于土壤或随病株残体散落于土壤中越冬，成为翌年的初侵染菌源。卵孢子在土壤中可存活数年，在病残体上的卵孢子室内存放 3 年仍有 3.6% 的萌发率。而游动孢子囊生命力很短，不能承受长时间的干燥，经 3～4 小时即失去活力，所以游动孢子囊只能在田间进行局部侵染叶片。高粱霜霉菌还能在多年生的高粱上周年生存，为翌年侵染菌源提供游动孢子囊。在相对湿度 100% 和 21～23°C 条件下，最适于叶片病斑上产生游动孢子囊，叶背面产生和释放的游动孢子囊数量多于叶正面。产孢需要较低的夜间温度（14～15°C）以及较重的晨露。土壤温度偏低（10°C）和多湿有利于卵孢子侵染高粱。高粱品种间对霜霉病抗性差异明显，IS-84、QL-3、2219-1B、CSV-4、Uch-1、IS3164、3660-B、CS3541、2077B、Tx430、Tx433、Tx435、Tx626、Tx630 等许多品系对高粱霜霉病表现高度抗病性。

防治方法

种植抗病品种　品种抗病性存在差异，选择种植抗或发病率低的品种，可有效降低病害发生率。

农业防治　选种无病种子，严格控制病区种子流入。适期播种，播种不宜过深。合理密植，科学施肥，及时除草等。注意轮作倒茬。生长季节注意田间调查，发现病株，采取拔除措施。秋收后及时清除病田中的植株病残体，深翻土壤，促进病残体腐烂。

化学防治　选用杀卵菌的药剂进行拌种，如 58% 甲霜灵锰锌可湿性粉剂、64% 噁霜锰锌可湿性粉剂，以种子重量的 0.4% 拌种。

参考文献

白金铠，1997. 杂粮作物病害 [M]. 北京：中国农业出版社.

徐秀德，刘志恒，2012. 高粱病虫害原色图鉴 [M]. 北京：中国农业科学技术出版社.

中国农业科学院植物保护研究所，中国植物保护学会，2015. 中国农作物病虫害 [M]. 3 版. 北京：中国农业出版社.

DE MILLIANO W A J, FREDERIKSEN R A, BENGSTON G D, 1992. Sorghum and millets disease: A second world review[D]. India: ICRISAT.

FREDERIKSEN, R A, 2000. Compendium of sorghum disease. [M]. 2nd ed. St. Paul: The American Phytopathological Society Press.

（撰稿：徐婧；审稿：徐秀德）

高粱丝黑穗病　sorghum head smut

由丝孢堆黑粉菌引起的、危害高粱穗部的一种真菌病害。又名乌米，是世界上许多高粱种植区最重要的病害之一。

发展简史　早在 1868 年，Reil 在埃及发现典型的高粱丝黑穗病穗，并交由 Kühn 进行病菌分离鉴定，于 1875 年将病原菌误定名为 *Ustilago reiliana*，后来经过多次更正，最后定为丝孢堆黑粉菌［*Sporisorium reilianum*（Kühn）Langdon et Full.］。1891 年，Failyer 报道在美国的堪萨斯州发现高粱和玉米丝黑穗病。1920 年，Mackie 在加利福尼亚发现侵染甜高粱的丝黑穗病。虽然在南北美洲、非洲、亚洲、澳大利亚、新西兰、西印度群岛等大部分地区均有该病发生的报道，但非洲被认为是该病的起源地。

在中国历史上，高粱丝黑穗病曾有 3 次大流行。1953 年，东北地区平均发病率为 10%～20%。1979 年，主要高粱产区的发病率达 5.0%～20%，重者高达 70%。20 世纪 90 年代高粱丝黑穗病菌的 3 号小种被发现。1991 年，辽宁部分地区发病率高达 33%，个别地块发病率高达 80% 以上，对高粱的生产威胁很大。

分布与危害　高粱丝黑穗病是世界上分布最为广泛的高粱病害之一，世界各地高粱生产区均有不同程度发生。在美国的得克萨斯州沿海地带，高粱田的丝黑穗病发病率以逐年递增的趋势在发展。2009 年，在墨西哥的塔毛利帕斯州，感病基因型的丝黑穗病发病率达 80% 以上。在中国，各高粱产区均有该病发生，分布于黑龙江、吉林、辽宁、内蒙古、山东、山西、河南、四川西部、江苏、安徽、湖北和长江以南各地、台湾、新疆、西沙群岛等，以东北、华北地区发病较重。

主要危害高粱穗部，使整个穗部变成黑粉。在高粱孕穗打苞期症状明显，病穗苞叶紧实，中下部稍膨大且色深，手捏有硬实感，剥开苞叶穗部显出白色棒状物，外围一层白色薄膜，抽穗后白色薄膜破裂，散出大量黑色粉末（病菌冬孢子），露出散乱的成束丝状物（残存的花序维管束组织），故称为丝黑穗病。多数病穗不是全部露出苞叶鞘外面，有的仅露出一侧或顶端一部分。主秆的黑穗打掉后，以后长出的

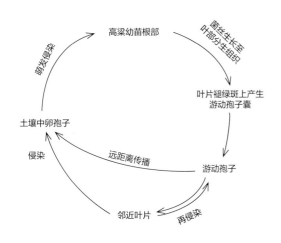

高粱霜霉病侵染循环（徐秀德绘）

分蘖穗仍可形成黑穗。有的病穗基部可残存少量小穗分枝，但不能结实，病株侧芽的穗部也易被侵染发病，俗称"二茬乌米"。有的病株穗部形成丛簇状病变叶；有的形成不育穗。病株常表现矮缩，节间缩短，特别是近穗部节间缩短严重（图1）。

高粱病株在苗期也可表现症状，植株变矮，分蘖增多，叶色浓绿，有时叶片扭曲、皱折。高粱成株期叶片也会表现症状，叶片上沿叶脉形成红褐色或黄褐色条斑，斑上有稍隆起的椭圆形小瘤，后期破裂散出黑褐色冬孢子，但冬孢子数量较少。有时在同一病株的分蘖上，可见丝黑穗病与散黑穗病或坚黑穗病复合侵染发病，出现同株高粱主茎和分蘖茎的穗部长出两种黑穗病的情况。

病原及特征　致病菌为丝孢堆黑粉菌［*Sporisorium reilianum*（Kühn）Langdon et Full.，异名 *Sphacelotheca reiliana*（Kühn）G. P. Clinton，*Ustilago reiliana* Kühn，*Sorosporium reilianum*（Kühn）McAlpine］，属孢堆黑粉菌属。

高粱穗部整个花序全部变成黑粉体（病菌冬孢子堆），黑粉体初有白膜包围，后期膜破裂露出黑褐色冬孢子球。冬孢子幼时聚集呈球形，直径60～180μm，成熟时散开，露出由寄主组织生成的很多细丝。冬孢子黑褐色，圆形、卵圆形或近椭圆形，大小为10～15μm×9.5～13μm，表面有微刺（图2）。冬孢子萌发产生粗而直的稍有分枝的先菌丝，通常是4个细胞，顶生和侧生担孢子，担孢子还可以芽生方式再生成次生担孢子，有时冬孢子也可直接萌发产生分枝菌丝。在营养液里产生大量的次生担孢子与先菌丝分枝一起形成次生担孢子链。多数担孢子是单核的，但有时芽生的可能有2个或多个核，在萌发中也可看到许多不规则的萌发方式。

蔗糖、木糖、棉籽糖有利于病菌冬孢子萌发，葡萄糖、山梨糖、果糖、半乳糖则不利于萌发。pH为4.4～10时均适于萌发，过酸（pH3.4）可抑制萌发，而过碱（pH10）对萌发无明显影响。在温度15～36℃范围内冬孢子均能萌发，最适温度为28～30℃。病菌在多种培养基上均可生长，在胡萝卜琼脂、麦芽汁琼脂、啤酒麦芽琼脂和PDA上生长最佳。

有关高粱种群分化问题国内外学者开展了大量研究，普遍认为病菌种群中存在明显的生理分化现象，存在不同的生理小种，美国有4个生理小种，中国有3～4个生理小种。

1965年Halisky指出，高粱丝黑穗病菌内有两个致病性不同的种群，一个种群侵染高粱，另一个种群侵染玉米。1963年，Al-Sohaily等将高粱丝黑穗病菌在高粱和甜玉米上接种，划分为5个小种，并提出一套鉴别寄主。Frederiksen（1975，1978）以Tx7078、SA281、Tx414和TAM2571为鉴别寄主，鉴定出美国高粱丝黑穗病菌种群中有4个生理小种。Dodman（1985）发现在澳大利亚的高粱丝黑穗病菌种群中存在2个与美国相同的1号和3号小种。Herrera等（1986）报道，墨西哥用上述4个鉴别寄主鉴定出1～3号3个小种。Prom（2011）在美国得克萨斯州分离到两个致病力更强的5号和6号生理小种。

在中国，吴新兰等（1982）首次报道中国高粱丝黑穗病菌有2个小种，1号小种对中国高粱和甜玉米致病力强，对甜高粱Sumac致病力弱，对White Kafir和AT×3197几乎不侵染，分布于推广中国高粱类型的杂交高粱产区。2号小种对中国高粱品种护4号、三尺三和甜玉米致病力弱，而对AT×3197、White Kafir、Sumac致病力强，分布于直接利用外国高粱类型为亲本的杂交高粱产区。

徐秀德等（1994）报道，1989年，在营口、辽阳等地发现，多年对1、2号小种免疫的AT×662为母本的杂交种生产田发生了丝黑穗病株。以该菌接种AT×622、BT×622、AT×623、BT×623、AT×624、BT×624和TAM2571表现有很强的致病力，并能侵染T×7078。发现营口的病菌与1号

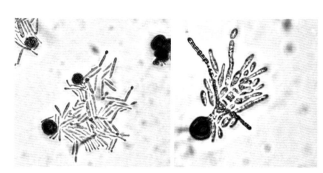

图2　丝孢堆黑粉菌形态（姜钰提供）

图1　高粱丝黑穗病田间发病症状（姜钰提供）

和 2 号小种是完全不同的新生理小种，定名为 3 号小种。然后用 Frederiksen 的一套鉴别寄主，对中国这 3 个小种进行鉴定，中美两国小种对寄主致病力明显不同。除中国的 3 号小种与美国 4 号小种致病力相同外，1 号和 2 号小种则不同于美国 4 个小种，是两个新的生理小种。中国 3 号小种是高粱产区新出现的新小种，它使对中国 1、2 号小种免疫的 AT×622 及其母本系列杂交种丧失抗性，成为生产上的新问题。2005 年，张福耀等对山西高平高粱丝黑穗病菌致病力进行研究，鉴别寄主三尺三对 4 个小种均感染；961530 对 1 号小种免疫，对其他 3 个小种感染；Tx623B 对 1、2 号小种免疫，对其他 2 个小种感染；A_2V_4 对 1、2、3 号小种免疫；961560 对 4 个生理小种均免疫。

侵染过程与侵染循环　病菌主要以冬孢子在土壤中或种子表面越冬，冬孢子在土壤中可存活 3 年以上，夏秋季多雨年份能缩短田间冬孢子寿命。散落在地表和混在粪肥中的冬孢子是高粱丝黑穗病菌的主要侵染来源，种子带菌虽然不及土壤和粪肥带菌传播重要，但是病菌远距离传播的重要途径，尤其对于无病区，带菌的种子是重要的初次传播来源。

关于病菌侵染高粱幼苗的时期众说纷纭。1964 年，Delassus 指出，种子接菌发病很轻，而 1965 年 Siddiqui 采用冬孢子与土壤混合成菌土再播种高粱种子，可得到 40% 发病率。1980 年，白金铠等研究结果，丝黑穗病侵染高粱幼苗的最适侵染时期，是从种子破口露出白尖到芽长 1～1.5cm 时期，当芽长超过 1.5cm 后就不易被侵染。1984 年，朱有钅工等以高粱幼苗的中胚轴接种，发病率高于胚芽鞘接种，接种根部也能使其发病，以胚根侵染率稍高，分生组织区是有效的侵染点。幼苗出土前的幼芽是主要感染阶段，且侵染部位可延长到 8 叶期的次生不定根。

1980 年，白金铠等采取人工接种技术，取幼苗制成切片、染色进行显微镜观察，研究了高粱丝黑穗病菌侵入幼苗生长锥后菌丝的扩展移动过程。结果表明，从播种日算起 20 天的幼苗中菌丝集中位于生长锥底部，与生长锥有一定距离；30 天后菌丝向上移动，明显距生长锥较近；40 天后菌丝开始进入生长锥中；50 天后生长锥充满了菌丝；60 天后菌丝移动到分化的穗中。高粱病株抽穗后逐节切取茎组织切片染色观察，从茎基第一节直到顶端每节组织里均具有菌丝存在，上部节组织里比下部节组织里分布的菌丝数量多。

高粱丝黑穗病为幼苗系统侵染病害。在自然条件下，冬孢子萌发产生的（+）、（-）不同的担孢子相结合所形成的双核菌丝，或由冬孢子萌发直接产生的双核菌丝，自高粱的胚芽鞘侵入幼苗进入生长锥分生组织里完成侵染过程（图 3）。菌丝生长于细胞间和细胞内，并随着植株生长向顶端分生组织发展。植株进入开花阶段后，菌丝生长至穗部，形成高粱"乌米"。病菌侵染高粱幼苗的最适侵染时期是从种子破口露出白尖到幼芽生长至 1～1.5cm 时，芽长超过 1.5cm 后则侵染发病率低。高粱幼苗的感染部位主要是中胚轴，其次为胚芽鞘和胚根，幼苗出土前是主要感染阶段。此期间土壤中病菌含量、土壤温湿度、播种深度、出苗快慢、品种抗病性等与高粱丝黑穗病发生程度关系密切。

流行规律　高粱丝黑穗病发生受诸多因素影响，主要有以下几点：

病菌的传播与扩散　带菌土壤和带菌病残体是病害发生的主要初侵染源，病菌附着在种子表面是病害远距离传播的主要途径。病菌冬孢子通过风、雨、带菌的动物粪肥及人为不当的田间农事操作进行扩散，植株病残体、带菌粪肥对病害传播起到重要作用。

病菌侵染过程及侵染条件　冬孢子萌发后直接侵入幼芽的分生组织，菌丝生长于细胞间的细胞内，在初侵染几天后细胞中菌丝发育颇似吸器，并继续向顶端分生组织发展定殖，当植株进入开花阶段，菌丝急剧生长成产孢菌丝，浓缩细胞质然后分割形成冬孢子。

高粱丝黑穗病流行的环境条件　①土壤中菌量。高粱连作年限越久丝黑穗病发病越重，反之则发病轻，这与土壤中冬孢子积累数量多少有关。病菌冬孢子在田间土壤中积累量与发病率呈直线相关，病菌侵染高粱时需要每克土壤中含有至少 800 个冬孢子，但必须在利于冬孢子萌发和侵染的环境条件下才能侵染成功。连作 1 年发病率为 16.7%；2 年为 24.5%；4 年为 38.9%。②土壤温湿度。高粱丝黑穗病菌侵染高粱的最适时期，是从种子发芽到出土，所以，这段时期的土壤温湿度与发病轻重关系密切。冷凉、干燥土壤有利于高粱丝黑穗病菌侵染。在 15% 土壤湿度中最适侵染温度为 24℃，在土壤湿度 25% 时最适侵染温度为 28℃。受病菌污染的土壤在播种前几周湿度大时，可降低发病率。冬季土温低、冻土、厚雪覆盖和降雨，可增强冬孢子的致病性。田间靠近树林地块高粱丝黑穗发病重，是受"树荫效应"小气候影响土壤温湿度的结果。土壤含水量低时适于病菌侵染的温度也较低，在干土中土壤温度 12～16℃ 就能侵染发病，而在湿土中侵染适温为 20℃。土壤温度 16℃，土壤含水量 15% 时发病率为 16%，而含水量 25% 时则不发病。总之，幼苗在土壤中滞留时间长增加病菌侵染机会，创造幼苗快出土的土壤湿度可减轻病害发生。③播种深度。播种后覆土的厚度直接影响高粱幼苗的出土速度，覆土过厚，幼苗出土慢则发病重。通常土温 15℃ 左右，土壤含水量 18%～20%，覆土厚 5cm 就极易发病；而在同样温湿度条件下，播种过深，覆土又过厚时发病就更重。如播种时覆土厚约 9cm 的发病率为 30%，覆土 3cm 的仅为 15%。播种期间 10cm 深的土壤温度低，覆土过厚，保墒不好的地块，发病率显著高于覆土浅和保墒好的地块。④品种抗病性。高粱品种间对高

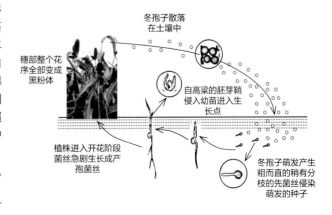

图 3　高粱丝黑穗病侵染循环（姜钰绘）

穗部整个花序全部变成黑粉体

冬孢子散落在土壤中

自高粱的胚芽鞘侵入幼苗进入生长点

植株进入开花阶段菌丝急剧生长成产孢菌丝

冬孢子萌发产生粗而直的稍有分枝的先菌丝萌发的种子

梁丝黑穗病的抗病性存在明显差异，可利用寄主抗病性。防治高粱丝黑穗病应采取种子消毒和种植抗病品种为主的综合防治措施。国外引进品种中多数抗性较强，如：亨加利、美白、早熟亨加利等。高粱对丝黑穗病的抗性遗传方式因品种而异。有的品系表现为数量性状遗传，有的则表现为质量性状遗传，前者抗性主要受加性基因控制。高粱对丝黑穗病的抗性属显性遗传，某些抗性品系的抗性是受少数显性主效基因控制，但也存在着许多修饰基因。1991 年，王富德等对同核异质高粱品系抗丝黑穗病特性鉴定结果，5 种高粱细胞质似乎与丝黑穗病抗性无关，高粱对丝黑穗病的抗性是受核基因控制。2001 年，徐秀德等研究认为，大多数高粱资源对高粱丝黑穗菌 3 号小种的抗性受质量性状控制，只要亲本之一为免疫，则 F_1 代表现免疫或高抗，是 $1\sim2$ 对非等位主效基因的作用，还有微效基因的加性效应。2009 年，Williams 利用抗性母本 46308（发病率在 $0\sim3\%$）和抗性父本 Tx-437、LRB-204 等配出的 49 个杂交种，通过 2 年（2006—2007 年）、4 地（厄瓜多尔、墨西哥的马塔莫罗斯、塔毛利帕斯和墨西哥城）田间人工接种进行抗病性鉴定试验，结果表明 Pioneer 82G63、RB-5×204、RB-118×Tx-437、Asgrow ambar、RB-118×LRB-204 和 RB-119×430 发病率分别为 0、0.8%、1.1%、1.2%、1.6% 和 2.1%。

防治方法

选用抗病品种　根据高粱丝黑穗病菌不同小种的分布流行区选用相应的抗病品种。3 号小种分布区可选用 421A、7050A、Tx378A、Tx430A、ICS49A、L405A 等为母本组配的杂交种。也可选用以莲塘矮、LR625 和晋 5/ 恢 7 等恢复系为父本组配的杂交种。

农业防治　不同亲缘或抗性基因的高粱品种合理布局，忌在同一地区长期种植亲缘单一的品种或杂交种。建立无病繁种田，防止种子带菌远距离传播。改进栽培技术，与非寄主作物进行 3 年以上的轮作。适时播种，避免播种过早、地温低延迟出苗，增加病菌侵染概率。精细整地，保持良好的土壤墒情，促进幼苗早出土，减少病菌侵染机会，减轻病害发生。清除田间菌源，在田间植株孕穗期到出穗前，及时拔除病株，带出地外深埋，减少和消灭初侵染来源。

化学防治　应用化学药剂处理种子，不仅可杀死种子表面携带的冬孢子，同时可有效控制在最适感染期病菌的侵染。选择内吸性强、持效期长、防效显著的药剂用于拌种。常用的药剂有 2% 戊唑醇可湿性粉剂，以种子重量 0.2% 拌种；或 2.5% 烯唑醇可湿性粉剂，以种子重量 0.2% 拌种；12.5% 腈菌唑乳油，以种子重量 0.1% 拌种。上述药剂在使用时不得任意加大或减少药量，以免造成药害或降低防治效果。

参考文献

徐秀德，卢庆善，赵廷昌，等，1994. 高粱丝黑穗病菌生理分化研究 [J]. 植物病理学报，24(1): 58-61.

张福耀，平俊爱，杜志宏，等，2005. 山西高平高粱丝黑穗病致病力研究 [J]. 植物病理学报，35(5): 475-477.

朱有钅工，黄勇，俞孕珍，1984. 玉米、高粱幼苗丝黑穗病菌的侵染部位研究 [J]. 植物病理学报 (1): 17-24.

（撰稿：姜钰；审稿：徐秀德）

高粱炭疽病　sorghum anthracnose

由亚线孢炭疽菌引起的，以危害高粱叶片为主，也可侵染茎秆、穗枝梗和籽粒的一种真菌病害。是世界上高粱生产中最重要的病害之一。

发展简史　高粱炭疽病是世界性的高粱病害，1852 年首次在意大利发现报道。1911 年和 1912 年分别在美国北卡罗来纳州和得克萨斯州报道有高粱炭疽病发生危害。尽管如此，实际上在美国对高粱炭疽病报道之前印度以及其他地区可能早已发生。其后在世界各地的高粱产区，特别是一些温暖多湿的地区相继有高粱炭疽病发生流行的报道。自从高粱炭疽病在美国发生以来，一直是美国高粱生产上的一种重要的病害，在美国佐治亚州、得克萨斯州、伊利诺伊州及一些气候湿润地区，该病害对高粱生产造成了毁灭性灾害。20 世纪 70 年代初高粱炭疽病传播到巴西，对当地的高粱产业造成了很大的威胁，在巴西中部的里贝朗普雷图市该病发生最为严重。在中国，该病发生具体时间和发展历史尚缺乏资料记载。但田间调查发现，该病在许多地区均有不同程度发生，在温暖多湿的地区发生更为严重，已成为高粱产区特别是南方地区主要高粱叶部病害。

分布与危害　高粱炭疽病是一种世界范围发生的病害，在热带和亚热带地区更为常见，热带和亚热带地区多雨、高湿和温暖的环境条件有利于炭疽病的发生和传播。高粱炭疽病在感病品种上发展迅速，是高粱生产上危害最大的病害之一。该病是真菌性病害，主要引起高粱叶片发病，也可侵染茎秆、穗枝梗和籽粒。除了危害粒用高粱外，还能危害饲草高粱和糖用高粱，可造成严重的产量损失。1964 年在美国佐治亚州病害流行地区，种植高粱感病品种产量损失可达 50%，籽粒千粒重降低 42%。在马里，种植感病品种可造成减产高达 69%，而种植抗病品种产量损失仅在 4% 左右，可见，种植抗病品种对防病增产极为重要。在波多黎各，该病可使一些高感高粱品种在开花前死亡，产量损失达 100%。在中国，高粱炭疽病在黑龙江、吉林、辽宁、内蒙古、甘肃、山东、河北、四川、贵州等地均有不同程度发生，在温暖多湿的地区发生更为严重，已成为高粱产区的重要叶部病害之一。

高粱炭疽病在高粱生长的各个时期都可发生侵染，种子出苗 $30\sim40$ 天后，在被侵染的叶片上即可出现典型的症状。高粱的叶、茎、花序和种子等所有的地上组织器官，都能被炭疽病侵染。该病以危害叶片为主，病斑常从叶尖处开始发生，圆形或椭圆形，中央红褐色，边缘依高粱品种的不同而呈现紫红色、橘黄色、黑紫色或褐色，大小为 $2\sim4mm\times1\sim2mm$，后期病斑上形成小的黑色分生孢子盘。在高湿或多雨的气候条件下，病斑数量迅速增加，并互相连合成片，严重时可使叶片局部枯死。叶鞘上病斑椭圆形至长梭形，红色、紫色或黑色，其上形成黑色分生孢子盘。穗柄被侵染后，导致褐色腐烂、籽粒早衰。籽粒被侵染后，籽粒上形成红褐色或黑褐色小斑点，条件适宜时加速籽粒霉变（图 1）。植株地上部茎基处被侵染后，可引起幼苗期猝倒病、立枯病和成株期茎腐病。炭疽病菌的寄主范围很广，能侵染多种栽培的或野生的禾谷类作物和杂草，如高粱、玉米、大麦、燕麦、小麦、苏丹草、约翰逊草及许多种杂草。但从一种寄主上获得的分离菌未必能侵染另一种寄主。

病原及特征　病菌的无性态为亚线孢炭疽菌（*Colletotrichum sublineolum* Henn.），属黑盘孢科炭疽菌属真菌；有性态为禾生小丛壳（*Glomerella graminicola* Politis），属小丛壳属。

在人工培养条件下，菌丝体的性状、颜色、产孢等变化很大。菌丝生长适宜温度为28°C，光暗交替处理比连续光照容易产生孢子。菌丝体灰色至橄榄色，有隔膜，分枝少。附着胞暗褐色，球形或梨形，直径8～15μm。病菌分生孢子盘散生或聚生，突出表皮，在被害组织上呈黑色小点。分生孢子盘上生有很多黑褐色刚毛，分散或成行排列，暗褐色，顶端色较淡，正直或微弯，基部略膨大，顶端较尖，具3～7个隔膜，大小为64～128μm×4～6μm。分生孢子梗圆柱形，正直，无色，无隔膜，大小为10～14μm×4～5μm。产孢方式为内壁芽生—瓶梗式产孢。分生孢子生于孢子梗顶端，圆筒形或镰刀形，无色，单胞，内含物不呈颗粒状，大小为17～32μm×3～5μm，萌发时产生芽管。高粱炭疽病菌的分生孢子盘、分生孢子形态见图2。

分生孢子在10～40°C的温度时均能萌发，最适萌发温度为25～30°C。高湿有利于孢子萌发，在有糖分或有高粱

等植物活体组织时也有利于萌发。孢子在萌发前形成一横隔膜，由单胞变成双胞，萌发时产生1～2个芽管，从孢子接近末端的一侧伸出。在营养充足的培养基上，芽管发育成大量分枝的菌丝体或形成附着胞，褐色，球形或梨形，直径8～15μm，附着胞可再产生菌丝体或次生附着胞，如此反复不断侵染。

在自然界中很少见到高粱炭疽病致病菌有性阶段的子囊壳，但在灭菌的玉米叶上进行培养常能产生子囊壳。子囊圆筒形至棍棒形。子囊孢子镰刀形，弯曲，单胞，无色，两端渐尖，大小为18～26μm×5～8μm。高粱炭疽病菌有明显生理分化现象，存在不同的生理小种。1950年，Le Beau等从甜高粱上获得的分离菌不侵染燕麦、黑麦和玉米。1963年，Williams和Willis从玉米上获得的病菌接种小麦、燕麦和大麦的受伤叶片，未见发病。同年Dale从玉米上分离病菌，接种高粱后也未发病。Nicholson、Ali和Warren分别于1974年、1986年和1992年研究证实，从印第安玉米上获得的病菌不侵染野生竹、约翰逊草、高粱、黍属和狼尾草。1950年，Le Beau将炭疽病菌划分为3个类群：一是甘蔗分离菌系，对甘蔗致病性强，但对高粱几乎不致病；二是高粱分离菌系，从高粱、约翰逊草、苏丹草、帚高粱、蔗茅上分离的菌系，对高粱致病性强，但不侵染甘蔗；三是从羊茅属、稗属、黍属、马唐属、冰草属、剪股颖属、鸭茅属、早熟禾属和披碱草属等14种禾本科杂草上分离的菌系，既不侵染高粱，也不侵染甘蔗。1982年，Nakamura将巴西不同地区分离获得病菌进行寄主致病性鉴定，划分出5个生理小种。1985年，Ferreira等用13个高粱鉴别品种，将高粱炭疽病菌鉴定出7个生理小种。1987年，Ali和Warren用6个鉴别寄主，鉴定出3个生理小种。

侵染过程与侵染循环　散落在田间的病株残体上的病菌遇到潮湿天气，从分生孢子盘中分泌出粉红色的带有分生孢子的渗出液，分生孢子借助风或雨水传播到高粱叶片上，遇水滴萌发产生芽管和附着胞，直接穿透表皮细胞或经气孔侵入叶部组织，吸取高粱组织中的营养和水分，至此，炭疽病分生孢子萌发侵入寄主的过程完成。

高粱炭疽病菌以菌丝体或分生孢子在病株残体、野高粱和杂草上越冬，也可在种子上越冬，成为翌年的初侵染菌源。播种带菌种子后，病菌从萌动的种子侵入幼苗组织，直接引起幼苗发病。病株残体上的病菌，在翌年春天条件适宜时，

图1　高粱炭疽病症状（徐婧提供）

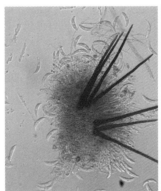
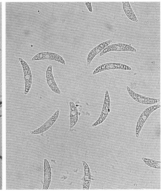

图2　高粱炭疽病菌形态（徐婧提供）

新产生的分生孢子，借助风和雨水传播到高粱叶片上进行初次侵染。田间植株发病后，在病斑上可产生大量的分生孢子，在植株及田块间扩散侵染，导致田间病害流行（图3）。

流行规律 高粱炭疽病既属于种子传播病害，也属于气流传播病害。病菌在苗期即可侵染，导致幼苗发病，至孕穗期，叶片上产生大量病斑，对高粱生产危害较大。在田间种植感病品种并有适宜发病的环境条件时，炭疽易发病流行。

高粱炭疽病主要通过带菌种子和带菌病残体两种方式进行年度间的病害传播，通过带菌种子进行远距离传播。散落在地表的病株残体中的菌丝体可存活18个月之久，但离开病株残体的分生孢子或菌丝体仅能存活几天，埋在土壤中的病菌也不能长久存活。风雨对病害在田间块和植株间的传播与扩散起主要作用，分生孢子借助风或雨水传播到高粱叶片上进行初侵染或再侵染。病原菌在苗期即可侵染，导致幼苗发病，至孕穗期病情急剧发展，叶片上病斑大量出现，后期侵染穗枝梗、穗柄和籽粒。高粱炭疽病菌孢子侵入率受叶面保湿时间影响，一般孢子在接触叶面水滴后1小时开始萌发，3小时后形成附着胞，13小时后开始侵入，已萌发的孢子经12小时干燥后完全丧失存活能力；高粱炭疽病的潜育期大概为3~4天，分生孢子盘形成的时间为7天。病害发生的严重程度常与气候条件、品种的抗病性和栽培管理措施等有关。阴天、高湿或多雨的天气有利于发病，尤其是在籽粒灌浆期最易感病。在高湿或多雨、多露的天气条件下，病斑上易形成分生孢子盘和分生孢子，在22℃下约经14小时分生孢子即可成熟。在适宜的温度下，高湿、重露或细雨连绵的天气条件发病重；而暴风雨可能会冲刷掉病菌的分生孢子，甚至破坏病菌子实体，可减轻发病。在散射光条件下的产孢能力与在黑暗条件下没有显著性差异，昼夜孢子的释放量没有明显差异；植株上孢子的垂直分布情况有显著规律性，从顶叶至底叶孢子的分布呈递增趋势；病斑的田间分布呈随机分布。

防治方法

选用抗病品种 利用抗病品种能够有效控制高粱炭疽病的危害。高粱品种间抗病性差异显著，种植抗病或耐病品种是控制高粱炭疽病的有效措施，各地应因地制宜选种、推广抗病品种。筛选抗病资源是选育抗病品种的关键手段。

1999年，Thakurr等从大量的高粱资源中鉴定出一批具有持久抗性的资源，如：IS18758、IS18760、IS2085、IS6928、IS6958。美国的国家植物种质系统（NPGS）收集了43000多份高粱种质，经过田间评价，从中成功鉴定出了抗炭疽病的资源。1993年，Casela等研究发现，一些抗病品种具有抗扩展特性，病菌侵染寄主后潜伏期长，病害扩展较慢，而这种抗性在不同品种间差异很大。抗扩展作用是通过高粱叶片的过敏反应来实现的，可防止病菌的侵入及扩展。

同时要合理布局品种。从空间上，应该有计划地在不同的区域里种植不同抗原或不同抗病基因的品种，这样既能起到地理或区域隔离作用，又能限制住毒力小种的定向选择，防止优势小种的形成和扩散；从时间上，应有计划地进行抗病基因轮换，以中断小种优势的形成，保持品种抗病性的相对稳定。

农业防治 选用健康无病种子，做好种子消毒，可有效减少田间病害的发生。减少菌源，田间发现病株及时拔出集中处理，高粱收获后及时清除病株残体，并及时深翻灭茬，促进病残体分解，抑制病原菌繁殖，减少土壤中病原菌种群数量，是减少初侵染菌源的有效措施。建立无病留种田、降低种子带菌率，是控制病害远距离传播的重要途径。改进栽

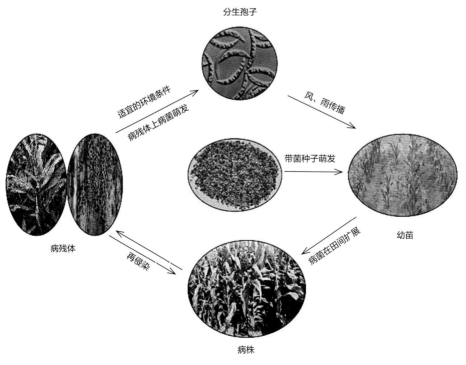

图3 高粱炭疽病侵染循环（徐婧绘）

培措施，加强田间管理，平衡施肥，施足基肥，适时追肥，防止后期脱肥。注意通风排水，及时中耕除草，促进植株健壮生长，可明显提高植株抗病力。合理密植，防止种植过密，与矮秆作物间作套种，增加田间通风透光，可减轻发病。重病地块与非寄主作物轮作，可有效减轻炭疽病危害。

化学防治　播种前，应用50%福美双可湿性粉剂、50%拌种双可湿性粉剂或50%多菌灵可湿性粉剂，按种子重量的0.5%拌种，可有效防治苗期种子带菌传播的炭疽病。

参考文献

白金铠，1997. 杂粮作物病害 [M]. 北京：中国农业出版社.

徐秀德，刘志恒，2012. 高粱病虫害原色图鉴 [M]. 北京：中国农业科学技术出版社.

中国农业科学院植物保护研究所，中国植物保护学会，2015. 中国农作物病虫害 [M]. 3版. 北京：中国农业出版社.

FREDERIKSEN R A, 2000. Compendium of sorghum disease. [M]. 2nd ed. St. Paul: The American Phytopathological Society Press.

（撰稿：徐婧；审稿：徐秀德）

高粱细菌性茎腐病　sorghum bacterial stalk rot

由菊欧文氏菌侵染危害、引起高粱茎基部腐烂、造成植株枯死的一种细菌病害。是世界上许多高粱种植区重要的病害之一。

发展简史　最早在1969年Zummo报道，在美国密西西比州的甜高粱上发生高粱细菌性茎腐病，并鉴定其病原菌为菊欧文氏菌。1985年Jensen等报道，在美国内布拉斯加州东部的粒用高粱上也发生该病，某些地块的发病率高达50%，损失严重。1991年Saxena等报道，于1987—1988年在印度北阿坎德邦潘特纳加尔的高粱田里调查发现由菊欧文氏菌导致的高粱茎腐病和顶腐病严重发生，高粱不同品种发病率为60%～80%。2013年Kharayat和Singh等报道，在印度塔莱地区，该病的发病率为7.50%～46.85%。

分布与危害　高粱细菌性茎腐病在美国、加拿大、印度、菲律宾、毛里塔尼亚、波多黎各、委内瑞拉等国家都有发生的报道。在中国，很多高粱种植区有疑似该病症状发生，局部地区发生较重，但缺乏深入研究资料。

该病主要在高粱生长中期发病，植株被侵染后，中部节位发生腐烂，导致茎秆折断，造成直接的生产损失。在病害常发地块，该病在高粱生长前期即可引起植株近地表茎节腐烂，造成植株枯死。发病初期，在茎节上产生水浸状褪绿斑块，病斑迅速扩大，变为褐色软腐状。叶鞘上病斑不规则形，边缘红褐色。病株表现心叶卷裹，呈鞭状或鼠尾状，卷裹处腐烂。由于茎内的髓组织分解和茎表皮腐烂，导致茎秆折断。病株根系发育不良，须根减少，茎基部水浸状腐烂。有时植株下部叶片正常，上部4～5片叶死亡，死亡叶片极易拔出，叶底部腐烂。发病部位因细菌的大量繁殖和高粱组织分解中产生的一些物质，而散发出明显的臭味。环境条件适宜时，病菌可以通过叶鞘侵染果穗，在果穗苞叶上产生与叶鞘上相同的病斑。在南方一些地区，由于田间病菌数量大，病害在高粱

苗期即可发生，引起茎基部腐烂，直接造成植株枯死（图1）。

病原及特征　病原为菊欧文氏菌 [*Erwinia chrysanthemi* Burkholder，McFadden et Dimock，异名 *Erwinia chrysanthemi* pv. *chrysanthemi* Burkholder，McFadden et Dimock；*Erwinia chrysanthemi* pv. *zeae*（Sabet）Victoria，Arboleda & Munoz；*Erwinia carotovora* subsp. *carotovora*（Jones）Bergey et al.]，属欧文氏杆菌属。

菌体短杆状，大小为1.0～3.0μm×0.5～1.0μm，周生鞭毛，无荚膜，无芽孢，革兰氏染色阴性。在EMB培养基上，菌落中央淡褐色，边缘紫红色，无金属色泽。在Endo培养基上，菌落中央淡褐色，边缘红色，无金属色泽。在PDA培养基（pH为5.5）培养3～6天，菌落边缘皱褶，似炸鸡蛋状。病菌生长适温为32～36℃。硝酸盐还原，能液化明胶，产氨，不产生硫化氢。不水解淀粉，不产生吲哚，不分解脂肪。甲基红测验阴性，VP测验阳性。石蕊牛乳酸性反应，凝固，底层石蕊还原。在葡萄糖、蔗糖、麦芽糖、乳糖、半乳糖、果糖、木糖、阿拉伯糖、鼠李糖、甘露糖、水杨甙里产酸并产气，在甘油里只产酸。

菊欧文氏菌的寄主范围广泛，可以侵染至少25种作物，包括凤梨、菊苣、胡萝卜、甘薯、番茄、香蕉、水稻、马铃薯、玉米、高粱等。

侵染过程与侵染循环　病菌通过叶片、叶鞘、茎秆的气孔或伤口侵入植株体内引起发病。病原菌在土壤中的植株病残体上或种子上越冬，成为翌年的初侵染菌源。翌年，从高粱植株的水孔、气孔及伤口侵入，引起初侵染。高粱生长中期遇降雨，病菌从病斑处溢出，借风雨溅打、昆虫传播，引起再侵染（图2）。

流行规律　病菌侵染温度范围为26～36℃，最适温度32～35℃。地势低洼、潮湿、常有积水的田块发生偏重，重发田病株率高达40%～80%。降雨有利于发病，特别是连续干旱后突降暴雨，田间湿度大，有利病菌侵染。同时，风吹雨打使植株伤口增加，雨水冲溅和风雨携带能加快病菌传播速度。高粱生长前期降雨频繁，田间发病也早，且发病部位低，危害重。总之，在高粱生长过程中，降雨频率高、强度大，发病就严重，反之则轻。

重施苗肥或偏施氮肥发病较重，反之，前期适量施氮肥，增施磷钾肥则发病较轻。田间植株密度大，引起植株徒长，

图1 高粱细菌性茎腐病症状（刘可杰提供）

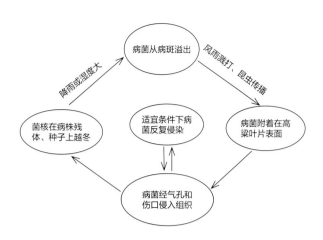

图 2 高粱细菌性茎腐侵染循环（刘可杰绘）

遮阴严重，株间湿度大，发病重。

螟虫、蓟马、黏虫、棉铃虫、蚜虫等虫害发生严重的地块发病率高，害虫危害植株造成大量伤口，为病菌入侵创造了有利条件，同时害虫携带病菌直接传病或接种给健株。高粱品种间抗病性差异明显，利用抗病品种防病效果明显。

防治方法

选用抗（耐）病品种　在病害常发区，应种植在当地表现抗细菌性茎腐病的品种。要避免从病害发生地调入良种，应合理搭配种植抗病高产品种。

农业防治　秋收后清除田间植株病残体，减少菌源。平整土地，防积水，改善田间生长条件。合理施肥，平衡施肥，避免偏施氮肥。合理密植，防止植株徒长，改善田间通风条件，降低湿度，提高植株抗病性。田间作业应尽可能避免对植株的机械损伤，减少伤口，防止病菌入侵。结合田间调查，拔除死苗或接近死亡的病株，带出田间深埋。与非寄主作物合理轮作，也是控制该病害的有效措施。

化学防治　在高粱苗期，害虫发生较重的田块，用 10% 吡虫啉可湿性粉剂 2000 倍液，或 20% 氰·马乳油 3000 倍液喷雾，防治蓟马、蚜虫；用 10% 菊马乳油 15000 倍液，防治黏虫、棉铃虫等，均可有效控制害虫危害，减少介体昆虫传病。

在发病初期，可用 3% 中生菌素 1200～1650ml/hm² 喷雾，有一定防治效果。在播种前，用抗菌素浸种，对于控制种子传播的病原菌有显著效果。

参考文献

白金铠，1997. 杂粮作物病害 [M]. 北京：中国农业出版社.

刘清瑞，张好万，张延梅，2012. 玉米细菌性茎腐病发生原因及综合防治 [J]. 种业导刊 (3): 22-23.

戚佩坤，白金铠，朱桂香，1966. 吉林省栽培植物真菌病害志 [M]. 北京：科学出版社.

徐秀德，刘志恒，2012. 高粱病虫害原色图鉴 [M]. 北京：中国农业科学技术出版社.

BHUPENDRA S K, YOGENDRA S, 2015. Characterization of *Erwinia chrysanthemi* isolates inciting stalk rot disease of sorghum[J]. African journal of agricultural research, 10(22): 2309-2314.

（撰稿：刘可杰；审稿：徐秀德）

高粱锈病　sorghum rust

由紫柄锈菌侵染引起的，危害高粱叶片、叶鞘、茎秆和穗梗的一种真菌病害。是世界高粱种植区的重要病害之一。

发展简史　Le Roux 和 Dickson 在 1957 年报道，从美国威斯康星州的苏丹草上分离获得的紫柄锈菌能够侵染酢浆草，而且再产生的锈孢子可以侵染玉米。1962 年，Tarr 认为紫柄锈菌只能侵染高粱属植物。1972 年 Pavgi 报道，紫柄锈菌与高粱柄锈菌 *Puccinia sorghi* 形态相似。许多学者认为紫柄锈菌可以侵染高粱及高粱属中的多种植物。

分布与危害　高粱锈病是世界性分布的高粱病害，多发生于美洲中部和南部、亚洲东南部各个国家的高粱产区以及印度南部和东非等地。气候冷凉、湿润的地区发病较重，严重影响高粱籽粒和饲草品质。病菌是以风和气流传播为主的病害，可造成大区域的传播和流行。该病害主要发生在高粱生长后期，病害严重时，叶片上布满褐锈色的病斑或病菌孢子堆，严重影响植株的光合作用及代谢。在环境适宜病菌繁殖的条件下，该病害可造成穗茎枯萎和瘪粒，产量损失可达 65%。高粱锈病在阿根廷、巴西和波多黎各都是比较严重的病害。在中国，广东、广西、四川、湖南、云南和台湾等地多有不同程度发生，局部地区造成严重的产量损失。

高粱锈病在高粱幼苗期一般不发病，通常在植株拔节后开始出现典型症状。主要危害叶片、叶鞘和穗颈，以叶片发病最为严重。叶片发病，正反两面散生紫色、红色或黄褐色斑点，其颜色深浅与品种的基因类型有关。病斑逐渐隆起，圆形或长条形，一般受叶脉限制，多个病斑可以沿叶脉方向相连。在大多数高粱品种上具有过敏性反应，病斑不扩展；在感病品种上，病斑扩展形成暗红褐色或黄褐色、长 2mm 左右的夏孢子堆。通常夏孢子堆在叶脉间平行排列，隆起，表皮破裂后散出红褐色、粉状的夏孢子。后期夏孢子堆多在叶背表面上转变为椭圆形至长椭圆形、淡黑褐色的冬孢子堆。病菌侵染叶鞘，形成椭圆形至长椭圆形斑点或孢子堆。穗颈上形成淡红褐色至黑褐色的夏孢子堆和冬孢子堆，呈长条状，孢子堆突出不明显，一般孢子量极少。当环境条件适宜时，穗颈上病斑呈椭圆形、长椭圆形或卵圆形的疱斑，可产生孢子（图 1）。

病原及特征　致病菌为紫柄锈菌 [*Puccinia purpurea* Cooke, 异名 *Uredo sorghi* Pass.；*Puccinia sanguinea* Diet.；*Dicaeoma purpureum*（Cooke）Kuntze；*Puccinia prunicolor* H. Syd.]，属柄锈菌属真菌。

病菌夏孢子堆可在叶片两面着生，也可生于叶鞘或茎秆上，以叶背面较多，病斑长椭圆形、紫红色、散生或密集，常互相连合，初埋生，突破表皮后呈红褐色、粉状，即夏孢子。夏孢子近球形、倒卵形，基部平截，黄褐色至暗栗褐色，大小为 25～40μm×21～33μm，膜具刺疣，厚 1～2μm，发芽孔 5～10 个。侧丝生于夏孢子堆中，棒形，尤以夏孢

图 1 高粱锈病危害状（徐秀德提供）

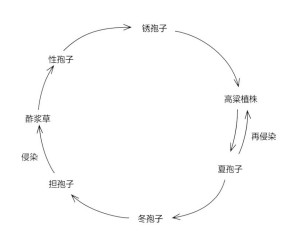

图 2 高粱锈病侵染循环（徐秀德绘）

G

子堆边缘较多，淡黄色弯曲，顶端厚，大小为 59～87μm×12～14μm。夏孢子萌发适温为 20～30℃，最适温度为 25℃ 左右，经 3 小时就萌发伸出芽管，萌发时要求高湿，需要一定氧气，pH 为 5～9，最适 pH 为 7，光线对萌发无明显影响，水滴中含有养分能提高萌发率。

　　冬孢子堆着生在叶片两面、叶鞘或茎秆上，椭圆形，黑褐色，长 1～3mm，一般比夏孢子堆稍长。冬孢子椭圆形至矩圆形，两端圆，基部狭，双胞，隔膜处稍缢缩，大小为 40～60μm×25～32μm，每个细胞有 1 个发芽孔，膜光滑，栗褐色，顶厚 4～7μm。柄无色透明、较直、不易脱落，长 32～48μm×2～3μm。冬孢子堆中的侧丝与夏孢子堆中的侧丝相似。冬孢子萌发从芽孔伸出长形、顶端具 3 个隔膜的先菌丝，4 个细胞上具小梗着生 4 个担孢子。担孢子淡黄色，球形或椭圆形，表面具疣，大小为 18～26μm×13～19μm。性孢子器和锈孢子器发生于酢浆草属（*Oxalis* sp.）植物上。紫柄锈菌的寄主范围较窄，仅侵染高粱及高粱属植物。

　　侵染过程与侵染循环　高粱锈病菌的夏孢子接触叶片表皮并产生芽管，在芽管顶端形成附着胞，侵染丝通过气孔侵入到寄主细胞，产生吸器及菌丝，吸取高粱组织营养，菌丝聚集在表皮层下的薄壁组织细胞层中，然后菌丝膨大形成夏孢子，经 10～14 天形成夏孢子堆，后期在夏孢子堆处有冬孢子堆着生。

　　在南方，病原菌以夏孢子在高粱上反复侵染、传播，完成其病害周年循环，不存在越冬问题。在北方，病原菌以冬孢子越冬，在冬季温暖的地区也可以夏孢子形态越冬，并引起初次侵染；而在冬季寒冷的地区则需要酢浆草作为转主寄主参加才能完成侵染循环。高粱锈病菌能侵染多年生寄生植物及再生高粱植株，病株上产生的夏孢子借助风力进行远距离传播和扩散，还能借助高空气流将夏孢子从南方地区远距离传播到北方，成为田间初侵染菌源。夏孢子寿命很短，落在根茬芽上和后作高粱上侵染发病，以后借气流传播重复侵染，尤其遇到小雨连绵和多露的天气有利于病害的传播危害（图 2）。

　　高粱锈病菌为全孢型转主寄生，在其生活史中产生性孢子、锈孢子、夏孢子、冬孢子和担孢子。其中，夏孢子和冬孢子阶段发生在高粱上，性孢子和锈孢子发生在转主寄主上。酢浆草是锈孢子器阶段的寄主（转主寄主）。美国在实验条件下以锈孢子接种高粱，虽然能引起侵染发病，但在田间其循环侵染作用是很小的。

　　流行规律　在南方，病原菌以夏孢子辗转传播，完成其病害周年循环，借助于风雨及人畜携带进行田块间或植株间传播进行再侵染。在北方，冬孢子萌发产生的担孢子成为初侵染菌源，借风和气流传播侵染致病，发病后，病部产生的夏孢子作为再次侵染菌源。除本地菌源外，北方高粱锈病的初侵染菌源还有来自南方、通过高空远距离传播的夏孢子，在其上产生单倍体的担孢子，担孢子借风传播到转主寄主酢浆草上萌发侵入，在叶片上形成性孢子器和性孢子，性孢子与不同性的受精丝结合，在叶片的下表皮形成锈孢子器和双核的锈孢子，锈孢子靠风传播到高粱上，侵染高粱并产生大量的夏孢子。夏孢子可以多次重复侵染高粱，造成高粱锈病的发生和流行。

　　高粱锈病在较低的温度（16～23℃）和较高的相对湿度（100%）的气候条件下易于发生和流行。在温暖的地区，如欧洲、美国、墨西哥、南非、印度和尼泊尔等地区和国家的酢浆草上偶尔见有锈孢子堆发生。南方锈病多发生于高温（27℃）和高湿地区，地势低洼、种植密度大、通风透气差，发病严重。在海拔 1200m 以上的地区不利于病害传播，而在 900m 以下的地区则有利于发病。此外，偏施、过施氮肥的植株发病重。

　　美国报道，高粱锈病菌中有生理小种分化现象，存在 2 个生理小种，2 个小种的鉴别寄主为高粱品种 IS2814-TSC。高粱被锈病菌侵染后表现出 3 种抗感反应类型：一是无症状表现；二是产生小的或少数斑疤，如 SC-175 品系发病后产生小型孢子堆，TAM428 品系产生孢子堆数量少，且扩展缓慢；三是高感类型，产生孢子堆数量多、典型，且扩展快。高粱品种间对锈病的抗病性差异明显，产生黄褐色素的品系较抗病。高粱品系对锈病的抗性是显性遗传，抗病性与产黄褐色基因是连锁的，黄褐色品系较抗病。

防治方法　高粱锈病是一种气流传播、大区域发生和流行的病害，防治上必须采取以抗病品种为主，栽培和药剂防治为辅的综合措施。

种植抗病品种　不同品种间抗病性有显著差异，应选择种植在当地生产中表现抗病或中等抗病的品种。

农业防治　合理施肥，采用配方施肥，增施磷钾肥，避免偏施氮肥，搭配使用磷钾肥，以提高植株抗病性。适时播种，合理密植，中耕松土，适量浇水，雨后及时排涝降湿等均可减轻发病。必要时喷施叶面营养剂，创造有利于作物生长发育的良好环境，提高植株的抗病能力，减少病害的发生。病害重发地区应更换抗病品种，也可以采用高粱与玉米等作物间作。高粱收获后，收集并烧毁田间病株残体，以减少侵染来源。

化学防治　在高粱锈病的发病初期喷药剂防治，可有效地降低病菌的萌发率，从而减轻病害危害。可用 25% 三唑酮可湿性粉剂 1500～2000 倍液，或 12.5% 烯唑醇可湿性粉剂 3000 倍液叶面喷雾，7～10 天 1 次，连续喷 2～3 次。

参考文献

白金铠，1997. 杂粮作物病害 [M]. 北京：中国农业出版社.

徐秀德，刘志恒，2012. 高粱病虫害原色图鉴 [M]. 北京：中国农业科学技术出版社.

中国农业科学院植物保护研究所，中国植物保护学会，2015. 中国农作物病虫害 [M]. 3 版. 北京：中国农业出版社.

DE MILLIANO W A J, FREDERIKSEN R A, BENGSTON G D, 1992. Sorghum and millets disease:A second world review[M]. India: ICRISAT.

（撰稿：徐婧；审稿：徐秀德）

根结线虫病　root-knot nematodes

由根结线虫引起的一类世界性植物线虫病害。

分布与危害　分布广泛，寄主范围广。根结线虫可寄生 1700 多种植物，除农作物黄瓜、南瓜、丝瓜、苦瓜、甜瓜、西瓜、番茄、茄子、辣椒、莴苣、芹菜、菜豆、花生、黄麻、葡萄等，还危害梓树等很多阔叶树种。

南方根结线虫主要在作物根部危害，根受害后发育不良，受害林木主根和侧根上形成大小不等、表面粗糙的圆形瘤状物。初为淡黄色，表皮光滑，以后变为褐色，表皮粗糙。病瘤单生或串生，瘤状物初为白色，后变为灰褐色至暗褐色，表面有时龟裂。被害株地上部分生育不良，叶发黄，干旱时萎蔫枯死，误认为是枯萎病株。切开病瘤，可见白色梨形的线虫的雌虫存在。病株地上部分生长衰弱，节间变短，枝叶瘦小、黄化，严重时枯萎死亡。

病原　为根结线虫属（*Meloidogyne*）的一些种。主要有花生根结线虫［*Meloidogyne arenaria*（Neal）Chitwood］、北方根结线虫（*Meloidogyne hapla* Chitwood）、南方根结线虫（*Meloidogyne incognita* Chitwood）等。根结线虫雌雄异形，雄虫长圆筒形，两端稍尖，长 0.5～2.0mm，宽 15～35μm。雌虫膨大呈梨形，有细长的颈，无尾部，平均长度为 0.5～

1.23mm，宽度为 0.4～0.7μm。肛阴周围形成特殊的会阴花纹，是辨别种的依据。

南方根结线虫虫体很小，肉眼看不到。雌雄成虫形状不同。雌成虫呈鸭梨形固定在寄主根内，乳白色，表皮薄，有环纹，大小为 0.44～1.59mm×0.26～0.81mm。头部与身体接合部往往弯侧一边。卵产在尾端分泌的胶质卵囊内。卵囊长期留在衰亡的作物侧根、须根上。卵囊圆球形，一个卵囊内有卵 100～300 粒。幼虫细长，蠕虫状，共 4 龄。雄成虫线状，尾端稍圆，无色透明，大小为 1.0～1.5mm×0.03～0.04mm。雄虫在植物组织内与雌虫交配，有时雄虫在侵入根组织后不久即死亡。线虫在植物幼根内生活，刺激幼根膨大成瘤状，植株枯死后，以卵囊或以二龄幼虫在土壤中越冬。遇到适宜条件，孵化出幼虫，在土粒间水中游动，二龄幼虫为侵染虫态，侵入根部后，引起植株发病。

侵染过程与侵染循环　根结线虫一般以卵或二龄幼虫在土壤或根结内越冬，次年主要是越冬卵孵化的二龄幼虫从根尖侵入根部。幼虫在虫瘿内发育成成虫，雌雄交配后，雌虫产生卵囊并产卵于其中。线虫靠病土、病苗、灌水等传播。根结线虫是专性寄生物，在土壤表层下 5～30cm 处分布最多，线虫在土中移动的速度很慢，距离很难超过 30～70cm，其传播主要靠病土、病根、带病的肥料及水流。

防治方法　加强检疫，避免带病苗木的调运传播。避免连作，重病地采用轮作：苗圃地可种植甜椒、葱、蒜、韭菜等抗病蔬菜，或种植受害轻的速生小白菜减少土壤中的线虫量，控制发病或减轻对下茬的危害。可用稻田土或草炭育苗或播前苗床消毒，培育无病苗，严防定植病苗。土壤消毒：种植前土壤用 1.8% 虫螨克乳油每平方米 1～1.5ml，兑水 6L 消毒，或每亩用米乐尔 3% 颗粒剂 4～6kg，拌干细土 50kg 撒施，沟施或穴施；生长期再用 1.8% 虫螨克乳油 1000～1500 倍液灌根 1～2 次，间隔 10～15 天。或树木受害可用 5% 克线灵或 15% 铁灭克或 40% 甲基异柳磷每公顷 75～100kg 开沟施药。收获后田间彻底清除病残株，集中烧毁或深埋，绝不可用以沤肥。深翻 25cm 以上，施用充分腐熟的有机肥。

参考文献

潘永红，蔡淑华，2001. 南方根结线虫在人参榕上的发生规律与防治措施 [J]. 南方农业 (4): 54-55.

杨佩文，崔秀明，董丽英，等，2008. 云南三七主产区根结线虫病病原线虫种类鉴定及分布 [J]. 云南农业大学学报，2(4): 479-482.

（撰稿：伍建榕；审稿：张星耀）

狗牙根春季坏死斑病　spring dead spot of Bermuda grass

是发生在狗牙根和杂交狗牙根上的一种最重要的病害。该病也危害结缕草。3 年期或更长期草坪草上的典型病害。

发展简史　约从 1984 年开始，人们发现受害草坪上出现环形的死草斑块，并且症状在同一地点每年或定期发生的这一类病害，并逐渐摸清其病原物及其发生规律，其中就有狗牙根衰退病、坏死环斑病、狗牙根春季死斑病和夏季斑病。

此后对这些病的报道才陆续出现。

分布与危害 在澳大利亚，美国的东南各州、加利福尼亚州、马里兰州、堪萨斯州，中国长江中下游和山东半岛等狗牙根和结缕草区域都有发生。春季死斑病（SDS）比其他任何单个病害对狗牙根造成的伤害都重。尤其是在种植暖季型草地区的较冷部分。

主要发生在秋季末、冬季和春季。症状主要在春季返青时开始明显。当春季休眠的草坪草恢复生长后（秋季和夏季异常凉爽、潮湿的天气后也可以看到），草坪上出现环形的、漂白色的死草斑块（图①）。斑块直径几厘米至1m，3年或更长时间内枯草斑往往在同一位置上重新出现并扩大。2～3年之后，斑块中部草株存活，枯草斑块呈现蛙眼状环斑。多个斑块愈合在一起，使草坪总体上表现出不规则形、类似冻死或冬季干枯的症状（图②）。狗牙根根部和匍匐茎严重腐烂（图③），极易从土壤中拔起。坏死斑块中补播的新草生长仍然十分缓慢。在病株的匍匐茎和根部产生深褐色有隔膜的菌丝体和菌核，有时在死亡的组织上还可观察到病原菌的子囊果（假囊壳或子囊壳）。

病原及特征 不同的地理位置上鉴定的病原也不同。在澳大利亚春季坏死斑病的病原鉴定为 *Leptosphaeria narmari* 和 *Leptosphaeria korrae*。在北美，该病害的病原为 *Leptosphaeria korrae* 和 *Ophiosphaerella*。美国东南部病原为 *Gaeumannomyces graminis* var. *graminis*。2013 年，在中国长江中下游地区鉴定结果共有 3 个种，分别为 *Ophiosphaerella korrae*，*Ophiosphaerella narmari*，*Ophiosphaerella herpotricha*，根据测序比对结果，更接近 *Ophiosphaerella korrae*。

Leptosphaeria narmari，*Leptosphaeria korrae*，*Ophiosphaerella herpotricha* 和 *Gaeumannomyces graminis* var. *graminis* 沿病株根部和匍匐茎表面生长，生成深褐色、有隔的匍匐菌丝和纤细的侵染菌丝。气生菌丝通常在初生根与次生根连结处形成。在匍匐茎、根或茎基附近的叶鞘处形成黑色的菌核和假囊壳。*Leptosphaeria narmari*，*Leptosphaeria korrae* 和 *Ophiosphaerella herpotricha* 的假囊壳厚壁，黑色。*Leptosphaeria narmari* 的子囊孢子长 35～70μm，*Leptosphaeria korrae* 的子囊孢子为 145～180μm 长，*Ophiosphaerella herpotricha* 的子囊孢子也有 140～180μm 长。

侵染过程与侵染循环 病菌在土壤中存活，秋季和春季当温度较低、土壤湿度较高时生长最活跃，10～20℃ 生长速度最快，适温为 15℃（狗牙根根部 35℃ 时生长最快，15℃ 时极其缓慢）。因此，从秋季至春季，休眠期越长，气温越低，病害越严重。夏末秋初，当白天气温普遍下降到

21～24℃ 时，此病的病原菌开始侵染狗牙根的根和匍匐枝。进入秋冬季，天气更加寒冷，狗牙根抗病及补偿病菌侵染产生新根的能力均下降。当植株完全进入休眠期，且白天气温已达 10～15℃ 或更低时，此病会严重发生。

流行规律 草草层较厚的（1.3～2.0cm）有利于此病的发生。修剪低的草坪也易发生此病。在钾含量低的土壤中生长的狗牙根，更易发生春季坏死斑病。氮肥施用过多或过迟也会增加此病的严重度。

防治方法

种植抗寒品种

农业防治 改善栽培措施可降低病害的严重度，如春夏生长季节尽量少施氮肥，生长季节末不施氮肥，保持土壤不缺钾；减少枯草层，打孔覆沙提高土壤通气性并促进新根的产生。

化学防治 可选用丙环唑、嘧菌酯、吡啶醚菌酯、噁霉灵等杀菌剂。施药可从 9 月开始一直持续到 11 月，但防治越早效果越好。

参考文献

HOUSTON B COUCH, 2000. The turfgrass disease handbook[M]. Malabar: Krieger Publishing Company.

VARGAS JR J M, 1994. Management of turfgrass diseases[M]. New York: Lewis Publishers.

（撰稿：赵美琦；审稿：李春杰）

枸杞褐斑病　*Lycium brown* spot

由枸杞小黑梨孢引起的、危害枸杞叶片的一种真菌病害，是枸杞生产中的一种重要的新病害。

发展简史 小黑梨孢属（*Stigmella*）是 Lév. 于 1842 年建立的属。自建立以来，对该属真菌的分类一直比较模糊。Hughes 于 1952 年研究了 *Stigmella* 的模式种，首次对 *Stigmella* 进行了详细的修订和描述并将 *Stigmella dryina* 确定为该属的模式种。Sutton 于 1980 年对 *Stigmella* 属的特征进行了更进一步的描述。到目前为止，该属共报道了 3 个种，即 *Stigmella effigurata*（Schwein.）S. Hughes［= *Stigmella dryina*；= *Stigmella dryophylla*（Corda）Lindau（Hughes 1958）］，寄生于栎属（*Quercus*）、滨藜属的 *Atriplex suberecta*、藜属（*Chenopodium*）、番樱桃属（*Eugenia*），千里光属的 *Senecio mesogrammoides* 以及千金藤属的 *Stephania abyssinica*，引致以上植物叶斑病，主要分布于意大利、法国、阿尔巴尼亚、瑞典、澳大利亚、美国南部地区。第二个种为 Bagyanarayana 等于 1992 年在印度报道的 *Stigmella tirumalensis* Bagyan. et al.，该菌主要引起卫矛科粉绿福木叶斑病。2012 年，中国报道的 *Stigmella lycii* X.R. Chen & Yan Wang 为该属迄今为止记载的第三个种，该菌可寄生于茄科中国枸杞（*Lycium chinense* Mill.），引起叶斑病。

分布与危害 枸杞褐斑病主要发生于甘肃靖远和景泰。发病普遍，严重级 3～4 级。该病主要危害叶片，偶尔也危害果柄。叶面初生褐色小点，后扩大成圆形、近圆形褐色至灰褐色病斑，大小 2～8mm，边缘明显隆起，中部略现轮纹，

狗牙根春季坏死斑病危害症状（①②天马球场提供；③唐春燕提供）
①漂白色的死草斑；②枯草斑块呈现蛙眼状环斑；③根部和匍匐茎严重变黑腐烂

后期中部产生少量黑色小颗粒。发病严重时，病斑相互连接，发黄易脱落。花蕾受害多自顶端向下变褐干枯死亡，或产生长条形淡褐色病斑，最后全部变为淡褐色而枯死，甚至整束花蕾枯死。病株上的果实很小乃至脱落，或不形成果实，中下部叶片落光（图1）。

病原及特征　病原为枸杞小黑梨孢（*Stigmella lycii* X.R. Chen & Yan Wang），属小黑梨孢属真菌。该菌丝埋生于寄主组织中，有隔，具分枝，无色至淡褐色。分生孢子器初期埋生，后期突破表皮，散生于叶面（图2①），成熟时破裂，球形，黑色，直径161.5～172.3μm，器壁薄，孔口不明显（图2②③）。分生孢子幼时无色，成熟时淡褐色，砖格状、卵圆形、椭圆体、梨形、桑葚形、螺壳形，19.9～52.8μm×12.8～32.9μm，由12～35个小孢子组成，小孢子不规则形、亚球形，无色至淡黄色，大小为2.55～11.47μm×2.55～10.97μm（图2④～⑧）。

侵染过程与侵染循环　病原菌以菌丝及分生孢子器在病残体上越冬，成为翌年初侵染源。翌年，温湿度适宜时，由分生孢子引起初侵染，病斑上产生的分生孢子借风雨传播，引起再侵染，扩大危害。

流行规律　病害多在5月下旬开始发病，高温、高湿、中性偏碱环境下适宜枸杞褐斑病菌生长，7～9月降雨多，田间湿度大，病原菌再侵染频繁，病害蔓延迅速。病害持续时间长，可一直持续至枸杞果实采收期。

图1　枸杞褐斑病症状（王艳提供）

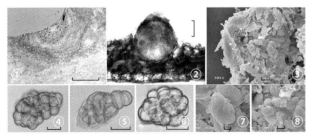

图2　枸杞小黑梨孢（王艳提供）

①叶片上分生孢子器；②③分生孢子器（②光镜；③扫描电镜）；④～⑥分生孢子（光镜）；⑦⑧分生孢子（电镜）标尺：① =400μm；② =50μm；③～⑥ =8μm；⑦ =5μm；⑧ =18μm

防治方法

农业防治　收获后彻底清除田间病残组织，集中烧毁或沤肥，减少初侵染源。

化学防治　发病初期喷施75%百菌清可湿性粉剂，每公顷用药125～350g（有效成分）、53.8%氢氧化铜水分散颗粒剂每公顷用药549～670g（有效成分）及10%苯醚甲环唑水分散颗粒剂每公顷用药101～127g（有效成分）。

参考文献

陈秀蓉，2015.甘肃省药用植物病害及其防治[M].北京：科学出版社.

WANG Y, CHEN X R, YANG C, 2013. A new *Stigmella* species associated with *Lycium* leaf spots in northwestern China[J]. Mycotaxon, 122(1): 69-72.

（撰稿：王艳、陈秀蓉；审稿：高微微）

枸杞瘿螨病　*Lycium* mites

由大瘿螨引起的枸杞叶部病害。

分布与危害　主要分布于宁夏、甘肃、青海、新疆、陕西、内蒙古、山西、山东、江苏、江西以及其他枸杞引种栽培区。危害叶片、嫩茎、幼果果柄和花蕾。被害部初期为绿色隆起，后期呈紫褐色痣状虫瘿，组织肿胀，变形，花蕾被害后不能开花结实。

病原及特征　病原为大瘿螨（*Aceria macrodonis* Keifer.），属瘿螨属。成螨体长120～328μm，全体橙黄色或淡黄色，半透明，长圆锥形，略向下弯曲，前端粗，后端细，呈胡萝卜形，头胸宽而短，向前突出，构成喙状，口器下倾前伸，近头部有2对足，爪勾羽状，腹部有细环纹，背腹面环纹数一致。

侵染过程与侵染循环　一年发生10余代。以雌成虫在1～2年生枝条缝、芽眼等处越冬，翌年4月芽苞开放时，成虫就在芽苞和嫩叶上为害，并产卵繁殖。被瘿螨危害处的叶片畸形，形成紫色虫瘿。5月中旬，瘿螨又从老叶虫包内爬出危害夏梢和幼果，8～9月，又转到秋梢上为害。但不如第一次明显，其他时期常年可见虫瘿成螨。有世代交替的现象。11月成螨开始进入越冬阶段。

防治方法　枸杞瘿螨病的防治必须掌握成螨暴露在瘿外、向新叶或新梢迁移的有利时机进行防治。瘿成螨外露期，采用超低量喷雾法，用50%敌丙油雾剂与柴油1∶1混合，每亩用50%杀螨丹胶悬剂200g药液效果较好。越冬成螨大量出现时为最佳防治时期，及时采用化学防治，以降低瘿螨密度。常用药剂有50%杀螨丹胶悬剂600倍液和百螨快杀1000倍液。也可喷1次5波美度石硫合剂，或45%～50%硫黄胶悬剂300倍液，能够兼治锈螨。

参考文献

叶建仁，贺伟，2011 林木病理学[M].3版.北京：中国林业出版社.

周仲铭，1990.林木病理学[M].北京：中国林业出版社.

（撰稿：理永霞；审稿：张星耀）